Guido Pelzer, Dagmar Gerigk

Google AdWords

Das umfassende Handbuch

 Rheinwerk
Computing

Liebe Leserin, lieber Leser,

Sie möchten durch gezieltes Marketing mehr Kunden und Websitebesucher gewinnen? Mit Google AdWords steht Ihnen hierzu ein mächtiges Tool zur Verfügung, mit dem Ihre Website genau dann von potenziellen Kunden gefunden wird, wenn diese bei Google nach entsprechenden Produkten und Dienstleistungen suchen. Sie können Ihre Zielgruppe exakt mit Werbeanzeigen adressieren: zum richtigen Zeitpunkt, am gewünschten Standort! Und dabei haben Sie Ihr Werbebudget immer fest im Blick.

Doch wenn Sie das komplexe Tool effizient einsetzen möchten, benötigen Sie fachkundige Hilfe, damit Sie die richtige Strategie für eine erfolgreiche Werbekampagne bei Google AdWords wählen können. Gut, dass Sie sich für dieses Buch entschieden haben! Denn es bietet Ihnen alles, was Sie im täglichen Umgang mit dem Werbeprogramm von Google wissen und beachten müssen. Sie erfahren, wie Sie eine AdWords-Kampagne von Beginn an planen, wie Sie die relevanten Keywords finden, wie Sie Ihr Budget festlegen, und wie Sie eine laufende Kampagne analysieren und optimieren.

Die erfahrenen Autoren führen Sie behutsam in das Suchmaschinenmarketing ein und zeigen Ihnen viele spezielle Themen der AdWords-Werbung. So profitieren Sie vom umfangreichen Displaynetzwerk, den Werbemöglichkeiten für mobile Endgeräte sowie den Google-Shopping-Kampagnen.

Dieses Buch wurde mit großer Sorgfalt lektoriert und produziert. Sollten Sie dennoch Fehler finden oder inhaltliche Anregungen haben, scheuen Sie sich nicht, mit uns Kontakt aufzunehmen. Ihre Fragen und Änderungswünsche sind uns jederzeit willkommen.

Viel Vergnügen beim Lesen!

Ihr Stephan Mattescheck
Lektorat Rheinwerk Computing

stephan.mattescheck@rheinwerk-verlag.de
www.rheinwerk-verlag.de
Rheinwerk Verlag · Rheinwerkallee 4 · 53227 Bonn

Auf einen Blick

Wir hoffen, dass Sie Freude an diesem Buch haben und sich Ihre Erwartungen erfüllen. Ihre Anregungen und Kommentare sind uns jederzeit willkommen. Bitte bewerten Sie doch das Buch auf unserer Website unter **www.rheinwerk-verlag.de/feedback**.

An diesem Buch haben viele mitgewirkt, insbesondere:

Lektorat Stephan Mattescheck, Roman Lehnhof
Korrektorat Friederike Daenecke, Zülpich
Herstellung Denis Schaal
Typografie und Layout Vera Brauner
Einbandgestaltung Nils Schlösser, Lohmar
Coverbilder iStock: 22221526 © jdillontoole; 123RF: 12488429 © OLena Okhremenko
Satz SatzPro, Krefeld
Druck C.H.Beck, Nördlingen

Dieses Buch wurde gesetzt aus der TheAntiquaB (9,35/13,7 pt) in FrameMaker.
Gedruckt wurde es auf chlorfrei gebleichtem Offsetpapier (90 g/m²).
Hergestellt in Deutschland.

Bibliografische Information der Deutschen Nationalbibliothek:
Die Deutsche Nationalbibliothek verzeichnet diese Publikation in der Deutschen Nationalbibliografie; detaillierte bibliografische Daten sind im Internet über *http://dnb.d-nb.de* abrufbar.

ISBN 978-3-8362-4289-9

2., aktualisierte und erweiterte Auflage 2018
© Rheinwerk Verlag, Bonn 2018

Informationen zu unserem Verlag und Kontaktmöglichkeiten finden Sie auf unserer Verlagswebsite **www.rheinwerk-verlag.de**. Dort können Sie sich auch umfassend über unser aktuelles Programm informieren und unsere Bücher und E-Books bestellen.

Inhalt

1   Suchmaschinenmarketing (SEM) und Google   29

2   Google-AdWords-Vorbereitung 79

5 Displaynetzwerk-Kampagnen

6 Navigation im AdWords-Konto 321

7 AdWords goes mobile 349

8 Spezielle AdWords-Werbestrategien

9 AdWords-Tools

10   Reporting und Conversion-Tracking   499

11   Google Analytics 535

12   AdWords optimieren

609

13   Bearbeiten und Analysieren

14   Das AdWords-Verwaltungskonto   733

15   Die größten AdWords-Fehler   761

16 Wichtige Fragen und Antworten rund um Google AdWords

17 Die Zukunft von AdWords – wie geht es weiter? 787

18 Was ist was? Buttons, Symbole und mehr im AdWords-Konto 797

Geleitwort der Fachgutachterin zur ersten Auflage

Google AdWords gehört zu den effektivsten und effizientesten Werbemöglichkeiten überhaupt und ist heutzutage ein wesentlicher Bestandteil eines erfolgreichen Marketing-Mixes. Kein Wunder, denn in kaum einem anderen Medium kann man potenzielle Kunden so gezielt ansprechen, kaum eines kann so geringe Streuverluste aufweisen. Richtig eingesetzt ist Google AdWords ein mächtiges Tool, mit dem Sie für Ihr Unternehmen enorme Sichtbarkeit erzielen und dabei gleichzeitig Ihre Investition exakt messen können.

Zugegeben: Das Eröffnen eines AdWords-Kontos und das Anlegen einer Kampagne erscheint auf den ersten Blick nicht besonders schwierig. Doch steckt, wie so oft, auch hier der Teufel im Detail. Aufgrund der Komplexität des Tools und der hohen Konkurrenz in diesem Bereich birgt es auch Risiken, denn ohne Wissen ist wertvolles Werbebudget schnell verbrannt. Wer sich also bei Google AdWords vom Mitbewerb abheben und seine Kampagnen erfolgreich und gewinnbringend einsetzen möchte, braucht umfassendes Know-how und eine Strategie – und genau hier setzt dieses Buch an.

Von der Planung und dem effektiven Kampagnenaufbau anhand vorab definierter Werbeziele über eine profitable Keyword-Auswahl bis hin zur Erfolgsmessung mit Hilfe von Conversion-Tracking und Google Analytics zeigen die Autoren, wie Sie Google AdWords als wertvolles Marketing-Instrument für Ihre Werbeaktivitäten einsetzen und die vielfältigen Tools effektiv nutzen.

Das Buch überzeugt vor allem durch seinen didaktisch intelligenten Aufbau. Es führt den Leser Schritt für Schritt und sehr praxisnah durch das mächtige Werbesystem. Mittels detaillierter Anleitungen, hilfreicher Checklisten und wertvoller Optimierungstipps wird das komplexe Thema auch für den Laien verständlich und greifbar gemacht.

Dem Autorenteam ist es gelungen, ein umfassendes und kompetentes Kompendium vorzulegen, das nicht nur für Einsteiger wertvoll ist, sondern auch erfahrenen Praktikern, die auf dem neuesten Stand werben wollen, interessante Inputs liefert. Als Leser profitieren Sie dabei vor allem vom gebündelten Fachwissen von Experten mit jahrelanger Praxiserfahrung und können so die erfolgserprobten Lösungsvorschläge direkt für Ihre Projekte anwenden.

Viel Spaß bei der Lektüre und viel Erfolg bei Ihren Kampagnen wünscht Ihnen

Katia Meleady
Leitung SEA & Performance Traffic, e-dialog

Vorwort

Sie haben gerade das erste und bislang einzige umfassende Google-AdWords-Buch seit der Umstellung auf die neue AdWords-Oberfläche aufgeschlagen. Herzlichen Glückwunsch! Damit werden Sie schon bald in der Lage sein, erfolgreich online für Ihr Unternehmen oder Ihren Bereich zu werben. Vor allem aber verschaffen Sie sich mit dem Wissen aus diesem Buch einen deutlichen Vorsprung vor den meisten Ihrer Wettbewerber.

Vorab möchten wir Ihnen kurz skizzieren, wie Sie dieses Buch am besten einsetzen können, um einen möglichst großen Nutzen aus den Informationen zu ziehen.

Google AdWords – warum dieses Buch?

Wahrscheinlich arbeiten Sie schon mit Google AdWords oder haben zumindest davon gehört. AdWords ist seit 2000 das Werbeprogramm der Suchmaschine Google, und Google ist eines der ersten Unternehmen, die genannt werden, wenn der Begriff *Internet* fällt. Ob in der Schule, im Studium, am Arbeitsplatz oder zu Hause bei der Suche nach Geschenkideen, der Urlaubsplanung und so weiter – überall wird »gegoogelt«. Googeln hat als Synonym für »online suchen« längst Einzug in unseren Sprachgebrauch gehalten.

Google AdWords liefert Werbeeinblendungen passend zur Suchanfrage. Die Vermarktung der AdWords-Werbung ist bis heute immer noch die Haupteinnahmequelle für Google. AdWords ist ein wichtiger Baustein im Online-Marketing vieler erfolgreicher Unternehmen, da über diesen Kanal viel Traffic auf die beworbenen Webseiten gelenkt wird und Produkte und Dienstleistungen einfach vermarktet werden können.

Warum aber haben wir ein Buch über diese Online-Marketing-Möglichkeit geschrieben? Wurde das Grundprinzip nicht bereits vielfach erklärt? Werden nicht ohnehin alle Fragen in der umfangreichen, aktuellen Online-Hilfe beantwortet? Gibt es nicht eine Vielzahl weiterer Ressourcen wie Webseiten und Blogs, die zur Verfügung stehen?

Unser Argument ist ganz einfach: Selbstverständlich gibt es online eine Menge einzelner Informationen zu diesem umfangreichen Thema. Außerdem hat Google gerade die Oberfläche und Bedienung des AdWords-Kontos grundlegend neu gestaltet. Wenn Sie also viel Zeit haben und genau wissen, wonach Sie suchen, können Sie sich aus der Vielzahl an Quellen gewiss mit der Zeit die nötigen Inhalte beschaffen. Unsere Erfahrung allerdings zeigt, dass die wenigsten Unternehmer oder Marketing-Entscheider eben diese Zeit und Geduld haben. Sie suchen vielmehr nach einer Mach-erst-dies-und-dann-das-Anleitung, um möglichst schnell erste Erfolge ihrer Google-

AdWords-Werbemaßnahmen verbuchen zu können. Und genau aus diesem Grund haben wir das vorliegende Buch zusammengestellt.

Neben den AdWords-Grundlagen zeigen wir auch die weiterentwickelten, aktuellen Möglichkeiten des Suchmaschinenmarketings mit AdWords auf. Außerdem konnten auch wir uns in den fast 18 Jahren mit Google AdWords weiterentwickeln. Wir haben in dieser Zeit viele Dinge in der Praxis getestet und aus den Ergebnissen gelernt. Anders als in der Google-Online-Hilfe vermittelt dieses Buch Praxiswissen, echte Beispiele sowie Tipps, die nicht immer der offiziellen Google-Meinung folgen, sich aber als erfolgreiche Vorgehensweisen herausgestellt haben.

Was lernen Sie in diesem Buch?

In diesem Buch teilen wir mit Ihnen – ganz egal, ob Sie Google-AdWords-Neuling oder bereits fortgeschrittener Anwender sind – eine Fülle an Hinweisen, Strategien und Erfahrungen. Das »Tun« steht dabei im Vordergrund. Der Großteil der Inhalte ist darauf ausgelegt, dass Sie bei bestehenden oder neuen Google-AdWords-Kampagnen aktiv »Hand anlegen«. Daher ist es ratsam, dieses Buch tatsächlich in der Nähe Ihres Computerarbeitsplatzes und AdWords-Accounts zu lesen, denn Sie werden bereits nach wenigen Seiten feststellen, dass Sie das Erlernte unmittelbar ausprobieren wollen.

Wir wünschen Ihnen an dieser Stelle, dass Sie dieses Buch gleichermaßen als Informations- und Inspirationsquelle für erfolgreiche Google-AdWords-Kampagnen nutzen können. Der praktische *Return on Investment (ROI)* dieses Buches wird für Sie umso höher ausfallen, je detaillierter und umfangreicher Sie die Funktionen von Google AdWords aktiv anwenden.

Machen Sie sich eines der erfolgreichsten Werbeprogramme der Gegenwart zunutze, um mit Ihrer Dienstleistung, Ihrem Produkt bzw. Ihrem Unternehmen weiter zu wachsen!

Für wen ist dieses Buch?

Sie lernen in unserem Buch alles Notwendige zu Google AdWords. Wir müssen jedoch vorwegschicken, dass AdWords sich laufend weiterentwickelt. Dies haben wir auch bei der Arbeit erfahren müssen, und so haben wir während des Schreibens bis kurz vor Schluss noch aktuellste AdWords-Neuerungen eingebaut. Möglicherweise werden sich einige Details bereits wieder geändert haben, wenn Sie dieses Buch lesen. Dennoch erwerben Sie hiermit ein solides Wissen – von den Grundlagen bis zu den speziellen AdWords-Kampagnen –, sodass Sie nach etwas Übung absolut in der Lage sein werden, etwaige Änderungen schnell zu verstehen und in Ihre tägliche

Arbeit einzubauen. Wichtiger ist, dass Sie das Erlernte möglichst zügig in der Praxis anwenden. Wir zeigen Ihnen verschiedene Möglichkeiten und geben Ihnen Beispiele aus echten AdWords-Konten sowie Praxistipps mit auf den Weg. Diese Beispiele und Tipps können Sie dann an Ihre Dienstleistung, Ihre Produkte oder Ihr Unternehmen anpassen.

Das Buch richtet sich vor allem an folgende Gruppen:

- **Webmaster und Website-Betreiber**: Sie haben eine Website, aber noch keine bzw. zu wenige Besucher? Perfekt! Denn mit einfachen Google-AdWords-Kampagnen können Sie schnell und effizient gezielt Besucherverkehr auf Ihre Website lenken. Wie das geht, lernen Sie vor allem im ersten Drittel des Buches.

- **(Online-)Marketer und Marketingplaner**: Sie haben Kampagnenbudgets zur Verfügung und wollen Google AdWords in Ihren Marketingplänen berücksichtigen? Unabhängig davon, ob Sie persönlich für die unmittelbare Kampagnenschaltung verantwortlich sind oder Dritte (externe Teams, Partner oder Agenturen) damit beauftragen: Ein umfangreiches Fachwissen ist in beiden Fällen unerlässlich. Beginnend bei den Grundlagen – und hier vor allem bei den strategischen Überlegungen – lernen Sie, wie Google AdWords optimal in den Marketingmix integriert werden kann. Ob es dann rein textorientierte Suchkampagnen sind, Banner-Schaltungen im Google Displaynetzwerk oder erweiterte Videokampagnen auf YouTube: Sie erhalten in diesem Buch einen umfassenden Überblick, um optimal bewerten zu können, welche Rolle Google AdWords in Ihrem Marketingplan spielen kann.

- **Search Engine Marketer**: Sie haben bereits erste praktische Erfahrungen mit Google AdWords gemacht? Auch dann kann Ihnen dieses Buch weiterhelfen! Vertiefen Sie Ihr Wissen, um Ihre Kampagnen noch besser zu machen. Es spielt hier keine Rolle, ob Ihre bisherige Erfahrung nur wenige Euro Budgetausgaben oder aber bereits Tausende von erzielten Klicks umfasst. Schauen Sie sich vor allem die Tipps zur Analyse und Optimierung sowie die speziellen AdWords-Kampagnen an. Optimieren Sie Ihr Fachwissen und damit auch Ihre Kampagnen!

- **(Klein-)Unternehmer und Existenzgründer**: Sie haben eine neue Geschäftsidee und möchten diese am Markt auf ihre Praxistauglichkeit untersuchen? Hierfür ist Google AdWords ein sehr geeignetes Instrument: Nutzen Sie es zunächst weniger als »Werbemaßnahme« denn als Marktforschungs- und Vertriebsinstrument! Wie viele potenzielle Interessenten an einem Produkt gibt es? Es spielt bei Google AdWords keine Rolle, ob Sie die Zielgruppe für Ihre neue Unternehmung in der unmittelbaren Nähe Ihres Standortes oder auch in – vermeintlich exotischen – Regionen wie z. B. Südafrika finden möchten. Lernen Sie mithilfe dieses Buches, wie Sie Google-AdWords-Kampagnen als internationale »Testballons« aufsetzen können, um wertvolle Details über Quantität und Qualität Ihrer potenziellen Kunden- und Zielgruppen herauszufinden. Nach der Testphase und einem erfolgreichen Start Ihres Unternehmens können Sie AdWords in Ihren Marketingplan aufnehmen und spezielle AdWords-Werbekampagnen aufsetzen.

Bei den meisten Lesern dieses Buches gehen wir davon aus, dass sie kein gänzlich unbeschriebenes Blatt sind, was die Materie (Online-)Marketing betrifft. Vorkenntnisse in folgenden Bereichen sind zwar nicht zwingend notwendig, aber beim Thema AdWords durchaus von Vorteil:

- **Basiskenntnisse in Sachen Internet**: Sie sollten beispielsweise wissen, was eine Website, ein Browser oder eine URL ist. Für die Arbeit mit Google AdWords müssen Sie nicht zwingend Kenntnisse oder Erfahrung in der Erstellung bzw. Wartung und Bearbeitung von Websites haben. Es ist jedoch sehr vorteilhaft, wenn Sie kleine Änderungen auf den Websites, die Sie in den AdWords-Kampagnen verwenden, selbst durchführen können.

- **Basiskenntnisse im Marketing**: Da der strategische Part in diesem Buch einige allgemeingültige Marketingthemen beinhalten bzw. zumindest anschneiden wird, ist es von Vorteil, wenn Sie zum Beispiel bereits vom *AIDA-Modell* oder der Berechnung des *Return on Investment (ROI)* gehört haben.

Der Aufbau des Buches – wie sollten Sie es lesen?

Sie können dieses Buch vom Einstieg in das Suchmaschinenmarketing (Kapitel 1) bis hin zur Analyse des AdWords-Kontos (Kapitel 13) durchlesen, um einen umfassenden Einblick in das Thema Google AdWords zu erhalten. Im ersten Teil des Buches geht es vor allem um die Grundlagen des Suchmaschinenmarketings und des Google-AdWords-Programms. Beim Einstieg in Google AdWords haben wir besonderen Wert auf die Themen Keyword-Recherche und Conversion-Tracking gelegt, weil diese in der Praxis oft vernachlässigt werden, aber einen entscheidenden Anteil am Erfolg der AdWords-Werbung haben. Zum Einstieg in die AdWords-Welt gehört auch die Beschreibung, wie eine erste Kampagne aufgesetzt wird und wie man sich schneller in dem umfassenden und sehr leistungsstarken AdWords-Backend zurechtfindet.

Falls Sie die Grundlagen schon beherrschen, erhalten Sie ab Kapitel 5 einen Einblick in die speziellen Themen der AdWords-Werbung, zum Beispiel:

- das umfangreiche Google Displaynetzwerk inklusive des hauseigenen Videoportals von Google namens YouTube, über das Sie Ihre potenziellen Website-Besucher und Kunden zusätzlich mit intelligenten Bewegtbild-Kampagnen erreichen können

▶ Tipps und Hinweise zu den mobilen Werbemöglichkeiten, um die stetig stark wachsende Anzahl an Nutzern auf mobilen Endgeräten wie Smartphones und Tablets gezielt anzusprechen

▶ eine Einführung in die besonderen Möglichkeiten der Google-Shopping-Kampagnen mit Tipps zu den Datenfeeds und Hinweisen zum Benchmarking

Ab Kapitel 14 finden Sie spezielle Informationen zu unterschiedlichen Themen, wie zum Beispiel die Beschreibung eines AdWords-Verwaltungskontos (früher MCC), das speziell für Agenturen gedacht ist, sowie auch ein Kapitel mit den Antworten auf häufig gestellte Fragen zu AdWords.

In Kapitel 18 beschreiben wir die verschieden Buttons und Symbole im AdWords-Konto, die Ihnen die Arbeit erleichtern. Da wir davon ausgehen müssen, dass Google auch zukünftig neue Elemente hinzufügt, erhalten Sie hier Hinweise zu den Prinzipien der Bedienung, die auch auf neue Funktionen angewendet werden können. In unserem Glossar können Sie noch einmal die wichtigsten Begriffe nachschlagen, die im Zusammenhang mit dem AdWords-Programm auftauchen.

Sie können also das vorliegende Buch auch stets als Nachschlagewerk nutzen, wenn Sie eine bestimmte Fragestellung haben oder eine neue Werbekampagne aufsetzen möchten. Neben dem Inhaltsverzeichnis hilft Ihnen auch der umfangreiche Index zu diesem Buch, schnell die gesuchte Information zu finden.

Zum Schluss noch ein Hinweis zu den Beispielen und Screenshots: Für unsere Beispiele haben wir nicht eine Firma, eine bestimmte Branche oder ein Produkt verwendet, sondern verschiedene Produkte und Dienstleistungen aus diversen Branchen genutzt, sodass vom lokalen Geschäft über den Dienstleistungssektor bis hin zu Online-Webshops Beispiele aus ganz unterschiedlichen Unternehmensgrößen und Geschäftsmodellen auftauchen. Da es kein Google-AdWords-Konto mit Testdaten gibt, haben wir Screenshots aus echten AdWords-Konten genommen, die wir jedoch verändert oder anonymisiert haben.

Danke

Wir bedanken uns bei sämtlichen Arbeitgebern, Kunden, Kollegen und Partnern, die uns mit ihren anspruchsvollen Zielsetzungen, herausfordernden Briefings und kniffligen Detailfragen die Möglichkeit gegeben haben, immer weiter in die Tiefen des AdWords-Universums einzutauchen.

Außerdem bedanken wir uns bei dem Team vom Rheinwerk Verlag und den Lektoren, die unser Buchprojekt professionell begleitet und mit ihren Anmerkungen und Tipps stets optimiert haben.

Last but not least gilt unser Dank allen Menschen, die uns im Rahmen dieses Buchprojekts unterstützt und unaufhörlich mit Motivation und Energie gestärkt haben. Dies gilt vor allem für unsere Familien und Freunde, die manche Abende und Wochenenden auf uns verzichten mussten.

Lassen Sie uns nun gemeinsam loslegen: Wir wünschen Ihnen viel Freude beim Lesen und Anwenden dieses Buches sowie viel Erfolg mit Google AdWords!

Guido Pelzer, Dagmar Gerigk

Kapitel 1

Suchmaschinenmarketing (SEM) und Google

Die Google-Suche hat unser Leben verändert. Es ist ganz selbstverständlich, Informationen, Anleitungen, Tipps, Dienstleistungen und Produkte im Internet zu suchen. Wir googeln und finden schnell die passenden Informationen. Zukünftig wird Google uns sogar Antworten liefern, bevor wir selber wissen, was wir suchen!

In diesem ersten Kapitel erfahren Sie zunächst grundlegende Dinge zum Thema »Suchmaschinen und Marketing«. Wir beleuchten dabei, was und wie gesucht wird, und erörtern die Rolle, die Google in diesem Zusammenhang spielt. Sie lernen außerdem die grundlegende Funktionsweise und die Möglichkeiten des Werbeprogramms Google AdWords kennen. Diese Vorkenntnisse sind wichtige Grundlagen, damit Sie später die richtigen Entscheidungen für Ihre Suchmaschinenmarketing-Strategie treffen können.

Der Begriff *Suchmaschinenmarketing* beschreibt die Möglichkeit, mithilfe einer Suchmaschine im Internet interessierte, potenzielle Kunden auf die eigene Website zu leiten. In einem zweiten Schritt sollten dann die Besucher auf der eigenen Webseite in Interessenten oder noch besser in Kunden umgewandelt werden.

Marketing mithilfe einer Suchmaschine ist aus den folgenden zwei Gründen das wichtigste Online-Marketing-Instrument geworden: Zum einen beginnen fast alle Internetaktivitäten auf der Startseite einer Suchmaschine, und zum anderen sind die Webseitenbesucher, die über eine Suchmaschine Ihre Webseite erreichen, sehr interessierte und engagierte Besucher. Diese Besucher haben nämlich zuvor aktiv nach Begriffen gesucht, die mit Ihren Produkten, Dienstleistungen oder Ihrer Marke in Verbindung stehen.

Diese aktive Suche unterscheidet sich ganz grundlegend von der passiven Aufnahme einer Werbebotschaft, wie wir sie von Plakatwänden, Zeitschriften oder auch aus der Radio- und Fernsehwerbung kennen. In diesen Medien kommt die Werbung nämlich eher zufällig daher und muss erst um Aufmerksamkeit kämpfen. Wenn Sie gerade kein Kleinkind haben, dann sind Sie garantiert nicht an einer Werbung für Babywindeln interessiert – da kann diese noch so gut sein! Falls Sie jedoch »Ferienhaus Toskana mieten« in eine Suchmaschine eingegeben haben, dann ist ein gesteigertes Interesse an einem Urlaub in einem Ferienhaus in der Toskana zu vermuten.

Das Suchmaschinenmarketing oder auch *Search Engine Marketing*, kurz SEM, wird sehr oft in Verbindung mit der Suchmaschine Google genannt, weil Google, zumindest in der westlichen Welt, die mit Abstand meistgenutzte Suchmaschine ist. Dieses Grundlagenbuch beschäftigt sich daher nicht zufällig mit Google AdWords, dem Werbeprogramm der Google-Suchmaschine. Wenn das Suchmaschinenmarketing für Sie eine interessante Werbestrategie ist, dann kommen Sie an Google AdWords nicht vorbei.

1.1   Warum benötigen wir Suchmaschinen?

Suchmaschinen helfen, wie der Name es schon andeutet, bei der Suche nach Informationen im Internet. Da die Informationsflut im World Wide Web immer stärker ansteigt, werden Suchmaschinen ebenfalls immer wichtiger.

Die folgenden Kennzahlen belegen die zunehmenden Daten- und damit Informationsmengen im Internet sowie die steigende Anzahl der Domains. Laut DENIC (Deutsches Network Information Center, *https://www.denic.de*) waren im Jahr 2016 unter der deutschen TLD (Top-Level-Domain) DE beinahe 16 Millionen Websites angemeldet.

Weltweit waren im Jahr 2017 ca. 329 Millionen Top-Level-Domains registriert. Nun hat nicht jede Top-Level-Domain auch Inhalte in Form von eigenen Unterseiten. Viele Domains werden nur zum Schutz der eigenen Marke oder als Domain für einzelne Produkte registriert, aber nicht genutzt. In anderen Fällen werden einprägsame Namen registriert, um diese dann auf eine andere Domain weiterzuleiten. Andererseits gehören jedoch zu einer Domain, die Inhalte besitzt, auch mehrere Unterseiten. Eine Site-Abfrage bei Google zu »wikipedia.org« (*https://www.google.de/#q=site:wikipedia.org*) liefert z. B. allein für diese Domain ca. 172 Millionen Treffer (siehe Abbildung 1.1). Das heißt, die Domain besitzt ca. 172 Millionen Unterseiten, die alle einzelne Ergebnisse bei der Google-Suche darstellen können.

Abbildung 1.1 Google-Site-Abfrage zu Wikipedia

Der Informationsgehalt im Internet ist also immens hoch. Dies wird beispielsweise deutlich, wenn Sie eine Suchanfrage zu einem sehr allgemeinen Keyword, z. B. *Sonnenbrillen*, im Internet durchführen (siehe Abbildung 1.2). Oberhalb der Suchergebnisse liefert Google eine ungefähre Anzahl der einzelnen Webseiten, die zu dem eingegebenen Suchbegriff gefunden wurden. Unser Test liefert etwa 23 Millionen Webseiten, PDF-Dokumente oder andere Dokumente (Word-, PowerPoint-, Excel-Dokumente etc.), die zum Begriff *Sonnenbrillen* gefunden wurden.

Abbildung 1.2 Google zeigt die ungefähre Anzahl der Suchergebnisse an.

Ob es wirklich 22,6 Millionen Seiten sind, können wir natürlich nicht nachvollziehen – aber allein diese ungefähre Zahl von knapp 23 Millionen Google-Treffern zu einem einzelnen Suchbegriff vermittelt einen Eindruck davon, welche Datenmengen im Internet auffindbar und demzufolge vorher von der Suchmaschine Google in einer Datenbank registriert worden sind.

Doch letztlich sind die 23 Millionen Seiten für einen Nutzer auch uninteressant, denn in den meisten Fällen werden nur die ersten 30 Treffer angeschaut, also die ersten drei Seiten der Google-Ergebnisse. Suchmaschinennutzer gehen davon aus, dass am Anfang der Ergebnisliste die besten Treffer versammelt sind. Die Treffer nach der dritten Seite sind daher meistens uninteressant und werden kaum noch beachtet.

Ein weiterer Vorteil der Suchmaschinen besteht für die Nutzer also darin, dass Informationen bereits vorgefiltert und sortiert werden, sodass die vermeintlich besten Ergebnisse direkt zu Beginn angezeigt werden. Somit sparen Suchmaschinennutzer jede Menge Zeit und tauchen in den meisten Fällen auch nicht tiefer in die weiteren Ergebnisseiten ein, sondern sind mit den ersten Treffern zufrieden. Falls sie dort nichts finden, verändern die Nutzer eher die Suchanfragen, anstatt sich die Ergebnisseite 4 und folgende anzusehen.

Nicht nur die Anzahl der registrierten Domains und der Suchtreffer beeindruckt. Wir haben noch weitere Kennzahlen zusammengetragen, die zeigen, welche riesigen Informationsmengen im Internet zu finden sind. So wurden im Jahr 2017 beispielsweise jede Minute 4,1 Millionen Videos auf YouTube angeschaut.

Folgende weitere Dinge geschehen darüber hinaus innerhalb einer Minute im Internet[1]:

▶ Es werden ca. 3,5 Millionen Suchanfragen auf Google gestellt.

▶ Es werden ca. 900.000 Logins bei Facebook vorgenommen.

▶ Es werden ca. 452.000 neue Tweets bei Twitter geschrieben.

Bei so vielen Informationen benötigt der Internetnutzer auf jeden Fall entsprechende Hilfestellungen: Suchmaschinen zeigen schnell jeweils die passenden Informationen zu den eingegebenen Keywords. Zukünftig werden sich die Suchmaschinen daher noch stärker an der aktuellen Situation des Suchenden orientieren. Anfragen mit lokalem Interesse enthalten dann verstärkt Hinweise zu Geschäften vor Ort inklusive einer Wegbeschreibung zu einem nahegelegenen Standort. Außerdem lernt die Suchmaschine aus dem Suchverhalten. Falls Sie zum Beispiel über den Routenplaner eine bestimmte Wegstrecke gesucht haben und danach die Frage »Wie wird das Wetter?« stellen, so erhalten Sie Wetterauskünfte, die sich nicht auf Ihren Standort, sondern auf die gesuchte Zielregion beziehen. Die aktuellen und noch stärker die zukünftigen Funktionen zementieren die Bedeutung der Suchmaschine als Startpunkt jeder Art von Webrecherche. Die gewaltigen Informationsmengen des Internets werden nur durch eine Suchmaschine einigermaßen beherrschbar.

1.1.1 Wer sucht im Internet?

Auf die simple Frage »Wer sucht im Internet?« passt die einfache Antwort: »Alle!« Die Nutzung des Internets hat mittlerweile fast alle Altersgruppen durchdrungen. So sind beispielsweise in der Altersgruppe der zehn- bis vierzigjährigen Einwohner in Deutschland über 95 % im Internet aktiv.

Abbildung 1.3 aus einer Studie der *Arbeitsgemeinschaft Online Forschung e.V.* (AGOF) zeigt, dass erst ab der Altersgruppe der 60-Jährigen die Internetnutzung auf einen Anteil von unter 40 % fällt.

Internetnutzung bedeutet gleichzeitig auch Suchmaschinennutzung! Eine zweite Grafik der AGOF-Studie vom März 2014 zeigt, dass neben der Nutzung von E-Mails und dem Shoppen im Internet vor allem der Aufruf einer Suchmaschine zu den häufigsten Aktivitäten zählt (siehe Abbildung 1.4). Laut dieser Studie nutzen ca. 86 % der Onliner eine Suchmaschine. Diese wird vor allem als Einstieg in eine Internet-Session genutzt, wobei zunächst meistens Informationen, Produkte oder Dienstleistungen gesucht werden.

---

1 Quelle: *https://www.weforum.org/agenda/2017/08/what-happens-in-an-internet-minute-in-2017*

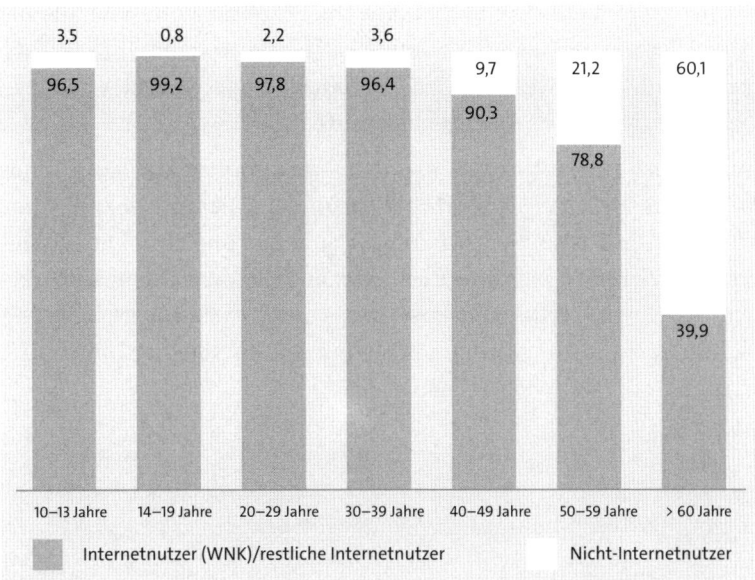

Abbildung 1.3 AGOF-Studie zur Online-Penetration nach Altersgruppen (Angaben in Prozent)

Abbildung 1.4 AGOF-Studie zu den thematischen Schwerpunkten der Internetnutzung (Top-10-Darstellung, Angaben in Prozent)

1.1.2   Wie viele Suchmaschinen gibt es?

Unsere Lieblingsfrage zu Beginn eines jeden Vortrags lautet: »Wie viele Suchmaschinen gibt es?« Die Antworten variieren zwischen einer Handvoll an Suchmaschinen und Hunderten von unterschiedlichen Suchanbietern. Wir geben zu, dass wir nie alle Suchmaschinen wirklich gezählt haben. Wir können ad hoc auch keine wissenschaftliche Untersuchung nennen, die wirklich alle Suchmaschinen des Internets auflistet. Daher lässt sich die Anzahl letztlich nicht genau beziffern.

Manchmal kommt jedoch auch folgende Antwort aus dem Auditorium: »Es gibt nur eine Suchmaschine!« Damit nähern wir uns der Lösung, auf die wir hinauswollten. Suchmaschinen, die für das Thema Suchmaschinenmarketing und Werbung interessant sind, gibt es wirklich nur wenige. Natürlich bezieht sich Suchmaschinenmarketing auf alle Suchmaschinen! Faktisch gibt es in Europa und vor allem in Deutschland jedoch nur drei Anbieter, die aus Marketingsicht interessant sind, weil diese drei Suchmaschinen ca. 99 % der täglichen Suchanfragen abdecken.

Diese drei Big Player sind:

▶ Google

▶ Yahoo (wurde vom US-Telekomunternehmen Verizon gekauft)

▶ Bing (die Microsoft-Suchmaschine)

Da Microsoft und Yahoo eng zusammenarbeiten, kann man diese zwei historisch eigenständigen Suchmaschinen mittlerweile als eine vereinte Suchmaschine betrachten. Also gibt es in Deutschland nur zwei wichtige Suchmaschinen. International kommen außerdem noch zwei bedeutende Suchmaschinen hinzu, und zwar Yandex für Russland und Baidu, die in China den größten Anteil an Anfragen aufweisen kann. Google hatte sich nämlich im Jahr 2010 nach einem Streit über die Internetzensur der staatlichen Stellen aus China zurückgezogen.

In Deutschland ist jedoch Google die wichtigste Suchmaschine, weil der Gigant hier gut über 90 % (die Angaben schwanken ein wenig) der täglichen Suchanfragen beantwortet. Eine gute Platzierung bei Google, sei es in den organischen (also den natürlichen) Suchergebnissen, oder in den bezahlten Werbeeinblendungen, ist für alle Branchen und Unternehmensgrößen immens wichtig. Betriebswirtschaftlich gesehen lohnt es sich deswegen, zunächst seine ganze Energie und Zeit in die Optimierung einer Google-Platzierung zu investieren und den finanziellen Aufwand auf diese eine Suchmaschine zu konzentrieren. Eine Ausrichtung auf Bing/Yahoo ist somit nur als Ergänzung des Suchmaschinenmarketings sinnvoll. Aus diesem Grunde beschäftigt sich dieses Buch auch nur mit Google AdWords. Bei anderen Kräfteverhältnissen läge nun ein Fachbuch zum Thema »Yahoo Advertising« bzw. »bing ads« vor Ihnen.

1.1.3   Die Vormachtstellung von Google

Da Google der Vorreiter bei den Suchmaschinen ist, wirkt sich dies auch auf die Analyse-Tools aus. Die Recherche nach Begriffen und die Analyse von Suchtrends führen unweigerlich zu Tools der Firma Google, weil sie in diesem Bereich die beste Expertise und die größten Datenbanken besitzt.

Die Suchmaschine Google bietet also als Schnittstelle zwischen den Suchenden im Internet und der gigantischen Menge an Informationen auf Webseiten eine hervorragende Möglichkeit, um die eigene Webseite den Internetnutzern zu präsentieren. Der große Vorteil des sogenannten Suchmaschinenmarketings bezieht sich dabei auf die Tatsache, dass Suchmaschinen qualifizierte Besucher auf die eigene Webseite lenken können. Die Besucher sind insofern qualifiziert, weil diese Gruppe über die Eingabe in das Suchfeld bereits geäußert hat, welche Informationen oder Produkte sie benötigt.

Sicher haben Sie selbst schon vielfach die Google-Suche genutzt und einen Suchbegriff bzw. eine Kombination von Suchbegriffen in das Google-Suchfeld eingegeben und dann ⏎ auf Ihrer Tastatur gedrückt bzw. mit der Maus auf den blauen Button mit der Lupe geklickt. Danach wurde im Browser eine Google-Suchergebnisseite, die *Search Engine Result Page* oder abgekürzt SERP, bereitgestellt (siehe Abbildung 1.5).

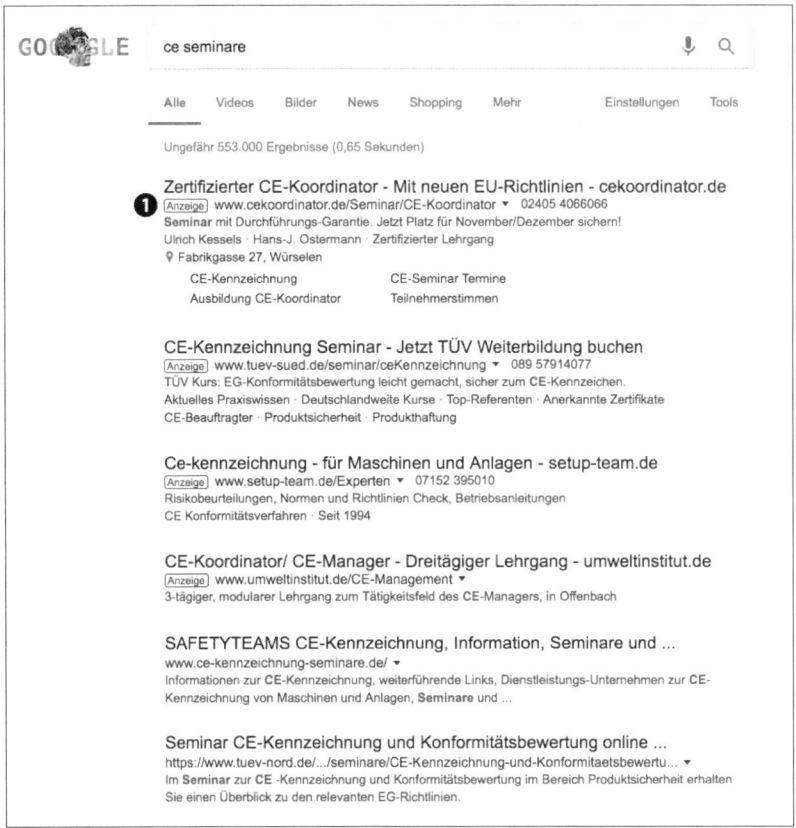

Abbildung 1.5 Google-Suchergebnisseite (SERP)

Diese Google-Suchergebnisseite besteht grundsätzlich aus zwei »Ergebnisblöcken«:

▶ aus den *organischen*, nach Relevanz sortierten Ergebnissen aus den Google-Datenbanken

▶ aus den *bezahlten*, in Bezug auf Qualität sortierten Ergebnissen aus dem Google-Werbeprogramm

---

Wie wird die Werbung bei Google gekennzeichnet?

Seit März 2014 werden die AdWords-Anzeigen mit kleinen Markern und der Aufschrift *Anzeige* (❶ in Abbildung 1.5) gekennzeichnet. Google hat zur Kennzeichnung der bezahlten Ergebnisse in der Vergangenheit bereits verschiedene Möglichkeiten getestet. So wurden unter anderem die Werbebereiche mit unterschiedlichen Hintergrundfarben gekennzeichnet. Hier bestand das Problem, dass die Einfärbung oft nicht wirklich von dem weißen Hintergrund der organischen Rankings zu unterscheiden war.

Ob Google in Zukunft die Kennzeichnung mit den Markern beibehält, ist auch nicht sicher, da auch diese Markierung aktuell kontrovers diskutiert wird. Für manche Werbetreibenden ist die Kennzeichnung als Werbung zu auffällig – und darum werden Besucherrückgänge über die Werbeanzeigen befürchtet. Andere Internetexperten sind genau der entgegengesetzten Meinung und kritisieren, dass die Kennzeichnung noch zu unauffällig ist und so organische und bezahlte Suchergebnisse nicht gut zu unterscheiden sind.

Für das Suchmaschinenmarketing (SEM) sind grundsätzlich beide Ranking-Möglichkeiten auf der Google-Ergebnisseite interessant. Während die Platzierung des organischen Rankings durch Suchmaschinenoptimierung (SEO = *Search Engine Optimization*) unterstützt wird, wird die bezahlte Werbung unter dem Begriff SEA (= *Search Engine Advertising*) zusammengefasst.

Verwirrung bei der richtigen Bezeichnung

Bitte beachten Sie die unterschiedliche Nutzung der Begrifflichkeiten. SEM und SEA werden oft gleichgesetzt, da Suchmaschinenmarketing nur mit der bezahlten Werbung in Suchmaschinen verbunden wird. Zu SEM gehört für viele Experten jedoch auch die Platzierung in den organischen Ergebnissen, die mithilfe von SEO verbessert wird. Auch eine vordere Positionierung der Webseite im organischen Ranking ist Marketing und bringt interessierte Besucher, also potenzielle Kunden, auf die eigene Website. Daher ist es begrifflich sauberer, wenn *Suchmaschinenmarketing* (SEM) als Oberbegriff genutzt wird, der die Suchmaschinenoptimierung (SEO) und die bezahlten Anzeigen auf der Suchergebnisseite (SEA) vereint.

Ein weiterer Fehler bei der korrekten Wortwahl besteht darin, SEA nur mit AdWords gleichzusetzen. Da es Werbung aber auch in anderen Suchmaschinen (z. B. Bing) gibt, ist eine Reduzierung auf das Google-Werbeprogramm AdWords nicht ganz korrekt.

1.1.4   Wie wird gesucht? Verschiedene Arten von Suchanfragen

Es gibt verschiedene Arten der Suche. Google unterscheidet dabei grundsätzlich drei Arten von Suchanfragen. Diese werden auch als *Do-Know-Go* bezeichnet. Was steckt nun hinter diesen drei Begriffen?

Do-Anfragen

Zum einen gibt es Suchanfragen, die auf eine bestimmte Aktion hinauslaufen. Das sind die sogenannten Do-Anfragen. »Do« bedeutet hier, dass die Google-User etwas tun möchten. Ein Beispiel für Do-Anfragen sind Suchanfragen, die den Download eines Programms oder die Ausführung eines Dienstes zum Ziel haben. Wer z. B. eine Inhaberabfrage zum Auffinden der entsprechenden Domain stellen möchte, der gibt meistens nicht die URL eines entsprechenden Dienstleisters in die Adresszeile des Browsers ein, sondern stellt die Suchanfrage nach *domaininhaber herausfinden* oder *whois* bei Google ein. Das gleiche Verhalten erkennt man auch bei der Suche nach dem PDF-Reader von Adobe, der installiert werden soll. Da die entsprechende Adobe-Unterseite nicht bekannt oder als Favorit gespeichert ist, werden einfach die Begriffe *adobe* und *reader* in das Google-Suchfeld eingegeben (siehe Abbildung 1.6).

Abbildung 1.6 Do-Suche nach dem Adobe PDF-Reader

Weitere typische Do-Anfragen sind:

- Aufruf von Online-Games
- Musikdownload
- Abspielen von Videofilmen
- Dienstleister, die dem Suchenden bekannt sind, z. B. ein Blumenversand

Know-Anfragen

Bei der zweiten Art von Suchanfragen handelt es sich um sogenannte Informations-anfragen bzw. Know-Anfragen. Der Google-Nutzer möchte also etwas wissen (»know«).

Zu dieser Gruppe zählen sicher die meisten Anfragen, die täglich bei Google gestellt werden. Eine Informationsanfrage kann z. B. eine Recherchearbeit für ein Referat sein, wobei dann letztlich eine spezielle Wikipedia-Seite gefunden wird. Es kann aber auch um Problemlösungen gehen, die später in vielen Fällen zum Kauf eines Produkts führen. Falls Sie beispielsweise ein individuelles Geschenk für Ihre Tochter zum Geburtstag suchen, kann dies Sie zunächst zu Webseiten führen, die Geschenkideen zum Geburtstag auflisten. Die Ergebnisse dieser Suche bringen Sie dann auf eine spezielle Geschenkidee, sodass Sie im zweiten Teil Ihrer Recherche vielleicht nach der Möglichkeit für einen individuellen T-Shirt-Druck suchen (siehe Abbildung 1.7). Beide Arten der Suchanfrage gehören jedoch zum Bereich Informationsanfrage.

Abbildung 1.7 Beispiel für eine Informationsanfrage

Eine Anfrage bei Google kann aber auch direkt mit einer Kaufabsicht starten, wenn es nur noch darum geht, das passende Sommerkleid zu einem günstigen Preis online zu erwerben oder einen Anwalt in der Umgebung zum Thema Baurecht zu finden.

In beiden Fällen ist die Entscheidung, ein Produkt zu kaufen bzw. einen Auftrag zu vergeben, schon gefallen. Die Suchmaschine wird nur noch dazu genutzt, den passenden Anbieter zu finden.

Zu Informationsanfrage gehört aber auch die Suche nach

▶ Produktbewertungen

▶ Preisvergleichen

▶ Installations- oder Bauanleitungen

Mit den unterschiedlichen Arten der Informationsanfrage sollten Sie sich auf jeden Fall beschäftigen, wenn Sie Google-AdWords-Werbung schalten oder schalten möchten. Sie sollten immer versuchen, sich selbst in die Situation Ihrer potenziellen Kunden hineinzuversetzen. Sind Ihre gebuchten AdWords-Keywords nämlich zu allgemein gehalten, so erscheinen Ihre Anzeigen oft bei Suchanfragen, bei denen kein Kaufinteresse besteht. Dies kann hohe Werbekosten verursachen, weil zwar Klicks, aber keine Kunden generiert werden. Auf der anderen Seite können aber auch Informationsanfragen bereits potenzielle Kunden auf das eigene Angebot aufmerksam machen. Sie sollten also bei der Keyword-Recherche und später dann bei der Analyse bestehender Keywords genau überprüfen, welche Effekte Sie mit Ihren Keywords erreichen.

Go-Anfragen

Die dritte Gruppe, die Google unterscheidet, sind sogenannte Navigationsanfragen (Go-Anfragen). Hier ist das Unternehmen, die Marke oder die Webseite zwar grundsätzlich bekannt, aber der Suchende ist sich über die genaue Schreibweise der Webseiten-URL oder einer speziellen thematischen Unterseite im Unklaren. Bevor der Internetnutzer daher zu viel Zeit mit der direkten Eingabe verliert, die eventuell noch einmal korrigiert werden muss, wird einfach direkt die Suchmaschine zurate gezogen. Der Unternehmensname oder auch die Domain werden in das Google-Suchfeld eingegeben. Daher sind zum Beispiel auch Suchanfragen nach *xing*, aber auch die Eingabe von *www xing de* bei Google keine Seltenheit, obwohl die Eingabe von *xing.de* in das Adressfeld des Browsers auf einfachere Weise direkt zum Ziel führen würde (siehe Abbildung 1.8).

Zur Gruppe der Go-Anfragen gehören zum Beispiel Suchanfragen nach:

▶ Markennamen

▶ Firmennamen

▶ Namen sozialer Netzwerke

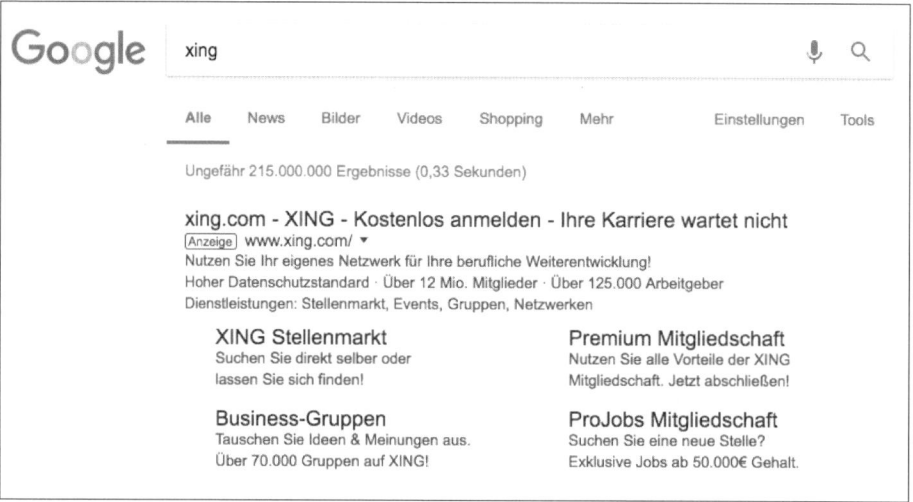

Abbildung 1.8 Suche nach »xing« als Beispiel für eine Go-Anfrage

Suchintentionen

Es gibt natürlich auch Suchanfragen, die nicht ganz exakt in eine bestimmte Schublade gesteckt werden können, sondern Mischformen darstellen. Außerdem schlagen Experten auch noch eine weitere Einteilung nach bestimmten Suchintentionen vor. Die Suchanfragen werden z. B. in *Navigational Queries* eingeteilt. Diese kombinieren Produkte mit bestimmten Webseiten. So werden oft Produkte in Kombination mit den Begriffen *ebay* oder auch *amazon* gesucht. Andererseits suchen Google-User Musikstücke in Kombination mit *youtube*. Der Suchende hat bereits die gewünschte Website vor Augen, startet die tiefergehende Suche zu dieser Website aber nicht vor Ort im Suchbereich der Webseite, also direkt bei Amazon, ebay oder YouTube, sondern bereits vorher im Google-Suchfeld.

Eine zweite Suchintention wird *Informational Query* genannt. Hier werden oft Fragen zu bestimmten Produkten oder Dienstleistungen gestellt. Erwartet werden dann z. B. Testberichte oder Testimonials zu den Produkten/Dienstleistungen. Eine Informational Query könnte z. B. *bestes Smartphone für Einsteiger* lauten.

Anfragen mit sehr konkreter Kaufabsicht werden dagegen als *Transactional Queries* bezeichnet. Hier spielt die Transaktion, also letztlich der Kauf, bei der Suchanfrage schon eine wichtige Rolle. Diese Suchanfragen werden oft in Form einer Suchphrase gestellt, weil damit mehrere Informationen kombiniert werden. Bei den Transactional Queries wurden bereits vorher genügend Informationen gesammelt; der Online-Kauf ist quasi schon beschlossene Sache. Typische Transactional Queries lauten dann z. B. *webshop laufschuhe* oder ganz konkret zu einem speziellen Produkt: *iPhone X kaufen*.

Viele Google-User haben die Erfahrung gemacht, dass ein einzelner Suchbegriff oft wenig weiterhilft, darum wird der Hauptbegriff meistens mit einem zweiten oder dritten Begriff kombiniert. Eine Google-Suche beinhaltet daher meistens keinen richtigen Satz, sondern stellt eine Aneinanderreihung von Begriffen dar. Die sogenannten *Stopp-Wörter* wie *der*, *einer* und *an* werden in den meisten Suchanfragen nicht genutzt. Es gibt aber auch Google-Nutzer, die eine komplette Frage formulieren, z. B. *wie ersetze ich windows 8 durch windows 10*, und diesen Satz dann in das Google-Suchfeld eingeben (siehe Abbildung 1.9).

Abbildung 1.9 Sucheingabe eines kompletten Satzes

Eine Anfrage als kompletten Satz zu formulieren, ist momentan noch die Ausnahme, weil es einfach zu viel Arbeit bedeutet, ganze Sätze in das Suchfeld einzutippen – und der Mensch, vor allem der Internetnutzer, ist zunächst einmal bequem.

Komplette Fragen werden aber hauptsächlich deswegen eingegeben, weil der Suchende davon bessere Ergebnisse erwartet. In Zukunft werden diese Suchanfragen jedoch zunehmen, da immer häufiger mithilfe der Spracherfassung, vor allem über Smartphones, gesucht wird. Die Eingabe über Tastatur entfällt und mit der Spracherfassung wird die Suche dann eher als kompletter Satz formuliert.

Für manche User ist die Google-Suche aber auch nur eine Art Zeitvertreib, um lustige Seiten zu finden. Es werden nämlich auch viele sinnlose Dinge gesucht. *Google Suggest* nennt man die automatischen Vorschläge (engl. »to suggest« – dt. »vorschlagen«), die von der Google-Suche angeboten werden. Gibt man bei Google die Keywords *google ist* ein, so erscheinen teilweise lustige Ergänzungen. Dabei ist anzumerken, dass die Vorschläge das Suchverhalten der Google-User widerspiegeln. Die Ergänzungen zeigen in Abbildung 1.10, was andere Google-Nutzer in Zusammenhang mit den vorgegebenen Begriffen in der Vergangenheit bereits gesucht haben.

Abbildung 1.10 Google Suggest zur Eingabe »google ist ...«

In einem zweiten Beispiel erfahren wir über Google Suggest, was Bayern München so alles hat (siehe Abbildung 1.11).

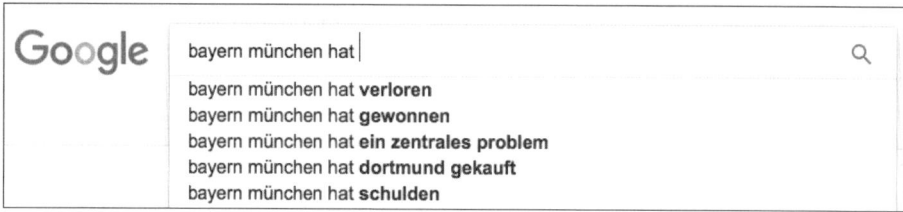

Abbildung 1.11 Google Suggest zur Eingabe »bayern münchen hat ...«

Google Suggest können Sie aber auch sinnvoll nutzen, denn mithilfe der Live-Vorschläge (siehe Abbildung 1.12) erhalten Sie thematisch passende Ergänzungen zu den eigenen Keywords. Geben Sie dazu einfach Ihre wichtigsten Keywords in das Google-Suchfeld ein, und schauen Sie, was Suggest als Erweiterung vorschlägt. So analysieren Sie live, wonach potenzielle Kunden im Zusammenhang mit Ihren Keywords suchen.

Diese interessanten Vorschläge sollten Sie auf jeden Fall in Ihre Keyword-Liste aufnehmen. Auf diese Weise erhöhen Sie die Chance auf passende Treffer und interessierte Webseitenbesucher. Andererseits sollten Sie Vorschläge von Google Suggest, die zwar oft im Zusammenhang mit Ihren Keywords eingegeben werden, aber nicht zu Ihrem Webseitenangebot passen, direkt in Ihre ausschließende Keyword-Liste übernehmen. Weitere Informationen zur Keyword-Recherche und den jeweiligen Listen erhalten Sie in Kapitel 3, »Keywords«.

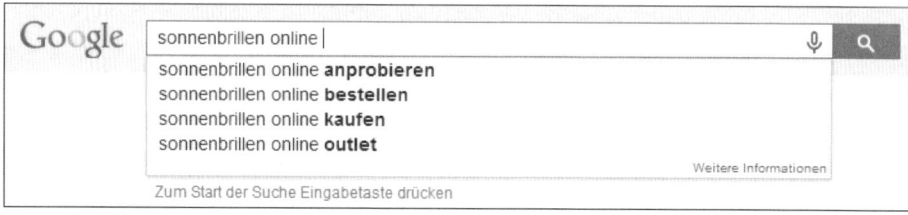

Abbildung 1.12 Google Suggest zur Eingabe »sonnenbrillen online ...«

Bedenken Sie, dass Google Suggest auf Google-Statistiken zurückgreift und bei Ihren wichtigsten Keywords daher auch immer das Suchverhalten Ihrer potenziellen Kunden widerspiegelt. Dieses Google-Tool ist somit ein wertvoller Baustein Ihrer Keyword-Recherche.

1.1.5 Ein Wust von Suchergebnissen – welche führen zum Ziel?

Die Google-Suchergebnisseite war in früheren Zeiten sehr übersichtlich und aufgeräumt. Damals dominierte eine weiße Fläche mit wenigen »Textinseln«, die dann die interessantesten Suchtreffer lieferten. »Dekoriert« wurden diese organischen Ergebnisse von wenigen Anzeigen, die zum Teil oberhalb der organischen Treffer platziert waren, aber größtenteils rechts neben den natürlichen Suchergebnissen standen.

Heutzutage ist das Erscheinungsbild der Google-Ergebnisseite jedoch viel bunter und durch verschiedene Spezialergebnisse geprägt. Diese unterschiedlichen Ergebnisse werden wir uns in den folgenden Abschnitten einmal näher anschauen. Denn die Google-Ergebnisse sind auf das jeweilige Suchbedürfnis der User abgestimmt. Dadurch entstehen sehr unterschiedliche Darstellungen. Vermutet Google eine Produktsuche, so werden z. B. Produktbilder in Form von Shopping-Ergebnissen ausgeliefert. Ordnet Google die Suchanfrage als Anfrage mit lokalem Interesse ein, so wird direkt ein Kartenausschnitt von Google Maps ausgespielt und eine Liste mit Google-Places-Einträgen angeboten. Bei einer Hotel- oder Flugsuche werden spezielle Reiseergebnisse mit zugehörigen Preisvergleichen angezeigt. Wird jedoch der Name eines Prominenten in das Google-Suchfeld eingegeben, so werden News, Bilder und Videos zu diesem Prominenten auf der Ergebnisseite bereitgestellt.

In den folgenden Abschnitten schauen wir uns die verschiedenen Bereiche der Google-Suchergebnisseite genauer an.

Obere Positionen der Ergebnisse

An den ersten Positionen auf der linken Seite befinden sich oberhalb der organischen Ergebnisse oft ein bis maximal vier sogenannte Top-Ergebnisse (siehe Abbildung 1.13). Dieser Bereich oberhalb der organischen Suchanfragen war historisch gesehen für große Google-Werbepartner bestimmt, die diesen Bereich in der AdWords-Anfangszeit als Werbefläche buchen konnten. Google hat dies jedoch bereits wenige Monate nach Einführung von Google AdWords geändert. Aktuell finden sich auf den oberen Positionen diejenigen AdWords-Anzeigen, die sich von der Konkurrenz vor allem durch eine höhere Qualität unterscheiden. Google macht dies zum Beispiel an einer vergleichsweise besseren Klickrate fest. Zusätzlich müssen die Anzeigen auf den ersten Positionen natürlich auch einen guten *Ad Rank* besitzen. Der Ad Rank wird von Google bei jeder Suchanfrage neu berechnet. Der Ad Rank oder Anzeigenrang gibt an, welche Stelle die Anzeige auf der Google-Ergebnisseite einnimmt. Die Berechnung des Ad Ranks stellen wir Ihnen später in Abschnitt 1.3.5 vor.

Die oberen Positionen bieten bestimmte Vorteile in der Darstellung der Textanzeige (siehe Abbildung 1.13). So können in diesen Positionen sogenannte Sitelinks ❶, also zusätzliche Verlinkungen auf individuelle Unterseiten, in die AdWords-Anzeigen eingebaut werden. Eine weitere Besonderheit in der Darstellung bietet die verlängerte Titelzeile. Diese kann in den oberen Positionen um die erste Textzeile erweitert werden ❷.

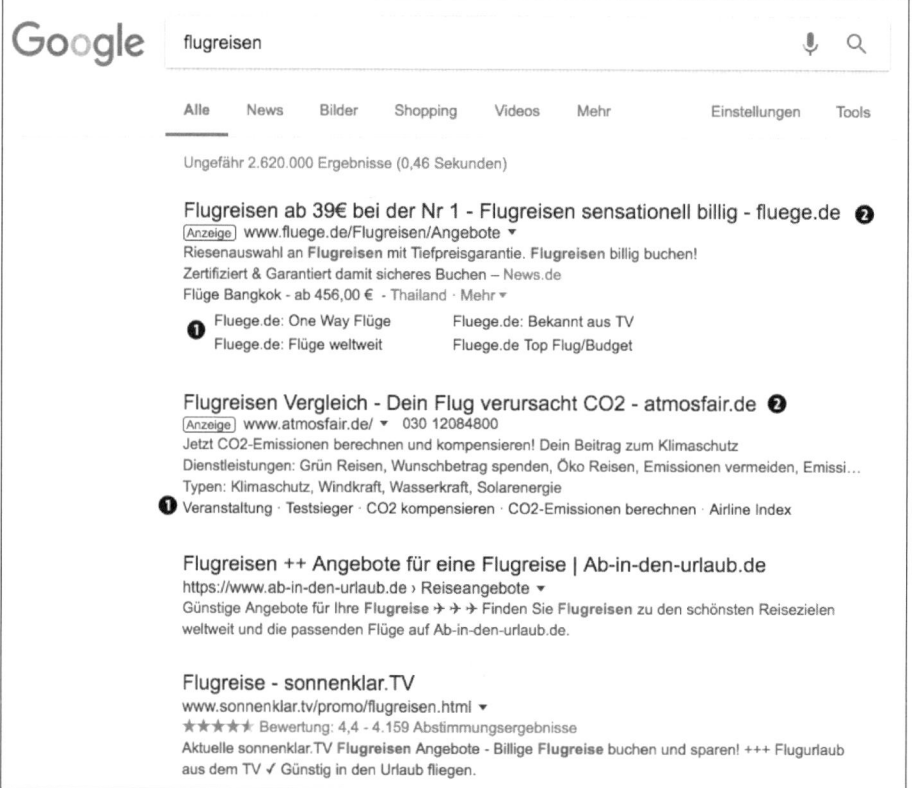

Abbildung 1.13 Top-Suchergebnisse

Ergebnisse unterhalb der organischen Treffer

Google zeigt auch AdWords-Anzeigen auf der linken Seite unterhalb der organischen Treffer an.

Als Begründung für die Schaltung unterhalb der organischen Treffer nennt Google das Nutzerverhalten: Ergebnisseiten werden gescannt, und dabei werden die gelisteten Ergebnisse heruntergescrollt, sodass ein Teil der Google-User auch der Werbefläche am Ende der SERPs besondere Aufmerksamkeit schenkt.

Produktanzeigen

Die Google-Shopping-Ergebnisse (siehe Abbildung 1.14), die seit 2013 als bezahlte Anzeigen über Google AdWords gesteuert werden, dominieren das Bild der Ergebnisseiten, sobald nach einem bestimmten Produkt gesucht wurde.

Diese Werbemöglichkeit ist normalerweise nur für Webshops interessant, wobei zukünftig auch noch andere Formate denkbar sind, z. B. Schulungsangebote. Aktuell können Webshop-Besitzer neben den Beschreibungen und Preisangaben etc. die Bilder ihrer Produkte bei AdWords als Link hinterlegen. Anzeigen mit Bildern funktionieren recht gut in der Google-Suche, weil Bilder die Blicke der Suchenden »anziehen« und somit die Anzeige mehr Aufmerksamkeit erhält. Sie können sich also darauf einstellen, dass die Google-Ergebnisse zukünftig noch bunter, d. h. mit Bildern geschmückt werden.

Die neuen Shopping-Anzeigen befinden sich auf der Google-Ergebnisseite meist oberhalb der organischen Ergebnisse. In Ausnahmefällen sind sie auf Desktop-Computern auch noch auf der rechten Seite zu sehen (siehe Abbildung 1.15). Sie enthalten neben dem Bild ❶ einen kurzen Titel ❷, der Informationen zu dem Produkt liefert, den Namen des jeweiligen Webshops ❸ sowie eine Angabe zu den Versandkosten ❹.

Abbildung 1.14 Shopping-Anzeigen mit Bildern

Weitere Textanzeigen

Die Standardanzeigen des AdWords-Programms befinden sich oberhalb und unterhalb der organischen Suchergebnisse. Bis zur jüngsten Google-Umstellung waren sie im rechten Bereich der Ergebnisseite platziert. Diesen Bereich nutzt Google nunmehr für eigene Zwecke, nämlich um dort generelle Suchergebnisse zum gesuchten Begriff anzuzeigen. Dies umfasst beispielsweise einen Link zum jeweiligen Wikipedia-Eintrag, Bilder und den Hinweis »Andere suchten auch nach«.

Abbildung 1.15 Google-Suchergebnisse auf der rechten Seite

Organische Ergebnisse

Die organischen Suchergebnisse bilden die eigentliche Grundlage des Google-Such-dienstes. Auf der Qualität dieser Ergebnisse fußt der ganze Erfolg von Google. Die or-ganischen Ergebnisse sind ähnlich aufgebaut wie die AdWords-Textanzeigen, wes-halb Textanzeigen von ungeübten Google-Nutzern auch häufig mit den organischen Suchergebnissen verwechselt werden.

Bei den organischen Ergebnissen gibt es eine Titelzeile in blauer Schrift, die als Link auf die zugehörige Webseite verweist. In grüner Farbe wird darunter die URL zur Er-gebnisseite dargestellt, und zwei Textzeilen in Schwarz geben eine kurze Beschrei-bung zur Ergebnisseite. Es ist kein Zufall, dass sich die organischen und bezahlten Er-gebnisse sehr ähnlich sehen. Google testet ständig, welche Darstellungen der Ergebnisse von den Suchenden angenommen werden. Die User Experience, also das Nutzererlebnis, steht immer im Vordergrund.

Google ist hierbei nicht selbstlos, sondern weiß natürlich auch, dass zufriedene User der Suchmaschine treu bleiben und somit zum Erfolg des Unternehmens beitragen. Manche Darstellungen, zum Beispiel die Erweiterung der Ergebnisse um die sogenannten Bewertungssterne, wurden zuerst in den bezahlten Anzeigen getestet und dann in den organischen Ergebnissen übernommen. Auf der anderen Seite wurden Sitelinks zunächst in den organischen Ergebnissen getestet und danach als erweiterte Sitelinks auch in die bezahlten Ergebnisse aufgenommen.

Universal Search- bzw. OneBox-Ergebnisse

Die organischen Suchergebnisse werden bei bestimmten Anfragen durch Ergebnisse aus der Google-Spezialsuche unterbrochen. Diese Darstellung der Suchergebnisseite nennt man auch *Universal Search*. Google mischt die Standard-Google-Ergebnisse mit Ergebnissen aus anderen Google-Datenbanken, zum Beispiel Images (der Google-Bildersuche) ❶, Google News (den aktuellen Nachrichten) ❷, Google Videos (Google-Videosuche) etc. Diese Ergebnisse werden innerhalb sogenannter *OneBoxes* dargestellt. Am bekanntesten und auffälligsten sind die Google Images ❶. Sie sind im Zuge der jüngsten Umstellung in den prominenten rechten Rand der Suchergebnisseite gerückt.

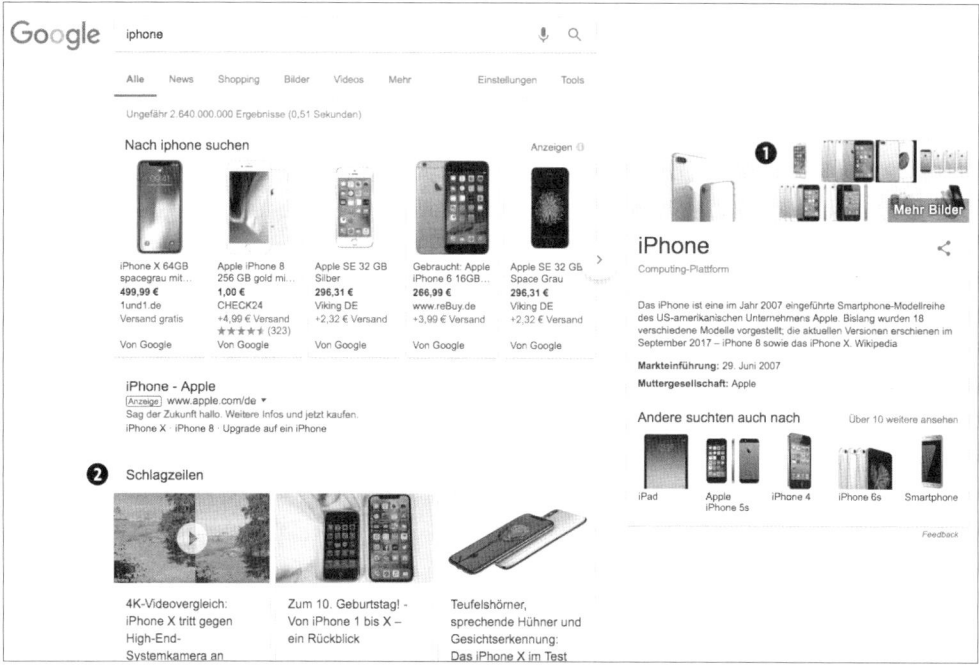

Abbildung 1.16 OneBox-Ergebnisse mit Bildern und News

Wann die Ergebnisse aus der Spezialsuche in die SERPs eingebaut werden, hängt wieder sehr stark von der Art der Suche ab. Wird zum Beispiel nach aktuellen Ereignissen oder auch nach Persönlichkeiten gesucht, so besteht eine große Chance, dass auf der ersten Seite Ergebnisse aus den Google News angezeigt werden. Bei der Suche nach einem Produkt ist es unwahrscheinlicher, aber es auch nicht ausgeschlossen, dass eine News eingestreut wird. Ein neues Produkt, über das in den Nachrichten berichtet wird, kann mit einem Newsbeitrag auf der Ergebnisseite rechnen.

Die Ergebnisse, die in den OneBoxes dargestellt werden, kann man auch als Spezialsuche bei Google abrufen. In den meisten Fällen nutzen Google-User diesen speziellen Google-Ergebnisdienst jedoch nicht. Die Darstellung der OneBoxes innerhalb der organischen Suchergebnisse ist für Google daher auch eine Art Eigenwerbung für die Spezialsuche. Es gibt verschiedene Möglichkeiten zu einer spezialisierten Google-Suche. Diese Möglichkeiten werden von Zeit zu Zeit durch Google auch verändert bzw. ausgetauscht. Aktuell werden folgende Unterbereiche der Google-Suche aufgeführt:

- ▶ NEWS
- ▶ SHOPPING
- ▶ BILDER
- ▶ VIDEOS
- ▶ MAPS
- ▶ BÜCHER
- ▶ FLÜGE

Sie finden die speziellen Suchmöglichkeiten oberhalb der Suchergebnisse auf der Google-Ergebnisseite, nachdem eine Suche durchgeführt wurde (siehe Abbildung 1.17). Die wichtigsten Spezialsuchen, z. B. SHOPPING ❶, sind direkt als Link anklickbar. Weitere Optionen verbergen sich hinter dem Klick auf MEHR ❷.

Abbildung 1.17 Verschiedene Möglichkeiten für die Spezialsuche

Google Knowledge Graph und Unternehmensdarstellung

Bei der Suche nach Persönlichkeiten, Marken oder Unternehmen zeigt Google in der rechten oberen Ecke der SERPs immer häufiger zusätzliche Informationen an, die den Wissensdurst der Suchenden auf einem Blick befriedigen sollen. Bei Persönlichkeiten kommen die Informationen aus dem Google Knowledge Graph, einer speziellen Google-Wissensdatenbank. Bei der Suche nach Persönlichkeiten wie z. B. Elvis Presley werden dann Bilder, persönliche Daten und Musiktitel angezeigt (siehe Abbildung 1.18).

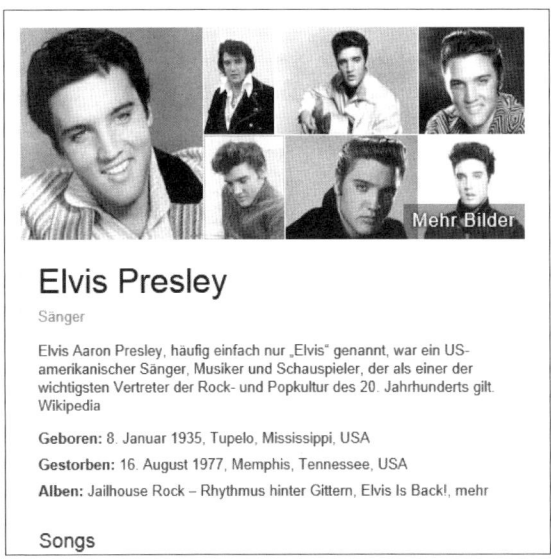

Abbildung 1.18 Informationen aus dem Google Knowledge Graph

Verfügt ein Unternehmen über Google-Bewertungen, werden diese Bewertungen zur Unternehmenssuche auf der rechten Seite angezeigt (siehe Abbildung 1.19).

Abbildung 1.19 Google-Bewertungen

Bei der Suche nach Marken oder Unternehmen können ebenfalls Zusatzinformationen aus einem Wikipedia-Eintrag in Kombination mit dem Logo (siehe Abbildung 1.20) und bei lokalen Unternehmen die Informationen und Bilder aus dem Google-Places-Eintrag rechts oben angezeigt werden.

Abbildung 1.20 Unternehmensinformationen

Lokale Treffer aus Google Places

Vermutet Google ein lokales Interesse bei der Eingabe eines Suchbegriffs, also z. B. bei der Suche nach einem Arzt, dem Friseur, Bäcker oder Anwalt etc., so erscheint neben einem Google-Maps-Ausschnitt oberhalb von den organischen Suchergebnissen eine Liste mit lokalen Ergebnissen, bei der Google auf Google-My-Business-Einträge zurückgreift. Diese Einträge beinhalten neben dem Namen und der Website-URL Hinweise zur Bewertung des Unternehmens ❶, der Adresse mit Telefonnummer ❷ und einem Marker ❸, der auf der entsprechenden Google-Karte den Standort identifiziert (siehe Abbildung 1.21). Weitere Informationen zu Google My Business finden Sie in Abschnitt 8.1.

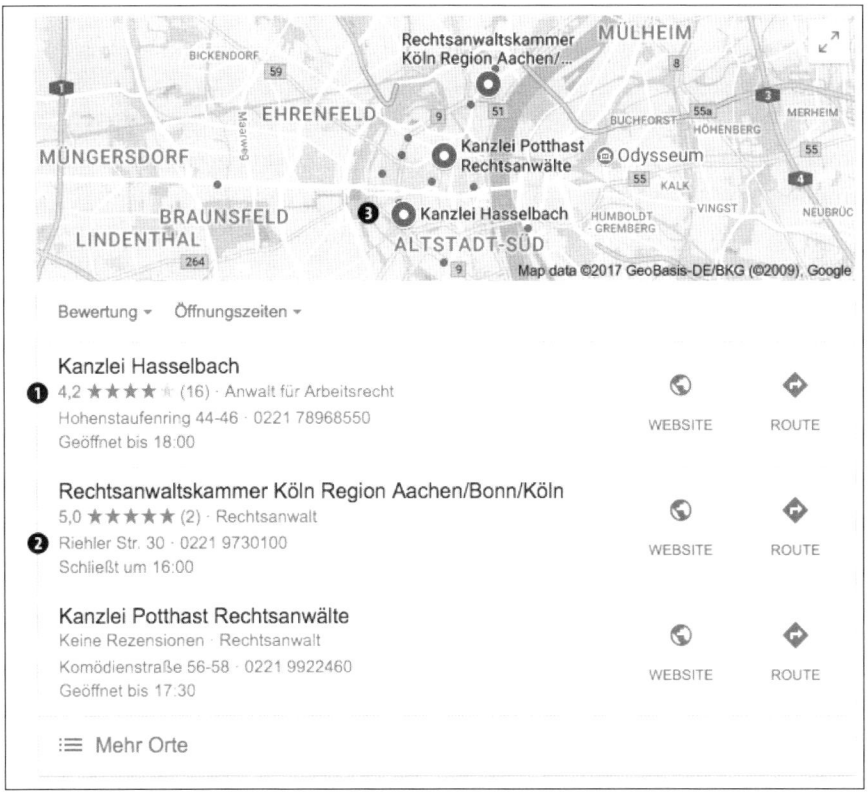

Abbildung 1.21 Lokale Ergebnisse mit Adresse und Marker

1.2 Grundidee des Suchmaschinenmarketings

Die Idee des Suchmaschinenmarketings lässt sich einfach in folgender Aussage zusammenfassen: »Internetnutzer suchen aktiv nach Ihren Produkten bzw. Dienstleistungen.«

Eine große Anzahl von Usern, die täglich das Internet in Kombination mit einer gezielten Fragestellung nutzen, aus der sehr oft auch ein konkreter kommerzieller Bedarf abgeleitet werden kann, hat die Suchmaschinen zu einer ganz besonderen Schnittstelle im Internet gemacht.

Eine Suchmaschine ist ein wundervoller Marktplatz, der regelmäßig besucht wird. Genau hier hat sich die Idee des Suchmaschinenmarketings entwickelt. Denn die Suchmaschinen verbinden im Internet die Suchenden mit den Informations-, Produkt- und Dienstleistungsanbietern. Die Suchmaschine präsentiert dabei Webseiten, auf denen neben Informationen auch die zur jeweiligen Suchanfrage passenden Produkte oder Dienstleistungen angezeigt werden.

Beim Suchmaschinenmarketing geht es nun nur noch darum, dass die eigene Web-seite zu den angefragten Begriffen möglichst weit vorne auf der ersten Suchergebnis-seite der Suchmaschine erscheint. Neben dem SEM gibt es natürlich auch noch ande-re Formen des Online-Marketings, zum Beispiel die Bannerwerbung oder das E-Mail-Marketing. Suchmaschinenmarketing ist jedoch bei richtiger Strategie sehr effektiv, weil es auf potenzielle Kunden trifft, die oft schon einen Bedarf in Form einer Such-anfrage geäußert haben. SEM ist daher ein sehr bedeutender Bestandteil des Online-Marketings. Es geschieht öfter, dass Suchmaschinenmarketing direkt mit dem On-line-Marketing gleichgesetzt wird. Wie Sie nun wissen, ist das jedoch nicht ganz korrekt.

1.2.1   Push-Marketing vs. Pull-Marketing

Um Ihnen die Idee des Suchmaschinenmarketings noch besser zu verdeutlichen, schauen wir uns kurz die beiden Klassiker im Bereich der Marketingstrategien an: die Push-Strategie und die Pull-Strategie. Diese Strategien werden immer wieder zur Er-läuterung der Google-AdWords-Werbeformen herangezogen.

Push-Strategie

Bei der Push-Strategie versucht man, mit geeigneten Kommunikationsmaßnahmen die Produkte oder Dienstleistungen in den Markt zu drücken. Die Konsumenten ken-nen das beworbene Produkt noch nicht und suchen daher nicht aktiv danach. Sie wis-sen auch nicht, dass bereits bestimmte Lösungen für ihre Probleme existieren.

Mit der Push-Strategie wird also zunächst auf das Produkt aufmerksam gemacht. In-formationen zum Produkt werden im Internet verteilt. Auf diese Weise wird ein ge-wisses Bedürfnis erst geweckt. Falls Sie z. B. eine neue Erfindung in Form einer Flüs-sigkeit, die Marmortische vor Säure schützt, vertreiben möchten, so benötigen Sie eine Push-Strategie. Ihre zukünftigen Kunden wissen ja noch nicht, dass Ihre tolle Er-findung existiert. Daher müssen Sie mit entsprechenden Maßnahmen im Internet über Ihr Produkt informieren und Neugierde wecken, sodass dann dieser spezielle Säureschutz für Marmortische angefragt und online bestellt wird.

Für diese Push-Strategie eignen sich zum Beispiel Bannerwerbungen, die gezielt auf Seiten mit Haushaltstipps geschaltet werden. Eine Push-Strategie benötigen Sie also vor allem, wenn Sie neue, unbekannte Produkte in einen bestehenden Markt einfüh-ren möchten.

> **Merkmale des Push-Marketings im Internet**
> Beim Push-Marketing muss erst ein Bedürfnis geschaffen werden. Dies gilt vor allem
> für Produkte/Dienstleistungen, die noch nicht so bekannt sind und daher auch selten

gesucht werden. Mithilfe des Online-Marketings soll vor allem die Bekanntheit durch eine große Reichweite der Werbung gesteigert werden. Hierzu eignet sich vor allem Bannerwerbung, die auf thematisch passenden Webseiten geschaltet wird.

Pull-Strategie

Bei der Pull-Strategie erzeugt der Konsument eine Nachfrage. Das Produkt oder eine Lösung für sein Problem ist dem Suchenden bereits bekannt. Nun nutzt er das Internet, um ein passendes Unternehmen, günstige Preise oder Lieferkonditionen zu finden. Oft werden auch Referenzen oder Produkterfahrungen online gesucht. Wenn Sie beispielsweise bestimmte Office-Seminare online anbieten, können die räumliche Nähe zum Kunden, der Preis, aber auch bestehende Kundenreferenzen wichtige Gründe für eine Anfrage sein. Beim Pull-Marketing sind die Produkte und Dienstleistungen also bekannt und werden vom Kunden nachgefragt. Im Internet ist daher das Suchmaschinenmarketing die geeignete Form des Pull-Marketings.

Merkmale des Pull-Marketings im Internet

Beim Pull-Marketing im Internet soll vor allem ein Bedürfnis befriedigt werden. Über eine Suchmaschine werden Produkte, Hilfestellungen und Lösungen für Probleme gesucht. Eine Textanzeige direkt als Suchergebnis wirkt quasi als Problemlöser für den Suchenden. Mit Sponsored Ads können Internetnutzer sehr zielgerichtet die passende Werbebotschaft erhalten. Suchmaschinenmarketing ist daher das geeignete Mittel für Pull-Marketing im Internet.

1.2.2 Suchmaschinenoptimierung (SEO)

Eine vordere Position bei den organischen Ergebnissen zu erzielen ist Aufgabe der Suchmaschinenoptimierung, kurz SEO. Die Suchmaschinenoptimierung beinhaltet, vereinfacht gesagt, zum einen verschiedene Verbesserungen des Webseiten-Codes sowie eine optimierte Darstellung des Webseiteninhalts für die Suchmaschinen. Dadurch können die Programme der Suchmaschinenbetreiber (sogenannte Robots, Spider bzw. Crawler) die gefundenen Texte einfacher nach bestimmten Kriterien, Wörtern und Bedeutungen filtern, zuordnen und in riesigen Datenbanken ablegen. Die Programme ordnen die Begriffe oder Kombinationen von Begriffen den einzelnen Webseiten zu.

Der zweite und, wie die Experten betonen, wichtigere Bereich der Suchmaschinenoptimierung besteht aus der sogenannten *Off-Page-* und *Off-Site-Optimierung*. Dieser SEO-Bestandteil ist nicht so leicht zu beeinflussen. Hier geht es zum größten Teil darum, Webseitenempfehlungen in Form von Backlinks aufzubauen. Dieses Online-

Empfehlungsmarketing zur Verbesserung des Google-Rankings wird für die SEOs immer schwieriger, da Google verstärkt darauf achtet, dass es wirklich echte Empfehlungen sind.

Man kann heutzutage also nur nachhelfen und die echten Fans (Linkgeber) motivieren, auch wirklich einen Backlink zu setzen, wenn sie eine Empfehlung aussprechen möchten. Ein »unnatürlicher Linkaufbau« wird immer öfter von Google entdeckt und bestraft. Dies geschieht zum einen durch einen kompletten Ausschluss aus den Suchergebnissen oder als mildere Strafe durch Herabstufung im Ranking.

Ein unnatürlicher Linkaufbau resultiert meistens aus dem Ankauf von Backlinks. Dieser Aufbau ist oft sehr schematisch und läuft nach einem gleichen Muster ab. Daher wird er auch von Google aufgedeckt. Ein Muster könnte beispielsweise ein schneller Aufbau innerhalb kurzer Zeit sein oder eine Linkempfehlung, die immer den genau gleichen Linktext beinhaltet. Diese Muster sind im Vergleich mit der Verlinkung, die Google aus einer großen Anzahl an Linkanalysen aus dem Netz ziehen kann, unnatürlich.

Wenn eine Website Empfehlungen erhält, ohne diese Verlinkung bewusst zu beeinflussen, dann gibt es, auf lange Zeit gesehen, eine gleichmäßige zeitliche Verteilung. Externe Linkgeber werden zudem öfters das Logo oder den Firmennamen sowie die Domain verlinken und nicht nur die wichtigen Keywords, zu denen eine Website bei Google rankt.

SEO wird also in Zukunft noch kreativer sein müssen, der natürliche Linkaufbau und eine stärkere Markenbildung werden dabei im Vordergrund stehen.

Als Zusammenfassung kann man SEO so beschreiben, dass Google aus den Informationen zum Webseiteninhalt und den Verlinkungen der Webseite ein Ranking für jede einzelne Webseite in Verbindung mit einem Suchbegriff bzw. einer Suchphrase (Kombination mehrerer Begriffe) berechnet.

Auf diese Weise ergeben sich Rankings zu bestimmten Suchbegriffen im organischen Teil der Suchergebnisseite – unterhalb der Top-Suchbegriffe (siehe Abbildung 1.22).

Außer aus den Informationen, die Google aus der Programmierung und den Inhalten der Webseite erhält, sowie aus den externen Empfehlungen zieht Google aber auch Schlüsse aus dem Such- und dem Klickverhalten der Google-User auf der Google-Ergebnisseite.

Werden also Firmen in Kombination mit bestimmten Keywords öfter gesucht, so merkt Google sich die Marke in Kombination mit den Keywords, also z. B. *MisterSpex* und *Brille*. Zusätzlich registriert Google auch, ob das organische Ergebnis, das oben gelistet wird, auch entsprechend häufig angeklickt wird. Falls ein Ergebnis mit schlechterem Ranking im Verhältnis besser angeklickt wird, so wird es zukünftig im Ranking steigen.

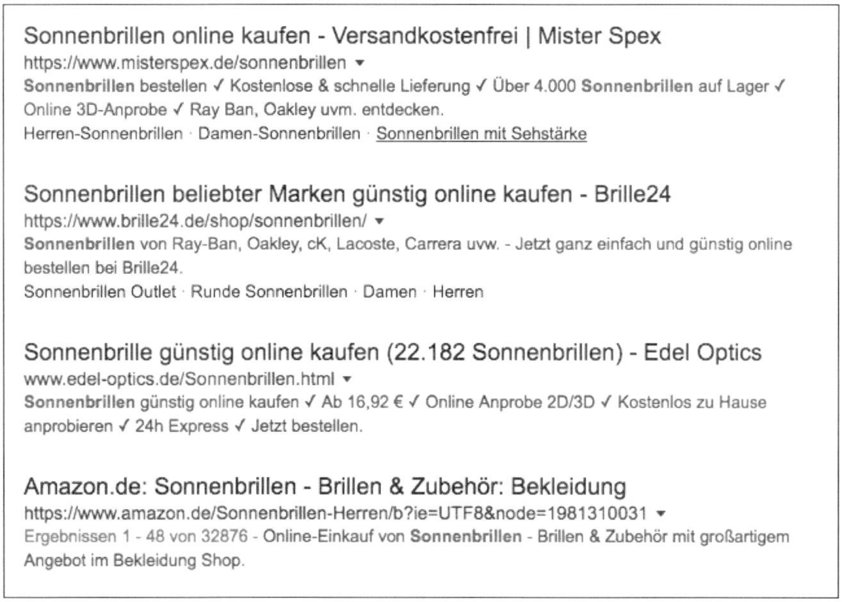

Sonnenbrillen online kaufen - Versandkostenfrei | Mister Spex
https://www.misterspex.de/sonnenbrillen ▾
Sonnenbrillen bestellen ✓ Kostenlose & schnelle Lieferung ✓ Über 4.000 **Sonnenbrillen** auf Lager ✓
Online 3D-Anprobe ✓ Ray Ban, Oakley uvm. entdecken.
Herren-Sonnenbrillen · Damen-Sonnenbrillen · <u>Sonnenbrillen mit Sehstärke</u>

Sonnenbrillen beliebter Marken günstig online kaufen - Brille24
https://www.brille24.de/shop/sonnenbrillen/ ▾
Sonnenbrillen von Ray-Ban, Oakley, cK, Lacoste, Carrera uvw. - Jetzt ganz einfach und günstig online
bestellen bei Brille24.
Sonnenbrillen Outlet · Runde Sonnenbrillen · Damen · Herren

Sonnenbrille günstig online kaufen (22.182 Sonnenbrillen) - Edel Optics
www.edel-optics.de/Sonnenbrillen.html ▾
Sonnenbrillen günstig online kaufen ✓ Ab 16,92 € ✓ Online Anprobe 2D/3D ✓ Kostenlos zu Hause
anprobieren ✓ 24h Express ✓ Jetzt bestellen.

Amazon.de: Sonnenbrillen - Brillen & Zubehör: Bekleidung
https://www.amazon.de/Sonnenbrillen-Herren/b?ie=UTF8&node=1981310031 ▾
Ergebnissen 1 - 48 von 32876 - Online-Einkauf von **Sonnenbrillen** - Brillen & Zubehör mit großartigem
Angebot im Bekleidung Shop.

Abbildung 1.22 Organische Rankings – SEO

Im nächsten Schritt registriert Google auch noch, ob Besucher innerhalb einer Session nach kurzer Zeit die gefundene Website verlassen, auf die Suchergebnisseite zurückkehren und sich einem anderen Ergebnis zuwenden. Dies ist ein eindeutiges Signal für Google, dass der gesuchte Begriff bzw. – noch wichtiger – die gesuchte Information auf der Landing-Page nicht gefunden wurde. Wird ein Ausstieg zu einem Keyword sehr häufig einer Website zugeordnet, so erhält diese Website virtuelle Minuspunkte bei Google in Verbindung mit dem Suchbegriff. Dies kann Google alles leisten, da der Suchmaschinengigant über große Datenmengen und daher über eine sehr aussagekräftige Statistik verfügt.

Alle diese Analysen führen dazu, dass SEO nicht, wie oft vermutet, aus einer Art »Zauberei« und Programmiertricks besteht, sondern dass auch klassisches Marketing, z. B. eine Positionierung als Marke, in diesem Bereich immer wichtiger wird!

1.2.3   Bezahlte Suchergebnisse – Anzeigen mit PPC (SEA)

Die bezahlte Suchmaschinenwerbung (SEA) in Form von Textanzeigen wird für die Suchmaschine Google über das eigene Werbeprogramm (AdWords) geschaltet. Die Textanzeigen ❶ findet man auf der Google-Suchergebnisseite oberhalb der organischen Suchergebnisse. Hier können bis zu vier Anzeigen eingeblendet werden (siehe Abbildung 1.23).

Zusätzlich schaltet das AdWords-System in vielen Fällen auch Anzeigen unterhalb der organischen Suchergebnisse. Die Experimente der Google-Suchmaschine gehen jedoch immer weiter, sodass in Zukunft auch bezahlte Ergebnisse innerhalb des organischen Rankings nicht unwahrscheinlich sind.

Folgende Begriffe werden ebenfalls häufig als Beschreibung der bezahlten Textanzeigen in Suchmaschinen genutzt und beziehen sich daher immer auf die gleiche Methode im Suchmaschinenmarketing:

► PPC

► Paid Listings

► Sponsored Links

► Sponsored Listings

► Pay-per-Click Advertising

► Keyword Advertising

Excel Kurs - Schritt für Schritt verstehen - excel-lernsoftware.de
[Anzeige] www.excel-lernsoftware.de/Excel-Kurs ▾
Excel in 8 Stunden sicher anwenden. Startklar für den neuen Job!
Kurse: Excel 2010, Excel 2013, Excel 2016

Excel-Kurs in Mönchengladbach - Anfänger und Fortgeschrittene
[Anzeige] www.lernstudio-barbarossa.de/Mönchengladbach/Excel-Kurs ▾
4,3 ★★★★★ Bewertung für lernstudio-barbarossa.de
Im Einzelunterricht oder in der Intensivgruppe. Kurseinstieg jederzeit möglich.
Kurse: Computer, Word, Excel, EDV & PC

MS-Excel-Lehrgänge - Grund- und Aufbaukurse, VBA - kebel.de
[Anzeige] www.kebel.de/Excel/Seminare ▾
MS-Excel-Kurse seit 1995. Individuelle Einzel-, Firmen- und Vor-Ort-Schulungen.
24 Standorte, bundesweit · Wir schulen seit 1995. · Über 500 IT-Seminare.
Marken: Microsoft, Adobe, Autodesk, Lexware, DATEV, Photoshop, InDesign, AutoCAD, SAP, Facebook

MS Excel Kurse bundesweit - Excel für Einsteiger & Profis - pc-college.de
[Anzeige] excel.pc-college.de/ ▾
Infos und Termine auch in Ihrer Nähe. Durchführung ab 1 TN. Hier anmelden!
Zertifizierte Trainer · Geprüfte Qualität · Moderne Schulungsräume
Dienstleistungen: Offene Kurse, Firmenschulungen, Inhouseschulungen, Raumvermietungen

Excel Kurs: Schulung in Düsseldorf, Duisburg, Essen, Köln
computerschulung-duesseldorf.de/kurs/excel/ ▾
Ihr Partner für Excel Schulungen vor Ort in Düsseldorf, Köln, Duisburg, Essen +150 km. Plus offene
Excel Kurse in Düsseldorf. ✓ Individuell ✓ Praxisnah ...

Finden Sie Ihren Excel Kurs - Kursfinder.de
https://www.kursfinder.de/suche/excel-schulungen ▾
kursfinder.de hat für Sie Kurse zum Thema Microsoft Excel zusammengestellt. Erfahren Sie mehr und
kontaktieren Sie die Kursanbieter!

Abbildung 1.23 Paid Listings – SEA

1.2.4   SEO vs. SEA – Was ist besser?

Viele Webseitenbetreiber stellen sich die Frage, wo die eigene Website bei den Google-Suchergebnissen besser positioniert ist. Ist eine vordere Platzierung bei den organischen Suchergebnissen zu den wichtigsten Suchbegriffen nicht ausreichend?

Wo sollte also Ihre Website bei den Google-Suchergebnissen auftauchen, welche Art des Suchmaschinenmarketings ist besser und effektiver? Die Antwort auf diese Frage ist nicht so einfach, wie Sie dies sicher gerne hätten.

Es gibt viele SEO-Berater, die zur reinen Optimierung von Webseiten raten, um das Geld für AdWords zu sparen. Es gibt sogar Google-AdWords-Partner, die diesen Status als Werbung für Ihre SEO-Angebote nutzen. Andere Online-Marketer schwören auf die Vorteile von AdWords und verweisen auf die Schwierigkeiten der Suchmaschinenoptimierung. Nach unserer Auffassung gibt es bei dieser Frage nicht die *eine* Lösung, die für jedes Unternehmen und jedes Produkt bzw. jede Dienstleistung gilt. Als Unternehmens- oder Marketingverantwortlicher sollten Sie die Vor- und Nachteile der verschiedenen Ansätze kennen und sich dann Ihre Strategie zur Positionierung Ihrer Website in der Suchmaschine Google zurechtlegen. Unserer Erfahrung nach liegt die Wahrheit meistens in der Mitte und es ist somit oft eine Mischung beider Möglichkeiten des Suchmaschinenmarketings, die letztlich zum Erfolg führt.

Die Aussage, dass SEO kostenlos ist, während SEA bezahlt werden muss, ist aber auf jeden Fall zu relativieren. Sie müssen verstehen, dass auch die Suchmaschinenoptimierung Kosten verursacht. Je nach Suchbegriff und Konkurrenz können diese Kosten sogar erheblich sein. Bei der Suchmaschinenoptimierung muss zuerst die bestehende Webseite programmiertechnisch angepasst werden. Neben einer Änderung der Programmierung müssen Partner gefunden werden, die Ihre Webseite verlinken. Hinzu kommt die laufende Pflege der Webseiteninhalte, um für Google auch über einen längeren Zeitraum interessant zu bleiben, weiterhin die Kontrolle und Pflege der alten Linkbeziehung sowie die Beobachtung der Konkurrenzseiten, um rechtzeitig auf Veränderungen zu reagieren.

Bei grundlegenden Änderungen durch Google-Updates passiert es oft, dass ein Teil der Arbeiten auch wieder verloren geht. Es kann sogar vorkommen, dass plötzlich Optimierungen durchgeführt werden müssen, die völlig konträr zu Ihren vorangegangenen Optimierungsarbeiten sind. Es ist beispielsweise bemerkenswert, dass viele SEO-Agenturen lange Zeit Geld damit verdienten, um Links abzubauen, die vorher als Linkaufbau teuer erkauft worden sind.

Diese SEO-Optimierungsarbeiten binden entweder die Zeit des Unternehmers oder Marketingleiters in einer Firma oder kosten Geld, das an externe Dienstleister bezahlt werden muss. Der entscheidende Punkt ist jedoch, dass eine vordere Position nicht garantiert werden kann und eine Optimierung oft nur auf wenige Hauptsuchbegriffe beschränkt ist.

Außerdem kann Google zukünftig, wie bereits erwähnt, die Spielregeln ändern. Dann gehen vorher schwer erkämpfte Ranking-Positionen auch schnell wieder verloren. Der Vorteil einer vorderen Position in dem organischen Listing besteht natürlich darin, dass keine zusätzlichen Klickkosten entstehen.

Das heißt, wenn Sie in der organischen Listung einmal vorne stehen, ist es in Bezug auf die Kosten egal, ob zwei oder hundert Besucher am Tag über dieses Suchergebnis auf Ihre Webseite kommen. Ein Klick auf die AdWords-Werbung hingegen verursacht natürlich bei jedem neuen Besuch eines Interessenten entsprechende Klickkosten. Da die AdWords-Werbung prominent oberhalb der organischen Suchergebnisse erscheint, fällt sie dem Google-User auf jeden Fall auf.

Vor allem bei der relevanten Zielgruppe, die auf der Suche nach Produkten oder Dienstleistungen ist, steht die AdWords-Werbung stärker im Fokus und wird auch öfter geklickt.

> **Analysieren Sie das Klickverhalten in Bezug auf Ihre Ranking-Position**
> Das Klickverhalten Ihrer Zielgruppe bei den unterschiedlichen Positionierungen sollten Sie in jedem Fall analysieren. Ziehen Sie dann Ihre Rückschlüsse in Bezug auf Ihre optimale Position.

Schauen wir uns im Vergleich zu SEO einmal die Vorteile der bezahlten Anzeigenwerbung in Suchmaschinen an. Diese Punkte sollten Sie in Ihre Entscheidung für oder gegen die SEA einfließen lassen.

Keywords und Positionen bestimmen

Mit AdWords können Sie Keywords relativ frei wählen. Darunter fallen auch sehr stark umkämpfte Suchbegriffe, bei denen Sie im organischen Ranking keine Chance haben, da starke Marken mit einer langen Historie die vorderen Rankings belegen. Mit SEA können Sie bei entsprechenden Klickgeboten auch vordere Anzeigepositionen erreichen und in gewissem Umfang bestimmen.

Dabei muss die erste Position nicht für jedes Produkt die beste Position sein. Selbst die vierte Position auf der ersten Seite der SERPs bei den bezahlten Textanzeigen hat eine bessere Sichtbarkeit als die neunte Position im organischen Ranking. Eine Beobachtung der Positionsergebnisse in Kombination mit entsprechender Anpassung Ihrer AdWords-Gebote ermöglicht es, bestimmte Ranking-Positionen zu erzielen, auch wenn diese nicht ganz exakt vorherzusagen sind. Bei SEA können im Gegensatz zu SEO abhängig von den finanziellen Ressourcen die Platzierungen in gewissen Positionen »garantiert« werden.

Zeitfaktor

Die AdWords-Werbung ist nach der Erstellung direkt innerhalb von ca. 15 Minuten auf der ersten Seite bei Google sichtbar, während die Auswirkungen von SEO-Maßnahmen teilweise erst nach Wochen oder Monaten spürbar sind. Wie viel Zeit vergeht, bis SEO-Maßnahmen wirken, hat immer mit dem jeweiligen Keyword und der entsprechenden Konkurrenz im Internet zu tun.

Individuelle Werbetexte

Ein weiterer Vorteil der AdWords-Anzeigen liegt in der Möglichkeit, individuelle Werbeaussagen in Ihren Anzeigentexten zu platzieren. Die Anzeigentexte können zudem schnell geändert werden. So ist es möglich, bei neuen Aktionen, Angeboten oder Änderungen Ihres Werbe-Slogans innerhalb sehr kurzer Zeit mithilfe der AdWords-Anzeigen darauf zu reagieren. Dies dauert bei den organischen Suchergebnissen natürlich viel länger und ist außerdem nicht so exakt zu steuern. Hinzu kommt, dass Sie für Änderungen im SEO-Bereich meistens Unterstützung von Programmierern und SEO-Fachleuten benötigen.

Kurzfristige Trends bewerben

Bei Keyword-Trends wie z. B. *Schweinegrippe*, die nur für eine kurze Zeit aktuell sind und danach wieder aus den Suchanfragen verschwinden, macht nur eine bezahlte Werbung Sinn. Ein Trend-Suchbegriff ist nach relativ kurzer Zeit für Werbende wieder uninteressant. Hier lohnt sich der Aufwand für die Suchmaschinenoptimierung erst gar nicht.

Achten Sie auch auf kurzfristige Trends

Reagieren Sie schnell auf neue »Suchtrends«. Die Schaltung einer AdWords-Anzeige lohnt sich bei solch neuen Begriffen, die dann zum Hype werden, meist nur zu Beginn, weil danach die Keywords zu teuer werden. Ein gutes Hilfstool zur Beobachtung neuer Entwicklungen im Suchmarkt ist *Google Trends* (*https://trends.google.de/trends*).

Besondere Möglichkeiten der Darstellung

Bei den bezahlten Anzeigen entwickelt Google immer wieder neue Möglichkeiten, damit AdWords-Anzeigen auffällig platziert werden können. Neben den zusätzlichen Sitelinks und den Bewertungssternen werden aktuell vermehrt Bilder als Eyecatcher in die AdWords-Werbung aufgenommen. Sie können dies zum einen bei den bezahlten Shopping-Kampagnen sehen, mit denen die Produkte aus Webshops beworben werden, zum anderen werden auch die Top-Ergebnisse in bestimmten Branchen bereits mit zusätzlichen Fotos verziert. Fotos ziehen die Blicke der Google-User unwillkürlich an und erhöhen somit Aufmerksamkeit und letztlich die Klickrate der Anzeigen.

Spezielle Landing-Page zum Keyword und zur Anzeige

Mit SEA können Sie viel gezielter die Inhalte der Unterseite bestimmen, die als Google-Ergebnis erscheinen soll. Denn die Unterseite wird direkt als Ziel zum Anzeigentext vom Werbenden selbst festgelegt, während die Zielseite im organischen Ranking in letzter Konsequenz durch Google bestimmt wird. Sie können zwar auch bei SEO im organischem Ranking Google die passende Zielseite »anbieten«. Aber, anders als bei der bezahlten Werbung, kann Google sich auch für eine andere Zielseite entscheiden. Es gibt also beim SEO im Gegensatz zum SEA nicht die Sicherheit, die gewünschte Zielseite in den Google-Ergebnissen zu platzieren.

Fazit

Es sprechen also einige Gründe für AdWords-Anzeigen. Auf der anderen Seite stehen jedoch die Kosten, die ein Klick auf einen Sponsored Link verursacht, und der geringere Trust (Vertrauen), den die bezahlten Anzeigen bei manchen Google-Nutzern immer noch haben. Sie sollten versuchen, möglichst beide Positionen (organisches und bezahltes Listing) zu besetzen. Verschiedene Studien haben gezeigt, dass viele Suchergebnisse zu einem Unternehmen in den SERPs das Vertrauen in eine Webseite stärken und dass letztlich die Klicks insgesamt ansteigen.

Aus Marketingsicht ist dies auch verständlich. Ein Firmen-, Markenname oder eine Website, die öfter in den Suchergebnissen auftaucht, stärkt die Markenbildung und wird dann auch öfter aus einer großen Anzahl an Suchergebnissen »unbewusst« ausgewählt und geklickt.

Grundsätzlich bedeutet Suchmaschinenmarketing immer auch »testen, testen, testen«. Analysieren Sie daher auf jeden Fall, welche Platzierungen Ihnen bessere Ergebnisse in Form potenzieller Kunden liefern.

Falls Sie mit einer neuen Website starten und Ihr SEO-Projekt noch ganz am Anfang ist, sollten Sie auf jeden Fall mithilfe von AdWords die Möglichkeiten des Suchmaschinenmarketings mit Bezug auf Ihre Produkte/Dienstleistungen und Ihre Website testen.

Durch die Schaltung Ihrer Anzeigen über einen begrenzten Zeitraum können Sie aus Ihrer AdWords-Statistik folgende wichtige Informationen gewinnen:

- die durchschnittliche Anzahl der Suchanfragen für Ihre Suchbegriffe
- die Klickrate auf die wichtigsten Begriffe
- lohnende Suchbegriffe, die zu Conversions führen

▶ Anzeigentexte, die Ihre Zielgruppe ansprechen

▶ Landing-Pages, die Conversions erzeugen

Während des Testzeitraums sollten Sie täglich Ihr AdWords-Konto kontrollieren und Anpassungen vornehmen. Statten Sie Ihre Testkampagne auch mit genügend Budget aus, damit Sie relevante Zahlen für Ihre Statistik sammeln können. Auf Grundlage Ihrer Marktforschung erhalten Sie zum einen wichtige Kennzahlen zur Planung Ihrer Hauptkampagnen und zum anderen finden Sie die lohnenden Suchbegriffe für Ihre SEO-Optimierung.

Sie sparen außerdem Geld bei Google AdWords und für Ihr SEO-Projekt, wenn Sie z. B. direkt zu Beginn erkennen, dass Ihre Webseite gar nicht zum Verkauf oder zur Kontaktaufnahme animiert. In diesem Fall sollten Sie zunächst möglichst schnell eine veränderte Landing-Page testen. Erst wenn Ihre Webseite auch Kunden oder Kontakte generiert, lohnen sich weitere Investitionen in SEO oder SEA.

Kann SEA das SEO-Ranking beeinflussen?

Es tauchen immer wieder Vermutungen auf, dass man sich mit AdWords-Werbung ein gutes SEO-Ranking bei Google »erkaufen« kann. Da es dafür bis jetzt keine Beweise gibt, kann man diese Vermutung nur in den Bereich der Mythen einordnen. Ein strikter Grundsatz der Google-Politik ist die Trennung von bezahlter Werbung in der Google-Suchmaschine und der Platzierung in der organischen Suche. Sollte es nachweisbare Beeinflussungen geben, würde Google große Probleme bei der Kundenakzeptanz bekommen. Es gibt weder eine Bevorzugung noch einen Ausschluss in der organischen Listung, wenn eine Webseite bei AdWords zu einem Begriff vorne gelistet ist.

Es gibt jedoch oft einen persönlich empfundenen Einfluss auf die Suchergebnisseiten, da die Suchergebnisse auf anderen Computern ein abweichendes Ergebnis von dem liefern, was man auf dem eigenen Rechner sieht. Es passiert z. B., dass die eigene Webseite aus unerklärlichen Gründen bei der AdWords-Werbung und auch bei der organischen Suche steigt oder fällt.

Diese Phänomene sind jedoch eher auf die Personalisierung der Google-Suchergebnisse zurückzuführen. Google personalisiert Ihre Suchergebnisse, auch wenn Sie nicht bei einem Google-Dienst wie Google Mail, dem AdWords-Programm, den Google Webmaster-Tools etc. angemeldet sind. Die Personalisierung funktioniert über sogenannte Browser-Cookies.

Durch die Personalisierung kann es passieren, dass Ihre eigene Werbung im Anzeigenrang fällt, da Sie ja nicht auf die eigenen Anzeigen klicken und Google somit Ihre Werbung als nicht relevant für Ihre Suche einstuft.

1.3 Die Google-Revolution

Man glaubt es zwar heutzutage nicht mehr, aber die Suchmaschinen wurden nicht durch Google erfunden, sondern es gab bereits Suchmaschinen, bevor Google die Bühne des Internets betrat. Ehemalige Suchmaschinen wie *Lycos* (die mit dem schwarzen Schnüffelhund) oder auch *Excite* hatten jedoch andere Vorstellungen, wie mit einer Suchmaschine im Internet Geld verdient werden sollte.

Die Suchergebnisseiten von Lycos und Excite waren z. B. sehr bunt und mit vielen Informationen und Werbefenstern überzogen. Die Geschäftsidee bestand darin, auf den Suchseiten Werbeplätze zu verkaufen. Die Technik, die als Grundlage der Suchmaschinen von Lycos oder Excite diente, war jedoch bei Weitem nicht so gut wie die von Google bzw. *BackRub*. So hieß die erste Suchmaschine, die der Google-Mitgründer Larry Page 1996 entwickelt hatte.

Interessanterweise wollte Larry Page BackRub 1997 an Excite verkaufen. Bei einem Treffen von Larry Page und George Bell, einem Aufsichtsrat von Excite wurde darum im Vorfeld der Verkaufsverhandlungen ein Suchexperiment durchgeführt. Hier ein Auszug aus dem Buch *Google Inside*, das dieses Treffen beschreibt:

> *»Die erste Testabfrage lautete ›Internet‹. Laut Hassan handelte es sich bei den ersten Excite-Ergebnissen um chinesische Webseiten, in denen sich das englische Wort ›Internet‹ in einem Durcheinander chinesischer Zeichen verbarg. Dann gab das Team ›Internet‹ in BackRub ein. Die ersten beiden Ergebnisse führten zu Seiten, auf denen die Nutzung verschiedener Browser erklärt wurde. Das waren genau die hilfreichen Ergebnisse, die jemand, der eine derartige Abfrage eingäbe, zufriedenstellen würden.«*[2]

Zusammenfassend kann man sagen, dass die Suchmaschine BackRub zum einen schneller war und zum anderen bessere Ergebnisse lieferte als die Excite-Suchmaschine. Dies führte jedoch dazu, dass Bell als Verantwortlicher von Excite den Kauf von BackRub ablehnte. Die Begründung war aus Excite-Sicht sehr simpel und einleuchtend. Aus ihrer Sicht war die Schlussfolgerung sogar richtig, weil es einen anderen Denkansatz gab: Die Suchmaschine von Larry Page war einfach zu schnell und lieferte dadurch direkt passende Suchergebnisse. Dies bedeutete aber in der Logik der Excite-Verantwortlichen auch eine kürzere Kundenkontaktzeit in ihrem Suchportal. Die Excite-Nutzer wären also schneller zu den Suchergebnissen gelangt und hätten damit das Suchportal schneller wieder verlassen. Dadurch hätte aber das Geschäftsmodell gelitten, denn eine wichtige Argumentation bei der Schaltung von Werbebannern waren die Kundenkontaktzeiten. Je länger sich Besucher in einem Portal aufhalten, desto besser können die Werbeflächen vermarket werden.

---

2 Steven Levy: Google Inside. mitp-Verlag, 2012, S. 41.

Die Google-Revolution bestand nun darin, dass die Google-Startseite fast nur aus weißer Fläche bestand und das Suchfeld – und nicht die Werbung! – im Vordergrund stand. Ganz im Sinne der Nutzer konzentrierte man sich auf den Suchvorgang und auf entsprechend gute Ergebnisse. Für Google war die Suchergebnisseite wichtiger, denn hier wurde die Werbung verkauft – und zwar nach dem Pay-per-Click-Modell. Nicht die Einblendung der Werbung kostete also Geld, sondern der Klick auf die Werbung! Das war die Revolution. Interessanterweise ergaben Befragungen in den Anfangszeiten von Google AdWords, dass die Werbung von den Google-Usern gar nicht als Werbung wahrgenommen wurde.

Andere Google-Geschäftsmodelle wie die Vermarktung über AdSense oder die Videowerbung auf YouTube kamen erst später hinzu. Der große Erfolg von Google beruht aber auf der Pay-per-Click-Werbung sowie auf den schnellen und mit Blick auf die Konkurrenz qualitativ besseren Suchergebnissen.

Was ist AdSense?

Google AdSense ist ein spezielles Programm von Google, das die Möglichkeit zur Vermarktung von Werbeplätzen außerhalb des Google-Suchnetzwerks anbietet. Mithilfe des AdSense-Programms können kleine und große Webseitenbetreiber Werbeplätze auf ihren Webseiten über Google vermarkten.

Diese Webseiten werden als Placements im Google Displaynetzwerk angeboten. Zunächst wurden über dieses Netzwerk nur Textanzeigen angeboten, seit 2009 besteht jedoch auch die Möglichkeit, Werbebanner über Google AdSense zu vermarkten. Während Google also über AdWords die Nachfrage nach Werbeplätzen organisiert, wird über AdSense das Angebot an Werbeplätzen im Content-Netzwerk gesteuert.

AdSense wurde 2003 von Google gestartet. 2013 hatte die Plattform weltweit bereits über zwei Millionen Publisher, deren Werbeflächen über AdWords gebucht werden konnten. Für viele kleine Webseitenbetreiber ist AdSense eine der wichtigsten Einnahmequellen.

Das Geschäftsmodell *Pay-per-Click*, also für einen Klick auf ein Ergebnis zu bezahlen, revolutionierte das Modell des Suchmaschinenmarketings. Statt für Anzeigen auf der Plattform zu bezahlen, bezahlten die Werbetreibenden für die Suchergebnisse, die Suchende auf ihre Webseite führten. Dies war eine Win-Win-Situation für beide Gruppen: für Google und für die Werbetreibenden.

Die Google-Idee ging jedoch noch weiter, denn Google wollte immer auch eine Gewinnsituation für die Suchenden generieren. Darum bestand Google von Anfang an auf eine gewisse Qualität bei den Werbeanzeigen. Google-User finden also nicht nur passende Ergebnisse im organischen Teil, sondern auch die Werbeeinblendungen sollen idealerweise passende Informationen zu den gesuchten Problemen, Produkten und Dienstleistungen liefern.

1.3.1 Google AdWords, die Grundlage des Google-Systems

Das Pay-per-Click Advertising, Google AdWords, bildet also die Grundlage des kommerziellen Google-Erfolgs. Mit der Idee, Werbende für einen Klick auf ihre Anzeige bezahlen zu lassen, hat Google bis jetzt den bei Weitem größten Teil seines Geldes verdient. Die bezahlten Anzeigen in der Suchmaschine und bei den Google-Suchpartnern, ergänzt um die Anzeigen im Google Displaynetzwerk verhelfen Google zu einem riesigen Umsatz in Milliardenhöhe – 27,7 Milliarden Dollar waren es beispielsweise im dritten Quartal 2017.[3]

Googles wichtige Aufgabe in der Zukunft wird es sein, die Möglichkeiten der Google-Suche weiter zu optimieren und die Suchergebnisse laufend zu verbessern. Solange die Internetnutzer Google als Suchmaschine annehmen, ist die Vermarktung der AdWords-Anzeigen gesichert.

1.3.2 Für das Ranking bieten: Anzeigenpositionen als Auktionsmodell

Wie funktioniert die Vermarktung der Werbung in der Google-Suchmaschine? Vereinfacht gesagt, bieten die Werbenden in einer Auktion um die besten Plätze im Google-Ranking. Diese Auktion startet jedes Mal aufs Neue, wenn ein Suchender einen Begriff in das Google-Suchfeld eingibt. Bei jeder neuen Suchanfrage wird also in Bruchteilen von Sekunden berechnet, mit welchem Gebot welche Anzeige platziert werden kann und in welcher Reihenfolge das geschieht.

Der Werbende legt mithilfe eines sogenannten maximalen CPC, also des maximal gewünschten Klickpreises, vorher fest, welchen Höchstbetrag er für einen Klick auf seine Anzeige bezahlen möchte. Die Gebote beziehen sich dabei auf das Keyword, das die Schaltung der Anzeige auslösen wird. Der berechnete Klickpreis, der meistens niedriger als der maximale Klickpreis ist, fällt erst dann an, wenn auch auf die Anzeige geklickt und der Google-User dann auf die Webseite des Werbenden weitergeleitet wurde.

1.3.3 Qualität ist wichtig: Anzeigenrelevanz beachten

Der wichtigste Unterschied zwischen der AdWords-Anzeigenauktion und einer normalen Auktion besteht im sogenannten *Qualitätsfaktor*. Die Qualität der AdWords-Anzeigen spielt eine wichtige Rolle. Denn für die Schaltung und die Position einer Anzeige ist nicht allein das maximale Gebot für das jeweilige Keyword wichtig, son-

---

3 Siehe: *https://abc.xyz/investor/*

dern aus Google-Sicht muss die Werbeanzeige auch optimal zur Suchanfrage passen. Dies macht Google, vereinfacht gesagt, an dem Faktor Qualität fest. Besitzt der Werbende eine gute (d. h. qualitativ hochwertige) Anzeige, die gut zum geschalteten Keyword bzw. zur Suchanfrage des Google-Users passt, und bietet der Werbende darüber hinaus auch noch eine passende Landing-Page zur Textanzeige an, so bewertet Google dies mit einer hohen Qualität.

Achten Sie auf den Qualitätsfaktor

Als Werbender bei Google sollten Sie immer auf eine hohe Qualität Ihrer Keywords, Anzeigen und Landing-Pages achten. Denn eine hohe Qualität bedeutet, dass Sie im Vergleich zu Ihren Konkurrenten entweder weniger für Ihre Anzeigenposition bezahlen – oder dass Sie bei gleichem Gebot höher platziert werden. Falls Sie also mit einem niedrigeren Ranking zufrieden sind, so spart die verbesserte Qualität bares Geld. Ihr AdWords-Ranking, sprich Ihre Anzeigenposition, setzt sich nämlich aus dem maximalen CPC, multipliziert mit dem Qualitätsfaktor, zusammen.

1.3.4   Der AdWords Discounter

Der *AdWords Discounter* ist ein spezielles Tool, das in Google AdWords integriert ist. Dieses Tool sorgt dafür, dass der Bieter nicht automatisch sein Maximalgebot bezahlen muss, sondern nur das Gebot, das notwendig ist, um den nächsttiefer platzierten Konkurrenten zu überbieten. Der Discounter überwacht alle Mitbewerber der jeweiligen Auktion und senkt automatisch den effektiven Cost-per-Click. So funktioniert der AdWords Discounter in der Praxis.

Stellen wir uns für ein einfaches Beispiel vor, dass für einen Suchbegriff (Keyword) zu einem bestimmten Zeitpunkt drei Anbieter Gebote abgegeben haben. Zum besseren Verständnis lassen wir in der vereinfachten Version zunächst den Qualitätsfaktor außen vor.

Die drei Anbieter haben folgende maximalen CPC-Gebote eingestellt (siehe Abbildung 1.24):

▶ Anbieter A bietet 1,00 €.

▶ Anbieter B bietet 2,00 €.

▶ Anbieter C bietet 3,00 €.

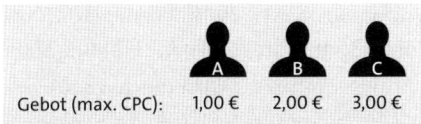

Gebot (max. CPC):   1,00 €   2,00 €   3,00 €

Abbildung 1.24 Maximale Klickgebote je Anbieter

Die Anzeigen würden in diesem Beispiel nach dem Auktionsprinzip in folgender Reihenfolge geschaltet. An erster Stelle steht die Anzeige von Anbieter C, gefolgt von Anbieter B und zum Schluss erscheint dann Anbieter A.

Dabei würde Anbieter A, der an letzter Stelle mit seiner Anzeige steht, in dieser vereinfachten Version 1,00 € pro Klick bezahlen. Anbieter B, der zwar 2,00 € bietet, würde aufgrund des AdWords-Discounters nur 1,01 € bezahlen (siehe Abbildung 1.25). Dies wäre das Gebot, das notwendig ist, um Anbieter A zu übertrumpfen.

Anbieter C wiederum, der in unserem kleinen Beispiel an erster Stelle der Suchergebnisse steht, würde 2,01 € bezahlen. Auch dieser Klickpreis ist für ihn das niedrigste Gebot, das erforderlich ist, um Anbieter B zu überbieten.

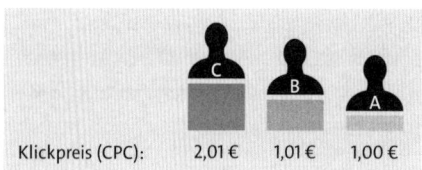

Klickpreis (CPC):   2,01 €   1,01 €   1,00 €

Abbildung 1.25 Positionen und Klickpreise – vereinfachte Version!

Die Funktionsweise des AdWords-Discounters basiert also auf der Unterscheidung zwischen dem maximalen Cost-per-Click-Gebot eines Werbekunden und dem tatsächlichen Klickpreis, der notwendig ist, um eine höhere Position als der direkte Konkurrent zu erreichen. Diese Funktionsweise wurde von vielen Werbekunden als fair anerkannt und begründete den schnellen Erfolg von AdWords in den Anfangszeiten dieses Werbeprogramms.

1.3.5   Der Qualitätsfaktor nimmt Einfluss auf die Platzierung

Jetzt kommt jedoch noch der Qualitätsfaktor ins Spiel. Denn bei Google AdWords zählen nicht nur die reinen Gebote für eine Platzierung, sondern auch die Qualität der Anzeigen sowie die Zielseite zum angefragten Keyword spielen, wie bereits erwähnt, eine sehr wichtige Rolle für das Ranking. Zudem hat der Qualitätsfaktor auch Einfluss auf den tatsächlich zu zahlenden Klickpreis. Unser aufgeführtes Beispiel muss also noch um den Qualitätsfaktor erweitert werden (siehe Abbildung 1.26).

Dabei ist es zuerst wichtig, dass Sie wissen, wie die Anzeigenpositionen von AdWords berechnet werden. Dafür wird zunächst der Ad Rank, das Anzeigen-Ranking, berechnet. Für diese Berechnung wird der maximale CPC, also das Gebot, das der Anbieter maximal für einen Klick auf seine Anzeige ausgeben möchte, mit dem Qualitätsfaktor des Keywords multipliziert. Aus diesem Anzeigen-Ranking wird dann die Anzeigenposition bestimmt, wobei der Anbieter mit dem höchsten Ad Rank dann an Position eins steht.

Erweitern wir also unser Beispiel nun um den Qualitätsfaktor:

► Anbieter A bietet 1,00 € und besitzt den Qualitätsfaktor 8.

► Anbieter B bietet 2,00 € und besitzt den Qualitätsfaktor 2.

► Anbieter C bietet 3,00 € und besitzt den Qualitätsfaktor 3.

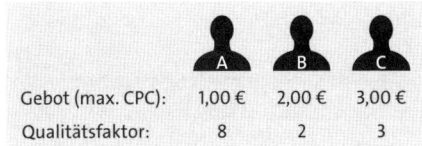

	A	B	C
Gebot (max. CPC):	1,00 €	2,00 €	3,00 €
Qualitätsfaktor:	8	2	3

Abbildung 1.26 Gebote und Qualitätsfaktoren der einzelnen Anbieter

Aus diesen Vorgaben ergeben sich folgende Rankings:

► Ad Rank A: 1,00 × 8 = 8

► Ad Rank B: 2,00 × 2 = 4

► Ad Rank C: 3,00 × 3 = 9

Aus den Ad Ranks wird dann die Reihenfolge der Anzeigenschaltung ermittelt, wobei die Anzeige zum Keyword mit dem höchsten Ad Rank an erster Stelle steht. Für unser Beispiel ergibt sich daher folgende Reihenfolge der Anzeigenschaltung (siehe Abbildung 1.27): Anbieter C, Anbieter A, Anbieter B.

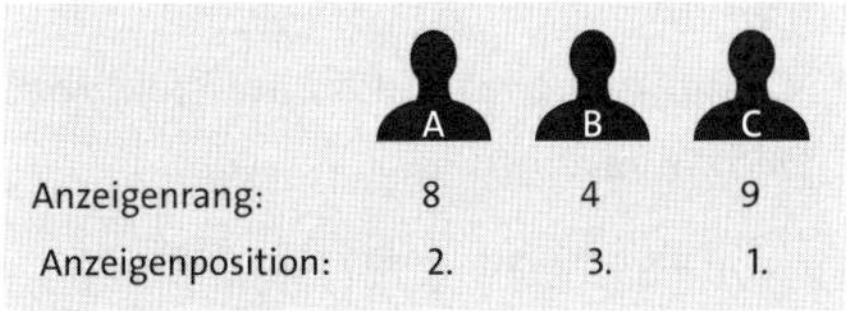

	A	B	C
Anzeigenrang:	8	4	9
Anzeigenposition:	2.	3.	1.

Abbildung 1.27 Berechnung zu Anzeigenrang und -position

Wenn die Reihenfolge feststeht, dann kann mit der folgenden Formel der tatsächliche Klickpreis berechnet werden:

Anzeigenrang des nächsttiefer gelegenen Konkurrenten ÷ eigenen Qualitätsfaktor in € + 0,01 €

Der Anbieter an der untersten Position (in unserem Beispiel Position 3) bezahlt jedoch immer nur sein Mindestgebot. Dieses Mindestgebot wird von AdWords für jeden Anbieter unter Einbeziehung seines Qualitätsfaktors individuell berechnet. In unserem Beispiel belegt Anbieter B den letzten Platz (siehe Abbildung 1.28).

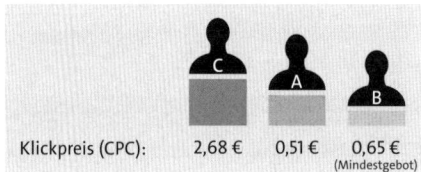

Klickpreis (CPC):   2,68 €   0,51 €   0,65 €
                                        (Mindestgebot)

Abbildung 1.28 Klickpreis unter Berücksichtigung des Qualitätsfaktors

---

Was ist ein Mindestgebot bei AdWords?

Google AdWords legt für jedes Keyword ein Mindestgebot fest. Dieses Mindestgebot hängt zum großen Teil vom jeweiligen Qualitätsfaktor des Keywords ab. In Abhängigkeit vom eingegebenen maximalen CPC erhält der Kontomanager im AdWords-System eine Rückmeldung, ob das Gebot für das Keyword den Anforderungen des Mindestgebots entspricht. Wird das Gebot nicht erhöht, dann wird das Keyword quasi von der Auktion um die Anzeigenplätze ausgeschlossen.

Zurück zu unserem Beispiel: Anbieter A, der eine Position über B gelistet ist, bezahlt nur einen Klickpreis, der notwendig ist, um den direkten Konkurrenten zu überbieten.

Auch unter Berücksichtigung des Qualitätsfaktors orientiert sich der Klickpreis zunächst an dem Höchstgebot des direkten Konkurrenten. Hinzu kommt nun jedoch auch noch das Verhältnis der Qualitätsfaktoren beider Konkurrenten.

Der Zusammenhang zwischen maximalem CPC und den beiden Qualitätsfaktoren wird deutlich, wenn wir die Formel einmal »auseinandernehmen«.

Hier sehen Sie zunächst noch einmal die Formel zur Berechnung des Klickpreises:

> Anzeigenrang des nächsttiefer gelegenen Konkurrenten ÷ eigenen Qualitätsfaktor in € + 0,01 €

Dabei setzt der Anzeigenrang sich folgendermaßen zusammen:

> Anzeigenrang = max. CPC × Qualitätsfaktor

Daraus ergibt sich:

> [max. CPC (Konkurrent) € × Qualitätsfaktor (Konkurrent) ÷ Qualitätsfaktor (eigener)] + 0,01 €

Diese Formel kann man noch etwas übersichtlicher schreiben:

> [Qualitätsfaktor (Konkurrent) ÷ Qualitätsfaktor (eigener) × max. CPC (Konkurrent) €] + 0,01 €

Besitzen beide Konkurrenten den gleichen Qualitätsfaktor, dann ergibt sich unsere Berechnung aus dem vereinfachten Beispiel. Der höher gelistete Anbieter zahlt nur einen Cent mehr als das maximale Gebot des direkten Konkurrenten:

1 × max. CPC (Konkurrent) € + 0,01 €

1.3.6   Das Budget – Was kostet AdWords?

Sie haben bereits gesehen, dass es keine einheitlichen Klickpreise bei Google Ad-Words gibt. Die Klickpreise sind immer abhängig von der grundsätzlichen Nachfrage nach einem bestimmten Keyword, der Anzahl der Konkurrenten zu einer speziellen Suchanfrage und natürlich auch vom Qualitätsfaktor der Keywords und des gesamten AdWords-Kontos.

Grundsätzlich kann man sagen, dass sehr allgemeine Keywords auch relativ teuer sind, da sie sehr oft gesucht und dabei dann auch oft angeklickt werden. Allgemeine Keywords haben auch viele Konkurrenten, was zu einer schlechten Klickrate und damit auch zu einem schlechten Qualitätsfaktor führt. Spezifischere Keywords sind darum entsprechend günstiger.

Da es schon sehr schwierig ist, Aussagen über Klickpreise für einzelne Keywords zu tätigen, ist es noch schwieriger, grundsätzlich zu sagen, welches Budget bei Google AdWords eingesetzt werden soll.

Weil es keine allgemeinen Aussagen zum Budget gibt, müssen Sie zunächst das ungefähr notwendige Budget für Ihre Kampagnen ermitteln. Sie sollten also jedes Mal eine Abschätzung zu einer neuen AdWords-Kampagne durchführen. Für eine erste Abschätzung sollten Sie sich zunächst sehr intensiv mit Ihren Keywords beschäftigen, die Sie für eine neue Kampagne nutzen möchten.

Der *AdWords-Keyword-Planer* ist dabei ein sehr hilfreiches Tool, das Sie auch für Ihre Budgetabschätzungen nutzen sollten. Nachdem Sie Ihre wichtigsten Keywords ausgewählt haben, können Sie die Anzahl der Anfragen, die geschätzten Klicks, die durchschnittlichen Positionen und das Tagesbudget, abhängig von Ihnen jeweiligen Vorgaben, mithilfe des Keyword-Planers errechnen lassen. Bitte bedenken Sie jedoch, dass dies immer nur grobe Schätzungen sind. Diese reichen jedoch für eine erste Budgetabschätzung aus.

Nachdem Sie also eine Einschätzung von Google zum notwendigen Budget mithilfe Ihrer wichtigsten Keywords für Ihre Kampagnen ermittelt haben (siehe Abbildung 1.29), sollten Sie diesen Wert dem zur Verfügung stehenden Werbebudget gegenüberstellen. Grundsätzlich sollten Sie (bzw. der Budgetverantwortliche im Unternehmen) Ihr Werbebudget immer selbst bestimmen und nicht die Vorgaben des Google-Tools ungefragt übernehmen. Die Handhabung des Google-AdWords-

Keyword-Planers mit den Möglichkeiten der Budgetabschätzung zeigen wir Ihnen in Abschnitt 2.7.1.

Keyword	Klicks	Impr.	Kosten	CTR	Durchschn. CPC	Durchschn. Pos.
"adwords schulung"	0,52	7,78	3,85 €	6,7 %	7,42 €	1,96
"adwords seminar"	0,84	10,23	6,12 €	8,2 %	7,31 €	1,41
"seminar marketing"	0,44	13,98	1,51 €	3,2 %	3,40 €	1,07
Gesamt	**1,80**	**32,00**	**11,49 €**	**5,6 %**	**6,38 €**	**1,40**

1 - 3 von 3 Keywords ⏷   〈   〉

Abbildung 1.29 Budgetabschätzung mit dem Keyword-Planer

Weicht die Budgetvorgabe aus dem Keyword-Planer zu stark von Ihren Möglichkeiten ab, so müssen Sie überlegen, durch welche Maßnahmen Sie Ihre Kampagnen beschränken und so das notwendig Budget reduzieren können. Bei unbegrenztem Budget können Sie natürlich alles machen, was Google vorschlägt – aber diese Situation kommt in der Praxis sehr selten vor.

Sie müssen daher Ihre Kampagnen eventuell begrenzen. Dies kann beispielsweise dadurch erfolgen, dass Sie Ihre Kampagnen nur in ausgewählten Zielregionen schalten oder die Kampagnen auf bestimmte Tage oder Tageszeiten beschränken. Auch eine Reduktion auf die wichtigsten Keywords kann eine sinnvolle Möglichkeit sein, um die Kosten Ihrer AdWords-Kampagnen zu deckeln. Bei allen Beschränkungen müssen Sie jedoch immer darauf achten, dass Sie genug Tagesbudget zur Verfügung haben, damit auch die teuren Keywords Ihrer Kampagne eine Chance zur Ausspielung haben, sodass zu diesen Keywords Anzeigen geschaltet werden und die Chance auf Conversions besteht.

Führen Sie also Ihre AdWords-Werbung zunächst als Test in einem beschränkten Umfang durch. Wenn Ihre Kampagne mit entsprechenden Optionen und passenden Texten sowie der Landing-Page optimiert ist, dann können Sie diese Kampagne Schritt für Schritt erweitern, das heißt neue Regionen, Zeiten und Keywords hinzuzunehmen. Gleichzeitig erhöhen Sie dazu dann Ihr Kampagnenbudget.

1.3.7   Lokal, regional, global – die Welt als Markplatz für Ihr Geschäft

Unter den Begriffen *Geotargeting* oder auch *Geolocation* werden die Möglichkeiten zusammengefasst, AdWords-Werbung sehr zielgerichtet auf unterschiedliche Regionen auszurichten.

Obwohl Sie grundsätzlich mit Suchmaschinenmarketing Ihre Kunden auf der ganzen Welt via World Wide Web erreichen können, kann es auch sinnvoll sein, Ihre AdWords-Werbung nur für Ihre Stadt zu schalten. Das Geotargeting ist dabei immer abhängig von Ihrem Produkt- oder Dienstleistungsangebot und Ihrer spezifischen Zielgruppe. Für einen Unternehmer, der beispielsweise eine Dienstleistung als Handwerker anbieten möchte, macht es Sinn, Google AdWords nur in einem bestimmten Umkreis (z. B. 100 km rund um seine Firmenadresse) anzubieten. Ein Web-Shop-Besitzer möchte jedoch verständlicherweise im gesamten deutschsprachigen Raum (Deutschland, Österreich, Schweiz) mithilfe von AdWords gefunden werden. Und dazwischen gibt es noch unzählige Kombinationen von Zielregionen, die für bestimmte Zwecke sinnvoll sind. Die verschiedenen regionalen Ausrichtungen der Werbung sind alle in AdWords möglich. Sie können Ihre Werbung also lokal, regional, national, aber auch international schalten. Welche Regionen Sie dafür auswählen, hat mit Ihrer Online-Strategie zu tun.

Dabei ist die Ausrichtung auf verschiedene Zielregionen nicht nur für die Suche möglich, auch im Displaynetzwerk können Sie z. B. bei großen Online-Zeitschriften Ihre Werbung nur für Besucher aus Ihrer Stadt buchen. Zeitgleich erscheint dann auf derselben Werbefläche, aber in den Zielregionen außerhalb Ihrer Stadt, die Werbung von anderen Google-Kunden.

1.3.8   AdWords, mehr als nur SEM: Image, Video und Rich Media

Wie bereits erwähnt, wird Google AdWords zwar primär mit dem Thema Suchmaschinenmarketing verbunden, dieses Werbeprogramm bietet jedoch mehr Möglichkeiten als nur die Schaltung von Textanzeigen auf Google-Suchergebnisseiten. Mithilfe des AdWords-Programms können Sie auch Banneranzeigen, animierte Bilder bis hin zu Videoclips auf verschiedenen Webseiten, in verschiedenen Portalen und Foren sowie auf YouTube schalten.

Der größte Werbebereich neben der Google-Suche nennt sich *Google Displaynetzwerk* (GDN). Für dieses Netzwerk gibt es zwei grundlegende Anzeigen, die dort geschaltet werden können. Im Unterschied zum Suchnetzwerk besteht im Displaynetzwerk die Möglichkeit, Werbebanner zu schalten (siehe Abbildung 1.30). Diese Werbeform sollten Sie nutzen, wenn Sie eher Branding-Effekte erzielen möchten. Die Botschaften dieser Image-Anzeigen werden zum Teil auch unbewusst wahrgenommen, selbst wenn kein Klick auf die Anzeigen erfolgt.

Neben der Schaltung von Image-Anzeigen ist es im GDN jedoch auch möglich, die Textanzeigen zu schalten, die Sie aus der Google-Suche kennen. Sie können sogar die gleichen Anzeigen aus dem Suchnetzwerk auch für das Displaynetzwerk verwenden. Teilweise werden diese Anzeigen auf den Content-Seiten dann ein wenig anders und somit – im Vergleich zu den einfachen Textanzeigen auf den Google-Suchergebnisseiten – auch interessanter (siehe Abbildung 1.31) dargestellt.

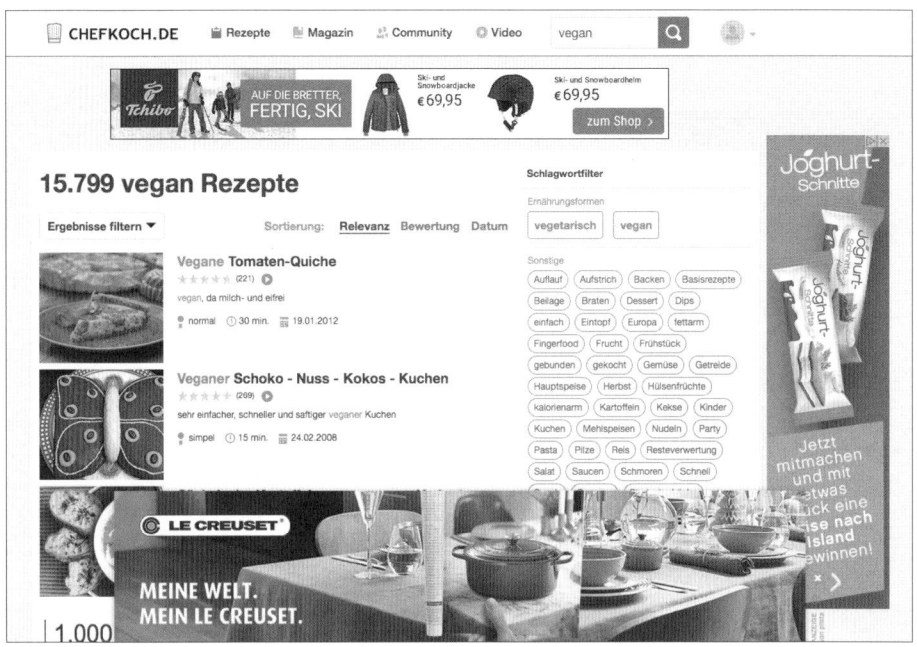

Abbildung 1.30 Image-Anzeige im Displaynetzwerk

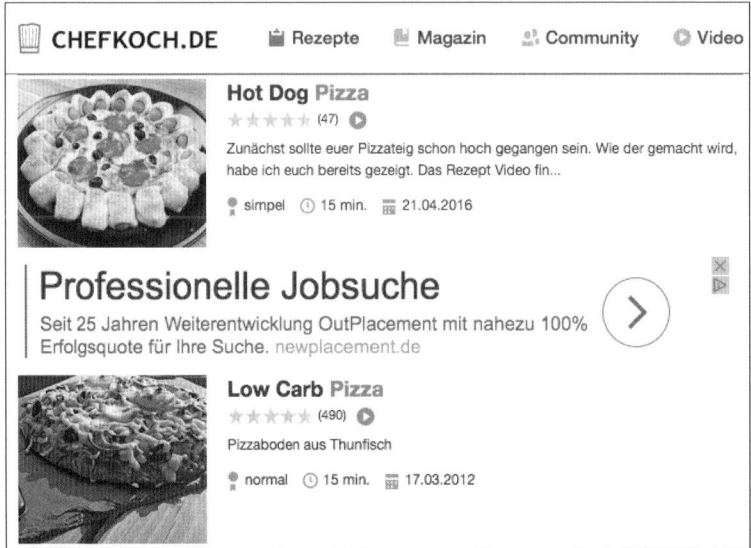

Abbildung 1.31 Textanzeigen im Displaynetzwerk

Auch in YouTube, der nach der Google-Suche zweitgrößten Suchmaschine, können Sie über das AdWords-Backend Werbung in Form von Videofilmen schalten. Bei der

Suche in YouTube werden diese gesponserten Videos, deutlich als Anzeigen gekennzeichnet, an den ersten Positionen der Suchergebnisse gelistet (siehe Abbildung 1.32).

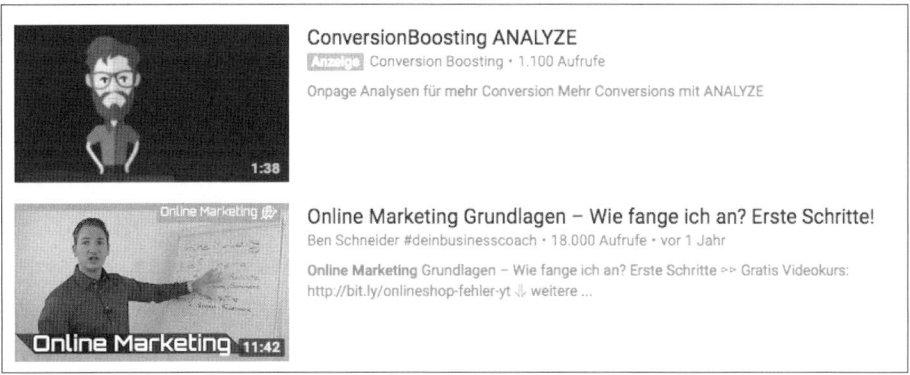

Abbildung 1.32 Video-Anzeigen auf der YouTube-Suchergebnisseite

1.3.9   Werbung in verschiedenen Google-Netzwerken

Wie Sie gesehen haben, können Sie mithilfe von Google AdWords Ihre Anzeigen in
verschiedenen Netzwerken schalten. In Abbildung 1.33 haben wir noch einmal die
verschiedenen Möglichkeiten und die Angabe von Beispielseiten in einem Überblick
zusammengefasst.

Der größte und auch wichtigste Bereich ist dabei die Suche im Google-Netzwerk. Das
Google-Netzwerk beinhaltet alle Google-Seiten, bei denen auch eine Suchfunktion
eingesetzt wird.

Abbildung 1.33 Google-AdWords-Netzwerke zur Anzeigenschaltung mit Beispielseiten

Die Erweiterung der Google-Suchtools ist dann das *Google-Suchnetzwerk*, denn hierzu gehören auch alle Google-Suchpartner, wie z. B. T-Online (siehe Abbildung 1.34), Web.de, Aol.de etc. Hinzu kommen Google-Produkte wie zum Beispiel Google Maps oder Google Video.

Abbildung 1.34 Suchfeld beim Google-Partner »T-Online«

Auch bei den Partnern funktioniert die Suche analog zur Google-Suche. Neben den organischen Treffern, die aus der Google-Datenbank kommen, werden dort auch die AdWords-Textanzeigen geschaltet (siehe Abbildung 1.35).

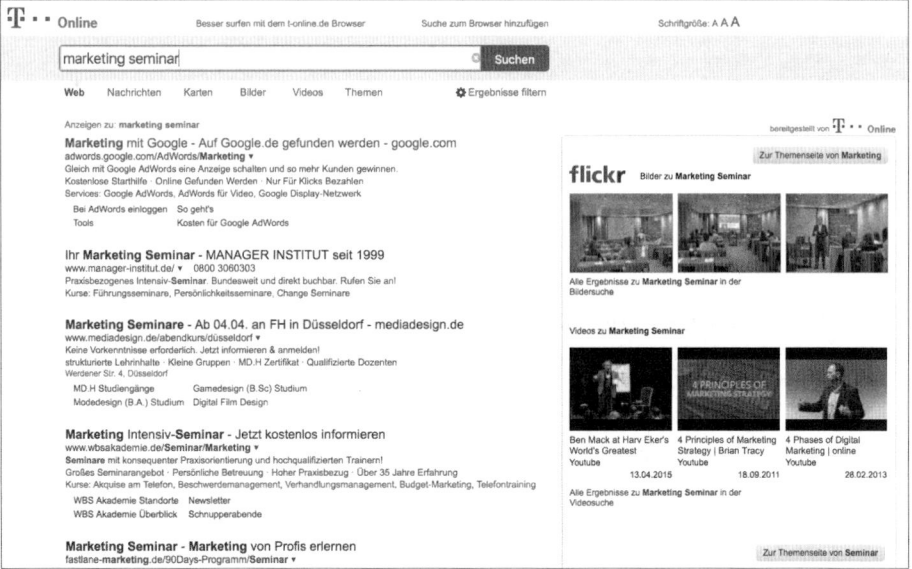

Abbildung 1.35 AdWords-Anzeigen auf der T-Online-Ergebnisseite

Der dritte große Bereich der AdWords-Werbung besteht aus dem *Google Displaynetzwerk*. In diesem Netzwerk bietet Google z. B. die Seiten der AdSense-Partner als Werbefläche an. Die Werbung wird im GDN auf Webseiten wie z. B. Foren, Informationsportalen, Online-Magazinen, Blogs, Community-Seiten etc. geschaltet. Im Google Displaynetzwerk können Textanzeigen, Image-Anzeigen, animierte Bilder bis hin zu Videos geschaltet werden. Im mobilen Bereich ist auch die Schaltung von Anzeigen innerhalb von Apps möglich.

Als eigenständige Plattform der Google-Werbung ist schließlich YouTube zu nennen. Auch bei dieser Google-Tochter können verschiedene Werbeformate platziert werden. Dabei sind vor allem Videofilme interessant, die zu einem bestimmten Themenbereich auf YouTube platziert werden können.

1.4 Die Grenzen des Suchmaschinenmarketings

Suchmaschinenmarketing ist ein wichtiger Bestandteil des Online-Marketings, aber es hat auch seine Grenzen. Mithilfe der Suchmaschinen können Sie zwar neue, potenzielle Kunden auf Ihre Webseite lenken, Sie haben aber keine Garantie, dass aus den Webseitenbesuchern dann auch echte Kunden werden. Die Bedeutung von Suchmaschinen für den Kaufvorbereitungsprozess ist natürlich sehr groß, aber nicht jeder Webseitenbesucher bestellt dann auch online. Darum ist es manchmal schwierig, den gesamten Weg des Kunden (die *Customer Journey*) von der Suchmaschine bis zum Kauf zu verfolgen.

Ein weiteres Problem des Suchmaschinenmarketings besteht darin, dass Suchmaschinen nur Traffic auf die Webseite bringen können, wenn die passenden Suchbegriffe, das Produkt oder die Dienstleistung auch bekannt sind, oder wenn der Suchende vermutet, dass es eine bestimmte Lösung für sein Problem gibt. Unbekannte bzw. neue Produkte, die noch nicht so bekannt sind, werden selten oder gar nicht bei Google gesucht. Hier versagt dann das Medium Suchmaschine. Für diese Produkte müssen andere Strategien entwickelt werden. Bei unbekannten Produkten macht es zum Beispiel eher Sinn, entsprechende Werbung auf thematisch passenden Seiten mithilfe von Image-Anzeigen oder Videoclips zu präsentieren. So kann dann mithilfe der Push-Strategie ein Bedürfnis für ein bestimmtes Produkt geschaffen werden.

1.5 Fazit

In diesem ersten Kapitel haben Sie das Suchmaschinenmarketing und die Rolle von Google für diese Marketingstrategie kennengelernt. Sie kennen nun auch die grundlegenden Möglichkeiten von Google AdWords und wissen, wie Ihr Gebot und der Google-Qualitätsfaktor zusammen das Ranking und den Klickpreis Ihrer AdWords-Werbung beeinflussen.

1.6 Checkliste

Welche der unterschiedlichen Werbemöglichkeiten mit Google AdWords ist am besten für Ihre Dienstleistung oder Ihr Produkt geeignet? Machen Sie einen »Quick-Check«.

Ich möchte folgende Produkte/ Dienstleistungen bewerben	AdWords-Werbeform
Ich habe eine bekannte Dienstleistung bzw. ein bekanntes Produkt.	Suchnetzwerk • Textanzeigen
Ich habe eine unbekannte Dienstleistung bzw. ein unbekanntes Produkt.	Displaynetzwerk • Image- bzw. Responsive-Anzeigen
Ich habe eine Lösung für ein Problem.	Suchnetzwerk • Textanzeigen Displaynetzwerk • Textanzeigen und Displaynetzwerk • Image- bzw. Responsive-Anzeigen
Ich habe ein lokales Geschäft.	Suchnetzwerk • Textanzeigen (regionale Ausrichtung)
Ich habe einen Online-Webshop.	Suchnetzwerk • Textanzeigen und Suchnetzwerk • Google Shopping
Ich möchte die Bekanntheit meiner Marke stärken.	Displaynetzwerk • Textanzeigen und Displaynetzwerk • Image- bzw. Responsive-Anzeigen
Ich möchte zu meiner Marke oder meiner Firma gefunden werden.	Suchnetzwerk • Textanzeigen
Ich habe bereits unterhaltsame Werbevideos erstellt und möchte meine Dienstleistungen bzw. Produkte einer breiten Zielgruppe vorstellen.	Displaynetzwerk • Videokampagnen YouTube • Videokampagnen

Tabelle 1.1 Vorgaben und passende AdWords-Werbemöglichkeit

Tipps, Tricks und Lustiges zur Google-Suche

So machen Sie sich die Suche mit Google-Suchoperatoren leichter:

▶ **Suchergebnisse filtern:** Durch Auswahl von Alle, Bilder, News, Videos, Maps bzw. Mehr unterhalb des Sucheingabefelds können Sie die Suchergebnisse nach den jeweiligen Kategorien filtern. Wenn Sie rechts in dieser Navigationsleiste auf Tools klicken, erscheint eine zusätzliche Navigation mit vier Dropdown-Menüs, in denen Sie Ihre Suchergebnisse weiter eingrenzen können, und zwar nach Land, Sprache, Zeit und Genauigkeit der Wortgruppe.

▶ **Suchoperatoren:** Neben Filtern können Sie Ihre Suchbegriffe direkt durch bestimmte Zeichen enger eingrenzen. Hier stellen wir Ihnen die wichtigsten vor.

1

- **Anführungszeichen (" ")**: Wenn Sie Ihren Suchbegriff oder die gesuchte Wortgruppe in Anführungszeichen setzen, dann liefert die Google-Suche als Ergebnis nur solche Seiten, in denen exakt dieser Suchbegriff vorkommt.
- **Minuszeichen (-)**: Mit dem Minuszeichen schließen Sie aus Ihren Suchergebnissen bestimmte Begriffe aus. So liefert »filmfestspiele -cannes« z. B. nur Ergebnisse zu Filmfestspielen, die nicht in Cannes stattfinden.
- **Sternchen (*)**: Das Sternchen ergänzt ein Wort in Zitaten oder Redewendungen, das Ihnen im Moment nicht einfällt. Zum Beispiel wird »dreimal abgeschnitten und *« mit »noch zu kurz« ergänzt.
- **Der Operator *All In* (allin)**: Mithilfe von »allin« erhalten Sie nur Suchergebnisse, die alle von Ihnen gesuchten Begriffe enthalten, und zwar bei »allintext« im Text der Seite, bei »allintitle« im Seitentitel und bei »allinurl« in der URL der Seite. So liefert »allinurl:google faq« alle Seiten, in deren URL sowohl »Google« als auch »FAQ« vorkommt.

▶ **Umrechnungen:** Geben Sie einfach direkt ins Suchfeld den Wert für eine Einheit und die Zieleinheit ein (beispielsweise »1 euro in dollar«), und schon erhalten Sie direkt von Google das Ergebnis. Das funktioniert für Währungen, Gewicht und Masse, Längenangaben und Temperatur.

▶ **Lustige *Easter Eggs*:** So nennt man die Spiele oder Funktionen, die die Google-Entwickler im Code versteckt haben. Schauen Sie einfach einmal, was passiert, wenn Sie folgende Begriffe in den Suchschlitz eintragen: »askew« oder »blink html« oder »zerg rush«. Das sind nur einige der Google Easter Eggs. Viel Spaß beim Ausprobieren.

Kapitel 2
Google-AdWords-Vorbereitung

»Starten Sie mit AdWords – Ihre Werbung ist in wenigen Minuten online.« So ähnlich klingt die Werbeaussage zum Thema Google AdWords. Ihre neue AdWords-Kampagne ist in der Tat in wenigen Minuten online erstellt und in der Google-Suchmaschine sichtbar. Damit Ihre AdWords-Werbung jedoch gut funktioniert, sollten Sie sich auf jeden Fall mehr Zeit als die wenigen Minuten nehmen!

Bevor wir mit der ersten Erstellung einer AdWords-Kampagne beginnen, sollten Sie etwas Zeit in die Planung Ihrer Kampagnen stecken. Überlegen Sie sich, welche Ziele Sie erreichen möchten, wen Sie in welcher Form mit Ihrer Werbung ansprechen möchten. Je mehr Sie im Vorfeld planen, desto einfacher können Sie später starten. Wir zeigen Ihnen, welche wichtigen Vorüberlegungen notwendig sind, um eine AdWords-Kampagne an den Start zu bringen. Die Erstellung einer Werbekampagne über Google AdWords ist mit einigen Vorbereitungen und damit also mit einem gewissen Arbeitsaufwand verbunden. Aber auch für diejenigen, die ohne großen Aufwand ganz einfach eine erste Werbung bei Google platzieren möchten, hält Google eine Alternative bereit. *AdWords Express* ist quasi der kleine Bruder von AdWords. Wir zeigen Ihnen, wie Sie auch dort eine Werbekampagne für die Suchmaschine schalten können.

2.1 Vor dem Start – die Vorbereitung ist wichtig

Sind Sie schon einmal dem Schritt-für-Schritt-Einstieg bei Google AdWords gefolgt und haben unter Google-Anleitung die erste AdWords-Kampagne eingestellt? Wenn Sie dies gemacht haben, sind Sie sicher auf Einstellungen und Eingabefelder gestoßen, wo Sie konkrete Entscheidungen treffen mussten, auf die Sie vielleicht noch gar nicht vorbereitet waren. Denn Sie müssen beim Anlegen einer neuen AdWords-Kampagne die Frage nach Ihrem Tagesbudget beantworten, einen ersten Klickpreis für Ihre Keywords eingeben und entscheiden, welche Keywords passend sind. Zusätzlich müssen Sie auch noch eine sinnvolle Textanzeige erstellen – die Betonung liegt dabei auf »sinnvoll«! Das sind noch nicht einmal alle Entscheidungen, die beim Anlegen einer Kampagne auftauchen. Ohne entsprechende Vorbereitung werden diese Angaben mehr aus dem Bauch heraus getroffen, anstatt auf fundierte Fakten zu setzen.

Der bessere Weg ist also, vorher die wichtigsten Fakten zu recherchieren, Strategien und Vorgaben zu notieren. Vor dem Start einer Google-AdWords-Kampagne sollten Sie zum Beispiel interessante und sinnvolle Suchbegriffe zusammentragen, die sich auf Ihre Produkte oder Ihre Dienstleistungen beziehen. Sie müssen außerdem Ihre Zielgruppe vor Augen haben und definieren, welche Google-Nutzer Sie zu welchen Zeiten und an welchen Orten mit Ihrer AdWords-Werbung erreichen möchten.

Um optimale Anzeigen zu verfassen, sollten Sie die Vorteile Ihrer Produkte/Dienstleistungen genau kennen und auch wissen, wo Sie Ihrer Konkurrenz voraus sind bzw. wo Sie nicht konkurrenzfähig sind. Setzen Sie mit Ihrer Werbung nicht auf Themen, wo Sie schlechter als die Konkurrenz abschneiden, z. B. falls Sie höhere Lieferkosten nehmen müssen. Zu diesem Zweck sollten Sie vorher natürlich auch Ihre direkten Online-Konkurrenten analysiert haben. Sie sollten z. B. wissen, welche Begriffe und Anzeigenthemen Ihre direkte Konkurrenz bei AdWords schaltet. Wenn Sie wissen, mit welchen Vorteilen Sie punkten können, haben Sie bereits einen guten Ansatz für eine Top-Anzeige.

Bevor wir uns jedoch diesen Fragen widmen, erhalten Sie zunächst einen Überblick über das AdWords-Programm. Die Ungeduldigen erfahren dabei, wie man quasi per Kaltstart in das AdWords-Programm einsteigt.

2.2 Google-Login und AdWords-Konto

Um das AdWords-Werbeprogramm nutzen zu können, benötigen Sie zunächst einen Google-Login. Dieser besteht immer aus einer E-Mail-Adresse und einem Passwort. Wenn Sie erst einmal einen Google-Login besitzen, können Sie ihn nicht nur für AdWords, sondern auch für alle anderen Google-Produkte nutzen. Die folgenden Produkte sind vor allem für Unternehmen wichtig:

▶ Google Analytics (*https://www.google.de/analytics*)

▶ Google My Business (*https://www.google.de/business*)

▶ Google Merchant-Center (*https://www.google.com/retail/solutions/merchant-center*)

▶ Google Webmaster-Tools (*https://www.google.com/intl/de_de/webmasters*)

Unser Tipp: Nutzen Sie einen Google-Login für alle Produkte!

Erstellen Sie einen Google-Login mit Admin-Rechten für Ihren Firmen-Account, der nicht zur privaten Nutzung anderer Google-Produkte genutzt wird – vermischen Sie

---

dies nicht! Legen Sie mit diesem Login alle Firmenkonten für die unterschiedlichen Google-Produkte an, die Sie nutzen möchten. Durch diese Vorgehensweise können die einzelnen Produkte später bei Bedarf einfacher miteinander verknüpft werden.

Zur Erstellung Ihres Google-Logins klicken Sie auf der Startseite der Google-Suche einfach auf den blauen Button ANMELDEN (siehe Abbildung 2.1).

Abbildung 2.1 Der Anmelde-Button auf der Google-Startseite

Falls Sie bereits ein Google-Konto besitzen, können Sie sich im nächsten Schritt per E-Mail-Adresse ❶ und Passwort ❷ anmelden, ansonsten klicken Sie auf den Link KONTO ERSTELLEN ❸ (siehe Abbildung 2.2).

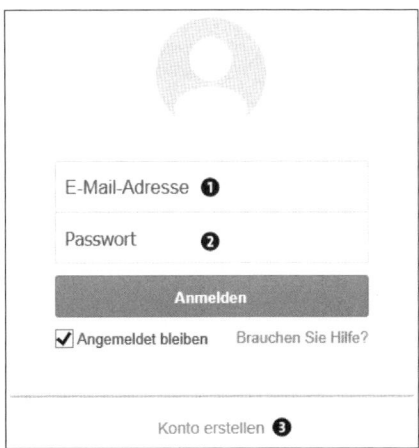

Abbildung 2.2 Google-Login oder neues Konto erstellen

Nach dem Klick auf KONTO ERSTELLEN erscheint ein Eingabeformular zur Aufnahme der persönlichen Daten. Sie können in dem Anmeldeformular mit der Anmeldung des Google-Logins entweder eine neue Google-Mail-Adresse registrieren, die dann zukünftig als Login dient, oder eine existierende E-Mail-Adresse (z. B. eine Firmen-Mail-Adresse) verwenden.

Vorteil der Google-Mail-Adresse

Falls Sie eine Google-Mail-Adresse für Ihr Google-Konto nutzen, so reicht es zukünftig, für den Login nur Ihren Nutzernamen – der vor dem @ steht – einzutippen. Sie benötigen im Gegensatz zu einer gewöhnlichen Mail-Adresse nicht die komplette E-Mail-Adresse für den Login.

Die Verwaltung des AdWords-Kontos ist immer an den Login einer Person mit zugehörigem Google-Konto gebunden. Wir empfehlen daher, einen eigenen AdWords-Account für das berufliche Umfeld zu erstellen. Nutzen Sie dazu nicht Ihre private Mail-Adresse. In einem größeren Unternehmen ist es sinnvoll, den Google-Login, so weit es geht, »neutral« zu halten. Auf diese Weise kann ein Login später eventuell von einem anderen Mitarbeiter übernommen werden.

Anmerkung

Die Tatsache, dass Google mittlerweile Name und Geburtsdatum abfragt, erschwert die Möglichkeit, einen echten Firmen-Login zu erstellen. Dies ist für größere Unternehmen ein Problem, das kreativ gelöst werden muss.

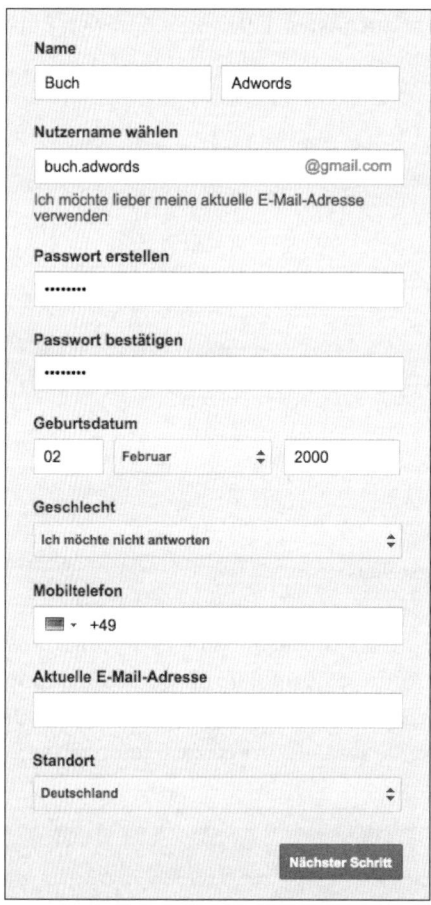

Abbildung 2.3 Einen neuen Google-Nutzer anlegen

Wir haben die Erfahrung gemacht, dass es beim Anlegen eines Google-Kontos – auch aufgrund der allgemeinen Datenschutz-Diskussion – zwei kritische Punkte gibt:

1. **Das Geburtsdatum wird abgefragt.**

   Hier die Google-Begründung zur Abfrage:

   »Geburtsdatum: Geben Sie Ihr Geburtsdatum ein. Für manche Google-Dienste ist ein bestimmtes Alter erforderlich. [...] Ihr Alter bzw. Ihr Geburtstag ist nur dann für andere sichtbar, wenn Sie dies generell oder für bestimmte Nutzer erlauben.«[1]

2. **Eine Mobiltelefon-Nummer soll angegeben werden.**

   Hier die Google-Begründung zur Abfrage:

   »Wenn Sie ein Mobiltelefon besitzen, sollten Sie diese Information bereitstellen, müssen es aber nicht. Je nachdem, wie Sie Ihrem Konto eine Telefonnummer hinzufügen, kann diese in verschiedenen Google-Diensten verwendet werden. Beispielsweise kann Ihnen die Telefonnummer zur Kontowiederherstellung bei der Kontoanmeldung helfen, falls Sie Ihr Passwort vergessen haben.«[1]

Das Mindestalter für ein AdWords-Konto beträgt 18 Jahre. Das sollten Sie beim Anlegen Ihres Google-Kontos beachten. Es lässt sich aber auch im Nachgang noch korrigieren.

Anstatt einer Mobiltelefonnummer können Sie aber auch eine alternative E-Mail-Adresse im Feld AKTUELLE E-MAIL-ADRESSE angeben, an die dann ein geändertes Passwort geschickt werden kann.

Die erforderliche Angabe eines Geburtsdatums führt oft zu Diskussionen, vor allem bei der Einrichtung eine Google-Accounts für große Unternehmen. Hierzu gibt es jedoch keine einfache Lösung. Die Angabe des Geschlechts ist freiwillig.

Nach einem Klick auf den Button NÄCHSTER SCHRITT müssen Sie noch in einem separat aufgehenden Pop-up-Fenster die Datenschutzbestimmungen von Google akzeptieren. Danach erscheint ein Fenster mit der Willkommensmeldung, dass Ihr Google-Konto erfolgreich angelegt wurde.

Nach dem Anlegen des Google-Logins können Sie nun Ihr AdWords-Konto erstellen. Für Analytics & Co. können Sie natürlich Ihren neuen Google-Login ebenfalls nutzen (siehe Abbildung 2.3).

2.3 Der schnelle Einstieg in AdWords

Nachdem der Google-Login erstellt ist, können wir uns nun dem Anlegen eines AdWords-Kontos widmen. Rufen Sie dazu zunächst in der Adresszeile Ihres Browsers folgende URL auf:

https://adwords.google.com/intl/de_de/home

---

[1] *https://support.google.com/accounts/answer/1733224?hl=de*

Auf der AdWords-Startseite erscheinen Hinweise und Tipps zu Google AdWords sowie eine Telefonnummer für den kostenlosen Support. Für den schnellen Einstieg
und die Leser dieses Buches empfehlen wir den Klick auf JETZT LOSLEGEN (siehe Abbildung 2.4).

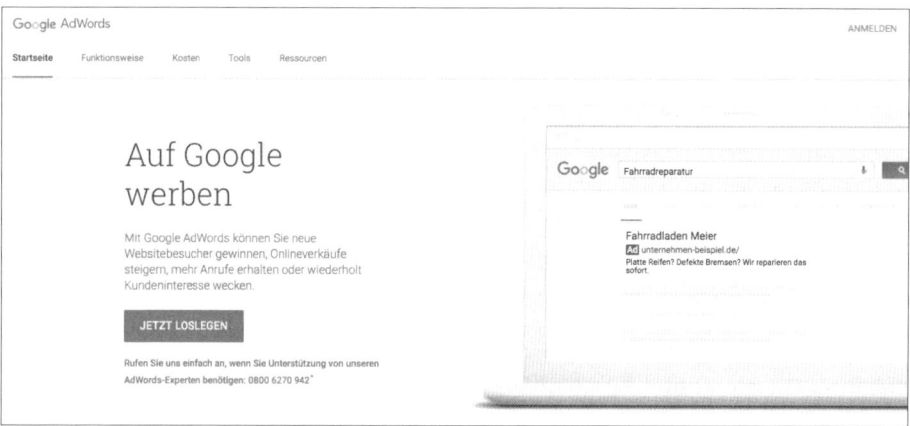

Abbildung 2.4 Google-Start für Newbies – »Jetzt loslegen«

Im nächsten Zwischenschritt geben Sie Ihre Google E-Mail-Adresse und die zu bewerbende Webseite an und wählen, ob Sie individuelle Tipps erhalten möchten oder
nicht (siehe Abbildung 2.5).

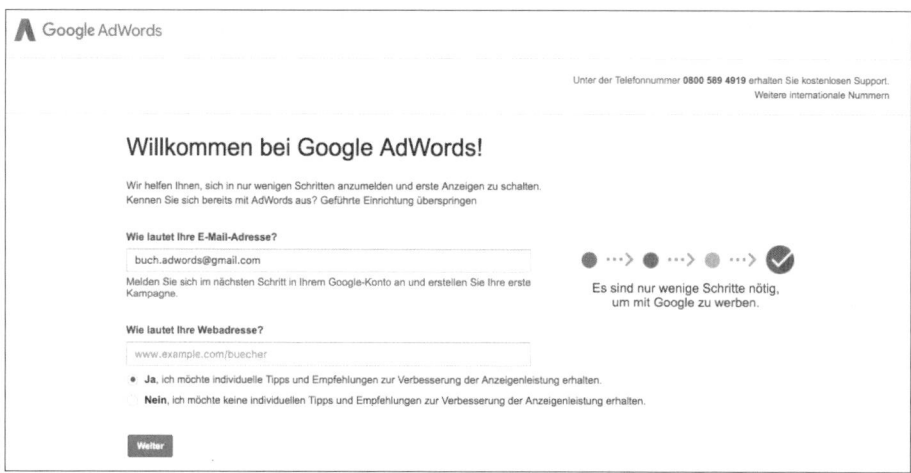

Abbildung 2.5 Google AdWords – Start eines neuen Kontos

Danach erscheint die Google-Anmeldemaske, mit der Sie sich an Ihrem Google-Konto und dem entsprechenden Passwort anmelden.

Nach einem Klick auf den Button WEITER erscheint ein Bildschirm, in dem Sie abermals aufgefordert werden, Angaben zu Ihrer Mobiltelefonnummer oder einer alternativen E-Mail-Adresse zu machen, sofern Sie hier bei der Anmeldung keine Angaben hinterlassen haben (siehe Abbildung 2.6). In diesem Dialog können Sie weitere Eingaben vornehmen, müssen dies aber nicht.

Abbildung 2.6 Maske »Zugang zu Ihrem Konto sichern«

Durch einen Klick auf den Button FERTIG werden Sie zu Ihrem neu erstellten AdWords-Konto weitergeleitet.

Nun können Sie Ihre erste AdWords-Kampagne erstellen. Bevor wir jedoch gemeinsam die nächsten Schritte gehen, sollten Sie mit der grundlegenden Idee und Struktur eines AdWords-Kontos vertraut sein.

2.3.1   AdWords-Konto

Im Normalfall besitzt jedes Unternehmen ein AdWords-Konto. Falls sich die Werbung auf unterschiedliche Inhalte bezieht, kann ein Besitzer auch für verschiedene Werbethemen unterschiedliche AdWords-Konten einrichten. Google verbietet es jedoch laut AdWords-Richtlinien, dass ein Unternehmen zu einer Suchanfrage mehrere Anzeigen schaltet.

Diese Doppelbuchung von Begriffen für das gleiche Unternehmen und/oder die gleiche Website kommt bei den Google-Usern nicht gut an und würde daher Google schaden. Aus einem Konto heraus ist dieses sogenannte *Double-Bidding* (zwei Anzeigen des gleichen Unternehmens zu einer Suchanfrage) oder sogar *Triple-Bidding* (drei Anzeigen) nicht möglich, da aus einem Konto heraus immer nur eine Anzeige zu einer Suchanfrage geschaltet wird. Falls Double- oder Triple-Bidding vorkommen, so werden verbotenerweise mehrere Konten von einem Unternehmen bzw. einer Unternehmensgruppe zum gleichen Thema genutzt.

2.3.2   Kampagnen

Das AdWords-Konto ❶ ist die erste und oberste Ebene bei Google AdWords (siehe Abbildung 2.7). Ein AdWords-Konto teilt sich danach weiter in Kampagnen ❷ auf, die wiederum in Anzeigengruppen ❸ unterteilt sind.

Abbildung 2.7 Grundlegender Aufbau eines AdWords-Kontos

Der Unterschied zwischen Kampagnen und Anzeigengruppen ist vielen AdWords-Nutzern nicht ganz klar und führt dazu, dass Kampagnen und Anzeigengruppen in vielen Konten nicht zielgerichtet eingesetzt werden.

Mit *Kampagnen* wird die zweite Ebene unterhalb der Kontoebene bezeichnet. Fälschlicherweise wird oft angenommen, dass sich die Bezeichnung »Kampagne« auf den Marketingbegriff bezieht – nach dem Motto: »Ich erstelle eine neue Kampagne, um ein neues Produkt zu bewerben.« Im AdWords-Konto bezieht sich der Begriff *Kam-*

pagne jedoch vor allem auf die technischen Grundeinstellungen einer bestimmten Gruppe von Werbeanzeigen.

Sie benötigen in Ihrem AdWords-Konto eine eigene Kampagne, um

▶ Werbung in unterschiedlichen Werbenetzwerken zu schalten,

▶ unterschiedliche Zielregionen zu bewerben,

▶ unterschiedliche Zeiträume (Frühjahrskampagne, Weihnachtskampagne etc.) abzudecken,

▶ unterschiedliche Werbebudgets zu verwalten,

▶ spezielle AdWords-Strategien aufzusetzen und zu testen,

▶ individuelle Gebotsstrategien für stärker umkämpfte Suchbegriffe zu nutzen und um

▶ individuelle Gebotsstrategien für Ihre erfolgreichsten oder wichtigsten Produkte/ Dienstleistungen zu entwickeln.

2.3.3   Anzeigengruppen

Anzeigengruppen stellen die dritte Ebene bei AdWords dar. Denn eine Kampagne teilt sich in verschiedene Anzeigengruppen auf. Gruppen von thematisch zusammenhängenden Suchbegriffen und dazu passende, individuelle Anzeigentexte bilden zusammen eine Anzeigengruppe. Die Suchbegriffe und die Anzeigen verschmelzen quasi in der Anzeigengruppe.

In AdWords können Sie das maximale Klickpreisgebot pro Anzeigengruppe festlegen. So übernehmen dann alle Keywords der jeweiligen Anzeigengruppe den festgelegten maximalen Klickpreis, wobei Sie diesen später auch noch individuell für jedes einzelne Keyword festlegen können. Eine feine Unterteilung in einzelne, individuell abgestimmte Anzeigengruppen unterhalb der Kampagnenebene wird bedauerlicherweise von vielen Werbetreibenden nicht richtig genutzt. Dabei sind unterschiedliche Anzeigengruppen jedoch extrem wichtig, um verschiedene Produkte/ Dienstleistungen Ihres Komplettangebotes individuell und gezielt zu bewerben. Normalerweise gibt es nicht die eine Anzeige, die zur kompletten Palette Ihrer Produkte/ Dienstleistungen passt.

So spricht beispielsweise eine Werbeanzeige mit einem Angebot zu speziellen Laufschuhen für Marathonläufer natürlich viel stärker eine entsprechende Käufergruppe »Aktive Marathonläufer« an als eine Anzeigengruppe mit einem allgemeinen Anzeigentext zu »Laufschuhe online kaufen«. Je feiner Sie also die Anzeigengruppen an Ihre Produkte/Dienstleistungen anpassen und Ihre jeweiligen Themen in verschiedene Anzeigengruppen aufteilen, umso stärker erreichen Sie die Aufmerksamkeit Ihrer unterschiedlichen Zielgruppen, die jeweils ganz spezielle Interessen haben.

Im Laufe der Zeit müssen Sie mithilfe Ihrer AdWords-Statistiken herausfinden, wie speziell Sie einzelne Anzeigengruppen unterteilen müssen. Einerseits ist es optimal, die Anzeigengruppen so fein wie möglich aufzuteilen, andererseits muss der Aufwand für die Unterteilung Ihrer Kampagnen im Verhältnis zum Erfolg stehen, der an Webseitenbesuchern und Kunden gemessen wird. Für Produkte/Dienstleistungen, die wenig nachgefragt werden und bei denen die Margen nicht so hoch sind, lohnt sich eine eigene Anzeigengruppe meistens nicht. Diese Produkte/Dienstleistungen können Sie daher ruhig in einer Anzeigengruppe unter einem übergeordneten Thema zusammenfassen.

Sie sollten also verschiedene Anzeigengruppen nutzen, um

▶ unterschiedliche Klickpreise festzulegen und

▶ Anzeigentexte ganz genau auf einzelne Keywords abzustimmen.

Nachdem Sie den grundsätzlichen Aufbau Ihres AdWords-Kontos kennen, widmen wir uns nun wieder dem Schnelleinstieg in Ihr Konto. Bei einem ganz neuen Konto muss zunächst eine erste Kampagne erstellt werden.

Danach leitet das AdWords-Programm Sie Schritt für Schritt durch die Kampagneneinstellungen. Sie müssen lediglich die anstehenden Entscheidungen in Bezug auf Budget, Standorte, Werbenetzwerke, Keywords, Gebot und Textanzeige treffen (siehe Abbildung 2.8).

Sie müssen mindestens ein Keyword für Ihre Kampagne hinzufügen. Wählen Sie als Budget für diese erste Kampagne einen kleinen Betrag von 1 €, denn in diesem Schritt geht es erst einmal darum, die Pflichtkampagne anzulegen, um weiter mit dem AdWords-Konto arbeiten zu können. Daher behalten Sie bei GEBOT zunächst auch die Standardeinstellung AUTOMATISCH FESTGELEGT bei. Sie können diese Einstellungen später jederzeit verändern.

Nach der Eingabe der notwendigen Daten klicken Sie am Ende des Eingabevorgangs auf SPEICHERN UND FORTFAHREN.

Danach gelangen Sie zur Eingabemaske für die Zahlungsdaten siehe Abbildung 2.9. In dieser Phase treffen Sie zwei grundlegende Entscheidungen für das AdWords-Konto, die im späteren Verlauf nicht mehr geändert werden können. Zum einen wird die Zeitzone ❶ des Kontos festgelegt. Dies hat Auswirkungen auf die Möglichkeit der zeitgesteuerten Ausspielung Ihrer Kampagnen und auf die Angaben in Ihren Berichten. Alle späteren Angaben im Konto nehmen dann Bezug auf die hier festgelegte Zeitzone! Die zweite wichtige Eingabe bezieht sich auf das Abrechnungsland und damit auf die Währung des Kontos ❷, denn hierauf beruhen die Gebote und Klickpreise zu Ihren Kampagnen und Keywords.

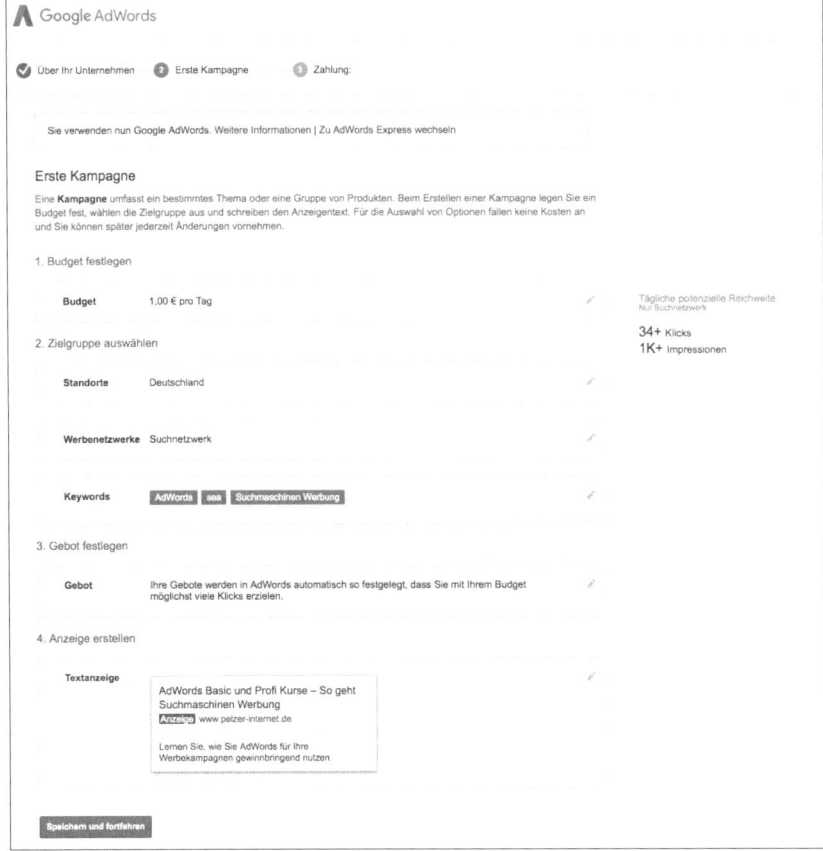

Abbildung 2.8 Die erste AdWords-Kampagne erstellen

Abbildung 2.9 Eingabemaske für Zahlungsdaten

Heutzutage schlägt AdWords unter Berücksichtigung des aktuellen Standorts bereits die passenden Werte vor. Bei alten Konten war dies jedoch nicht der Fall. Nachdem Sie das Abrechnungsland und die Zeitzone sowie Ihre Zahlungsinformationen eingegeben bzw. kontrolliert haben, klicken Sie auf FERTIG STELLEN UND ANZEIGE ERSTELLEN. Herzlichen Glückwunsch, Sie haben Ihr AdWords-Konto erstellt. Abbildung 2.10 zeigt die Bestätigung des Vorgangs.

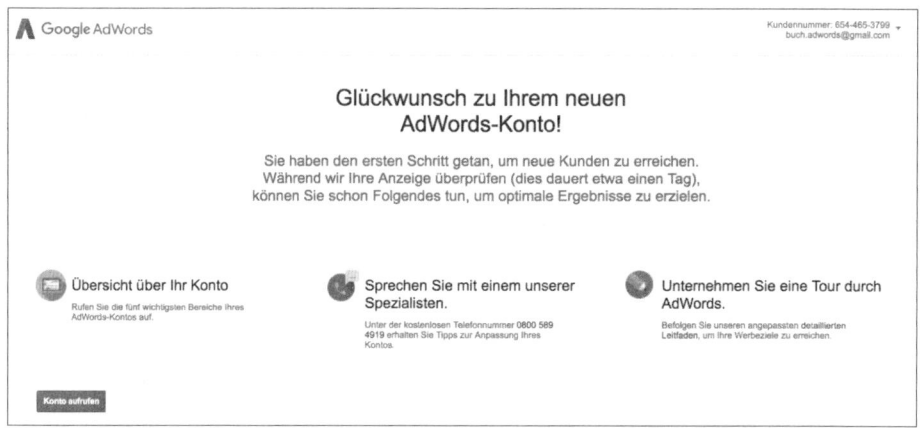

Abbildung 2.10 Bestätigung des neuen AdWords-Kontos

2.4   Hinweise zum AdWords-Login

Möchten Sie sich nach der Einrichtung Ihres AdWords-Kontos zu einem späteren Zeitpunkt wieder neu anmelden, so nutzen Sie einfach den Hinweis zur Anmeldung auf der AdWords-Startseite. Für die Anmeldung benötigen Sie, wie bereits besprochen, Ihre E-Mail-Adresse und das zugehörige Passwort, wobei die E-Mail-Adresse oft über eine Browsereinstellung schon gespeichert ist und entsprechend vorgegeben wird (siehe Abbildung 2.11).

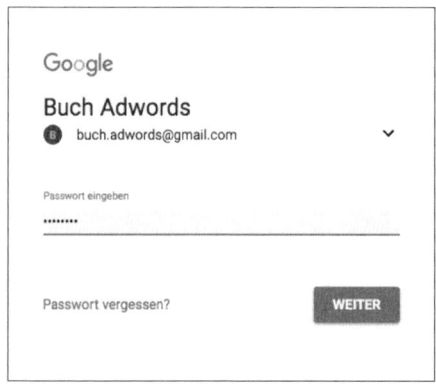

Abbildung 2.11 Google-Login bei einer neuen Session

Es kann passieren, dass Sie vor allem nach dem Anlegen eines neuen Kontos mit Hinweisen zum AdWords-Werbeprogramm oder mit der neuen AdWords-Oberfläche und Hilfestellungen nach Ihrem Login »beglückt« werden. Das AdWords-Team meint es nur gut mit Ihnen, doch falls Sie trotzdem keine weiteren Tutorials wünschen, so gibt es immer eine Möglichkeit, diese Hinweise zu übergehen und direkt zu Ihrem AdWords-Konto zu gelangen. Nutzen Sie dazu den entsprechenden Button oder klicken Sie einfach auf das X am oben rechten Rand des Infofensters (siehe Abbildung 2.12).

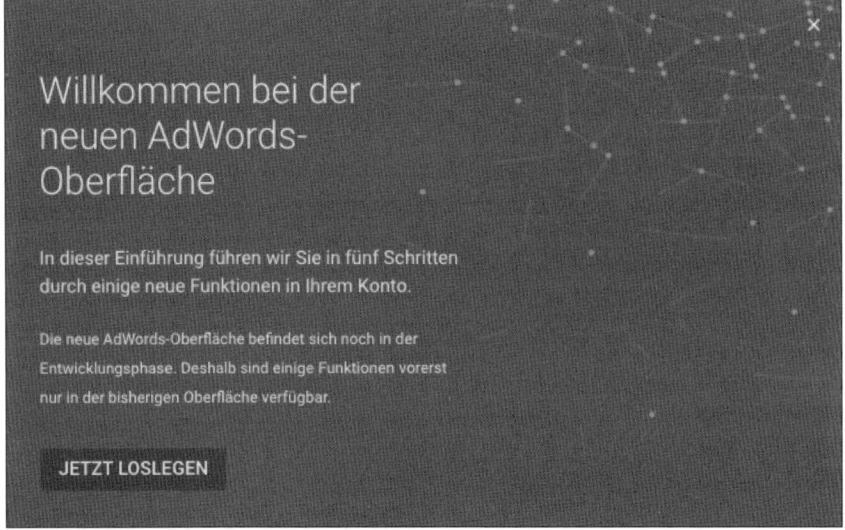

Abbildung 2.12 Hinweise zu der neuen AdWords-Oberfläche überspringen

Falls Sie noch keine Alternative zur Wiederherstellung Ihres AdWords-Kontos eingegeben haben, erhalten Sie hierzu immer wieder einmal eine Einblendung mit entsprechenden Hinweisen (siehe Abbildung 2.6). Sie sollten in jedem Fall eine Möglichkeit zur Wiederherstellung nutzen, ansonsten wird es schwierig, beim Verlust Ihres Passwortes an Ihre Kontodaten zu gelangen.

Unternehmen sollten dafür sorgen, dass immer ein Kontozugang besteht

Aus der Praxis wissen wir, dass es immer wieder einmal vorkommt, dass gleichzeitig mit dem Mitarbeiter, der ein Unternehmen verlässt, auch der Google- bzw. AdWords-Login des Unternehmens »abwandert«. Als Unternehmensinhaber bzw. Marketingleiter sollten Sie darauf achten, dass der Zugriff auf Ihre Google-Logins immer im Unternehmen verbleibt. Login-Daten sollten beim Ausscheiden von Mitarbeitern übergeben werden. Eventuell müssen mehrere Mitarbeiter gleichzeitig Logins mit Admin-Rechten besitzen.

2.5   AdWords Express – die Google-AdWords-Alternative?

Das Fragezeichen in der Überschrift sagt schon alles. AdWords Express ist keine echte Alternative zu Google AdWords, Sie können aber mit seiner Hilfe die AdWords-Grundprinzipien sehr schön erlernen. Der »kleine Bruder von AdWords« soll als Einstieg für lokale Anbieter dienen. Mit wenigen Angaben zum Standort, einer Produktkategorie und der Angabe eines Budgets lassen sich schnell Werbeanzeigen in AdWords Express schalten.

AdWords Express ist eine sehr reduzierte Form des Werbeprogramms für Klein- und Kleinstbetriebe, die Google in nur wenigen ausgewählten Ländern bereitstellt. Im deutschsprachigen Raum wird es in Deutschland, Österreich und der Schweiz angeboten. Prüfen Sie einfach unter dieser URL, in welchen weiteren Ländern AdWords Express aktuell angeboten wird:

https://support.google.com/adwords/express/answer/
1701675?hl=de&ref_topic=1719919

Ihr Einstieg zu AdWords Express ist übrigens in Deutschland über die URL *https://www.google.de/adwords/express* bzw. in Österreich über *http://www.google.at/adwords/express* oder in der Schweiz über *http://www.google.ch/adwords/express* möglich.

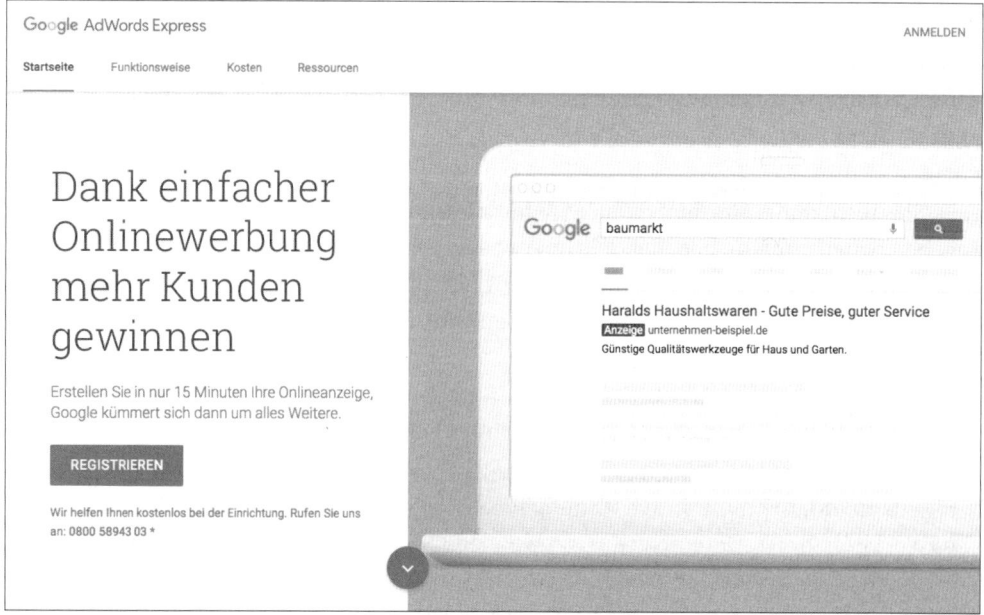

Abbildung 2.13 Die Einstiegsseite von »AdWords Express«, der reduzierten Variante zur Werbung bei Google für lokale Kleinunternehmer

AdWords Express macht ausschließlich für lokale Unternehmen mit einem oder mehreren physischen Standorten Sinn. Von Second-Hand-Läden über Handwerksbetriebe bis hin zu Restaurants soll es ein einfacher Einstieg für jene Werbekunden sein, die bei Google auch ohne großen Zeit- und Budgetaufwand präsent sein möchten. Diese können damit sehr schnell Kampagnen online schalten, um Anzeigen für Nutzer in ihrer unmittelbaren Umgebung in der Google-Suche zu platzieren. Für die Kampagnenschaltung sind praktisch keine Vorkenntnisse erforderlich.

2.5.1   Anwendungsfälle für AdWords Express

Google bewirbt AdWords Express als »ideales Tool für lokale Unternehmer, die nicht viel Zeit in ihre Online-Werbung investieren können«. Nutzen Sie die nun folgende Hilfestellung, um den Anwendungsbereich von AdWords Express besser kennenzulernen und so zu prüfen, ob es eine für Sie geeignete Plattform ist.

Je mehr der nun folgenden Punkte Sie mit »Ja« beantworten können, desto eher können Sie davon ausgehen, dass Sie bei AdWords Express fürs Erste richtig sind:

▶ Sie betreiben ein oder mehrere lokale Unternehmen, z. B. Handwerksbetriebe, Restaurants und Lokale, Fachgeschäfte, Hotels und Unterkünfte.

▶ Sie wissen, dass Sie den vollen Leistungsumfang von AdWords (vorerst) nicht benötigen.

▶ Sie möchten Werbung via AdWords ohne Fachwissen und großen zeitlichen Aufwand selbst schalten.

▶ Sie möchten lediglich das Werbebudget steuern, aber keinen Aufwand mit Betreuung und Optimierung haben.

▶ Sie vertrauen den automatischen Funktionen von AdWords Express zur Anzeigen- und Keyword-Steuerung.

▶ Sie können oder möchten sich internen oder externen Aufwand zur professionellen Verwaltung von AdWords (noch) nicht leisten.

▶ Sie haben keine geeignete Webseite für Ihre Online-Kampagnen.

AdWords Express wird Ihren Anforderungen nicht entsprechen, sobald mindestens einer der folgenden Punkte auf Sie zutrifft:

▶ Sie betreiben ein Unternehmen, dessen Produkte oder Dienstleistungen keine lokale Relevanz haben, z. B. einen Online-Shop, eine Online-Community oder einen Blog- bzw. Nachrichtendienst.

▶ Sie möchten überregionale oder internationale AdWords-Kampagnen ohne Ländereinschränkungen schalten.

▶ Sie möchten den vollen Funktionsumfang von Google AdWords nutzen.

- ▶ Sie möchten alle Suchbegriffe, die eine Anzeigenschaltung auslösen, individuell verwalten können.

- ▶ Sie möchten Anzeigen nicht nur in der Google-Suche, sondern auch im Displaynetzwerk oder auf YouTube schalten und auch bei den Anzeigenformaten nicht ausschließlich auf Textanzeigen limitiert sein.

- ▶ Sie können und möchten persönliche oder externe Ressourcen zur professionellen Kampagnenerstellung und -optimierung bereitstellen.

- ▶ Sie haben eine professionelle Webseite oder einen Online-Shop und möchten die Verlinkung der Anzeigen individuell steuern.

2.5.2   Produktvergleich

Vergleichen Sie AdWords und AdWords Express durch einen raschen Blick auf Tabelle 2.1.

	AdWords Express	AdWords
Abrechnungsmodell	Cost-per-Click	Cost-per-Click
Ohne eigene Website nutzbar	Ja	Nein
Automatische Verwaltung	Ja	Nein
Umfangreiche Einstellungs- und Optimierungsmöglichkeiten	Nein	Ja
Anzeigen in der Google-Suche und bei Google Maps	Ja	Ja
Anzeigen im Google Displaynetzwerk oder auf YouTube	Nur eingeschränkt	Ja
Auswahl von Keywords	Nein	Ja
Keyword-Recherche notwendig	Nein	Ja
Keyword-Optionen	Ausschließlich *weitgehend passend*	Alle
Textanzeigen	Ja	Ja
Verlinkung auf Google Plus-Seite	Ja	Nein

Tabelle 2.1 Der Produktvergleich zwischen AdWords Express und AdWords zeigt Ihnen die Vorteile und Einschränkungen auf einen Blick.

	AdWords Express	AdWords
Ausführliche Statistik	Nein	Ja
Erweiterte Anzeigenformate (z. B. Bild- oder Videoanzeigen)	Nein	Ja
Mobile Anzeigen	Ja	Ja
Geografische Ausrichtung	Ausrichtung auf Umkreis (von 25 bis 65 km), Stadt, Bundesland und Land	International
Conversion-Tracking (Messung von Shop-Bestellungen oder Formularanfragen)	Nein	Ja
Google Analytics-Verknüpfung	Ja	Ja
Monatliches Mindestbudget	Ja (40 € pro Kategorie)	Nein

Tabelle 2.1 Der Produktvergleich zwischen AdWords Express und AdWords zeigt Ihnen die Vorteile und Einschränkungen auf einen Blick. (Forts.)

2.5.3   Anzeigenerstellung mit AdWords Express

Konnten Sie anhand der bisherigen Informationen feststellen, dass Sie AdWords Express nutzen oder testen möchten, zeigen wir Ihnen nun, wie Sie bei der Erstellung von AdWords Express-Anzeigen konkret vorgehen. Wenn Sie über eine der URLs *https://www.google.de/adwords/express* bzw. *http://www.google.at/adwords/express* oder *http://www.google.ch/adwords/express* ins Programm eingestiegen sind und Ihr Google-Konto erfolgreich eingerichtet haben, nehmen Sie nun die Einrichtung Ihrer AdWords Express-Kampagne in wenigen Schritten (siehe Abbildung 2.14) vor:

1. Werbeziel auswählen
2. Anzeige/n erstellen
3. Budget festlegen

Die einzelnen Schritte werden wir Ihnen nun kurz vorstellen und erläutern, damit Sie Ihre erste AdWords Express-Kampagne erstellen können.

Abbildung 2.14 Drei Schritte zur Anzeigenerstellung in AdWords Express

2.5.4 Unternehmensinformationen eingeben

Wie bereits erwähnt, benötigen Sie für AdWords-Express-Kampagnen unbedingt einen lokalen Unternehmensstandort, in dessen unmittelbarem Umkreis die Google-Anzeigen später automatisch für Sie geschaltet werden. Optional ist jedoch die Angabe einer Webseite. Sie werden später die Alternative vorfinden, die Kampagnenbesucher auf Ihren lokalen Unternehmenseintrag bei *Google My Business* zu verweisen.

Wenn Sie lediglich möchten, dass potenzielle Neukunden über Google-Anzeigen Ihren Standort sowie Ihre Telefonnummer bzw. E-Mail-Adresse ausfindig machen, reicht diese Variante aus.

Die meisten von Ihnen werden aber bereits über eine eigene Webseite verfügen, die Sie entweder hier im ersten Schritt oder auch später noch angeben können.

Eine Unternehmenswebseite ist Pflicht

Aus unserer Praxiserfahrung wird deutlich, dass es eigentlich nicht mehr darum geht, ob sich eine Website auch für ein kleines Unternehmen lohnt. Eine Visitenkarte im Netz ist für jedes Unternehmen »Pflicht«. Die »Kür« ist es, im Internet auch gefunden zu werden und eine gute Darstellung auf mobilen Endgeräten zu erzielen.

2.5.5   Werbeziel auswählen

Als nächster Schritt im Einrichtungsassistenten wird die Werbezielauswahl eingeblendet. Auch diese gestaltet sich sehr einfach, indem Sie zwischen drei Möglichkeiten wählen, die Sie mit Ihrer Anzeige verfolgen wollen (siehe Abbildung 2.15):

1. Anrufe bei Ihrem Unternehmen generieren
2. Besuche in Ihrem Ladengeschäft erzielen
3. Aktionen auf Ihrer Webseite ausführen lassen

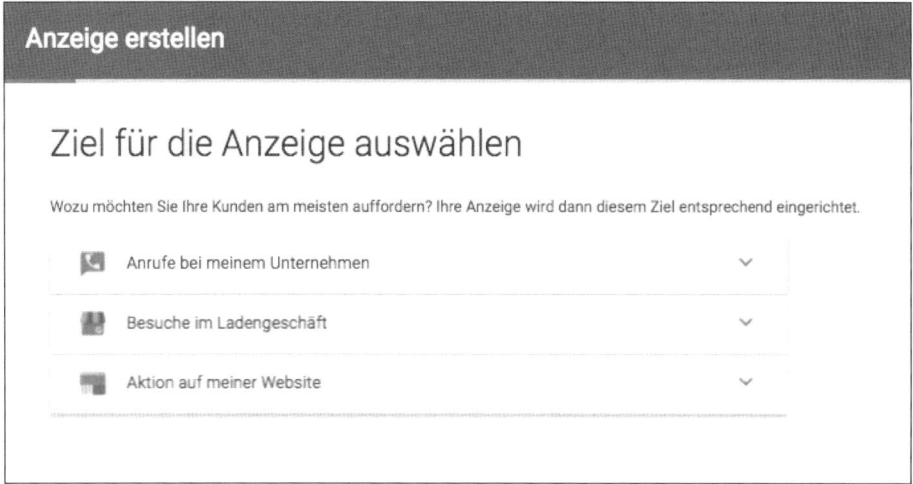

Abbildung 2.15 Anzeigenziel auswählen

Nach der Auswahl des Anzeigenziels können Sie im nächsten Schritt die regionale Zuordnung Ihrer Anzeigenschaltung bestimmen. Dabei haben Sie zwei Auswahlmöglichkeiten. Entweder Sie definieren einen Umkreis ❶ in der Nähe Ihres Unternehmens, wobei ein maximaler Umkreis von 65 km möglich ist. Oder Sie wählen gezielte
Regionen ❷ über die Schaltfläche IN BESTIMMTEN STÄDTEN, BUNDESLÄNDERN BZW.
BUNDESSTAATEN ODER LÄNDERN aus (siehe Abbildung 2.16).

Welche Auswahl hier sinnvoll und effizient ist, hängt nicht zuletzt von der Branche
und der Zielgruppe Ihres Unternehmens ab. Wir können uns vorstellen, dass für Restaurants und Cafés eher kleinere Entfernungen gewählt werden. Da Ihre AdWords-
Express-Anzeigen auch auf Mobilgeräten geschaltet werden, kommen so nur potenzielle Neukunden infrage, die sich in unmittelbarer Nähe Ihres Lokals, vielleicht sogar innerhalb der Erreichbarkeit zu Fuß, befinden.

Für ein Autohaus hingegen ist auch der größtmögliche Umkreis von 65 Kilometern
denkbar. Interessenten, die auf der Suche nach einem Neu- oder Gebrauchtwagen
sind, sind bestimmt bereit, für ein spezielles Angebot oder gewünschtes Gebraucht-
wagenmodell eine Anreise von maximal einer Autostunde in Kauf zu nehmen.

Sofern Sie Ihre geografische Ausrichtung individueller als mit dem Umkreisradius bestimmen wollen, berücksichtigen Sie jedoch, dass Sie keinen zu großen Einzugsbereich auswählen, selbst wenn es an dieser Stelle theoretisch möglich ist. Speziell bei eingeschränkten (Test-)Budgets sollten Sie zunächst mit der im wahrsten Sinne des Wortes naheliegendsten Zielgruppe starten.

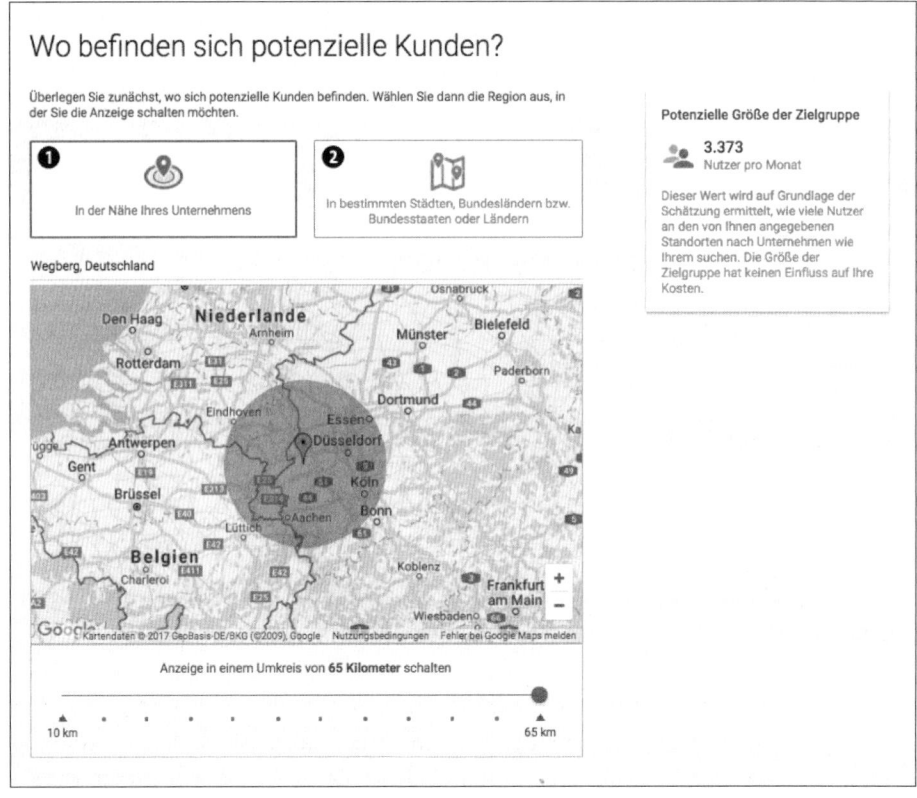

Abbildung 2.16 Regionale Auswahl der Zielgruppe

Im nächsten Schritt legen Sie neben der Sprachauswahl auch Ihre zu bewerbenden Produkte und/oder Dienstleistungen fest. Wenn Sie hier einen neuen Eintrag hinzufügen, schlägt Google Ihnen über sogenanntes Auto-Vervollständigen passende Begriffe vor. Sie beginnen einfach, eine passende Bezeichnung einzutippen, und erhalten sofort automatische Vorschläge mit tatsächlich vorhandenen Suchbegriffen. Beginnen Sie beispielsweise mit »Auto«, erhalten Sie Vorschläge wie »Autoteile«, »Autoreifen« oder »Autoversicherung«.

Beachten Sie bitte, dass Sie hier nur eine einzige Auswahl treffen können. Diese wirkt sich unmittelbar auf die von AdWords Express vorgeschlagenen Suchwortgruppen unter Anzeige für Personen schalten, die nach Folgendem suchen aus. Sie können hier nach Belieben weitere Einträge hinzufügen und so Ihr Keyword-Set verfeinern. Möchten Sie mehrere Produkte oder Dienstleistungen bewerben, können Sie für ein Unternehmen in einem späteren Schritt auch mehrere Anzeigen mit einer jeweils unterschiedlichen Zielgruppenauswahl erstellen.

Basierend auf Ihrer Auswahl zeigt Google Ihnen am rechten Rand automatisch ein Zielgruppenpotenzial an, also wie viele geschätzte Nutzer im gewählten Einzugsgebiet pro Monat nach Ihren Produkten oder Dienstleistungen suchen. Damit erhalten Sie einen schnellen Überblick, mit welchem Interesse und durch AdWords Express zusätzlich generiertem Besucheraufkommen Sie rechnen können. Ist das Zielgruppenpotenzial für die gewählte Branchenkategorie sehr klein, sollten Sie nach Möglichkeit die geografische Ausrichtung bearbeiten oder überlegen, ob Sie für andere passende Kategorien weitere Anzeigen erstellen können, um die Zielgruppe zu vergrößern.

2.5.6   Anzeigen erstellen

Nach dem Festlegen der Zielgruppe wechseln Sie zum nächsten Schritt, um eine oder mehrere Anzeigen zu erstellen.

Anzeigentitel und -text

Hier gelten die grundlegenden Vorgaben, Einschränkungen und Empfehlungen für AdWords-Textanzeigen, die in Abschnitt 4.3 noch näher ausgeführt werden. Die Anzeigentitel 1 und 2 (siehe Abbildung 2.17) dürfen maximal 30 Zeichen lang sein, die Beschreibung für den Anzeigentext darf eine Zeichenlänge von 80 Zeichen nicht überschreiten. Sie können beim Texten Ihrer Kreativität freien Lauf lassen, sollten dabei aber folgende Faktoren berücksichtigen:

▸ Formulieren Sie treffende Texte, die Ihre potenziellen Kunden bestmöglich ansprechen.

▸ Integrieren Sie eine klare Handlungsaufforderung (z. B. kaufen, buchen oder anfragen).

▸ Heben Sie jene Eigenschaften hervor, durch die Sie sich vom Mitbewerber abgrenzen (z. B. durch Standort, Angebotsvielfalt oder Preis).

▸ Beschreiben Sie konkrete Produkte, Leistungen oder zeitlich begrenzte Angebote, um die Aufmerksamkeit auf sich zu lenken.

▸ Nutzen Sie keine Übertreibungen oder unbestätigte Angaben wie »Wir haben die besten Reifen in der Stadt«.

▸ Verwenden Sie keine unerlaubten Hilfsmittel, um die Aufmerksamkeit auf Ihre Anzeige zu lenken, wie beispielsweise übertriebene Großschreibung oder übermäßige Zeichensetzung.

Wie Sie in Abbildung 2.17 erkennen können, zeigt AdWords Express Ihnen am rechten Bildschirmrand eine Anzeigenvorschau für klassische und mobile Suchergebnisseiten, die Ihre eingegebenen Daten automatisch so darstellt, wie auch die Google-Nutzer sie später sehen werden. Sie sollten jedoch berücksichtigen, dass Google anhand der von Ihnen bereitgestellten Angaben auch noch weitere Anzeigenvarianten automatisch erstellt.

Google gibt an, dass »basierend auf Ihren Informationen in der von Ihnen getexteten Anzeige sowie den Inhalten Ihrer Unternehmenswebseite weitere Anzeigen erstellt« werden, die parallel zu dem von Ihnen gewählten Text laufen. Damit soll eine »automatische Leistungsoptimierung« der Kampagne sichergestellt werden. Sie müssen damit rechnen, dass es dieser Algorithmus nicht immer schafft, jeweils in Ihrem Sinne zu texten. Wundern Sie sich also nicht, sollten Sie Anzeigen finden, die zwar auf Ihr Unternehmen hinweisen, aber Ihnen unbekannte Texte verwenden!

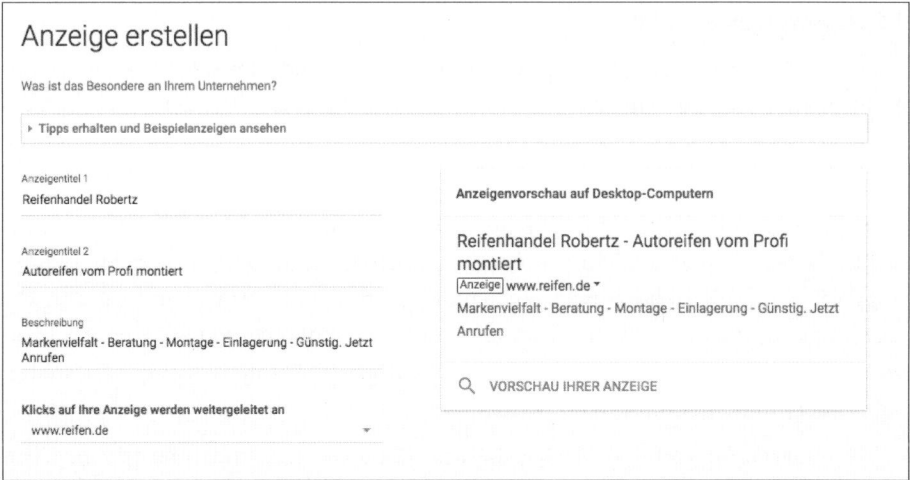

Abbildung 2.17 Zentraler Schritt bei AdWords Express: die Anzeigenerstellung

Neben den Textzeilen beinhaltet die Anzeige noch weitere Informationen: Die URL Ihres Unternehmens bzw. der alternativen Google-My-Business-Seite ist ebenfalls ersichtlich.

Weiterleitung der Anzeige

Der Großteil der AdWords Express-Nutzer wird die Anzeigen auf die eigene Unternehmenswebseite weiterleiten, um den Interessenten und potenziellen Kunden alle dort bereitgestellten Informationen zu zeigen. Alternativ können Sie – und das ist eine Eigenheit von AdWords Express – die Anzeigen auch schalten, wenn Sie über keine eigene Webseite verfügen. In diesem Fall wählen Sie die Option, dass Ihre Anzeigen auf die Google-My-Business-Seite Ihres Unternehmens weitergeleitet werden sollen.

Diese Seite können Sie kostenlos bei Google einrichten, um damit grundlegende Informationen zu Ihrem Geschäft wie die Adresse, Telefonnummer und Öffnungszeiten bereitzustellen, die in Diensten wie der Google-Suche, Google Maps oder eben AdWords Express zum Einsatz kommen.

In diesem Fall kann die Zielsetzung der Anzeigen nur sein, dass potenzielle Interessenten an Ihren Produkten oder Dienstleistungen direkt mit Ihnen in Kontakt treten, indem sie einen Telefonanruf tätigen oder gleich direkt persönlich bei Ihnen vorbeikommen. Denn eine My-Business-Seite bei Google kann deutlich weniger Informationen bereitstellen, als es Ihnen eine individuell angepasste Webseite ermöglicht.

Google-My-Business-Seiten als Webseitenersatz?

Die von AdWords Express angebotene Alternative, auch ohne eigene Webseite Suchmaschinenwerbung schalten zu können, klingt aufregend. Sollten Sie sich an dieser Stelle fragen, ob Sie nun auf Ihre Webseite verzichten sollen, lautet die schnelle Antwort vorweg: Nein!

Google My Business ist ein im Frühjahr 2014 vorgestellter Service, den Google im Zuge der Einführung seines sozialen Netzwerks Google+ ursprünglich unter dem Namen Google+ Local angeboten und in der Zwischenzeit weiter optimiert und tiefer in seine Services integriert hat. Es löst somit den zuvor bekannten Dienst *Google Places* zur Erstellung und Verwaltung von geschäftlichen Standorteinträgen ab.

Eine Google-My-Business-Seite zeichnet sich unter anderem durch folgende Merkmale aus: Neben Informationen zu Standort, Kontaktmöglichkeiten und Öffnungszeiten können Interessenten dort zum Beispiel auch Empfehlungen und Erfahrungsberichte anderer Google+-Nutzer finden. Auch für Bilder und Beiträge, die sowohl vom Geschäftsinhaber als auch von Gästen erstellt werden können, bietet diese Seite Platz.

Im Unterschied zu normalen Google+-Seiten, die für jegliche Art von Organisationen, Dienstleistungen oder Produkten erstellt werden können, hat eine Google-My-Business-Seite jeweils Bezug zu einem auch in der realen Welt auffindbaren Unternehmensstandort. Ein Auftritt auf Google+ ist eine sehr empfehlenswerte Ergänzung zu Ihrem bestehenden Online-Auftritt.

Ein Webseitenersatz kann Ihre kostenlose Unternehmenspräsenz bei Google jedoch keinesfalls sein, da Sie sich bei Art und Form der Inhalte stets an die vorgegebenen Rahmenbedingungen halten müssen und dort nur wenig Platz für individuelle Angaben finden. Zudem sind Sie hinsichtlich der Auffindbarkeit im Internet hundertprozentig auf Google angewiesen und haben keine Garantie, sich auch langfristig auf diese derzeit kostenlos bereitgestellten Services verlassen zu können.

Lediglich für Klein- und Kleinstunternehmer, die sich für erste Online-Erfahrungen keine Webseite leisten möchten, halten wir diese Variante in Kombination mit AdWords Express für ein denkbares Einstiegsszenario. Interessenten können unter der folgenden URL mehr zu Google My Business erfahren und ihren Unternehmensstandort bei Bedarf gleich anlegen:

https://www.google.de/intl/de/business

2.5.7   Budget festlegen

Während Sie Ihre Anzeigen einrichten, müssen Sie auch ein Tagesbudget festlegen (siehe Abbildung 2.18). Damit stellen Sie sicher, dass Ihnen durch AdWords Express nicht mehr Kosten entstehen, als Sie dafür eingeplant haben. Google schlägt an dieser Stelle einen typischen Budgetrahmen vor, der anhand der von Ihnen ausgewählten Kategorie und des dafür vorhandenen Wettbewerbs automatisch errechnet wird. So erhalten Sie sofort eine Prognose über potenzielle tägliche und monatliche Kosten, inklusive einer groben Schätzung, wie viele Klicks Sie pro Monat erhalten können.

Es obliegt Ihnen, ob Sie einfach auf einen der Google-Vorschläge eingehen oder ein eigenes Budget festlegen. Berücksichtigen Sie an dieser Stelle, dass Sie Ihr Tagesbudget auf mindestens 1,34 € festlegen müssen, um das bei AdWords Express verpflichtende monatliche Mindestbudget von 40 € zu erreichen.

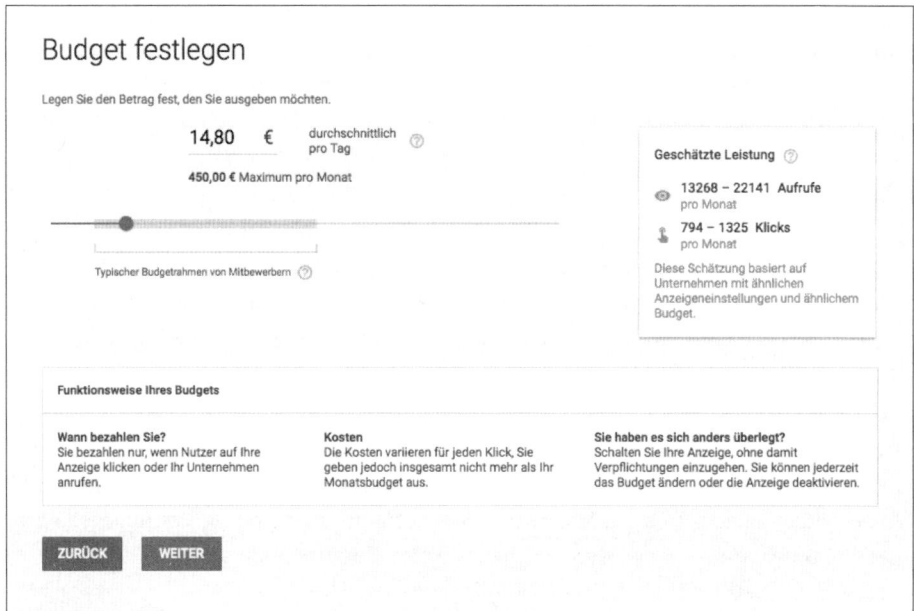

Abbildung 2.18 Automatische Budgetempfehlungen für die gewählte Branche

Des Weiteren sollten Sie beachten, dass hier ein *durchschnittliches* Tagesbudget gewählt wird. Es wird also in der Praxis vorkommen, dass die tatsächlichen täglichen Ausgaben unterschiedlich hoch sind. Dies ist ein normales Verhalten, das von technischen Faktoren sowie von dem nicht vorhersehbaren täglichen Suchinteresse bestimmt wird. Sie können jedoch sicher sein, dass Ihr monatliches Budget nicht überschritten wird. Beträgt Ihr Tagesbudget beispielsweise 15 €, werden Ihnen im Monat nicht mehr als 450 € an Werbeausgaben entstehen (15 € multipliziert mit 30 Tagen pro Monat).

Mindestbudgets in Theorie und Praxis

Das seitens Google veranschlagte monatliche Mindestbudget von 40 € ist sehr gering gewählt. Wir möchten Ihnen hier anhand eines Beispiels veranschaulichen, wie Sie ein sinnvolles Monatsbudget finden können.

Bleiben wir bei den 40 € Mindestbudget, und nehmen wir an, dass ein Klick auf die Anzeige Sie ca. 0,67 € kostet. Auf diese Weise würden Sie über AdWords Express nicht mehr als ungefähr 60 neue Besucher im Monat – oder umgerechnet nur zwei Interessenten pro Tag – erzielen können. Wenn wir davon ausgehen, dass Sie eine Webseite betreiben, die auch ohne Kampagnen tägliche Besucherzahlen im mindestens zweistelligen Bereich aufweist, werden Sie also die zusätzlich gewonnenen Besucher kaum wahrnehmen können. Sie sollten also das Kampagnenbudget in jedem Fall so wählen, dass Sie täglich einen »spürbaren« Besucherzuwachs auf Ihrer Webseite generieren können. Mit 200 € würden Sie mit dem hier im Beispiel genannten Klickpreis bereits 300 neue monatliche Interessenten (oder etwa 30 pro Tag) gewinnen können.

Wir schlagen vor, dass Sie bei AdWords Express nicht unter einem Monatsbudget von 100 € schalten. Sie möchten schließlich von dieser Maßnahme durch einen messbaren Besucherzuwachs auf Ihrer Website oder einer höheren Kundenfrequenz in Ihrem Geschäft unmittelbar profitieren. Wenn Sie das Budget sehr gering ansetzen und dadurch nur wenige Klicks pro Tag generieren, sparen Sie womöglich an der falschen Stelle, indem Ihre Anzeigen zu kurz und eventuell zur falschen Tageszeit online sind.

2.5.8   Informationen überprüfen

Nachdem Sie eine Budgetauswahl getroffen haben, bietet Ihnen der Assistent die Möglichkeit, alle in den vorherigen Schritten angegebenen Informationen zusammengefasst auf einer Seite zu überprüfen und bei Bedarf noch einmal zu bearbeiten (siehe Abbildung 2.19). Prüfen Sie an dieser Stelle Zielgruppen, Anzeigen und vor allem Ihre Budgetauswahl genau, bevor Sie Ihre Eingabe bestätigen und mit dem finalen Schritt fortfahren, um die Anzeigen online zu schalten.

Abbildung 2.19 Vor der Freigabe: Anzeigeneinstellungen überprüfen

2.5.9 Zahlungsinformationen eingeben

Nachdem Sie Ihre Anzeigen erstellt und überprüft haben, müssen Sie im letzten Schritt noch Ihre Zahlungsinformationen hinterlegen. Die dazu erforderliche Vorgehensweise entspricht den Schritten für herkömmliche AdWords-Konten, die wir in Abschnitt 6.3.5 beschreiben.

Abschließend gilt auch für AdWords Express: Mit wenig Aufwand und praktisch keinem finanziellen Risiko haben Sie die Möglichkeit, Ihre Produkte und Dienstleistungen einem relevanten Online-Publikum in der nach wie vor mit Abstand beliebtesten Suchmaschine im deutschsprachigen Raum zu präsentieren. Kosten entstehen Ihnen erst dann, wenn Ihre Anzeigen geklickt wurden und Interessenten auf Ihre Webseite geführt haben. Sobald dieser Fall eintritt, füllt sich Ihr Konto mit Daten und Berichten, mit deren Hilfe Sie Ihren Budgeteinsatz weiter optimieren können. Natürlich gestalten sich die Möglichkeiten nicht so umfangreich wie beim »großen Bruder« im AdWords-Interface. Wo Sie dennoch auch bei AdWords Express in der Optimierung ansetzen können, möchten wir Ihnen nun kurz erklären.

2.5.10 Anzeigenverwaltung und -optimierung von AdWords Express

Gehen wir davon aus, dass Sie die vorhergehenden Schritte erfolgreich abschließen konnten und Ihre Anzeigen bei Google geschaltet werden. Es kann einige Zeit (laut Google bis zu 24 Stunden) dauern, bis diese Anzeigen tatsächlich auch bei den passenden Suchergebnissen erscheinen. Wenn alles klappt, informiert Google Sie zusätzlich auch per E-Mail, dass Ihre Anzeigen aktiv sind (siehe Abbildung 2.20). Auch über eventuelle Probleme und Fehler bei der Einrichtung werden Sie per E-Mail informiert.

Abbildung 2.20 Eine erfolgreiche Anzeigenerstellung wird bestätigt.

Sie wissen bereits, dass Ihre Möglichkeiten, die Anzeigen aktiv verwalten und optimieren zu können, stark eingeschränkt sind. Dennoch gibt es in der Benutzeroberfläche ein paar wichtige Bereiche, die Sie für die laufende Arbeit mit AdWords Express kennen sollten. Wir empfehlen Ihnen, Ihre Anzeigen nicht gänzlich unbeobachtet laufen zu lassen.

2.5.11 Benutzeroberfläche

Die Benutzeroberfläche von AdWords Express fällt im Vergleich zu AdWords sehr spärlich aus. Sie finden hier nur eine sehr reduzierte Menüauswahl:

▶ Beim Einstieg in AdWords Express sehen Sie alle Anzeigen, die Sie erstellt haben, sowie die Möglichkeit, eine neue Anzeige zu erstellen.

▶ Über die drei Striche am oberen linken Bildrand gelangen Sie zu weiteren Ansichten, die im Folgenden erläutert werden:

– ANZEIGEN ist die Ansicht, die Ihnen beim Start des AdWords-Express-Kontos angezeigt wird.

– UNTERNEHMENSINFORMATIONEN enthält die Informationen zu Ihrem Unternehmen wie den Namen und die Unternehmenswebseite. Hier haben Sie die Möglichkeit, diese Informationen zu bearbeiten oder auch das Unternehmen mit Google My Business zu verknüpfen.

– ABRECHNUNG – Dieser Bereich unterscheidet sich nicht von den AdWords-Abrechnungseinstellungen. Sie finden dort relevante Informationen zu Ihren Zahlungen, können Rechnungen einsehen, Zahlungsmittel ändern und auch Gutscheincodes einlösen.

– EINSTELLUNGEN – Hier finden Sie Angaben zu Ihrer Kundennummer, Ihrem verknüpften Google-Konto und den regionalen Einstellungen wie Zeitzone und Währung des Kontos. Außerdem legen Sie hier fest, welche Arten von (Werbe-)Benachrichtigungen Sie von Google und AdWords Express im Speziellen erhalten möchten. Wichtige Systemnachrichten, wie etwa Probleme mit den Anzeigen oder Budgets, erhalten Sie auch ohne eine Aktivierung dieser Benachrichtigungen.

– HILFE UND FEEDBACK – Hier finden Sie die AdWords-Express-Hilfe-Artikel von Google mit entsprechender Suchfunktion.

– TELEFONISCHE UNTERSTÜTZUNG VOM ADWORDS EXPRESS-TEAM – Alternativ zur AdWords-Express-Hilfe können Sie auch direkt telefonischen Support durch einen Google-Mitarbeiter beanspruchen.

▶ Wenn Sie oben unter dem Eintrag MY BUSINESS rechts von Ihrem Unternehmensnamen auf den Pfeil klicken, schließt sich das Menü für Ihr aktuelles Unternehmen und Sie können bei Bedarf über den gleichnamigen Link ein weiteres UNTERNEHMEN HINZUFÜGEN.

2.5.12   Anzeigenoptimierung

Möchten Sie Ihre aktiven Anzeigen bearbeiten, um beispielsweise Texte, Kategorienzuordnungen oder Budgets anzupassen, wählen Sie zunächst bei MY BUSINESS das Gewünschte aus und klicken dann auf ANZEIGEN. Danach gelangen Sie zu einer Übersichtsseite. Hier sehen Sie alle von Ihnen erstellten Anzeigen. Durch Klick auf ÜBERSICHT zu der gewünschten Anzeige, die Sie bearbeiten möchten, gelangen Sie zu deren Detailberichten und Einstellungen.

Optimierung von Anzeigentexten

Sie werden eventuell bei der ursprünglichen Erstellung der Anzeigentexte bemerkt haben, dass es durchaus eine Herausforderung sein kann, die Vorteile Ihres Unternehmens und dessen Angebote, Produkte oder Dienstleistungen auf begrenztem Raum bestmöglich hervorzuheben. Wir geben Ihnen als AdWords-Express-Nutzer ein paar Tipps, die Ihnen das Verfassen von passenden und erfolgreichen Anzeigentexten ermöglichen sollen:

▶ Wodurch heben Sie sich von den Mitbewerbern ab? Versuchen Sie, mindestens eine Eigenschaft Ihres Angebots hervorzuheben, um in der Vielzahl an Anzeigen aufzufallen, die auf einer Seite konkurrieren.

▶ Bieten Sie etwas Exklusives an? Konkrete Preisangaben und Hinweise auf zeitlich limitierte Angebote können die Leistung Ihrer Anzeige verbessern, indem Sie bessere Klickraten erzielen. Weisen Sie in Ihren Anzeigen auf besondere Angebote, Spezialpreise und Aktionen hin, und generieren Sie so wertvolle zusätzliche Klicks.

▶ Ist ein Bezug zu Kategorie- und/oder Suchbegriffen gegeben? Versuchen Sie, ein oder mehrere Wörter, bei denen Sie die Schaltung Ihrer Anzeigen erwarten, auch in den Texten wiederzuverwenden. Der unmittelbare Bezug zwischen dem Suchbegriff des Nutzers und Ihrer Anzeige wird auf diese Weise besser hergestellt.

▶ Welche Aktion sollen Interessenten durchführen? Abhängig von Ihrem Unternehmensziel werden Sie von den Interessenten, die auf Ihre Anzeigen klicken, unterschiedliche Aktionen erwarten. Kaufen, anmelden oder anrufen sind nur drei Beispiele für konkrete Handlungsaufforderungen, die Sie idealerweise in Ihren Anzeigen platzieren sollten.

▶ Hält die Webseite, was die Anzeige verspricht? Prüfen Sie sorgfältig, ob Interessenten alle in den Anzeigentexten beworbenen Angebote, Preise oder Produkte rasch und korrekt auf Ihrer Webseite finden können. Wenn Sie zeitlich begrenzte Preise und Angebote in den Anzeigen verwenden, müssen Sie auch Zeit für deren regelmäßige Prüfung und Aktualisierung einkalkulieren. Programmieren Sie automatische Erinnerungen in Ihrem Kalender, um falschen Anzeigeninhalten und somit potenziell verärgerten Interessenten vorzubeugen.

▶ Ist die Anzeige zu 100 Prozent fehlerfrei? Es gibt nichts Lästigeres und aus Konsumentensicht Unprofessionelleres als Rechtschreib- oder Grammatikfehler in den Anzeigen. Prüfen Sie daher Ihre Texte vor der Veröffentlichung genau, und stellen Sie sicher, dass Sie den zur Verfügung stehenden Platz optimal nutzen.

Haben Sie Optimierungspotenzial für Ihre bestehenden Anzeigentexte erkannt? Zögern Sie nicht, unpassende Anzeigentexte schnellstmöglich zu verbessern!

Optimierung von Kategorien und Keywords

Wie Sie bereits gelernt haben, können Sie bei AdWords Express zum einen Ihre Produkte und Dienstleistungen definieren und zusätzlich Keywords bestimmen. Google schlägt passende Begriffe vor, und zwar sowohl unter PRODUKT ODER DIENSTLEISTUNG AUSWÄHLEN als auch für die Keywords unter ANZEIGE FÜR PERSONEN SCHALTEN, DIE NACH FOLGENDEM SUCHEN (siehe Abbildung 2.21).

Beides können Sie individuell durch eigene Begriffe anpassen, wobei zu erwähnen ist, dass Sie pro Anzeige jeweils nur einen Begriff unter PRODUKT ODER DIENSTLEISTUNG auswählen können. Hingegen können Sie mehrere Keywords bestimmen.

Einige Fälle, in denen Sie eine Überarbeitung der Kategorien bzw. Keywords in Betracht ziehen sollten, möchten wir Ihnen hier nennen:

▶ Ihr Unternehmensbereich hat sich geändert oder Sie möchten mehrere Bereiche, Produkte, Dienstleistungen bewerben? Fügen Sie einfach neue Anzeigen mit jeweils einer neuen Kategorie unter PRODUKT ODER DIENSTLEISTUNG hinzu, um Ihre Produkte und Dienstleistungen effektiver zu bewerben.

▶ Ihre primäre Kategorienauswahl ist zu allgemein? Sobald Sie bei den Suchwortgruppen-Berichten im Bereich STARTSEITE völlig irrelevante Keywords vorfinden, ist dies ein Zeichen dafür, dass Sie Ihre Kategorie möglicherweise zu generisch gewählt haben. Prüfen Sie, ob Sie eine Kategorie finden können, die besser zu Ihrem Unternehmen passt.

▶ Sie verwenden Kategorien mit indirektem Bezug? Als Autohändler für die Marke Mercedes-Benz möchten Sie auch potenzielle BMW- und Audi-Käufer für sich gewinnen? Verwerfen Sie solche Werbestrategien in AdWords Express, und wählen Sie nur Kategorien, von denen Sie wissen, dass diese Ihrem Angebot tatsächlich entsprechen.

▶ Sie haben zu viele Kategorien gewählt? Selbst wenn Googles Vorschläge für Kategorien mannigfaltig sind, sollten Sie sich auf den Kernbereich Ihres Unternehmens fokussieren und unpassende Vorschläge einfach ignorieren.

▶ Sie möchten die Anzeigenschaltung in speziellen Kategorien stärken? Ihre Anzeigen und Budgets werden nicht zentral, sondern je Kategorie einzeln definiert. Möchten Sie zum Beispiel, dass in der Kategorie *Café* 5 €, für *Eissalon* in den Sommermonaten jedoch 20 € pro Tag ausgegeben werden, so legen Sie einfach unterschiedlich hohe Budgets fest, um den Fokus der jeweiligen Anzeigen auf die von Ihnen präferierte Kategorie zu legen.

Wechseln Sie in den Bereich der Anzeigendetails, um die Anpassung Ihrer Anzeigenzielgruppe und somit auch der Kategorien durchzuführen. Wie bereits zuvor erwähnt, empfehlen wir die Erstellung mehrerer Anzeigen, wenn Sie mit Ihrem Unternehmen mehr als eine Kategorie abdecken und mit den jeweils bestmöglichen individuellen Suchwortgruppen gefunden werden möchten.

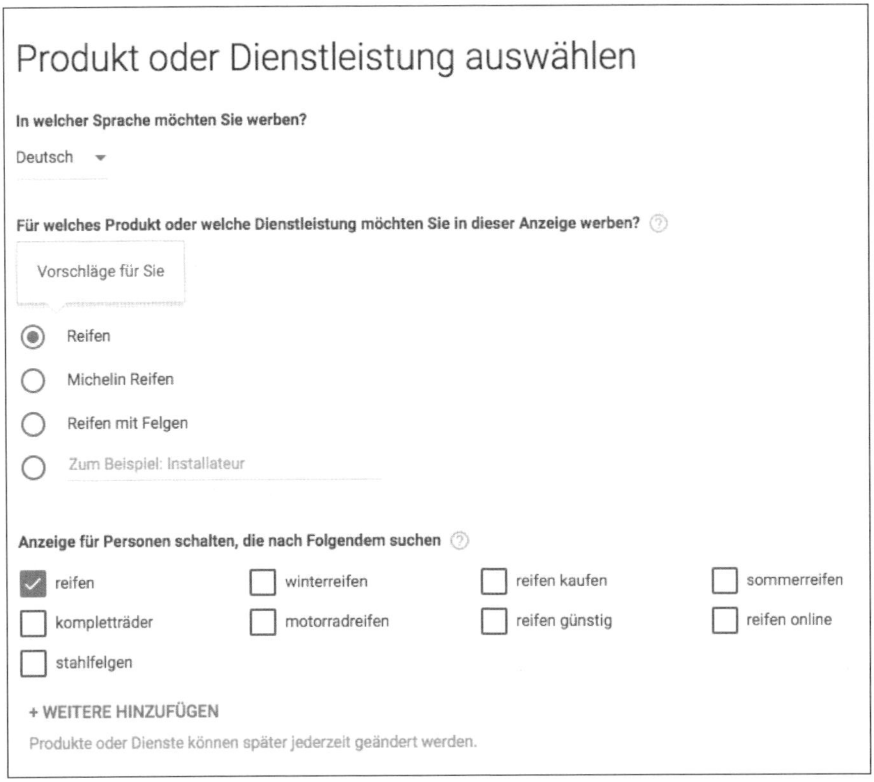

Produkt oder Dienstleistung auswählen

In welcher Sprache möchten Sie werben?

Deutsch   ▾

Für welches Produkt oder welche Dienstleistung möchten Sie in dieser Anzeige werben? ⑦

> Vorschläge für Sie

◉ Reifen

○ Michelin Reifen

○ Reifen mit Felgen

○ Zum Beispiel: Installateur

Anzeige für Personen schalten, die nach Folgendem suchen ⑦

☑ reifen   ☐ winterreifen   ☐ reifen kaufen   ☐ sommerreifen

☐ kompletträder   ☐ motorradreifen   ☐ reifen günstig   ☐ reifen online

☐ stahlfelgen

+ WEITERE HINZUFÜGEN

Produkte oder Dienste können später jederzeit geändert werden.

Abbildung 2.21 Einblick in die automatisch zugeordneten Suchwortgruppen

2.5.13   Fragen zu AdWords Express

Selbst beim einfachen und schnellen AdWords Express gibt es einige wichtige Aspekte, die Sie im Rahmen der Konto- und Anzeigenerstellung berücksichtigen sollten. Vermeintlich kleine Fehler oder ein falscher bzw. nicht getätigter Klick im Einrichtungsprozess können Sie im schlechtesten Fall viel Geld kosten. Auf einige Fragen, die im Rahmen der Verwendung von AdWords Express auftreten können, finden Sie in den folgenden Abschnitten die passenden Antworten.

Wie funktioniert die geografische Ausrichtung?

Die geografische Ausrichtung ist im Unterschied zum AdWords-Programm bei AdWords Express wesentlich schlechter steuerbar. Um den Standort auszuwählen, an dem Ihre Anzeigen geschaltet werden, nutzt AdWords Express die folgenden zwei Faktoren:

► **Entfernung zu Ihrem Unternehmensstandort**

Sie wählen bekanntlich bei der Einrichtung den geografischen Umkreis aus, in dem Sie Ihre Anzeigen schalten möchten. Google gibt jedoch an, dass man zur »Steigerung der Anzeigenleistung« den von Ihnen gewählten Einzugsbereich auch automatisch verändert. Befindet sich Ihr Unternehmensstandort beispielsweise in der Stadt Köln, erscheinen die Anzeigen möglicherweise auch in weiter entfernen umliegenden Orten außerhalb der Stadtgrenze.

► **Ausgewählte Suchbegriffe**

Viele Interessenten und potenzielle Kunden können sich außerhalb Ihres geografischen Einzugsgebietes befinden, während sie eine für Sie dennoch relevante Suchanfrage auf Google absetzen. In diesem Fall »denkt« AdWords Express für Sie mit und zeigt Ihre Anzeigen auch in diesen Fällen. Beispiel gefällig? Bleiben wir in Köln und nehmen wir an, jemand sucht nach einen »Second Hand Shop in Köln«. Obwohl sich dieser Nutzer zum Zeitpunkt der Suche in Hannover und somit außerhalb Ihres gewählten geografischen Einzugsbereiches befindet, bekommt er Ihre Anzeige eingeblendet. Das macht durchaus Sinn, denn so sorgt Google automatisch dafür, dass Sie auch potenzielle Interessenten erreichen können, die unterwegs sind oder sich während der Vorbereitung einer Reise für Ihr Unternehmen interessieren.

Welche Keywords werden bei der automatischen Auswahl berücksichtigt?

Die von Nutzern eingegebenen Suchbegriffe und Phrasen, die eine Anzeigenschaltung auslösen, sind ein zentraler Bestandteil jeder AdWords-Kampagne. In der Express-Variante spielen diese auch eine wichtige Rolle, Google bietet Ihnen jedoch keine Möglichkeit, aktiv auf diese sogenannten *Suchwortgruppen* Einfluss zu nehmen.

Damit stellt sich für Sie die legitime Frage, wie die Keywords in diesem speziellen Fall ausgewählt werden. Die wichtigste Informationsquelle zur automatischen Bestimmung der Suchbegriffe ist die Kategorie, die Sie für Ihr Unternehmen je Anzeige festlegen. AdWords Express greift für alle zur Auswahl stehenden Kategorien auf ein bestimmtes Set an Keywords zurück.

Diese als Suchwortgruppen bezeichneten Keyword-Listen werden zwar regelmäßig aktualisiert, jedoch geschieht das nur generisch innerhalb der Kategorien, nicht aber an Ihr Unternehmen angepasst. Berücksichtigen Sie daher auch die weiteren Faktoren, um besser zu verstehen, wie das AdWords-Express-System die automatische Auswahl optimal passender Keywords steuert:

► **Unternehmensname**

Google nutzt auch den Namen Ihres Unternehmens als Keyword zur Schaltung von AdWords-Express-Anzeigen. Diese Praxis macht durchaus Sinn und bietet Ihnen unter anderem folgenden Vorteil: Während Sie in organischen Suchergebnissen keine kurzfristigen Einflussmöglichkeiten auf die dargestellten Snippets haben – also auf die Titelzeile und den Beschreibungstext des Suchresultats, das für Ihr Unternehmen erscheint –, können Sie Überschriften und Texte Ihrer bezahlten Anzeigen jederzeit ändern. Das ist zum Beispiel dann hilfreich, wenn Sie kurzfristige Angebote oder neue Produkte unmittelbar im Anzeigentext darstellen möchten.

▶ **Keyword-Optionen**
Berücksichtigen Sie auch, dass bei AdWords Express nur die Keyword-Option *weitgehend passend* zum Einsatz kommt. Dies kann dazu führen, dass die Anzeigen auch bei thematisch nicht optimal passenden oder gänzlich irrelevanten Suchbegriffen geschaltet werden. Das Thema Keyword-Optionen haben wir in Abschnitt 4.4 für Sie umfassend aufbereitet.

▶ **Leistungsstärkste Keywords**
Während Sie bei AdWords alle verwendeten Keywords aktiv verwalten und deren Leistungsdaten auch detailliert in den Reports einsehen können, stellt Ihnen die Express-Variante in der Benutzeroberfläche lediglich eine Auswahl an sogenannten *leistungsstärksten Keywords* dar. Im Normalfall werden diese Keywords genau zu Ihrem Unternehmen und der für die Anzeige festgelegten Kategorie passen. Sollten Sie in den Express-Reports gänzlich unpassende Suchbegriffe finden, können Sie Ihr Feedback an Google senden. Berücksichtigen Sie jedoch, dass Sie damit keinerlei kurzfristigen Einfluss auf die von AdWords Express für Sie verwendete Keyword-Liste haben. Ein Feedback-Formular zu den Suchwortgruppen stellt Google auf folgender Webseite bereit: *https://support.google.com/adwords/express/contact/feedback_keywords?rd=1*

Zusammengefasst bedeutet das also noch einmal, dass AdWords Express für Sie als Alternative ausscheidet, sobald Sie einen unmittelbaren Einfluss auf Keywords und Keyword-Optionen haben möchten.

Welche Kategorien stehen zur Auswahl?

Sie können bei AdWords Express mehrere Anzeigen für Ihr Unternehmen erstellen, um Ihre Produkte und Dienstleistungen in so vielen passenden Kategorien wie möglich zu bewerben. Je Kategorie lassen sich somit unterschiedliche Anzeigentexte und Budgets hinterlegen. Da die Auswahl der Kategorien über sogenanntes Auto-Vervollständigen funktioniert, gibt es leider keine vollständige Liste aller verfügbaren Kategorien.

Sie beginnen einfach mit der Eingabe eines möglichen Kategoriennamens und sehen ab dem ersten Buchstaben eine dynamische Liste an Vorschlägen. Mithilfe des Beispiels aus Abbildung 2.22 möchten wir Ihnen zeigen, dass die Kategorienauswahl sehr detailliert stattfinden kann und dass Sie davon ausgehen können, Ihr Unternehmen mindestens einer der vorgeschlagenen Kategorien zuordnen zu können.

Wählen wir zum Beispiel *Restaurant*, beinhalten die automatischen Vorschläge viele Möglichkeiten zur Einschränkung nach geografischen oder geschmacklichen Vorlieben. Auch bei der Auswahl von *Blumengeschäft* zeigt uns Google sofort einige dazu passende Vorschläge. Interessant dabei ist, dass diese auch im semantischen Zusammenhang ausgewählt werden. Wählen Sie beispielsweise *Hochzeit* zur Beschreibung Ihrer Kategorie, werden nicht nur *Hochzeitsservice*, sondern auch *Hochzeitskleider*, *Hochzeitsdeko* und *Hochzeitseinladungskarten* vorgeschlagen. Google »denkt« also bereits so weit für Sie mit, dass Sie sich nicht zu lange und quer durchs Alphabet mit dem »Erraten« von passenden Kategorien beschäftigen müssen.

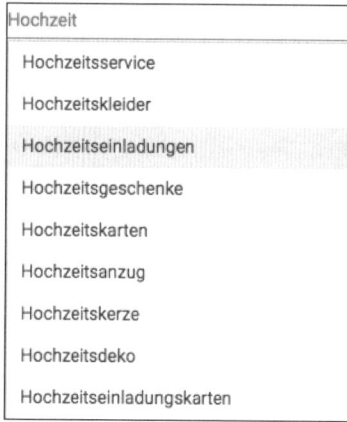

Abbildung 2.22 Detaillierte Zuordnung von Produkten und Dienstleistungen

Für den unwahrscheinlichen, aber dennoch möglichen Fall, dass Sie eine dermaßen spezielle Nische bedienen, die in den Kategorien nicht zur Auswahl steht, stellt Google ein Online-Formular bereit. Dort können Sie einerseits Feedback zu bestehenden Kategorien abgeben, haben aber auch die Möglichkeit, neue Kategorien vorzuschlagen:

https://support.google.com/adwords/express/contact/feedback_keywords?rd=1

Berücksichtigen Sie bitte stets, dass Google auf diese Vorschläge nicht sofort und auch nicht individuell auf Ihr Unternehmen abgestimmt reagieren wird. Sie helfen Google durch diese Angaben lediglich, das System mittelfristig für alle AdWords-Express-Kunden zu optimieren.

Sie finden keine passende Kategorie für Ihr Unternehmen?

Soeben haben wir Ihnen eine Möglichkeit genannt, mit der Sie Feedback zu Kategorien und Keywords in AdWords Express direkt an Google senden können. Sollte sich

Ihr Unternehmen tatsächlich keiner Kategorie zuordnen lassen, müssen Sie berücksichtigen, dass Ihr Vorschlag für eine neue Kategorie an Google nicht unbedingt auch eine Lösung für Ihr Problem sein muss.

Sie können davon ausgehen, dass der hinter der Kategorienauswahl stehende Algorithmus stets aktuell ist und eine Vielzahl an Branchen und Geschäftsfeldern abdeckt, nach denen online gesucht wird. Finden Sie also keine passende Kategorie für Ihr Unternehmen, müssen Sie annehmen, dass es in Suchmaschinen – zumindest zurzeit – kein bzw. nur sehr geringes Interesse daran gibt. AdWords-Anzeigen würden in diesem Fall nicht funktionieren, weil Sie ohne Nachfrage auch keine Klicks auf Ihre Anzeigen generieren könnten.

Behalten Sie diesen Aspekt bei Ihrem Vorhaben, Suchmaschinenwerbung zu schalten, stets im Hinterkopf – unabhängig davon, ob Sie mit AdWords Express, AdWords oder auch anderen Systemen arbeiten wollen: Ein lokaler Fachhändler, der nur rechtsdrehenden Bio-Joghurt aus Ziegenmilch anbietet, wird mit AdWords Express wohl kaum Erfolg haben. Blicken wir auf die vorhandenen Kategorien, wären sowohl *Feinkostladen* als auch *Molkerei* als Kategorien ungeeignet, weil sie dem hohen Spezialisierungsgrad des Anbieters zu wenig gerecht werden und möglicherweise viele irrelevante Klicks verursachen würden.

Wie kann ich AdWords Express-Anzeigen stoppen?

Google macht es Ihnen mit AdWords Express sehr einfach, Ihre Anzeigen erstmalig zu erstellen und rasch online zu schalten. Ebenso leicht ist es, Ihre aktiven Anzeigen zu stoppen. Dazu rufen Sie die Anzeigenübersicht auf. Hier können Sie jede einzelne Anzeige über den Schieberegler AKTIV bzw. INAKTIV schalten.

Kann ich mit AdWords Express nur für einen Unternehmensstandort werben?

Bei der Einrichtung von AdWords Express werden Sie aufgefordert, mindestens ein Unternehmen anzulegen, für das die Anzeigen geschaltet werden sollen. Besitzen Sie mehrere Unternehmensstandorte, weil Sie beispielsweise in einer Stadt mehrere Cafés betreiben, können Sie zu einem späteren Zeitpunkt im Bereich MY BUSINESS noch weitere Einträge erstellen, wie bereits in Abschnitt 2.5.11 beschrieben. Die Verwaltung der Anzeigen und der damit verbundenen Zielgruppen und Budgets für diesen neuen Unternehmensstandort erfolgt dann ebenso von diesem Menüpunkt aus.

Beachten Sie bitte, dass für alle nachträglich erstellten Unternehmensstandorte die Zahlungsmodalitäten Ihres zuerst angelegten Unternehmens gelten. Benötigen Sie für Ihre AdWords-Express-Anzeigen unterschiedliche Rechnungsadressen und Zahlungsweisen, lässt es sich leider nicht vermeiden, dafür jeweils neue Konten zu erstellen.

Kann ich AdWords Express und AdWords gemeinsam nutzen?

Es ist technisch grundsätzlich möglich, dass Sie über Ihr AdWords-Express-Konto auch das herkömmliche AdWords-Programm aufrufen und Ihre Kampagnen und Anzeigen dort wiederfinden. Unsere klare Empfehlung lautet jedoch, dass Sie sich im Vorfeld für ein Produkt entscheiden. Es ist nicht sinnvoll, AdWords und AdWords Express parallel zu nutzen.

Sie haben in diesem Kapitel umfangreiche Informationen zu den Vor- und Nachteilen von AdWords Express erhalten, sodass Ihnen eine Entscheidung leichtfallen sollte. Sobald Sie mindestens eine der folgenden grundlegenden Funktionen benötigen, ist AdWords Express für Sie nicht geeignet: Displaynetzwerk inklusive YouTube, geräteabhängige Kampagnen, Keywords und Keyword-Optionen, erweiterte Analysen mit Google Analytics sowie internationale Kampagnen mit erweiterter geografischer Ausrichtung.

AdWords Express oder doch AdWords?

AdWords Express ist sehr einfach einzurichten und zu verwalten. Der Nutzer muss sich weder um die zeitintensive Keyword-Suche oder die Gebotseinstellungen kümmern noch muss er unterschiedliche Anzeigen texten. Das Google-System kümmert sich um fast alles. Das sind aber auch schon die einzigen Vorteile, die jedoch für viele Nutzer entscheidend sind. Als Nachteil ist auf jeden Fall die Ausrichtung auf die Dienstleistungen oder Produkte zu nennen, die der Werbende einstellen möchte. Hier sind die Kategorien nur sehr grob zu bestimmen. Um entsprechende Benchmarks zu Nachfrage und Kosten zu erhalten, müssen eher allgemeine Kategorien gewählt werden, die dann nicht mehr so gut zur angebotenen Leistung passen.

Als weiterer Nachteil fällt bei AdWords Express auf, dass die Anzeigengruppen automatisch angelegt und zudem relativ hohe Klickpreise festgelegt werden. Sie haben keine Möglichkeit der Anpassung. Die automatisch erstellten Suchbegriffe werden mit der Keyword-Option WEITGEHEND PASSEND geschaltet. Dies bedeutet vereinfacht gesagt, dass Google zu den vorgegebenen Keywords viele Variationen und Kombinationen von Suchbegriffen schalten kann. Damit sind Streuverluste in alle Richtungen möglich. Zielgerichtete Ergebnisse sind bei AdWords Express aufgrund vieler automatisierter Vorgänge geringer als in einem optimierten AdWords-Konto. Es geht bei Express eher darum, eine große Aufmerksamkeit in einem regionalen Bereich zu erzielen. Doch die Kosten pro Klick erscheinen vor allem alten Hasen im Bereich Google AdWords sehr hoch. Das wiegt umso schwerer, als dass diese Kosten zudem nicht durch Optimierung beeinflusst und gesenkt werden können. Die Automatisierung der AdWords-Werbung spart zwar Zeit, kostet jedoch auf der anderen Seite viel Geld.

Sie kennen also nun AdWords Express, dessen Funktionsumfang und seine Vor- und Nachteile und müssen jetzt entscheiden, ob dieses Produkt für Ihr Geschäft interessant ist. Die folgenden Ausführungen in diesem Buch beziehen sich nur auf das vollständige AdWords-Programm. Die dort beschriebenen Ausrichtungs- und Optimierungsfunktionen stehen für den »kleinen Bruder« nicht zur Verfügung. Falls Sie den Zeitaufwand als Nachteil in Kauf nehmen, Ihre Werbung dafür besser optimieren und stärker an Ihrer Zielgruppe ausrichten möchten, so sollten Sie doch eher auf Google AdWords setzen. Dazu sind jedoch zunächst weitere wichtige Vorbereitungen notwendig.

2.6   Was möchten Sie mit AdWords erreichen?

Bei der Vorbereitung einer AdWords-Werbekampagne sollten Sie zunächst darüber nachdenken, was Sie mit Ihrer Online-Marketing-Kampagne erreichen möchten. Obwohl sich dies relativ einfach anhört, fällt es oft schwer, exakt zu formulieren, was man mit der AdWords-Werbung genau erreichen möchte. Natürlich will jeder am Ende mehr Kunden haben, aber daneben gibt es auch noch andere Ziele. Versuchen Sie zunächst einmal, alle Ihre Vorstellungen zu definieren, und halten Sie diese Punkte am besten schriftlich fest.

2.6.1   Definieren Sie Ihre Ziele

Ihre Ziele sind wichtig! Ein legendärer chinesischer Philosoph hat gesagt, dass nur der den Weg findet, der auch sein Ziel kennt. Ohne Ziele können Sie auch keine Aussage über die Wirkung Ihrer Online-Werbung treffen. Darum sollten Sie zu Beginn Ihrer AdWords-Kampagne Ihre Ziele überdenken und klare Zielaussagen treffen. Falls Sie Erfahrungen mit vergleichbaren Werbekampagnen im Internet haben, können Sie auch ganz konkrete Zielvorgaben treffen, z. B. fünfzig Produktverkäufe pro Tag oder fünf verkaufte Inhouse-Schulungen pro Monat. Anhand dieser Vorgaben können Sie dann festlegen, wie Sie die Erreichung der Ziele online messen wollen. Anhand Ihrer konkreten Ziele können Sie nach einem vorher definierten Zeitraum Vorgaben und erreichte Ziele vergleichen. Abhängig von dem erzielten Ergebnis können Sie dann wiederum Optimierungen vornehmen oder eine veränderte Werbestrategie testen.

2.6.2   Besucher sind (noch) keine Kunden

Das erste und wichtigste Ziel einer AdWords-Kampagne sind neue Webseitenbesucher, die über den Klick auf die AdWords-Anzeige auf Ihre Webseite kommen. Google vermittelt als Suchmaschine ja sehr schnell interessierte Besucher, die wie erläutert aufgrund der gestellten Suchanfrage bereits vorgefiltert sind. Die Besucher sind umso wertvoller, je besser ihre Suchanfragen zu Ihren Produkten oder Dienstleistungen passen.

Falls der Suchende Ihre Produkte oder Dienstleistungen nicht kennt, so führt die AdWords-Werbung in vielen Fällen auch Besucher auf Ihre Webseite, die Lösungen für bestimmte Probleme suchen und über diesen Umweg Ihr Unternehmen kennenlernen. Die erste Hürde ist also geschafft. Sie haben mithilfe des Suchmaschinenmarketings interessierte Besucher auf Ihre Seite geführt. Bedenken Sie jedoch eine wichtige Weisheit im Online-Marketing: Besucher sind noch keine Kunden!

Allein der steigende Traffic auf Ihrer Webseite ist in den meisten Fällen noch kein befriedigendes Ziel. Sie müssen also weitere Ziele definieren, um diese später entsprechend messen und bewerten zu können. Unterscheiden Sie dabei zwischen Makrozielen und Mikrozielen. Ein *Makroziel* ist immer das bedeutendste Ziel. Ein solches ist zum Beispiel erreicht, wenn ein Kunde ein Produkt in Ihrem Online-Shop bestellt hat. Ein weiteres Makroziel wäre die Buchung eines Seminarplatzes oder eine konkrete Kundenanfrage per Kontaktformular. Ein *Mikroziel* hingegen wäre nur ein Zwischenschritt, der später zu einem Auftrag oder einem Verkauf führt. Dies könnte beispielsweise die Anmeldung zu einem Newsletter sein oder sogar der Besuch einer wichtigen Unterseite Ihrer Webpräsenz. Nutzen Sie Mikroziele, um das Verhalten Ihrer Besucher in kleinen Schritten zu analysieren.

Jedes Unternehmen verfolgt natürlich individuelle Ziele. Zur Anregung Ihrer Überlegungen haben wir eine Liste möglicher Ziele für eine Webseite zusammengestellt. Außerdem enthält Tabelle 2.2 entsprechende Tipps, wie Sie die das Erreichen der jeweiligen Ziele messen können.

Welches Ziel wird verfolgt?	Was wird gemessen?
Unternehmen/Website/Produkt bekannt machen = Visits	Anzahl der Besucher der Webseite
Bekanntheit der Marke bzw. des Unternehmens erhöhen	Anzahl der wiederkehrenden Besucher
Interesse für ein Produkt wecken	Engagement der Besucher (Anzahl der besuchten Webseiten und/oder Zeit auf der Website)

Tabelle 2.2 Unterschiedliche Ziele und Messverfahren

Welches Ziel wird verfolgt?	Was wird gemessen?
Potenzielle Kunden = Leads generieren	Newsletter-Anmeldungen
	Anfragen zu Produkttests, z. B. Software-Download
	Bestellung von Infomaterial oder Katalogen etc.
	Anfragen für Rückruf
Echte Kunden = Sales	Produktbestellungen im Shop
	Anfragen über ein Kontaktformular
Kundenkontakte	Telefonanrufe mit speziellen Rufnummern
	Anfragen per E-Mail
E-Mail-Adressen generieren	Newsletter-Anmeldungen
	Kontaktformulare mit Abfrage der Mail-Adresse
Postadressen	Kontaktformulare mit Abfrage der Postadresse

Tabelle 2.2 Unterschiedliche Ziele und Messverfahren (Forts.)

2.6.3   Conversions = die Ziele Ihres Online-Marketings

Alle Ziele, die für Sie interessant sind, sollten aufgezeichnet (= getrackt) werden. Wir empfehlen Ihnen, in AdWords jedoch nur die Makroziele, also Ihre wichtigsten Ziele, zu messen. Das AdWords-System ordnet die erreichten Ziele den Keywords, den Anzeigentexten, den Anzeigengruppen sowie den Kampagnen zu. Diese Zahlen können Sie in verschiedenen Statistiken abrufen.

Dabei fasst AdWords jedoch alle Conversions unter einer Gruppe zusammen. Das heißt, es wird nicht zwischen dem Mikroziel (z. B. der Anmeldung zu einem Newsletter) und dem Makroziel (z. B. der Buchung eines Seminars) unterschieden. Das schwächt die Aussagekraft Ihrer Statistikberichte. Hinzu kommt, dass die Conversions auch im AdWords-Tool genutzt werden, um z. B. automatisiert mithilfe des Conversion-Optimierungstools stärker für Keywords mit höheren Conversions zu bieten. Dies ist nur sinnvoll, wenn hinter den Conversions auch echter Umsatz in Form von Verkäufen oder Kundenanfragen steht.

Was ist eine Conversion?

Conversion oder auf Deutsch Konversion bedeutet »Umwandlung«. Im Online-Marketing ist eine Conversion im eigentlichen Sinne der Punkt, an dem sich ein Besucher in einen Kunden verwandelt. Es werden jedoch auch schon geringere Ereignisse als Conversion bezeichnet. Wenn sich z. B. ein Interessent für einen Newsletter einträgt, wird er ja nicht unbedingt schon zum Kunden – aber auch das kann als Conversion gemessen werden. Online werden hauptsächlich bestimmte Webseiten, die aufgerufen werden, oder bestimmte Klickereignisse (auf Buttons oder Links) als Zielpunkt gemessen, um eine Aktion als Conversion zu werten.

2.6.4   Conversions in AdWords erstellen

Damit Sie eine Conversion in AdWords messen können, muss ein Code erstellt werden, der danach auf einer bestimmten Unterseite Ihrer Webpräsenz eingebaut werden muss. Wird diese Seite später von einem Besucher aufgerufen, der über eine Ihrer AdWords-Kampagnen kam, so wird diese Aktion als Conversion in Ihrem AdWords-Konto aufgezeichnet. Die Conversion können Sie dann in verschiedenen Berichten in Ihrem Konto der entsprechenden Kampagne, Anzeigengruppe, dem zugehörigen Keyword und der Anzeige zuordnen.

Um Ihre erste Conversion einzurichten, gehen Sie folgendermaßen vor: Klicken Sie zunächst in Ihrem AdWords-Konto oben rechts auf das Werkzeugsymbol ❶ und dann unter MESSUNG auf den Unterpunkt CONVERSIONS ❷ (siehe Abbildung 2.23).

Abbildung 2.23 »Conversions« unter »Messung« erstellen

Im neuen Fenster klicken Sie dann auf das Symbol ⊕, um Ihre Conversion zu erstellen. Wurden bereits Conversions angelegt, so finden Sie hier eine Tabelle mit allen Conversions, die Hinweise zur Quelle und Kategorie aus Ihrem Konto enthält.

Im nächsten Fenster können Sie die Grundeinstellung für Ihre neue Conversion festlegen. Als wichtigste Einstellung müssen Sie hier zunächst die Quelle Ihrer Conversion bestimmen. Dies ist im Normalfall der erste Unterpunkt (WEBSITE) der Auswahlliste. Zu den weiteren Auswahlmöglichkeiten (siehe Abbildung 2.24) zählen auch:

▶ APP
Mit diesem Conversion-Code können Sie zum einen Downloads von Apps erfassen; zum anderen können Sie auch Aktionen in Ihren mobilen Apps als Conversions erfassen.

2

▶ ANRUFE

Mit dieser Funktion können Sie drei unterschiedliche Conversions aus dem Anruf-bereich erfassen. Sie können Anrufe tracken, die direkt aus über die AdWords-An-zeigen erfolgt sind, Sie können Anrufe über Telefonnummern tracken, die auf einer mobilen Webseite aufgerufen wurden und sogar Anrufe zu Telefonnum-mern, die auf Ihrer Webseite eingeblendet werden.

▶ IMPORT

Mit dieser Funktion können Sie Conversions aus Drittanbietersystemen in Ihr AdWords-Konto importieren, also Aktionen, die Sie nicht unmittelbar digital im AdWords-Konto messen können.

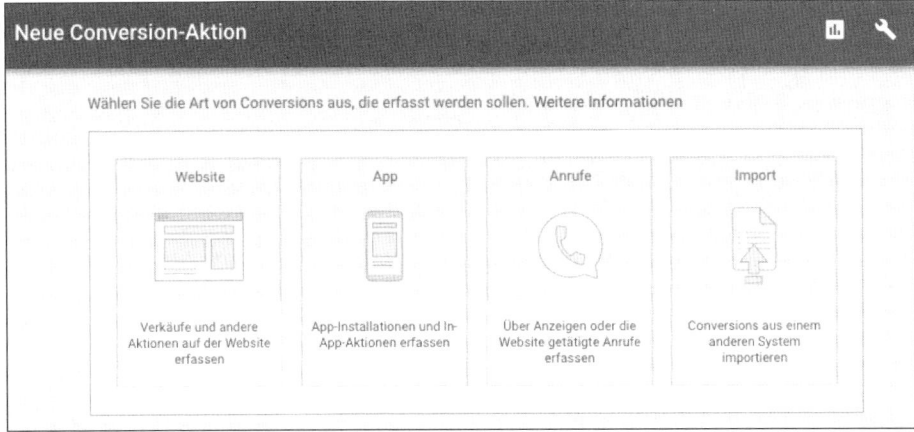

Abbildung 2.24 Grundeinstellung für eine Conversion

Nachdem Sie die gewünschte Quelle ausgewählt haben, werden Sie im nächsten Schritt auf eine Seite weitergeleitet, auf der Sie die entsprechenden Einstellungen für Ihre Conversion vornehmen (siehe Abbildung 2.25).

Geben Sie Ihrer Conversion zunächst einen aussagekräftigen Namen ❶, damit Sie diese später auch einfach zuordnen können. Danach geben Sie eine KATEGORIE ❷ an. Hier können Sie aus verschiedenen vorgegebenen Kategorien wählen, wobei diese Angaben nur der einfacheren Sortierung und Zuordnung dienen. Versuchen Sie trotzdem, eine möglichst passende Kategorie auszuwählen. Geben Sie zum Beispiel KAUF/VERKAUF an, falls Sie eine Bestellung tracken möchten.

Zusätzlich können Sie beim Unterpunkt WERT ❸ noch festlegen, was Ihnen das er-reichte Ziel wert ist. Dabei können Sie einen echten Gegenwert in Euro hinterlegen. Es ist sogar möglich, mithilfe Ihres Programmierers über ein Formular z. B. den Wert einer Seminarbuchung zu übergeben.

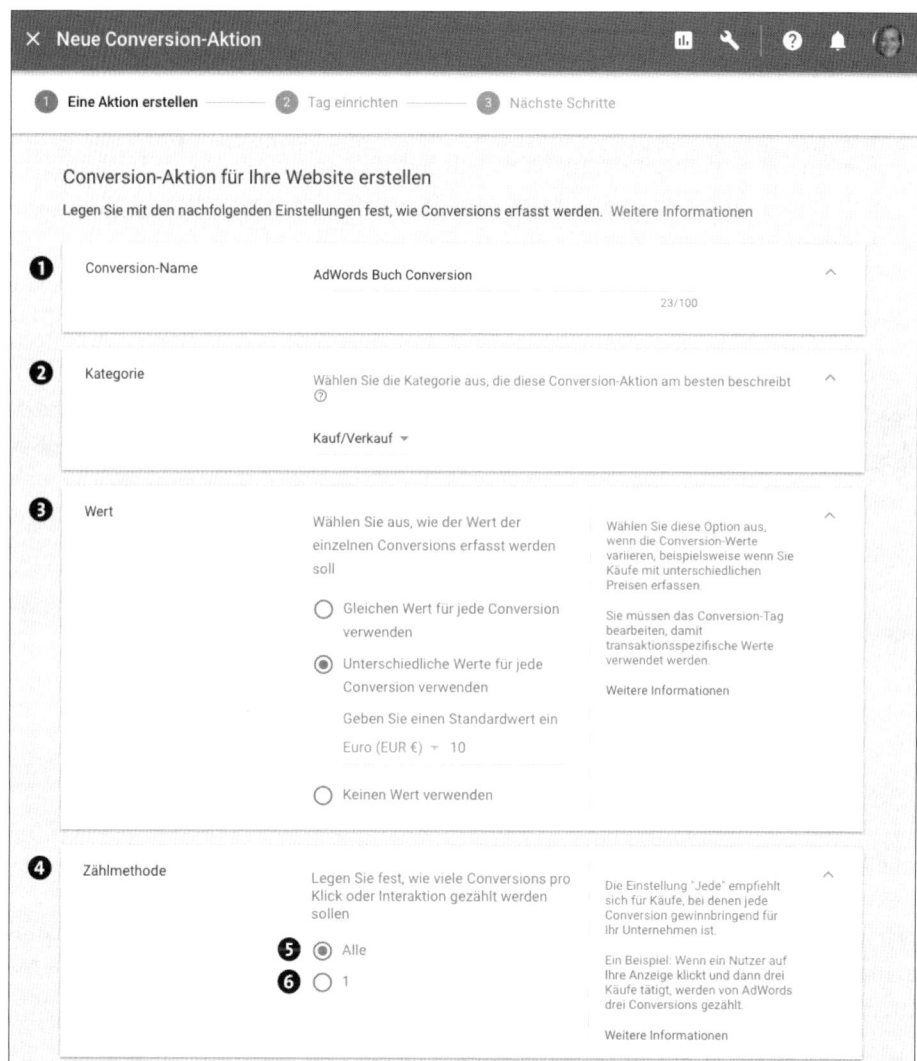

Abbildung 2.25 Weitergehende Einstellungen für Conversions (Teil 1)

Sie können aber auch mit fiktiven Werten arbeiten. Hinterlegen Sie dazu bestimmte Kennzahlen, mit denen Sie intern weiterrechnen können. Legen Sie z. B. fest, dass Conversion A den Wert 10 besitzt und B den Wert 5, so wissen Sie, dass ein erreichtes Ziel A doppelt so wertvoll wäre wie ein erreichtes Ziel B, ohne dass Sie genaue Eurobeträge angeben müssen. Diese Beträge können in vielen Fällen auch nur einen geschätzten Durchschnittswert darstellen, weil Sie oft nicht genau wissen, wie viel Umsatz Sie mit einem Kunden erzielen.

In jedem Fall sollten Sie Werte für Conversions hinterlegen, weil Sie später besser bestimmen können, welche Conversion in welchem Umfang zu Ihrem Erfolg beigetragen hat. Für bestimmte Budgetstrategien, die Sie in AdWords festlegen können, ist es wichtig, den erzielten Umsatz zu kennen. So können Sie z. B. in Ihren AdWords-Kampagnen eine Strategie unter Berücksichtigung eines angegebenen durchschnittlichen Ziel-ROAS festlegen.

ROAS steht für *Return On Advertising Spending*. Dies bedeutet, dass der Umsatz, der durch Werbung entsteht, mit den Kosten für die Werbung zueinander ins Verhältnis gesetzt wird.

Ihre Conversion-Werte sind sichtbar

Da der Wert mit dem Conversion-Code auf der Zielseite als JavaScript eingebaut wird, ist im Quellcode auch der entsprechende Gegenwert für einen neuen Kunden sichtbar. Falls Sie also hier echte Werte hinterlegen, so ist es auch immer möglich, dass ein Webseitenbesucher diese Kennzahlen ausliest, wenn er die Conversion-Seite erreicht und im Quellcode nachschaut.

Bei dem Unterpunkt ZÄHLMETHODE ❹ müssen Sie noch festlegen, wann eine Conversion gezählt wird. Sie können z. B. durch ALLE ❺ festlegen, dass jedes Mal, wenn die Zielseite besucht und der Code ausgelöst wird, eine Conversion gezählt wird. Dies kommt wiederum auf Ihre Ziele an. Wenn Sie z. B. einen Webshop besitzen, so möchten Sie typischerweise jeden einzelnen Kauf als Conversion zählen, weil Sie mit jedem einzelnen Kauf zusätzlichen Umsatz generieren. Besteht Ihr Ziel jedoch darin, dass ein Kunde eine Mitgliedschaft abschließt, was nur einmal durchgeführt werden kann, so sollten Sie auch nur eine einzelne Conversion als Ziel registrieren. Dann sollten Sie hier den Wert 1 für eine einzelne Conversion ❻ einstellen. Falls sich der gleiche Kunde aus Versehen zweimal anmeldet, so ändert dies nichts an Ihrem Umsatz. In diesem Fall muss die Conversion also nur einmal pro Kunde gezählt werden – die Einstellung 1 wäre demzufolge also richtig.

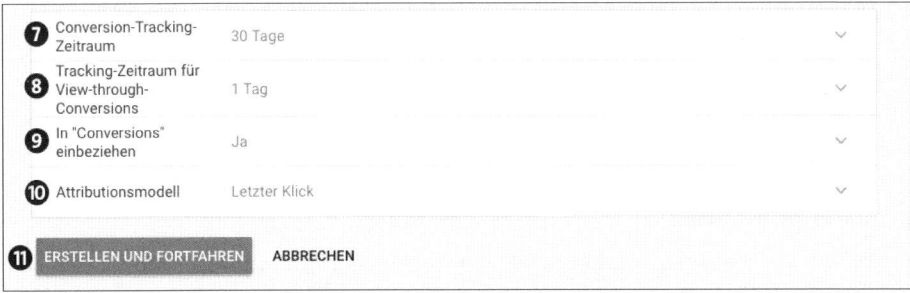

Abbildung 2.26 Weitergehende Einstellungen für Conversions (Teil 2)

Im zweiten Teil der weitergehenden Einstellungen (siehe Abbildung 2.26) legen Sie mit dem CONVERSION-TRACKING-ZEITRAUM ❼ die Zeitspanne fest, innerhalb derer ein Klick auf eine AdWords-Anzeige noch mit einer späteren Conversion verbunden wird. Der Standardwert beträgt hier 30 Tage. Wenn Ihr Kunde also innerhalb von 30 Tagen, nachdem er auf eine Anzeige geklickt hat, zu Ihrer Webseite ohne weiteren AdWords-Klick zurückkehrt und dann den Conversion-Code auslöst, so wird er immer noch der Quelle AdWords-Anzeige zugeordnet.

Dies funktioniert natürlich nur, wenn der Besucher zwischendurch seine Cookies nicht gelöscht hat. Die Cookies werden im Browser hinterlegt und identifizieren den jeweiligen Webseitenbesucher. Der Zeitraum von 30 Tagen kann hier verändert werden. Wir empfehlen jedoch, diesen Wert beizubehalten, weil dann Berichte und Statistiken mit Durchschnittswerten oder aus anderen Tools vergleichbar bleiben. Wenn die Conversions mit unterschiedlichen Zeiträumen berechnet werden, so entfällt die Möglichkeit des Vergleichs.

Cookies: Ein »Keks« speichert Informationen zu Webseitenbesuchen

Der englische Begriff *Cookie* heißt übersetzt »Keks« oder »Plätzchen«. Im Internet-Jargon versteht man unter Cookies kleine Textdateien auf einem Computer, die vereinfacht gesagt Informationen über besuchte Webseiten enthalten. Die Cookies werden vom jeweiligen Webbrowser mit Informationen gefüttert. Dies bedeutet jedoch auch, dass mit einem Wechsel des Browsers auf dem gleichen Computer auch die gespeicherten Informationen des Cookies verloren gehen.

Über die Einstellungen des jeweiligen Browsers können außerdem die Cookies auch wieder gelöscht werden. Falls Sie als Nutzer also von wiederkehrender Werbung auf besuchten Webseiten genervt sind, sollten Sie öfter mal die Cookies in Ihrem Webbrowser löschen, denn auch dieses bekannte Phänomen wird über die Cookies gesteuert.

Unter TRACKING-ZEITRAUM FÜR VIEW-THROUGH-CONVERSIONS ❽ definieren Sie den Zeitraum, innerhalb dessen eine Conversion getrackt werden soll, nachdem eine Anzeige im Displaynetzwerk ausgespielt wurde. Dieser Zeitraum beträgt standardmäßig einen Tag und sollte im Normalfall nicht geändert werden. Früher lautete die Standardeinstellung hier ebenfalls 30 Tage, was von Google mittlerweile auf einen Tag geändert wurde, da das bloße Ausstrahlen einer Displaynetzwerk-Anzeige im Gegensatz zu einem Klick auf eine AdWords-Anzeige eher einen kurzfristigen Einfluss auf die Conversion hat.

Was sind View-through-Conversions?

Mit View-through-Conversion möchte Google Ihnen den Nutzen von Imageanzeigen im Displaynetzwerk aufzeigen. Eine View-through-Conversion wird nämlich aufgezeichnet, wenn eine Conversion von einem User registriert wird, dem vorher bereits eine Anzeige im Displaynetzwerk angezeigt wurde. Obwohl kein Klick auf die Anzeige im Displaynetzwerk erfolgte, wird auch dieser Anzeige im GDN ein Beitrag zur Conversion über die View-through-Conversion angerechnet.

Mit IN "CONVERSIONS" EINBEZIEHEN ❾ legen Sie fest, ob Sie diese Conversion der Spalte *Conversions* hinzufügen wollen. Jetzt müssen Sie nur noch unter ATTRIBU-TIONSMODELL ❿ definieren, welchem Klick Sie Ihre Conversion zuordnen wollen. Details zu den verschiedenen Optionen des Attributionsmodells finden Sie in Abschnitt 9.2.7. Standardmäßig ist hier LETZTER KLICK voreingestellt. Mit ERSTELLEN UND FORTFAHREN ⓫ schließen Sie die weitergehenden Einstellungen.

Danach werden Sie zum Fenster TAG EINRICHTEN weitergeleitet. Wenn Sie das Conversion-Tracking nutzen möchten, müssen sowohl das ALLGEMEINE WEBSITE-TAG (siehe Abbildung 2.27) als auch das EREIGNIS-SNIPPET (siehe Abbildung 2.28) für die Conversion auf Ihrer Website vorhanden sein.

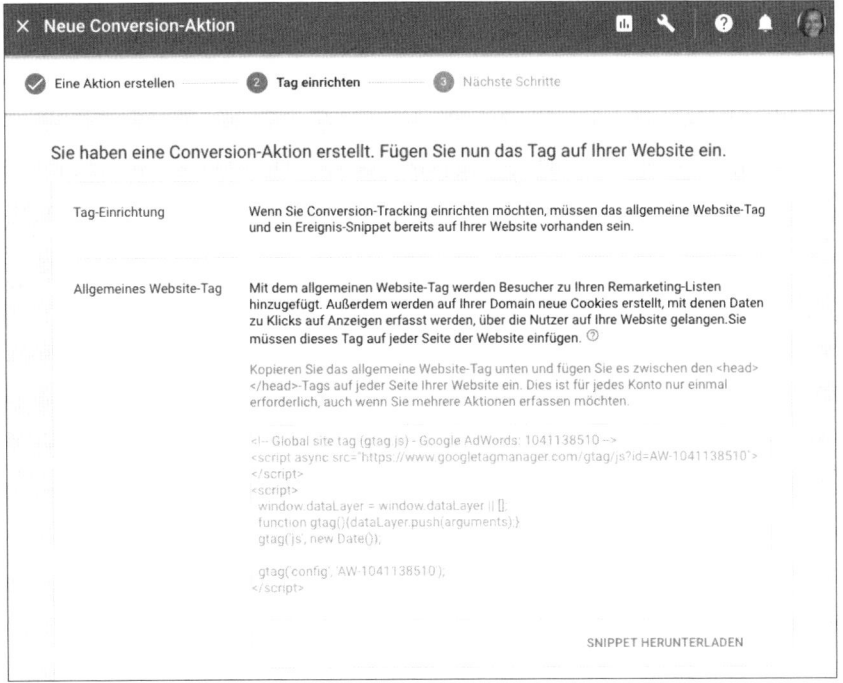

Abbildung 2.27 Beispiel für ein allgemeines Website-Tag

Beide Codes werden Ihnen auf dieser Seite angezeigt. Mit SNIPPET HERUNTERLADEN können Sie die jeweiligen Code-Schnipsel als Textdatei auf Ihrem Rechner speichern, um sie an Ihren Programmierer weiterzuleiten. Alternativ können Sie natürlich auch einfach den Code kopieren und selbst in Ihre Webseite einfügen.

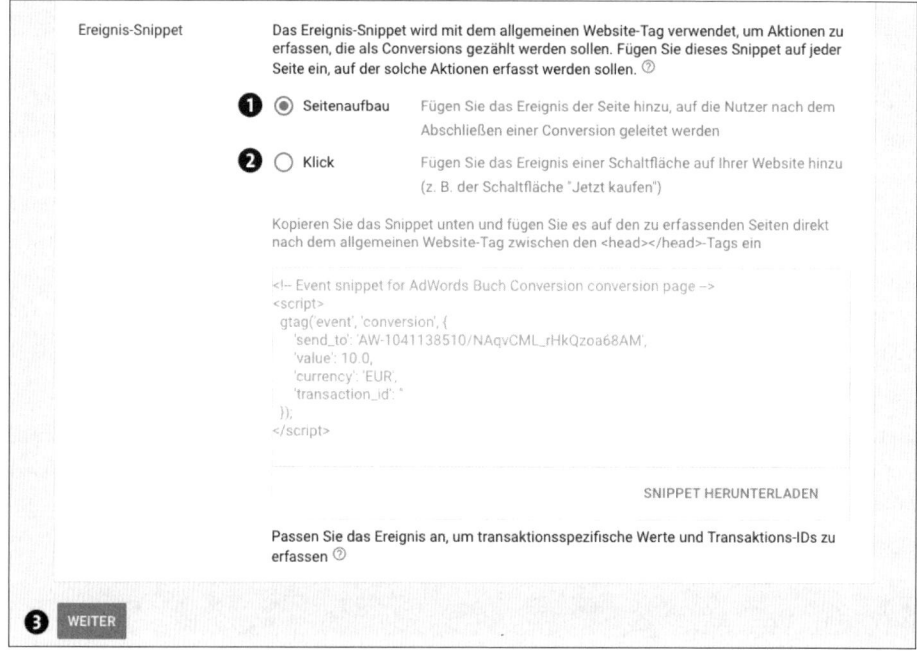

Abbildung 2.28 Beispiel für ein Ereignis-Snippet

Beim Ereignis-Snippet müssen Sie vor dem Kopieren oder Herunterladen auswählen, ob Sie es zum SEITENAUFBAU ❶ oder beim KLICK ❷ auf eine Schaltfläche verwenden möchten, da der generierte Code je nach gewählter Option unterschiedlich ist. Bei der Auswahl von SEITENAUFBAU werden Conversions gezählt, wenn die Nutzer eine neue Seite wie beispielsweise eine Bestellbestätigungsseite laden. Bei der Auswahl von KLICK werden Conversions gezählt, wenn die Nutzer auf einen Link oder eine Schaltfläche wie z. B. »Jetzt kaufen« klicken.

Beide Code-Schnipsel müssen jetzt noch in den HTML-Code Ihrer Webseite eingefügt werden, und zwar zwischen den <head></head>-Tags. Dabei ist zu beachten, dass das allgemeine Website-Tag auf jeder Seite eingefügt sein muss und das Ereignis-Snippet lediglich auf der Seite, auf der die entsprechenden Conversions erfasst werden sollen.

Der Code enthält alle Informationen, die Sie vorher in den Einstellungen hinterlegt haben. Jeder Conversion-Code ist daher individuell und auf Ihr AdWords-Konto abgestimmt. Es würde also nicht funktionieren, wenn Sie z. B. das Code-Beispiel aus Abbildung 2.28 in Ihre Seite einbauen.

Der Conversion-Code wird ausgelöst und sendet dabei bestimmte Informationen an Ihr Konto, wenn die Seite mit dem eingebauten Code aufgerufen (besucht) wird. Darum müssen Sie genau überlegen, wo Sie den Code einbauen. Wenn Sie z. B. Anfragen über ein Kontaktformular als Conversion tracken möchten, so gehört der Code nicht auf die Formularseite. Der Code muss in die Seite eingebaut werden, die aufgerufen wird, nachdem das Formular abgeschickt wurde. Dies ist z. B. die Webseite, die für den Besucher folgenden (oder einen ähnlichen) Satz bereithält: »Vielen Dank für Ihre Kontaktanfrage! Wir werden uns werktags innerhalb von 24 Stunden bei Ihnen melden.« Diese »Danke-Seite« ist ein eindeutiger Konversionspunkt, weil Sie an dieser Stelle sicher sein können, dass die Anfrage abgeschickt wurde.

Wenn Sie den Code für beide Snippets heruntergeladen oder kopiert haben, dann beenden Sie durch Klick auf WEITER ❸ die Erstellung Ihrer Conversion. Sie gelangen nun zu einer Bestätigungsseite.

2.6.5   Sonderfall: Anruf als Conversion

Einen Anruf als Conversion zu messen, war in der Vergangenheit immer schwierig, da ein neues Medium genutzt und somit das Tracking unterbrochen wurde.

Alles, was auf der Webseite passiert, ist ja relativ leicht zu messen, da hier immer Informationen über das Internet erfasst werden können. Wenn jedoch jemand zum Telefonhörer greift, so ist dies schwierig zu messen. Google hat jedoch die Messung des Telefon-Trackings stetig ausgebaut, sodass mittlerweile auch ein Telefonanruf getrackt und somit z. B. einer AdWords-Kampagne, einer Anzeige und einem Keyword zugeordnet werden kann.

Abbildung 2.29 zeigt die neuen Möglichkeiten, Conversions von Telefonanrufen zu tracken. Diese wollen wir Ihnen in den nächsten drei Abschnitten kurz vorstellen und uns vor allem die neuste Möglichkeit anschauen: Sie können sogar mithilfe einer speziellen Telefonnummer auf der Landing-Page den AdWords-Erfolg messen.

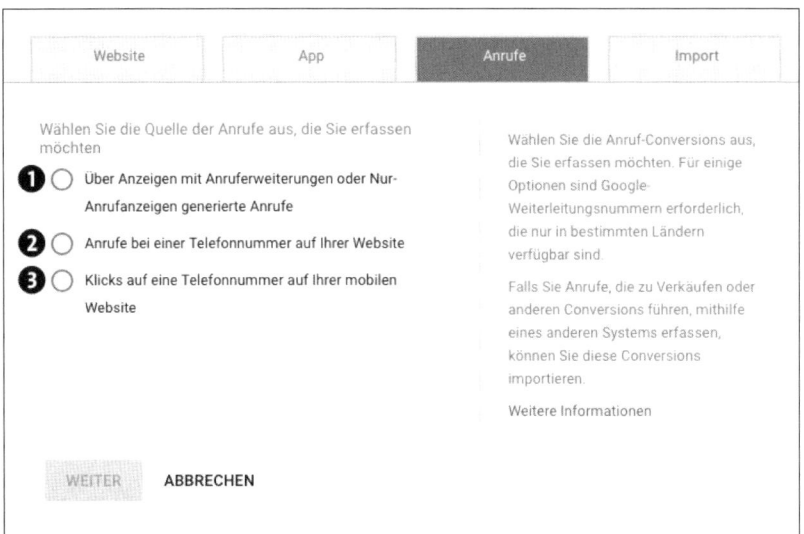

Abbildung 2.29 Neue Möglichkeiten des Trackings von Telefonanrufen

Anrufe über Anzeigen mit Anruferweiterungen ❶

Über Anruferweiterungen, die Sie später noch kennenlernen werden, und in Kombination mit speziellen Google-Weiterleitungsrufnummern können Sie die Anrufe Ihrer Kunden als Conversions tracken. Bei der Auslieferung auf Smartphones können Kunden sich direkt mit dem Werbenden verbinden lassen, indem sie auf die Telefonnummer in der Anzeige tippen. Werden die speziellen Google-Tracking-Nummern auf Computern oder Laptops angezeigt, so müsste der potenzielle Kunde die Nummer natürlich ablesen und eintippen. Dies kann dann zwar getrackt werden, aber potenzielle Kunden wollen meist zunächst einmal das Produkt bzw. die Dienstleistung auf der Webseite betrachten, und werden eher auf die Anzeige klicken, als einen Anruf zu tätigen. Ein Anruftracking über stationäre Rechner, Laptops und Tablet-PCs funktioniert nicht über die Anzeigenerweiterung. Werden jedoch die Google-Weiterleitungsnummern auf Webseiten genutzt, so können die Anrufe als Conversions getrackt werden.

Anrufe bei einer Telefonnummer auf Ihrer Webseite ❷

Eine spannende und mittlerweile einfache Tracking-Möglichkeit ist das Messen von Telefonanrufen zu Nummern auf Ihrer Website. Mithilfe dieser Tracking-Funktion kann auch der Anruf einer Telefonnummer nachverfolgt werden, die auf einer nicht mobilen Website erscheint und nicht über ein mobiles Telefon angerufen wird. Dazu werden spezielle Google-Telefonnummern dynamisch auf der Landing-Page oder anderen Unterseiten eingeblendet. Die Telefonnummern sind sogenannte Servicenummern, auch als *0800-Nummern* bekannt.

Diese Funktion kann mittlerweile ganz einfach erstellt werden. Wählen Sie zunächst unter CONVERSIONS den Tab ANRUFE aus und selektieren Sie den Radio-Button vor ANRUFE BEI EINER TELEFONNUMMER AUF IHRER WEBSITE. Danach füllen Sie die Angaben zu den Conversions aus, wie Sie dies bereits von den anderen Conversion-Aktionen kennen. Zum Schluss folgen zwei entscheidende Einstellungen, die das Conversion-Tracking über Ihre Telefonnummer vereinfachen.

1. Nach den Grundeinstellungen geben Sie die Telefonnummer an, die auch auf Ihrer Landing-Page steht. Diese Nummer wird dann automatisch in das Code-Snippet eingebaut. Danach klicken Sie auf TAG ERSTELLEN (siehe Abbildung 2.30).

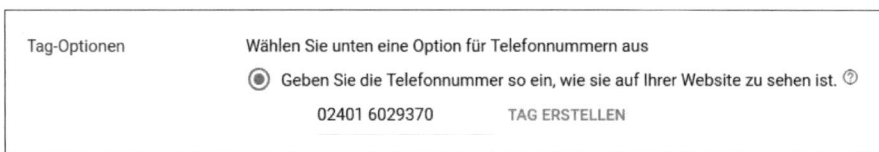

Abbildung 2.30 Geben Sie Ihre Telefonnummer an, damit diese automatisch in den Tag integriert wird

Das fertige Snippet können Sie herunterladen oder per E-Mail versenden. Es muss dann nur noch von Ihnen oder Ihrem Programmierer in die Webseite, bzw. die Landing-Page zur AdWords-Anzeige eingebaut werden.

Der fertige Code des Conversion-Tags sieht dann so ähnlich aus:

```
<script type="text/javascript"> (function(a,e,c,f,g,h,b,d){var k=
{ak:"1041133xxxxxx",cl:"6TrfCOLA7xxxxxxx",autoreplace:"02xxx 60xxxxx"};
a[c]=a[c]||function(){(a[c].q=a[c].q||[]).push(arguments)};a[g]||(a[g]=
k.ak);b=e.createElement(h);b.async=1;b.src="//www.gstatic.com/wcm/loader.js";
d=e.getElementsByTagName(h)[0];d.parentNode.insertBefore(b,d);a[f]=
function(b,d,e){a[c](2,b,k,d,null,new Date,e)};a[f]()})(window,document,
"_googWcmImpl","_googWcmGet","_googWcmAk","script"); </script>
```

Listing 2.1 Beispiel des Google-AdWords-Conversion-Code zum Webseiten-Anruf

2. Erstellen Sie für die gleiche Kampagne, bei der Sie den Webseitenanruf messen möchten, mindestens eine Anruferweiterung mit einer Google-Weiterleitungsnummer. Die Anruferweiterung muss sich natürlich auf die gleiche Telefonnummer beziehen wie das Code-Snippet.

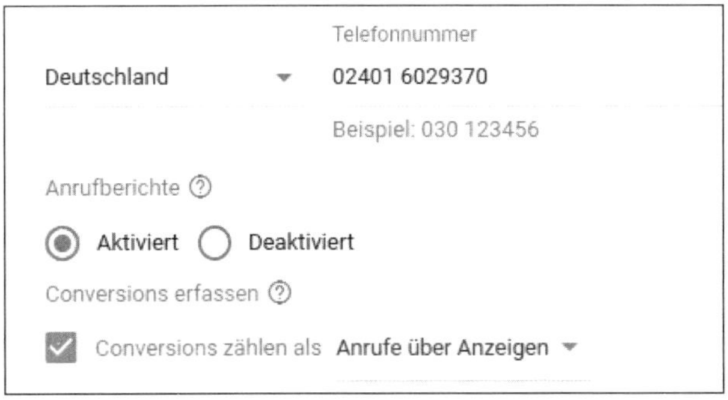

Abbildung 2.31 Anruferweiterung zur Kampagne erstellen

Das Conversion-Tracking läuft nach diesen vorbereitenden Maßnahmen folgendermaßen ab: Ihre AdWords-Anzeige erscheint ganz normal ohne Telefonnummer bei Google.

Abbildung 2.32 AdWords-Anzeige ohne Telefonnummer

Der Klick auf die Anzeige führt den Suchenden dann auf die Landing-Page, die den Conversion-Tracking-Code enthält. Der Tracking-Code überschreibt die vorhandenen lokalen Telefonnummern auf der Landing-Page mit einer Servicenummer, die von Google bereitgestellt wird. Da zusätzlich eine Anruferweiterung mit Conversion Tracking für die Google-Weiterleitungsrufnummern existiert, wird der Anruf der Servicenummer normal an die Firmennummer weitergeleitet, kann jedoch von Google als Conversion registriert werden. Da der Anruf den Umweg über Google nimmt, kann auch die Dauer des Anrufs gemessen werden. Bei der Erstellung der Conversion können daher individuell die Anrufzeiten bestimmt werden, für die eine Conversion registriert werden soll. Wenn für Ihre Dienstleistungen oder Produkte erst eine intensivere Telefonberatung notwendig ist, können Sie bei der Conversion bestimmen, dass z. B. erst der Anruf ab zwei Minuten Gesprächsdauer als Conversion registriert werden soll. Im folgenden Ausschnitt der Landing-Page können Sie erkennen, dass die Telefonnummer auch an mehreren Stellen durch die Google-Servicenummer ersetzt wird.

Abbildung 2.33 Die Google-Weiterleitungsnummer ersetzt Ihre Telefonnummer auf der Landing-Page

Klicks auf eine Telefonnummer auf Ihrer mobilen Website ❸

Sie können mit Google AdWords einen Conversion-Code erstellen, den Sie dann auf Ihrer mobilen Webseite einbauen. Statt in der Anzeige erscheint diese spezielle Google-Telefonnummer für das Tracking nun auf der Webseite. Ein Klick auf diese Telefonnummer mit dem entsprechenden Anruf über das Mobiltelefon kann dann auch wieder getrackt werden. Ein Tracking-Code, der so ähnlich aussieht wie der folgende, muss unter CONVERSIONS erstellt und dann in die mobile Webseite eingebaut werden:

```
<!-- Google Code for dsa Conversion Page
In your html page, add the snippet and call
goog_report_conversion when someone clicks on the
phone number link or button. -->
```

```
<script type="text/javascript">
  /* <![CDATA[ */
  goog_snippet_vars = function() {
    var w = window;
    w.google_conversion_id = 1041138510;
    w.google_conversion_label = "BPsLCKSTq3kQzoa68AM";
    w.google_remarketing_only = false;
  }
  // DO NOT CHANGE THE CODE BELOW.
  goog_report_conversion = function(url) {
    goog_snippet_vars();
    window.google_conversion_format = "3";
    var opt = new Object();
    opt.onload_callback = function() {
    if (typeof(url) != 'undefined') {
      window.location = url;
    }
  }
  var conv_handler = window['google_trackConversion'];
  if (typeof(conv_handler) == 'function') {
    conv_handler(opt);
  }
}
/* ]]> */
</script>
<script type="text/javascript"
  src="//www.googleadservices.com/pagead/conversion_async.js">
</script>
```

Listing 2.2 Conversion-Code für mobile Webseiten

Der Conversion-Code allein reicht jedoch nicht für das Tracking. Sie müssen auf Ihrer mobilen Seite noch definieren, bei welcher Aktion das Tracking ausgelöst wird. So können Sie zum Beispiel einen Link einbauen, der bei einem Klick (onclick) eine Funktion (und zwar goog_report_conversion) aus Ihrem Conversion-Code aufruft. Dieser Code könnte zum Beispiel folgendermaßen aussehen:

```
<a onclick="goog_report_conversion('tel:0049-123-1234')" href="#" >
Weitere Informationen? Hier direkt anrufen</a>
```

Der Klick auf den Link »Weitere Informationen? Hier direkt anrufen« verbindet dann den Nutzer des Smartphones mit dem Kundenservice des Werbenden. In unserem Beispiel hat der Kundenservice die Nummer 0049-123-1234, intern wird jedoch eine Google-Tracking-Nummer gemessen, mit der dann die Klicks auf die Telefonnummer und die AdWords-Anzeige für das Tracking verknüpft werden können. Weitergehende Informationen und noch andere Möglichkeiten zum Einbau des Trackings auf einer mobilen Webseite finden Sie unter:

https://support.google.com/adwords/answer/1722054?hl=de

> **AdWords und das Telefon-Tracking in der Praxis**
>
> Ein Anwalt weiß, dass neue Mandanten, die über AdWords auf die Webseite kommen, sich zunächst informieren und dann für ein erstes Gespräch oder eine Terminabsprache sehr oft den Telefonkontakt nutzen. Daher wird zu jeder Anzeigengruppe eine messbare Servicenummer geschaltet, die auf eine Zielrufnummer weiterleitet. Auf diese Weise wird der Anruf mit den AdWords-Daten verknüpft. Damit kann auch der Erfolg eines Ziels gemessen werden, das nicht direkt auf der Webseite erreicht wird.

Der große Nachteil der vorgestellten Google-Weiterleitungsrufnummern besteht darin, dass diese Nummern als spezielle Werbenummern erkannt werden, weil Google wie erwähnt 0800-Nummern schaltet. Dieser Vorwahlnummer stehen viele Verbraucher misstrauisch gegenüber, weil sie nicht wissen, ob die Nummer nun kostenpflichtig ist oder nicht. Im Gegensatz zu 0800-Nummern strahlen dagegen lokale Telefonnummern mehr Vertrauen aus und führen daher auch öfter zum Ziel, sprich zum telefonischen Kundenkontakt.

Falls Sie eine Conversion mit einer lokalen Vorwahlnummer messen möchten, die zu Ihrer Firmenadresse passt, so müssen Sie auf externe Dienstleister zurückgreifen.

2.6.6   Sonderfall: Offline-Conversions importieren

In der Realität wird das Internet auch oft nur als Informationsquelle genutzt, der Kauf findet dann jedoch in der »Offline-Welt«, also z. B. in einem Ladengeschäft statt. Es wäre natürlich fantastisch, wenn man auch diese Offline-Conversions in die AdWords-Statistiken einfließen lassen könnte. AdWords bietet hierfür eine Import-Funktion an. Mit dieser Funktion können auch Offline-Käufe zumindest unter gewissen Umständen per Datenimport in die AdWords-Statistiken aufgenommen werden.

Google bietet mit der Option IMPORT die Möglichkeit, Conversions aus einer anderen Quelle in AdWords zu importieren (siehe Abbildung 2.34). Dabei kann die Quelle entweder ein verknüpftes Konto (z. B. Google Analytics oder Firebase) sein bzw. ein Salesforce-Konto oder auch eine Datei aus einem anderen System. Im Folgenden gehen wir auf den letzten Fall näher ein, also auf den Import aus einer Datei.

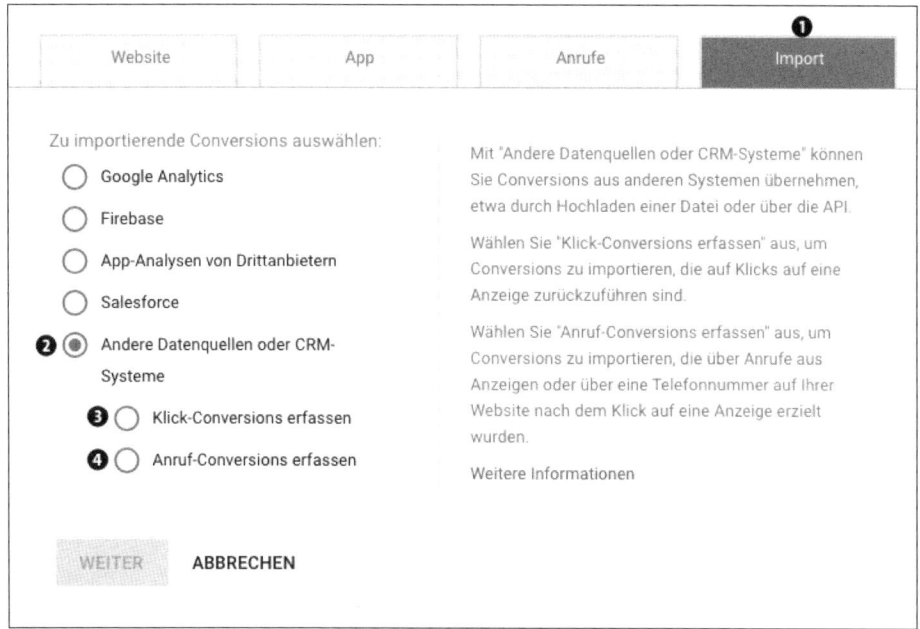

Abbildung 2.34 Offline-Conversions aus anderen Quellen importieren

Bitte beachten Sie, dass für jede Art von Offline-Conversion, die Sie messen möchten, eine neue Conversion vom Typ IMPORT erstellt werden muss. Ohne diese individuelle Conversion anzulegen, können Sie keinen Import durchführen! Um eine externe Datei zu importieren, wählen Sie beim Erstellen der Offline-Conversion vom Typ IM-PORT ❶ die Option ANDERE DATENQUELLEN ODER CRM-SYSTEME ❷ aus. Hier wählen Sie, ob Sie eine KLICK-CONVERSION ❸ oder eine ANRUF-CONVERSION ❹ importieren wollen. Die Auswahl ist insofern wichtig, als Sie leicht unterschiedliche Einstellungen vornehmen müssen, je nachdem, ob Ihre Conversion mit einem Klick auf Ihre Anzeige oder mit einem Anruf aufgrund Ihrer Anzeige startet.

Auf der nächsten Seite vergeben Sie zunächst einen individuellen Namen für Ihre Conversion, z. B. »Vertragsabschluss«. Merken Sie sich diesen Namen gut, denn Sie müssen ihn später genau so eingeben, wenn Sie Offline-Conversion-Informationen hochladen. Danach wählen Sie wie bei anderen Conversions auch die Kategorie, den Wert und die Zählmethode aus. Beim Conversion-Tracking-Zeitraum schlägt Google hier 90 Tage vor, die Sie übernehmen oder ändern können. Durch Klick auf WEITER erstellen Sie die Conversion-Aktion.

Anruf-Conversion

Im Falle einer Anruf-Conversion können Sie im nächsten Fenster nun die Telefonnummer Ihrer Webseite eintragen, sofern Sie Anrufe über diese Telefonnummer erfassen möchten (siehe Abbildung 2.35). Durch Klick auf TAG ERSTELLEN erhalten Sie das entsprechende Code-Schnipsel, das Sie in Ihre Webseite einbinden müssen. Wenn Sie nur Anrufe über Ihre Anzeigen erfassen möchten, können Sie diesen Schritt überspringen.

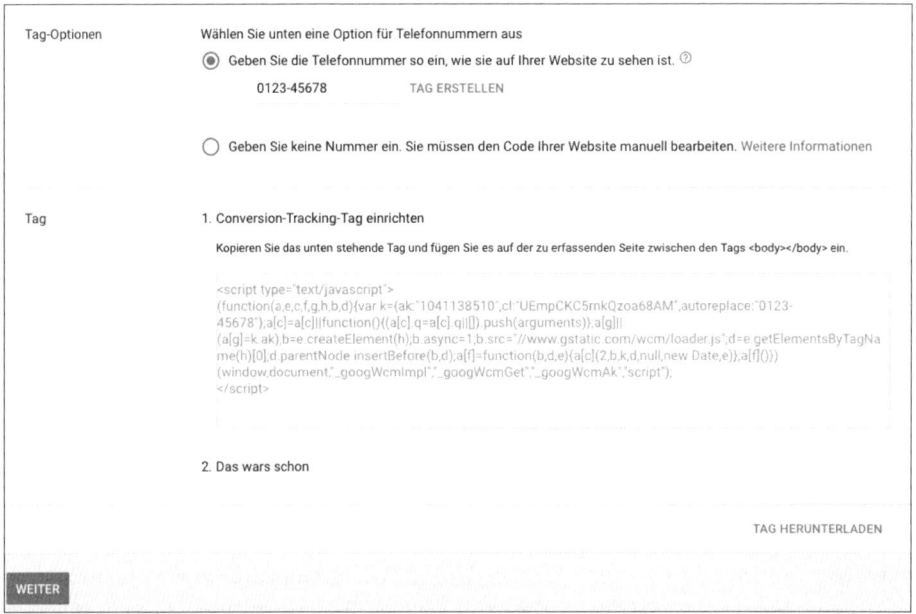

Abbildung 2.35 Eingabe der Telefonnummer Ihrer Webseite

Klick-Conversion

AdWords versieht jeden Klick auf Ihrer Website, der über eine AdWords-Anzeige zustande kommt, mit einer eindeutigen ID (*Google Click ID*, kurz GCLID). Über diese GCLID können Sie später beim Upload Ihrer Offline-Conversion-Daten die jeweilige Aktion dem ursprünglichen Klick auf die Anzeige zuordnen. Die Schwierigkeit besteht also lediglich darin, den Klick auf die AdWords-Anzeige – sprich: die GCLID – an eine Kundenanfrage oder einen Kauf zu übergeben. Sofern der Kunde ein Kontaktformular mit Rückrufbitte ausfüllt oder aber einen Gutschein online generiert und ausdruckt, ist es recht einfach. Weitere Details dazu finden Sie in der Google-Hilfe unter *https://support.google.com/adwords/answer/2998031*.

Offline-Conversions für den Import erfassen

Nachdem Sie nun die Import-Conversion angelegt haben, gilt es zu einem späteren Zeitpunkt, die entstandenen Offline-Conversions zu importieren. Dazu erfassen Sie die Conversions in einer Excel-Tabelle oder einer CSV-Datei. Für einen reibungslosen Import nutzen Sie die Datei-Vorlagen von Google AdWords für den Import von Anruf-Conversions (siehe Abbildung 2.36) oder den Import von Klick-Conversions (siehe Abbildung 2.37). Diese können Sie unter folgenden Links herunterladen:

▶ Anruf-Conversions importieren:
https://support.google.com/adwords/answer/6275629

▶ Klick-Conversions importieren:
https://support.google.com/adwords/answer/7014069

Beachten Sie dabei, dass Sie in der Zeile »Parameters:TimeZone« ❶ die Zeitzone korrekt eintragen, in der die Conversions entstanden sind. Für Berlin wäre das z. B. »+0100« oder alternativ »Europe/Berlin«. Auch für die Angabe der *Conversion Time* ❷ sind spezielle Datenformate zu beachten. In der Spalte *Conversion Name* ❸ geben Sie pro eingetragener Conversion jeweils den Namen der Conversion in exakt der Schreibweise an, wie Sie ihn zuvor in Ihrem AdWords-Konto angelegt haben. In den Spalten *Conversion Value* und *Conversion Currency* tragen Sie Ihre individuellen Werte ein, wie wir es in Abschnitt 2.6.4 beschrieben haben.

	A	B	C	D	E	F
3	# For instructions on how to set your timezones, visit http://goo.gl/BUrhyD					
4						
5	### TEMPLATE ###					
6	Parameters:TimeZone=Europe/Berlin; ❶					
7	Caller's Phone Number ❹ₐ	Call Start Time	Conversion Name ❸	Conversion Time ❷	Conversion Value	Conversion Currency
8	+49123456789	11/14/2017 17:01:54	Vertragsabschluss	11/14/2017 17:01:54	5	EUR
9	+49567891234	11/16/2017 17:01:54	Vertragsabschluss	11/16/2017 17:01:54	4	EUR

Abbildung 2.36 Excel-Tabelle zum Import von Offline-Anruf-Conversions

Zur Wiedererkennung des AdWords-Besuchers dient bei Click-Conversions die übergebene GCLID ❹ᵦ und bei Anruf-Conversions die *Caller's Phone Number* ❹ₐ. Weitere technische Informationen, z. B. die Vorlagen zur Excel-Tabelle, finden Sie auf den bereits erwähnten Google-Hilfeseiten unter *https://support.google.com/adwords/answer/6275629* und *https://support.google.com/adwords/answer/7014069*.

	A	B	C	D	E	F
1	### INSTRUCTIONS ###					
2	# IMPORTANT: Remember to set the TimeZone value in the "parameters" row and/or in your Conversion Time column					
3	# For instructions on how to set your timezones, visit http://goo.gl/T1C5Ov					
4						
5	### TEMPLATE ###					
6	Parameters:TimeZone=Europe/Berlin; ❶					
7	Google Click ID ❹ᵦ	Conversion Name ❸	Conversion Time ❷	Conversion Value	Conversion Currency	
8	Ckj123abcde	Vertragsabschluss	11/14/2017 17:01:54	5	EUR	
9	Ckj456fghik	Vertragsabschluss	11/16/2017 17:01:54	4	EUR	

Abbildung 2.37 Excel-Tabelle zum Import von Offline-Klick-Conversions

Hochladen der Offline-Conversion-Datei

Wenn Sie die Datei mit Ihren Offline-Conversion-Daten gefüllt haben, laden Sie sie hoch, indem Sie in Ihrem AdWords-Konto zu CONVERSIONS navigieren und dort den Punkt UPLOADS auswählen. Dort klicken Sie auf das Symbol ⊕, um einen neuen Upload anzustoßen (siehe Abbildung 2.38).

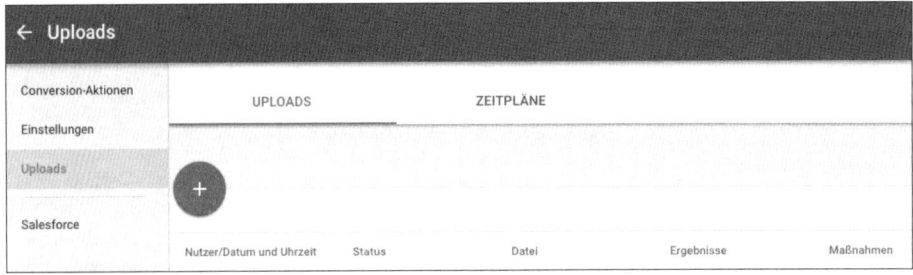

Abbildung 2.38 Einen neuen Daten-Import bzw. Upload anstoßen

Nach dem Klick auf den Button erscheint ein neues Fenster (siehe Abbildung 2.39). Dort wählen Sie als Quelle DATEI HOCHLADEN ❶ und dann über den Button DATEI AUSWÄHLEN Ihre Excel- oder CSV-Datei auf Ihrer Festplatte/Laufwerk aus. Vor dem endgültigen Hochladen Ihrer AUSGEWÄHLTEN DATEI ❷ sollten Sie über den Link VORSCHAU ❸ prüfen, ob die Datei fehlerfrei ist, denn es gibt später keine Möglichkeit mehr, diesen Conversion-Import rückgängig zu machen oder die Conversions zu löschen. Wenn alles korrekt ist, dann können Sie durch Klick auf ÜBERNEHMEN ❹ die Datei importieren oder entsprechend über ABBRECHEN ❺ den Vorgang abbrechen, wenn Sie die Datei nochmals verändern möchten.

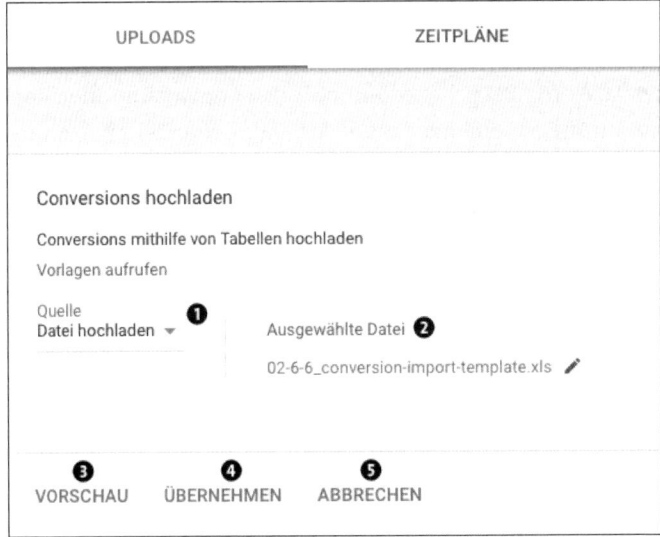

Abbildung 2.39 Import-Datei suchen und hochladen

2.6.7   Conversions im AdWords-Konto

Nachdem wir Ihnen die verschiedenen Möglichkeiten des Conversion-Trackings gezeigt haben und Sie dabei gelernt haben, dass dieses mit Aufwand in Form von Zeit und Technik verbunden ist, so ist natürlich die Frage gestattet: Wozu der ganze Aufwand?

Aus Erfahrung können wir sagen, dass das Conversion-Tracking in vielen AdWords-Konten vernachlässigt wird. Es gibt jedoch zwei wichtige Argumente, die für die Einrichtung inklusive des Imports externer Daten sprechen:

1. **Aussagekräftige Statistiken zur Grundlage der Optimierung**

   Sie benötigen Conversions, um Ihre AdWords-Aktivitäten besser beurteilen zu können. Nur nachdem Sie das Conversion-Tracking eingerichtet haben, erhalten Sie die unterschiedlichsten Conversion-Daten (siehe Abbildung 2.40) in Ihren AdWords-Statistiken. Auf Grundlage dieser Daten können Sie dann Ihre Kampagnen optimieren und diese zielgenauer ausrichten, um sie rentabler zu machen.

2. **Grundlage zur automatisierten Optimierung**

   Google AdWords kann verschiedene automatische Optimierungen in Ihren Kampagnen auf Grundlage historischer Conversion-Daten steuern. So können z. B. bestimmte Gebotsstrategien oder Tests zu unterschiedlichen Anzeigen im Hinblick auf Conversion-Daten durchgeführt werden. Vereinfacht kann man sagen, dass AdWords auf Grundlage der Conversion-Daten öfter automatisiert auf die Keywords bietet und auch häufiger die Anzeigen schaltet, die Ihnen in der Vergangenheit mehr Kunden gebracht haben.

Kosten/Conv.	Conversions	Conv.-Rate
2,86 €	178	3,05 %

Abbildung 2.40 Drei Beispiele für Conversion-Daten im AdWords-Konto

2.6.8   Welche Zielgruppen sind für Sie interessant?

Überlegen Sie auch, bevor Sie eine AdWords-Kampagne erstellen, welche Zielgruppe Sie mit der neuen Werbekampagne ansprechen möchten. Visualisieren Sie Ihre Zielgruppe; machen Sie sich also im wahrsten Sinne des Wortes ein Bild von ihr. Es gibt Agenturen, die echte Bilder von Personen aufhängen, die zu einer potenziellen Zielgruppe gehören. Dies führt dazu, dass man sich stärker mit der jeweiligen Kundengruppe beschäftigt.

Verhalten und Gewohnheiten einer Zielgruppe können Sie auch mithilfe unterschiedlicher Statistiken analysieren. Dabei sollte geklärt werden, wie die Zielgruppe das Internet nutzt. Es ist auch interessant, welche Geräte (Laptops, Tablets, Smartphones) hauptsächlich zum Surfen im Internet genutzt werden. Änderungen im Nutzerverhalten Ihrer Zielgruppe haben auch Auswirkungen auf die Werbeformen und

Ausrichtungen Ihrer Online-Werbung. Spannend ist auch, wie und wo das Internet z. B. zu Recherchezwecken und für Einkäufe genutzt wird.

Folgende Webseiten bieten Ihnen Informationen zu unterschiedlichen Zielgruppen in Bezug auf Internetnutzung, Einkommen, Kaufverhalten, verfügbare Endgeräte etc.:

▸ AGOF: umfassende Datenbasis zum Online-Werbemarkt
  https://www.agof.de/studien/internet-facts

▸ OVK – Online-Vermarkterkreis: Daten und Fakten zum Werbemarkt
  http://www.ovk.de/ovk/ovk-de/online-werbung/daten-fakten.html

▸ Statistisches Bundesamt: Statistiken zur Internetnutzung, Haushaltseinkommen nach Regionen etc.
  https://www.destatis.de/DE/Startseite.html

▸ ARD-ZDF-Onlinestudie: Internetnutzung/Internetzugang
  http://www.ard-zdf-onlinestudie.de

▸ Studien von Google: Verschiedene Studien zur Internetnutzung und zum Suchverhalten
  https://www.thinkwithgoogle.com/intl/de-de

Wenn Sie zudem besser verstehen möchten, welche Produktmerkmale für Ihre Zielgruppe wichtig sind und welchen Service Ihre Zielgruppe wünscht, so sollten Sie sich mit den Rezensionen im Internet zu Ihren Produkten beschäftigen. Falls Sie noch keine Bewertungen zu eigenen Produkten haben, so hilft es, dass Sie die Kundenmeinungen zu Ihrer Konkurrenz oder bestimmten Produkten bei eBay, Amazon und anderen Online-Portalen studieren. Lernen Sie aus den Kommentaren, und begreifen Sie, welche Produktmerkmale und begleitenden Dienstleistungen (Service, Versandgeschwindigkeit, Telefonsupport, Rücknahme etc.) für Ihre Zielgruppe im Vordergrund stehen. Diese Informationen können Sie auf verschiedene Weise nutzen:

▸ Ergänzen Sie Ihre Suchbegriffe entsprechend.

▸ Erstellen Sie passende Textbausteine für Ihre Anzeigen.

▸ Nutzen Sie die Themen der Kundenrezensionen für Ihre Landing-Page, indem Sie auf Ihren Service hinweisen.

Beispiel: Rezensionen zum DFB-Trikot für die WM 2014

Bei Amazon finden Sie sowohl positive als auch negative Kritik zu einem Produkt. Sie sollten immer unterschiedliche Bewertungen (gute und schlechte) analysieren. Denken Sie daran, dass Sie vor allem die Themen herausfiltern möchten.

In unserem Beispiel (siehe Abbildung 2.41 bis Abbildung 2.44) geht es z. B. um die Qualität eines Fußballtrikots. Wenn man mehrere Aussagen vergleicht, so erkennt man, dass für ein Original-DFB-Trikot auch ein höherer Preis akzeptiert wird. Neben den Produktmerkmalen tauchen aber auch Hinweise zum Service auf. So ist zum Beispiel für die Käufer wichtig, dass die Lieferung schnell erfolgt und ein Umtausch ohne Probleme möglich ist.

Rezension bezieht sich auf: __adidas Herren Trikot Dfb Home Jersey (Sports Apparel)__
angenehmes Tragen und wohlfühlen. Gute Passform.
Gute Qualität. Waschen super.
Sportliches Auftreten, Größe richtig.
Farbecht.
Gute Verarbeitung. Bügeln nicht erforderlich

Abbildung 2.41 Kundenrezension bei Amazon: Produktmerkmale

Rezension bezieht sich auf: __adidas Herren Trikot Dfb Home Jersey (Sports Apparel)__
Ist es wirklich original ? Lasse es heute von Adidas und dem DFB überprüfen,

Abbildung 2.42 Kundenrezension bei Amazon: Original?

Rezension bezieht sich auf: __adidas Herren Trikot Dfb Home Jersey (Sports Apparel)__
Artikel schnell und sicher bei uns angekommen. Farben und Form sind wie auf der Abbildung.

Abbildung 2.43 Kundenrezension bei Amazon: Lieferzeit

Rezension bezieht sich auf: __adidas Herren Trikot Dfb Home Jersey (Sports Apparel)__
Der Umtausch in eine andere Größe ging schnell und ohne Probleme.

Abbildung 2.44 Kundenrezension bei Amazon: Umtausch

Aus diesen vier Beispielen von Amazon-Kundenrezensionen ergeben sich schon wichtige Argumente, mit denen Sie in einer AdWords-Anzeige punkten könnten:

▶ Produktqualität

▶ Original-DFB-Trikot

▶ schnelle Lieferung

▶ problemloser Umtausch

2.6.9   Ziele definieren und aufschreiben

Eine solide Planung ist die Grundlage für erfolgreiches Internetmarketing. Halten Sie daher zunächst fest, welche Erfolge Sie erzielen möchten. Nennen Sie konkrete Zahlen, und recherchieren Sie, was realistisch erscheint. Welche Besuchszahlen, welche Umsätze, wie viele Kundenkontakte sind möglich? Errechnen oder schätzen Sie auf Grundlage bekannter Größen aus Ihren bisherigen Marketingaktivitäten die Ziele, die Sie mit Ihren AdWords-Kampagnen erreichen möchten.

Notieren Sie Ihre Ziele

Halten Sie alle Ziele schriftlich in einem Dokument fest, das Sie später immer wieder zur Hand nehmen können, um aktuelle Zahlen mit Ihren definierten Vorgaben zu vergleichen. Die Zielplanung bildet die Grundlage für Ihre laufende Kontrolle und muss somit regelmäßig angepasst und mit den realen Zahlen verglichen werden. Auf diese Weise schaffen Sie Anhaltspunkte, an denen Sie sich orientieren können. Zudem sollten Sie Antworten auf folgende Fragen finden:

▶ Welche Kunden möchten Sie erreichen?

▶ Was erwarten Sie von Ihren Kunden?

▶ Warum sollten die Kunden gerade Ihre Produkte/Dienstleistungen kaufen?

▶ Was möchten Sie mit Ihrer Werbung erreichen?

Auch die Antworten auf diese Fragen sollten Sie notieren, denn sie sind hilfreich beim Erstellen und Formulieren von Anzeigentexten für AdWords. Auch bei der Überprüfung Ihrer Webseite sollten Sie stets die Vorteile Ihrer Produkte bzw. Dienstleistungen vor Augen haben, da die Vorteile auf der Landing-Page auch genannt werden müssen.

2.7   So nutzen Sie AdWords richtig

Nachdem Sie sich mit Ihren Zielen und Zielgruppen auseinandergesetzt haben, geht es nun an die Umsetzung Ihrer Werbekampagne mithilfe des AdWords-Programms. Da die Werbung mit AdWords hauptsächlich auf der Idee des Suchmaschinenmarketings fußt, spielen dabei logischerweise die Suchbegriffe (Keywords) eine entscheidende Rolle. Mit diesen sollten Sie sich zunächst ausgiebig beschäftigen.

Es gilt interessante Keywords zu finden, aber auch zu verstehen, was Ihre Zielgruppe im Internet sucht. Im Laufe der Keyword-Recherche merken Sie vielleicht, dass bestimmte Suchanfragen zu Ihren Produkten bzw. Dienstleistungen gar nicht so stark über Suchmaschinen gesucht werden, weil diese Produkte vielleicht sehr innovativ sind oder weil bestimmte Lösungen nicht bekannt sind. Es kann auch sein, dass für Ihr Angebot nur sehr spezielle Keywords interessant sind, die dann nur von einer kleinen Zielgruppe im Internet gesucht werden. Auch wenn diese Erkenntnisse Sie zunächst vielleicht etwas frustrieren, so helfen sie Ihnen, später die passende Strategie für Ihre Online-Kampagne zu wählen.

2.7.1   AdWords-Keyword-Planer

Zur Vorbereitung einer AdWords-Kampagne gehört die intensive Recherche der Keywords. Mit den Keywords entscheiden sich Erfolg und Misserfolg einer Kampagne.

Sie sind von so grundlegender Bedeutung beim Suchmaschinenmarketing, dass wir diesem Thema ein eigenes Kapitel gewidmet haben. Sie finden daher in Kapitel 3 verschiedene Ideen sowie Tipps zu externen Tools für Ihre Keyword-Recherche.

AdWords hält natürlich auch selbst ein eigenes Tool, den *Keyword-Planer*, zur Keyword-Recherche bereit. Sie sollten jedoch nicht nur auf dieses Tool setzen, sondern den Planer in Kombination mit den Möglichkeiten aus Kapitel 3, »Keywords«, nutzen. Wir stellen Ihnen den Keyword-Planer an dieser Stelle der Vorbereitung vor, weil das Tool neben der Keyword-Recherche zusätzlich eine wichtige Rolle bei der Abschätzung des Werbebudgets spielt. Bitte denken Sie daran, dass auch die Budgeteinschätzung zu einer vernünftigen Vorbereitung gehört. Ihre Keywords und Ihr Budget sollten vor der Einrichtung einer ersten Kampagne bei Google AdWords bereits ermittelt worden sein. Erst nach diesem Schritt macht die Einrichtung einer Kampagne richtig Sinn. Der Keyword-Planer ist vielleicht manchem Leser noch unter der Bezeichnung *Google Keyword Tool* bekannt.

Mit dem Keyword-Planer stellt Google AdWords also eine ausführliche Möglichkeit zur Keyword-Recherche inklusive einer Kostenabschätzung der ausgewählten Keywords zur Verfügung. Mithilfe dieses Tools können Sie direkt aus Ihrem Konto heraus neue Keyword-Ideen generieren und zusätzlich noch die Gebote und das benötigte Gesamtbudget für Ihre Kampagne abschätzen lassen, wobei die Betonung auf »abschätzen« liegt. Da der Keyword-Planer immer nur auf Werte aus der Vergangenheit zurückgreifen kann und es verschiedene Einflüsse, angefangen bei der Änderung des Suchverhaltens über die Anzahl der Anbieter bis hin zum Qualitätsfaktor gibt, kann der Planer somit nur eine grobe Annäherung zum Klickpreis und zum Suchvolumen bieten. Den Keyword-Planer starten Sie, indem Sie auf das Werkzeugsymbol in der horizontalen Navigation klicken (siehe Abbildung 2.45) und in der ersten Spalte unter PLANUNG die Option KEYWORD-PLANER wählen.

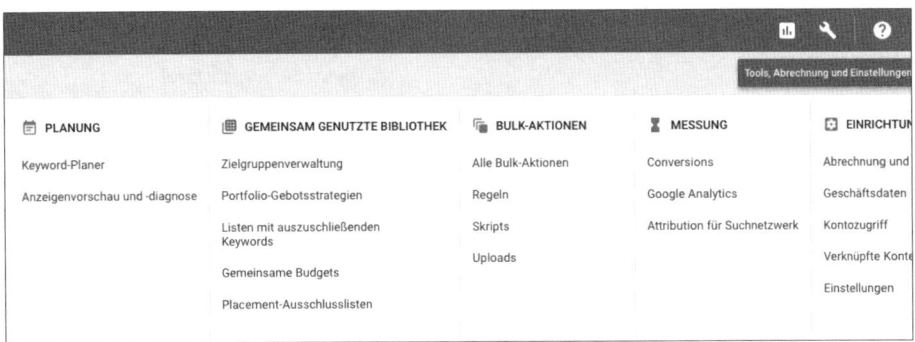

Abbildung 2.45 Den »Keyword-Planer« unter »Tools« aufrufen

Neuerdings hat Google die Nutzung des Keyword-Planers an mindestens eine aktive Kampagne geknüpft. Mit anderen Worten: Sofern Sie keine aktive Kampagne geschaltet haben, erhalten Sie lediglich eine Suchvolumen-Bandbreite (z. B. 1000–10000) statt konkreter Zahlen. Das Problem lässt sich umgehen, indem Sie für die Dauer der Keyword-Recherche eine Anzeige mit einem geringen Budget schalten, in der Sie möglichst exotische Keywords nutzen, die nicht häufig geklickt werden, sodass die Anzeige keine oder nur geringe Kosten produziert.

Eine kostenfreie Alternative zum Google Keyword-Planer bietet das Tool *Übersuggest* (*https://www.ubersuggest.io*), auf das wir in Kapitel 3 noch näher eingehen. Übersuggest arbeitet mit den Funktionsmechanismen von Google Suggest, der Autovervollständigung bei einer Google-Suche, und ermittelt relevante Keywords, die häufig in Kombination mit Ihrem eingegebenen Begriff gesucht werden. Der Vorteil gegenüber dem Google Keyword-Planer ist, dass Sie so auch sogenannte Longtail-Keywords identifizieren können. Das sind Keywords, die aus mehreren Wörtern bestehen. Ähnlich arbeitet auch *https://answerthepublic.com*. Auch hier geben Sie Ihre Keywords ein und erhalten auf Basis reeller Suchanfragen Vorschläge zu Fragen und Formulierungen für Ihre Webseite bzw. Ihre Anzeigen.

Im Google Keyword-Planer können Sie aus fünf unterschiedlichen Aufgaben auswählen (siehe Abbildung 2.46).

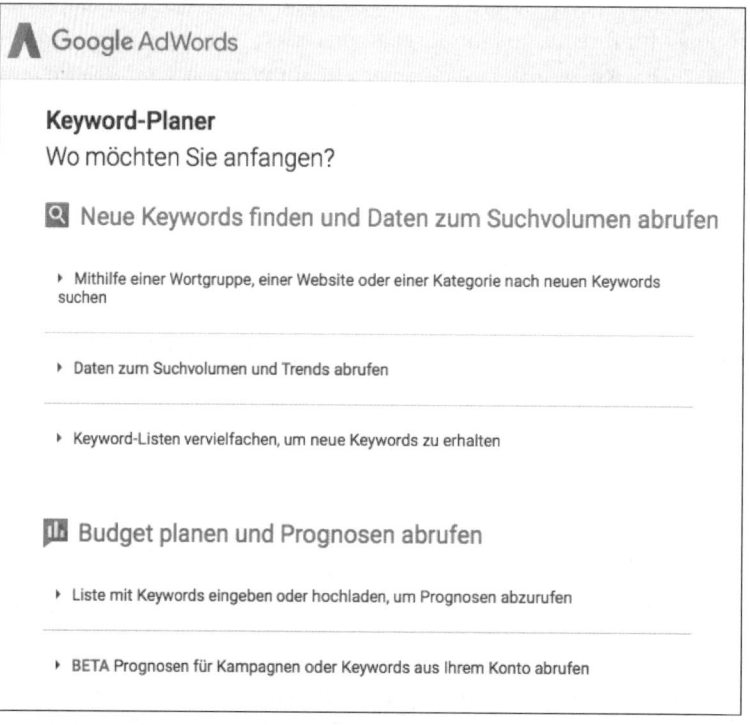

Abbildung 2.46 Fünf grundlegende Möglichkeiten des Keyword-Planers

Die wichtigste Funktion besteht hier in der Möglichkeit, neue Keywords zu finden. Klicken Sie daher auf den ersten Unterpunkt Mithilfe einer Wortgruppe, einer Website oder einer Kategorie nach neuen Keywords suchen. Falls Sie bereits fertige Keyword-Listen besitzen bzw. die Listen aus Ihren umfangreichen Recherchen überprüfen lassen möchten, können Sie auch einen der drei anderen Unterpunkte auswählen. Es besteht die Möglichkeit, bestehende Keyword-Listen per Copy & Paste einzufügen und entsprechend analysieren zu lassen.

Keyword-Listen multiplizieren

Falls Sie eine Möglichkeit suchen, um aus einzelnen Keywords in unterschiedlichen Kombinationen neue Suchphrasen zu bilden, so sollten Sie sich die dritte Auswahl im Keyword-Planer etwas näher anschauen. Dort können Sie in zwei oder noch mehr Spalten einzelne Keywords einfügen, die dann automatisiert zu neuen Phrasen kombiniert (multipliziert) werden.

Nachdem Sie den Punkt Mithilfe einer Wortgruppe, einer Website oder einer Kategorie nach neuen Keywords suchen ❶ angeklickt haben, öffnet sich ein Formular (siehe Abbildung 2.47). Hier können Sie in das erste Formularfeld ❷ entweder ein oder auch mehrere Keywords vorgeben. Zu diesen Vorgaben sucht der Keyword-Planer dann die neuen Keyword-Ideen. Eine weitere Möglichkeit, die auch zur Konkurrenzanalyse genutzt werden kann, bietet das zweite Formularfeld ❸. Hier können Sie z. B. die eigene Webseite, aber auch eine Konkurrenzwebseite analysieren lassen, indem Sie die entsprechende URL eingeben. Bei der dritten Möglichkeit ❹, die jedoch eher selten genutzt wird, können Sie sich Keywords zu verschiedenen Themenbereichen anzeigen lassen.

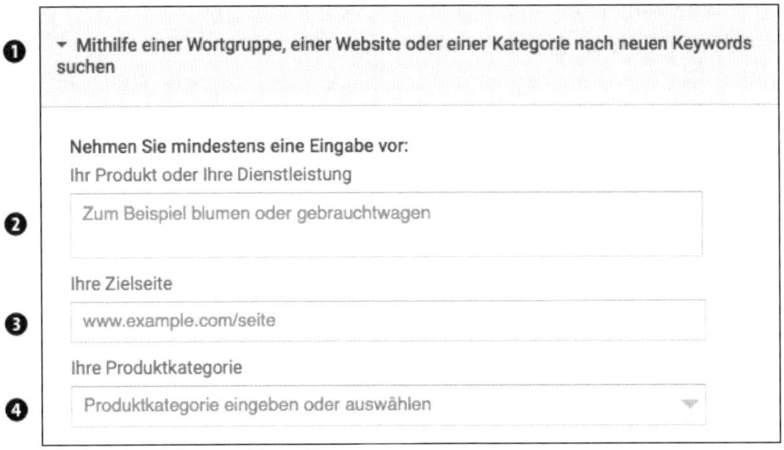

Abbildung 2.47 Eingabe der Keywords oder Zielseiten zur weiteren Analyse

Zur Verfeinerung Ihrer Suchvorschläge können Sie zusätzliche Filter nutzen. Stellen Sie beim Unterpunkt MEINE SUCHE ANPASSEN Einschränkungen in Bezug auf Suchanfrage, Gebot, Impressionen oder den Wettbewerb ein. In unserem Beispiel (siehe Abbildung 2.48) haben wir vorgegeben, dass nur Keywords mit einem geschätzten Gebot unter 1,50 € angezeigt werden sollen. Gleichzeitig haben wir noch ausgewählt, dass nur Keywords vorgeschlagen werden, bei denen der Wettbewerb weder zu hoch noch zu niedrig ist, sondern einem mittleren Wert (MITTEL) entspricht. Nehmen Sie hier die Einstellungen nach Ihren Wünschen auf Grundlage Ihrer Strategie vor.

Abbildung 2.48 Filtermöglichkeiten im Keyword-Planer

Als weitere Einstellungen können Sie unter MÖGLICHE KEYWORDS zum Beispiel angeben, ob Sie nur Keyword-Vorschläge erhalten möchten, die den von Ihnen vorgegebenen Begriffen sehr ähneln ❶ (siehe Abbildung 2.49). In dieser Auswahlbox können Sie ebenfalls festlegen, ob Keyword-Vorschläge, die in Ihrem Konto bereits vorhanden sind ❷, entsprechend gekennzeichnet werden. Die Vorgaben werden per »Schalter« an- oder ausgestellt.

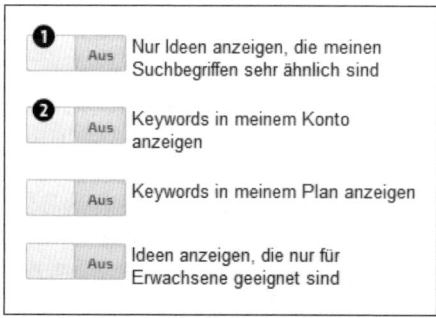

Abbildung 2.49 Weitere Vorgaben im Keyword-Planer

Um die Anzahl der vorgeschlagenen Keyword-Ideen zu begrenzen, können Sie sowohl ein- als auch auszuschließende Keywords vorgeben. Auszuschließende Keywords werden auch als *negative Keywords* bezeichnet und stehen für Suchbegriffe, zu denen die AdWords-Anzeigen *nicht* erscheinen sollen. In unserem Beispiel aus Abbildung 2.50 möchten wir Vorschläge zu den Begriffen »outlet, test, bericht« ausschließen. In der Praxis sollte diese Liste natürlich viel ausführlicher sein. So müssen Sie später nicht unnötig große Keyword-Listen durchforsten. Nachdem Sie die Formularfelder ausgefüllt und die einschränkenden Optionen festgelegt haben, klicken Sie auf den Button IDEEN ABRUFEN.

Auszuschließende Keywords sind wichtig

Die hier erwähnten ausschließenden oder negativen Keywords werden Ihnen in diesem Buch noch öfter begegnen. Leider werden diese ausschließenden Keywords in der AdWords-Praxis häufig vernachlässigt. Diese Suchbegriffe sind jedoch sehr wichtig, denn sie umschreiben alle Themen, zu denen Sie nicht mit Ihrer AdWords-Werbung angezeigt werden möchten. Je größer Ihre Liste mit negativen Keywords ist, die Ihrer AdWords-Kampagne hinzugefügt wurde, desto besser passt Ihre Anzeige zur Suchanfrage. Bei unpassenden Anfragen werden Sie nämlich einfach nicht geschaltet. Aber auch bei der Recherche im Keyword-Planer erleichtern Ihnen die negativen Keywords das Leben, da unpassende Suchvorschläge erst gar nicht auf die Keyword-Liste gelangen. So wird die Liste am Ende viel übersichtlicher und passt besser zu Ihren Produkten bzw. Dienstleistungen.

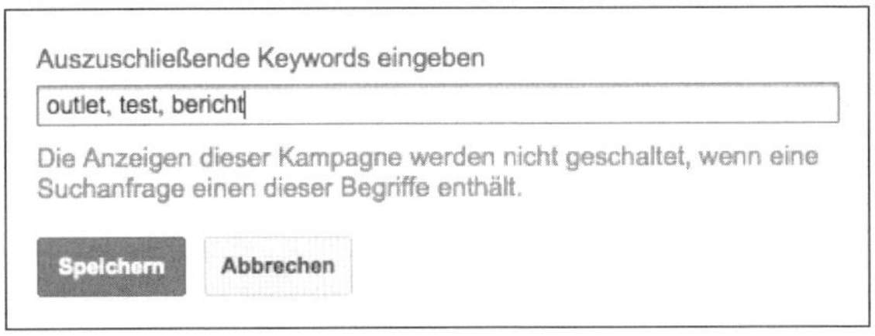

Abbildung 2.50 Beschränkung der Ergebnisse zum Keyword-Ausschluss

Nachdem Sie die Abfrage im Keyword-Planer gestartet haben, erhalten Sie als Ergebnis eine Liste, für die Sie zwei grundlegende Ansichten auswählen können (siehe Abbildung 2.51). In der Standardansicht werden die Keyword-Ideen direkt nach möglichen Anzeigengruppen ❶ geordnet dargestellt. In unserem Beispiel finden wir eine Anzeigengruppen-Idee mit den Namen »Damen Sonnenbrillen« ❸ wieder, die fünf ❹ einzelne Keyword-Ideen enthält. Möchten Sie direkt die komplette Keyword-Liste ohne Gruppierungen sehen, so klicken Sie auf den Tab KEYWORD-IDEEN ❷, den Sie oberhalb der Keyword-Liste finden.

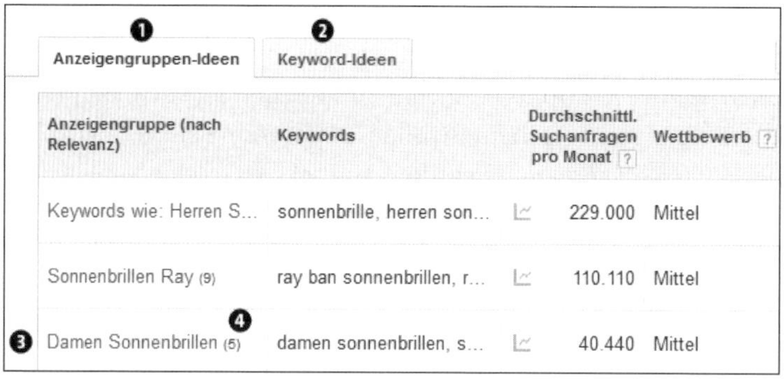

Abbildung 2.51 Keyword-Ideen, geordnet nach Anzeigengruppen

Wenn Sie die Darstellung KEYWORD-IDEEN ❶ ausgewählt haben (siehe Abbildung 2.52), finden Sie zu jedem Keyword bzw. jeder Keyword-Phrase weitere Informationen, zum Beispiel die durchschnittlichen Suchanfragen pro Monat ❷, die Einschätzung zum Wettbewerb ❸, aber auch einen Vorschlag zum Klick-Gebot ❹. Aus dieser Liste können Sie einzelne Keywords auswählen und per Klick auf den Doppelpfeil ❺ an der rechten Seite zu einem sogenannten *Plan* hinzufügen. Der Plan kann später inklusive Keyword-Ideen und Anzeigengruppen in bestehende Kampagnen übernommen werden.

Abbildung 2.52 Keyword-Ideen in den Plan übernehmen

Die gesammelten Keywords in Ihrem Plan werden rechts neben der Tabelle mit Keyword-Vorschlägen angezeigt. Nachdem Sie ein oder mehrere Keywords zu Ihrem Plan zugefügt haben, können Sie diesen näher analysieren, indem Sie auf den Button PLAN ÜBERPRÜFEN klicken (siehe Abbildung 2.53).

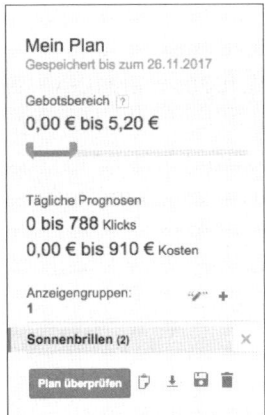

Abbildung 2.53 Schätzung zum Keyword-Plan abrufen

Nach dem Klick auf PLAN ÜBERPRÜFEN erhalten Sie eine neue Ansicht, die zunächst in einer Übersicht Informationen zu den erwarteten Klicks, den Impressionen pro Tag und die für viele AdWords-Nutzer wichtigste Information – nämlich die Angabe zu den geschätzten Kosten pro Tag – auflistet. In einer interaktiven Grafik können Sie verschiedene Situationen in Bezug auf Impressionen, Klicks und Budget durchspielen. Nachdem Sie eine grobe Übersicht zu Klickpreisen und Impressionen haben, geben Sie oberhalb der Grafik ein Standardgebot zum CPC ein (zum Beispiel den mittleren Wert aus der Grafikprognose), um detaillierte Prognosedaten zu erhalten (siehe Abbildung 2.54). Sie erhalten dann weitergehende Informationen zu den einzelnen Keywords.

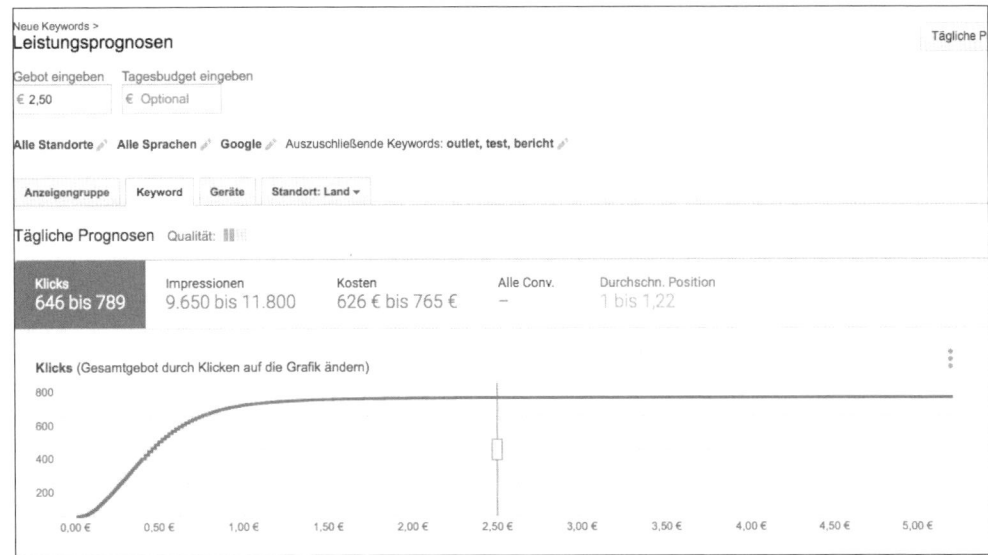

Abbildung 2.54 Schätzungen zu Klicks, Impressionen und Kosten

In der neu erstellten Übersicht können Sie dann noch weitere Keywords hinzufügen ❶, die Keyword-Optionen bearbeiten ❷ sowie Keywords löschen ❸ (siehe Abbildung 2.55). Auf diese Weise stellen Sie eine gewünschte Keyword-Liste zusammen, die Sie am Ende auch in einem CSV-Format herunterladen können. Klicken Sie dazu einfach auf den Button HERUNTERLADEN ❹. Diese Keyword-Dateien können Sie dann noch mit zusätzlichen, extern recherchierten Keywords anreichern oder direkt in bestimmte Kampagnen importieren.

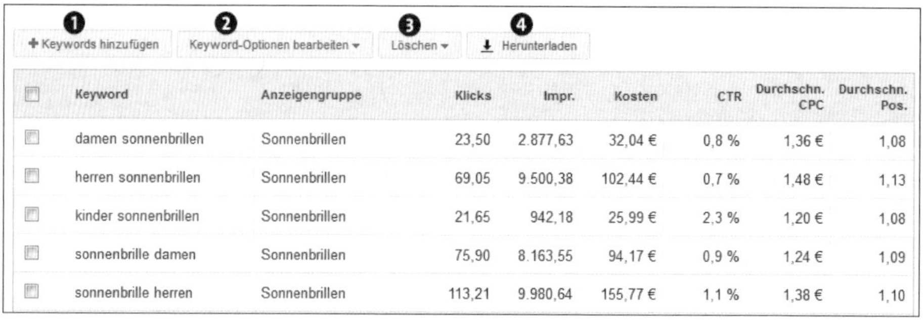

	Keyword	Anzeigengruppe	Klicks	Impr.	Kosten	CTR	Durchschn. CPC	Durchschn. Pos.
☐	damen sonnenbrillen	Sonnenbrillen	23,50	2.877,63	32,04 €	0,8 %	1,36 €	1,08
☐	herren sonnenbrillen	Sonnenbrillen	69,05	9.500,38	102,44 €	0,7 %	1,48 €	1,13
☐	kinder sonnenbrillen	Sonnenbrillen	21,65	942,18	25,99 €	2,3 %	1,20 €	1,08
☐	sonnenbrille damen	Sonnenbrillen	75,90	8.163,55	94,17 €	0,9 %	1,24 €	1,09
☐	sonnenbrille herren	Sonnenbrillen	113,21	9.980,64	155,77 €	1,1 %	1,38 €	1,10

Abbildung 2.55 Detaillierte Schätzungen zu einzelnen Keywords

Außer zur Recherche, die von einem oder mehreren Keywords ausgeht, können Sie, wie bereits erwähnt, den Keyword-Planer auch nutzen, um ganze Webseiten zu analysieren. Dabei muss die Analyse sich nicht nur auf Ihre eigene Webseite beschränken, Sie können mit dem Tool auch Ihre Konkurrenz analysieren. So erfahren Sie, welche Keywords für die Konkurrenzseite interessant sind. Geben Sie keine Keywords in das erste Formularfeld, sondern die URL Ihrer Konkurrenzseite in das zweite Formularfeld unter IHRE ZIELSEITE ein (siehe Abbildung 2.56). Bitte beachten Sie, dass Sie nicht nur die Startseite, sondern auch jede beliebige Unterseite hier analysieren können.

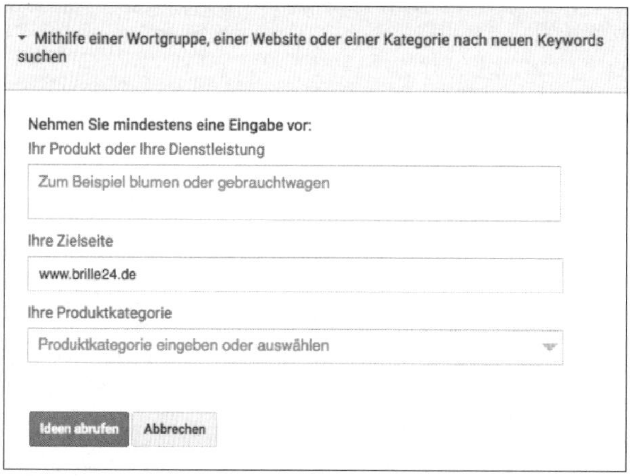

Abbildung 2.56 Keyword-Planer: Analyse von Konkurrenzwebseiten

Wenn die Programmierer gut gearbeitet haben, dann zeigt das Google-Tool Ihnen jetzt auch die wichtigsten Suchbegriffe Ihrer Konkurrenz an. Statt der Konkurrenzseite können Sie aber auch eine Unterseite von Wikipedia zu Ihrem Thema eingeben. In Abbildung 2.57 erkennen Sie, dass wir die Wikipedia-Seite zum Thema »Sonnenbrille« als Zielseite vorgegeben haben. Auch hier startet die Analyse wieder per Klick auf den Button IDEEN ABRUFEN.

Abbildung 2.57 Keyword-Planer: Analyse von Wikipedia-Seiten

Nutzen Sie die Webseitenanalyse des Keyword-Planers, um neue Ideen auf unterschiedlichen Webseiten zu finden. Testen Sie den Planer beispielsweise für folgende Webseitenanalysen:

► eigene Webseiten inklusive Unterseiten

► Webseiten der Konkurrenz inklusive Unterseiten

► passende Themenseite von Wikipedia

► Social-Media-Seiten zu Ihren Produkten bzw. Dienstleistungen

► Webseiten von Foren, Blogs, Online-Magazinen zu Ihrer Branche

2.7.2   Das AdWords-Budget planen

Die meisten Fragen, die im Zusammenhang mit AdWords gestellt werden, beziehen sich auf das Budget. Wie viel Geld muss ich für eine AdWords-Kampagne einplanen? Was kostet mich die Werbung für meine Produkte? Die Antwort lautet: Wie so häufig kommt es auf die Rahmenbedingungen an. Ihre AdWords-Kosten sind abhängig von Ihren Zielen, dem Umfang Ihrer Werbekampagne und Ihrer Konkurrenzsituation.

Eine Besonderheit bei AdWords sind die unterschiedlichen Kosten in Bezug auf die gebuchten Keywords. Keywords, die häufig verwendet und gesucht werden, sind härter umkämpft und haben daher im Schnitt immer höhere Klickpreise. Für viele, die den Wettkampf um die heiß begehrten Keywords unbedingt gewinnen möchten, explodieren dann die Kosten. Daher ist es immer besser, im Vorfeld bestimmte Strategien festzulegen und diese dann zu verfolgen, anstatt sich auf das reine Überbieten von Klickpreisen einzulassen.

Grundsätzlich gibt der Nutzer bei Google ein Tagesbudget an, das dann auf den Monat (30 bis 31 Tage) hochgerechnet wird. Praktischerweise kann man das Tagesbudget ständig ändern, sogar mehrmals täglich. Das einmal verbrauchte Budget kann jedoch nicht wieder reduziert werden.

Manchmal überschreitet das Google-System das vereinbarte Budget ein wenig und produziert zum Beispiel anstelle der Vorgabe von 10,00 € am Ende des Tages vielleicht 10,45 € an Klickkosten. Gleich am nächsten Tag bietet das AdWords-System jedoch vorsichtiger, um das Defizit wieder auszugleichen, sodass Sie am Ende des Monats Ihr vorgegebenes Budget nicht überschreiten. Bitte beachten Sie, dass ein Budget immer pro Tag gilt und dann wieder neu zur Verfügung steht. Es wird nicht aufgebraucht und muss auch nicht jeden Tag wieder neu bestätigt werden. Mithilfe des eingegebenen Budgets können Sie eine Kampagne nicht zeitlich beschränken. Hierfür müssten Sie ein Enddatum eingeben oder die Kampagne manuell stoppen.

Da Sie die Budgetfrage spätestens beim Erstellen Ihrer AdWords-Kampagne beantworten müssen, sollten Sie sich hier auf jeden Fall vorher Gedanken machen. Die Daten aus dem Keyword-Planer liefern einen ersten Ansatzpunkt zur Budgetabschätzung. Sie können grob die Kosten zu Ihren wichtigsten Keywords abschätzen. Diese Angabe soll jedoch nur als Anhaltspunkt dienen. Eine grundsätzliche Empfehlung zu einem Standardbudget für AdWords-Kampagnen kann nicht von externen Beratern oder dem Google-System vorgegeben werden. Sie sollten das eingesetzte Budget vor allem von folgenden Faktoren abhängig machen:

▶ Halten Sie sich zunächst an das Werbebudget, das Ihnen zur Verfügung steht.

▶ Kontrollieren Sie, ob Sie Ihre Ziele erreichen und welchen Gewinn Sie mit AdWords generieren. Erreichen Sie Ihre Ziele und steigt der Gewinn, kann auch mehr in Werbung investiert werden.

▶ Beachten Sie auch Ihre Konkurrenzsituation: Müssen Sie sich mit wichtigen Keywords gegen viele oder finanzstärkere Konkurrenten durchsetzen, dann benötigen Sie ein höheres Budget – oder Sie müssen Beschränkungen bei der Anzahl der Keywords, der beworbenen Regionen oder der Werbezeiten vornehmen.

Ermittlung des Werbebudgets anhand wirtschaftlicher Kennzahlen
Viele Firmen berechnen ihr Werbebudget anhand der Geschäftszahlen des Vorjahrs. Meist wird ein bestimmter Prozentsatz des Gewinns in die Werbung des aktuellen Jahres investiert. Oft taucht das Argument auf, dass man das Budget lieber auf Grundlage der zukünftigen Umsatzzahlen bestimmen möchte. Wenn Sie jedoch noch keine Erfahrung aus früheren Jahren haben, können Sie keine fundierte Einschätzung der Online-Umsätze vornehmen.

2.7.3 Keywords analysieren und bewerten

Am Ende Ihrer umfangreichen Recherche mit dem Keyword-Planer und den Tools aus Kapitel 3, »Keywords«, sollten Sie Ihre umfassende Keyword-Liste analysieren und bewerten. Denken Sie daran, dass die Keywords, die Sie letztlich für Ihre Ad-Words-Kampagnen nutzen möchten, auch wirklich auf Ihrer Webseite als Produkt, Dienstleistung oder Information zu finden sind. Keywords, die nichts mit Ihrer Webseite zu tun haben, bringen nicht den gewünschten Erfolg, sondern erzeugen nur Frust. Sie erzielen mit diesen Keywords nur Klicks, die Geld kosten, aber keine Kunden generieren.

Bilden Sie aus den Keyword-Listen thematisch passende Keyword-Gruppen, die maximal 10 bis 15 Keywords enthalten. Falls Sie den Keyword-Planer im AdWords-Konto genutzt haben, erhalten Sie mithilfe dieses Tools bereits Vorschläge, wie Sie die Keywords nach Anzeigengruppen unterteilen können. Verwenden Sie diese Vorschläge für Ihre erste, grobe Einteilung. Sie können dann später bei Bedarf noch weitere Unterteilungen vornehmen oder wichtige Keywords auch anders gruppieren. Dies hängt von der weiteren Optimierung Ihrer Kampagnen ab. Hinweise zur Optimierung durch Verfeinerung der Anzeigengruppen finden Sie in Abschnitt 12.4.2.

Entfernen Sie auch später Keywords zügig, wenn Sie anhand der Statistiken sehen, dass diese nicht für Ihre Werbung geeignet sind. Wenn Sie beispielsweise als Reiseagentur Hotels in Tokio vermarkten möchten, so kann die eigentlich passende Suchphrase »Tokio Hotel« ungünstig sein, weil viele Google-Nutzer plötzlich nach einer Band suchen, die in den Musik-Charts steht. Wenn die Musiker dann nicht mehr aktuell sind, kann die Keyword-Kombination auch für die Reisebranche wieder interessant werden. Und der Suchbegriff »Jaguar« kann sowohl dem zoologischen Bereich als auch der Automobilbranche zugeordnet werden.

Anhand dieser zwei kleinen Beispiele erkennen Sie schon, dass Maschinen zwar Keywords recherchieren können, dass Sie jedoch mit Ihrem gesunden Menschenverstand diese Keywords noch bewerten müssen. Eine erste Auswahl treffen Sie also am Ende Ihrer Keyword-Recherche und natürlich laufend auf Grundlage der Statistiken zu Impressions, Klicks und Conversions.

2.7.4 Die richtige Strategie wählen

Das Besondere am Suchmaschinenmarketing ist, dass Sie sich im Medium Internet ständig in einer Konkurrenzsituation zu Mitbewerbern befinden, die um die gleichen Keywords buhlen. Es gilt also, mithilfe einer Strategie Nischen zu finden, individuelle Gebotsstrategien festzulegen und eigene Keyword-Kombinationen zu finden, um sich von der Konkurrenz zu unterscheiden und das vorhandene Werbebudget möglichst gewinnbringend einzusetzen.

Dabei sind diejenigen, die sich professionell vorbereiten und strategisches Internetmarketing betreiben, logischerweise im Vorteil. Dieser Vorsprung vor der Konkurrenz kann sich in günstigeren Klickpreisen, mehr Besuchern oder höheren Conversions (Anzahl der gewonnenen Kunden) ausdrücken.

In Kapitel 5, Kapitel 7 und Kapitel 8 zeigen wir Ihnen verschiedene Werbestrategien mit den dazugehörigen AdWords-Kampagnen.

Obwohl der Einstieg in das Suchmaschinenmarketing mit AdWords von Google als besonders schnell und einfach beschrieben wird, sollten Sie sich ein wenig intensiver auf Ihre AdWords-Kampagnen vorbereiten. Die folgende Checkliste hilft Ihnen bei der Kontrolle Ihrer gezielten Vorbereitung.

2.8 Checkliste zur Vorbereitung einer AdWords-Kampagne

Nutzen Sie die Checkliste aus Tabelle 2.3, um Ihre Vorbereitungen zu kontrollieren.

To-do-Liste zur Vorbereitung einer AdWords-Kampagne	Erledigt (✓)
Ich habe meine Ziele notiert.	
Ich habe meine Zielgruppe(n) bestimmt.	
Ich habe die Bedürfnisse/Wünsche meiner Zielgruppe analysiert.	
Ich habe meine Zielregion(en) festgelegt.	
Ich habe eine Liste mit passenden Keywords erstellt.	
Ich habe eine Liste mit ausschließenden Keywords erstellt.	
Ich habe die Vorteile meiner Produkte/Dienstleistung notiert.	
Ich habe eine Liste mit meinen Serviceleistungen erstellt.	
Ich habe eine Liste mit meinen Call-to-Actions erstellt.	
Ich kenne meine Landing-Pages bzw. habe eine Landing-Page erstellt.	
Ich habe Schätzungen zum Werbebudget durchgeführt.	
Ich weiß, welches Werbebudget zur Verfügung steht.	

Tabelle 2.3 AdWords-Vorbereitungen – die Checkliste

2.9   Fazit

In diesem Kapitel haben Sie erfahren, wie Sie schnell eine AdWords-Kampagne starten können und was sich hinter AdWords Express verbirgt. Sie wissen nun, wie wichtig eine gute Vorbereitung mit vorheriger Analyse ist. Erst wenn Sie Ihre Ziele, Ihre Zielgruppen und die wichtigsten Keywords kennen und notiert haben, macht es Sinn, eine AdWords-Kampagne zu starten. Mit der richtigen Vorbereitung und den Vorgaben aus Ihren Analysen fällt es viel leichter, eine gute AdWords-Kampagne zu erstellen.

Gut geplant ist halb gewonnen!

Bei neuen Kampagnen gehen wir in der Regel so vor, dass wir zunächst genau überlegen, was wir erreichen wollen, denn nur wer ein Ziel hat, kann auch ankommen. Außerdem definieren wir am Anfang, woran wir unseren Erfolg, sprich die Zielerreichung messen wollen. Sind es z. B. Downloads auf der Webseite oder Besuche in einem physischen Ladenlokal? Wir durchlaufen im Prinzip immer dieselben vier Phasen: Strategie – Vorbereitung – Umsetzung – Kontrolle.

Strategie

▶ Ziele definieren: Was bzw. wen will ich mit AdWords erreichen?

▶ Erfolgsmessung: Mit welchen Kennzahlen messe ich meinen Erfolg?

Nach dieser grundlegenden strategischen Entscheidung sammeln wir nun Informationen für die präzise Zielgruppendefinition und die passenden Keywords. Dazu lassen wir uns von Google und Mitbewerberseiten inspirieren.

Vorbereitung

▶ Zielgruppendefinition über verschiedene Recherche-Quellen

▶ Suchbegriffe googeln und über den Keyword-Planer finden

▶ Seiten und Anzeigen der Wettbewerber analysieren

▶ auszuschließende Keywords definieren

▶ AdWords Budget festlegen

Umsetzung

Nachdem klar ist, wen wir wo mit welchen Begriffen abholen, erfolgt die Umsetzung der einzelnen Schritte bis zur fertigen Anzeige:

▶ zielgruppenspezifische Landingpage mit passenden Keywords erstellen

▶ Tracking für die Ziele auf der Webseite einbauen

▶ den passenden Kampagnen-Typ wählen und einstellen

▶ Anzeigengruppen definieren

- Anzeigentexte passend zur Landingpage erstellen
- Anzeigenerweiterungen festlegen

Optimierung

Nachdem die Anzeigen passend zu der Landingpage nun mit dem definierten Budget angelaufen sind, ist es wichtig, regelmäßig ihre Leistung zu kontrollieren und bei Bedarf anzupassen. Das ermöglicht es uns, im Laufe der Zeit immer günstigere Anzeigenpreise zu realisieren und bessere Conversion-Raten zu erzielen. Und genau da fängt AdWords erst so richtig an, Spaß zu machen!

Kapitel 3
Keywords

Die Grundlage des Suchmaschinenmarketings sind Keywords. Was liegt also näher, als den Suchbegriffen (Keywords) ein eigenes Kapitel zu widmen? Es gibt zu ihnen viele Aspekte, Quellen, Methoden und Tools, die es nicht verdient haben, sich anderen Kapiteln und Abschnitten unterzuordnen. Lernen Sie hier, womit und wie Sie Ihre Keyword-Sets erstellen, verfeinern und schließlich in den Kampagnen einsetzen können.

Im vorigen Kapitel haben Sie gelernt, dass Keywords im wahrsten Sinne des Wortes der Schlüssel dafür sind, dass Ihre AdWords-Kampagnen nicht nur erfolgreich werden, sondern in den meisten Fällen überhaupt erst funktionieren. Wir möchten an dieser Stelle vorausschicken, dass wir den Begriff *Keyword* in diesem Kapitel sowohl für ein einzelnes Suchwort als auch für die Kombination mehrerer Suchbegriffe einsetzen werden. Er wird darüber hinaus auch als Synonym für »Suchwort«, »Suchphrase«, »Suchanfrage« oder »Schlüsselwort« verwendet.

Der Ausgangspunkt eines jeden neuen AdWords-Projekts ist stets eine ausführliche Keyword-Recherche. Darum haben wir in diesem Kapitel eine umfangreiche Liste mit unterschiedlichen Ansätzen zur Keyword-Recherche aufgestellt. Suchen Sie sich die Möglichkeiten aus, die für Sie sinnvoll und umsetzbar sind. Beachten Sie jedoch, dass Sie grundsätzlich immer mehrere Ideen und Tools nutzen und Ihre Suchbegriffe immer aus verschiedenen Blickwinkeln betrachten sollten.

Abbildung 3.1 Die Qual der Wahl: Relevante Keywords finden, sammeln und gruppieren

Wie kommen Sie nun zu Keywords für Ihre Kampagnen? Wo finden Sie diese? Mit welchen Prozessen und Vorgehensweisen erstellen Sie passende Keyword-Sets? Dies sind lauter berechtigte Fragen, auf die wir Ihnen im Verlauf dieses Kapitels die eine oder andere aufschlussreiche Antwort geben können. Folgende zwei Grundprobleme werden wir in diesem Kapitel behandeln:

▶ *Woher* nehmen Sie Keywords? Wir nennen potenzielle Informationsquellen, bei denen Sie Keyword-Kombinationen und -Ideen finden können.

▶ *Womit* gruppieren Sie Keywords? Wir stellen Ihnen Methoden und Tools vor, mit denen Sie die gesammelten Keyword-Ideen verfeinern und für den Einsatz in Ihrer Kampagne vorbereiten können.

Bauen Sie neben Ihrer Keyword-Liste auch eine Liste mit unpassenden Suchbegriffen auf!

Bitte denken Sie bei den folgenden Tipps zur Keyword-Recherche auch daran, dass Sie immer eine Liste mit negativen Suchbegriffen, den ausschließenden Keywords, aufbauen, also eine Liste mit solchen Begriffen, die nicht zu Ihrer Webseite bzw. zu Ihren Angeboten passen.

Wollen Sie beispielsweise Produkte in einem Online-Shop verkaufen, könnten Sie Begriffe wie *Gratis*, *Download* oder *Kostenlos* gleich vorweg in Ihre Ausschlussliste aufnehmen. Zusätzlich sollten Sie aber auch spezielle Begriffe notieren, die sehr oft im Zusammenhang mit Ihren wichtigen Keywords auftauchen, die Sie aber nicht anbieten können oder möchten. Zum Beispiel sollten Sie »beflocken« im Zusammenhang mit Fußballtrikots ausschließen, falls Sie zwar Trikots verkaufen, aber keine Trikotbeflockung anbieten.

Die Liste mit negativen Keywords wird sich später noch als sehr wertvoll für die Optimierung Ihrer Kampagnen erweisen und Ihnen mit jedem hinzugefügten Wort unnötige Klicks und somit Werbekosten sparen.

Bei allen Keywords, die in Ihren Kampagnen eingesetzt werden, steht im Vordergrund, dass diese bestmöglich jenen Suchbegriffen und -phrasen entsprechen, die Ihre potenziellen Kunden bei einer Suche nach Ihren Produkten, Services und Angeboten möglicherweise in das Google-Suchfeld eingeben.

Ihre Keyword-Liste kann erfahrungsgemäß – selbst bei einem großen Rechercheaufwand – niemals von Beginn an die höchstmögliche Effizienz aufweisen. Sie können mit einem gut recherchierten initialen Keyword-Set jedoch die Rahmenbedingungen dafür schaffen, dass Ihnen bzw. dem mit der Betreuung der AdWords-Kampagne betrauten Team die spätere Optimierung und Verfeinerung umso leichter fällt.

Effektivität vs. Effizienz

Da Sie eben etwas über die Effizienz von Keyword-Listen gelesen haben, möchten wir kurz auf den Unterschied zwischen Effektivität und Effizienz eingehen. Auch bei Ihren AdWords-Kampagnen wird es für Ihren Kampagnenerfolg maßgeblich sein, dass Sie langfristig nicht nur effektive, sondern effiziente Kombinationen aus Keywords und Anzeigentexten einsetzen. Nicht zuletzt auf Ihrer Kreditkartenabrechnung (bzw. den Belegen einer anderen im Konto hinterlegten Zahlungsquelle) werden Sie den Unterschied rasch bemerken.

Folgendes Beispiel finden wir als einfache Eselsbrücke sehr gelungen. Es hilft, jederzeit die korrekte Abgrenzung der beiden Begriffe sowohl verstehen als auch erklären zu können. Nehmen wir an, Sie müssen ein Feuer löschen und können bei der Löschflüssigkeit zwischen Champagner und Wasser wählen. Fällt Ihre Wahl auf die erste Option, haben Sie zweifellos eine *effektive* Variante gewählt: Champagner auf die Flamme, Feuer aus, Ziel erreicht! *Effizient* war die Aktion jedoch nicht, weil Champagner im Vergleich zum Wasser wesentlich teurer ist.

Dasselbe Prinzip können Sie nun auf das hier im Buch behandelte Thema ummünzen: *Effektiv* wird nahezu jede AdWords-Kampagne sein, da sie ab ihrem Einschalten und dem Einsatz des ersten Euros an Werbebudget für neue Besucher auf Ihrer Webseite sorgen wird. Die *Effizienz* der Kampagne jedoch – und in diesem Zusammenhang ist stets von Wirtschaftlichkeit die Rede – hängt maßgeblich von der Qualität und Relevanz ihrer Keywords ab. Ob Ihre durchschnittlichen Klickpreise 4 € oder 50 Cent betragen, wird sich nicht in der reinen Besucherstatistik, wohl aber in der Kosten- und ROI-Berechnung widerspiegeln. Achten Sie also darauf, jederzeit mit *effizienten* Kampagnen und Keyword-Listen zu arbeiten!

Auch bei Kampagnen für das Displaynetzwerk spielt die kontextuelle Ausrichtung über Keywords eine nach wie vor wichtige Rolle. Welche Unterschiede Sie dabei in der Keyword-Recherche zu berücksichtigen haben und welche weiteren Ausrichtungsmethoden (die im Unterschied zu Kampagnen im Suchnetzwerk nicht ausschließlich auf Keywords basieren) es dort noch gibt, erfahren Sie in Kapitel 5.

3.1   Das optimale Keyword-Set

Die Überschrift klingt zugegeben verlockend, und in der Tat wäre es wunderbar, wenn man auf ein paar wenigen Buchseiten zusammenfassen könnte, wie Sie als Leser für jede Aufgabenstellung und Branche ein optimales Set an Keywords zusammenstellen. Wir müssen Sie aber gleich zu Beginn enttäuschen: Es kann nie ein *perfektes* Keyword-Set geben, und selbst ein *optimales* Set erfordert viel Arbeit in der Vorbereitung und permanenten Betreuung Ihrer Kampagnen.

Natürlich werden sich Ihre Keywords hinsichtlich Umfang und Kategorisierung mit fortlaufendem Optimierungsgrad stetig verbessern. Auf diese Weise erreichen Sie langfristig einen besseren Qualitätsfaktor, eine höhere Anzeigenrelevanz und nicht zuletzt einen geringeren Klickpreis. Aufgrund des dynamischen Umfeldes und der Tatsache, dass Tag für Tag wieder neue Informationen über gut oder schlecht performende Keywords hinzukommen werden, wird eine Kampagne jedoch aus Keyword-Sicht niemals »fertig optimiert« sein können. Selbst wenn sich das Angebot, das Sie auf Ihrer Webseite präsentieren, nicht häufig ändert, lassen sich nahezu täglich neue Erkenntnisse über für Sie erfolgreiche und weniger erfolgreiche bzw. irrelevante Suchanfragen gewinnen.

In diesem Zusammenhang möchten wir Ihnen die folgende Tatsache vor Augen führen: Nach Informationen, die von Mitarbeitern aus Googles Suchspezialisten-Team bestätigt wurden, beinhaltet ungefähr jede siebte bei Google getätigte Suchanfrage eine nie zuvor verwendete Kombination aus Suchbegriffen – und das tagtäglich aufs Neue. Laut John Wiley, dem Chefentwickler der Google-Suche, handelt es sich dabei um eine Situation, mit der sich Google praktisch seit Anbeginn auseinandersetzen muss. Es sind zwar »nur« ungefähr 15 %, aber in Anbetracht dessen, dass Google über 100 Milliarden Suchanfragen pro Monat beantwortet, bedeutet das aus Ihrer Sicht als AdWords-Nutzer Tag für Tag neues Keyword-Potenzial, das Sie berücksichtigen müssen. Weltweit entstehen so laufend Millionen neuer Suchkombinationen, die für AdWords-Anzeigenkunden relevant sein könnten. Auch Google selbst ist laufend bestrebt, diesen Prozentsatz zu senken. Der Hauptgrund dafür ist der Versuch, die Suchergebnisse – organisch wie bezahlt – präziser auszuliefern und damit das Nutzererlebnis zu verbessern. Die Details finden Sie unter:

▶ *https://www.twt.de/news/detail/google-in-zahlen-und-fakten.html*

▶ *http://live-counter.com/google-suchen*

Bevor Sie sich in die aktive Recherche stürzen, empfehlen wir Ihnen, sich einige Hilfsmittel zurechtzulegen. Wir möchten Ihnen hier vor allem digitale Werkzeuge vorstellen, da Ihre Keywords früher oder später in die interaktive Benutzeroberfläche von AdWords eingegeben werden und somit in digitaler Form vorliegen müssen. Natürlich spricht auch nichts dagegen, sollten Sie es bevorzugen, erste Recherchen mithilfe von Notizblättern, Post-its oder Flip-Charts umzusetzen. Moderne Online-Tools, wie die im Folgenden vorgestellten, können jedoch altbewährte und analoge Prozesse oft vereinfachen. Sollten Sie diese noch nicht kennen und anwenden, können wir Ihnen nur empfehlen, sie für diese Aufgabenstellung auszuprobieren. Spätestens wenn es darum geht, Informationen zu teilen und in räumlich getrennten Teams zu bearbeiten, stoßen Flip-Charts & Co. schnell an ihre Grenzen.

Gratis, aber keineswegs umsonst

Der Großteil der in diesem Abschnitt erwähnten Produkte und Dienste steht Ihnen – zumindest in ihrem grundlegenden Funktionsumfang – kostenlos zur Verfügung. Damit profitieren Sie von einem Trend, der sich im Internet nicht zuletzt mit Unterstützung von Google etabliert hat. Leistungsstarke Dienste, wie es zweifelsohne auch zum Beispiel die Google-Suche ist, werden Anwendern kostenlos zur Verfügung gestellt.

Die Refinanzierung ergibt sich sehr oft über Werbung (Google macht das besonders gut und erwirtschaftet nach wie vor einen Großteil seiner Umsätze einzig und allein mit AdWords ☺ oder über alternative Bezahlmethoden. Häufig kommt hier das sogenannte *Freemium*-Modell zum Einsatz, bei dem Basisdienste einer Anwendung zwar zeitlich uneingeschränkt gratis nutzbar sind, sich der volle Leistungsumfang für den Nutzer aber erst durch kostenpflichtige Erweiterungen oder Abonnements erschließt. Die Vorgehensweise, dass Sie zunächst ein Softwareprodukt kaufen, es dann lokal installieren und auf nur einem Gerät nutzen, verliert zunehmend an Bedeutung und Beliebtheit. Das ist umso besser für Sie, denn so bleibt Ihnen oder Ihrem Auftraggeber mehr Budget für den Einsatz in Ihren AdWords-Kampagnen, um wiederum neue Kunden und Nutzer für das von Ihnen beworbene Produkt zu generieren.

3.1.1   Brainstorming

Bei der Keyword-Recherche starten Sie zunächst mit eigenen Überlegungen zu Ihrem Produkt bzw. Ihren Dienstleistungen. Diese Überlegungen werden durch Austausch mit anderen Personen erweitert. Bevor wir Ihnen verschiedene Tools vorstellen, sollten Sie folgende drei Tipps auf jeden Fall in die Recherche einbeziehen.

1. Tipp: Brainstorming – das eigene Gehirn nutzen

Der wichtigste Grundsatz bei der Suche nach den richtigen Keywords lautet: Denken Sie wie Ihre Kunden, denn der Wurm (Ihr Keyword) soll dem Fisch (Ihrem Kunden) schmecken und nicht dem Angler (Ihnen). Überlegen Sie also genau, wonach Ihre potenziellen Kunden suchen würden, um Ihre Produkte oder Dienstleistungen auf den Google-Ergebnisseiten zu finden.

Konzentrieren Sie sich dabei nicht auf Fachbegriffe, die Ihre Kunden nicht kennen. Nutzen Sie im Gegenteil bewusst auch fachlich »falsche Begriffe«, die jedoch gängige Ausdrücke in der Welt Ihrer Kunden sind. Denken Sie auch an Probleme Ihrer potenziellen Kunden, wenn diese Ihre Produkte oder Ihre Dienstleistungen noch nicht kennen. Notieren Sie alle Begriffe, die Ihnen einfallen, und denken Sie daran, dass es beim Brainstorming zunächst nicht um die Auswahl der Suchbegriffe geht. In dieser Phase gibt es daher keine falschen Suchbegriffe.

2. Tipp: Diskussion mit Kollegen und externen Personen

Erweitern Sie Ihre Liste durch ein Gespräch mit Ihren Mitarbeitern oder Kollegen. Oftmals ergeben sich noch andere Gesichtspunkte, weil unterschiedliche Personen aus unterschiedlichen Blickwinkeln auf ein Problem schauen. Sprechen Sie auch mit Freunden und Bekannten, die nichts direkt mit Ihrem Business zu tun haben. Stellen Sie einfach die Frage, wonach Ihr Gegenüber bei Google suchen würde, um Ihre Produkte oder Dienstleistungen zu finden. Auch hierbei ist es wichtig, den anderen Blick auf Ihr Unternehmen und Ihre Produkte zu erhalten. Der Blick von externen Beobachtern entspricht schon eher der Sicht eines Kunden. So erweitern Sie Ihre Keyword-Liste um wertvolle Ideen. Schreiben Sie alle Ideen auf, und markieren Sie danach die Keywords, die von verschiedenen Gruppen genannt wurden, da diese Begriffe auch in der Praxis wahrscheinlich häufiger gesucht werden.

3. Tipp: Kundenbefragung

Die beste Einschätzung zu den wichtigsten Suchbegriffen erhalten Sie natürlich direkt von den Kunden, die Ihre Produkte gekauft oder Ihre Dienstleistungen in Anspruch genommen haben. Wonach haben diese Menschen vorher gesucht bzw. mit welchen Begriffen verbinden sie Ihre Dienstleistungen oder Produkte?

Diese Daten sind meistens jedoch nur sehr schwierig zu erhalten, und viele Unternehmer scheuen den Aufwand zur ihrer Erhebung. Aus unserer Sicht sind diese Daten jedoch so wertvoll, dass es sich auf jeden Fall lohnt, etwas Zeit und Mühe zu investieren. Erstellen Sie z. B. eine Online-Befragung, oder verbinden Sie Ihre After-Sales-Maßnahmen mit einer Frage nach den Keywords. Sie können sich beispielsweise nach dem Online-Kauf per E-Mail bedanken und um drei Suchbegriffe bitten, mit denen der Kunde Ihr Produkt bzw. Ihre Dienstleistung suchen würde. Sie können die Befragung auch mit einem kleinen Dankeschön verbinden, z. B. mit einem Fünf-Euro-Gutschein für den nächsten Einkauf. Eine interessante Keyword-Liste entsteht aus der Kombination der eigenen Suchbegriffe mit den Keywords der Kunden. Die Schnittmenge enthält die Keywords, die für Sie die größte Relevanz besitzen.

Speziell in der frühen Phase der Keyword-Recherche werden Sie eine Vielzahl an Informationen und Themen für Ihre Kampagnen sammeln. Dabei sind Sie aber noch ein paar Schritte davon entfernt, konkrete und bereits strukturierte Keyword-Listen erstellen zu müssen. Hier empfiehlt es sich, dass Sie sich zunächst einen »digitalen Notizzettel« zurechtlegen.

Wir haben dafür zum Beispiel mit dem Online-Mind-Mapping- und Brainstorming-Tool *Mindmeister* (Infos und Anmeldung unter *www.mindmeister.com*, siehe Abbildung 3.2) sehr gute Erfahrungen gemacht. Nutzer können damit nach einer einfachen Registrierung bis zu drei Mindmaps kostenlos erstellen, bearbeiten und teilen. Erst wenn Sie über dieses Limit hinaus Mindmaps erstellen, erweiterte Bearbeitungs- und Exportfunktionen erhalten oder den Dienst auch über mobile Apps nutzen möchten, müssen Sie sich für eines der kostenpflichtigen Nutzungsmodelle entscheiden.

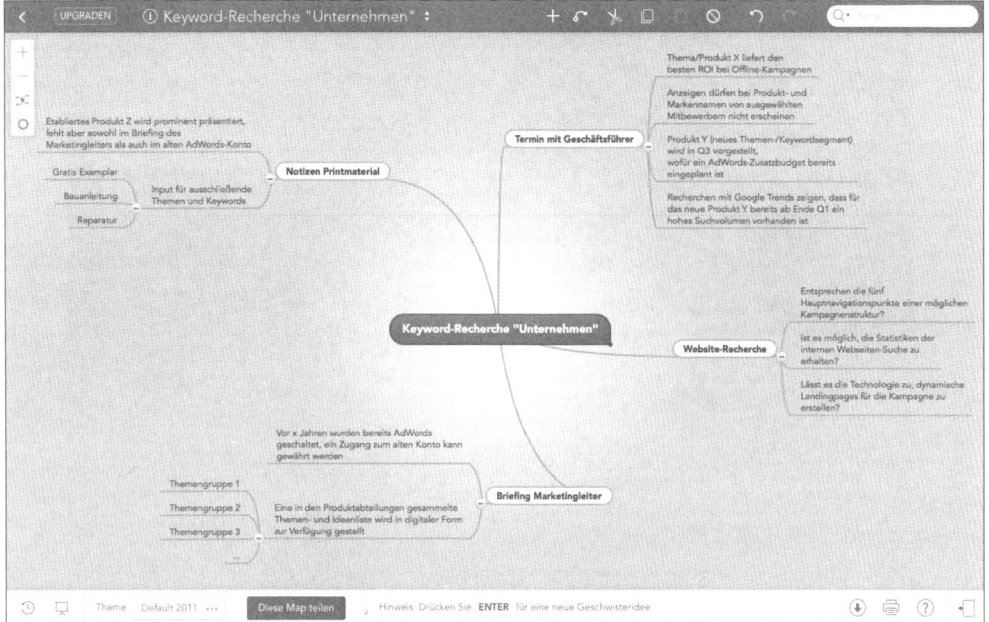

Abbildung 3.2 Erste Keyword-Ideen können Sie mit »Mindmeister« einfach festhalten und visualisieren.

Wie in Abbildung 3.2 ersichtlich, lassen sich so Ihre Gesprächsnotizen, Gedanken und ersten Fragen nicht nur bequem erfassen, sondern auch exportieren, ausdrucken oder mit anderen Nutzern teilen.

Sie werden feststellen, dass im Zuge der Keyword-Recherche ein sprichwörtliches Elefantengedächtnis von Vorteil ist. Genau in diese Kerbe schlägt ein weiteres Tool namens *Evernote* (siehe Abbildung 3.3). Es stellt sich potenziellen Nutzern auf der Unternehmenswebseite *www.evernote.com* als »virtuelles Gedächtnis« vor und kann Ihnen auch bei Ihren Recherchearbeiten als genau solche digitale Speichererweiterung dienen.

Legen Sie bei diesem Tool, das sowohl in der Browser- als auch in der App-Variante kostenlos angeboten wird, nicht nur Textnotizen, sondern auch Sprachaufzeichnungen oder Bilder ab. Sie genießen damit nicht nur den Vorteil eines digitalen Notizblocks, sondern profitieren von der geräteübergreifenden Verfügbarkeit aller auf diese Weise gesammelten Informationen. Lesen Sie dazu auch den nächsten Kasten zum Thema »Cloud Computing«.

Abbildung 3.3 Ein digitales »Elefantengedächtnis« gibt es zum Beispiel bei Evernote.

Viele weitere ähnliche Tools, die Ihnen in dieser Phase behilflich sind, können Sie im Netz bei einer Suche nach Begriffen wie *Online Mindmap*, *Online Brainstorming* oder *Online Notizblock* entdecken. Schnell werden Sie Ihre persönlichen Favoriten finden, mit denen Sie die Aufgaben am effizientesten erledigen können. Parallel zu reinen Notizen und ersten Brainstormings werden Sie an der Erstellung und Strukturierung von Kampagnenthemen und Keyword-Listen arbeiten und somit auch Bedarf an weiterer Software haben.

3.1.2   Textverarbeitung und Tabellenkalkulation

Ohne ein Textverarbeitungs- und Tabellenkalkulationsprogramm sollten Sie Ihre Keyword-Recherche nicht beginnen. Die drei dafür naheliegenden Auswahlmöglichkeiten sind:

▶ Sie nutzen die in Microsoft Office integrierten Programme Word und Excel.

▶ Sie setzen auf kostenlose, im Betriebssystem enthaltene oder freie Open-Source-Produkte wie Notepad oder TextEdit zur Textverarbeitung bzw. auf die Open-Office-Suite als freie Bürosoftware (*http://www.openoffice.org/de*).

▶ Sie verwenden cloudbasierte Dienste wie zum Beispiel den Google-eigenen Dienst *Google Docs*. Seit 2012 ist dieser browserbasierte Text- und Tabellenbearbeitungsservice aufgrund einiger Funktionserweiterungen unter dem Namen *Google Drive* durch Eingabe der URL *https://drive.google.com* erreichbar.

Die letztgenannte Variante, auf Google Docs bzw. Google Drive zu setzen, empfiehlt sich dabei aus mehreren Gründen. Erstens können Sie den Dienst kostenlos mit Ihrem bereits für die Nutzung von AdWords erstellten Google-Konto verwenden. Geben Sie die oben genannte URL im selben Browser ein, mit dem Sie bereits AdWords nutzen, können Sie auf diese Weise ohne eine Neuregistrierung bei weiteren Drittunternehmen gleich drauflosarbeiten und Ihre Dokumente anlegen (siehe Abbildung 3.4). Gleichzeitig benötigen Sie zur Verwendung von Google Drive nur einen Internetbrowser und die Login-Informationen Ihres Google-Kontos. Software-Installationen? Administrator-Rechte? Erweiterte Computerkenntnisse? Nicht erforderlich!

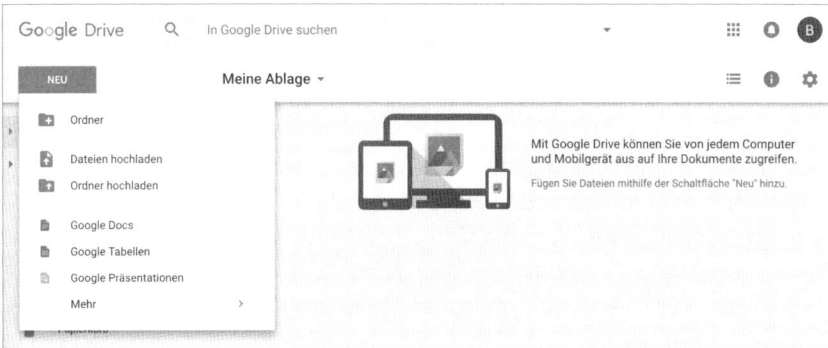

Abbildung 3.4 Dokumente und Tabellen mit Google Drive erstellen

Zweitens spricht für Google Drive, dass viele Export- und Bearbeitungsfunktionen, die Sie später kennenlernen werden – sowohl in AdWords als auch Analytics – mit einer nahtlosen Integration des Google-eigenen Dokumentenformates aufwarten. Beispielsweise können Sie in der Keyword-Bearbeitung und -Optimierung durch die enge Verknüpfung dieser Dienste um einiges effizienter arbeiten.

Ein drittes Argument ist die Tatsache, dass Google-Drive-Dokumente in der sogenannten *Cloud* gespeichert werden und somit online von jedem Internetgerät aus und an einem beliebigen Standort weltweit abgerufen werden können, ohne eine Software-Installation durchführen zu müssen. Natürlich ist ein Internetzugang die Voraussetzung für einen Zugriff auf die Dokumente. Da Sie ohne einen solchen wohl auch das AdWords-Interface nicht erreichen würden, können Sie an dieser Stelle davon ausgehen, dass Sie bei der Erstellung, Bearbeitung und Optimierung Ihrer Kampagnen Ihre bei Google Drive gespeicherten Dokumente und Tabellen (beispielsweise Keyword-Listen, Vorlagen für Anzeigentexte etc.) jederzeit abrufbereit haben.

Der vierte und gleichzeitig letzte offensichtliche Vorteil ist die Möglichkeit, dass jedes in der Google-Wolke erstellte Dokument auch mit weiteren Nutzern geteilt werden kann. Das ist dann hilfreich, wenn zum Beispiel mehrere Personen in einem Unternehmen an denselben Kampagnen arbeiten und daher auf zentrale Keyword-Listen oder Kampagnen- und Themenpläne zugreifen müssen. Sie können als Ersteller eines Dokumentes zusätzlich jederzeit entscheiden, ob Mitnutzer dieses nur lesen oder auch aktiv verändern können. Dass der Zugriff auf Google Drive auch bequem über mehrere Gerätetypen hinweg – von Desktop-PCs über Tablets bis hin zu Smartphones – erfolgen kann, ist ein abschließender und sehr angenehmer Nebeneffekt. Sie haben Ihren Keyword-»Spickzettel« in diesem Fall tatsächlich immer und überall mit dabei. Selbst wenn Sie im Freibad auf neue Keyword-Ideen stoßen: Ein schneller Klick am Smartphone und Ihr Google-Drive-Dokument ist geöffnet, um neue Keywords oder Notizen hinzuzufügen.

Cloud Computing: Internetdienste und Speicherplatz für alle – nicht nur bei Google

Allen Lesern, die mit dem *Cloud Computing* noch wenig Erfahrung haben, empfehlen wir, sich nicht nur in Zusammenhang mit AdWords näher mit diesem Thema zu beschäftigen. Es liegt nahe, dass wir *Google Drive* an dieser Stelle aufgrund der nahtlosen produktübergreifenden Integration mit den anderen Diensten aus dem Hause Google hervorheben. Natürlich bieten zum Beispiel auch Unternehmen wie Apple oder Microsoft vergleichbare Dienste an, die sich dann *iCloud* oder *Office 365* nennen. Für die reine Dateiablage lassen sich darüber hinaus zum Beispiel *Dropbox* sowie als persönlicher geräteübergreifender Notizblock die digitalen Tools des Anbieters *Evernote* empfehlen.

All diese Dienste haben eines gemein: Dokumente und Dateien werden in der sogenannten Cloud gespeichert. Liegen diese Daten an einem entfernten, über Datennetzwerke zugänglichen Ort (also in einer fernen, abstrakten »Wolke«) und nicht auf dem eigenen Computer, ergibt sich ein wesentlicher Vorteil im Vergleich zu lokal gespeicherten Daten: Sie können standortunabhängig und jederzeit auf Ihre Daten zugreifen.

Darüber hinaus ermöglichen diese Dienste es Ihnen, auch anderen Nutzern Zugriff auf Ihre Dokumente, Dateien, Fotos oder Videos zu gewähren. So können Sie zum Beispiel ein Textdokument, das Sie früher eventuell per E-Mail oder USB-Stick an mehreren Personen verteilt hätten (wodurch Sie viele Kopien des Ausgangsdokumentes in Umlauf gebracht hätten), über Dienste wie Google Drive freigeben. Feedback, Ergänzungen und Änderungen können so bequem und auch von mehreren Personen in der zentralen Quelldatei erfolgen. Auch Fotos, die einen größeren Speicherplatz einnehmen und somit eventuell zu groß für einen Versand per E-Mail wären, können Sie mit cloudbasierten Diensten einfach weiterleiten und teilen.

Da der zur Verfügung gestellte Speicherplatz meist mehrere Gigabyte groß ist (in der kostenlosen Variante von Google Drive sind es zum Beispiel 15 GByte), werden Sie selbst bei größeren Datenmengen nicht so schnell an die Grenzen stoßen, wenn Sie Ihren »virtuellen USB-Stick« mit Inhalten füllen.

Abschließend darf man einen der augenscheinlichsten Nachteile all dieser durchaus bequemen und oft kostenlosen Services nicht unerwähnt lassen: Ohne Internetzugang bleibt Ihnen der Zugriff auf die bei diesen Anbietern abgelegten Dateien verwehrt. Damit sind alle in der »Cloud« gespeicherten Dokumente genau so fern und unerreichbar wie die Wolken am Himmel, sobald Sie offline sind.

Haben Sie sich nun für eine lokale oder cloudbasierte Lösung zur Text- und Tabellenverarbeitung entschieden, können Sie mit der eigentlichen Keyword-Recherche beginnen.

3.2 Die Keyword-Recherche

In diesem Abschnitt lernen Sie, wie Sie eine umfangreiche Keyword-Recherche planen und selbstständig durchführen können. Eine Keyword-Recherche nehmen Sie übrigens nicht ausschließlich in der Vorbereitungsphase von AdWords-Kampagnen vor, sondern zum Beispiel auch im Vorfeld von Maßnahmen zur Suchmaschinenoptimierung von Webseiten.

Darüber hinaus liefern Keyword-Recherchen mit den hier beschriebenen Maßnahmen und Tools wertvolle Informationen bei vielen weiteren Vorhaben, die eine Marktforschungstätigkeit voraussetzen. Sie können solche Keyword-Recherchen nämlich auch als praktisches und vergleichsweise einfaches Marktforschungsinstrument einsetzen, wenn Sie beispielsweise eine Unternehmensgründung oder die Entwicklung von neuen Produkten planen. Aus den gewonnenen Erkenntnissen zum Suchverhalten können Sie heute sehr einfach ableiten, wie das Potenzial für neue Produkte oder Dienstleistungen in der realen Welt einzuschätzen ist. Dass diese Vorgehensweise rascher und budgetschonender umzusetzen ist als eine »richtige« in Auftrag gegebene Marktforschung, wird Sie darüber hinaus freuen.

Wir möchten Ihnen dazu ein Beispiel nennen: Nehmen wir an, Sie haben die Geschäftsidee, Reisen für laufsportinteressierte Personen aus dem deutschsprachigen Raum zu organisieren. Möchten Sie Prognosen erstellen, damit Sie das praktische Potenzial dieser Idee besser einschätzen können, muss eine Recherche in der potenziellen Zielgruppe nicht in jedem Fall auch aussagekräftige Ergebnisse liefern.

Fragen Sie beispielsweise zehn Leute, ob Sie Ihr Laufsport-Reiseangebot in Anspruch nehmen würden. Egal, ob bei bekannten oder unbekannten laufsportinteressierten Personen, die Vorstellung von an balearischen Küstenlandschaften entlang führenden Laufausflügen mit dem Meer als Begleiter und der aufgehenden Sonne am Horizont würde bei den Befragten sofort für helle Begeisterung und damit für eine klare Unterstützung Ihrer Idee sorgen.

Aber was würde passieren, wenn Sie allen begeisterten Personen gleich eine verbindliche Anmeldung – womöglich begleitet von einer sofortigen Anzahlung – zum nächsten Reisetermin anbieten? Und was, wenn Sie den Startpreis gleich dazu nennen? Schließlich ist es kein unbeträchtlicher Aufwand, das Programm auf die Beine zu stellen, die Reise inklusive aller Transporte und Unterkünfte zu organisieren, und auch die den Teilnehmern zur Seite gestellten erfahrenen Lauftrainer müssen etwas verdienen.

So schnell kann aus heller Begeisterung große Ernüchterung werden, wenn viele der Befragten zwar zunächst aus Gründen der eigenen Überschwänglichkeit oder auch Freundlichkeit Ihnen gegenüber Interesse zeigen, aber in der Praxis dann doch Bedenken äußern, sobald Geld ins Spiel kommt, oder gleich wieder abspringen.

Google AdWords – die bessere Marktforschung?

Passend zum Thema »Keyword-Recherche« möchten wir Ihnen den Hinweis mit auf den Weg geben, die Macht von Suchmaschinen zu nutzen. Mithilfe von AdWords können Sie nämlich nicht nur Werbung für Ihre Produkte bzw. Dienstleistungen machen, sondern auch das Potenzial für noch nicht existierende Produkte testen.

Mithilfe von AdWords, wenigen Hundert Euro und ein paar Tagen Zeit können Sie viele wertvolle Erkenntnisse über Themen gewinnen, die Ihre Zielgruppe über die Google-Suche äußert. Das erspart oft eine teure Marktforschung. Keywords spielen dabei auch eine essenzielle Rolle. Welche Keywords möchten Sie, basierend auf Ihrer Produkt- bzw. Service-Idee, testen? Schlägt Ihnen Google vielleicht sogar automatisch bessere Varianten vor? Gibt es überhaupt ein Suchvolumen dafür? Wenn ja, wie hoch ist dieses, in welchen Ländern und Regionen wird danach gesucht und wo liegt der Betrag für die durchschnittlichen Kosten pro Klick? Haben Sie sich dem Thema einmal aus dieser Perspektive gewidmet, werden Sie viel Freude daran haben, mit AdWords nicht nur Werbung im klassischen Sinne zu machen, sondern mit dem hier gewonnenen Know-how Suchwortmarketing kreativ auch anderweitig zu nutzen.

Warum also befragen Sie für solche Zwecke nicht »das Internet«? Eine kleine Landing-Page mit stimmungsvollen Bildern und einem vorläufigen Reiseablauf sowie einer groben Preisübersicht ist schnell zusammengestellt. Über ein einfaches Formular können Interessenten eine – zunächst ebenfalls unverbindliche – Anmeldung absenden. Sie müssen dann, nach der obligatorischen Keyword-Recherche, nur eine AdWords-Kampagne online stellen, um über diese Vorgehensweise deutlich qualifiziertere Interessenten zu gewinnen. Weil Sie keine verbindliche Buchung anbieten und das Zustandekommen der Reise noch immer an weitere Bedingungen (wie z. B. eine Mindestteilnehmerzahl) knüpfen können, gehen Sie dabei nur ein geringes finanzielles wie rechtliches Risiko ein. Sie können durch diesen Mikrotest mithilfe von einigen relevanten Keywords und einer AdWords-Testkampagne nur gewinnen. Zunächst gewinnen Sie wertvolle Erkenntnisse über die tatsächliche Zielgruppe:

- Aus welchen (Bundes-)Ländern stammen die Interessenten?
- Mit welcher Zeit und welchen Kosten ist es verbunden, eine Formularanfrage zu generieren?
- Entsprechen Quantität und Qualität der Rückmeldungen Ihrer Erwartung bzw. den Mindestanforderungen, die Sie in einem Businessplan kalkuliert haben?

Wenn Sie beim Formular auch ein optionales Kommentarfeld anbieten, können Sie darüber hinaus auch noch an die eine oder andere hilfreiche Frage oder Bemerkung kommen, was Interessenten aus Ihrer potenziellen Zielgruppe von Ihrem Service zusätzlich oder alternativ erwarten würden:

- »Bieten Sie auch Laufreisen nach Nordeuropa und Skandinavien an?« – Viele Ihrer Mitbewerber haben sich womöglich schon auf südeuropäische Ziele und Laufrouten spezialisiert.
- »Gibt es die Möglichkeit, Gruppen- und Firmenbuchungen zu machen?« – Andere Anbieter konzentrieren sich eventuell in der Programm- und Preisgestaltung auf Singles und Paare.
- »Bieten Sie die Möglichkeit zur digitalen Vernetzung der Teilnehmergruppe vor, während und nach der Reise an?« – Mit einer solchen Technologie könnten Sie ein Instrument schaffen, das unter anderem zur Kundenbindung und Weiterempfehlung beiträgt.

Wie Sie sehen, kann Ihnen AdWords mithilfe seines umfangreichen Keyword-Potenzials eine große Hilfe auch für nicht alltägliche oder offensichtliche Aufgabenstellungen sein. Wir hoffen, dass wir mit diesem kurzen inhaltlichen wie geografischen »Ausflug« Ihr Potenzial hinsichtlich der kreativen Nutzung von Keyword-Recherchen – und nicht nur Ihr Interesse an einem Laufurlaub auf Mallorca – wecken konnten.

Kommen wir nun aber nach den genannten unterschiedlichen Argumenten, *warum* Sie der Recherche von Suchbegriffen entsprechend hohe Aufmerksamkeit schenken sollten, dazu, *wie* Sie diese wichtige Liste aus einzelnen Suchwörtern und Mehrwort-Suchphrasen zusammenstellen können. In Abbildung 3.5 ist klar ersichtlich, dass es online keinesfalls zu wenige Informationsquellen zum Thema Keyword-Recherche gibt. Sie werden eher auf das Problem stoßen, dass Sie bei der Fülle an Informationen und Links nicht wissen, welcher Quelle Sie vertrauen sollten.

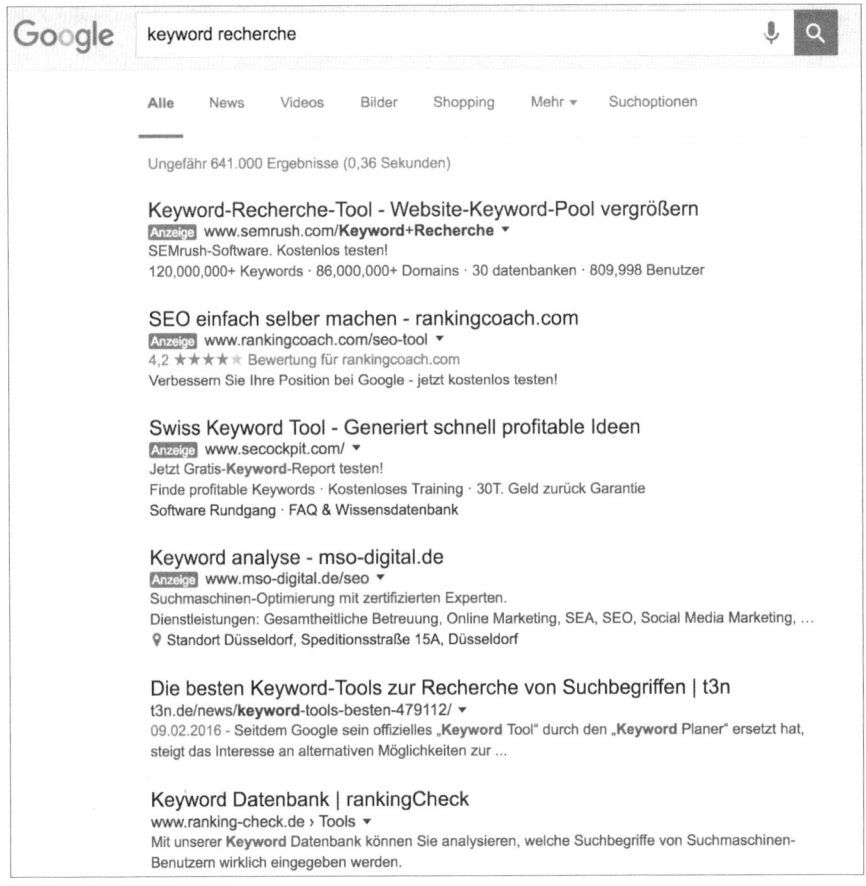

Abbildung 3.5 Lassen Sie sich von 641.000 Ergebnissen zum Suchbegriff
»keyword recherche« nicht abschrecken!

Ist ein bereits 2009 erstellter Artikel überhaupt noch relevant? Oder hält sich dieser möglicherweise deshalb so lange in den obersten Suchergebnissen, weil er auf möglichst allgemeine Tipps eingeht, die unabhängig von kurzfristigen Tools und Trends auch heute noch gültig sind? Sind Hinweise aus Google-internen Quellen und Foren besser und vertrauenswürdiger als solche von externen Dienstleistern, Experten und Agenturen, die ja möglicherweise nur sich selbst promoten möchten?

Wir möchten in diesem Kapitel größtenteils auf nummerierte Listen (egal ob »Top-10« oder »Flop-5«) verzichten, und Ihnen ein möglichst neutrales Bild davon vermitteln, wie Sie bei einer Keyword-Recherche am besten vorgehen. Vorausschicken möchten wir an dieser Stelle auch, dass sich für Sie das meiste Potenzial daraus ergibt, wenn Sie bei jedem der im Folgenden beschriebenen Vorgänge zur Gewinnung und Strukturierung von Suchwörtern von Ihrem gesunden Menschenverstand Gebrauch machen. Nicht jedes von diversen Tools vorgeschlagene Keyword passt auch für Ihren individuellen Anwendungsfall. Benötigen Sie wirklich Tausende Keywords oder reichen zum Start vielleicht ein paar wenige (Dutzend)?

Unter Berücksichtigung der Tatsache, dass es wohl für jeden einzelnen Leser unterschiedliche Prioritäten in diesem wichtigen Kapitel geben wird, lassen Sie uns – noch lange bevor wir auf konkrete Tools eingehen – gleich mit der ersten wichtigen Quelle für potenzielle Keywords für Ihre AdWords-Kampagnen beginnen.

3.2.1   Keyword-Quellen im Unternehmen

Fangen Sie direkt bei sich bzw. Ihrem Unternehmen an. Wir empfehlen Ihnen, vor der Nutzung diverser externer Quellen und Tools zunächst innerhalb des Unternehmens nach möglichen Suchbegriffen und Wortkombinationen für Ihre AdWords-Kampagne zu suchen.

Webseite

Bereits ein Blick auf die Homepage der Unternehmenswebseite wird Ihnen in den meisten Fällen konstruktiven Input zur Strukturierung und Erstellung Ihres Keyword-Sets liefern. Nicht zuletzt ist die jeder Webseite zugrunde liegende Navigationshierarchie zumindest eine gute Orientierungshilfe zur Gruppierung Ihrer Keywords. Speziell bei kleineren Webseiten kann sie des Öfteren bereits als vollständige Vorlage zum Aufbau Ihrer Themen- bzw. Anzeigengruppen dienen.

Abbildung 3.6 Jede Keyword-Recherche beginnt auf der eigenen Unternehmenswebseite. (Beispiel/Quelle: www.amazon.de)

Abbildung 3.6 zeigt die Homepage des bekannten Online-Versenders Amazon. Diese liefert aufgrund ihres Aufbaus bereits sehr gute Hinweise, um unmittelbar mit der Erstellung einer Keyword-Liste zu beginnen. Wie würden wir in diesem Fall vorgehen? Nun, zunächst wäre es sinnvoll, sich einige Hinweise zu suchen, um die Keywords erst mal grob und auf Kampagnenebene einzuordnen. Amazon hat diese Keywords aufgrund der Fülle des Angebots im Dropdown-Menü ALLE KATEGORIEN aufgelistet:

▶ Amazon Video

▶ Prime Music & Musik-Downloads

▶ App-Shop für Android

▶ Apps & Spiele, Amazon Coins

▶ Amazon Fotos & Drive

▶ Kindle eReader & Bücher

▶ Fire-Tablets

▶ Fire TV

▶ Bücher & Audible

▶ Filme, Serien, Musik & Games

▶ Elektronik & Computer

▶ Haushalt, Garten, Baumarkt

▶ Angebote

▶ Gutscheine

▶ …

Beachten Sie dabei, dass Sie in der Priorisierung von Themen und Kampagnen nicht ausschließlich die Größe des Navigationselements im Design heranziehen sollten. So wäre in diesem Beispiel das Thema »Gutscheine« nur ein weniger auffälliger Begriff in der Navigation am oberen Seitenrand. In Hinblick auf Ihre AdWords-Kampagne würde dieser Begriff aber einen nicht unwesentlichen und möglicherweise sehr gewinnbringenden Part einnehmen. Erfreuen sich doch online bestellbare Wertgutscheine zunehmender Beliebtheit, in der Variante als Ausdruck am heimischen Computer vor allem als praktisches Last-Minute-Geschenk. Ob zum Geburtstag, an Weihnachten oder zu Ostern – solche Keywords haben praktisch das ganze Jahr über Saison.

Sie sehen: Mit nur einem Blick auf ein vermeintlich kleines Navigationselement auf der Unternehmenshomepage eröffnet sich uns ein erster Einstiegspunkt für eine Teilkampagne rund um Geschenkgutscheine, die bereits nach einem umfassenden, weil saison- und themenübergreifenden Keyword-Set verlangen würde. In Tabelle 3.1

möchten wir Ihnen noch einmal aufzeigen, wie Sie aus dem simplen Menüpunkt GUTSCHEIN bereits eine grobe Kampagnenstruktur erarbeiten können.

Wichtig ist dabei, dass Sie sich beim Sammeln und Kategorisieren der Keywords stets in Ihre potenziellen Kunden hineinversetzen. Stellen Sie sich bei jedem Suchbegriff vor, welches Suchergebnis und welche Zielseite ein Interessent in dessen Kontext erwarten würde, und entscheiden Sie, ob er für Ihre Zielsetzung ein wertvolles oder irrelevantes und somit ausschließendes Keyword ergeben würde.

Kampagne	Anzeigengruppen	Keywords	Ausschließende Themen/ Keywords
Gutscheine – generisch	Generisch	Gutschein kaufen Online Gutscheine Wertgutschein online bestellen …	Wellness Abenteuer …
Gutscheine – generisch	Bekleidung	Bekleidungsgutschein kaufen Online Gutschein für Bekleidung …	Amazon Otto H&M …
Gutscheine – Anlässe	Geburtstag	Geschenkgutschein zum Geburtstag Gutschein als Geburtstagsgeschenk …	Essen und Getränke Wellness und Therme Reise und Urlaub …
Gutscheine – Anlässe	Hochzeitstag	Hochzeitstag Geschenkideen Was schenken zur Hochzeit Gutscheine Hochzeitstag	Gedichte Hochzeitstisch Goldene Hochzeit Hochzeitsjubiläen Kreuzfahrt …

Tabelle 3.1 Beispiel zur ersten Gruppierung von Keyword-Ideen rund ums Thema »Gutschein«

Kampagne	Anzeigengruppen	Keywords	Ausschließende Themen/ Keywords
Gutscheine – Marken	Levis	Gutschein Levis Jeans Levis Gutscheine kaufen Levis Jeans Geschenkgutschein	Diesel Replay Seven For All Mankind …

Tabelle 3.1 Beispiel zur ersten Gruppierung von Keyword-Ideen rund ums Thema »Gutschein« (Forts.)

Ob Sie solche Gedanken bereits tabellarisch und somit ideal vorbereitet für die spätere Keyword-Listenerstellung oder erst in einem – virtuellen oder realen – Notizblock festhalten, ist dabei Ihnen überlassen. Wichtig ist an dieser Stelle zunächst nur, alle inhaltlichen Aspekte der Homepage zu berücksichtigen, um so zu potenziellen Keyword-Ideen zu gelangen. Sie werden sehen, dass Sie in vielen Fällen bereits nach Prüfung der Homepage eine große Menge an Potenzial und womöglich bereits mehrere Dutzend oder Hunderte konkrete Keywords finden konnten. Wiederholen Sie diesen Schritt für sämtliche Unterbereiche, Channels und Detailseiten der zu bewerbenden Webseite, und Sie werden, noch bevor Sie auf weitere, möglicherweise kostenpflichtige Tools zurückgreifen müssen, einen wertvollen Schatz an Suchbegriffen erarbeitet haben.

Zugegeben, es kann bei umfangreichen Webseiten ein großer Aufwand sein, diesen Teil der Recherche Schritt für Schritt durchzuführen. Der Großteil der manuellen und kreativen Arbeit wird Ihnen hier leider nicht erspart bleiben. Vor allem das aktive Mit- und Vorausdenken kann Ihnen leider kein Computerprogramm abnehmen. Wofür es jedoch sehr wohl eine Software gibt, ist das automatische Erstellen einer Inhaltsübersicht Ihrer Webseite.

Diese Software übernimmt für Sie das sogenannte *Crawlen* der Webinhalte, indem sie beginnend bei der von Ihnen angegebenen URL einer Ausgangsseite (zumeist die Homepage) allen über einen Hyperlink verknüpften internen Seiten folgt und das Ergebnis anschaulich in einer Tabelle darstellt. Speziell bei inhaltlich umfangreichen Webseiten erhalten Sie so auf effiziente Weise einen gut sortierten Überblick über die Seiteninhalte. Noch dazu ist dieser Überblick gleich automatisch in einem Dateiformat vorbereitet, das Sie einfach in einem Tabellenkalkulationsprogramm weiterverwenden können.

In Abbildung 3.8 sehen Sie ein Beispiel, wie ein solches Ergebnis aussehen kann. Dort haben wir den in Abbildung 3.7 dargestellten *Google Merchandise Store* (Googles firmeneigenen Online-Shop für Merchandising-Artikel, *https://store.google.com*) einem Crawl unterzogen, um so Erkenntnisse für Keyword-Ideen und die dahinterliegende Webseitenstruktur zu gewinnen.

Abbildung 3.7 Viele Webseiten (wie z. B. der »Google Merchandise Store«) verfügen über Inhalte, jedoch über keine Sitemap.

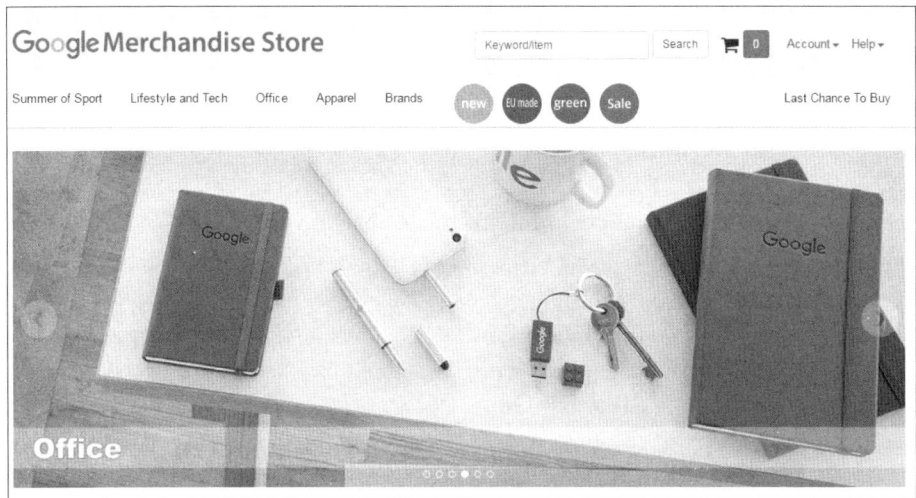

Address ▼	...	H1-1
https://store.google.com/product/usb_type_c_to_usb_standard_a_plug_cable	1	USB Typ-C zu USB Standard-A-Kabel
https://store.google.com/product/usb_type_c_to_usb_standard_a_adapter	1	USB Typ-C an USB Standard-A-Adapter
https://store.google.com/product/usb_type_c_to_hdmi_adapter	1	USB Typ-C zu HDMI-Adapter
https://store.google.com/product/usb_type_c_to_displayport_cable	1	USB Typ-C zu DisplayPort-Kabel
https://store.google.com/product/usb_c_usb_c	1	USB Typ-C zu Typ-C-Kabel
https://store.google.com/product/usb_c_charger	1	Universelles 15-W-USB-Typ-C-Ladeg...
https://store.google.com/product/speck_candyshell_grip_case_n6p	1	Speck CandyShell Grip-Schutzhülle für...
https://store.google.com/product/speck_candyshell_grip_case_n5x	1	Speck CandyShell Grip-Schutzhülle für...
https://store.google.com/product/rca_cable_chromecast_audio	1	Cinch-Kabel für Chromecast Audio
https://store.google.com/product/pixel_c_keyboard	1	Pixel C-Tastatur
https://store.google.com/product/pixel_c	1	Pixel C
https://store.google.com/product/optical_cable_chromecast_audio	1	Optisches Kabel für Chromecast Audio
https://store.google.com/product/nexus_6p	1	Nexus 6P
https://store.google.com/product/nexus_5x	1	Nexus 5X
https://store.google.com/product/moto_360_2nd_gen	1	Moto 360 - 2nd Gen
https://store.google.com/product/huawei_watch_charging_cradle	1	Ladestation für Huawei Watch
https://store.google.com/product/huawei_watch	1	Huawei Watch
https://store.google.com/product/google_cardboard	1	Google Cardboard
https://store.google.com/product/ethernet_adapter_for_chromecast	1	Ethernet-Adapter für Chromecast
https://store.google.com/product/chromecast_audio	1	Chromecast Audio
https://store.google.com/product/chromecast_2015	1	Chromecast

Abbildung 3.8 Komplexe Webseitenstrukturen anschaulich darstellen

Die hier vorstellten Tools sind somit keine Tools zur unmittelbaren Keyword-Recherche, sondern vielmehr weitere vorbereitende Hilfsmittel, die Ihnen das Erledigen der in diesem Abschnitt behandelten Aufgabe etwas erleichtern sollten. Sie tun damit im Prinzip nichts anderes als das, was Google mit seinen automatischen Programmen tagtäglich für jede einzelne im Web verlinkte Seite macht: Sie folgen und »durchforsten« Links auf einer Webseite und versuchen, deren Struktur und Inhalte so gut es geht zu verstehen – mit dem »kleinen« Unterschied, dass Sie keinen Suchindex aufbauen und permanent mit Daten füttern, sondern lediglich einmalige Erkenntnisse über den Aufbau einer Webseite gewinnen möchten, deren Struktur auf andere Art und Weise nicht erkennbar ist.

So »durchschauen« Sie auch umfangreiche Webseiten

Wie oben erwähnt, nutzen wir hier keine deklarierten Keyword-Recherche-Tools, sondern »leihen« uns diese vielmehr von den Kollegen aus der Suchmaschinenoptimierungs- bzw. SEO-Branche. Beide Tools haben einen ähnlichen Leistungsumfang, um den hier vordergründigen Zweck zu erfüllen, nämlich die tabellarische Darstellung einer Webseitenstruktur zu liefern.

Das Programm *Xenu's Link Sleuth* (*https://xenus-link-sleuth.de.softonic.com*) ist als »Broken Link Checker« deklariert, während die Software *Screaming Frog* (*https://www.screamingfrog.co.uk/seo-spider*) sich als »SEO Spider« versteht. Erstgenannte Software ist beim besten Willen kein Fall für Design-Ästheten, erfüllt ihren Zweck aber problem- und vor allem uneingeschränkt kostenlos. Bei Brancheninsidern erfreut sich Xenu daher einer nahezu uneingeschränkten Beliebtheit. Ein kleiner Nachteil von Xenu ist, dass es nur auf Windows-Betriebssystemen läuft. Mac-User können daher nur über Umwege und mithilfe von Betriebssystem-Emulatoren auf die Hilfe dieses Programmes zählen.

Der »*schreiende Frosch*« dagegen hat bei einem ähnlichen Funktionsumfang den Vorteil einer wesentlich bedienerfreundlicheren Benutzeroberfläche und wartet zudem mit einer nativen Mac-Version auf. Will man dort jedoch mehr als 500 Seiten crawlen (bei mittleren bis großen Webseiten ist das nicht unwahrscheinlich), muss man auf die kostenpflichtige Variante umsteigen, die mit einem Jahresbeitrag von derzeit etwas mehr als 100 € zu Buche schlägt. Probieren Sie einfach beide Angebote aus, um Ihren persönlichen Gewinner zu ermitteln.

Wir hoffen, Ihnen damit zunächst den Zugang zu einer obligatorischen und – weil für jedermann öffentlich zugänglichen – am nächsten liegenden Keyword-Quelle eröffnet zu haben, nämlich der Unternehmenswebseite, die im Mittelpunkt der Kampagnen steht. Unabhängig davon, ob Sie sich als interner Verantwortlicher oder externer Dienstleister mit der Keyword-Recherche beschäftigen, zeigen unsere Erfahrungen, dass Sie genau hier mit Ihrer Suche nach relevanten Themen, Wörtern und Begriffskombinationen beginnen sollten.

Webseiten- und interne Statistiken

Eine weitere Keyword-Quelle wird häufig vergessen: die Auswertung der eigenen Webseitensuchfunktion, falls diese eingesetzt wird und Sie entweder intern Zugang zu den Daten haben oder als externer Kampagnenmanager diese entsprechend anfordern können. Unabhängig davon, ob Sie einen umfangreichen Online-Shop oder einen kleinen Blog betreiben, sollten Sie Ihren Besuchern eine Möglichkeit zur webseiteninternen Suche bereitstellen. Das ist nicht nur bequem für die Besucher, sondern auch eine zusätzliche, sehr wertvolle und gleichzeitig kostenlose Keyword-Quelle (siehe Abbildung 3.9). Hier teilen Ihnen nämlich jene Nutzer, die Ihre Webseite bereits besuchen, mit, was sie auf ihr gern finden möchten.

Suchbegriff	Einmalige Suchen gesamt ↓	Ergebnisse für Seitenaufrufe/Suche	% Suchausstiege	% Verfeinerungen der Suche	Zeit nach Suche
	1.897 % des Gesamtwerts: 92,22 % (2.057)	1,40 Website-Durchschnitt: 1,39 (0,56 %)	12,18 % Website-Durchschnitt: 11,62 % (4,80 %)	24,36 % Website-Durchschnitt: 24,06 % (1,25 %)	00:03:34 Website-Durchschnitt: 00:03:38 (-1,80 %)
1. Suchbegriff	220	1,60	8,64 %	15,01 %	00:03:09
2. porec	42	1,52	9,52 %	15,62 %	00:04:59
3. italien	32	2,00	0,00 %	15,62 %	00:03:34
4. umag	32	1,50	6,25 %	27,08 %	00:03:29
5. rovinj	26	1,12	7,69 %	6,90 %	00:03:08
6. ferienhaus	18	1,39	16,67 %	20,00 %	00:01:30
7. vrsar	18	1,17	5,56 %	14,29 %	00:03:23
8. lignano	17	1,71	5,88 %	3,45 %	00:02:43
9. stella maris	17	2,24	5,88 %	15,79 %	00:07:28
10. kroatien	16	1,19	18,75 %	15,79 %	00:02:42

Abbildung 3.9 Aus den Statistiken der internen Suchfunktion einer Webseite gewinnen Sie wertvolle Keyword-Hinweise.

Noch dazu tun sie dies in ihren eigenen Worten und nicht in einem vorgegebenen, vielleicht von Marketing- oder PR-Strategen erfundenen Jargon. Während Letztere auf der Webseite einer Urlaubsdestination zum Beispiel eine neue »3D Real View Cam« promoten und daher auch eine Seite mit diesem Namen erstellen möchten, werden die Besucher möglicherweise nach wie vor nach einer »Webcam« suchen, um sich online ein aktuelles Bild vom Urlaubsort zu machen.

Neben der Verwendung zur Keyword-Recherche für AdWords-Kampagnen empfehlen wir, dass Sie diese Daten darüber hinaus auch für die Suchmaschinen- bzw. die allgemeine Webseitenoptimierung in Betracht ziehen.

Abbildung 3.9 zeigt sehr gut, welches Potenzial sich Ihnen hier eröffnen kann: Zum einen müssten Sie in dem Fall unbedingt die Usability der Suchbox optimieren. Ein nicht unwesentlicher Teil der Besucher nutzt die interne Suche offensichtlich ohne die Eingabe eines individuellen Suchbegriffes, was durch die Darstellung des Wortes *Suchbegriff* (also den automatisch dargestellten exemplarischen Platzhalter) auf Platz eins der Liste sofort ins Auge sticht. Des Weiteren finden Sie auf diese Weise heraus, dass auf dieser Reisebüro-Webseite Nutzer, die nach dem istrischen Ferienort Poreč suchen, nicht nur quantitativ in der Mehrzahl, sondern auch qualitativ wesentlich involvierter sind als diejenigen Nutzer, die sich für den italienischen Badeort Lignano interessieren. Berücksichtigen Sie solche Erkenntnisse sowohl zur Optimierung Ihrer Webseiteninhalte als auch bei der Recherche und Priorisierung Ihrer Keywords hinsichtlich Tagesbudgets und Klickpreis-Geboten.

Wenn Sie wissen möchten, ob und wie die interne Suche Ihrer Webseite gemessen wird, kontaktieren Sie dazu am besten Ihren Webmaster. Dieser sollte zumindest auf eine interne Auswertung der Suche zurückgreifen können.

Werbe- und PR-Material

Die nächste Inspirationsquelle für weitere Themen und Keywords eröffnet sich für Sie in Werbe- und PR-Unterlagen des zu bewerbenden Unternehmens. Interne Kampagnenmanager werden kein Problem damit haben, einfach an diese Informationen zu kommen. Externe Partner und Agenturen können Print-Kataloge, Jahresberichte sowie jegliche Formen von Werbematerial ebenso problemlos anfordern. Wir empfehlen Ihnen an dieser Stelle, sich auch auf die Suche nach periodischen Aussendungen (wie Pressemeldungen) oder sowohl öffentlichen als auch internen Newslettern zu machen und dieses Material nicht nur rückwirkend zu verwenden, sondern durch ein bequemes Abonnement (über RSS, E-Mail, Social Media etc.) auch künftig im Auge zu behalten.

Erfahrungsgemäß ist es sinnvoll, wenn Sie diesen sehr oft in analoger Form vorliegenden, beispielsweise gedruckten Unterlagen die gleiche Beachtung schenken wie digitalen Quellen und Tools. Es ist dies nicht nur eine sehr willkommene Abwechslung in einer von Bildschirmarbeit dominierten Branche, sondern oft eine gute Möglichkeit, unternehmensrelevante Informationen auch zwischen den Zeilen zu finden – seien es Hinweise, die Ihnen das präzisere Formulieren Ihrer Textanzeigen oder das ansprechendere Gestalten von grafischen Werbemitteln wie Bannern oder Videos ermöglichen, oder solche, die Ihnen neue Ideen für Keywords eröffnen. Wir konnten schon oft die Erfahrung machen, dass sich in solchen nicht immer offensichtlichen Unterlagen, die auch einmal älter und damit den involvierten Personen nicht mehr unmittelbar bewusst sein können, wahre Perlen für Ihre Keyword-Liste finden lassen. Sehr häufig sind das Nischenbegriffe, die zwar über kein hohes Suchvolumen verfügen, aber dafür mit einer umso höheren Keyword-Leistung in Sachen Klickpreis oder ROI aufwarten.

Unternehmensfachbereiche

Nun gut, jetzt haben wir erste digitale und analoge Quellen erschlossen, um an relevante Keywords für Ihre AdWords-Kampagne zu gelangen. Eine dritte nicht unwesentliche Säule stellt die persönliche Recherche im Unternehmen dar. Verlassen Sie sich niemals ausschließlich auf digital veröffentlichtes und analoges Material, sondern weiten Sie Ihre Recherchen auch auf Teams und Einzelpersonen in dem Unternehmen aus, dessen Produkte oder Dienstleistungen es zu bewerben gilt.

Wir gehen davon aus, dass Sie von Ihren Auftraggebern ein persönliches Briefing über Kampagnenthemen, -ziele und -budgets erhalten haben. Entweder erstellen Sie eine Kampagne für Ihr eigenes Unternehmen und wissen auf diese Weise selbst, worauf es Ihnen ankommt, wie viel Budget Sie einsetzen und mit welchen Keywords sowie zu welchem Klickpreis Sie arbeiten möchten. Alternativ haben Sie von Auftraggebern wie z. B. Marketingleitern, Online-Verantwortlichen, dem Webmaster oder auch von der Geschäftsleitung persönlich entsprechende Informationen erhalten.

Ohne die Kompetenz Ihrer Ansprechpartner in ein schlechtes Licht rücken zu wollen, haben diese möglicherweise zu allgemeine oder zu spezifische und damit jedenfalls unvollständige Ansichten, was mögliche Ziele, Themen und Keywords anbelangt. Auf Geschäftsführerebene würden Sie eventuell nur ein kurzes Briefing bekommen, eine bestmöglich kostenoptimierte Online-Kampagne zu schalten, die bestimmten Performance- und ROI-Zielen entspricht. Details zu Keywords gibt es von dieser Stelle oftmals nicht, aber Sie erhalten nicht unwesentliche Informationen darüber, was Sie mit AdWords aus allgemeiner Unternehmenssicht erreichen müssen. Direkte Ansprechpartner aus Marketing-, PR- oder Online-Abteilungen würden Ihnen hingegen detailliertere Briefings zu Keywords geben, jedoch möglicherweise nicht in vollem Umfang auf die unternehmerischen Hintergründe und Ziele eingehen können. Wenn es Ihnen möglich ist, suchen Sie Kontakt zu möglichst vielen Stakeholdern im Unternehmen, um die Keyword-Potenziale der geplanten AdWords-Kampagne bestmöglich zu erschließen. Speziell wenn Sie vor der Herausforderung stehen, ein bestimmtes Produkt zu bewerben, kann es sich bezahlt machen, wenn Sie auch den direkten Kontakt zu Produktmanagern und -teams suchen.

Abschließend möchten wir anhand einer kurzen Checkliste noch einmal zusammenfassen, worauf Sie bei der unternehmensinternen Keyword-Recherche achten sollten:

▸ Webseite (inklusive interner Suchstatistiken)

▸ sämtliches Werbe- und Infomaterial

▸ kampagnenrelevante Personen und unternehmensinterne Stakeholder

Gehen wir nun in der Keyword-Recherche einen Schritt weiter, und bewegen wir uns damit aus dem direkten Umfeld des zu bewerbenden Unternehmens hinaus.

3.2.2   In der Branche

Dehnen Sie Ihre Keyword-Recherche aus, indem Sie die Branche der zu bewerbenden Produkte und Dienstleistungen näher beleuchten. Sie können in den meisten Fällen davon ausgehen, dass Ihr Unternehmen oder Ihre neuen Kunden weder als erste noch als einzige die Nutzung des AdWords-Werbeprogramms in Erwägung ziehen. Es ist sehr unwahrscheinlich, dass Sie damit konfrontiert werden, komplett neuartige Branchen oder Produkte mit AdWords zu bewerben. Darüber hinaus möchten wir wiederholen, dass vor allem AdWords-Kampagnen im Suchnetzwerk für die Vermarktung von unbekannten Produkten, Modell- und Markennamen ohnehin nicht die erste Wahl sein werden. Ohne Suchvolumen würden Ihre Anzeigen aufgrund der Relevanzkriterien des AdWords-Algorithmus gar nicht erst geschaltet werden. Erst im Displaynetzwerk und dessen über Keywords hinausgehenden Möglichkeiten zur Zielgruppenansprache eröffnet sich auch für solche Anforderungen ein Potenzial.

Speziell für Suchkampagnen werden Sie also in den meisten Fällen auf bereits bestehende Informations- und Datenquellen zugreifen können, um bei Ihrer Keyword-Recherche von diesen Branchenerfahrungen (lokal, national, international) zu profitieren.

Webseiten

Der erste Schritt führt Sie auch hier über eine Internetsuche. Sie möchten AdWords für ein lokales Steuerberatungsunternehmen schalten? Führen Sie ein paar generische Suchen durch – zum Beispiel mit dem Suchbegriff *Steuerberater* –, und gehen Sie wie folgt vor, um weitere potenzielle Keyword-Ideen zu finden. Sammeln Sie zunächst einige URLs von Suchergebnissen, die Sie ansprechen. Sie können sich dabei ruhig auf die ersten zwei Suchergebnisseiten beschränken, da Sie davon ausgehen können, dass die dort auffindbaren Unternehmen (egal ob bezahlte oder organische Einträge) zumindest bisher einiges richtig gemacht haben. Ansonsten würden Sie diese ja nicht in den Top-Suchergebnissen wiederfinden. Achten Sie dabei auf die folgenden Bereiche:

▶ **AdWords:** Welche Anzeigen bewerben Produkte und Dienstleistungen, die den Ihren am ähnlichsten sind? Welche Formulierungen sprechen Sie am meisten an?

▶ **Lokale Suchergebnisse:** Welche Unternehmen befinden sich in Ihrer unmittelbaren Nähe? Welche Anbieter sind aus geografischen Gründen starke oder zu vernachlässigende Mitbewerber?

▶ **Weitere organische Suchergebnisse:** Welche Unternehmen haben es hier in die Top-Ergebnisse geschafft? Welche Text-Snippets versprechen einen professionellen Online-Auftritt?

Haben Sie auf diese Weise ein paar URLs ähnlicher Unternehmen aus Ihrer Branche gesammelt, die aufgrund ihrer vorderen Platzierungen zweifelsfrei bereits in Suchmaschinenmarketing bzw. -optimierung investiert haben, so wiederholen Sie die empfohlenen Schritte aus dem vorhergehenden Abschnitt, in dem wir die Keyword-Recherche auf der eigenen Unternehmenswebseite beschrieben. Gewinnen Sie so neue Erkenntnisse und Ideen für Themen, die Sie bisher noch nicht berücksichtigt haben, bzw. auch weitere (auszuschließende) Keywords, mit denen Sie bei einer Suchanfrage (nicht) assoziiert werden wollen. Natürlich werden Sie bei diesen Webseiten keine Informationen über interne Statistiken erhalten, Sie können sich aber von allem, was öffentlich verfügbar ist, inspirieren lassen.

Werbe- und PR-Material

Ebenfalls nicht verboten ist es, bei den vorhin recherchierten Unternehmen auch einen Blick auf über die Webseite hinausgehendes Werbe- und Präsentationsmaterial zu werfen. Gibt es die Möglichkeit, auf den Webseiten weiterführende Unterlagen, zum Beispiel Prospekte und Kataloge, Studien oder auch Preislisten anzufordern oder herunterzuladen? Werden Sie auch hier kreativ, um Ihre Recherchen zu komplettieren.

Branchen-Nachrichten

Bevor wir uns weg von den vorbereitenden Recherchearbeiten hin zur Vielfalt an Online-Tools bewegen, möchten wir – last but not least – noch eine weitere Quelle erwähnen, um Branchen-Keywords nicht nur initial zu finden, sondern auch langfristig im Blick zu behalten. Genauso, wie Sie den Online-Aktivitäten Ihrer unmittelbaren thematischen und/oder lokalen »Kollegen« Beachtung schenken sollten, sind auch übergeordnete Brancheninformationen eine wertvolle Inspiration für Keywords. Vor allem was zukünftige Trends betrifft, empfehlen wir Ihnen, diesen Sektor zu berücksichtigen.

Beispiel gefällig? Nehmen wir an, dass Sie als Einzelunternehmer oder Agentur Dienstleistungen rund um die Erstellung, Verwaltung und Optimierung von AdWords-Kampagnen anbieten. Als solcher werden Sie eine Auswahl an Nachrichtenquellen abonniert haben, um in der Branche auf dem Laufenden zu bleiben. Das können diverse Twitter-Accounts, Personen, Seiten oder Gruppen auf Google+ und Facebook sein, denen Sie permanent folgen, oder auch die etwas »altmodischeren« Varianten eines RSS- oder E-Mail-Abos: Legen Sie sich eine gut durchdachte Strategie zur Branchenbeobachtung mithilfe von entsprechend strukturierten Nachrichten-Feeds zu, um bestmöglich informiert zu sein.

Haben Sie beispielsweise gestern Abend in einem amerikanischen Branchen-Blog eine Ankündigung über eine in Kürze vorgestellte AdWords-Neuerung gelesen?

Nutzen Sie dazu passende Keywords sofort in Ihren lokalen Kampagnen, um daran interessierte Suchmaschinennutzer in den darauffolgenden Tagen gleich auf Ihre Webseite oder Ihren Blog zu leiten. Mit Ihren AdWords-Anzeigen strahlen Sie so nicht nur Aktualität und Kompetenz aus, was diese Neuerung betrifft, sondern gewinnen möglicherweise mittelfristig auch einen Neukunden dazu, der Ihre Leistungen oder den neuen Unternehmensstandort in seiner Nähe bis dato nicht kannte.

Wir hoffen, Sie können aus diesem Beispiel weitere Anwendungsfälle für Ihre Ad-Words-Kampagnen ableiten, um mittelfristig von solchen Branchen-News und Trends für die Erstellung und Optimierung Ihrer Keyword-Listen zu profitieren.

Branchenbeobachtung als Schlüssel zum Erfolg

Erfolgreiche AdWords-Kampagnen beruhen letztlich auch auf der Kreativität des jeweils verantwortlichen Kampagnenmanagers. Mit bekannten und damit von einem großen Publikum genutzten Tools werden Sie zwar weniger Aufwand bei der Keyword-Recherche haben, im Endeffekt aber aus demselben Topf schöpfen wie die meisten Ihrer Mitbewerber.

Das führt dazu, dass viele AdWords-Kunden mit denselben empfohlenen Keywords und womöglich auch ähnlichen Geboten arbeiten, um mit ihren Anzeigen auf der Suchergebnisseite zu erscheinen. Je weniger Sie bei der Keyword-Recherche in die Tiefe gehen und je weniger Sie sich abseits beliebter Pfade und Tools um Keyword-Ideen bemühen, umso wahrscheinlicher ist es, dass Sie zwar mit Massen-Keywords gute Erfolge erzielen, in Richtung Nischen- und Longtail-Begriffen Ihr Potenzial jedoch nicht optimal nutzen.

Wir freuen uns, wenn Sie die hier genannten Tipps nutzen, um abseits von diversen Recherche-Tools kreative Keyword-Ideen zu finden. Es wird sich für Sie mittelfristig auszahlen, wenn Sie nicht ausschließlich automatisch vorgeschlagene Suchbegriffe verwenden, sondern stets auch einen wachsamen Blick über den Tellerrand werfen – weg von Online-Tools, hinein in Unternehmen und Branchen.

Nun haben Sie schon einige Abschnitte und Seiten zum Thema Keyword-Recherche gelesen, wir befinden uns aber nach wie vor in der ersten Phase des »Sammelns«. Idealerweise haben Sie in Ihren Dokumenten und Tabellen bereits eine bestimmte Kategorisierung vorgenommen, damit Sie es später beim aktiven Einbuchen der Keyword-Listen entsprechend einfacher haben. Wir hoffen, dass Sie bis hierher bereits eine Fülle an wertvollen Informationen in Ihren Mindmaps, Textdokumenten oder Tabellen sammeln konnten. Diese können wir mit den nun vorgestellten Tools einerseits validieren, andererseits ergänzen und schließlich – zumindest fürs Erste – vervollständigen. Wieder einmal blicken wir am Beginn des Abschnittes auf die am nächsten liegenden Möglichkeiten, nämlich auf jene Tools, die Google selbst bereitstellt.

3.2.3   Google Suggest

Wer sollte in Sachen Keywords mehr wissen als der Marktführer? Sie ahnen es, wie einfach diese Frage zu beantworten ist. Das einfachste Tool ist die Google-Suche selber. Sobald Sie im Suchfeld einen Begriff eingeben, werden weitere passende Ergänzungen vorgeschlagen (siehe Abbildung 3.10).

Dieses Feature nennt sich Google Suggest. Die Vorschläge greifen dabei auf Statistiken zurück und zeigen so, was andere Google-User als Ergänzung gesucht haben. Geben Sie in das Google-Suchfeld jeweils einen wichtigen Suchbegriff ein, und schauen Sie, was als Ergänzung vorgeschlagen wird. Diese Keyword-Kombinationen sind sehr wertvoll, weil die Wahrscheinlichkeit sehr hoch ist, dass Google-User genau mit diesen Kombinationen suchen. Der Mensch ist grundsätzlich faul und übernimmt daher oft die Google-Vorschläge als Suchbegriff.

Abbildung 3.10 Google Suggest zum Keyword »gartenmöbel«

Als möglichen Nachteil halten wir der Vollständigkeit halber fest, dass die automatischen Vorschläge den Nutzer bevormunden bzw. vom eigentlichen Suchvorhaben ablenken könnten. Google Suggest basiert schließlich auf einer kollektiven Intelligenz, jene Anfragen automatisch vorzuschlagen, die momentan im jeweiligen Land und in der passenden Sprache im wahrsten Sinne des Wortes »gefragt« sind. Aber was populär ist, muss nicht immer Ihrem aktuellen Interesse entsprechen. Da Sie an dieser Stelle die automatisch vorgeschlagenen Suchphrasen für Ihre AdWords-Keyword-Listen nutzen, können Sie in jedem Fall von dieser Dynamik profitieren.

Sind es nur ein paar schnelle Keyword-Ideen, die Sie sammeln möchten, nutzen Sie Google Suggest einfach direkt über die Suchmaschine. Notieren Sie die Vorschläge, Suchergebnisse und möglicherweise auch URLs von Mitbewerbern, die in diesem Zusammenhang bereits AdWords-Anzeigen schalten. Beachten Sie dabei, dass die automatischen Vorschläge je nach Land und eingestellter Sprache der Google-Suchmaschine variieren. Auch der Standort, von dem aus Sie die Suchanfrage absetzen, kann Einfluss auf Inhalt und Reihenfolge automatisch vervollständigter Suchphrasen nehmen.

So erhalten Sie auf *www.google.de* in Berlin für einen generischen Suchbegriff wie zum Beispiel *Steuerberater* andere Vorschläge, als wenn Sie in Wien auf *www.google.at* suchen. Möglicherweise denken Sie sich jetzt: »Cooles Feature, aber jede einzelne Buchstabenkombination manuell durchzuführen, um zu möglichst vielen Keywords zu kommen, klingt nach einer Sisyphusarbeit.« Wir können Sie beruhigen, Sie müssen das weder selbst erledigen noch auf einen Praktikanten – und damit möglicherweise bis zu den nächsten Sommerferien – warten! Ein findiger italienischer Webprogrammierer hat es mit dem folgenden Werkzeug geschafft, allen Suchmaschinenoptimierern und Online-Marketern den Prozess der Keyword-Recherche mit Google Suggest dramatisch zu erleichtern.

Übersuggest

Eine komplette Recherche mit Google-Suggest ist wie erwähnt aufwendig, und außerdem sind die Vorschläge, die Google (oder auch Bing) liefern, auf circa fünf bis zehn Begriffe beschränkt. Die Lösung für diese Probleme nennt sich *Übersuggest* oder international *Ubersuggest* (siehe Abbildung 3.11). Auch wenn es sich hierbei um kein offizielles Google-Tool handelt, müssen wir dieses kostenlose Tool an dieser Stelle platzieren: Als »Suggest auf Steroiden« wird es auf der Webseite *https://ubersuggest.io* angepriesen, und das ist keineswegs zu viel versprochen.

Was kann es genau? Nun, es basiert auf den Daten des zuvor vorgestellten Google-Dienstes, liefert diese aber so aus, dass Sie es in Sachen Weiterverwendung für Ihre Keyword-Listen so einfach wie möglich haben. Im Startbildschirm dieses internationalen Tools können Sie Ihren Hauptbegriff eingeben und die gewünschte Sprache auswählen. Neben der Standardsuche WEB sind auch Vorschläge für die Spezialsuche wie z. B. IMAGES, SHOPPING, YOUTUBE oder NEWS auswählbar. Nach einem Klick auf den Button SUGGEST startet die Generierung der Keyword-Liste.

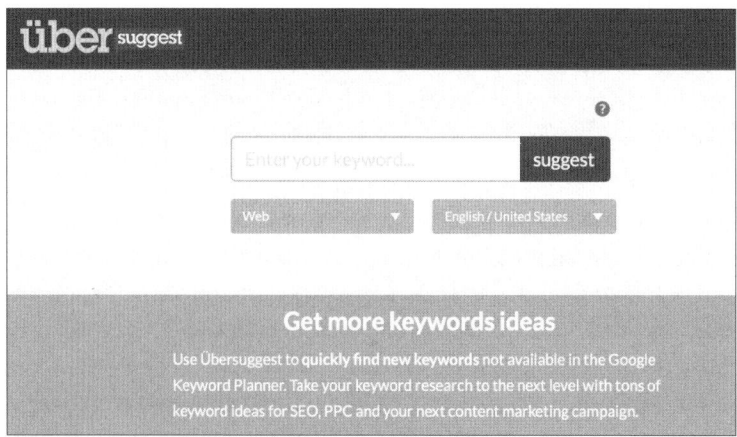

Abbildung 3.11 Startbild zu Übersuggest

Anders als bei den Live-Vorschlägen von Google werden in diesem Tool teilweise Hunderte von Keyword-Kombinationen generiert. Zunächst werden die wichtigsten Kombinationen zum vorgegebenen Keyword angezeigt (siehe Abbildung 3.12).

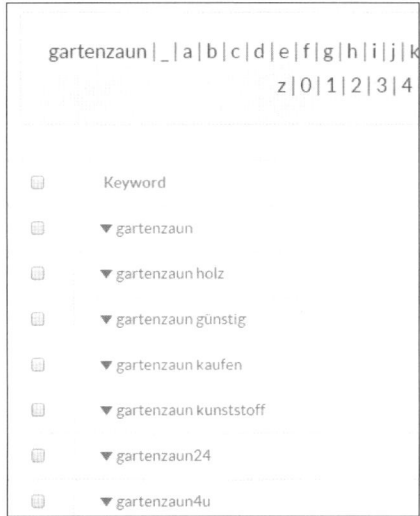

Abbildung 3.12 Wichtigste Vorschläge zum Begriff »gartenzaun«

Über die alphabetische Leiste oberhalb der Keywords gelangt man zu weiteren Keyword-Kombinationen. Unser Beispiel zeigt den Hauptbegriff *Gartenzaun* in Kombination mit solchen Keywords, die den Anfangsbuchstaben *D* besitzen (siehe Abbildung 3.13).

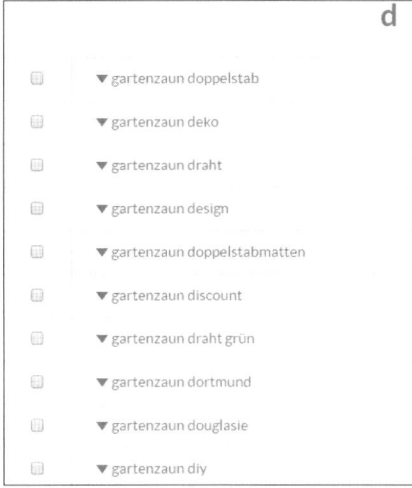

Abbildung 3.13 Zusätzliche Vorschläge zu unterschiedlichen Anfangsbuchstaben

Auf diese Weise werden sehr viele Vorschläge erzeugt. Daher findet man auch mit diesem Tool interessante Kombinationen. Vor allem Suchphrasen mit zwei oder drei Suchbegriffen sind für die AdWords-Werbung interessant, weil die Anfragen dann zielgerichteter sind. Alle so gefundenen Keywords lassen sich als CSV-Datei exportieren.

Google Trends

Google besitzt mit *Google Trends* (früher: *Insights for Search*) ein eigenes Statistik-Tool (siehe Abbildung 3.14). Unter *https://www.google.de/trends* erfahren Sie, was die Welt in den letzten Monaten oder Jahren gesucht hat. Den eingegebenen Suchbegriff ❶ können Sie in Bezug auf die Region ❷ und den Zeitraum ❸ analysieren. Sie starten die Suche einfach, indem Sie auf die ⏎-Taste drücken – den Standort (Region) und Zeitraum können Sie auch später noch ändern.

Abbildung 3.14 Eingabemaske von Google Trends

In einem Diagramm wird dann auf einer Zeitachse das unterschiedliche Suchinteresse zum eingegebenen Begriff visualisiert (siehe Abbildung 3.15). Eine Landkarte verdeutlicht die regionalen Unterschiede. Dies hilft zum Beispiel bei der zeitlichen Steuerung und der regionalen Ausrichtung einer AdWords-Kampagne.

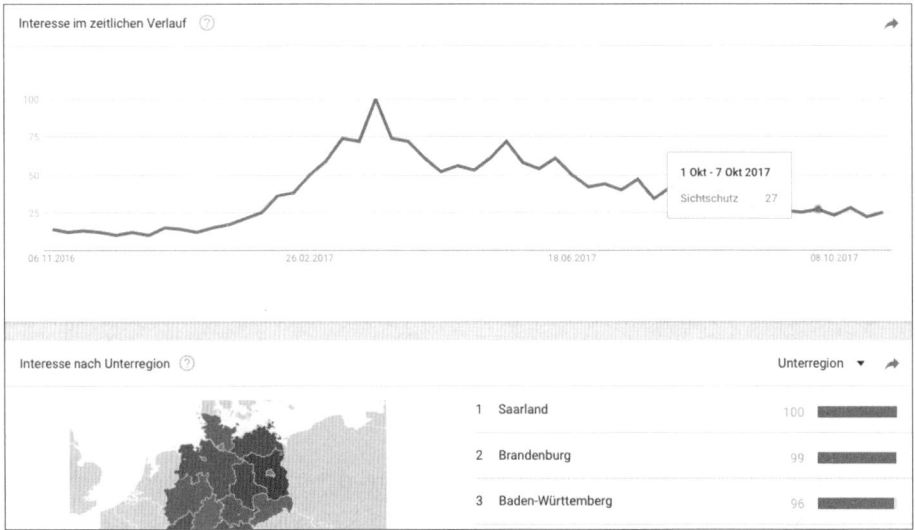

Abbildung 3.15 Interesse nach Zeit und Region in Google Trends

Interessanter für die Keyword-Analyse sind jedoch die Daten am Ende der Google-Statistik. Hier werden verwandte Themen und ähnliche Suchanfragen im Zusammenhang mit dem eingegebenen Keyword aufgelistet (siehe Abbildung 3.16).

Abbildung 3.16 Verwandte Themen und ähnliche Suchanfragen

Google Trends – das mächtigste Tool der Welt?

Der deutsche Internetunternehmer und Social-Media-Experte Ibrahim Evsan hat im Mai 2013 in seinem Blog unter dem Titel »Googles Big Data: Ich sehe etwas, das Du nicht siehst« (abrufbar unter der URL *https://www.ibrahimevsan.de/2013/05/24/googles-bigdata*) die interessante These aufgestellt, dass Google Trends mittelfristig zum mächtigsten Tool der Welt werden könnte.

Wie kommt Evsan zu dieser Ansicht? Nun, er nennt unter anderem ein Beispiel aus dem Finanzbereich, um das Potenzial und die Macht von Google Trends zu verdeutlichen. Im Zuge einer Auswertung von börsenrelevanten Daten und Begriffen über einen längeren Zeitraum in der Vergangenheit konnten Informationen über potenzielle Marktchancen bestimmter Themen gewonnen werden. Richtig interpretiert und geschickt investiert, hätten solche Informationen Gewinne von etwa 300 Prozent ergeben.

Es ist Ihnen überlassen, ob und wofür Sie Google Trends auch außerhalb von AdWords für Recherchezwecke heranziehen. Egal, ob Sie daraus »nur« Keyword-Trends für Ihre Kampagnen ableiten oder aber inspiriert von diesen Zeilen Hinweise auf gewinnbringende Investitionen an den Finanzmärkten herauslesen sowie möglicherweise auf Potenziale für neue Geschäftsfelder und Unternehmungen stoßen: Die Garantie, dass solche Trends aus der Vergangenheit zukünftige Entwicklungen korrekt »vorhersagen«, gibt es für keinen der Anwendungsfälle.

Ähnliche Suchanfragen

Auch *Ähnliche Suchanfragen*, die von Google in Zusammenhang mit vielen Suchergebnissen am unteren oder rechten Seitenrand dargestellt werden, können Ihnen weiteren wertvollen Input im Zuge einer Keyword-Recherche liefern. Im Unterschied zu Google Suggest werden die Begriffe hier nicht aufgrund bestimmter Buchstabenfolgen, sondern rein anhand des Kontexts Ihrer Suchanfrage dargestellt. Auf diese Weise erhalten Sie bis zu acht Links, die zu neuen Suchergebnissen mit weiteren, dem neuen Suchbegriff ähnlichen Suchanfragen führen. Je anspruchsvoller Ihr Recherche-Ziel ist, desto umfangreicher können Sie sich dieser Methode bedienen.

Abbildung 3.17 Ähnliche Suchanfragen als Input für Ihre Keyword-Liste

Bleiben wir noch kurz beim Thema *Steuerberater* und sehen uns am Beispiel von Abbildung 3.17 an, welche Suchanfragen der Algorithmus damit assoziiert. Leicht lässt sich feststellen, dass für den Fall, dass Sie mit AdWords beispielsweise die Dienstleistungen einer Steuerberatungskanzlei bewerben möchten, zunächst vor allem Ideen für ausschließende Suchbegriffe gezeigt werden. Suchmaschinennutzern, die Ergebnisse in Zusammenhang mit *Beruf*, *Gehalt* oder *Studium* erwarten, sollten Sie Ihre Anzeigen idealerweise nicht zeigen. Bei einem Publikum, das sich offensichtlich eher an der Ausbildung als an einer konkreten Beauftragung dieser speziellen Berufsgruppe interessiert zeigt, wäre deren Relevanz nicht gegeben, was die Leistungsdaten wie Klickraten und CPCs unnötig verschlechtern würde.

Mit dieser weiteren Quelle für Keyword-Ideen schließen wir nun den Input, den die unmittelbare Suche bei Ihrer Recherche liefern kann, ab und wechseln zu ein paar hauseigenen – mehr oder weniger bekannten – Google-Tools.

Internationalisierung mit dem Google Translator Toolkit

Wenn Sie in andere Länder expandieren möchten und die entsprechenden Keywords in der jeweiligen Landessprache suchen, lohnt sich ein Blick auf das *Google Translator Toolkit* (*https://translate.google.com/toolkit*). Sie erraten es – es handelt sich wieder einmal um ein kostenloses Tool, das der Suchmaschinenriese allen im Google-Konto eingeloggten Nutzern anbietet.

Basierend auf den von *Google Translate* bekannten Übersetzungsfunktionen können Sie mit *Google Translator Toolkit* nicht nur einzelne Wörter und Absätze, sondern ganze Dokumente und Webseiten automatisch übersetzen lassen. Dies geht so weit, dass sogar ganze AdWords-Kampagnen in einem speziellen Dateiformat hochgeladen werden können, um Übersetzungen für Keywords und Anzeigentexte zu generieren. So können Sie beispielsweise ein komplettes deutschsprachiges Kampagnenset hochladen, um es in eine andere Sprache übersetzen zu lassen.

Es ist klar, dass diese maschinengenerierte Übersetzung nicht von Haus aus »perfekt« sein kann. Daher empfiehlt es sich, zusätzlich auch Übersetzer, idealerweise Muttersprachler, zurate ziehen. Allerdings trägt die Tatsache, dass Sie die Vorschläge manuell prüfen und überarbeiten können und dass der Google-Algorithmus mit jeder neuen Übersetzungsanfrage und permanentem Nutzerfeedback stets dazulernt, dazu bei, dass Sie von diesem Toolkit profitieren können – vor allen dann, wenn's mal schnell gehen soll oder Übersetzerbudgets (z. B. für Testkampagnen) nicht vorhanden sind.

Sie müssen sich bei der Anwendung nicht rein auf AdWords beschränken, probieren Sie zum Beispiel auch die Variante aus, hochgeladene Word-Dokumente oder ganze Webseiten bzw. Kampagnen-Landing-Pages übersetzen zu lassen.

Wechseln wir nun von einem öffentlich verfügbaren Tool, das Ihnen vor allem bei mehrsprachigen und internationalen Recherchen behilflich sein kann, zu Keyword-Quellen, die weiteres unternehmens- bzw. webseiteninternes Potenzial aufzeigen.

Google Search Console

Eine dieser internen, im Zuge Ihrer Keyword-Recherchen einsetzbaren Quellen ist die *Google Search Console*, ehemals *Google Webmaster-Tools* (siehe Abbildung 3.18). Wie Sie dem Namen nach bereits erahnen können, beheimatet dieser Google-Dienst sowohl Einstellungs- als auch Analysemöglichkeiten für Webseitenbetreiber. Viele der verfügbaren Funktionen spielen für die Verwendung im AdWords-Kontext keine unmittelbare Rolle, weshalb wir darauf an dieser Stelle auch nicht weiter eingehen werden. Sind Sie selbst als Webmaster sowie in den Disziplinen Webseiten- oder Suchmaschinenoptimierung aktiv, werden Sie diese Tools idealerweise bereits kennen und im praktischen Einsatz lieben gelernt haben. Falls nicht, empfehlen wir Ihnen deren Verwendung, um nicht nur sämtliche technischen »Hausaufgaben« für eine stabile und Google-freundliche Webseite zu erledigen, sondern um auch aktiv auf potenzielle Probleme hingewiesen zu werden.

Auch wenn die Search Console primär auf eine technikaffinere Anwendergruppe ausgerichtet sind, ist es auch für Sie als AdWords-Werbetreibenden nicht unbedeutend, dass die aus Ihren Kampagnen generierten Webseitenbesucher funktionierende und den Google-Richtlinien entsprechende Zielseiten vorfinden. Probleme mit der Erreichbarkeit von einzelnen Webseiten bzw. dem kompletten Webserver würde die Search Console ebenso rasch aufzeigen wie potenzielle Hürden, die die Inhalte oder Links betreffen.

Denken wir an dieser Stelle kurz an den Qualitätsfaktor, der Kosten und Leistung Ihrer Kampagnen-Keywords maßgeblich beeinflusst. Die Ladezeit der mit den Anzeigen verknüpften Zielseite ist einer der vielen Aspekte, die in die Berechnung des Qualitätsfaktors mit einfließen. Spätestens damit ist die Google Search Console kein reines Werkzeug für »Techniker« mehr, da schlechte oder unzuverlässig funktionierende Zielseiten auch Sie als AdWords-Kunden negativ beeinflussen und so wertvolles Kampagnenbudget kosten können.

Abbildung 3.18 Nutzen Sie die Google Search Console.

Kommen wir zurück zum eigentlichen Thema der Keyword-Recherche, und sehen wir uns an, mit welchen Daten die Search Console aufwartet. Wir werden dabei vordergründig auf diese beiden Reports eingehen:

▶ **Suchanfragen**
Erhalten Sie Informationen darüber, bei welchen Suchanfragen die Google-Websuche Ergebnisse mit Inhalten Ihrer Webseite geliefert hat. Aus den Keyword-Daten zu Impressionen, Klicks, Klickraten und durchschnittliche Positionen im organischen Suchergebnis können Sie Erkenntnisse für Ihre bezahlten Suchkampagnen ableiten.

▶ **Content-Keywords**
Finden Sie Keywords und Wortkombinationen, die Google beim Crawlen Ihrer Webseite gefunden hat. Kombinieren Sie diese Daten mit jenen aus dem zuvor genannten Suchanfragen-Report, um einen Einblick zu erlangen, wie Google Ihre Webseiteninhalte interpretiert. Stoßen Sie damit auf Ungereimtheiten in der Bewertung einzelner Keywords, können Sie so eine mögliche Diskrepanz zwischen Ihren ursprünglichen inhaltlichen Zielen und der tatsächlichen kontextuellen Auslegung der Webseite durch die Google-Crawler erkennen.

Die Search Console können Sie bequem über Ihr bereits mit AdWords verwendetes Google-Konto nutzen. Starten Sie, indem Sie die URL *https://www.google.com/web-masters* in einem Browser aufrufen. Wenn Sie nicht unmittelbar an der Erstellung und Wartung der zu bewerbenden Webseite beteiligt sind, wie dies unter anderem bei externen AdWords-Dienstleistern der Fall ist, können Sie sich vom eigentlichen Webseiteninhaber bzw. Webmaster auch einen temporären Nutzerzugriff einrichten lassen, um Zugang zu den gewünschten Daten zu erhalten. Wie das geht, können Sie bei Bedarf einfach in diesem Hilfeartikel nachlesen: *https://support.google.com/web-masters/answer/2453966*.

Gehen wir davon aus, dass Sie einen Zugang zu der Search Console der Webseite, für die Sie die Keyword-Recherche erstellen, erhalten haben und nach dem Login das Dashboard (siehe Abbildung 3.19) vor sich haben.

Abbildung 3.19 Zwei Reports aus der Google Search Console werden wir uns im Zuge der Keyword-Recherche genauer ansehen.

Sehen wir uns zunächst den SUCHANFRAGEN-Report an (siehe Abbildung 3.20). Wie zuvor angekündigt, erhalten Sie hier Keyword-Daten, die die aktuelle Auffindbarkeit Ihrer Webseite in den organischen Suchergebnissen widerspiegeln. In der folgenden Abbildung sehen Sie, wie ein solcher Report in der Benutzeroberfläche darstellt wird. Neben einer Grafik, die Impressionen und Klicks im zeitlichen Verlauf zeigt, finden Sie auch eine tabellarische Auflistung der mit Ihrer Webseite assoziierten Suchanfragen. Mit deren Hilfe lassen sich im Zuge Ihrer Recherchen folgende Fragen beantworten:

▶ Für welche Keywords und Begriffskombinationen wird die zu bewerbende Webseite bereits in den organischen Suchergebnissen gelistet?

▶ Womit werden nicht nur Impressionen, sondern auch Klicks erzielt?

▶ Sind die Suchanfragen mit hohen Klicks und Klickraten auch jene Begriffe, mit denen Sie tatsächlich Besucher ansprechen möchten?

▶ Lassen sich aus diesem Report möglicherweise auch solche Begriffe ableiten, mit denen Sie Ihre AdWords-Anzeigen nicht in Zusammenhang bringen möchten?

▶ Wie lauten die durchschnittlichen Suchergebnis-Positionen der dargestellten Suchanfragen?

▶ Welche Detailseiten der Webseite werden am häufigsten in den organischen Suchergebnissen angezeigt, und entsprechen diese den geplanten Zielseiten der AdWords-Kampagnen? (Die Umschaltung zwischen Häufigste Suchanfragen und Die häufigsten Seiten erfolgt einfach über die Tabs am oberen Seitenrand.)

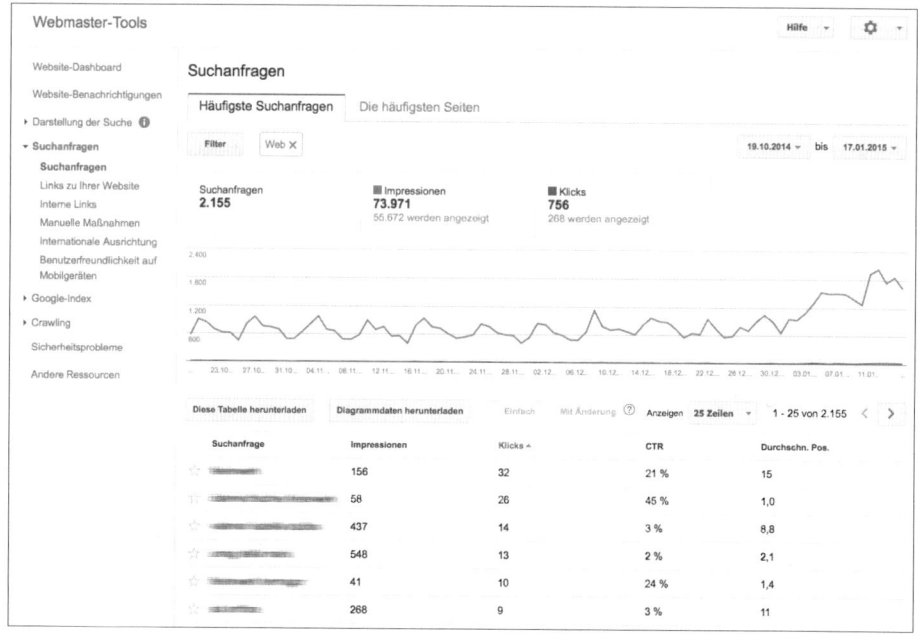

Abbildung 3.20 Neue Erkenntnisse für Ihre Keyword-Recherche durch den Suchanfragen-Report

Erfahrungsgemäß können die Suchanfragen-Reports aus der Search Console einen nicht unwesentlichen Beitrag zur Keyword-Recherche leisten. Sie tun dies einerseits, um bereits getätigte Recherchen und Vorannahmen zu bestätigen – schließlich zeigen die Daten ja das aktuelle Interesse und Verhalten der Nutzer, was die organischen Suchergebnisse betrifft. Andererseits haben wir oft auch überraschenden Keyword-Input erhalten, weil beispielsweise Suchanfragen dargestellt wurden, auf die wir zuvor mit keinem der anderen Tools gestoßen waren.

Darüber hinaus lässt sich der Suchanfragen-Report nicht nur im Interface nutzen; Sie können die Daten auch herunterladen, um diese beispielsweise in Ihrem Tabellenkalkulationsprogramm weiter zu analysieren oder um die Suchbegriffe in Ihren vorbereiteten Keyword- und Themenlisten mit einem Klick weiterzuverwenden. Vor dem Herunterladen sollten Sie auch die erweiterten Filtermöglichkeiten prüfen, die Ihnen zum Beispiel eine Einschränkung des Reports nach Suchanfragen, Art der Suche (Web, Bilder, Mobil, Video) oder Standorten ermöglichen. Auf diese Weise können Sie potenzielle Erkenntnisse aus diesen Reports noch granularer ableiten. In Abbildung 3.21 sehen Sie diese Filtermöglichkeiten auf einen Blick.

Abbildung 3.21 Der Suchanfragen-Report lässt sich nach mehreren Kriterien (z. B. Art der Suche oder Standort) filtern.

Schenken wir auch dem zweiten im Zuge der Keyword-Recherche relevanten Report aus der Google Search Console kurz unsere Aufmerksamkeit: den CONTENT-KEYWORDS. In Abbildung 3.22 sehen Sie ein Beispiel, wie ein solcher Report aussehen kann. Stellen Sie damit fest, welchen Keywords und Keyword-Varianten Google eine hohe Bedeutung beimisst. Das Beispiel zeigt eine sehr gute Interpretation durch die Google-Crawler: Die exemplarische Webseite eines Reisebüros wird überwiegend mit den Keywords *Hotel, Sommerferien, Appartements* sowie *Buchen* in Zusammenhang gebracht. Das entspricht genau dem Verhalten, das der Webseitenbetreiber erwartet, und wirkt sich damit sowohl auf eine sehr gute organische Auffindbarkeit als auch auf eine optimale Anzeigenleistung bei AdWords aus.

Sollten Sie hier auf Keywords stoßen, die Sie bzw. der Kunde oder Webmaster in keinster Weise mit der zu bewerbenden Webseite in Zusammenhang sehen würden, herrscht Handlungsbedarf: Nicht nur, dass eine solche Diskrepanz zwischen den gewünschten und tatsächlich assoziierten Keywords und Themen auf der Webseite auch die Qualität Ihrer Anzeigenleistung beeinflussen könnte; es sind davon auch die organischen Suchresultate betroffen. Stimmen Sie sich in jedem Fall unmittelbar mit Ihrem Kunden bzw. dem Webseitenbetreiber ab, sollten Sie im Zuge Ihrer Recherchen hier auf widersprüchliche Keyword-Informationen stoßen. Im schlimmsten Fall könnten Sie damit einen möglichen Hack der Seite entdecken, der idealerweise vor dem Einschalten Ihrer AdWords-Kampagnen behoben werden sollte.

Webmaster-Tools

Website-Dashboard

Website-Benachrichtigungen

▸ Darstellung der Suche ⓘ

▸ Suchanfragen

▾ Google-Index

  Indexierungsstatus

  Content-Keywords

  URLs entfernen

▸ Crawling

Sicherheitsprobleme

Andere Ressourcen

Content-Keywords

Keyword	Bedeutung
1. hotel (2 Varianten)	▬▬▬▬▬▬
2. ▬▬▬ (2 Varianten)	▬▬▬▬▬▬
3. sommerferien	▬▬▬▬▬
4. ▬▬▬ (3 Varianten)	▬▬▬▬▬
5. ▬▬▬	▬▬▬▬▬
6. buchung (2 Varianten)	▬▬▬▬
7. online	▬▬▬▬
8. italien	▬▬▬▬
9. appartements (2 Varianten)	▬▬▬
10. kroatien (5 Varianten)	▬▬▬
11. buchen	▬▬▬

Abbildung 3.22 Keyword-Analyse Ihrer Webseite durch den Google-Crawler

Mit der Google Search Console haben Sie ein weiteres kostenloses und gleichzeitig wertvolles Instrument – nicht nur für die Keyword-Recherche – kennengelernt. Es ist verständlich, wenn sich die weniger technikaffinen Leser unter Ihnen im Umgang damit zunächst unsicher fühlen. Da Sie mittlerweile jedoch auch erfahren konnten, dass die Leistung der AdWords-Anzeigen auch von der Technik und Qualität der Zielseiten nicht unwesentlich beeinflusst wird, sind die hier behandelten technischen Hintergründe nicht ausschließlich für Programmierer und Webmaster, sondern auch für Sie als Online-Marketer von Bedeutung. Inwieweit Sie sich mit diesem Tool über die Keyword-Recherche hinaus auseinandersetzen, ist natürlich Ihnen überlassen bzw. der jeweiligen Konstellation, in der Sie mit AdWords arbeiten.

Google AdWords

Wundern Sie sich, warum Ihnen Google AdWords selbst als weiteres »Google-internes« Tool zur Keyword-Recherche vorgeschlagen wird? Nun, unsere Erfahrung hat gezeigt, dass es in vielen Fällen historische AdWords-Kampagnen gibt, an denen Sie sich orientieren können. Selbst wenn diese bereits länger zurückliegen, kann es sich lohnen, einen Blick darauf zu werfen. Falls Sie bereits AdWords-Kampagnen geschaltet haben, so sollten Sie auch hier in die Kampagnenreports schauen.

Der Hauptgrund, warum wir Sie darauf hinweisen, ist schlichtweg jener, dass Sie vermeiden sollten, in Ihren neuen AdWords-Kampagnen alte Fehler zu wiederholen. Historische Kampagnendaten liefern neben wertvollem Keyword-Input nämlich zum Beispiel auch Einblicke in Kampagnenstrukturen sowie zu erfolgreichen bzw. nicht erfolgreichen Anzeigentexten. Unabhängig davon, ob AdWords bisher vom

Kunden bzw. Webseitenbetreiber selbst oder über andere Agenturen geschaltet wurden – bestehen Sie im Sinne der zukünftigen Kampagnenleistung auf die Möglichkeit, Erkenntnisse daraus für Ihre Recherchen nutzen zu dürfen.

3.2.4   Externe Tools zur Keyword-Recherche

Neben den oben genannten potenziellen Keyword-Quellen innerhalb Ihres Unternehmens und der Branche sowie der nicht zu verachtenden Auswahl an kostenlosen, »hauseigenen« Google-Diensten steht Ihnen auch eine zunehmend größer werdende Palette an externen Keyword-Tools zur Verfügung. Diese unterstützen Sie zusätzlich – teils kostenlos, teils kostenpflichtig – bei der Recherche und der Strukturierung umfangreicher Keyword-Sets.

Wir empfehlen Ihnen, neben den kostenlosen Tools auch immer mindestens ein kostenpflichtiges Tool in Ihrer Werkzeugkiste bereit zu halten. Die kostenpflichtigen Tools, die Sie meistens monatlich mieten können, sind viel leistungsfähiger und liefern daher mehr Informationen als kostenlose Tools. Zudem schauen die externen, kostenpflichtigen Tools nicht so sehr durch die Google-Brille, wie dies bei den Google-Tools der Fall ist. Manche dieser externen Tools können vorher mit beschränkten Möglichkeiten getestet werden.

Wir stellen Ihnen nun eine Auswahl an Tools in alphabetischer Reihenfolge vor. Aufgrund der Tatsache, dass bei diesen Tools eine starke Marktdynamik erkennbar ist, möchten wir bei der folgenden Aufzählung keinen Anspruch auf Vollständigkeit erheben. Im Unterschied zu den im vorherigen Abschnitt vorgestellten Google-Tools werden wir deutlich weniger ins Detail gehen, was den konkreten Umgang mit den Werkzeugen betrifft. Sobald Sie herausgefunden haben, welche Angebote für Ihre Bedürfnisse am besten geeignet sind, können Sie sich dank der in den meisten Fällen sehr einfach gestalteten Benutzerführung erfahrungsgemäß sehr rasch mit den jeweiligen Anwendungsschritten vertraut machen.

Alexa

Bei *Alexa* handelt es sich nicht etwa um den Namen der Schutzpatronin aller Online- und Suchmaschinenmarketer, sondern vielmehr um einen Dienst, der relevante Traffic-Daten von Webseiten sammelt und den Nutzern auf der Webseite *https:// www.alexa.com* darstellt. Auch wenn der Dienst vor allem im englischsprachigen Raum sehr beliebt ist, finden sich dort ebenfalls Daten vielfrequentierter deutscher Webseiten. Wenn Sie beispielsweise die Webseite *https://www.alexa.com/siteinfo/ spiegel.de* aufrufen, erhalten Sie eine Analyse von *Spiegel Online*. Diese enthält neben diversen Informationen wie Reichweiten, Zielgruppen und einem Beliebtheits-Ranking auch einen sogenannten *Search Analytics Report*. Ein Auszug aus Letzterem ist in Abbildung 3.23 zu finden.

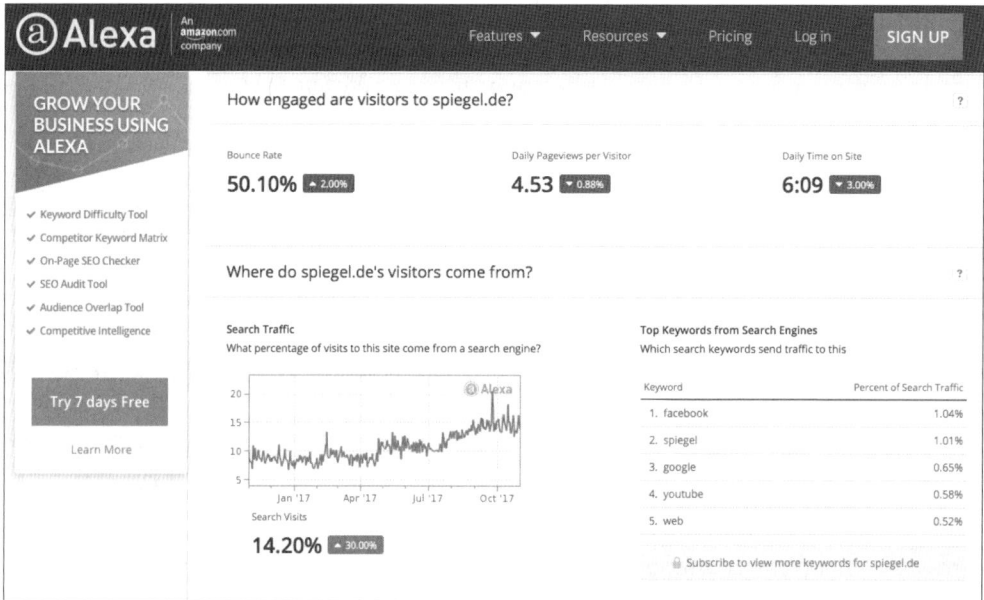

Abbildung 3.23 Die Reports von Alexa zeigen unter anderem Suchvolumen und Keyword-Analysen beliebter Webseiten.

Was können Sie nun für Ihre AdWords-Kampagnen und Keyword-Listen von diesem Tool mitnehmen? Nun, vor allem im Bereich der Mitbewerberanalyse kann Alexa hilfreich sein. Da Ihnen von solchen Seiten wohl kaum unternehmensinterne Webanalysedaten wie zum Beispiel von Google Analytics zur Verfügung stehen werden, lohnt sich in solchen Fällen ein Blick in die Search Analytics Reports von Alexa. Sollten Sie dabei für deutschsprachige Seiten keine oder nur wenig relevante Daten finden, können Sie optional auch auf deren internationale Pendants blicken, um mögliche zusätzliche Keyword-Ideen zu gewinnen und eventuelle Branchentrends zu erkennen.

Abschließend möchten wir noch kurz darauf eingehen, wie Alexa zu diesen Daten kommt. Mithilfe einer Browser-Erweiterung, der sogenannten Alexa-Toolbar, die Millionen von Internetnutzern installiert haben, wird deren Surfverhalten gemessen und mithilfe firmeninterner Algorithmen hochgerechnet. Die bereitgestellten Analysen sind somit jeweils nur Näherungswerte, da schließlich nicht jeder Internetnutzer die für die Datenerhebung nötige Toolbar installiert hat.

Laut Alexa-eigener Angaben (*https://www.alexa.com/about*) werden auf diese Weise mehr als 30 Millionen Sites weltweit erfasst. Alexa-Daten sind also weder akkurat noch aktuell und schon gar nicht vollständig. Für einen kurzen Blick in Nachbars Garten – das heißt in dem Fall: auf beliebte Keywords von Mitbewerber-Webseiten – ist das Tool jedoch allemal einen Klick wert und auch in der SEO-Branche nach wie vor auf jeder Checkliste für Keyword-Recherchen zu finden. Alexa bietet eine freie Testdauer von 7 Tagen an und ist danach kostenpflichtig.

Searchmetrics Suite

Searchmetrics ist ein deutsches Unternehmen, das neben einem Standort in Berlin auch international am Markt auftritt und sich seit seinen Anfängen im Jahr 2007 zum Marktführer im Bereich Search-Analytics-Software entwickelt hat (siehe Abbildung 3.24). Vor allem in den Disziplinen *Inbound Marketing* und SEO wird das Tool auch von großen und namhaften Unternehmen für Recherchen und Analysen eingesetzt. Das für uns vordergründig interessante Feature der Searchmetrics Suite nennt sich *PPC Research* und wird auf der Unternehmenswebseite unter dieser URL im Detail beschrieben: *https://www.searchmetrics.com/de/suite/ppc/#sp-121*.

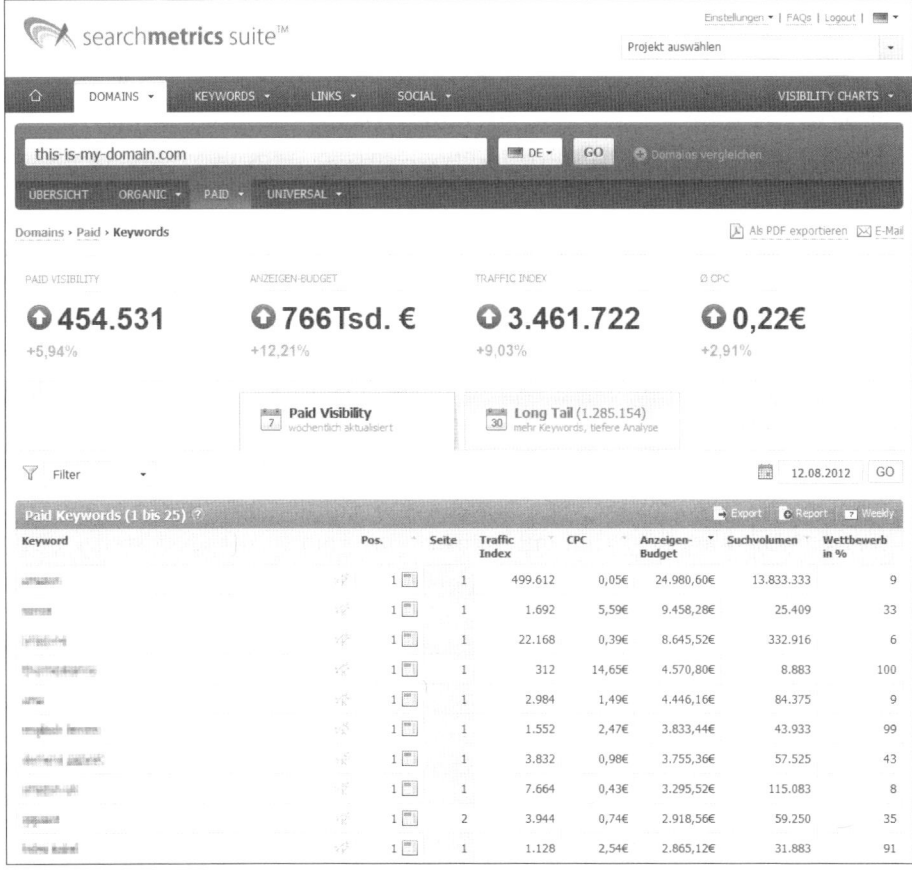

Abbildung 3.24 Das Tool von Searchmetrics ermöglicht Domain-Analysen für organische und bezahlte Keywords.

Folgende, über die Daten interner Google-Tools hinausreichende Zusatzinformationen können Sie als AdWords-Kampagnenmanager dort finden:

▶ Paid Keywords

▶ Positionsverteilung – aktuell und historisch

▶ Wettbewerber

▶ Branchen und Themen

Da Sie mithilfe von Searchmetrics nicht nur Ihre eigene Domain, sondern auch eine Vielzahl von Mitbewerber-Domains im Detail analysieren können, gewinnen Sie nicht nur Keyword-Ideen für Ihre eigenen Kampagnen, sondern auch Erkenntnisse darüber, welche Themen andere Unternehmen mithilfe von AdWords-Kampagnen besetzen und welche ungefähren CPCs und somit Budgets damit einhergehen.

semaGER – semantische Suche

Die sogenannte semantische Suche ist ein Thema, das in Zukunft noch stärker an Bedeutung gewinnen wird. Google versucht zum Beispiel anhand der Gruppierung verschiedener Keywords in einem Text zu verstehen, welche Suchbegriffe miteinander in Verbindung stehen, also semantisch verbunden sind. Wenn beispielsweise die Begriffe *Schule* und *Lehrer* sehr oft in gleichen Texten auftauchen, so können auch Maschinen eine entsprechende Verbindung zwischen den beiden Begriffen entdecken. Das Thema Semantik ist natürlich noch viel komplexer.

Bei dem Tool semaGER geht es jedoch darum, dass es diese verwandten Suchbegriffe auf Webseiten findet und statistisch auswertet. Dies führt zu Begriffslisten, die thematisch verwandt sind und oft Synonyme enthalten. Diese Begriffe vervollständigen natürlich sehr schön unsere Keyword-Listen.

Sie finden das Tool unter *https://www.semager.de/keywords*. Zur Keyword-Recherche nutzen wir den Umstand, dass semaGER die Wortbeziehungen zwischen verschiedenen Keywords analysiert und auflistet. Dabei gibt semaGER anhand der eingegebenen Keywords andere Begriffe vor, die mit den Keywords im Zusammenhang stehen. Entweder finden sich die vorgeschlagenen Begriffe statistisch häufiger auf der gleichen Webseite oder die Begriffe finden sich auf anderen Webseiten, die mit der Webseite, die das Keyword enthält, verlinkt sind.

In Abbildung 3.25 haben wir als Beispiel *gartenzaun* in das Suchfeld eingegeben. semaGER listet nun unterschiedliche verwandte Wörter auf, die auf den Webseiten im Zusammenhang mit *gartenzaun* stehen. Hinzu kommen dann noch Begriffe, die auf verlinkten Webseiten (entweder mit eingehendem Link oder mit ausgehendem Link) stehen. Einige Begriffe sind zur Erweiterung unserer »Gartenzaun-Keyword-Liste« sicher nicht geeignet, aber bei tiefergehender Analyse stößt man auch mit dieser Methode auf interessante Begriffe.

Abbildung 3.25 Semantische Keyword-Vorschläge von semaGER

SEMrush

Das nächste kostenpflichtige Tool nennt sich SEMrush und wurde von einem amerikanischen Unternehmen entwickelt. Auch mit diesem Tool können Sie SEO- und SEA-Analysen sowie eine Keyword-Recherche für den deutschsprachigen Raum durchführen. SEMrush bietet auch tiefergehende Analysemöglichkeiten für internationale Kampagnen, wie z. B. Daten aus den USA, England, Benelux, Frankreich, Spanien, Italien, Polen etc. an. Weitere Informationen zum Tool finden Sie unter *https:// de.semrush.com*.

Zur Keyword-Recherche geben Sie zunächst wieder ein Keyword ein, das näher analysiert werden soll (siehe Abbildung 3.26). Danach können Sie das gewünschte Zielland aus über 20 Ländern auswählen. Per Klick auf den Button SUCHEN starten Sie Ihre Keyword-Recherche.

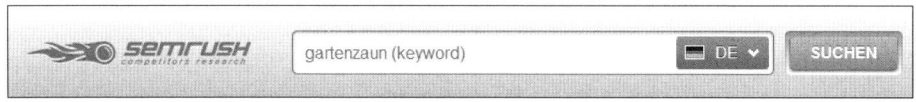

Abbildung 3.26 Start der Keyword-Recherche bei SEMrusch

Das Tool listet verschiedene Keyword-Ideen (siehe Abbildung 3.27) auf. Zu diesen Keywords gibt es unter anderem Information zu Klickpreisen und Suchvolumen. Mithilfe von SEMrush können Sie auch analysieren, welche Konkurrenten zu bestimmten Keywords Werbung schalten. Per Klick auf ein einzelnes Keyword aus der Keyword-Liste startet die tiefergehende Analyse zu diesem Keyword.

Klicken Sie z. B. auf den Link *gartenzaun holz*, so werden weitere Keywords zu diesem Thema aufgelistet und die Domains gezeigt, die speziell zu dieser Suchphrase Werbung schalten oder auf den vorderen Plätzen im organischen Ranking zu finden sind. Auf diese Weise können Sie ausgiebig Ihre wichtigsten Keywords analysieren.

Wortgruppen-Bericht		
Keyword	Volumen	CPC
gartenzaun	22.200	0.70
gartenzaun holz	3.600	0.71
gartenzaun metall	2.900	0.76
gartenzaun günstig	880	0.76
gartenzaun sichtschutz	720	0.77
gartenzaun kunststoff	720	0.67
gartenzaun selber bauen	480	1.02
gartenzaun verzinkt	390	1.21

Abbildung 3.27 Keyword-Liste in SEMrush mit tiefergehender Verlinkung

SEO DIVER

Den SEO DIVER der ABAKUS Internet Marketing GmbH finden Sie unter der URL *http://de.seodiver.com*. Die SEO-Agentur ABAKUS gibt es bereits seit 2002. Das ABAKUS SEO-Forum könnte der eine oder andere von Ihnen vielleicht schon kennen: *https://www.abakus-internet-marketing.de/foren*. Nicht zuletzt aufgrund seines Themenbereichs zu AdWords & Co., der mittlerweile über 20.000 Beiträge umfasst, zeigt sich auch hier, dass Sie Tools, Foren oder Unternehmen, die *SEO* in ihrer Bezeichnung tragen, nicht von vornherein bei Ihren Recherchen und für Aufgaben im Suchmaschinenmarketing ignorieren sollten.

Der SEO DIVER besitzt mehrere Module, z. B. ein Performance-Modul zur Kontrolle des allgemeinen Webseiten-Rankings, das Link-Modul zur Analyse und zum Aufspüren von interessanten Backlinks sowie das Monitoring-Modul zur Kontrolle einzelner Keyword-Rankings. Zur Keyword-Recherche benötigen Sie das Keyword-Modul, das wie die anderen Module auch einzeln gebucht werden kann.

So funktioniert das Keywords-Modul: Geben Sie in das Suchfeld einen wichtigen, allgemeinen Suchbegriff ein, wählen Sie im Header unter KEYWORDS den Unterpunkt KEYWORD RECHERCHE, und klicken Sie danach auf den Button SUCHEN (siehe Abbildung 3.28).

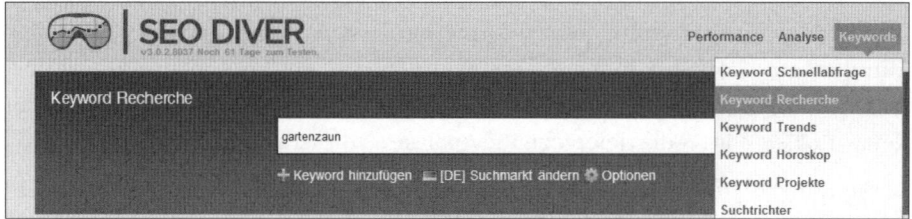

Abbildung 3.28 Keyword-Recherche im SEO DIVER

Als Ergebnis erhalten Sie eine Liste mit Keywords und Keyword-Phrasen, die zum Ausgangs-Keyword passen (siehe Abbildung 3.29). Zu den einzelnen Keywords erhalten Sie verschiedene tiefergehende Informationen zur Analyse in Bezug auf SEO und SEA. Hinter der Spalte Traffic gibt es Zahlen zum Monat mit dem meisten Suchanfragen, damit Sie das Suchvolumen besser abschätzen können.

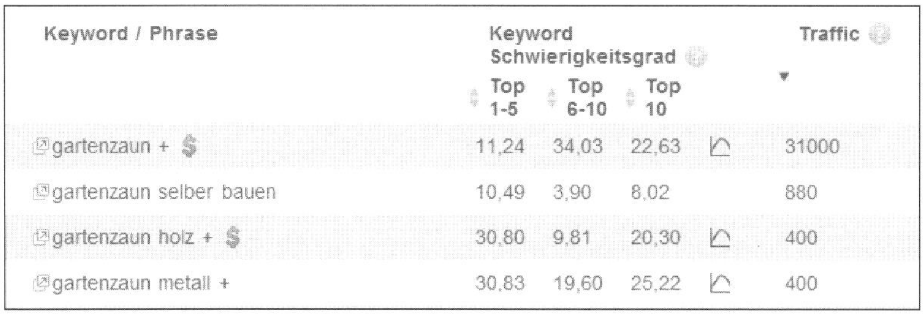

Keyword / Phrase	Keyword Schwierigkeitsgrad				Traffic
	Top 1-5	Top 6-10	Top 10		▼
gartenzaun + $	11,24	34,03	22,63	⌂	31000
gartenzaun selber bauen	10,49	3,90	8,02		880
gartenzaun holz + $	30,80	9,81	20,30	⌂	400
gartenzaun metall +	30,83	19,60	25,22	⌂	400

Abbildung 3.29 Keyword-Liste mit Analysedaten aus dem SEO DIVER

Hinter dem Dollarzeichen, das bei einigen Keywords erscheint, verbergen sich zusätzliche Cost-per-Click-Informationen. Ein Pluszeichen kann per Klick aufgeklappt werden und zeigt dann weitere Keywords an, die eng mit dem jeweiligen Obergriff verbunden sind (siehe Abbildung 3.30). Auch diese Ideen sind vor allem deshalb interessant, weil sie nicht direkt von Google bereitgestellt werden, sondern aus anderen Quellen stammen.

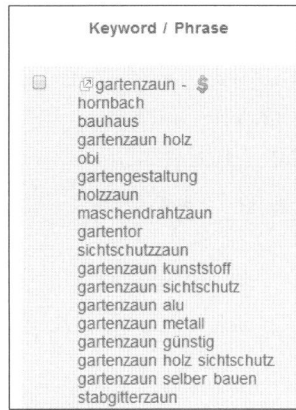

Abbildung 3.30 Weitere Keyword-Ideen im SEO DIVER

SISTRIX-Toolbox

Ein weiteres Tool, das vor allem unter Suchmaschinenoptimierern (SEOs) sehr bekannt ist, ist das Tool der SISTRIX GmbH aus Bonn. Das SISTIRX Tool finden Sie unter *https://next.sistrix.de*. Auch dieses Tool besteht aus verschiedenen Modulen (SEO-Modul, SEM-Modul, Universal-Search-Modul, Link-Modul und Optimizer), die auch einzeln buchbar sind.

Für die Link-Recherche ist das SEM-Modul interessant. Beim SEM-Modul geht es eher darum, der Konkurrenz in die Karten zu schauen und deren Keyword-Listen zu analysieren. Geben Sie dazu in das SISTRIX-Suchfeld den Ausgangssuchbegriff ein. In unserem Beispiel nehmen wir wieder das Keyword *gartenzaun* (siehe Abbildung 3.31).

Abbildung 3.31 Keyword-Eingabe im SISTRIX-Tool

Nach Betätigung der ⏎-Taste oder einem Klick auf das Lupensymbol zeigt SISTRIX Ihnen im SEM-Modul verschiedene Domains an, die Werbung zu dem vorgegebenen Keyword schalten. Wählen Sie aus der Liste einen Keyword-Konkurrenten aus, und klicken Sie dann unter SEM auf das Register KEYWORDS (siehe Abbildung 3.32).

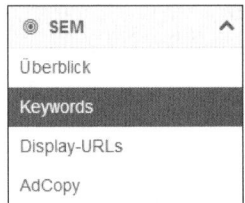

Abbildung 3.32 Keyword-Recherche zur Konkurrenz im SEM-Modul

Sie erhalten die Keyword-Liste der Konkurrenz mit der durchschnittlichen Ranking-Position, der angezeigten URL sowie Hinweisen zur Wettbewerbsdichte und dem geschätzten Traffic zum jeweiligen Keyword. Mithilfe dieser Analyse erfahren Sie also zum einen mehr über Ihre Konkurrenz und finden zum anderen auch noch interessante Ideen für Ihre Keyword-Liste (siehe Abbildung 3.33).

Abbildung 3.33 Keyword-Liste zur Konkurrenz via SISTRIX-Tool

XOVI

Last but not least möchten wir in dieser Runde das Tool XOVI vorstellen, das sich laut Eigendefinition als »SEO Controlling und Online Marketing Suite« positioniert. Unter der URL *https://www.xovi.de* können Sie nicht nur detaillierte Informationen zum Leistungsumfang abrufen, sondern auch einen kostenlosen Testzugang bestellen.

Der Name des Tools leitet sich vom *Online Value Index* (OVI) ab. Dieser berechnet die Sichtbarkeit von Domains in Suchmaschinen und hilft Ihnen ebenfalls wie die zuvor vorgestellten Services vordergründig dann, wenn Sie Maßnahmen zur Optimierung organischer Suchmaschineneinträge durchführen möchten.

XOVI besitzt jedoch nicht nur SEO-Tools, sondern kümmert sich in der Rubrik SEA (siehe Abbildung 3.34) auch um die Analyse bezahlter Suchmaschinenwerbung.

Abbildung 3.34 Das SEA-Tool von XOVI

Mit dem XOVI-Tool erhalten Sie zu einer beliebigen Domain (z. B. zur Domain Ihres Konkurrenten) tiefe Einblicke in die AdWords-Aktivitäten. Folgende Informationen können Sie unter anderem von einer eingegebenen Domain einsehen (siehe Abbildung 3.35):

- Wie lauten die gebuchten Keywords ❷ für einen ausgewählten Zeitraum; welche Daten zu Position ❸, Mitbewerberdichte ❹, Suchvolumen sowie durchschnittlichem CPC ❺ gibt es jeweils dazu?
- Welche Anzeigeninhalte werden bei bestimmten Keywords eingesetzt?
- Welche Anzeige-URLs werden dabei eingesetzt?

Für diese Analyse geben Sie die Domain in das Formularfeld ❶ ein und wählen in der linken Navigation unter SEA den Unterpunkt ANZEIGEN-KEYWORDS.

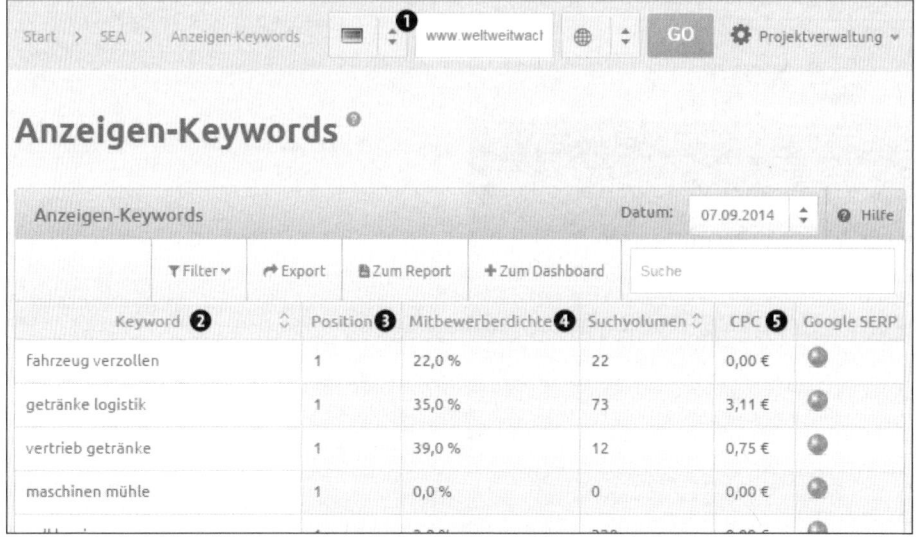

Abbildung 3.35 Mit XOVI analysieren Sie die SEM-Aktivitäten beliebiger Mitbewerber-Domains.

Möchten Sie bei Ihren Recherchen nicht die Aktivitäten der Mitbewerber, sondern bestimmte Keyword- und Themensets sehen, so finden Sie in der linken Navigation beim Unterpunkt KEYWORDS ebenfalls ein Tool zur Keyword-Recherche. Dort geben Sie das Keyword ein, zu dem Sie weitere Vorschläge erhalten möchten. Mit praktischen Schiebereglern können Sie Filter erstellen, um das Ergebnis einzuschränken (siehe Abbildung 3.36). So können Sie zum Beispiel bestimmen, dass nur Keyword-Kombinationen mit maximal vier einzelnen Wörtern angezeigt werden.

Mit dem Keyword-Ergebnis erhalten Sie weitere Informationen zum Suchvolumen, zum durchschnittlichen CPC-Gebot sowie zur Mitbewerberdichte (siehe Abbildung 3.37).

Abbildung 3.36 Keyword-Recherche mit dem XOVI-Tool

Keyword Recherche

Keywords

	Keyword		Suvo.		CPC		Mitbewerber
☐	metall gartenzaun		390		0,33€		100%
☐	gartenzaun metall		2900		0,29€		94%
☐	gartenzaun tore		46		0,45€		1%
☐	gartenzaun shop		46		0,52€		96%
☐	gartenzaun		22200		0,44€		100%

Abbildung 3.37 Ergebnis zur Recherche nach »gartenzaun«

»A fool with a tool …«

Ein bekanntes englisches Sprichwort lautet: »A fool with a tool is still a fool«, also etwa: »Ein Narr mit einem Werkzeug ist noch immer ein Narr«. Sie als Anwender der in diesem Kapitel empfohlenen Keyword-Tools als einen solchen zu bezeichnen, liegt nicht in unserer Absicht. Wie empfehlen Ihnen aber, bei der Auswahl und Anwendung dieser technischen Hilfsmittel niemals zu vergessen, dass keines davon mangelndes Know-how zu ersetzen vermag.

Egal ob gratis oder kostenpflichtig, jedes Tool ist nur so gut wie der Anwender, der es mit Daten füttert. Kombinieren Sie also Ihr zuvor erlerntes Fachwissen im Umgang mit Keywords mit ausgewählten Werkzeugen, die Ihnen die Schritte zur Ergänzung und Automatisierung vereinfachen. Abraten möchten wir an dieser Stelle davon, dass Sie ungeprüft Hunderte bzw. Tausende Keywords in Ihre Kampagnen importieren – nur weil Sie ein Tool gefunden haben, das Ihnen diese automatisch vorschlägt. Nur bei jenen AdWords-Kunden, die hartnäckig und ausschließlich solchen Tools vertrauen und durch diese Vorgehensweise möglicherweise ihre Kampagnenleistung nach unten und die Kosten nach oben treiben, wäre der Gebrauch des oben erwähnten Sprichwortes noch einmal zu überdenken. Auch zu lange und »überoptimierte« Keyword-Listen können für eine schlechte Kampagnenleistung sorgen, bei der am Schluss nur Google profitiert, nicht aber Sie bzw. das zu bewerbende Unternehmen.

3.2.5   Analyse der Konkurrenzwebseite – ein Blick in den Source-Code

Zum Abschluss der verschiedenen Recherche-Möglichkeiten möchten wir Ihnen noch den Tipp mitgeben, sich einmal mit dem Quellcode der Konkurrenzwebseiten zu beschäftigen.

Für diesen Tipp müssen Sie sich ein wenig damit auskennen, wie eine Webseite aufgebaut ist. Die bunten Seiten, die Sie in Ihrem Browser sehen, bestehen aus einem Code, der für Maschinen geschrieben wurde. In diesem Code haben Programmierer früher oft Keywords hinterlegt, um diese den Suchmaschinen als wichtige Information in Bezug auf den Webseiteninhalt zu präsentieren und so besser zu den Begriffen bei Google & Co. gefunden zu werden. Zur Verbesserung des Suchmaschinen-Rankings funktionieren diese Keywords jedoch schon lange nicht mehr. Falls Ihre Konkurrenz jedoch noch Keywords im Quellcode hinterlegt hat, so können Sie diese ausspionieren. Die hinterlegten Begriffe scheinen für die Webseiten Ihrer Konkurrenten ja wichtig zu sein.

Schauen Sie der Konkurrenz in die Karten, indem Sie sich den HTML-Quelltext (auch *Source-Code* genannt) anzeigen lassen. Dann können Sie die Keywords auslesen: Fahren Sie dazu einfach mit Ihrer Maus auf die zu untersuchende Webseite und klicken Sie auf die rechte Maustaste. Falls Sie den Browser Chrome oder Firefox nutzen, so wählen Sie die Option SEITENQUELLTEXT ANZEIGEN. Im Internet Explorer funktioniert dies auch. Dort heißt der Befehl QUELLCODE ANZEIGEN. Daraufhin wird Ihnen in einem neuen Fenster der Quellcode der Webseite angezeigt (siehe Abbildung 3.38). Im oberen Bereich des Codes – im sogenannten Header-Bereich – suchen Sie nach den Meta-Tags ❶. Ein Tag hat das Attribut `name="keywords"` ❷. Hier hat der Programmierer eventuell die Suchbegriffe hinterlegt, zu denen die Webseite bei Google gefunden werden soll. Vielleicht sind diese Keywords ja auch für Sie interessant? In unserem Beispiel (siehe Abbildung 3.38) hat die Commerzbank AG unter anderem die Begriffe *Kredit*, *Geldanlage*, *Termingeld* und *Tagesgeld* ❸ hinterlegt.

```
❶ <meta name="author" content="Commerzbank AG" >
      ❶ <meta name="copyright" content="(c) 2014 Commerzbank AG" >
      ❶ <meta name="created" content="19.09.2013 15:37:09" >
      ❶ <meta name="edited" content="26.05.2014 08:30:21" >
      ❶ <meta name="description" content="Im Portal f&uuml;r Privat- und Gesch&aum
                       ❷              ❸
      ❶ <meta name="keywords" content="Kredit, Geldanlage, Termingeld, Tagesgeld,
```

Abbildung 3.38 Ein Blick in den Quellcode der Commerzbank

3.2.6 Fazit zur Keyword-Recherche

Wir haben Sie im Laufe dieses Abschnitts ausreichend auf potenzielle Keyword-Quellen für Ihre geplanten Kampagnen aufmerksam gemacht und hoffen, dass Sie auch einige davon bereits im Rahmen Ihres Projekts ausprobiert haben. Wie beim Umgang mit großen Informationsmengen »leider« üblich, werden Sie feststellen, dass Sie um eine bestimmte Gruppierung der recherchierten Keywords nicht umhinkommen.

Eine einzige AdWords-Anzeigengruppe mit Hunderten oder Tausenden Keywords steht nicht unbedingt für eine hohe Relevanz und Kampagnenqualität. Demnach ist es unerlässlich, dass wir uns als Nächstes den Möglichkeiten zur Gruppierung von Keyword-Listen widmen. Dass Sie Ihre Keywords in Anzeigengruppen unterteilen, steht außer Frage. Welche Art und Weise der Kategorisierung Sie wählen, hängt jedoch von Ihrem Kampagnenthema und der jeweiligen Zielsetzung ab. Lernen Sie nun ein paar Gruppierungsvarianten kennen, mit denen Sie Ihre Keywords bestmöglich in Ihre Kampagne einbauen. Versuchen Sie, Ihre Keywords mit Blick auf die Optimierung so granular wie möglich aufzusplitten.

3.3 Die Keyword-Gruppierung

Es ist wichtig, dass Sie bei der Gruppierung Ihrer Keywords sowohl die Intention des Suchenden als auch den Detailgrad der von ihm verwendeten Suchphrase in Ihre Entscheidungen mit einbeziehen.

3.3.1 Gruppierung nach Suchabsicht

Gehen Sie in der hier beschriebenen Segmentierung der Suchbegriffe möglichst darauf ein, was der Interessent vom jeweiligen Suchergebnis erwarten könnte, um die Leistung der jeweiligen Anzeigengruppen zu optimieren. Sucht der Nutzer nach Informationen, werden Sie solche Keywords anderswo einordnen müssen, als wenn er eine Suchanfrage mit einer klaren Kaufabsicht stellt (z. B. durch die Angabe der Begriffe *kaufen* oder *online buchen*). Sie müssen dabei die folgenden drei Suchabsichten kennen- und unterscheiden lernen, die wir Ihnen nun näher vorstellen möchten:

- ▶ Navigations-Keywords
- ▶ Informations-Keywords
- ▶ Transaktions-Keywords

Navigations-Keywords

In die Kategorie der *Navigations-Keywords* fällt ein Begriff dann, sobald der Nutzer bereits vor seiner Suchanfrage weiß, zu welchem Unternehmen, Service oder Produkt er im Browser navigieren möchte. Wenn Sie beispielsweise eine Internetsuche nach *Red Bull* oder *Mercedes-Benz* durchführen, teilen Sie damit der Suchmaschine unmissverständlich mit, dass Sie einen Link zur jeweiligen Unternehmenswebseite finden möchten.

Sie genießen dabei nicht nur den Vorteil, sich ein »Erraten« der Internetadresse zu sparen, sondern können auch davon profitieren, dass das Suchergebnis den relevantesten Link zu einem lokalen Internetauftritt des Unternehmens darstellen wird. Wenn Sie so wollen, geschehen Suchanfragen mit Navigations-Keywords häufig schlicht und einfach aus Bequemlichkeit, weil die Nutzer mittlerweile gelernt haben, dass der Umweg über Google & Co. ohnehin nur wenige (Milli-)Sekunden Zeit beansprucht und dafür mit großer Gewissheit die richtige Seite in den Top-Positionen des Suchergebnisses erscheint.

Einige solcher Suchanfragen geschehen jedoch auch unbewusst. Viele moderne Browser unterscheiden heute nicht mehr zwischen der Eingabe einer URL oder eines Suchbegriffs. In einer sogenannten *Unified Search Bar* oder *Omnibox*, also einem einzigen zentralen Eingabefeld, können Sie beispielsweise in Googles eigenem Browser Chrome selbst entscheiden, ob Sie dort eine komplette URL eingeben, um direkt zum gewünschten Inhalt zu gelangen, oder eben den »bequemen« Umweg über eine Suchanfrage wählen. Diese Vorgehensweise der Browserhersteller – in diesem Beispiel handelt es sich um Google selbst – ist dabei nicht ganz uneigennützig: Anstatt die Nutzer direkt auf die Webseiten zu schicken, lässt sich auf diese Weise geschickt zusätzlicher Suchmaschinen-Traffic generieren. Das bedeutet mehr Suchanfragen, einen hilfreichen Beitrag zur Reichweitenausdehnung und nicht zuletzt den einen oder anderen zusätzlich verdienten Euro, der durch auf diese Weise ebenfalls eingeblendete AdWords-Anzeigen generiert wird.

Sie sehen also, dass eine solche Vorgehensweise nicht nur bequem für den Anwender ist – schließlich wird dieser mithilfe der Suchmaschine weniger Probleme damit haben, die gewünschte Seite zu erreichen. Auch der Suchmaschinenanbieter profitiert davon (im deutschsprachigen Raum sprechen wir hier, wie Sie wissen, fast ausschließlich von Google).

Um das Ganze nun von einer Win-Win-Situation in eine Win-hoch-drei-Situation zu verwandeln, möchten wir an dieser Stelle wieder Sie als AdWords-Werbekunden ins Spiel bringen. Auch Sie können nämlich davon profitieren, bei einer solchen Navigationssuchanfrage präsent zu sein. Sehen wir uns dazu das Beispiel in Abbildung 3.39 an: Wenn man bei Google Deutschland nach *Red Bull* sucht, möchte man wohl sehr wahrscheinlich die deutsche Variante der Unternehmenswebseite finden. Und siehe da: *energydrink-de.redbull.com* ist auf Platz eins der organischen Suchergebnisse zu finden.

Was aber macht Red Bull an dieser Stelle im Bereich AdWords? In dem Wissen, dass der Nutzer in dieser Phase seiner Suche möglicherweise noch kein spezifisches Produktinteresse hat, werden sowohl Anzeigen zu konkreten Produkten als auch zu generellen Inhaltsstoffen und mehr angezeigt. Zudem nutzt die Marke die Möglichkeit, das Getränk *Red Bull Zero Calories* über AdWords zu promoten. Ob ein Klick entsteht oder nicht, spielt an dieser Stelle nur eine geringe Rolle, schließlich geht es dieser Marke ja auch um Reichweite und Impressionen – und Letztere kosten ja bekanntlich bei AdWords nichts.

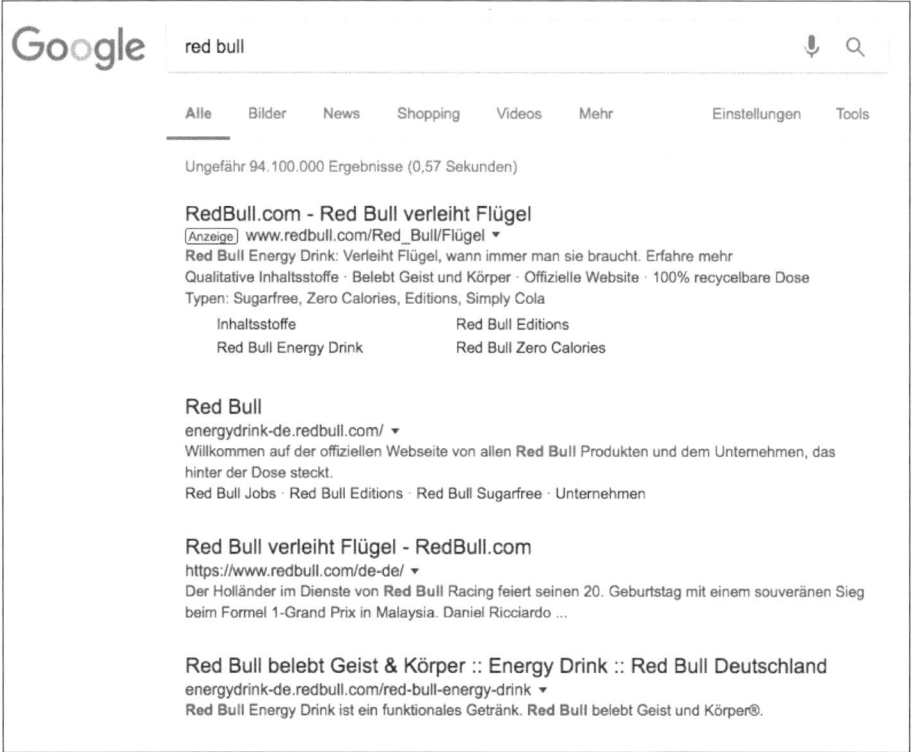

Abbildung 3.39 Aktionen und Produkthinweise bei der Markensuche

Vergessen Sie nicht den »Full Value of Search« für Ihre Marke!

Eine ältere Google-Studie zur Wirkung von AdWords auf Markenaufbau und -pflege liefert aufschlussreiche Ergebnisse, was die Buchung von Navigations- bzw. im konkreten Fall von Marken-Keywords betrifft. Unter anderem konnte evaluiert werden, dass auch Bestandskunden bzw. solche User, die eine Marke bereits kennen und deren Produkte nutzen, Google zu Recherchezwecken nutzen. Die Annahme, dass diese Nutzergruppe stets die URL der Markenwebseite eingibt, wäre laut dieser Studie falsch.

Auch unsere Erfahrungen zeigen, dass die Investition in die Buchung von Marken- und Navigations-Keywords bei AdWords in den meisten Fällen für neue, zusätzliche Besucher sorgt und dabei nur selten andere Quellen untergräbt (z. B. Direktzugriffe oder solche aus organischen Suchergebnissen).

Weitere Details, Fallbeispiele und Studienergebnisse zur Rolle der Suche für Branchen, Unternehmen und Marken finden Sie unter: *https://www.thinkwithgoogle.com/platforms/search.html*. Folgen Sie auf dieser Webseite auch den weiteren Links, um zusätzliche Informationen abzurufen.

Klar zu berücksichtigen ist, dass Sie ein solches Keyword-Set separaten Kampagnen bzw. Anzeigengruppen zuordnen. Auch wenn die Verwendung von Marken-Keywords generell mit relativ geringen CPCs einhergeht, werden die Conversion-Raten einer solchen Keyword-Gruppierung eher gering bleiben. Steuern Sie daher über individuelle Tagesbudgets und Gebote, welchen Anteil Kampagnen mit Navigations-Keywords in Ihrer Gesamtstrategie einnehmen sollen bzw. dürfen.

Sie haben nun also die Kategorie der Navigations-Keywords kennengelernt und wissen, dass und wie Sie mit solchen Suchbegriffen Ihre Kampagnenstrategie ergänzen können. Wir hoffen, Sie haben erkannt, dass die Einstellung »Leute, die mein Unternehmen bereits kennen, finden mich im Internet ohnehin« nicht unbedingt zielführend ist. Vor allem unter Berücksichtigung der im oben stehenden Kasten genannten Studie tun Sie gut daran, Navigations-Keywords in Ihren AdWords-Kampagnen mitzuberücksichtigen.

Kennen Sie den meistgesuchten Begriff der Suchmaschine Bing?

Während offizielle Quellen der alternativen Suchmaschinenanbieter Bing und Yahoo nicht näher darauf eingehen, macht ein unbestätigtes Gerücht in der Branche die Runde: *Google* soll dort einer der meistgesuchten Begriffe sein! Die Begründung dafür ist nicht unlogisch, wenn man davon ausgeht, dass sehr viele Nutzer eine dieser Alternativen automatisch als Startseite oder bevorzugte Suchmaschine in Ihren Browsern eingerichtet haben. Da diese Nutzer dennoch »googeln« möchten, führen sie zunächst eine Suche mithilfe eines Navigations-Keywords durch, um zur gewünschten bzw. ihnen bekannten Suchmaschine zu gelangen.

Die Jahresberichte für Bing und Yahoo ähneln übrigens jenen, die auch über den bereits bekannten Dienst Google Trends abrufbar sind. Interessierte Leser können sich unter diesen URLs ein detailliertes Bild über Suchtrends bei alternativen Suchmaschinen machen:

https://blogs.bing.com/search/2014/11/30/and-your-most-searched-on-bing-in-2014-are.

Über das oben stehende Beispiel hinaus möchten wir auch jeweils eine Suchanfrage rund um das Thema *Digitalkamera* verwenden, um Ihnen die unterschiedlichen Suchabsichten zu erklären. Der in Abbildung 3.40 darstellte Bildschirmausschnitt zeigt eine klar erkennbare Navigations-Absicht des Suchmaschinennutzers und führt – in dem Fall glücklicherweise auch ohne das Schalten einer AdWords-Anzeige – direkt zur gesuchten Webseite.

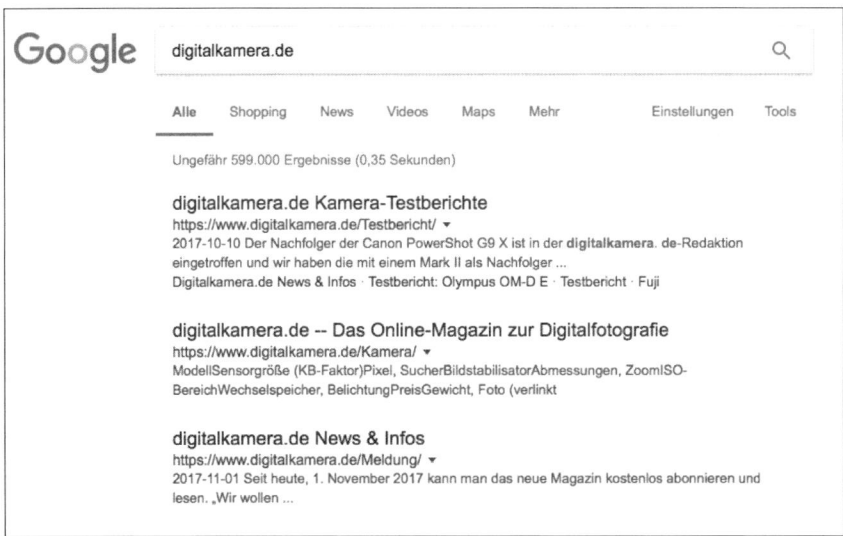

Abbildung 3.40 Navigations-Keywords führen zur Homepage des gesuchten Unternehmens.

PS: Bitte berücksichtigen Sie, dass Sie die hier verwendeten Beispiele selbstverständlich mit beliebigen anderen Marken sowie verschiedenen Themen reproduzieren können. Wir möchten Ihnen einfach so plakative Beispiele wie möglich zeigen und können aus kontextuellen und platztechnischen Gründen nicht auf alle Marken und Branchen eingehen.

Informations-Keywords

Kommen wir als Nächstes zu den *Informations-Keywords*. Nutzer mit dieser Suchabsicht geben meist Mehrwort-Begriffe in die Suchzeile ein, um sich online nähere

Informationen zu beispielweise einem Produkt, einem Unternehmen oder dem nächsten geplanten Urlaubsort zu holen. Einem thematischen Begriff folgt dabei jener, der die Informationsart näher beschreibt. So lassen sich beispielsweise Suchanfragen mit »Test«, »Anreise« oder »Wetter« in die Kategorie der informellen Suchabsicht einordnen.

Im Beispiel aus Abbildung 3.41 wird nach *digitalkamera test* gesucht. Damit teilen wir der Suchmaschine unmissverständlich mit, dass wir zunächst weder an Produktdetails einer konkreten Digitalkamera noch an unmittelbaren Shopping-Möglichkeiten interessiert sind. Der Google-Algorithmus kann unsere Suchabsicht sehr gut zuordnen und zeigt uns weder bezahlte noch organische Ergebnisse, um Digitalkameras zu kaufen, sondern nur Links zu solchen Seiten, auf denen umfangreiche Tests von Geräten aus dieser Produktgruppe zu finden sind.

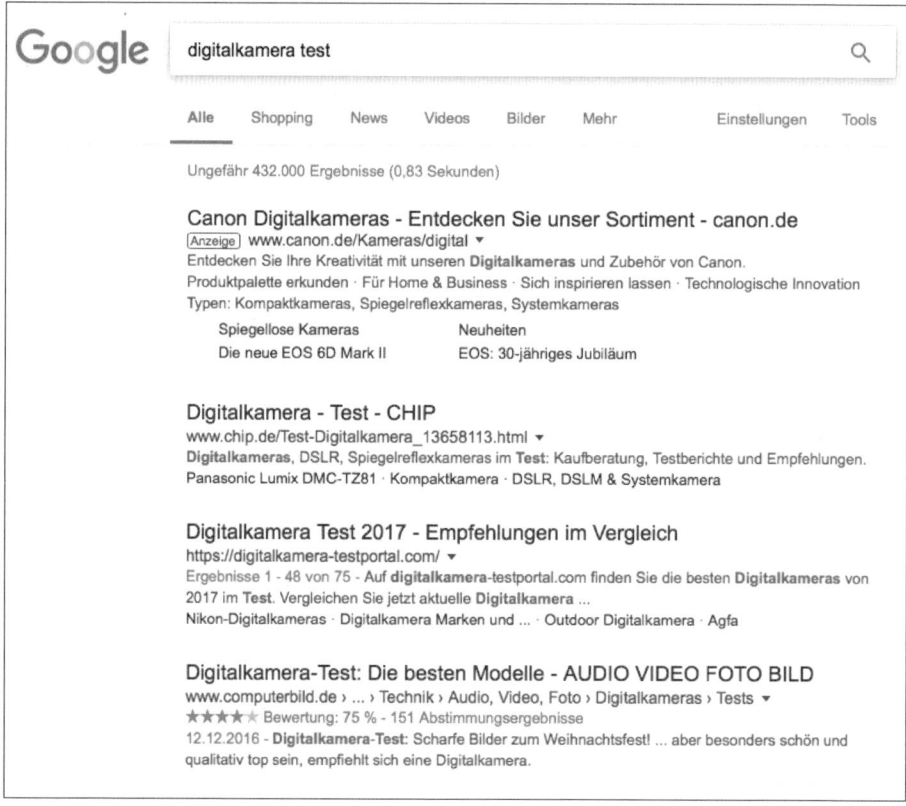

Abbildung 3.41 Wichtige Informationen, z. B. Testberichte bei der Eingabe von Informations-Keywords

Sie können also erkennen, dass Nutzer mit dieser rein informellen Suchabsicht zwar noch kein konkretes Kaufinteresse haben, sich aber in einer nicht unwesentlichen Phase ihrer Kaufentscheidung befinden. Man würde nicht nach Digitalkamera-Testberichten im Internet suchen, wäre man nicht mittelfristig auch an einer Anschaffung interessiert.

Auch bei Nutzern, die zum Beispiel nach dem aktuellen Wetter oder den idealen Anreiserouten zu einem bestimmten Ferienort suchen, können Sie mit hoher Wahrscheinlichkeit davon ausgehen, dass diese in der nächsten Zeit dort einen Aufenthalt planen. Als Werbetreibender dürfen Sie also auch solche Keyword-Kombinationen in Ihrer AdWords-Strategie nicht unberücksichtigt lassen. Ordnen Sie Informations-Keywords unbedingt separaten Kampagnen und Anzeigengruppen zu, um auf deren Leistung hinsichtlich Budgetsteuerung und Optimierung explizit eingehen zu können.

Um bei den Testberichten zu bleiben, wäre es für Sie als Anbieter des Testsiegers eines speziellen Digitalkamera-Modells durchaus sinnvoll, dass Sie diese Tatsache interessierten Nutzern über AdWords-Anzeigen zu relevanten Suchanfragen auch mitteilen. Solche Maßnahmen werden klarerweise nicht die Leistung konkreter Abverkaufskampagnen erreichen können, spielen aber sowohl im Kaufentscheidungs- als auch im zuvor erwähnten Markenbildungsprozess eine nicht zu vernachlässigende Rolle. Stoßen potenzielle Interessenten, Käufer oder Urlaubsgäste in dieser Phase nicht auf Ihre Anzeigen, sondern im schlechtesten Fall auf jene von Mitbewerbern oder Vergleichsplattformen, bei denen Sie möglicherweise nicht im besten Licht präsentiert werden, verschenken Sie hier unnötig Potenzial.

Transaktions-Keywords

Aller guten Dinge sind drei, warum sollte es auch bei der Keyword-Gruppierung nach Suchabsichten anders sein? Im vorliegenden Fall ist die dritte Variante wohl die beste, weil für Sie im Hinblick auf die Kampagnenleistung die erfolgversprechendste: Die Rede ist von sogenannten *Transaktions-Keywords* – also jenen Begriffskombinationen, mit denen Sie als Suchmaschinennutzer eine klare Kaufabsicht ausdrücken.

Für viele von Ihnen mag es faszinierend erscheinen, wie unterschiedlich Googles Suchergebnisseiten plötzlich aussehen, sobald Sie den Begriff *Testbericht* durch *Kaufen* ersetzen. Von einer nahezu »braven« Auflistung relevanter Testberichte schaltet man auf Ergebnisse um, die plötzlich nur mehr ein Ziel zu kennen scheinen: Jetzt! Online! Kaufen!

Wie Sie in Abbildung 3.42 sehen können, hat der Google-Algorithmus sofort festgestellt, worauf wir mit unserer dritten in diesem Zusammenhang getätigten Suchanfrage *digitalkameras günstig kaufen* hinauswollen. Das Suchergebnis besteht ausschließlich aus Anzeigen und organischen Links zu Seiten, auf denen ein unmittelbarer Online-Kauf des gesuchten Produktes möglich ist. Neben klassischen AdWords-Anzeigen finden Sie im abgebildeten Beispiel auch Google-Shopping-Ergebnisse wieder. Solche konkreten Produktanzeigen, die, unterstützt von Produktbildern, für eine hohe Sichtbarkeit Ihres Online-Shops sorgen, können Sie ebenfalls mithilfe von Google AdWords online schalten.

Demnach ist es nur logisch, dass Sie Transaktions-Keywords in Ihrer Kampagnen-struktur eine spezielle Beachtung schenken, sind diese doch für die Leistung Ihrer Anzeigen zur Bewerbung eines Online-Shops am wichtigsten und in den Conversion-Reports wohl jene mit den besten ROI-Daten.

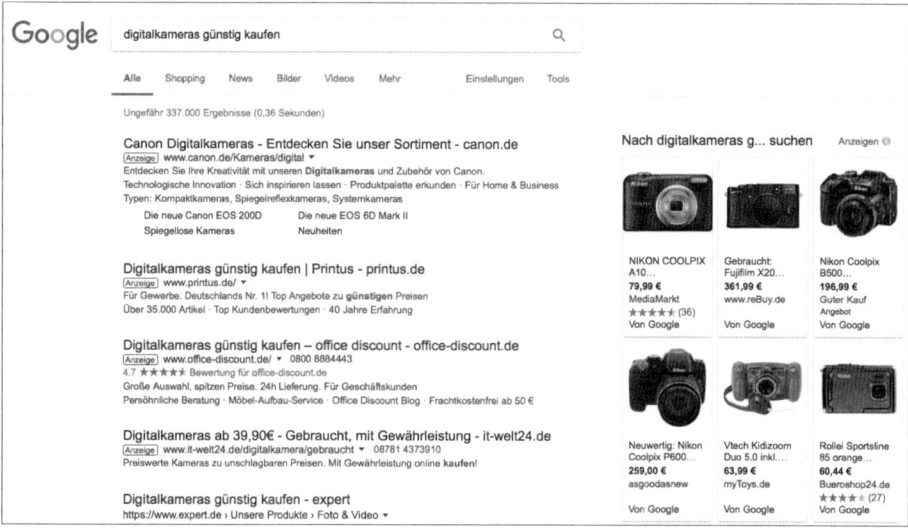

Abbildung 3.42 Online-Shops als Ergebnis zu einem Transaktions-Keyword

Wir hoffen, Sie konnten die drei unterschiedlichen Suchabsichten mithilfe dieser einleitenden Erklärung verstehen und wissen nun, wie bedeutend es ist, diese in ihren AdWords-Keyword-Listen nicht zu vermischen. Nicht nur dass Sie bei einer unstrukturierten Vorgehensweise die Relevanz einzelner Anzeigengruppen unnötig verringern würden, auch im Analyse- und Optimierungsprozess bliebe Ihnen ein klarer und schneller Blick darauf verwehrt, wie die Leistung spezieller Keywords und Keyword-Gruppen unter Berücksichtigung der Suchabsichten ausfällt. Haben Sie diese Form der Keyword-Gruppierung verstanden und berücksichtigt, gibt es noch weiteren Input, den wir Ihnen auf den folgenden Seiten nicht vorenthalten möchten.

3.3.2   Gruppierung nach Suchtiefe

Blicken wir zunächst auf die Gruppierung nach Suchtiefe, um darauf einzugehen, wie detailliert ein Suchmaschinennutzer seine Anfrage stellt. Erfahrungsgemäß verhält sich die Suchtiefe unmittelbar proportional zur Anzahl der eingegebenen Keywords. Je mehr Keywords zur Verfeinerung der Suchanfrage verwendet werden, umso größer ist die Suchtiefe.

Sie müssen berücksichtigen, dass Ihre Anzeigengruppen mit Keywords geringerer Suchtiefe zwar viel Traffic, aber wahrscheinlich nicht den höchsten ROI liefern werden. Gleichzeitig können Sie nicht ausschließlich auf sehr detaillierte Keyword-Kombinationen setzen. Was nützt Ihnen deren Conversion-Rate von bis zu 100 %, wenn im Monat nur wenige Klicks damit generiert werden? Nicht selten ist es praktikabel, dass Sie zunächst mit kurzen Keyword-Kombinationen starten und die Suchtiefe erst im Zuge des Optimierungsprozesses schrittweise vergrößern (u. a. durch die Auswertung der konkreten Suchanfragen).

Ein abschließendes Beispiel – bleiben wir in der Gruppe der Transaktions-Keywords – möchten wir Ihnen hier dennoch nicht vorenthalten. Sehen wir uns gemeinsam mithilfe von Tabelle 3.2 an, wie sich die Suchtiefe von Keyword-Kombinationen auch auf den Anzeigeninhalt und die Zielseite auswirkt.

Keyword	Eigenschaft	Anzeige	Zielseite
Digitalkamera kaufen	Kaufabsicht ist klar, Modell und Markenwunsch sind jedoch unbekannt.	Generischer Text mit Hinweis auf »Digitalkamera Online Shop«	Relevante Überblicksseite mehrerer Modelle und Marken
Nikon Digital Online Shop	Marke und Kaufabsicht sind klar.	Spezifischer Text mit Hinweis auf »Nikon«-Markenschwerpunkt	Nikon-Markenchannel Ihres Online-Shops
Nikon D5200 Kit Online kaufen	Konkrete Kaufabsicht inklusive Modellwunsch	Konkreter Text, passend zum gesuchten Modell, optional mit konkreter Preisangabe bzw. Hinweisen auf Aktionen	Modell- bzw. Angebotsseite für das gesuchte »Nikon D5200 Kit«

Tabelle 3.2 Gruppieren Sie Ihre Keywords nach Suchtiefe, um in granularen Anzeigengruppen eine optimale Kampagnenleistung zu erzielen.

3.3.3   Weitere Gruppierungsvarianten

Die zuvor genannten Beispiele sollten Ihnen einen ausreichenden Eindruck davon vermitteln, wie essenziell eine granulare Keyword-Struktur für den Erfolg jeder AdWords-Kampagne ist. Auch wenn viel vom zuvor Genannten für Sie logisch und selbstverständlich erscheinen mag – Sie würden sich wundern, wie viele Konten wir bis heute einsehen konnten, in denen ein heilloses Durcheinander an Kampagnen, Anzeigengruppen und Keywords vorzufinden war.

Egal ob es sich um vermeintlich logische Konventionen oder klare Empfehlungen seitens Google handelt, es gibt in vielen Konten nichts, was nicht gerne mal komplett ignoriert wird. Ob der Kontoinhaber dies unwissentlich oder schlicht aus Zeitmangel nicht korrigiert bzw. von Grund auf besser angelegt hat, spielt hierbei keine Rolle. Anzeigengruppen, in denen eine große Zahl an unterschiedlichen Keyword-Gruppen »wie Kraut und Rüben« durcheinandergewürfelt sind, helfen letzten Endes nur einem: der Portokasse von Google. Eine fehlende Struktur sorgt nicht nur für eine unnötig geringe Anzeigenrelevanz für den Suchenden, sondern gleichzeitig für hohe Ausgaben Ihrerseits. Deshalb möchten wir Ihnen am Ende dieses Abschnittes noch einmal nahelegen, wie wichtig eine saubere Keyword-Gruppierung für Ihren Kampagnenerfolg ist.

Apropos Kampagnenerfolg: Mit diesem Stichwort kommen wir den eigentlichen Kampagnen und Ihrem AdWords-Konto wieder etwas näher. Schließlich geht es nun darum, die bis zu diesem Kapitel gewonnenen Erkenntnisse, Keyword-Listen und Strukturen in konkrete Kampagnen umzusetzen.

3.4   Fazit

Dieses Kapitel hat Sie sehr ausführlich über die verschiedenen Aspekte der Keyword-Recherche informiert. Sie kennen nun die unterschiedlichen Möglichkeiten, die Google bietet, aber auch viele interessante externe Tools, die zum Teil ebenfalls kostenlos sind. Daneben sollten Sie jedoch auch einen Blick auf die kostenpflichtigen SEA-Tools werfen, die viele interessante Funktionen bieten. Das eine oder andere Tool erleichtert die Arbeit beim Aufsetzen einer neuen Kampagne.

Das Keyword-Kapitel ist eher umfangreich ausgefallen und zeigt damit auch, dass Sie bei diesem Thema etwas mehr Zeit investieren sollten: Denn ein solides Keyword-Set bildet noch immer die Grundlage einer erfolgreichen AdWords-Kampagne.

Zusätzliche Tipps: Hilfe bei Ihren Keyword-Listen

▶ Recherchieren Sie ausgiebig, aber halten Sie Ihre erste Keyword-Liste relativ klein. Diese kann später immer noch ergänzt werden.

▶ Wenn die Keywords zu den Produkten oder Dienstleistungen nicht richtig funktionieren, sollten Sie auch immer einmal einen anderen Blickwinkel wählen. Was sind die Probleme und Bedürfnisse Ihrer Kunden? Gibt es dazu passende Suchbegriffe?

▶ Bei den meisten Themen müssen Sie zunächst mit weitgehenden Optionen starten. Der Modifizierer bietet dabei eine gute Unterstützung. Auf Grundlage der Statistik werden später Wortgruppen und genau passende Suchphrasen erstellt.

▶ Halten Sie die Anzahl der Keywords in Ihren Anzeigengruppen klein, und erstellen Sie lieber neue, thematisch passende Anzeigengruppen.

3.5 Checkliste

Die Keyword-Recherche ist ein wichtiger Baustein Ihrer AdWords-Kampagne im Suchnetzwerk. Haben Sie an alles gedacht?

Wichtige Punkte bei der Keyword-Recherche	OK (✓)
Analyse der eigenen Webseite	
Analyse von Werbematerial	
Brainstorming	
Austausch mit Kollegen und Freunden	
Kundenbefragung	
Aufbau einer Keyword-Liste	
Recherche mit dem Keyword-Tool von AdWords	
Recherche mit unterschiedlichen Google-Tools	
Nutzung von Google Suggest	
Recherche mit kostenlosen externen Tools	
Recherche mit kostenpflichtigen Profi-Tools	
Gruppierung der Keyword-Ideen	

Tabelle 3.3 Keyword-Recherche – Checkliste

Kapitel 4
Ihre erste AdWords-Kampagne

Es geht los! In diesem Kapitel erarbeiten wir schrittweise die Benutzer-oberfläche des AdWords-Kontos. Unser Ziel ist es, dass Sie danach ein effizientes erstes Kampagnen-Setup erstellen können, bei dem einige erweiterte Einstellungen noch bewusst außen vor gelassen werden.

Wechseln Sie in Ihrem neu erstellten AdWords-Konto zum Unterpunkt KAMPAGNEN, um von dort aus die Erstellung Ihrer ersten Kampagne in Angriff zu nehmen. Beginnen Sie mit einem Klick auf ⊕.

Abbildung 4.1 Eine neue Kampagne auf dem Tab »Kampagnen« anlegen

Bevor Sie jedoch Ihre erste Kampagne erstellen, lassen Sie uns noch kurz das anstehende Prozedere in diese vier grundlegenden Schritte aufteilen:

1. **Kampagnen**
Im Register nehmen Sie globale Kampagneneinstellungen vor, beispielsweise die Auswahl der gewünschten Werbenetzwerke, Standorte, Sprachen und Budgets.

2. **Anzeigengruppen**
Eine Kampagne benötigt mindestens eine Anzeigengruppe. Die Anzeigengruppe verbindet die Textanzeige mit den Keywords. Sie ist quasi die Klammer um Keywords und Textanzeige.

3. **Keywords**

Pro Anzeigengruppe benötigen Sie mindestens ein Keyword. Sie hinterlegen einen, meistens jedoch mehrere Suchbegriffe bzw. Suchwortkombinationen. Für die jeweiligen Keywords können noch Keyword-Optionen und individuelle Keyword-Gebote festgelegt werden.

4. **Textanzeige**

Pro Anzeigengruppe benötigen Sie auch eine Anzeige, die optimalerweise auf die Keywords in der Anzeigengruppe abgestimmt ist. In Abbildung 4.2 haben wir für Sie die Anatomie eines AdWords-Kontos dargestellt. Sie werden schnell erkennen, dass auch die Logik der Kampagnenerstellung dieser grundlegenden Hierarchie folgt. Diese ist übrigens unabhängig von der Unternehmensgröße, der Zielsetzung und dem Werbebudget und gilt somit für alle AdWords-Konten gleichermaßen.

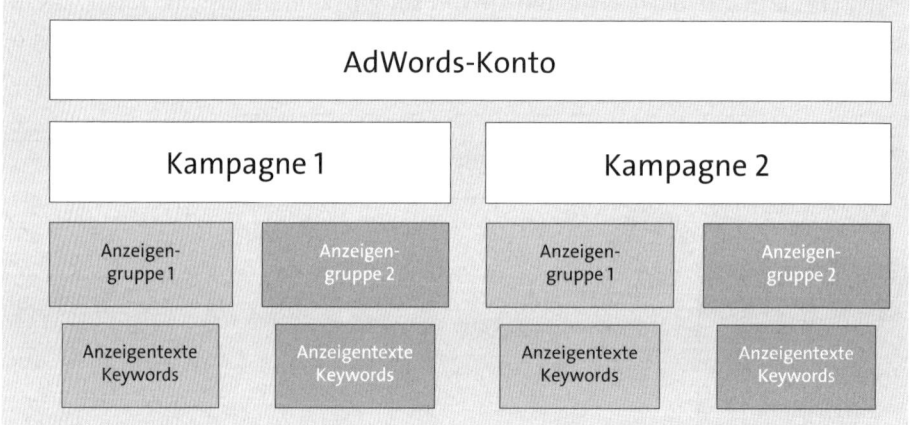

Abbildung 4.2 Die Anatomie eines AdWords-Kontos mit dem hierarchischen Aufbau von Kampagnen und Anzeigengruppen

4.1   Bevor Sie beginnen

Bevor Sie mit der Erstellung Ihrer ersten Kampagne beginnen, möchten wir mit Ihnen an dieser Stelle noch einmal klären, ob Sie alle erforderlichen Vorbereitungsarbeiten abgeschlossen haben. Sie sollten grundlegend mit den Inhalten aus den vorhergehenden Kapiteln vertraut sein, in denen wir die Funktionsweise von AdWords erklärt und mit Ihnen Überlegungen zu Strategie und Zielen angestellt haben. Zudem setzen wir voraus, dass Sie sich bereits eine erste Keyword-Liste zurechtgelegt haben, die Sie, basierend auf dem Kapitel zum Thema Keywords und Keyword-Recherche, bearbeiten und strukturieren konnten.

4.1.1   Bereit für AdWords? Die finale Checkliste

Die folgende Checkliste hilft Ihnen, noch einmal zu prüfen, ob Sie auch wirklich startklar sind:

▶ **Budget**
Sie müssen sich darüber im Klaren sein, welches Budget Sie für Google AdWords einsetzen möchten. Wir gehen davon aus, dass Sie sich einen klaren Budgetrahmen für einen definierten Zeitraum gesetzt haben. Das ist wichtig, weil Sie gleich zu Beginn des Setup-Prozesses ein maximales Tagesbudget für Ihre Kampagne festlegen müssen.

▶ **Webseite**
Sie haben sichergestellt, dass Sie eine einwandfrei funktionierende Webseite besitzen, die für die über AdWords gewonnenen neuen Besucher optimal aufbereitet ist. Von der Ladezeit über das Design bis hin zu den Inhalten muss die Webseite dahingehend optimiert sein, neue Interessenten bestmöglich abzuholen. Funktioniert zum Beispiel ein für die Neukundengewinnung wichtiges Formular nicht, wäre jeder einzelne über AdWords generierte Klick eine Verschwendung.

▶ **Anzeigenausrichtung**
Sie haben sich darüber Gedanken gemacht, in welchen Zielregionen und Sprachen Sie Ihre erste Kampagne schalten möchten. Wir empfehlen Ihnen, dass Sie erste Erfahrungen zunächst am Heimatmarkt und in Ihrer Landessprache sammeln – vorausgesetzt natürlich, Branche und Zielsetzung Ihres Unternehmens erlauben es. Ist Ihr Budget begrenzt, denken Sie gleich an eine Einschränkung auf spezielle erfolgversprechende Bundesländer, Regionen oder Städte, bevor Sie eine landesweite Kampagne schalten.

▶ **Angebot**
Sie wissen, welche Angebote, Produkte und Dienstleistungen Sie bewerben möchten. Das ist gleich für zwei Bereiche wichtig: Einerseits können Sie so gezieltere Anzeigentexte verfassen, andererseits wissen Sie gleich, welche der Anzeigen Sie mit welcher Zielseite auf Ihrer Webseite verknüpfen müssen. Sie werden später noch erfahren, warum es durchaus sinnvoll und empfohlen ist, nicht alle Anzeigen ausschließlich auf die Homepage Ihrer Unternehmenswebseite zu lenken.

▶ **Zielsetzung**
Sie haben für Ihre Kampagne eine konkrete Zielsetzung festgelegt. Möchten Sie qualifizierte Besucher generieren, Anfragen oder Anmeldungen über Online-Formulare erhalten oder Produkte in einem Online-Shop verkaufen? Gehen Sie bereits im Anzeigentext darauf ein, welche Tätigkeit der Interessent auf Ihrer Webseite durchführen soll, und verweisen Sie ihn auf inhaltlich abgestimmte Unterseiten.

▶ **Anzeigentexte**
Sie haben sich wichtige Textpassagen und Kernaussagen oder sogar konkrete Preise und Angebotsdetails zurechtgelegt, die Sie unbedingt in Ihren Anzeigen darstellen möchten. Wie Sie wissen, bieten die Textanzeigen von AdWords sehr wenig
Platz für Ausschmückungen und lange Formulierungen. Je besser Sie diesbezüg-
lich vorbereitet sind, umso leichter wird Ihnen die Eingabe der Anzeigentexte bei
der Kampagnenerstellung fallen. Vergessen Sie nicht, einen USP wie beispielsweise »Kostenloser Versand« und eine passende Call-to-Action wie »Jetzt bestellen!«
in Ihre Texte zu integrieren. Erfahrungsgemäß werden zu »brave« oder ohne klare
Handlungsaufforderung formulierte Anzeigentexte weniger gut geklickt.

▶ **Suchbegriffe**
Sie haben sich, basierend auf den zu bewerbenden Produkten oder Dienstleistun-
gen, bereits passende Suchbegriffe und Keyword-Listen zurechtgelegt, für die Sie
Ihre ersten AdWords-Anzeigen schalten möchten. In Kapitel 3, »Keywords«, haben
Sie Tools und Prozesse zur umfangreichen Recherche Ihrer Keywords kennenge-
lernt.

4.1.2   Namenskonventionen

Wir möchten noch ein weiteres wichtiges Thema ansprechen, bevor Sie aktiv werden.
Legen Sie sich – beginnend bei der ersten Kampagne – eine nachhaltige, aussagekräftige und allgemein verständliche Namenskonvention zurecht, und sorgen Sie dafür,
dass diese im gesamten AdWords-Konto eingehalten wird. Auf diese Weise stellen Sie
sicher, dass Sie einerseits die Namen von Kampagnen und Anzeigengruppen nachträglich nicht mehr ändern müssen. Denn dies hätte in einigen Fällen sogar negative
Auswirkungen auf Analyse- und Optimierungsprozesse, und das wollen wir selbstverständlich vermeiden.

Andererseits können bei einer »sprechenden« Namenskonvention auch andere Personen schnell einen Einblick gewinnen, wie die Konto- und Kampagnenstruktur in
Ihrem Konto aufgebaut ist. Sie können sich nicht vorstellen, mit welchen kuriosen
Konto-, Kampagnen- und Anzeigengruppenbezeichnungen wir im Zuge unserer Ad-
Words-Beratungs- und Betreuungsprojekte bereits konfrontiert wurden. *Kampagne 1*
ist dabei der »Klassiker«, weil es sich hier um den von AdWords automatisch vorgeschlagenen Kampagnennamen handelt, und viele unerfahrene Anwender machen
sich leider gar nicht die Mühe, ihn zu ändern.

Wir möchten, dass Sie solche Bezeichnungen so früh wie möglich vermeiden. Dem
Vorteil, den Sie und andere Personen später haben werden, stehen nur wenige Minuten Aufwand gegenüber, die Sie der Benennung Ihrer Kampagnen widmen. Unabhängig davon, ob Sie wenige manuell betreute oder eine Vielzahl an automatisierten

Kampagnen benennen müssen, halten Sie sich stets an eine solide und aussagekräftige Namenskonvention.

Es gibt hierfür keine allgemeine »Regel« oder feste Standards. Erfahrungsgemäß ist es jedoch zielführend, wenn Sie versuchen, die wichtigsten Informationen wie das ausgewählte Werbenetzwerk, die geografische Ausrichtung bzw. Sprache sowie die Kampagnenstrategie und idealerweise auch die Art der Werbemittel im Namen unterzubringen. Auch Hinweise auf die betreffende Saison oder Jahreszahlen sind »erlaubt«, wenn Ihre beworbenen Produkte und Dienstleistungen dies erfordern. So wird man beispielsweise bei unterschiedlichen Kampagnen für eine Urlaubsdestination diese je nach Jahreszeit oder Ferienperiode bzw. je nach Saison mit einem passenden Namen benennen, um die laufende Analyse und Optimierung durch unterschiedliche Verantwortliche so einfach wie möglich zu gestalten.

Nutzen Sie bei verwandten Kampagnen auch gleiche Namensbestandteile. So können Sie später bei Automatisierungsprozessen einfacher auf eine Gruppe zurückgreifen, indem Sie alle Kampagnen ansprechen, die zum Beispiel den Begriff »Shop« enthalten, oder alle Kampagnen, bei denen beispielsweise »Weihnachten« im Kampagnennamen vorkommt.

Beispiele für Kampagnennamen:

▶ Google-Suchnetzwerk-AT_Generisch
▶ SEA_AT_Generic
▶ Google-Displaynetzwerk-DE_Brand
▶ GDN_DE_Brand
▶ Google-Displaynetzwerk-EN_Banner
▶ GDN_EN_Banner
▶ YouTube-Imagekampagne-DE_2013
▶ 001_Sportbekleidung
▶ 002_Sportschuhe

Beispiele für nicht empfohlene Kampagnennamen:

▶ AdWords
▶ Neue Kampagne 1
▶ XF3_379_OPT
▶ »Test«, »Diverse« oder »Sonstige«

Nachdem wir Sie nun auch mit einer der wohl wichtigsten Eigenschaften einer AdWords-Kampagne – nämlich deren eindeutigem und aussagekräftigem Namen – konfrontiert haben, sind Sie endgültig bereit dafür, mit der Erstellung Ihrer ersten AdWords-Kampagne zu beginnen.

Kontolimits in AdWords

Selbst wenn die meisten Leser in dieser frühen Phase wohl noch keine Probleme damit haben sollten, an die Grenzen der erlaubten Konto- und Kampagnenlimits zu stoßen, ist diese Information für die künftige Planung Ihrer Maßnahmen nicht unwichtig: Seit 2012 gelten erweiterte und für den Großteil der AdWords-Kunden wohl langfristig ausreichende Beschränkungen.

Ein Konto kann in der Summe 10.000 Kampagnen beinhalten, wobei es keine Rolle spielt, ob diese aktiv sind oder gerade pausieren. Pro Kampagne sind dann bis zu 20.000 Anzeigengruppen erlaubt, die jeweils weitere 20.000 einzelne Keywords oder andere für das Displaynetzwerk relevante Ausrichtungselemente (z. B. Placements oder Zielgruppen) enthalten können.

Pro Anzeigengruppe sind zudem bis zu 300 Anzeigen möglich. Die Kontolimits belaufen sich in der Summe auf maximal 4 Millionen aktive oder pausierende Anzeigen und 5 Millionen Ausrichtungselemente (Keywords, Placements etc.).

Rufen Sie das folgende Dokument der AdWords-Hilfe auf, um eine vollständige Liste der aktuell gültigen AdWords-Kontolimits zu erhalten: *https://support.google.com/adwords/answer/6372658*

4.2   Grundlegende Einstellungen

Da die theoretische Erklärung der Funktion von AdWords schon wieder einige Kapitel und Seiten zurückliegt und wir davon ausgehen müssen, dass einige von Ihnen auch als »Quereinsteiger« diesen Abschnitt lesen werden, halten wir es für wichtig, den grundsätzlichen Ablauf einer Google-Suche noch einmal kurz zusammenfassen: Ein Nutzer mit Informationsbedarf oder einer konkreten Kaufabsicht ruft zum Beispiel die Seite *www.google.de* auf und gibt dort seine Suchanfrage ein. Daraufhin erscheint die Suchergebnisseite, deren Einträge am oberen sowie am unteren Bereich der Ergebnisseite aus mehreren bezahlten Textanzeigen bestehen, die zum Suchbegriff passen und (mehr oder weniger deutlich – mehr dazu im nächsten Kasten) gekennzeichnet sein. Bei Interesse an einer der auf diese Weise beworbenen Webseiten wird der Nutzer auf eine der Anzeigen klicken.

Im Beispiel aus Abbildung 4.3 haben Sie als Interessent durch die Eingabe der Suchphrase *iphone 8 kaufen* Ihr klares Interesse am Kauf eines Apple iPhone bekundet. Diese Eingabe löst nun über AdWords die Anzeigenschaltung mehrerer Anbieter aus. Darunter finden sich zum Beispiel Telefonanbieter oder auch Webshops. Da Sie eher ein Angebot ohne Telefonvertrag wünschen, klicken Sie in diesem Fall auf die Anzeige der Firma OTTO. Der Klick führt Sie nun zur Zielseite (*Landing-Page*) der Kampagne, auf der Sie sofort alle Informationen zum gewünschten Gerät finden können, um Ihre Kaufentscheidung zu treffen und eine Online-Bestellung im Bestfall sofort abzuschließen.

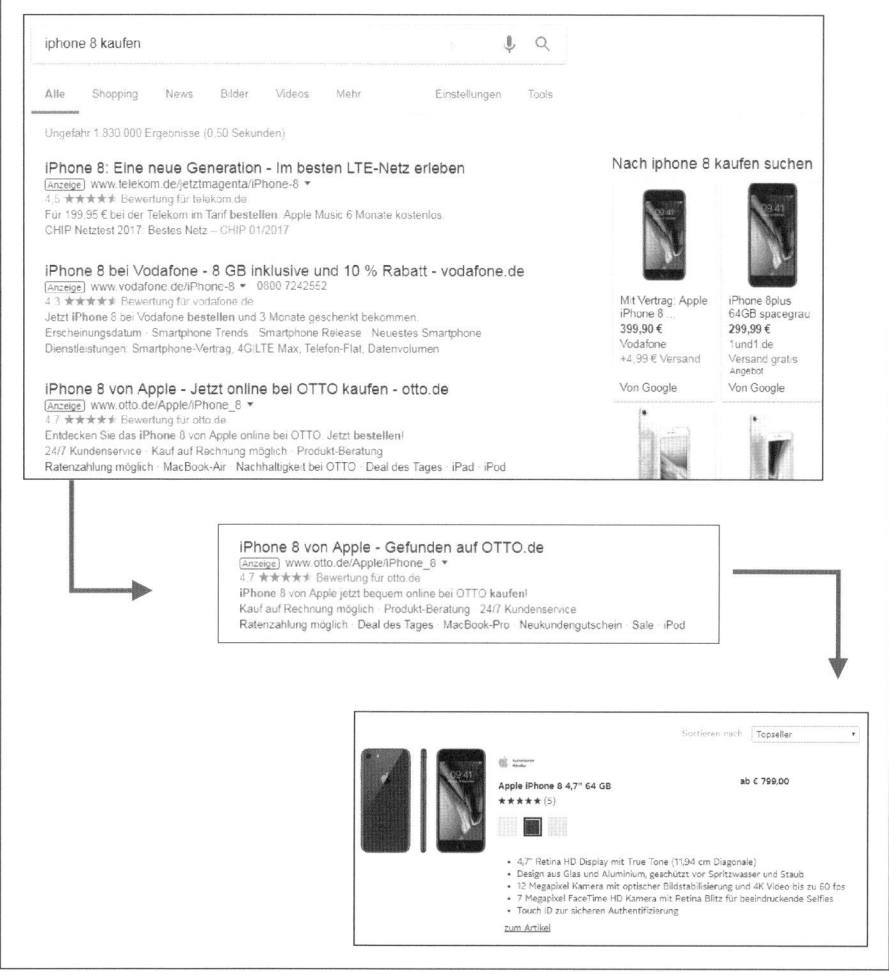

Abbildung 4.3 »Suchen, klicken, kaufen« – einfach für den Google-Nutzer, anspruchsvoll für Sie als AdWords-Werbetreibenden

Die Kennzeichnung von AdWords-Anzeigen: ein ewiges Experiment

Über die Art und Weise, wie deutlich Google die Unterscheidung der bezahlten von den organischen Suchergebnissen kennzeichnet, wird nicht nur viel diskutiert. Es wird auch permanent experimentiert.

Während man bei Endanwendern oft mit landläufigen und gleichzeitig widersprüchlichen Aussagen konfrontiert wird (von »Ich habe noch nie auf eine Anzeige geklickt!« – woher hätte Google dann wohl seine milliardenhohen und noch immer wachsenden Quartalserfolge? – bis »Sind nicht alle Suchergebnisse bezahlt?« – Nein!), beschäftigt sich der Suchmaschinenriese selbst hochwissenschaftlich mit diesem Thema. Auch Branchenexperten setzen sich mit der Frage auseinander, ob und wenn ja welche Vorteile für alle Beteiligten durch die permanente Optimierung der Anzeigenkennzeichnung entstehen.

Im Laufe der Zeit hat Google die Kennzeichnung schon öfter geändert und mit verschiedenen Farben experimentiert. Früher wurde der Anzeigenbereich rosa, hellgrün oder blau hinterlegt. Ab 2013 erschien dann vor jeder Textanzeige im oberen Bereich ein kleiner gelber Sticker mit dem Hinweis *Anzeigen*. Diese Farbe wechselte im Juni 2016 zu Grün. Diese Farbgestaltung passte sich somit hervorragend an den grünen Link der direkt angrenzenden angezeigten URL an. Aktuell wird im deutschsprachigen Bereich das Wort *Anzeige* in grüner Farbe als Sticker mit einem dünnen grünen Rand dargestellt, was noch unauffälliger daherkommt. Untersuchungen haben jedoch gezeigt, dass selbst gravierende Änderungen wohl nur eine kurzfristige Auswirkung auf das Klickverhalten der Suchmaschinennutzer haben. Nur wenige Nutzer sind wohl wirklich in der Lage, bezahlte von organischen Suchergebnissen zu unterscheiden.

Auch wenn es sich aus Anwendersicht einfach darstellt, haben Sie als AdWords-Werbekunde einiges zu berücksichtigen, bis Ihre Kampagne online ist. Wir wissen, dass Sie nun schon darauf brennen werden, endlich Ihre eigenen Anzeigen bei Google zu schalten. Fahren Sie fort, indem Sie zur AdWords-Benutzeroberfläche zurückkehren.

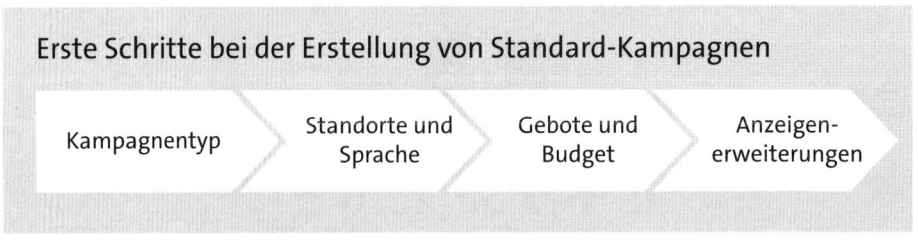

Erste Schritte bei der Erstellung von Standard-Kampagnen

| Kampagnentyp | Standorte und Sprache | Gebote und Budget | Anzeigen-erweiterungen |

Abbildung 4.4 Bei der Erstellung Ihrer ersten Kampagne müssen Sie vor der Auswahl von Keywords und Anzeigentexten wichtige Entscheidungen treffen.

Dieser Abschnitt behandelt den gängigsten Anwendungsfall für AdWords: eine Kampagne, die nur im Suchnetzwerk von Google geschaltet wird und ausschließlich Textanzeigen enthält. Wir befinden uns auf dem Tab KAMPAGNEN und klicken im linken oberen Bereich auf den Plus-Button oder auf + NEUE KAMPAGNE (siehe Abbildung 4.5).

Wählen Sie dann im nächsten Schritt den Kampagnentyp SUCHNETZWERK aus, wenn Ihre AdWords-Kampagne bei der Google-Suche erscheinen soll.

Abbildung 4.5 Der Plus-Button als Startpunkt für eine neue Kampagne

In Abbildung 4.6 erkennen Sie, dass es noch eine Reihe anderer Möglichkeiten gibt. Wir stellen Ihnen daher zum besseren Verständnis die unterschiedlichen Kampagnentypen kurz vor.

Abbildung 4.6 Ihre erste Kampagne soll nur im Suchnetzwerk von Google erscheinen.

4.2.1   Kampagnentypen

Die Auswahl des Kampagnentyps ist eine der ersten Entscheidungen, die Sie bei der Kampagnenerstellung treffen müssen. Abhängig davon stehen Ihnen in weiterer Folge unterschiedliche Optionen und Einstellungsmöglichkeiten zur Verfügung. Sie müssen sich hier grundlegend entscheiden, ob Sie eine Kampagne für das SUCH-NETZWERK und/oder für das DISPLAYNETZWERK schalten möchten. Wie Sie in Abbildung 4.6 sehen, stehen auch noch die Kampagnen SHOPPING, VIDEO und UNIVER-SELLE APP zur Auswahl. Weitere Informationen zu Shopping-, Video- und App-Kampagnen finden Sie in Kapitel 8, »Spezielle AdWords-Werbestrategien«.

Suchnetzwerk

Die Schaltung der Anzeigen im Suchnetzwerk erfolgt zunächst auf den offensichtlichsten Webseiten, nämlich auf allen infrage kommenden Google-Suchergebnisseiten. Abhängig von der geografischen Ausrichtung Ihrer Kampagnen werden die

Anzeigen im Suchnetzwerk auf den unterschiedlichen Google-Seiten (beispielsweise *www.google.de*, *www.google.at*, *www.google.ch* oder in der internationalen Version *www.google.com*) geschaltet.

Displaynetzwerk

Sie haben in den vorhergehenden Kapiteln bereits einiges über das Google Display-netzwerk gelesen und kennen dessen Eigenschaften, um damit in Millionen von Webseiten, Videos und Mobile-Apps AdWords-Anzeigen schalten zu können. Möchten Sie kontextabhängige Anzeigen schalten (wie im Beispiel aus Abbildung 4.7 noch einmal zu Auffrischungszwecken dargestellt), wählen Sie diese Variante aus.

Bei der ersten Kampagne, die wir gemeinsam in diesem Kapitel erstellen, bleibt das Displaynetzwerk deaktiviert.

Abbildung 4.7 Ein Beispiel für die kontextabhängige Anzeigenschaltung im Google Displaynetzwerk (Quelle: www.kleinezeitung.at)

Shopping

Diese Kampagnenvariante ermöglicht Ihnen die einfache Erstellung von Anzeigen mit Produktinformationen. Diese unterscheiden sich von klassischen AdWords-Anzeigen nicht nur durch die Darstellung in einem separaten Bereich auf der Suchergebnisseite, sondern auch in der Art, wie sie aufgesetzt werden. Die Shopping-Kampagnen auf den Google-Suchergebnisseiten fallen direkt ins Auge, weil sie Produktbilder enthalten.

Video

Die Erstellung einer Kampagne vom Typ »Video« zählt zu einer fortgeschrittenen Möglichkeit bei der Nutzung von AdWords. Mit diesen Kampagnen können Sie Video-Werbung bei YouTube und auf bestimmten Webseiten im Google Displaynetzwerk schalten.

Universelle App-Kampagne

Die App-Kampagnen können für Android-Apps in verschiedenen Formaten automatisch erstellt werden. Diese Werbung kann sowohl im Suchnetzwerk als auch im Displaynetzwerk sowie im YouTube-Werbenetzwerk geschaltet werden. Für diese Werbung muss natürlich zunächst einmal eine App erstellt werden, die hier beworben werden kann. Daher ist diese Werbeform für viele mittelständische Unternehmen zunächst einmal nicht so interessant.

Google will den Nutzer führen

Wenn Sie eine neue AdWords-Kampagne anlegen, fragt AdWords direkt zu Beginn nach Ihren Zielen, um Einstellungen vorwegzunehmen und eigene Vorschläge anzubieten. Abbildung 4.8 und Abbildung 4.9 zeigen die beiden Zielabfragen, die Sie einfach durch einen Klick auf den Link KAMPAGNEN OHNE ZIEL ERSTELLEN bzw. durch einen Klick auf den Button WEITER ignorieren können.

Dabei geht es jedoch nicht darum, dass Sie keine Ziele haben oder ohne Ziele eine Kampagne starten sollen. Sie lernen jedoch mehr über die verschiedenen Einstellungsmöglichkeiten einer Kampagne und verstehen auch deren Auswirkungen besser, wenn Sie die Grundeinstellungen manuell vornehmen. Außerdem sollten Sie grundsätzlich immer vorsichtig sein, wenn AdWords Ihnen automatisierte Einstellungen anbietet. Das System ist immer nur so gut wie die Vorarbeit, die Sie geleistet haben. Testen Sie die automatisierten Einstellungen zu einem späteren Zeitpunkt, wenn Sie mehr über die Auswirkungen wissen und Ihre Kampagnen, Keywords, Anzeigen und Zielseiten bereits optimiert haben.

Abbildung 4.8 Google will die Kampagnen über Ziele automatisiert erstellen.

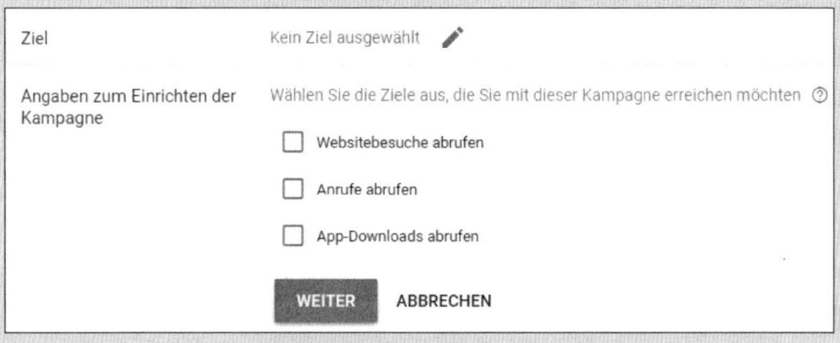

Abbildung 4.9 Eine zweite Zielabfrage erscheint nach dem Klick auf den Link
»Kampagne ohne Ziel erstellen«

4.2.2   Suchnetzwerkpartner und Displaynetzwerk hinzufügen

Nachdem Sie den Kampagnentyp Suchnetzwerk ausgewählt und einen Namen für
Ihre Kampagne vergeben haben, müssen Sie die erste Entscheidung zur Kampagnen-
ausrichtung treffen. Sollen die Google Suchnetzwerk-Partner einbezogen werden?
Diese Auswahl ist, wie in Abbildung 4.10 dargestellt, zunächst einmal mit einem
Häkchen in einer blauen Checkbox aktiviert. Schauen wir uns einmal an, was dies be-
deutet.

Suchnetzwerk-Partner

Die Partnerseiten im Suchnetzwerk bestehen aus anderen Google-Produkten, z. B.
Google Maps, und Partnerwebseiten mit Suchfunktionen. Dort können Ihre Anzeigen zusätzlich ausgespielt werden. In Deutschland zählen zum Beispiel die Webseiten *www.AOL.de* (siehe Abbildung 4.11) oder *www.T-Online.de* zu den Partnern für das
Google Suchnetzwerk.

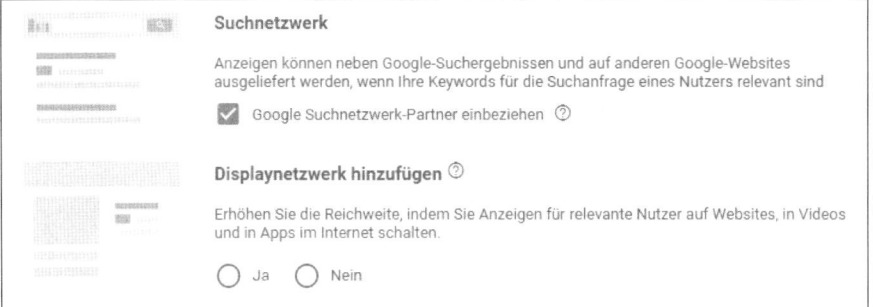

Abbildung 4.10 Weitere Partnerseiten im Suchnetzwerk einbeziehen und Displaynetzwerk hinzufügen

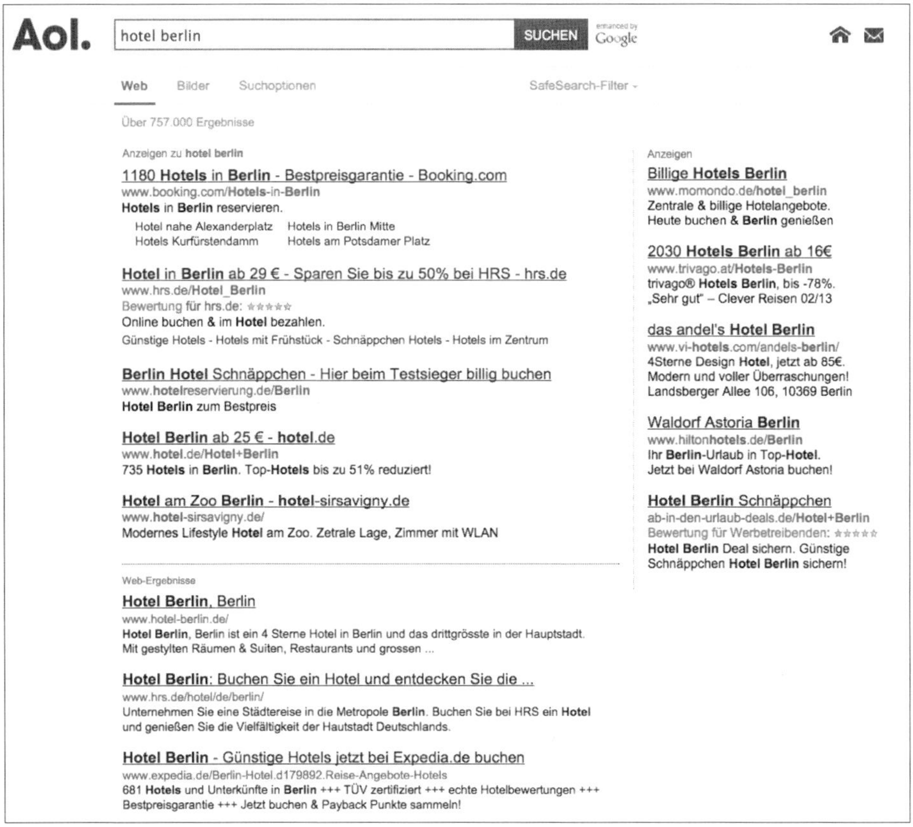

Abbildung 4.11 AOL-Portal als Beispiel für einen Partner im Suchnetzwerk

Leider können Sie das Partner-Suchnetzwerk nur komplett ein- oder ausschalten. Eine Unterscheidung zwischen einzelnen Diensten ist nicht möglich, obwohl dies schon einmal von Google in Aussicht gestellt wurde. Die Partnerseiten im Suchnetzwerk sind einerseits eine gute Möglichkeit, die Kampagnenreichweite ohne großen

Aufwand einfach zu vergrößern. Unsere Erfahrungen zeigen jedoch andererseits, dass es sowohl bei kleinen Budgets als auch bei anspruchsvollen Conversion-Zielen empfehlenswert sein kann, Ihre Werbemaßnahmen rein auf die Google-Suche zu beschränken und die Partnerseiten nicht mit einzubeziehen. Denn über gezielte Auswertungen lässt sich oft herausfinden, dass die Werbepartner hinsichtlich Klick- und Conversion-Raten nicht mit der Anzeigenleistung der Google-Suchmaschine mithalten können.

Deaktivieren Sie also die Schaltung bei den Partnern im Suchnetzwerk über die dafür vorgesehene Checkbox, falls Sie Ihr Budget für eine bestmögliche Leistung und Kontrolle ausschließlich auf den Suchmaschinenseiten von Google einsetzen wollen.

Möchten Sie noch mehr Details zu den Partnern im Suchnetzwerk erfahren, informieren Sie sich bitte in diesem Hilfe-Artikel:

https://support.google.com/adwords/answer/2616017

Das Displaynetzwerk zur Suche hinzufügen

Google schlägt oft vor, doch beide Netzwerke (Suchnetzwerk und Displaynetzwerk) in einer einzigen Kampagne zu bedienen. Dabei lautet das Argument, dass dies »die beste Möglichkeit« sei, um eine größtmögliche Reichweite zu erzielen. Während dies in früheren AdWords-Versionen oft schon voreingestellt war, haben Sie nun, wie in Abbildung 4.10 dargestellt, die Möglichkeit, innerhalb der Suchkampagneneinstellung das Displaynetzwerk zusätzlich zu aktivieren bzw. aktiv die zusätzliche Bewerbung des Displaynetzwerks mit der Auswahl NEIN auszuschließen.

Wir empfehlen Ihnen unbedingt, im Fall einer geplanten Reichweitenmaximierung jeweils separate Kampagnen zu erstellen und nicht auf Googles Vorschlag einzugehen. Warum sollten Sie so vorgehen? Nun, die Charakteristika dieser beiden Netzwerke führen dazu, dass Sie von der Kampagnenausrichtung über die Zielgruppenansprache in den Anzeigentexten bis hin zu Leistungsdaten und Optimierungsmaßnahmen auf große Unterschiede stoßen werden. Gehen Sie auf diese in jeweils separaten Kampagnen für das Such- und das Displaynetzwerk ein. Darüber hinaus können Sie damit auch das Budget besser aussteuern.

Blicken wir beispielsweise auf den Aufmerksamkeitszustand des Nutzers: Bei einer Google-Suche ist dieser in einem aktiven Zustand und definiert sein klares Bedürfnis durch die Eingabe eines Suchbegriffs oder einer längeren Suchphrase. Im Displaynetzwerk lesen Nutzer Nachrichten- und Blog-Artikel oder Foreneinträge zu relevanten Themen und sehen Ihre Anzeigen jeweils im Kontext dazu. Aus diesem Grund unterscheiden sich unter anderem die Klickraten, die Klickpreise und die tägliche Reichweite (potenzielle Impressionen) zwischen dem Such- und dem Displaynetzwerk dramatisch. Berücksichtigen Sie dies unbedingt durch die Erstellung jeweils separater Kampagnen.

Sie werden im späteren Verlauf noch herausfinden, warum die strikte Kampagnen-trennung eine wichtige Rolle spielt – und weswegen die Kampagnenvariante mit dem hinzugefügten Displaynetzwerk für Sie nicht die beste Möglichkeit ist und Sie damit weder die meisten noch die richtigen Kunden effizient erreichen.

4.2.3   Standorte

Als nächste Entscheidung steht die Standortausrichtung an. AdWords zeichnet sich dadurch aus, dass Sie Kampagnen sehr präzise auf Standorte und Sprachen ausrich-ten können, und hebt sich mit dieser Eigenschaft von vielen Mitbewerbern im On-line-Werbegeschäft ab. Auf diese Weise können auch Werbekunden mit kleinen bzw. kleinsten Budgets sicherstellen, nur die richtigen, weil im wahrsten Sinne des Wortes »naheliegendsten« Nutzer zu erreichen.

Gleichzeitig bieten sich durch die Kombination der Standort- und Sprachauswahl viele Möglichkeiten zur kreativen Anzeigenschaltung. Möchten Sie beispielsweise eine Kampagne für deutschsprachige Nutzer auf Mallorca schalten, ist das mit Ad-Words kein Problem – und wir sind uns sicher, dass Sie bei diesem Beispiel in der Praxis eine genügend große Zielgruppe vorfinden würden. Sie wollen die türkisch-sprachige Gemeinschaft in Wien ansprechen? Auch diese Selektion ist technisch möglich. Während Sie die Spracheinstellungen erst im nächsten Schritt anpassen können, werfen wir nun einen Blick darauf, wie Sie die Standortauswahl in der Benut-zeroberfläche vornehmen.

Einfache Standortauswahl

In Abbildung 4.12 stellen wir Ihnen die drei Möglichkeiten vor, mit denen Sie die Standortauswahl für Ihre Kampagne treffen:

▶ Als erste Option schlägt Ihnen das AdWords-System ALLE LÄNDER UND GEBIETE vor.

▶ Die zweite Wahlmöglichkeit fällt auf das Land, in dem Sie Ihr AdWords-Konto an-gemeldet haben (im vorliegenden Beispiel DEUTSCHLAND).

▶ Zuletzt finden Sie den Vorschlag WEITEREN STANDORT EINGEBEN, um eigene Standorte vorzugeben.

Die erste Option, ALLE LÄNDER UND GEBIETE, wird man in der Praxis für eine einzel-ne Kampagne nur in äußerst seltenen Fällen auswählen. Selbst bei größeren Budgets und einer internationalen Kampagnenausrichtung wird Ihre Standortauswahl ge-zielter ausfallen. Wir können uns trotz langjähriger Kampagnenerfahrung mit inter-nationalen Kampagnen für Kunden verschiedener Branchen nicht daran erinnern, jemals eine Kampagne für die Schaltung in allen Ländern und Gebieten aktiviert zu haben.

Etwas praktikabler fällt hier der zweite Vorschlag aus, da es schon wesentlich wahrscheinlicher ist, Ihre Kampagnen in dem Land zu schalten, das Ihrem AdWords-Konto zugeordnet ist. Die beste und von Ihnen wohl auch in Zukunft am meisten genutzte Variante wird aber jene sein, die Auswahl von Ziel- und eventuellen Ausschlussstandorten individuell vorzunehmen.

Abbildung 4.12 Mit der Standortausrichtung können Sie Nutzer in einer oder mehreren geografischen Zielregionen auswählen oder ausschließen.

Erweiterte Suche

Wählen Sie die ERWEITERTE SUCHE, um ein Fenster mit individuellen Möglichkeiten zur Standortauswahl zu öffnen. Dort sehen Sie mit einer Suchmaske die praktikabelste Methode, um die passenden Zielregionen zu finden. Beginnen Sie einfach damit, einen Orts-, Städte- oder Ländernamen einzutippen, und Sie erhalten automatisch passende Vorschläge. Neben den Namens- und Reichweitenangaben finden Sie in der eingeblendeten Standortliste folgende zwei Möglichkeiten:

- ▶ AUSRICHTEN AUF
- ▶ AUSSCHLIESSEN

Je nachdem, auf welchen Link Sie klicken, können Sie Standorte für die Anzeigenschaltung auswählen oder ausschließen. Auch der Ausschluss ist in der Praxis durchaus üblich; bei der Standortstrategie spielen solche Überlegungen vor allem bei Produkten und Dienstleistungen eine Rolle, deren physischer Standort maßgeblichen Einfluss auf die weiteren Aktionen eines potenziellen Kunden hat.

Stellen Sie sich beispielsweise ein ostösterreichisches Ferienhotel vor, das zwar eine österreichweite Werbestrategie verfolgt, aber die mit einer vergleichsweise sehr langen Anreise verbundenen Bundesländer Vorarlberg und Tirol ausschließen möchte. Im Gegensatz dazu hätte ein in Deutschland angesiedelter Online-Shop keinen Grund, seine Kampagnen nicht auch in weiter entfernten Bundesländern zu schalten. Bei einheitlichen Versandgebühren spielt es keine Rolle, ob ein inländischer Kunde 20 oder 800 Kilometer vom Unternehmensstandort entfernt ist.

Mehr Reichweite als Einwohner?

Auf mehreren Abbildungen in diesem Abschnitt sehen Sie Reichweitenangaben, die Google für viele Länder, Regionen und Städte zur Verfügung stellt. Dabei handelt es sich um eine Google-Schätzung, wie viele Google-Nutzer Ihre Anzeigen im gewählten Gebiet theoretisch sehen können. So wird beispielsweise für Deutschland eine Reichweite von 55,14 Millionen (Stand: Oktober 2017, siehe Abbildung 4.13) angegeben, während die Bevölkerungsstatistik vom Februar 2016 ungefähr 82,2 Millionen Einwohner ausweist.[1]

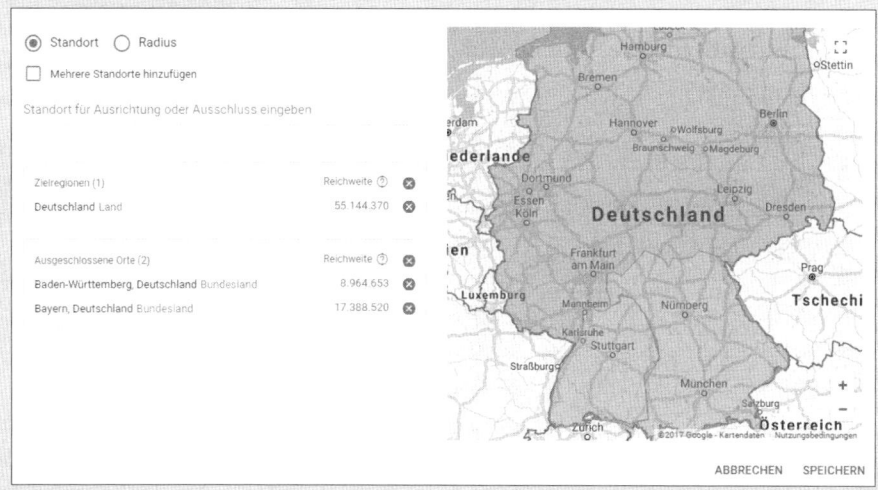

Abbildung 4.13 Erweiterte Standortauswahl mit Kartenvorschau

Sie müssen also berücksichtigen, dass die Reichweitenschätzung auf eindeutigen Cookies aller Nutzer basiert, die Google-Webseiten besuchen. Die Reichweite muss auch nicht immer unterschiedliche Personen beinhalten. Stellen Sie sich vor, dass Sie zum Beispiel im Tagesverlauf die Google-Suche sowohl von Ihrem Bürorechner aus als auch über Ihren privaten Tablet-Computer und via Smartphone aufrufen. So würden allein Sie für eine theoretische Reichweite von drei potenziellen Nutzern in dieser Berechnung sorgen. Verwenden Sie diese Reichweitenschätzung also nur zum groben Vergleich einzelner Standorte untereinander, denn die bloße Zahlenangabe sagt noch nichts über die wirklichen Anzeigenimpressionen und Klicks aus.

Umkreisbezogene Ausrichtung

Als Alternative zur Ausrichtung auf konkrete Regionen oder Städte können Sie auch die RADIUS als Ausrichtung wählen (siehe Abbildung 4.14). Diese Variante ist unter anderem für viele lokale Unternehmen wie Restaurants, Handwerker oder auch Aus-

---

1 Quelle: Statistische Ämter des Bundes und der Länder, »Bevölkerung – Deutschland« – *https://www.statistik-portal.de/Statistik-Portal/de_zs01_bund.asp*

flugziele interessant. Für das in der folgenden Abbildung gezeigte Beispiel haben wir eine Zielregion ausgewählt, die den Umkreis von 75 Kilometern zur bayrischen Stadt Erding abdeckt. Auf diese Weise könnte zum Beispiel der Betreiber der bekannten *Therme Erding* eine AdWords-Kampagne für kurzentschlossene Tagesgäste schalten, bei denen sichergestellt ist, dass die Anreise nicht mehr als eine gute Autostunde beträgt.

Abbildung 4.14 Die Ausrichtung »Radius« deckt alle Orte in einem gewählten Abstand zum Zentrum ab.

Berücksichtigen Sie dabei, dass die Umkreisangaben nicht hundertprozentig akkurat sind. Technisch bedingt, lässt sich der Standort der potenziellen Zielgruppe nämlich nicht auf (Kilo-)Meter genau erfassen. Das hat damit zu tun, dass der Standort eines Nutzers oft über die IP-Adresse bestimmt wird. Wenn man sich per Router mit dem Internet verbindet, dann legt der Internetprovider (zum Beispiel die Telekom) fest, welcher Einwahlknoten genutzt wird. Die IP-Adresse des Einwahlknotens bestimmt dann auch den »Standort« des Google-Nutzers – und der kann einige Kilometer von seinem tatsächlichen Standort entfernt sein. Bei der mobilen Nutzung über Smartphone ist die Standortbestimmung wiederum viel genauer, da dort die sogenannten Funkzellen den Standort festlegen oder auch GPS-Daten genutzt werden können.

Wie funktioniert die Standortermittlung in AdWords?
Sie möchten bestimmt wissen, wie Google den Standort der AdWords-Nutzer so genau festlegen kann, um Ihnen eine Schaltung »im Umkreis von 25 Kilometern« eines beliebigen Zentrums zu ermöglichen. Ausschlaggebend dafür ist eine mehr-

stellige Adresse, die jedes Gerät besitzt, das sich mit dem Internet verbindet. Keine Sorge, Google kennt hier nicht Ihre persönliche Postadresse oder gar Telefonnummer.

Um den geografischen Standort von Internetnutzern zu bestimmen, wird vielmehr die sogenannte *IP-Adresse* Ihres Internetgerätes herangezogen. Das ist eine eindeutige, in mehrere Blöcke unterteilte Zeichenkombination, die nach dem alten IPv4-Schema nur Zahlen, im neuen IPv6-Schema auch Buchstaben enthält. Sowohl für den Desktop-Computer im Büro oder zu Hause als auch fürs Tablet und Smartphone unterwegs gilt: ohne IP-Adresse kein Internetzugang. Auf der Webseite *https://whatismyipaddress.com* können Sie einfach prüfen, mit welcher IP-Adresse Sie zurzeit im Internet surfen.

Mehrere Standorte hinzufügen

Die dritte zur Verfügung stehende Ausrichtungsmethode verbirgt sich hinter der Checkbox MEHRERE STANDORTE HINZUFÜGEN (siehe Abbildung 4.15). Fortgeschrittene Anwender können bei dieser geografischen Ausrichtungsmethode bis zu 1000 Standorte auf einmal bearbeiten. Diese Standorte können in einem Textfeld über Städte- und Ländernamen oder auch Postleitzahlen angegeben werden.

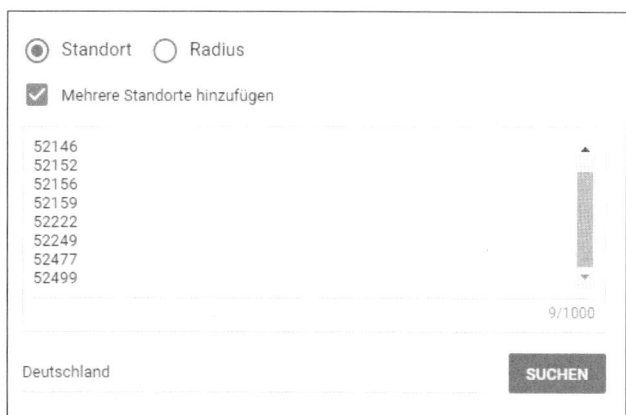

Abbildung 4.15 Beispiel zur Auswahl mehrerer Standorte über Postleitzahlen

Über eine Suche gleichen Sie Ihre Eingabe zunächst mit den tatsächlich verfügbaren Standorten ab und wählen anhand des Suchergebnisses mit nur einem Klick aus, ob Sie alle gelisteten Standorte hinzufügen oder ausschließen möchten. Sie können aber auch ein einzelnes Ergebnis hinzufügen oder entsprechend ausschließen. Für schnelle und eindeutige Ergebnisse sollten Sie pro Land eine eigene Suche ausführen und darum zuvor das passende Land auswählen. Haben Sie beispielsweise Postleitzahlen aus Deutschland, dann sollten Sie auch »Deutschland« in das vorgesehene Feld eingeben, um deutsche Standorte zu suchen.

Wie einfach sich beispielsweise mehrere Standorte nach Postleitzahlen auswählen lassen, können Sie in Abbildung 4.16 erkennen. Bitte beachten Sie auch, dass Google beispielsweise nicht alle Postleitzahlennamen kennt. Sie erhalten jedoch eine Information, welche Postleitzahlen nicht zugeordnet werden konnten. Hier müssen Sie eine zusätzliche Suche nach den Städtenamen durchführen oder das Gebiet über einen Radius abdecken.

Abbildung 4.16 Gefundene Standorte über die Postleitzahl hinzufügen oder ausschließen

Länderspezifische Ausrichtungsmöglichkeiten

AdWords bietet länderabhängig unterschiedliche Ausrichtungsmöglichkeiten. Nicht nur Steckdosen, Sprachen und Benimmregeln variieren von Land zu Land, auch Google muss in der Standortausrichtung auf bestimmte Eigenheiten und unterschiedliche regionale Details eingehen. Ob Schweizer Kantone, französische Départements oder japanische Präfekturen, Sie können bei der geografischen Zielgruppenauswahl mit AdWords aus dem Vollen schöpfen.

Sie können davon ausgehen, dass Google permanent daran arbeitet, die Ausrichtungsmöglichkeiten weiter zu verfeinern. So gibt es zum Beispiel ausschließlich in den USA zurzeit die Möglichkeit, AdWords-Kampagnen nach Bundeswahlkreisen auszurichten. Auch die im obigen Beispiel gezeigte Ausrichtung nach Postleitzahlen ist derzeit in den USA, Kanada, dem Vereinigten Königreich und Deutschland verfügbar. Das Angebot für einzelne Länder wird jedoch zukünftig noch ausgebaut. In Tabelle 4.1 möchten wir Ihnen ein paar Beispiele für allgemein gültige und länderspezifische Ausrichtungstypen aufzeigen.

Ausrichtungstyp	Beispiele
Land	Deutschland, Österreich, Spanien
Bundesstaat/-land	Kalifornien/USA, Burgenland/Österreich, Bayern/Deutschland
Stadt	Berlin/Deutschland, Marseille/Frankreich, Salzburg/Österreich
Autonome Gemeinschaft (nur Spanien)	Asturien, Katalonien, Valencia
Kanton (nur Schweiz)	Zürich, Bern, Luzern
Département (nur Frankreich)	Nord, Paris, Loire
TV-Sendegebiet (nur Vereinigtes Königreich)	London, Midlands

Tabelle 4.1 Beispiele für allgemein gültige und länderspezifische geografische Ausrichtungsmöglichkeiten

Unter der folgenden URL finden Sie alle Details zu länderspezifischen Ausrichtungsmöglichkeiten und weitere Beispiele:

https://support.google.com/adwords/answer/1722075?hl=de

Sie haben nun die vielfältigen Möglichkeiten zur geografischen Auswahl Ihrer Kampagnenzielgruppe und auch ihre technische Funktionsweise kennengelernt. Dennoch befinden Sie sich nach wie vor bei den ersten wesentlichen Schritten, um Ihre erste AdWords-Kampagne aufzusetzen. Wir sind jedoch noch ein paar Klicks von der Einrichtung der Anzeigengruppen und der Auswahl der Keywords entfernt und widmen uns nun im nächsten Schritt der Sprachauswahl.

4.2.4   Sprachen

Während bei der eben getroffenen Standortauswahl einzig und allein der geografische Standort der Google-Nutzer eine Rolle spielt, muss das AdWords-System bei der Sprachausrichtung gleich mehrere Faktoren mit einbeziehen, um eine optimale Aussteuerung Ihrer Anzeigentexte zu gewährleisten: So wird nicht nur die Spracheinstellung von Google-Produkten (z. B. Google-Suche, Gmail, Google+) berücksichtigt, sondern auch die Sprache aktueller sowie häufig besuchter Seiten im Displaynetzwerk analysiert, um die richtigen Nutzer anzusprechen.

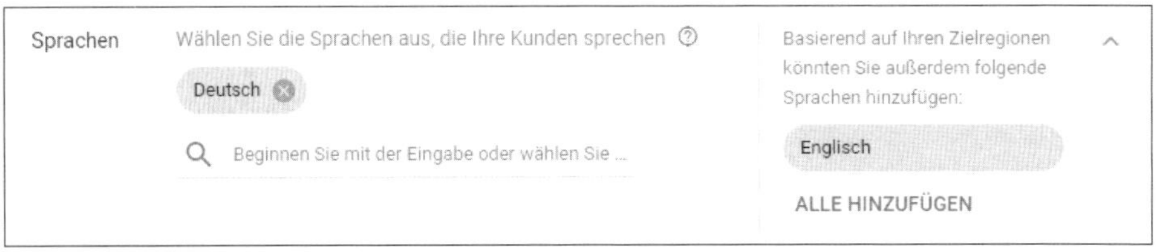

Sprachen	Wählen Sie die Sprachen aus, die Ihre Kunden sprechen ⑦	Basierend auf Ihren Zielregionen könnten Sie außerdem folgende Sprachen hinzufügen: ∧
	Deutsch ⊗	Englisch
	🔍 Beginnen Sie mit der Eingabe oder wählen Sie …	ALLE HINZUFÜGEN

Abbildung 4.17 Nach der Standortwahl müssen Sie die Sprachausrichtung Ihrer AdWords-Kampagne vornehmen.

Dabei gibt es natürlich einige Ausnahmen und Eigenheiten. Die meisten Google-Seiten weisen eine Standardsprache auf. So ist – wenig überraschend – beispielsweise bei *Google.de* die Sprache Deutsch voreingestellt. Die internationale Domain *Google.com* hat Englisch als Standardeinstellung, wobei in den USA lebende spanischsprechende Nutzer die Standardsprache auf Spanisch umstellen können. In diesem Fall würden diese Nutzer auf die USA ausgerichtete, englischsprachige Anzeigen nicht eingeblendet bekommen. Ausnahmen gibt es bei den wenigen Sprachen mit einem eigenen Zeichensatz wie beispielsweise Griechisch: Würden Sie auf *Google.de* bei eingestellter deutschsprachiger Benutzeroberfläche eine Suchanfrage unter Verwendung des griechischen Alphabets stellen, könnten Sie dort dennoch Anzeigen einer auf Griechisch ausgerichteten Kampagne eingeblendet bekommen.

Auch im Displaynetzwerk berücksichtigt Google die Historie Ihrer besuchten Seiten. Haben Sie beispielsweise für Urlaubsrecherchen eine Vielzahl spanischsprachiger Webseiten und Foren besucht, kann es später vereinzelt vorkommen, dass Sie auch auf den in Ihrer Hauptsprache verfassten Webseiten auf Spanisch ausgerichtete Anzeigen eingeblendet bekommen.

Anhand dieser Beispiele können Sie leicht erkennen, dass Google die grundlegenden Spracheinstellungen und Kampagnenzuordnungen nur dann »übergeht«, wenn es für den Suchenden auch sinnvoll und relevant ist. Andernfalls können Sie grundlegend mit der Regel »Google-Domain = Landessprache = Kampagnensprache« arbeiten.

In Abbildung 4.17 sehen Sie, dass AdWords noch Englisch als Sprachauswahl für die zuvor eingestellte Zielregion Deutschland vorschlägt. Wann sollten Sie auf solche Vorschläge eingehen? Erfahrungsgemäß ist eine solche Vorgehensweise dann zu empfehlen, wenn Sie Ihre Zielgruppe in einem bestimmten Land erweitern möchten. Beispielsweise könnten Sie bei einer in Deutschland geschalteten Kampagne das vorgeschlagene Englisch ebenso gut zusätzlich zu Deutsch auswählen wie Türkisch, Kroatisch oder Polnisch – vorausgesetzt, Sie gehen davon aus, dass Sie damit auch solche Nutzer erreichen würden, die möglicherweise eine alternative Spracheinstellung für ihr alltägliches Surf- und Suchverhalten gewählt haben, aber dennoch aufgrund ihres Standortes in Deutschland als Zielgruppe für die Einblendung deutschsprachiger

Anzeigen infrage kommen. In großen Unternehmen könnte in Deutschland Englisch als Standardspracheinstellung genutzt werden.

Wenn Sie Kampagnen beispielsweise in der Schweiz oder in Belgien schalten, müssen Sie sich auch mit der Mehrsprachigkeit auseinandersetzen. Bitte beachten Sie jedoch, dass diese Einstellung keinen Einfluss auf die Keywords und die Anzeigen hat. Diese werden nicht automatisch in andere Sprachen übersetzt. Sie müssen also für ein Land mit drei unterschiedlichen Sprachen für jede Zielgruppe eine eigene Kampagne mit passenden Keywords, Anzeigen und Zielseiten erstellen.

Noch einmal zurück zu Abbildung 4.17: Falls Sie noch andere Sprachen hinzufügen möchten, so können Sie auch hier einfach die Suchfunktion nutzen, um noch andere Sprachen aufzurufen.

Nachdem Sie nun geografisch und sprachlich festgelegt haben, für welche Nutzer Ihre Kampagne erscheinen soll, wenden wir uns als Nächstes den finanziellen und strategischen Einstellungen zu.

4.2.5   Gebotsstrategie und Budget

Sie wissen bereits, dass die von Ihnen abgegebenen Gebote in Kombination mit dem Qualitätsfaktor eine maßgebliche Rolle bei der Berechnung des Rankings und somit bei der Positionierung Ihrer Anzeigen auf der Suchmaschinenergebnisseite spielen. Zu geringe Gebote haben zur Folge, dass Sie sehr wahrscheinlich auch nur wenige Klicks erhalten werden, da Ihre Anzeigen entweder nur an hinteren Positionen oder im schlechtesten Fall gar nicht geschaltet werden. Mit höheren Geboten werden Sie zwar mehr Impressionen und sehr wahrscheinlich auch mehr Klicks auf Ihre Anzeigen erzielen, laufen jedoch gleichzeitig Gefahr, unnötig hohe Ausgaben zu verursachen.

Das Gebot stellt dabei stets jenen Höchstbetrag dar, den Sie pro Klick zu zahlen bereit sind. Geben Sie beispielsweise ein Gebot von einem Euro ab, werden die Kosten pro Klick diesen Betrag niemals übersteigen, solange Sie nicht automatisierte AdWords-Strategien aktiviert haben. Bei den Geboten sollten Sie zunächst mit einer manuellen CPC-Einstellung ❶ starten (siehe Abbildung 4.18).

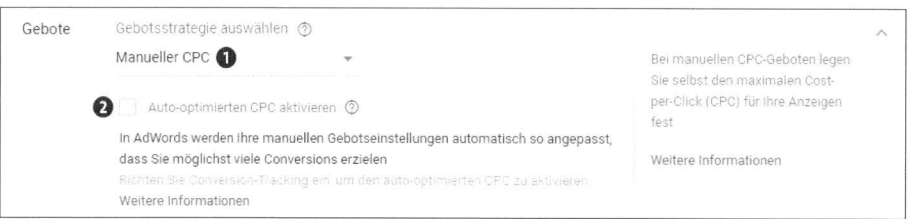

Abbildung 4.18 Starten Sie mit der Gebotsstrategie »Manueller CPC«.

Spezielle Gebotsstrategien sollten Sie erst später testen, wenn Sie erste Erfahrungen mit Ihren Kampagnen gesammelt und erste Optimierungen durchgeführt haben. Die Aktivierung des auto-optimierten CPCs ❷ macht erst Sinn, wenn Conversion-Ziele angelegt und in einer statistisch signifikanten Anzahl erreicht wurden. Der auto-optimierte CPC hat nämlich die Funktion, dass AdWords für bestimmte Keywords, die in der Vergangenheit Conversions erzielt haben, die Gebote stark steigern und für Keywords ohne Conversions die Gebote reduzieren kann. Somit gelten Ihre maximalen CPCs nicht mehr. Nutzen Sie die Automatisierung daher erst, wenn Ihre Kampagne mit Blick auf die Optimierungsmöglichkeiten gut eingestellt ist und Ihre Conversions funktionieren.

Gebotsstrategie

Bei dieser Einstellung GEBOTSSTRATEGIE AUSWÄHLEN haben Sie die Möglichkeit, neben dem manuellen CPC verschiedene automatisierte Gebotsstrategien (siehe Abbildung 4.19) zu wählen. Wir empfehlen Ihnen, für den Anfang ein manuelles Gebot einzutragen und von den Gebotsstrategien zunächst abzusehen. So stellen Sie sicher, dass die Klickpreise den von Ihnen bestimmten Betrag nicht übersteigen.

Abbildung 4.19 Auswahl der automatisierten Gebotsstrategien

Die anderen Varianten steuern die Gebote automatisch nach der jeweiligen Strategie, die Sie individuell im bestimmten Rahmen selbst definieren können. Dafür benötigen Sie jedoch Erfahrung und ein »Gefühl« für Ihre Kampagnen.

Die Strategie zur Maximierung der Klicks bedeutet nämlich nicht grundsätzlich, dass Sie mehr Kundenanfragen erhalten oder mehr Produkte verkaufen. Die automatische Aussteuerung durch Google könnte auch den Nebeneffekt haben, dass einige für Sie weniger wichtige Keywords mehr Traffic erhalten, nur weil diese einfach günstige Klicks verursachen. Außerdem müssen Sie für viele Strategien zunächst einmal Conversions anlegen. Damit die Strategien dann auch richtig funktionieren, muss zudem noch eine ausreichende Anzahl (mindestens 15 in den letzten 30 Tagen) an wichtigen Conversions (also Kundenanfragen, Leads etc.) erzielt worden sein. Da die Strategien auf Statistiken beruhen, sollten Sie jedoch viel mehr als das Minimum von 15 Conversions besitzen. Dies bedeutet, dass Sie für eine gut funktionierende, automatisierte Gebotsstrategie zunächst einmal viel Arbeit in Ihre Conversion-Optimierung stecken sollten.

Gebotsstrategien im AdWords-Konto

Ziel-CPA

CPA steht für *Cost per Acquisition*. Mit dem Ziel-CPA kann man also angeben, was ein neuer Kunde (genauer gesagt: eine wichtige Conversion) kosten darf. Wird hier zum Beispiel 40 € hinterlegt, so hat das AdWords-System die Vorgabe, mit 40 € Klickkosten mindestens eine neue Conversion zu generieren.

Ziel-ROAS

ROAS bedeutet *Return on Advertising Spend*. Mit ROAS wird das Verhältnis von Werbekosten und dem Gewinn einer Conversion beschrieben. Diese Strategie funktioniert daher nur, wenn bei der Conversion auch ein Conversion-Wert übergeben wird. 500 % ROAS bedeuten übersetzt, dass für einen Euro AdWords-Werbung fünf Euro Umsatz generiert werden müssen. Das wäre also wiederum eine Gebotsvorgabe an das AdWords-System, wenn Sie 500% ROAS vorgeben. (Eigentlich wird mit ROAS das Verhältnis von Kosten zu Gewinn beschrieben, aber die Gewinnangabe wäre noch schwerer zu ermitteln als der reine Umsatz einer Conversion.)

Klicks maximieren

Die Strategie ist eigentlich selbsterklärend. AdWords generiert innerhalb des Budgets möglichst viele Klicks. Diese Strategie ist jedoch sehr gefährlich, denn Klicks sind noch keine Kunden.

Conversions maximieren

Conversion, also Kundenanfragen, Bestellungen, Kundenkontakte, etc. zu maximieren, ist grundsätzlich eine gute Strategie. Diese funktioniert aber nur, wenn es ausreichend gute, d. h. wichtige Conversions gibt, damit Google die Strategie auch auf einem guten statistischen Fundament aufbauen kann.

Ausrichtung auf Suchseitenposition

Mit dieser Strategie werden die Gebote durch Google stets so angepasst, dass bestimmte Positionen (meistens die oberen Positionen auf der Suchergebnisseite) erreicht werden. Es müssen aber nicht unbedingt immer die oberen Positionen sein, Sie können diese Strategie auch nutzen, um nicht oben zu stehen.

> **Kompetitive Auktionsposition**
> Bei der kompetitiven Auktionsposition können Sie Ihre Strategie an Ihrem wichtigs-
> ten Online-Konkurrenten ausrichten. Sie steuern Ihr Ranking, damit Sie überwie-
> gend, bzw. zu einem fest vorgegeben Prozentsatz, über Ihrem Konkurrenten stehen.
> Auch dies ist mit den AdWords-Gebotsstrategien möglich.

Nachdem Sie, wie in Abbildung 4.18 dargestellt, die Gebotsstrategie auf MANUELLER
CPC festgelegt und die Checkbox vor AUTO-OPTIMIERTER CPC AKTIVIEREN nicht
ausgewählt haben, müssen Sie nun noch Ihr Tagesbudget festlegen (siehe Abbildung 4.20).

Abbildung 4.20 Legen Sie das Tagesbudget und die Auslieferungs-
methode für Ihre Kampagne fest.

Anhand Ihrer vorherigen Keyword-Recherche und -Analysen mit dem Keyword-Planer haben Sie vielleicht schon eine Vorstellung von dem benötigten Budget, das von
AdWords für Ihr Thema und vor allem Ihre Keywords vorgeschlagen wird. Denken
Sie jedoch immer daran: Sie sind der Chef und bestimmen letztlich, welches Budget
Sie für die Kampagnen einsetzen möchten. Das Tagesbudget kann auch in einer laufenden Kampagne jederzeit angepasst werden. Für das Budget muss zudem stets
festgelegt werden, ob es in der Standardeinstellung oder beschleunigt ausgeliefert
werden soll (siehe Abbildung 4.20). Die beiden Einstellungen bedeuten Folgendes:

▶ STANDARD: Das Budget wird über den ganzen Tag bzw. über den festgelegten Ta-
geszeitraum laut Werbezeitplaner verteilt. Somit ist gewährleistet, dass für Anfragen am späten Abend auch noch Budget vorhanden ist. Andererseits bedeutet es
auch, dass manche Suchanfragen zwischendurch verpasst werden, weil Google
nicht sicher sein kann, dass das Tagesbudget auch für jede Anfrage bzw. genauer
gesagt jeden Klick reicht. Die Klicks können ja nur auf Grundlage von Statistiken
prognostiziert werden. Nur ein extrem hohes Tagesbudget würde AdWords dazu
verleiten, auch in der Standardeinstellung jede Suchanfrage mit einer Anzeige aus
der Kampagne zu bedienen.

▶ BESCHLEUNIGT: Bei dieser Einstellung wird jede Suchanfrage mit einer Anzeige beantwortet, und zwar so lange, bis das Tagesbudget aufgebraucht ist. Danach beginnt das Ganze wieder am nächsten Tag mit dem neuen Budget. Hier kann es also passieren, dass ab Mittag keine Anzeigen mehr ausgeliefert werden.

Wir raten Ihnen, zunächst die Standardverteilung zu nutzen und die beschleunigte Auslieferung nur für bestimmte Tests zu verwenden.

Tipp

Sie sollten bei wenig AdWords-Erfahrung das Tagesbudget zunächst auf einen Wert setzen, der deutlich unter dem theoretisch verfügbaren Betrag liegt. Damit vermeiden Sie in den ersten Stunden bzw. Tagen der Laufzeit Ihrer neuen Kampagne eventuell zu hohe Ausgaben mit noch unvollständigen oder im schlechtesten Fall sogar fehlerhaften Einstellungen.

Tagesbudget

Legen Sie nun für Ihre erste AdWords-Kampagne ein durchschnittliches Tagesbudget fest. Google schlägt vor, dass Sie zur einfachen Ermittlung des einzugebenden durchschnittlichen Tagesbudgets Ihr verfügbares Monatsbudget durch 30,4 teilen. Berücksichtigen Sie bei mehreren Kampagnen, dass sich diese das zur Verfügung stehende Budget teilen müssen. Die Budgets der einzelnen Kampagnen summieren sich also auf das maximale Budget, das ausgegeben werden kann.

Alternativ können Sie in der Bibliothek ein gemeinsam genutztes Budget für mehrere Kampagnen definieren. Das eingetragene durchschnittliche Tagesbudget ist jedoch kein Garant dafür, dass Ihre täglichen Ausgaben diesen Betrag nicht überschreiten. Während früher das Tagesbudget maximal um 20 % überschritten werden durfte, hat Google im Oktober 2017 angekündigt, dass bei hochwertigem Traffic, sprich Conversions, auch das Doppelte des Tagesbudgets ausgegeben werden kann. Google möchte letztlich immer verhindern, dass ein zu knappes Tagesbudget Kundenanfragen oder ein Geschäft verhindert.

Der AdWords-Algorithmus hält demnach das Tagesbudget nicht genau ein. Die Ausgaben pro Monat können jedoch trotzdem beschränkt werden, da das 30,4-fache des Tagesbudgets am Monatsende nicht überschritten wird. Sollte dieser Wert im Abrechnungszeitraum dennoch überschritten werden, spricht man von einer sogenannten *Mehrauslieferung*. Prüfen Sie Ihre Abrechnung, um festzustellen, dass Ihnen Google bei Überschreiten Ihres Budgets eine Gutschrift ausstellt.

Merken Sie sich demzufolge, das Tagesbudget als Faktor für eine grobe tägliche bzw. monatliche Kostenkalkulation zu nutzen. Die tatsächlich entstandenen Kosten entnehmen Sie im Nachhinein am besten den AdWords-Reports und Abrechnungsinformationen.

Nutzen Sie die folgende Formel, um ein Tagesbudget für das an dieser Stelle benötigte Eingabefeld zu ermitteln:

Tagesbudget = Monatsbudget ÷ 30,4

Die folgenden Formeln beschreiben die mögliche Mehrauslieferung, die Sie als Gutschrift in der Abrechnung wiederfinden:

Monatliche Belastungsgrenze = Tagesbudget × 30,4
Mehrauslieferung = monatliche Kosten − monatliche Belastungsgrenze

Nachdem Sie ein Budget in das dafür vorgesehene Feld eingetragen haben, sind die Grundeinstellungen der Kampagne vollständig ausgefüllt. Mit diesen Einstellungen und mindestens einer Anzeigengruppe könnte Ihre AdWords-Werbung starten. Werfen wir jedoch noch einen Blick auf die weiteren Eistellungsmöglichkeiten.

Start-Enddatum

Bei manchen Kampagnen steht bereits zu Beginn fest, dass sie nur für einen bestimmten Zeitraum aktiv sein sollen, z. B. eine Kampagne, die zur Vorweihnachtszeit geschaltet wird, oder eine Kampagne, die einmal im Jahr ein Ereignis bewirbt. Für solche Kampagnen können Sie bei der Erstellung direkt das Start- und/oder Enddatum eingeben. Unabhängig davon können Sie natürlich eine Kampagne jederzeit stoppen oder aktivieren.

Abbildung 4.21 Eine neue Kampagne zum Wunschdatum starten und beenden

Anzeigenerweiterungen

Die nächsten wichtigen Bestandteile einer optimierten AdWords-Kampagne sind die sogenannten Anzeigenerweiterungen. Da auch viele bestehende Kampagnen die Erweiterungen gar nicht oder nur zum Teil nutzen, stellen wir Ihnen diese wichtigen Erweiterungen ausführlich in Kapitel 12, »AdWords optimieren«, vor. Außerdem spielen die Erweiterungen für spezielle Strategien, z. B. lokale Werbung oder mobile Kampagnen, eine besondere Rolle und werden an der entsprechenden Stelle vorgestellt.

Sie werden nachträglich jederzeit die Möglichkeit haben, die Anzeigenerweiterungen zu bearbeiten und zu ergänzen. Da manche Erweiterungen auch auf Kontoebene für alle Kampagnen eingestellt werden können, andere wiederum sehr individuell auf Anzeigengruppenniveau ausgeliefert werden sollen, empfehlen wir Ihnen, die Erweiterungen nach der Erstellung Ihrer kompletten Kampagne bzw. aller Kampagnen durchzuführen. Sie können dann besser entscheiden, welche Erweiterung auf welcher Ebene Sinn macht.

Außerdem sollten Sie in regelmäßigen Abständen einen Blick auf die Möglichkeiten der Anzeigenerweiterungen werfen, da Google AdWords in diesem Bereich in den letzten Monaten und Jahren stets neue Möglichkeiten eingeführt hat.

Bitte denken Sie aber auch daran, dass die Nutzung aller theoretisch zur Verfügung stehenden Erweiterungen nicht für alle Kampagnentypen und Zielsetzungen Sinn macht. In Abbildung 4.22 erkennen Sie, dass Google drei wichtige Anzeigenerweiterungen direkt bei der Kampagnenerstellung anteasert und erläutert. Es gibt jedoch noch andere Möglichkeiten der Anzeigenerweiterungen, die sich hinter dem Link WEITERE EINSTELLUNGEN verbergen.

Abbildung 4.22 Anzeigenerweiterungen ergänzen Ihre Textanzeigen um wertvolle Zusatzinformationen.

Anzeigenrotation

Die Einstellung zur Anzeigenrotation finden Sie ebenfalls hinter dem Link WEITERE EINSTELLUNGEN. AdWords hat die Möglichkeiten von vier auf zwei begrenzt. Die Standardeinstellung lautet hier immer OPTIMIEREN: LEISTUNGSSTÄRKSTE ANZEIGEN BEVORZUGT BEREITSTELLEN (siehe Abbildung 4.23), was ja auch grundsätzlich eine gute Idee ist. Aber auch hier versucht AdWords wieder zu optimieren, und zwar sehr schnell.

Bei der zweiten Auswahl, der unbestimmten Anzeigenrotation lassen wir den Anzeigen mehr Zeit und können dann nach einer längeren Testphase anhand der Statistik entscheiden, welche Anzeige besser performt. Da die Anzeigenrotation auf Kampagnenebene festgelegt wird, jedoch konkrete Auswirkung der Anzeigenauslieferung in der Anzeigengruppe hat, verwirrt diese Einstellung an dieser Stelle viele AdWords-Nutzer. Es gibt jedoch keine andere Möglichkeit, um die Rotation auf Anzeigengruppen-Ebene zu bestimmen.

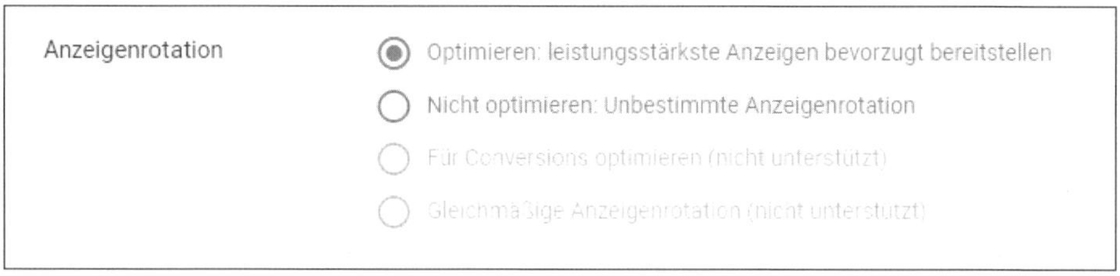

Abbildung 4.23 Legen Sie hier auf Kampagnen-Ebene fest, wie Ihre Anzeigen in den Anzeigengruppen rotieren sollen.

Werbezeitplaner

Mithilfe des Werbezeitplaners können Sie die Zeiten definieren, zu denen Ihre Anzeigen ausgespielt werden sollen. Dabei dürfen auch mehrere Zeitfenster pro Tag eingestellt werden, aber die Zeitfenster dürfen sich nicht überschneiden. Falls Sie die Surf- und Kaufgewohnheiten Ihrer Zielgruppe noch nicht gut kennen, sollten Sie Ihre Kampagne zunächst ständig (24/7) laufen lassen und dann später anhand Ihrer Statistikdaten entscheiden, welche Zeitfenster für Ihren Zweck am besten geeignet sind.

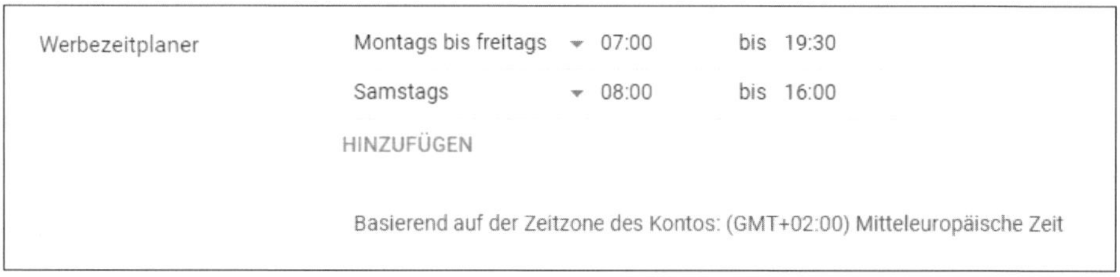

Abbildung 4.24 Definieren Sie Ihre Werbezeiten, wenn Ihre Anzeigen nicht laufend ausgespielt werden sollen.

4.3   Eine Anzeigengruppe erstellen

Wenn Sie die grundlegenden Kampagneneinstellungen aus dem vorigen Abschnitt speichern, wird Ihre erste Kampagne – endlich – unter dem ausgewählten Namen erstellt. Sie haben bisher den Kampagnentyp ausgewählt, die geografische Zielgruppenauswahl getroffen und auch erste Entscheidungen zu Keyword-Geboten sowie dem Tagesbudget gefällt. Das waren fürs Erste schon eine Menge Informationen und Entscheidungen, die Sie treffen mussten.

Sie wissen aber auch, dass Ihre Kampagne ohne mindestens eine Anzeigengruppe, die wiederum mindestens eine Textanzeige und ein Keyword enthält, nicht geschaltet werden kann. Daher widmen wir uns nun diesem nächsten Schritt und fahren mit dem Einrichtungsprozess fort.

4.3.1   Kampagnen und Anzeigengruppen strukturieren

In Abbildung 4.25 möchten wir Ihnen noch einmal kurz die Struktur einer AdWords-Kampagne vor Augen führen. Überlegen Sie gut, wie Sie die Anzeigengruppen Ihrer ersten Kampagne gliedern möchten – schließlich müssen Sie ab der Benennung der ersten Anzeigengruppe wissen, welches Bezeichnungsschema Sie einsetzen.

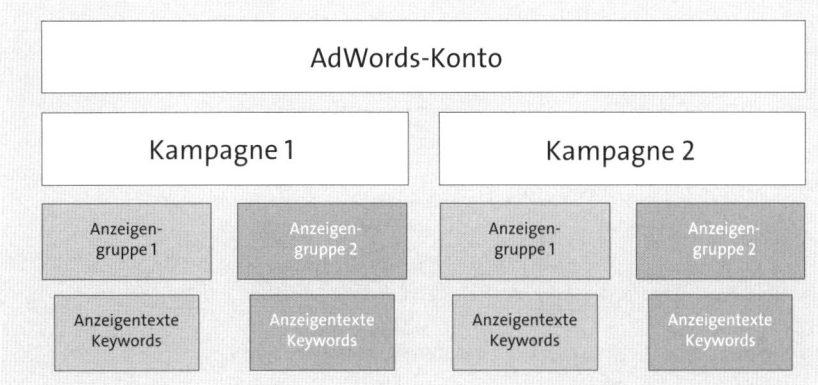

Abbildung 4.25 Die Struktur von Kampagnen und Anzeigengruppen in Google AdWords (Quelle: Google AdWords)

Natürlich lassen sich Anzeigengruppennamen auch jederzeit im Nachhinein ändern. Berücksichtigen Sie dabei jedoch, dass nachträgliche Änderungen möglicherweise wertvolle Leistungs- und Berichtsdaten innerhalb von AdWords oder auch in Google Analytics und weiteren Drittanbieter-Tools beeinflussen können. Damit wären Sie bei Ihren Analysen und Reports gefordert, sowohl alte als auch neue Kampagnen- und Anzeigengruppenbezeichnungen in den Auswertungen zu berücksichtigen. Nicht zuletzt aufgrund dieser potenziellen Fehlerquelle bei nachträglichen gröberen »Umbauten« im AdWords-Konto empfehlen wir Ihnen, gleich von Beginn an eine saubere Nomenklatur festzulegen und einzuhalten.

Im Rahmen von Kampagnenübernahme- und Optimierungsprojekten haben wir leider schon zu viele Konten gesehen, die mit Bezeichnungen wie »Neue Kampagne« oder »SEA-01« für Kampagnen bzw. »Anzeigengruppe 1«, »Alle Keywords« und »AG 7« für Anzeigengruppen eine – vorsichtig formuliert – »bedingt selbsterklärende« Struktur aufweisen konnten. Aus diesem Grund möchten wir Ihnen diese Empfehlung lieber einmal zu viel als einmal zu wenig mit auf Ihren Weg zum professionellen AdWords-Anwender geben. Als Tipp können wir Ihnen an dieser Stelle nahelegen, sich bei der Strukturierung der Kampagnen an der Hierarchie Ihrer Website (bzw. deren Sitemap) zu orientieren. So können Sie sicherstellen, dass Sie nicht mehr Kampagnen oder Anzeigengruppen als nötig planen und auch keine wichtigen Themen und Seitenbereiche vergessen.

Nehmen wir für das folgende Beispiel an, Sie betreiben einen Online-Shop für Bekleidung und möchten sowohl auf Produktgruppen- als auch auf Produktebene dafür
sorgen, dass Suchmaschinen-Nutzer relevante Anzeigen und abgestimmte Ziel-URLs
vorfinden. Zunächst müssen Sie planen, mit wie vielen Teilkampagnen Sie arbeiten
werden. Abbildung 4.26 zeigt ein beispielhaftes Schema, das Ihnen zunächst bei der
Kampagnenstrukturierung helfen wird.

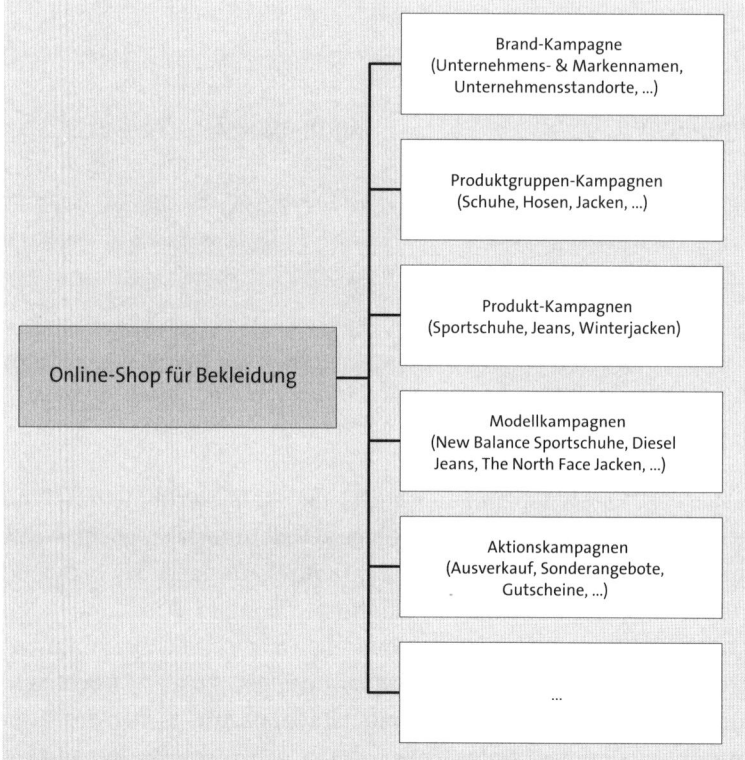

Abbildung 4.26 Beispiel für eine Kontostruktur

Sie erinnern sich, dass wichtige Einstellungen wie die geografische Ausrichtung, eine
tages- und uhrzeitabhängige Anzeigenschaltung oder das Tagesbudget auf Kampagnenebene gesteuert werden. Bündeln Sie daher jeweils in einer Kampagne jene
Anzeigengruppen, die auf dieselben Regionen ausgerichtet sind sowie zur selben Zeit
geschaltet werden und sich ein definiertes Budget teilen sollen.

Sie sehen, dass der exemplarische Online-Shop einige Teilkampagnen vorsieht, um
seine Produkte und Aktionen mit AdWords zu bewerben. Auf diese Weise kann beispielsweise sichergestellt werden, dass die *Produktgruppen-Kampagnen* permanent
und landesweit aktiv sind, während spezielle *Produktkampagnen* (z. B. jene für *Winterjacken*) nur in den kalten Monaten sowie zusätzlich nur in kälteren Regionen mit
erfahrungsgemäß besseren Umsatzzahlen geschaltet werden.

Würden Sie alle Anzeigengruppen in einer Kampagne unterbringen, dann könnten Sie eine solche Aussteuerung nicht vornehmen und würden damit eine wichtige Einflussmöglichkeit auf die Steuerung von Budgets, Besucherzahlen und Shop-Umsätzen verlieren.

Sehen wir uns nun diese Teilkampagnen im Detail an, um einen besseren Einblick in die weitere Strukturierung der Anzeigengruppen zu erhalten.

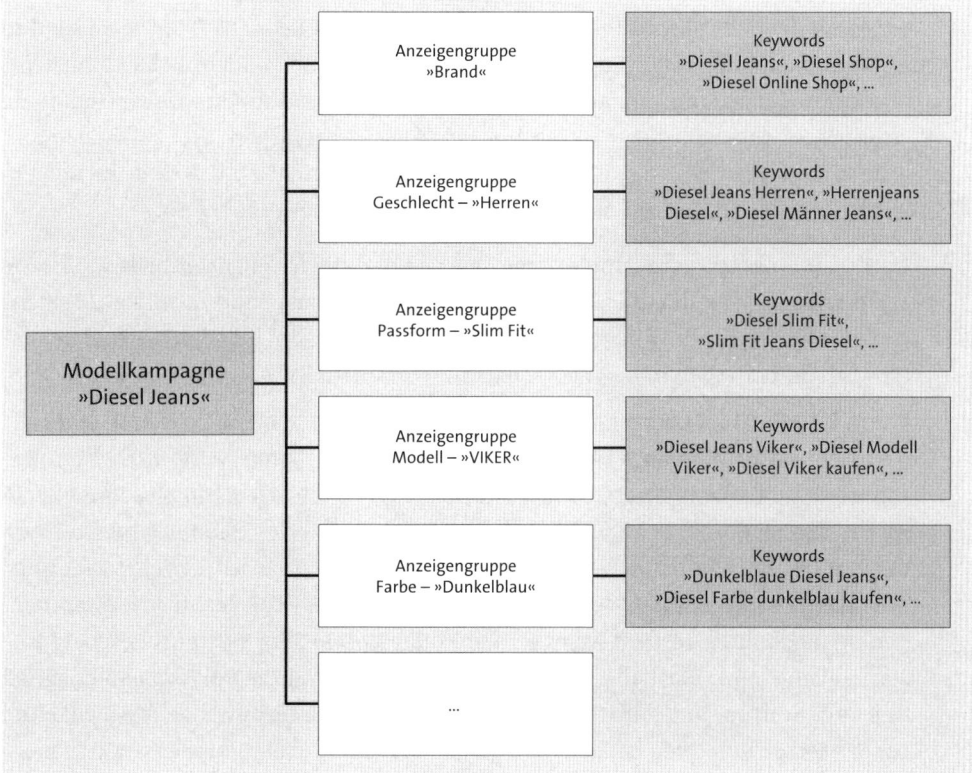

Abbildung 4.27 Beispiel für eine Kampagnenstruktur

Die Struktur in Abbildung 4.27 zeigt Ihnen, wie granular Sie eine Kampagne konzipieren sollten, um sowohl alle Vorkehrungen für eine optimale Anzeigenleistung zu treffen als auch eine bestmögliche Nutzererfahrung für den Interessenten zu bieten. Aus folgenden Gründen ist diese Vorgehensweise zielführend:

▸ **Suchergebnisseite**
  Sucht ein Nutzer zum Beispiel nach einer *Diesel Jeans für Herren*, steigt die Wahrscheinlichkeit für einen Klick auf Ihre Anzeige, wenn der Text nicht auf einen *Händler für viele Hosenmarken*, sondern eben auf einen *Online-Shop für Herren Jeans der Marke Diesel* hinweist. Passt der Anzeigentext zum Suchergebnis, werden die übereinstimmenden Phrasen automatisch fett markiert, womit in weite-

rer Folge auch die Klickraten und der Qualitätsfaktor der jeweiligen Anzeigen und Keywords steigen.

▶ **Zielseite**

Haben Sie in der Abstimmung von Anzeigentexten und Keywords alles richtig gemacht, können Sie noch immer an einem weiteren Punkt scheitern – nämlich dann, wenn das in der Anzeige beworbene und damit dem Suchenden quasi »versprochene« Ergebnis auf der Zielseite nicht unmittelbar zu finden ist. Verlinken Sie aus der oben genannten detaillierten Suchanfrage (*Jeans Herren Diesel*) auf Ihre Homepage oder einen Teil des Online-Shops, der auch andere Bekleidungsteile, Modelle für Damen oder andere Marken beinhaltet, ist Ihr potenzieller Neukunde entweder verwirrt oder im schlechtesten Fall sogar verärgert. Dies kann dazu führen, dass er den Besuch auf Ihrer Webseite sofort abbricht, zum Google-Suchergebnis zurückkehrt und auf die Anzeige eines Ihrer Mitbewerber klickt.

Natürlich muss dieser exemplarische Online-Shop die Möglichkeit bieten, dass Sie aus Ihren Anzeigen direkte Links auf thematisch passende Shop-Inhalte (z. B. eigens programmierte Landing-Pages) oder maßgeschneiderte Suchergebnisse setzen können. Mit diesen sogenannten *Deep Links* steht und fällt Ihr Konzept.

Wenn Sie wie oben dargestellt eine Anzeigengruppe planen, die für eine optimale Performance auf eine nach Hosentyp, Marke und Farbe (*Jeans Diesel dunkelblau*) gefilterte Detailsuche in Ihrem Online-Shop verweisen soll, dann muss es Ihnen technisch möglich sein, eine URL, die zu genau diesen gefilterten Shop-Produkten führt, bei den dazu passenden Anzeigen zu hinterlegen. Sollten Sie selbst Webmaster und/oder Programmierer Ihrer Webseite sein und ohnehin über die technischen Rahmenbedingungen Ihres Content-Management- oder Online-Shop-Systems Bescheid wissen, stellen Sie im Idealfall bereits vor der Konzeption Ihrer AdWords-Kampagnen den Funktionsumfang der Webseite in Hinblick auf die technischen Möglichkeiten für das Setzen von Deep Links sicher. Planen Sie die Anzeigengruppenstruktur nicht unnötig tiefer, als es Ihre Webseiteninhalte zulassen.

Warum ist die Anzeigengruppenstruktur so wichtig?

Relevanz ist das oberste Gebot beim AdWords-Werbeprogramm. Das ist an dieser Stelle nichts Neues – jedoch können wir es nicht vermeiden, dass Sie mehr als einmal, wenn nicht Dutzende Male in nahezu allen Kapiteln dieses Buches darauf stoßen werden. Wenn Sie sprichwörtlich »Äpfel und Birnen« in eine einzige Anzeigengruppe werfen, dort eine hohe Zahl an beliebigen Keywords hinterlegen und für alle Suchanfragen einen zentralen Link auf Ihre Homepage setzen, dann wird Ihre Kampagnenleistung mäßig zufriedenstellend ausfallen. Natürlich werden Sie Klicks auf Ihre Anzeigen und damit neue Besucher auf Ihrer Webseite generieren können, aber Sie werden dafür auch vergleichsweise tiefer in die Tasche greifen müssen. Sie

4

zahlen für die Klicks mehr als nötig – und auch viel mehr im Vergleich zu allen Mitbewerbern mit einer professionelleren Kampagnenstruktur.

Entscheidungen, die Sie hier treffen, wirken sich maßgeblich auf die Kampagnenleistung und Ihren Erfolg mit AdWords aus. Hohe Klickraten, die ein optimal strukturiertes Anzeigengruppenset im Idealfall aufweist, tragen maßgeblich zu einem besseren Qualitätsfaktor und somit auch zu besser gereihten Anzeigenpositionen und nicht zuletzt den Ihnen verrechneten Kosten pro Klick bei. Sparen Sie an dieser Stelle Zeit, bezahlen Sie später mit wertvollem AdWords-Budget, was letztlich nur Google freut, aber weder Ihnen noch Ihren potenziellen Kunden weiterhilft.

Nun hoffen wir, dass Sie mithilfe dieser Tipps und Denkanstöße eine Struktur für Ihre Kampagne erarbeiten konnten. Damit gelangen Sie zum nächsten Schritt, in dem Sie Ihre erste Anzeigengruppe benennen. Wir möchten dazu beim oben genannten Beispiel bleiben und weiterhin mit dem Online-Shop für Bekleidung arbeiten.

4.3.2   Der Anzeigengruppenname

Wenn Sie eine neue Kampagne über die AdWords-Benutzeroberfläche im Browser erstellen, definieren Sie alle Inhalte der ersten Anzeigengruppe – Name, Anzeigentexte und Keywords – über einen eigens angepassten Benutzerdialog. Daher werden wir die Anzeigengruppenerstellung anhand der in Folge abgebildeten einfachen Bildschirmdialoge beschreiben. Bestehende Kampagnen und Anzeigengruppen können auch über andere Wege bearbeitet werden.

Wir gehen nun davon aus, dass Sie Ihre Kampagnenstruktur vorbereitet haben und daher einfach den ersten ANZEIGENGRUPPENNAMEN vergeben können. Ist dieser eingetragen (siehe Abbildung 4.28), wird es für Sie zunehmend spannend: Nun geht es darum, dass Sie Ihre Keywords hinterlegen und schließlich eine AdWords-Textanzeige verfassen, denn erst dann haben Sie Ihre erste Anzeigengruppe vollständig angelegt.

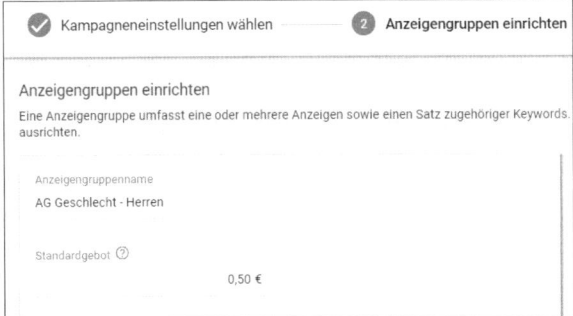

Abbildung 4.28 Tragen Sie den Namen der ersten Anzeigengruppe im entsprechenden Feld ein.

4.3.3   Keywords

Wir werden uns in Abschnitt 4.4 umfassend mit dem Thema Keyword-Eingabe und Keyword-Optionen beschäftigen. Diese Angaben können in der Benutzeroberfläche einer fertig erstellten Kampagne wesentlich einfacher und umfangreicher erfolgen und werden auch künftig Ihre erste Anlaufstelle zur Keyword-Verwaltung sein.

Dennoch müssen Sie an dieser Stelle des Kampagnenerstellungs-Assistenten ein paar erste Keywords für Ihre Anzeigengruppe auswählen. Fassen Sie sich hier fürs Erste kurz, und geben Sie nur ein paar offensichtlich passende Keywords ein.

Google ermöglicht es Ihnen zudem, mithilfe eines Assistenten ein paar weitere Keyword-Ideen direkt einzubuchen. Dazu können Sie Ihre Zielseite zur Werbekampagne eingeben oder Keywords zu Produkten bzw. Dienstleistungen.

In Abbildung 4.29 erkennen Sie, dass Google AdWords daraufhin passende Keyword-Ideen inklusive Hinweise zum ungefähren monatlichen Suchvolumen auflistet. Bitte beachten Sie, dass diese Keywords in der Keyword-Option WEITGEHEND PASSEND eingebucht werden. Die verschiedenen Keyword-Optionen erläutern wir ausführlich in Abschnitt 4.4. Wir möchten Sie jedoch darauf hinweisen, dass diese Keyword-Schaltung meistens nicht optimal ist; Sie können die Keyword-Option jedoch jederzeit ändern.

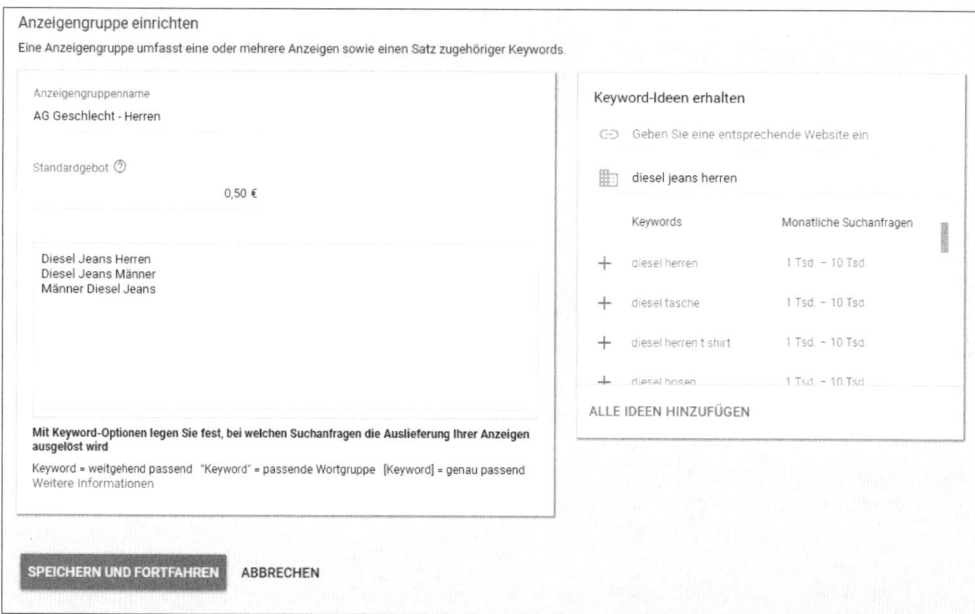

Abbildung 4.29 Die Keyword-Eingabe wird durch automatische Keyword-Ideen vereinfacht.

Nachdem Sie einige für Ihre erste Anzeigengruppe passende Keywords eingegeben haben, klicken Sie auf SPEICHERN UND FORTFAHREN, um sich im nächsten Schritt den Anzeigentexten zu widmen.

4.3.4   Anzeigentexte

Es ist kurios, dass die Materie AdWords einerseits ganze Bücher füllen kann, der wichtigste Teil – die Textanzeigen – aber oft zu wenig Aufmerksamkeit erhält. Vor allem für die Suchkampagnen sind die Textanzeigen das Schlüsselelement, damit eine Werbekampagne funktioniert. In Abschnitt 12.9 zeigen wir daher noch verschiedene Praxisbeispiele und geben Tipps zur Optimierung von Textanzeigen.

Jetzt beginnen wir jedoch mit dem Grundaufbau einer Textanzeige: Die wichtige Überschrift besteht aus zwei Anzeigetiteln, gefolgt von einer angezeigten URL und einem etwas ausführlicheren Anzeigentext – das ist das Grundschema einer Anzeige, das sehr stark dem organischen, nichtbezahlten Google-Ergebnis ähnelt.

Das relativ kurze Grundgerüst einer Textanzeige wird seit einiger Zeit von Google immer stärker mit Erweiterungen ausgebaut. Diese behandeln wir ausführlich in Abschnitt 12.11. Lernen Sie zunächst wichtige Informationen und Tipps kennen, um dafür zu sorgen, dass Ihre Textanzeigen von Beginn an sowohl den Anforderungen und Zielen Ihres Unternehmens als auch den AdWords-Richtlinien entsprechen.

Anatomie einer Textanzeige

Bevor Sie munter drauflostexten, müssen Sie zunächst den Aufbau und die Bestandteile einer Textanzeige kennenlernen. Abbildung 4.30 zeigt die exemplarische Darstellung eines Anzeigentextes. Die Vorgaben in Hinblick auf die maximal erlaubten Zeichenlängen finden Sie in der weiter unten folgenden Tabelle 4.2.

Abbildung 4.30 Aufbau einer AdWords-Textanzeige

Sie sehen, dass ANZEIGENTITEL ❶ und ANZEIGENTITEL ❷ visuell durch die blaue Farbe hervorstechen (die beiden Titel werden aktuell getrennt durch einen Bindestrich. Google testet bereits einen vertikalen Trennstrich |). Wir empfehlen Ihnen daher, dass Sie den Suchbegriff bzw. das Thema der Anzeigengruppe bereits im Titel nennen. Die ANGEZEIGTE URL / ANGEZEIGTER PFAD ❸ enthalten den Domain-Namen Ihrer Webseite sowie idealerweise einen ebenfalls thematisch passenden Dateipfad – vorausgesetzt, die Zeichenlimits lassen diesen zu.

Möglicherweise fragen Sie sich an dieser Stelle, warum denn die URL, mit der Sie Ihre Anzeige verknüpfen, überhaupt eine Zeicheneinschränkung aufweist. Bei langen Dateipfaden oder Online-Shops kann es ja durchaus vorkommen, dass Sie mit sehr langen URLs arbeiten müssen. Nun, das hat den Grund, dass Google hier die folgenden zwei URLs unterscheidet:

- angezeigte URL (in der AdWords-Anzeige dargestellte URL) – z. B. *www.bekleidungs-shop.de/Diesel*

- finale URL (funktionierende, auf die Webseite verweisende URL) – z. B. *www.bekleidungs-shop.de/hosen/jeans/diesel/herren*

Es ist wichtig, dass Sie den Unterschied zwischen diesen beiden URL-Eingabefeldern erkennen und in der Praxis anwenden. Die angezeigte URL dient dazu, die Anzeigenrelevanz für den Suchmaschinen-Nutzer zu steigern (indem Sie wie oben dargestellt durch die zusätzliche Angabe von */Diesel* darauf hinweisen, dass der Link hinter der Anzeige zumindest in den entsprechenden Marken-Channel Ihres Online-Shops führt). Die angezeigte URL kann, muss aber nicht tatsächlich durch eine Eingabe im Browser erreichbar sein.

Im Unterschied dazu müssen Sie bei der finalen URL den vollständigen Pfad zu Ihrer gewünschten Zielseite hinterlegen. Diese URL muss gleichermaßen für das AdWords-Programm wie auch jeden Internetnutzer aufrufbar und natürlich jederzeit funktionstüchtig sein.

Google musste diese beiden URL-Typen nicht zuletzt deshalb einführen, weil in der Textanzeige der limitierte Platz nicht ausreichen würde, um lange Ziel-URLs vollständig einzublenden, die möglicherweise noch aus unleserlichen Zahlen und Zeichenkombinationen bestehen sowie mit diversen Trackingcodes ergänzt wurden. Auch wenn Google sich auf die reine Einblendung der Webseiten-Domain beschränken hätte können, wurde mit der Möglichkeit zur Eingabe einer angezeigten URL ein aus unserer Sicht sehr guter Kompromiss geschaffen, um einerseits für die Interessenten auf Google attraktive und relevante URLs einzublenden, gleichzeitig aber den AdWords-Werbekunden die Nutzung von nahezu unbeschränkt langen tatsächlichen URLs Ihrer Zielseiten zu ermöglichen. Tabelle 4.2 fasst nun die maximalen Zeichenlängen aller Felder einer Textanzeige auf einen Blick zusammen.

Anzeigenelement	Maximale Zeichenlänge (inklusive Leerzeichen)
Finale URL	Keine Beschränkung
Anzeigentitel 1	30 Zeichen
Anzeigentitel 2	30 Zeichen

Tabelle 4.2 Maximale Zeichenlänge der einzelnen Anzeigenelemente

Anzeigenelement	Maximale Zeichenlänge (inklusive Leerzeichen)
Pfad 1 (optional)	15 Zeichen
Pfad 2 (optional)	15 Zeichen
Beschreibung	80 Zeichen

Tabelle 4.2 Maximale Zeichenlänge der einzelnen Anzeigenelemente (Forts.)

Hinweis

Nachdem Google im Laufe der Zeit durch zwei Anzeigentitel und einen längeren Beschreibungstext die Anzeigen immer weiter aufgebläht hat, tauchen in manchen Konten bereits erste Beta-Tests mit einem zusätzlichen zweiten Beschreibungstextfeld auf. Der Trend zeigt also eindeutig weg von den kleinen, kurzen Anzeigen hin zu größeren Texten mit ausführlicheren Kundeninformationen.

Warum AdWords die URL zur tatsächlichen Zielseite nicht darstellt

Um das Thema »angezeigte vs. finale URL« kurz zu veranschaulichen, möchten wir Ihnen ein Beispiel der Hotelplattform *Booking.com* nennen: Bei einer Google-Suche nach *Hotel Wien* lautet die angezeigte URL *www.booking.com/Wien-Hotels*. Sie ist schön anzusehen und leicht verständlich – so weit, so gut. Damit jedoch sowohl die Webseite als auch die Kampagnenmessung funktionieren, muss die tatsächliche Ziel-URL länger ausfallen. Im konkreten Fall lautet sie wie folgt:

*http://www.booking.com/city/at/vienna.de.html?aid=301584;label=vienna-u_*
PedMjyjdTpsKEKjlhYWgS43891532461;pl:ta:p1860:p2260.000:ac:ap1t1:neg;ws=&
gclid=COPhubbP4MACFYMewwodT04AuA

Sie sehen, dass sie nicht nur einen anderen Seitenpfad, sondern auch eine Menge URL-Parameter einhält. Diese Parameter können einerseits für die Funktion der Webseite erforderlich sein, beinhalten meistens aber auch wertvolle Informationen für Kampagnentracking und -analyse. Auch wenn Sie nicht alle in der Ziel-URL vorhandenen Parameter zuordnen können, verstehen Sie hoffentlich schnell, weshalb AdWords zwischen angezeigter und tatsächlich verlinkter URL unterscheiden muss.

Der im Beispiel genannte AdWords-Werbekunde betreibt seine Kampagnen darüber hinaus so gewissenhaft, dass auch für die angezeigte URL eine Weiterleitung eingerichtet wurde: Geben Sie *www.booking.com/Wien-Hotels* manuell im Browser ein, werden Sie zu einem Suchergebnis mit Hunderten von Unterkünften in der Stadt Wien weitergeleitet. Die dort hinterlegte URL sieht – um Sie am Ende dieses Kastens schließlich komplett zu verwirren – noch einmal anders aus:

http://www.booking.com/searchresults.html?si=
ai%2Cco%2Cci%2Cre%2Cla%2Cdi;ss=Wien-Hotels;ifl=1;label=short-Wien-Hotels

Die Vorgabe, dass eine angezeigte URL auch bei einer manuellen Eingabe im Browser funktioniert, möchten wir an dieser Stelle für AdWords-Anfänger als »Fleißaufgabe« einordnen. Professionelle AdWords-Kunden mit groß angelegten Kampagnen, hohen Tagesbudgets und strengen Zielvorgaben sollten die Einrichtung und Prüfung dieser Weiterleitungen – wie im hier genannten Beispiel – hingegen als verpflichtend ansehen.

Erste Tipps zur Erstellung erfolgreicher Textanzeigen

Da Sie jetzt den grundlegenden Aufbau einer Textanzeige kennen, wollen wir Sie natürlich auch mit den wichtigsten Tipps zur Gestaltung guter Textanzeigen versorgen. Die ausführlicheren Optimierungstipps folgen wie oben bereits angedeutet in Kapitel 12, da die vielen Möglichkeiten den aktuellen Rahmen sprengen würden.

Obwohl sich die Anzahl der möglichen Zeichen in AdWords-Textanzeigen im Laufe der Zeit immer mehr gesteigert hat, bleibt es eine Herausforderung, alle relevanten Informationen zu Ihrem Produkt, Service oder Unternehmen so kurz zu fassen, dass sie den AdWords-Vorgaben entsprechen. Falls Sie Erfahrung mit der Gestaltung klassischer Werbetexte, z. B. Magazinen haben, so wissen Sie, dass auch die dort gebuchten Anzeigenformate bestimmten Richtlinien unterliegen. Bei Google-AdWords-Anzeigen sind die Herausforderungen jedoch meistens größer. Benötigen Sie nur ein Zeichen mehr, als die einzelnen Anzeigenbausteine (Anzeigentitel, Pfad, Beschreibung) zulassen, so wird die Anzeige nicht geschaltet. Aus eigener langjähriger Erfahrung können wir berichten, wie grausam es sich anfühlt, eine vermeintlich »perfekte« Textzeile formuliert zu haben, die dann genau um ein Zeichen zu lang ist. Entweder kann ein wichtiges Satzzeichen nicht mehr gesetzt werden oder ein Produkt- oder Markenname lässt sich beim besten Willen nicht wie gefordert unterbringen.

Wir möchten Ihnen nun ein paar Tipps geben, wie Sie dieser Sache am besten Herr werden. Schließlich sind die Anzeigentexte – bei allen wichtigen im Hintergrund getroffenen Einstellungen – jener AdWords-Bestandteil, der auf Suchergebnisseiten und in Googles Displaynetzwerk permanent »in der Auslage« steht und dort im Verlauf der Kampagne von Millionen potenziellen Interessenten gesehen werden kann. Weder Tippfehler noch inhaltliche Fehler dürfen hier passieren. Gleichzeitig müssen Sie sich bewusst sein, dass Ihr Angebot niemals alleine, sondern stets im Umfeld mehrerer Anzeigen der unmittelbaren Mitbewerber eingeblendet wird:

▶ Sie bieten geringe Versandkosten? Mitbewerber versenden eventuell gratis.

▶ Sie sind Marktführer in Deutschland? Internationale Mitbewerber können auf Ihrem Heimatmarkt eventuell günstigere Preise anbieten.

▶ Sie haben eine wenige Tage gültige Aktion mit 10 % Rabatt? Die Anzeige neben Ihnen bietet 12 % noch für den ganzen Monat.

»Präzise, zielgerichtet, überzeugend« sollte Ihr Mindestanspruch an jede formulierte Textanzeige lauten. Nehmen Sie sich daher Zeit für die folgenden sechs – auch von Google hervorgehobenen – Hinweise, bevor Sie sich Ihrem ersten selbst erstellten Anzeigentext in der Praxis widmen:

1. **Besondere Stärken (USP)**

   Heben Sie jene Aspekte hervor, die Sie von anderen Unternehmen und Mitbewerbern auf AdWords abheben: Von Geschwindigkeit über Quantität und Qualität bis hin zu geografischen Vorteilen werden Sie bestimmt mindestens einen Vorteil finden, den Sie in den Anzeigen kommunizieren möchten.

2. **Preise und Angebote**

   Erfahrungsgemäß funktionieren AdWords-Anzeigen in einigen Branchen sehr gut, wenn sie konkrete Preise oder Angebote beinhalten. Interessenten mit einer Kaufabsicht können so bereits sehr früh herausfinden, ob Ihr Unternehmen die gesuchten Produkte zum gewünschten Preis anbietet.

3. **Konkrete Handlungsaufforderungen**

   Machen Sie in Ihrer Textanzeige klar, was Interessenten nach dem Klick auf Ihrer Webseite tun sollen. Inkludieren Sie Handlungsaufforderungen wie *Jetzt kaufen*, *Hier anmelden* oder *Gratis anfragen*, um klar zu vermitteln, welche Aktion Sie vom Nutzer nach einem Klick auf Ihre Anzeige erwarten. Banale Aufforderungen wie *Hier klicken* sollten Sie jedoch tunlichst vermeiden: Diese verstoßen nämlich gegen die Qualitätskriterien und werden vom AdWords-System sofort abgelehnt.

4. **Keywords**

   Verwenden Sie mindestens ein passendes, repräsentatives Keyword aus der Anzeigengruppe auch im Anzeigentext. Alle Wörter aus der Suchanfrage, die auch in der Anzeige vorkommen, werden automatisch fett markiert. Je mehr Wörter also übereinstimmen, umso auffälliger ist Ihre Anzeige. Das lenkt einerseits die Aufmerksamkeit des Suchenden wahrscheinlicher auf Ihr Angebot und erhöht auch die Relevanz für den AdWords-Algorithmus.

5. **Abstimmung mit der Zielseite**

   Es ist unerlässlich, dass das in der Anzeige angepriesene Angebot unmittelbar auf der Zielseite wiederzufinden ist. Findet der Interessent es nicht sofort wieder, weil Sie beispielsweise auf die Homepage oder eine zu allgemeine Zielseite verweisen, steigt die Wahrscheinlichkeit, dass er – anstatt bei Ihnen weiterzusuchen – Ihre Webseite gleich wieder verlässt und zurück zu Google wechselt, um einen anderen Anbieter zu finden.

6. **Testen von Anzeigenvarianten**

   Der letzte, aber keinesfalls unerhebliche Tipp lautet, dass Sie jeweils mehr als eine Textanzeige pro Anzeigengruppe erstellen. Es sollten mindestens zwei unterschiedliche Anzeigen sein, Google empfiehlt aktuell mindestens drei Anzeigen pro

Anzeigengruppen. Führt das Nennen eines konkreten Preises zu mehr Klicks und Verkäufen oder ist die Erfolgsquote höher, wenn Sie allgemeine Texte formulieren? Sie werden es so lange nicht wissen, bis Sie es nicht ausprobiert haben! AdWords stellt Ihnen eine bequeme Möglichkeit bereit, mit der Sie in Ihren Kampagnen mehrere Anzeigen parallel erstellen und rotierend ausliefern können. Bevor Sie lange herumraten und probieren, welche Anzeige denn am besten funktioniert, können Sie so diese wichtige Entscheidung gleich den richtigen Personen überlassen: nämlich Ihren Interessenten und potenziellen Kunden, die auf die Anzeigen klicken und Ihnen auf diese Weise wertvolle Informationen darüber zukommen lassen, was sie am meisten anspricht.

Finale URLs als »Deep Links«

Wenn Sie die finale URL hinterlegen, achten Sie bitte darauf, diese möglichst genau auf den Anzeigentext und auf die in der jeweiligen Anzeigengruppe verwendeten, thematisch gruppierten Keywords abzustimmen. Sie sollten vermeiden, alle über AdWords gewonnenen Interessenten auf nur eine einzige Zielseite zu schicken – im schlimmsten Fall auf Ihre Unternehmenshomepage.

Sucht eine Interessentin beispielsweise nach einem roten Kleid in Größe 36, wird jene Anzeige am erfolgreichsten sein, die nicht nur im Anzeigentext auf diesen Suchbegriff eingeht, sondern auch auf der dazu passenden Zielseite eine Übersicht aller roten Kleider in Größe 36 auflistet. Würden Sie hier als Betreiber eines Online-Shops für Damenbekleidung lediglich auf die Startseite verweisen, wäre das Benutzererlebnis suboptimal, da sich die Interessentin noch einmal auf die Suche machen müsste, um das gewünschte Produkt zu finden. Sobald hier nur die geringste Frustration auftritt, wechselt der Nutzer zum nächsten Unternehmen und Sie haben nicht nur ein paar Cent bzw. Euro umsonst für den Anzeigen-Klick bezahlt, sondern auch einen potenziellen Kunden verloren.

Den aktuellen redaktionellen Standards für Anzeigentexte hat Google in der AdWords-Hilfe übrigens einen eigenen Bereich gewidmet:

https://support.google.com/adwordspolicy/answer/6021546

Die Textanzeige erstellen

Nachdem Sie sich über den Aufbau einer Textanzeige informiert und auch ein paar Tipps zu deren Erstellung gelesen haben, kehren Sie nun wieder zur AdWords-Benutzeroberfläche zurück, um die Inhalte Ihrer Textanzeige wie in Abbildung 4.31 dargestellt einzugeben.

Sie beginnen mit der finalen URL, indem Sie einfach die URL Ihrer Landing-Page zu dieser Anzeige kopieren und in das Feld einfügen. Füllen Sie danach die weiteren Felder aus; AdWords zeigt zur Unterstützung jeweils die maximal erlaubte und bereits genutzte Zeichenanzahl im jeweiligen Feld an. Die Domain der finalen URL wird automatisch als angezeigte URL übernommen. Sie können optional bis zu zwei angezeigte Pfade hinzufügen.

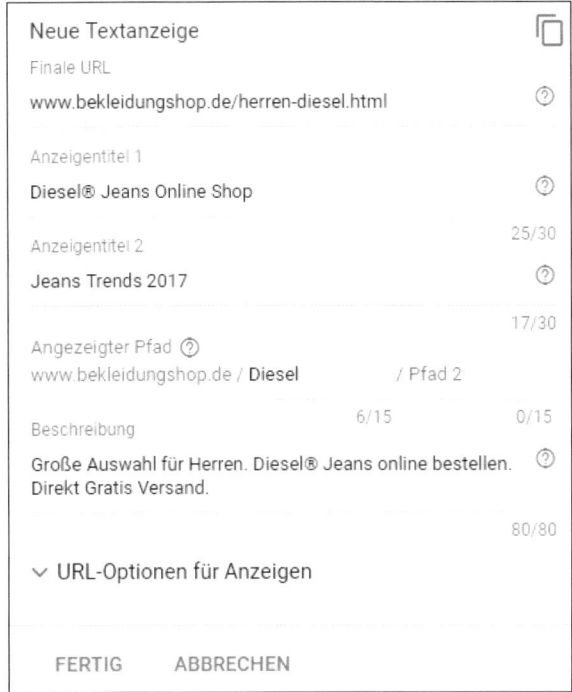

Abbildung 4.31 Textanzeige in AdWords anlegen

Wir hoffen, Sie kommen dabei unter Berücksichtigung dessen, was Sie bisher gelernt haben, gut zurecht. Uns zumindest macht das Texten von AdWords-Anzeigen nach wie vor großen Spaß. Wir tüfteln so lange an den Formulierungen, bis wir die gewünschte Botschaft – bei bestmöglicher Nutzung der vorgegebenen Zeichenlängen – »auf den Punkt« gebracht haben.

Den aktuellen Fortschritt und das Endprodukt Ihres Schaffens können Sie live in der Vorschau verfolgen (siehe Abbildung 4.32).

Interessanterweise gilt auch hier das Google-Motto »Mobile First«, sodass die Standardeinstellung Ihre Anzeige in der mobilen Vorschau zeigt. Sie können jedoch über die Blätterfunktion im Kopfbereich auch auf die Desktop-Variante (siehe Abbildung 4.33) umschalten. Da die Darstellung immer etwas unterschiedlich ist, lohnt sich diese Umstellung, um einen genauen visuellen Eindruck von Ihrer Textanzeige zu erhalten.

Abbildung 4.32 Mobile Vorschau der erstellten Anzeige

Abbildung 4.33 Eine Vorschau der neuen Anzeige ist auch als Desktop-Variante möglich.

Den weiter oben genannten sechsten Tipp, mehrere Textvariationen zu formulieren, können Sie direkt nach der Speicherung Ihrer ersten Textanzeige umsetzen. Die Anzeigenerweiterungen sollten ganz genau auf Ihre Kampagne und Anzeigengruppen abgestimmt werden. Daher sollten Sie diese Erweiterungen zwar nicht vergessen, aber zu einem späteren Zeitpunkt hinzufügen. Ausführliche Erläuterungen dazu finden Sie in Abschnitt 12.11. Zum Abschluss speichern Sie Ihre erste Anzeigengruppe so ab, wie in Abbildung 4.34 dargestellt.

Gratulation! Nun ist es so weit und Sie haben Ihre erste Kampagne eingerichtet, passende Keywords definiert, die Zielseite für Ihre Anzeige ausgewählt und mindestens einen Anzeigentext formuliert. Damit haben Sie folgende Schritte erfolgreich abgeschlossen:

▶ Kampagne erstellen
▶ wichtige Grundeinstellungen auf Kampagnenebene setzen
  – Werbenetzwerke
  – geografische und sprachliche Ausrichtung
  – Klickpreis-Gebote und Tagesbudgets
▶ Anzeigenerweiterungen definieren
▶ Anzeigengruppen strukturieren und erstellen

- Keywords eingeben
- Anzeigentexte verfassen

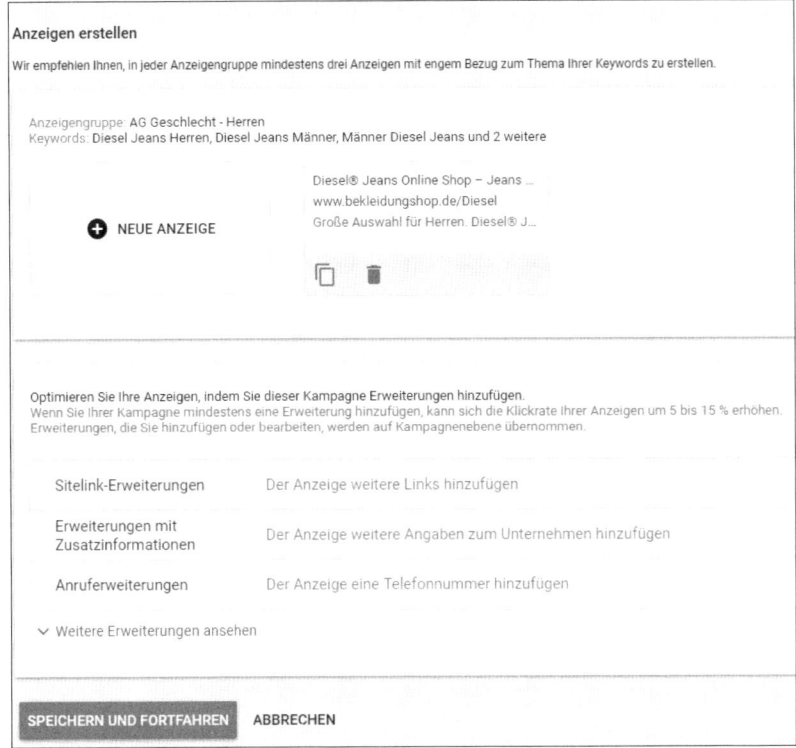

Anzeigen erstellen

Wir empfehlen Ihnen, in jeder Anzeigengruppe mindestens drei Anzeigen mit engem Bezug zum Thema Ihrer Keywords zu erstellen.

Anzeigengruppe: AG Geschlecht - Herren
Keywords: Diesel Jeans Herren, Diesel Jeans Männer, Männer Diesel Jeans und 2 weitere

⊕ NEUE ANZEIGE

Diesel® Jeans Online Shop – Jeans ...
www.bekleidungshop.de/Diesel
Große Auswahl für Herren. Diesel® J...

Optimieren Sie Ihre Anzeigen, indem Sie dieser Kampagne Erweiterungen hinzufügen.
Wenn Sie Ihrer Kampagne mindestens eine Erweiterung hinzufügen, kann sich die Klickrate Ihrer Anzeigen um 5 bis 15 % erhöhen. Erweiterungen, die Sie hinzufügen oder bearbeiten, werden auf Kampagnenebene übernommen.

Sitelink-Erweiterungen — Der Anzeige weitere Links hinzufügen

Erweiterungen mit Zusatzinformationen — Der Anzeige weitere Angaben zum Unternehmen hinzufügen

Anruferweiterungen — Der Anzeige eine Telefonnummer hinzufügen

∨ Weitere Erweiterungen ansehen

SPEICHERN UND FORTFAHREN   ABBRECHEN

Abbildung 4.34 Fügen Sie Ihrer Anzeigengruppe noch weitere Anzeigen hinzu, und speichern Sie die Anzeigengruppe ab.

Sie können nun jederzeit in Ihrem Konto, die Kampagne, die Anzeigengruppe, die Keywords oder Anzeigen aufrufen und falls gewünscht Änderungen vornehmen, indem Sie z. B. Textanzeigen verändern oder neue Keywords zufügen.

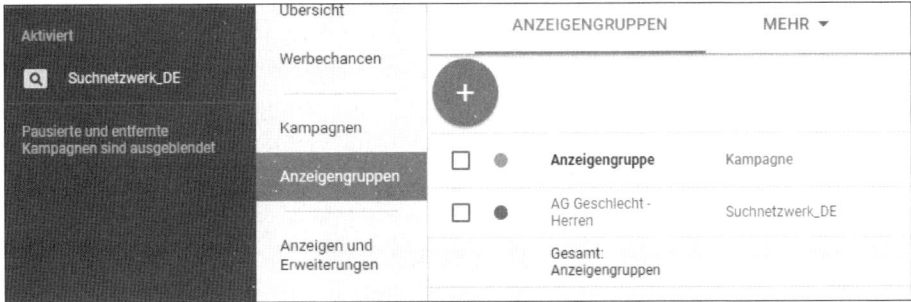

Abbildung 4.35 So präsentiert sich die AdWords-Benutzeroberfläche, sobald Sie Ihre erste Kampagne erstellt haben.

259

4.4 Keywords

Auf Grundlage Ihrer Keyword-Recherche aus Kapitel 3, »Keywords«, sollten Sie bereits wissen, welche Begriffe Internetnutzer in die Suchmaschine eingeben, um Ihre Produkte, Dienstleistungen oder Informationen zu finden. Wir sind uns sicher, dass Sie die ausführlichen Erklärungen im folgenden Schritt gleich in die Praxis umsetzen können.

4.4.1 Keyword-Recherche

Natürlich wird es einige offensichtliche Keywords geben, die Sie ohne großen Rechercheaufwand intuitiv in Ihrer Kampagne verwenden können. Für die zuvor erstellte Beispielkampagne haben wir es zunächst auch dabei belassen.

Wenn Sie beispielsweise ein Steuerberatungsunternehmen in Wien betreiben, liegt die Verwendung der Keyword-Kombination *Steuerberater Wien* auf der Hand. Sie könnten also eine Kampagne aufsetzen, die zunächst nur diese eine Wortkombination beinhalten und damit erste Klicks generieren würde.

Aber es wird nicht nur darauf ankommen, Keywords einzubuchen, die den offensichtlichen Fachbereich bzw. die Branche Ihres Unternehmens beschreiben. Es ist gleichermaßen wichtig, auch solche Begriffe einzusetzen, die Ihre Tätigkeit (Dienstleistungen bzw. Produkte) näher beschreiben. Suchmaschinennutzer werden nicht nur danach suchen, wer Sie *sind*, sondern auch danach, was Sie *machen*.

Als Steuerberater werden Sie also sinnvollerweise auch Ihre Leistungen wie z. B. *Buchhaltung*, *Personalverrechnung* oder das *Erstellen von Steuererklärungen* als Basis für Ihre Keyword-Liste verwenden. Jedoch werden Sie auch hier bald feststellen, dass diese Überbegriffe maximal als Kampagnen- oder Anzeigengruppenbezeichnung verwendet werden können und es dahinter wiederum eine Vielzahl an Suchwort-Kombinationen geben wird, die tatsächlich zum Einsatz kommen.

Keyword-Recherche mit Sach- und Hausverstand

In diesem Buch zeigen wir Ihnen hilfreiche Methoden und praktische Tools zur Recherche, Einbuchung und Optimierung umfangreicher Keyword-Sets. So viel zum Thema Sachverstand. Es gibt jedoch einen weiteren wichtigen Aspekt im Umgang mit Keywords, der allein von Ihnen abhängt: den *Hausverstand*.

Leider haben wir schon oft erleben müssen, dass unerfahrene Kunden, Agenturen oder Kampagnenmanager zwar Hunderte, wenn nicht sogar Tausende Keyword-Kombinationen, die irgendwelche Tools vorgeschlagen hatten, in ihre Kampagnen einbuchen. Gleichzeitig fehlten jedoch wichtige Suchbegriffe, die teilweise sogar klar auf der Startseite der Firmenwebseite ersichtlich waren.

4

Widmen Sie daher unabhängig davon, ob Sie AdWords-Kampagnen für Ihre eigene Webseite oder jene von Kunden und Geschäftspartnern erstellen, den Keywords die nötige Aufmerksamkeit aus persönlicher Sicht. Schließlich sitzt am »anderen Ende« Ihrer Kampagnen ebenfalls ein Mensch – unabhängig davon, an welchem Gerät oder in welchem Teil der Erde er sich befindet.

Überlegen Sie zunächst selbst, welche Suchanfragen ein potenzieller Interessent in den Suchschlitz eintippen könnte. Beginnen Sie dann, danach zu suchen, und lassen Sie sich von den gefundenen bezahlten und organischen Suchergebnissen sowie von Googles Vorschlägen weiter inspirieren (z. B. vom Auto-Vervollständigen der Suchanfrage während Sie tippen, von verwandten Suchbegriffen auf der Ergebnisseite etc.). Ein Klick führt dabei zum nächsten, und mithilfe dieses Prozesses werden Sie erste wertvolle Informationen über für Sie relevante Keywords erhalten. Tauchen im Themenkontext Begriffe auf, bei denen Sie definitiv keine Anzeigenschaltung auslösen möchten, halten Sie auch diese in Ihren Notizen fest.

Erfahrungsgemäß funktionieren solche Rechercheansätze auch gut, wenn Sie themen- und branchenfremde Personen damit »beauftragen« (warum nicht zum Beispiel Ihre Eltern, Kinder oder Bekannten?), einfach mal nach möglichen Produkten, Dienstleistungen oder Unternehmen bei Google zu suchen. Sie werden erstaunt darüber sein, wie Ihnen diese Personen mit jeweils individuellen Ansätzen beim Finden von Keywords behilflich sein können.

Mithilfe der zuvor beschriebenen Prozesse und Tools greifen Sie nun bereits auf ein Keyword-Set zurück, das als Basis für die Verwendung in den Kampagnen bereitsteht. Bevor Sie sich gleich ins Interface Ihres AdWords-Kontos – und damit bei Nichtberücksichtigen dieses Abschnittes möglicherweise direkt ins Verderben – stürzen, müssen wir Ihnen noch eine wichtige, für jede Suchkampagne typische AdWords-Eigenschaft vorstellen: die *Keyword-Optionen* bzw. *Keyword-Übereinstimmungstypen* (engl. *Match Types*«). Wir werden bei unseren Ausführungen vorwiegend den ersten Begriff nutzen, auch wenn die AdWords-Dokumentation und -Benutzeroberfläche in unterschiedlicher Häufigkeit von beiden Bezeichnungen Gebrauch machen.

4.4.2   Groß- und Kleinschreibung von Keywords

Vorausschicken möchten wir auch, dass bei der Eingabe der AdWords-Keywords die Groß- und Kleinschreibung nicht beachtet wird. Sie müssen also zum Beispiel die beiden Suchbegriffe *Hotel* und *hotel* nicht doppelt eingeben, da AdWords beide Schreibweisen berücksichtigt. Auch wenn Sie in diesem Abschnitt unterschiedliche Varianten in der Groß- und Kleinschreibung finden werden, bleibt es schließlich Ihnen überlassen, wie Sie mit diesem Thema in Ihren Konten umgehen. Persönlich können wir die konsequente Kleinschreibung aller Keywords vor allem aus Gründen der besseren Übersicht nur empfehlen.

Wie gehen Sie jedoch vor, wenn Sie sich ebenfalls für die durchgehende Kleinschreibung entschieden haben, aber einige Ihrer umfangreichen Keyword-Listen eine inkonsequente Groß- und Kleinschreibung aufweisen? (Dabei ist es egal, ob Sie die Keyword-Listen selbst recherchiert oder von Dritten erhalten haben.)

Machen Sie sich keine Sorgen über unnötigen manuellen Zusatzaufwand, denn glücklicherweise gibt es einige sehr hilfreiche Dienste, die Ihnen hier eine Menge Arbeit abnehmen können. Zunächst helfen Ihnen die zuvor im Kapitel erwähnten Tabellenkalkulationsprogramme Microsoft Excel sowie Google Drive über einfache Formeln weiter. Sehen Sie sich dazu das Beispiel in Abbildung 4.36 an, das Ihnen die schnelle spaltenweise Umwandlung von unterschiedlicher Groß- und Kleinschreibung in eine einheitliche Kleinschreibweise zeigt.

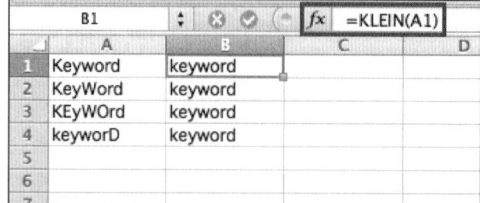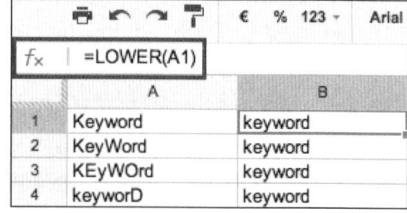

Abbildung 4.36 Einfache Möglichkeit zur automatischen Umwandlung von Groß- in Kleinschreibung in Microsoft Excel (links) bzw. Google Drive (rechts)

Alternativ können Sie auch online nach solchen Tools suchen. Eines davon ist zum Beispiel *https://convertcase.net*. Damit können Sie grundlegende Schreibweisen-Umwandlungen bequem im Browser erledigen, um die Ergebnisse danach in Ihren Keyword-Listen oder durch einfaches Kopieren und Einfügen gleich in der AdWords-Benutzeroberfläche weiterzuverwenden.

Der Google-AdWords-Blog geht übrigens in diesem schon etwas älteren Artikel noch einmal offiziell auf dieses Thema ein:

http://adwords-de.blogspot.de/2009/08/keyword-tipps-2-grokleinschreibung-und.html

Nachdem Sie in diesem Abschnitt mehr über die Hintergrundinformationen und Empfehlungen zur generellen Schreibweise von Keywords erfahren haben, kommen wir jetzt zu den Keyword-Optionen bzw. Keyword-Übereinstimmungstypen. Denn diese haben im Unterschied zur Groß- und Kleinschreibung einen wesentlichen Einfluss auf die Schaltung und Leistung Ihrer AdWords-Anzeigen.

4.4.3   Die Keyword-Optionen

Unter den Keyword-Optionen in AdWords können Sie sich eine zusätzliche Kennzeichnung vorstellen, die auf Basis jedes einzelnen eingebuchten Suchbegriffs optional vergeben wird. Allen AdWords-Nutzern raten wir dringend, diese Keyword-Optionen zu verwenden, um ihre Keyword-Sets spezifischer auszurichten.

Leider zeigt die Praxis, dass viele Anwender in ihren Kampagnen komplett auf die Nutzung der Keyword-Optionen verzichten und somit sehr wahrscheinlich – meist unbewusst bzw. mangels besserer Kenntnis – mehr Budget als nötig ausgeben.

Keyword-Optionen: obligatorisch oder optional?

Wir empfehlen Ihnen, bei der Erstellung Ihrer Anzeigengruppen und Keyword-Sets abhängig von Ihrer Zielsetzung jederzeit einen Fokus auf die Anwendung der Keyword-Optionen zu legen. Zu wenig bzw. keine Keyword-Optionen einzusetzen, bedeutet zunächst eine größere Reichweite bei geringerem Setup-Aufwand, was vor allem Einsteigern bzw. jenen Anwendern verlockend erscheint, die ihren Kampagnen weniger Zeit widmen können oder wollen. »Google weiß bestimmt, welche Keywords am besten passen«, ist ein Ansatz, der Sie langfristig viel Geld kosten kann. Denn die Wahrscheinlichkeit, dass Sie auf diese Weise auch eine Menge irrelevanter Klicks generieren, ist sehr hoch.

Beispiel gefällig? Google interpretiert die weitgehend passende Keyword-Option bisweilen tatsächlich – sowohl thematisch als auch geografisch – nur als sehr grobe Vorgabe. So kann zum Beispiel bei einem weitgehend passenden Keyword *Hotel Salzburg* ohne Nutzung der Keyword-Optionen eine Anzeige durchaus für die Suchanfrage *Ferienwohnung am Chiemsee* geschaltet werden. Natürlich hat eine Ferienwohnung im weitesten Sinne ähnliche Eigenschaften wie ein Hotel – immerhin kann man in beiden gegen Bezahlung übernachten. Und von der Stadt Salzburg bis zum Chiemsee ist es auch nicht weit. Was also Google und die Definition weitgehend passender Keywords betrifft, ist die Vorgehensweise also in Ordnung. Aber für den Anzeigenkunden ist ist dies doch ein deutliches »Thema verfehlt«.

Wir hoffen, Sie verstehen anhand dieses kleinen Beispiels, dass die Nutzung der Keyword-Optionen keine bloße Option darstellt, sondern dass deren Berücksichtigung vielmehr eine unbedingte Pflicht jedes AdWords-Werbetreibenden ist.

Anhand dieses Abschnitts werden Sie rasch erkennen, dass der Einsatz von Keyword-Optionen quasi verpflichtend für jede Suchkampagne ist. Je offener Sie diese Optionen lassen, umso mehr Freiheiten überlassen Sie dem Google-Algorithmus bei der Entscheidung, Ihre Anzeigen bei bestimmten Suchanfragen zu schalten oder nicht. Je enger Sie Ihre Keywords eingrenzen, umso mehr behalten Sie selbst diese Entscheidung in der Hand. Gleichzeitig bedeuten engere Keyword-Optionen jedoch einen umfangreicheren Rechercheaufwand für Sie. Für Kampagnen im Displaynetzwerk sind die Keyword-Optionen übrigens nicht relevant. Werden dort Keywords hinterlegt, haben diese jeweils die Standardoption *Weitgehend passend*, auf die wir gleich unten näher eingehen werden.

Nun, da Sie von den Keyword-Optionen und deren essenzieller Bedeutung vor allem für Suchkampagnen wissen, wird es Sie bestimmt interessieren, welche und vor allem wie viele solcher Optionen es ab sofort zu berücksichtigen gilt. Folgende fünf Optionen werden Sie in diesem Abschnitt genauer kennenlernen:

- ▶ *Weitgehend passend* (engl. *Broad Match*)
- ▶ *Modifizierer für weitgehend passende Keywords* (engl. *Broad Match with Modifier*)
- ▶ *Passende Wortgruppe* (engl. *Phrase Match*)
- ▶ *Genau passend* (engl. *Exact Match*)
- ▶ *Auszuschließendes Keyword* (engl. *Negative Match*)

Wie Sie in Abbildung 4.37 erkennen können, nimmt die Keyword-Option einen nicht unwesentlichen Einfluss auf die Reichweite und Relevanz Ihrer Suchanzeigen. Je breiter die Keyword-Option ist, umso mehr Reichweite und Traffic-Potenzial hat ein Keyword. Je enger eine Keyword-Option ist, umso mehr steigt die Relevanz, jedoch bei gleichzeitig sinkender Reichweite.

Im Allgemeinen gilt also, dass Sie mit uneingeschränkten, größtenteils weitgehend passenden Keyword-Sets sehr wahrscheinlich mehr Besucher erhalten werden. Kampagnen, die nur genau passende Keywords enthalten, werden höchstwahrscheinlich sehr relevante und hinsichtlich Ihrer Zielsetzung »bessere«, jedoch auch deutlich weniger Besucher liefern.

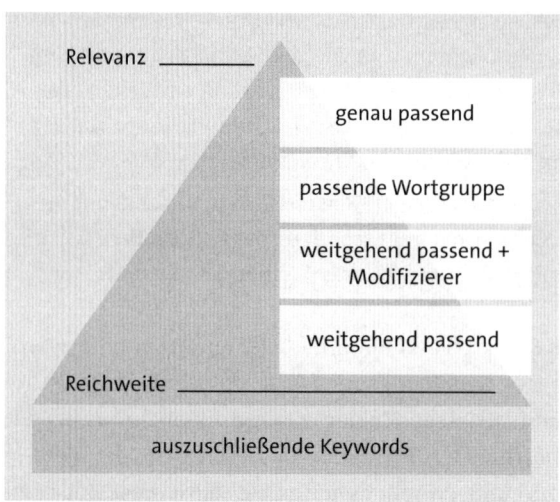

Abbildung 4.37 Die Keyword-Optionen wirken sich unmittelbar auf Reichweite und Relevanz Ihrer AdWords-Kampagnen aus.

Auszuschließende Keywords nehmen dabei eine Sonderrolle ein, da sie in Kombination mit den anderen Optionen eingesetzt werden können, um Ihnen eine weitere Eingrenzung des Keyword-Sets zu ermöglichen.

Bevor wir uns den einzelnen Details widmen, möchten wir Ihnen anhand der Beispiele in Tabelle 4.3 einen ersten Überblick zu den wesentlichsten Eigenschaften und Unterschieden der Keyword-Optionen bieten. Dort lernen Sie auch die Möglichkeiten zur Kennzeichnung der jeweiligen Option kennen, mit der Sie dem AdWords-Programm mitteilen, ob und in welcher Form Sie ein Keyword näher eingrenzen möchten.

Keyword-Option	Kennzeich-nung	Beispiel-Keyword	Kriterien für die Anzeigen-schaltung	Beispiel-Suchanfrage
Weitgehend passend	Keyword	Hose für Herren	Synonyme des Keywords, ähnliche bzw. verwandte Suchanfragen sowie weitere relevante Varianten	Herren Freizeit-hose kaufen
Modifizierer für weitge-hend pas-sende Keywords	+Keyword	+Hose für +Herren	Suchanfrage beinhaltet den leicht geänderten Begriff oder sehr ähnliche Varianten, jedoch keine Synonyme, in beliebiger Rei-henfolge	Hosen für Her-ren
Passende Wortgruppe	"Keyword"	"Hose für Herren"	Wortgruppe in genauer Reihenfolge	Hose für Herren kaufen
Genau passend	[Keyword]	[Hose für Herren]	Genauer Begriff	Hose für Herren
Auszuschlie-ßendes Keyword	-Keyword	-Jeans	Nur Suchan-fragen ohne den ausge-schlossenen Begriff	Jeans Hose für Herren (löst keine Anzeigenschal-tung aus!)

Tabelle 4.3 Übersicht und Beispiele für Keyword-Optionen

In der Hoffnung, den meisten von Ihnen mithilfe dieser Tabelle bereits ein erstes »Aha-Erlebnis« in Sachen Keyword-Optionen beschert zu haben, möchten wir den fünf möglichen Varianten auch im Einzelnen jeweils ein paar Zeilen widmen.

Weitgehend passend

Weitgehend passende Keywords stellen die von Google vorgegebene Standardoption dar. Aus diesem Grund gibt es dafür auch keine spezielle Kennzeichnung. Sie buchen ein einzelnes Keyword oder eine aus mehreren Wörtern bestehende Phrase in Ad-Words ein und überlassen die »weitgehende« Zuordnung dem AdWords-Algorithmus. Dabei sind in der Auswahl, bei welchen tatsächlichen Suchanfragen Ihre Anzeigen geschaltet werden, folgende Varianten möglich:

▶ Die Suchanfrage muss das eingebuchte Keyword nicht unbedingt in der richtigen Reihenfolge enthalten.

▶ Die Suchanfrage kann mehrere andere, nicht eingebuchte Begriffe enthalten.

▶ Die Suchanfrage kann »ähnliche« (jedoch nicht unbedingt für Ihre Zwecke passende) Begriffe enthalten.

▶ Die Suchanfrage kann falsche Schreibweisen, Singular- und Pluralformen sowie Synonyme des eingebuchten Keywords beinhalten.

Lassen Sie uns nun anhand von Tabelle 4.4 ansehen, wie sich das in der Praxis auswirken kann.

Weitgehend passendes Keyword	Anzeigenschaltung bei diesen Suchanfragen
Skiurlaub Tirol	Winterurlaub in Tirol
	Skifahren im Urlaub in Südtirol
	Skiurlaub Österreich buchen
	Nach Tirol in den Schiurlaub
	Im Winterurlaub nach Tirol fahren
	Hotels Tirol Skiurlaub Bewertung

Tabelle 4.4 Beispiele für die Option »Weitgehend passend«

Sie sehen, dass Google Ihre Anzeigen unter Verwendung der weitgehend passenden Keyword-Option bei sehr vielen Suchanfragen schaltet, ohne dass Sie eine aufwendige Keyword-Liste erstellen müssen. Diesen vermeintlichen Vorteil können Sie aber dann rasch einbüßen, wenn eine für den Algorithmus vermeintlich logische Zuordnung für Sie keinen Sinn ergibt.

Wenn Sie, wie oben dargestellt, beispielsweise als Tiroler Skigebiet in der Google-Suche werben, werden Sie gut daran tun, die Begriffe *Südtirol* oder *Italien* als auszuschließende Keywords zu hinterlegen, um die Relevanz Ihrer Anzeigen für Suchmaschinen-Nutzer zu steigern. Ebenfalls werden Sie in diesem Beispiel auch *Bewertung* als weiteres auszuschließendes Keyword festlegen, sollten Sie eine Info- und Buchungswebseite ohne Hotelbewertungen betreiben.

Aus diesen – wie wir hoffen offensichtlichen – Gründen lässt sich also feststellen, dass ein kleines und hauptsächlich weitgehend passendes Keyword-Set eine umso längere Liste an auszuschließenden Keywords erfordert, um dennoch nicht gänzlich an Relevanz einzubüßen.

Modifizierer für weitgehend passende Keywords

Kommen wir zu einer leicht abgewandelten und daher bereits eine Stufe spezifischeren Keyword-Option: zu jener, bei der Sie die weitgehend passenden Keywords mit einem sogenannten »Modifizierer« versehen. Er lässt sich durch das Voranstellen eines Pluszeichens (+) vor das jeweilige Keyword aktivieren. Wie Sie gleich sehen werden, kann dieser Modifizierer dabei auch bei mehreren Wörtern einer Keyword-Phrase zum Einsatz kommen. Seine Nutzung hat im Unterschied zur erstgenannten Option die Auswirkung, dass keine Anzeigenschaltung für Synonyme oder ähnliche, verwandte Suchanfragen ausgelöst wird.

Setzen wir das zuvor genannte Beispiel fort, würde also die Verwendung des Keywords *+Skiurlaub +Tirol* für Suchanfragen, die *Winterurlaub* oder *Südtirol* beinhalten, keine Anzeigenschaltung mehr auslösen. Bei mehr Kontrolle müssen Sie bei der Nutzung dieser Keyword-Option nicht gänzlich darauf verzichten, dass Übereinstimmungen für Singular- und Pluralformen oder Tippfehler dennoch automatisch berücksichtigt werden. Wie die Nutzung des Modifizierers bei weitgehend passenden Keywords in der Praxis aussieht, veranschaulicht Tabelle 4.5.

Modifizierer für weitgehend passende Keywords	Anzeigenschaltung bei diesen Suchanfragen	Keine Anzeigenschaltung bei diesen Suchanfragen
+Skiurlaub +Tirol	Skiurlaub in Tirol Skiurlaub Tirol buchen Angebote für Schiurlaub in Tirol	Winterurlaub in Tirol Skiurlaub in Südtirol

Tabelle 4.5 Beispiele für die Option »Weitgehend passend mit Modifizierer«

Passende Wortgruppe

Noch einen deutlichen Schritt spezifischer wird es, wenn wir uns die *passende Wortgruppe* als nächste Keyword-Option ansehen. Wie der Name schon sagt, muss dabei die Suchanfrage als Wortgruppe – die Sie übrigens durch das Setzen von doppelten Anführungszeichen ("Keyword") definieren – mit dem eingebuchten Keyword übereinstimmen. Vereinfacht bedeutet das, dass der Suchende vor und/oder nach dem als passende Wortgruppe eingebuchten Keyword noch beliebige Begriffe ergänzen kann, um dennoch eine Anzeigenschaltung auszulösen. Diese Option ist, wenn man so will, das »Mittelding« zwischen weitgehend und genau passend ausgerichteten Keywords. Sie ist nicht zu spezifisch, aber dennoch mit deutlich geringerer Wahrscheinlichkeit, sodass Ihre Anzeigen bei gänzlich unpassenden Suchbegriffen nicht erscheinen (siehe Tabelle 4.6).

Passende Wortgruppe	Anzeigenschaltung bei diesen Suchanfragen	Keine Anzeigenschaltung bei diesen Suchanfragen
"Skiurlaub in Tirol"	Skiurlaub in Tirol Skiurlaub in Tirol buchen Günstiger Skiurlaub in Tirol	Günstiger Winterurlaub in Tirol Schiurlaub in Tirol Skiurlaub buchen in Tirol

Tabelle 4.6 Beispiele für die Option »Passende Wortgruppe«

Genau passend

Last but not least erreichen wir mit der Keyword-Option *Genau passend* die Spitze der eingangs dargestellten Pyramide. Eine hohe Relevanz zeichnet diesen Übereinstimmungstyp genauso aus wie die damit einhergehende geringere Reichweite. Ihre Anzeigen werden nur dann geschaltet, wenn die Suchanfrage – Sie haben es erraten – genau mit dem Keyword übereinstimmt, das in diesem Fall mithilfe von eckigen Klammern eingebucht wird: [Keyword].

Sowohl verwandte oder hinzugefügte Begriffe als auch Falschschreibweisen müssen hier außen vor bleiben und lösen daher in diesem Fall keine Anzeigenschaltung aus. Sie müssen sich darüber im Klaren sein, dass Sie bei der ausschließlichen Verwendung von genau passenden Keywords für das Erreichen einer ausreichend großen Interessentengruppe entweder eine Menge von ihnen einbuchen müssen oder eben – was auch eine Variante Ihrer Kampagnenzielsetzung sein kann – nur wenige, aber umso zielgerichtetere Impressionen und auch Klicks pro Tag erzielen. Das Beispiel aus Tabelle 4.7 lässt somit für eine mögliche Anzeigenschaltung nur mehr eine einzige Option offen.

Genau passendes Keyword	Anzeigenschaltung bei diesen Suchanfragen	Keine Anzeigenschaltung bei diesen Suchanfragen
[Skiurlaub in Tirol]	Skiurlaub in Tirol	Günstiger Skiurlaub in Tirol Skiurlaub in Tirol Hotel Skiurlaub in Tirol buchen

Tabelle 4.7 Beispiele für die Option »Genau passend«

Google weicht die Keyword-Einschränkungen immer weiter auf

Bitte beachten Sie, dass die dargestellten Keyword-Optionen die Grundregeln darstellen, an die sich Google lange Zeit auch strikt gehalten hat. Im Laufe der Zeit wurden die Einschränkungen jedoch immer stärker »aufgeweicht«, sodass zunächst Singular-/Pluralformen sowie bekannte Falschschreibweisen auch bei Wortgruppen und genau passenden Optionen zugelassen wurden. Als letzte Änderung akzeptiert Google nun auch kleine Füllwörter bei genau passender Vorgabe, wenn der Sinn der Suchanfrage durch die Füllwörter nicht verändert wird. Somit wird beispielsweise bei der Vorgabe *[rote schuhe damen]* auch die Suchanfrage *rote schuhe **für** damen* akzeptiert.

Bei den negativen, auszuschließenden Keywords bleibt Google jedoch weiterhin sehr »streng« und schließt nur die Begriffe in der vorgegebenen Schreibweise aus, sodass Sie weiterhin alle Varianten und auch fehlerhafte Schreibweisen als negative Begriffe zufügen müssen.

Auszuschließende Keywords

Die letzte Übereinstimmungsmethode der *auszuschließenden Keywords* ist, wie bereits eingangs dargestellt, keine fünfte und zusätzliche, sondern vielmehr eine weitere Keyword-Option, die alle vier zuvor genannten ergänzt. Sie sollten auszuschließende Keywords daher in jeder Ihrer Kampagnen einsetzen, um eine Anzeigenschaltung mit thematisch und/oder geografisch überhaupt nicht passenden Suchbegriffen von vornherein zu vermeiden.

Auszuschließende Keywords werden durch ein vorangestelltes Minus-Zeichen (-Keyword) markiert, wenn sie neben den anderen Keywords in das Standardformularfeld für Keyword eingegeben werden. In der Praxis werden die auszuschließenden Keywords aber auf Anzeigengruppen-, Kampagnen- oder über zentral über Listen für die Kontoebene in speziellen Eingabefeldern festgelegt. Dann entfällt das vorangestellte Minus-Zeichen.

Enthält die Suchanfrage eines Interessenten eines der von Ihnen definierten auszuschließenden Keywords, erfolgt keine Anzeigenschaltung. Aus diesem Grund ist es unerlässlich, dass Sie bereits bei der Recherche der ausdrücklich gewünschten Keywords auch solche Begriffe notiert haben, mit denen Sie nicht gefunden werden wollen. Bei unserer Beispielsuche nach *Skiurlaub Tirol* könnten wir uns gut vorstellen, dass Sie als Skigebiet sowohl bei sämtlichen Wetterrecherchen als auch bei negativ behafteten Suchanfragen wie Unglücken oder Todesfällen keine Anzeigen schalten möchten (siehe Tabelle 4.8).

Ausschließendes Keyword	Anzeigenschaltung bei diesen Suchanfragen	Keine Anzeigenschaltung bei diesen Suchanfragen
-Hotelbewertung -Bewertung -Wetter -Gletscher -Unfall	Skiurlaub in Tirol Winterurlaub in Tirol Skiurlaub Tirol buchen	Wetter Skiurlaub Tirol Jänner Unfall beim Skiurlaub in Tirol Gletscher Skiurlaub in Tirol
	(Weitgehend passendes Keyword: Skiurlaub Tirol)	

Tabelle 4.8 Beispiele für die Verwendung der Option »Auszuschließendes Keyword«

Auszuschließende Keywords werden in der Benutzeroberfläche in einem separaten Bereich festgelegt. Diese Keyword-Option hat die Eigenschaft, dass sie sich mit den anderen zuvor genannten Keyword-Optionen kombinieren lässt. Welche Auswirkungen das in der Praxis auf die Anzeigenschaltung hat, sehen Sie in Tabelle 4.9.

Auszuschließendes Keyword	Anzeigenschaltung bei diesen Suchanfragen	Keine Anzeigenschaltung bei diesen Suchanfragen
-"Gletscher Tirol"	Gletscher Skiurlaub in Tirol	Gletscher Tirol Skiurlaub
-[Skiurlaub Tirol Unfall]	Unfall beim Skiurlaub in Tirol	Skiurlaub Tirol Unfall

Tabelle 4.9 Kombination des auszuschließenden Keywords mit anderen Keyword-Optionen

Auszuschließendes Keyword	Anzeigenschaltung bei diesen Suchanfragen	Keine Anzeigenschaltung bei diesen Suchanfragen
-Wetter	Skiurlaub in Tirol Webcam	Wetter Skiurlaub Tirol Vorhersage Wetter im Skiurlaub Tirol
	(Weitgehend passendes Keyword: Skiurlaub Tirol)	

Tabelle 4.9 Kombination des auszuschließenden Keywords mit anderen Keyword-Optionen (Forts.)

Wir hoffen, Sie konnten bis hierher feststellen, wie wichtig es ist, dass Sie in jeder Ihrer Kampagnen im Suchnetzwerk von den Keyword-Optionen intensiven Gebrauch machen. Auszuschließende Keywords zu definieren, ist für uns ohnehin obligatorisch.

Sehen wir uns nun an, wie Sie mit Ihrem vorbereiteten Keyword-Set in AdWords weiterarbeiten. Wo werden die Keywords und ihre Optionen eingetragen, wo werden die Ausschluss-Keywords hinterlegt? Zuvor möchten wir Ihnen aber noch eine relativ neue und nicht unwesentliche Änderung bei den Keyword-Optionen vorstellen. Im folgenden Abschnitt erfahren Sie, wann und warum Google diese Veränderung eingeführt hat und wie Sie sie nicht nur berücksichtigen, sondern vielmehr zu Ihrem Vorteil einsetzen können.

4.4.4   Erweiterte Einstellungen für Keyword-Optionen

Zu Beginn des Jahres 2012 hatte Google recht überraschend für viele AdWords-Kunden angekündigt, die Ausrichtung der Keyword-Optionen *Passende Wortgruppe* und *Genau passend* zu verändern (Stichwort: Aufweichung der Keyword-Optionen). Den genauen Inhalt von Googles Ankündigung können Sie bei Interesse unter der folgenden URL im deutschsprachigen AdWords-Blog finden:

http://adwords-de.blogspot.de/2012/04/neue-funktionsweise-der.html

Die Auswirkung bestand darin, die zwar einfach verständlichen, aber in der Praxis doch recht strikten Ausrichtungskriterien dieser beiden Optionen zu lockern: Entgegen dem ursprünglichen Gedanken wollte Google es seinen Werbekunden nun auch bei diesen beiden Keyword-Optionen ermöglichen, dass »nahe und sehr ähnliche Varianten« eine Anzeigenschaltung auslösen können. Diese werden wie folgt definiert:

▶ fehlerhafte Schreibweisen
▶ Singular-/Pluralformen

- ▶ Akronyme und Abkürzungen
- ▶ Wortstämme
- ▶ Schreibweisen mit Sonder- und Akzentzeichen

Sehen wir uns nun kurz an, wie sich die Einführung dieser sogenannten *ähnlichen Varianten* auf die Anzeigenschaltung auswirkt. In der Praxis ergeben sich dabei die in Tabelle 4.10 abgebildeten Unterschiede.

Genau passendes Keyword	Nahe Varianten einschlie-ßen (neue Standard-ausrichtung)	Nahe Varianten nicht einschließen (klassische Ausrichtung)
[Urlaub in Österreich]	Urlaub in Österreich – aber auch: Urlaub in Östereich Urlaube im Österreich	Urlaub in Österreich
[Pizzeria Wien]	Pizzeria Wien – aber auch: Pizzaria Wien Pizza Wien	Pizzeria Wien
[Kaffeemaschine kaufen]	Kaffeemaschine kaufen – aber auch: Kafeemaschine kaufen Kaffeemaschiene kaufen Kaffeemaschinen kaufen Kaffeemaschinen Kauf	Kaffeemaschine kaufen
[Apple iPhone]	Apple iPhone – aber auch: Apple Eiphon Apples iPhone5 Apple iPhones	Apple iPhone

Tabelle 4.10 Unterschiede in den erweiterten Einstellungen der Keyword-Optionen

Bei sämtlichen der eben genannten alternativen Suchanfragen müssten Sie für eine Anzeigenschaltung nach dem altbewährten Prinzip entweder die Keyword-Option lockern und diese beispielsweise auf *Weitgehend Passend mit Modifizierer* ändern oder alle zusätzlichen Schreibweisen – inklusive Tippfehlern – bereits im Vorfeld erarbeiten bzw. »erraten« und als genau passende Keywords einbuchen.

Aber wählen wir nicht gerade deshalb eine engere Übereinstimmungsmethode, um eine relevantere Anzeigenschaltung – also auch bewusst weniger Reichweite – zu erhalten? Nun ja, Googles Schritt kann durchaus nachvollzogen werden und macht in vielen Fällen auch Sinn. Nicht zuletzt deshalb, weil damit ohne wesentlichen Mehraufwand auf einmal ein größeres Volumen an Anzeigenschaltungen erzielt werden kann, wovon tendenziell sowohl der Anwender als auch Google profitieren sollte. Berücksichtigen Sie dazu bitte auch unsere Überlegungen im folgenden Kasten.

> **Klassische oder neue Übereinstimmungsmethode?**
>
> Die gelockerte Variante für die Keyword-Optionen *Wortgruppe* und *Genau passend* wurde bereits kurz nach ihrer Ankündigung zum Standard für Suchkampagnen. Google ließ jedoch seinen AdWords-Nutzern eine Zeit lang die Möglichkeit, durch eine Auswahl in den Kampagneneinstellungen zur klassischen Variante zurückzukehren.
>
> Die gelockerte Variante wird von einem Großteil der Anwender als praktischer empfunden – Google »denkt« ja schließlich mit und erleichtert bzw. verringert so den Aufwand zur Keyword-Recherche und -Bearbeitung. Aber auch die klassische Übereinstimmungsmethode hatte lange Zeit ihre Vorteile. Diese zeigten sich vor allem dann, wenn Sie bereits auf ein umfangreiches und optimiertes Keyword-Set zurückgreifen konnten, das ähnliche und fehlerhafte Schreibweisen bereits beinhaltete bzw. solche möglicherweise auch bewusst ausschloss.
>
> Je weniger Sie also in der Anzeigenschaltung dem Zufall – bzw. der Relevanz-Interpretation des AdWords-Programms – überlassen möchten, umso eher werden erfahrene Anwender ein Umschalten auf die klassische Übereinstimmungsmethode womöglich vermissen. Doch Google hat diese Wahlmöglichkeit im Herbst 2014 endgültig aus den Kampagneneinstellungen entfernt, wie nicht nur im Google-AdWords-Blog unter *https://adwords.googleblog.com/2014/08/close-variant-matching-for-all-exact.html*, sondern auch bei SearchEngineLand zu lesen war:
>
> *https://searchengineland.com/farewell-pure-exact-match-google-will-soon-force-campaigns-close-variants-enabled-200615*

4.4.5 Die Keyword-Optionen in der Praxis

Sie konnten nun herausfinden, dass ein (wenn nicht *der*) Schlüssel zu erfolgreichen Suchkampagnen in der Nutzung der Keyword-Optionen liegt. Doch wie sollten Sie das eben Gelernte nun in der Praxis umsetzen? Sind nicht *weitgehend passende* Keywords die beste Methode, um viele Impressionen zu erhalten? Gleichzeitig wird für eine optimale Relevanz und Anzeigenleistung der Einsatz von möglichst vielen *genau passenden* Keywords empfohlen. Schauen wir uns nun an, wie Sie daraus eine Vorgehensweise ableiten können, um den Spagat zwischen Setup-Aufwand, Reichweite und Performance Ihrer Anzeigen bestmöglich hinzubekommen.

Wir werden dabei vor allem auf die Möglichkeit eingehen, auszuschließende Keywords zu hinterlegen. Nicht zuletzt steht und fällt damit Ihr Kampagnenerfolg. Und je mehr dieser auszuschließenden Begriffe und Wortkombinationen Sie gleich am Beginn der Kampagnenschaltung festlegen, desto weniger Impressionen, Klicks und nicht zuletzt Kosten entstehen Ihnen durch irrelevante Suchanfragen.

Auszuschließende Keywords auf Kontoebene

Eine erfahrungsgemäß in der Praxis zu selten genutzte Möglichkeit zum Festlegen von auszuschließenden Keywords ist jene auf Kontoebene. Sie steuern diesen Ausschluss über die LISTEN MIT AUSZUSCHLIESSENDEN KEYWORDS. Diese finden Sie in der GEMEINSAM GENUTZTE BIBLIOTHEK (siehe Abbildung 4.38). Klicken Sie im Kopfbereich Ihres AdWords-Kontos auf die drei vertikalen Punkte, und rufen Sie hier die Listen in der gemeinsam genutzten Bibliothek auf. (Apropos: Google hat die drei Punkte während der Entstehung dieses Buches durch ein Werkzeugschlüssel-Symbol ausgetauscht (siehe Abbildung 4.39).)

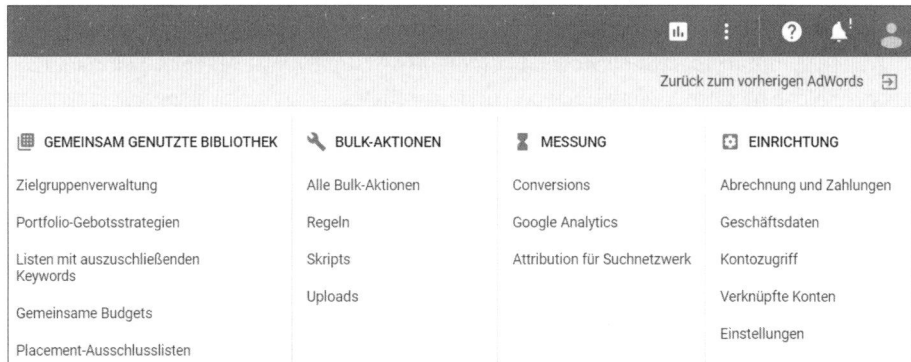

Abbildung 4.38 Hinter den drei vertikalen Punkten im Kopfbereich verbergen sich auch die Listen für die auszuschließenden Keywords.

Abbildung 4.39 Neues Symbol in der Kopfleiste

In Ihrem neuen Konto gibt es natürlich zunächst noch keine Liste. Sie können jedoch über den bereits bekannten Plus-Button ⊕ eine Liste anlegen und diese mit ersten Ausschluss-Keywords füllen. Versuchen Sie dabei möglichst einzelne Begriffe mit weitgehend passender Option hinzuzufügen (siehe Abbildung 4.40). Auf diese einfache Weise decken Sie mit wenig Aufwand eine große Gruppe an Suchanfragen ab.

Wenn Sie z. B. *ebay* als negatives Keyword hinterlegt haben, dann werden alle Suchanfragen, die den Begriff *ebay* enthalten, verhindert (beispielsweise *jeans bei ebay*, *ebay herren jeans kaufen* usw.). Denken Sie jedoch auch an Varianten, die vielleicht öfter in der Suche vorkommen können, also auch falsche Schreibweisen, wie *eebay*, *ebai* oder Ähnliches. Die Erfahrung zeigt, dass die Listen nicht von Anfang an komplett sind, sondern im Laufe der Zeit stetig anwachsen.

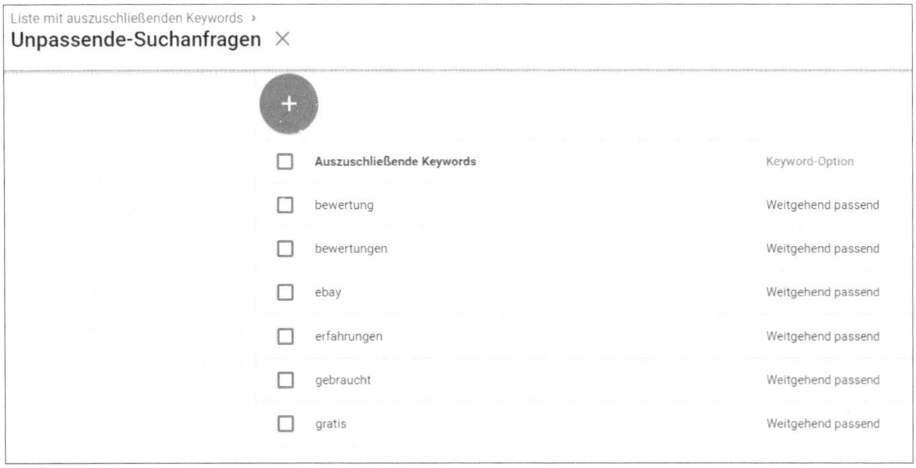

Liste mit auszuschließenden Keywords › Unpassende-Suchanfragen ✕	
Auszuschließende Keywords	Keyword-Option
bewertung	Weitgehend passend
bewertungen	Weitgehend passend
ebay	Weitgehend passend
erfahrungen	Weitgehend passend
gebraucht	Weitgehend passend
gratis	Weitgehend passend

Abbildung 4.40 Auszuschließende Keywords in der gemeinsam genutzten Bibliothek hinterlegen

Einer der wesentlichen Vorteile, auszuschließende Keywords bereits auf übergeordneter Kontoebene festzulegen, besteht darin, dass hier definierte Listen gleich mit mehreren AdWords-Kampagnen verknüpft werden können. Darüber hinaus können Sie einer Kampagne nicht nur eine, sondern bei Bedarf auch mehrere solcher Ausschlusslisten zuordnen.

Diese zentrale Verwaltung bietet Ihnen nicht nur beim erstmaligen Setup, sondern auch im Zuge der permanenten Kampagnenoptimierung neue Möglichkeiten, Ihre auszuschließenden Keywords so effizient wie möglich zu managen. Sie erstellen eine neue Kampagne? Weisen Sie ihr eine oder mehrere Ihrer bestehenden Ausschlusslisten zu, um von Beginn an für eine optimale Anzeigenrelevanz zu sorgen. Sie verwalten im AdWords-Konto eine große Anzahl an aktiven Kampagnen? Fügen Sie eine neue auszuschließende Keyword-Liste einfach zentral zu Ihren bestehenden hinzu, und sie gelten sofort für die jeweils zugeordneten Kampagnen.

Wie in Abbildung 4.41 ersichtlich, könnten Sie nach diesem Schema eine Liste (z. B. mit dem Namen *Unpassende-Suchanfragen*) erstellen, die allgemein für alle Suchkampagnen gelten sollen. Würden Sie einen Online-Shop bewerben, wären möglicherweise Begriffe wie *free*, *gratis*, *gebraucht*, *probe* oder *muster* in einer solchen zentralen Ausschlussliste vorhanden. Diese Vorgehensweise können Sie beliebig vertiefen. Für eine aktuelle Kampagne könnten Sie zum Beispiel eine Liste mit Marken erstellen, die momentan nicht beworben werden sollen, aber in einer anderen späteren Kampagne durchaus als Suchbegriffe interessant wären.

	Liste mit auszuschließenden Keywords	Keywords	Kampagnen
☐	Marken-nicht-im-Shop	4	1
☐	Unpassende-Suchanfragen	6	2

Abbildung 4.41 Haben Sie zentrale Ausschlusslisten definiert, können Sie jederzeit sowohl die Anzahl der darin enthaltenen Keywords als auch die Zahl der zugeordneten Kampagnen einsehen.

Es liegt also an Ihrer Kampagnenstruktur und Werbestrategie, ob Sie nur mit einer oder mit mehreren negativen Keyword-Listen arbeiten möchten. Eine Liste mit den wichtigsten Suchanfragen, zu denen Sie Ihre Anzeigen nicht schalten möchten, sollten Sie auf jeden Fall nutzen. Unabhängig davon, ob Sie nun in den Listen auf Kontoebene zehn oder mehrere Tausend Begriffe hinterlegt haben, können Sie diese Keywords mit nur einem Klick einer Kampagne zuordnen und somit als auszuschließende Keywords mit ihr verknüpfen.

Auf zwei Nachteile möchten wir an dieser Stelle im Umgang mit den zentralen Listen hinweisen. In der Praxis können folgende Szenarien auftreten:

▶ Sie erstellen neue Kampagnen und vergessen, die zentral definierten Ausschlusslisten mit diesen zu verknüpfen. Denken Sie also immer daran, eine neue Kampagne einmal zumindest mit Ihrer allgemeinen Liste auszuschließender Keywords zu verknüpfen.

▶ Sie analysieren bzw. optimieren bestehende Kampagnen und denken nicht daran, dass eine zentrale Ausschlussliste möglicherweise ein oder mehrere Keywords enthalten kann, die einem Ihrer aktiv eingebuchten Begriffe »in die Quere« kommen. Wenn neue Keywords keine Impressionen erzeugen, sollten Sie auf jeden Fall auch diese Möglichkeit abchecken.

Wir können trotz dieser potenziellen Fehlerquelle den Einsatz zentraler Listen für auszuschließende Keywords nur empfehlen. Probieren Sie es einfach aus, und legen Sie Anzahl und Umfang der Ausschlusslisten individuell für Ihre Bedürfnisse fest. Sorgen Sie jedoch gleichzeitig dafür, dass Sie bzw. Ihr mit der Kampagnenverwaltung betrautes Team beim Einsatz von auszuschließenden Keywords eine klare Strategie verfolgt.

Auszuschließende Keywords anlegen

Sie haben wie bereits erwähnt drei Möglichkeiten, die auszuschließenden Keywords anzulegen:

▶ in Listen auf Kontoeben für alle oder einige Kampagnen,

▶ auf Kampagnenebene für die jeweilige Kampagne oder

▶ auf Anzeigengruppenebene für die jeweilige Anzeigengruppe.

Google hat diese Möglichkeiten in dem neuen Interface von 2017 an einer zentralen Stelle gebündelt.

Neben den übergeordneten Listen können Sie einzelne Keywords oder Keyword-Gruppen auch auf Kampagnen- oder Anzeigengruppenebene ausschließen. Zur Eingabe der auszuschließenden Keywords gehen Sie folgendermaßen vor (siehe auch Abbildung 4.42):

1. Wählen Sie zunächst die Kampagne ❶ aus, zu der Sie auszuschließende Keywords hinzufügen möchten. (Hinweis: Sie können auch ALLE KAMPAGNEN wählen, müssen dann aber im späteren Verlauf die gewünschte Kampagne bestimmen.)

2. Wählen Sie danach in der mittleren Menüleiste den Unterpunkt KEYWORDS ❺ aus.

3. Im nächsten Schritt klicken Sie auf AUSZUSCHLIESSENDE KEYWORDS ❷. Nun können Sie aus den drei vorher genannten Möglichkeiten auswählen.

   – Falls bereits mindestens eine Liste mit auszuschließenden Keywords besteht, klicken Sie auf den Radiobutton LISTE MIT AUSZUSCHLIESSENDEN KEYWORDS VERWENDEN ❹. Daraufhin erhalten Sie eine Auswahl der bestehenden Liste(n), die Sie per Checkbox bestätigen und abspeichern können.

   – Sie möchten negative Keywords einer Kampagne hinzufügen. Dann wählen Sie den Radiobutton vor AUSZUSCHLIESSENDE KEYWORDS HINZUFÜGEN ODER NEUE LISTE ERSTELLEN ❸ und füllen ein Formularfeld mit den auszuschließenden Keywords (je ein Keyword oder eine Keyword-Phrase pro Zeile, ohne Minuszeichen). In der Dropdown-Liste wählen Sie noch Kampagne ❻ und speichern Ihre Eingabe ab.

   – Möchten Sie Ihre auszuschließenden Keywords nur einer Anzeigengruppe hinzufügen, dann entspricht die Vorgehensweise dem vorigen Punkt, nur mit dem Unterschied, dass Sie nun in der Dropdown-Liste ANZEIGENGRUPPE ❼ wählen. Die gewünschte Anzeigengruppe müssen Sie auf Nachfrage des AdWords-Systems noch bestimmen.

Nachdem Sie neue negative Keywords in das Eingabefeld eingetragen haben, können Sie alternativ zur zweiten oder dritten Möglichkeit auch die Checkbox vor IN EINER NEUEN ODER BESTEHENDEN LISTE SPEICHERN aktivieren, um direkt aus dieser Eingabe eine neue Liste mit auszuschließenden Keywords zu erstellen.

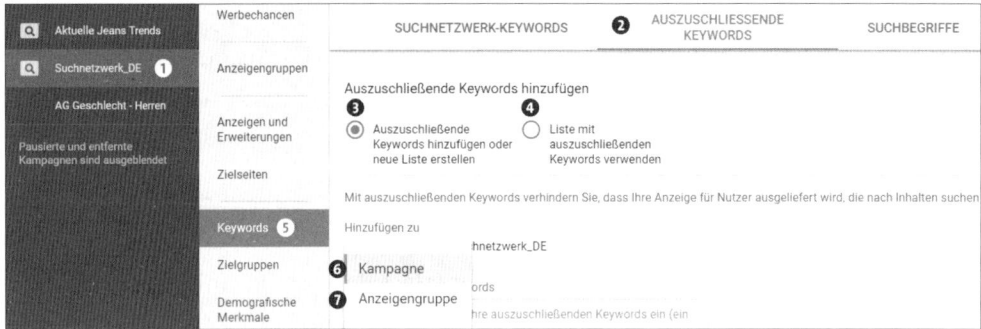

Abbildung 4.42 Zur Eingabe der auszuschließenden Keywords bietet AdWords verschiedene Möglichkeiten an.

Auszuschließende Keywords auf Kampagnenebene

Jetzt, da Sie die verschiedenen Eingabemöglichkeiten kennen, sollten wir auf jeden Fall noch klären, wann Sie nun am besten auszuschließende Keywords auf Kampagnenebene festlegen sollten. Zum einen empfiehlt sich diese Vorgehensweise immer dann, wenn Ihre Kampagnen inhaltlich so wenig gemeinsam haben, dass sich die Einrichtung und Verwaltung zentraler Ausschlusslisten nicht lohnt. Zum anderen kann es am Anfang bei Konten mit einer Kampagne praktisch sein, die Keywords direkt auf Kampagnenebene einzugeben. Sobald aber weitere Kampagnen hinzukommen, ist es durchaus sinnvoll, dass Sie Ihre auf Kampagnen- oder Anzeigengruppe festgelegten auszuschließenden Keywords Schritt für Schritt in zentrale Listen migrieren.

Wie bereits in diesem Kapitel erwähnt, sollten Sie unbedingt auszuschließende Keywords nutzen, sobald Sie mit den Keyword-Optionen *weitgehend passend* oder *passende Wortgruppe* arbeiten. Da bei diesen beiden Übereinstimmungstypen beliebige Variationen oder Ergänzungen der Suchanfrage durch den Nutzer ebenfalls eine Anzeigenschaltung auslösen können, sollten Sie offensichtlich ungewünschte bzw. irrelevante Begriffe unbedingt als auszuschließende Keywords festlegen.

Beachten Sie an dieser Stelle, dass Sie auszuschließende Keywords zusätzlich in den drei Übereinstimmungsvarianten *Weitgehend passend*, *Passende Wortgruppe* und *Genau passend* festlegen können. So können Sie zum Beispiel eine Reihe genau passender Keywords in Ihrer Kampagne ausschließen, um Ihre Anzeigen bei exakten Übereinstimmungen mit bestimmten Suchanfragen nicht anzuzeigen. Währenddessen würden ähnliche und falsche Schreibweisen sehr wohl für eine Anzeigenschaltung sorgen.

Auszuschließende Keywords auf Anzeigengruppenebene

Wann sollte man diese Variante in Betracht ziehen? Die Erfahrung zeigt, dass auf Anzeigengruppenebene festgelegte auszuschließende Keywords vor allem dann Sinn machen, wenn Sie viele thematisch und semantisch ähnliche Anzeigengruppen parallel aktiviert haben, in denen Sie mit weitgehend passenden Keywords arbeiten.

Sehen wir uns das Beispiel aus Tabelle 4.11 an, um den konkreten Anwendungsfall besser zu verstehen.

Anzeigengruppe und weitgehend passendes Keyword	Anzeigeninhalt und Ziel-URL	Auszuschließende Keywords auf Anzeigengruppenebene
Familienurlaub	Angebote für Familienurlaub (familienspezifischer Anzeigentext)	-Kinderurlaub, -Babyurlaub
Kinderurlaub	Angebote für Familien mit Kindern (kinderspezifischer Anzeigentext)	-Familienurlaub, -Babyurlaub
Babyurlaub	Angebote speziell für Familien mit Babys (babyspezifischer Anzeigentext)	-Familienurlaub, -Kinderurlaub

Tabelle 4.11 Beispiel für den Einsatz von auszuschließenden Keywords auf Anzeigengruppenebene

Durch die in der Tabelle gezeigte Vorgehensweise können Sie klar festlegen, dass AdWords grundsätzlich dann die Anzeigen schaltet, wenn es weitgehend passende Übereinstimmungen mit dem jeweiligen Anzeigengruppenthema gibt. Sobald jedoch ein konkreter Begriff aus einer der anderen Anzeigengruppen in der Suchanfrage vorkommt, würde die jeweils relevanteste Anzeige für die Anzeigenschaltung herangezogen. Ohne diese Vorgehensweise hätten Sie beim oben stehenden Beispiel keine Kontrolle darüber, ob bei einer Suchanfrage nach *Familienurlaub* tatsächlich auch eine Anzeige aus der Familienurlaub-Anzeigengruppe geschaltet wird oder ob der Google-Algorithmus nicht etwa eine der beiden anderen Anzeigengruppen als relevanter erachtet.

Fazit zu den auszuschließenden Keywords

Wir hoffen, dass wir Sie mit den vielen Möglichkeiten, auszuschließende Keywords in AdWords zu hinterlegen, nicht komplett verwirrt haben. Zugegeben, es ist durchaus in Ordnung, wenn Sie sich zunächst nicht sicher sind, welche Keywords Sie mit welchem Übereinstimmungstyp auf welcher Ebene ausschließen sollten. In der Praxis werden Sie sich jedoch schnell mit den Unterschieden und Vorzügen der jeweiligen Ebenen vertraut machen können. Für einen schnellen Start können wir Ihnen guten Gewissens die folgende Vorgehensweise empfehlen:

▶ auszuschließende Keywords auf Kampagnenebene (vor allem, wenn Sie zunächst nur eine Kampagne online schalten)

▶ auszuschließende Keyword-Listen auf Kontoebene (vor allem, wenn Sie eine Auswahl an Begriffen hinterlegen möchten, die für alle Ihre Kampagnen irrelevant sind)

▶ auszuschließende Keywords auf Anzeigengruppenebene (vor allem, wenn Sie wie oben gezeigt viele semantisch ähnliche Anzeigengruppen parallel schalten)

Kurioserweise ist die Erklärung rund um die Eingabemöglichkeiten auszuschließender Keywords aufwendiger als das Einbuchen der gewünschten (positiven) Begriffe, die schließlich eine Anzeigenschaltung auslösen sollen. Wie Sie Letzteres umsetzen und worauf Sie dabei achten sollten, sehen wir uns als Nächstes an.

Keyword-Eingabe in der AdWords-Benutzeroberfläche

Bei einer bestehenden Kampagne können Sie neue Keywords auf folgende Weise hinzufügen:

1. Wählen Sie zunächst in der linken Navigation die gewünschte Kampagne aus (siehe Abbildung 4.43). Klicken Sie danach in der mittleren Menüleiste auf den Tab Keywords ❸ und danach auf ➕.

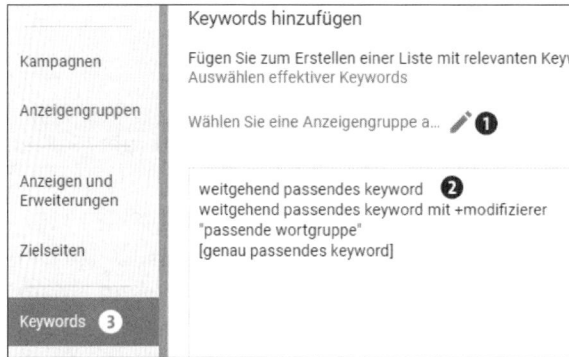

Abbildung 4.43 Im »Keywords«-Tab fügen Sie einer Anzeigengruppe neue Begriffe mit den gewünschten Übereinstimmungstypen hinzu.

2. Im nächsten Schritt wählen Sie über den Bearbeitungsstift ❶ Ihre Anzeigengruppe aus, denn Keywords können, wie Sie ja bereits wissen, nur auf Anzeigengruppenebene zugefügt werden.

3. Anschließend können Sie in das Formularfeld ❷ Ihre im Vorfeld recherchierten Keywords mit den Keyword-Optionen eingeben.

Falls Sie noch weitere Ideen benötigen, erhalten Sie auf der rechten Seite neben dem Eingabefeld zusätzliche Ideen, die Google auf Grundlage der bestehenden Keywords und Ziel-URL mit einem automatischen Scan ermittelt hat. Übernehmen Sie solche Vorschläge aber nicht einfach, denn diese müssen auch in die konkrete Anzeigengruppe passen. Sie sollten außerdem darauf achten, dass Sie auch bei den Vorschlägen noch zusätzlich die Keyword-Optionen aktiv festlegen. Tun Sie das nicht, werden die Vorschläge automatisch als weitgehend passend übernommen.

In dieser Phase werden Sie sich sehr wahrscheinlich mit folgenden Fragen beschäftigen:

▶ Wie viele Keywords soll, darf bzw. muss ich pro Anzeigengruppe eingeben?

▶ Wie lautet die Empfehlung für den Umgang mit den Übereinstimmungstypen?

Um zunächst die erste Frage zu behandeln, erinnern wir Sie kurz an die *technischen* AdWords-Limits. Mit jeweils 20.000 maximalen Anzeigengruppen je Kampagne bzw. maximalen Keywords und anderen Ausrichtungselementen je Anzeigengruppe können wir diese Einschränkungen jedoch außen vor lassen. Wir empfehlen, nicht zu viele Keywords pro Anzeigengruppe einzustellen. 10 bis 15 Keywords je Anzeigengruppe sollten reichen; schließlich soll ja ein optimaler Zusammenhang mit den Anzeigentexten und der Ziel-URL gegeben sein. Bei extremer Optimierung kann es sogar vorkommen, dass Sie nur jeweils ein Keyword einer Anzeigengruppe zuordnen.

Hinsichtlich der Übereinstimmungstypen gibt es ebenfalls keine *technischen* Einschränkungen, da Sie, wie oben gezeigt, alle vier Varianten in einer Anzeigengruppe bunt »durcheinanderwürfeln« können. Empfehlenswert ist das jedoch in der Praxis nicht. Wie Sie bereits gelernt haben, wird sich die Leistung weitgehend passender Keywords von jener der genau passenden gleich in mehrerlei Hinsicht unterscheiden. Während ein weitgehend passendes Keyword wesentlich mehr Traffic erzielen kann, werden gleichzeitig die Relevanz, der Qualitätsfaktor und auch die Leistungsdaten geringer sein als bei genau passenden Keywords. Diese werden hingegen bei einer besseren Leistung für wesentlich weniger Traffic-Volumen sorgen. Daher liegt es nahe, dass Sie auch die unterschiedlichen Keyword-Optionen in Ihrer Anzeigengruppenstruktur berücksichtigen und jeweils nur gleiche Optionen je Anzeigengruppe einbuchen. Damit können Sie in der Optimierung sofort die Leistung der jeweiligen Kombinationen aus Themen und Übereinstimmungstypen erkennen.

4.5   Fazit

Was haben Sie nun in Kapitel 4 gelernt? Sie konnten eine erste AdWords-Kampagne für das Suchnetzwerk selbstständig erstellen und online schalten. Sie haben die zentralen Themen wie Kampagneneinstellungen, Anzeigengruppen und -texte sowie den Umgang mit den letztlich für jede Kampagne maßgeblichen Keywords kennengelernt.

Es ist uns wichtig, dass Sie an dieser Stelle zunächst das Grundprinzip von AdWords verstanden und eine eigene Kampagne erstellt haben. In dem Wissen, dass wir mit diesen ersten Schritten erst an der Oberfläche dieser umfangreichen Materie gekratzt haben, wollen wir uns in den nächsten Kapiteln des Buches der weiteren Praxis widmen. Sie lernen den vollen Funktionsumfang von Google AdWords kennen und erfahren, wie Sie Ihre Kampagnenstruktur schrittweise verfeinern und ausbauen können.

Zusätzlicher Tipp – Kampagnen einfach kopieren

Sie haben Ihre erste Kampagne erstellt, nun fängt die Arbeit aber erst an, denn Sie müssen vielleicht noch weitere, zum Teil ähnliche Kampagnen erstellen. Dafür müssen Sie jedoch nicht den ganzen Weg wieder von vorne gehen. Je nach Kontostruktur haben Sie zwei Möglichkeiten sich die Arbeit zu vereinfachen:

▶ **Bestehende Kampagneneinstellungen laden:** Sie müssen neben der bestehenden Kampagne noch eine weitere erstellen, die zwar die gleichen Grundeinstellungen besitzt, nun jedoch statt Ihrer Produkte Ihre Dienstleistungen bewerben soll. In diesem Fall können Sie die Grundeinstellungen der Kampagne mit Kampagnentyp, Zielregion etc. nutzen, indem Sie einfach bei der Erstellung der neuen Kampagne die Grundeinstellungen einer bestehenden Kampagne laden (siehe Abbildung 4.44).

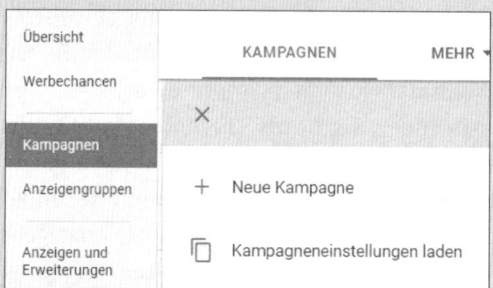

Abbildung 4.44 Sie können Zeit und Konfigurationsaufwand sparen, wenn Sie bestehende Kampagneneinstellungen kopieren.

▶ **Bestehende Kampagne kopieren:** Sie können auch eine bestehende Kampagne markieren, kopieren (siehe Abbildung 4.45) und dann unter KAMPAGNEN wieder einfügen.

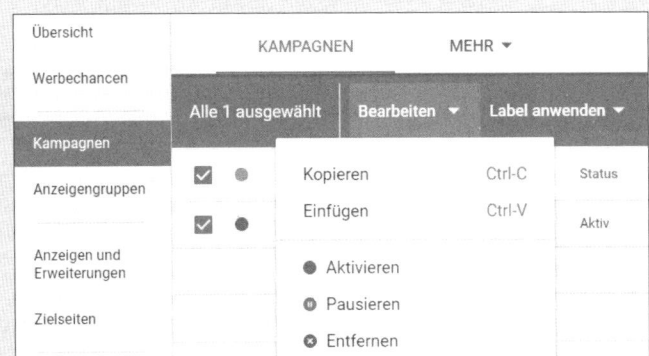

Abbildung 4.45 Kampagne markieren und kopieren

Da Sie diese neue Kampagne dann noch anpassen müssen, macht dies jedoch nur Sinn, wenn Sie möglichst viele Einstellungen der alten Kampagne auch wieder nutzen können. Das Kopieren einer Kampagne ist zum Beispiel dann sinnvoll, wenn Sie neben Ihrer Deutschland-Kampagne noch Kampagnen für Österreich und/oder die Schweiz erstellen möchten. Sie müssten in der Kopie vielleicht nur die Einstellungen zur Region und Sprache ändern und können die komplette Kampagnenstruktur für die neuen Zielregionen übernehmen. Das spart viel Zeit. Also probieren Sie es aus, falls Sie vor dieser oder einer ähnlichen Herausforderung stehen.

4.6   Checkliste

Sie möchten Ihre erste AdWords-Kampagne erstellen? Dann sollten Sie folgende Fragen geklärt haben.

Entscheidungen bei der Erstellung einer AdWords-Kampagne	OK (✓)
Welches Werbenetzwerk soll genutzt werden?	
Welche Zielregion soll beworben werden?	
Welche Spracheinstellung nutzt die Zielgruppe?	
Welche Gebotsstrategie möchten Sie nutzen?	
Welches Budget steht zur Verfügung?	
Welche Keywords sind relevant?	
Möchten Sie die Keywords breit oder sehr zielgerichtet schalten?	

Tabelle 4.12 Ihre erste AdWords-Kampagne – Checkliste

Entscheidungen bei der Erstellung einer AdWords-Kampagne	OK (✓)
Wie sollen die Keywords in Anzeigengruppen strukturiert werden?	
Welche Anzeigentexte sollen eingestellt werden?	
Werden Image-Anzeigen benötigt?	

Tabelle 4.12 Ihre erste AdWords-Kampagne – Checkliste (Forts.)

Kapitel 5
Displaynetzwerk-Kampagnen

Google AdWords wird ja zunächst einmal nur mit Werbung in der Google-Suche in Verbindung gebracht. Aber das ist nur ein Teil der Möglichkeiten: Mit AdWords können Sie auch Image-Anzeigen schalten und Ihre Textanzeigen bei großen Online-Magazinen oder in Apps platzieren. Das Zauberwort heißt GDN – Google Displaynetzwerk. Schauen wir uns einmal an, wie dieses Werbenetzwerk funktioniert.

Bis jetzt haben wir hauptsächlich über die Verknüpfung der Google-Suche mit dem Google-AdWords-Werbeprogramm gesprochen. In diesem Kapitel geht es nun um die AdWords-Displaynetzwerk-Kampagnen, die eine weitere Möglichkeit bieten, um Anzeigen im Internet zu platzieren. Beim GDN erscheint die AdWords-Werbung auf den sogenannten *Content-Seiten*. Diese Werbung ist nicht so zielgerichtet wie die Werbung im Suchwerbenetzwerk, weil die Webseitenbesucher vorher nicht aktiv nach einem bestimmten Begriff gesucht haben. Dafür ist die Verweildauer auf den Seiten im Displaynetzwerk jedoch höher. Daher ist sie hervorragend geeignet, um sogenannte Branding-Effekte zu erzielen. Die AdWords-Werbung taucht themenbezogen in einer Umgebung auf, in der Internetnutzer sich ausführlich informieren möchten und zudem interessante Texte (Nachrichten, Hilfestellungen, Testberichte) erwarten.

5.1 Das Google Displaynetzwerk (GDN)

Damit Sie das GDN innerhalb der AdWords-Werbung besser einordnen können, stellen wir Ihnen zunächst einmal verschiedene Werbemöglichkeiten vor, die Sie aktuell in Google AdWords nutzen können:

▶ Werbung in der Google-Suche und im Google-Suchnetzwerk

▶ Werbung im Suchnetzwerk der Google-Partner

▶ App-Anzeigen bei der Suche, im Displaynetzwerk, bei YouTube, in anderen Apps und im Play Store

▶ Video- und Textanzeigen bei YouTube

▶ Bild-, Video- und Textanzeigen im Google Displaynetzwerk

5.1.1   Werbung in der Google-Suche

Das Standardnetzwerk ist die Google-Suche. Hier werden die meisten Anzeigen geschaltet, hier verdient Google auch das meiste Geld. Diese Werbeform wird daher von
dem überwiegenden Anteil der Internetnutzer direkt mit dem Thema »Google-Werbung« in Verbindung gebracht.

5.1.2   Werbung im Google-Suchnetzwerk

Neben der Google-Websuche gehören auch die Suche bei *Google Maps* (siehe Abbildung 5.1) oder auch *Google Shopping* zum Suchnetzwerk. Auch dort werden Anzeigen
als Ergebnis eines Suchvorgangs zu den entsprechenden Keywords angezeigt. Bei
Google Shopping werden spezielle Anzeigen mit Produktbildern ausgespielt. Diese
Werbeform ist aktuell nur für Webshops interessant.

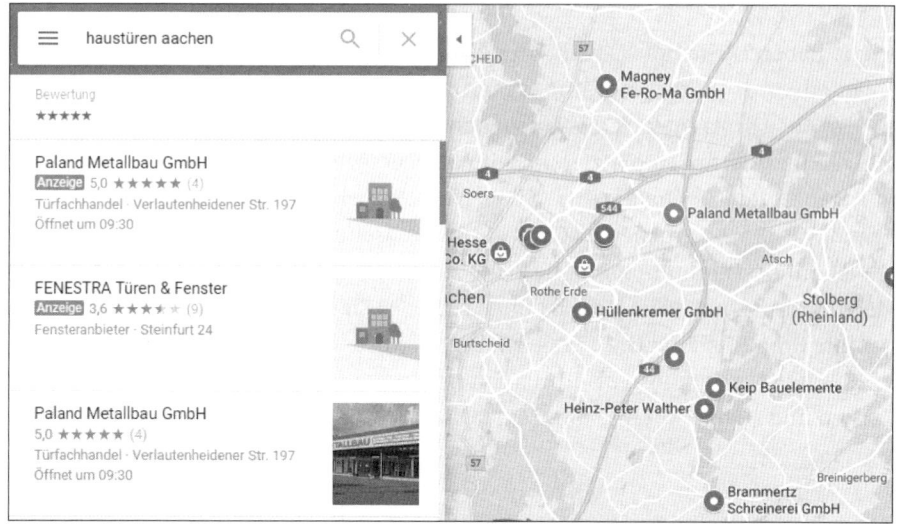

Abbildung 5.1 AdWords-Anzeige bei Google Maps

5.1.3   Werbung bei Google-Partnern im Suchnetzwerk

Ein großes Netzwerk (Google spricht von Hunderten an Websites) besteht aus den
Suchwebsites von sogenannten Partnern im Suchnetzwerk. Zu diesen Google-Part-
nern gehören unter anderem T-Online (*http://www.t-online.de*) oder auch Web.de
(*https://web.de*). Falls Sie auf den Webseiten dieser Partner (siehe Abbildung 5.2) eine
Suchanfrage stellen, so greift der Partner neben den organischen Google-Treffern
auch auf die AdWords-Anzeigen zurück. In den Kampagneneinstellungen können Sie
festlegen, ob die Google-Partner und die Suche der anderen Google-Produkte automatisch in Ihrer Kampagne enthalten sein sollen. Sie können jedoch leider nicht einzelne Suchnetzwerkpartner auswählen.

Abbildung 5.2 »Web.de« mit Google-Suchfunktion

5.1.4   Werbung in Apps und im App Store

Für den mobilen Bereich, der immer wichtiger wird, sind auch App-Kampagnen interessant, falls Sie eine App vermarkten möchten. Sie können dabei zum einen für den Download und die Neu-Installation Ihrer App werben, Sie können aber auch Werbung für Besitzer Ihrer App schalten, die dann zur Interaktion mit dieser App auffordert.

5.1.5   Werbung bei YouTube

Als weiterer Kanal ist die Werbung bei YouTube zu nennen. Neben Text- und Image-Anzeigen sind hier vor allem die Videokampagnen interessant. Die Werbung bei dem Google-Tochterunternehmen erfolgt hauptsächlich über die Videokampagnen im AdWords-Konto. Zwischen den Video- und den Displaynetzwerk-Kampagnen (siehe unten) gibt es jedoch Überschneidungen. Falls Sie ein Werbevideo besitzen, müssen Sie nicht unbedingt eine Videokampagne anlegen, sondern Sie können dieses Video auch über das Displaynetzwerk schalten. Andererseits müssen die Werbeeinblendungen bei YouTube nicht aus einer AdWords-Videokampagne kommen: Sie können auch über das Displaynetzwerk mit Text-, Image- und Video-Anzeigen werben, ohne eine spezielle Videokampagne anzulegen.

5.1.6   Werbung im Google Displaynetzwerk

Ein wichtiger Bereich der Werbenetzwerke, dem wir uns in diesem Kapitel näher widmen möchten, ist das bereits erwähnte Google Displaynetzwerk oder kurz GDN. Zu diesem Netzwerk gehören verschiedene Content-Seiten. Das können große Online-Portale, Magazin-Webseiten, aber auch Foren oder Blogs etc. sein. Zusätzlich können über das Displaynetzwerk auch Anzeigen in Apps oder Videos geschaltet werden. Webseitenbesitzer, z. B. Blogbetreiber, die Werbepartner im Displaynetzwerk werden möchten, können ihre Seiten über das Google-AdSense-Programm (*https://www.google.de/adsense/start*) als Werbefläche bei Google anbieten.

Daneben gibt es auch noch andere Vermarktungsnetzwerke, mit denen Google Ad-Words zusammenarbeitet. Google spricht von »über zwei Millionen Websites, Videos und Apps«, auf denen die AdWords-Anzeigen ausgeliefert werden können. Das Ad-Words-Programm vermittelt quasi die Schaltung der Anzeigen auf den jeweiligen Seiten der Webadministratoren.

Im Gegensatz zum Suchnetzwerk werden im Displaynetzwerk nicht nur die bekannten Textanzeigen, sondern auch Image-Anzeigen und Videos geschaltet. Neben Standard-Bildanzeigen gibt es hier auch die Möglichkeit, animierte und interaktive Bilder als Anzeigen zu hinterlegen.

Google versucht im Displaynetzwerk immer stärker, sogenannte Responsive-Anzeigen durchzusetzen. Diese Anzeigenform passt sich der Webseite und dem Endgerät an, sodass die Größe und Gestaltung einer Anzeige nicht mehr als limitierender Faktor wirkt.

Ein gravierender Unterschied zum Suchnetzwerk betrifft die Grundidee des Suchmaschinenmarketings. Die Werbung erscheint im Displaynetzwerk nicht auf Grundlage einer Suche, sondern in einem thematisch passenden Umfeld oder weil der aktuelle Webseitenbesucher als potenzieller Kunde identifiziert wurde und gleichzeitig dazu passende Ausrichtungen in den Kampagneneinstellungen bei AdWords gewählt wurden.

Dadurch ergibt sich im Displaynetzwerk auch ein ganz anderes Klickverhalten, d. h., die Klickraten sind im Vergleich zu den Suchergebnisseiten viel geringer. Dies bedeutet, dass eine Click-Through-Rate (CTR) von unter 1 % ganz normal ist. Dafür ist jedoch der Branding-Effekt im Displaynetzwerk größer, weil der Werbende mithilfe von Bildern und Logos die Wiedererkennung seiner Marke bzw. von Produkten oder Dienstleistungen steigern kann.

Displaynetzwerk und Branding

Branding oder *Markenbildung* nennt man die Entwicklung einer starken Marke, die von den Internet-Usern als Marktführer oder zumindest als wichtiges Unternehmen in der jeweiligen Branche identifiziert wird. Ein wichtiger Punkt ist dabei immer der Aufbau von Vertrauen zu einer Marke oder auch zu einem Unternehmen. Dies steigert die Loyalität der Internet-User, und die Wahrscheinlichkeit, dass diese nach Alternativen suchen, sinkt.

Durch Schaltung einer AdWords-Werbung vor allem in Form von Image-Anzeigen im Displaynetzwerk taucht ein Produkt zusammen mit dem jeweiligen Firmennamen und dem Logo immer wieder auf relevanten, oft thematisch passenden Seiten auf. Dies ist vor allem dann interessant, wenn sich ein potenzieller Kunde gerade zu einem speziellen Thema informiert. Eine Präsenz auf unterschiedlichen und vor allem thematisch passenden Webseiten ruft größtenteils unbewusst den Eindruck von Wichtigkeit und Bedeutung hervor. Dies führt dann zu einer entsprechenden Stärkung der jeweiligen Marke und somit zum *Branding-Effekt*. Dabei muss eine Anzeige im Displaynetzwerk nicht unbedingt geklickt werden, um diesen Effekt zu erzielen. Die Werbebotschaften und vor allem die Bilder werden wahrgenommen, ohne dass ein Klick erfolgen muss. Daher kann ein entsprechender Werbeeffekt auch mit geringem Budget erzielt werden.

Im Folgenden sehen Sie drei Beispiele, wie die AdWords-Anzeigen im Displaynetzwerk dargestellt werden können. Die Standard-Textanzeigen (siehe Abbildung 5.3) werden im Displaynetzwerk zum Teil etwas anders, sprich auffälliger, präsentiert. Zu dieser auffälligeren Darstellung gehören unter anderem größere, bunte Überschriften, zusätzliche Symbole (hier Pfeile) oder auch Werbeblöcke, die zunächst nur aus Überschriften bestehen und dann bei einer Mouseover-Bewegung aufklappen. Die Grundlage dieser Werbung bilden jedoch die gleichen Textanzeigen, die Sie auch auf der Google-Suchergebnisseite wiederfinden.

Abbildung 5.3 Textanzeigen im Google Displaynetzwerk

Das zweite Beispiel sind die Banner, die auf den Webseiten der Werbepartner an verschiedenen Positionen platziert werden können, z. B. im Header siehe Abbildung 5.4, auf der rechten oder linken Seite als sogenannter Skyscraper (Wolkenkratzer), im Footer einer Webseite oder auch als Block zwischen dem Webseitentexten.

Für die Image-Anzeigen gibt es bestimmte Größenvorgaben, wobei von der kleinen quadratischen Anzeige mit 200 × 200 Pixeln bis zu Bannern im Kopfbereich mit 728 × 90 Pixeln viele Variationen möglich sind.

Die dritte Möglichkeit verbindet Text- und Image-Anzeigen. Die sogenannten Responsive-Anzeigen bietet AdWords nun bei reinen Displaynetzwerk-Kampagnen neben den Image-Anzeigen an. Die Responsive-Anzeigen stellt Google je nach Möglichkeiten und Endgerät individuell zusammen. Dabei werden aus der gleichen Vorlage zum einen Textanzeigen (siehe Abbildung 5.5) oder auch eine Kombination von Bild- und Textanzeigen (siehe Abbildung 5.6) erzeugt.

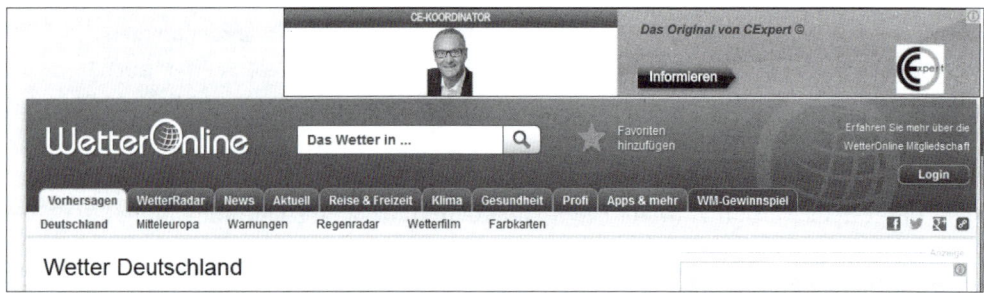

Abbildung 5.4 Image-Anzeigen im Google Displaynetzwerk

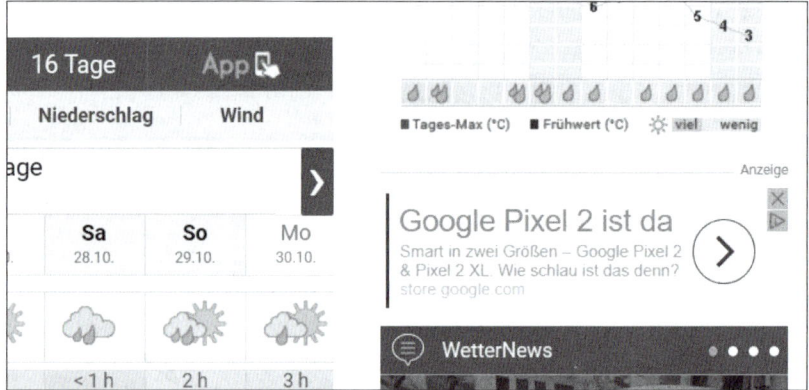

Abbildung 5.5 Responsive-Anzeige zum Smartphone »Pixel 2« als Textanzeige

Abbildung 5.6 Responsive-Anzeige zum Smartphone »Pixel 2« als Bild mit Textanzeige

5.2 Sollte man die Suchnetzwerk- und die Displaynetzwerk-Kampagne verbinden?

Google AdWords versucht grundsätzlich, durch Hinweise (»Erhöhen Sie die Reichweite ... «) mit gleichzeitiger aktiver Entscheidung für oder gegen das Displaynetzwerk (DISPLAYNETZWERK HINZUFÜGEN) beim Aufsetzen einer Kampagne für das Suchnetzwerk seine Nutzer davon zu überzeugen, die Suchkampagnen mit den Displaynetzwerk-Kampagnen zu verbinden. Die Praxiserfahrung zeigt jedoch, dass es sinnvoller ist, die Suchnetzwerk- und die Displaynetzwerk-Kampagnen getrennt zu schalten.

Unsere Empfehlung lautet: Erstellen Sie für die Werbung im Displaynetzwerk eine eigenständige Kampagne. Dies hat folgende Vorteile:

- eine übersichtlichere Kampagnenstatistik
- verbesserte Möglichkeiten der Ausrichtung
- ein eigenes Budget für Displaynetzwerk-Kampagnen

Zur Erläuterung: Da die Klickrate im Displaynetzwerk viel geringer als im Suchnetzwerk ist, erschwert die Zusammenlegung der beiden Kampagnenarten einen schnellen Überblick zur Klickrate. Der Klickerfolg einer Werbekampagne ist also nicht so schnell und einfach zu erkennen. Die Statistik wird zwar noch einmal nach Netzwerk unterteilt, dies ist jedoch erst auf den zweiten Blick ersichtlich.

Der wichtigste Nachteil besteht jedoch in der Standardausrichtung über Keywords. Im Displaynetzwerk müssen die Keywords nicht so fein unterteilt werden. Es reichen hier allgemeinere Keywords, damit die Anzeigen auf inhaltlich passenden Webseiten erscheinen können. Zudem sind andere Targeting-Möglichkeiten (z. B. Anzeigen direkt auf thematisch passenden Seiten zu schalten) viel besser für die Displaynetzwerk-Werbung geeignet. Auch die Aufteilung eines gemeinsamen Werbebudgets, das auf zwei ganz unterschiedliche Werbestrategien verteilt wird, ist ein Nachteil. Die Ad-Words-Schaltung zu passenden Suchanfragen benötigt normalerweise ein eigenes Budget. Eine Mischung des Budgets für Suchkampagnen mit dem Budget des Displaynetzwerks, das vor allem Branding-Effekte und eine große Werbereichweite als Ziel hat, ist daher nicht sinnvoll.

Falls Ihre Suchanzeigen nach einer ersten Optimierung im Hinblick auf die gewünschten Ziele (Conversions) gut funktionieren und Sie Ihr Werbebudget nicht voll ausschöpfen, können Sie zur Gewinnung zusätzlicher Interessenten für einen Monat natürlich auch einmal die Ausrichtungsoption GOOGLE DISPLAYNETZWERK EINBEZIEHEN austesten. Sie können diese Auswahl unter den Einstellungen einer Suchkampagne jederzeit beim Unterpunkt WERBENETZWERKE aktivieren oder deaktivieren. Ein Test neuer Funktionen oder Einstellungen ist grundsätzlich bei Google AdWords eine Überlegung wert. Nach einem Testzeitraum (z. B. nach einem Monat) können Sie dann immer noch entscheiden, ob Sie die Zuschaltung des GDN auf Dauer nutzen möchten.

5.3 So legen Sie eine eigene Displaynetzwerk-Kampagne an

Eine neue Displaynetzwerk-Kampagne starten Sie genauso, als würden Sie eine Kampagne im Suchnetzwerk anlegen. Klicken Sie zunächst auf den Tab KAMPAGNEN, dann auf den blauen Plus-Button, und wählen Sie dann aus der Dropdown-Liste den Unterpunkt + NEUE KAMPAGNE aus. Im nächsten Schritt wählen Sie nun jedoch als Kampagnentyp DISPLAYNETZWERK aus (siehe Abbildung 5.7).

Abbildung 5.7 Wählen Sie zu Beginn den Kampagnentyp »Displaynetzwerk« aus.

Google fragt nun nach den Zielen, die dann bestimmte Kampagneneinstellungen schon festlegen. Ein Klick auf den Link KAMPAGNE OHNE ZIEL ERSTELLEN (siehe Markierung in Abbildung 5.8) lässt Ihnen aber alle Freiheuten zur individuellen Gestaltung Ihrer Displaynetzwerk-Kampagne.

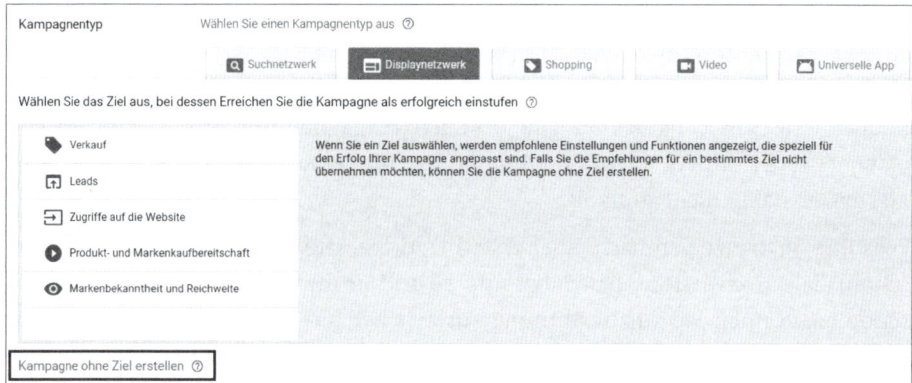

Abbildung 5.8 Wenn Sie Ihre Kampagne ohne Zielvorgaben anlegen, haben Sie alle Freiheiten.

In der Standardeinstellung ist eine Displaynetzwerk-Kampagne ausgewählt (siehe Abbildung 5.9). An dieser Stelle könnten Sie sich auch für eine Gmail-Kampagne ❶ entscheiden, mit der Sie Werbung im Gmail-Konto schalten können. Diese Werbung ist jedoch bei potenziellen Kunden nicht sehr beliebt. Wir empfehlen die Schaltung der Standard-Display-Kampagne. Falls Sie vorher keine Keyword-Ideen recherchiert haben, können Sie optional auch Ihre Website ❷ eintragen, damit Google automatisiert Keyword-Vorschläge ermitteln kann. Klicken Sie danach auf den Button WEITER, um die nächsten Einstellungen vorzunehmen.

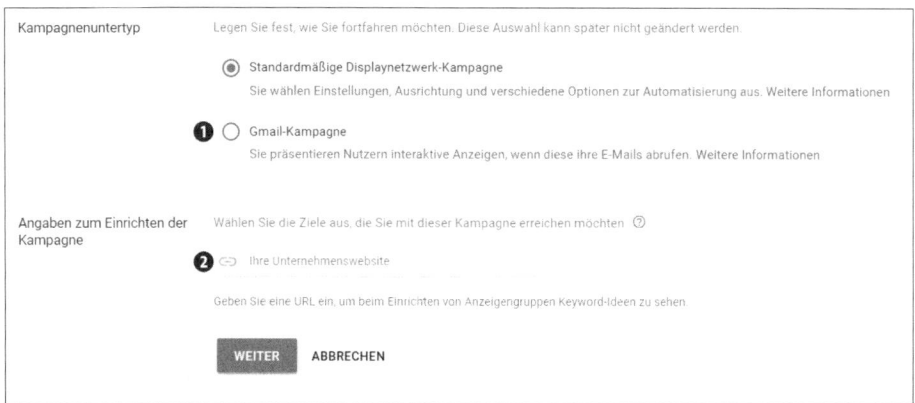

Abbildung 5.9 Neben der Displaynetzwerk-Kampagne kann auch eine Gmail-Kampagne erstellt werden.

Alle weiteren Kampagneneinstellungen, z. B. STANDORTE, SPRACHEN, GEBOTSSTRATEGIE, TAGESBUDGET und WERBEZEITPLAN (siehe Abbildung 5.10), bearbeiten Sie danach gemäß Ihrer Ziele und Ihrer Strategie. Bei diesen Einstellungen können Sie die Empfehlungen nutzen, die Sie bereits von den Grundeinstellungen der Suchnetzwerk-Kampagne kennen.

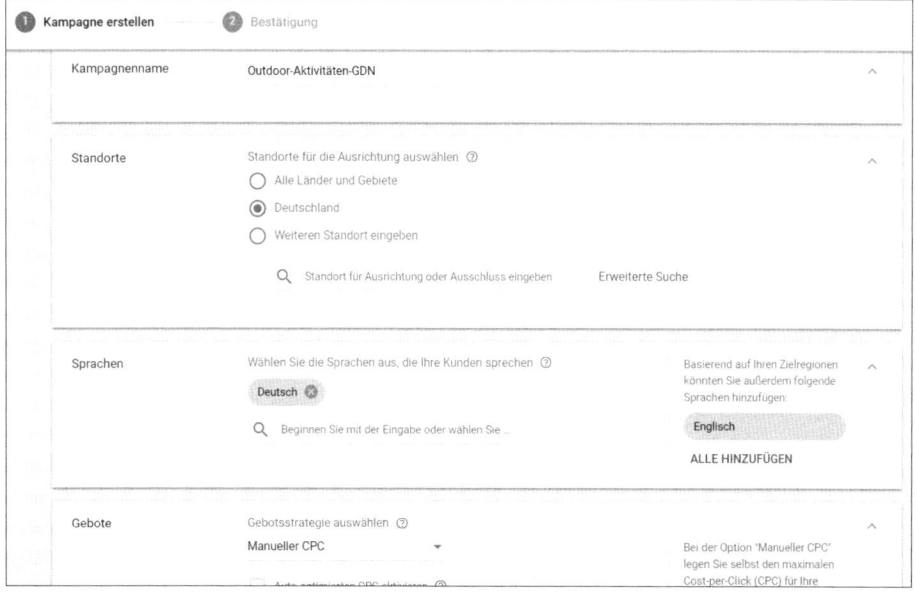

Abbildung 5.10 Legen Sie die Grundeinstellungen der Displaynetzwerk-Kampagne fest.

Nachdem Sie die wichtigsten Grundeinstellungen Ihrer Kampagne angelegt haben, sollten Sie am Ende unter WEITERE EINSTELLUNGEN noch spezielle Einstellungen für eine Displaynetzwerk-Kampagne vornehmen, die wir uns jetzt in einem eigenen Abschnitt gemeinsam anschauen werden.

5.4   Spezielle Grundeinstellungen für Displaynetzwerk-Kampagnen festlegen

Spezifische Ausrichtung für Geräte

Das Displaynetzwerk bezieht bei der Auslieferung der Anzeigen auch viele Apps mit ein. Dies kann für spezielle Zielgruppen oder bei einer Werbung für bestimmte Produkte aus dem App-Umfeld sinnvoll sein. Meistens ist die Werbeschaltung in diesem Umfeld jedoch kontraproduktiv: Oft werden die Anzeigen bedingt durch den geringen Platz auf dem Display unbewusst angeklickt oder der Nutzer geht davon aus, dass die Anzeige zur Funktion einer App gehört. Falls Sie diese Klicks vermeiden möchten, können Sie bei den weiteren Kampagneneinstellungen unter GERÄTE den Punkt SPEZIFISCHE AUSRICHTUNG FÜR GERÄTE auswählen. Sie verhindern die Auslieferung Ihrer Werbung in Apps, indem Sie im Dialog aus Abbildung 5.11 die Checkboxen für folgende Ausrichtungen deaktivieren:

► MOBILE APP und TABLET-APPS

► INTERSTITIAL IN SMARTPHONE-APP und INTERSTITIAL IN TABLET-APP

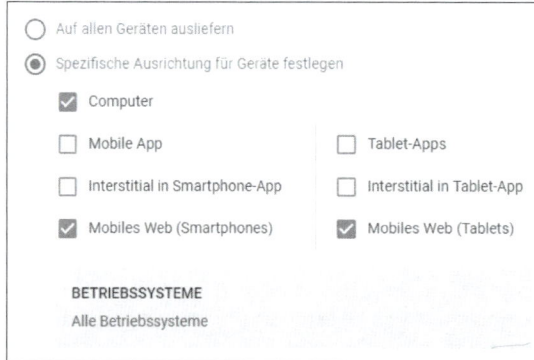

Abbildung 5.11 Sie können Werbung in Apps auf mobilen Endgeräten ausschließen.

Interstitials

Ein Interstitial ist eine »Unterbrecherwerbung«. Diese Werbeform nutzt in einer App meistens die volle Bildschirmfläche und unterbricht den Ablauf der App-Nutzerinteraktionen.

Begrenzung der Häufigkeit

Da die Werbung im Displaynetzwerk häufig auf das Userverhalten (z. B. Interessen, Remarketing, beliebte Seiten der Zielgruppe usw.) abgestimmt ist, kann es auch vorkommen, dass Sie Ihre Zielgruppe mit häufigen Werbeeinblendungen nerven. Dies haben Sie sicher schon einmal selbst im Internet so wahrgenommen.

Für eine zukünftige Geschäftsbeziehung ist es natürlich schlecht, wenn der potenzielle Kunde sich verfolgt und genervt fühlt. Ein regelmäßiger Werbekontakt mit einem Produkt und einer Marke beeinflusst andererseits natürlich eine Kaufentscheidung positiv. Hier muss die richtige Balance gefunden werden, sodass der Kontakt mit der Werbung nicht zu gering, aber auch nicht übertrieben ist. Daher haben Sie unter FREQUENCY CAPPING die Möglichkeit, die Auswahl BESCHRÄNKUNG FÜR SICHTBARE IMPRESSIONEN ANWENDEN zu aktivieren. Sie können dann die Anzahl der Impressionen pro Tag/Woche/Monat und auf Kampagnen-/Anzeigengruppen- oder Anzeigenebene beschränken (siehe Abbildung 5.12).

Diese Beschränkung müssen Sie auf Ihre Strategie, die Anzahl der unterschiedlichen Anzeigen und Ihre Zielgruppe abstimmen. Es gibt dazu keine verbindlichen Vorgaben, aber wenn Ihr potenzieller Kunde Ihre Anzeige circa fünf- bis achtmal pro Tag gesehen hat, sollte dies eigentlich reichen.

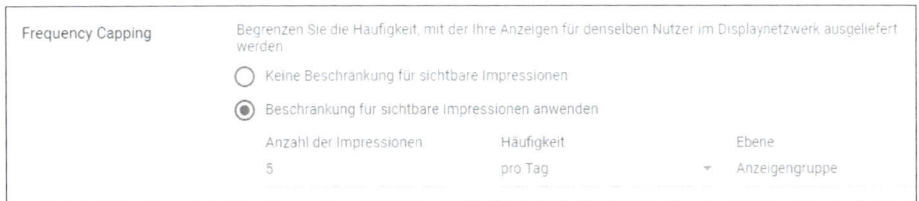

Abbildung 5.12 Mit »Frequency Capping« reduzieren Sie den »Nervfaktor« für Ihre Zielgruppe.

Auszuschließende Inhalte

Damit Sie mit Ihrer Werbung in einem passenden und für den Kunden positiven Umfeld (sprich: auf passenden Webseiten) dargestellt werden, haben Sie die Möglichkeit, grundlegende Einschränkungen festzulegen. So können Sie zum Beispiel bestimmen, ob Sie auch auf Seiten werben möchten, die Inhalte für Erwachsene anbieten, oder auf Seiten, die problematische Inhalte wie beispielsweise Konflikte, Katastrophen oder schockierende Nachrichten beinhalten (siehe Abbildung 5.13).

Hier sollten Sie genau überlegen, in welchem Werbeumfeld Sie mit Ihren Anzeigen erscheinen möchten. Sie können hier aber auch festlegen, ob Sie nur bei Werbung *Above the fold* erscheinen möchten – also im direkt sichtbaren Bereich einer Webseite. Als *Below the fold* bezeichnet man dagegen den Bereich einer Webseite, der nur durch Scrollen erreichbar und somit für einen bedeutenden Prozentsatz der Webseitenbesucher oft nicht sichtbar ist, da Internetnutzer Webseiten in der Regel nicht bis zum Ende herunterscrollen. Wird eine Anzeige nur in diesem Bereich eingeblendet, so geht der gewollte Werbeeffekt des Brandings zum Beispiel verloren, weil Ihre Anzeige erst gar nicht in den Sichtbereich eines Großteils der potenziellen Kunden gelangt.

Bitte beachten Sie, dass Google ausdrücklich betont, dass »nicht alle entsprechenden Inhalte vom Ausschluss erfasst werden«. Für den Ausschluss problematischer Seiten gibt es also keine Garantie. Darum sollten Sie zusätzlich, wie wir später noch beschreiben, regelmäßig auch über die AdWords-Statistiken kontrollieren, auf welchen Seiten die Anzeigen ausgeliefert werden.

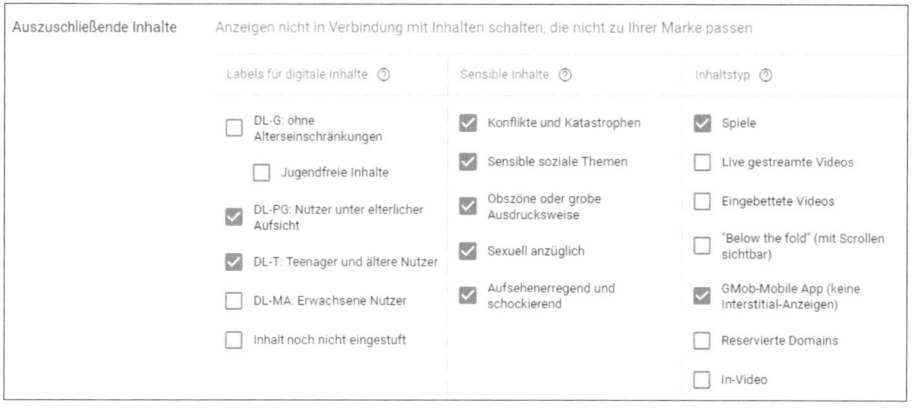

Abbildung 5.13 Schließen Sie Webseiten mit Inhalten aus, die problematisch für Ihr Image sein können.

5.5 Legen Sie eine erste Anzeigengruppe für das Displaynetzwerk an

Nachdem Sie alle Standard- und alle erweiterten Einstellungen der neuen Kampagne hinterlegt haben, fehlt noch eine erste Anzeigengruppe zur Vervollständigung der Displaynetzwerk-Kampagne. Wie in Abbildung 5.14 dargestellt, können Sie unterhalb der WEITEREN EINSTELLUNGEN den Namen für die erste Anzeigengruppe eingeben.

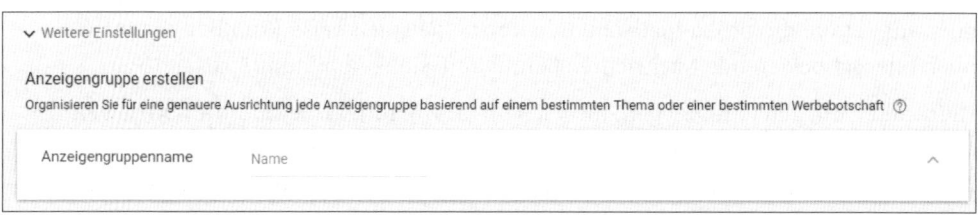

Abbildung 5.14 Vergeben Sie einen Namen für Ihre erste Anzeigengruppe.

Sie benötigen mindestens eine Anzeigengruppe für eine vollständige Kampagne. Sie können jedoch jederzeit neue Anzeigengruppen hinzufügen, indem Sie zu ANZEIGEN-GRUPPEN navigieren und auf ● klicken (siehe Abbildung 5.15).

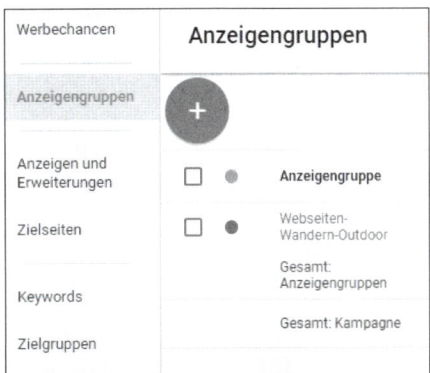

Abbildung 5.15 Zu einer bestehenden Kampagne können Sie jederzeit neue Anzeigengruppen hinzufügen.

Da die Ausrichtung (das Targeting) in einer Displaynetzwerk-Kampagne auf Anzeigengruppenebene eingestellt wird, kommt nun der entscheidende Punkt für Ihre neue Displaynetzwerk-Kampagne: Sie müssen der Anzeigengruppe mindestens eine Ausrichtung hinzufügen. Sie können grundsätzlich auch mehrere Targeting-Einstellungen kombinieren. Für den Beginn ist es jedoch ratsam, ein Targeting pro Anzeigengruppe zu nutzen und dafür unterschiedliche Anzeigengruppen anzulegen, wenn Sie verschiedene Targeting-Möglichkeiten nutzen möchten.

Targeting im Online-Marketing

»Target« ist das englische Wort für »Ziel« und kommt eigentlich aus dem militärischen Sprachgebrauch. Im Online-Marketing geht es beim *Targeting* auch um ein Ziel, hier besteht dieses jedoch aus einer Gruppe potenzieller Kunden. Durch Targeting soll die Werbung also zielgruppengerecht präsentiert werden. Als Werbender erhöhen Sie Ihre Chancen, einen Kunden zu gewinnen oder zumindest Interesse für Ihr Produkt bzw. Ihre Dienstleistung zu wecken, wenn Sie speziell diejenigen Internetnutzer ansprechen, die ein vermutetes Interesse und/oder einen Bedarf an Ihren Angeboten haben.

5.6   Besonderheiten des Targetings im GDN

Das Targeting wird im Google Displaynetzwerk direkt bei der Erstellung einer neuen Anzeigengruppe mitgegeben. Bei einer bestehenden Anzeigengruppe kann diese zunächst ausgewählt werden. Danach wird über die entsprechenden Tabs der vertikalen Navigationsleiste das gewünschte Targeting (z. B. Keywords, Zielgruppen etc.) bestimmt und mit dem Stiftsymbol bearbeitet.

Bevor wir das Targeting für unsere neue Anzeigengruppe einstellen, möchten wir Ihnen die aktuell (Stand: November 2017) möglichen Ausrichtungsmethoden vorstellen:

1. Ausrichtung mithilfe von Keywords
2. Ausrichtung auf bestimmte Zielgruppen (Nutzerinteresse und Remarketing)
3. Ausrichtung auf das Alter der Webseitenbesucher
4. Ausrichtung auf das Geschlecht der Webseitenbesucher
5. Ausrichtung auf Elternstatus
6. Ausrichtung auf die Themen der jeweiligen Content-Webseiten
7. Ausrichtung auf ausgesuchte Placements
   (Webseiten oder bestimmte Bereiche von Webseiten)

Die genannten Ausrichtungsmethoden können Sie zum einen jeweils einzeln nutzen, zum anderen können Sie Ihre Targetings jedoch auch kombinieren. Beim Anlegen einer neuen Anzeigengruppe werden die oben genannten Ausrichtungsmethoden in folgender Reihenfolge angeboten:

- ▶ Zielgruppen – unterteilt in:
  - – Zielgruppen mit gemeinsamen Interesse
  - – Kaufbereite Zielgruppe
  - – Remarketing
- ▶ Demografische Merkmale – unterteilt in:
  - – Geschlecht
  - – Alter
  - – Elternstatus
- ▶ Contentbezogene Ausrichtung – unterteilt in:
  - – Keywords
  - – Themen
  - – Placements

Aus der Reihenfolge ist schon ersichtlich, dass für Google aktuell das Thema *Zielgruppe* höchste Priorität hat. Allgemein wird im Online-Marketing die Werbung immer stärker auf die jeweilige Zielgruppe ausgerichtet, um stets im richtigen Moment zur passenden Zeit das entsprechende Angebot für potenzielle Kunden zu präsentieren.

5.7   Anzeigengruppen auf Zielgruppen ausrichten

Mit der Ausrichtung auf Zielgruppen können Sie Internetnutzer auf Grundlage ihrer speziellen Interessen ansprechen, unabhängig davon, auf welchen Seiten Sie gerade unterwegs sind.

Aktuell können Sie beim Unterpunkt Zielgruppen Ihre Werbung auf folgende Zielgruppen ausrichten (siehe Abbildung 5.16):

- ▶ Zielgruppen mit gemeinsamen Interessen
- ▶ Kaufbereite Zielgruppen
- ▶ Remarketing

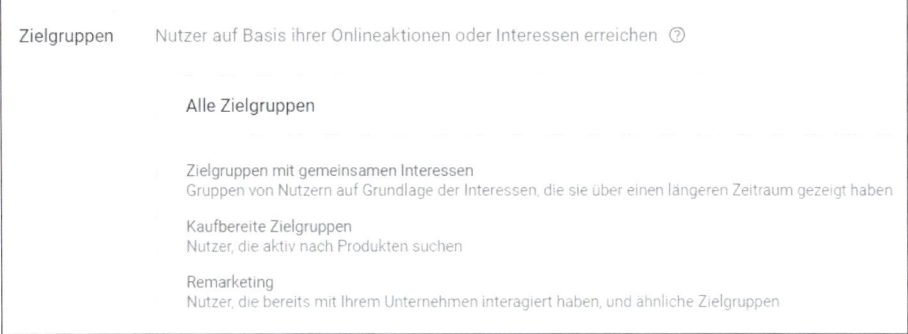

Abbildung 5.16 Google liebt die Ausrichtung auf Zielgruppen.

Da sich hinter diesen Zielgruppen einige interessante Möglichkeiten verstecken, stellen wir Ihnen die Zielgruppen in den folgenden Abschnitten im Einzelnen vor.

5.7.1   Zielgruppen mit gemeinsamen Interessen

Mithilfe der webseitenübergreifenden Cookies von der Google-Firma *DoubleClick* (*https://www.doubleclickbygoogle.com/de*) hat Google gelernt, wofür sich der einzelne Internetsurfer hauptsächlich interessiert. Sie können diese Informationen nutzen und aus verschiedenen Zielgruppen auswählen, die aus Ihrer Sicht potenzielle Kunden sind. So könnten Sie beispielsweise passende Werbung für Hautcremes schalten, die nur für Nutzer mit Interesse an Beauty und Wellness geschaltet werden, oder Sie bewerben Küchengeräte und Kochutensilien für Ihre Zielgruppe Kochen und Genießen (siehe Abbildung 5.17). Es gibt ca. 12 Hauptgruppen, die sich jedoch noch tiefer in viele Teilgruppen unterteilen. Sie können für Ihr Targeting natürlich eine einzelne Teilgruppe auswählen, aber auch mehrere Gruppen wie zum Beispiel die Gruppen Modefans und Vielkäufer kombinieren.

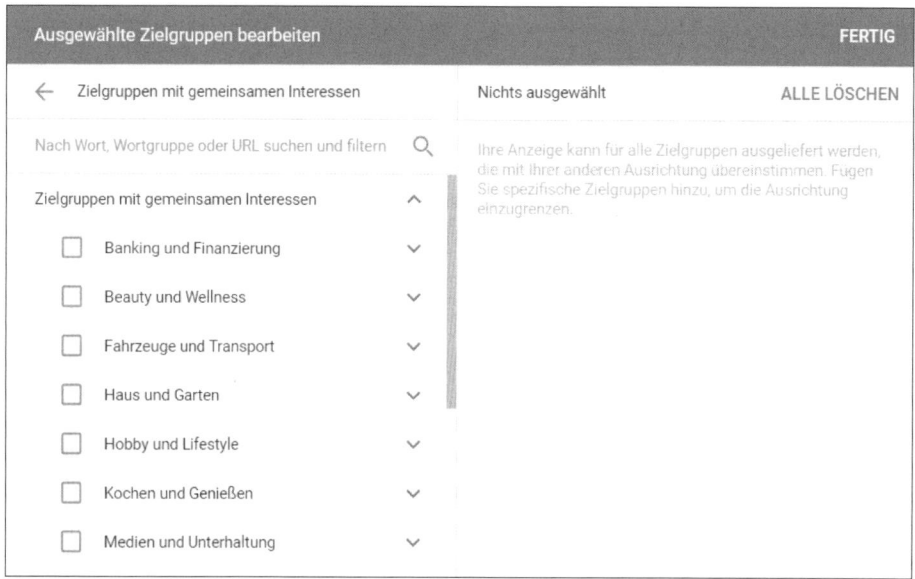

Abbildung 5.17 Zielgruppen mit gemeinsamen Interessen auswählen

Der Unterschied zwischen Interessen und Themen

Das Targeting auf Grundlage des Interesses beruht auf dem Verhalten der Internet-nutzer. Google bzw. die Google-Tochter DoubleClick protokolliert, auf welchen Web-seiten sich die Nutzer aufgehalten haben, und speichert dies in Cookies ab. Hinzu kommen die Fragen, die der User an Google gestellt hat. Diese Informationen kön-nen Sie zusätzlich noch mit einer eigenen Remarketing-Aktion verknüpfen. Beim Remarketing werden die Besucher der eigenen Webseite über einen Cookie markiert. So können diese Besucher im Netz auf Content-Seiten »aufgespürt« und mit passen-der Werbung »bespielt« werden.

Auf Grundlage des Interesses werden die Nutzer mit einer passenden Werbung sehr zielgerichtet angesprochen. Sie haben sicher auch schon einmal die Erfahrung gemacht, dass Sie passende Werbung zu einer Webseite sehen, die Sie unlängst ein-mal besucht haben – dieses Phänomen nennt sich Remarketing und gehört zum Tar-geting auf Grundlage von Interesse.

Wenn Sie die Schaltung Ihrer Anzeigen nach Themen ausrichten, dann sind dies die Themen der Webseiten, auf denen Ihre Werbung angezeigt wird. Dazu werden die verschiedenen Seiten, die AdWords-Werbung erlauben, von Google analysiert und dann den unterschiedlichsten Themenbereichen zugeordnet (z. B. Motorsport-Web-seiten). Bitte beachten Sie bei der Auswahl Ihrer Targeting-Strategie diese Unter-scheidung.

5.7.2   Kaufbereite Zielgruppen

Die Liste mit den KAUFBEREITEN ZIELGRUPPEN geht im Vergleich zur Zielgruppe mit gemeinsamen Interessen noch einen Schritt weiter. Hier können Sie eine oder mehrere Zielgruppen auswählen, die sich schon intensiv um ein bestimmtes Produkt oder eine Dienstleistung bemüht haben, weil die Mitglieder dieser Gruppen zum Beispiel Preisvergleichsseiten oder Testberichte aufgerufen haben.

Im Automobilsektor haben die Mitglieder vielleicht schon einen Konfigurator gestartet. Auf Grundlage dieser Informationen haben Sie die Möglichkeit, z. B. Ihre BMW-Werbung sehr gezielt auf Google-Nutzer auszurichten, die sich bereits im Netz über die neuesten BMW-Modelle informiert oder eine entsprechende Fahrzeugkonfiguration gestartet haben (siehe Abbildung 5.18).

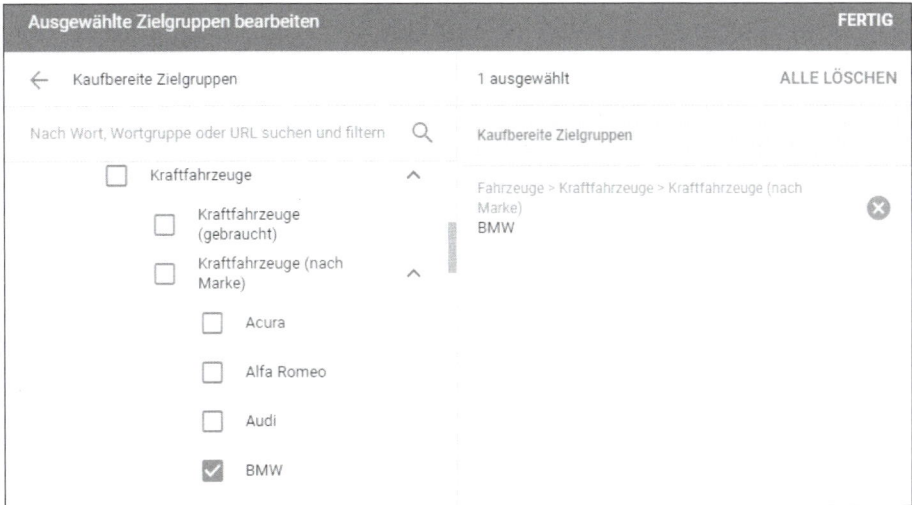

Abbildung 5.18 Die Gruppe potenzieller BMW-Käufer auswählen

5.7.3   Remarketing

Beim Remarketing, das oft auch als *Retargeting* bezeichnet wird, kennzeichnen Sie zunächst die Besucher Ihrer Webseite durch Cookies und bauen damit Remarketing-Listen auf. Unter ZIELGRUPPEN • REMARKETING können Sie später auf diese Listen zugreifen und für diese ehemaligen Besucher Ihrer Webseite individuelle Werbung ausspielen, die dann auf unterschiedlichen Seiten im Displaynetzwerk angezeigt wird. Das interessante und komplexe Thema Remarketing werden wir näher in Abschnitt 8.4 behandeln.

Zu den Remarketing-Listen gehören zwei spezielle Gruppen, die wir Ihnen nun kurz vorstellen möchten.

Ähnliche Listen

Das AdWords-System erstellt basierend auf bestehenden Listen in der ZIELGRUPPEN-VERWALTUNG auch sogenannte ähnliche Listen. Die Namen der Listen beginnen dann immer mit *Ähnlich wie* (manchmal findet man auch noch die englische Version *Similar to*). Über diese »ähnlichen Listen« werden die angesprochenen Zielgruppen erweitert, da diese Personen nicht erst auf der eigenen Webseite als Besucher gewesen sein müssen und auch nicht in der eigenen Liste von Gmail-Adressen auftauchen müssen. Google vergleicht die bestehenden Listen mit Nutzerdaten aus der Google-Datenbank und erstellt auf diese Weise Zielgruppen, die ähnliche Verhaltensweisen an den Tag legen.

Listen mit E-Mail-Adressen von Kunden

Sie können auch E-Mail-Listen über die ZIELGRUPPENVERWALTUNG in Ihre Bibliothek hochladen. Diese Listen können per Klick auf den Unterpunkt + KUNDENLISTE als Textdaten nach einem vorgegebenen Schema hochgeladen werden. Das Google-System gleicht die E-Mail-Daten mit den Google-Login-Adressen ab. Falls die Google-Nutzer dann im Konto angemeldet sind, können Sie dieser Gruppe Ihre Anzeigen in der Google-Suche, auf YouTube und in Gmail präsentieren.

5.8 Anzeigengruppen im GDN nach demografischen Merkmalen ausrichten

Neben der Auswahl einer speziellen Zielgruppe gibt es auch noch die Möglichkeit, potenzielle Kunden auf Grundlage demografischer Merkmale zielgerichtet anzusprechen. In der Standardeinstellung sind alle demografischen Merkmale aktiviert. Sie können durch Aktivierung bzw. Deaktivierung der Checkboxen (siehe Abbildung 5.19) festlegen, welches GESCHLECHT und welche Altersgruppe Ihre Werbung sehen soll. Zudem können Sie sogar den ELTERNSTATUS einbeziehen, was vielleicht für Kinderwagen oder spezielle Weihnachtsgeschenke hilfreich sein kann. Am Surfverhalten kann Google also erkennen, ob jemand Kinder hat und deswegen für bestimmte Angebote der passende Ansprechpartner ist.

Dabei sollten Sie jedoch immer berücksichtigen, dass diese Einteilung nicht hundertprozentig passend ist, sondern eher auf statistischen Google-Berechnungen beruht. Über den Vergleich entsprechender Kennzahlen mit dem Verhalten einzelner Internet-User können Alter, Geschlecht und Elternstatus abgeschätzt werden. Diese Werte sind aber nie ganz genau, was Sie auch beim Blick in eine bestehende Statistik erkennen können. Dort wird der Anteil UNBEKANNT in allen Gruppen noch recht hoch sein.

Die Ausrichtungsziele werden sicherlich zukünftig durch Google noch erweitert und verfeinert werden. Das Merkmal HAUSHALTSEINKOMMEN wird beispielsweise bereits im Konto angezeigt, ist aber derzeit (Stand: November 2017) nur in den USA, in Japan, Australien und Neuseeland verfügbar und spielt im deutschsprachigen Raum keine Rolle. Falls HAUSHALTSEINKOMMEN als Targeting zukünftig verfügbar ist, könnten hochpreisige Dienstleistungen oder Produkte gezielter für die passende Kundschaft beworben werden.

Aktuell können Sie Ihre Anzeigen im Displaynetzwerk jedoch nur auf Grundlage folgender demografischer Faktoren ausrichten:

► Geschlecht

► Alter

► Elternstatus

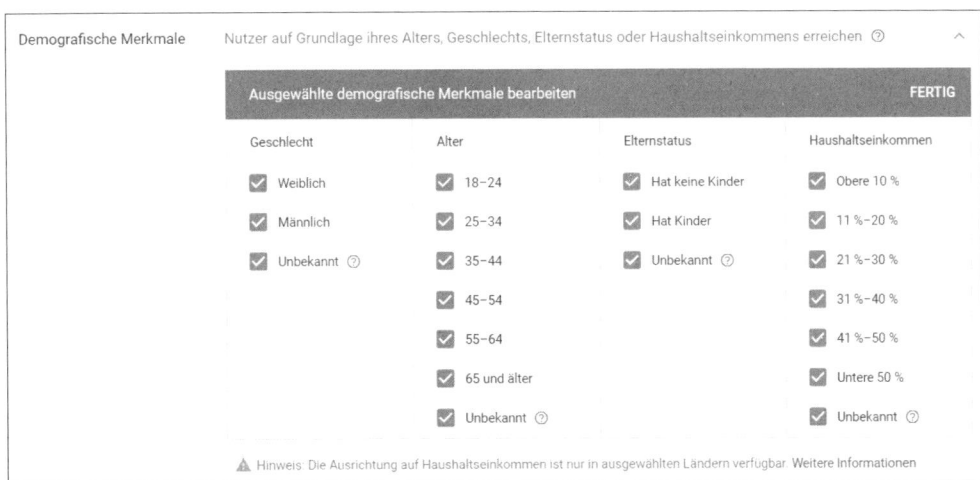

Abbildung 5.19 Ausrichtung auf demografische Merkmale im Displaynetzwerk

5.9   Anzeigengruppen im GDN auf Keywords ausrichten

Nach der Ausrichtung auf Zielgruppen und der Auswahl bestimmter demografischer Faktoren bietet Google für die Displaynetzwerk-Kampagnen eine Ausrichtung auf Inhalte an, die in folgende drei Kategorien unterteilt werden (siehe Abbildung 5.20):

► Keywords

► Themen

► Placements

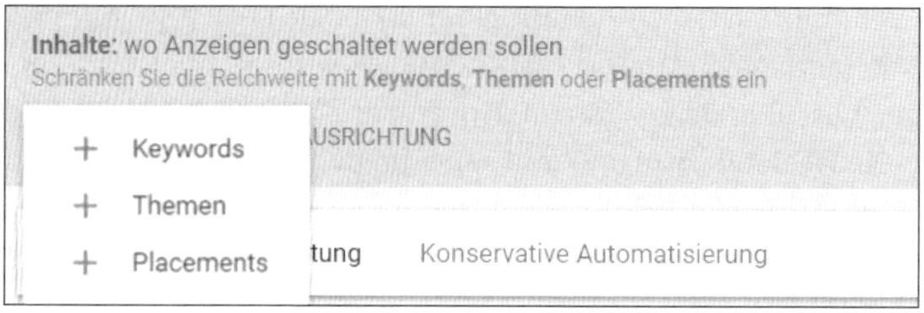

Inhalte: wo Anzeigen geschaltet werden sollen
Schränken Sie die Reichweite mit **Keywords**, **Themen** oder **Placements** ein

+   Keywords   USRICHTUNG

+   Themen

+   Placements   tung   Konservative Automatisierung

Abbildung 5.20 Das Targeting im Displaynetzwerk über Inhalte festlegen

Analog zu Ihren Kampagnen im Suchnetzwerk können Sie auch im Google Display-netzwerk Ihre Werbung auf der Grundlage von Keywords ausrichten. Bitte beachten Sie jedoch, dass Sie hier nicht die Keywords vorgeben, die gesucht werden. Es genügt bei dieser Werbemethode im Google Displaynetzwerk daher völlig, wenn Sie eher all-gemeinere Keywords zum Thema vorgeben. Es ist also wichtiger, dass die vorgegebe-nen Keywords das Themenfeld beschreiben, als eine genaue Keyword-Anfrage eines potenziellen Kunden zu simulieren. Das Eingabefeld für die Keywords wird ähnlich der Keyword-Eingabe für Suchnetzwerk-Kampagnen gefüllt. Sie können sich zur Ein-gabe der Keywords wie gewohnt auch noch zusätzlich Ideen von Google vorschlagen lassen.

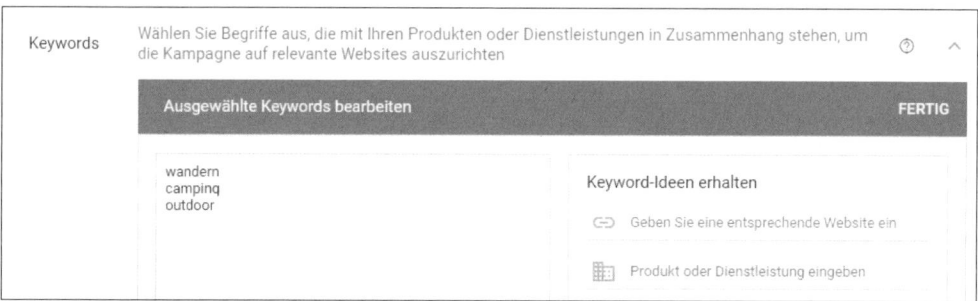

Abbildung 5.21 Eingabe der Keywords als Zielvorgabe für das Displaynetzwerk

Nach der Eingabe der Keywords können Sie festlegen, worauf die vorgegebenen Be-griffe abzielen sollen. Die Standardeinstellung nutzt die Keywords, um die Anzeigen für Google-Nutzer zu schalten, die an diesen Begriffen interessiert sind (siehe Abbil-dung 5.22). Sie können aber auch festlegen, dass die vorgegebenen Keywords einen Bezug zu der Webseite haben sollen, auf der Ihre Werbung dann ausgeliefert wird. Ihre Anzeigen sollen also im passenden Umfeld geschaltet werden. Dazu werden die Keywords auf den Webseiten, die zur Schaltung von Google-Anzeigen zur Verfügun-gen stehen, mit den vorgegebenen Suchbegriffen abgeglichen.

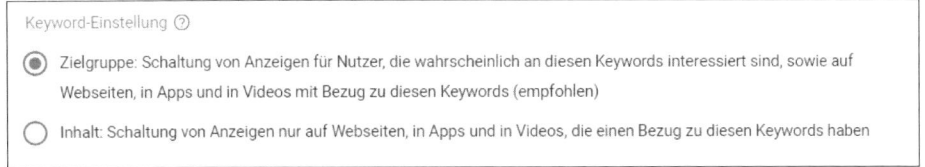

Abbildung 5.22 Definieren Sie über die Keyword-Einstellung, welche Zielgruppe Sie erreichen möchten.

5.10   Anzeigengruppen im GDN nach Themen ausrichten

Eine weitere Möglichkeit der contentbezogenen Ausrichtung besteht darin, Ihre Anzeigengruppen nach den Themen der Webseiten auszurichten. Diese Möglichkeit eignet sich hervorragend, wenn Sie noch keine konkrete Vorstellung von wichtigen Webseiten (Placements) haben, auf denen Sie Ihre Werbung schalten möchten. Vielleicht haben Sie auch keine Zeit, im Vorfeld eine intensive Recherche zu starten, um neue Placement-Ideen zu finden. Mithilfe der Themen können Sie Ihre Werbung dennoch nur auf den Seiten schalten, die zu Ihrem Produkt bzw. zu Ihrer Dienstleistung passen.

Klicken Sie sich von den übergeordneten Themen bis hin zu den Spezialthemen durch, und übernehmen Sie dann das gewünschte Thema durch Aktivierung der Checkbox (siehe Abbildung 5.23). So könnten für unser Beispiel der Wanderhosen verschiedene Webseiten mit den Themen *Wandern und Camping* sowie *Outdoor* als Werbeplattform interessant sein.

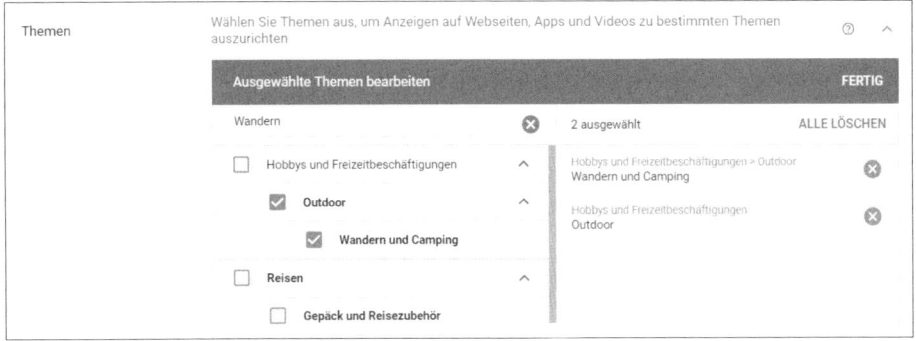

Abbildung 5.23 Ausrichtung der Anzeigengruppe über thematisch passende Webseiten

Nachdem eine Displaynetzwerk-Kampagne mit der auf themenspezifische Webseiten ausgerichteten Anzeigengruppe die ersten Wochen oder Monate gelaufen ist, können Sie in der Statistik recherchieren, welche Webseiten gut funktioniert haben, weil diese viele Klicks und noch besser erfolgreiche Conversions erzielt haben. Dann können Sie entscheiden, ob Sie von der Themenausrichtung zur Placement-Ausrichtung wechseln, die wir im folgenden Abschnitt vorstellen.

5.11   Placements im GDN auswählen

Die Ausrichtung auf Placements ist sehr zielgerichtet und liefert darum auch oft sehr gute Ergebnisse. Es ist jedoch etwas aufwendiger, die Placements auszuwählen. Placements sind, wie bereits erwähnt, hauptsächlich Webseiten oder auch Unterbereiche von Webseiten, auf denen Ihre Werbung platziert werden kann. Daneben können Sie für das Displaynetzwerk bei AdWords zusätzlich aus folgenden Placements auswählen:

▶ YouTube-Kanäle

▶ YouTube-Videos

▶ Apps

▶ App-Kategorien

Sie können beim Anlegen der Placements im ersten Schritt die gewünschte Kategorie (z. B. WEBSITES) auswählen und geben im nächsten Schritt dann die gewünschten Suchbegriffe vor. Google schlägt dazu die passenden Placements vor, aus denen Sie dann Ihre Placements auswählen können (siehe Abbildung 5.24).

Abbildung 5.24 Placement-Vorschläge und Auswahl zum Thema »Wandern, Outdoor, Freizeit«

Es müssen aber nicht nur Webseiten sein; Sie können diesen Vorgang mit anderen Kategorien wiederholen und auf diese Weise zum Beispiel Webseiten, YouTube-

Kanäle und Apps als Placement-Vorgaben kombinieren. Beim Targeting durch Placements bestimmen Sie aktiv, wo Ihre Werbung erscheinen soll. Nach der Auswahl speichern Sie diese Ausrichtung wie gewohnt ab.

5.12   Die Targeting-Möglichkeiten in der Kombination

Wir hatten bei der Einführung des Targetings empfohlen, dass Sie zunächst jede Anzeigengruppe nur auf ein Ziel ausrichten sollten. Für fortgeschrittene Nutzer besteht jedoch auch die Möglichkeit, unterschiedliche Zielvorgaben zu kombinieren, um potenzielle Kunden noch genauer mit der passenden Werbung anzusprechen.

Möchten Sie Ihre bestehende Zielvorgabe mit einer zusätzlichen Ausrichtungsmöglichkeit kombinieren, so haben Sie zwei Möglichkeiten, die Sie auswählen können, wenn Sie bei einer bestehenden Vorgabe den großen blauen Bearbeitungsstift anklicken und dann AUSRICHTUNG DER ANZEIGENGRUPPE BEARBEITEN wählen. Die erste Möglichkeit nennt sich AUSRICHTUNGSKRITERIEN EINGRENZEN, und weiter unten finden Sie noch eine Auswahl, die mit BEOBACHTUNGEN HINZUFÜGEN gekennzeichnet ist (siehe Abbildung 5.25).

Abbildung 5.25 Mit zusätzlichen Kriterien eingrenzen oder nur weitere Zielvorgaben beobachten

Auslieferung eingrenzen

Wenn Sie die Auslieferung eingrenzen möchten, können Sie andere Targeting-Möglichkeiten, die Sie noch nicht aktiviert haben, zu Ihrer Anzeigengruppe hinzufügen.

Wenn Sie beispielsweise die Webseitenthemen vorgegeben haben, könnten Sie noch + ZIELGRUPPEN auswählen (siehe Abbildung 5.26) und so die beworbene Gruppe eingrenzen. Die Anzeigen würden dann nur noch auf den Placements angezeigt, die zu den ausgewählten Themen gehören, und zusätzlich eingeschränkt nur für die Nutzer, die mit der vorgegebenen Zielgruppe übereinstimmen. Sie schalten Ihre Werbung also im Vergleich zur Ausgangseinstellung für eine begrenzte Schnittmenge. Diese Gruppe ist dann kleiner, aber entspricht vielleicht eher der Kundengruppe, die Sie ansprechen möchten.

Abbildung 5.26 Sie können das Targeting für Ihre Anzeigengruppe mit zusätzlichen Kriterien eingrenzen.

Beobachtungen hinzufügen

Die zweite Option nennt sich BEOBACHTUNGEN HINZUFÜGEN (siehe Abbildung 5.27). Im Gegensatz zur ersten Option wird hier die Zielgruppe nicht eingeschränkt, sondern es werden eher Optimierungen vorgenommen. Sie können hierbei ebenfalls andere Targeting-Möglichkeiten hinzufügen. Dabei wirken diese Kriterien nicht als Einschränkung, sondern es wird nur festgelegt, was Sie beobachten möchten. Diese Beobachtungen werden dann zusätzlich in der Anzeigenstatistik aufgeführt, und Sie können sie individuell auswerten.

Wenn Sie also Ihre Anzeigengruppen beispielsweise auf Webseitenthemen zum Wandern und Outdoor ausgerichtet haben, könnten Sie interessante Zielseiten (z. B. die Website *ich-geh-wandern.de* und ähnliche Seiten) als Placements zur Beobachtung hinzufügen. Später können Sie für diese ausgewählten Placements die CPC-Gebote erhöhen, um dort eine bessere Präsenz für Ihre Anzeige zu erzielen.

Abbildung 5.27 Beobachtungen hinzufügen und individuelle Gebote einstellen

Weitere Optimierungsmöglichkeiten

Google möchte sehr oft und gern automatisiert arbeiten, um möglichst viel Werbung für die von Ihnen definierte Zielgruppe auszuliefern. Wir haben bereits an mehreren Stellen die Vor- und Nachteile der automatisierten Anzeigenauslieferung thematisiert. Auch für das GDN bietet Google auf Anzeigengruppenebene eine weitere Möglichkeit an, um zusätzliche Besucher für AdWords zu gewinnen (siehe Abbildung 5.28).

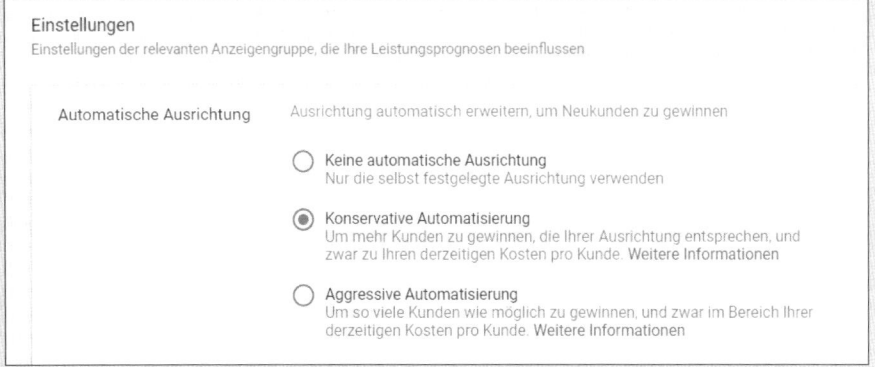

Abbildung 5.28 Ausrichtungsoptimierung – Optimierungstool

Diese Ausrichtungsoptimierung für das Displaynetzwerk nutzt standardmäßig die KONSERVATIVE AUTOMATISIERUNG. Sie können diese Einstellung jedoch unter AUTOMATISCHE AUSRICHTUNG verändern.

Schauen wir uns zunächst die drei möglichen Einstellungsmöglichkeiten der Ausrichtungsoptimierung einmal näher an:

► Keine automatische Ausrichtung

► Konservative Automatisierung

► Aggressive Automatisierung

Bei der automatisierten Ausrichtung geht es grundsätzlich darum, Ihre Werbung auf zusätzlichen Placements zu schalten, die nicht genau mit der von Ihnen gewählten Ausrichtung übereinstimmen. Laut Google eignet sich die Ausrichtung besonders für Werbetreibende, deren Markenrichtlinien nicht genau festschreiben, wo Anzeigen geschaltet werden dürfen. Es sollen bei gleichem Budget mehr Kunden gewonnen und die Reichweite erhöht werden, ohne Gebote oder Kosten pro Nutzer zu steigern.

Falls Sie KONSERVATIVE AUTOMATISIERUNG gewählt haben, weicht Google nur im geringen Ausmaß von den Vorgaben ab, bei der Aktivierung von AGGRESSIVE AUTOMATISIERUNG werden jedoch, wie der Name schon vermuten lässt, die Vorgaben stark aufgeweicht. Bei beiden Versionen greift natürlich ein Algorithmus, der nur so gut ist wie die Daten, die zur Verfügung gestellt werden. Dies bedeutet, dass Sie Conversions eingebaut haben sollten und dass diese Conversions auch die Gewinnung

309

neuer Kunden beschreiben. Nur dann kann das System automatisch zusätzliche, echte Kunden finden. Falls Sie am Beginn Ihrer Displaynetzwerk-Kampagne stehen, noch wenig Conversions erzielen und wenig Erfahrung haben, sollten Sie zunächst die automatische Ausrichtung ausschalten, indem Sie per Radiobutton die erste Möglichkeit KEINE AUTOMATISCHE AUSRICHTUNG aktivieren. In einem zweiten Schritt können Sie dann später testen, ob Sie mit der Automatisierung zusätzliche Kunden gewinnen können.

5.13 Ausschlüsse für Kampagnen und Anzeigengruppen

Für die Ausrichtung Ihrer Displaynetzwerk-Werbung haben wir Ihnen zunächst nur gezeigt, wie Sie Zielgruppen hinzufügen können. Wie Sie sich denken können, ist es jedoch auch möglich, alle Ausrichtungen auch als Ausschlüsse zu nutzen. Dazu wechseln Sie innerhalb der jeweiligen Targeting-Möglichkeit einfach in den Bereich AUSSCHLÜSSE (siehe Abbildung 5.29). Den Unterpunkt AUSSCHLÜSSE finden Sie für die folgenden Ausrichtungen:

► Zielgruppen

► Demografische Merkmale

► Themen

► Placements

Nur im Bereich KEYWORDS bezeichnet Google die negative Ausrichtung als AUSZUSCHLIESSENDE KEYWORDS, wie Sie dies schon von Kampagnen im Suchnetzwerk kennen.

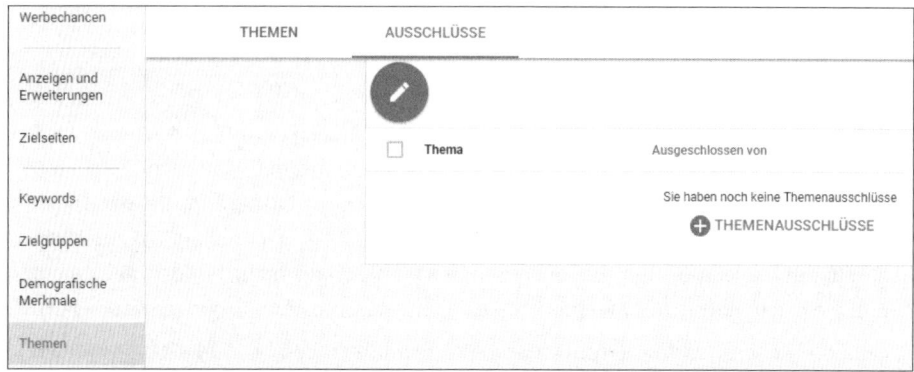

Abbildung 5.29 Sie finden die Ausschlüsse innerhalb der jeweiligen Ausrichtungsmöglichkeiten, hier z. B. unter »Themen«.

Mithilfe der negativen Ausrichtungsmerkmale (Ausschlüsse) können Sie die Ausrichtung Ihrer Werbung auf bestimmte Kundengruppen noch genauer einstellen. Bitte beachten Sie, dass Sie immer die Ausschlüsse und Ihre Targeting-Ziele aufeinander abstimmen sollten. Sie müssen ja nur diejenigen Bereiche ausschließen, die in den positiven Zielvorgaben enthalten sind. Wenn Sie beispielsweise nur Suchbegriffe als Targeting-Ziel vorgeben, macht es Sinn, einzelne Placements auszuschließen, auf denen Sie nicht mit Ihrer Werbung erscheinen möchten. Falls Sie jedoch direkt die Placements vorgeben und keine Keywords eingestellt haben, macht der Placement-Ausschluss keinen Sinn.

Bei der Vorgabe von Keywords sind wiederum negative Keywords analog zur Vorgehensweise bei den Kampagnen im Suchwerbenetzwerk nützlich. Achten Sie auf Ihre Einstellungen, und nutzen Sie nur sinnvolle Kombinationen von Zielen und Ausschluss, um Ihren Arbeitsaufwand gering zu halten.

5.14   Anzeigen für das Displaynetzwerk

Nachdem Sie die Kampagne mit den grundlegenden Einstellungen angelegt und die Ausrichtung der ersten Anzeigengruppe definiert haben, fehlen nur noch die Anzeigen, um Ihre Displaynetzwerk-Kampagne zu vervollständigen. Unterhalb der Einstellungen für das Targeting der Anzeigengruppe finden Sie den Hinweis zum Anlegen einer neuen Anzeige (siehe Abbildung 5.30).

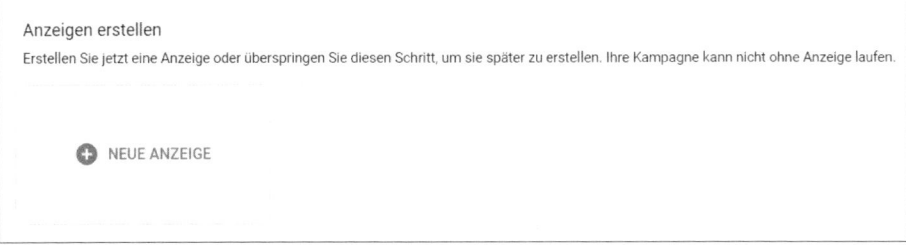

Abbildung 5.30 Eine neue Anzeige für das Displaynetzwerk erstellen

Bei einer bestehenden Displaynetzwerk-Kampagne navigieren Sie über die Kampagne zur gewünschten Anzeigengruppe. Falls er noch nicht aktiviert ist, wählen Sie in der vertikalen Navigation den Unterpunkt ANZEIGEN UND ERWEITERUNGEN aus. Im Kopfbereich ist dort ANZEIGEN aktiviert. Nun klicken Sie auf den blauen Plus-Button, um eine zusätzliche Anzeige hinzuzufügen.

Für eine Displaynetzwerk-Anzeige haben Sie zwei Auswahlmöglichkeiten, die wir uns nun einmal näher anschauen (siehe Abbildung 5.31):

▶ Responsive-Anzeige erstellen
▶ Bestehende Image-Anzeigen hochladen

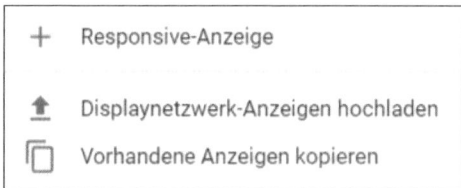

Abbildung 5.31 Responsive-Anzeige erstellen oder Anzeigen hochladen

Responsive-Anzeigen

Google setzt aktuell stark auf die sogenannten Responsive-Anzeigen, weil diese sich in der Größe, aber auch der Darstellung so anpassen, dass mit einer einzigen Anzeigenvorlage unterschiedliche Größen und Werbeformen ausgeliefert werden können. Neben einer Anpassung an die unterschiedlichen Werbeplätze der Webseiten kann Google mit responsiven Anzeigen sich auch auf unterschiedliche Endgeräte einstellen. Da dieses Format sehr flexibel ist, hat Google einfach mehr Chancen, Anzeigen auch auszuspielen. Das ist nicht nur ein Vorteil für Google, sondern auch für den Werbenden. Werden feste Anzeigengrößen hochgeladen, kann ein Werbender die Ansprache potenzieller Kunden verpassen, weil bestimmte Displaygrößen, die eine spezielle Werbeseite verlangen, beim Anlegen der eigenen Anzeigen nicht berücksichtigt wurden.

Google AdWords unterstützt die Nutzer beim Anlegen einer responsiven Anzeige, indem Google zum Beispiel nach Werbematerial auf Ihrer Seite sucht oder lizenzfreie Werbebilder zu Verfügung stellt. Wir zeigen Ihnen, wie Sie einfach die Responsive-Anzeigen erstellen.

Nachdem Sie auf + NEUE ANZEIGE und danach auf den Unterpunkt + RESPONSIVE-ANZEIGE geklickt haben (siehe Abbildung 5.31), erscheint ein Formular, in dem Sie alle notwendigen Bilder, Logos und Textbausteine für das flexible Anzeigenformat hinterlegen können (siehe Abbildung 5.32).

Im ersten Schritt werden über + BILDER neue Bilder und Logos hinzugefügt. Dabei können Sie nach kostenlosen Bildern suchen lassen oder auch eigene Bilder von Ihrem Computer hochladen. Später können Sie bei neunen Anzeigen auch auf bereits eingestellte Bilder zurückgreifen. Eine sehr interessante Funktion befindet sich hinter dem ersten Unterpunkt AUF WEBSITE SUCHEN. Geben Sie hier die passende Unterseite Ihrer Website als Landing-Page ein. Google scannt dann diese Seite nach Bildern und Logos. Werden passende Elemente gefunden (siehe Abbildung 5.33), können Sie diese dann ebenfalls für Ihre Werbung nutzen.

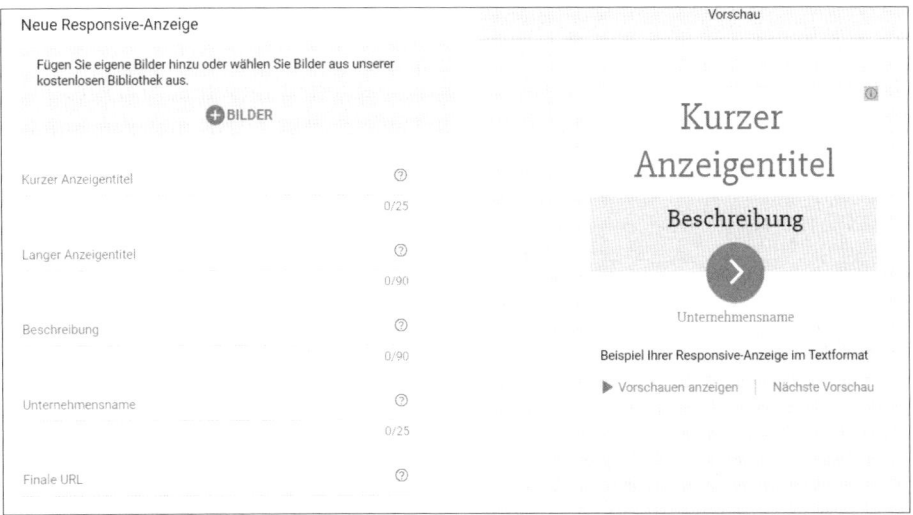

Abbildung 5.32 Eingabeformular zum Anlegen einer Responsive-Anzeige

Abbildung 5.33 Nach dem Webseiten-Scan schlägt Google Logos und Bilder vor.

Im nächsten Schritt hinterlegen Sie ähnlich wie bei einer Anzeige für das Suchnetzwerk verschiedene Textbausteine. Ein kurzer und ein langer Anzeigentitel werden benötigt, um die für die Onlinewerbung wichtige Überschrift bei kleinem und größerem Platzangebot in jedem Fall auszuliefern. Eine zusätzliche Beschreibung wird dann bei entsprechendem Platz angezeigt. Die Responsive-Anzeige wird durch einen Unternehmensnamen und die finale URL komplettiert, die dann zur Landing-Page führt. Abbildung 5.34 zeigt die Vorgaben auf der linken Seite und ein Beispiel für die Umsetzung auf der rechten Seite.

Abbildung 5.34 Vorgaben und Umsetzung einer Responsive-Anzeige

Auf den beiden folgenden Abbildungen möchten wir Ihnen noch einmal zwei unterschiedliche Anzeigenbeispiele präsentieren, die aus denselben Vorgaben erstellt werden können. In Abbildung 5.35 sehen Sie eine reine Textanzeige, die aus der kurzen Überschrift und dem Beschreibungstext zusammengesetzt ist, und Abbildung 5.36 ist eine Bildanzeige, die zusätzlich den langen Anzeigentitel nutzt.

Abbildung 5.35 Textanzeige mit kurzem Titel und Beschreibungstext

Abbildung 5.36 Bildanzeige mit langer Titelzeile

Nachdem die Bilder und die Textbausteine eingetragen wurden, ist die Hauptarbeit für Responsive-Anzeigen erledigt. Es gibt jedoch noch drei weitere Einstellungsmöglichkeiten, die wir uns noch einmal kurz anschauen möchten. Unter URL-OPTIONEN FÜR ANZEIGEN können zum einen wie bei jeder anderen AdWords-Anzeige zusätzliche Tracking-Optionen genutzt werden, um spezielle Informationen mit dem Klick auf eine Anzeige zu verbinden. Außerdem finden Sie auch eine Möglichkeit, um eine eigene URL für Mobilgeräte zu hinterlegen. Dies ist für diejenigen interessant, die gesonderte, mobiloptimierte Webseiten besitzen.

Die dritte Einstellungsmöglichkeit finden Sie unter dem Link WEITERE OPTIONEN. Hier können Sie einen Call-to-Action auswählen, der genau zu Ihrer Anzeige und Ihren Produkten bzw. Dienstleistungen passt (siehe Abbildung 5.37), um eine optimale Ansprache Ihrer Zielgruppe zu gewährleisten.

Abbildung 5.37 Bestimmen Sie den passenden Call-to-Action für Ihre Anzeige.

Image-Anzeigen hochladen

Responsive-Anzeigen haben viele Vorteile, jedoch den entscheidenden Nachteil, dass es nicht in Ihrer Hand liegt, wie Ihre Anzeigen ausgeliefert werden. Falls Sie stets denselben Look & Feel wünschen und Ihre Anzeigen auf allen Werbeplattformen gleich aussehen sollen, dann müssen Sie diese Anzeigen selbst erstellen bzw. von einem Grafiker erstellen lassen. Danach laden Sie diese Bilddateien in das AdWords-Konto hoch. Dazu nutzen Sie beim Erstellen einer neuen Anzeige für das Displaynetzwerk den Link DISPLAYNETZWERK-ANZEIGEN HOCHLADEN.

Im nächsten Schritt klicken Sie auf die Schaltfläche DATEIEN FÜR UPLOAD AUSWÄHLEN. Auf diese Weise können Sie ausgewählte Bilddateien von Ihrem Computer hochladen. Zusätzlich müssen Sie noch eine finale URL für Ihre Bildanzeige hinterlegen, damit ein Klick auf Ihre Werbung direkt zur passenden Landing-Page führt.

Für die hochgeladenen Dateien gibt es bestimmte Vorgaben, die genau einzuhalten sind. Dies bedeutet, dass die Bilddateien nur in den vorgegebenen Dateiformaten mit passender Pixelgröße akzeptiert werden und dass die Daten der Bilddatei nicht größer als 150 KB sein dürfen. Die Abmessungen müssen pixelgenau eingehalten werden, ansonsten können die Anzeigen nicht geschaltet werden. Abbildung 5.38 listet einige Anzeigengrößen für die extern erstellten Werbeanzeigen auf. Wenn Sie im Vergleich zu den Responsive-Anzeigen ähnliche Chancen zur Schaltung auf unterschiedlichen Webseiten haben möchten, sollten Sie möglichst viele – am besten alle – unterschiedlichen Anzeigengrößen hochladen. Dies bedeutet dann natürlich einen höheren Aufwand bei der Erstellung der Image-Anzeigen.

Unterstützte Größen und Formate

Dateitypen

Bildformate	GIF, JPG, PNG
HTML5-Formate	ZIP mit HTML und optional CSS, JS, GIF, PNG, JPG, JPEG, SVG
Max. Größe	150 KB

Anzeigengrößen

Quadratisch und rechteckig		Leaderboard	
200 × 200	Small Square	468 × 60	Banner
240 × 400	Vertical Rectangle	728 × 90	Leaderboard
250 × 250	Square	930 × 180	Top Banner
250 × 360	Triple Widescreen	970 × 90	Large Leaderboard
300 × 250	Inline Rectangle	970 × 250	Billboard
336 × 280	Large Rectangle	980 × 120	Panorama
580 × 400	Netboard		

Skyscraper		Smartphone	
120 × 600	Skyscraper	300 × 50	Mobiles Banner
160 × 600	Hoher Wolkenkratzer	320 × 50	Mobiles Banner
300 × 600	Halbseitig (Half Page)	320 × 100	Großes mobiles Banner
300 × 1050	Hochformat		

Abbildung 5.38 Spezifikation für extern erstellte AdWords-Anzeigen

---

5.15   Auswertungen zum Displaynetzwerk

Natürlich liefert Google auch Auswertungen zu Ihren Kampagnen im Displaynetzwerk. In Kapitel 10 besprechen wir noch ausführliche die verschiedenen Möglichkeiten der Reportings. Da Sie Ihre Statistiken beim Neuanlegen jedoch stets zeitnah beobachten sollten, werfen wir einmal einen ersten Blick in die Reports.

Zunächst stellen Sie in der rechten oberen Ecke ein, welchen Zeitraum Sie analysieren möchten. Bei einer neuen Kampagne sollten Sie sich zu Beginn tägliche oder wöchentliche Daten anschauen. In der linken Navigation wählen Sie Ihre Kampagne und die entsprechende Anzeigengruppe aus, da das Targeting auf dieser Ebene fest-gelegt wurde. Je nach Targeting erhalten Sie unterschiedliche Informationen. Eine Auswertung macht dann nur auf dieser Ebene Sinn, da Sie so auch den Erfolg unter-schiedlicher Targeting-Strategien vergleichen können. Die Leistungsdaten, die Sie abrufen können, richten sich zum Teil nach dem Targeting, das Sie als Ausrichtung oder Beobachtung vorgegeben haben.

Wenn Sie zum Beispiel bestimmte Themen als Targeting nutzen, dann erhalten Sie auch entsprechende Auswertungen zu diesen Themen. Für die demografischen Merkmale erhalten Sie andererseits immer Daten. Obwohl ein Teil immer noch als »unbekannt« eingeordnet wird, können Sie grob einschätzen, ob die Zielgruppe, die Sie laut AdWords-Statistik erreichen, auch mit Ihren Vorstellungen übereinstimmt. Denken Sie daran, dass Sie immer bestimmte demografische Merkmale als auszu-schließende Gruppen hinzufügen können, um Ihre Ausrichtung zu verbessern.

Für die Displaynetzwerk-Kampagnen sind die Auswertungen zu den Placements in jedem Fall interessant. Hier finden Sie die Leistungsdaten zu den Webseiten, auf de-nen Ihre Werbung erschienen ist. Bei der Auswertung gilt es, Augenmerk auf Web-seiten mit vielen Klicks und hohen Kosten, aber ohne Conversions zu legen. Diese Placements sollten Sie ausschließen. Andererseits sind natürlich die Webseiten sehr interessant, die viele Verkäufe, Kundenanfragen oder Kontakte geliefert haben. Hier könnte man das Engagement durch höhere CPCs verstärken.

Eine erste Leistungsanalyse zu Ihren Placements (siehe Abbildung 5.39) erstellen Sie auf folgende Weise: Wählen Sie zunächst wie beschrieben die Anzeigengruppe aus Ihren Displaynetzwerk-Kampagnen sowie den gewünschten Zeitraum aus. Dann kli-cken Sie in der mittleren vertikalen Navigation auf den Unterpunkt PLACEMENTS. Die Statistik passen Sie über die Auswahl der gewünschten Spalten an. Bei den Place-ments sind vor allem die Leistungsdaten (Klicks, Impressionen, Kosten etc.) sowie die Informationen zu den Conversions als Qualitätsmerkmal interessant.

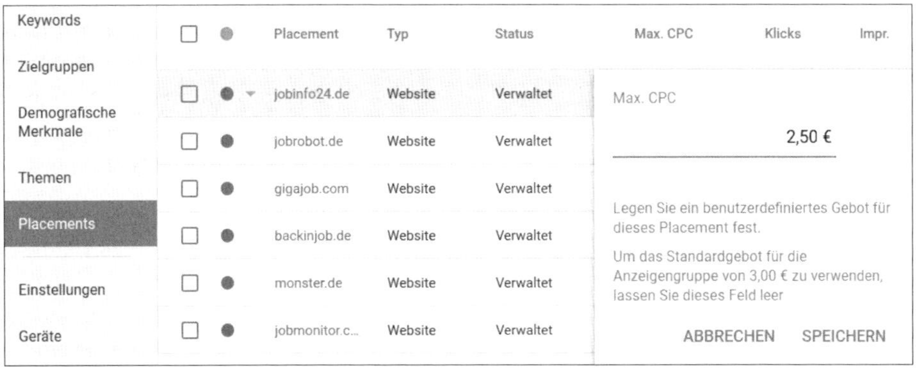

Abbildung 5.39 Passen Sie in den AdWords-Statistiken zu den Placements den »Max. CPC« bei Bedarf an.

Da die Analyse stets der erste Schritt für neue Optimierungsideen ist, können Sie den Placement-Bericht auch direkt nutzen, um den maximalen CPC für die Webseiten anzupassen, die gut performen. So können Sie beispielsweise mehr für die Webseiten bieten, die Ihnen gute Conversions geliefert haben.

5.16   Fazit

In diesem Kapitel haben Sie gelernt, wie Sie zusätzliche Werbung bei AdWords über das Displaynetzwerk schalten können. Die Werbemöglichkeiten im Displaynetzwerk eignen sich hervorragend, um auf Ihr Unternehmen aufmerksam zu machen. Dies funktioniert zwar auch über Textanzeigen, den stärkeren »Branding-Effekt« erreichen Sie jedoch, wenn Sie Responsive- oder Image-Anzeigen als Werbeform im Displaynetzwerk nutzen.

Denken Sie vor dem Anlegen Ihrer Kampagne jedoch immer an Ihre Strategie. Falls Sie einen Nischenmarkt bewerben möchten, so erzielen Sie über das Displaynetzwerk den größten Erfolg, wenn Sie selbst die passenden Seiten für Ihre Werbung recherchieren. Während zum Beispiel die Werbung zu Webshops für Damenschuhe auf fast allen Seiten funktioniert, sprechen Sie beim Thema »Laufschuhe« auf Freizeit- und Fitness-Seiten Ihre Zielgruppe bei geringeren Klickkosten viel effektiver an.

Bitte bedenken Sie immer, dass im Displaynetzwerk nicht gezielt gesucht wird. Klickraten (CTR) von deutlich unter einem Prozent sind ganz normal und nicht mit der CTR im Suchwerbenetzwerk vergleichbar.

Zusätzlicher Tipp: Benutzerdefinierte Zielgruppe erstellen

Das Displaynetzwerk zeichnet sich durch vielfältige Targeting-Möglichkeiten aus, daher möchten wir Ihnen in diesem Tipp noch eine besondere Möglichkeit vorstellen, die oft übersehen wird: die benutzerdefinierten Zielgruppen.

Beim Targeting nach Zielgruppen verbirgt sich am Ende der Liste mit den Zielgruppen mit gemeinsamen Interessen noch ein Unterpunkt. Ein Klick auf +Benutzerdefinierte Zielgruppe mit gemeinsamen Interessen erstellen eröffnet eine neue Möglichkeit, um eine eigene Gruppe zu definieren. Hier können Sie die Interessen der gewünschten Zielgruppe hinterlegen, aber auch Websites, die Ihre potenziellen Kunden interessieren (siehe Abbildung 5.40).

Als einfaches Beispiel könnten Sie hier die Webseiten Ihrer Konkurrenten angeben. Sie können also auf diese Weise eine Zielgruppe aufbauen, die nicht unbedingt auf Ihren Webseiten war, sich aber für die Seiten Ihrer Konkurrenten interessiert. Auch diese Liste benötigt eine Zeit, um analog zu den Remarketing-Listen eine Zielgruppe aufzubauen. Danach können Sie eine eigene Anzeigengruppe auf diese Liste ausrichten.

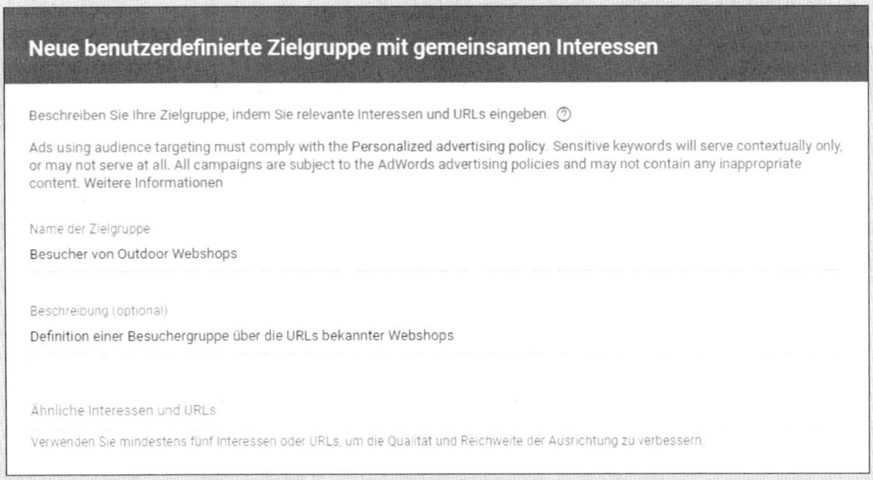

Abbildung 5.40 Eine eigene Zielgruppe mithilfe von Interessen und URLs definieren

5.17   Checkliste

Sie möchten eine Displaynetzwerk-Kampagne erstellen? Treffen Sie die folgenden Vorbereitungen:

Wichtige Punkte zum Erstellen einer AdWords-Displaynetzwerk-Kampagne	OK (✓)
Legen Sie ein Budget für Ihre Displaynetzwerk-Kampagne fest.	
Bestimmen Sie, welche Anzeigen Sie schalten möchten.	
Erstellen Sie die gewünschten Textbausteine für Ihre Responsive- oder Image-Anzeigen.	
Erstellen Sie die gewünschten Image-Anzeigen.	
Bestimmen Sie das gewünschte Targeting.	
Erstellen Sie eine Keyword-Liste für das GDN (nach Bedarf).	
Erstellen Sie eine Placement-Liste für das GDN (nach Bedarf).	
Erstellen Sie eine Themenliste für das GDN (nach Bedarf).	
Erstellen Sie eine Interessenliste für das GDN (nach Bedarf).	

Tabelle 5.1 Displaynetzwerk-Kampagne – Checkliste

Wichtige Punkte zum Erstellen einer AdWords-Displaynetzwerk-Kampagne	OK (✓)
Erstellen Sie rechtzeitig eine Remarketing-Liste (nach Bedarf).	
Legen Sie die auszuschließenden Merkmale fest.	
Legen Sie die Optionen zum Ausschluss für das GDN fest.	

Tabelle 5.1 Displaynetzwerk-Kampagne – Checkliste (Forts.)

Kapitel 6
Navigation im AdWords-Konto

Kampagnen, Werbechancen, Bibliothek und mehr: Das AdWords-Konto ist komplex, denn es besitzt verschiedene Menüpunkte und versteckte Bereiche. Manche Menü- oder Unterpunkte benötigen Sie öfter, andere weniger oft oder gar nicht. Verschaffen Sie sich einen Überblick, damit die vielfältigen Navigationspunkte im AdWords-Konto ihren Schrecken verlieren – und damit Sie in Zukunft schnell den passenden Menüpunkt finden.

In diesem Kapitel möchten wir Sie kurz durch das AdWords-Konto führen, damit Sie einen Überblick über die verschiedenen Navigationsmöglichkeiten erhalten. Wir schauen uns gemeinsam die wichtigsten Navigationspunkte an und besprechen vor allem die Grundeinstellungen zu Kontonutzern, Kontoverwaltung und Kontoabrechnung.

Google hat im Jahr 2017 das Design und die Aufteilung des AdWords-Kontos grundlegend überarbeitet. Sofern Sie in der Vergangenheit bereits mit AdWords gearbeitet haben, werden Sie einen gravierenden Unterschied in der Benutzeroberfläche feststellen. Während wir an der Neuauflage dieses Buches arbeiteten, kennzeichnete Google das neue Design noch mit »Beta«. Das bedeutet, dass sich gegebenenfalls an der einen oder anderen Stelle noch geringfügig etwas an der Optik ändern kann. Grundlegende Veränderungen am neuen Design sind allerdings nicht zu erwarten, sodass Sie sich anhand der hier abgebildeten Screenshots gut in Ihrem AdWords-Konto zurechtfinden werden.

Unter *https://support.google.com/adwords/answer/6151102* liefert Google eine Übersicht, wann welche neuen Funktionen in AdWords aktualisiert wurden.

Zwischen der bisherigen und der neuen AdWords-Oberfläche wechseln

Zurzeit ist es noch möglich, jederzeit zwischen den beiden AdWords-Ansichten zu wechseln. Das ist hilfreich, falls Sie gewohnte Informationen in der neuen Ansicht nicht gleich finden oder falls diese Funktionen nicht in das neue Backend übernommen wurden. Von der neuen Ansicht wechseln Sie zur bisherigen Ansicht, indem Sie oben in der Navigation rechts auf das Werkzeugsymbol klicken und direkt darunter ZURÜCK ZUM VORHERIGEN ADWORDS auswählen. In der bisherigen Ansicht klicken Sie auf das Zahnradsymbol rechts am oberen Bildrand und wählen EFFIZIENTER

ARBEITEN MIT DEM SCHNELLEREN ADWORDS. Beim Logout merkt Google sich, welche Ansicht Sie zuletzt genutzt haben. Unabhängig von der aufgerufenen Oberfläche liegen Ihre Daten natürlich unverändert vor. Die Funktionen, die im Folgenden beschrieben werden, beziehen sich alle auf die neue AdWords-Oberfläche.

6.1   Die AdWords-Struktur

Nachdem Sie sich in ein AdWords-Konto eingeloggt haben, das bereits mindestens eine Kampagne enthält, sehen Sie zunächst die Startseite (siehe Abbildung 6.1). Sie liefert Ihnen eine Übersicht über die wesentlichen Kennzahlen sowie Kampagnen und Veränderungen Ihres AdWords-Kontos.

Abbildung 6.1 Die Einstiegsseite im AdWords-Konto

Google hat die komplexe Navigation der Vergangenheit durch zwei ineinander verschaltete Navigationsebenen abgelöst. Die Inhalte der ersten Navigationsebene haben sich im Vergleich zur alten Version kaum verändert. Im neuen Design erscheint die erste Navigation dunkel hinterlegt. Google nennt diese primäre Navigation den *Navigationsbereich*. In der zweiten Navigationsebene finden sich alle Tabs aus der alten AdWords-Navigationsleiste. Neu ist, dass die Navigation jetzt vertikal statt horizontal verläuft. Google nennt diese sekundäre Navigationsebene das *Seitenmenü*. Die einzelnen Bereiche werden wir Ihnen nun etwas näher vorstellen. Beginnen wir mit dem Navigationsbereich.

6.1.1   Der Navigationsbereich – die erste Navigationsebene

Viele AdWords-Nutzer, die in einem großen Konto mit vielen Kampagnen und Anzeigengruppen einen schnellen Überblick erhalten möchten, klicken zunächst auf ALLE

KAMPAGNEN. Da AdWords nun alle Kampagnen einblendet, haben Sie von diesem Startpunkt aus einen Überblick über Ihr Konto. Nun können Sie in die unterschiedlichen Bereiche navigieren. Deshalb hat Google in der neuen AdWords-Oberfläche ALLE KAMPAGNEN zum zentralen Dreh- und Angelpunkt Ihres AdWords-Kontos gemacht. Hier finden Sie alle Kampagnen, die Sie im Laufe der Zeit angelegt haben, und können zu Anzeigengruppen, Anzeigentexten, Keywords usw. wechseln. Dabei sind die Kampagnen nach den jeweiligen Kampagnentypen gruppiert und mit einem entsprechenden Icon gekennzeichnet. Der dunkle Navigationsbereich füllt sich also erst im Laufe Ihrer Arbeit mit dem AdWords-Konto, wenn Sie mehrere Kampagnen mit unterschiedlichen Kampagnentypen anlegen (siehe Abbildung 6.2).

Abbildung 6.2 Linke Navigation »Alle Kampagnen«

Die verschiedenen Kampagnentypen

▶ Suchnetzwerk-Kampagnen ❶

▶ Displaynetzwerk-Kampagnen ❷

▶ Shopping-Kampagnen ❸

▶ Videokampagnen ❹

▶ App-Kampagnen ❺

Über das Menü KAMPAGNENSTATUSFILTER, das sich hinter den drei vertikalen Punkten verbirgt ❻, können Sie definieren, was Ihnen in der Übersicht ALLE KAMPAGNEN angezeigt werden soll. Zusätzlich können Sie über den Button rechts davon ❼ zwischen den Ansichten ALLE KAMPAGNEN und ALLE KAMPAGNENGRUPPEN wechseln.

> ### AdWords-Kampagnengruppen
>
> Mit den Kampagnengruppen stellt Google eine neue Funktion zur Verfügung, mit der Sie Ihre Kampagnen besser im Blick behalten können. Sie können mit Kampagnengruppen mehrere Kampagnen gruppieren, die ähnliche Leistungsziele haben. Kampagnengruppen können eine beliebige Kombination von Shopping-, Display- und Videokampagnen sowie Suchnetzwerk-Kampagnen umfassen. Jede Kampagne kann jeweils nur zu einer Kampagnengruppe gehören. Weitere Informationen dazu finden Sie in der Google-Hilfe unter *https://support.google.com/adwords/answer/6393407?hl=de*.

Das Menü »Kampagnenstatusfilter«

Wie schon gesagt, erreichen Sie das Menü über die drei Punkte. Hier stellen Sie ein, was Sie in Ihrer Kampagnenübersicht sehen wollen. Die Möglichkeit der selektiven Ansicht wird im Verlauf Ihrer Arbeit mit dem AdWords-Konto zusehends wichtiger, sobald Sie viele verschiedene Kampagnen angelegt haben. Dann kann das Navigationsmenü für die Kampagnen schnell recht voll und komplex werden. Deshalb ist es gut, bestimmte Dinge ausblenden zu können, damit Sie weiterhin den Überblick behalten. So können Sie also entscheiden, ob Sie pausierte Kampagnen ❶, entfernte Kampagnen ❷, Entwürfe ❸ und Kampagnentypen ❹ anzeigen oder ausblenden möchten.

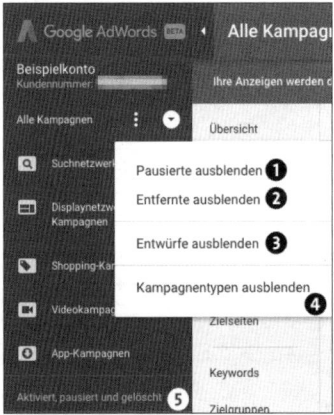

Abbildung 6.3 Das Menü »Kampagnenstatusfilter«

Je nachdem, was Sie anzeigen bzw. ausblenden, sehen Sie dann unterhalb der Kampagnentypen eine entsprechende Überschrift, die Ihnen angibt, welche Kampagnen darunter gelistet sind. Wenn Sie alle Kampagnen anzeigen, sehen Sie als Überschrift AKTIVIERT, PAUSIERT UND GELÖSCHT ❺; sofern Sie weniger anzeigen, verkürzt sich die Überschrift entsprechend um die ausgeblendeten Elemente.

Verwaltungselemente des AdWords-Kontos

Auf der rechten Seite des horizontalen Navigationsbereichs (siehe Abbildung 6.1) finden Sie zusätzlich noch vier Symbole, und zwar von links nach rechts:

▶ ein Chart-Symbol für die benutzerdefinierte Berichterstellung – Hier finden Sie alle gespeicherten Berichte zu Ihrem AdWords-Konto wieder. Ihre Berichte können Sie von hier aus verändern oder erneut abrufen.

▶ ein Werkzeugsymbol, hinter dem sich Tools, Abrechnungen und Einstellungen befinden

▶ ein Fragezeichen für die Google-AdWords-Hilfe, wo Sie unter anderem unter dem Menüpunkt INTERAKTIVE ANLEITUNGEN mehr über die Verwendung der neuen AdWords-Oberfläche und ihre Funktionen erfahren. Außerdem haben Sie die Möglichkeit, den weltweiten Google-Telefonsupport in Anspruch zu nehmen.

▶ eine Glocke, hinter der sich aktuelle Benachrichtigungen verbergen

Der Google-Telefonsupport

Während es früher schwierig war, Ansprechpartner bei Google zu erreichen, klappt dies mittlerweile sehr gut.

Google-Telefonsupport

Google verbirgt zum Teil die Telefonnummer des Supports und möchte Anfragen lieber online über Foren oder die Hilfeseite lösen. Sollten Sie also über das Fragezeichen für die Google-Hilfe keine Telefonnummer angezeigt bekommen, haben Sie hier die letzten aktuellen Support-Nummern als Anhaltspunkt für den Telefonsupport (Mo.–Fr. 9–13 Uhr):

▶ Deutschland: 0800 589 4011

▶ Österreich: 0800 080 509

▶ Schweiz: 080 000 23 43

Falls Sie also einmal ein Problem haben, sollten Sie sich nicht scheuen, den direkten Kontakt zu suchen. Bitte bedenken Sie jedoch, dass die Google-Mitarbeiter Ihnen eher bei technischen Fragestellungen helfen können. Bei folgenden Punkten sollten Sie auf Ihr eigenes Wissen vertrauen:

- spezielle Strategien zu Ihrem Geschäftsmodell
- Analyse Ihrer Konkurrenz
- Auswahl passender Keywords zu Ihren Produkten/Dienstleistungen
- Optimierung Ihrer Landing-Page mit Bezug zu Ihren Anzeigen
- Auswahl der passenden AdWords-Kampagnen

Bedenken Sie immer, dass Sie der Experte für Ihr Unternehmen sind!

6.1.2   Das Seitenmenü – die zweite Navigationsebene

Je nachdem, welches Element Sie im Navigationsbereich auswählen, ändern sich die Inhalte des Seitenmenüs im hellen Fenster rechts sowie unten im Navigationsbereich geringfügig. Tabelle 6.1 gibt Ihnen einen Überblick über die einzelnen Elemente des Seitenmenüs je nach ausgewählter Rubrik im Navigationsbereich.

Navigations-elemente	Such-netzwerk-Kampagnen	Display-netzwerk-Kampagnen	Shopping-Kampagnen	Video-kampagnen	App-Kampagnen
Übersicht	X	X	X	X	X
Werbe-chancen	X	X	X	X	
Kampagnen	X	X	X	X	X
Anzeigen-gruppen	X	X	X	X	
Produkt-gruppen			X		
Anzeigen und Erwei-terungen	X	X	X	X	
Videos				X	
Zielseiten	X	X		X	
Keywords	X	X	X	X	
Dynami-sche Anzei-genziele	X				

Tabelle 6.1 Navigationselemente im AdWords-Seitenmenü

Navigations-elemente	Such-netzwerk-Kampagnen	Display-netzwerk-Kampagnen	Shopping-Kampagnen	Video-kampagnen	App-Kampagnen
Zielgruppen	X	X	X	X	
Demografische Merkmale	X	X		X	
Themen		X		X	
Placements	X	X		X	X
Einstellungen	X	X	X	X	X
Standorte	X	X	X	X	X
Werbezeitplaner	X	X	X	X	
Geräte	X	X	X	X	
Erweiterte Gebotsanpassung	X	X	X	X	
Änderungsprotokoll	X	X	X	X	X
Entwürfe und Tests	X	X			

Tabelle 6.1 Navigationselemente im AdWords-Seitenmenü (Forts.)

Mit einem Klick auf eine konkrete Kampagne (in unserem Beispiel *AdWords-Analytics-NRW* ❶) klappt die Kampagne im Navigationsbereich wie ein Ordner im Windows Explorer auf, und die zugehörigen Anzeigengruppen ❷ werden sichtbar. Rechts im hellen Fenster sehen Sie das dazu gehörige detaillierte Seitenmenü ❸ sowie die detaillierten Informationen ❹ zu Ihrer gewählten Kampagne (siehe Abbildung 6.4).

In der Übersichtsgrafik ❺ können Sie über die drei Punkte am oberen rechten Rand die Ansicht für die Zeiteinheit bestimmen und durch Anklicken der vier Messkriterien KLICKS, IMPR., DURCHSCHN. C, KOSTEN ❻ wählen, welche Angaben grafisch dargestellt werden sollen.

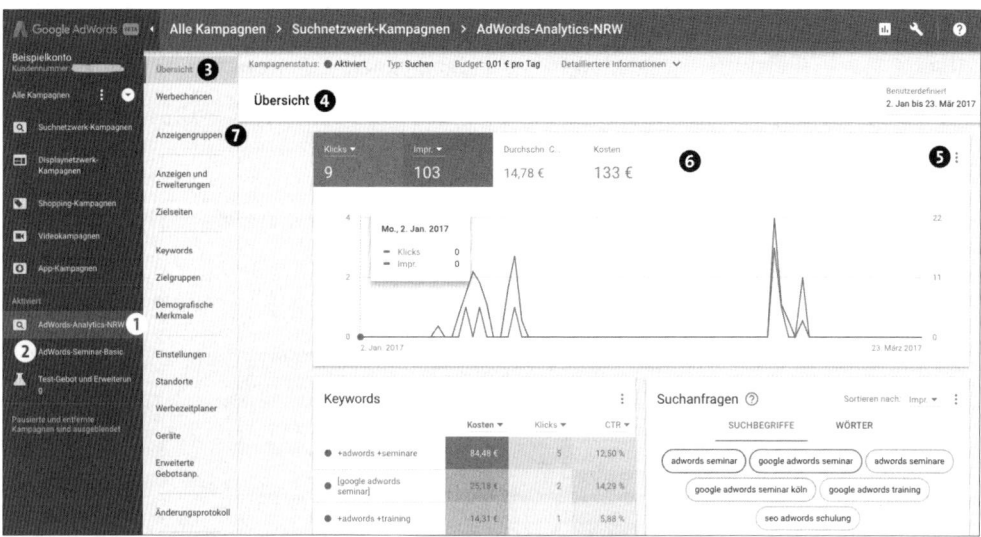

Abbildung 6.4 Ansicht einer konkreten Kampagne mit Anzeigengruppen

Wenn Sie in dem Detailmenü auf ANZEIGENGRUPPEN ❼ klicken, sehen Sie nun alle zu Ihrer Kampagne gehörenden Anzeigengruppen mit Angaben zu Keyword, Anzeigengruppe, Status, Max. CPC usw. Die Darstellung der einzelnen Spalten können Sie zusätzlich individuell anpassen, indem Sie die Symbole am oberen rechten Rand der Tabelle nutzen (siehe Abbildung 6.5). Diese Anpassungen bieten Ihnen abermals die Möglichkeit, die umfangreichen Informationen, die Ihr AdWords-Konto liefert, genau an Ihre Bedürfnisse anzupassen, damit Sie den Überblick behalten.

	❶	❷ ❸ ❹ ❺			
🔍 Anzeigengruppen s...		☰ ⟳ ▥ ⋮			
CTR	Durchschn. CPC	Kosten	Anzeigengruppenty	Aktive Gebotsanpassung	
0,00 %	0,00 €	0,00 €	Standard	Gerät	

Abbildung 6.5 Optionen und Anpassungen für vorhandene Statistiken

Zunächst haben Sie die Möglichkeit, in den Anzeigengruppen zu suchen ❶, sofern Sie mehrere Anzeigengruppen in der Liste darunter sehen. Daneben können Sie mit der Option FILTER ❷ die für Sie wichtigsten Informationen hervorheben. Mit der Option SEGMENT ❸ können Sie die Daten der Tabelle nach einer Dimension segmentieren, z. B. nach der Zeit. Mit der Option SPALTEN ❹ legen Sie fest, welche Spalten in der Tabelle angezeigt werden. Die drei vertikalen Punkte ❺ enthalten weitergehende Optionen, wie unter anderem das Herunterladen und Hochladen von Keywords.

Spalten definieren

Beim Klick auf SPALTEN ❹ können Sie die angezeigten Spalten anpassen. Diese Funktion steht Ihnen bei den meisten Menüpunkten des Seitenmenüs zur Verfügung. In dem Fenster, das sich nun öffnet (siehe Abbildung 6.6), können Sie sich Ihre Spalten mit Leistungsdaten zusammenstellen. Meistens liefern Ihnen kleine Statistiktabellen schneller den gewünschten Überblick als umfangreiche Datenmassen. Über die Bearbeitung der Spalten können Sie beispielsweise die dargestellten Informationen reduzieren.

Die auswählbaren Spalten sind noch einmal nach übergeordneten Themen gruppiert, z. B. CONVERSIONS. Klicken Sie einfach auf den Pfeil ❶ rechts bei der Gruppierung, um weitere Spalten per Haken an- oder abzuwählen ❷. Am rechten Rand des Fensters können Sie zusätzlich per Drag & Drop ❸ die Reihenfolge der angezeigten Spalten bestimmen. Ihre Auswahl bestätigen Sie per Klick auf ÜBERNEHMEN ❹.

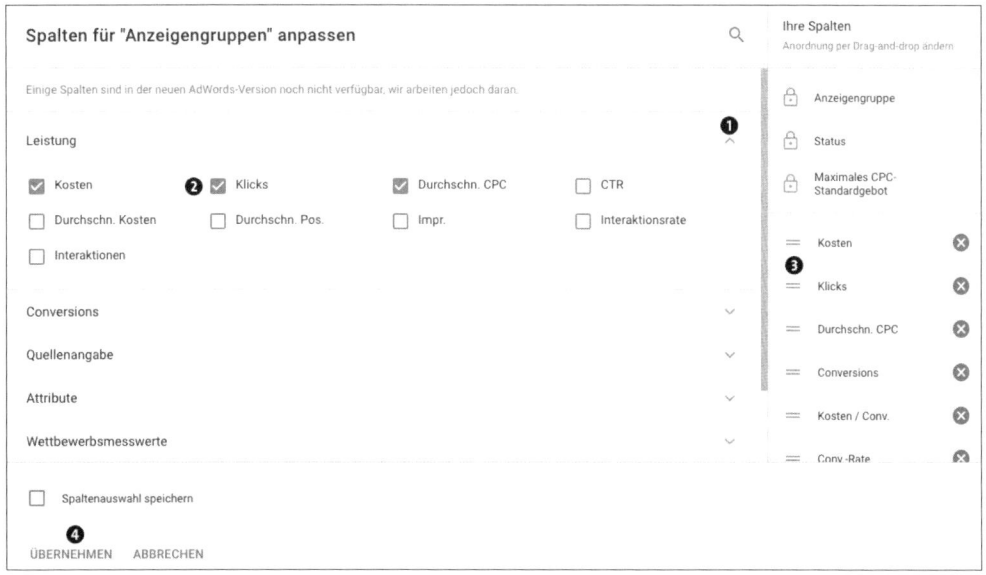

Abbildung 6.6 Spalten zu den gespeicherten Berichten anpassen

6.1.3   Detailansicht der Kampagnen

Über die Elemente des Seitenmenüs gelangen Sie in die jeweilige Detailansicht Ihrer Kampagnen-Elemente, wo Sie Änderungen und/oder Ergänzungen vornehmen können. Dabei fügen Sie in jeder Ansicht neue Elemente (also z. B. neue Keywords oder neue Anzeigen) über das bereits bekannte Symbol ⊕ hinzu. Änderungen nehmen Sie vor, indem Sie auf das Stiftsymbol klicken, das erscheint, sobald Sie mit der Maus über ein Element fahren.

Abbildung 6.7 Ergänzungen und Änderungen vornehmen

6.2   Werbechancen: Google macht Vorschläge

In einem AdWords-Konto gibt es in Bezug auf Kampagnen, das Budget, Keywords etc. immer etwas zu verbessern bzw. zu optimieren. Unter dem Menüpunkt WERBE-CHANCEN im Seitenmenü finden Sie die Google-Vorschläge dazu. Diese sollten Sie sich regelmäßig anschauen, aber nicht einfach kritiklos übernehmen.

Denken Sie immer daran, dass Google AdWords letztlich nur ein Programm ist, das anhand von Daten diese sogenannten Chancen (z. B. mehr Besucher zu generieren) erkennen kann. Sie müssen jedoch immer noch selbst analysieren, ob Ihnen das Mehr an Besuchern auch ein Mehr an Umsatz beschert. Sie wissen sicherlich stets besser als das AdWords-System, welche Keywords letztlich die Kunden generieren, die Sie benötigen.

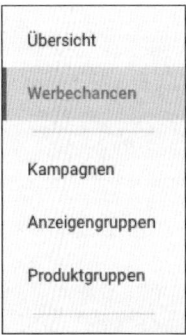

Abbildung 6.8 Die zweite Navigation mit aktivem Tab »Werbechancen«

So arbeiten Sie am besten mit AdWords-Vorschlägen

Klicken Sie zunächst auf den Navigationspunkt WERBECHANCEN. Bitte beachten Sie, dass Sie über die drei vertikalen Punkte alle Vorschläge übernehmen oder alle schlie-ßen können. Das sollten Sie zunächst jedoch nicht machen. Wenn Sie die Vorschläge in Ruhe betrachten möchten, lohnt sich ein Klick auf den Excel-CSV-Download. In diesem Fall können Sie die jeweiligen Vorschläge zu einem späteren Zeitpunkt noch einmal in Ruhe in Ihrer Excel-Tabelle durchgehen.

Bitte beachten Sie, dass ein Klick auf ALLE SCHLIESSEN die Vorschläge nach einer zusätzlichen Sicherheitsabfrage entfernt. Diese Werbechancen werden dann nicht mehr angezeigt. Falls Sie die Vorschläge also zunächst nicht übernehmen, sie aber zu einem späteren Zeitpunkt noch einmal genauer anschauen möchten, so sollten Sie die Vorschläge stehen lassen oder herunterladen.

Nachdem Sie auf den Link WERBECHANCEN geklickt haben, sehen Sie die unterschiedlichen Vorschläge, die Google AdWords analysiert und für Sie aufbereitet hat (siehe Abbildung 6.9). Diese können Sie noch nach einzelnen Themen filtern, wenn Sie sich nur für bestimmte Vorschläge interessieren, z. B. zu den Geboten.

Im nächsten Schritt klicken Sie auf WERBECHANCE ANZEIGEN. Falls es mehrere Chancen gibt, wird die Anzahl noch zusätzlich angezeigt. Danach können Sie sich mit einem Klick auf ANSEHEN noch einmal näher über die Chance und ihre Auswirkungen informieren.

Per Klick auf ANWENDEN wird die Werbechance übernommen. Sollten Sie nicht sicher sein, können Sie zurückgehen oder den Vorgang abbrechen. Falls Sie in der rechten oberen Ecke auf das X klicken, das für SCHLIESSEN steht, wird die Werbechance verworfen und ist nicht mehr sichtbar.

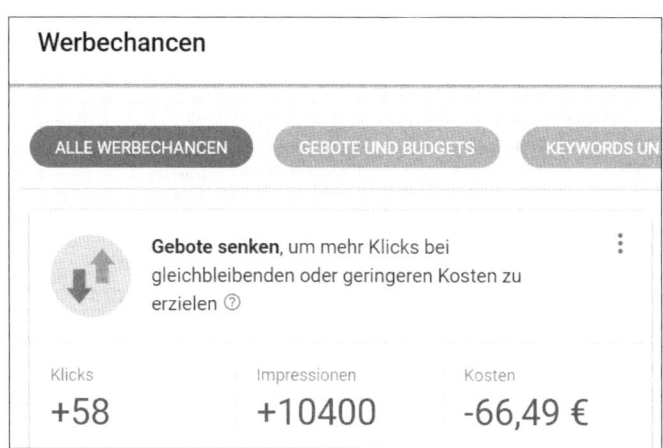

Abbildung 6.9 Übersicht über alle Werbechancen-Vorschläge von Google

Wir möchten Ihnen nun einige Beispiele vorstellen, wobei wir sicherlich nicht alle Möglichkeiten zeigen können. Es gibt ganz unterschiedliche Ideen zu Werbechancen, und die AdWords-Programmierer kreieren auch immer wieder neue Varianten zu diesem Thema. Die folgenden drei Abschnitte enthalten also eine kleine Auswahl typischer Vorschläge, die Google AdWords als neue Chancen für Ihre Werbung präsentiert.

6.2.1   Vorschläge zu neuen, relevanten Anzeigengruppen

Bei unserem ersten Beispiel schlägt Google AdWords vor, neue Anzeigengruppen anzulegen, die besser auf die Keywords abgestimmt sind und somit themenrelevantere Anzeigen zu den Keywords je Anzeigengruppe liefern (siehe Abbildung 6.10).

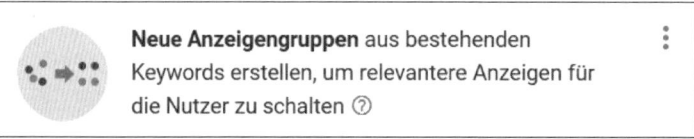

Abbildung 6.10 Werbechancen: Vorschläge zu neuen Anzeigengruppen

Dies ist ein interessanter Vorschlag, denn kleinere und somit relevantere Anzeigengruppen bringen Ihnen grundsätzlich Vorteile, wie wir in Kapitel 12, »AdWords optimieren«, noch ausführlicher erläutern werden. Bei jeder Werbechance haben Sie die Möglichkeit, diese Chance mit dem Button ÜBERNEHMEN sofort in Ihrem AdWords-Konto zu aktivieren oder sich zunächst über ANZEIGEN weitere Details anzuschauen.

Die automatische Funktion ÜBERNEHMEN ist zwar sehr praktisch, aber nicht zu empfehlen, da Sie – wie immer, wenn es einfach wird – keine Kontrolle über die Änderungen besitzen. Klicken Sie also auf ANZEIGEN, um die Keywords der neuen Anzeigengruppe aktiv aus- bzw. abzuwählen. Außerdem besteht hier die Möglichkeit, eine neue und somit passende Textanzeige für die neue Anzeigengruppe zu erstellen. Danach können Sie den Vorschlag mit Ihren individuellen Anpassungen übernehmen.

6.2.2   Vorschläge zu neuen Keywords

Das zweite Beispiel zeigt Werbechancen, die das Google-AdWords-System auch an anderen Stellen gerne anzeigt (siehe Abbildung 6.11). Hier werden Vorschläge für neue Keyword-Optionen aufgelistet. Sie finden solche Keyword-Vorschläge zum Beispiel auch, wenn Sie selbst neue Keywords zu einer Anzeigengruppe hinzufügen möchten.

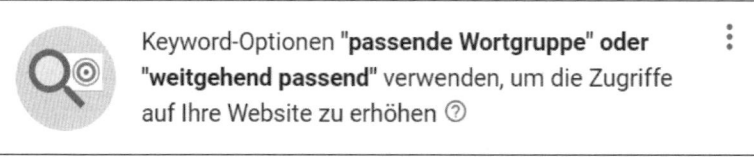

Abbildung 6.11 Werbechancen: Vorschläge zu neuen Keyword-Optionen

Vor allem bei den Keyword-Vorschlägen sollten Sie jedoch sehr kritisch hinschauen und wirklich nur interessante und passende Ideen übernehmen. Klicken Sie auch hier zur genaueren Analyse der Vorschläge auf den Button ANZEIGEN. Sie können dann zum einen die Keywords aktiv aus den Vorschlägen auswählen, zum andern können Sie aber auch die Anzeigengruppe bestimmen, in die die Keywords übernommen werden sollen.

Denn die Keywords müssen nicht in die vorgeschlagene neue Gruppe eingestellt werden; Sie können über eine Auswahl auch eine bestehende Anzeigengruppe wählen. Google schlägt Ihnen weitere Möglichkeiten vor, wie Sie mit Keywords Geld sparen können, und zwar, indem Sie leistungsschwache Keywords pausieren (siehe Abbildung 6.12) bzw. weitere auszuschließende Keywords hinzufügen (siehe Abbildung 6.13).

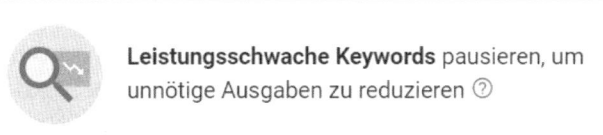

Abbildung 6.12 Werbechancen: Kostenersparnis durch das Pausieren von leistungsschwachen Keywords

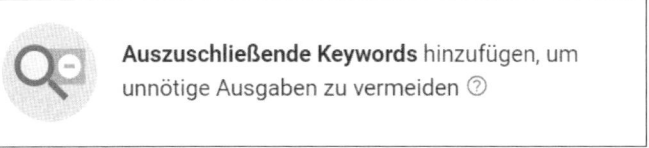

Abbildung 6.13 Werbechancen: Kostenersparnis durch auszuschließende Keywords

6.2.3   Vorschläge zu Top-of-Page-Geboten

Bei unserem letzten Beispiel, den Top-of-Page-Geboten, sollten Sie wieder ein wenig vorsichtiger sein (siehe Abbildung 6.14). Richtig ist, dass Gebote oberhalb der organischen Suchergebnisse in den ersten vier AdWords-Positionen, den sogenannten *Top-Positionen*, immer mehr Aufmerksamkeit erzielen und auch mehr Besucher bringen.

Aber auch hier gilt es, wie bei den Keywords genau zu analysieren, ob Sie dadurch auch mehr Umsatz generieren können. Falls dies der Fall ist und Ihre AdWords-Kampagnen auf den ersten Plätzen bessere Ergebnisse erzielen, so ist es durchaus sinnvoll, für wichtige Keywords die Top-of-Page-Gebote zu verwenden. Mithilfe dieser Gebote erscheinen Ihre Anzeigen zu den jeweiligen Keywords auf einem der ersten drei Plätze.

Bedenken Sie jedoch auch, dass die Erhöhung der Gebote über die Werbechancen eine einmalige Anpassung ist, sodass sich die Keyword-Positionen je nach Konkurrenz und Klickverhalten auch wieder ändern können. Es gibt jedoch auch Einstellungsmöglichkeiten im AdWords-Konto, um ständig flexibel auf Änderungen zu reagieren und somit die Top-of-Page-Gebote laufend anzupassen.

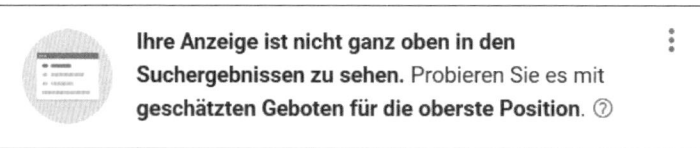

Abbildung 6.14 Werbechancen: Hinweis auf zusätzliche Klicks

Abschließend möchten wir nochmals darauf hinweisen, dass die Werbechancen von Google sicher ein hilfreiches Tool sind, Sie allerdings immer nochmals kritisch prüfen sollten, inwieweit die Vorschläge für Ihre Webseite relevant und sinnvoll erscheinen. Es empfiehlt sich an dieser Stelle nicht, die Werbechancen einfach unreflektiert zu übernehmen, denn – wie wir schon gesagt haben – ein Algorithmus von Google kann nicht Ihren gesunden Menschenverstand ersetzen.

6.3 Tools und die Verwaltung des AdWords-Kontos

Die Verwaltung des AdWords-Kontos hat Google in einen speziellen Bereich ausgelagert. Schauen Sie einmal auf Ihrer AdWords-Oberfläche nach ganz rechts oben. Dort finden Sie ein Werkzeugsymbol. Ein Klick auf dieses Symbol öffnet das Menü aus Abbildung 6.15, das Sie zur Verwaltung Ihres AdWords-Kontos benötigen. Wir werden Ihnen nun die wichtigsten Unterpunkte zur Verwaltung Ihres Kontos kurz vorstellen.

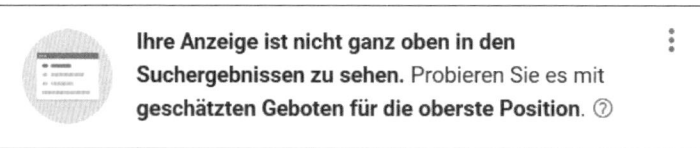

Zurück zum vorherigen AdWords

PLANUNG	GEMEINSAM GENUTZTE BIBLIOTHEK	BULK-AKTIONEN	MESSUNG	EINRICHTUNG
Keyword-Planer	Zielgruppenverwaltung	Alle Bulk-Aktionen	Conversions	Abrechnung und Zahlungen
Anzeigenvorschau und -diagnose	Portfolio-Gebotsstrategien	Regeln	Google Analytics	Geschäftsdaten
	Listen mit auszuschließenden Keywords	Skripts	Attribution für Suchnetzwerk	Kontozugriff
	Gemeinsame Budgets	Uploads		Verknüpfte Konten
	Placement-Ausschlusslisten			Einstellungen

Abbildung 6.15 Menü zur Verwaltung des AdWords-Kontos

6.3.1   Planung

Unter PLANUNG finden Sie zwei wichtige Funktionen aus dem Navigationspunkt TOOLS der alten AdWords-Oberfläche, und zwar zum einen den KEYWORD-PLANER, den wir bereits in Abschnitt 2.7.1 besprochen haben, und zum anderen die ANZEIGEN-VORSCHAU UND -DIAGNOSE, auf die wir in Kapitel 9 näher eingehen werden.

6.3.2   Gemeinsam genutzte Bibliothek

In der gemeinsam genutzten Bibliothek finden Sie unterschiedliche Listen oder Einstellungen, die von mehreren Kampagnen gemeinsam verwendet werden können. Das Anlegen dieser gemeinsam genutzten Listen oder Einstellungen läuft dabei meistens nach einem ähnlichen Schema ab.

Eine Ausnahme bildet hier der Unterpunkt ZIELGRUPPENVERWALTUNG, der für das sogenannte Remarketing genutzt wird. Zum Thema Remarketing finden Sie mehr in Abschnitt 8.4.

Alle anderen Unterpunkte dienen dem Aufbau einer Liste, z. B. für GEMEINSAME BUDGETS oder gemeinsame LISTEN MIT AUSZUSCHLIESSENDEN KEYWORDS. Ein Klick auf den Unterpunkt PORTFOLIO-GEBOTSSTRATEGIEN zeigt bereits vorhandene Listen bzw. Gruppen. Wenn Sie eine Gruppe oder Liste per Klick auswählen, so können Sie diese weiter bearbeiten.

Über den Unterpunkt PLACEMENT-AUSSCHLUSSLISTEN können Sie bestimmte Placements im Google Displaynetzwerk ausschließen, wenn Ihre Anzeigen dort nicht zu sehen sein sollen, z. B. Websites oder Domains, die für Ihr Unternehmen ungeeignet sind und nicht zum Verkauf Ihrer Produkte oder Dienstleistungen beitragen.

Eine erstellte Liste kann einer oder mehreren Kampagnen zugeordnet werden oder, einmal erstellt, für mehrere Kampagnen genutzt werden – aus diesem Kontext stammt die Bezeichnung der »gemeinsam genutzten Bibliothek«. Diese Liste und Gruppen sollten Sie auf jeden Fall nutzen, weil Sie durch die Mehrfachnutzung in verschiedenen Kampagnen insgesamt Arbeitszeit einsparen.

6.3.3   Bulk-Aktionen

Der Begriff *Bulk* stammt aus dem Englischen und bedeutet übersetzt »Masse« oder »große Menge«. Unter dem Begriff *Bulk-Aktionen* fasst Google verschiedene Funktionen zusammen, die sich auf die Änderung von größeren Datenmengen im Konto beziehen. Mit Bulk-Aktionen können Sie gleichzeitig mehrere Elemente (Kampagnen, Anzeigengruppen, Keywords oder Textanzeigen) bearbeiten.

Als Unterpunkt finden Sie hier zum einen den Punkt REGELN. Diese Regeln sind vorgegebene Templates, z. B. für Kampagnen, Anzeigengruppen und Keywords. Als weiterer Unterpunkt finden Sie den Bereich SKRIPTS, der weitergehende Änderungsmöglichkeiten an Ihren AdWords-Kampagnen mithilfe von JavaScript-Programmierung bietet. Der Unterpunkt ALLE BULK-AKTIONEN protokolliert alle automatisierten oder massenhaften Veränderungen in Ihrem AdWords-Konto.

Unter UPLOADS können Sie Tabellen in Ihr AdWords-Konto hochladen. Dies ist interessant, falls Sie viele Änderungen vornehmen möchten. So können Sie zum Beispiel eine Liste mit Keywords herunterladen und offline die Klickgebote für die Keywords verändern, um danach die Liste mit den veränderten Geboten in Ihr AdWords-Konto einzustellen. Die extern (beispielsweise in Excel) veränderten Gebote werden in Ihr AdWords-Konto übernommen. Dies erleichtert die Arbeit bei größeren Veränderungen im Konto. Näheres zu Bulk-Aktionen erfahren Sie in Abschnitt 13.1.

6.3.4   Messung

Die Funktion des Unterpunkts CONVERSIONS haben wir bereits in Abschnitt 2.6.4 besprochen und wir werden zusätzlich in Kapitel 9 auf dieses wichtige Thema näher eingehen. Hinter dem Unterpunkt GOOGLE ANALYTICS verbirgt sich der Link zum externen Google-Analytics-Tool. Ein Klick öffnet Google Analytics in einem neuen Browserfenster. Mehr zu Google Analytics erfahren Sie in Kapitel 11. Das Google Merchant Center stellen wir Ihnen bei den Shopping-Kampagnen in Abschnitt 8.3.1 vor.

6.3.5   Einrichtung: Abrechnung und Zahlungen

Der wichtigste Unterpunkt, vor allem aus Google-Sicht, nennt sich ABRECHNUNG UND ZAHLUNGEN. Falls Sie ein neues Konto besitzen und bis dato noch keine Einstellungen zur Abrechnung vorgenommen haben, sollten Sie sich zunächst diesen Punkt anschauen. Denn solange Sie keine Abbuchungsmöglichkeit angegeben haben, werden Ihre AdWords-Anzeigen nicht geschaltet.

Nachdem Sie auf den Unterpunkt ABRECHNUNG UND ZAHLUNGEN geklickt haben, finden Sie in dem neuen Fenster ZUSAMMENFASSUNG auf der linken Seite vier Navigationspunkte vor (siehe Abbildung 6.16):

▶ Transaktionen

▶ Zahlungsarten

▶ Einstellungen

▶ Abrechnungsübertragungen

Diese Punkte stellen wir Ihnen im Folgenden vor.

Zusammenfassung

Unter dem Menüpunkt ZUSAMMENFASSUNG sehen Sie eine Übersicht Ihrer Abrechnungsdaten (siehe Abbildung 6.16). Ein auffälliger blauer Button mit der Bezeichnung ZAHLUNG AUSFÜHREN wird zwar sehr dominant dargestellt, ist jedoch normalerweise nicht von Bedeutung. Über diesen Button können Sie direkte Zahlungen an Google übermitteln. Da jedoch nur noch einige alte Konten aus der Vergangenheit eine Möglichkeit zur Vorabüberweisung besitzen und alle anderen Konten über Bankeinzug oder Kreditkarte abgerechnet werden, ist diese Zahlung nur für wenige AdWords-Kunden oder in bestimmten Ausnahmefällen notwendig.

Eine direkte Zahlung an Google wäre z. B. dann notwendig, falls eine Abbuchung über eine Kreditkarte storniert wurde. Bei überfälligen Zahlungen werden dann nämlich Ihre Kampagnen deaktiviert. Mit einer aktiven Überweisung können Sie die Forderung schnell ausgleichen und so auch Ihre Kampagnen in kurzer Zeit wieder aktivieren.

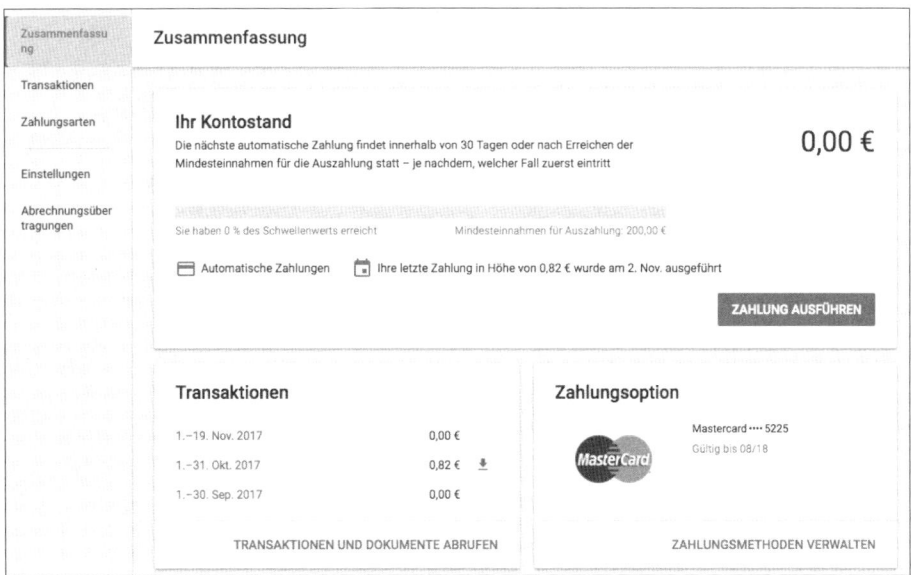

Abbildung 6.16 Zusammenfassung Ihrer Abrechnungsmodalitäten

Transaktionen

Der Unterpunkt TRANSAKTIONEN enthält alle wichtigen Daten zu Ihren Zahlungen und Kosten, die im AdWords-Konto angefallen sind (siehe Abbildung 6.17). So finden Sie hier z. B. die Daten und die Höhe der Abbuchung, die beispielsweise von Ihrer Kreditkarte ❶ vorgenommen wurde. Die wichtigsten Informationen auf dieser Seite sind die monatlichen Rechnungen zu Ihren AdWords-Kampagnen.

Ein Klick auf die Rechnungsnummer ❷ unter RECHNUNG MIT EU-UMSATZSTEUER öffnet ein Download-Menü, mit dem Sie die Rechnung zum jeweiligen Monat als PDF-Datei herunterladen können.

Abbuchung und Rechnungsstellung bei AdWords-Kampagnen

Es gibt vor allem bei neuen AdWords-Nutzern immer etwas Verwirrung in Bezug auf Abbuchung und Rechnungsstellung. Für die AdWords-Werbung gibt es Abrechnungsgrenzbeträge, die am Anfang bei 50 € liegen und sich dann auf 200 €, 350 € bzw. 500 € steigern. Die Steigerung geschieht automatisch, wenn die Grenzbeträge innerhalb von 30 Tagen öfter hintereinander erreicht wurden.

Bei neuen Kunden ist Google also vorsichtig und bucht kleine Beträge ab. Bei erfolgreichen Abbuchungen räumt das System Ihnen mit der Zeit immer mehr Kredit ein. Durch dieses System können die Google-Abbuchungen also an unterschiedlichen Tagen und auch mehrmals pro Monat stattfinden.

Die Abrechnung zu den Abbuchungen liegt in Ihrem Konto aber erst am Ende des Monats zum Abruf bereit, und zwar meistens am ersten Werktag des neuen Monats. Es kann also passieren, dass die Kosten für das Werbebudget am 1. Juli abgebucht werden, die entsprechende Abrechnung dazu aber erst am 1. August vorliegt.

Zusätzlich trägt ein weiterer Umstand zur Verwirrung bei: Google nennt aktuell immer zwei Beträge auf den monatlichen Auszügen. Der eine Betrag weist das tatsächlich verbrauchte Werbebudget des Monats aus, der andere Betrag zeigt, was in dem Monat abgebucht wurde – und diese beiden Beträge stimmen nur in sehr seltenen Fällen exakt überein.

Auf der Seite TRANSAKTIONEN finden Sie oberhalb der Tabelle mit Ihren Kosten- und Rechnungsaufstellungen drei Dropdown-Menüs. Diese können Sie folgendermaßen nutzen. In der Dropdown-Liste können Sie neben der Standardeinstellung ALLE TRANSAKTIONEN ❸ bestimmte Gruppen herausfiltern. So können Sie zum Beispiel über KOSTEN nur die angefallenen Klickkosten, verteilt nach Tagen, auflisten. Über ZAHLUNGEN filtern Sie Ihre Abbuchungen oder Kreditkartenzahlungen heraus. Auf diese Weise erhalten Sie einen Überblick über Ihre Daten.

Die erste Dropdown-Liste mit der Standardeinstellung DETAILLIERTE TRANSAKTIONSÜBERSICHT ❹ lässt sich in ZUSAMMENFASSUNGSANSICHT ändern. Dann erhalten Sie eine komprimierte Darstellung der Daten über einen gewissen Zeitraum. Den Zeitraum (Standard sind die letzten drei Monate) stellen Sie in der Dropdown-Liste LETZTE 3 MONATE ❺ ein. Darunter enthält jedes Tabellen-Element am rechten oberen Rand ein Symbol für den CSV-Datenexport ❻ bzw. ein Symbol für die Druckversion ❼.

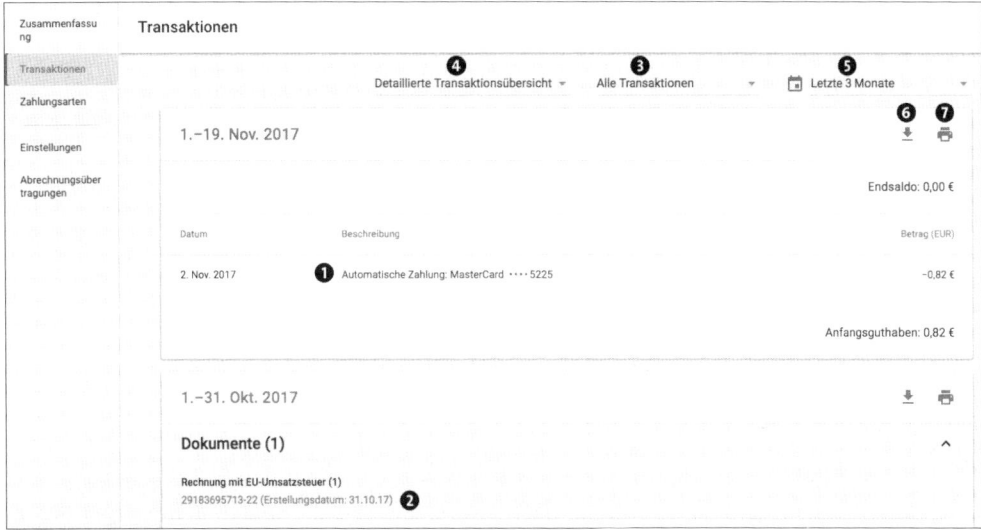

Abbildung 6.17 Informationen zum Transaktionsverlauf

Zahlungsarten

Unter Zahlungsarten können Sie sehen, welche Zahlungsmittel hinterlegt sind. Im Normalfall finden Sie hier eine Bankverbindung zur Abbuchung oder Daten zu einer Kreditkarte. Alle aktuell für das jeweilige AdWords-Konto eingetragenen Zahlungsmittel werden auf der Seite Zahlungsarten angezeigt.

Sie können auch mehrere Zahlungsmittel eingeben, müssen jedoch festlegen, welches das primäre Zahlungsmittel ist. Ein zusätzliches Zahlungsmittel als Backup ist interessant, falls z. B. einmal Ihr Kreditkarten-Limit in einem Monat überschritten wird, weil auch noch andere Zahlungen über die Kreditkarte laufen. In diesem Fall nutzt Google das Backup-Zahlungsmittel, und Ihre Anzeigen werden ohne Unterbrechung geschaltet. Ist jedoch keine Alternative vorhanden und wird daher eine Forderung nicht beglichen, so werden die Werbeschaltungen zunächst automatisch deaktiviert.

Möchten Sie einmal ein Zahlungsmittel löschen, so müssen Sie als ersten Schritt ein anderes Zahlungsmittel eingeben und dieses als primäres Zahlungsmittel festlegen. Ein primäres Zahlungsmittel kann nicht gelöscht werden.

Der Klick auf den Link Zahlungsmethode hinzufügen öffnet eine Seite, auf der Sie ein neues Zahlungsmittel eingeben können. Sie haben bei den aktuellen AdWords-Konten jedoch nur noch die Wahl zwischen der Eingabe eines Bankkontos oder einer Kredit-/Debitkarte (siehe Abbildung 6.18).

Nach der Auswahl der Zahlungsmittel werden dann in einem Formular die entsprechenden Daten abgefragt, z. B. Kreditkartennummer, Name des Kartenbesitzers etc.

Am Ende der Dateneingabe legen Sie zudem noch fest, ob die neue Eingabe als primäres Zahlungsmittel oder als Zweitzahlungsmittel registriert werden soll.

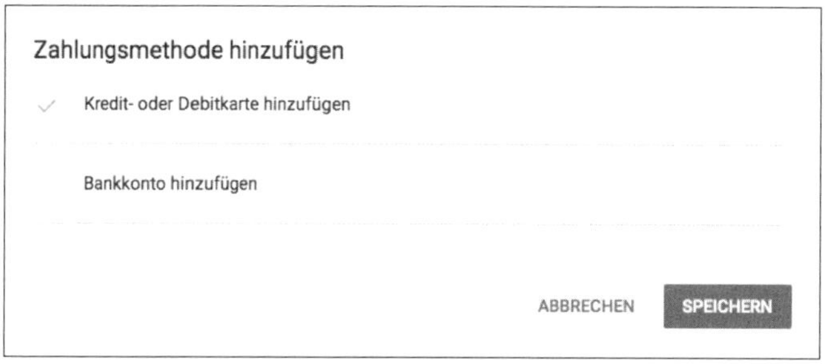

Zahlungsmethode hinzufügen

✓   Kredit- oder Debitkarte hinzufügen

Bankkonto hinzufügen

ABBRECHEN   **SPEICHERN**

Abbildung 6.18 Ein Zahlungsmittel hinzufügen

Einstellungen

Der vierte Punkt zum Themenbereich »Abrechnung« hat die Bezeichnung Einstellungen (siehe Abbildung 6.19). Auf dieser Seite sehen Sie alle relevanten Abrechnungsdaten zu Ihrem AdWords-Zahlungskonto.

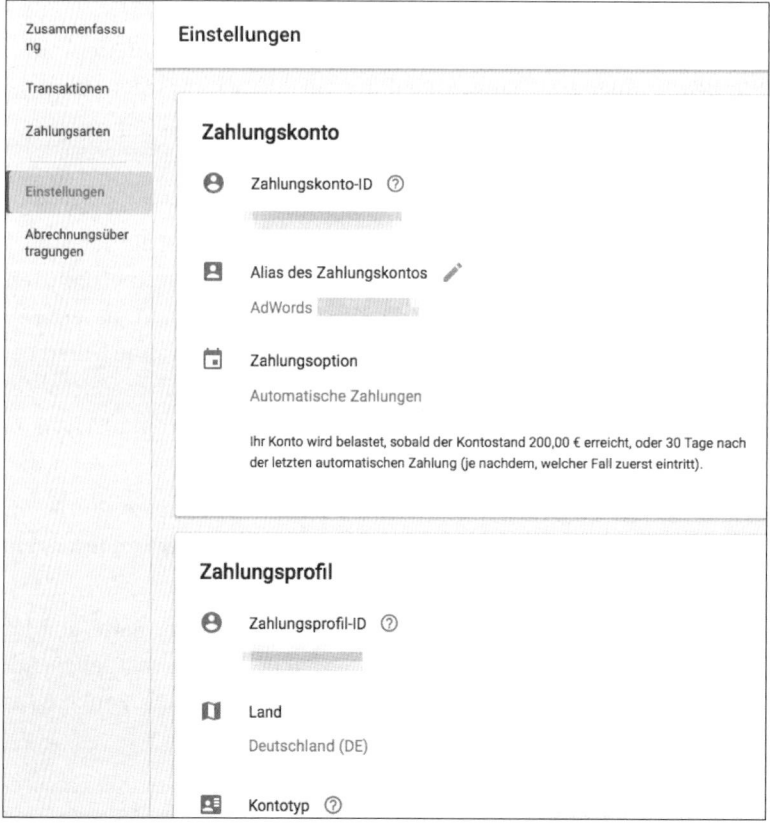

Abbildung 6.19 Auflistung der Abrechnungseinstellungen

Im ZAHLUNGSPROFIL können Sie unter STEUERINFORMATIONEN FÜR DEUTSCHLAND Ihre Umsatzsteuer-ID sowie unter UNTERNEHMENSNAME UND ADRESSE Ihre Adressdaten für die AdWords-Rechnung eingeben bzw. ändern.

Unter ZAHLUNGSKONTAKTE fügen Sie einen Ansprechpartner für die Abrechnung hinzu. Dieser Kontakt erhält z. B. eine E-Mail mit dem Hinweis auf zukünftige Abbuchungen.

Unter ZAHLUNGSKONTAKTE finden Sie auch die Möglichkeit, Gutscheincodes einzugeben (siehe Abbildung 6.20). Durch Klick auf GUTSCHEINCODES VERWALTEN öffnet sich ein neues Fenster, in dem Sie den entsprechenden Code eingeben können.

Gutscheincodes

Mit Gutscheincodes oder Coupons wird dem Konto eines Werbetreibenden ein bestimmter Betrag gutgeschrieben. Weitere Informationen

GUTSCHEINCODES VERWALTEN

Abbildung 6.20 Gutscheincodes eingeben

Google-Gutscheine

Die Google-Gutscheincodes dürften jedem schon einmal begegnet sein. Es gibt sie hauptsächlich für neue Konten. Dies bedeutet, dass ein entsprechender Gutscheincode innerhalb von 14 Tagen auf ein neues Konto eingelöst werden muss. Falls Sie noch keine AdWords-Kampagnen geschaltet haben, das Konto aber schon längere Zeit vorher aktiviert war, weil Sie bereits schon einmal eingeloggt waren, so können Sie dieses Konto für den »Standard-Neukunden-Gutschein« nicht mehr nutzen. Sie müssten dann mit einem neuen Google-Login ein ganz neues AdWords-Konto starten.

Es gibt jedoch bei speziellen Aktionen auch Gutscheine, die auf bestehende Konten eingelöst werden können. Diese tauchen in der Praxis jedoch sehr selten auf. Bitte beachten Sie bei allen Gutscheinen, dass es immer bestimmte Laufzeiten gibt. Der Gutscheincode muss daher vor Ablauf des vorgegebenen Datums im Konto hinterlegt werden.

Zu jedem Gutschein gehören die Gutscheinbedingungen von Google. Diese finden Sie entweder auf den Gutscheinen selbst, oder es ist lediglich der Hinweis auf eine entsprechende URL aufgedruckt, z. B. *https://www.google.de/adwords/coupons/terms.html*.

Abrechnungsübertragungen

Unter dem Punkt ABRECHNUNGSÜBERTRAGUNGEN sehen Sie als Übersicht die Zahlungsangaben, die aktuell für das AdWords-Konto hinterlegt sind.

6.3.6   Einrichtung: Grundeinstellungen des AdWords-Kontos

Nochmals zur Orientierung: Wir befinden uns immer noch im Bereich EINRICHTUNG des Verwaltungsmenüs, das sich hinter dem Werkzeugsymbol in der oberen Navigationsleiste befindet (siehe Abbildung 6.15). Die wichtigsten Grundeinstellungen zu Ihrem AdWords-Konto finden Sie unter den Menüpunkten mit folgenden Bezeichnungen:

▶ KONTOZUGRIFF

▶ VERKNÜPFTE KONTEN

▶ EINSTELLUNGEN

Diese Optionen erläutern wir in den folgenden Abschnitten.

Kontozugriff

Mit KONTOZUGRIFF sehen Sie alle Nutzer Ihres AdWords-Kontos. Hier können Sie anderen Personen Zugriff auf Ihr AdWords-Konto gewähren und bestehende Zugriffsberechtigungen ändern. Dies ist z. B. für Geschäftspartner oder Mitarbeiter interessant. Je nach gewährter Zugriffsebene besitzen die eingeladenen Personen mehr oder weniger Möglichkeiten, um an Ihrem AdWords-Konto mitzuarbeiten (siehe Abbildung 6.21).

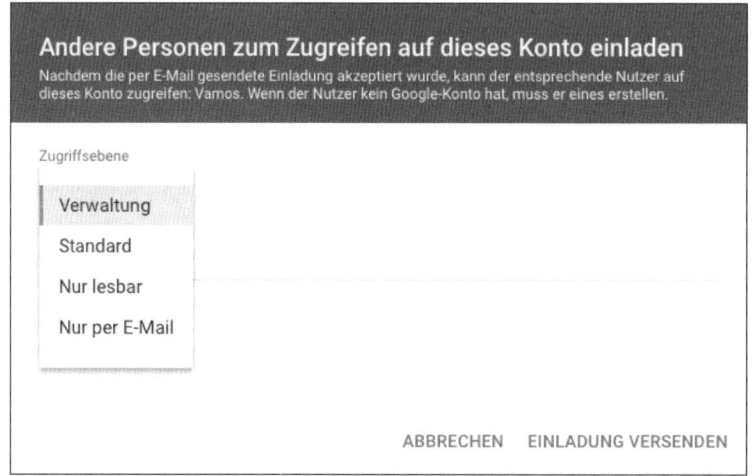

Abbildung 6.21 Verschiedene Zugriffsebenen und Nutzerrechte

Folgende Zugriffsebenen können vergeben werden:

▶ **Verwaltung**
Der Punkt VERWALTUNG ist Ihnen aus dem bisherigen AdWords-Konto als »Administratorzugriff« bekannt. Der Administrator hat die volle Kontrolle über das AdWords-Konto und darf vor allem Kontozugriff erteilen und die Zugriffsebenen

ändern. Diese Rechte sollten Sie also nur gezielt vergeben. Der Standardzugriff reicht in den meisten Fällen aus, falls jemand die volle Kontrolle zur Mitarbeit am AdWords-Konto benötigt, aber selbst keine anderen Nutzer hinzufügen oder deren Rechte ändern muss.

▶ **Standard**
Der Standardzugriff sollte an Mitarbeiter oder Partner erteilt werden, die nicht nur Berichte erstellen müssen, sondern aktiv bei der Verwaltung der AdWords-Kampagnen mithelfen sollen. Denn der Standardzugriff erlaubt auch Änderungen der Einstellungen, z. B. Veränderungen des Budgets, der Klickpreise oder das Hinzufügen neuer Keywords.

▶ **Nur lesbar**
Die Berechtigung NUR LESBAR wird erteilt, damit der Nutzer sich am Konto anmelden und selbst Berichte erstellen kann. Auch die Werbechancen und die AdWords-Tools können mit dieser Berechtigung aufgerufen werden. Der Nutzer kann jedoch keine Einstellungen ändern.

▶ **Nur per E-Mail**
Diese Berechtigung wird erteilt, um dem Nutzer E-Mail-Berichte aus AdWords zu senden. Mit dieser Berechtigung ist kein Zugriff auf das Konto möglich. Ohne diese Berechtigung können aber auch keine Berichte aus dem AdWords-Konto an eine externe E-Mail-Adresse geschickt werden.

Bitte beachten Sie, dass die Nutzer, die eingeladen werden, ein Google-Konto besitzen müssen. Sie fügen einen neuen Nutzer hinzu, indem Sie auf das Symbol ⊕ klicken. Im nächsten Schritt geben Sie die E-Mail-Adresse des Nutzers sowie die gewünschte Zugriffsebene ein. Danach klicken Sie auf EINLADUNG VERSENDEN.

Der eingeladene Mit-Nutzer erhält eine entsprechende E-Mail und muss per Klick auf einen Link der Einladung zustimmen. Danach kann er sich mit seinen Google-Login-Daten in Ihrem AdWords-Konto einloggen.

Falls Mit-Nutzer existieren, so finden Sie diese hier auf der Seite KONTOZUGRIFF in der Tabelle. An dieser Stelle können Sie den Zugriff auch jederzeit deaktivieren, indem Sie unter MASSNAHMEN den Punkt ZUGRIFFSRECHTE AUFHEBEN wählen und die Auswahl danach bestätigen.

Eine weitere Möglichkeit, um einen externen Zugriff auf ein AdWords-Konto zu gewähren, nennt sich *Verwaltungskontozugriff*. Dieser Zugriff hieß früher MCC (*My Client Center*). Google nutzt diese Bezeichnung oder den Namen *Kundencenter* immer noch, was wie bei allen Google-Änderungen stets für leichte Verwirrung bei den Nutzern sorgt.

Im Alltag nutzen normalerweise Agenturen ein Verwaltungskonto, um die AdWords-Konten ihrer Kunden zu betreuen. Die Funktion des Verwaltungskontos wird ausführlich in Kapitel 14, »Das AdWords-Verwaltungskonto«, besprochen. Der Zugriff über ein Verwaltungskonto wird durch eine Anfrage aus dem Konto eingeleitet und dann in Ihrem Konto unter KONTOZUGRIFF bestätigt. Während früher nur ein externes Verwaltungskonto auf ein AdWords-Konto zugreifen konnte, ist es mittlerweile möglich, mehrere externe Verwaltungskonten zuzulassen. Auch den Zugriff eines Verwaltungskontos können Sie in der Spalte MASSNAHMEN beenden (siehe Abbildung 6.22).

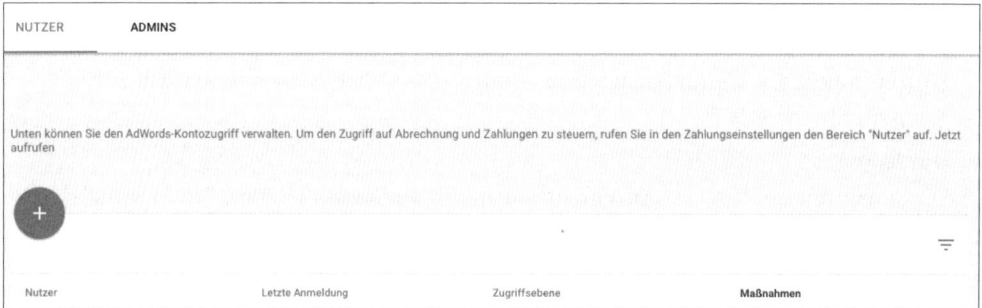

Abbildung 6.22 Kontozugriff für Nutzer einstellen

Verknüpfte Konten

Das AdWords-Konto kann man mit anderen Google-Produkten und weiteren Produkten von Drittanbietern verknüpfen, damit Daten aus den anderen Anwendungen in die AdWords-Berichte eingebunden werden können. Unter dem Unterpunkt VERKNÜPFTE KONTEN sehen Sie die Möglichkeiten der Verknüpfung (siehe Abbildung 6.23).

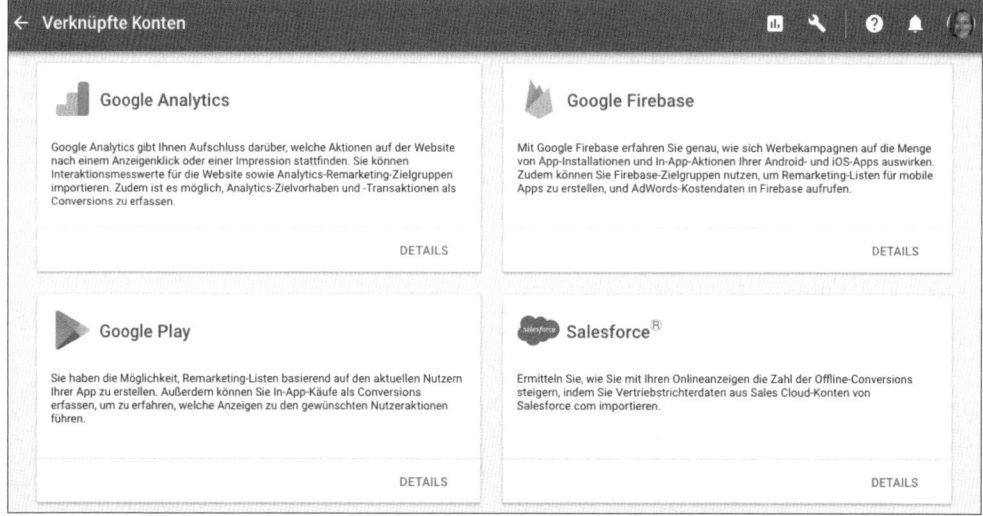

Abbildung 6.23 Verknüpfung mit anderen Systemen von Google oder Drittanbietern

Aktuell stehen folgende Produkte zur Wahl:

► Google Analytics

► Google Firebase

► Google Play

► Google Merchant Center

► Search Console

► YouTube

► App Analysen von Drittanbietern

► Salesforce

Die Vorgehensweise zur Verknüpfung von Google Analytics und der Search Console und Informationen dazu, welche zusätzlichen Berichte eine Verknüpfung liefert, finden Sie in folgenden Abschnitten:

► Abschnitt 10.6.3

► Abschnitt 11.4.2

Einstellungen

Unter dem Menüpunkt EINSTELLUNGEN finden Sie zum einen die wichtigsten Grundeinstellungen zu Ihrem AdWords-Konto, also Ihre KONTOEINSTELLUNGEN, und andererseits die Einstellungen zu BENACHRICHTIGUNGEN, die Sie erhalten wollen (siehe Abbildung 6.24).

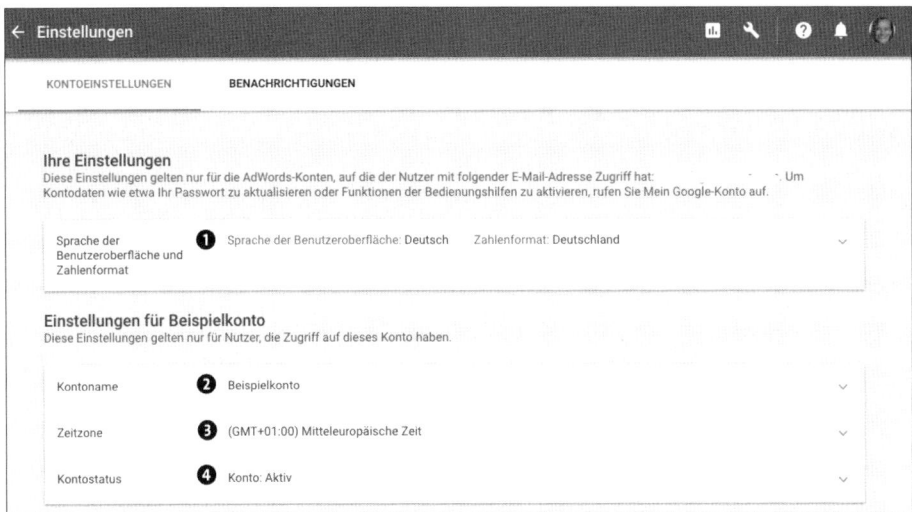

Abbildung 6.24 Kontoeinstellungen und Benachrichtigungen

Bei den Einstellungen zum Konto können Sie z. B. die Sprach- und Zahlenformate ❶ und den Kontonamen ❷ bearbeiten. Die Zeitzone ❸, die auf Ihrem Standort bei der Einrichtung des AdWords-Kontos basiert, wird ebenfalls angezeigt. Sie ist jedoch, wie bereits erwähnt, nicht mehr zu ändern!

Außerdem wird Ihnen Ihr Kontostatus ❹ angezeigt. Falls Sie Ihr AdWords-Konto irgendwann einmal nicht mehr nutzen möchten, so können Sie dies unter KONTO-STATUS festlegen. Dazu müssen Sie jedoch zunächst alle Kampagnen pausieren.

Im unteren Bereich der Kontoeinstellungen finden Sie unter REGELN UND BEDIN-GUNGEN noch einen Link zur Druckversion der AdWords-Nutzungsbedingungen.

Benachrichtigungen

Unter dem Unterpunkt BENACHRICHTIGUNGEN, den Sie neben den KONTOEINSTEL-LUNGEN finden, können Sie festlegen, zu welchen Themen Sie von Google informiert werden möchten (siehe Abbildung 6.25).

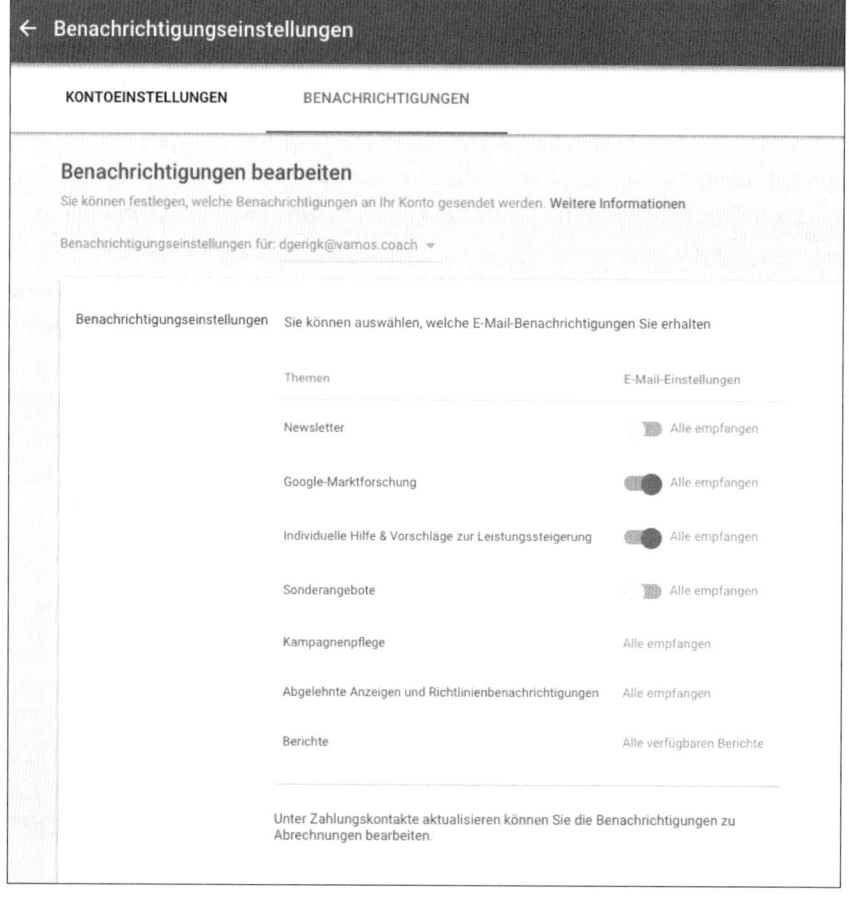

Abbildung 6.25 Verwaltung der Benachrichtigungen zum AdWords-Konto

Die verschiedenen Benachrichtigungsmöglichkeiten sind selbsterklärend. Ein Rat-schlag zum Umfang der Benachrichtigungen ist an dieser Stelle schwierig. Sie wissen sicher aus eigener Erfahrung, wie viel zusätzliche E-Mails Ihr Mail-Account bzw. Sie verkraften. Sie können die Einstellungen zu jedem Zeitpunkt ändern, indem Sie den Regler ALLE EMPFANGEN aktivieren (also nach rechts schieben, sodass er blau mar-kiert ist) oder deaktivieren (also nach links schieben, sodass er grau gefärbt ist).

6.4   Fazit

In diesem Kapitel haben wir Ihnen den Aufbau des AdWords-Kontos nähergebracht. Das Kapitel soll Ihnen einen Überblick über das große Ganze vermitteln. Sie kennen nun alle Seiten und Unterseiten, die teilweise etwas verschachtelt im Konto aufruf-bar sind. Wenn Sie bei der Arbeit mit Ihren AdWords-Kampagnen zukünftig eine be-stimmte Funktion oder Unterseite suchen, so sollten Sie diese nun einfacher finden.

6.5   Checkliste

Sind Sie mit der Navigation im AdWords-Konto vertraut? Folgende Bereiche Ihres AdWords-Kontos sollten Sie kennen:

Wichtige Bereiche im AdWords-Konto	Bekannt (✓)
Navigationsbereich mit der primären Navigation zur Verwaltung der Kampagnen	
Seitenmenü zum Ansehen und Bearbeiten von Detailinformationen zu den Kampagnen	
Tipps zu Werbechancen	
AdWords-Tools	
Verlinkung zu Google Analytics	
Verschiedene Möglichkeiten zur Kontoeinstellung	
Abrechnungseinstellungen	
AdWords-Hilfe	
Die Unterpunkte der gemeinsam genutzten Bibliothek	

Tabelle 6.2 Checkliste zu den wichtigsten Unterpunkten im AdWords-Konto

**Die Navigation im neuen Google AdWords im Vergleich
zur bisherigen Oberfläche**

Gerade wenn Sie AdWords schon eine Weile nutzen sollten, könnte Ihnen die Umstellung von der bisherigen AdWords-Oberfläche auf die neue Ansicht zunächst komplex und an einigen Stellen vielleicht auch verwirrend erscheinen, weil sich Berichte und Funktionen verschoben haben, zusammengefügt wurden oder eventuell sogar nicht mehr existieren. Für eine schnelle Referenz, wo Sie Dinge aus der bisherigen Ansicht jetzt im neuen AdWords finden, dient Ihnen eine kurze Übersicht von Google unter:

https://support.google.com/adwords/answer/6306932?hl=de

Hier wird quasi »alt in neu« übersetzt und auch darauf hingewiesen, welche Funktionen in der neuen Oberfläche nicht mehr angeboten werden.

Kapitel 7
AdWords goes mobile

Die Zukunft ist mobil! Wir alle gehen immer häufiger online über einen Tablet-PC oder ein Smartphone. Laut Google wurden im Jahr 2017 bereits mehr als die Hälfte aller Suchanfragen über mobile Endgeräte durchgeführt, wobei außerdem etwa ein Viertel aller bezahlten Klicks generiert wurde. Zukünftig wird diese Entwicklung noch rasanter voranschreiten. Daher handelt Google seit circa 2016 nach dem Motto »Mobile First«. Der mobile Index wird zukünftig auch die Grundlage für das Ranking sein. Darum werden die mobilen Ausrichtungsmöglichkeiten der AdWords-Kampagnen immer wichtiger.

Da das Internet immer häufiger mobil genutzt wird, werden natürlich auch immer mehr Suchanfragen über mobile Endgeräte gestellt. Dabei unterscheidet sich das Such- und Navigationsverhalten auf den mobilen Geräten an verschiedenen Punkten von dem gewohnten Suchverhalten auf stationären PCs. Während stationäre Computer und Laptops über komfortable Tastaturen bedient werden und aufgrund größerer Bildschirme mehr Information auf einen Blick sichtbar sind, unterliegt das Surfverhalten auf Tablet-PCs und vor allem auf Smartphones schon gewissen Einschränkungen. Zudem ist man im Büro oder wenn man zu Hause vor dem Computer sitzt, weniger abgelenkt und kann sich besser auf Suche und Suchergebnisse konzentrieren, als dies beim mobilen Internetsurfen der Fall ist. Die Suche auf einem mobilen Gerät ist daher eine ganz andere Erfahrung als die Suche auf einem Desktop-PC. Dies hat Auswirkungen auf das Verhalten der mobilen User. Daher sollten diese Überlegungen schon bei der Strategie und Planung einer mobilen Kampagne bedacht werden. Folgende Besonderheiten müssen Sie bei der Schaltung von Google-AdWords-Anzeigen für mobile Endgeräte berücksichtigen:

1. **Kürzere Suchanfragen**

   Die Suchanfragen auf mobilen Endgeräten sind kürzer, weil weniger Zeit zur Verfügung steht und die Eingabemöglichkeiten meist nicht sehr komfortabel sind. Dies kann und wird sich aber wahrscheinlich zukünftig ändern. Wenn die Spracherkennung stabil und fehlerfrei läuft und sich auf mobilen Geräten durchsetzt, werden zukünftig ganze Sätze als Suchanfrage über die mobile Suche der Normalfall sein. Es gibt schon erste Strategien, bei denen die Keywords auf ganze Sätze ausgerichtet werden.

2. **Mehr scannen als lesen**

Auf mobilen Endgeräten werden Texte meistens gescannt, das heißt, der Bildschirminhalt wird nicht vollständig gelesen. Nutzer achten vor allem auf auffällige Überschriften, fett oder kursiv hervorgehobene Begriffe sowie auf Einleitungen oder den Beginn eines langen Satzes. Kurze, auffällige Werbung und knappe Werbetexte sind somit für eine mobile Kampagne noch wichtiger, als dies bei einer Standard-AdWords-Kampagne der Fall ist. Dieses Verhalten sollte natürlich auch bei der Gestaltung der mobilen Landing-Page bedacht werden. Auch hier sind kurze Texte sinnvoller.

3. **Es wird weniger gescrollt**

Beim mobilen Surfen steht oft wenig Zeit zur Verfügung. Daher entfällt in vielen Fällen das Scrollen einer Webseite. Falls die gesuchte Information direkt im sichtbaren Bereich verfügbar ist, wird eher auf dieses Ergebnis zugegriffen. In Bezug auf die Werbung bedeutet dies, dass ein vorderer Platz in den Suchergebnissen noch wichtiger wird als auf Desktop-PCs und Laptops. Dies hat aber auch wiederum Auswirkungen auf die Gestaltung Ihrer mobilen Landing-Page. Wichtige Informationen und der Call-to-Action-Button müssen unbedingt weit oben im sichtbaren Bereich stehen und direkt ins Auge springen.

4. **Lokale Anfragen**

Internetnutzer suchen auf mobilen Endgeräten Dienstleister oder Produkte in der Nähe ihres Standorts. Lokale, ortsbezogene Werbung, die die Nutzer mobiler Endgeräte erreicht, ist daher für viele AdWords-Nutzer eine interessante Strategie.

5. **Passende Antwort**

Mobil wird oft die passende Antwort auf ein aktuelles Problem gesucht. Daher sollten Sie bestimmte AdWords-Kampagnen passend auf die jeweilige Region ausrichten. Es ist also sinnvoll, die Angebote eines lokalen Modegeschäfts in der entsprechenden Großstadt mit mobilen Kampagnen zu bewerben oder für eine Autovermietung im engeren Umfeld eines Flughafens oder eines Hauptbahnhofs auf Mobiltelefonen Werbung zu schalten.

Als AdWords-Manager müssen Sie sich auf das veränderte Nutzerverhalten einstellen und entsprechende Strategien und kreative Ideen entwickeln. Google AdWords hat sich seinerseits auf den aufkeimenden mobilen Suchmarkt vorbereitet und viele unterschiedliche Möglichkeiten der AdWords-Steuerung zur Verfügung gestellt, die speziell die wechselnde Nutzung der Suchmaschine auf unterschiedlichen Endgeräten, in unterschiedlichen Situationen und unter den besonderen Bedingungen der Werbung auf Smartphones im Blick haben.

7.1 Mobiles Marketing wird immer wichtiger

Bevor wir Ihnen die Möglichkeiten der mobilen Werbung für AdWords vorstellen, möchten wir die Bedeutung des mobilen Marketings anhand einiger Kennzahlen belegen, die von der AGOF, der Arbeitsgemeinschaft Online Forschung e.V., im Juli 2016 veröffentlicht wurden. Die AGOF-Untersuchung zeigt das Gewicht, das mobile Internetnutzung und mobiles Marketing bereits besitzen.[1] Die wichtigsten Fakten in Bezug auf mobile AdWords-Werbung sind:

▶ 38,36 Millionen Personen ab 14 Jahren haben innerhalb eines dreimonatigen Erhebungszeitraumes auf mobile Angebote zugegriffen.

▶ 89,1 % der Nutzer im Alter zwischen 14 und 29 nutzen mobile und stationäre Endgeräte, 4,2 % nutzen nur mobile Geräte.

▶ In der Altersgruppe der 30- bis 49-Jährigen nutzen 76,5 % mobile und stationäre Endgeräte.

▶ Bei einem Netto-Haushaltseinkommen von 2.000 € oder mehr nutzen 70,5 % das Internet und davon wiederum 71,7 % auch die mobile Variante.

Seit August 2015 veröffentlicht die AGOF ihre *mobile facts* nicht mehr separat, weil der Großteil der stationären Nutzer auch mobile Nutzer sind.

Neben Apps sind für die 20- bis 49-Jährigen vor allem folgende Produktgruppen besonders interessant[2]:

▶ Bücher

▶ Eintrittskarten

▶ Schuhe

▶ Smartphones

▶ Urlaubsreisen

▶ Möbel

▶ Hotels

Wir haben im stationären und mobilen Werbebereich mit einer jungen, kaufkräftigen Zielgruppe zu tun. Die Produkte, die sich mobil vermarkten lassen, hängen vor allem davon ab, wie einfach diese bestellt und geliefert werden können.

Natürlich zeigen die Zahlen nur eine Momentaufnahme, aber alle Trends in den aktuellen Untersuchungen deuten darauf hin, dass die mobile Nutzung weiter zunehmen wird. Denken Sie zum Beispiel an die sogenannten Wearables, also tragbare Computersysteme; die Apple Watch und die Android-Uhren waren hier nur der Ein-

---

1 Quellen: AGOF digital facts 2016-04, Basis: 103.805 Fälle
2 AGOF internet facts 2014-03, Basis: 112.184 Fälle (deutschsprachige Wohnbevölkerung in Deutschland ab 14 Jahren). AGOF e.V./digital facts 2016-02

stieg. Das Experiment mit der smarten Datenbrille namens Google Glass zeigt uns, dass Wearables in naher Zukunft wohl nicht nur am Handgelenk getragen werden – auch wenn Google weitere Entwicklungen nach einer ersten Testphase vorerst wieder auf Eis gelegt hat. Mit diesen innovativen Devices und damit noch mehr Bedienkonzepten und Bildschirmgrößen wird sich die mobile Internetnutzung weiter verändern. Das Internet und die mobilen Dienste werden über am Körper getragene Geräte gesteuert und abgerufen. Die Möglichkeiten der mobilen Werbung werden also zukünftig noch weiter wachsen, aber aktuell gibt es mit der Ausrichtung passender Werbung für die Smartphones bereits genug zu tun.

7.2 Prozentuale Gebotsanpassungen – Einführung

Google hat unter dem Schlagwort »Erweiterte Kampagnen« Mitte 2013 zusätzliche prozentuale Gebotsanpassungen im AdWords-Konto eingeführt, um auf das veränderte Suchverhalten zu reagieren. Die Grundidee besteht darin, dass der AdWords-Kunde mit seinen Anzeigen für seine Zielgruppe immer dann besser sichtbar ist, wenn deren Interesse an seinen Dienstleistungen und/oder Produkten am stärksten ist. Die verbesserte Auslieferung der Anzeigen wird durch prozentuale Anpassungen der CPC-Gebote erreicht.

Die AdWords-Werbung geht auf den unterschiedlichen Nutzerkontext ein bzw. bietet dem Manager der AdWords-Kampagnen die Möglichkeit, seine Werbung durch Veränderung der Gebote dem Nutzerverhalten anzupassen. Das wird sicherlich in der Praxis noch viel zu selten genutzt! Falls der Werbende bei AdWords zum Beispiel ein lokales Geschäft besitzt, dann ist eine stärkere Präsenz auf mobilen Geräten für User, die sich in der Nähe des Geschäftes befinden, natürlich viel interessanter als für Nutzer, die zu Hause in einer anderen Stadt vor dem Desktop-PC sitzen. Mithilfe der prozentualen Gebotsanpassung könnten für die mobilen Nutzer vor Ort andere CPC-Gebote eingestellt werden.

Die Steuerung der prozentualen Gebotsanpassung finden Sie in den drei Bereichen STANDORTE, WERBEZEITPLANER und GERÄTE in der vertikalen mittleren Navigation (siehe Abbildung 7.1). Nach einem Klick auf den jeweiligen Tab können Sie zum einen Anpassungen für regionale Ausrichtungen (STANDORTE), eine Festlegung bestimmter Zeiträume mit speziellen Geboten (WERBEZEITPLANER) oder auch die unterschiedliche Aussteuerung verschiedener Endgeräte (GERÄTE) festlegen.

Abbildung 7.1 Gebotsanpassungen für Nutzerstandorte, Werbezeiten und Endgeräte

7.3   Ausrichtungsmöglichkeiten mit prozentualer Anpassung

Über Anpassungen auf regionaler Ebene, des Zeitplanes und der Endgeräte bietet Ad-
Words Ihnen drei Möglichkeiten an, um Ihre Werbung optimal auf das Surfverhalten
der potenziellen Kunden auszurichten.

7.3.1   Ausrichtung auf unterschiedliche Standorte

Bei der Ausrichtung auf Standorte können Sie noch zusätzlich Regionen eingeben,
obwohl diese bereits in den übergeordneten Standorten enthalten sind. Sie können
also *Nordrhein-Westfalen* und *Hessen* hinzufügen, obwohl Sie die Region bereits mit
der Vorgabe *Deutschland* abgedeckt haben (siehe Abbildung 7.2).

Demografische Merkmale		Zielregion	Gebotsanp.
	☐	**Zielregion**	Gebotsanp.
Einstellungen	☐	Deutschland	–
Standorte	☐	Hessen, Deutschland	-50 %
	☐	Nordrhein-Westfalen, Deutschland	+40 %
Werbezeitplaner			
Geräte	☐	Österreich	–

Abbildung 7.2 Unterschiedliche Standorte hinzufügen und prozentuale Anpassungen vornehmen

Ein ähnliches Vorgehen gilt auch auf Ebene der Städte oder bestimmter Umkreise.
Diese Vorgehensweise ist dann sinnvoll, wenn Sie aus strategischer Sicht für Nutzer
in unterschiedlichen Regionen eine spezielle Sichtbarkeit erreichen (oder auch nicht

erreichen) möchten. Wenn Sie also zum Beispiel Deutschland als Zielregion ausgewählt haben, aber in den Bundesländern Hessen und Nordrhein-Westfalen individuelle Anpassungen der Rankingposition vornehmen möchten, so müssen Sie diese Bundesländer zusätzlich neben dem Standort Deutschland zur Kampagne hinzufügen.

Möchten Sie in NRW Ihre Position grundsätzlich verbessern, weil dort Ihre wichtigsten Kunden wohnen, so können Sie nun beispielsweise in der Region *Nordrhein-Westfalen, Deutschland* in der Spalte GEBOTSANP. Ihr Gebot für alle Keywords in der Kampagne um 40 % erhöhen (siehe Abbildung 7.3).

Abbildung 7.3 Gebot um 40 % erhöhen

Sie können die Gebote aber nicht nur erhöhen, sondern auch prozentual verringern. Vielleicht haben Sie in Hessen einen starken lokalen Konkurrenten und darum dort laut Ihrer Statistik bisher kaum Kunden generiert. Mit einer Reduktion um 50 % können Sie beispielsweise die Anzeigen in Hessen nur sporadisch mit geringem Klickpreis ausspielen. Das so gesparte Budget kann dann für die anderen Regionen genutzt werden.

Da die zusätzlich hinzugefügten Standorte in der Übersichtsstatistik getrennt aufgeführt werden, erhalten Sie zudem für jeden einzeln hinzugefügten Standort eine eigene Statistik, sodass Sie die Auswirkungen Ihrer Strategie laufend auf einfache Weise anhand der Leistungsdaten beobachten können.

7.3.2   Werbezeiten

Auch eine Entscheidung zur Ausrichtung auf unterschiedliche Werbezeiten beruht auf Ihrer AdWords-Strategie und Ihrer besonderen Situation. Falls Sie einen Lieferservice mit Direktbestellung bewerben möchten, macht eine Werbung außerhalb Ihrer Geschäftszeiten wenig Sinn. Zu diesen Zeiten sollten Sie dann gar keine Werbung schalten. Wenn Sie Büroartikel in einem Webshop bewerben, dann ist eine stärkere Präsenz auf den vorderen Plätzen bei Google während der Arbeitszeiten Ihrer Kunden sinnvoll.

Sie können also den Werbezeitplaner nutzen, um Werbeschaltungen für unterschiedliche Zeiten einzustellen (siehe Abbildung 7.4). Diesen unterschiedlichen Zeiträumen können Sie dann nach dem bekannten Schema über die Gebotsanpassungen entweder erhöhte oder auch reduzierte Klickgebote zuordnen.

Demografische Merkmale	Werbezeitplaner bearbeiten				
	Ihre Anzeigen werden nur zu diesen Zeiten ausgeliefert				
	Montags bis freitags	▾	07:00	bis	09:00
Einstellungen	Montags bis freitags	▾	09:00	bis	17:00
Standorte	Montags bis freitags	▾	17:00	bis	23:00
Werbezeitplaner	Samstags	▾	09:00	bis	00:00
	HINZUFÜGEN				

Abbildung 7.4 Bestimmen Sie über den Werbezeitplaner unterschiedliche Zeiten zur Schaltung Ihrer Werbung.

Nachdem Sie unterschiedliche Werbezeiten eingegeben und die Klickpreise modifiziert haben, erhalten Sie für die jeweilige Kampagne neben der Tabellenansicht der geplanten Werbezeiten einen grafischen Überblick (siehe Abbildung 7.5), aus dem direkt erkennbar ist, an welchen Tagen und zu welchen Zeiten die Anzeigen ausgespielt werden können. Zusätzlich zeigen kleine gelbe Linie die Zeitfenster an, an denen prozentuale Anpassungen vorgenommen worden sind. Wenn Sie mit der Maus darüber fahren, erhalten Sie weitere Informationen zur Anpassung und eine Leistungskennzahl, sodass Sie einen schnellen Überblick über die aktuell aktivierten Einstellungen erhalten.

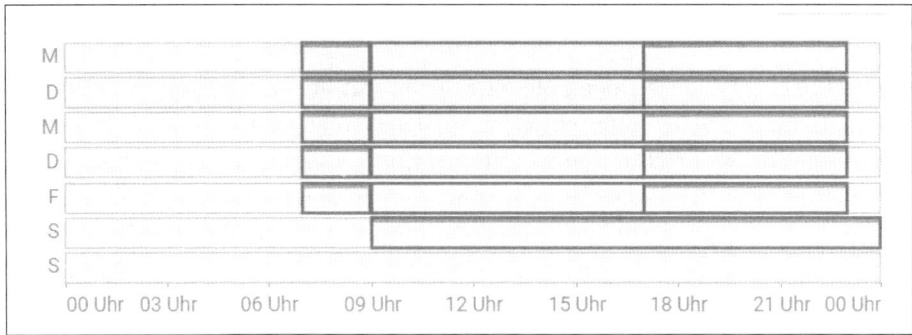

Abbildung 7.5 Die Werbezeitplaner-Übersicht: visuelle Darstellung der Werbezeiten mit Hinweis auf Gebotsanpassungen

Bitte beachten Sie die Einstellungsmöglichkeit rechts oberhalb der Grafik. Dort können Sie die gewünschte Leistungskennzahl (Klicks, Impressionen, CTR, CPC oder

355

Kosten) vorab auswählen. Wählen Sie diejenige Kennzahl aus, mit der Sie am besten beurteilen können, ob bestimmte Zeitfenster inklusive der prozentualen Anpassung gut oder schlecht performen.

7.3.3 Ausrichtung auf Endgeräte

Die Ausrichtung auf Endgeräte ist die dritte Möglichkeit, um die Gebote prozentual anzupassen. Während man früher nur Anpassungen für den Bereich (Mobile = Smartphones) vernehmen konnte, sind nun alle drei Gerätekategorien (COMPUTER, SMARTPHONES und TABLETS) anpassbar. Für alle drei Kategorien können Sie eigene Gebotsanpassungen (erhöhen oder verringern) vornehmen und somit auch die Schaltung in gewisser Weise beeinflussen.

Um beispielsweise eine gesonderte Ausrichtung für das Smartphone als Endgerät vorzunehmen, wählen Sie zunächst in der linken Navigation eine Kampagne aus und klicken dann in der mittleren Navigationsebene auf GERÄTE.

Sie erhalten eine Übersicht zu den drei unterschiedlichen Gerätegruppen, die Google AdWords definiert hat (siehe Abbildung 7.6). Es wird zunächst die Kategorie *Computer* aufgelistet. Darunter fallen alle »stationären Computer«, also die sogenannten Desktop-PCs, aber auch Laptops. Die zweite Gruppe besteht aus *Smartphones*, die zukünftig eine immer wichtigere Rolle im Online-Marketing einnehmen werden. Als dritte Kategorie listet Google die *Tablets* auf. Darunter fallen alle Tablet-PCs, wie das iPad von Apple. Die Tablets nehmen eine Zwischenstellung ein, da sie von der Grundidee her zwar mobil sind, aber in der Praxis meistens über WLAN zu Hause, am Flughafen, im Hotel etc. genutzt werden. Sie unterscheiden sich daher gravierend von der mobilen Smartphone-Nutzung: Smartphones werden wirklich unterwegs, zum Beispiel beim Gang durch die Stadt eingesetzt.

In der Übersichtstabelle finden Sie eine Spalte mit der Bezeichnung GEBOTSANP. (= Gebotsanpassungen). Bitte achten Sie auf den kleinen Strich. Dieser zeigt an, dass noch keine Gebotsanpassung vorgenommen wurde. Falls bereits Gebotsänderungen für Smartphones eingetragen worden sind, werden diese Änderungen als Prozentzahl mit einem vorangestellten Plus oder Minus aufgeführt. Möchten Sie hier eine Anpassung vornehmen, so klicken Sie einfach auf die Prozentzahl, im Beispiel aus Abbildung 7.6 also auf +25 %. Falls noch keine Anpassung eingestellt worden ist, so klicken Sie einfach auf den Strich.

Falls Google bereits genügend Daten zur Verfügung hat, können Sie auch auf das kleine Symbol mit der angedeuteten Datenkurve klicken und den Gebotssimulator öffnen. Sie erhalten dann in einem neuen Fenster ausführliche Hinweise, wie sich die Gebotsanpassungen auf Klicks, Kosten, Impressionen etc. auswirken.

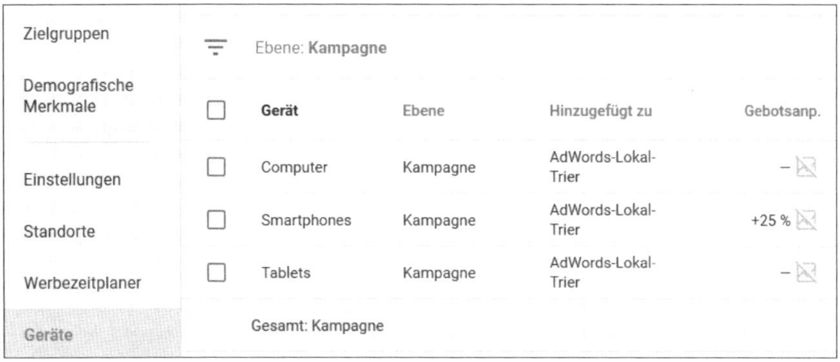

Abbildung 7.6 Gebotsanpassungen für Endgeräte in der Übersicht

Nachdem Sie also in die entsprechenden Felder unter GEBOTSANP. geklickt haben, erscheint ein kleines Pop-up-Fenster (siehe Abbildung 7.7). Dort legen Sie die prozentuale Veränderung des maximalen CPCs fest. Sie haben zunächst in einer Dropdown-Liste die Möglichkeit, Ihr Standard-CPC-Gebot entweder zu erhöhen oder zu verringern. Nachdem Sie diese Entscheidung getroffen haben, legen Sie noch die Prozentzahl fest, um die Ihr Gebot erhöht oder reduziert werden soll.

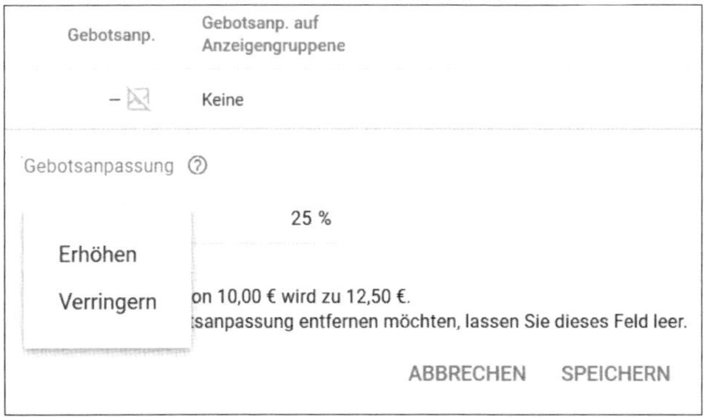

Abbildung 7.7 Gebotsanpassungen für Smartphones erhöhen

Ob Sie das Standardgebot für Ihre Keywords für die Auslieferung auf einem Smartphone erhöhen oder reduzieren, hängt unter anderem von den technischen Voraussetzungen Ihrer Webseite sowie von Ihrer mobilen Strategie ab. Falls Sie zum Beispiel noch keine mobile Webseite besitzen, die für Smartphones geeignet ist, sollten Sie auf jeden Fall die AdWords-Werbung für Smartphones ganz ausschließen. So verhindern Sie, dass Werbung auf mobilen Endgeräten geschaltet wird und bezahlte Webseitenbesucher auf Ihre mobile Website bringt, die dann dort schnell aussteigen, weil eine weitere Navigation oder eine Kontaktaufnahme bzw. Anfrage nicht möglich ist. Diese Situation verursacht nur unnötige Kosten.

Um Werbung auf Smartphones auszuschließen, wählen Sie für die Gruppe SMART-PHONES eine Senkung des CPC-Gebots um 100 % (siehe Abbildung 7.8). Ihr Standardgebot für die mobilen Endgeräte wird dann also auf 0 € gesetzt und löst so auf mobilen Telefongeräten mit vollwertigem Browser keine Anzeigenschaltung aus.

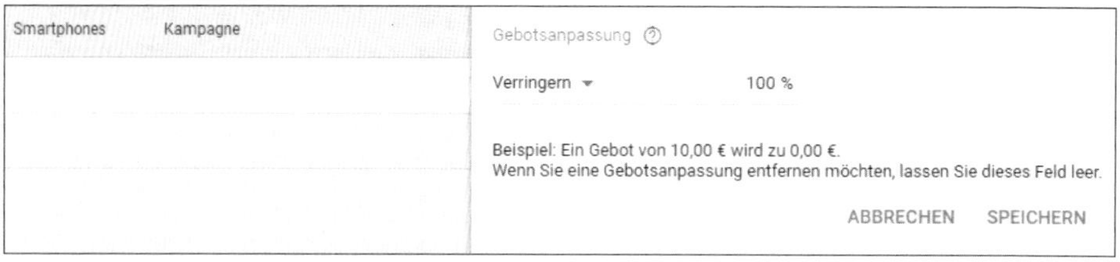

Abbildung 7.8 Die Reduzierung des Gebots um 100 % verhindert die Schaltung auf Smartphones.

In anderen Situationen kann es jedoch auch interessant sein, das Gebot für Ihre Keywords zur Schaltung auf Smartphones zu erhöhen, um öfter im direkt sichtbaren Bereich mit der AdWords-Textanzeige oberhalb der organischen Suchergebnisse angezeigt zu werden. Wenn also eine gute Sichtbarkeit auf Smartphones, vor allem auf den ersten beiden Plätzen erwünscht ist und Sie dazu noch Produkte oder Dienstleistungen anbieten, für die Sie gute Chancen der Kundengenerierung via Smartphone sehen, so sollten Sie für die zugehörigen Suchbegriffe einen höheren Preis auf Smartphones bieten. So haben Sie die Chance, möglichst oft an oberster Position im direkt sichtbaren Bereich geschaltet zu werden.

In diesem Fall sollten Sie daher über die beschriebene Einstellung Ihr Standardgebot um mindestens 20 bis 40 % erhöhen. In diesem Zusammenhang sollten Sie wissen, dass die Klickkosten im Schnitt bei mobilen Anfragen niedriger als bei der Desktop-Suche sind und dass zusätzlich die Klickraten bei geringer Konkurrenz höher sind. Falls Ihre Webseite mobilfähig und Ihr Produkt für mobile Nutzer interessant ist, macht ein höheres Gebot für die Auslieferung auf Smartphones durchaus Sinn.

7.3.4   Ausrichtung auf unterschiedlichen Ebenen

Von den unterschiedlichen Ebenen des AdWords-Kontos haben Sie ja schon öfter gehört. Bei der prozentualen Anpassung müssen Sie wiederum die verschiedenen Ebenen beachten. Während AdWords-Manager früher nur Anpassungen auf Kampagnenebene durchführen konnten, kann jetzt noch feiner unterteilt werden. Sie können also prozentuale Anpassungen für die verschiedenen Geräte nun auch für einzelne Anzeigengruppen vornehmen, weil bestimmte Themen, Produkte oder Dienstleitungen für Smartphone-Nutzer interessanter sind als andere. Mit den prozentualen Anpassungen auf Anzeigengruppenebene können Sie darauf sehr zielgerichtet reagieren.

Sie finden die Unterteilung in Kampagnen und Anzeigengruppen, wenn Sie bei-spielsweise zunächst ALLE KAMPAGNEN ausgewählt haben und dann in der Menü-leiste auf GERÄTE klicken. Sie erhalten auf einen Blick alle Anpassungen zu den Gerä-ten für alle Kampagnen. Über den Filter können Sie die Ansicht für Anzeigengruppen hinzufügen oder nur diese Ebene auswählen (siehe Abbildung 7.9).

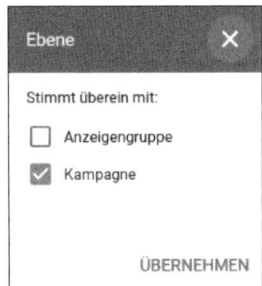

Abbildung 7.9 Die prozentuale Ausrichtung ist auf
Kampagnen- oder Anzeigengruppenebene möglich.

7.3.5   Kombination der prozentualen Ausrichtung

Interessant für die mobile Werbung ist nun vor allem die Kombination der Ausrich-tungsmöglichkeiten. Möchten Sie beispielsweise Google-Nutzer auf Smartphones er-reichen und sind diese Nutzer noch interessanter, wenn sie in Ihrer Stadt mobil un-terwegs sind, so erzielen Sie für diese Kombination einen vorderen AdWords-Platz mit Ihrer Anzeige, wenn Sie zum einen die Gebote für Smartphones unter GERÄTE er-höhen und außerdem die Gebote für Nutzer in Ihrer Stadt unter STANDORTE prozen-tual erhöhen. Beachten Sie, dass mehrere Gebotsanpassungen für unterschiedliche Ausrichtungen multipliziert werden.

Nehmen wir einmal an, dass Ihr Standardgebot 1,00 € beträgt und Sie folgende An-passungen festgelegt haben:

► Erhöhung auf Smartphones: +10 %

► Erhöhung für den Standort Ihres lokalen Geschäfts: +20 %

Ihr Gebot für das Keyword beträgt dann letztlich:

1,00 € (+10 %) = 1,10 €

1,10 € (+20 %) = 1,32 €

Ein interessanter Nebeneffekt der verschiedenen Ausrichtungsmöglichkeiten sind die Statistiken, die Sie beim Aufruf der jeweiligen Ausrichtung erhalten. Mithilfe die-ser Statistik können Sie kontrollieren, ob Sie Ihr Ziel z. B. in Bezug auf Position und Klicks erreichen. Unter GERÄTE finden Sie die Leistungswerte, bezogen auf die jewei-lige Gruppe der Endgeräte (siehe Abbildung 7.10).

Gerät	Ebene	Hinzugefügt zu	Gebotsanp.	Gebotsanp. auf Anzeigengruppe	Klicks	Impr.	CTR
☐ Computer	Kampagne	CE-Koordinator-Weitgehend	– ⬚ ✎	Keine	115	1.649	6,97 %
☐ Smartphones	Kampagne	CE-Koordinator-Weitgehend	+20 % ☑	Keine	8	335	2,39 %
☐ Tablets	Kampagne	CE-Koordinator-Weitgehend	– ⬚	Keine	6	106	5,66 %

Abbildung 7.10 Statistiken zu den Endgeräten

Bitte denken Sie daran, dass Sie auch hier wieder über das Symbol für die Spalten eine Anpassung der Statistik vornehmen können. So können Sie sich z. B. die durchschnittliche Anzeigenposition je Keyword auf den Smartphones anzeigen lassen, um zu erkennen, ob Sie auch im sichtbaren vorderen Bereich platziert sind.

Der Unterpunkt STANDORTE liefert die Leistungsdaten zu den ausgewählten Standorten. Auch hier können Sie mithilfe der Daten analysieren, ob die gewünschten Effekte wie mehr Impressionen, Klicks oder Conversions in den wichtigen hinzugefügten Regionen eintreten (siehe Abbildung 7.11).

Zielregion	Gebotsanp.	Klicks	Impr.	CTR
☐ Deutschland	–	84	1.380	6,09 %
☐ Hessen, Deutschland	-50 %	1	51	1,96 %
☐ Nordrhein-Westfalen, Deutschland	+10 %	39	463	8,42 %
☐ Österreich	–	6	196	3,06 %

Abbildung 7.11 Statistik zu den Standorten

Unter dem Werbezeitplaner finden Sie dann noch eine entsprechende Statistik, die Leistungsdaten zu den aktivierten Zeiträumen liefert (siehe Abbildung 7.12). Gleichen Sie hier ebenfalls die Daten mit den Ideen aus Ihrer Werbestrategie ab. Erreichen Sie Ihre Zielgruppe in den festgelegten Zeiträumen? Stimmen CTR und Conversions?

Datum und Uhrzeit	Gebotsanp.	Klicks	Impr.	CTR
☐ Montags, 07:00 bis 23:00	–	26	345	7,54 %
☐ Dienstags, 07:00 bis 23:30	0 %	27	352	7,67 %
☐ Mittwochs, 07:00 bis 23:30	0 %	23	325	7,08 %
☐ Donnerstags, 07:00 bis 23:30	0 %	28	444	6,31 %
☐ Freitags, 07:00 bis 23:30	0 %	14	313	4,47 %
☐ Samstags, ganztägig	0 %	8	163	4,91 %
☐ Sonntags, ganztägig	0 %	3	148	2,03 %

Abbildung 7.12 Statistik zu den unterschiedlichen Werbezeiten

7.4 Verschiedene Strategien

Mobile AdWords-Anzeigen sind ein interessantes Feld, das sich rasant entwickelt. Wir haben für Sie einige Ideen zusammengestellt, um Ihre Werbung auf mobilen Endgeräten zu optimieren, damit Sie besser werden als Ihre Mitbewerber.

7.4.1 Gestaltung mobiler Anzeigen

Da die »Mobile First«-Idee für Google immer wichtiger wird, rücken auch die mobilen Versionen der AdWords-Anzeigen immer stärker in den Fokus. Diese Versionen sind quasi zukünftiger Standard. Wahrscheinlich wird darum im neuen Backend keine unterschiedliche Versionierung von Desktop- und Mobil-Textanzeigen mehr angeboten. Beim Anlegen einer neuen Textanzeige wird lediglich eine Vorschau der unterschiedlichen Darstellung angeboten, wobei interessanterweise die Mobile-Version standardmäßig als erste Vorschaumöglichkeit angezeigt wird. Oberhalb der Vorschau (siehe Abbildung 7.13) können Sie einfach per Klick auf die Navigationspfeile zwischen der Mobil- und der Desktop-Version wechseln.

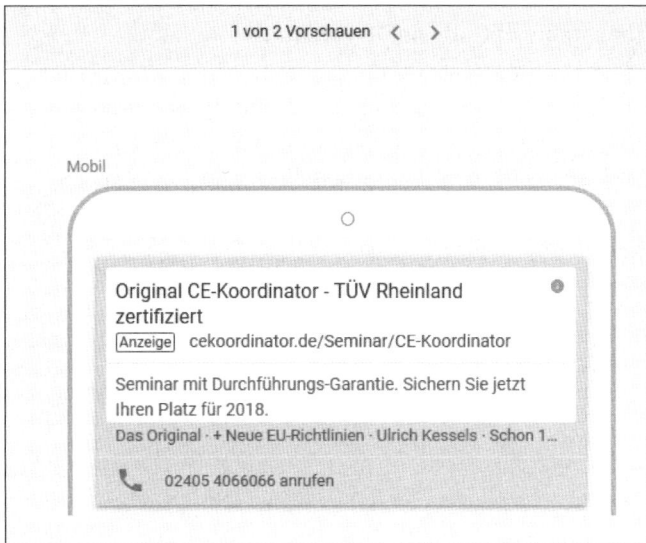

Abbildung 7.13 Anzeigenvorschau der mobilen Version

Obwohl also die Textgestaltung der Anzeigen grundsätzlich nicht mehr zwischen mobiler Version und der Darstellung auf stationären Computern unterscheidet, gibt es noch eine unterschiedliche Einstellungsmöglichkeit: Sie können unterhalb einer neu erstellten Anzeige die URL-OPTIONEN FÜR ANZEIGEN per Klick öffnen und dort ein Häkchen vor ANDERE FINALE URL FÜR MOBILGERÄTE aktivieren. Im Formularfeld kann dann eine spezielle mobile Landing-Page angegeben werden.

Auf diese Weise könnten Sie beispielsweise eine sogenannte AMP-Seite als mobile Landing-Page hinterlegen. Google bietet seit Herbst 2017 an, die Auslieferung der Ad-Words-Anzeigen in der mobilen Suche auf AMP-Landing-Pages weiterzuleiten. Durch die kürzere Ladezeit der AMP-Seiten steigt die Nutzerfreundlichkeit für die Kunden, die Absprungrate sinkt und letztlich steigen auch die Conversion-Chancen auf mobilen Endgeräten.

Was ist AMP?

AMP (*Accelerated Mobile Pages*) sind spezielle Webseiten für Mobilgeräte, die auf ein Minimum an Quellcode reduziert sind. Die Webseiteninhalte werden dazu auf einem Proxyserver in einem *Content Delivery Network* zwischengespeichert. Von dort können die Inhalte der Webseite dann schneller geladen werden, wenn das entsprechende Dokument über das Internet abgerufen wird. Google misst AMP-Seiten immer mehr Bedeutung zu, da diese Seiten zur Verringerung von Ladezeiten und somit auf mobilen Endgeräten zu einer stärkeren Interaktion mit dem Internet führen.

Nutzen Sie mobile Textbausteine mithilfe der IF-Funktion

Mit einem Trick können Sie kleine Passagen Ihrer Textanzeige für mobile Nutzer individuell gestalten. Nutzen Sie bei der Anzeigenerstellung die IF-FUNKTION. Diese rufen Sie auf, indem Sie die geschweifte Klammer { in Ihren Text einbauen und dann die IF-FUNKTION auswählen (siehe Abbildung 7.14). Mit dieser Funktion können Sie neue, potenzielle Kunden mit individuellen Werbeaussagen ansprechen, wenn diese auf mobilen Endgeräten suchen.

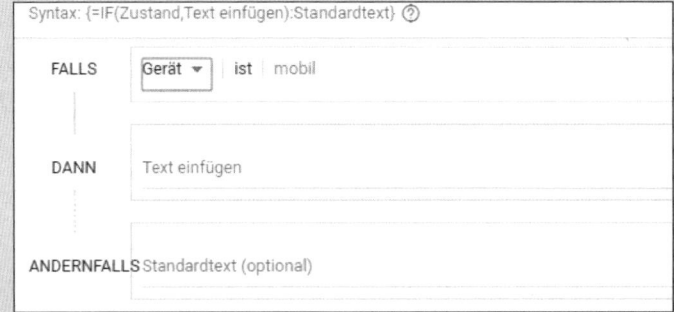

Abbildung 7.14 Mit der »IF-Funktion« erstellen Sie spezielle Texte für mobile Nutzer.

7.4.2   Sitelinks für mobile Anzeigen

Helfen Sie Ihren potenziellen Kunden, mit einem Klick via Smartphone möglichst schnell das zu finden, wonach sie suchen. Mithilfe von zusätzlichen Sitelinks können

Google-Nutzer direkt tiefer in Ihre Seite einsteigen. Die Sitelinks für Smartphones werden wie die Standard-Sitelinks eingetragen. Hier kann wie bei der Verlinkung der ganzen Anzeige eine abweichende mobil optimierte Landing-Page eingetragen werden. Was bei den Textanzeigen nicht mehr geht, ist bei den Sitelinks noch möglich: Sie können durch Aktivierung einer Checkbox bestimmen, dass der jeweilige Sitelink bevorzugt auf Mobilgeräten geschaltet wird (siehe Markierung in Abbildung 7.15).

Bevorzugtes Gerät (Mobil)

Bitte beachten Sie, dass die Aktivierung des bevorzugten Gerätes (Mobil) immer auch bedeutet, dass Sie noch eine Alternative für die anderen Geräte bereitstellen müssen. Wenn Sie im AdWords-Konto eine Möglichkeit zur Aktivierung der Bevorzugung sehen, bedeutet dies also nicht die ausschließliche Schaltung der »mobilen Version«. Liegt keine Alternative vor, wird die gleiche Erweiterung sowohl für Mobilgeräte als auch für Desktop-PCs und Tablets ausgespielt. Falls Sie also keine spezielle Unterscheidung beim Inhalt zwischen einer mobilen Version und den anderen Versionen machen, benötigen Sie das Feature der bevorzugten Version nicht!

Bitte beachten Sie, dass bei vielen Anzeigenerweiterungen neben der Auswahl der mobilen Version auch noch ein Start- und/oder Enddatum eingetragen und – falls gewünscht – zusätzlich auch ein individueller Werbeplaner erstellt werden kann.

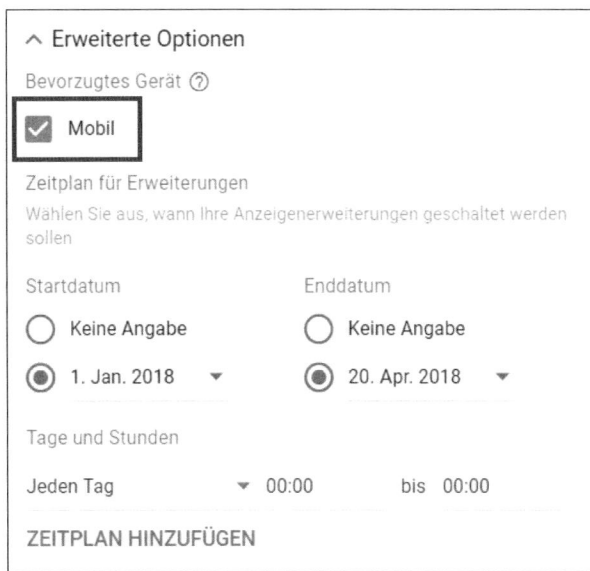

Abbildung 7.15 Sitelinks für mobile Kampagnen mit Start- und Enddatum

Ein Start-/Enddatum ist sehr nützlich, wenn wie im Beispiel aus Abbildung 7.16 die Aktion, die per Sitelink beworben wird, zu einem bestimmten Zeitpunkt endet bzw.

später dann nicht mehr interessant ist. Ein individueller Zeitplan macht hingegen Sinn, wenn z. B. ein bestimmter Service nur während der Woche oder vielleicht nur am Wochenende verfügbar ist. Der Sitelink oder eine andere Erweiterung wird dann nur eingeblendet, wenn die Ankündigung in der AdWords-Anzeige auch mit den Informationen auf der Webseite zeitlich übereinstimmt, damit potenzielle Kunden nicht verärgert werden.

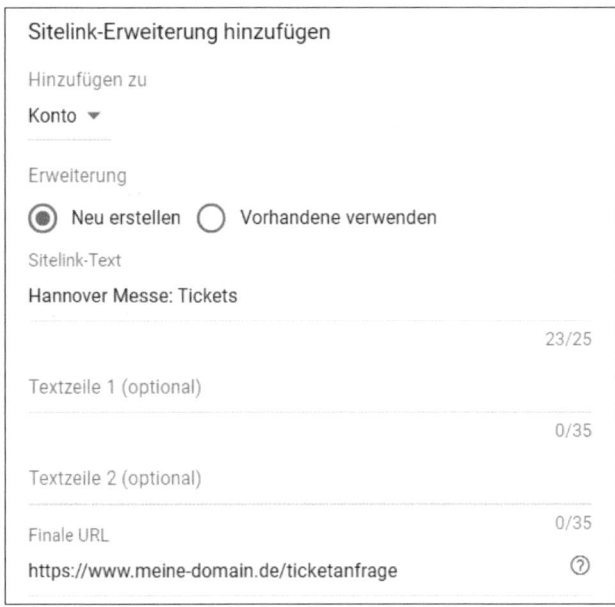

Abbildung 7.16 Zeitlich begrenzte Sitelink-Idee

Wir raten Ihnen grundsätzlich dazu, Ihre Anzeigen so weit wie möglich individuell auf Smartphone-Nutzer auszurichten. Versetzen Sie sich gedanklich in die mobilen Besucher Ihrer Website: Mobile Nutzer suchen stärker nach schnellen Lösungen und möchten direkt handeln. Passen Sie daher Ihre Erweiterungen für mobile Nutzer so an, dass sie besonders auf Ihre Lösungsangebote hinweisen. Arbeiten Sie mehr mit Handlungsaufforderungen, zum Beispiel mit dem Hinweis auf einen direkten Anruf, eine Download-Möglichkeit oder mit dem Verweis auf eine eigene App.

7.4.3   Anruferweiterung

Möchten Sie Ihren potenziellen Kunden die Möglichkeit geben, direkt per Telefon mit Ihnen zu sprechen? Dann sollten Sie die Anruferweiterung für Ihre AdWords-Werbung nutzen. Mithilfe dieser Erweiterung verbindet die AdWords-Anzeige auf telefonfähigen Endgeräten den Interessenten per Anruf direkt mit Ihrem Büro oder dem Sekretariat.

Klicken Sie zunächst in der Menüleiste auf ANZEIGEN UND ERWEITERUNGEN, wechseln Sie danach im oberen Bereich auf ERWEITERUNGEN. Per Klick auf ⊕ öffnen Sie eine Dropdown-Liste, aus der Sie die ANRUFERWEITERUNG auswählen.

Bitte beachten Sie, dass die Anruferweiterung auf Konto-, Kampagnen- oder Anzeigengruppen-Ebene ❶ hinzugefügt werden kann (siehe Abbildung 7.17). Bei einem neuen Konto müssen Sie zunächst eine neue Anruferweiterung anlegen. Nutzen Sie den Radiobutton NEU ERSTELLEN ❷, später können Sie bestehende Anruferweiterungen auch über VORHANDENE VERWENDEN auswählen.

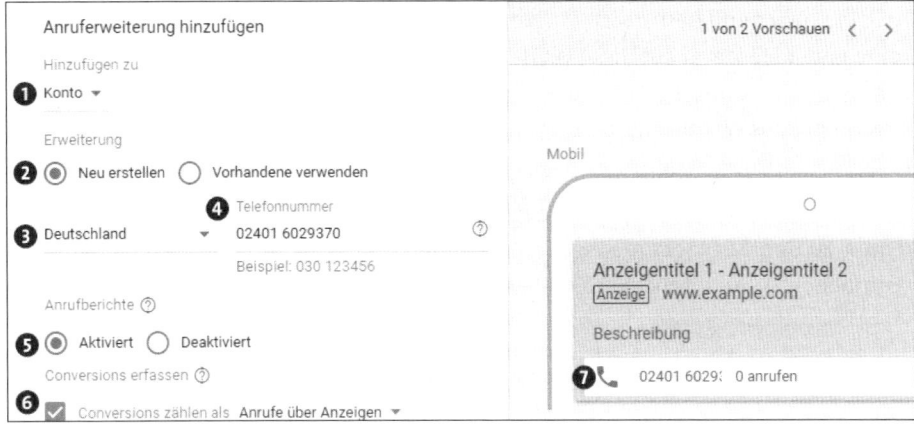

Abbildung 7.17 Anruferweiterung hinzufügen

Um eine Anruferweiterung zu erstellen, müssen Sie zunächst eine Telefonnummer (die Nummer Ihrer Kundenberatung oder Ihres Call-Centers) hinterlegen. Wählen Sie dazu aus der Dropdown-Liste das Land ❸ aus, und geben Sie dann die Telefonnummer ❹ ein. Unter ANRUFBERICHTE wählen Sie AKTIVIERT ❺, um Conversions zu erfassen.

Zusätzlich sollten Sie die Checkbox ❻ vor CONVERSIONS ZÄHLEN ALS aktivieren. Sie können dazu selbst eine neue Conversion erstellen und auswählen, ansonsten wird beim ersten Anruf eine Standard-Conversion-Aktion mit dem Namen ANRUFE ÜBER ANZEIGEN hinzugefügt. Auf diese Weise werden die Mobilanrufe über die Erweiterung als eigene Ziele (Conversions) gemessen, sodass Sie mehr über den Erfolg der Anruferweiterung erfahren. So können Sie ganz einfach Ihren Erfolg mithilfe der Conversions überprüfen. Falls Sie dazu nicht selbst eine neue Conversion anlegen möchten, erstellt das AdWords-System automatisch eine Conversion mit dem Titel »Anrufe über Anzeigen«, nachdem Sie einen ersten Anruf über die neue Anzeige erhalten haben. Alle Einstellungen bestätigen Sie am Ende per Klick auf den Button SPEICHERN.

Bitte beachten Sie, dass Sie diese Variante als Anruferweiterung mit MOBIL als bevorzugtes Gerät anlegen. Eine Anruferweiterung für die anderen Geräte können Sie zusätzlich einfügen. Diese Erweiterung wird dann nur genutzt, um Ihre Telefonnummer in der Anzeige anzuzeigen.

7.4.4   Nutzen Sie den Werbezeitplaner für Ihre Anrufanzeigen

Bei einer Anruferweiterung ist es meistens sehr sinnvoll, eine Zeitplanung zu hinterlegen. Es sollte ja nur dann ein Anruf erfolgen, wenn das Büro oder das Service-Center
auch entsprechend besetzt ist. Ein Anrufbeantworter ist für diese Werbemöglichkeit
keine gute Idee, denn auf diese Weise verlieren Sie zu viele Interessenten, weil diese
vorher wieder auflegen. Nutzen Sie daher bei den Anrufanzeigen eine individuelle
Einstellung des Werbezeitplaners.

Daher haben wir in Abbildung 7.18 exemplarisch Bürozeiten mit einer entsprechenden Mittagspause im Werbezeitplaner hinterlegt, sodass die Anrufanzeigen zielgerichtet zu den Bürozeiten ausgeliefert werden, damit der Anruf auch entgegenge-
nommen und der potenzielle Kunde direkt richtig betreut werden kann.

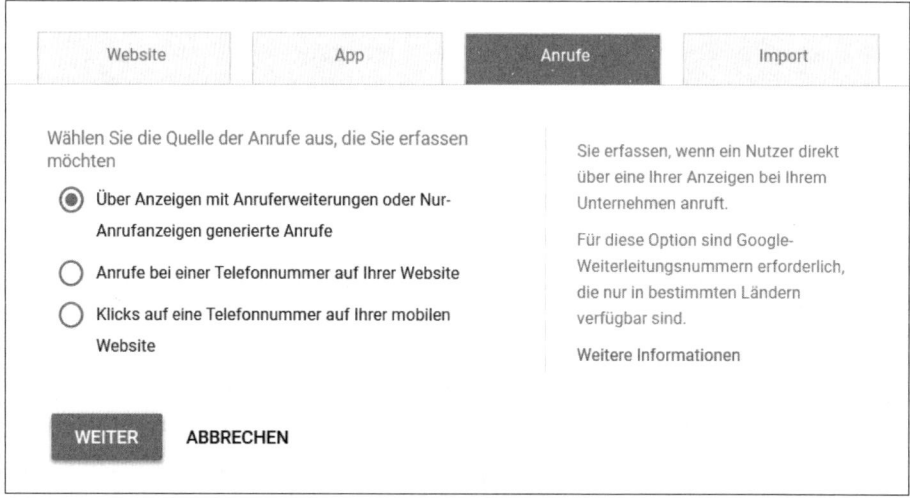

Abbildung 7.18 Werbezeitplaner für Anrufanzeigen

7.4.5   Erweiterte Gebotsanpassung

Neben den drei altbekannten Gebotsanpassungen, also STANDORTE, WERBEZEITPLA-
NER und GERÄTE, ist im neuen AdWords-Interfache noch eine sogenannte ERWEI-
TERTE GEBOTSANPASSUNG hinzugekommen. Wenn Sie in der mittleren Menüleiste
ganz nach unten scrollen, finden Sie diese Anpassungsmöglichkeit unterhalb der
Einstellung für die (End-)Geräte (siehe Abbildung 7.19).

Abbildung 7.19 Der Unterpunkt »Erweitere Gebotsanpassung«
in der Menüleiste

Nach dem Klick auf ERWEITERTE GEBOTSANP. erhalten Sie aktuell (Stand: Dezember 2017) eine Auflistung zum Interaktionstyp ANRUFE sowie die zugehörige Kampagne. Im nächsten Schritt können Sie nun unter GEBOTSANP. die Gebote beispielsweise prozentual erhöhen (siehe Abbildung 7.20), damit zum einen die Anruferweiterungen verstärkt ausgeliefert werden oder um zum anderen die Nur-Anrufanzeigen bevorzugt auszuspielen.

Abbildung 7.20 Nehmen Sie eine Gebotsanpassung für Anrufe unter »Erweiterte Gebotsanpassung« vor.

Für beratungsintensive Produkte und Unternehmen mit starker Ausrichtung auf die telefonische Kundenberatung kann diese Gebotsanpassung sehr interessant sein. Vielleicht findet man zukünftig unter ERWEITERTE GEBOTSANP. noch andere Möglichkeiten, um flexiblere Gebote für unterschiedliche Aussteuerungen zu hinterlegen.

7.4.6   Nur-Anrufanzeige

Eine Steigerung der Ausrichtung auf telefonische Kontakte erreichen Sie mit den Nur-Anrufanzeigen. Diese Anzeigen dienen ausschließlich dazu, einen direkten telefonischen Kontakt herzustellen. Daher werden diese Anzeigen natürlich nur auf anruffähigen Mobilgeräten geschaltet. Sie erstellen die Nur-Anrufanzeige in einer Such-netzwerk-Kampagne an gleicher Stelle wie die Textanzeige. Nachdem Sie Kampagne und Anzeigengruppe ausgewählt haben, rufen Sie in der Menüleiste den Unterpunkt ANZEIGEN UND ERWEITERUNGEN auf. Danach klicken Sie unter ANZEIGEN auf ⊕ und wählen + NUR-ANRUFANZEIGE.

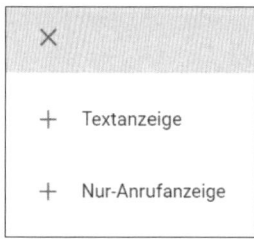

Abbildung 7.21 Nur-Anrufanzeige erstellen

Die Besonderheit dieser Anzeige besteht darin, dass als Ziel keine Webseite, sondern eine Telefonnummer hinterlegt wird (siehe Abbildung 7.22). Zunächst geben Sie je-doch den Namen Ihres Unternehmens ❶ und danach Ihre Telefonnummer ❷ an, wie Sie dies bereits von den Anzeigenerweiterungen kennen.

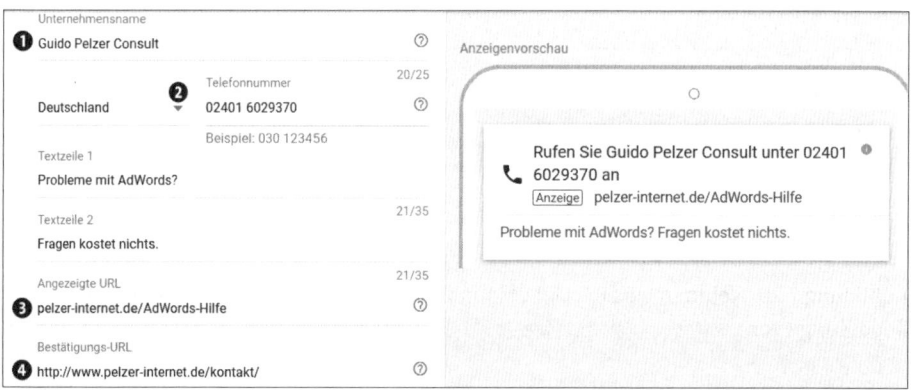

Abbildung 7.22 Formularfelder und Vorschau der Anruf-Anzeige

Im nächsten Schritt erstellen Sie eine Textanzeige mit Textzeile 1 und 2 sowie der angezeigten URL ❸. Die Besonderheit besteht in der Bestätigungs-URL ❹. An dieser Stelle tragen Sie eine Unterseite Ihrer Website ein, die Ihre zuvor angegebene Tele-fonnummer enthält. Anhand dieser Seite überprüft Google, ob es sich um eine echte Nummer Ihres Unternehmens handelt.

Nachdem Sie die Anzeigen erstellt haben, können Sie direkt in der Anzeigenvorschau die Darstellung überprüfen (rechts in Abbildung 7.22). Der Telefonhörer zeigt dem Mobilphone-Nutzer an, dass ein Anruf via Smartphone getätigt werden kann, außerdem erscheint in der Titelzeile eine standardisierte Aufforderung, die den Firmennamen und die Telefonnummer einbezieht.

Falls Sie die Anrufe tracken möchten, müssen Sie unter ANRUFBERICHTE analog zur Anruferweiterung den Radiobutton auf AKTIVIERT stellen und die Checkbox CONVERSIONS ZÄHLEN ALS bestätigen. In der Dropdown-Liste können Sie eine bestehende Conversion auswählen oder über den Link CONVERSIONS VERWALTEN zum Tool *Messungen – Conversions* springen. Dort können Sie dann eine passende Conversion vom Typ ANRUFE anlegen (siehe Abbildung 7.23).

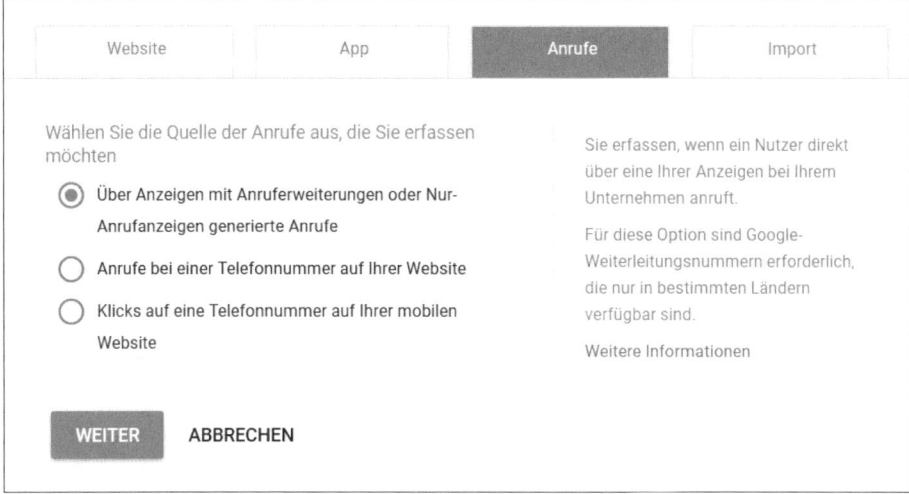

Abbildung 7.23 Erstellen Sie eine Conversion-Messung für Ihre Anrufe.

Beim Anlegen der Anruf-Conversion (siehe Abbildung 7.24) können Sie unter anderem bestimmen, ab welcher Länge ein Anruf als Conversion erfasst werden soll; in unserem Beispiel sind 30 Sekunden eingestellt. Google kann diese Informationen natürlich nur messen, weil der Klick über Google auf Ihre Nummer weitergeleitet wird. Nur in diesem Fall hat Google die Information, ob ein Anruf angenommen wurde und wie lange dieser Anruf gedauert hat. Weitere Informationen zum Anlegen der verschiedenen Conversions finden Sie in Abschnitt 10.2.

Egal ob Sie Anruferweiterungen nutzen oder Nur-Anruf-Anzeigen erstellen, Sie sollten diese AdWords-Möglichkeiten für Ihre mobile Strategie passend einsetzen. Möchten Sie einen direkten Kontakt zum Kunden bzw. einem Interessenten? Hilft es beim Vertrieb, wenn Fragen persönlich geklärt werden? Dann versuchen Sie immer, Ihre mobilen potenziellen Kunden dazu zu bewegen, Sie direkt per Telefon zu kontaktieren.

Einstellungen	Conversion-Name	Nur-Anruf-Anzeige
	Kategorie	Anfrage
	Wert	Keinen Wert verwenden
	Quelle Bearbeiten nicht möglich	Anrufe über Anzeigen
	Zählmethode	Eine Conversion
	Anrufdauer	30 Sekunden
	Conversion-Tracking-Zeitraum	30 Tage
	In "Conversions" einbeziehen	Ja
	Attributionsmodell	Letzter Klick

Abbildung 7.24 Einstellungen der Anruf-Conversions

7.4.7   Leads und Anrufe als Zielvorgabe

In einer der vorigen Versionen des AdWords-Interfaces konnte eine reine Nur-Anruf-Kampagne als spezielle Form einer Suchkampagne erstellt werden. Im neuen Ad-Words-Interface hat Google diese spezielle Kampagne durch die Zielvorgabe eines Leads via Anrufe abgedeckt. Wenn Sie bei der Erstellung einer neuen Kampagne diese Kombination (siehe Abbildung 7.25) wählen, dann können Sie in Ihrer Anzeigengruppe zunächst nur eine Anruf-Anzeige erstellen.

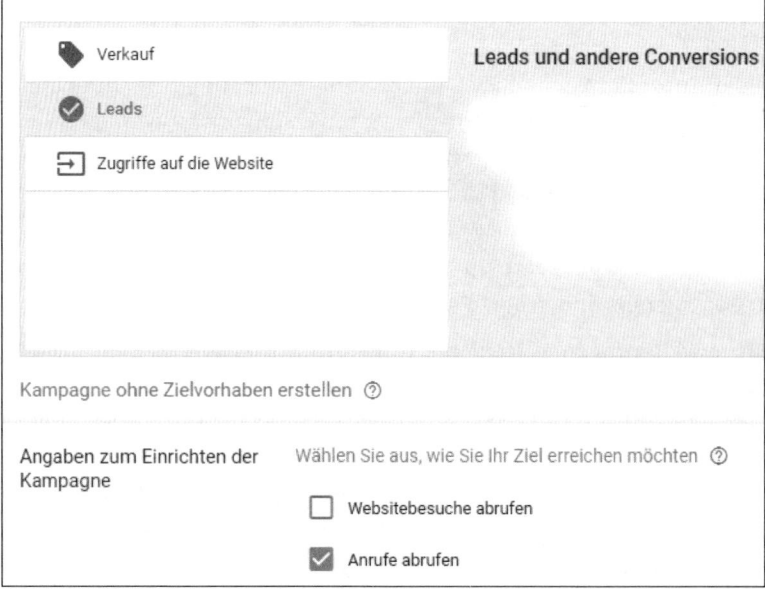

Abbildung 7.25 Leads und Anrufe als Kampagnenziele vorgeben

Im Gegensatz zu früher können Sie dann aber zusätzlich auch normale Textanzeigen hinzufügen. Google möchte sich hier wohl alle Möglichkeiten offenhalten. Per A/B-Test kann jeder AdWords-Nutzer selbst entscheiden, welche Anzeigenform besser performt, gleichzeitig werden aber bestimmte Werbeformen nicht grundsätzlich ausgeschlossen.

Über die bereits beschriebene erweiterte Gebotsanpassung können Sie die Anrufanzeige immer noch favorisieren.

Anruferweiterungen oder auch Nur-Anrufanzeigen werden insgesamt gesehen im AdWords-Konto eher selten genutzt. Falls Sie jedoch Restaurantbesitzer, Unternehmensberater oder Anwalt sind oder einer ähnlichen Branche angehören, sind die Anrufanzeigen eine sehr interessante Werbemöglichkeit. Sie benötigen keine optimierte Landing-Page und haben die potenziellen Kunden direkt an der Strippe.

7.4.8   App-Installationsanzeigen

App-Installationsanzeigen nennt sich die AdWords-Funktion, bei der auf mobilen Endgeräten eine App beworben wird, die dann direkt per Klick entweder bei iTunes oder aus dem Google Play Store heruntergeladen werden kann. Diese Werbeform ist natürlich nur für diejenigen AdWords-Nutzer interessant, die auch eine eigene App besitzen. Abbildung 7.26 zeigt ein Beispiel einer App-Anzeige, die direkt nach Google Play verlinkt.

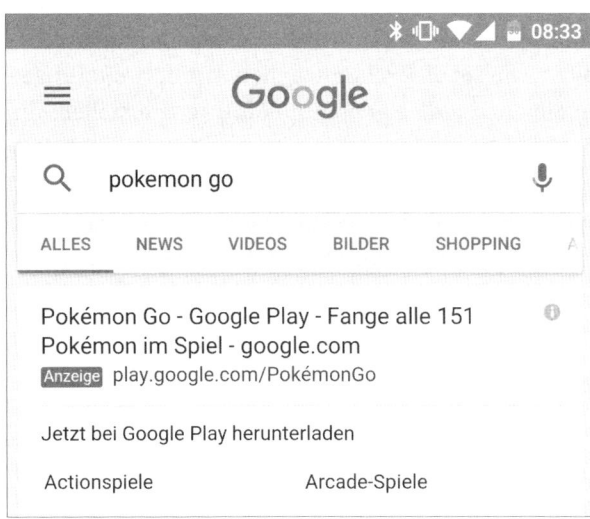

Abbildung 7.26 Beispiel für eine App-Installationsanzeige

Bitte schalten Sie eine App-Anzeige nicht einfach so, weil Sie irgendwann einmal kostenlos eine App erstellen konnten, die nur die Inhalte Ihrer Webseite in verkürzter Form darstellt. Dazu benötigen Sie keine App, das kann Ihre mobiloptimierte Website besser! Eine App mit AdWords zu bewerben kostet natürlich auch Geld und sollte daher vorher strategisch vorbereitet werden. Am besten erstellen Sie eine App, die einen entscheidenden Vorteil bietet, damit die Smartphone-Nutzer diese App auch nutzen. Dabei sollte das Thema der App jedoch mit Ihrer Marke und Ihrem Produkt in Verbindung stehen, denn letztlich sollte auch die App einen Beitrag zu Ihrem Geschäftserfolg liefern.

Sie könnten beispielsweise als Online-Shop für Mode eine App zur Ermittlung der passenden Konfektionsgröße und zur Umrechnung der verschiedenen Größenangaben erstellen, die dann natürlich auch immer wieder passend auf Ihren Shop verlinkt. Bei dem kleinen Beispiel sehen Sie schon, dass Sie sich zunächst mit dem Thema App und den entsprechenden Möglichkeiten auseinandersetzen müssen, bevor Sie mit der Bewerbung der App via AdWords starten.

App-Neuinstallation oder Interaktion?

Wenn Sie über Google AdWords mit einer neuen App-Kampagne Ihre Firmen-App bewerben möchten, können Sie zunächst nur App-Installationen, also die Neuinstallation Ihrer App, bewerben. Nachdem Sie sich eine Nutzerbasis aufgebaut haben, können Sie auch bestimmte Interaktionen der Nutzer mit der App messen. Nun könnten Sie auch die Steigerung bestimmter Interaktionen über AdWords bewerben, damit die App-Nutzer sich weiterhin mit der App und somit letztlich mit Ihren Produkten, Ihrer Marke oder ganz einfach mit Ihrem Unternehmen beschäftigen.

In AdWords können Sie App-Anzeigen entweder als Anzeigenerweiterung zu einer bestehenden Textanzeige schalten, wie Sie dies schon von den Anruferweiterungen her kennen. Alternativ können Sie auch eine eigene App-Kampagne erstellen, um Ihre App im Suchnetzwerk- oder Displaynetzwerk, bei YouTube oder bei Google Play zu bewerben. Das Bewerben einer App innerhalb einer anderen App ist zudem in den Kampagnen des Google Displaynetzwerks möglich. Wir schauen uns die Möglichkeiten *App-Erweiterung* und *Universelle App-Kampagne* nun einmal genauer an.

7.4.9 App-Erweiterung

Die zusätzliche Schaltung der App zu einer normalen Suchanzeige nennt sich App-Erweiterung. Wie bei den anderen Erweiterungen zu Ihren Anzeigen klicken Sie zunächst in der Menüleiste auf ANZEIGEN UND ERWEITERUNGEN und wechseln danach im oberen Bereich auf ERWEITERUNGEN. Per Klick auf ⊕ öffnen Sie die Dropdown-Liste, aus der Sie die nun APP-ERWEITERUNG auswählen.

Beim ersten Anlegen belassen Sie die Voreinstellung auf NEU ERSTELLEN und wählen dann die App-Plattform aus. Obwohl es auch viele Apps für Apple in iOS gibt, werden die meisten Apps wohl als Android-Version laufen. Wählen Sie also die Plattform aus, und suchen Sie mithilfe von Namensbestandteilen der App oder des Herstellers nach der gewünschten App, die Sie bewerben möchten. Für unser Beispiel haben wir einfach eine kostenlose App des Bundesligisten Bayer 04 Leverkusen gewählt (siehe Abbildung 7.27).

Falls Sie nicht den genauen Namen der App kennen, müssen Sie durch die angezeigten Suchergebnisse scrollen und die gewünschte App dann per Klick auswählen – bitte beachten Sie, dass ein Klick auf den blauen Link nicht die App markiert, sondern Sie direkt zum Store weiterleitet.

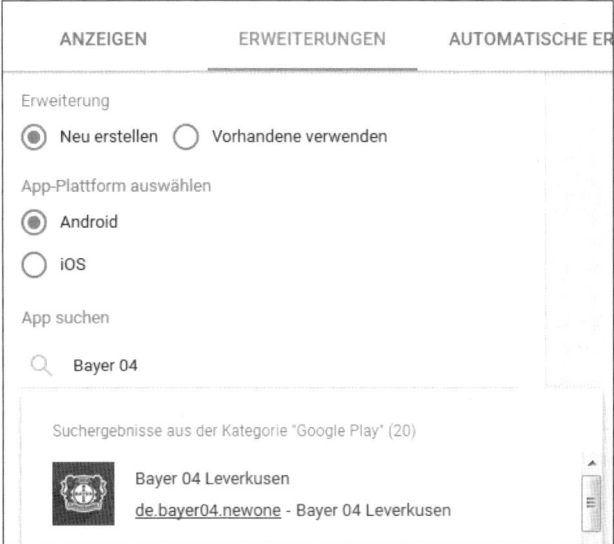

Abbildung 7.27 App bei Google Play oder im Apple Store suchen und als Erweiterung hinzufügen

Im nächsten Schritt können Sie unter LINKTEXT den vorgegebenen Call-to-Action ändern, wobei Sie wieder die bekannte Länge von 25 Zeichen nutzen dürfen. Außerdem finden Sie hier auch die bereits bekannte Option des bevorzugten Geräts – hier jedoch in einer etwas anderen Form, als Sie dies bereits kennengelernt haben: Die Apps sind nur für Smartphones und Tablets interessant und werden zunächst für die beiden Geräteformen geschaltet. Durch Aktivierung der Checkbox können Tablets bei dieser Erweiterung explizit ausgeschlossen werden (siehe Abbildung 7.28).

Die APP-URL-OPTIONEN und die ERWEITERTEN OPTIONEN können so genutzt werden, wie Sie es bereits in anderen Erweiterungen gesehen haben. Nachdem die Grundeinstellungen zur App-Erweiterung abgeschlossen sind, zeigt eine Vorschau die mobile Darstellung der App-Erweiterung an, die unterhalb einer AdWords Textanzeige erscheint (siehe Abbildung 7.29).

Abbildung 7.28 Vergeben Sie einen eigenen Call-to-Action, und bestimmen Sie das bevorzugte Gerät.

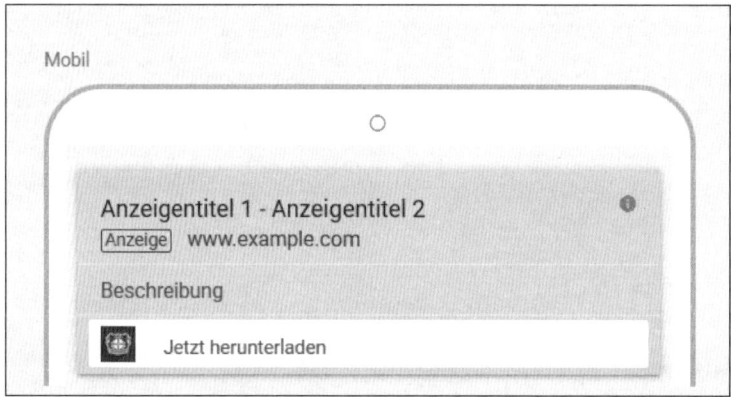

Abbildung 7.29 Vorschauergebnis zur erstellten App-Erweiterung

7.4.10 Universelle App-Kampagne

Die zweite Möglichkeit, Ihre App zu bewerben, nennt sich *Universelle App-Kampagne*. Sie müssen dazu eine neue Kampagne erstellen und als Kampagnentyp die App-Kampagne auswählen (siehe Abbildung 7.30). Ihre Kampagne erhält natürlich wieder einen Namen ❶ und die wichtigen Grundausrichtungen.

Falls Sie noch keine App in Ihrem AdWords-Konto beworben haben, so fügen Sie Ihre App wie im vorigen Abschnitt beschrieben hinzu. Sie wählen die App-Version und suchen Ihre App entweder bei Google Play oder im Apple Store. Im nächsten Schritt müssen Sie nun sogenannte Anzeigenassets ❷ hinzufügen. Die Assets sind hier Textbausteine, Bilder oder Videos, die Ihre Anzeige unterstützen sollen. Bitte beachten Sie, dass es bei der App-Kampagne keine Anzeigengruppen gibt. Sie erstellen die Assets direkt auf Kampagnenebene. Per Klick auf das kleine Lesezeichensymbol ❸ lädt Google AdWords eine Vorschau der jeweiligen App-Beschreibung, aus der Sie dann einfach Textbausteine mit Funktion und Vorteilen der App kopieren und in Ihre Textideen einfügen bzw. umformulieren können.

Kampagnenname ❶
App-Kampagne-Bayer-04
Anzeigenassets
❷
Ihre Textideen
❸

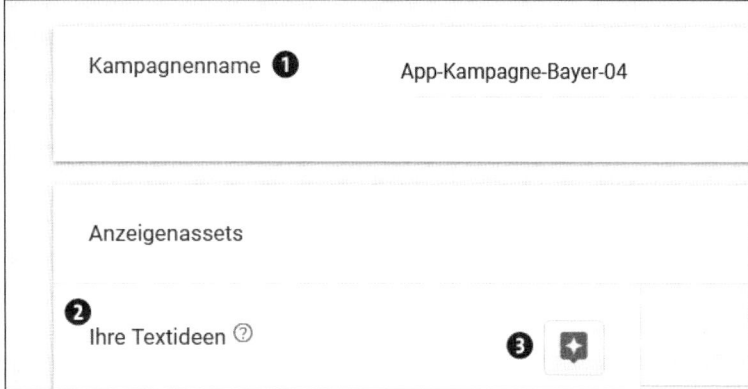

Abbildung 7.30 App-Anzeige zur Kampagne erstellen

Abbildung 7.31 zeigt einen Ausschnitt der App-Beschreibung und die formulierten Textideen aus unserem Beispiel.

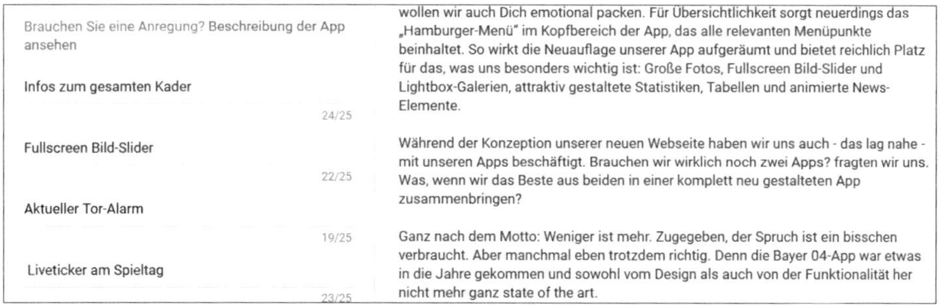

Brauchen Sie eine Anregung? Beschreibung der App ansehen
Infos zum gesamten Kader
24/25
Fullscreen Bild-Slider
22/25
Aktueller Tor-Alarm
19/25
Liveticker am Spieltag
23/25
wollen wir auch Dich emotional packen. Für Übersichtlichkeit sorgt neuerdings das „Hamburger-Menü" im Kopfbereich der App, das alle relevanten Menüpunkte beinhaltet. So wirkt die Neuauflage unserer App aufgeräumt und bietet reichlich Platz für das, was uns besonders wichtig ist: Große Fotos, Fullscreen Bild-Slider und Lightbox-Galerien, attraktiv gestaltete Statistiken, Tabellen und animierte News-Elemente.
Während der Konzeption unserer neuen Webseite haben wir uns auch - das lag nahe - mit unseren Apps beschäftigt. Brauchen wir wirklich noch zwei Apps? fragten wir uns. Was, wenn wir das Beste aus beiden in einer komplett neu gestalteten App zusammenbringen?
Ganz nach dem Motto: Weniger ist mehr. Zugegeben, der Spruch ist ein bisschen verbraucht. Aber manchmal eben trotzdem richtig. Denn die Bayer 04-App war etwas in die Jahre gekommen und sowohl vom Design als auch von der Funktionalität her nicht mehr ganz state of the art.

Abbildung 7.31 Textbausteine anhand der App-Beschreibung hinzufügen

Die Textbausteine werden je nach Größe des vorhandenen Werbeplatzes genutzt. Es werden zum Teil mehrere Textbausteine gleichzeitig angezeigt, es kann aber auch sein, dass nur ein Baustein genutzt wird, wie wir das schon von den Responsive-Anzeigen im Displaynetzwerk kennen. Zudem testet AdWords in kleinen A/B-Tests, welche Bausteine am besten funktionieren, und rotiert die Auslieferung entsprechend.

Neben den Texten können auch bis zu 20 Bilder und zudem bis zu 20 passende Videos als Assets hinzugefügt werden, um die Anzeigen an entsprechender Stelle zu unterstützen. Für unser Beispiel aus Abbildung 7.32 haben wir ein passendes Video bei YouTube ausgewählt.

Eigene Videoanzeigen hinzufügen (optional)
Sie können auf YouTube für Ihre App werben, indem Sie bis zu 20 Videos hinzufügen. Wenn Sie dieses Feld leer lassen, wird möglicherweise von AdWords ein Video für Sie erstellt.
Video suchen oder URL aus YouTube einfügen
Kai Havertz | Bayer 04 Leverkusen | Goals, Skills, Assists|
von TrezegolScout
Bilder zur Anzeige hinzufügen (optional)
Sie können bis zu 20 Bilder hinzufügen.

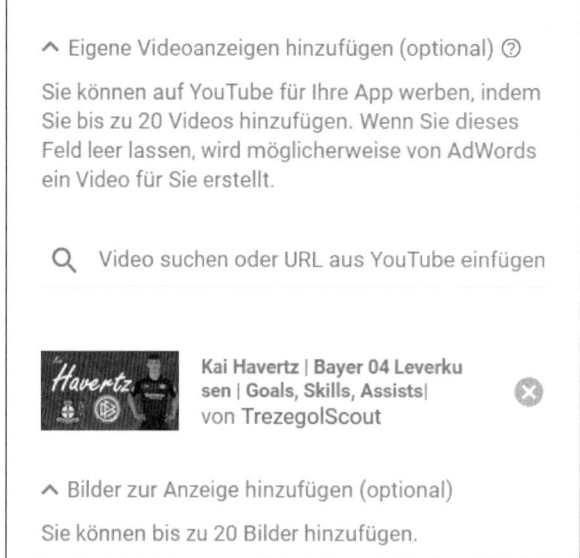

Abbildung 7.32 Bilder und/oder Video als Anzeigenassets hinzufügen

Da man bei den vielen Anzeigenassets schnell den Überblick verlieren kann, können Sie diese in einer Übersicht unter KAMPAGNE • ANZEIGENASSETS betrachten (siehe Abbildung 7.33).

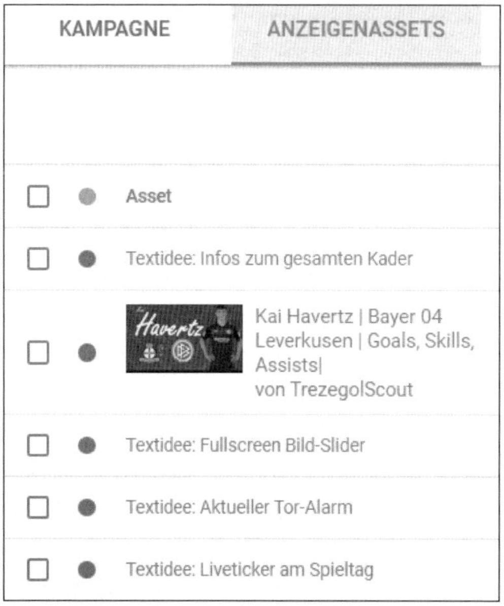

KAMPAGNE
ANZEIGENASSETS
Asset
Textidee: Infos zum gesamten Kader
Kai Havertz | Bayer 04 Leverkusen | Goals, Skills, Assists|
von TrezegolScout
Textidee: Fullscreen Bild-Slider
Textidee: Aktueller Tor-Alarm
Textidee: Liveticker am Spieltag

Abbildung 7.33 Übersicht zu den aktuellen Anzeigenassets

In einer kleinen Vorschau können Sie sich unter Einstellungen beim Unterpunkt Anzeigenassets die Darstellung der Anzeige auf den unterschiedlichen Werbeplattformen betrachten.

Die folgenden Plattformen für App-Anzeigen bietet AdWords aktuell an (siehe Abbildung 7.34):

▶ Google-Suche

▶ Google Displaynetzwerk

▶ YouTube

▶ Google Play Store

Da auch über das Google Displaynetzwerk Werbung in Apps erscheinen kann, ist es über das GDN möglich, die eigene App in einer anderen App zu bewerben.

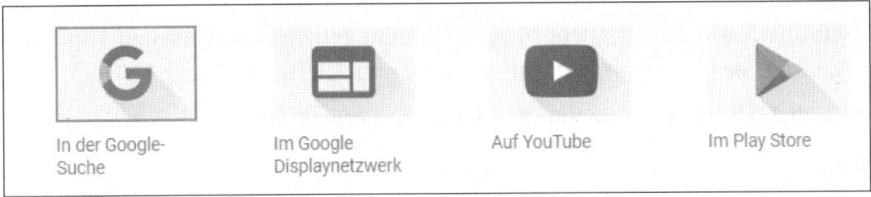

Abbildung 7.34 Vorstellung der unterschiedlichen Werbenetzwerke für App-Anzeigen

Die folgenden Abbildungen zeigen zwei Beispiele, wie eine universelle App-Kampagne auf unterschiedlichen Werbeplattformen ausgeliefert wird, und zwar einmal bei YouTube in Kombination mit dem hinzugefügten Video (siehe Abbildung 7.35) und zum anderen als Werbung im Google Play Store (siehe Abbildung 7.36).

Abbildung 7.35 Vorschau der Anzeige auf YouTube in Kombination mit dem Video

377

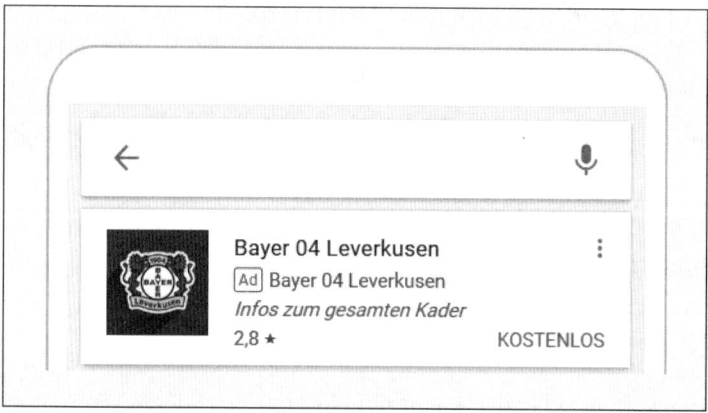

Abbildung 7.36 Vorschau der Anzeige im Play Store

Die zusammenfassende Übersicht zu den Einstellungen Ihrer universellen App-Kampagne können Sie unter EINSTELLUNGEN betrachten (siehe Abbildung 7.37).

Folgende Einstellungen kennen Sie bereits aus anderen Kampagnentypen:

- Orte
- Sprachen
- Budget
- Start- und Enddatum
- Standortoptionen

Abbildung 7.37 Alle Einstellungen einer App-Kampagne in der Übersicht

Neben den bereits besprochenen Anzeigenassets liegt die Besonderheit der universellen App-Kampagne in zwei weiteren Einstellungsmöglichkeiten:

▸ Kampagnenoptimierung

▸ Gebote

Zu Beginn legen Sie die Optimierung zunächst auf ANZAHL DER INSTALLATIONEN fest (siehe Abbildung 7.38), weil Sie zunächst möglichst viele neue potenzielle Kunden erreichen möchten, die Ihre App installieren sollen. Zusätzlich werden natürlich ALLE NUTZER angesprochen.

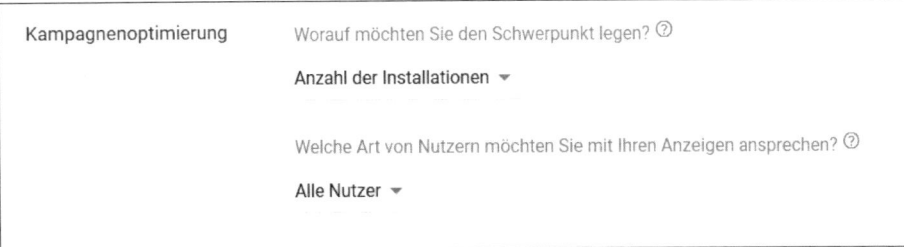

Abbildung 7.38 Grundeinstellung zur Kampagnenoptimierung

Wenn die App bei vielen Nutzern installiert ist und Sie das Verhalten der Nutzer über Conversions tracken, dann können Sie später Ihre Kampagne auch auf In-App-Aktionen ausrichten.

Als Gebotsstrategie gibt AdWords für die Neuinstallation die ZIEL-COST-PER-INSTALL vor. Sie müssen also für sich festlegen, welchen Betrag Sie pro App-Installation investieren möchten. Eine Besonderheit der universellen App-Kampagne besteht darin, dass sie keine Anzeigengruppe enthält.

7.4.11   Mobil und lokal

Mobile Kampagnen werden, wie Sie bereits erfahren haben, vor allem in Kombination mit der lokalen Ausrichtung einer Kampagne immer wichtiger. Sie sollten daher darauf achten, dass die Standorterweiterung für Ihre mobile Kampagne auf jeden Fall eingestellt wird, wenn Sie einen physischen Standort haben, wo Sie Ihre Produkte oder Dienstleistungen anbieten. Die Standorterweiterung zeigt nämlich Ihre standortbezogenen Adressdaten an, damit potenzielle Kunden schnell und einfach den Weg in Ihr Geschäft finden können.

7.4.12   Mobile Landing-Pages

Bevor Sie mit mobilen Kampagnen starten, sollten Sie zunächst Ihre Website checken und für mobile Nutzer optimieren. *Responsive Design* ist das Zauberwort, das man heutzutage immer wieder im Zusammenhang mit mobilen Webseiten hört. Aber Responsive Design reicht eigentlich nicht, denn neben dem angepassten Design für mobile Geräte ist vor allem passender Inhalt wichtig. Auf einem mittlerweile üblichen 27-Zoll-Bildschirm können Sie natürlich viel mehr Informationen unterbringen als auf einem 4,7 Zoll großen Smartphone-Display. Daher reicht es nicht, nur die Darstellung Ihrer Website anzupassen. Vielmehr sollten Sie überlegen, wie Sie den Inhalt nutzergerecht auf verschiedenen Displaygrößen darstellen. Dies erhöht auf jeden Fall die Chance, auch mobil Ihre Zielgruppe optimal anzusprechen und neue Kunden zu generieren.

Responsive Design

Responsive Design bzw. besser gesagt *responsives Webdesign* sorgt dafür, dass Webseiten so programmiert sind, dass sie auf die Besonderheiten der jeweils benutzten Endgeräte, vor allem Smartphones und Tablet-PCs, reagieren können. Der Aufbau einer »responsiven« Webseite orientiert sich an den Darstellungsmöglichkeiten auf den Endgeräten und am Nutzerverhalten. Dies betrifft vor allem die Anordnung und Präsentation einzelner Webseitenelemente (z. B. eine spezielle Navigation), die Darstellung der Texte sowie die Nutzung spezieller Steuerungs- und Eingabemethoden für Mobilgeräte.

7.4.13 Grundsätzliche Tipps für mobile Webseiten

Achten Sie beim Erstellen einer Website für mobile Geräte auf folgende Punkte:

1. Bieten Sie auf Ihrer mobilen Webseite stets gut sichtbar verschiedene Möglichkeiten zur Kontaktaufnahme an. Die Geschäftsadresse und Telefonnummer sollten prominent und gut sichtbar platziert sein.

2. Die Präsentation Ihrer Produkte oder Dienstleistungen steht im Vordergrund. Diese dürfen nicht zu klein sein, sondern sollten in entsprechender Größe präsentiert werden, damit sie auch auf kleinen Displays gut erkennbar sind. Nur wenn Sie es potenziellen Kunden ermöglichen, schnell und unkompliziert Produktinformationen und Sonderangebote auf Ihren mobilen Endgeräten zu finden, werden diese auch Interesse zeigen.

3. Seien Sie sehr direkt und präzise; verwenden Sie nicht viel Text, da Text auf mobilen Geräten schwerer zu lesen ist.

4. Verwenden Sie eine große Textdarstellung und auch große Tasten, die leicht mit dem Daumen gedrückt werden können.

5. Achten Sie darauf, dass Ihre Zielseiten schnell geladen werden. Dies gilt natürlich für alle Arten von Webseiten, aber mobile Nutzer sind besonders ungeduldig. Bei einem langsamen Aufbau der Webseite und zusätzlich langsamer Internetverbindung werden viele mobile Webseitenbesucher abbrechen, bevor sie Ihre Seite gesehen haben.

Webseiten mit Pagespeed testen

Falls Sie nicht sicher sind, ob Ihre mobile Landing-Page geeignet ist, so gibt es online verschiedene Tools, die nach Eingabe der URL die Webseiten testen. Google bietet z. B. einen Dienst an, der die Geschwindigkeit einer Website für die Desktop- und die Mobilversion analysiert. Neben dem Speed-Test gibt es zusätzlich für die mobile Webseitenversion noch Hinweise zur Nutzererfahrung. Sie finden den Pagespeed-Test unter folgender URL:

https://developers.google.com/speed/pagespeed/insights

7.4.14   Spezielle Design- und inhaltliche Tipps für eine mobile Website

Achten Sie zusätzlich beim Design Ihrer Website auf Folgendes:

1. **Ist der Home-Button gut sichtbar?**
   Zeigen Sie deutlich und an der gewohnten Position, wie der Nutzer wieder auf Ihre Startseite gelangen kann. Im Optimalfall ist der Home-Button links oben positioniert. Oft wird neben den Begriffen *Home* oder *Start* auch das Firmenlogo als Home-Button ❶ genutzt (siehe Abbildung 7.39).

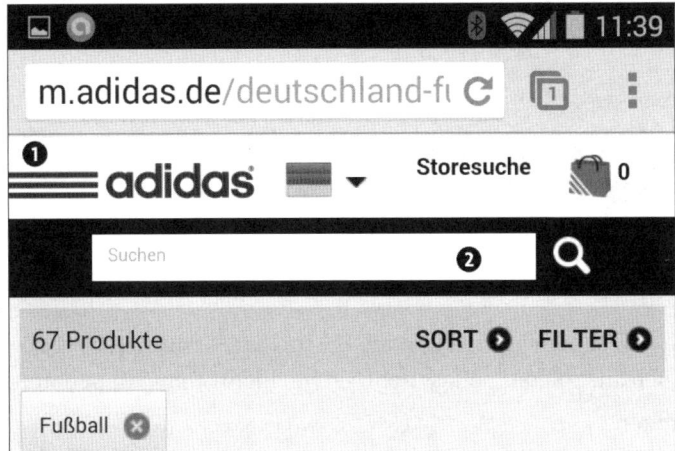

Abbildung 7.39 Mobile Website mit Site-Search

2. **Site-Search**

Bieten Sie auf Ihrer mobilen Seite eine Site-Search-Funktion ❷ an. Dies ist eine wertvolle Unterstützung für den mobilen Nutzer, der oftmals sehr unter Zeitdruck steht und schnell die gewünschte Information auf Ihrer Seite finden möchte.

3. **Intuitive Menüführung**

Das Menü Ihrer mobilen Webseite sollte intuitiv mit kurzen und selbsterklärenden Bezeichnungen gestaltet werden (siehe Abbildung 7.40). Nutzen Sie die mobilen Standards; Finger weg von »Design-Experimenten«, die der Nutzer nicht versteht.

Abbildung 7.40 Einfache, intuitive Menüführung

4. **Einfache Eingabe**

Bieten Sie einfache Eingabemöglichkeiten an. Versuchen Sie immer, Dropdown-Menüs mit Vorgaben anzubieten, sodass der User möglichst wenig tippen muss.

5. **Radio-Buttons nutzen**

Falls die Auswahl überschaubar ist und gar nicht oder nur wenig gescrollt werden muss, eignen sich Radio-Buttons, z. B. zur Vorgabe auswählbarer Schuhgrößen (siehe Abbildung 7.41). Auch hier steht die einfache Bedienung im Vordergrund, damit der mobile Nutzer bei Laune gehalten wird und seine Online-Bestellung nicht abbricht.

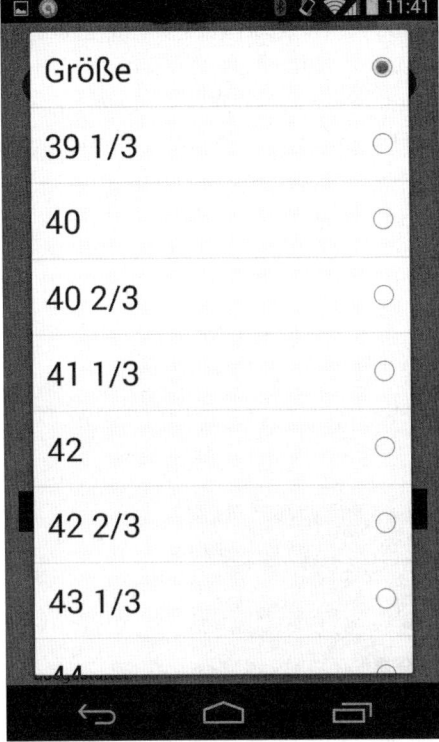

Abbildung 7.41 Schuhgröße per Radio-Button auswählen

6. **Sichtbarer Call-to-Action**

Platzieren Sie Ihren Call-to-Action-Button gut sichtbar, also ziemlich zentral und relativ groß (siehe Markierung in Abbildung 7.42). Der Button sollte außerdem einfach per Daumen bedienbar sein.

Abbildung 7.42 Call-To-Action gut sichtbar platzieren

7. **Hinweis auf Desktop-Version**

Oft findet man auf der mobilen Webseite einen Link mit einem Hinweis auf die Desktop- oder PC-Version einer Webseite (siehe Markierung in Abbildung 7.43). Bitte platzieren Sie *keinen* Verweis auf eine PC/Desktop-Version! Sie haben doch die mobile Version extra für die Smartphone-Nutzer erstellt. Mit dem Hinweis verwirren und verunsichern Sie Ihre User. Diese haben Angst, etwas zu verpassen, und wechseln dann auf die Desktop-Version, was eher Nachteile für sie hat.

Abbildung 7.43 Ein Verweis auf die Desktop-Seite: bitte nicht!

8. **Direkte Eingabeprüfung**

Überprüfen Sie die Eingaben, die Ihre User auf Ihrer mobilen Seite vornehmen, direkt auf Plausibilität. Verhindern Sie damit Fehleingaben, die später zu größeren Änderungen führen können. Eine umständliche Neueingabe verärgert vor allem den mobilen User, weil die Eingabe mehr Mühe verursacht, als dies zu Hause am PC der Fall ist.

9. **Keine externe Werbung**

Verzichten Sie möglichst auf zusätzliche Werbung auf Ihrer Webseite, da dies den Besucher vom Wesentlichen ablenkt und bei beschränktem Platz nicht zur Übersichtlichkeit beiträgt.

10. **Abschluss auf anderen Geräte ermöglichen**

Bieten Sie die Möglichkeit an, Produkte vorzumerken oder im sozialen Netzwerk zu teilen. Eingaben auf der mobilen Webseite sollte man speichern bzw. die Vorauswahl per E-Mail verschicken können, sodass die Bestellung von einem anderen Gerät aus einfacher weiterbearbeitet werden kann. Viele Smartphone-User möchten z. B. keine Kreditkartendaten über ihr Telefon eingeben. Durch die Weitergabe der bereits eingestellten Daten besteht daher eine große Chance, dass der potenzielle Kunde Ihnen erhalten bleibt, weil er an anderer Stelle die Bestellung fortsetzen kann.

11. **Mobiler Daumen**

Optimieren Sie Ihre mobilen Webseiten immer für den mobilen Daumen! Der *mobile Daumen* ist ein wichtiger Begriff im Zusammenhang mit mobilen Webseiten. Viele Aktionen auf den Smartphones werden mit dem Daumen durchgeführt, während das Telefon locker in der Handfläche liegt. Beim Design Ihrer mobilen Website sollten Sie daher immer daran denken, dass wichtige Buttons oder Schaltflächen einfach per Daumenklick erreichbar sind. Das erhöht die Usability Ihrer mobilen Webseite und damit auch die Chancen auf viele Conversions.

7.5 Mobile PPC-Keywords

Die Eingabe der Suchbegriffe auf mobilen Geräten gestaltet sich zum Beispiel durch die Daumentechnik und einer kleineren Tastatur schwieriger als dies am PC der Fall ist. Nutzen Sie daher auch kurze Stichworte als Keywords, und analysieren Sie die Vorschläge von Google Suggest. Auf diese Vorschläge wird bei Smartphones gern zurückgegriffen. Verwenden Sie zusätzliche Ergänzungen zum Haupt-Keyword, die auf eine Aktion zielen. Mobile Benutzer suchen Lösungen, um schnell eine Entscheidung treffen zu können.

Hilfe bieten Ihnen unter anderem die speziellen Filter zur mobilen Suche im AdWords-Keyword-Planer. Das Tool hält außerdem Statistiken zu mobilen Nutzung bereit. Nach Eingabe Ihrer Keyword-Ideen können Sie neben der Standardstatistik zu den Suchvolumen-Trends ❶ auch Trends in der Mobilwerbung ❷ und die Aufschlüsselung nach Gerät ❸ auswählen (siehe Abbildung 7.44).

Abbildung 7.44 Auswahl spezieller Statistiken zur Mobilwerbung

Die Trends in der Mobilwerbung zeigen den steigenden Anteil der mobilen Suche zu Ihrer Keyword-Recherche (siehe Abbildung 7.45).

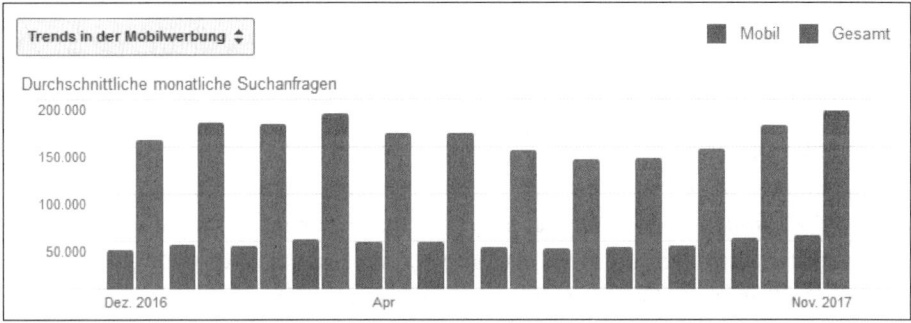

Abbildung 7.45 Trends in der Mobilwerbung im Vergleich zur Gesamtwerbung

Die Aufschlüsselung nach Geräten aus Abbildung 7.46 zeigt unter anderem den aktuellen Anteil, den die Mobiltelefone und die Tablets an der Suche zu den Keywords haben, die Sie im Keyword-Planer recherchieren. So liefern Ihnen die Statistiken zusätzliche Entscheidungshilfen, ob eine mobile Strategie in Ihrem Keyword-Bereich sinnvoll ist.

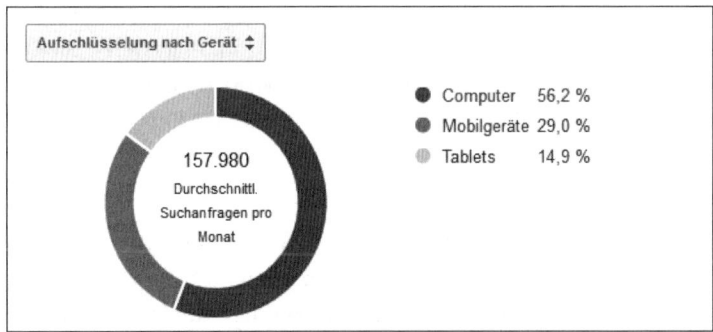

Abbildung 7.46 Aufschlüsselung der Suchanfragen nach Endgerät

Unser Tipp: Nutzen Sie auch für Ihre Kampagnen im Displaynetzwerk eine mobile Strategie. Der Planer für Displaynetzwerk-Kampagnen zeigt übrigens zu den vorgeschlagenen Placements den Suchanteil der einzelnen Endgeräte an (siehe Markierung in Abbildung 7.47). (Achtung: Der Planer war beim Redaktionsschluss dieses Buches im Dezember 2017 nur über das alte AdWords-Interface erreichbar.)

Falls Sie einzelne Placements ausgewählt haben und diese näher analysieren, erhalten Sie auch für das einzelne Placement eine Statistik zur Verteilung der Webseitenbesuche nach Endgeräten (siehe Markierung in Abbildung 7.48). Bei manchen Placements ist sogar der Anteil der Mobilgeräte höher als der Anteil der Desktop-Geräte.

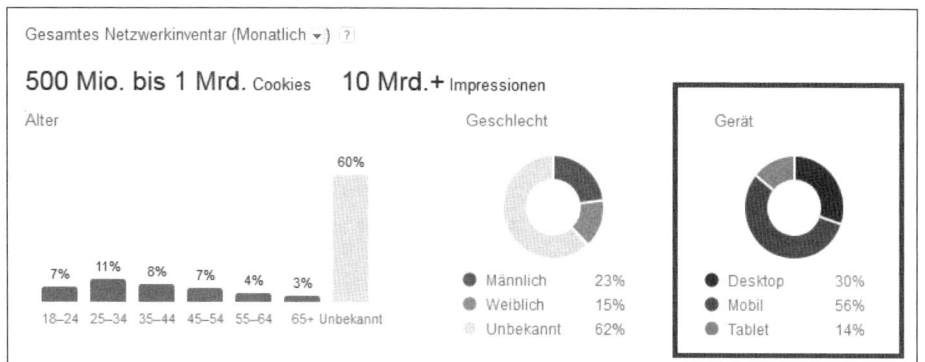

Abbildung 7.47 Verteilung der mobilen Nutzer im Displaynetzwerk

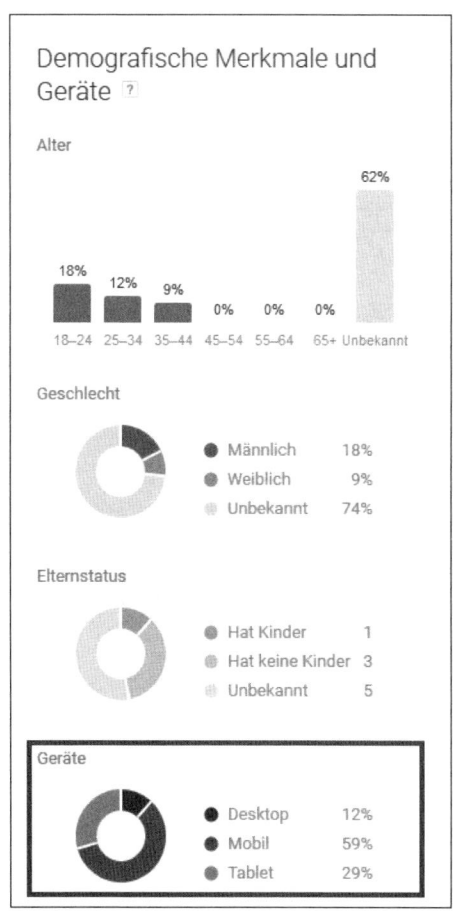

Abbildung 7.48 Statistiken zu einzelnen Placements mit
prozentualem Anteil der Smartphone-Besucher

7.6   Statistiken zur mobilen Nutzung

Falls Sie wissen möchten, ob eine mobile Nutzung für Ihre Branche, Ihre Themen und Ihre Website interessant ist, so sollten Sie sich zunächst mithilfe Ihres Webanalyse-Tools einen Überblick über die mobile Nutzung Ihrer Website verschaffen. *Google Analytics* hält beispielsweise viele interessante Daten zu den Endgeräten, den Tageszeiten und Regionen sowie zu dem Absprung oder auch zur Anzahl der besuchten Webseiten bereit.

Falls Sie Google Analytics mit der *Google Search Console* verknüpft haben, finden Sie in Google Analytics eine Statistik, die Ihnen zeigt, wie oft Ihre Website in den Google-Suchergebnissen auf einem Smartphone (= mobile) ❹ angezeigt wurde. Diese Statistik finden Sie in Google Analytics unter AKQUISITION ❶ · SEARCH CONSOLE ❷ · GERÄTE ❸.

In unserem Beispiel aus Abbildung 7.49 ist zu erkennen, dass ca. 28 % ❺ der Suchanfragen im organischen Ranking zum Unternehmen und den Produkten bzw. Dienstleistungen via Smartphone gestellt wurden. Hier kann eine mobile Anzeige durch eine bessere Sichtbarkeit zusätzlichen zielgerichteten Traffic generieren.

Abbildung 7.49 Nachfrage zu Ihren Keywords via Smartphone

Eine weitere interessante Statistik finden Sie in Ihrem AdWords-Konto unter den AUKTIONSDATEN. Die Auktionsdaten enthalten Benchmarks zu Ihren direkten Konkurrenten und können auf Kampagnen-, Anzeigengruppen- und Keyword-Ebene abgerufen werden. Weitere Informationen zu den Auktionsdaten finden Sie in Abschnitt 13.4.2.

Für das Thema »Mobil« werden diese Auktionsdaten jedoch erst interessant, wenn Sie eine Segmentierung nach GERÄT einstellen. Denn anschließend können Sie eine gesonderte Analyse für die Auslieferung auf Smartphones durchführen (siehe Abbildung 7.50). Sie erkennen, wo Sie im Vergleich zu Ihrer direkten Konkurrenz im mobilen Bereich gelistet sind (Durchschn. Position) und mit wie viel Prozent Sie im Vergleich zur Konkurrenz eine obere Position im gut sichtbaren Bereich (Rate für obere Position) bei der Auslieferung auf Mobilgeräten erreichen.

Domain der angezeigten URL	↓	Anteil an möglichen Impressionen	Durchschn. Position	Rate für obere Positionen
Sie		57,57 %	1,8	73,66 %
Computer		54,49 %	1,9	71,33 %
Smartphones		77,59 %	1,3	86,81 %
Tablets		71,62 %	1,7	70,22 %
▪		31,84 %	2,6	42,16 %
Computer		35,86 %	2,6	42,01 %
Tablets		37,18 %	2,6	46,84 %
▪		17,94 %	3,0	57,42 %
Computer		20,16 %	3,0	57,83 %
Tablets		22,70 %	3,1	45,69 %
		17,08 %	1,5	82,87 %
Computer		19,55 %	1,5	82,79 %
Smartphones		< 10 %	2,8	82,35 %

Abbildung 7.50 Benchmark nach Gerät unter »Auktionsdaten«

7.7   Fazit

Dieses Kapitel hat Ihnen die Möglichkeiten der mobilen Werbung gezeigt. Die mobile Nutzung ist eigentlich kein zukünftiger Trend mehr, sondern ist aktuell bereits Wirklichkeit. Es ist daher sehr wichtig, sich mit mobilen Werbekampagnen zu beschäftigen.

Sie kennen nun die Aussteuerungsmöglichkeiten für mobile Kampagnen in Ihrem AdWords-Konto und haben sicher einige Ideen für unterschiedliche Strategien gesammelt. Die Einstellungen der *Erweiterten Kampagnen*, die Click-to-Call-Funktion und die Besonderheiten eigener mobiler Anzeigentexte sind wichtige Grundlagen einer mobilen AdWords-Strategie. Dabei darf jedoch die Gestaltung der mobilen Webseiten nicht vernachlässigt werden. Nutzen Sie unsere Tipps, und optimieren Sie zusammen mit Ihrem Webadministrator Ihre mobilen Webseiten, damit Sie sich einen Vorsprung vor Ihrer Konkurrenz verschaffen.

Ideen für mobile Kampagnen

▶ Erstellen Sie Suchkampagnen, die Sie speziell auf Smartphone-Nutzer in der Nähe Ihres Geschäfts ausrichten.

▶ Kommunizieren Sie besondere Angebote für Smartphone-Nutzer mithilfe eigener mobiler Textbausteine und einer individuellen mobilen Landing-Page.

▶ Nutzen Sie *Nur-Anrufanzeigen* für beratungsintensive Dienstleistungen, damit potenzielle Kunden direkt bei Ihnen anrufen.

▶ Erstellen Sie eine eigene App zur Vertriebsunterstützung, und bewerben Sie diese mit einer *Universellen App-Kampagne*.

▶ Bewerben Sie im zweiten Schritt dann die Interaktion mit der App, um weiter in Kontakt mit potenziellen Kunden zu bleiben.

7.8   Checkliste

Sie möchten eine mobile Kampagne erstellen? Haben Sie an Folgendes gedacht?

Wichtige Punkte zur Erstellung einer mobilen AdWords-Kampagne	OK (✓)
Listen Sie Ihre Produkte bzw. Dienstleitungen auf, die für mobile Nutzer interessant sind.	
Bestimmen Sie Ihre mobile Zielgruppe.	
Recherchieren Sie Keywords zu mobilen Nutzern.	
Texten Sie spezielle Textbausteine für die mobile Kampagne.	
Texten Sie spezielle mobile Sitelinks.	
Überlegen Sie, ob und wann direkte Telefonkontakte für Ihre Werbung Sinn machen.	
Optimieren Sie Ihre mobilen Webseiten bzw. Landing-Pages.	

Tabelle 7.1 Mobile AdWords-Kampagne – Checkliste

Kapitel 8
Spezielle AdWords-Werbestrategien

Höher, schneller, weiter. Die Konkurrenz schläft auch bei AdWords nicht. Wie können Sie sich abheben? Nutzen Sie neben der »Standardwerbung« auch die speziellen Möglichkeiten, die AdWords bietet? Bleiben Sie up to date, und finden Sie die richtigen, zusätzlichen Werbestrategien für Ihre Zwecke.

Längst besteht AdWords nicht nur aus Textanzeigen in der Google-Suche oder aus ein paar statischen Bannern auf den Seiten des Google Displaynetzwerks. Google ist ständig in Bewegung und arbeitet auf Hochtouren an neuen Möglichkeiten, um die Aufmerksamkeit für die Anzeigen zu erhöhen und die Advertiser mit neuen Werbeformen und -formaten zu unterstützen. In diesem Kapitel stellen wir Ihnen wichtige, zusätzliche Möglichkeiten und bewährte Werbestrategien vor. Neben den etablierten Formaten finden Sie auch Möglichkeiten, die noch relativ unbekannt sind und Ihnen darum einen Vorsprung vor der Konkurrenz sichern können.

Nicht jede Strategie eignet sich jedoch für jeden Anbieter. Lassen Sie sich inspirieren, und picken Sie sich das Passende für Ihren Bedarf heraus. Natürlich wird Google mit dem Erscheinen dieses Buches nicht aufhören, neue Möglichkeiten zu entwickeln, und es ist auch in der Vergangenheit schon vorgekommen, dass manche Ideen wieder begraben wurden. Wenn Sie über die neuen AdWords-Möglichkeiten auf dem Laufenden bleiben möchten, empfehlen wir Ihnen die Seite »Think with Google« (*https://www.thinkwithgoogle.com/intl/de-de*). Sie können die aktuellen Google-Nachrichten dort auch abonnieren.

8.1 Lokale Anzeigen bei Google Maps

Die lokalen Anzeigen, die bei Google Maps oberhalb und zum Teil unterhalb der lokalen Suchtreffer auf der linken Seite (siehe Abbildung 8.1) geschaltet werden, bedürfen eigentlich keiner großen Einstellung. Google schaltet Ihre Anzeigen bei lokalem Interesse auch auf Google Maps. Sie sollten für diese Werbeplätze allerdings die Standorterweiterung aktivieren, weil eine zusätzliche Darstellung in der Karte erzielt wird und zudem die Anzeigen mit spezieller lokaler Erweiterung öfter ausgespielt werden.

Bitte beachten Sie, dass in den Kampagneneinstellungen die Checkbox vor PARTNER IM SUCHNETZWERK EINBEZIEHEN aktiviert sein muss.

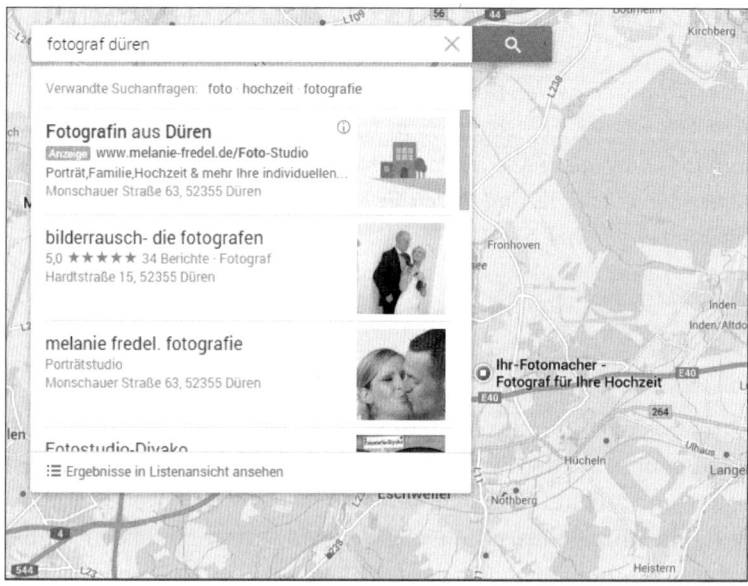

Abbildung 8.1 Lokale Anzeige bei Google Maps

Um die STANDORTERWEITERUNG zu aktivieren, klicken Sie auf den Tab ANZEIGEN UND ERWEITERUNGEN ❷ und wählen danach im Kopfbereich den Unterpunkt ER-WEITERUNGEN ❶ aus. Dann wählen Sie aus der Dropdown-Liste den Unterpunkt + STANDORTERWEITERUNG ❸ aus. (siehe Abbildung 8.2).

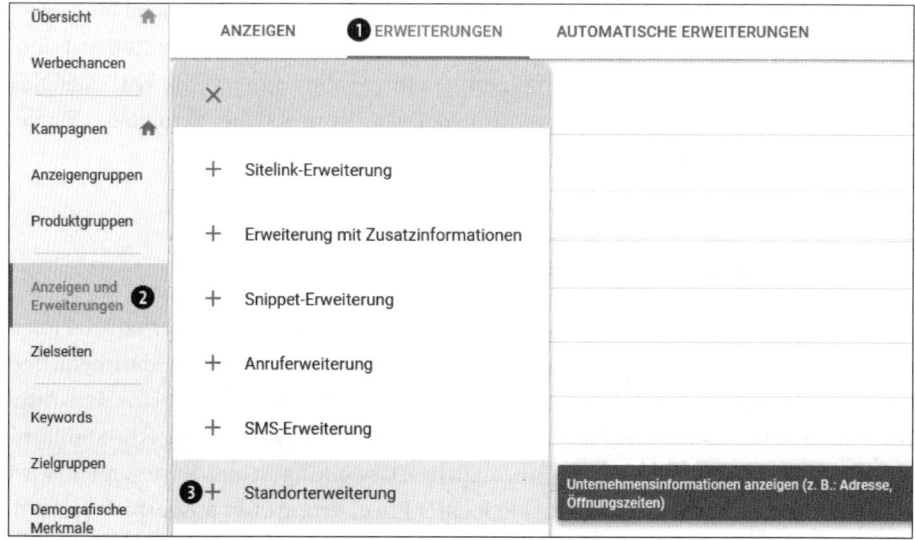

Abbildung 8.2 Eine Standorterweiterung unter »Erweiterungen« hinzufügen

Google AdWords schlägt im nächsten Schritt vor, das Google My Business-Konto ❶ mit Ihrem AdWords-Konto zu verknüpfen (siehe Abbildung 8.3). Unter Google My Business können Sie Ihren Google-Branchenbucheintrag bearbeiten und pflegen. Geben Sie dort alle aktuellen Informationen, wie Telefonnummer, Adresse, Öffnungszeiten, aber auch Bilder und Beschreibungen ein. Über den Link STANDORTE IN GOOGLE MY BUSINESS VERWALTEN ❹ gelangen Sie auf die My Bussiness-Verwaltungsoberfläche. Bitte denken Sie auch hier an den jeweiligen Login ❷. Die Verknüpfung ist nur dann einfach, wenn alle Google-Produkte über einen gemeinsamen Login mit entsprechenden Admin-Rechten bearbeitet werden. Wird der My Business-Bereich mit einem anderen Google-Login verwaltet, so muss der Zugriff für die Verknüpfung zunächst von dem Verwalter des My Business-Kontos angefordert werden ❸.

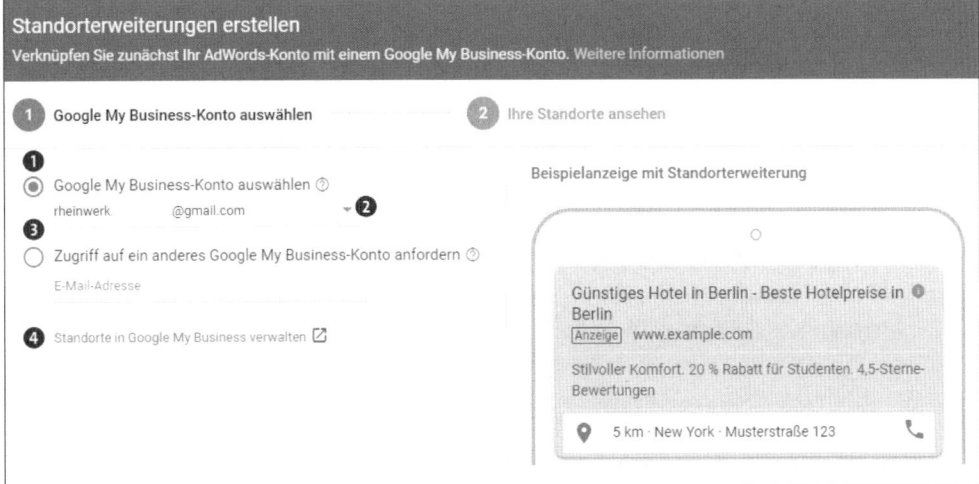

Abbildung 8.3 AdWords-Konto und My Business-Konto verknüpfen

Nachdem Sie die Standorterweiterung zu Ihrem AdWords-Konto hinzugefügt haben, wird Google Ihre Anzeigen für eine Schaltung in Google Maps berücksichtigen, wenn die Suchanfrage einen lokalen Hintergrund hat und sich auf die Region Ihres Standorts bezieht. Google hat zwei Möglichkeiten, eine lokale Suchanfrage zu erkennen:

1. Der Google-Nutzer hat den gewünschten Standort bereits in die Suchanfrage eingebaut, also zum Beispiel nach »Fotograf München« gesucht.

2. Google »weiß« natürlich auf Grundlage von Statistiken zum Userverhalten, dass bestimmte Suchbegriffe einen lokalen Hintergrund haben. Zu diesen Begriffen mit lokalem Hintergrund zählen zum Beispiel »Anwalt«, »Friseur«, »Zahnarzt« usw.

Da bei Google Maps die Plätze für lokale Anzeigen sehr beschränkt sind, muss Ihre Anzeige neben der Standorterweiterung auch einen hohen Anzeigenrang besitzen.

Dieses Ranking wird zum einen durch den Qualitätsfaktor und zum anderen durch das maximale CPC-Gebot bestimmt. Zur Steigerung des Qualitätsfaktors ist beispielsweise eine passende Landing-Page mit einem Hinweis auf den Standort sinnvoll.

Neben einer passenden Textanzeige mit Landing-Page kann das Ranking noch über die CPC-Gebote gesteuert werden. Eine Taktik besteht darin, für Standorte, die direkt in der Nähe des lokalen Geschäfts liegen, stets etwas höhere Gebote abzugeben. Dafür werden zusätzliche Zielregionen rund um den Geschäftsstandort hinzugefügt. Diesen Regionen können dann prozentual höhere CPC-Gebote zugewiesen werden. Weitere Informationen zu speziellen Geboten für unterschiedliche Regionen finden Sie in Kapitel 7. Standorterweiterungen werden nicht nur im Google-Suchnetzwerk, sondern auch im Displaynetzwerk und seit September 2017 sogar mit Videoanzeigen ausgeliefert.

Was ist bei mehreren Standorten zu tun?

Sobald in den von Ihnen verwendeten Google My Business-Konten mehr als ein Unternehmensstandort hinterlegt wurde, müssen Sie bei einer Verknüpfung mithilfe der Unternehmensnamen die Standorte auswählen, die mit dem AdWords-Konto verknüpft werden sollen. Falls Sie alle My Business-Einträge verknüpfen wollen, können Sie natürlich auch alle Standorte synchronisieren. Die passende Zuordnung des jeweiligen Standorts übernimmt Google dann auf Grundlage des Nutzerstandorts, wenn die User bei Google suchen. Eine Garantie, dass dies immer einwandfrei gelingt, gibt es jedoch nicht.

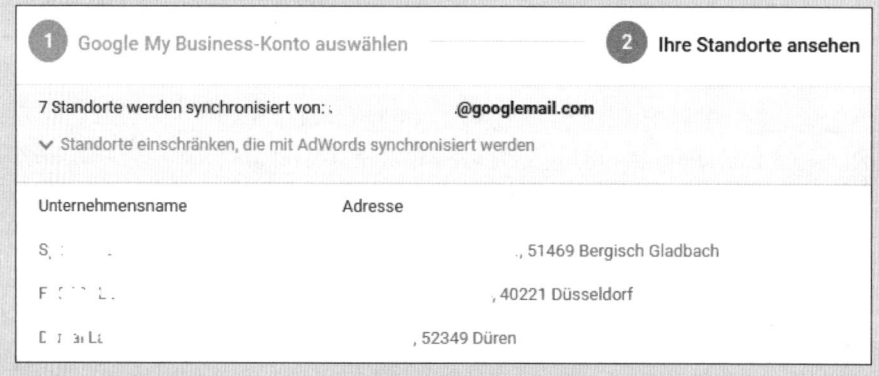

Abbildung 8.4 Standorte auswählen und synchronisieren

Was sind Affiliate-Standorterweiterungen?

In der neuen Benutzeroberfläche können Sie neben der normalen Standorterweiterung auch sogenannte Affiliate-Standorterweiterungen aktivieren. Mit dieser Erweiterung können Sie Nutzer auch auf Geschäfte hinweisen, in denen Ihre Produkte verkauft werden. Der Unterschied zu den normalen Standorterweiterungen besteht darin, dass bei den Affiliate-Standorterweiterungen auf bestimmte Handelsketten hingewiesen wird (z. B. Aldi, Bauhaus, C&A etc.). Diese Ketten sind vordefiniert und können daher bei der Affiliate-Erweiterung im AdWords-Konto nur ausgewählt und nicht selbst bestimmt werden.

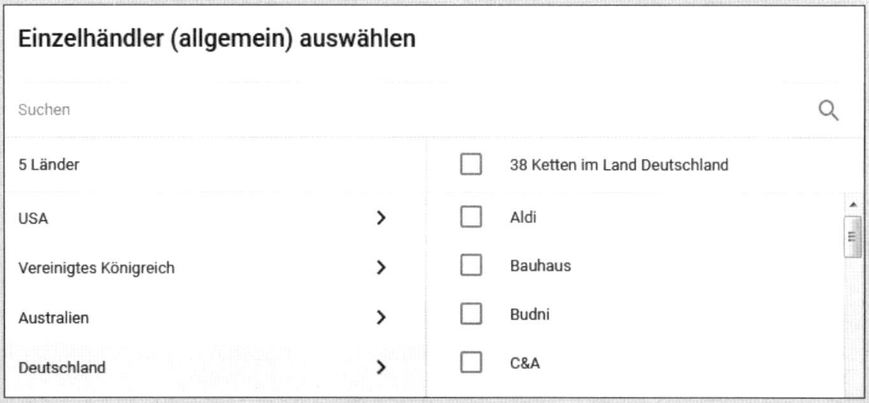

Abbildung 8.5 Affiliate-Standorterweiterung

Standorterweiterungen haben auch Einfluss auf die Standardtextanzeigen, denn sie sorgen für die Einblendung der Adresse und Telefonnummer Ihres Unternehmens direkt unterhalb der Textanzeige (siehe Abbildung 8.6). Dem Suchenden und potenziellen Interessenten wird auf diese Weise zunächst die Möglichkeit geboten, anhand der Adresse sofort einen Lageplan Ihres Unternehmensstandortes einzublenden und bei Bedarf gleich einen Routenplaner zu starten. Letzteres ist vor allem auf mobilen Geräten praktisch, wenn Sie nach Ihrer Suchanfrage nicht die Webseite, sondern gleich den nächsten lokalen Unternehmensstandort besuchen möchten.

Zudem wird über Standorterweiterungen auch die Telefonnummer Ihres Unternehmens dargestellt. Über Smartphones besteht dabei sogar die zusätzliche Möglichkeit, diese über einen einfachen Klick direkt anzurufen.

Die Standorterweiterung ist vor allem dann zu empfehlen, wenn Ihr Unternehmensstandort eine unmittelbare Relevanz für den potenziellen Interessenten hat. Bei den folgenden Beispielen ist eine Standorterweiterung sehr sinnvoll und sollte daher unbedingt ergänzt werden:

▶ Unterkünfte und Gastronomie (z. B. Hotels, Restaurants, Cafés)

▶ lokale Dienstleistungen (z. B. Banken, Versicherungen, Gesundheit)

▶ lokale Händler und Geschäfte (z. B. Einzelhandel, Autohäuser, Sportgeschäfte)

In allen diesen Fällen werden Firmenbetreiber die klare Absicht haben, potenziellen Interessenten, die in der Nähe des Unternehmens nach relevanten Produkten und Dienstleistungen suchen, auch den nächsten Unternehmensstandort anzuzeigen.

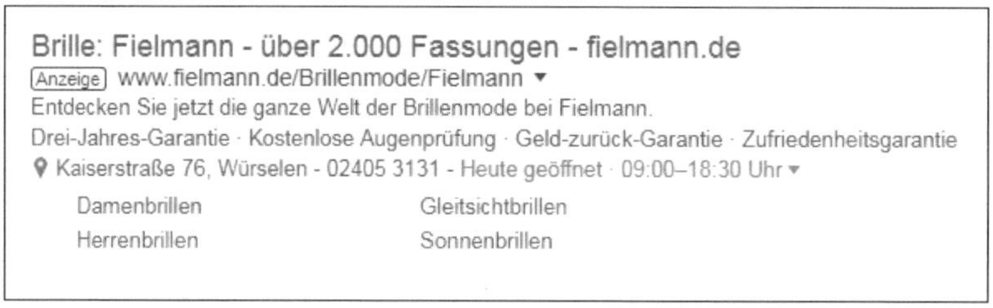

Brille: Fielmann - über 2.000 Fassungen - fielmann.de
(Anzeige) www.fielmann.de/Brillenmode/Fielmann ▼
Entdecken Sie jetzt die ganze Welt der Brillenmode bei Fielmann.
Drei-Jahres-Garantie · Kostenlose Augenprüfung · Geld-zurück-Garantie · Zufriedenheitsgarantie
📍 Kaiserstraße 76, Würselen - 02405 3131 - Heute geöffnet · 09:00–18:30 Uhr ▼

    Damenbrillen   Gleitsichtbrillen
    Herrenbrillen   Sonnenbrillen

Abbildung 8.6 Anzeige mit Adresse und Telefonnummer

Es gibt jedoch auch Fälle, in denen die Nutzung von Standorterweiterungen nicht zu empfehlen ist. So möchten Sie beispielsweise als Betreiber eines Online-Shops wohl nicht, dass potenzielle Interessenten plötzlich bei Ihnen im Büro oder im Versandlager persönlich auf der Matte stehen. Auch ist bei der Bewerbung jeglicher virtueller Dienstleistungen von der Nutzung dieser Erweiterung abzusehen. Anhand der weiteren Beispiele sollten Sie sehr gut einschätzen können, in welcher Ausgangssituation Sie idealerweise keine Standorterweiterungen angeben:

▶ Produkte und Dienstleistungen ohne geografischen Bezug
   (z. B. Download-Portale, Outsourcing-Services)

▶ Portale und Informationswebseiten ohne geografischen Bezug
   (z. B. Job-Portale, Nachrichtenseiten)

▶ alle virtuellen Güter (z. B. Software-Downloads)

Wann werden Standorterweiterungen eingeblendet?

Google gibt keine Garantie für die Einblendung von Standorterweiterungen in Ihren AdWords-Anzeigen. Selbst wenn Sie alle Informationen korrekt hinterlegt haben, werden Adressen und Telefonnummern nicht bei allen Suchanfragen dargestellt. Die Funktionsweise lässt sich kurz wie folgt erklären: Standorterweiterungen kommen nur dann zum Einsatz, wenn Google erkennt, dass der Google-User sich entweder in unmittelbarer Nähe des Unternehmens befindet, nach dessen Angeboten er gesucht hat, oder dass er Produkte bzw. Dienstleistungen in Kombination mit einem standortbezogenen Suchbegriff gesucht hat.

Wenn also beispielsweise im Zentrum von Köln nach einem Hotel gesucht wird, so werden relevante Anzeigen von Kölner Hotels in unmittelbarer Nähe mit Standorterweiterungen angezeigt. Würde jedoch außerhalb der Stadt nach »Hotel Köln Zentrum« gesucht, so könnte das AdWords-System alternativ ein Interesse an einer bestimmten Region feststellen. Auch in diesem Fall würden dann passende Standorterweiterungen angezeigt werden. Zusätzlich hängt deren Einblendung aber von weiteren Faktoren wie dem Anzeigenrang ab.

8.2   Dynamische Suchnetzwerk-Anzeigen – AdWords ohne Keywords

Da auch bei den dynamischen Anzeigen mittlerweile 80 Zeichen als individuelle Beschreibung genutzt werden können, nennt Google diese Anzeigeform nun *Erweiterte dynamische Suchnetzwerk-Anzeigen*. Sie schalten diese Anzeige nicht wie gewöhnliche Textanzeigen auf Basis von eingebuchten Keywords. Stattdessen sucht Google auf Ihrer Website nach einer relevanten Zielseite, die zur jeweiligen Suchanfrage passt. Dazu greift das AdWords-System auf den organischen Suchindex von Google oder auf einen speziellen Datenfeed zurück, den Sie vorher in das AdWords-Konto hochgeladen haben. Dynamische Suchanzeigen bieten insbesondere für E-Commerce-Unternehmen oder große Websites mit schnell wachsenden oder wechselnden Inhalten eine wirksame Lösung, um das Keyword-Set ohne viel Aufwand auf dem neusten Stand zu halten.

8.2.1   Dynamische Suchkampagnen erstellen

Google weist darauf hin, dass sich das Schalten von *Dynamic Search Ads* bei allzu kleinen Websites nicht lohnt, da der Mechanismus erst bei einer gewissen Größe in Gang kommt. Aus unserer Sicht kann ein eigener Test jedoch nicht schaden. Danach können Sie selbst entscheiden, ob überhaupt genug Nachfrage besteht oder ob Sie Ihr Angebot schon über die Keyword-bezogenen Kampagnen vollständig abgedeckt haben.

Sie erstellen zunächst eine normale Kampagne für das Suchnetzwerk. Der entscheidende Unterschied besteht darin, dass Sie unter DYNAMISCHE SUCHNETZWERK-ANZEIGEN die entsprechende Checkbox ❶ aktivieren (siehe Abbildung 8.7). Im nächsten Schritt müssen Sie die Domain ❷ der beworbenen Webseite und die Sprache ❸ der Anzeigen angeben. Standardmäßig nutzt das System den Google-Index ❹, um die passenden Unterseiten zur vorgegebenen Domain zu identifizieren. Die Domain muss dann auf jeden Fall im Google-Index enthalten sein. Alternativ können Sie auch eigene Datenfeeds mit Unterseiten ❺ in Ihr AdWords-Konto unter EINRICHTUNG · GESCHÄFTSDATEN hochladen. Auf diese Seiten kann AdWords dann entsprechend zugreifen. Auch eine Kombination von Google-Index und den hochgeladenen Seitenfeeds ist als Grundlage für die dynamischen Anzeigen möglich.

Nachdem Sie die Grundlagen festgelegt haben, erstellen Sie eine Anzeigengruppe. Als Anzeigengruppentyp wird DYNAMISCH vorgeschlagen. Sie können hier auch wieder auf STANDARD wechseln (siehe Abbildung 8.8), um eine normale Anzeigengruppe zu erstellen, wie Sie dies schon von den Standardsuchanzeigen kennen.

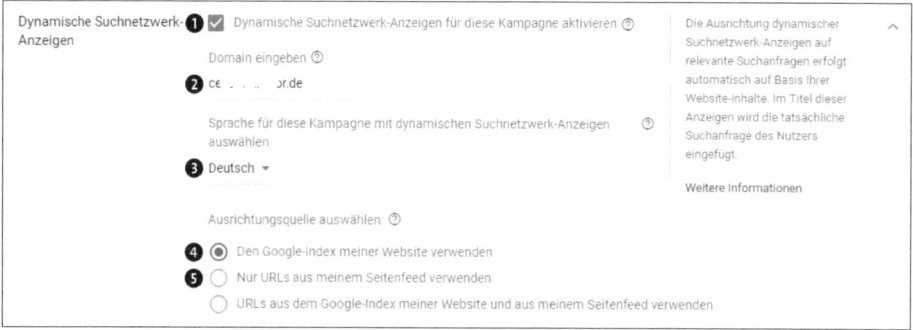

Abbildung 8.7 Dynamische Suchanzeigen aktivieren mit Angabe der Domain

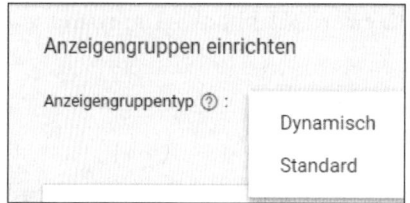

Abbildung 8.8 Anzeigengruppe vom Typ »Dynamisch«

Nach Auswahl der Anzeigengruppe vom Typ DYNAMISCH haben Sie verschiedene Möglichkeiten, um Ihre dynamischen Suchanzeigen auf bestimmte Bereiche Ihrer Website auszurichten.

Empfohlene Kategorien

Wenn Google Ihre Webseiten im Index findet und die Inhalte zuordnen kann, werden die Kategorien hier angezeigt. Zusätzlich schätzt Google die Abdeckung des jeweiligen Themas im Vergleich zur gesamten Website (siehe Abbildung 8.9). Aus den empfohlenen Kategorien können Sie Ihre Favoriten per Checkbox auswählen.

Empfohlene Kategorien für Ihre Website ⑦		
Suchen		🔍
10 Kategorien	Vorscha	Websiteabdeckun
ce kennzeichnung	🖼	35 %
ce kennzeichnung > seminar ce kennzeichnung	🖼	5 %
ce kennzeichnung > risikobeurteilungen	🖼	5 %

Abbildung 8.9 Empfohlene Kategorien mit prozentualer Websiteabdeckung

Seiteninhalt

Bei großen Seiten macht es Sinn, nicht jede einzelne Seite, zu der Ihre Werbung geschaltet werden soll, zu bestimmen, sondern ähnliche Seiten zusammenzufassen. Dies funktioniert beispielsweise über den SEITENINHALT ❷ (siehe Abbildung 8.10). Eine sinnvolle Gruppierung bestünde darin, alle Seiten zusammenzufassen, auf denen die Zeichenfolge *sofort lieferbar* oder *Sale* zu finden ist. In den Anzeigentexten können Sie offensiv mit diesen Selling-Points werben, weil das System regelmäßig aktualisiert wird und Sie nicht befürchten müssen, dass Produkte ausgespielt werden, auf die diese Versprechen nicht zutreffen.

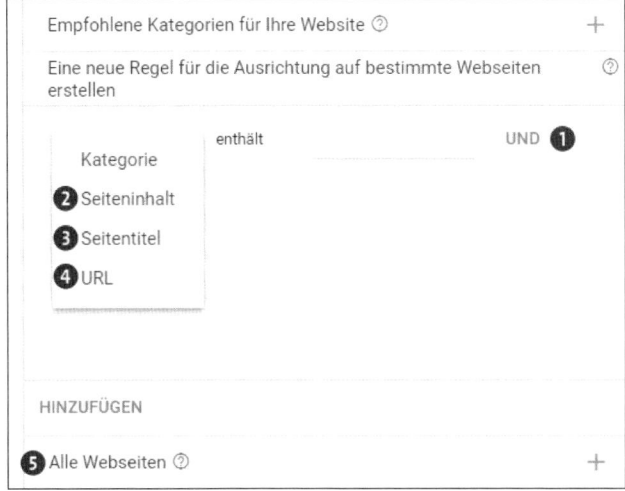

Abbildung 8.10 Einzelne Ausrichtungsmöglichkeiten

Seitentitel

Der Seitentitel einer Unterseite wird Ihnen oben im jeweiligen Browser-Tab angezeigt. Wenn Sie Ihre Anzeigen auf dieses Anzeigenziel ausrichten möchten, wählen Sie das Attribut aus und geben eine Zeichenfolge ein, die im SEITENTITEL ❸ enthalten sein soll. So können Sie beispielsweise alle Seiten bündeln, deren Seitentitel eine bestimmte Produktgruppe beinhalten.

URL

Ebenfalls möglich ist die Ausrichtung der Anzeigen auf Basis bestimmter URLs bzw. Inhalte in den URLs. Wählen Sie dazu als Attribut URL ❹ aus, und geben Sie in das dafür vorgesehene Feld eine beliebige Zeichenfolge ein, die in der URL enthalten sein soll.

Bitte beachten Sie, dass Sie auch immer Kombinationen ❶ der Seiteninhalte und Seitentitel etc. angeben können.

Alle Webseiten

Schließlich können Sie auch ALLE WEBSEITEN ❺ auswählen, wenn Sie sicherstellen möchten, dass alle Webseiten für die dynamischen Anzeigen berücksichtigt werden sollen.

8.2.2 Dynamische Anzeigen erstellen

Nach der Auswahl der Webseitenkategorien bzw. -themen erstellen Sie im nächsten Schritt ein Anzeigentemplate (siehe Abbildung 8.11). Dazu fügen Sie lediglich unter BESCHREIBUNG einen Text mit einer maximalen Länge von 80 Zeichen ein. Google wählt später anhand der Suchanfrage des Users und des Contents auf der Zielseite die passend finale URL, den passenden Anzeigentitel und die passende angezeigte URL.

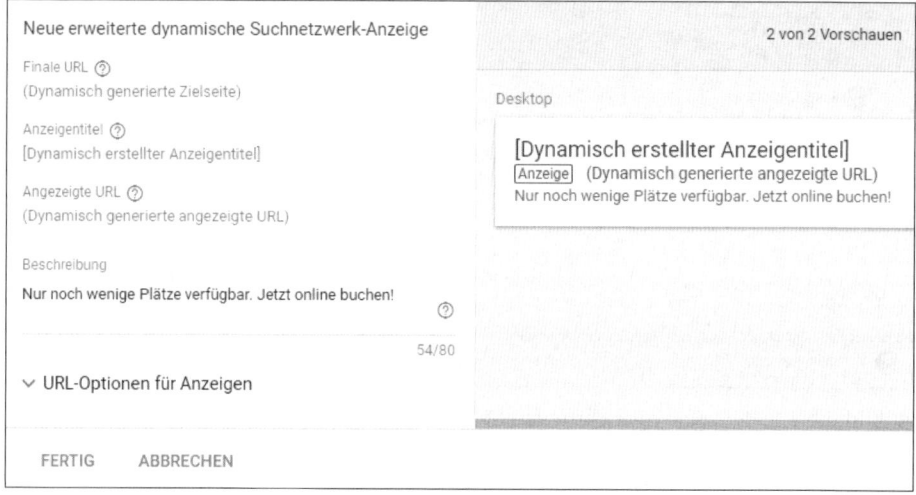

Abbildung 8.11 Gestalten Sie Ihre dynamische Suchanzeige.

8.2.3 Präzisieren Sie die Reichweite durch Ausschlüsse

Wie bei gewöhnlichen Kampagnen mit Keywords sind auch bei diesem Kampagnentyp Ausschlüsse möglich. Zum einen können Sie wie bei den anderen Kampagnen im Suchnetzwerk unter dem Tab KEYWORDS • AUSZUSCHLIESSENDE KEYWORDS die Anzeigenausspielung für irrelevante Suchanfragen unterbinden. Zum anderen können Sie Google daran hindern, gewisse Seiten oder Bereiche überhaupt zu besuchen, z. B. das Impressum, die FAQs oder aber alle Artikel, die derzeit nicht auf Lager sind. Das ist besonders wichtig bei der allgemeinen Anzeigengruppe, die auf allen Seiten der Website nach einer potenziellen Zielseite sucht. Dazu stehen Ihnen unter AUSZU-SCHLIESSENDE DYNAMISCHE ANZEIGENZIELE (siehe Abbildung 8.12) fast die gleichen Attribute wie bei den »positiven« dynamischen Anzeigenzielen zur Verfügung.

8.2.4   Verlieren Sie nicht den Überblick – was wird gesucht?

Um die Kontrolle zu behalten, sollten Sie regelmäßig die Suchbegriffe überprüfen, zu denen Ihre dynamischen Anzeigen geschaltet werden. Unter SUCHBEGRIFFE sehen Sie sowohl die tatsächlichen Suchanfragen als auch die von Google dazu ausgewählten Ziel-URLs mitsamt entsprechender Überschrift, dem Zielseitentitel und der zugehörigen Kategorie. Die Suchbegriffe können Sie hier je nach Bedarf als Keyword hinzufügen oder ausschließen.

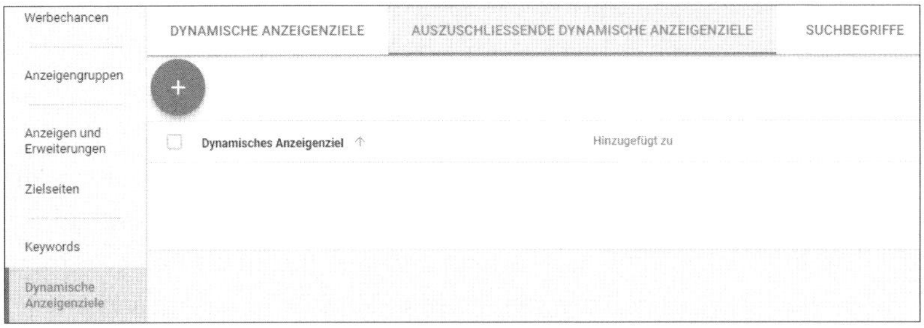

Abbildung 8.12 Auszuschließende Anzeigenziele und Suchbegriffe

Auf diesem Wege stoßen Sie vielleicht auf den einen oder anderen Suchbegriff, den Sie bislang noch nicht eingebucht haben, obwohl er häufig gesucht wird und Ihnen im besten Fall auch gleich Conversions bringt. Oder Sie identifizieren bei der Analyse der Ziel-URLs womöglich Seiten, die eine überdurchschnittlich hohe Conversion-Rate haben und die Sie zukünftig auch für andere Kampagnen nutzen können.

8.2.5   Möglichkeiten, Grenzen und Gefahren von dynamischen Suchanzeigen

Unterm Strich sind dynamische Suchanzeigen ein sehr zeitsparendes Werbeinstrument, um das Keyword-Set von großen Websites auf dem aktuellsten Stand zu halten – speziell für Unternehmen mit häufig wechselndem Angebot. In der Steuerung sind sie zwar ein wenig begrenzt, da wir Google lediglich vorgeben können, auf welchen Seiten gesucht werden soll, aber nicht wonach. Durch die Auswertung der Suchbegriffe und Kategorien lassen sich jedoch Produkte, Marken oder Suchanfragen ermitteln, die von den Nutzern oft gesucht werden und für die es sich lohnen könnte, eventuell sogar eine separate Kampagne mit eigenem Budget anzulegen.

> **Keyword-bezogene Kampagnen werden priorisiert**
>
> Konflikte mit Ihren Keyword-basierten Kampagnen sollen laut Google nicht entstehen. Eingebuchte Keywords werden stets den dynamischen Suchanzeigen vorgezogen. Bei einer Suchanfrage, die aufgrund der Keyword-Option *Weitgehend passend* oder *Passende Wortgruppe* ebenfalls einem gebuchten Keyword zugeordnet wäre, kann es jedoch, wenn der Qualitätsfaktor der dynamischen Suchanzeige höher ist,

> dazu kommen, dass diese der Keyword-basierten vorgezogen wird. Außerdem greift die dynamische Kampagne, wenn das Tagesbudget einer Kampagne erschöpft ist und die Anzeigen zu einem geschalteten Keyword nicht mehr ausgespielt werden.
>
> Haben Sie Kampagnen, deren Budgets regelmäßig frühzeitig ausgeschöpft sind? Dynamische Suchkampagnen, die mit einem ausreichenden eigenen Budget ausgestattet sind, können hier als Auffang-Kampagne genutzt werden. Vielleicht ist es strategisch sinnvoll, die dynamischen Suchnetzwerk-Kampagnen mithilfe des Anzeigenplaners nur in den Abendstunden zu schalten und so den Traffic für passende Suchanfragen zu unterschiedlichen Themen noch abzufangen.

Ein Nachteil dieses Anzeigenformats ist sicherlich die fehlende Kontrolle darüber, wann und zu welchen Begriffen die Anzeigen ausgespielt werden und vor allem, auf welche Zielseite von Google weitergeleitet wird. Die Absprungrate ist bei Kampagnen dieses Typs deshalb meist sehr hoch, weil Google nicht selten eine sehr spezifische Detailseite für eine noch recht generische Suchanfrage auswählt. Der Nutzer hätte jedoch viel lieber eine größere Auswahl vorgefunden und verlässt Ihre Website gleich wieder, ohne eine weitere Seite zu besuchen.

Es ist daher von Vorteil, die dynamischen Suchnetzwerk-Kampagnen sehr differenziert aufzusetzen und alle Bereiche in einzelnen Anzeigengruppen mit gesonderten dynamischen Anzeigenzielen und Anzeigentexten abzubilden. Außerdem sollten Sie die Anzeigenausspielung durch Ausschlüsse von vornherein präzisieren und besonders vorsichtig mit geschützten Marken und Herstellern sein, da der dynamische Mechanismus diese automatisch in den Anzeigentitel übernehmen kann.

Wenn Sie also eine komplexe Website wie z. B. einen Online-Shop bewerben, sollten Sie definitiv testen, ob dynamische Suchanzeigen für Sie eine effektive Lösung sind. Für Betreiber von sehr kleinen Websites könnten sie allerdings weniger geeignet sein, ebenso wie für Websites mit Tagesangeboten, die das System bislang noch nicht zuverlässig genug erfassen kann, oder für Preissuchmaschinen und Affiliate-Websites, die ihre Kunden auf Websites von Drittanbietern weiterleiten.

8.3   Google-Shopping-Anzeigen

Längst sind sie aus den Google-Suchergebnissen nicht mehr wegzudenken: PLAs – *Product Listing Ads* oder zu Deutsch *Anzeigen mit Produktinformationen* wurden von Google Ende 2011 in Deutschland eingeführt. Heutzutage nutzt Google meistens den Begriff *Shopping-Anzeigen*. Es handelt sich dabei um die Anzeigen, die ein kleines Produktbild, den Preis, Versandkosten und den Unternehmensnamen enthalten und meistens oberhalb der Top-Positionen erscheinen (siehe Abbildung 8.13). In Ausnahmefällen werden die Shopping-Anzeigen auch noch auf der rechten Seite angezeigt.

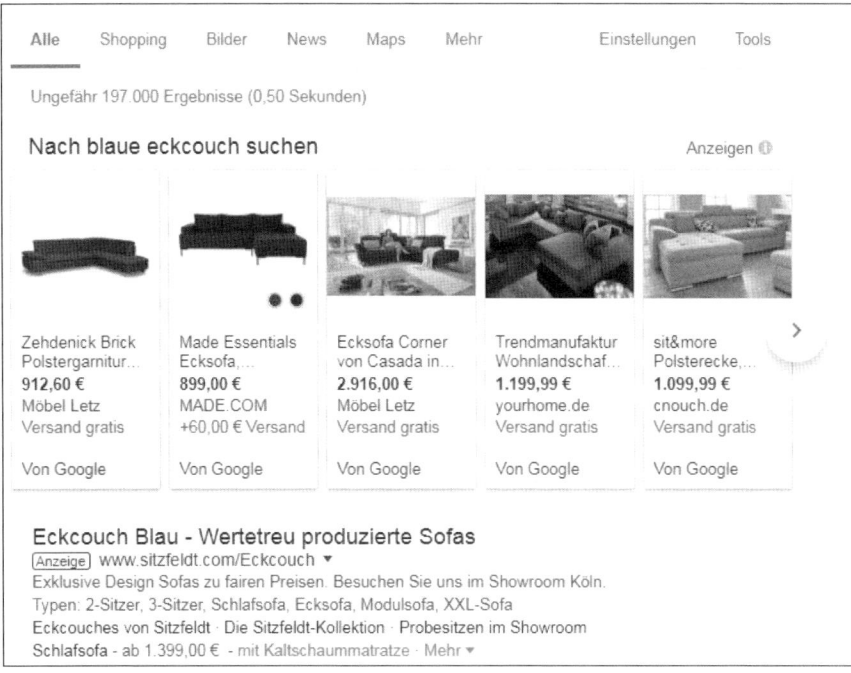

Abbildung 8.13 Shopping-Anzeigen oberhalb der Textanzeigen

Wenn Sie mit der Maus über das Bild fahren, erhalten Sie zusätzliche Informationen, z. B. eine kurze Werbebotschaft (siehe Abbildung 8.14). In diesem Beispiel finden Sie noch eine Neuerung: Google muss nun auch Anzeigen anderer Portale, in diesem Fall von *Shopzilla*, ausspielen. In den meisten Fällen werden Sie jedoch den Hinweis *Von Google* finden.

Karussell-Darstellung

Bei den aktuellen Shopping-Anzeigen findet man die sogenannte Karussell-Darstellung. Dies bedeutet, dass der Nutzer über die Pfeile an der rechten und linken Seite durch die Angebote wandern kann. Bei Smartphones funktioniert dies mit einer Wischbewegung. Ein Klick auf die einzelne Anzeige leitet den Suchenden dann direkt auf die Artikeldetailseite des entsprechenden Produkts weiter. Dieses Anzeigenformat funktioniert nicht wie sonst über die Buchung von Keywords. Stattdessen liegt den Anzeigen ein Datenfeed mit zahlreichen Informationen zu Ihren Produkten zugrunde, den Google bei jeder Suchanfrage nach relevanten Ergebnissen durchsucht.

Für Online-Händler stellen Shopping-Anzeigen eine ideale Lösung dar, um das gesamte Produkt-Portfolio abzubilden, ohne mühevoll jeden einzelnen Artikel als Keyword einzugeben. Gleichzeitig ziehen Produktbild und Preisangaben die Aufmerksamkeit der Nutzer auf sich und wirken sich erwiesenermaßen positiv auf die Klickrate aus. Zudem wird durch die Schaltung von Shopping-Produkten die Sichtbarkeit in den SERPs gesteigert: Denn für nur eine einzige Suchanfrage kann ein Werbetreibender mit seinem organischen Suchergebnis, seiner AdWords-Anzeige und einer oder mehreren Shopping-Anzeigen ausgespielt werden.

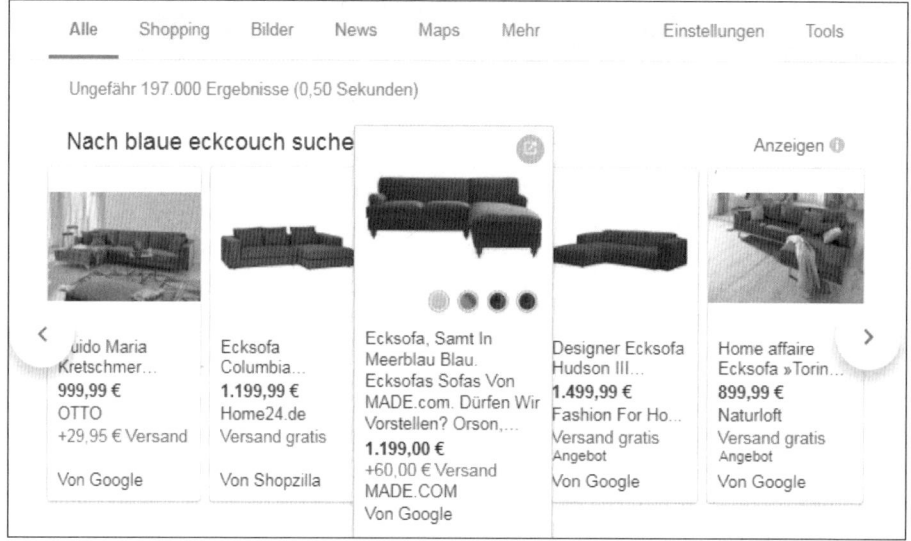

Abbildung 8.14 Shopping-Anzeigen mit Mouse-over-Effekt

Die Relevanz der Anzeigen ist gerade bei längeren Suchphrasen sehr hoch, da Google, wie in Abbildung 8.14 zu sehen ist, bei einer Anfrage nach *blaue Eckcouch* auch wirklich nur blaue Ecksofas anzeigt. Es werden außerdem nur dann Shopping-Anzeigen eingeblendet, wenn die Suchanfrage produktbezogen ist. Sucht der Nutzer beispielsweise nach *Adidas*, erscheinen keine Shopping-Anzeigen, bei einer Suchanfrage nach *Adidas Laufschuhe* hingegen schon.

Die Abrechnung von Shopping-Anzeigen erfolgt wie üblich auf Cost-per-Click-Basis. Zwar haben wir keine Keywords, ein gut gepflegter Datenfeed beeinflusst jedoch laut Google trotzdem den Qualitätsfaktor der Anzeigen und führt so zu günstigeren Klickpreisen. Die Einrichtung von Google-Shopping-Kampagnen ist nicht sonderlich kompliziert und wird im Folgenden beschrieben. Für Betreiber eines Online-Shops lohnt es sich definitiv, auf Shopping-Kampagnen zu setzen.

8.3.1 Das Google Merchant Center

Im Merchant Center verwalten Sie Ihre Produktdaten, die Google als Grundlage für die Google-Shopping-Anzeigen in der Google-Suche verwendet. Damit Sie die Shopping-Anzeigen für Ihre Zwecke nutzen können, benötigen Sie also zunächst ein

Merchant-Center-Konto. Wenn Sie bereits über ein AdWords- oder ein Gmail-Konto verfügen, sollten Sie dieselben Zugangsdaten nutzen.

Rufen Sie die Seite *https://merchants.google.com/Signup?hl=de* auf. Sie werden dann, wie Sie es bei Google gewohnt sind, durch den Anmeldeprozess geführt (siehe Abbildung 8.15).

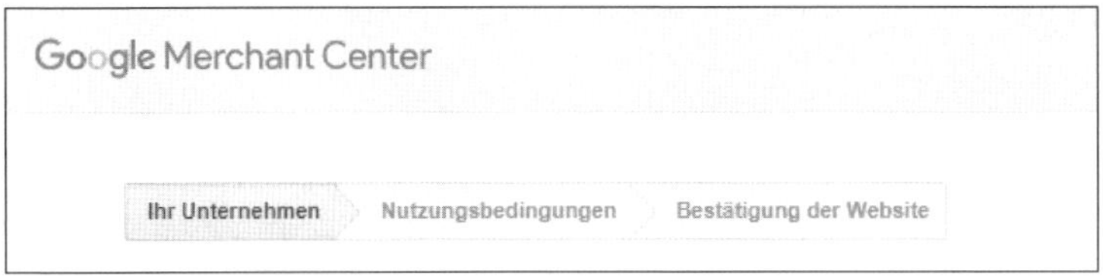

Abbildung 8.15 Anmeldung im »Google Merchant Center«

Zunächst geben Sie Ihre Unternehmensdaten ein (siehe Abbildung 8.16), dann lesen und akzeptieren Sie die Nutzungsbedingungen. Am Ende müssen Sie Ihre Website bestätigen, damit Google kontrollieren kann, ob die eingereichten Produkte auch zu Ihrer Website gehören.

Außerdem müssen Sie im Merchant Center über den Unterpunkt KONTOVERKNÜP-FUNG eine Verknüpfungsanfrage stellen, indem Sie die Kundennummer Ihres Ad-Words-Kontos eingeben. Die Kontoverknüpfung finden Sie über die drei vertikalen Navigationspunkte in der rechten oberen Ecke des Merchant Centers.

Im AdWords-Konto müssen Sie die Verknüpfung akzeptieren. Den Verknüpfungsbereich finden Sie im AdWords-Konto unter EINRICHTUNG · VERKNÜPFTE KONTEN. Wie bei allen Google-Produkten gilt hier auch der Grundsatz, dass Sie mit einem Google-Login, der überall Admin-Rechte hat, die ganzen Verknüpfungsvorgänge vereinfachen können.

Wichtige Tipps zum Google Merchant Center

▶ Wenn Sie Hilfe von anderen Mitarbeitern oder Dienstleistern benötigen, so müssen Sie nicht Ihre Login-Daten weitergeben. Sie können über die Navigationspunkte zusätzliche Nutzer zum Merchant Center hinzufügen.

▶ Fügen Sie unter UNTERNEHMENSANGABEN · LOGO Ihr Logo mit verschiedenen Seitenverhältnissen hinzu. Das Logo wird bei bestimmten neuen Anzeigenformaten noch nützlich sein.

▶ Die Produkte werden unter Artikel Feeds verwaltet. Dort können Sie neue Feeds anlegen. Einstellungen und Regeln zu bestehenden Feeds erreichen Sie per Klick auf den Namen des jeweiligen Feeds.

▶ Erstellen Sie für jedes Land einen eigenen Feed.

▶ Die Versandkosten können Sie zentral beim Navigationspunkt VERSAND für alle Produkte verwalten.

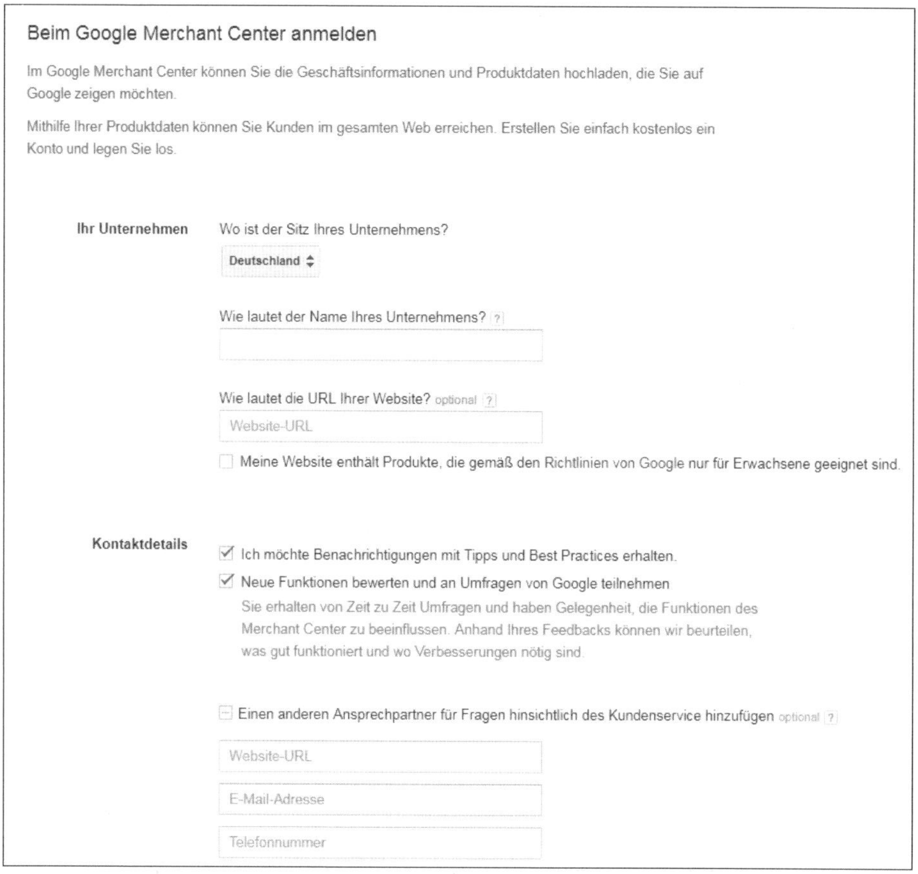

Abbildung 8.16 Unternehmen im Merchant Center anlegen

8.3.2   So erstellen Sie richtige Produkt-Feeds

Bevor Sie mit der Einrichtung Ihrer Google-Shopping-Kampagnen beginnen, müssen Sie erst einmal die Basis schaffen. Erstellen Sie ein bzw. mehrere Produkt-Feeds, d. h. eine Datei im Text- oder XML-Format. In dieser Datei können Sie Ihr gesamtes Produktsortiment abbilden und die einzelnen Artikel mit einer Reihe nützlicher Informationen anreichern, sodass der Nutzer sie später besser finden kann.

Artikel-Export

Professionelle Webshop-Lösungen enthalten automatisch die Möglichkeit zum Artikel-Export in einen passenden Daten-Feed für das Google-AdWords-Programm.

Die Informationen werden im Feed über Attribute übertragen, wie beispielsweise *Verfügbarkeit, Marke* oder *Material*. Einige dieser Attribute sind obligatorisch und müssen angegeben werden. Andere Attribute hingegen sind optional; ihre Angabe wirkt sich jedoch positiv auf die Qualität des Feeds aus. Bitte beachten Sie, dass in vielen Webshops eine entsprechende Exportmöglichkeit bereits vorhanden ist. Sprechen Sie sich hier mit Ihrem Webmaster ab. Dabei sollten Sie beachten, dass ein Standardexport eventuell noch angepasst werden muss, um die Daten zu optimieren.

	B	C	D	
1	title	description	google_product_category	product_type
2	Vollauszug TS 353613-150mm	Vollauszüge bis 35kg	Furniture > Furniture Sets > Kitchen & Dining Furniture Sets	Furniture > Furniture Sets > (
3	Teleskopschienen mit Touch to Open 250mm	Teleskopauszüge mit Touch to open	Furniture > Furniture Sets > Kitchen & Dining Furniture Sets	Furniture > Furniture Sets > (
4	Teleskopauszug TS 454613-350mm SC	Teleskopauszug mit SoftClosing	Furniture > Furniture Sets > Kitchen & Dining Furniture Sets	Furniture > Furniture Sets > (
5	Schwerlastauszug TS 1605319-350mm	Schwerlastauszüge bis 160 kg	Furniture > Furniture Sets > Kitchen & Dining Furniture Sets	Furniture > Furniture Sets > (
6	Schwerlastauszug TS2207719-406mm mit Verr	Schwerlastauszüge bis 220 kg mit Vei	Furniture > Furniture Sets > Kitchen & Dining Furniture Sets	Furniture > Furniture Sets > (
7	Schwerlastauszug TS2207719-508mm	Schwerlastauszüge bis 220 kg	Furniture > Furniture Sets > Kitchen & Dining Furniture Sets	Furniture > Furniture Sets > (

Abbildung 8.17 Ausschnitt aus einem Produkt-Feed

> ### Vorsicht: Änderungen bei Attributen
>
> Google ändert die Anforderungen an die Attribute in regelmäßigen Abständen. So kann ein empfohlenes Attribut schon bald ein verpflichtendes werden. Haben Sie dann keinen Wert hinterlegt, werden Ihre Produkte womöglich nicht mehr ausgespielt. Halten Sie sich also immer auf dem Laufenden.

Im Folgenden finden Sie eine aktuelle Übersicht der verschiedenen Attribute mit Kurzbeschreibung. Bei Google finden Sie unter dem Link

https://support.google.com/merchants/answer/7052112

eine Zusammenfassung aller Attribute und erfahren, für welche Branche die entsprechenden Attribute *Erforderlich* oder *Optional* sind. Denn hier kann es große Unterschiede geben. So müssen beispielsweise für Produkte aus dem Bereich Bekleidung wesentlich mehr Angaben gemacht werden als für andere.

Grundlegende Produktinformationen

▶ *ID* [id] – Kennzeichnung des Artikels

▶ *Title* [title] – Titel des Artikels

▶ *Beschreibung* [description] – Beschreibung des Artikels

▶ *Link* [link] – URL, die direkt mit der Artikelseite auf der Webseite des Händlers verlinkt

▶ *Bildlink* [image_link] – URL von einem Bild des Artikels

▶ *zusätzlicher_Bildlink* [additional_image_link] – zusätzliche URLs zu Bildern des Artikels

▶ *mobiler_Link* [mobile_link] – URLs von mobilen Startseiten

Verfügbarkeit und Preise

▶ *Verfügbarkeit* [availability] – Verfügbarkeit des Artikels

▶ *Verfügbarkeitsdatum* [availability_date] – Tag, an dem ein vorbestelltes Produkt wieder lieferbar ist

▶ *Verfallsdatum* [expiration_date] – Tag, ab dem der Artikel nicht mehr dargestellt wird

▶ *Preis* [price] – Preis des Artikels

▶ *Sonderangebotspreis* [sale_price] – beworbener Sonderangebotspreis für den Artikel

▶ *Sonderangebotszeitraum* [sale_price_effective_date] – Zeitraum, in dem der Artikel als Sonderangebot angeboten wird

▶ *Maß_für_Grundpreis* [unit_pricing_measure] – die Maßeinheit und Menge des Artikels

▶ *Einheitsmaß_für_Grundpreis* [unit_pricing_base_measure] – das Einheitsmaß des Grundpreises für den Artikel

▶ *Rate* [installment] – Details zum Ratenzahlungsplan

▶ *Treuepunkte* [loyalty_points] – Anzahl und Art der Treuepunkte beim Kauf

Produktkategorie

▶ *Google_Produktkategorie* [google_product_category] – von Google definierte Kategorie des Artikels

▶ *Produkttyp* [product_type] – vom Händler vergebene Artikelkategorie

Produktkennzeichnungen

▶ *Marke* [brand] – Marke des Artikels

▶ *GTIN* [gtin] – Global Trade Item Number (GTIN) des Artikels

▶ *MPN* [mpn] – Herstellerteilenummer (Manufacturer Part Number) des Artikels

▶ *Kennzeichnung existiert* [identifier_exists] – Sonderanfertigungen einreichen

Detaillierte Produktbeschreibung

▶ *Zustand* [condition] – Zustand des Artikels

▶ *nicht_jugendfrei* [adult] – sexuell anzügliche Inhalte

▶ *Multipack* [multipack] – Anzahl identischer Artikel

▶ *gehört_zu_Set* [is_bundle] – vom Händler zusammengestellte Gruppe mit unterschiedlichen Artikeln

- *Energieeffizienzklasse* [energy_efficiency_class] – Energieeffizienzklasse des Artikels

- *Altersgruppe* [age_group] – Alterszielgruppe des Artikels

- *Farbe* [color] – Farbe des Artikels

- *Geschlecht* [gender] – Geschlechtszuordnung des Artikels

- *Material* [material] – Material des Artikels

- *Muster* [pattern] – Muster/grafische Gestaltung des Artikels

- *Größe* [size] – Größe des Artikels

- *Größentyp* [size_type] – Größentyp des Artikels

- *Größensystem* [size_system] – Größensystem des Artikels

- *Artikelgruppen_ID* [item_group_id] – gemeinsame Kennzeichnung für alle Varianten desselben Produkts

Shopping-Kampagnen und andere Konfigurationen

- *Adwords_Weiterleitung* [adwords_redirect] – URL mit Tracking-Parametern

- *ausgeschlossenes_Ziel* [excluded_destination] – Ausschluss von Artikeln aus bestimmten Werbekampagnen

- *Benutzerdefiniertes Label 0* [custom_label_0] – Kennzeichnung der Artikel mit eigenen Werten wie Saisonal, Verkaufszahlen, Marge etc.

- *Benutzerdefiniertes Label 1* [custom_label_1] – Kennzeichnung der Artikel mit eigenen Werten wie Saisonal, Verkaufszahlen, Marge etc.

- *Benutzerdefiniertes Label 2* [custom_label_2] – Kennzeichnung der Artikel mit eigenen Werten wie Saisonal, Verkaufszahlen, Marge etc.

- *Benutzerdefiniertes Label 3* [custom_label_3] – Kennzeichnung der Artikel mit eigenen Werten wie Saisonal, Verkaufszahlen, Marge etc.

- *Benutzerdefiniertes Label 4* [custom_label_4] – Kennzeichnung der Artikel mit eigenen Werten wie Saisonal, Verkaufszahlen, Marge etc.

- *Angebots_ID* [promotion_id] – Kennzeichnung bestimmter Angebote

Versand

- *Versandkosten* [shipping] – Versandkosten des Artikels

- *Versandlabel* [shipping_label]

- *Versandgewicht* [shipping_weight] – Versandgewicht des Artikels

- *Paketlänge* [shipping_length]

- *Paketbreite* [shipping_width]

- *Pakethöhe* [hipping_height]

Steuern

▶ *Steuerkategorie* [tax_category] – Kategorie, die Artikel nach bestimmten Steuer-regeln klassifiziert

Hochladen des Produkt-Feeds

Wenn Ihr Feed erstellt ist, können Sie die Datei ins Merchant Center hochladen. Dazu stehen Ihnen fünf Möglichkeiten zur Verfügung:

▶ *Direktupload*: Der Direktupload ist ein manueller Upload und empfiehlt sich für kleinere Dateien.

▶ *FTP-Upload*: Dieser Upload eignet sich für größere Datenmengen bis zu einem Gigabyte.

▶ *SFTP-Upload*: Analog zum FTP-Upload, jedoch als gesicherte Variante.

▶ *Geplante Abrufe*: Dabei werden die Daten von Google zu einem festgelegten Zeitpunkt über eine vom Händler hinterlegte URL bezogen.

▶ *Content API*: Eine direkte Interaktion von Apps mit der Merchant-Center-Plattform; interessant für Programmierer und große Datenmengen.

Damit Ihre Anzeigen in Google Shopping immer auf dem neusten Stand sind und alle Änderungen übernommen werden, sollten Sie den Produkt-Feed in regelmäßigen Abständen aktualisieren. Bei mittleren bis großen Shops ist es ratsam, den Feed mindestens einmal täglich zu synchronisieren. Gerade bei Angaben wie Preis oder Verfügbarkeit ist es sehr wichtig, dass dem Kunden die korrekten Daten ausgespielt werden und er nicht durch falsche Informationen verärgert wird.

8.3.3   Optimierung Ihres Produkt-Feeds

Über eventuelle Fehler in Ihrem Datenfeed werden Sie im Merchant Center unter AR-TIKEL • DIAGNOSE informiert. Hier können Sie sich für alle Feeds oder auch für jeden einzelnen Feed detaillierte Fehlerberichte ansehen und diese falls gewünscht herunterladen. Überprüfen Sie die Qualität Ihrer Feeds regelmäßig, damit Sie auf Fehler und Warnungen schnellstmöglich reagieren können.

Häufige Fehler sind:

▶ fehlende oder falsche eindeutige Produktkennzeichnung

▶ ungültige oder fehlende Preise

▶ fehlende GTIN

▶ zu lange Titel

▶ Crawl-Probleme

▶ fehlende Produktlinks

- fehlerhafte Bildlinks
- kurze Beschreibungen

Um einen qualitativ hochwertigen Feed zu liefern, sollten Sie sowohl die von Google vorgegebenen Pflichtattribute als auch eine Vielzahl der empfohlenen Attribute pflegen. Ziel- und Bildlinks sollten funktionieren, und achten Sie darauf, dass Sie dieselbe Sprache für Spaltenbezeichnungen und Spaltenwerte gebrauchen.

Ein sehr bedeutsames Attribut ist der *Titel*. Er entscheidet maßgeblich über die Relevanz des Artikels im Hinblick auf eine Suchanfrage und nimmt außerdem fast den gesamten Text einer Shopping-Anzeige ein. Der *Titel* sollte daher alle notwendigen Informationen präzise und verständlich ausgedrückt enthalten und dabei aus ca. 70 bis maximal 150 Zeichen bestehen. Nutzen Sie keine Blockschrift und schreiben Sie keine Werbetexte!

Auch bei der *Artikelbeschreibung* lohnt es sich, genauer hinzusehen. Beschreiben Sie das Produkt so ausführlich wie möglich, und sparen Sie dabei nicht an Platz, denn es stehen Ihnen bis zu 5.000 Zeichen zur Verfügung. Richten Sie den Text an Ihre Zielgruppe und nicht an den Google-Robot, und bringen Sie alle Merkmale unter. Über sogenannte Rich Snippets können Sie sogar Kundenbewertungen und Erfahrungsberichte integrieren.

Verwenden Sie Keywords und Synonyme

Steigern Sie die Relevanz Ihrer Produkte durch die gezielte Verwendung von Keywords, Marken und Synonymen in Titel und Artikelbeschreibung, und platzieren Sie die Begriffe möglichst weit vorne. Die höhere Relevanz kann zu günstigeren Klickpreisen führen und zu häufigeren Einblendungen. Übertreiben Sie es jedoch nicht, indem Sie zu viele Keywords aufnehmen oder Keywords ständig wiederholen.

Bei den *Produktbildern* gibt es ebenfalls einige Aspekte zu beachten. Verwenden Sie aussagekräftige Bilder in hoher Bildqualität (Google empfiehlt eine Auflösung von 800 × 800 Pixeln), und vermeiden Sie Hintergründe oder sonstige Objekte, die vom Produkt ablenken. Außerdem verstoßen Wasserzeichen, Text oder Logos innerhalb der Abbildung gegen die Google-Richtlinien. Ihr *Produktbild* ist der Eye-Catcher der Anzeige, investieren Sie also Zeit und Geld in gute Bilder.

Schnelle Anpassung mit Regeln

Google hat im Merchant Center mithilfe der sogenannten Regeln eine schöne Möglichkeit geschaffen, um Feeds nach dem Export aus dem Webshop-Programm nachträglich noch anzupassen oder um zusätzliche Informationen hinzuzufügen. Sie finden die Regeln, wenn Sie im Merchant Center über ARTIKEL • FEEDS navigieren. Klicken Sie danach auf den Namen des gewünschten Feeds, der als blauer Link ge-

---

kennzeichnet ist. Wechseln Sie im Kopfbereich auf REGELN, und klicken Sie zum Schluss auf REGEL ERSTELLEN (siehe Abbildung 8.18).

Abbildung 8.18 Regeln im Merchant Center erstellen

Bei der Erstellung der Regel gibt es eigentlich nur drei Schritte, die Sie beachten müssen:

1. Legen Sie das Attribut fest, das Sie verändern möchten. In unserem Beispiel (siehe Abbildung 8.19) möchten wir das leere Attribut BENUTZERDEFINIERTES LABEL 0 mit Inhalt füllen.

2. Legen Sie eine oder mehrere Bedingungen fest, die eine Änderung des Attributwertes auslösen sollen. Im Beispiel suchen wir nach dem Begriff *Fußballschuhe* in der Beschreibung der jeweiligen Artikel.

3. Bestimmen Sie aufgrund der Bedingung den Wert für das zu Beginn ausgewählte Attribut. Dies könnte in unserem Falle »Werbeaktion Fußballschuhe« lauten. Mithilfe des benutzerdefinierten Labels können wir dann später in der AdWords-Shopping-Kampagne spezielle Angebote für die Artikel aus der Werbeaktion abgeben.

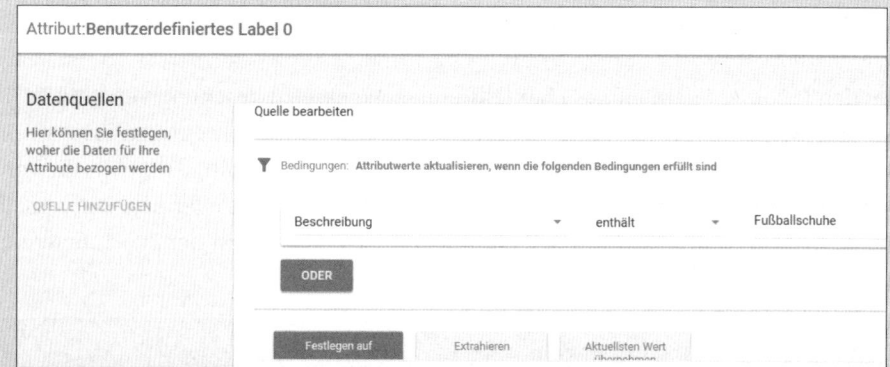

Abbildung 8.19 Beispiel: Bearbeiten Sie ein benutzerdefiniertes Label mithilfe einer Regel.

Folgende Beispiele sollen als Anregung nur Nutzung der Regeln im Merchant Center dienen:

- Artikelgruppen über benutzerdefinierte Labels auf Grundlage von Titel oder Beschreibung kennzeichnen

- Artikelgruppen über benutzerdefinierte Labels auf Grundlage des Preises kennzeichnen

- Werte in Ihrem Feed anhand der Produktdatenspezifikation durch kompatible Werte ersetzen

- individuelle Spaltennamen des Datenexports durch unterstützte Attributsnamen ersetzen

8.3.4 Erstellen Sie Ihre Google-Shopping-Kampagne

Nach den ganzen Vorbereitungen im Merchant Center können Sie nun im AdWords-Konto Ihre Shopping-Kampagne erstellen. Denken Sie jedoch daran, dass Ihr Google Merchant Center, wie in Abschnitt 8.3.1 beschrieben, mit Ihrem AdWords-Konto verknüpft sein muss.

Legen Sie nun die Google-Shopping-Kampagne wie gewohnt mit einem Klick auf den Button ⊕ unter dem Tab KAMPAGNEN an. Wählen Sie dann als Kampagnentyp SHOPPING ❶ aus (siehe Abbildung 8.20). Das passende KONTO ❷ aus Ihrem Merchant Center und das entsprechende ABSATZLAND ❸ wird Ihnen abhängig von den Feeds im Merchant Center vorgeschlagen. Das Absatzland ist das Land, in dem die Produkte der Shopping-Kampagne verkauft werden sollen. Es kann im Nachhinein nicht mehr verändert werden und sollte mit den Standortausrichtungen übereinstimmen. Für jedes Land gibt es im Merchant Center einen eigenen Feed. Klicken Sie am Ende auf WEITER ❹.

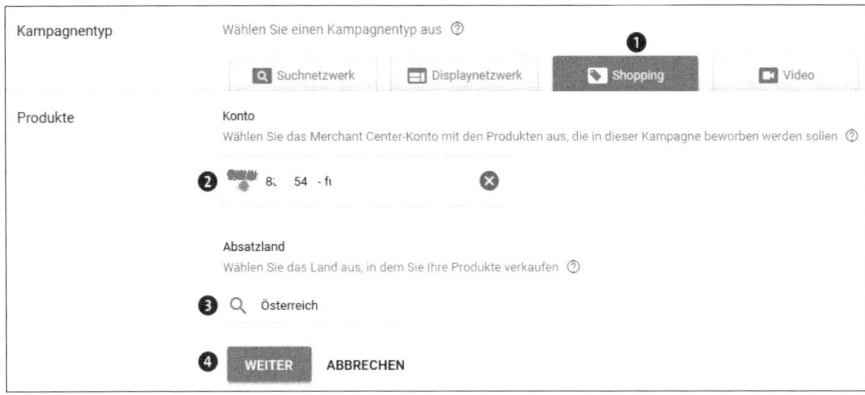

Abbildung 8.20 Anlegen einer Google-Shopping-Kampagne

Im nächsten Schritt können Sie alle notwendigen Einstellungen für Ihre Shopping-Kampagne vornehmen. Dabei gibt es viele Einstellungsmöglichkeiten (z. B. GEBOTE,

BUDGET, SUCHNETZWERK-PARTNER, STANDORTE etc.), die Sie aus den Suchnetzwerk-Kampagnen kennen. Es gibt aber auch besondere Einstellungen für Shopping-Kampagnen, die wir uns in den folgenden Abschnitten näher anschauen werden.

Inventarfilter

Den INVENTARFILTER (siehe Abbildung 8.21) finden Sie unter dem Link WEITERE EIN-STELLUNGEN. Mithilfe des Inventarfilters können Sie auf die verschiedenen Attribute aus dem Produktdatenfeed zurückgreifen. Der INVENTARFILTER dient dazu, die Produkte Ihres Produkt-Feeds zu selektieren, die Sie in dieser Kampagne bewerben möchten. In der Standardeinstellung werden alle Produkte beworben. Entscheiden Sie sich jedoch für die Option FILTER: NUR FÜR PRODUKTE WERBEN, DIE ALL MEINEN ANFORDERUNGEN ENTSPRECHEN, schließen Sie hier beim Anlegen der Kampagne diejenigen Produkte aus, die Ihrem Filter nicht entsprechen. So könnten Sie zum Beispiel eine Kampagne für *alle Produkte* erstellen und eine Shopping-Kampagne für alle *Aktionsprodukte*, die Sie zum Beispiel über ein Label gekennzeichnet haben. Die beiden unterschiedlichen Kampagnen können dann auch verschiedene Ausrichtungen, unterschiedliches Budget etc. erhalten.

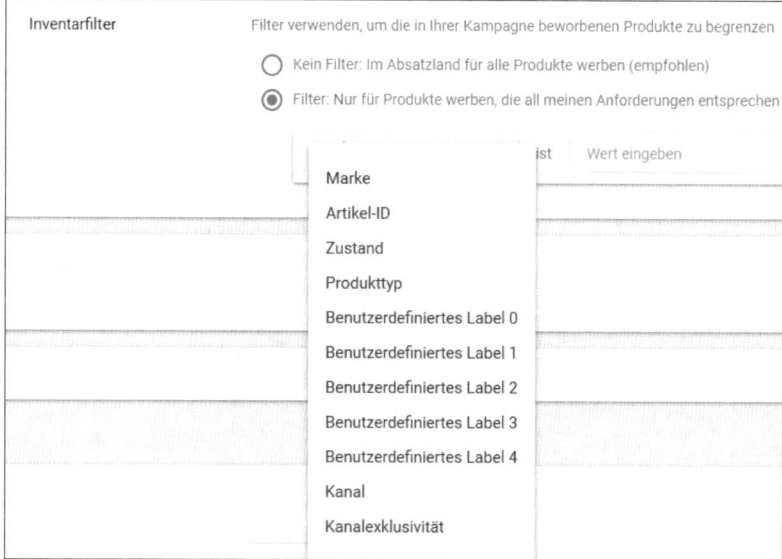

Abbildung 8.21 Erweiterte Shopping-Einstellungen

Anzeigen mit lokaler Verfügbarkeit

Die Aktivierung der lokalen Verfügbarkeit finden Sie ebenfalls unter WEITERE EIN-STELLUNGEN. Falls Sie Ihre Shopping-Produkte auch in lokalen Geschäften verkaufen, ist die Aktivierung der lokalen Verfügbarkeit interessant, denn Sie zeigen den

Nutzern in der Google-Suche, dass die entsprechenden Artikel auch in Ihrem Ladengeschäft in der Nähe vorrätig sind. Wenn Nutzer auf Ihre Anzeige klicken, dann gelangen sie zu einer von Google gehosteten Seite zu Ihrem Geschäft, der sogenannten Verkäuferseite. Auf der Verkäuferseite finden Nutzer unter anderem Informationen zu Produktinventar und Öffnungszeiten sowie eine Wegbeschreibung.

Anzeigen mit lokaler Produktverfügbarkeit	☐ Anzeigen für Produkte aktivieren, die in Geschäften vor Ort verkauft werden ⑦

Abbildung 8.22 Die lokale Verfügbarkeit kann aktiviert werden.

Bevor Sie die lokale Verfügbarkeit im AdWords-Konto aktivieren, müssen Sie im Merchant Center unter MERCHANT CENTER-PROGRAMME (Navigation über die drei vertikalen Punkte) das Programm für die Anzeigen mit lokaler Verfügbarkeit starten (siehe Abbildung 8.23).

Abbildung 8.23 Anzeigen mit lokaler Verfügbarkeit im Merchant Center starten

Priorität der Kampagne

Unterhalb der Kampagneneinstellungen zum BUDGET können Sie unter PRIORITÄT DER KAMPAGNE die Shopping-Kampagne mit einer niedrigen, mittleren oder hohen Priorität einstufen (siehe Abbildung 8.24). Das ist wichtig, wenn Sie mehrere Google-Shopping-Kampagnen erstellen, in denen sich ein und dasselbe Produkt befindet. Unabhängig vom Gebot würde in einem solchen Fall die Kampagne mit der höheren Priorität greifen. Die Höhe der PRIORITÄT DER KAMPAGNE wäre dann ausschlaggebend dafür, aus welcher Kampagne ein Produkt ausgespielt würde, das in beiden vorhanden wäre.

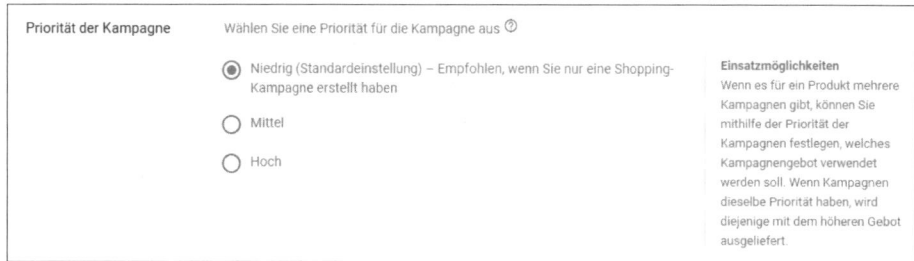

Abbildung 8.24 Legen Sie die Priorität der Shopping-Kampagne fest.

8.3.5   Anzeigengruppe anlegen

Speichern Sie im Anschluss alle Kampagneneinstellungen per Klick auf SPEICHERN
UND FORTFAHREN. Im nächsten Schritt legen Sie dann eine Anzeigengruppe zur Ihrer
Kampagne an. Wählen Sie als Anzeigengruppentyp PRODUKT-SHOPPING aus, vergeben Sie einen Namen und ein Standardgebot für die neue Anzeigengruppe, und speichern Sie alles ab. Ihre Shopping-Kampagne ist nun erstellt, doch die Arbeit ist noch
nicht getan, denn nun müssen Sie Ihre Anzeigen steuern und auswerten.

8.3.6   Mit Produktgruppen Ihre Produkte optimal steuern

Im Mittelpunkt der Google-Shopping-Kampagnen stehen sogenannte Produktgrup-
pen – nicht zu verwechseln mit Anzeigengruppen. Mitilfe der Produktgruppen struk-
turieren und priorisieren Sie Ihre Produkte, indem Sie individuell auf einzelne
Produktbereiche oder Produkte bieten. Die Unterteilung in Produktgruppen erfolgt
über die Attribute KATEGORIE, MARKE, ARTIKEL-ID, ZUSTAND, PRODUKTTYP, KANAL,
KANALEXKLUSIVITÄT oder auch BENUTZERDEFINIERTE LABELS. Sie können Ihren
Produkt-Feed also bis auf Produktebene filtern oder ihn beispielsweise über BENUT-
ZERDEFINIERTE LABELS nach Farben, Saison, Marge etc. differenzieren.

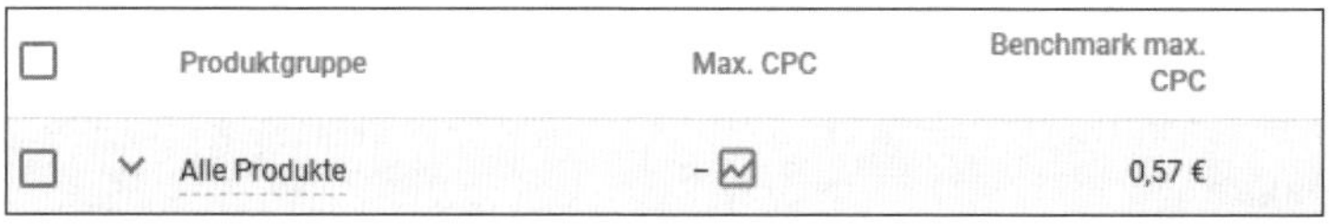

	Produktgruppe	Max. CPC	Benchmark max. CPC
☐			
☐ ⌄ Alle Produkte		– ☑	0,57 €

Abbildung 8.25 Basis-Produktgruppe »Alle Produkte«

Die erste Produktgruppe ALLE PRODUKTE ist nach dem Anlegen der Anzeigengruppe
direkt vorhanden (siehe Abbildung 8.25). Um mit der Gliederung der obersten Ebene
fortzufahren, klicken Sie auf das Pluszeichen hinter ALLE PRODUKTE. Dann erscheint
der Hinweis PRODUKTGRUPPE HINZUFÜGEN. Wählen Sie im neuen Fenster das
gewünschte Attribut, über das Sie die vorhandene Produktgruppe aufschlüsseln
möchten, aus der Dropdown-Liste im Kopfbereich aus. Neben den jeweiligen Attri-

butwerten erhalten Sie auch die Information, wie viele Produkte eingereicht wurden (siehe Abbildung 8.26). Falls die Shopping-Kampagne schon eine Zeit lang ausgespielt wurde, finden Sie hier auch Leistungszahlen zu den einzelnen Gruppen. Dies ist interessant, falls Sie einzelne Produkte nach bestimmten Leistungsmerkmalen weiter unterteilen möchten, damit Sie zum Beispiel auf einzelne Produkte, die in der Vergangenheit viele Conversions erzielt haben, individuelle Gebote abgeben können.

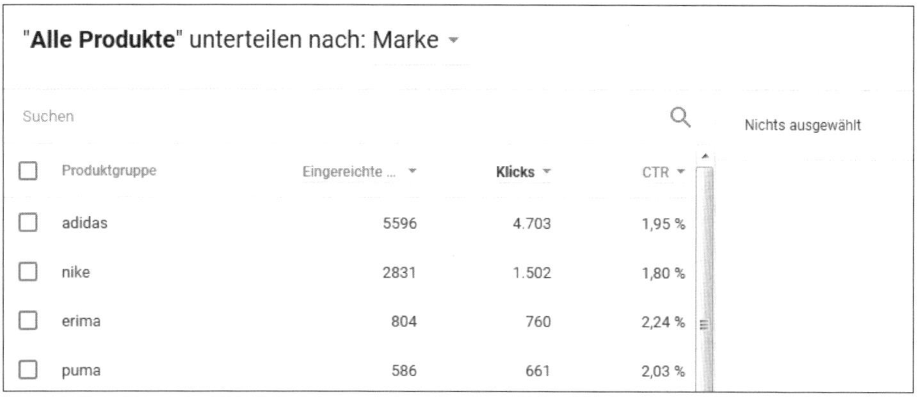

"**Alle Produkte**" unterteilen nach: Marke ⌄				
Suchen			🔍	Nichts ausgewählt
☐ Produktgruppe	Eingereichte … ⌄	Klicks ⌄	CTR ⌄	
☐ adidas	5596	4.703	1,95 %	
☐ nike	2831	1.502	1,80 %	
☐ erima	804	760	2,24 %	
☐ puma	586	661	2,03 %	

Abbildung 8.26 Unterteilung der Produkte nach Marke

Wenn Sie eine Produktgruppe unterteilen, wird automatisch eine Produktgruppe mit dem Namen ALLES ANDERE IN "NAME DER PRODUKTGRUPPE" erstellt, die ebenfalls unterteilt werden kann. Jede Ebene kann beliebig weiter untergliedert werden. Allerdings ist es nicht möglich, eine Produktgruppe bzw. eine Ebene nach mehreren Attributen aufzuteilen.

Viel Arbeit bei umfassenden Geflechten

Bei komplexeren Strukturen stößt das System bislang noch an seine Grenzen und der Aufwand ist mitunter sehr groß. Möchten Sie beispielsweise die oberste Ebene nach Marken aufteilen und diese weiter nach Produkttyp und Zustand, müssen Sie sich leider die Mühe machen und jede Marke nach Produkttyp gliedern und wiederum jeden Produkttyp nach Zustand.

Wenn Sie ganz fein unterteilen, haben Sie den Vorteil, dass Sie Ihre CPC-Gebote sehr genau auf kleine Gruppen oder sogar einzelne Produkte abstimmen können, müssen aber einen hohen Bearbeitungsaufwand in Kauf nehmen. Bei einer gröberen Unterteilung ist es genau andersherum: Sie haben zwar weniger Aufwand, können aber keine zielgerichteten Gebote abgeben. Sie müssen also jedes Mal entscheiden, welchen Aufwand Sie für welches Ziel betreiben möchten.

Während Sie den einzelnen Produktgruppen per Klick in die Spalte MAX. CPC jeweils ein separates Gebot zuweisen können (siehe Abbildung 8.27), gilt dieses Gebot dann automatisch für alle Produkte in der jeweiligen Gruppe. Möchten Sie die Gebote individueller einstellen, so müssen Sie die Gruppe noch weiter unterteilen. Falls Sie nur einige, bestimmte Marken bewerben möchten, so wählen Sie diese Gruppen unter der Aufteilung Marken aus. Die restlichen Marken befinden sich dann automatisch in der Produktgruppe ALLES ANDERE IN "ALLE PRODUKTE". Diese schließen Sie dann aus.

Abbildung 8.27 Produktgruppen können auch ausgeschlossen werden.

Auszuschließende Keywords

Vergessen Sie nicht, auch bei den Shopping-Kampagnen negative Keywords hinzuzufügen. Bei mehreren Anzeigengruppen können Sie negative Keywords genauer zuweisen als in nur einer Anzeigengruppe für alle Produkte.

Wenn Sie die ersten Produktgruppen unterteilt haben, besteht die zukünftige Hauptaufgabe im AdWords-Konto darin, Leistungsdaten zu beobachten und die Max.-CPC-Gebote anzupassen (siehe Abbildung 8.28).

Abbildung 8.28 Der »Max. CPC« kann auch auf Produktebene
per Klick auf das Gebot verändert werden.

Die Anpassung richtet sich zunächst an den eigenen Ergebnissen aus, gleichzeitig können Sie mithilfe von Benchmarkdaten der Marktbegleiter gewisse Schlüsse in

Hinblick auf Ober-oder auch Untergrenzen ziehen. Über die Max.-CPC-Gebote können Sie die Auslieferung und entsprechende Platzierung der Produkte in Ihrer Shopping-Kampagne schnell und einfach steuern.

8.3.7   Werten Sie Ihre Shopping-Kampagnen aus

Besonders bei der Analyse und Auswertung der Shopping-Kampagnen bietet Google viele Möglichkeiten, mit denen Sie sich zunächst einmal vertraut machen müssen. Sie können Ihre Produkte mit ihrer Artikel-ID, einer Beschreibung und ihrem Bereitstellungsstatus, die vorher nur im Merchant Center einsehbar waren, jetzt auch im AdWords-Konto in der mittleren Menüleiste unter PRODUKTE anschauen (siehe Abbildung 8.29). Jedes Produkt enthält auch die jeweiligen Leistungsdaten, sodass Sie in der Übersicht schnell erkennen können, welche Produkte in den Shopping-Kampagnen gut performt haben.

Produkte	Artikel-ID	Titel	Status des Produkts
Keywords	4451	DEPROC Softshellhose Damen STERLING LADY Farbe: schwarz Größe: 36	Bereitstellbar
Zielgruppen	7883	DEPROC Softshellhose Herren STERLING Men Farbe: petrol Größe: 26	Bereitstellbar
	2377	DEPROC WATERTON Lady Trekking Skihose Damen Farbe: schwarz Größe: 44	Bereitstellbar

Abbildung 8.29 Übersicht über die Produkte aus dem Produkt-Feed

Wenn Sie im oberen Bereich von PRODUKTE zu DIAGNOSE wechseln, können Sie auch direkt in einer Übersicht erkennen, wo Probleme bei der Auslieferung Ihrer Produkte in der Shopping-Kampagne bestehen (siehe Abbildung 8.30). Sie sehen auf einen Blick, wie viele Produkte für die Shopping-Kampagnen genutzt werden können und wo die Probleme – z. B. aufgrund fehlender Werte – liegen. So haben Sie direkt Ansatzpunkte, um beispielsweise die Preise zu aktualisieren oder die Zielseiten einzelner Produkte zu checken und eventuell zu ändern.

Weitere Auswertungsmöglichkeiten zu Ihren Shopping-Kampagnen finden Sie in den vordefinierten Berichten, den früheren *Dimensionen* (siehe Abbildung 8.31). Navigieren Sie über das Berichts-Icon auf VORDEFINIERTE BERICHTE, wählen Sie danach den Unterpunkt SHOPPING und dann weiter das gewünschte Attribut, z. B. PRODUKT-TYP, aus. Derzeit fehlen in den vordefinierten Berichten leider ein paar Attribute, wie zum Beispiel Berichte mit Bezug auf die BENUTZERDEFINIERTEN LABELS, was eine Untersuchung der Top-Seller oder spezieller Farben etc. etwas schwieriger macht. Sie können jedoch die Spalten der Berichte später noch anpassen und dann auch noch die benutzerdefinierten Labels hinzufügen. Hilfreich ist auch eine Analyse der einzelnen Artikel-IDs. Unser Tipp: Nutzen Sie die Auswertung der Attribute, um Hinweise für neue Produktgruppen zu sammeln.

Status des Produkts	↓ Produkte
Bereitstellbar	10.818
Nicht bereitstellbar	0
Inaktiv	0
∧ Abgelehnt	120
Ungültiger oder fehlender Preis	44
Ungültiger Wert (Geschlecht)	40
Ungültige oder fehlende GTIN	24
Nicht verfügbare Zielseite (Desktop-Computer)	11
Nicht verfügbare Zielseite (Mobilgerät)	3

PRODUKTE DIAGNOSE

Abbildung 8.30 Diagnose der Produkte

Produkttyp (1. Ebene) ⇌	Klicks ⇌	Impressionen ⇌	CTR ⇌
s⬤⬤⬤⬤	300	11.218	2,67%
s⬤⬤⬤⬤⬤⬤⬤	149	4.461	3,34%
w⬤⬤	101	7.936	1,27%
c⬤⬤⬤⬤	57	2.260	2,52%
f⬤⬤⬤	50	4.662	1,07%

Abbildung 8.31 Auswertung der Attribute, z. B. »Produkttyp«, über vordefinierte Berichte

8.3.8   Wettbewerbsanalyse

Möchten Sie eine Wettbewerbsanalyse durchführen und sich mit Ihren Mitbewerbern aus der Branche vergleichen? Dann rufen Sie den Tab PRODUKTGRUPPEN aus der mittleren Menüleiste auf. Über die Berichtsspalten können Sie Benchmarks hinzufügen, also Durchschnittswerte zu Werbetreibenden, die ähnliche Produkte anbieten (siehe Abbildung 8.32). Fügen Sie dazu die drei folgenden Spalten hinzu:

▶ ANTEIL AN MÖGL. IMPRESSIONEN IM SN: Dieser Wert ergibt sich aus der Anzahl der von Ihnen generierten Impressionen, geteilt durch die geschätzte Anzahl von Impressionen, die Sie hätten generieren können. Die Daten werden täglich aktualisiert. Wenn Ihr Anteil an möglichen Impressionen sehr gering ist, empfiehlt Google, die maximalen CPCs zu erhöhen und zusätzlich alle Möglichkeiten zur Optimierung der Produkt-Feeds zu nutzen.

▶ BENCHMARK KLICKRATE: Gemeint ist hier die durchschnittliche Klickrate für Shopping-Anzeigen zu den einzelnen Produktgruppen in der gleichen Branche. Wenn die eigene CTR deutlich unter der BENCHMARK KLICKRATE liegt, empfiehlt Google, die maximalen CPCs zu erhöhen und beim Produkt-Feed insbesondere Bilder und Anzeigentitel zu optimieren.

▶ BENCHMARK MAX. CPC: Dies ist der durchschnittliche Klickpreis für die Shopping-Anzeigen in der gleichen Branche. Wenn der eigene CPC deutlich unter dem BENCHMARK MAX. CPC liegt, wäre dies eine wichtige Grenze, bis zu der die eigenen CPCs erhöht werden können, um mehr Impressionen und Klicks zu generieren.

Produktgruppe	Max. CPC	Benchmark max. CPC	CTR	Benchmark-Klickrate ↓	Anteil an mögl. Impr. im SN
∧ Alle Produkte	– ☑	0,57 €	2,36 %	1,20 %	19,41 %
Alles andere in "Alle Produkte"	0,10 € (auto-optimiert) ☑	0,61 €	1,94 %	1,42 %	27,27 %
∨ f●●●	– ☑	0,70 €	2,64 %	1,48 %	22,29 %
∨ e●●●●●●	– ☑	0,52 €	2,43 %	1,48 %	21,97 %
∨ t●●●●●	– ☑	0,50 €	2,46 %	1,15 %	15,87 %

Abbildung 8.32 Benchmark der Leistungsdaten

Vorsicht – Daten mit Vorsicht genießen

Wie immer, wenn Google Gebotsempfehlungen gibt, sollten Sie diese kritisch hinterfragen, denn letztlich profitiert davon in erster Linie immer Google. Es ist nicht ausreichend bekannt, wen Google zur Vergleichsgruppe zählt, und die Erfahrung hat gezeigt, dass Kategorien häufig sehr weitläufig zusammengefasst werden.

8.3.9   Gebotssimulator für Shopping-Kampagnen

Als Entscheidungshilfe bei der Veränderung ihrer Max.-CPC-Gebote stellt Google den AdWords-Nutzern den GEBOTSSIMULATOR für Shopping-Kampagnen zur Verfügung. Google errechnet mit dem Simulator, welche Gebote zu welchen Veränderungen bei den Impressionen, den Klicks, den Kosten etc. in den letzten sieben Tagen geführt hätten. Zukünftige Daten werden nicht prognostiziert. Als visuelle Unterstützung werden oberhalb der Daten die Veränderungen in einer Grafik dargestellt. Für die Darstellung können Sie verschiedene Leistungsdaten (z. B. Impressionen, Klicks etc.) auswählen (siehe Abbildung 8.33).

Wie auch die Benchmark-Daten ist der GEBOTSSIMULATOR ein Google-Instrument, das Sie im Zweifelsfall ermutigen soll, Ihre Gebote zu erhöhen. Wenn Sie sich dafür entscheiden, Ihre Gebote dementsprechend anzupassen, sollten Sie von Zeit zu Zeit Ihre tatsächliche Performance mit den simulierten Daten vergleichen.

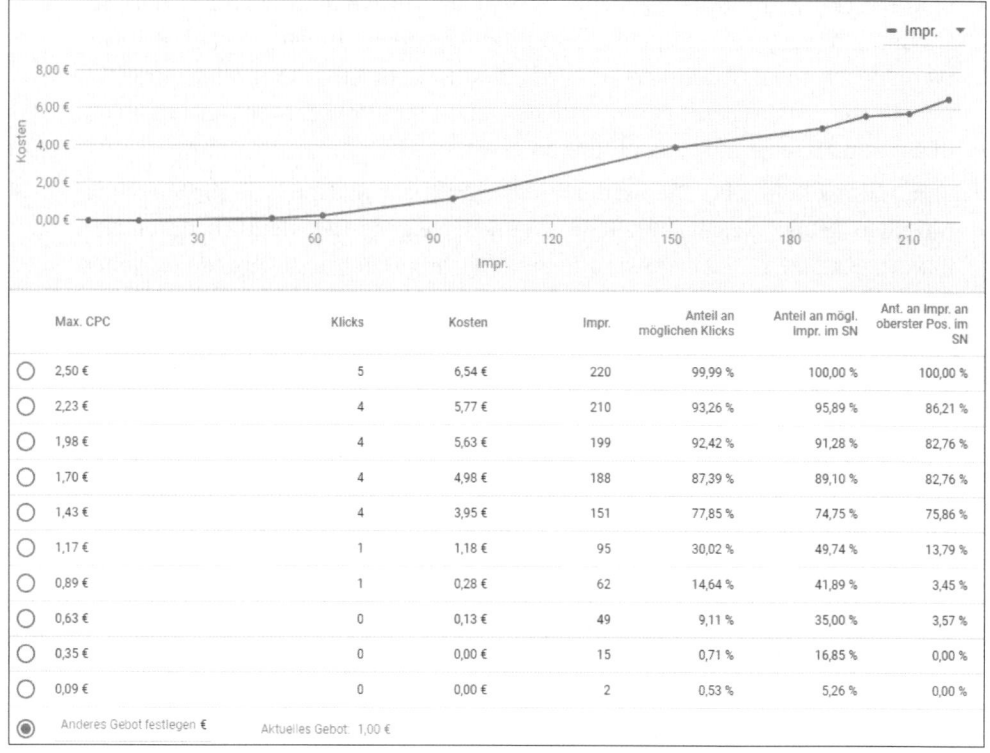

Max. CPC	Klicks	Kosten	Impr.	Anteil an möglichen Klicks	Anteil an mögl. Impr. im SN	Ant. an Impr. an oberster Pos. im SN
○ 2,50 €	5	6,54 €	220	99,99 %	100,00 %	100,00 %
○ 2,23 €	4	5,77 €	210	93,26 %	95,89 %	86,21 %
○ 1,98 €	4	5,63 €	199	92,42 %	91,28 %	82,76 %
○ 1,70 €	4	4,98 €	188	87,39 %	89,10 %	82,76 %
○ 1,43 €	4	3,95 €	151	77,85 %	74,75 %	75,86 %
○ 1,17 €	1	1,18 €	95	30,02 %	49,74 %	13,79 %
○ 0,89 €	1	0,28 €	62	14,64 %	41,89 %	3,45 %
○ 0,63 €	0	0,13 €	49	9,11 %	35,00 %	3,57 %
○ 0,35 €	0	0,00 €	15	0,71 %	16,85 %	0,00 %
○ 0,09 €	0	0,00 €	2	0,53 %	5,26 %	0,00 %
⦿ Anderes Gebot festlegen € Aktuelles Gebot: 1,00 €						

Abbildung 8.33 Gebotssimulator mit Gebotsvorschlägen, Klickprognosen und mehr

8.4   Remarketing – holen Sie den Besucher zurück

Remarketing wird synonym mit dem Begriff *Retargeting* genutzt. Der Begriff Retargeting setzt sich zusammen aus *Target* (engl. *das Ziel*) und der Vorsilbe *re* (für *wieder*).

Das Ziel sind hier die potenziellen Kunden, die wieder erreicht und zurückgewonnen werden sollen. Mit Retargeting/Remarketing wird Ihre Zielgruppe erneut mit Ihrer Werbung, Ihrem Produkt oder Ihrer Marke konfrontiert. Somit sollen Kunden, die schon »verloren« waren, weil sie Ihre Webseite verlassen haben, wieder aktiviert werden.

Sie haben dieses Phänomen vielleicht selbst schon erlebt, wenn Sie einmal die Webseite eines großen Online-Shops für Schuhe besucht haben. Surfen Sie später mit dem gleichen Computer und dem gleichen Browser auf anderen Webseiten (z. B.

Nachrichtenportalen oder beim Wetterdienst), so leuchten Ihnen die Werbebanner des Schuh-Shops entgegen.

Diese spezielle Werbemaßnahme basiert technisch auf sogenannten *Cookies*, die in Ihrem Browser abgelegt werden. Falls Sie also einmal selbst von den ständigen Werbeeinblendungen des Schuhportals (oder anderer Webseiten) genervt sind, so löschen Sie einfach einmal die Cookies in Ihrem Browser: Die Werbeeinblendungen des Webshops verschwinden.

Denken Sie an die Datenschutzhinweise zum Remarketing

Da Sie für das Remarketing Ihre Webseitenbesucher mit Cookies kennzeichnen, muss ein entsprechender Hinweis zu dieser Vorgehensweise auf Ihrer Webseite vorhanden sein. Leider gibt es dazu keine verbindlichen Vorgaben von Google, sondern nur Hinweise, was auf Ihrer Webseite im Bereich Impressum oder Datenschutz aufgeführt sein sollte. Die entsprechenden Google-Hinweise finden Sie auf folgender Internetseite: *https://support.google.com/adwords/answer/2549063?hl=de*

Wir empfehlen, vor dem Einsatz des Remarketing-Codes die Hinweise zum Datenschutz auf Ihrer Webseite zu hinterlegen. Falls Sie Ihren Shop bei einem Dienstleister wie z. B. Trusted Shops (*https://www.trustedshops.de/*) zertifizieren lassen, gibt es dort ebenfalls Juristen, die Ihnen bei der Formulierung der Hinweise zu Cookies, Remarketing und zum Datenschutz helfen.

8.4.1   Rechtliche Aspekte des Remarketings

Im Zentrum der rechtlichen Auseinandersetzung um die Zulässigkeit von Remarketing-Maßnahmen stehen immer wieder die Cookies. Was Cookies sind und wie sie funktionieren, wissen Sie bereits. Erklärungsbedarf besteht meist im Hinblick auf deren rechtssichere Anwendung. Denn aktuelle europäische Gesetzesreformen beeinflussen künftig auch direkt deutsche Webseiten-Betreiber. Was es damit genau auf sich hat, möchten wir – Christian Solmecke und Sibel Kocatepe – Ihnen in diesem Abschnitt einmal überblicksartig erläutern.

Christian Solmecke und Sibel Kocatepe über SEO und Recht

Rechtsanwalt **Christian Solmecke** ist Partner der Kanzlei Wilde Beuger Solmecke (*www.wbs-law.de*) und betreut zahlreiche SEO-Agenturen, Medienschaffende und Web-2.0-Plattformen. Regelmäßig nimmt er als Redner am SEO DAY, der Fachkonferenz für die Suchmaschinen-Optimierung, teil. Neben seiner Kanzleitätigkeit ist Christian Solmecke auch Geschäftsführer des Deutschen Instituts für Kommunikation und Recht im Internet (DIKRI) an der Cologne Business School.

Sibel Kocatepe ist Volljuristin und als wissenschaftliche Mitarbeiterin im Sonderforschungsbereich 1187 »Medien der Kooperation« der DFG an der Universität Siegen tätig. Dort befasst sie sich als Doktorandin mit urheberrechtlichen Fragestellungen im Hinblick auf aktuelle Medienpraktiken im internationalen Vergleich.

Sibel Kocatepe studierte an der Universität Bonn Rechtswissenschaften und absolvierte ein Masterstudium im Wirtschaftsrecht in Köln und Istanbul. Im Rheinwerk Verlag ist von beiden Autoren das Buch »Recht im Online-Marketing« erschienen. Darin finden Sie auch ein eigenes Kapitel zur Suchmaschinenwerbung (SEA).

Die derzeitige Praxis in Deutschland und die Reform auf europäischer Ebene

Bisher wurde für die Verwendung von Cookies in Deutschland oftmals die sogenannte *Opt-Out-Lösung* angewandt. Das heißt, es wurden Nutzungsprofile auf pseudonymer Basis erstellt und der Nutzer wurde lediglich in der Datenschutzerklärung oder durch eine entsprechende Einblendung darüber informiert, dass er dem widersprechen kann. Von der Widerspruchsmöglichkeit Gebrauch gemacht haben wohl nur die wenigsten Nutzer – was ganz im Interesse der Webseiten-Betreiber ist.

Das könnte sich jedoch schon bald ändern: Der Grund dafür ist nicht die neue europäische Datenschutz-Grundverordnung (DSGVO), die derzeit in aller Munde ist, sondern die sogenannte *ePrivacy-Verordnung*. Denn das Remarketing betrifft vornehmlich das Setzen von Cookies zu Werbezwecken und fällt damit in den Regelungsbereich der europäischen Verordnung, deren äußerst nutzerfreundlicher Entwurf im Oktober 2017 vom EU-Parlament verabschiedet wurde. Damit wird die ePrivacy-Verordnung künftig die neue Datenschutz-Grundverordnung ergänzen und alle derzeitigen Regelungen verdrängen, die auf Grundlage der bisher geltenden ePrivacy-Richtlinie (2002/58/EG) und Cookie-Richtlinie (2009/136/EG) ergangen sind.

Das Ziel dieser Verordnung ist es, den Bürgern der Europäischen Union in Zukunft wieder mehr Kontrolle insbesondere über ihre personenbezogenen Daten zu geben, die sie oft ganz beiläufig und zumeist unwissentlich im Internet und realen Leben hinterlassen.

Der Einfluss der ePrivacy-Verordnung auf das Remarketing

Im Bereich des Remarketings wirken sich die Regelungen des verabschiedeten Entwurfs dergestalt aus, dass das Setzen von Cookies künftig generell unter ein Verbot mit Erlaubnisvorbehalt fallen soll. Das bedeutet, dass Betreiber von Webseiten Cookies in Zukunft nur dann rechtskonform einsetzen können, wenn das Gesetz dies erlaubt oder der Nutzer darin ausdrücklich eingewilligt hat. Eine gesetzliche Erlaubnis ist zwar zum Beispiel für die in Unternehmen besonders relevanten *Session Cookies* vorgesehen, nicht jedoch zu Werbezwecken. Damit überlässt der Gesetzgeber diese Entscheidung dem Nutzer und macht die Einwilligung zum Dreh- und Angelpunkt der Rechtskonformität von Remarketing-Maßnahmen.

Anforderungen an ein rechtskonformes Remarketing

Sollte der Entwurf der ePrivacy-Verordnung in der verabschiedeten Fassung in Kraft treten, dann müssen Sie eine Einwilligung der Nutzer einholen und dabei verschiedene Punkte beachten. Zunächst einmal ist besonders wichtig, dass die Einwilligung bereits beim ersten Aufrufen der Seite erfragt werden muss und der Nutzer zuvor über die Datenverarbeitung sowie über seine jederzeitige Widerspruchsmöglichkeit informiert werden muss.

Hinweis

Eine detaillierte Erläuterung der weitergehenden Datenverarbeitung und die Einbindung einer Widerspruchsmöglichkeit sollten Sie in jedem Falle in Ihre Datenschutzerklärung aufnehmen.

Die Einwilligung muss der Nutzer weiterhin ausdrücklich erklären, wozu sich das sogenannte *Opt-In-Verfahren* anbietet – vorangekreuzte Kästchen (Opt-Out) sind nicht zulässig. Bevor diese Einwilligung nicht erteilt wird, dürfen keine Cookies gesetzt und keine personenbezogenen Daten verarbeitet werden. Dies ist aber auch dann nicht zulässig, wenn der Nutzer die Einwilligung verweigert hat. Denn künftig muss der Nutzer eine ernsthafte Alternative zur Einwilligung haben – und die muss darin bestehen, dass er die Webseite auch ohne Cookie-Einwilligung nutzen kann. Bisher in Cookie-Bannern verwendete Hinweise, wonach die Seite nur funktioniert, wenn der Nutzung von Cookies zugestimmt wird, gehören demnach bald der Vergangenheit an.

Da Betreiber von Webseiten fürchten, dass Nutzer künftig keine Einwilligung mehr erteilen werden, wenn sie die Seite auch so vollständig nutzen können, fällt die Kritik an dem Verordnungsentwurf gerade von Branchen- und Wirtschaftsverbänden aus Deutschland sehr scharf aus.

Ausblick

Ursprünglich sollte die ePrivacy-Verordnung im Mai 2018 in Kraft treten, jedoch wird sich dieser Termin angesichts der noch ausstehenden sogenannten *Trilog-Verhandlungen* zwischen EU-Kommission, EU-Parlament und dem Rat der Europäischen Union wahrscheinlich auf das Jahr 2019 verschieben.

Erst im Rahmen dieser Verhandlungen wird die wahrscheinlich endgültige Fassung gefunden werden, weshalb Sie die weitere Entwicklung des Prozesses im Blick behalten sollten. Danach haben die Mitgliedstaaten auch die Möglichkeit, die einzelnen Regelungen der finalen Version der ePrivacy-Verordnung weiter zu präzisieren oder klarzustellen, um eine effektive Anwendung und Auslegung der Regelungen der Verordnung in ihrer eigenen Rechtsordnung zu gewährleisten.

> **Praxistipp**
>
> Bis die ePrivacy-Verordnung in Kraft tritt, sollten Sie als Anwender von Remarketing-Technologien unbedingt die Entwicklungen verfolgen und auch die Reaktionen der Aufsichtsbehörden auf diese Änderung im Blick behalten, um entsprechend reagieren zu können. Wir helfen Ihnen dabei, indem wir stets aktuelle Informationen auf der Kanzlei-Website zusammenstellen und über den Link *http://wbs.is/eprivacy* abrufbar halten.
>
> Die Übergangszeit sollten Sie dazu nutzen, die erforderlichen neuen Prozesse rechtzeitig zu etablieren. Sobald dann auch die Übergangsfrist abgelaufen ist, müssen Ihre Webseiten in Einklang mit der ePrivacy-Verordnung stehen, wenn Sie rechtliche Konsequenzen verhindern möchten.

Wir wünschen Ihnen dabei schon jetzt viel Erfolg!

8.4.2 Eine Remarketing-Kampagne aufsetzen

Nachdem Sie die juristischen Voraussetzungen geklärt haben, läuft das Aufsetzen einer Remarketing-Kampagne in folgenden Schritten ab:

1. Sie erstellen zunächst einen Remarketing-Code in Ihrem AdWords-Konto.
2. Das Code-Snippet wird auf jeder Unterseite Ihrer Website eingebaut.
3. Neue Besucher erhalten ein Cookie in ihrem Browser und werden gleichzeitig in der Standardliste ALLE BESUCHER (ADWORDS) im AdWords-Konto registriert.
4. Ausgehend von der Standardliste, können später spezielle Listen für bestimmte Zielgruppen erstellt werden, also z. B. für Besucher bestimmter Unterseiten.
5. Diese Remarketing-Listen dienen dann als Ausrichtungen im Google Displaynetzwerk.

8.4.3 Remarketing-Listen erstellen

Sie legen eine Remarketing-Liste auf folgende Weise an: Navigieren Sie über den Werkzeugschlüssel in die GEMEINSAM GENUTZTE BIBLIOTHEK • ZIELGRUPPENVERWALTUNG. Wenn Sie diesen Bereich das erste Mal aufrufen, kann er schon Listen enthalten (siehe Abbildung 8.34), die von Google automatisch erstellt wurden.

Abbildung 8.34 AdWords erstellt automatisch eigene Zielgruppenlisten.

Um Ihre Remarketing-(Zielgruppen-)Liste anzulegen, klicken Sie als Erstes auf den ⊕ Button. Im nächsten Schritt können Sie aus verschiedenen Möglichkeiten wählen. Den AdWords-Tracking-Code erstellen Sie unter + WEBSITEBESUCHER. Sie können aber auch Listen aus dem App-Tracking oder von Besuchern Ihres YouTube-Kanals nutzen (siehe Abschnitt 8.5.3). Zudem können Sie auch eigene Kundenlisten hochladen, die dann über Gmail-Adressen oder Google-Logins zugeordnet werden.

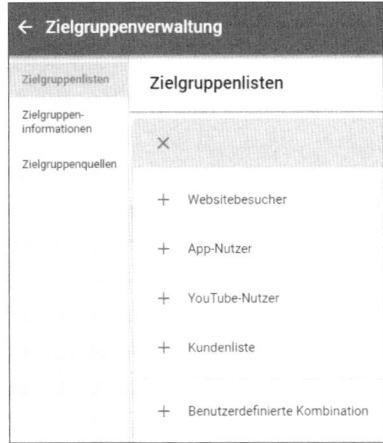

Abbildung 8.35 Verschiedene Möglichkeiten, um Remarketing- bzw. Zielgruppenlisten zu erstellen

Falls Sie noch keinen Remarketing-Code erstellt haben, werden Sie durch die Einrichtung geführt. Sie müssen grundsätzlich zwei Möglichkeiten unterscheiden:

▶ **Standarddaten erfassen:** Mit diesem Analytics-Code, den wir zunächst anlegen, wird nur der Besucher einer Webseite registriert.

▶ **Dynamischer Remarketing-Code:** Diese Möglichkeit werden wir in Abschnitt 8.4.8 noch vorstellen. Mit diesem Code werden zusätzlich bestimmte Attribute erfasst, z. B. welches Produkt (erfasst über die Produkt-ID) sich ein Besucher angeschaut hat.

8.4.4 Das Remarketing-Tag

Seit Oktober 2017 erstellt Google ein allgemeines Website-Tag als Remarketing-Code für Ihre Webseite. Auf der Webseite sollte der Code im Header der Website zwischen den <head></head>-Tags eingefügt werden. Diese Arbeit übertragen Sie wieder Ihrem Webmaster, falls Sie die Website nicht selbst bearbeiten können. Das neue Tag kann mit den Ereignis-Snippets für Remarketing und für Conversions verwendet werden.

Der folgende Code ist ein Beispiel für ein globales Site-Tag. Die Tags werden natürlich jedes Mal individuell für ein AdWords-Konto erzeugt und unterscheiden sich in der Tag-ID (830 xxxxxx), die in unserem Beispiel maskiert wurde. Das Tag sollte grundsätzlich auf jeder Unterseite Ihrer Internetpräsenz eingefügt werden, um alle Besucher Ihrer Website mit einem Cookie zu kennzeichnen. Auf diese Weise entsteht eine Besucherliste, die in Google AdWords die Bezeichnung »Alle Besucher« trägt.

```
<!-- Global site tag (gtag.js) - AdWords: 830 xxxxxx -->
<script async src="https://www.googletagmanager.com/gtag/js?id=AW-
830xxxxxx"></script>
<script>
  window.dataLayer = window.dataLayer || [];
  function gtag(){dataLayer.push(arguments);}
  gtag('js', new Date());

  gtag('config', 'AW-830xxxxxx');
</script>
```

Listing 8.1 Beispiel eines allgemeinen Website-Tags für das Remarketing

Nachdem der Code auf Ihrer Webseite eingefügt wurde, können Sie in Ihrem AdWords-Konto unter ZIELGRUPPENVERWALTUNG • ZIELGRUPPENQUELLEN kontrollieren, ob der Code auch funktioniert. Sie erhalten eine Statistik zu Ihrem AdWords-Tag mit den Treffern der letzten 24 Stunden (siehe Abbildung 8.36).

Abbildung 8.36 Überprüfung des AdWords-Tags

Unter DETAILS können Sie sich die Anzahl der Treffer (also der verteilten Cookies) auch für einen längeren Zeitraum anschauen. Weiter unter finden Sie dann noch einmal eine Anleitung zum Einbau des Tags. Dort können Sie das Tag-Snippet auch herunterladen oder per E-Mail verschicken, falls Sie diesen Code noch einmal benötigen.

Nachdem das Tag richtig eingebaut wurde und die ersten Webseitenbesucher markiert wurden, finden Sie beim Unterpunkt ZIELGRUPPENVERWALTUNG den Eintrag mit der Bezeichnung ALLE BESUCHER. Früher hieß diese Liste auch »Hauptliste«. Diese Liste registriert jeden Besucher auf Ihrer Webpräsenz, der mit dem Cookie gekennzeichnet wurde, und zwar von allen Seiten, in die das Tag integriert wurde.

Eine zweite Liste trägt die Bezeichnung ÄHNLICH WIE ... oder manchmal auch die englische Bezeichnung SIMILAR TO ... (siehe Abbildung 8.37). Diese »Similar-to-Liste« wurde von Google AdWords generiert und beinhaltet Google-Nutzer, die sich ähnlich verhalten wie die Nutzer, die Sie mit einem Cookie gekennzeichnet haben. Falls Sie also eine Webseite zum Thema Sonnenbrillen besitzen, dann haben die Nutzer, die in der »Similar-to-Liste« gezählt werden, ebenfalls zum Thema Sonnenbrille recherchiert bzw. Seiten mit diesem Thema besucht. Diese User müssen also nicht zwingend auf Ihrer Website gewesen sein. Diese neue Liste können Sie trotzdem im GDN als Targeting-Möglichkeit nutzen und auch diese potenziellen Kunden mit Ihrer Werbung ansprechen.

☐	Name der Zielgruppe ↑	Typ
In Verwendung		
☐	Alle Besucher Personen, die Seiten mit Ihren Remarketing-Tags besucht haben	Websitebesucher Automatisch erstellt
☐	Ähnlich wie "Alle Besucher"	Ähnliche Zielgruppe Automatisch erstellt

Abbildung 8.37   »Alle Besucher« und die »Ähnlich wie«-Liste

Die Unterscheidung der verschiedenen Listen ist jedoch wichtig, wenn Sie diese für bestimmte Werbekampagnen einsetzen. Bei Ihrer Hauptliste können Sie davon ausgehen, dass der Besucher Ihre Webseite schon kennt. Bei der »Similar-to-Liste« ist dies nicht unbedingt der Fall. Sie müssen also die Gruppen eventuell auf andere Weise ansprechen.

Zu den Listen finden Sie auch Informationen über den sogenannten Umfang. Er besagt, wie viele Nutzer über die Remarketing-Liste erreicht werden können. Der Umfang kann in den verschiedenen Netzwerken unterschiedliche Größen aufweisen. Bitte beachten Sie, dass die Remarketing-Listen, die auf das Display-Netzwerk ausgerichtet sind, mindestens 100 aktive Besucher oder Nutzer für die letzten 30 Tage enthalten müssen, damit Sie das Remarketing auch nutzen können.

8.4.5   Spezielle Remarketing-Listen

Ihre Hauptliste sammelt, wie gesagt, alle Besucher Ihrer Webseite und wächst daher auch am schnellsten. Diese Liste ist jedoch weniger geeignet, um sie für eine Remarketing-Strategie zu verwenden: Sie sagt lediglich aus, dass jemand Ihre Webseite besucht hat, aber nicht mehr. Der registrierte User der Hauptliste könnte jedoch bereits Ihr Produkt gekauft haben und ist daher als potenzieller Kunde vielleicht gar nicht mehr interessant. Falls Sie zum Beispiel nur Waschmaschinen verkaufen, so nützt Ihnen diese Remarketing-Liste wenig, denn die Chance, dass ein Besucher, der gerade eine Waschmaschine bei Ihnen gekauft hat, durch Remarketing eine zweite Waschmaschine kauft, ist doch sehr gering, auch wenn Ihre Werbung noch so gut ist. Die Bewerbung dieser Zielgruppe kann sogar negative Effekte haben: Durch die ständige Werbung zu einer Maschine, die bereits im Keller steht, ist Ihr neuer Kunde eventuell sogar verärgert und empfiehlt Sie nicht weiter.

Remarketing sollte also intelligent genutzt werden, sonst schadet diese Strategie mehr, als sie nützt. Es ist daher taktisch klüger, wenn Sie, ausgehend von Ihrer Hauptliste, eine Spezialliste generieren. Sie könnten zum Beispiel eine Liste erstellen, mit der Sie alle Besucher erfassen, die zwar schon etwas in den Einkaufswagen Ihres Webshops gelegt haben, aber dann nicht bis zum Ende geblieben sind und Ihre Webseite vorzeitig verlassen haben. Diese sogenannten Warenkorb- oder Kaufabbrecher sind eine beliebte Zielgruppe im Remarketing. Damit Sie diese Gruppe speziell mit Werbung ansprechen können, müssen Sie zunächst eine eigene Liste zu dieser Gruppe erstellen.

Navigieren Sie dazu zunächst wieder zu Zielgruppenverwaltung • Zielgruppenlisten. Klicken Sie auf den Button ⊕ und danach auf + Websitebesucher. Nun können Sie eine individuelle Liste anlegen. Geben Sie Ihrer neuen Liste einen Namen ❶ (siehe Abbildung 8.38). Als Nächstes bestimmen Sie, dass die Liste für Nutzer erstellt werden soll, die eine bestimmte Webseite besucht, eine andere Seite jedoch nicht besucht haben ❷.

Dann werden die entscheidenden Regeln festgelegt:

1. Der Nutzer soll als Besuchte Seite ❸ eine Seite mit dem Begriff *warenkorb* ❹ aufgerufen haben. Dadurch wissen wir, dass er etwas in den Warenkorb gelegt hat.

2. Der Nutzer soll jedoch nicht auf der Seite ❺ mit dem Parameter *danke* ❻ gewesen sein. Dies bedeutet, dass der Kauf nicht abgeschlossen wurde, da die URL *einkauf.html?danke* in unserem fiktiven Beispiel immer am Ende nach einem Kaufabschluss aufgerufen wird.

Hinweis: Alle Nutzer werden auch in der Hauptliste »Alle Besucher« aufgelistet. Die neue Liste ist quasi nur ein Filter auf die Hauptliste. Falls Sie die neue Liste schneller füllen möchten, können Sie frühere Nutzer der letzten 30 Tage ❼ in die neue Remarketing-Liste aufnehmen.

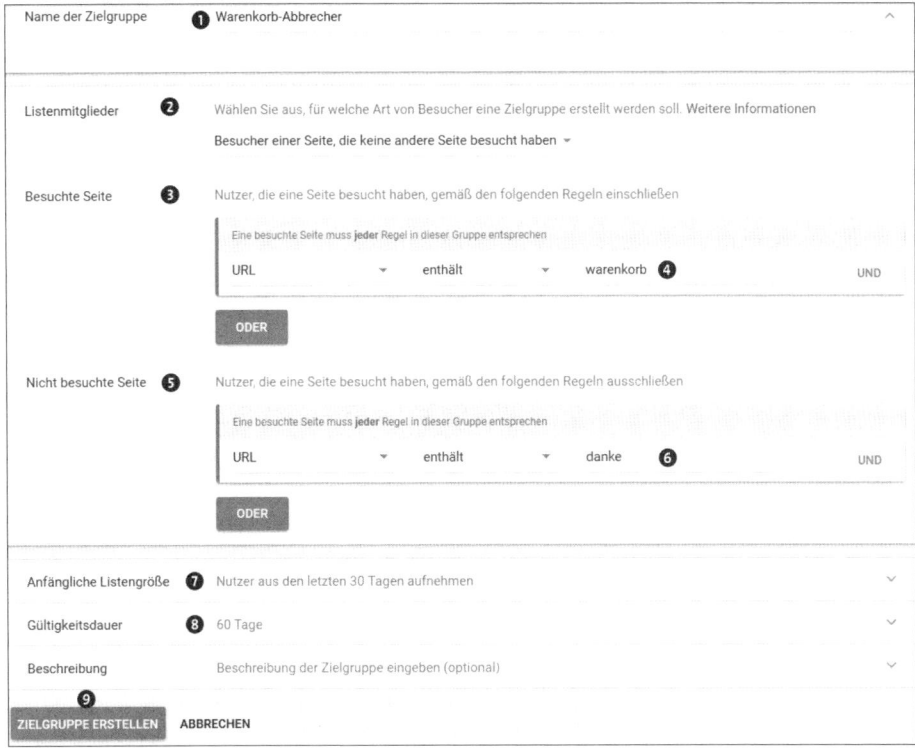

Abbildung 8.38 Bedingungen für Warenkorb-Abbrecher festlegen

Der Punkt GÜLTIGKEITSDAUER ❽ legt fest, für wie viele Tage das Cookie aktiv sein soll. Standardmäßig werden 30 Tage vorgegeben, Sie können jedoch auch einen längeren Zeitraum eingeben. Durch einen längeren Zeitraum wird die Liste natürlich größer. Ein gekennzeichneter Besucher fällt nach 30 Tagen aus der Liste, falls er vorher nicht wieder die Webseite besucht hat. Wird der Zeitraum von 30 auf 60 Tage erhöht, bleibt jeder User also doppelt so lange in der Liste und die Größe verdoppelt sich im Normalfall ungefähr.

Bei zu langen Zeiträumen sollten Sie jedoch bedenken, dass der gewünschte Remarketing-Effekt sich wahrscheinlich nicht mehr einstellt. Falls Sie zum Beispiel einen Kaufabbrecher erst nach zwei oder drei Monaten mit einer Gutscheinaktion ansprechen, so kann es durchaus sein, dass er Ihr Produkt schon längst bei der Konkurrenz gekauft hat und mit Ihrer Aktion nichts mehr anfangen kann. Dies bedeutet, dass ein Remarketing grundsätzlich zeitnah erfolgen soll, um einen möglichst hohen Effekt zu erzielen und wirklich den zunächst verlorenen Kunden wieder zurückzuholen.

Zum Schluss speichern Sie Ihre neue Liste noch mit ZIELGRUPPE ERSTELLEN ❾ ab.

Mit dieser Kombination von Webseiten haben wir also die Besuchergruppe der Warenkorbabbrecher definiert, die zwar etwas in den Warenkorb gelegt, aber dennoch nichts gekauft hat. Nachdem Sie Ihre Remarketing-Liste definiert und abgespeichert haben, wird diese ebenfalls unter ZIELGRUPPENLISTEN angezeigt. Wird nun zum Beispiel eine Gutscheinaktion mit versandkostenfreier Bestellung für die Zielgruppe der Warenkorbabbrecher geplant, so können Sie Ihre neue Remarketing-Liste als Zielvorgabe nutzen.

Dies ist jedoch nur eine Zielgruppe, die Sie mit bestimmten Kombinationen ansprechen können. In der AdWords-Hilfe finden Sie unter

https://support.google.com/adwords/answer/6297549?hl=de&ref_topic=3122877

noch weitere Beispiele, um die für Ihre Strategie passenden Listen zu genieren.

Testen Sie verschiedene Cookie-Laufzeiten

Je nach Produktart, die Sie bewerben möchten, sind unterschiedliche Cookie-Laufzeiten interessant. Bei Produkten, die dringend benötigt werden, sollten Sie generell mit kurzen Laufzeiten (ca. 7 Tage) arbeiten, bei längerfristigen Entscheidungen wie zum Beispiel einer Urlaubsbuchung sind durchaus längere Cookie-Laufzeiten als die Standardeinstellung von 30 Tagen sinnvoll.

Unser Tipp: Testen Sie kurze Laufzeiten (z. B. 7 Tage) im Vergleich mit längeren Laufzeiten (z. B. 30 Tage), und untersuchen Sie danach die Performance Ihrer AdWords-Kampagnen. Überprüfen Sie also, wie gut Ihre vorher definierten Ziele erreicht wurden.

Remarketing-Listen via Google Analytics

Als Alternative zu dem Code, den Sie unter Google AdWords erstellen können, ist auch eine Definition von Zielgruppen in Google Analytics möglich. Der Vorteil dieser Vorgehensweise besteht zum einen darin, dass Sie keinen zusätzlichen Code in Ihre Webseite einbauen müssen, wenn der Analytics-Code schon vorhanden ist. Zum anderen haben Sie über Analytics viel weitreichendere Möglichkeiten, um eine Zielgruppe zu definieren.

Mit folgenden Schritten erstellen Sie eine Zielgruppenliste via Analytics:

1. Rufen Sie in Analytics VERWALTUNG • PROPERTY • ZIELGRUPPENDEFINITIONEN auf, und klicken Sie auf ZIELGRUPPEN (siehe Abbildung 8.39).

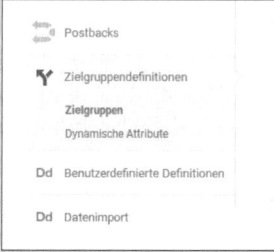

Abbildung 8.39 Zielgruppen in Analytics definieren

2. Erstellen Sie eine neue Zielgruppe, wobei Sie fast alle Dimensionen und Metriken in die Definition einbeziehen können.

3. Verknüpfen Sie im AdWords-Konto unter Einrichtung • Verknüpfte Konten das Analytics- mit dem AdWords-Konto.

4. Kontrollieren Sie, dass die Websitemesswerte importiert werden. Unter Zielgruppen sollte die Anzahl der Listen angezeigt werden, die Sie in Analytics erstellen haben. Falls Sie mehrere Datenansichten in Analytics erstellt haben, achten Sie bitte auch auf den Namen der verknüpften Datenansicht.

Nachdem Sie diese Schritte durchgeführt haben, werden auch die Zielgruppen aus Analytics in den Zielgruppenlisten aufgeführt und können für das Remarketing eingesetzt werden.

Hier folgen ein paar Ideen zu Remarketing-Listen, die Sie einfach mithilfe von Analytics erstellen können:

▶ User, die aus einer Facebook- oder einer E-Mail-Kampagne auf Ihre Seite kamen

▶ User, die eine Conversion oder Transaktion durchgeführt haben

▶ User, die ein PDF heruntergeladen oder ein Video gestartet haben

▶ User, die eine bestimmte Zeit auf Ihrer Webseite waren oder beispielsweise mindestens vier Unterseiten besucht haben

8.4.6   Remarketing im Displaynetzwerk

Alle Listen, die unter Zielgruppenlisten aufgeführt sind und mindestens 100 aktive Nutzer für die letzten 30 Tage enthalten, können im Google Displaynetzwerk (GDN) als Ausrichtung für eine neue Kampagne oder als zusätzliche Ausrichtung für eine bestehende Kampagne genutzt werden. Die Remarketing-Listen sind eine Möglichkeit der Zielgruppenausrichtung.

Sie aktivieren eine Remarketing-Liste, indem Sie zunächst die Displaynetzwerk-Kampagne auswählen und dann im mittleren Navigationsmenü den Tab Zielgruppen auswählen. Danach klicken Sie auf den blauen Button mit dem Bearbeitungsstift und wählen eine Anzeigengruppe ❶ aus. Nach der Auswahl der Anzeigengruppe, auf die eine Zielgruppe angewendet werden soll, sollten Sie die empfohlene Option Ausrichtung ❷ wählen. Somit werden die Anzeigen der Anzeigengruppe nur für die Besucher ausgespielt, die in der Remarketing-Liste markiert sind. Im nächsten Schritt klicken Sie das in das Feld Remarketing ❸ und wählen aus den angebotenen Google-Remarketing-Listen ❹ eine oder mehrere Listen ❺ aus. Zum Schluss speichern Sie die neue Ausrichtung für Ihre Anzeigengruppe ab.

Hinweis

Wenn Sie nach Aufruf des Tabs Zielgruppen im oberen Bereich von Zielgruppen auf Ausschlüsse wechseln, können Sie auf die gleiche Weise auch Remarketing-Listen für Kampagnen oder Anzeigengruppen ausschließen. Auch das kann sinnvoll sein, denn auf diese Weise könnten Sie beispielsweise verhindern, dass bestimmte Gruppen Ihre Werbung angezeigt bekommen.

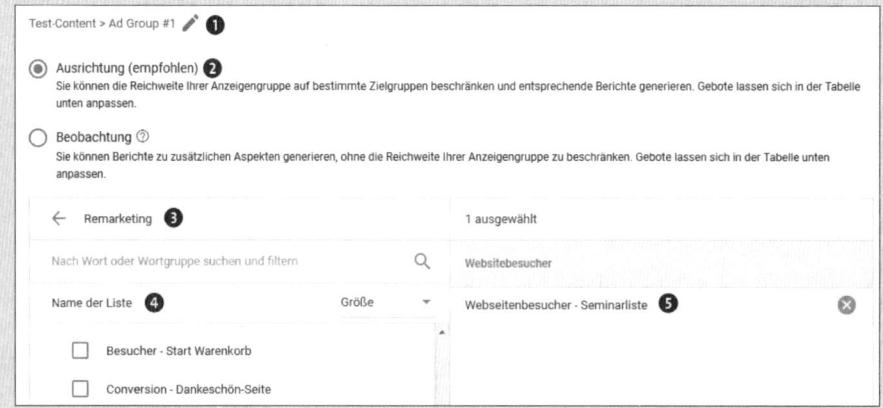

Abbildung 8.40 Targeting einer Anzeigengruppe im GDN über eine Remarketing-Liste

Remarketing kann Kunden nerven

Bitte beachten Sie, dass Remarketing für viele potenzielle Kunden sehr nervig sein kann, falls es übertrieben wird. Google AdWords bietet daher eine gute Möglichkeit an, um die Auslieferung individuell einzustellen. Diese Möglichkeit nennt sich *Frequency Capping*.

Rufen Sie dazu zunächst bei einer Displaynetzwerk-Kampagne die Kampagneneinstellungen auf, und klicken Sie danach auf den Link weitere Einstellungen. Dort finden Sie den Unterpunkt Frequency Capping, den Sie einfach per Klick öffnen und wo Sie dann die Option Beschränkung für sichtbare Impressionen anwenden aktivieren. Danach können Sie pro Anzeige, Anzeigengruppe oder Kampagne bestimmen, wie oft die Werbung, bezogen auf einen bestimmten Zeitraum (z. B. »pro Tag«) erscheinen soll.

In Abbildung 8.41 haben wir beispielsweise festgelegt, dass pro Kampagne pro Tag für einen bestimmten Nutzer nur sechs Anzeigen ausgeliefert werden sollen. Das reduziert den »Nervfaktor« erheblich und hilft trotzdem, das Branding zu stärken.

Frequency Capping	Begrenzen Sie die Häufigkeit, mit der Ihre Anzeigen für denselben Nutzer im Displaynetzwerk ausgeliefert werden
	◯ Keine Beschränkung für sichtbare Impressionen
	⦿ Beschränkung für sichtbare Impressionen anwenden

Anzahl der Impressionen	Häufigkeit		Ebene
6	pro Tag	▾	diese Kampagne

Abbildung 8.41 Die Anzahl der Werbeeinblendungen begrenzen

8.4.7   Benutzerdefinierte Kombinationen

Eine besondere Möglichkeit, um individuelle Zielgruppen zu erstellen, ist die sogenannte *benutzerdefinierte Kombination*. Um eine solche Kombination zu erstellen, beginnen Sie zunächst genauso wie bei der Erstellung einer Remarketing-Liste und öffnen die ZIELGRUPPENVERWALTUNG. Nach dem Klick auf ⊕ wählen Sie den Unterpunkt + BENUTZERDEFINIERTE KOMBINATION aus. Sie können wieder auf alle bereits erstellten Remarketing-Listen zurückgreifen und diese mit drei unterschiedlichen Kombinationen verknüpfen (siehe Abbildung 8.42):

▸ ODER-Verknüpfung

▸ UND-Verknüpfung

▸ keine der ausgewählten Zielgruppen

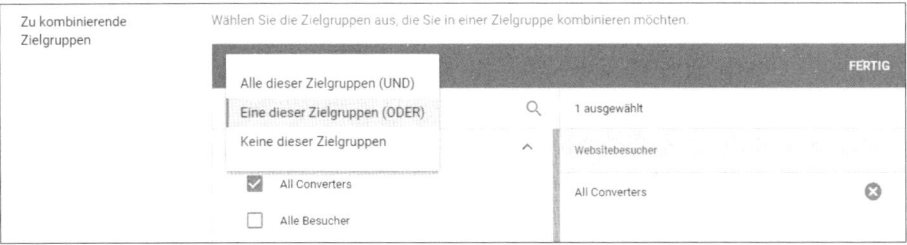

Abbildung 8.42 Eine benutzerdefinierte Kombination anlegen

Nach der Auswahl vergeben Sie noch einen Namen und optional eine Beschreibung für Ihre neue Zielgruppenkombination, damit Sie diese später beim Targeting auch richtig zuordnen können. Ihre neue Zielgruppe speichern Sie per Klick auf ZIELGRUPPE ERSTELLEN ab.

Am besten probieren Sie die verschiedenen Möglichkeiten aus und erstellen sich die passende Zielgruppe für Ihre Strategie. Wenn Sie die neu erstellte Kombination für Ihr Targeting nutzen möchten, so finden Sie diese in der Zielgruppenliste wieder und können sie wie eine Standard-Remarketing-Liste nutzen.

8.4.8   Was ist dynamisches Remarketing?

Das dynamische Remarketing ist eine besondere Version des Remarketings. Dabei wird nicht nur der Besuch eines Users registriert, sondern auch, welche Produkte er sich auf den Webseiten angeschaut hat. Dynamisches Remarketing funktioniert übrigens auch für bestimmte Dienstleistungen, z. B. für Seminare. Diese Produkte oder Dienstleistungen werden dann individuell für bestimmte User ausgespielt.

Für das dynamische Remarketing wird ein spezielles Code-Snippet benötigt, das Sie im AdWords-Konto in der »Gemeinsam benutzten Bibliothek« unter ZIELGRUPPEN-VERWALTUNG an bekannter Stelle generieren können.

Damit das dynamische Remarketing Ihre Shopping-Produkte bewirbt, muss ein Merchant Center existieren, das mit dem AdWords-Konto verknüpft ist. Alternativ können Sie aber auch Produkte oder Dienstleistungen unter Geschäftsdaten in Ihr AdWords-Konto hochladen und diese dann dynamisch in den Anzeigen präsentieren. Schauen wir einmal gemeinsam, wie das alles zusammenspielt, damit das dynamische Remarketing funktioniert.

8.4.9   Eine Kampagne mit dynamischem Remarketing – so geht's

Da das dynamische Remarketing schon etwas komplexer ist und verschiedene Komponenten zusammenspielen müssen, haben wir die einzelnen Bereiche unterteilt, damit Sie die Kampagnen mit dynamischem Remarketing Schritt für Schritt vorbereiten können.

Tracking-Code auf der Webseite

Zunächst muss ein spezieller Remarketing-Code in die Webseite eingebaut werden. Dazu rufen Sie Ihren Standard-Remarketing-Code unter ZIELGRUPPENVERWALTUNG • ZIELGRUPPENQUELLEN • ADWORDS-TAG • DETAILS auf. Klicken Sie rechts oben auf die drei vertikalen Navigationspunkte, und wählen Sie QUELLE BEARBEITEN. Sie können dann von STANDARDDATEN … auf BESTIMMTE ATTRIBUTE … wechseln (siehe Abbildung 8.43). Danach wählen Sie noch ein oder mehrere Unternehmenstypen aus, z. B. BILDUNG. Die Auswahl bestimmt dann die Parameter, die Sie erfassen.

In unserem Beispiel werden durch die Auswahl von BILDUNG die Parameter zur Bildung aktiviert. Hier kann wiederum eine Auswahl getroffen werden. Für das Beispiel haben wir edu_pagetype und edu_pid gewählt. Mit edu_pagetype kann die Art der besuchten Seite erfasst werden, z. B. *home* für die Startseite oder *complete* für den Abschluss der Buchung. Mit edu_pid wird die ID erfasst, also die individuelle Kennzeichnung eines Seminars. So hat z. B. ein AdWords-Seminar, da an einem bestimmten Termin in Köln stattfindet, eine individuelle Identifikationsnummer.

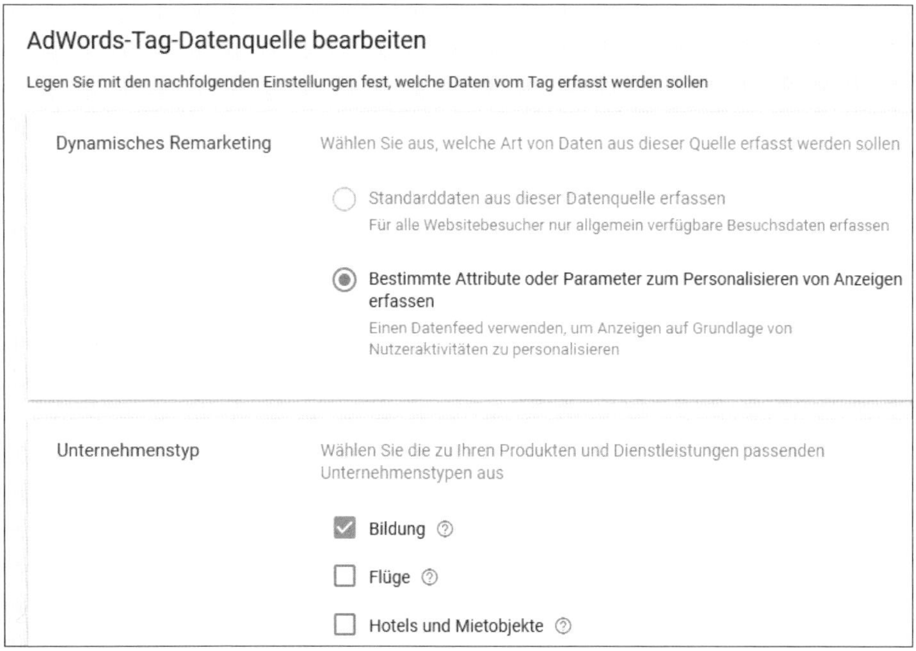

AdWords-Tag-Datenquelle bearbeiten

Legen Sie mit den nachfolgenden Einstellungen fest, welche Daten vom Tag erfasst werden sollen

Dynamisches Remarketing   Wählen Sie aus, welche Art von Daten aus dieser Quelle erfasst werden sollen

○ Standarddaten aus dieser Datenquelle erfassen
Für alle Websitebesucher nur allgemein verfügbare Besuchsdaten erfassen

◉ Bestimmte Attribute oder Parameter zum Personalisieren von Anzeigen erfassen
Einen Datenfeed verwenden, um Anzeigen auf Grundlage von Nutzeraktivitäten zu personalisieren

Unternehmenstyp   Wählen Sie die zu Ihren Produkten und Dienstleistungen passenden Unternehmenstypen aus

☑ Bildung ⑦

☐ Flüge ⑦

☐ Hotels und Mietobjekte ⑦

Abbildung 8.43 Dynamisches Remarketing unter »Zielgruppen« einrichten

Parameter: Bildung   Zu erfassende Parameter auswählen

☑ edu_pagetype   Seitentyp

☑ edu_pid   Programm-ID

☐ edu_plocid   Ort des Programms

☐ edu_totalvalue   Gesamtwert des Programms

Abbildung 8.44 Beispiel: Parameterauswahl zum Typ »Bildung«

Grundsätzlich gleicht das dynamische Remarketing-Snippet dem Standard-Remarketing-Snippet. Der erste Teil bleibt bestehen, so wie wir es in Abschnitt 8.4.4 aufgezeigt haben. Zusätzlich wird dann noch ein Event-Skript zugefügt, das natürlich je nach Auswahl des Unternehmenstyps andere Parameter besitzt. Das Skript wird automatisch auf Grundlage der Vorauswahl erzeugt und kann dann auch wieder inklusive des vorgeschalteten Standard-Codes heruntergeladen werden. Der Code aus Listing 8.2 zeigt nur den Event-Teil mit den beiden Parametern 'edu_pagetype' und 'edu_pid'. Der Platzhalter 'replace with value' wird dabei später auf der Website mit individuellen Werten zu den jeweiligen Nutzer-Aktionen gefüllt.

```
<script>
  gtag('event', 'page_view', {
    'send_to': 'AW-830 xxxxxx',
    'edu_pagetype': 'replace with value',
    'edu_pid': 'replace with value'
      });
</script>
```

Listing 8.2 Skript-Beispiel einer Ergänzung für das dynamische Remarketing-Tag

Über das Skript werden also Informationen zum Besuch des potenziellen Kunden an Google AdWords weitergegeben. Diese Informationen werden dann dazu genutzt, um im GDN möglichst passende Anzeigen zu präsentieren. Die beiden Parameter aus unserem Beispiel haben folgende Bedeutung:

1. Die ID (edu_pid) steht für die »Seminar-ID«, die dann mit der ID aus dem Geschäftsdatenfeed übereinstimmen sollte. Im Falle einer Übereinstimmung kann die dynamische Anzeige den Internetnutzern genau das zuvor aufgerufene Seminar in der Werbung präsentieren. Ist die Produkt-ID im Feed nicht vorhanden, wird eine ähnliche ID aus der Produktgruppe genommen. Diese Vorgehensweise ist jedoch nicht optimal, da das Produkt bzw. das Seminar von dem abweicht, was vorher betrachtet wurde.

2. Der Seitentyp (edu_pagetype) steht für die Seite, die der Nutzer aufgerufen hat, z. B. die Startseite oder die Übersichtsseite zu den Seminaren. Hier müssen Standardwerte in Englisch (z. B. *home, searchresults, lead* etc.) übergeben werden. Weitere Infos finden Sie in der AdWords-Hilfe unter:

   https://support.google.com/adwords/answer/6335506?hl=de

Die Übergabe der Werte ist nun die Aufgabe Ihres Programmierers. Teilweise gibt es Erweiterungen für Shop-Systeme, die die entsprechenden Parameter übergeben, oder die Informationen müssen durch zusätzliche Skripte übertragen werden. Die ID des aktuell sichtbaren Produkts, der aktuelle Webseitentyp etc. dürften für die Programmierer keine Schwierigkeit darstellen, da die Informationen ja grundsätzlich auf der Website vorhanden sind.

Datenfeed bereitstellen

Die zweite Komponente ist der passende Datenfeed. Dieser wird benötigt, damit AdWords dynamisch die richtigen Anzeigen für den User auf Grundlage seines vorherigen Surfverhaltens zusammenstellen kann. Wenn Sie bereits Google Shopping nutzen und einen Datenfeed über das Merchant Center mit Google AdWords verbunden haben, dann müssen Sie an dieser Stelle nichts mehr veranlassen. Die Produkt-IDs sind im Shopping-Feed enthalten und können so zugeordnet werden. Alle anderen Unternehmenstypen müssen passende Datenfeeds in das AdWords-Konto hochladen. Dazu navigieren Sie über den Werkzugschlüssel und rufen EINRICHTUNG · GESCHÄFTSDATEN auf. Klicken Sie auf ⊕, und wählen Sie im nächsten Schritt dann FEED FÜR DYNAMISCHE DISPLAYNETZWERK-ANZEIGEN (siehe Abbildung 8.45) sowie den Typ. Für unser Beispiel wäre das also der Typ BILDUNG.

Abbildung 8.45 »Feed für dynamische Displaynetzwerk-Anzeigen« unter »Geschäftsdaten« hochladen

Im nächsten Schritt können Sie die Daten auf Ihrem Computer auswählen und dann hochladen. Falls Sie noch keine Datei erstellt haben, können Sie sich an dieser Stelle auch ein Template mit einem Beispieldatensatz herunterladen und diesen dann an Ihre Produkte bzw. Dienstleitungen anpassen.

Abbildung 8.46 zeigt einen kleinen Ausschnitt aus einer solchen Datentabelle. Die Spaltenüberschriften stammen aus dem Beispiel-Template und sollten so übernommen werden. Manche Werte müssen ausgefüllt werden, andere sind optional. Auf Grundlage der eindeutigen Programm-ID können die verschiedenen Seminare aus unserem Beispiel identifiziert und den entsprechenden IDs aus dem Tracking-Code zugeordnet werden.

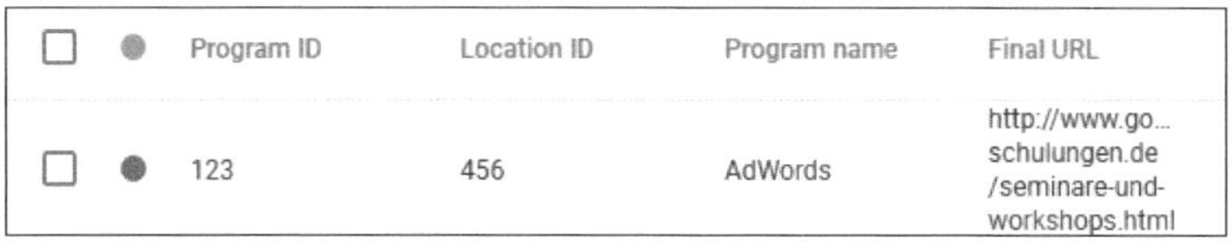

		Program ID	Location ID	Program name	Final URL
☐	●				
☐	●	123	456	AdWords	http://www.go... schulungen.de /seminare-und- workshops.html

Abbildung 8.46 Ausschnitt aus einem Datenfeed mit »Program ID«

Remarketing-Kampagnen aufsetzen

Nachdem das Tracking und der Datenfeed eingerichtet sind, müssen Sie noch die Kampagne aufsetzen. Erstellen Sie für das dynamische Remarketing eine eigene Kampagne vom Typ DISPLAYNETZWERK. Wenn Sie mit Zielvorhaben arbeiten, dann wählen Sie VERKAUF aus. Sie können aber auch eine Kampagne ohne Zielvorhaben erstellen. Wichtig ist, dass Sie unter WEITERE EINSTELLUNGEN den Punkt DYNAMISCHE ANZEIGEN (siehe Abbildung 8.47) wählen und dort DATENFEED FÜR PERSONALISIERTE WERBUNG VERWENDEN aktivieren. Danach können Sie den Datenfeed auswählen, den Sie unter Geschäftsdaten hochgeladen haben. In unserem Beispiel hat der Datenfeed den Namen *Seminare* und die ID *67106283*.

Abbildung 8.47 Einen Datenfeed unter »Dynamische Anzeigen« verknüpfen

Damit das Remarketing funktioniert, müssen Sie noch eine Anzeigengruppe erstellen und als Targeting über den Tab ZIELGRUPPEN eine passende Remarketing-Liste hinzufügen, z. B. die Liste »Alle Besucher«.

Anzeige für dynamisches Remarketing

Zu einer guten Kampagne mit dynamischem Remarketing gehört natürlich auch noch eine dynamische Anzeige. Wählen Sie dazu zunächst den Tab ANZEIGEN UND ERWEITERUNGEN aus. Klicken Sie auf den Button ⊕, und wählen Sie + RESPONSIVE-ANZEIGE aus. Sie können das Formular wie gewohnt mit Bildern und Textbausteinen füllen. Aber durch die Aktivierung der DYNAMISCHEN ANZEIGEN auf Kampagne-nebene finden Sie im unteren Bereich schon den Hinweis auf DYNAMISCHE ANZEIGEN mit der zugehörigen ID des Datenfeeds (siehe Abbildung 8.48).

In der Anzeigenvorschau auf der rechten Seite erkennen Sie an den Beispielen, dass die Informationen aus dem Datenfeed genutzt und bereits passende Beispiele erzeugt werden, auch ohne eine Eingabe in die Formularfelder der Anzeige (siehe Abbildung 8.49). Diese sollten Sie trotzdem ausfüllen, damit in jedem Fall eine sinnvolle und gute Anzeige ausgeliefert werden kann.

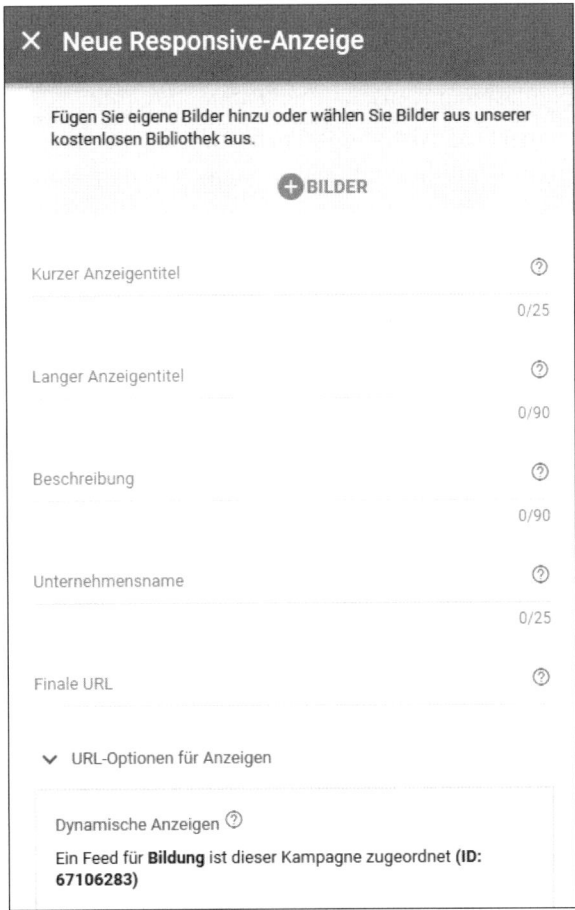

Abbildung 8.48 Responsive-Anzeige mit Verknüpfung zum passenden Datenfeed

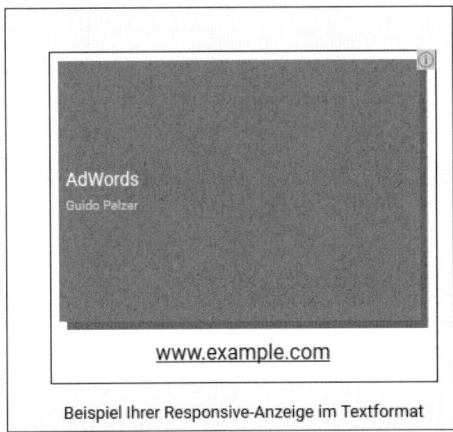

Abbildung 8.49 Beispiel für die automatisierte Datenübergabe

Damit haben Sie alle Komponenten für Ihre dynamische Remarketing-Kampagne erstellt:

1. einen Code, der Ihre Zielgruppen-Listen mit zusätzlichen Parametern füllt
2. einen Datenfeed, der die passenden Produkte oder Dienstleistungen mit Landing-Page, Beschreibungen und eventuellen Produktbildern beinhaltet, damit diese passend ausgespielt werden können
3. eine Displaynetzwerk-Kampagne, die den Remarketing-Code und den Datenfeed verbindet
4. die dynamischen Anzeigen in der Kampagne, die das passende Produkt oder auch die Dienstleitung automatisch präsentieren

8.4.10   RLSA – Remarketing funktioniert auch im Suchnetzwerk

Wir haben das Thema Remarketing bzw. Retargeting bisher nur in Verbindung mit dem Google Displaynetzwerk vorgestellt. Historisch betrachtet war das auch der Ausgangspunkt der Remarketing-Idee, und lange Zeit konnte man mit Google AdWords die potenziellen Kunden über eine Remarketing-Strategie nur im Google Displaynetzwerk ansprechen.

Mitte 2013 hat Google unter dem Stichwort RLSA (*Remarketing Lists for Search Ads*) jedoch eine neue Möglichkeit zur Nutzung von Remarketing-Listen eingeführt. Diese Listen bzw. einige Remarketing-Listen können nun auch für Werbung im Google-Suchnetzwerk genutzt werden.

RLSA ist eine Strategie, um Nutzer, die Ihre Website schon einmal besucht haben, auch im Suchnetzwerk gezielt mit eigenen Angeboten anzusprechen. Außerdem können Sie spezielle Gebote für diese Gruppe abgeben oder die Liste nutzen, um die Auslieferung der Anzeigen für bestimmte Nutzergruppen auszuschließen.

Im Suchnetzwerk greifen Sie auf die gleichen Targeting-Listen zurück, die Sie auch für das Displaynetzwerk nutzen. Eine Liste für das Suchnetzwerk muss jedoch mindestens 1.000 Cookies umfassen, da Google die Daten der Personen schützen möchte, was bei zu kleinen Gruppen und bestimmten Suchanfragen schwierig ist. Auch die benutzerdefinierten Kombinationen können Sie als Remarketing-Liste für die Suche nutzen.

8.4.11   Remarketing-Liste für Suchnetzwerk-Kampagne aktivieren

Eine Ausrichtung Ihrer Suchkampagnen nehmen Sie unter dem Tab ZIELGRUPPEN vor, nachdem Sie zunächst eine einzelne Suchnetzwerk-Kampagne ausgewählt haben. Unter ZIELGRUPPEN klicken Sie zuerst auf den blauen Button mit dem Bearbeitungsstift.

Bitte beachten Sie, dass Sie das Targeting auf Kampagnen-, aber auch auf Anzeigen-gruppenebene einstellen können. Dazu müssen Sie direkt unter der Überschrift ZIEL-GRUPPEN BEARBEITEN eine Auswahl zwischen Kampagne und Anzeigengruppe treffen. Als Nächstens müssen Sie entscheiden, wie Sie die Remarketing-Listen nutzen möchten. Dazu gibt es zwei Optionen:

▸ Die erste Option nennt sich AUSRICHTUNG Bei dieser Auswahl wird Ihre Anzeigen-gruppe nur auf die gewählte Zielgruppe (Remarketing-Liste) ausgerichtet. Die Anzeigen können bei der Suche dann nur für diese Gruppe erscheinen.

▸ Die zweite Auswahl trägt die Bezeichnung BEOBACHTUNG. Bei dieser Auswahl werden die Anzeigen für alle Google-Nutzer ausgespielt. Für die spezielle Remarketing-Gruppe erscheint dann jedoch eine eigene Statistik mit den gewohnten Leistungskennzahlen. Daher stammt die Bezeichnung BEOBACHTUNG. Neben der reinen Beobachtung können Sie für diese Gruppe aber auch die bereits bekannten Gebotsanpassungen (erhöhen oder verringern) vornehmen. Wenn Sie die Gebote erhöhen, so erscheinen Ihre Anzeigen für diese Gruppe öfter und auf besseren Anzeigepositionen; bei einer Reduzierung sind Ihre Anzeigen dementsprechend weniger präsent.

Bitte beachten Sie die beiden Möglichkeiten, wenn wir Ihnen im folgenden Abschnitt einige Ideen zur Nutzung von RLSA in der Praxis vorstellen. Die beiden Optionen AUSRICHTUNG oder BEOBACHTUNG (siehe Abbildung 8.50) spielen eine wichtige Rolle bei der Nutzung der Remarketing-Listen.

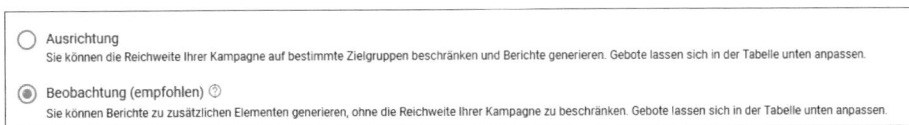

Abbildung 8.50 Ausrichtung oder Beobachtung?

Im nächsten Schritt wählen Sie dann schließlich die Remarketing-Liste aus, indem Sie zunächst die entsprechende Kategorie aufklappen (z. B. KOMBINIERTE ZIELGRUP-PEN, siehe Abbildung 8.51) und danach die gewünschte Liste oder auch mehrere Listen per Checkbox aktivieren.

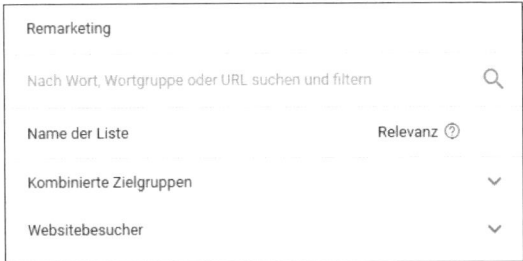

Abbildung 8.51 Kategorie aufklappen und Remarketing-Listen auswählen

Tipp 1: Ausschlüsse nutzen

Denken Sie daran, dass Sie die Remarketing-Listen nicht nur positiv, sondern auch negativ nutzen können, indem Sie auf dem Tab ZIELGRUPPEN im Kopfbereich von ZIELGRUPPEN auf AUSSCHLÜSSE wechseln (siehe Abbildung 8.52). Unter AUSSCHLÜSSE können Sie analog zu dem geschilderten Ablauf Remarketing-Listen für den Ausschluss auswählen.

Abbildung 8.52 Remarketing-Listen können auch ausgeschlossen werden.

Tipp 2: Kombination von Zielgruppen und demografischen Merkmalen

Neben den Zielgruppen können Sie Kampagnen oder Anzeigengruppen für das Suchnetzwerk auch auf demografische Merkmale wie Alter und Geschlecht ausrichten (siehe Abbildung 8.53). Umgekehrt können Sie bestimmte Merkmale ausschließen, sodass Ihre Anzeigen nicht an diese Gruppe ausgeliefert werden. Außerdem können Sie auch Gebotsanpassungen vornehmen. Diese Einstellungen können Sie für ausgefeilte Strategien noch mit Ihren Zielgruppen kombinieren.

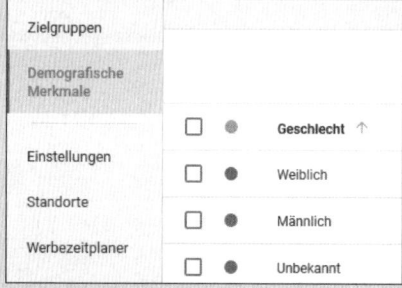

Abbildung 8.53 Gruppen anhand demografischer Merkmale ausschließen

8.4.12   Möglichkeiten des Remarketings für die Suche

Mithilfe der Remarketing-Listen und der zusätzlichen Optionen ergeben sich verschiedene Strategien für Ihre Suchkampagnen. Wir stellen Ihnen im Folgenden einige Beispiele als Anregung für eigene Strategien vor.

Auf teurere Keywords für wiederkehrende Besucher bieten (Beobachtung)

Geben Sie höhere Gebote für Keywords ab, bei denen eine ständige Top-Position zu teuer ist. Sie schonen so das Gesamt-Budget, da Sie nur für eine begrenzte Gruppe

(z. B. Webseitenbesucher, die noch nicht zur Gruppe der Kunden gehören) Anzeigen zu wichtigen Keywords in einer Top-Position präsentieren.

Diese Option ist vor allem für kleinere Unternehmen mit geringem Budget interessant. Sehr allgemeine und daher oft sehr teure Keywords können sich kleinere Unterhemen im Positionskampf mit finanzstarken Konkurrenten oft nicht leisten. Durch diese Remarketing-Strategie können diese Unternehmen für ihre Zielgruppe auch auf den »Top-3-Positionen« erscheinen – bei begrenztem finanziellen Risiko, denn die Gebote gelten ja nur für eine begrenzte Gruppe aus der Remarketing-Liste. Die »teuren Keywords« werden in gesonderte Anzeigengruppen verteilt, auf die dann das Targeting mit der Option angewandt wird.

Bieten Sie Kunden spezielle Angebote an (Ausrichtung)

Sie können einer Gruppe ehemaliger Webseitenbesucher spezielle Angebote machen, indem Sie eine Anzeigengruppe mit neuen Anzeigentexten entwerfen und diese Besucher zu einer speziellen Landing-Page schicken. Unser Tipp: Schließen Sie die Gruppe der ehemaligen Webseitenbesucher gleichzeitig für Ihre Standardkampagne oder Anzeigengruppen zusätzlich aus.

Gespiegelte Kampagne für Kaufabbrecher aufsetzen (Ausrichtung)

Sie können eine bestehende Kampagne komplett kopieren und für alle ehemaligen Besucher, die einen Kauf auf Ihrer Webseite abgebrochen haben, höhere Gebote abgeben, um mit höheren Anzeigenpositionen die ehemaligen Besucher mit hohem Interesse an Ihren Produkten besser abgreifen zu können. Gleichzeitig schließen Sie diese Gruppe auch hier für Ihre normale AdWords-Kampagne aus.

Branding-Kampagnen – nur für neue Besucher (Ausrichtung)

Erstellen Sie eine Kampagne mit Konkurrenz-Keywords, die nur für Google-User ausgespielt wird, die noch nicht auf Ihrer Webseite waren. Die Chance ist also groß, dass diese Ihre Seite noch nicht kennen. Dazu kann eine Remarketing-Liste mit Webseitenbesuchern erstellt werden, die eine möglichst lange Cookie-Laufzeit besitzt. Ehemalige Besucher werden also bei dieser speziellen Branding-Kampagne ausgeschlossen.

Testen Sie Zusatzangebote für ehemalige Käufer (Ausrichtung)

Setzen Sie eine spezielle Kampagne mit Keywords auf, die Ihre Produkte ergänzt oder einen zusätzlichen Service anbietet und die dann nur für bestehende Kunden ausgespielt wird, die in den letzten Wochen ein Produkt gekauft haben.

Spezielle Gebote für aktuelle, interessierte Besucher erhöhen (Beobachtung)

Erhöhen Sie Ihre CPC-Gebote prozentual für Besucher, die in den letzten Tagen auf Ihrer Seite waren und sich Produkte oder Ihre spezielle Dienstleistungsseite angeschaut haben. Hier sollte eine Remarketing-Liste mit einer sehr kurzen Cookie-Laufzeit (7 bis 4 Tage) aufgesetzt werden. Für diese aktuell interessierten Besucher sind Sie mit dieser Strategie zu Ihrem Keyword-Thema immer gut sichtbar.

Anzeigen für aktuelle Kunden verbergen (Ausrichtung)

Schließen Sie die Remarketing-Liste mit aktuellen Käufern aus, wenn Sie keine zusätzlichen Angebote für aktuelle Kunden besitzen. Für eine Serviceanfrage oder zum Aufruf des Kunden-Logins sollten bestehende Kunden dann über die organischen Ergebnisse zu Ihre Seite gelangen und nicht über die kostenpflichtigen AdWords-Anzeigen.

Sie finden sicher anhand dieser Beispiele eigene Strategien, wie Sie die *Remarketing-Lists for Search-Ads* in Kombination mit dem Targeting auf ZIELGRUPPEN nutzen können. Diese Strategien sind vor allem interessant, um ein knappes Budget sehr sparsam und zielgerichtet einzusetzen.

8.5 Videokampagnen

Neben den Videoanzeigen, die Sie innerhalb der Displaynetzwerk-Kampagnen schalten können, bietet auch YouTube viele Möglichkeiten der Videowerbung. Diese Werbeform unterscheidet sich grundsätzlich von den AdWords-Textanzeigen. Videokampagnen sind schon eher mit den Image-Anzeigen im Displaynetzwerk vergleichbar. Videoclips können ja auch im Displaynetzwerk geschaltet werden, falls der Webseitenbesitzer einen entsprechenden Werbeplatz für Videoanzeigen anbietet. Die Videokampagnen sind ein spezieller Kampagnentyp, der ebenfalls über das AdWords-Konto gesteuert wird.

Falls Sie sich dazu entschließen, auch mit Videokampagnen über AdWords zu werben, so sollten Sie zunächst jedoch in ein gutes Werbevideo investieren. Es nützt Ihnen nichts, wenn Ihr Video bei YouTube geschaltet und angeklickt wird, Sie jedoch daraus keine interessierten Besucher für Ihre Website und letztlich Kunden generieren können. Bei der Videowerbung muss das Interesse an Ihren Produkten, Dienstleistungen oder allgemein an Ihrem Unternehmen im Videoclip selbst erzeugt werden.

Achten Sie bei der Erstellung des Videos darauf, dass der Clip nur ein bis höchstens zwei Minuten dauert und Ihre wichtigste Botschaft möglichst weit vorn im Video genannt wird. Ihr Video sollte auch einen Call-to-Action enthalten und einen Link zu Ihrer Webseite. Insgesamt muss das Ziel sein, dass die Betrachter des Videos auch den Weg zu Ihrem Webshop bzw. Ihrer Website finden. Dies erreichen Sie zum Beispiel durch die Ankündigung eines speziellen Werbeangebots im Videoclip oder am Ende des Videos.

8.5.1   YouTube-Konto mit AdWords verknüpfen

Für eine gute Online-Marketingstrategie mit eigenen Videos, die Sie dann auch auf Ihrer Webseite verlinken können, sollten Sie am besten alle Werbevideos und auch alle anderen Videos (z. B. spezielle Produktvideos) in einem eigenen YouTube-Kanal zusammenführen. Diesen Kanal können Sie dann mit Ihrem Google-AdWords-Konto verknüpfen. Diese Verknüpfung ist zwar keine Voraussetzung für die Schaltung von Videokampagnen, bietet aber viele Vorteile, beispielsweise beim Aufbau von Remarketing-Listen im YouTube-Kanal. Wir empfehlen daher eine Verknüpfung zwischen AdWords und YouTube.

Durch die Verknüpfung von YouTube und AdWords haben Sie unter anderem folgende Vorteile:

- ▶ zusätzliche Statistiken zu Videoaufrufen
- ▶ Remarketing-Liste aus YouTube
- ▶ Daten zu Interaktionen mit den Videos in AdWords
- ▶ Einbau von Call-to-Action-Overlays (CTA-Overlays) in die Videos

Es gibt laut Google aktuell zwei Möglichkeiten, die Konten zu verknüpfen:

1. den YouTube-Kanal mit dem AdWords-Konto verknüpfen
2. das AdWords-Konto mit dem YouTube-Kanal verknüpfen

Die Verknüpfung aus dem YouTube-Kanal heraus erscheint einfacher, da Sie über Ihre AdWords-Kundennummer direkt das richtige Konto identifizieren können. Die Verknüpfungsmöglichkeit ist im YouTube-Kanal leider etwas versteckt. So führen Sie die Verknüpfung durch:

1. Melden Sie sich bei YouTube mit Ihrem Google-Login an, der auch Admin-Rechte besitzt.
2. Beginnen Sie auf der YouTube-Eingangsseite, und klicken Sie unterhalb Ihres Log-in-Bildes auf CREATOR STUDIO.
3. Klicken Sie danach auf KANAL und darunter auf ERWEITERT (siehe Abbildung 8.54).

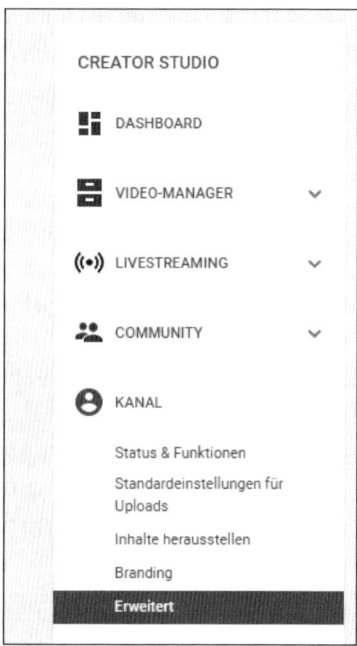

Abbildung 8.54 Versteckte Verknüpfungsmöglichkeit
im YouTube-Kanal unter »Creator Studio«

4. Im nächsten Schritt klicken Sie auf den Button EIN ADWORDS-KONTO VERKNÜP-
   FEN.

5. Geben Sie danach Ihre AdWords Kundennummern ein, und verknüpfen Sie die
   Konten (siehe Abbildung 8.55).

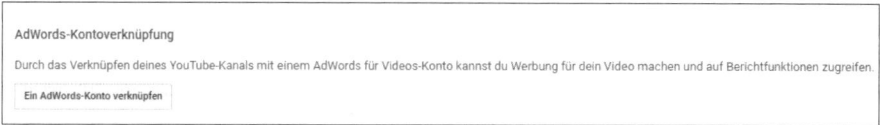

Abbildung 8.55 Ein AdWords-Konto verknüpfen

6. Bestätigen Sie Ihre Eingaben mit SPEICHERN.

Die YouTube-Verknüpfung finden Sie danach in Ihrem AdWords-Konto wieder,
indem Sie auf den Werkzeugschlüssel klicken und dann auf EINRICHTUNG · VER-
KNÜPFTE KONTEN navigieren. Unter YOUTUBE klicken Sie dann auf DETAILS (siehe
Abbildung 8.56).

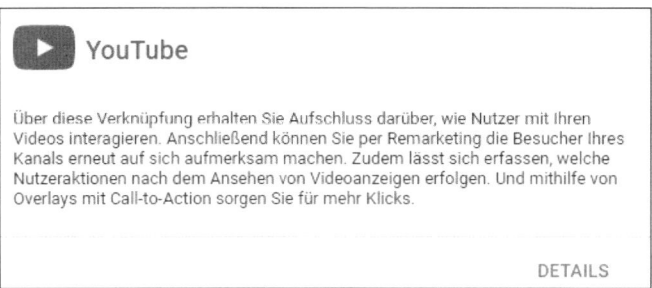

Abbildung 8.56 Den verknüpften YouTube-Kanal finden Sie unter »Details«.

8.5.2   Videokampagne erstellen

Nachdem die Konten verknüpft sind, erstellen Sie nun eine erste Videokampagne. Die Erstellung dieses Kampagnentyps gleicht der Erstellung einer AdWords-Kampagne. Sie legen die Kampagne wie gewohnt über den Tab KAMPAGNEN und mit einem Klick auf den Button ⊕ an. Als Kampagnentyp wählen Sie nun jedoch VIDEO aus und klicken unten im Dialog auf den Link KAMPAGNE OHNE ZIELVORHABEN ERSTELLEN (siehe Abbildung 8.57).

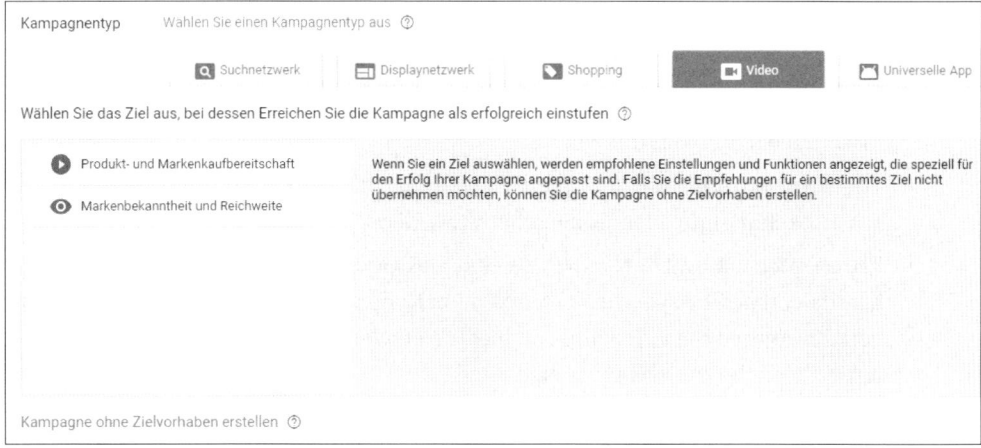

Abbildung 8.57 Kampagne vom Typ »Video« auswählen

Danach öffnet sich das bekannte Formular, um die Grundeinstellungen der Kampagne festzulegen. Viele Einstellungen (wie der Kampagnenname, das Start-/Enddatum oder auch die Spracheinstellungen) sind bereits aus anderen Kampagnen bekannt. Wir schauen uns daher in den folgenden Abschnitten nur die Besonderheiten einer Videokampagne an.

Budget

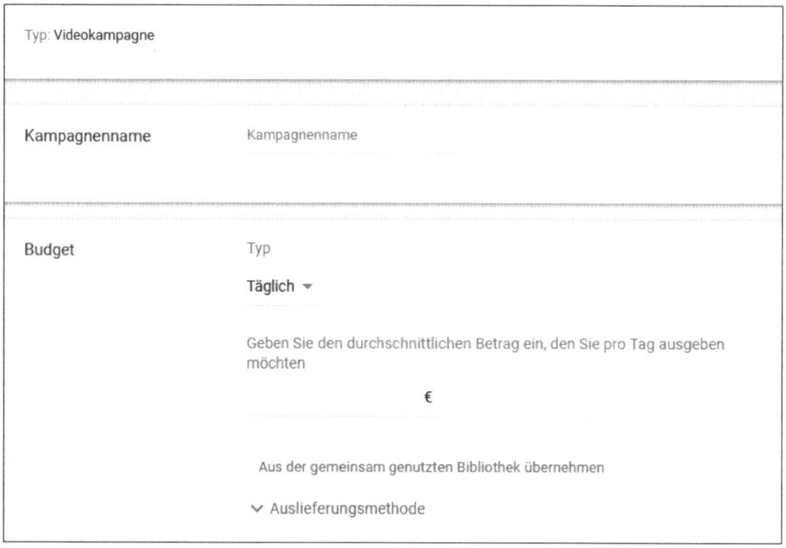

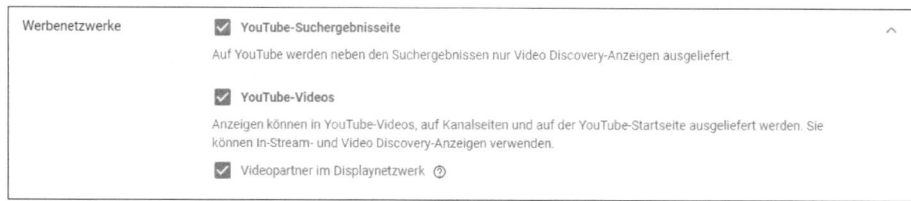

Abbildung 8.58 Budgetvorgaben können Sie von »Täglich« auf »Gesamtbudget« ändern.

Werbenetzwerke

Für Ihre Videokampagnen können Sie die drei folgenden Werbenetzwerke aktivieren:

▶ YOUTUBE-SUCHERGEBNISSEITE: Die Anzeigen erscheinen auf den Suchergebnisseiten bei der YouTube-Suche.

▶ YOUTUBE-VIDEOS: Die Anzeigen erscheinen in den YouTube-Kanälen, auf der YouTube-Startseite oder als eingebettete Videos.

▶ VIDEOPARTNER IM DISPLAYNETZWERK: Das Google Displaynetzwerk kennen Sie bereits von den Image-Werbekampagnen. Neben der Schaltung im YouTube-Universum können die Videoclips mit dieser Netzwerkauswahl dann auch auf den Seiten der Google-Werbepartner erscheinen.

Die verschiedenen Netzwerke können alle per Checkbox aktiviert oder deaktiviert werden (siehe Abbildung 8.59), wobei entweder YOUTUBE-SUCHERGEBNISSEITE oder YOUTUBE-VIDEOS ausgewählt sein muss.

Abbildung 8.59 Verschiedene Werbenetzwerke stehen zur Auswahl.

Gebotsoption

Unter der Gebotsoption wird im Gegensatz zum bekannten CPC (Cost-per-Click) ein CPV- oder ein CPM-Gebot abgegeben:

- *CPV* steht für *Cost-per-View*, dies ist somit der maximale Betrag, der fällig wird, sobald sich ein Nutzer Ihr Video ansieht. Hiermit generieren Sie im Gegensatz zu den Klicks auf AdWords-Text- oder -Image-Anzeigen also noch keine Besucher Ihrer Website. Darum ist es umso wichtiger, dass die Videos sehr früh Ihre Werbebotschaft transportieren und zum Besuch Ihrer Website auffordern. Denn erst auf Ihrer Website haben Sie die Möglichkeit, den Interessenten in einen Kunden zu »verwandeln«.

- *CPM* steht für *Cost-per-Mille* und ist somit der Tausend-Kontakt-Preis. Sie bieten also direkt für 1.000 Impressionen. Dies ist vor allem dann interessant, wenn Sie möglichst viele Nutzer mit Ihren Videos erreichen möchten.

Gebote

Wenn Sie ein maximales CPV-Gebot als Gebotsoption angegeben haben, dann können Sie zusätzlich Ihr Gebot für Videos, die bei YouTube sehr beliebt sind, prozentual anpassen (siehe Abbildung 8.60). Damit erhöhen Sie natürlich die Chance, dass Ihre Videos von vielen YouTube-Nutzern gesehen werden. Sie müssen jedoch immer abwägen, ob die beliebten Videos auch von der passenden Zielgruppe betrachtet werden.

Abbildung 8.60 CPV-Gebot und Gebotsanpassung für beliebte Videos

8.5.3 Ausrichtung von Videoanzeigen

Die Ausrichtung der Videokampagne funktioniert nach dem gleichen Prinzip wie die Ausrichtung im Displaynetzwerk. Sie können Ihre Videokampagnen nach demografischen Merkmalen, Zielgruppen, Keywords, Themen und Placements ausrichten (siehe Abbildung 8.61).

Bei der Erstellung Ihrer Videokampagne können Sie zunächst eine oder auch mehrere Ausrichtungen bestimmen, die Sie später noch verändern und bearbeiten können.

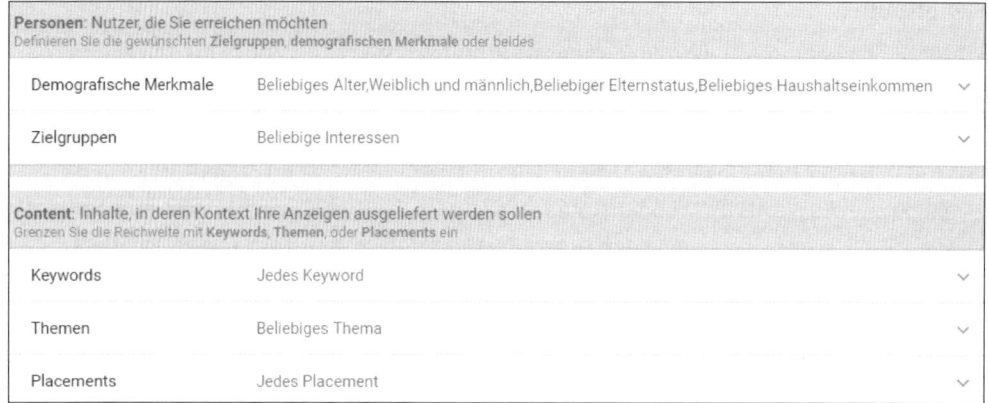

Abbildung 8.61 Ausrichtungsmöglichkeiten für Videokampagnen

Möchten Sie zum Beispiel Ihre Videoclips im Zusammenhang mit bestimmten Themen präsentieren, so klicken Sie zunächst auf THEMEN und wählen ein oder auch mehrere Themen per Checkbox aus (siehe Abbildung 8.62).

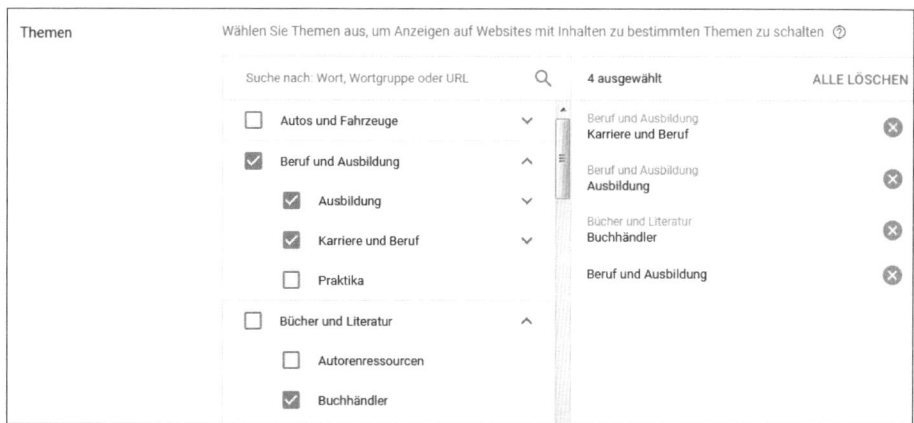

Abbildung 8.62 Beispiel: Themenauswahl zu Ausbildung und Büchern

8.5.4   Video auswählen und Videoformate festlegen

Zur Komplettierung Ihrer Videokampagne fehlen jetzt noch ein Video und die Auswahl des Videoformats. Wie bereits erwähnt, sollten Sie ein Video aus Ihrem Kanal wählen. Rein technisch könnten Sie wie in unserem Beispiel auch nach Videos auf YouTube suchen und ein fremdes Video auswählen. Aus Marketingsicht ist dies natürlich nicht sinnvoll.

Ihr Video finden Sie über die Sucheingabe. Wenn Sie das richtige Video bei YouTube gefunden haben, können Sie dies bestätigen. Unter IHR YOUTUBE-VIDEO erscheinen dann ein Thumbnail, der Titel (siehe Abbildung 8.63) und weitere Kurzinfos zum ausgewählten Video.

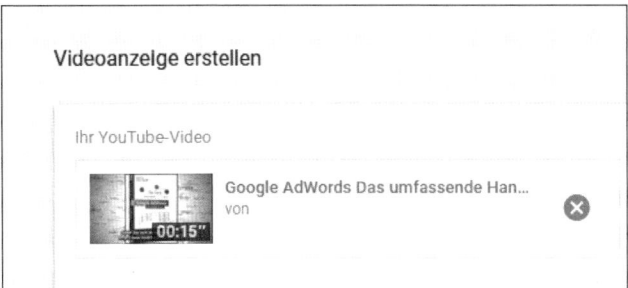

Abbildung 8.63 YouTube-Video auswählen

Nach der Auswahl des Videos müssen Sie das noch Anzeigenformat festlegen (siehe Abbildung 8.64). Google hat in der Vergangenheit die Bezeichnungen immer mal wieder geändert, aktuell können Sie aus den folgenden drei Formaten auswählen:

▶ IN-STREAM-ANZEIGEN: Das sind wahrscheinlich die bekanntesten Anzeigen, weil diese vor, während oder nach Videos ausgeliefert werden. Der Zuschauer kann sie nach fünf Sekunden überspringen. In-Stream-Anzeigen finden Sie auf YouTube oder bei Partnern im Displaynetzwerk.

▶ VIDEO DISCOVERY-ANZEIGE: Diese Anzeigen erscheinen in den YouTube-Suchergebnissen oder neben ähnlichen Videos. Außerdem können Sie diese Anzeigen für die Startseite von YouTube schalten. Um das Video zu starten, klickt der Nutzer zunächst auf ein Thumbnail, das aus einem Text und einem Bild besteht.

▶ BUMPER-ANZEIGE: Dies ist eine kurze Videoanzeige, die auf YouTube oder im Displaynetzwerk vor, während oder nach einem anderen Video wiedergegeben wird. Ein Bumper-Video darf höchstens sechs Sekunden dauern. Daher müssen Sie für diese Form der Anzeige wahrscheinlich ein spezielles Video erstellen lassen. Die Besonderheit bei den Bumper-Anzeigen besteht darin, dass ein Nutzer die Anzeige nicht überspringen kann.

In-Stream-Videoanzeigen

Nachdem Sie Ihr Video bei YouTube ausgewählt haben ❶, aktivieren Sie zunächst als Anzeigenformat IN-STREAM-ANZEIGE❷. Danach geben Sie die finale URL ❸ und die angezeigte URL ❹ ein, wie Sie dies schon aus anderen Anzeigenformaten kennen. Außerdem muss ein Companion-Banner zugefügt werden. Das Companion-Banner ist ein Bild oder auch eine Gruppe von Bildern, die neben der Anzeige erscheinen. Google empfiehlt dieses Bild automatisch erstellen zu lassen ❺, damit eine einfache Integration in verschiedene Plattformen gewährleistet ist. Sie können aber auch selbst ein passendes Bild hochladen. Zum Schluss erhält Ihre Anzeige noch einen Namen **6**. Danach können Sie die In-Stream-Videoanzeige abspeichern.

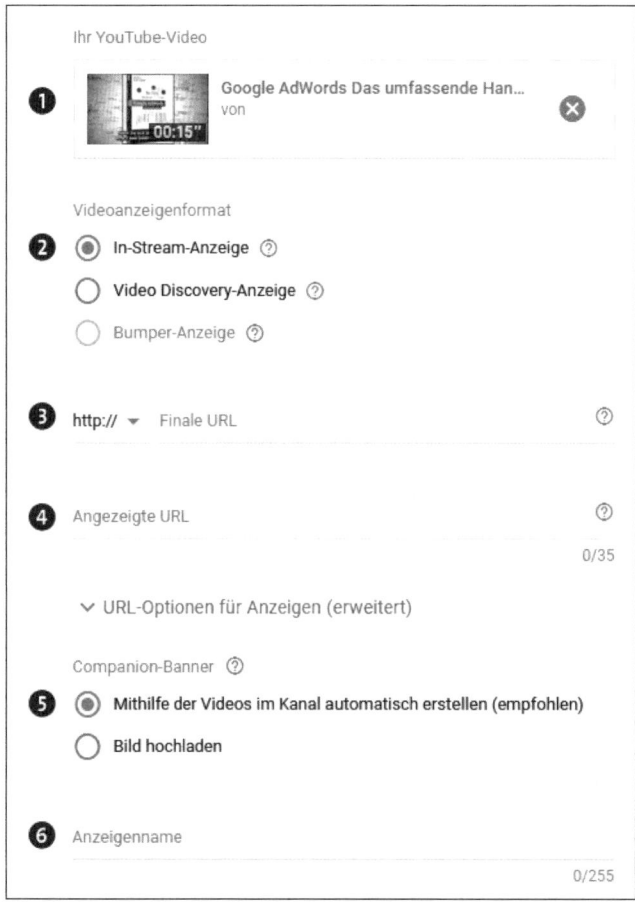

Abbildung 8.64 Eine In-Stream-Anzeige für Videokampagnen erstellen

Neben dem Eingabeformular können Sie wie gewohnt auf der rechten Seite das Erscheinungsbild Ihrer Anzeige schon einmal begutachten. Sie können dabei zum einen zwischen den Plattformen (YouTube und Google-Videopartner) wechseln und zum anderen die Darstellung auf den unterschiedlichen Endgeräten (Mobil und Desktop) vergleichen.

Mit den In-Stream-Anzeigen erreichen Sie eine große Zielgruppe, weil die Videos anderen Videos vorgeschaltet werden. Sie müssen jedoch auch damit rechnen, dass die überwiegende Anzahl der erreichten User die Anzeige überspringt. Es ist daher sehr wichtig, dass Sie ein Video auswählen, das direkt zu Beginn großes Interesse weckt, und dass Sie die passende Zielgruppenausrichtung einstellen bzw. durch Tests die richtige Ausrichtung auf Ihre Zielgruppe herausfinden.

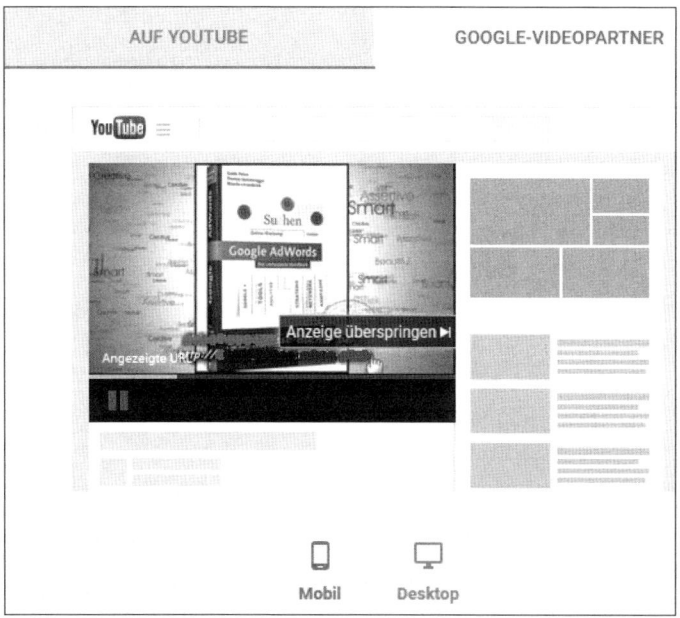

Abbildung 8.65 Vorschau: In-Stream-Anzeige auf YouTube

Video Discovery-Anzeige

Das zweite Format nennt sich *Video Discovery-Anzeige*. Eine solche Anzeige kann als eigenständiger Videoclip neben YouTube-Videos, als Teil eines YouTube-Suchergebnisses oder auf Webseiten im Google Displaynetzwerk geschaltet werden.

Für das Discovery-Format müssen Sie zusätzlich einen Anzeigentitel ❷ und zwei Textzeilen ❸ hinzufügen, wie Sie dies von den AdWords-Textanzeigen kennen (siehe Abbildung 8.66). Als Zielseite verlinken Sie das Video am besten auf Ihren eigenen YouTube-Kanal ❹. Ein passendes Vorschaubild können Sie aus vier Video-Thumbnails ❶ auswählen. Alle Einstellungen oder Änderungen müssen Sie zum Schluss per Klick auf den Speicherbutton bestätigen.

Auch die Darstellung Ihrer neu erstellten Video Discovery-Anzeige können Sie über die Vorschau in den unterschiedlichen Netzwerken und auf den verschiedenen Endgeräten betrachten. Die Discovery-Anzeigen funktionieren in Ihrer Werbewirkung etwas anders als die In-Stream-Anzeigen. Auf der YouTube-Suchergebnisseite ähneln sie ein wenig den Textanzeigen; in den anderen Netzwerken sind sie eher mit den Displayanzeigen zu vergleichen.

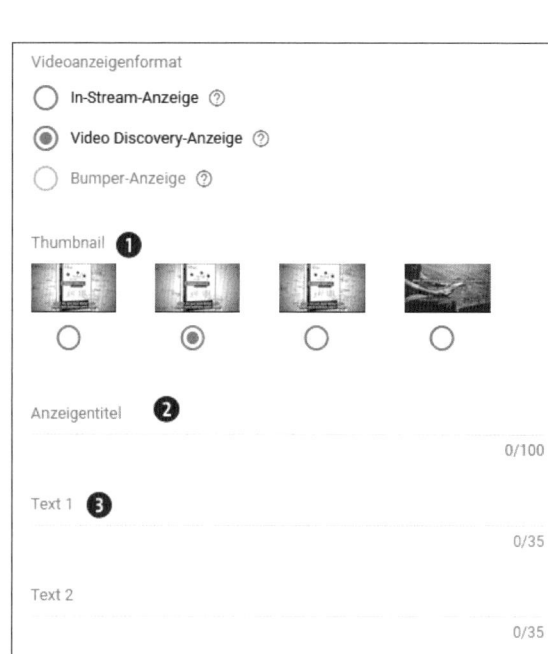

Abbildung 8.66 Einstellungen für die eine »Video Discovery-Anzeige«

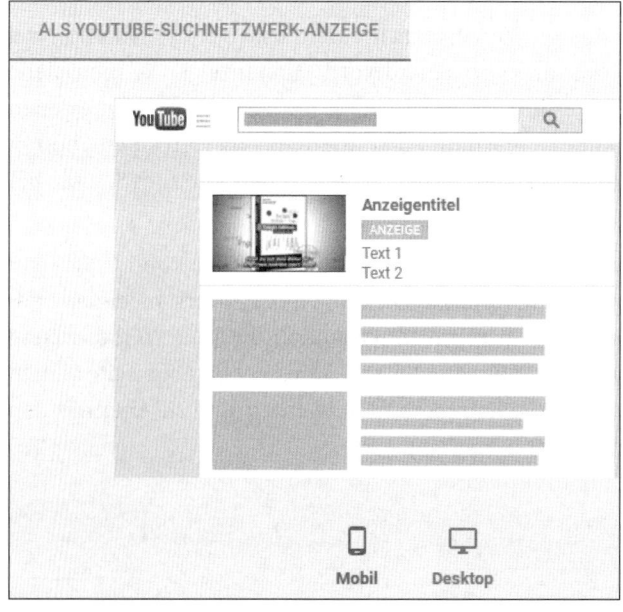

Abbildung 8.67 Vorschau: eine »Video Discovery-Anzeige« als YouTube- Suchergebnis

---

TrueView-Anzeigenformate auf Cost-per-View-Basis (CPV)

Die Anzeigen, die Sie als In-Stream- oder Discovery-Anzeigen in der Videokampagne erstellen, werden als *TrueView-Anzeigenformate* bezeichnet. Bei diesen Anzeigen zahlen Sie nur, wenn sich der Nutzer das Video 30 Sekunden lang bzw. bis zum Ende ansieht und so mit dem Video interagiert.

Bumper-Anzeigen gehören nicht zu den TrueView-Anzeigen. Eine Bumper-Anzeige wird nach Impressionen bezahlt, da das Video ja gar nicht beendet bzw. übersprungen werden kann.

8.5.5   Video-Overlay hinzufügen

Mithilfe von Call-to-Action-Overlays können Sie Ihre Werbevideos noch optimieren. Ein Overlay ist, wie der Name es schon andeutet, eine Einblendung, die sich im unteren Teil über Ihren Videoclip legt und nach einigen Sekunden auf die Größe eines Thumbnails minimiert wird. Das Overlay kann auch vom User beendet werden.

Nutzen Sie das Overlay, um weitere Informationen (z. B. Bilder) hinzuzufügen und Interesse an Ihren Produkten und Ihrer Website zu wecken. Sie können Ihre Website als Ziel-URL im Overlay hinterlegen.

Pro Video kann jeweils nur ein Overlay angezeigt werden. Nachdem Sie das Overlay eingestellt haben, bleibt es auch im YouTube-Video bestehen, selbst dann, wenn Sie keine AdWords-Werbung mehr schalten. Außerdem fallen für den Klick auf das Overlay keine zusätzlichen Klickkosten an. Bitte beachten Sie, dass natürlich auch für die Overlays die AdWords-Werberichtlinien gelten:

https://support.google.com/adwordspolicy/answer/6008942?rd=2

Sie erstellen ein Call-to-Action-Overlay, indem Sie Ihre Videokampagne aufrufen und danach auf den Tab VIDEOS klicken. Dort finden Sie Ihre Videos, die Sie für Ihre Videokampagne nutzen. Als Nächstes klicken Sie unterhalb der Beschreibung Ihres Videos auf den Link CALL-TO-ACTION BEARBEITEN (siehe Abbildung 8.68).

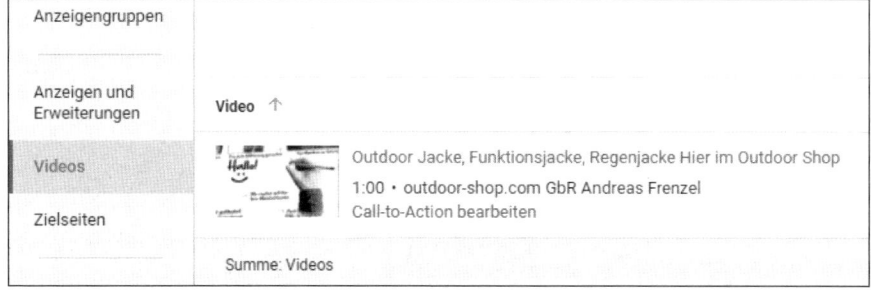

Abbildung 8.68 Call-to-Action bearbeiten

In einem neuen Fenster (siehe Abbildung 8.69) können Sie nun einen ANZEIGEN-TITEL ❶ und eine ANGEZEIGTE URL ❷ hinterlegen. Außerdem geben Sie noch Ihre finale URL an, die hier noch ZIEL-URL ❸ heißt. Nach einem Klick auf das Overlay sorgt die Ziel-URL dafür, dass der Interessent auf Ihre Webseite weitergeleitet wird. Optional kann ein Bild ❹ hinzugefügt werden. Wir empfehlen Ihnen, die Bildoption zu nutzen, damit Ihr Overlay noch mehr Aufmerksamkeit erzielt. Damit das Overlay auch auf Mobilgeräten angezeigt wird, sollte die entsprechende Option ❺ aktiviert sein. Zum Schluss speichern ❻ Sie Ihre Eingaben ab, damit das Overlay aktiviert wird. Sie finden in dem Bearbeitungsfenster auch eine Möglichkeit ❼, um das Overlay wieder zu entfernen.

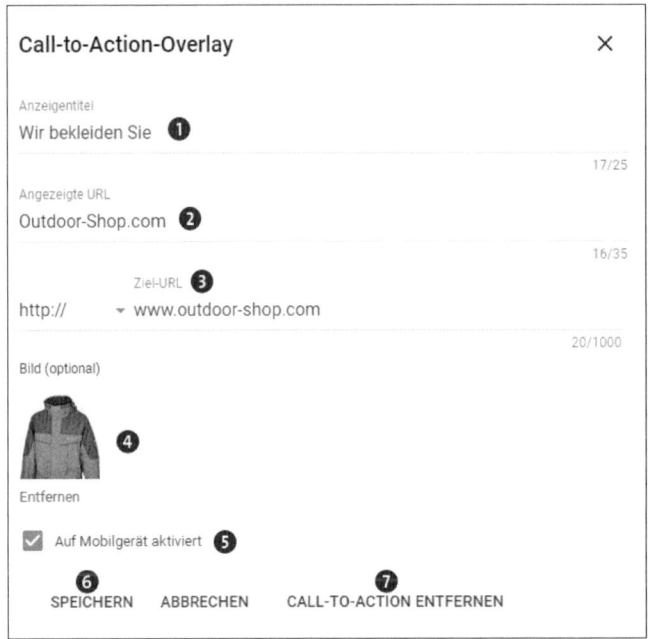

Abbildung 8.69 Call-to-Action-Overlay für Videos anlegen

Abbildung 8.70 zeigt, wie sich das CTA-Overlay live in einem YouTube-Video präsentiert.

Abbildung 8.70 Das CTA-Overlay finden Sie links unten im YouTube-Video.

Remarketing für Videoanzeigen

Remarketing ist auch für Ihre Videowerbung möglich. Das heißt, Sie können Ihre Videoclips gezielt bei YouTube oder im GDN auf vorher erfasste Zielgruppen ausrichten.

Beim Targeting über Remarketing-Listen können Sie zum einen auf vorhandene Listen aus den Standard-AdWords-Kampagnen zurückgreifen, Sie können aber auch zusätzliche Remarketing-Listen zu den Nutzern des verbundenen YouTube-Kanals erstellen. Rufen Sie dazu die ZIELGRUPPENVERWALTUNG in Ihren AdWords-Tools auf, und klicken Sie auf den Button ⊕. Danach wählen Sie als UNTERPUNKT + YOUTUBE-NUTZER. Unter LISTENMITGLIEDER können Sie eine Dropdown-Liste zum Nutzerverhalten öffnen (siehe Abbildung 8.71). Die Video-Remarketing-Listen beziehen sich auf das Nutzerverhalten in Ihrem YouTube-Kanal bzw. auf Interaktionen zu Ihren Videos. So sollten Sie beispielsweise Nutzer-Listen zu folgenden Aktionen erstellen:

▶ Nutzer, die Ihren YouTube-Kanal besucht haben

▶ Nutzer, die Ihren YouTube-Kanal abonniert haben

▶ Nutzer, die sich bestimmte Videos aus Ihrem Kanal angesehen haben

▶ Nutzer, die bestimmte Videos als Anzeige angesehen haben

Es gibt natürlich noch weitere Möglichkeiten, aber mit diesen vier Beispielgruppen können Sie schon sehr gezielt bestimmte Nutzer mit Ihren Werbevideos ansprechen. Nachdem Sie eine Gruppe aus Abbildung 8.71 ausgewählt haben, können Sie je nach Auswahl noch Kanäle oder Videos markieren, um die Liste genauer zu definieren.

Hat sich ein Video eines Kanals angesehen

Hat sich bestimmte Videos angesehen

Hat sich ein Video (als Anzeige) eines Kanals angesehen

Hat sich bestimmte Videos als Anzeigen angesehen

Hat einen Kanal abonniert

Hat eine Kanalseite besucht

Hat ein Video eines Kanals positiv bewertet

Hat ein Video eines Kanals einer Playlist hinzugefügt

Hat ein Video eines Kanals kommentiert

Hat ein Video eines Kanals geteilt

Abbildung 8.71 YouTube-Remarketing-Listen

Für die Video-Remarketing-Listen können Sie, wie von den Standard-Remarketing-Listen bekannt, ebenfalls eine Nutzungsdauer (bis zu 540 Tage) angeben. Zusätzlich können Sie auch noch vorherige Nutzer bis zu einem Zeitraum von 120 Tagen in die neue Liste aufnehmen. So erhöhen Sie die Chance, schnell 100 User aufzubauen, die Sie benötigen, um die neue Video-Remarketing-Liste nutzen zu können. Per Klick auf ERSTELLEN schließen Sie den Vorgang ab. Eine Video-Remarketing-Liste steht nach der Erstellung dann auch als Targeting für AdWords-Kampagnen im Displaynetzwerk zur Verfügung.

Nachdem Sie die Video-Remarketing-Listen erstellt haben, können Sie diese über den Tab ZIELGRUPPEN wie gewohnt per Klick auf den blauen Button mit dem Bearbeitungsstift hinzufügen. Als Unterpunkt wählen Sie jedoch unter REMARKETING die YOUTUBE-NUTZER aus (siehe Abbildung 8.72).

Abbildung 8.72 YouTube-Remarketing-Listen unter »Zielgruppen«

8.5.6   Auswertungen zur Videowerbung

Auch für Ihre Videokampagnen stehen zahlreiche Auswertungsberichte zur Verfügung. Sie können Ihre Berichte zu den Videokampagnen wie gewohnt über das Icon zu den Berichtspalten und mit der Auswahl SPALTEN ANPASSEN ganz individuell zusammenstellen.

Für die Videokampagnen sind jedoch spezielle Kennzahlen verfügbar, die Sie je nach Informationsbedarf für Ihre Berichte nutzen sollten. Folgende Spalten für Ihre Videokampagnen finden Sie z. B. unter YouTube-Aktionen:

▶ Erzielte Aufrufe

▶ Erzielte positive Bewertungen

▶ Erzielte Playlist-Hinzufügungen

▶ Erzieltes Teilen

▶ Erzielte Abonnenten

Einen besonderen Leistungsindikator können Sie sich beispielsweise zu den Berichten beim Tab VIDEOS (siehe Abbildung 8.73) hinzufügen. Wenn Sie dort unter Leistungen die Spalte VIDEOWIEDERGABE ZU ... ❶ aktivieren, erhalten Sie eine Statistik, die aufzeigt, wie viel Prozent Ihrer Besucher welchen Anteil Ihrer Videos betrachtet haben.

Die Videowiedergabe wird dazu in vier Teile zu je 25 % unterteilt. In Abbildung 8.73 erkennen Sie, dass nur ca. 3 % ❸ der Videoaufrufer das ganze Video, also 100 %, angeschaut haben. 12 % ❷ wiederum haben sich nur das erste Viertel des Videoclips angeschaut. Diese Statistik sagt also etwas über die Leistung Ihrer Videos aus. Falls der überwiegende Anteil der Videoaufrufer Ihren Clip nicht zu Ende schaut, so sollten Sie andere und eventuell auch kürzere Videos testen und dann diejenigen Videos herausfiltern, die einen Betrachter möglichst lange bei der Stange halten.

| Video ↓ | Videowiedergabe zu: ❶ | | | |
	25 %	50 %	75 %	100 %
Ma●●●●be 2:22 · F●●●●●●	11,67 %	7,11 %	4,99 %	3,63 %
Ch●●●●●:60 2:10 · r●●●●●●	11,92 %	6,15 %	4,47 %	2,71 %
Summe: Videos	❷ 11,77 %	6,69 %	4,76 %	❸ 3,23 %

Abbildung 8.73 Statistik zum Anteil der Videowiedergabe

Präsentieren Sie Ihre Marke mit den neuen »Showcase Ads« für Shopping

Im neuen AdWords-Interface bietet Google eine spezielle Möglichkeit im Shopping-Bereich an, die Sie auf jeden Fall einmal testen sollten, falls Sie Shopping-Anzeigen für Ihr Unternehmen nutzen. Die neue Möglichkeit nennt sich *Showcase Ads*. Die Showcase Ads tauchen in den Google-Suchergebnissen bei eher unspezifischen Suchanfragen auf, z. B. bei »Sommerkleider«, »Laufschuhe«, »Rucksäcke« etc. Die Showcase Ads machen nur auf eine Marke aufmerksam. Ein Klick auf die Showcase-Anzeigen präsentiert dann im zweiten Schritt erst eine Auswahl an Produkten der Marke. Diese Anzeigenform erstellen Sie auf folgende Weise:

1. Im Merchant Center müssen Sie zunächst Ihr Unternehmenslogo einstellen, falls dies noch nicht geschehen ist. Das Logo laden Sie im Google Merchant Center unter Unternehmensangaben • Logo hoch (siehe Abbildung 8.74).

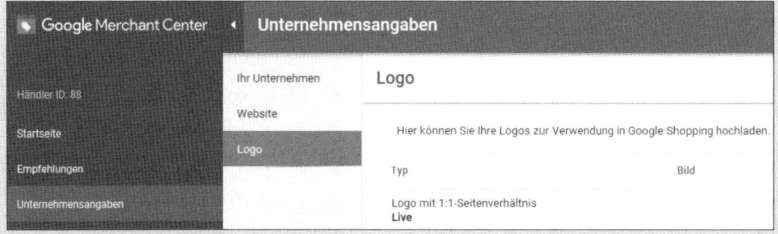

Abbildung 8.74 Unternehmenslogo für die Anzeige im Merchant Center hochladen

2. Erstellen Sie eine neue Kampagne vom Typ SHOPPING.

3. Legen Sie eine Anzeigengruppe an, und wählen Sie dabei die Variante SHOWCASE-SHOPPING (siehe Abbildung 8.75).

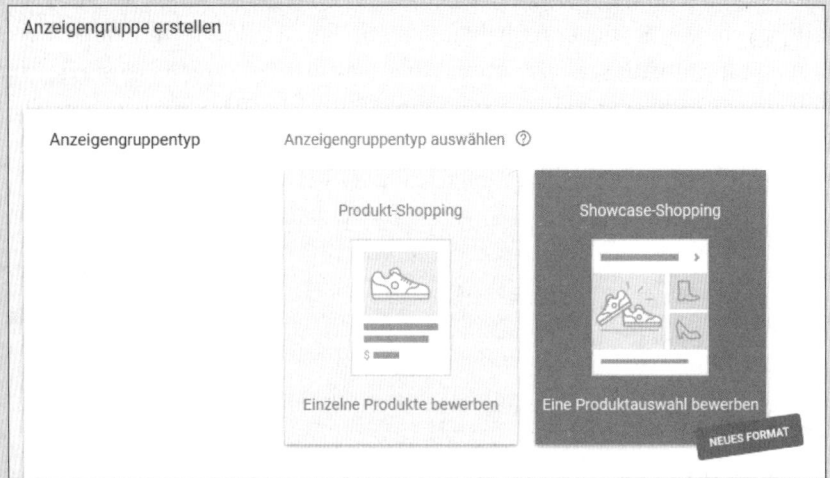

Abbildung 8.75 Das neue Anzeigenformat »Showcase-Shopping« wählen

4. Für die Anzeigengruppe müssen Sie ein CPE-Gebot (Cost-per-Engagement) abgeben, das für Ihre Showcase-Shopping-Anzeige übernommen wird. Beim CPE-Gebot zahlen Sie nur, wenn Nutzer auf Ihre Anzeige klicken, um sie zu maximieren und sie sich dann zehn Sekunden lang anzusehen, oder wenn sie auf einen Link klicken.

5. Wählen Sie danach die Produktgruppen aus Ihrem Feed aus, die Sie mit der Showcase-Anzeige bewerben möchten. Sie können zunächst auch mit allen Produkten starten und dann später die gut performenden Produkte selektieren.

6. Laden Sie für Ihre Anzeige ein Header-Bild mit einer Auflösung von 1.080 × 566 Pixel hoch.

7. Formulieren Sie dazu eine Anzeige mit einem Titel und einer Beschreibung, die auf Ihre Produkte abgestimmt ist.

8. Zum Schluss fügen Sie noch eine angezeigte und eine finale URL hinzu.

8.6   Checkliste

Sie möchten alle Möglichkeiten von Google AdWords optimal nutzen? Mit folgender Checkliste finden Sie die passende »AdWords-Strategie« für Ihren Bedarf.

Meine Ziele	AdWord-Strategie
Bewerbung des Geschäfts vor Ort	Lokale Anzeigen bei Google Maps
Individuelle Anzeigen für einen großen Online-Shop mit wenig Aufwand erstellen	Dynamic Search Ads
Anzeigen inklusive Produktfoto für einen Online-Shop bei der Google-Suche	Google-Shopping-Anzeigen
Anzeigen inklusive Unternehmenslogo und Firmenbranding mit Links zu einzelnen Produkten und Produktbildern präsentieren	Google-Shopping-Anzeigen vom Typ *Showcase Ads*
Anzeigen für ehemalige Webseitenbesucher im GDN schalten	Remarketing mit Google AdWords
Anzeigen mit passendem Produkt aus dem Online-Webshop für ehemalige Webseitenbesucher	Dynamisches Remarketing mit Google AdWords
Anzeigen für ehemalige Webseitenbesucher zur Google-Suche schalten	Remarketing im Suchnetzwerk (RLSA)
Werbung mit eigenen Videos	Videokampagnen im GDN, Videokampagnen bei YouTube

Tabelle 8.1 Ziele und AdWords-Strategie

Kapitel 9
AdWords-Tools

Tools sind die kleinen Helferlein, die Ihren AdWords-Alltag einfacher machen. In Ihrem AdWords-Konto gibt es viele verschiedene Tools, die Ihnen bei der Analyse, bei der Planung und bei der täglichen Verwaltung Ihrer AdWords-Kampagnen helfen. Manche Tools sind leicht erkennbar, andere sind etwas versteckt oder sind so weit in die AdWords-Oberfläche integriert, dass sie nur noch aktiviert werden müssen. In diesem Kapitel haben wir die wichtigsten und interessantesten Tools für Sie zusammengestellt.

Die AdWords-Tools kann man eigentlich nicht ganz isoliert betrachten, da sie meistens im Zusammenhang mit speziellen Einstellungen oder bei Analyseaufgaben genutzt werden. Falls die Tools in einer praktischen Anwendung an anderer Stelle ausführlich beschrieben werden, erhalten Sie hier nur den Verweis zu dem entsprechenden Kapiteln im Buch.

9.1 Zusätzliche AdWords-Tools

Wenn Sie in Ihrem AdWords-Konto am oberen Bildschirmrand auf das Werkzeugsymbol klicken (siehe Abbildung 9.1), finden Sie dort neben weiteren bereits in Kapitel 6 erläuterten Einträgen unter anderem die AdWords-Tools. In diesem Kapitel gehen wir auf folgende Tools ein:

▶ Der KEYWORD-PLANER ist ein Tool zur Analyse interessanter Suchbegriffe, den wir in Abschnitt 2.7.1 vorgestellt haben.

▶ ANZEIGENVORSCHAU UND -DIAGNOSE

▶ Was CONVERSIONS sind und wie Sie sie in Ihrem AdWords-Konto einrichten, haben Sie bereits in Abschnitt 2.6.3 und Abschnitt 2.6.4 erfahren. Hier gehen wir zusätzlich dazu detailliert auf die ATTRIBUTION FÜR SUCHNETZWERK ein.

▶ GOOGLE ANALYTICS
Der Unterpunkt GOOGLE ANALYTICS besteht nur aus einem Link, der auf das Tool Google Analytics verlinkt. Google Analytics wird analog zu Google AdWords über ein Online-Tool verwaltet. Weitere Informationen zu Google Analytics finden Sie in Kapitel 11, »Google Analytics«.

Alle anderen Tools werden wir in diesem Kapitel vorstellen. Dazu geben wir auch Tipps zu ihrer praktischen Anwendung.

Abbildung 9.1 AdWords-Tools im AdWords-Konto

9.1.1 Änderungsverlauf: Wer hat etwas im AdWords-Konto geändert?

An dieser Stelle möchten wir auf den Änderungsverlauf eingehen, der in der bisherigen Google-AdWords-Oberfläche Bestandteil der TOOLS war. In der neuen Oberfläche finden Sie zu jedem Element des Navigationsbereichs ❶ im Seitenmenü ❷ ganz unten das Änderungsprotokoll ❸ (siehe Abbildung 9.2).

Falls Sie mit mehreren Administratoren an einem Konto arbeiten oder falls ein Verwaltungskonto (MCC) auf Ihr AdWords-Konto zugreift, ist es interessant zu wissen, was zuletzt in Ihrem AdWords-Konto geändert wurde oder wer Änderungen durchgeführt hat.

Nachdem Sie das ÄNDERUNGSPROTOKOLL aufgerufen haben, erhalten Sie eine Übersicht zu den Änderungen, die aktuell in Ihrem AdWords-Konto vorgenommen wurden, wobei die zeitlich letzten Änderungen an oberster Stelle stehen. Um die Anzahl der dargestellten Daten zu reduzieren, können Sie Filter einsetzen (siehe Abbildung 9.3), indem Sie auf das Filtersymbol ❶ klicken. In dem Menü, das sich dann öffnet ❷, wählen Sie aus verschiedenen vorgegebenen Filtern aus. Standardmäßig sind alle Änderungsarten aktiviert. Nachdem Sie auf die vorgegebenen Filter geklickt haben, werden die Daten in übersichtlicher Form in der Tabelle unter dem Filter sowie oberhalb als Leistungsgrafik eingeblendet. Über die drei Punkte ❸ können Sie mit der Funktion HERUNTERLADEN den aktuellen Bericht exportieren. Und über das Icon zum Aktualisieren ❹ können Sie die Seite neu laden, wenn Sie nachträglich Änderungen an Ihrem Filter vorgenommen haben. Die Übersichtsgrafik ist vor allem bei größeren Änderungen interessant, da Sie hier im Verlauf analysieren können, ob diese Änderungen im AdWords-Konto zu Leistungsänderungen (positiven oder negativen) geführt haben.

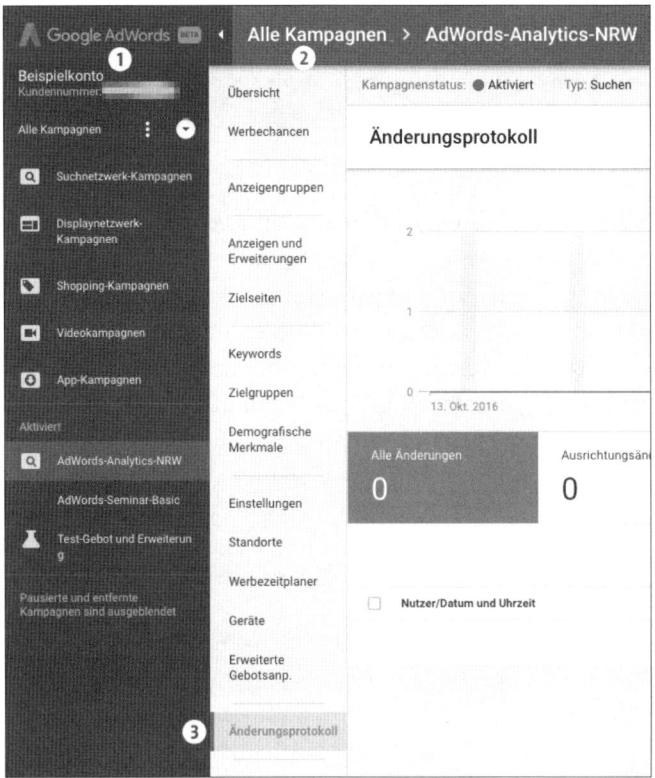

Abbildung 9.2 Änderungsprotokoll aufrufen

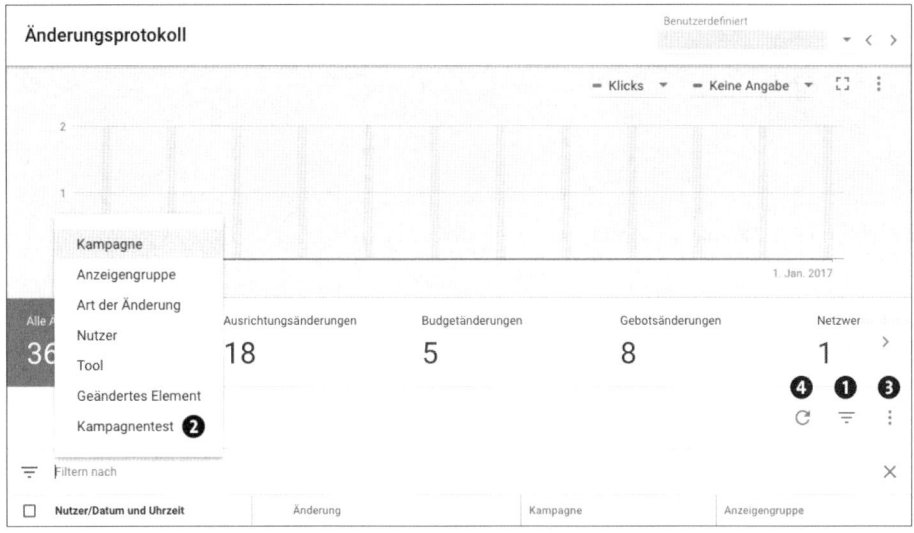

Abbildung 9.3 Filtereinstellungen für das Änderungsprotokoll

Der Zeitraum für das Änderungsprotokoll

Bitte denken Sie daran, dass Sie auch im Änderungsprotokoll nur eine Auflistung der Änderungen für denjenigen Zeitraum erhalten, der rechts oben in Ihrem AdWords-Konto gerade eingestellt ist.

In der Tabelle mit den Änderungen können Sie durch einen Klick auf den Pfeil vor einer Änderung ❶ weitere Details zu dieser Veränderung anschauen (siehe Abbildung 9.4). Wenn Sie Details für mehrere Änderungen sehen wollen, dann wählen Sie alle relevanten Änderungen per Checkbox ❷ aus und klicken danach auf den Link DETAILS ANZEIGEN ❸. Sofern Sie eine bestimmte Änderung nicht mehr wünschen oder fälschlicherweise eine Änderung durchgeführt wurde, können Sie über den Link RÜCKGÄNGIG MACHEN ❹ diese Änderung widerrufen.

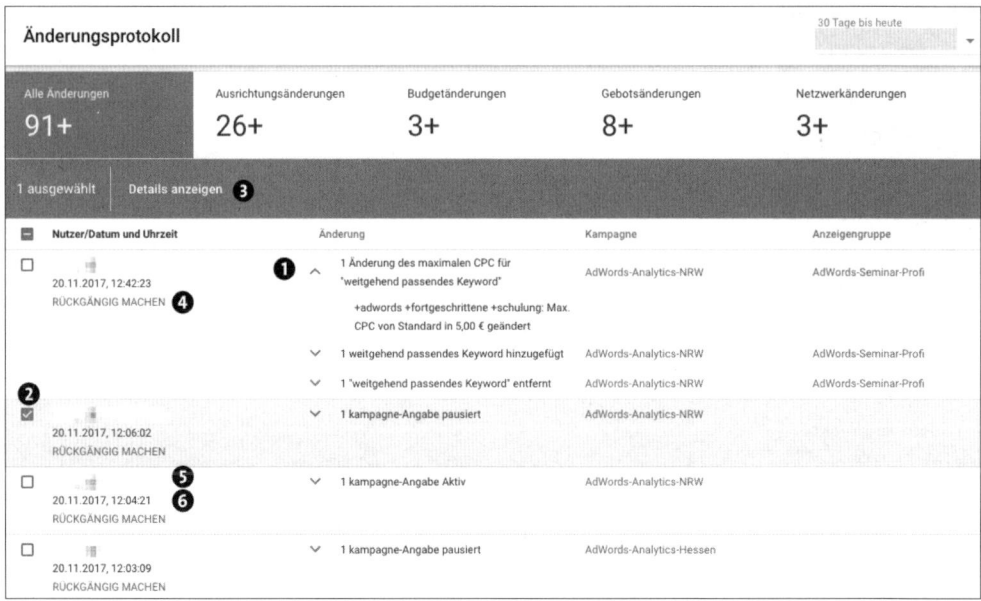

Abbildung 9.4 Tabelle mit Änderungen im AdWords-Konto

Zusätzlich zu den Beschreibungen der Veränderungen werden am Anfang jeder Zeile die E-Mail-Adresse ❺ des Logins, der für die Veränderung verantwortlich ist, sowie der Tag und der Zeitpunkt ❻ der Änderung angezeigt. Falls mehrere Administratoren an einem AdWords-Konto arbeiten, ist es daher auf jeden Fall empfehlenswert, dass jeder Administrator einen eigenen Login erhält. So ist später immer nachvollziehbar, wer eine Änderung bewusst oder versehentlich durchgeführt hat, und die Verantwortung für bestimmte Aktionen kann einfacher ermittelt werden. Unser Tipp: Vermeiden Sie Streitigkeiten und Diskussionen, indem jeder Administrator einen eigenen Login erhält und die Logins nicht an andere Nutzer weitergegeben werden.

Speichern Sie Filter für Änderungen für die häufige Nutzung

Wenn Sie bestimmte Änderungen aus dem ÄNDERUNGSPROTOKOLL regelmäßig anschauen möchten, dann haben Sie die Möglichkeit, Ihren einmal definierten Filter zu speichern, um ihn zu einem späteren Zeitpunkt jeweils wieder aufzurufen, ohne alle Einstellungen erneut vornehmen zu müssen (siehe Markierung in Abbildung 9.5

Abbildung 9.5 Änderungsfilter speichern

9.1.2   Anzeigenvorschau und -diagnose: die schnelle Anzeigen-Analyse

Die ANZEIGENVORSCHAU UND -DIAGNOSE (siehe Abbildung 9.6) hat, wie der Name es schon andeutet, zwei Funktionen. Zum einen können Sie die Anzeigenvorschau dazu nutzen, die Darstellung Ihrer Anzeigen bei Google zu testen, ohne dass echte Impressionen durch eine eigene Anfrage über die Google-Suche erzeugt werden.

Dabei können Sie auch andere Regionen und Geräte simulieren, um Situationen zu testen, die Sie selbst nicht durch eine einfache Google-Abfrage herstellen können. Wenn Sie beispielsweise mit Ihrem Laptop in Hamburg sitzen, können Sie nicht so einfach durch den Aufruf der Google-Seite testen, welche Ergebnisse ein Smartphone-Nutzer in München sieht. Mit der Anzeigenvorschaufunktion geht das sehr wohl: Sie erhalten ein echtes Google-Ergebnis, das jedoch keine Impressionen erzeugt. Somit haben Ihre Keyword-Tests keinen negativen Einfluss auf den Qualitätsfaktor Ihrer Keywords in Ihren Kampagnen!

Der zweite Punkt, die Diagnose, überprüft gleichzeitig mit der Abfrage, ob das getestete Keyword in Ihrem AdWords-Konto auch eine Schaltung auslösen kann. Sofern dies nicht der Fall ist, erhalten Sie Hinweise, welche Bedingungen eine Schaltung verhindern.

Das Tool *Anzeigenvorschau- und -diagnose* können Sie folgendermaßen nutzen (siehe Abbildung 9.6). Nachdem Sie über das Werkzeugsymbol den Unterpunkt ANZEIGENVORSCHAU UND -DIAGNOSE aufgerufen haben, geben Sie in das Formularfeld ❶ das Keyword ein, das Sie analysieren möchten. Danach können Sie rechts daneben verschiedene Suchanfragen simulieren. Unter STANDORT können Sie analog zu der regionalen Ausrichtung in den Kampagneneinstellungen Städte, Bundesländer, Regionen oder auch Länder als Testregion auswählen, indem Sie im entsprechenden

469

Feld ❷ einfach lostippen und Google Ihnen über Auto-Suggest passende Vorschläge macht. Auf diese Weise simulieren Sie ganz spezifische Nutzerstandorte, um zu erfahren, ob und in welchem Konkurrenzumfeld Ihre Anzeige ausgespielt wird.

Unter SPRACHE ❸ nehmen Sie die gewünschte Spracheinstellung vor. Auf diese Weise könnten Sie also auch Anfragen in Deutschland von Usern simulieren, die als Spracheinstellung Englisch eingestellt haben.

Beim Unterpunkt GERÄT ❹ können Sie zusätzlich das gewünschte Endgerät eingeben, das Sie testen möchten. Außerdem können Sie die gewünschte Google-Domain ❺ auswählen, also könnten Sie neben der Standard-Top-Level-Domain DE z. B. auch COM, AT, NL usw. auswählen.

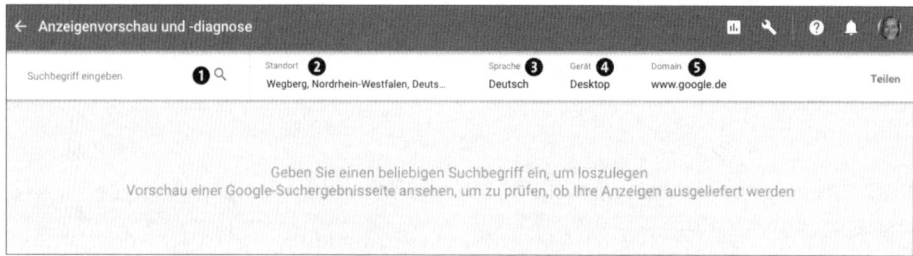

Abbildung 9.6 Eingaben zum Tool »Anzeigenvorschau- und -diagnose«

Die wichtigsten Einstellungen erläutern wir Ihnen nun an einem kleinen Beispiel. In unserem Beispiel (siehe Abbildung 9.7) simulieren wir eine Anfrage aus Bayern ❶, über ein Mobilgerät ❷. Die Diagnose zeigt nach Eingabe des Suchbegriffs ❸ und einem Klick auf ⏎ direkt das Ergebnis. In unserem Beispiel wird also keine Anzeige geschaltet ❹. Der Grund ❼ dafür ist in diesem Fall, dass die Anzeige auf die Region NRW begrenzt ist, also daher auch nicht in Bayern ausgespielt werden kann. Der Diagnosebericht zeigt außerdem die auslösenden Keywords ❺.

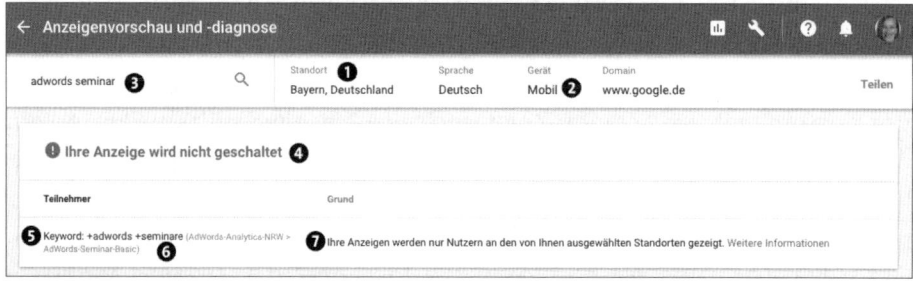

Abbildung 9.7 Keine Anzeigenschaltung aufgrund eines falschen Standortes

Zusätzlich wird mit der Kampagne und der Anzeigengruppe ❻ der Ort genannt, wo das auslösende Keyword in Ihrem AdWords-Konto zu finden ist. Dieser Hinweis ist besonders wichtig, wenn gleiche oder ähnliche Keywords im Konto verteilt sind und Sie nicht genau nachvollziehen können, welches Keyword die Anzeige ausgelöst hat. Kampagne und Anzeigengruppe sind übrigens entsprechend verlinkt, sodass Sie aus dieser Diagnose heraus direkt in die Kampagnen oder Anzeigengruppen springen können, um eventuell notwendige Änderungen vorzunehmen.

Unterhalb der Analyse finden Sie dann in der Vorschau das visuelle Ergebnis, und zwar so, als wenn die Anzeige auf einem Mobilgerät im Bundesland Bayern abgerufen worden wäre. Neben der eigenen Anzeige – falls diese geschaltet wird – finden Sie in der Vorschau auch die direkten Konkurrenten sowie die organischen Ergebnisse zur Suchanfrage.

Ändern wir nun die Anfrage in unserem Beispiel, indem wir statt eines Mobilgeräts die Option DESKTOP oder TABLET auswählen, so erhalten wir ein anderes Vorschauergebnis. Dieses kleine Beispiel zeigt schon, dass Sie mit diesem Tool echte Live-Ergebnisse abbilden können, die sich bei veränderten Vorgaben jeweils anders darstellen.

Diese Methode ist auf jeden Fall der sonst üblichen Live-Abfrage der eigenen Keywords in der Google-Suche vorzuziehen. Bei einem Live-Test erzeugen Sie nämlich zusätzlich Impressions, die sich letztlich negativ auf Ihre Keywords und Kampagnen auswirken, vor allem wenn Sie diese Abfragen sehr häufig durchführen und Ihre Anzeigen dabei nicht klicken. Ein gelegentlicher Klick auf Ihre Anzeige würde zwar Ihre Klickrate verbessern, führt jedoch zu unnötigen Klickkosten und ist daher nicht zu empfehlen.

9.2 Conversions und »Attribution für Suchnetzwerk«

Ein sehr wichtiges Tool verbirgt sich beim Unterpunkt CONVERSIONS. Mithilfe dieses Tools lässt sich das Conversion-Tracking einrichten, wie wir es in Abschnitt 2.6.4 näher beschrieben haben.

An dieser Stelle möchten wir Ihnen ein zusätzliches Tool zur Analyse der Conversions näherbringen, und zwar die ATTRIBUTION FÜR SUCHNETZWERK, die Sie wiederum über das Werkzeugsymbol am oberen Bildrand aufrufen. Hinter diesem Punkt verbergen sich die Funktionen des »Suchtrichters« aus der bisherigen AdWords-Oberfläche. Mithilfe der Analysen im Unterpunkt ATTRIBUTION FÜR SUCHNETZWERK lassen sich tiefergehende Untersuchungen zu den erzeugten Conversions durchführen, um Rückschlüsse auf das Kundenverhalten zu ziehen.

Die ATTRIBUTION FÜR SUCHNETZWERK können Sie jedoch erst nutzen, wenn Sie zuvor Conversions eingerichtet und auch erzielt haben. Genauer gesagt müssen folgende zwei Bedingungen erfüllt sein, um die Berichte zu nutzen:

1. Ein vorher eingerichtetes Ziel wurde erreicht, das heißt, eine Conversion wurde ausgelöst.

2. Zusätzlich waren mindestens zwei Klicks auf Ihre Anzeige nötig, um diese Conversion zu erzielen.

Denn der Hauptgrund für die Berichte zur ATTRIBUTION FÜR SUCHNETZWERK ist die Diskussion darüber, welcher Klick letztlich den neuen Kunden generiert hat: War es der »erste Klick« oder der »letzte Klick«, und welchen Anteil haben die Klicks, die eventuell noch dazwischen liegen? Falls Sie im Idealfall nur jeweils einen Klick auf Ihre AdWords-Anzeige benötigen, damit ein Kunde eine Bestellung, eine Anfrage oder eine Kontaktaufnahme etc. durchführt, so entsteht natürlich erst gar kein Suchtrichter. Denn der Erfolg (Kundenkontakt, Kauf etc.) kann dann eindeutig einem Keyword, einer Anzeige usw. zugeordnet werden. Komplizierter wird das Ganze jedoch, wenn, wie so oft im Leben, der Weg zum Kunden über mehrere Umwege führt.

Bei unseren AdWords-Anzeigen bedeutet dies, dass der Kunde nicht beim ersten Klick die Bestellung durchführt, sondern nach dem zweiten, dem dritten oder sogar erst nach weiteren Klicks auf die AdWords-Werbung zum Kunden wird. In dieser Situation stellt sich die Frage, welche Kampagne, welche Anzeigengruppe, welche Anzeige und welches Keyword denn nun verantwortlich dafür ist, dass ein Google-User letztlich Kunde geworden ist.

Standardmäßig, auch bei AdWords, wird die Conversion immer dem letzten Klick zugeordnet (»last click counts«). Es ist aber nicht immer so, dass der letzte Klick der wichtigste ist. Die sogenannten vorbereitenden Klicks sind genauso wichtig oder eventuell sogar noch wichtiger. Für viele Marketingexperten ist vor allem der erste Klick, der einen zukünftigen Kunden auf die ihm bis dato unbekannte Webseite aufmerksam gemacht hat, der wichtigste Klick. Denn falls der Kunde sich beim ersten Besuch den Namen des Produkts oder des Unternehmens gemerkt hat, so erfolgt später der Kauf vielleicht, nachdem nur noch ein Marken- oder Firmenname eingegeben wurde. In der Praxis könnte dies zu dem Trugschluss führen, dass man nur noch unter seinem Unternehmensnamen oder mit seinem Produktnamen gefunden werden muss. Dies würde jedoch dazu führen, dass zukünftig Kunden wegfallen, die allgemeine Suchbegriffe nutzen und das Produkt oder das Unternehmen noch gar nicht kennen.

Die ATTRIBUTION FÜR SUCHNETZWERK enthält daher verschiedene Berichte (siehe Abbildung 9.8), die die Problematik des ertsen und letzten Klicks sowie die verschiedenen Suchpfade beleuchten und somit Hilfe bei der Auswahl zukünftiger Kampagnen und Keywords liefern. Wir stellen Ihnen die verschiedenen Berichte der ATTRIBUTIONSÜBERSICHT nun kurz vor. Wählen Sie, abhängig von Ihrer Fragestellung, die Berichte aus, die für Ihre Fragestellung und Analyse wichtig sind.

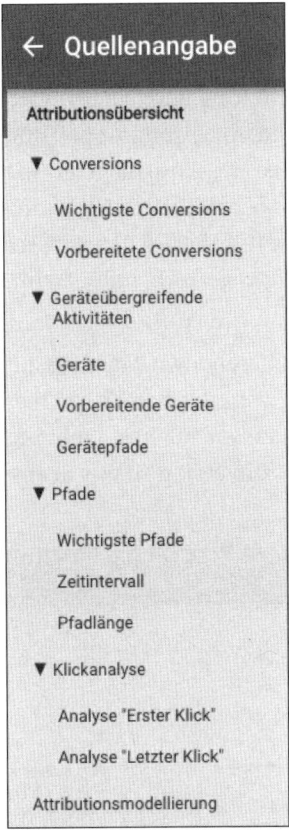

Abbildung 9.8 Attributionsübersicht

9.2.1   Wichtigste Conversions

Falls Sie mehrere Ziele angelegt haben, finden Sie im Bericht WICHTIGSTE CONVER-
SIONS die Daten zur Conversion-Aktion sowie die Anzahl und den Wert Ihrer wichtigsten Conversions in der vergleichenden Übersicht (siehe Abbildung 9.9).

Abbildung 9.9 Beispiel für »Wichtigste Conversions«

9.2.2   Vorbereitete Conversions

Etwas spannender ist der Bericht über Vorbereitete Conversions, die durch Klicks ❶ oder durch Impressionen ❷ zustande kamen (siehe Abbildung 9.10). Hier finden Sie für verschiedene Dimensionen (zum Beispiel Kampagnen, Anzeigengruppen und Keywords) Zahlen zu der beschriebenen Grundproblematik. Die Statistik zeigt, wie oft die jeweiligen Dimensionen an der Vorbereitung zum Abschluss beteiligt waren und welche Bedeutung sie einen Schritt vorher in der Vorbereitung des Abschlusses gehabt haben – als sogenannte »vorbereitende Klicks« oder auch »vorbereitende Impressionen«.

Die jeweiligen Dimensionen rufen Sie entweder über das Dropdown-Menü ❸ auf oder indem Sie sich in der Tabelle jeweils eine Dimension weiterklicken ❹. Die hier genannten Kampagnen, Keywords etc. haben zu einer Conversion auf Ihrer Webseite geführt. Mit den Berichten können Sie analysieren, was die Conversion positiv beeinflusst hat.

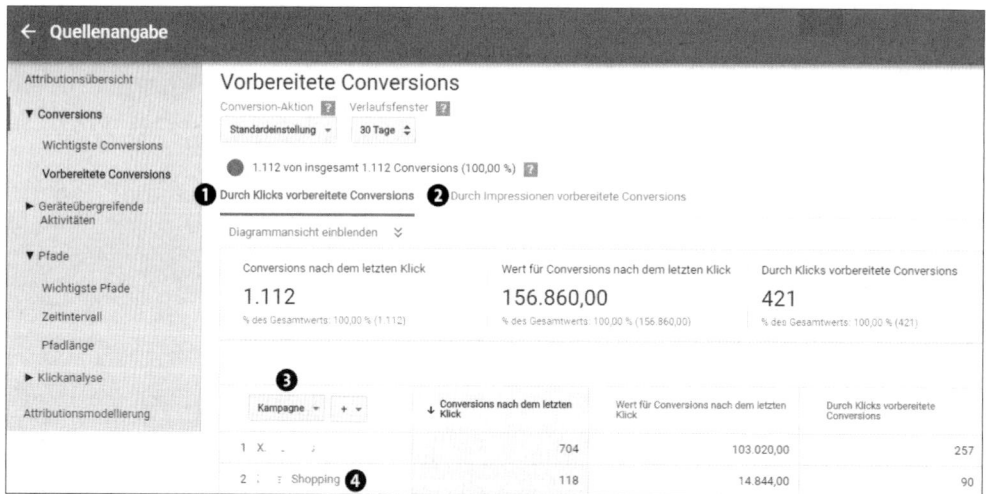

Abbildung 9.10 Vorbereitete Conversions

9.2.3   Geräteübergreifende Aktivitäten

Neu ist die Ansicht Geräteübergreifende Aktivitäten, die Ihnen Auskunft darüber gibt, ob die Conversion durch Klicks oder Impressionen auf mehreren Geräten zustande kam (siehe Abbildung 9.11). Diese Information ist insofern wertvoll, als die User-Journey, also der Weg des Besuchers Ihrer Webseite, mittlerweile in der Regel über mehrere Endgeräte führt.

Nehmen wir folgendes Beispiel: Ihre Anzeige wird von einem potenziellen Besucher zunächst unterwegs auf seinem Mobiltelefon gesehen, nicht aber geklickt (basierend auf Impressionen). Später am Abend wird die Anzeige dann auf dem Tablet gesehen und angeklickt (basierend auf Klicks). Die eigentliche Conversion kommt aber erst am nächsten Tag durch einen erneuten Klick und einen Kauf zustande, diesmal allerdings auf dem Desktop. Eine derartige User Journey können Sie unter dem Punkt GERÄTEÜBERGREIFENDE AKTIVITÄTEN analysieren, um ggf. Optimierungen Ihrer Anzeigen für bestimmte Geräte vorzunehmen.

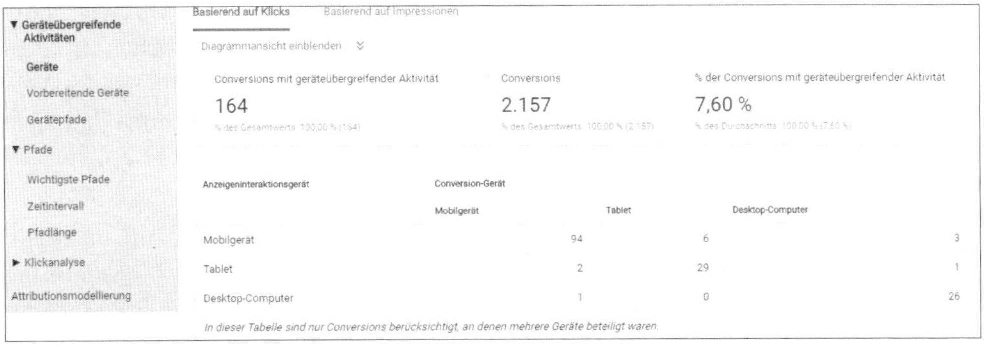

Abbildung 9.11 Übersicht über die unterschiedlichen Geräte, die zu einer Conversion geführt haben

9.2.4   Pfade, Zeitintervall und Pfadlänge

Der aus unserer Sicht interessanteste Bericht verbirgt sich hinter der Bezeichnung WICHTIGSTE PFADE. Auch bei diesem Bericht können Sie wieder aus verschiedenen Dimensionen auswählen. So finden Sie auf Kampagnen-, Anzeigengruppen- und Keyword-Ebene die Pfade, die letztendlich zum Kundenkontakt geführt haben.

In Abbildung 9.12 sehen Sie als Beispiel, welche Keywords den Google-User zu einer Seminaranfrage geführt haben. Das bedeutet, dass bei jedem Schritt auf eine AdWords-Anzeige geklickt wurde und erst beim letzten Schritt das Seminar gebucht wurde. Anhand unseres echten Beispiels verschiedener Keyword-Anfragen erläutern wir nun vier typische Vorgehensweisen von Kunden:

1. **Suche mit Synomymen ❶**

   Das erste Beispiel zeigt die Veränderung des Suchbegriffs. Der Suchende startet mit einem eher allgemeinen Begriff und fügt im zweiten Schritt mit dem Begriff »Beauftragter« ein Synonym bzw. eine Spezifikation hinzu. Diese Anfrage führt dann zur Seminarbuchung.

2. **Wiederholung der gleichen Suchanfrage ❷**

   Die gleiche Suchanfrage wird zwei oder mehrmals wiederholt und es werden keine großen Veränderungen am Suchbegriff vorgenommen. Während beim ersten Besuch eine passende Wortgruppe mit Ergänzungen die Anzeige ausgelöst hat, wurde beim zweiten Besuch das Haupt-Keyword genau passend eingegeben. Dies deutet auf einen weit verbreiteten und bekannten Begriff aus der Branche hin: Der

Suchende weiß, dass dieser Begriff zum gewünschten Produkt bzw. zur gewünschten Dienstleistung führt.

3. **Von der Suchanfrage zum Unternehmensnamen ❸**

Hier startet der Google-User wieder mit seinem Suchbegriff bzw. seinem Bedarf und bucht dann aber über den Firmennamen. Diese Suchpfade kann man sehr häufig auch bei AdWords-Kampagnen für Online-Shops entdecken. Webshop-Kunden recherchieren also zunächst bestimmte Produkte oder suchen nach Lösungen für Probleme. Während der Recherche finden sie dann interessante Webshops. Der Shop-/Firmenname wird notiert oder bleibt im Gedächtnis. Am Ende wird dann über den Firmennamen das Produkt bestellt.

4. **Vom Bedarf zum konkreten Produkt ❹**

Das letzte Beispiel startet mit der Suche nach einem konkreten Begriff, in diesem Fall »CE Koordinator« und wird dann weiter verfeinert, indem die Dienstleistung oder das Produkt näher spezifiziert wird. Suchende lernen oft während der Google-Recherche das konkrete Produkt kennen. Die Conversion erfolgt dann über die Suchanfrage zu einem Produktnamen, der während der Internetrecherche »entdeckt« wurde.

Abbildung 9.12 Keyword-Pfade (Klicks) bis zur Conversion

Anhand der konkreten Beispielpfade haben wir Ihnen typische Suchvorgänge vorgestellt. Aber was können Sie daraus lernen? Erstellen Sie regelmäßig die Berichte im Suchtrichter zu Ihren wichtigsten Keyword-Pfaden, und entscheiden Sie dann, welche Keywords für Sie lohnend sind. Erreichen Sie genug Kunden direkt über Produkt- und Firmennamen? Dann könnten Sie bei beschränktem Budget die teuren, allgemeinen Keywords einsparen. Wahrscheinlich haben jedoch zunächst die vorbereitenden Keywords neue Kunden auf Ihre Webseite gelenkt. Identifizieren Sie über die Suchanfragenpfade daher die wichtigsten Begriffe, und beschränken Sie sich bei kleinem Budget zunächst auf diese Keywords, die als vorbereitende Keywords die meisten Conversions erzielt haben.

Falls Sie keinen Trend erkennen, sondern ganz unterschiedliche Suchanfragen den Conversion-Pfad eingeleitet haben, ist es sicher sinnvoll, langsam und kontrolliert weitere Keywords hinzuzufügen, um bei weiteren Keywords zusätzliche Interessenten auf Ihre Marke oder Ihr Unternehmen aufmerksam zu machen. Falls viele Conversions über den Produkt- oder Firmennamen kommen, sollten Sie zu diesen Keywords auf jeden Fall auch eine eigene AdWords-Anzeigengruppe erstellen, damit keine potenziellen Kunden verloren gehen. Sie sehen also, dass die Berichte immer die Grundlage für weitere strategische Überlegungen bilden.

9.2.5   Zeitintervall

Der Bericht zum ZEITINTERVALL (siehe Abbildung 9.13) visualisiert sehr eindrucksvoll, wie viel Zeit im Schnitt vergeht, bis eine Conversion abgeschlossen wird. Hier gibt es große Unterschiede im Suchverhalten und damit letztlich bei den Zeiträumen, bis eine Conversion erreicht wurde.

Tage bis zur Conversion ▾	Conversions	Conversion-Wert	Anteil am Gesamtwert (%) ■ Conversions ■ Conversion-Wert
<1 Tag	739	103.691,00	66,46 % / 66,10 %
1 Tag	55	7.447,00	4,95 % / 4,75 %
2 Tage	46	6.222,00	4,14 % / 3,97 %
3 Tage	22	3.116,00	1,98 % / 1,99 %
4 Tage	20	2.446,00	1,80 % / 1,56 %
5 Tage	18	2.668,00	1,62 % / 1,70 %
6 Tage	14	1.873,00	1,26 % / 1,19 %
7 Tage	19	2.894,00	1,71 % / 1,84 %
8 Tage	12	1.627,00	1,08 % / 1,04 %
9 Tage	13	1.754,00	1,17 % / 1,12 %
10 Tage	9	1.073,00	0,81 % / 0,68 %
11 Tage	14	1.696,00	1,26 % / 1,08 %
>12 Tage	131	20.353,00	11,78 % / 12,98 %

Abbildung 9.13 Zeitintervalle bis zur Conversion

Einen großen Anteil haben dabei die jeweiligen Produkte bzw. die Dienstleistungen, die beworben werden. Bei einer Urlaubsreise oder einer teuren Anschaffung wie zum Beispiel einem Auto ist es ganz natürlich, dass die vorbereitende Recherche eine gewisse Zeit dauert. Vom ersten Besuch bis zum wirklichen Abschluss können mehrere Wochen oder Monate vergehen. Wird hingegen ein Produkt im Alltag dringend benötigt, weil zum Beispiel der Toner eines Druckers leer ist, vergehen nur wenige Stunden oder höchstens ein Tag bis zur Kaufentscheidung. Es herrscht ein natürlicher Kaufdruck, falls kein Toner-Vorrat angelegt wurde.

Tipp

Nutzen Sie die Analyse zum Zeitintervall auch für Entscheidungen zum Design Ihrer Remarketing-Kampagne. Falls das Zeitintervall bis zum Kauf bei Ihren Produkten bzw. Dienstleistungen immer sehr kurz ist, können Sie auch die Cookie-Laufzeit für das Remarketing auf sehr kurze Zeiträume einstellen, z. B. maximal 7 Tage.

9.2.6   Pfadlänge

Der Bericht zur PFADLÄNGE (siehe Abbildung 9.14) ähnelt dem vorher genannten Bericht zum Zeitintervall. Hier werden jedoch keine Aussagen zu einem Zeitraum getroffen, sondern es geht um die Anzahl der Klicks bis zur Conversion. Dabei kann es durchaus sein, dass bei einer ausgiebigen Recherche mehrere Klicks innerhalb eines kurzen Zeitraums erfolgen. Falls ein Produkt oder eine Dienstleistung generell viel verglichen wird, kann dies zu hohen Klickzahlen bis zur Conversion führen, obwohl die Entscheidung eigentlich schnell getroffen werden muss.

Auch bei diesen Berichten sollten Sie den Lerneffekt hinterfragen und überlegen, welche Strategie aus den Daten abgeleitet werden kann. Falls die Zeitintervalle insgesamt zu lang sind und die Anzahl der Klicks bis zur Conversion zu hoch, sollten Sie Strategien entwickeln, die zu einem schnelleren Abschluss führen. Als Anregung können wir Ihnen folgende Tipps an die Hand geben:

1. Versuchen Sie, durch eine künstliche Verknappung Ihr Produkt bzw. Ihre Dienstleistung interessant zu machen. Damit erhöhen Sie den Druck, einen schnelleren Kaufabschluss zu tätigen.

2. Bieten Sie spezielle Aktionen oder Angebote an, die zeitlich befristet sind. Auch hierdurch erhöhen Sie den Druck, eine Entscheidung zu treffen, und reduzieren somit das Zeitintervall.

3. Ist Ihr spezielles Angebot konkurrenzfähig und besitzt es ein sehr gutes Preis-Leistungs-Verhältnis, so sollten Sie den Preis oder den prozentualen Vorteil zum Standardpreis direkt in der Anzeige nennen. Auch dies führt am besten in Kombination mit einer beschränkt verfügbaren Leistung zu schnelleren Conversions.

4. Bieten Sie zusätzlichen Service für bestimmte, beschränkte Zeiten an.

Kontrollieren Sie danach die neuen Strategien durch die Berichte zu Zeitintervall und Pfadlänge. Strategien, die die Zeitintervalle und/oder die Pfadlänge verkürzen, sollten Sie auch für andere AdWords-Kampagnen nutzen.

Klicks vor Conversion	Conversions
1	691
2	213
3	87
4	55
5	21
6	18

Abbildung 9.14 Pfadlänge bis zur Conversion

9.2.7   Klickanalyse »Erster Klick« bzw. »Letzter Klick«

Die beiden nächsten Berichte in der Liste haben wir hier zusammengefasst, da die Conversions ähnlich analysiert werden (siehe Abbildung 9.15 und Abbildung 9.16). Es wird nur einmal an den Anfang des Suchtrichters geschaut, also der erste Klick betrachtet, und einmal an das Ende. Bei der ANALYSE »ERSTER KLICK« werden die Dimensionen betrachtet, die zum ersten Kontakt geführt haben, aus dem dann später eine Conversion wurde.

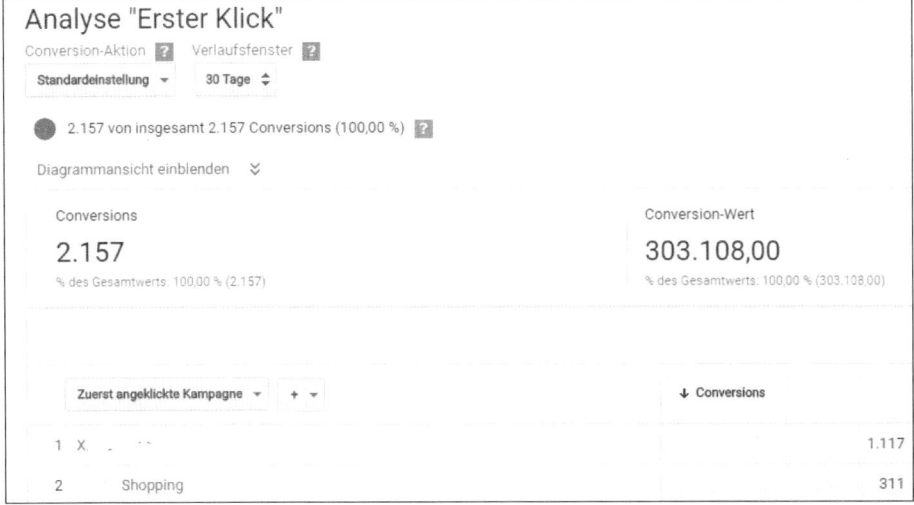

Abbildung 9.15 Berichte zum ersten Klick, der später zu einer Conversion führte

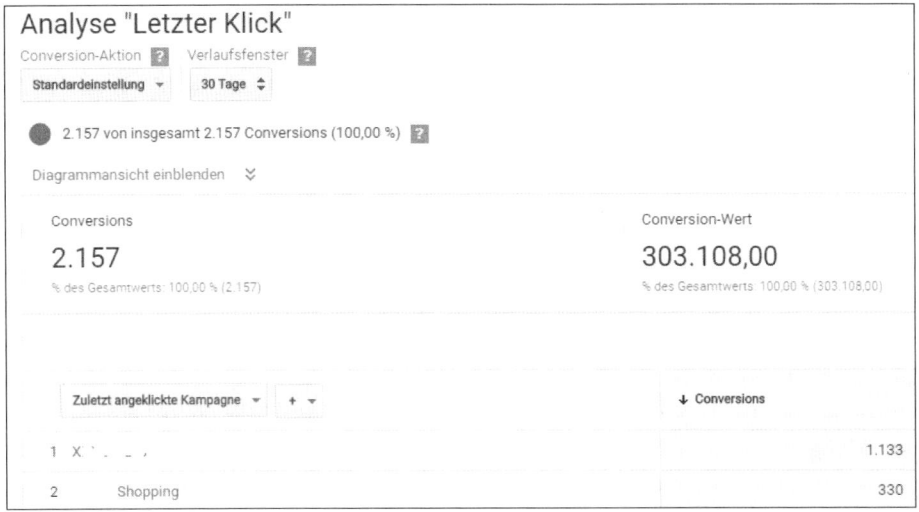

Abbildung 9.16 Berichte zum letzten Klick, der zu einer Conversion führte

Bitte beachten Sie immer dabei, welche Aussagekraft diese Statistiken haben. Da die Zuordnung auf Cookies basiert, bedeutet dies, dass Sie nur Conversions auf diese Weise analysieren können, wenn der Kunde letztlich vom ersten Klick bis zur Conversion seine Cookies nicht gelöscht hat.

Diese Erkenntnis führt dazu, dass Sie nur Trends mithilfe von großen Datenmengen analysieren sollten. Aussagen zu einzelnen Kunden sind daher nicht sinnvoll, da sie nicht immer so genau gemessen werden können.

9.2.8 Attributionsmodellierung: Welcher Klick zählt?

Welcher Klick ist denn nun wichtig? Ist es der erste oder der letzte? Oder sind alle gleich wichtig? Diese Fragen sind letztlich noch nicht entschieden bzw. man kann sie nicht so einfach entscheiden. Die Antwort hängt sicher auch immer vom Produkt, von der Branche und von dem Verhalten der Zielgruppe ab.

Google AdWords bietet dafür das Tool ATTRIBUTIONSMODELLIERUNG unter ATTRIBUTION FÜR SUCHNETZWERK. Hier können die AdWords-Nutzer mit den verschiedenen Modellen »spielen« bzw. verschiedene Modelle miteinander vergleichen. Anhand der konkreten Beispiele versteht man die verschiedenen Zuordnungsmodelle besser und kann in Kombination mit den eigenen Kunden- und Branchenerfahrungen das beste Modell für die eigene AdWords-Werbung herausfiltern.

Die verschiedenen Modelle können Sie wiederum für Ihre Kampagne, Anzeigengruppen oder Keywords aufrufen. Beim Vergleich zweier Zuordnungsmodelle werden die unterschiedlichen Wertezuordnungen deutlich.

Zuordnungsmodelle

Google AdWords bietet folgende fünf Zuordnungsmodelle an (siehe Abbildung 9.17):

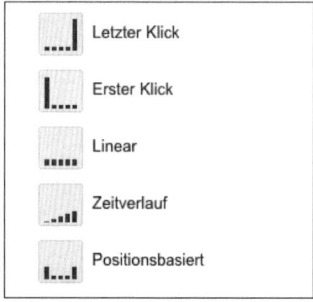

Abbildung 9.17 Fünf Zuordnungsmodelle für die Attribution

▶ LETZTER KLICK
Das Zuordnungsmodell *Letzter Klick* wird standardmäßig bei Google AdWords verwendet: Die gezählten Conversions werden dem letzten Klick zugeordnet. Eine

Auswertung nach diesem Modell zeigt eindeutig, welche Kampagne, welche Anzeigengruppe oder welches Keyword tatsächlich eine Conversion erzielt hat.

▶ ERSTER KLICK

Mit der Wahl des Zuordnungsmodells *Erster Klick* wird die Conversion dem ersten Klick zugeordnet. Dies legt den Fokus, wie wir bereits erörtert haben, auf die Suchanfragen, die zunächst auf das Angebot aufmerksam gemacht haben. Ohne den Kontakt über den ersten Klick käme es möglicherweise erst gar nicht zu einer Conversion. Aber nicht alle Erstkontakte führen später zu einer Kundenbeziehung. Mit dem Zuordnungsmodell *Erster Klick* erkennen Sie also auch, welche Keywords in Bezug auf zukünftige Kunden wertvoll sind und welche Keywords nur Kosten verursachen.

▶ LINEAR

Das lineare Zuordnungsmodell ist interessant, falls Ihre Werbekampagnen bewusst entlang eines mehrstufigen Prozesses aufgebaut sind und jeder einzelne Schritt, z. B. der Download einer kostenlosen Testversion, vor dem Kauf wichtig ist. Falls jeder Schritt gleich wichtig ist, wird dies im linearen Modell abgebildet. Wurde die Conversion beispielsweise nach vier Klicks durchgeführt, so werden jedem Klick 25 % der Conversion sowie 25 % des gesamten Conversion-Wertes zugeordnet.

▶ ZEITVERLAUF

Das Zuordnungsmodell ZEITVERLAUF verteilt demgegenüber die Wertigkeit nicht gleichmäßig, sondern unterstellt, dass ein Klick umso wertvoller wird, je näher er am Abschluss liegt. Der zeitlich letzte Klick vor der Conversion erhält also den höchsten Wert, die vorangegangenen Klicks sind in einer entsprechenden Abstufung immer weniger wert, je früher sie getätigt wurden. Der erste Klick besitzt also den geringsten Wert. Auch eine solche Abstufung klingt plausibel.

▶ POSITIONSBASIERT

Das positionsbasierte Zuordnungsmodell legt demgegenüber mehr Wert auf den ersten Klick, der neue Interessenten auf die Website gebracht hat, und den letzten Klick, der die Conversion erzielt hat. Der erste und der letzte Klick erhalten daher je 40 % des Conversion-Wertes zugesprochen. Alle anderen Klicks zwischen den beiden teilen sich die restlichen 20 % untereinander auf. Diese Klicks sind in diesem Modell also weniger wichtig und dienen nur dazu, den Kontakt zum potenziellen Kunden aufrechtzuerhalten. Dieses Modell ist also eine Mischung aus den Modellen *Letzter Klick* und *Erster Klick*.

Sie können die im AdWords-Konto angebotenen Zuordnungsmodelle im Bereich ATTRIBUTIONSMODELLIERUNG vergleichen, indem Sie in den beiden Dropdown-Menüs ❶ und ❷ (siehe Abbildung 9.18) jeweils ein anderes Modell auswählen. Die Standardeinstellung lautet hier LETZTER KLICK.

Es bietet sich natürlich an, das Standardmodell *Letzter Klick* gegen die anderen Modelle zu testen. Sie können hier aber auch jeden anderen Vergleich einstellen. Nachdem Sie zwei Modelle ausgewählt haben, erhalten Sie eine neue Statistik, die entsprechende Kennzahlen beinhaltet, z. B. die totalen Conversions, den prozentualen Anteil aller Conversions und den jeweiligen Conversion-Wert.

Die letzte Spalte zeigt außerdem die prozentuale Veränderung (positiv oder negativ) im Vergleich der beiden ausgewählten Modelle. Signifikate Veränderungen werden zudem mit einem farbigen Punkt in Grün für positive und in Rot für negative Veränderungen gekennzeichnet.

Conversions und Kosten/Conv. ⇕ ?				
Letzter Klick ⇕ ? ❶		Erster Klick ⇕ ? ❷		Änderung (%) ?
↓ Conversions	Kosten/Conv.	Conversions	Kosten/Conv.	Conversions ▾ ?
1.133,00	58,91 €	1.117,00	59,75 €	-1,41 % ↓
330,00	29,87 €	311,00	31,69 €	-5,76 % ↓
197,00	43,55 €	226,00	37,96 €	14,72 % ↑
94,00	44,47 €	103,00	40,58 €	9,57 % ↑
59,00	54,86 €	55,00	58,85 €	-6,78 % ↓
54,00	57,06 €	46,00	66,99 €	-14,81 % ↓
45,00	49,60 €	50,00	44,64 €	11,11 % ↑
45,00	43,88 €	46,00	42,92 €	2,22 % ↑
34,00	54,92 €	32,00	58,36 €	-5,88 % ↓
34,00	73,17 €	30,00	82,93 €	-11,76 % ↓

Abbildung 9.18 Verschiedene Zuordnungsmodelle vergleichen

9.3   Der AdWords Editor – ein Offline-Tool

Der AdWords Editor ist ein zusätzliches kostenloses Google-Tool, das im Gegensatz zu den anderen vorgestellten Tools nicht online genutzt wird. Es ist vor allem deshalb so interessant, weil es die Möglichkeit bietet, ein AdWords-Konto herunterzuladen und offline zu bearbeiten. Mit dem Editor können Sie auch außerhalb Ihres Google-AdWords-Accounts Ihre Kampagnen verwalten und optimieren.

Die aktuelle Version (im Dezember 2017 war es Version 12.2) des AdWords Editors finden Sie unter:

https://adwords.google.com/intl/de/home/tools/adwords-editor

Bitte beachten Sie, dass die Versionen laufend aktualisiert werden, weil die Änderungen im AdWords-Backend mit zeitlicher Verzögerung auch in den Editor aufgenommen werden. Neue Versionen können durch eine Aktualisierung aufgespielt werden. Die Erfahrung zeigt jedoch, dass es beim Update öfter einmal hakt. In solch einem Fall hilft nur eine komplette Deinstallation der alten und das Aufspielen der neuen Version. Da der Editor nicht sehr groß ist, funktioniert dieser Weg schneller als die Ursachenforschung zum Update-Fehler.

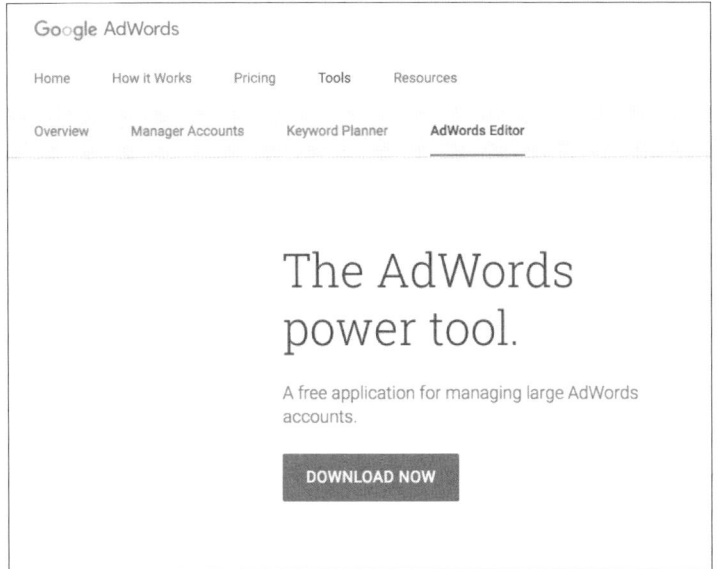

Abbildung 9.19 Download-Button zum AdWords Editor

9.3.1   Starten des AdWords Editors

Nachdem Sie den AdWords Editor heruntergeladen und installiert haben, können Sie das Programm auf Ihrem Computer unter ALLE PROGRAMME • GOOGLE ADWORDS EDITOR • ADWORDS EDITOR aufrufen. Wenn Sie das Programm zum ersten Mal öffnen, befinden sich natürlich noch keine Kampagnen im Editor. Das Programm führt Sie jedoch durch ein Setup, das den Editor mit Ihrem AdWords-Konto oder Ihrem Client-Center (MCC) verbindet. Dafür benötigen Sie lediglich Ihren Google-Login, der Sie als Administrator identifiziert.

Danach können Sie Ihr Konto oder bestimmte Kampagnen aus dem Konto in den Editor herunterladen. Als AdWords-User werden Sie bereits über ein AdWords-Konto verfügen, das Sie im Editor optimieren oder bearbeiten möchten. Darum wählen Sie also die Funktion + HINZUFÜGEN (siehe Abbildung 9.20) und melden sich wahlweise über den Browser oder den In-App-Browser in Ihrem Konto an.

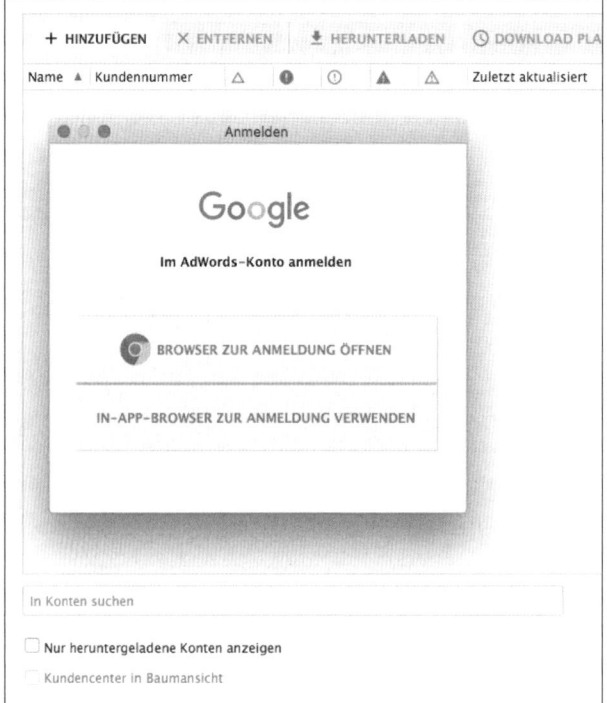

Abbildung 9.20 Anmeldung im AdWords-Konto über den AdWords Editor

Nach der Eingabe Ihrer Kontozugangsdaten können Sie entscheiden, ob Sie alle Kampagnen Ihres Kontos herunterladen wollen oder nur einige ausgewählte bzw. eine einzelne Kampagne.

> **Hinweis**
>
> Bitte denken Sie daran, stets den aktuellen Stand Ihres AdWords-Kontos herunterzuladen (siehe Abbildung 9.21), bevor Sie Änderungen im Editor durchführen. Auf diese Weise vermeiden Sie ungewollte Synchronisationsfehler.
>
>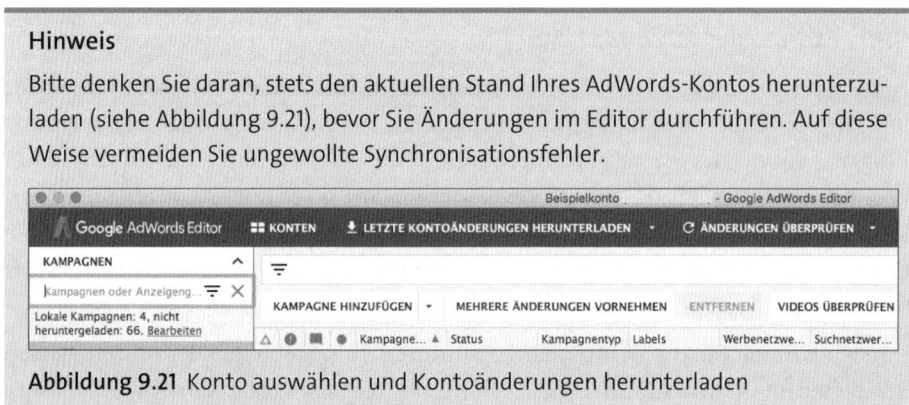
>
> **Abbildung 9.21** Konto auswählen und Kontoänderungen herunterladen

Nachdem Sie die gewünschte(n) Kampagne(n) im Editor heruntergeladen haben, finden Sie diese sowohl im linken Strukturbaum ❶ als auch im oberen rechten Fenster ❷ (siehe Abbildung 9.22). Für die Bearbeitung Ihrer Kampagnen, Anzeigengruppen,

Keywords etc. wählen Sie in der linken Navigation ❸ den entsprechenden Unterpunkt aus. Hier finden Sie auch die Einstellungsmöglichkeiten zu GEMEINSAM GENUTZTE BIBLIOTHEK sowie BENUTZERDEFINIERTE REGELN ❹, die sich über den Pfeil rechts als Dropdown-Menü öffnen lassen.

Über die primäre horizontale Navigation ❺ im rechten Fenster lassen sich nun je nach gewählter Ansicht neue Elemente HINZUFÜGEN, MEHRERE ÄNDERUNGEN VORNEHMEN, Elemente ENTFERNEN bzw. TEXT ERSETZEN. Letzteres ist eine hilfreiche Funktion, die es Ihnen ermöglicht, bestimmte Texte auf einmal an mehreren Stellen zu ersetzen. Eine Steuerung über Shortcuts ist ebenfalls möglich. Die Tastenkombination ⌈Strg⌉ + ⌈N⌉ fügt z. B. ein neues Element hinzu. Die sekundäre Navigation ❻ im rechten Fenster lässt sich per Rechtsklick individuell einstellen, ähnlich wie im Online-Konto bei der Spaltenanpassung. Im unteren Fenster ❼ haben Sie nun zu jeder Ansicht die Möglichkeit, detaillierte Änderungen vorzunehmen.

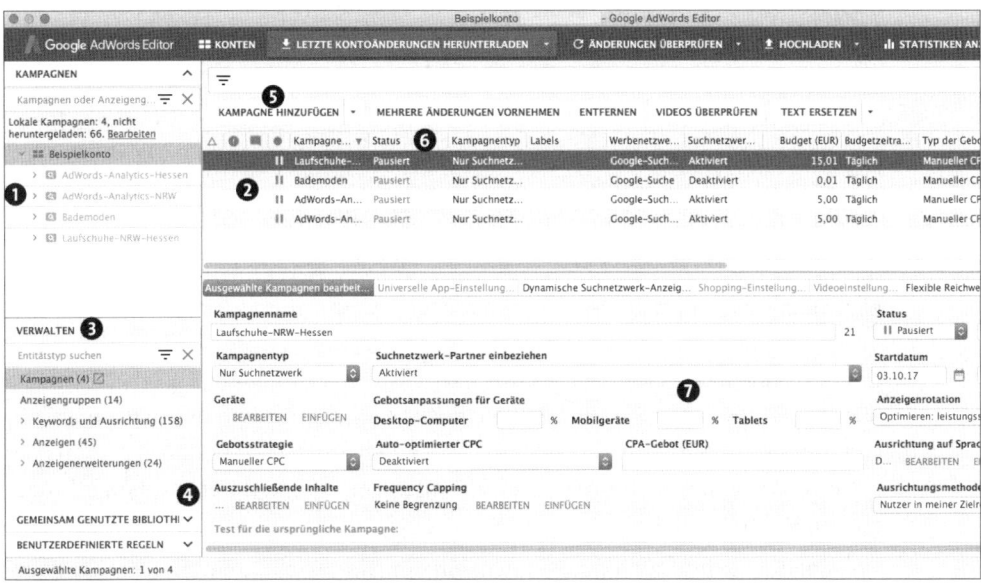

Abbildung 9.22 Kontonavigation mit Bearbeitungsfunktion im AdWords Editor

9.3.2   Besonderheiten des AdWords Editors

Welche Vorteile bietet der AdWords Editor? Was macht ihn zu einem besonderen Helfer, den viele AdWords-Administratoren nicht missen möchten? Eine Anmerkung vorweg: Um alle Funktionen des AdWords Editors zu beschreiben, benötigt man fast ein eigenes Buch. Wir zeigen Ihnen hier als Anregung zehn wichtige Funktionen, die den Editor für manche Administratoren unentbehrlich machen. Auf dieser Grundlage finden Sie sicher noch weitere Möglichkeiten, um Ihre Kampagnen zu bearbeiten.

Interessanterweise hat Google mittlerweile bereits einige Funktionen des AdWords Editors in die AdWords-Online-Verwaltung eingebaut, die früher nur im AdWords Editor möglich waren. Dies hat die Anzahl der aktiven, regelmäßigen Editor-User sicher reduziert. Wir sind aber der Überzeugung, dass sich ein Blick in den Editor auf jeden Fall lohnt. Der Einsatz des Editors kann Ihnen im AdWords-Alltag viel wertvolle Zeit sparen.

1. **Backup Ihrer AdWords-Kampagnen**

   Nachdem Sie den aktuellen Stand Ihres AdWords-Kontos mit dem AdWords Editor heruntergeladen haben, können Sie dieses Konto oder nur ausgewählte Kampagnen über einen Export als Backup sichern (siehe Abbildung 9.23). Auf diese Weise erhalten Sie eine Offline-Sicherung Ihrer AdWords-Kampagnen.

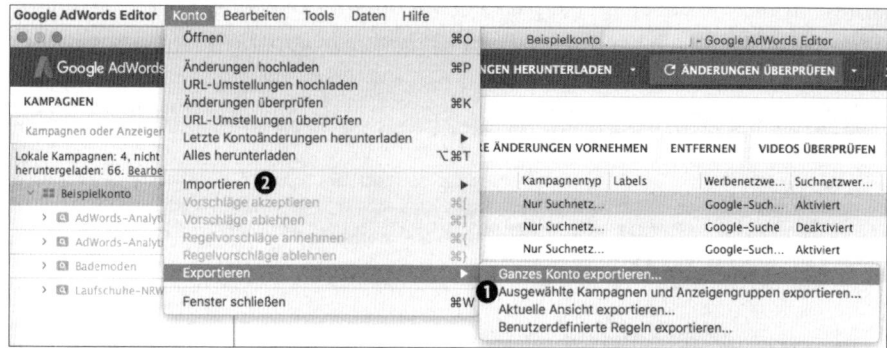

Abbildung 9.23 Export- und Import-Funktionen des AdWords Editors

2. **Gemeinsame Bearbeitung eines Kontos**

   Mit dem Editor haben Sie auch die Möglichkeit, Ihre Kampagnenstruktur oder vorgenommene Optimierungen an den Kampagnen von einem Kollegen prüfen oder bewerten zu lassen. Mehrere Kollegen können verschiedene Kampagnen in einem großen Konto bearbeiten.

   Sie haben natürlich auch die Möglichkeit, den aktuellen Stand Ihrer Kampagnenplanung Ihrem Kunden vorzulegen. Der Austausch funktioniert ganz einfach, indem Sie den aktuellen Stand zur gemeinsamen Verwendung aus dem Editor exportieren und per E-Mail an Ihren Kunden bzw. Kollegen weiterschicken. Die Export-Datei (.csv-Datei) kann dann von den Kollegen oder Kunden ebenfalls mithilfe des AdWords Editors importiert und bei Bedarf bearbeitet werden. Mithilfe der Kommentarfunktion können zudem Notizen zu den Vorschlägen oder Änderungen eingegeben werden. Die Eingabe lokaler Kommentare erfolgt im unteren rechten Fenster über den Reiter KOMMENTARE.

3. **Austausch von Kampagnen zwischen unterschiedlichen Konten**

   Das Kopieren einer Kampagne innerhalb eines AdWords-Kontos ist kein Problem. Was ist aber, wenn man eine Kampagne von einem AdWords-Konto in ein anderes kopieren möchte? Vor allem für Agenturen ist es sehr interessant, eine bestehende Kampagne in ein anderes Konto zu kopieren, weil die Agentur zum Beispiel verschiedene Kunden aus der gleichen Branche in unterschiedlichen Regionen betreut. Eine kopierte Kampagne, die dann nur noch individuell angepasst werden muss, spart viel Zeit.

Das Kopieren einer Kampagne in ein anderes Konto funktioniert ebenfalls über den Editor. Dazu wird die Kampagne zunächst als CSV-Datei ❶ aus einem Konto exportiert und dann über die Importfunktion ❷ des AdWords Editors in ein anderes Konto importiert (siehe Abbildung 9.23).

4. **Einfaches Kopieren und Verschieben**

Das große Plus des AdWords Editors ist seine Drag&Drop-Funktion. Diese erleichtert vor allem die Erstellung von großen Kampagnen mit vielen Anzeigengruppen. Kampagnen, Anzeigengruppen oder Anzeigen können einfach per linkem Mausklick markiert und dann mit gedrückter Maustaste verschoben werden. Wird gleichzeitig noch die [Strg]-Taste gedrückt, dann werden die Elemente nicht verschoben, sondern via Drag & Drop kopiert. Dies funktioniert auch mit einem Block von mehreren Elementen, die vorher per Mausklick und [⇧]-Taste markiert wurden. Einzelne Elemente können übrigens wie üblich durch Mausklicks bei gedrückter [Strg]-Taste markiert werden. Alle diese Funktionen bieten einfache und intuitive Bearbeitungsmöglichkeiten, die so im AdWords-Backend nicht vorhanden sind.

Tipp

Verschieben Sie die Anzeigen einer laufenden Anzeigengruppe per Drag & Drop einfach in eine neu erstellte Anzeigengruppe. Selbst wenn die Anzeigentexte im Detail variieren, so sparen Sie doch einiges an »Schreibarbeit«, vor allem, wenn mehrere Anzeigentexte erstellt werden müssen. Mit Suchen und Ersetzen können zudem bestimmte Textbausteine ausgetauscht werden, und durch Fein-Tuning lassen sich die kopierten Anzeigen dann schnell individualisieren.

5. **Rückmeldung bei Fehlern**

Während Sie Ihre Kampagnen, Anzeigengruppen, Keywords etc. anlegen, blendet der AdWords Editor immer wieder Warnungen oder auch Fehlermeldungen ein. Über ein Ausrufezeichen in einem roten Kreis werden Sie zu den entsprechenden Ebenen geführt, auf denen gerade ein Problem auftritt.

In dem Beispiel aus Abbildung 9.24 erinnert uns der AdWords Editor daran, dass es nicht mehr möglich ist, alte Standardtextanzeigen zu erstellen oder zu bearbeiten, sondern dass wir stattdessen jetzt die neuen erweiterten Textanzeigen oder Responsive-Anzeigen verwenden sollen. Der Editor wird so zu Ihrem »Helferlein«, das alle wichtigen Infos zur Verfügung stellt, damit Sie nichts bei der Kampagnenerstellung vergessen.

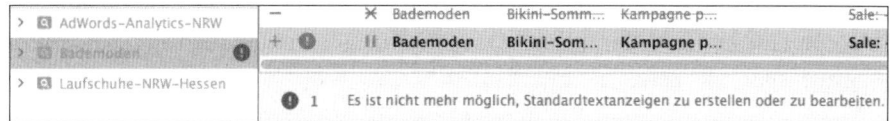

Abbildung 9.24 Warnmeldungen nach dem Kopieren einer bisherigen Standardtextanzeige

6. **Fehlerprüfung**

Im Editor vorgenommene Optimierungen können Sie schnell und einfach per Knopfdruck in Ihr AdWords-Konto HOCHLADEN ❶ (siehe Abbildung 9.25). Bevor Sie jedoch mit Ihren Änderungen »live gehen«, sollten Sie diese zunächst mithilfe der Schaltfläche ÄNDERUNGEN ÜBERPRÜFEN ❷ kontrollieren.

Abbildung 9.25 Änderungen hochladen und überprüfen

Es könnte zum Beispiel sein, dass Sie mit bestimmten Einstellungen gegen Google-Richtlinien verstoßen. Die Überprüfung kann Ihnen wertvolle Zeit sparen, weil Sie auf inhaltliche Fehler sofort und ohne Verzögerung aufmerksam gemacht werden. Sie können den Fehler vor dem Upload beheben, und die Ausspielung Ihrer Anzeigen wird nicht verzögert, wenn Sie später im AdWords-Account Ihre Kampagne aktivieren möchten.

Klicken Sie also vor dem Hochladen zunächst auf den Button ÄNDERUNGEN ÜBERPRÜFEN. Nachdem Sie die Kampagnen festgelegt haben, die geprüft werden sollen, bestätigen Sie den Check per Klick auf ÄNDERUNGEN ÜBERPRÜFEN. Danach erhalten Sie eine Auflistung, die Abbildung 9.26 ähnelt.

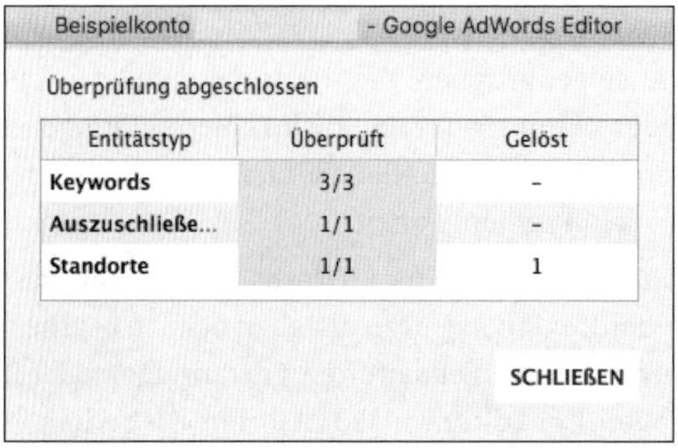

Beispielkonto	- Google AdWords Editor	
Überprüfung abgeschlossen		

Entitätstyp	Überprüft	Gelöst
Keywords	3/3	–
Auszuschließe...	1/1	–
Standorte	1/1	1

SCHLIESSEN

Abbildung 9.26 Ergebnis der Prüfung der Änderungen

In grüner Farbe werden die Änderungen aufgelistet, die der Überprüfung standgehalten haben. In roter Schrift werden die Fehler aufgelistet. Außerdem werden Ihnen Details zu den jeweiligen Fehlern angegeben. Da der AdWords Editor in jedem Eingabefeld eine Plausibilitätsprüfung eingebaut hat und schon bei Ihrer Eingabe prüft und ggf. Fehler anmerkt, erhalten Sie bei dieser zentralen Prüfung der Änderungen nur selten gravierende Fehler.

7. **Gleichzeitige Bearbeitung mehrerer Elemente**

Eine sehr nützliche und zeitsparende Funktion im Editor ist die gleichzeitige Bearbeitung mehrerer Elemente (siehe Abbildung 9.27). Werden zum Beispiel mehrere Keywords gleichzeitig markiert, so kann die Keyword-Option aller markierten Keywords mit einem Klick festgelegt werden. Auf die gleiche Weise kann der Status mehrerer Keywords von *aktiv* in *pausiert* geändert werden.

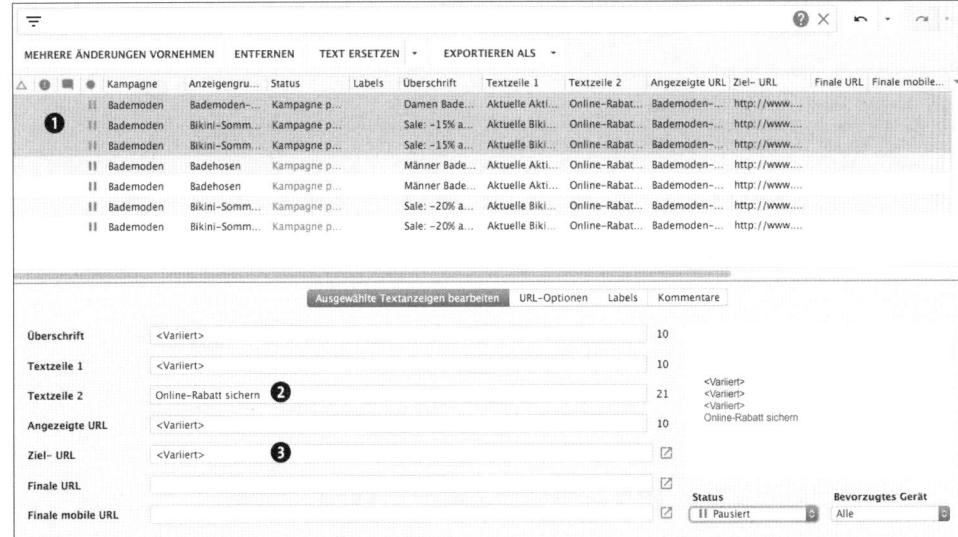

Abbildung 9.27 Änderung mehrerer Textanzeigen gleichzeitig

Diese Funktion lässt sich für alle Ebenen und verschiedene Einstellungen nutzen. Möchten Sie zum Beispiel einen wichtigen Produktvorteil oder Call-to-Action in mehrere Anzeigen eintragen, so können Sie in der Ansicht für Anzeigen im oberen Teil zunächst alle Anzeigen markieren, die geändert werden sollen ❶, und dann im unteren Teil die gewünschten Dinge ändern (siehe Abbildung 9.27).

Dann ändern Sie einfach den gewünschten Bereich Ihrer Textanzeigen einmalig, in unserem Beispiel TEXTZEILE 2 ❷. Die Änderung wird dann automatisch für alle markierten Textanzeigen aktiviert. Der Hinweis <VARIIERT> ❸ zeigt, dass die ausgewählten Anzeigen für diese Bereiche unterschiedliche Inhalte aufweisen.

8. Mehrere Änderungen vornehmen

Die Bezeichnung dieser Option ist etwas irreführend, da es hier weniger um das Ändern als vielmehr um das Hinzufügen von neuen Elementen geht. In dem Fenster, das sich nach Klick in der oberen Navigation auf MEHRERE ÄNDERUNGEN VORNEHMEN öffnet (siehe Abbildung 9.28), sehen Sie oben links, auf welchem Bearbeitungslevel Sie sich gerade befinden ❶, und darunter ❷ können Sie auswählen, welche Elemente Sie hinzufügen möchten.

Im rechten Teil wählen Sie zunächst die Art der Bearbeitung ❸ aus und machen unten ❹ dann die entsprechende Dateneingabe, indem Sie Daten aus einer zuvor angefertigten Excel-Tabelle hierher kopieren. Über die Dropdown-Menüs an jedem Spaltenkopf ❺ können Sie die korrekte Zuordnung Ihrer eingefügten Daten vornehmen. Auf diese Art und Weise können Sie sehr schnell und einfach weitere Textanzeigen Ihrem Konto hinzufügen.

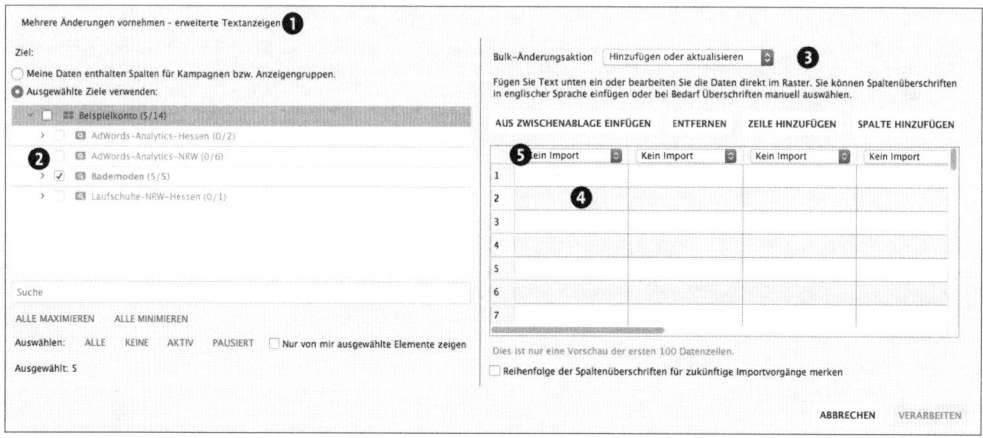

Abbildung 9.28 Mehrere Textanzeigen gleichzeitig hinzufügen

9. Text ersetzen

Die Funktion »Suchen und Ersetzen« kennen Sie sicher auch aus Ihrem Textbearbeitungsprogramm, wie z. B. MS Word. Auch der AdWords Editor hält mit TEXT ERSETZEN diese Funktion bereit (siehe Abbildung 9.29).

Mit dieser Funktion können Sie auf Kampagnen-, Anzeigen- und Keyword-Level bestimmte Begriffe in definierten Feldern automatisiert suchen und durch andere ersetzen. Wenn sich beispielsweise Ihr Online-Rabatt von 10 % auf 15 % erhöht hat und eine Rabattaussage in fast jeder Ihrer Textanzeigen vorkommt, dann spart TEXT ERSETZEN viel Zeit. In Abbildung 9.29 sehen Sie, wie einfach nach der Zeichenfolge 10 % gesucht und diese dann durch 15 % ersetzt werden kann. Zuvor sollten Sie im Feld AKTION DURCHFÜHREN IN (siehe Markierung in Abbildung 9.29) bestimmen, wo die Ersetzung stattfinden soll: ob in allen zutreffenden Feldern, in denen der Begriff gefunden wird, oder eben nur in bestimmten Feldern.

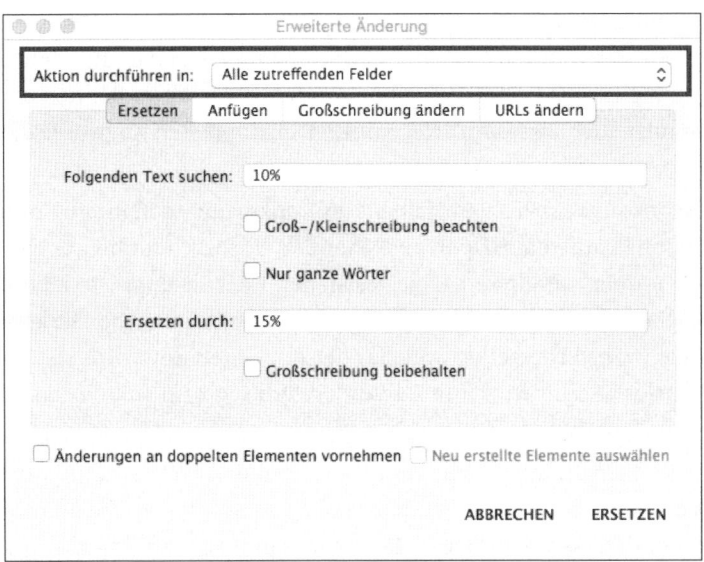

Abbildung 9.29 Suchen und Ersetzen von Textbausteinen

10. Anfügen von Textbausteinen

Eine Abwandlung von »Suchen und Ersetzen« ist das Hinzufügen von Textbausteinen an bestimmten Stellen. Auch dies ist mit dem AdWords Editor kein Problem. Wieder mit der Funktion TEXT ERSETZEN können Sie z. B. zusätzliche Informationen oder Ihr wichtigstes Keyword bei mehreren Textanzeigen an die angezeigte URL anhängen (siehe Abbildung 9.30). Dazu machen Sie im Pop-up-Fenster im Reiter URLs ÄNDERN die nötigen Angaben. Ebenso können Sie über den Reiter ANFÜGEN an beliebigen Stellen Textbausteine anfügen.

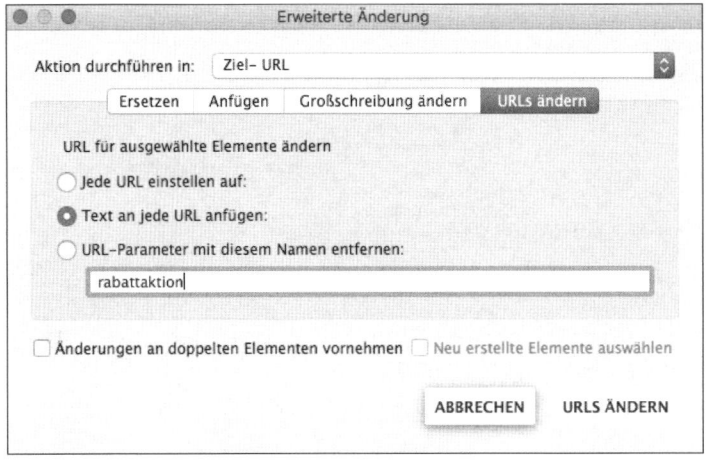

Abbildung 9.30 Erweitern der angezeigten URL

11. Aufspüren doppelter Keywords

Ein wichtiges Tool, das in Ihrem AdWords-Konto nicht verfügbar ist, nennt sich IDENTISCHE KEYWORDS SUCHEN (siehe Abbildung 9.31). Im Editor können einzelne Kampagnen oder auch Ihr komplettes Konto nach doppelten Keywords durchsucht werden.

Doppelte Keywords sind ein Problem, falls sie als Konkurrenten in Ihrem Konto in gleichen Zielregionen auftreten. Denn aus einem AdWords-Konto heraus wird zu einem Keyword immer nur eine Anzeige geschaltet. Falls Sie doppelte Keywords in Ihrem Konto haben, so löst nur ein Keyword eine Anzeige aus! Aber Sie können nicht bestimmen bzw. vorhersehen, welches der doppelten Keywords die Anzeigenschaltung auslöst. Somit wird Ihre AdWords-Werbung zum Teil nicht vorhersehbar bzw. nicht steuerbar.

Diese Konflikte können Sie jedoch mit dem Tool aus dem AdWords Editor aufspüren und bei Bedarf beheben. Sie starten das Tool im Editor, indem Sie am oberen Bildschirmrand in der Taskleiste TOOLS ❶ aufrufen und aus der Dropdown-Liste den Unterpunkt IDENTISCHE KEYWORDS SUCHEN ... ❷ auswählen.

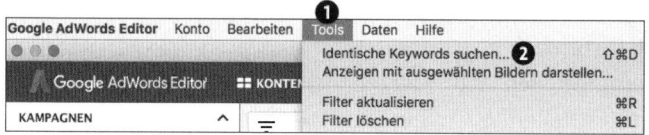

Abbildung 9.31 Die Funktion zur Suche identischer Keywords aufrufen

Danach können Sie in einem neuen Fenster (siehe Abbildung 9.32) im linken Menü ❶ bestimmen, ob das ganze Konto oder nur ausgewählte Kampagnen durchsucht werden sollen.

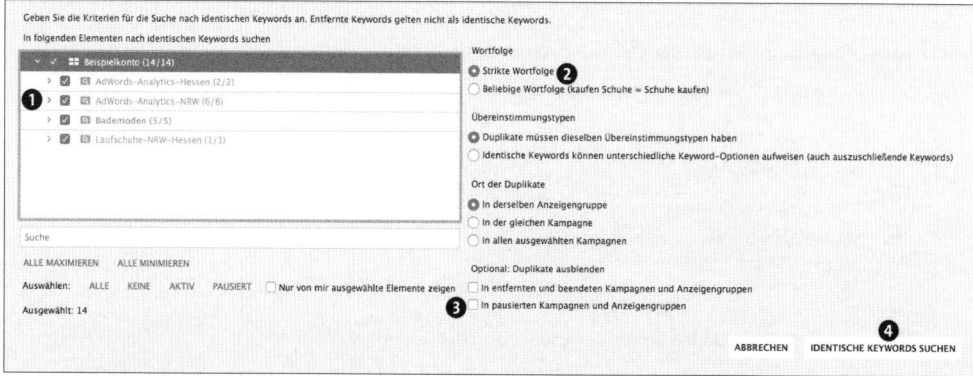

Abbildung 9.32 Auswahl der Kampagnen und Filtereinstellungen

Auf der rechten Seite können Sie verschiedene Suchbedingungen wie zum Beispiel STRIKTE WORTFOLGE ❷ festlegen. Sie können auch bestimmen, ob pausierende Kampagnen bzw. Anzeigengruppen ❸ in die Suche einbezogen werden oder nicht. Nach den Einstellungen klicken Sie auf den Button IDENTISCHE KEYWORDS SUCHEN ❹ und erhalten als Ergebnis eine entsprechende Liste mit Duplikaten, falls doppelte Keywords vorhanden sind.

Wir haben Ihnen hier eine kleine Auswahl an wichtigen Funktionen vorgestellt, die der AdWords Editor zu bieten hat. Falls bestimmte Möglichkeiten des Editors interessant sind oder Sie sich offline in einer Gruppe austauschen möchten, dann sollten Sie auf jeden Fall den AdWords Editor einmal testen. Beachten Sie dabei, dass der AdWords Editor genau wie das AdWords-Backend ständig neue Funktionen erhält. Dabei läuft der Editor den Entwicklungen des AdWords-Online-Tools immer etwas hinterher.

9.3.3   Stirbt der AdWords Editor?

Viele Funktionen, die der AdWords Editor bereithält, sind mittlerweile auch schon online im Backend von Google AdWords enthalten. So können Sie im Gegensatz zu den Anfangszeiten von AdWords jetzt im Konto Ihre Kampagnen, Anzeigengruppen, Keywords und Anzeigentexte ganz einfach kopieren und an anderer Stelle wieder einfügen. Außerdem ist es möglich, durch »Suchen und Ersetzen« Textbausteine zu verändern. Auch ein Hinzufügen von zusätzlichen Texten an verschiedenen Stellen ist möglich. Diese Funktionen waren früher ein starkes Argument für den Editor.

Da diese zusätzlichen Möglichkeiten Schritt für Schritt dem Backend hinzugefügt wurden, gibt es einige AdWords-Administratoren, die vermuten, dass die Tage des AdWords Editors gezählt sind. Aktuell sind dies jedoch nur Spekulationen und es gibt keine Ankündigung von Google, das AdWords-Editor-Projekt einzustellen. Als Offline-Ergänzung und vor allem für die Zusammenarbeit verschiedener Administratoren ist das Tool auf jeden Fall eine sinnvolle Sache.

Im Alltag müssen Sie je nach Situation entscheiden, ob Sie den zunächst längeren Weg gehen, also einmal den aktuellen Stand des Kontos in den Editor herunterladen, die Änderungen durchführen und das Ganze wieder per Upload ins Konto verschieben. Alternativ können Sie viele Änderungen direkt im Konto durchführen. Die Arbeit mit dem Editor ist jedoch vor allem dann sinnvoll, wenn sehr viele Änderungen anstehen – und natürlich für die beschriebenen Aufgaben, die noch nicht online im Backend gelöst werden können. Dazu zählen zum Beispiel das Aufspüren doppelter Keywords im AdWords-Konto sowie der Austausch ganzer Kampagnen zwischen verschiedenen Konten.

9.4 Conversions maximieren

Die Funktion CONVERSIONS MAXIMIEREN können Sie in den Kampagneneinstellungen beim Unterpunkt GEBOTE • GEBOTSSTRATEGIE AUSWÄHLEN aktivieren (siehe Abbildung 9.33). Das Tool ist also bereits im AdWords-Konto als automatische Funktion enthalten und kann nur aktiviert oder deaktiviert werden.

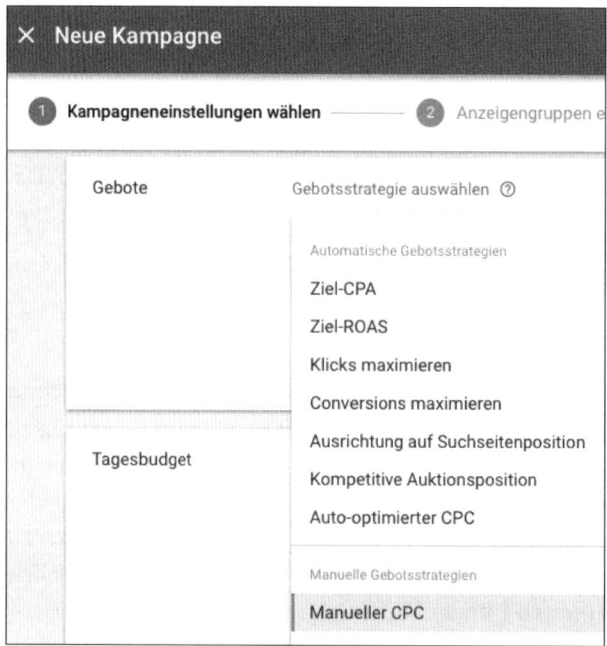

Abbildung 9.33 Conversions maximieren als Gebotsstrategie

Das Conversion-Optimierungstool soll Ihnen dabei helfen, für Ihre festgelegten (Cost-per-Acquisition-)Ziele besonders viele Conversions zu erzielen. Dies funktioniert jedoch nur zufriedenstellend, falls Sie wenige Makro-Conversions bestimmt haben, die Ihnen auch Kunden bringen.

Zusätzlich müssen laufend genügend Conversions erzielt werden, denn das Conversion-Optimierungstool ist nur so gut wie die zugrunde liegenden Daten. Als Minimum müssen 15 Conversion in den letzten 30 Tagen vorliegen, ansonsten lässt sich CONVERSIONS MAXIMIEREN nicht aktivieren. Nachdem das Tool aktiviert wurde, ermittelt es anhand der bisherigen Leistungen Ihrer Kampagne bei jeder Anzeigenschaltung automatisch das entsprechende optimale CPC-Gebot, um weitere Conversions bei geringen Kosten zu erzielen.

Was bedeutet Cost-per-Acquisition?

Cost-per-Acquisition (*CPA*) in AdWords sind die Kosten, die Sie durch Ihre Werbung investieren, um eine Conversion zu generieren. Die Akquise wird also mit dem Erreichen eines Ziels gleichgesetzt. Darum ist es wichtig, dass Sie hauptsächlich Ihre wichtigsten Ziele, also die sogenannten Makro-Conversions dem AdWords-System bereitstellen. Eine Bestellung, eine Buchung, ein Auftrag etc. wären jeweils solche Marko-Conversions. Bei AdWords wird zwischen *Ziel-CPA* und *Maximalem CPA* unterschieden. Dabei steht der Ziel-CPA für den durchschnittlichen Betrag, den Sie für eine Conversion zu zahlen bereit sind, während der Höchstbetrag, den Sie für eine Conversion ausgeben möchten, als Maximaler CPA bezeichnet wird.

9.5 Optimierungstool für Displaynetzwerk-Kampagnen

Das *Optimierungstool für Displaynetzwerk-Kampagnen* funktioniert ähnlich wie das Conversion-Optimierungstool. Bei diesem Tool werden jedoch die Ausrichtung und Gebotsfestlegung für die Kampagnen im Google Displaynetzwerk verwaltet, damit diese zu mehr Conversions führen. Um das Optimierungstool für Displaynetzwerk-Kampagnen zu nutzen, legen Sie einfach Ihren gewünschten Cost-per-Acquisition (CPA) fest. Danach ermittelt das Tool für Sie automatisch die besten Placements, um Ihre Conversions, basierend auf Ihren CPA-Zielen, zu steigern.

Dieses Tool ist jedoch derzeit (Stand: Dezember 2017) nur für eine kleine Gruppe von Werbetreibenden verfügbar. Überprüfen Sie, ob unter den Kampagneneinstellungen ein Link AUTOMATISCHE KAMPAGNENOPTIMIERUNG angezeigt wird. Falls Sie ihn sehen, ist das Tool für Ihr Konto freigeschaltet.

9.6 AdWords-Kampagnentests

Mithilfe der AdWords-Kampagnentests können Sie Änderungen an Ihrem Konto für ausgewählte Elemente testen. Die Tests werden live im Wechsel mit den Standardeinstellungen durchgeführt. Die Kampagnentests werden wir in Abschnitt 13.4.3 noch näher beschreiben.

9.7 AdWords-Shortcuts

Ähnlich wie im AdWords Editor können Sie auch in der Online-Version des AdWords-Kontos mit Shortcuts arbeiten, um Zeit zu sparen. Abbildung 9.34 zeigt Ihnen die gängigsten Tastenkombinationen.

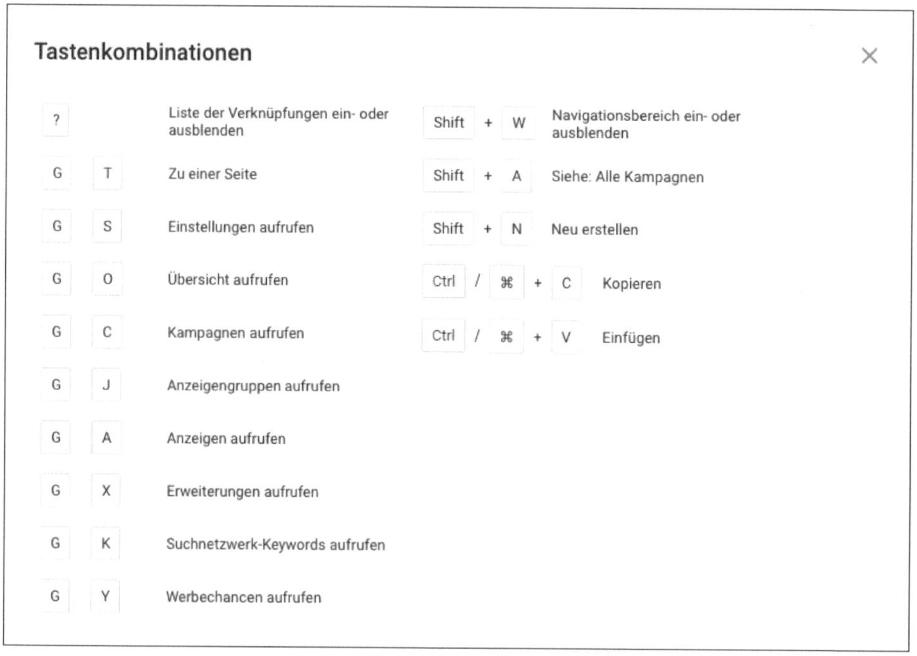

?		Liste der Verknüpfungen ein- oder ausblenden	Shift	+	W	Navigationsbereich ein- oder ausblenden
G	T	Zu einer Seite	Shift	+	A	Siehe: Alle Kampagnen
G	S	Einstellungen aufrufen	Shift	+	N	Neu erstellen
G	O	Übersicht aufrufen	Ctrl / ⌘	+	C	Kopieren
G	C	Kampagnen aufrufen	Ctrl / ⌘	+	V	Einfügen
G	J	Anzeigengruppen aufrufen				
G	A	Anzeigen aufrufen				
G	X	Erweiterungen aufrufen				
G	K	Suchnetzwerk-Keywords aufrufen				
G	Y	Werbechancen aufrufen				

Abbildung 9.34 Tastenkombinationen für Shortcuts im AdWords-Konto

9.8   Fazit

Dieses Kapitel hat Ihnen einen Überblick über die verschiedenen Tools vermittelt, die zum jetzigen Zeitpunkt (Stand: Dezember 2017) für Google AdWords verfügbar sind. Neben den Tools, die als eigenständiger Unterpunkt im AdWords-Konto aufgeführt sind, kennen Sie nun auch die Tools, die quasi im Verborgenen wirken und bei Bedarf nur aktiviert werden müssen. Mit dem AdWords Editor haben wir Ihnen auch ein Google-Tool vorgestellt, mit dem Sie offline Ihre AdWords-Kampagnen bearbeiten und optimieren können. Schauen Sie sich die verschiedenen vorgestellten Tools an, und nutzen Sie sie bei Bedarf, um sich die Arbeit zu erleichtern und Zeit zu sparen.

Klickpreise: Teuer ist nicht gleich besser

Top-Positionen in den Google-Suchergebnissen sind je nach Branche verhältnismäßig teuer und oftmals gar nicht unbedingt erstrebenswert. Denn häufig können hier reine Informationsanfragen zu Klicks führen, während es bei den Positionen darunter – vor allem in der AdWords-Anzeige direkt oberhalb des ersten organischen Suchresultats – durchaus eher Kaufinteressenten sein können: Diejenigen, die hier klicken, haben sich die Ergebnisse oft genauer angeschaut, sind also spezifischerer Traffic.

Eine gute Möglichkeit, um Kosten zu senken, besteht darin, die Liste der auszuschlie-ßenden Keywords kontinuierlich zu pflegen und zu ergänzen. Neben Begriffen, zu denen Ihre Anzeige nicht erscheinen soll, gehören auch Tippfehler zu diesen Keywords auf diese Liste, denn die Google-Suche hat eine hohe Fehlertoleranz. Das bedeutet, dass im Positivfall auch bei Tippfehlern meist das richtige Ergebnis ange-zeigt wird. Allerdings funktioniert das im Negativfall eben nicht. Das heißt, ein aus-zuschließendes Keyword wird nur dann berücksichtigt, wenn die Schreibweise exakt identisch ist. Ansonsten wird die Anzeige trotz gesetzter Ausschlusskriterien ausge-spielt.

An einem Beispiel erklärt: Wenn Sie als auszuschließendes Keyword »Rollschuhe« in Ihrer Liste haben, wird Ihre Anzeige bei der Eingabe von »Rolschuhe« oder »Roll-schue« dennoch ausgespielt. Um das zu vermeiden, lohnt es sich, die Liste der auszu-schließenden Keywords um mögliche Tippfehler zu ergänzen. Hierzu hilft Ihnen der *Keyword Typo Generator* von Seobook (*http://tools.seobook.com/spelling/keywords-typos.cgi*), der auf Knopfdruck eine Vielzahl an möglichen Tippfehlern generiert.

9.9   Checkliste

Sind Sie mit den Tools im AdWords-Konto vertraut? Folgende Tools sollten Sie kennen:

Wichtige Tools im AdWords-Konto	Bekannt (✓)
Änderungsverlauf	
Keyword-Planer	
Anzeigenvorschau und -diagnose	
Attribution für Suchnetzwerk	
AdWords Editor	
Conversions maximieren	
Optimierungstool für Displaynetzwerk-Kampagnen	
AdWords-Kampagnentests	

Tabelle 9.1 Checkliste zu den wichtigsten Tools im AdWords-Konto

Kapitel 10
Reporting und Conversion-Tracking

Ohne Controlling sind Sie blind! Eine schöne Eigenschaft des Online-Marketings ist die Möglichkeit, die Strategien und getroffenen Entscheidung schnell und einfach kontrollieren zu können. Werden die gewählten Keywords auch gesucht? Welche Anzeigen funktionieren besser? Und vor allem: Werden die gesteckten Ziele auch erreicht?

Conversion-Tracking ist ein Muss bei der Schaltung von AdWords-Anzeigen, denn ohne Conversion-Tracking können Sie keine Aussage über den Erfolg Ihrer AdWords-Werbung machen. Zum Controlling gehören aber auch Berichte, die Ihnen zeigen, was gesucht wurde, auf welchen Geräten Ihre potenziellen Kunden über Google suchen, wo und zu welchen Zeiten diese hauptsächlich im Netz unterwegs sind. Zur Beantwortung dieser und weiterer Fragen müssen Sie die Daten zu Ihren AdWords-Kampagnen mit Berichten erfassen und dann analysieren.

In diesem Kapitel zeigen wir Ihnen zum einen, welche Informationen Sie zum Conversion-Tracking erhalten, und zum anderen, welche wichtigen Kennzahlen Sie mithilfe der Berichtsfunktionen zusammenstellen können. Im AdWords-Konto besteht die Möglichkeit, Daten auf allen Ebenen wie Kampagnen, Anzeigengruppen, Keywords und den Anzeigen zu erfassen. Dabei gibt es unzählige Informationen, die Sie abrufen können. Es macht jedoch Sinn, sich auf das Wichtigste zu beschränken und lieber verschiedene, übersichtliche Spezialberichte zu erstellen, als alle Informationen in einen Bericht zu packen, der dann schnell unübersichtlich wird. Wir haben einige Tipps und Beispiele für Sie zusammengestellt.

Der Online-Marketingprozess mit AdWords-Anzeigen besteht aus drei grundlegenden Schritten:

1. Planung der Marketingkampagnen mit Zielvorgaben, Keyword-Recherche und Targeting-Ideen
2. Aufsetzen der AdWords-Kampagnen anhand der Vorgaben
3. Controlling durch Datenerfassung und Erfolgsmessung

Dieses Kapitel befasst sich also mit dem dritten Punkt. Anhand der eingehenden Daten können die Erfolge oder Misserfolge gemessen werden. Natürlich endet der

Prozess hier nicht. Die Berichte und Statistiken bieten Ihnen fast immer neue Ansatzpunkte für die nächsten Optimierungsschritte.

10.1   Messen Sie Ihren Erfolg mit Conversion-Tracking

Vergessen Sie auf keinen Fall Ihre Ziele! Conversion-Tracking ist der wichtigste Parameter bei der Auswertung Ihrer AdWords-Kampagnen. Mit dem Conversion-Tracking messen Sie, ob Ihre Werbekampagnen auch das erreichen, wofür sie angelegt worden sind. Bei einer Conversion wird aus einem Besucher ein Interessent oder sogar ein Kunde. Wurde die Conversion erreicht, so löst der integrierte Google-Code (AdWords-Conversion-Code oder Google-Analytics-Code) eine Rückmeldung an das AdWords-System aus.

Somit kann nachvollzogen werden, welche Anzeige, welches Keyword etc. die Conversion ausgelöst hat. Sie als AdWords-Manager können dann aufgrund dieser Informationen entscheiden, welche Keywords besonders wichtig sind, welche Anzeigen Kunden generieren und in welche Anzeigengruppe, in welcher Kampagne das meiste Potenzial zur Erreichung der Werbeziele steckt – und natürlich auch, welche Keywords, Anzeigentext etc. nicht funktionieren.

Darum noch einmal der Hinweis: Conversions sind extrem wichtig. Leider ist es in der Praxis jedoch oft so, dass in vielen AdWords-Konten die Conversions nicht gemessen werden. Sie sollten es jedoch besser machen und bereits beim Aufsetzen der AdWords-Kampagnen Ihre Ziele definieren und überlegen, durch welche Messung Sie diese kontrollieren können.

10.2   Conversion-Tracking in AdWords einrichten

Wie Sie das Conversion-Tracking einrichten, haben wir in Abschnitt 2.6.4 bereits erläutert. Grundsätzlich gibt es drei Möglichkeiten, die Conversion für Ihre AdWords-Kampagnen aufzusetzen:

1. Sie erstellen einen Code in Google AdWords.
2. Sie erstellen Ziele in Google Analytics, die Sie danach in Ihr AdWords-Konto importieren.
3. Sie laden Conversions in AdWords hoch.

Die dritte Möglichkeit ist für Conversions interessant, die nicht online über JavaScript gemessen werden können, sondern offline erfasst werden. Die Herausforderung bei dieser Methode besteht darin, den Klick auf die AdWords-Anzeige mit den entsprechenden Kundendaten zu verbinden. Dies funktioniert z. B., indem ein ausgefülltes Anfrageformular oder ein generierter Rabatt-Code auf der Webseite mit der

Google-Click-ID (GCLID) aus der AdWords-Anzeige verknüpft wird. Wird dann der Rabatt-Code offline im Geschäft vorgelegt, so kann er mit der Google-Click-ID und somit folglich auch mit Ihren AdWords-Kampagnen, Anzeigengruppen, Keywords und Anzeigentexten verknüpft werden. Auf diese Weise kann ein Offline-Einkauf einer AdWords-Anzeige zugeordnet werden. Die Daten werden also in das AdWords-Konto hochgeladen und erscheinen in der Statistik als Conversions.

Bitte beachten Sie, dass Sie immer zwischen Mikro- und Makro-Conversions unterscheiden können. Die Makro-Conversions sind die wichtigsten Ziele: Mit ihnen werden Bestellungen, Kundenanfragen, Kundendaten etc. gemessen. Mikro-Conversions sind auch wichtig, denn mit diesen Conversions können Sie das Verhalten potenzieller Kunden auf Ihrer Website messen, um so abzuschätzen, ob ein grundsätzliches Interesse besteht. Beachten Sie jedoch, dass bei den Mikro-Conversions noch kein zählbares Ergebnis entsteht, das zum Geschäftserfolg beiträgt. Trotzdem sind diese Conversions auch wichtig. Denken Sie immer daran: Es ist besser, Mikro-Conversions zu messen als gar keine Conversions!

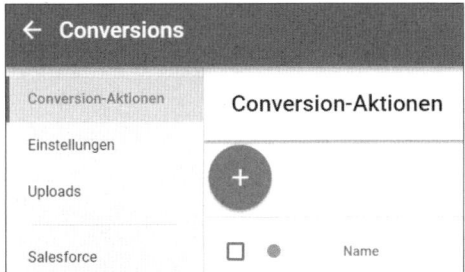

Abbildung 10.1 Conversion in AdWords erstellen oder hochladen

Nachdem Sie den Conversion-Code erstellt und eingebaut haben und die ersten Ziele erreicht wurden, sollten Sie auch die entsprechenden Conversion-Spalten in Ihre AdWords-Berichte aufnehmen, um die Ergebnisse zu dokumentieren. Dabei können Sie die Conversions aus verschiedenen Blickwinkeln und in den unterschiedlichen Ebenen analysieren. Auf Kampagnenebene können Sie z. B. Conversions und die Conversion-Rate hinzufügen, um zunächst in der Übersicht die Erfolge der einzelnen Kampagnen zu vergleichen. Falls Sie Ihre Kampagnen nach Ländern aufgeteilt haben, können Sie auf dieser Ebene kontrollieren, ob Ihre AdWords-Werbung z. B. in Deutschland, Österreich und der Schweiz vergleichbare Conversion-Raten erzielt oder ob es länderspezifische Unterschiede gibt. Haben Sie Ihre Kampagnen nach wichtigen Produktgruppen aufgeteilt, so könnten Sie anhand der Conversions die Erfolge der einzelnen Produkte vergleichen.

Je nach Aufteilung der Kampagnen fallen Ihnen sicher noch weitere Möglichkeiten ein, wie die Conversions bereits auf der obersten Ebene erste Hinweise über Erfolg oder Misserfolg geben können. Die gewünschten Informationen fügen Sie Ihren Berichten hinzu, indem Sie zunächst auf das Icon für die Berichtsspalten klicken und danach auf den Unterpunkt SPALTEN ANPASSEN. Ein Klick auf die Kategorie CONVERSIONS (siehe Abbildung 10.1) öffnet eine Liste mit den verfügbaren Spalten zu diesem Thema (siehe Abbildung 10.2).

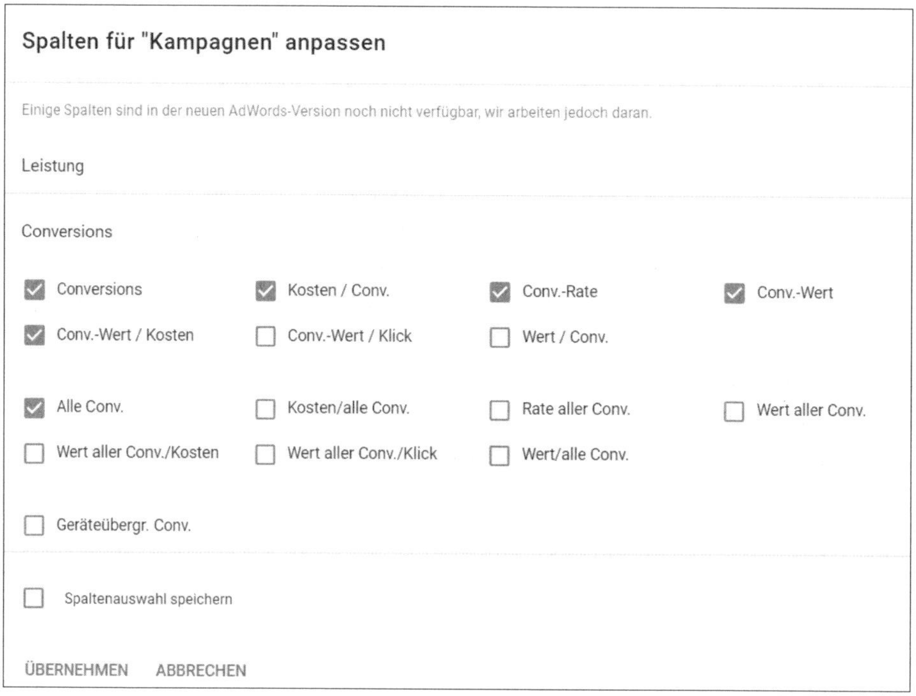

Abbildung 10.2 Daten zu Conversions in den AdWords-Berichten

Es gibt ca. 15 unterschiedliche Spalten zum Thema Conversions, die Sie zunächst einmal – in Hinblick auf die Übersichtlichkeit – nicht alle in einem Bericht einfügen sollten. Hinzu kommt, dass manche Spalten nur einen Sinn ergeben, wenn sie auch nützliche Daten enthalten. Spalten mit dem Bezug zum Conversion-Wert sind beispielsweise nur sinnvoll, falls Sie einer Conversion auch einen realistischen Wert zuordnen können.

Weitere Informationen zu den einzelnen Berichtsspalten erhalten Sie, wenn Sie bei der Auswahl einfach mit der Maus über die Spaltenbezeichnung fahren. Im Bericht selbst ziehen Sie den Mauszeiger ebenfalls einfach über die jeweilige Bezeichnung im Tabellenkopf. Wir stellen Ihnen hier nun vier wichtige Berichtsspalten vor, die auch in der Praxis öfter zum Einsatz kommen:

1. **Conversions**

   Diese Spalte zeigt vereinfacht gesagt an, wie viele Kunden Sie generiert haben. Genau genommen erfahren Sie, wie viele Webseitenbesucher über die AdWords-

Werbung kamen und eine Conversion-Aktion ausführten. Mit Conversions sind hier wichtige, sogenannte Makro-Conversions gemeint. Dazu müssen Sie, wenn Sie die Conversion anlegen, im AdWords-Konto die Checkbox IN "CONVERSIONS" EINBEZIEHEN aktivieren. Bitte beachten Sie, dass der Conversion-Tracking-Zeitraum üblicherweise 30 Tage beträgt. Eine Conversion wird also innerhalb der 30 Tage gezählt, nachdem auf die AdWords-Anzeige geklickt wurde. Danach wird die gleiche Person aus Conversion-Sicht als neuer Kunde betrachtet.

2. **Alle Conv.**

   Diese Spalte zählt alle Conversions auf. Hier werden auch Mikro-Conversions mitgezählt, also Conversions, die weniger wichtig sind.

»Conversions« versus »Alle Conversions«

Die Unterscheidung zwischen *Conversions* und *allen Conversions* treffen Sie, wenn Sie eine neue Conversion einrichten. Jede Conversion, die Sie im AdWords-Konto anlegen oder zum Beispiel aus Ihrem Analytics-Konto importieren, wird zunächst einmal als Conversion registriert und unter ALLE CONV. angezeigt. Wenn eine Conversion für Sie sehr wichtig ist, z. B. eine Bestellung oder eine Kundenanfrage, dann aktivieren Sie die Checkbox bei den Conversion-Einstellungen unter IN "CONVERSIONS" EINBEZIEHEN. Diese Aktionen werden dann unter CONVERSIONS noch einmal gesondert aufgelistet.

---

3. **Conv.-Rate**

   Die Conversion-Rate ist mit der CTR der Klicks vergleichbar. Hier wird nun jedoch berechnet, wie viele Klicks auf Ihre AdWords-Werbung am Ende zu einer Conversion geführt haben. Wenn von 100 Besuchern, die über eine AdWords-Anzeige auf Ihre Webseite gelangen, 5 Conversions erzielt werden, dann haben Sie also eine Conversion-Rate von 5 %.

4. **Conv.-Wert**

   Der Conversion-Wert gibt den Wert aller Conversions an, z. B. der jeweiligen Kampagne. Dafür müssen Sie jedoch beim Anlegen einer Conversion den Wert bestimmen. Dabei können Sie den Wert pro Conversion selbst festlegen, indem Sie zum Beispiel den Durchschnittswert einer Seminarbuchung als Conversion-Wert für eine Seminaranmeldung nehmen. Sie können aber auch über die Programmierung den echten Wert einer Bestellung auslesen und übergeben.

Das Beispiel aus Abbildung 10.3 zeigt, wie eine spezielle Conversion-Statistik auf Kampagnenebene aussehen kann. Hierbei werden die Leistungen von drei verschiedenen Kampagnen verglichen. Dabei sind die Kampagnen 1 und 2 vom Typ Suchnetzwerk, während die dritte eine Displaynetzwerk-Kampagne ist. Diesen Vergleich würde man in der Praxis eher mit Kampagnen vom gleichen Typ durchführen. Wie bereits beschrieben, würde man dann dabei noch unterschiedliche Zielregionen oder

Produkte vergleichen. Unser Beispiel zeigt erwartungsgemäß, dass die Conversion-Rate bei der Displaynetzwerk-Kampagne viel schlechter ist als bei den Kampagnen mit Beteiligung des Suchnetzwerkes. Dies ist durch das unterschiedliche Such- und Surfverhalten zu erklären. Kampagnen im Suchnetzwerk liefern eher interessierte Besucher, die vorher bewusst nach Firmen, Marken, Produkten, Dienstleistungen oder Lösungen gesucht haben.

Kampagne ↑	Impr.	Klicks	CTR	Conv.-Rate	Conversions	Alle Conv.
Kampagne 1	4.557	537	11,78 %	4,84 %	26,00	227,00
Kampagne 2	25.604	1.797	7,02 %	4,12 %	74,00	748,00
Display	91.926	181	0,20 %	1,66 %	3,00	40,00

Abbildung 10.3 Verschiedene Daten zu Conversions auf Kampagnenebene

Wenn Sie das Conversion-Tracking für Ihre AdWords-Kampagnen nutzen, so sollten Sie auch die folgenden Spalten (siehe auch Abbildung 10.4) mit interessanten Conversion-Daten kennen und Ihren Leistungsberichten hinzufügen:

▶ KOSTEN/CONV.
Diese Spalte zeigt, wie viel Sie durchschnittlich für eine Conversion bezahlt haben. Dazu werden die Gesamtkosten der AdWords-Werbung durch die gesamten Conversions geteilt. Beachten Sie, dass mit Conversions die sogenannten Makro-Conversions gemeint sind. An diesem Wert können Sie dann erkennen, ob Ihre Werbung noch rentabel ist. Müssen Sie z. B. 100 € für einen neuen Kunden ausgeben, der eine Schulung für 150 € bucht, dann ist dies sicher auf Dauer nicht rentabel. Bestellt ein Kunde im Schnitt jedoch Produkte für 5.000 €, dann könnten die hohen Conversion-Kosten trotzdem noch eine lohnende Investition sein.

▶ WERT/CONV.
Beim Wert pro Conversion wird der Gesamtwert aller Conversions durch die Gesamtanzahl an Conversions geteilt. Sie wissen also, welchen monetären Gegenwert eine Conversion im Schnitt hat.

▶ CONV.-WERT/KOSTEN
Mit diesem Wert können Sie den Return on Investment abschätzen. Hier wird der Gesamtwert, den die Conversions erzielt haben, durch die Gesamtkosten aller Anzeigeninteraktionen geteilt, die zu einer Conversion führen können. Dazu muss natürlich wieder der Wert einer Conversion bekannt sein und gemessen werden.

Bitte beachten Sie wieder die Unterscheidung zwischen *Conversion* und *Alle Conversions*. Die vorgestellten Spalten gibt es auch jeweils mit der Bezeichnung ALLE CONV.; in diesem Fall werden dann auch die Mikro-Conversions bei der Berechnung der Leistungsdaten berücksichtigt.

Abbildung 10.4 Liste mit Spalten für Conversion-Kennzahlen

10.3   Weitere wichtige Kennzahlen

Neben den Conversions gibt es weitere wichtige Kennzahlen, die Sie sich auf den verschiedenen Ebenen anzeigen lassen können. Die drei wichtigsten Leistungskennzahlen neben den Conversions sind:

- Impr. (Impressionen)
- Klicks
- CTR (Click-Through-Rate)

Dabei gibt die CTR das Verhältnis zwischen Impressionen und Klicks an. Als Prozentzahl zeigt die CTR, wie viele Google-Nutzer bei 100 Werbeeinblendungen auf die jeweilige Anzeige geklickt haben bzw. wie oft ein Keyword einen Klick ausgelöst hat.

Neben diesen Hauptkennzahlen gibt es jedoch noch weitere interessante Kennzahlen, zum Beispiel an welcher durchschnittlichen Position eine Anzeige ausgeliefert wurde oder wie viel Prozent der möglichen Impressionen mit der Anzeige erreicht wurden. Wichtig sind natürlich auch die Kosten, zum einen pro Klick und zum anderen auch die Gesamtkosten pro Anzeigengruppe oder Kampagne.

Auf den unterschiedlichen Ebenen eines AdWords-Kontos sind auch unterschiedliche Kennzahlen wichtig. Wir können jedoch nicht grundsätzlich sagen, welche Daten für jeden AdWords-Nutzer interessant sind. Dies hängt zu sehr von der Art der Kampagne und der jeweiligen Strategie ab. Daher stellen wir Ihnen in den folgenden Abschnitten eine Auswahl interessanter Spalten vor. Nutzen Sie diese Anregungen, um sich Ihre individuellen Kampagnenberichte zusammenzustellen.

10.3.1   Wichtige Kennzahlen auf Kampagnenebene

Es gibt ganz viele Kennzahlen, die Sie auf Kampagnenebene analysieren können. Diese Ebene sollte Ihnen jedoch zunächst einen Überblick zur grundsätzlichen Performance Ihrer AdWords-Werbung bieten. Neben den Standardleistungswerten gibt es für jeden Kampagnenmanager eigene Kennzahlen, die wichtig bzw. in der jeweiligen Situation von Bedeutung sind. Dies bedeutet auch, dass am Anfang einer Werbekampagne andere Zahlen interessanter sein können, als dies im weiteren Verlauf der Fall ist.

Außerdem kann es sein, dass Vorgesetzte oder Kunden spezielle Fragestellungen haben, die mit passenden Kennzahlen zu beantworten sind. Darum gibt es für unterschiedliche Situationen auch unterschiedliche Berichte, die mit entsprechenden Daten zusammengesetzt werden. Es macht jedoch keinen Sinn, zu viele Kennzahlen in einen Bericht zu packen, weil dann diese Statistik zu unübersichtlich wird. Da es je nach Bedarf unterschiedliche Spalten gibt, die interessant sind, sollten Sie sich verschiedene Berichtstemplates zusammenstellen und abspeichern. So können Sie immer einfach auf die Templates zugreifen, ohne mühsam wieder die einzelnen Spalten hinzuzufügen bzw. andere Spalten zu entfernen.

Die folgenden Beispiele sind Anregungen zu Aspekten, die Sie aus den verschiedenen Ebenen analysieren können. So sollten Sie sich auf Kampagnenebene von Zeit zu Zeit einmal die Anzahl der ungültigen Klicks ❶ inklusive der Klickrate an ungültigen Klicks ❷ anschauen (siehe Abbildung 10.5). Die ungültigen Klicks sind zunächst nichts, was Sie beunruhigen sollte, da sie normalerweise während einer Recherche entstehen. Einen Klick bezeichnet Google dann als ungültig, wenn während einer Session derselbe Google-User mehrmals über einen Anzeigenklick auf Ihre Webseite gelangt. Diese Klicks werden übrigens direkt abgezogen und erzeugen keine Kosten.

Eine ungültige Klickrate bis durchschnittlich 10 % ist noch als normal einzustufen. Finden Sie in Ihrer Statistik jedoch sehr hohe Klickraten an ungültigen Klicks von 50 % und mehr, so könnte dies als erstes Anzeichen auf ein aus finanzieller Sicht unschädliches, aber bewusstes Klicken Ihrer AdWords-Anzeigen hindeuten. Diese Vorgänge sollten Sie im Auge behalten und mithilfe Ihres Administrators die IP-

Adressen ermitteln, von denen häufiger auf Ihre Anzeige geklickt wurde. Alle Versuche von bewusstem Klickbetrug sollten Google gemeldet werden. Unter dieser Adresse finden Sie Informationen zum weiteren Vorgehen:

https://www.google.de/ads/adtrafficquality/advertisers/click-investigation-request.html

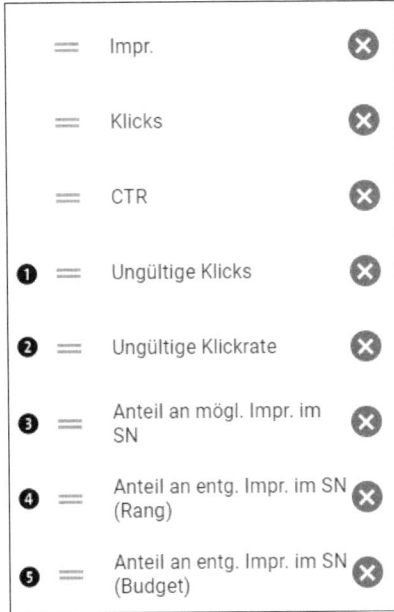

Abbildung 10.5 Spalten auf Kampagnenebene inklusive der Spalten zu ungültigen Klicks und dem Anteil an Impressionen

Möchten Sie erfahren, wie groß der Anteil Ihrer Werbeschaltung an der Gesamtheit der Anfragen im Suchnetzwerk ist und welche Gründe dafür verantwortlich sind, dass Ihr Anteil an der Gesamtnachfrage geringer ist, so sollten Sie folgende drei Spalten in Ihren Kampagnenbericht aufnehmen:

▶ Anteil an möglichen Impressionen im Suchnetzwerk ❸

▶ Anteil an entgangenen Impressionen im Suchnetzwerk (Rang) ❹

▶ Anteil an entgangenen Impressionen im Suchnetzwerk (Budget) ❺

Wir haben die vorgestellten Spalten in einem Kampagnenbericht aktiviert und schauen nun einmal auf die Statistik für zwei Beispielkampagnen (siehe Abbildung 10.6). Beide Kampagnen besitzen eine ungültige Klickrate von unter 3 % ❶. Bei diesen Kampagnen besteht also kein Grund zur Sorge. Wenn wir uns nun im nächsten Schritt anschauen, wie oft die Kampagnen zu ihren jeweiligen Keyword-Anfragen »geschaltet« wurden, so sehen auch diese Kennzahlen sehr gut aus. Die Anteile an Impressionen im Suchnetzwerk liegen bei der einen Kampagne bei fast 100 % ❷. Die

Anzeigen wurden also bei den vorgegebenen Keywords dieser Kampagnen nahezu bei jeder Suchanfrage geschaltet. Bei der zweiten Kampagne liegt der Anteil der möglichen Impressionen immer noch bei guten 67 % ❸.

Falls Sie den Anteil, der nicht ausgespielt wurde, noch tiefergehender analysieren möchten, so müssen Sie sich den Anteil der entgangenen Impressionen anschauen. Dieser ist aufgeteilt in den Anteil, der aufgrund eines zu niedrigen Rankings keine Impressionen ❺ erzeugt hat, und den Anteil, der aufgrund eines zu niedrigen Budgets ❹ nicht ausgespielt wurde. In unserem Beispiel ist das Budget bei beiden Kampagnen eigentlich kein Problem, d. h., es war immer genügend Budget vorhanden, um die Anzeigen zu den Keywords ausspielen zu können. Ein zu niedriges Ranking ❺ war jedoch bei der zweiten Kampagne der ausschlaggebende Grund für die verpassten Werbeeinblendungen.

Falls Sie ebenfalls Kampagnen besitzen, die Impressionen aufgrund eines zu niedrigen Rankings verpassen, so sollten Sie zunächst Ihre Keywords analysieren. Vielleicht gibt es eine bestimmte Gruppe von Keywords, die ständig zu niedrige Rankings besitzen. Meistens müssen dann Keywords entfernt werden, die zu allgemein sind oder nicht zur Textanzeige passen. Im nächsten Schritt sollten Sie das CPC-Gebot für Ihre wichtigsten Keywords erhöhen, die jedoch ein schlechtes Ranking besitzen. Bei dieser Maßnahme müssen Sie jedoch stets die Rentabilität Ihrer Keywords beachten. Setzen Sie sich eine Obergrenze für Ihren Klickpreis. Wird ein wichtiges Keywords zu teuer, so muss auch dieses kurzfristig entfernt bzw. deaktiviert werden. Langfristig sollten Sie natürlich immer auf die Optimierung setzen. Weitere Informationen zur Optimierung finden Sie in Kapitel 12, »AdWords optimieren«.

Impr.	Klicks	CTR	Ungültige Klicks	Ungültige Klickrate	Anteil an mögl. Impr. im SN	Anteil an entg. Impr. im SN (Budget)	Anteil an entg. Impr. im SN (Rang)
3.845	344	8,95 %	5	1,43 % ❶ ❷	99,82 %	0,00 %	0,18 %
51.077	1.664	3,26 %	46	2,69 % ❸	67,49 %	❹ 0,73 %	❺ 31,78 %

Abbildung 10.6 Beispieldaten zu ungültigen Klicks und Anteil an Impressionen

10.3.2   Wichtige Kennzahlen auf Anzeigengruppenebene

Für die Anzeigengruppen sind zunächst natürlich auch die Standardleistungszahlen wichtig, also Impressionen ❶, Klicks ❷ und CTR ❸ (siehe Abbildung 10.7). Für unser Beispiel haben wir außerdem die Conversion-Daten wie die wichtigsten Conversions ❹ und zusätzlich die Conversion-Rate ❺ in den Auswertungsbericht übernommen.

Außerdem zeigen schauen wir uns aus dem Bereich *Wettbewerbsmesswerte* noch einmal den Anteil an möglichen Impressionen ❻ an. Dies ist vor allem für Kampagnen interessant, die viele Impressionen verpassen. Während die Statistik auf Kampagnenebene ja nur die kumulierten Daten zeigt, erfahren wir über die Anzeigengruppen dann mehr über die einzelnen Themen, wo wir Impressionen verlieren. Wie bereits erwähnt, sollten im letzten Schritt dann die Keywords separiert werden, die für die größten Verluste an Impressionen verantwortlich sind.

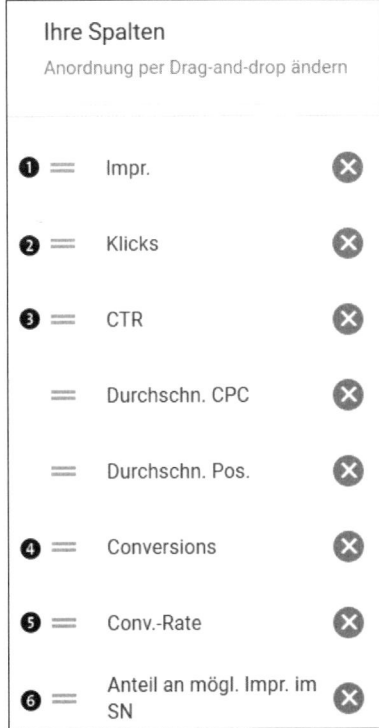

Abbildung 10.7 Zusammenstellung eines Beispiel-Templates für Anzeigengruppen

In dem Ausschnitt aus unserem Beispielbericht, den Sie in Abbildung 10.8 sehen, erkennen Sie zunächst eine recht gute Conversion-Rate. Bei den Conversions ist es sehr schwierig, Durchschnittswerte anzugeben, da dies sehr stark von der Art der gemessenen Conversions abhängt. Eine Conversion-Rate von über 7 % deutet entweder auf eine Conversion hin, die sehr einfach zu erzielen ist, oder ist ein Beleg für eine gut optimierte Zielseite. Eine Conversion-Rate ab 5 % muss allgemein schon als sehr gut bewertet werden.

Außerdem können wir sehen, dass die zweite Anzeigengruppe die Ursache für fehlende Impressionen im Suchnetzwerk ist, obwohl die Gesamtzahl an Conversions recht gut ist. Vielleicht können Sie bei dieser Anzeigengruppe ja noch mehr herausholen? Optimierung bedeutet also nicht nur, dass Sie Dinge entfernen, die schlecht laufen, sondern dass Sie versuchen, auch aus guten Anzeigengruppen oder Keywords noch mehr herauszuholen.

Durchschn. Pos.	Conversions	Conv.-Rate	Anteil an mögl. Impr. im SN
1,0	56,00	7,23 %	99,72 %
1,6	179,00	7,13 %	67,07 %

Abbildung 10.8 Beispieldaten: durchschnittliche Position, Conversion und Anteil an möglichen Impressionen

Für unser nächstes Beispiel (siehe Abbildung 10.9) haben wir Spalten ausgewählt, die über die Anzeigengruppen im Displaynetzwerk interessante Informationen liefern. Dies wären zum einen die View-through-Conversions ❶, also Conversions, die einer Einblendung im Displaynetzwerk zugeordnet werden, weil der potenzielle Kunde zwar die Anzeige im Displaynetzwerk gesehen, aber nicht darauf geklickt hat. Später hat dieser Nutzer dann eine Conversion auf der Webseite ausgeführt. Alle Kunden, die zusätzlich auf eine Suchanzeige geklickt und danach die Conversion durchgeführt haben, werden bei den Daten zur View-through-Conversion nicht berücksichtigt! Darum kann das AdWords-System von einem bestimmten Einfluss der Anzeige im Displaynetzwerk ausgehen. Analog zum Anteil der Impressionen im Suchnetzwerk gibt es diese Berichtsspalte zu den Impressionen auch für das Displaynetzwerk ❷. Außerdem möchten wir bei unserem Beispiel die sichtbaren Impressionen ❸ im Vergleich zu den nicht sichtbaren Impressionen ❹ analysieren.

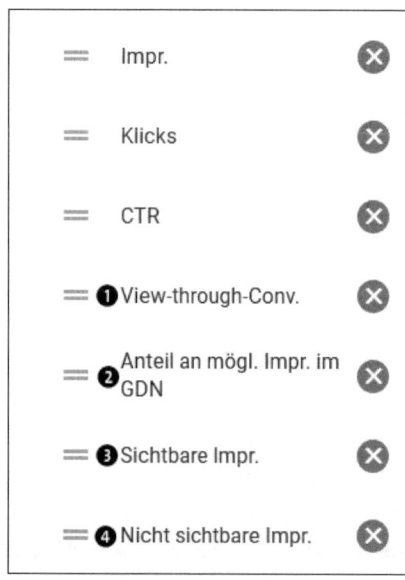

Abbildung 10.9 Beispiel-Kennzahlen für das Displaynetzwerk

Wendet man den erstellten Bericht auf ein Beispiel an (siehe Abbildung 10.10), so erkennt man den praktischen Nutzen. Die Beispielauswertung zeigt eine relativ geringe CTR ❶ von 0,17 %, die jedoch im Displaynetzwerk nicht ungewöhnlich ist. Die Anzeigen im Displaynetzwerk haben trotzdem Nutzer erreicht, die später eine Conversion über eine Textanzeige durchgeführt haben, das zeigen die View-through-Conversions ❷. Der Anteil der möglichen Impressionen liegt bei dieser Anzeigengruppe im Displaynetzwerk bei ca. 42 % ❸. Falls das Budget nicht das Problem ist und eine größere Abdeckung gewünscht ist, so könnte man als Gegenmaßnahme kurzfristig die Gebote für die Display-Kampagnen erhöhen. Außerdem sollten zusätzliche Anzeigen mit anderen Bildmotiven, Vorteilen und Calls-to-Action getestet werden, um Qualität und CTR zu erhöhen. Ein Vergleich von sichtbaren ❹ und nicht sichtbaren ❺ Impressionen zeigt, dass die Anzeigen insgesamt recht häufig auf Webseiten im oberen, direkt sichtbaren Bereich ausgeliefert wurden.

Impr.	Klicks	❶ CTR	❷ View-through-Conv.	❸ Anteil an mögl. Impr. im GDN	Sichtbare Impr. ❹	❺ Nicht sichtbare Impr.
7.018	12	0,17 %	25	41,81 %	4.675	2.290

Abbildung 10.10 Daten zur Werbung im Displaynetzwerk

10.3.3   Wichtige Kennzahlen auf Keyword-Ebene

Für die Analyse von Keywords werden oft andere Berichtsspalten als bei Kampagnen oder Anzeigengruppen genutzt (siehe Abbildung 10.11). Hier ist vor allem der Qualitätsfaktor ❶ zu nennen, der im AdWords-Konto nur auf Keyword-Ebene angezeigt wird. Dies sind natürlich nicht die Werte, mit denen Google rechnet. In die Berechnungen für das Ad Ranking fließen viel feinere Werte ein, die Google natürlich nicht nennt. Trotzdem sollten Sie die Berichtsspalte für Ihre Keyword-Berichte aktivieren, damit Sie die Qualität Ihrer Keywords schon einmal grob einschätzen können.

Natürlich erhalten Sie noch tiefergehende Informationen zum Qualitätsfaktor sowie zu den Ursachen für gute oder schlechte Qualität, wenn Sie mit der Maus in der Spalte STATUS über die Statusbezeichnung fahren. Aber diese Informationen sind nicht auf einen Blick für alle Ihre Keywords verfügbar und werden aktuell (Stand: Januar 2018) auch nicht als Berichtsspalte angeboten. Falls Sie also die Qualität Ihrer Keywords auf einen Blick sehen möchten, so sollten Sie die Spalte QUALITÄTSFAKTOR auf Keyword-Ebene hinzufügen.

Zur besseren Beurteilung bestimmter Leistungswerte wie Klicks und CTR spielt die durchschnittliche Position ❷ eines Keywords eine wichtige Rolle. Auf niedrigeren Positionen ist zum Beispiel die CTR auch viel geringer als auf einer oberen Position im Anzeigenranking. Möchten Sie vor allem auf den Top-Positionen oberhalb der organischen Suchergebnisse erscheinen? Dann ist eine Aussage zum geschätzten Gebot für die oberen Positionen ❸ interessant. In diesem Fall gehört auch diese Spalte in einen Keyword-Bericht.

Die beiden letzten Spalten aus unserem Vorschlag gehören zur Gruppe mit der Bezeichnung *Gebotssimulator*. Mit diesen Spalten wird simuliert, welche Auswirkungen eine Erhöhung ❹ oder eine Reduzierung ❺ des CPC-Gebotes hätte. Aus den verschiedenen Möglichkeiten des Gebotssimulators haben wir die Spalten zur Simulation einer Gebotserhöhung um 50 % sowie einer Gebotsreduzierung um 50 % hinzugefügt. Die Daten in diesen Spalten geben die geschätzten Ergebnisse in zusätzlichen Klicks pro Woche an.

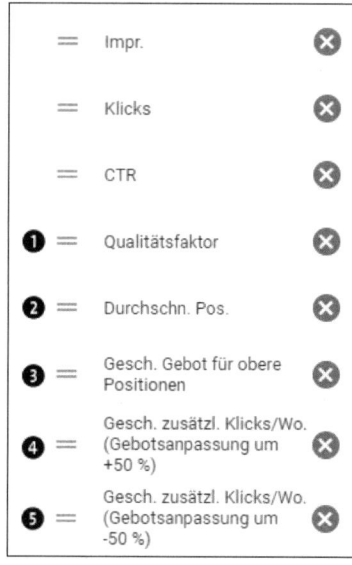

Abbildung 10.11 Kennzahlen auf Keyword-Ebene

In unserem Beispielbericht aus Abbildung 10.12 finden Sie nun zu jedem Keyword den entsprechenden Qualitätsfaktor ❷ mit dem Hinweis, dass 10 das Maximum ist. Ein Vergleich der Spalten CTR ❶ und Qualitätsfaktor ❷ ist recht interessant, weil er zeigt, dass die CTR zwar ein wichtiges, aber nicht das einzige Kriterium zur Qualitätsbestimmung ist. Zwei Keywords mit fast identischer CTR von ca. 10,8 % ❹ erzielen einen unterschiedlichen Qualitätsfaktor.

Das geschätzte Gebot für die obere Position ❸ gibt einen Hinweis darauf, welche Gebote eingestellt werden sollten, um stets einen vorderen Platz zu erreichen. Das kann für Keywords mit durchschnittlichen Positionen unterhalb von Rang 3 ein interessanter Hinweis sein.

Die letzten Spalten des Beispielberichts zeigen, dass für diese Keywords eine Erhöhung der Gebote um 50 % kaum Auswirkungen ❺ hat, während eine Senkung um

50 % doch zu einem Verlust der Klicks ❻ und damit der Webseitenbesucher führen würde.

Dieses Ergebnis ist natürlich sehr individuell und hängt auch mit den jeweiligen aktuellen Geboten für die einzelnen Keywords zusammen. Eine Simulation macht jedoch von Zeit zu Zeit Sinn, um entsprechende Gebotsanpassungen auf Keyword-Ebene durchzuführen.

❶ CTR	❷ Qualitätsfaktor	Durchschn. Pos.	❸ Gesch. Gebot für obere Positionen	Gesch. zusätzl. Klicks/Wo. (Gebotsanpassung um +50 %)	Gesch. zusätzl. Klicks/Wo. (Gebotsanpassung um -50 %)
1,96 %	5 von 10	4,6	1,46 €	–	–
11,56 %	7 von 10	2,8	0,59 €	2	-15
10,87 % ❹	7 von 10	4,1	0,77 €	❺ 1	❻ -6
10,80 %	6 von 10	2,9	0,49 €	0	-2
16,94 %	8 von 10	3,1	0,36 €	0	-1

Abbildung 10.12 Beispieldaten mit Qualitätsfaktor und Gebotssimulator

10.3.4   Wichtige Kennzahlen auf Anzeigenebene

Für den Anzeigenbericht sind als Leistungsdaten auf jeden Fall wieder die Klickraten (CTR) ❶ der einzelnen Anzeigen interessant (siehe Abbildung 10.13). Dieser Wert sollte regelmäßig kontrolliert werden, weil die CTR einer Anzeige Einfluss auf den Qualitätsfaktor und natürlich auch auf die Gewinnung neuer Kunden hat. Es sollten stets die Anzeigen mit der besten Klickrate weitergeführt werden, während die anderen Anzeigenvarianten nach einer Testphase deaktiviert und dann gelöscht werden können. Falls Sie regelmäßig neue Anzeigen einstellen, ist es Ihnen sicher schon passiert, dass eine Anzeige abgelehnt wurde. Wenn Sie mehr über die Gründe erfahren möchten, so sollten Sie Ihrem Anzeigenbericht die Spalte RICHTLINIENDETAILS ❷ hinzufügen. Dort werden die Gründe für eine Ablehnung näher erläutert, und zusätzlich wird auf eine passende Unterseite der Google-Hilfe verlinkt.

Als wichtiger Leistungsaspekt für Textanzeigen ist zunächst die CTR ❶ interessant (siehe Abbildung 10.14). Die Anzeige mit der besten CTR enthält wahrscheinlich gute Argumente oder einen passenden Call-to-Action und weckt stärkeres Interesse bei den Google-Nutzern. Mithilfe der Spalte ANZEIGENTYP ❸ können Sie schnell erkennen, ob die Leistungsdaten zu einer Textanzeige ❺, zu einer Display-Anzeige ❼ oder zum Beispiel zu einer reinen Anrufanzeige ❻ gehören. Hier gibt es ja bekanntlich große Unterschiede in der Performance. Dies sollten Sie bei einer Analyse berücksichtigen. Die RICHTLINIENDETAILS ❷ zeigen im aufgeführten Beispiel einer laufenden Kampagne den normalen Status FREIGEGEBEN ❹.

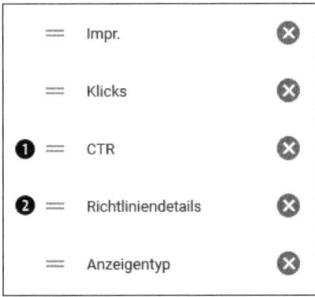

Abbildung 10.13 Berichtsspalten für Anzeigen

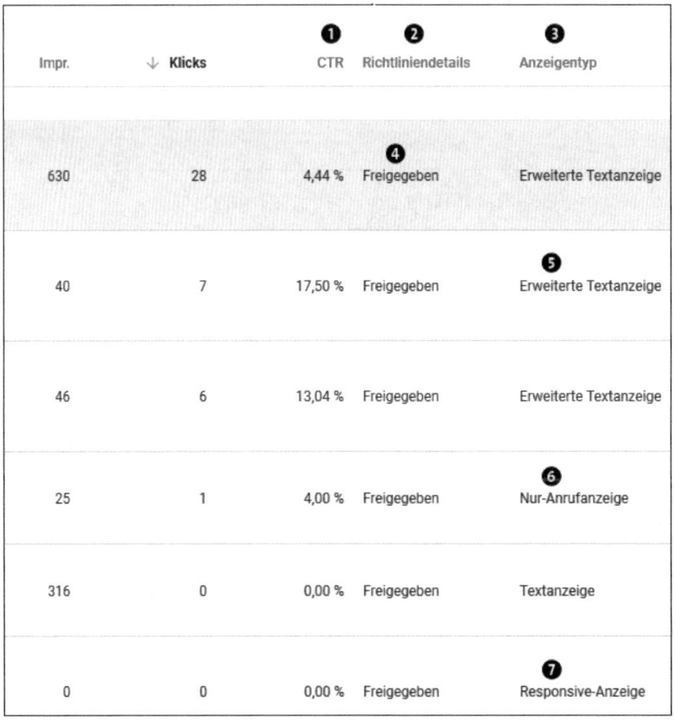

Impr.	↓ **Klicks**	❶ CTR	❷ Richtliniendetails	❸ Anzeigentyp
630	28	4,44 %	❹ Freigegeben	Erweiterte Textanzeige
40	7	17,50 %	Freigegeben	❺ Erweiterte Textanzeige
46	6	13,04 %	Freigegeben	Erweiterte Textanzeige
25	1	4,00 %	Freigegeben	❻ Nur-Anrufanzeige
316	0	0,00 %	Freigegeben	Textanzeige
0	0	0,00 %	Freigegeben	❼ Responsive-Anzeige

Abbildung 10.14 Beispieldaten für Google-Anzeigen

Weil im laufenden AdWords-Betrieb der Anzeigenstatus normalerweise auf FREIGE-GEBEN steht, haben wir einmal unseren AdWords-Account nach gelöschten Anzeigen mit Ablehnung durchsucht. In Abbildung 10.15 finden Sie zwei Beispiele, wie die Details zur Richtline bei einer abgelehnten Textanzeige aussehen. Neben dem Wort ABGELEHNT finden Sie den Ablehnungsgrund mit einer kurzen Beschreibung.

Dieser Text ist dann mit dem passenden Hilfebereich unter

https://support.google.com/adwordspolicy/answer/6008942

verlinkt. Unser Beispiel zeigt zwei typische Gründe für eine Ablehnung:

▶ Zeichensetzung und Symbole

▶ Nicht funktionierendes Ziel

Die letzte Fehlermeldung entsteht häufig, wenn die Adresse der Landing-Page geändert wird und die neue Ziel-URL nicht in die AdWords-Anzeigen übertragen wird.

Abbildung 10.15 Details zu den Google-Richtlinien bei abgelehnten Anzeigen

10.4   Gruppieren Sie Ihre Berichtsdaten mit Segmenten

Mithilfe der Segmentierung können Sie Ihre Berichtsdaten nach verschiedenen interessanten Aspekten gruppieren. Nutzen Sie dazu das Icon für Segmentierung: ein Kreissymbol [◯], das an zwei Stellen unterbrochen ist (bzw. aktuell [≡]). Eine Segmentierung ist vor allem dann sinnvoll, wenn bestimmte Fragestellungen beantwortet werden sollen, bei denen unterschiedliche Aspekte verglichen werden müssen. In Tabelle 10.1 haben wir einige Fragestellungen aufgelistet, die in der Praxis häufiger vorkommen. Daneben finden Sie die Segmentierung, die bei der Beantwortung der Frage hilft.

Fragestellung	Segmentierung
Gibt es Leistungsunterschiede in Bezug auf Zeiträume?	ZEIT • TAG/WOCHE etc.
Gibt es Leistungsunterschiede bei den Wochentagen?	ZEIT • WOCHENTAG

Tabelle 10.1 Fragestellung und passende Segmentierung

Fragestellung	Segmentierung
Gibt es Leistungsunterschiede in Bezug auf die Uhrzeit?	ZEIT • TAGESZEIT
Welche Leistungen erzielen unterschiedliche Netzwerke?	Netzwerk (mit Suchnetzwerk-Partnern)
Welche Leistungsunterschiede bestehen mit Blick auf die unterschiedlichen Endgeräte?	Gerät
Welche Leistungsunterschiede bestehen zwischen der Top-Position im oberen Bereich und den anderen Anzeigenpositionen?	Obere Position im Vergleich zu anderen

Tabelle 10.1 Fragestellung und passende Segmentierung (Forts.)

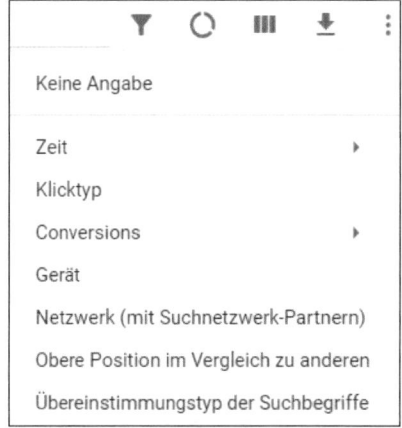

Abbildung 10.16 Verschiedene Gruppierungsmöglichkeiten über Segmente

Das Beispiel aus Abbildung 10.17 zeigt eine Gruppierung der Leistungen in Bezug auf Impressionen, Klicks, CTR und durchschnittlichen Klickpreis nach Monaten. Als Zeitraum wurde der 1. Januar bis 31. Dezember 2017 angegeben. Eine solche Segmentierung hilft bei der Analyse von externen Einflüssen, Messeauftritten, Pressemeldungen etc. auf die Werbung. Die Daten sollten Sie sich hierbei über einen längeren Zeitraum anzeigen lassen. Außerdem sollten Sie über die Segmentierung in Monaten die Auswirkungen von Optimierungsmaßnahmen an der AdWords-Kampagne untersuchen.

Um in eine andere Segmentierung zu wechseln, wählen Sie aus der Dropdown-Liste einfach den gewünschten Unterpunkt aus. Ein Klick auf KEINE ANGABE hebt die Segmentierung wieder komplett auf.

Kampagne ↑	Impr.	Klicks	CTR	Durchschn. CPC
	25.604	1.797	7,02 %	2,01 €
Januar 2017	3.249	196	6,03 %	1,74 €
Februar 2017	3.232	173	5,35 %	1,68 €
März 2017	3.120	147	4,71 %	1,55 €
April 2017	2.038	114	5,59 %	1,71 €
Mai 2017	2.444	148	6,06 %	1,57 €
Juni 2017	1.755	102	5,81 %	1,73 €
Juli 2017	1.463	138	9,43 %	1,93 €
August 2017	1.592	139	8,73 %	2,31 €
September 2017	1.479	138	9,33 %	2,34 €
Oktober 2017	1.762	171	9,70 %	2,27 €
November 2017	2.081	204	9,80 %	2,64 €
Dezember 2017	1.389	127	9,14 %	2,50 €

Abbildung 10.17 Segmentierung nach Monaten

Das Beispiel aus Abbildung 10.18 zeigt die Ergebnisse einer Segmentierung nach Gerät. Diese Analyse gibt zum Beispiel Hinweise darauf, ob sich die Aktivierung der mobilen Werbung auf Smartphones lohnt. Sie sollten aber auch die Leistungen für die Tablets genau kontrollieren: Gibt es deutliche Leistungsunterscheide bei den Conversions zwischen Computern und Tablets, so sollten Sie – Stichwort *Responsive Design* – entsprechende Anpassungen an dem Webdesign der verlinkten Seite vornehmen.

Optimieren Sie Ihre Landing-Page, um auf allen Endgeräten mehr Kunden zu gewinnen, wenn die Kampagne grundsätzlich erfolgreich ist. Falls bestimmte Endgeräte immer schlechtere Leistungsdaten zeigen, so ist natürlich auch der Ausschluss dieser Endgeräte eine Option. Das eingesparte Budget kann vielleicht sinnvoller für die anderen Endgeräte genutzt werden.

Kampagne ↑	Impr.	Klicks	CTR	Durchschn. CPC	Conv.-Rate
	25.604	1.797	7,02 %	2,01 €	4,12 %
Computer	20.426	1.512	7,40 %	2,04 €	4,43 %
Smartphones	4.196	225	5,36 %	1,84 €	1,78 %
Tablets	982	60	6,11 %	1,89 €	5,00 %

Abbildung 10.18 Segmentierung nach Endgerät

10.5   Berichte erstellen

Mithilfe der vorgestellten Spaltenauswahl stellen Sie sich die Berichte zunächst so zusammen, dass diese Ihren Informationsbedarf optimal erfüllen. Ihre AdWords-Berichte sind kein Selbstzweck, sondern sollen Sie dabei unterstützen, die passenden Antworten auf Ihre Fragen zu finden. Möchten Sie Ihre Berichte mit bestimmten Informationen regelmäßig nutzen, so können Sie die Auswahl Ihrer Spalten und die Reihenfolge unter einem individuellen Namen abspeichern, bevor Sie den Bericht nach der Auswahl der Spalten abrufen. Die Namen zu den gespeicherten Spalten finden Sie als Berichts-Templates danach als Unterpunkte im Dropdown-Menü wieder, nachdem Sie auf das Icon für die Berichtsspalten geklickt haben (siehe Abbildung 10.19). Mithilfe dieser Templates können Sie einfach und schnell Ihren Wunschbericht abrufen. Falls Sie den Bericht nicht mehr benötigen, löschen Sie ihn an dieser Stelle über das entsprechende Icon.

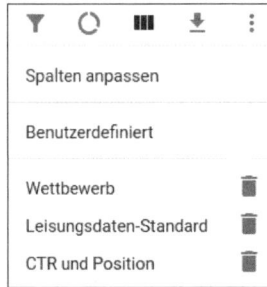

Abbildung 10.19 Gespeicherte Berichts-Templates

10.5.1   Download der Berichte

Nachdem Sie einen Bericht ausgewählt oder in der gewünschten Form zusammengestellt haben, können Sie ihn in verschiedenen Formaten zur weiteren Bearbeitung oder für einen Ausdruck herunterladen (siehe Abbildung 10.20). Dazu klicken Sie einfach auf den Button mit dem Download-Symbol ❶. Im nächsten Schritt können Sie das gewünschte Berichtsformat auswählen ❷. Ein Klick auf das jeweilige Format löst dann den Download aus. Es gibt verschiedene Formate, daher sollten Sie Ihre Auswahl davon abhängig machen, was Sie mit dem jeweiligen Bericht machen möchten. Dient er beispielsweise als reine Informationsquelle oder wollen Sie die Daten weiterbearbeiten?

10.5.2   Auswahl der Berichtsformate

Sie können Ihre Berichte in unterschiedlichen Formaten erstellen. Für den täglichen Gebrauch sind folgende drei Formate interessant, wobei das Excel- und das PDF-Format am häufigsten genutzt werden:

1. **Excel-Format**

   Die Excel-Formate, entweder als CSV-Format für Excel ❸ oder direkt als Excel-Datei mit der Endung *.xlsx* ❼ sind vor allem dann interessant, wenn Sie mit den Berichten weiterarbeiten möchten. Mithilfe der Office-Software Excel können Sie die heruntergeladenen AdWords-Daten später weiter sortieren, gruppieren oder farblich kennzeichnen. Sie können zusätzliche Berechnungen durchführen oder auch verschiedene Daten in einer Excel-Tabelle zusammenfügen.

2. **PDF-Format**

   Benötigen Sie nur einen Bericht, den Sie zum Beispiel Ihren Vorgesetzen oder einem Kunden vorlegen möchten, so können Sie die Daten als PDF-Datei ❻ herunterladen.

3. **CSV- bzw. TSV-Format**

   Möchten Sie Ihre Daten in andere Programme oder Datenbanken importieren, so sind die Datenformate CSV ❹ (die Datensätze werden durch Kommas getrennt) oder TSV ❺ (die Datensätze werden durch Tabulatoren getrennt) sehr nützlich.

Abbildung 10.20 Berichte im gewünschten Format herunterladen

10.5.3   Berichte per E-Mail senden

Die zweite Möglichkeit neben dem Download besteht darin, die Berichte per E-Mail zu versenden. Wenn Sie diese Option bevorzugen, so klicken Sie auf den Unterpunkt JETZT E-MAIL ERSTELLEN. Sie können dann verschiedene Mail-Adressen auswählen oder an alle Berechtigten verschicken. Die Voraussetzung dafür ist jedoch, dass die Mail-Adressen unter EINRICHTUNG · KONTOZUGRIFF als Nutzer angelegt sind. Es reicht die Zugriffsebene NUR PER E-MAIL, damit diese Nutzer als Empfänger ausgewählt werden können.

Segmentierung

Auf Ihre Berichte können Sie stets auch Segmentierungen anwenden. Der Vorteil bei den Downloads und verschickten Berichten im Gegensatz zu den Live-Kontoberich-

ten besteht darin, dass auch mehrere Segmente gleichzeitig angegeben werden können. Sie sollten jedoch sparsam mit den Segmenten umgehen, da jede Gruppierung
unterhalb einer Gruppierung Ihren Bericht aufbläht und irgendwann unübersichtlich macht. Bei mehr als drei Segmentierungen gibt Google auch eine entsprechende
Warnung aus.

Überlegen Sie vorher genau, welche Segmente für Ihre Analyse gerade sinnvoll sind.
Wenn Sie beispielsweise die Hauptzeiten für Kundenanfragen des letzten Monats sehen möchten, dann segmentieren Sie Ihren Monatsbericht nach TAGESZEIT (siehe
Abbildung 10.21). Wenn Sie nur die Kundenanfragen analysieren möchten, dann dürfen Sie nur Conversions zu Kundenanfragen erstellt haben. Bei mehreren Möglichkeiten für Conversions müssten Sie auch noch einmal nach CONVERSION-AKTION
segmentieren.

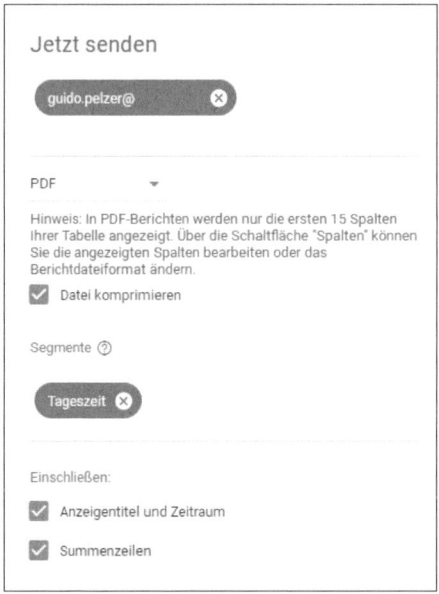

Abbildung 10.21 Verschicken Sie Ihre Berichte direkt per E-Mail.

Nachdem Sie alles eingestellt haben, können Sie Ihren Bericht versenden. Bitte beachten Sie, dass dieser Bericht im Gegensatz zum direkten Download zusätzlich
unter BERICHTE gespeichert werden muss, indem Sie vor dem Absenden in das entsprechende Feld noch einen Namen für den Bericht eintragen.

10.5.4   Sparen Sie Zeit mit automatisierten Berichten

Falls Sie Ihre Berichte regelmäßig per E-Mail zugeschickt bekommen möchten, können Sie sogenannte automatisierte Berichte in AdWords erstellen, indem Sie bei den
Download-Einstellungen PLANUNG auswählen.

Daraufhin öffnet sich ein neuer Bereich, in dem Sie die Einstellungen für die automatisierten Berichte vornehmen können (siehe Abbildung 10.22). Zunächst können Sie bestimmen, an welche E-Mail-Adresse(n) ❶ der automatisierte Bericht versandt werden soll. Dabei können Sie nur E-Mail-Adressen auswählen, die dem aktuellen AdWords-Konto als Nutzer hinzugefügt worden sind. Für die automatisierten Berichte benötigt der Nutzer mindestens die Zugriffsebene NUR PER E-MAIL. Diese Einstellungen können Sie unter den Kontoeinstellungen beim Unterpunkt KONTOZUGRIFF bearbeiten.

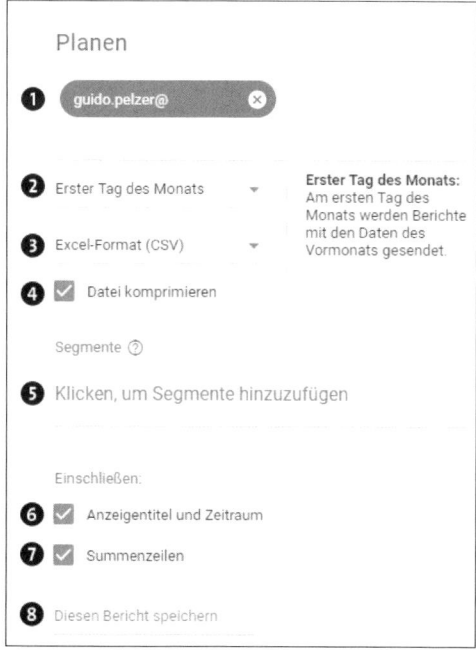

Abbildung 10.22 Berichte automatisiert per E-Mail verschicken

Als Nächstes legen Sie fest, wann der Bericht verschickt werden soll. Da diese Berichte meistens Monatsberichte zum vorangegangenen Monat sind, wird hier oft ERSTER TAG DES MONATS ❷ ausgewählt.

Folgende Angaben müssen Sie zudem noch eintragen, damit Ihr Bericht zum Versand bereit ist:

▸ Welches Berichtsformat wünschen Sie? ❸

▸ Soll die angefügte Datei komprimiert werden? ❹

▸ Sollen Segmente hinzugefügt werden? ❺

▸ Soll Anzeigentitel und Zeitraum im Bericht erscheinen? ❻

▸ Benötigen Sie die kumulierten Daten als Summenzeile? ❼

▸ Unter welchem Namen soll der Bericht gespeichert werden? ❽

Zum Schluss können Sie per Klick auf PLANEN die automatisierte Berichtsplanung abschließen. Danach erhalten Sie dann regelmäßig den entsprechenden Bericht per E-Mail.

Berichte speichern

Alle erstellten Berichte werden wie erwähnt auch abgespeichert, um sie zu einem späteren Zeitpunkt noch einmal abrufen oder auch verändern zu können. Wir empfehlen, dass Sie Ihrem Bericht einen individuellen Namen geben, damit Sie ihn später besser zuordnen können. Alle gespeicherten Berichte finden Sie dann in Ihrem AdWords-Konto unter dem Berichts-Icon beim Unterpunkt BERICHTE (siehe Abbildung 10.23) wieder.

GEHE ZU
BERICHTERSTELLUNG
Berichte
Vordefinierte Berichte (früher unter "Dimensionen")
Dashboards

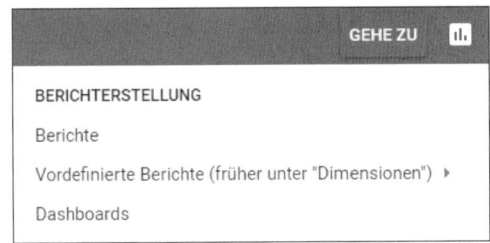

Abbildung 10.23 Gespeicherte Berichte aufrufen

Die gespeicherten Berichte werden in einer Tabelle aufgelistet (siehe Abbildung 10.24). Diese Liste enthält unter anderem den individuellen Namen, das Datum der Berichtserstellung und den Autor. Am Ende finden Sie das Berichtsformat und den aktuellen Zeitplan. Per Mouse-over erscheint ein Bearbeitungsstift, mit dem Sie den Zeitplan und auch das Berichtsformat verändern können. Möchten Sie den bestehenden Bericht nur herunterlanden, so finden Sie vor dem Berichtsnamen ein entsprechendes Download-Symbol.

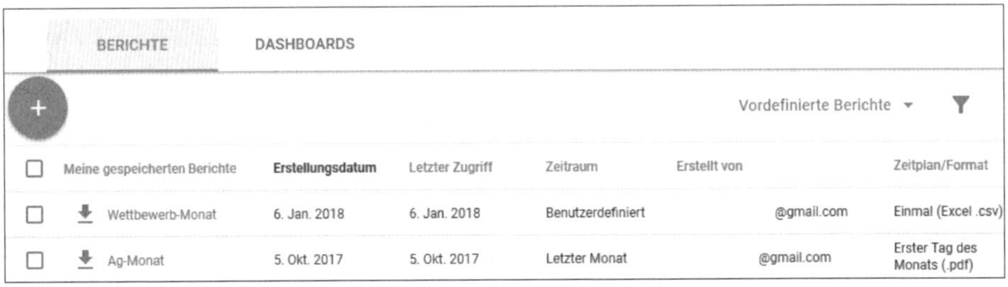

BERICHTE
DASHBOARDS
Vordefinierte Berichte
Meine gespeicherten Berichte
Erstellungsdatum
Letzter Zugriff
Zeitraum
Erstellt von
Zeitplan/Format
Wettbewerb-Monat
6. Jan. 2018
6. Jan. 2018
Benutzerdefiniert
@gmail.com
Einmal (Excel .csv)
Ag-Monat
5. Okt. 2017
5. Okt. 2017
Letzter Monat
@gmail.com
Erster Tag des Monats (.pdf)

Abbildung 10.24 Liste mit gespeicherten Berichten

10.5.5 Dashboards erstellen

Im neuen AdWords-Interface gibt es unter BERICHTERSTELLUNG neben den gespeicherten und den vordefinierten Berichten noch den neuen Unterpunkt DASH-

BOARDS. Hier können Sie sich eigene Dashboards zusammenstellen, wie Sie das vielleicht bereits schon von Google Analytics kennen. Wichtige Übersichtsstatistiken können als Berichte oder auch Diagramme in unterschiedlichen Dashboards zusammengestellt werden. Zusätzlich können Sie auch Notizen oder eine Kurzübersicht hinzufügen. Diese Dashboards können dann auch per E-Mail in regelmäßigen Abständen mit anderen geteilt werden.

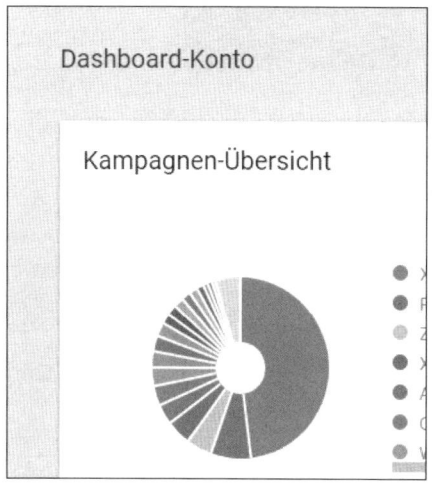

Abbildung 10.25 Bunte Übersicht – Dashboards erstellen

10.6   Finden Sie spannende Infos in den vordefinierten Berichten

Das Icon zu den Berichten enthält auch das Unterregister VORDEFINIERTE BERICHTE, das im alten AdWords-Design als »Dimensionen« bezeichnet wurde, weshalb Google dies als Anmerkung hinter die vordefinierten Berichte gesetzt hat (siehe Abbildung 10.23).

In diesem Bereich befinden sich viele interessante Berichte, auf die wir an verschiedenen Stellen in diesem Buch schon hingewiesen haben. Sie können die Statistiken aufrufen, indem Sie zunächst auf das Berichte-Icon im schwarzen Header klicken und danach wie in Abbildung 10.26 den Unterpunkt VORDEFINIERTE BERICHTE (FRÜHER UNTER "DIMENSIONEN") auswählen. Danach navigieren Sie über die erste Ebene auf der rechten Seite und wählen dann im nächsten Schritt den einzelnen Bericht aus.

Alle Berichte können Sie noch einmal individuell per Klick auf ein Berichtsspalten-Symbol anpassen. Außerdem können Sie auch bei diesen Berichten individuelle Filter setzen und die Daten über einen Download-Button herunterladen oder über einen Zeitplan verschicken. Die Anzahl der vordefinierten Berichte hat sich im Laufe der Zeit regelmäßig erweitert, sodass auch hier vermutet werden kann, dass zukünftig noch weitere Berichte hinzukommen. Aus der Vielzahl der aktuellen Berichte haben wir einige Beispiele ausgewählt, um die grundsätzlichen Möglichkeiten zu demonstrieren. Wenn Sie kein Freund von reinen Datentabellen sind, können Sie sich die Berichte auch in Diagrammform anzeigen lassen. Diagramme sind jedoch für manche Informationen nicht das passende Format.

Abbildung 10.26 Spezialberichte finden unter »Vordefinierte Berichte«

10.6.1   Statistiken zu Tag und Zeiten erstellen

Unter VORDEFINIERTE BERICHTE finden Sie verschiedene Statistiken, die bestimmte Zeiten oder Zeiträume näher analysieren. So können Sie zum Beispiel mithilfe des Berichts WOCHENTAG (unter ZEIT • WOCHENTAG) ermitteln, ob es ein unterschiedliches Such- und Klickverhalten in Bezug auf die verschiedenen Wochentage gibt. Dieser Bericht hilft bei der Beurteilung, ob die Anzeigen eher am Wochenende oder während der Woche geschaltet werden sollten oder ob bei größerer Nachfrage der Klickpreis erhöht werden sollte, um die Sichtbarkeit zu verbessern. Die Erkenntnisse aus diesem Bericht helfen also bei der Feineinstellung Ihrer AdWords-Werbung.

In unserem Fall aus Abbildung 10.27 erkennt man beispielsweise, dass die Nachfrage am Wochenende ganz deutlich abnimmt. Bei beschränktem Budget könnte man die Werbung am Wochenende reduzieren und diese Klicks für zusätzliche Einblendungen während der Woche nutzen.

Wochentag	Klicks	Impressionen	CTR
Dienstag	526	22,321	2,36%
Montag	476	22,675	2,10%
Mittwoch	475	22,716	2,09%
Donnerstag	470	21,899	2,15%
Freitag	352	18,093	1,95%
Sonntag	119	8,147	1,46%
Samstag	97	6,236	1,56%

Abbildung 10.27 Statistik zu den beliebtesten Wochentagen

10.6.2   Statistiken zu verschiedenen Orten und Regionen

Mit dem Bericht NUTZERSTANDORTE unter ZIELREGION • NUTZERSTANDORTE können Sie die Regionen ermitteln, aus denen die Suchanfragen zu Ihren AdWords-Kampagnen kamen (siehe Abbildung 10.28). Die Statistik zeigt bis auf Städteebene oder Postleitzahl, woher die Anfragen kamen. Wenn Sie einen größeren Zeitraum untersuchen und entsprechende Conversions eingebaut sind, können Sie herausfinden, wo Ihre Zielgruppe beheimatet ist.

In der Statistik finden Sie in der Spalte SPEZIFISCHSTER STANDORT den genauesten Standort, den Google für diese Region ermitteln kann. Das kann der Name einer Stadt oder aber auch eine Postleitzahl sein. Mithilfe der Information aus diesem Bericht können Sie zum Beispiel entscheiden, ob Sie in bestimmten Zielregionen höhere CPC-Gebote abgeben möchten, weil dort die Chance auf neue Kunden am größten ist.

Land/Gebiet	Region	Stadt	Spezifischster Standort	Klicks	Impressionen	CTR
Deutschland	Bayern	Keine Angabe	Bayern	42	1,117	3,76%
Deutschland	Baden-Württemberg	Keine Angabe	Baden-Württemberg	20	426	4,69%
Deutschland	Nordrhein-Westfalen	Eschweiler	52249	18	200	9,00%
Deutschland	Nordrhein-Westfalen	Aachen	52070	15	164	9,15%
Österreich	Steiermark	Graz	Graz	12	217	5,53%
Deutschland	Bayern	Coburg	96450	12	441	2,72%
Deutschland	Nordrhein-Westfalen	Köln	Innenstadt	12	74	16,22%
Deutschland	Bayern	Erlangen	91052	11	782	1,41%
Deutschland	Bayern	München	München	11	474	2,32%

Abbildung 10.28 Bericht zu den Standorten der Suchenden

10.6.3   Erstellen Sie einen Bericht zu bezahlten und organischen Keywords

Ein weiterer interessanter Bericht unter VORDEFINIERTE BERICHTE gibt Auskunft über das Verhältnis zwischen bezahlter Suchmaschinenwerbung (SEA) und dem organischen Traffic (Suchmaschinenoptimierung, SEO). Dieser Bericht nennt sich BEZAHLT UND ORGANISCH, Sie finden ihn beim Unterpunkt EINFACH.

Bitte beachten Sie, dass Sie die Leistungszahlen aus der organischen Suche nur erhalten, wenn Sie Ihr AdWords-Konto mit Ihrem Google-Webmaster-Tools-Konto verknüpft haben. Diese Verknüpfung können Sie in den Kontoeinstellungen beim Unterpunkt VERKNÜPFTE KONTEN vornehmen. Unser Beispiel in Abbildung 10.29 zeigt, wie dieser Bericht die Suchbegriffe aus SEA- und SEO-Sicht beleuchtet. (Bitte haben Sie Verständnis, dass wir die Keywords anonymisiert haben.)

Suchbegriff	Suchergebnistyp	Klicks	Impressionen	Durchschn. Position	Organische Einträge	Organische Suchanfragen
▨▨▨	Nur die Anzeige ist erschienen.	251	1 383	1,05	0	0
▨▨▨▨	Nur die Anzeige ist erschienen.	146	1 311	1,09	0	0
▨▨▨	Beide sind erschienen.	54	243	1,00	243	243
▨▨▨	Nur die Anzeige ist erschienen.	38	105	1,22	0	0
ce koordinator	Beide sind erschienen.	30	187	1,06	187	187

Abbildung 10.29 Impressionen und Klicks im Vergleich »SEA vs. SEO«

Interessant ist vor allem das Klickverhalten, wenn zu einer Suchanfrage Ergebnisse aus Anzeigen und dem organischen Bereich vorliegen. Eine gleichzeitige Auslieferung von organischen und bezahlten Ergebnissen erhöht die gemessenen Klicks. Durch die zweifache Einblendung von Firmenname, Domain etc. wird das Vertrauen gestärkt, was zu einem besseren Klickverhalten führt.

Bitte beachten Sie, dass Sie in der Statistik nicht eine komplette Auflistung Ihrer organischen Rankings erhalten. Dafür ist der Bereich SEO inklusive der Personalisierung der Ergebnisse zu komplex. Für eine erste Analyse und die Betrachtungen der verschiedenen Rankings sowie des Klickverhaltens reichen die angezeigten Daten jedoch. Sie können hier im Vergleich von SEO und SEA noch einmal Ihre Keywords überprüfen und eventuell Keyword-Ideen hinzunehmen. Außerdem zeigen die Daten, wo es sinnvoll ist, das organische Ranking zu stärken und zusätzliche Anstrengung in SEO-Maßnahmen zu stecken.

10.7   Keyword-Bericht: Der wichtigste Bericht im AdWords-Konto

Der vielleicht wichtigste Bericht in Ihrem AdWords-Konto ist der sogenannte *Keyword-Bericht* oder *Bericht zu den Suchanfragen*. In diesem Bericht erfahren Sie,

welche Suchanfragen Ihre potenziellen Kunden wirklich in das Google-Suchfeld eingegeben haben. Auf diese Weise erhalten Sie einen tieferen Einblick in das Suchverhalten Ihrer Zielgruppe.

Sie finden diesen wichtigen Bericht an zwei Stellen im Konto: zum einen unter den
VORDEFINIERTEN BERICHTEN hinter dem Berichts-Icon beim Unterpunkt EINFACH
(siehe Abbildung 10.26). In Praxis rufen Sie den Bericht aber beim Unterpunkt
KEYWORDS in der mittleren Menüleiste auf, weil Sie in diesem Bereich öfters Anpassungen vornehmen oder Statistiken aufrufen.

Um einen Suchanfragenbericht zu erstellen, navigieren Sie also zunächst in der mittleren Menüleiste auf das Unterregister KEYWORDS und wählen dann im Kopfbereich
statt SUCHNETZWERK-KEYWORDS den Unterpunkt SUCHBEGRIFFE aus (siehe Abbildung 10.30). Die Statistik zeigt die Suchbegriffe zu den Kampagnen oder Anzeigengruppen, die Sie aktuell ausgewählt haben (siehe Angabe im schwarzen Header) und
mit Bezug auf den Zeitraum, der rechts oben angegeben wird.

Manchmal kommt es jedoch vor, dass nur wenige Keywords interessant sind oder
dass nur ein einziges, häufig gesuchtes Keyword für Ihre Analyse wichtig ist. In diesem Fall markieren Sie zunächst ein ❶ oder auch mehrere Keywords per Checkbox
und klicken dann in der blauen Leiste auf SUCHBEGRIFFE ❷. Nun erhalten Sie nur
den Bericht mit den Suchanfragen zum ausgewählten Keyword oder zur Keyword-
Gruppe.

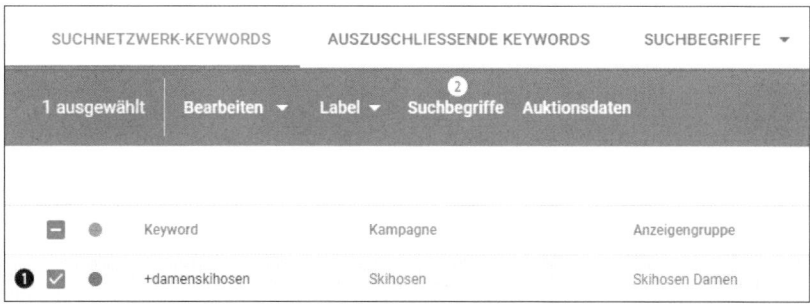

Abbildung 10.30 Bericht zu den Suchbegriffen unter »Keywords«

Nach der Aktivierung der Auswahl erhalten Sie den Suchanfragenbericht, der in der
ersten Spalte die wirklichen Suchanfragen zeigt, die auf Grundlage der Keyword-Vor-
gaben eine Anzeigenschaltung ausgelöst haben. Auch die Darstellung dieser Tabelle
können Sie über das Berichtsspalten-Icon und die Auswahl SPALTEN ANPASSEN verändern. Wir empfehlen Ihnen auf jeden Fall, noch eine weitere Spalte mit der Bezeichnung KEYWORD in den Bericht aufzunehmen. Diese Spalte finden Sie unter AT-
TRIBUTE. Platzieren Sie die Spalte KEYWORD per Drag & Drop möglichst weit vorne in
Ihrem Bericht. Auf diese Weise können Sie mit einem Blick den gesuchten Begriff und

das zugehörige Keyword erfassen und vergleichen. Sie werden schnell erkennen, wie Google mit den verschiedenen Keyword-Optionen umgeht, denn Sie sehen direkt, welche Suchbegriffe bei welcher Keyword-Option eine Anzeigenschaltung ausgelöst haben.

In dem Beispielbericht aus Abbildung 10.31 sehen Sie eine kleine Auswahl an Suchbegriffen, die zu unserem weitgehend passenden Beispiel-Keyword *damenskihosen* mit vorangestelltem Modifizierer eine Anzeige ausgelöst haben. In unserem kleinen Ausschnitt aller Suchanfragen zum Thema Damenskihosen erkennen Sie schon, wie stark die Suchanfragen variieren. Google ordnet dem vorgegebenen Keyword verschiedene Suchanfragen zu. Es gibt Suchanfragen zu Größen, zu bestimmten Farben oder zu Marken. Aber auch Tippfehler lösen eine Anzeigenschaltung aus. Falls Sie in diesen Suchanfragen unpassende Anfragen oder auch besonders gute Keyword-Phrasen entdecken, dann wären dies wichtige Erkenntnisse aus dem Suchanfragebericht, die Sie zur Optimierung Ihrer AdWords-Kampagne nutzen sollten. Die zwei grundsätzlichen Wege stellen wir Ihnen in den nächsten beiden Abschnitten vor.

	Suchbegriff	Keyword-Option	Hinzugefügt/Ausgeschlos
	Gesamt: Gefilterte Suchbegriffe		
☐	damenskihosen gr 52	Passende Wortgruppe	Keine Angabe
☐	guenstie damenskihosen	Passende Wortgruppe	Keine Angabe
☑	jetset damenskihosen	Passende Wortgruppe	Keine Angabe
☐	ochnersport damenskihosen	Passende Wortgruppe	Keine Angabe
☐	weiße damenskihosen	Passende Wortgruppe	Keine Angabe
☐	damenskihosn	Genau passend (ähnliche Variante)	Keine Angabe

Abbildung 10.31 Keyword-Bericht zu ausgewähltem Keyword

10.7.1   Keywords ausschließen – negative Keywords nutzen!

Der Suchanfragen-Bericht liefert grundsätzlich zwei Erkenntnisse, die in verschiedene Richtungen weisen. Zunächst einmal geht es darum, unpassende Suchanfragen zu finden und somit die Keywords zu eliminieren, die nicht zum Produkt oder zur Dienstleistung passen. Falsche Suchbegriffe haben neben unnötigen Klickkosten den Effekt, dass insgesamt die Klickrate sinkt, weil der Suchende seine Anfrage bzw. die Antwort auf seine Frage nicht im Text der Anzeige wiederfindet. In unserem Beispiel aus Abbildung 10.31 wäre »jetset damenskihose« eine Suchanfrage, die vielleicht nicht richtig zu den Produkten aus unserem Webshop passt. Diese Suchanfrage müsste für die Zukunft ausgeschlossen werden. Sie können nun aus dem Suchanfragenbericht heraus das falsche Keyword per Klick markieren und oberhalb des Berichtes auf den Button Als auszuschliessendes Keyword hinzufügen klicken. Danach kann dieses Keyword entweder auf Anzeigengruppenebene oder auch auf Kampagnenebene ausgeschlossen werden. Außerdem kann es direkt in eine vorhandene Liste mit negativen Keywords übernommen werden.

Das große Problem besteht jedoch darin, dass Google markierte Suchbegriffe nur *genau passend* ausschließen möchte (siehe Abbildung 10.32). Ein genau passender Ausschluss hat aber den Nachteil, dass zusätzlich noch alle möglichen Varianten rund um den Begriff, der ausgeschlossen werden soll, hinzugefügt werden müssen. In unserem Beispiel würden wir mit dem Ausschluss des Begriffes *jetset* die meisten Suchanfragen rund um dieses Thema ausschließen. Ein exakter Ausschluss der Suchanfrage *jetset damenskihosen* würde jedoch zukünftig nur exakt diese Suchanfrage ausschließen. Falls eine andere Anfrage beispielsweise dann *goldene jetset damenskihosen* lautet, so würde die Anzeige wieder ausgelöst. Dies kann man nur durch einen *weitgehend passenden* Ausschluss verhindern, wobei am besten auch noch zusätzliche Begriffe rund um das Thema sowie Falschschreibweisen zugefügt werden sollten.

Aus diesem Grund ist der genau passende Ausschluss aus dem Suchbericht heraus nicht zu empfehlen. Besser ist es, die komplette Liste der Suchanfragen herunterzuladen und in einem Editor so zu bearbeiten, dass nur noch die einzelnen negativen Begriffe übrig bleiben, die zukünftig möglichst viele Suchanfragen ausschließen. Diese bereinigte Liste wird dann zu der Keyword-Liste mit auszuschließenden Keywords hinzugefügt.

Als auszuschließendes Keyword hinzufügen zu:		
◯ Anzeigengruppe		
◉ Kampagne		
◯ Liste mit auszuschließenden Keywords		
Auszuschließendes Keyword	Kampagne	Anzeigengruppe
[jetset damenskihosen]	Skihosen	Skihosen Damen

Abbildung 10.32 Unpassendes Keyword ausschließen

10.7.2   So helfen Ihre Besucher mit neuen Keyword-Ideen

Der Bericht mit den Suchanfragen hilft jedoch auch in positiver Weise. Schauen wir uns dazu noch einmal unser Ergebnis an. Zum vorgegebenen Keyword *damenski-hosen* verzeichnet der Bericht auch viele Anfragen, in denen nach *damenskihose pink* gesucht wurde (siehe Abbildung 10.33). Hier scheint es einen Bedarf zu geben. In dieser Erkenntnis liegt der zukünftige Ansatz zur Optimierung.

In unserem kleinen Beispiel müsste nun eine eigene Anzeigengruppe zum Thema »Pinke Damenskihosen« erstellt werden – und natürlich zusätzlich zu allen anderen beliebten Farben. Alle Keywords der Anzeigengruppe drehen sich dann jeweils nur um dieses eine Thema, und in der Anzeige werden speziell die einzelnen Farben für Damenskihosen beworben. Vielleicht gibt es sogar noch eine besondere Angebots-aktion zu diesen Produkten?

Zusätzlich würde eine Anzeige natürlich direkt auf die spezielle Unterseite zu der je-weiligen Farbe der Damenskihose verlinken. Auf diese Weise kann man in Zukunft einen großen Teil der vorhandenen Nachfrage auf die eigene Webseite lenken. Die CTR und auch der Qualitätsfaktor für die neue Anzeigengruppe werden wahrschein-lich viel besser sein als die aktuellen Werte.

Abbildung 10.33 Neue Keyword-Idee aus dem Suchbericht extrahieren

Analog zu diesem Beispiel sollten Sie nun regelmäßig zu Ihren Kampagnen Berichte mit Suchanfragen aufrufen, diese durchsuchen und dann neue Anzeigengruppen zu speziellen, häufig angefragten Themen erstellen – natürlich nur für die Anfragen, zu denen Sie auch passende Produkte oder Dienstleistungen anbieten.

Sie sollten also zukünftig mindestens einmal pro Monat Suchanfrageberichte erstel-len und analysieren. Dabei sollten Sie eine Liste mit Keywords erstellen, die Sie in Zukunft ausschließen können. Dadurch erhöhen Sie Ihre zukünftige Klickrate und verhindern unnötige Klicks auf Ihre Anzeige. Andererseits sollten Sie aber auch mit-hilfe der Berichte interessante Suchanfragen erkennen, für die Sie dann eigene An-zeigengruppen mit passenden Anzeigentexten und individuellen Landing-Pages erstellen. Nutzen Sie diesen Bericht. Er ist ein sehr wertvoller Helfer für jeden Ad-Words-Manager.

10.7.3   Welcher Bericht beantwortet meine Fragen?

Zum Abschluss haben wir in Tabelle 10.2 noch einige Beispiele für wichtige Fragestel-lungen aufgeführt und dahinter die passenden Berichtsformen aufgelistet, die dabei helfen, die Fragen zu beantworten.

Informationsbedarf/Fragestellung	Passende Berichte
Besteht eine Nachfrage nach meinen Produkten bzw. Dienstleistungen?	Bericht mit Angabe der Impressionen auf Kampagnen-, Anzeigengruppen- und Keyword-Ebene
Besteht Interesse an meinen Produkten bzw. Dienstleistungen?	Bericht mit Angabe der CTR auf Kampagnen-, Anzeigengruppen- und Keyword-Ebene
Lohnt sich die AdWords-Werbung?	Berichte zu Conversions, Conversion-Rate und Conversion-Wert auf allen Ebenen
Erreiche ich alle potenzielle Kunden zu meinen Keywords?	Kampagnenbericht mit Berichtsspalte zum Anteil der Impressionen im Suchnetzwerk oder Displaynetzwerk
Lohnen sich höhere Gebote, um mehr Kunden zu erreichen?	Bericht auf Keyword-Ebene mit Berichtsspalten zum Gebotssimulator
Welchen Qualitätsfaktor besitzen meine Keywords?	Bericht auf Keyword-Ebene mit Berichtsspalten zum Qualitätsfaktor
Zu welchen Zeiten erreiche ich die meisten Besucher über AdWords?	Unter VORDEFINIERTE BERICHTE den Bericht ZEIT • TAGESZEIT aufrufen
An welchen Wochentagen erreiche ich die meisten Besucher über AdWords?	Unter VORDEFINIERTE BERICHTE den Bericht ZEIT • WOCHENTAG aufrufen
Aus welchen Regionen und Orten erhalte ich die meisten Kundenanfragen?	Unter VORDEFINIERTE BERICHTE den Bericht ZIELREGION • NUTZERSTANDORTE aufrufen
Funktioniert die Werbung besser über PC, Tablet oder Smartphone bzw. welchen Anteil am Erfolg haben die einzelnen Endgeräte, die die Werbung ausliefern?	Standardbericht mit Leistungskennzahlen aufrufen und über das Segment-Icon nach GERÄT gruppieren
Funktioniert die Werbung im Partnernetzwerk genauso gut wie bei der Google-Suche?	Standardbericht mit Leistungskennzahlen aufrufen und über den Button SEGMENT nach NETZWERK (MIT WEBSITES DES SUCHNETZWERKS) gruppieren

Tabelle 10.2 Informationsbedarf und passender Bericht im AdWords-Konto

10

Informationsbedarf/Fragestellung	Passende Berichte
Funktioniert die AdWords-Werbung auf einer Top-Position besser als auf den anderen Anzeigepositionen?	Standardbericht mit Leistungskennzahlen aufrufen und über Segment-Icon nach OBERE POSITION IM VERGLEICH ZU ANDEREN gruppieren

Tabelle 10.2 Informationsbedarf und passender Bericht im AdWords-Konto (Forts.)

10.8   Fazit

In diesem Kapitel haben Sie gelernt, wie Sie in Ihrem AdWords-Konto interessante Statistiken erstellen können. Wir haben verdeutlicht, wie wichtig die Informationen zu den Conversions für jeden AdWords-Manager sind. Nutzen Sie in jedem Fall die verschiedenen Möglichkeiten, um individuelle Berichte zu erstellen, die Ihre Fragen beantworten. Mithilfe der Berichte können Sie das Verhalten Ihrer Zielgruppe besser verstehen und zukünftig die AdWords-Kampagnen noch genauer auf diese Gruppe ausrichten.

Wir haben Ihnen mit dem Bericht zu den Suchanfragen auch den wichtigsten Bericht im AdWords-Konto vorgestellt. Sie wissen nun, wie Sie diesen Bericht in zweifacher Hinsicht für sich nutzen können. Sie haben mit diesem Bericht zum einen ein Tool, um negative Keywords zu ermitteln, und zum anderen eine Statistik, die aufzeigt, welche Anfragen häufig gestellt worden sind. Sie haben in diesem Kapitel gesehen, dass die Berichte keinen Selbstzweck erfüllen, sondern Ihnen vor allem helfen sollen, Ihre Anzeigen weiter zu optimieren, indem Sie Ihre AdWords-Kampagnen sehr zielgerichtet auf potenzielle Neukunden ausrichten.

10.9   Checkliste

Gute Berichte bzw. Reports sind eine wichtige Grundlage zur Optimierung Ihrer Kampagnen. Nutzen Sie die Möglichkeiten des AdWords-Kontos.

Wichtige Vorbereitung für gute AdWords-Reports	Erledigt (✓)
Conversion-Tracking einrichten	
AdWords und Analytics verknüpfen	
AdWords und Google Search Console (früher: Webmaster-Tools) verknüpfen	

Tabelle 10.3 Berichte in AdWords – Checkliste

Wichtige Vorbereitung für gute AdWords-Reports	Erledigt (✓)
Spalten zur Analyse der Conversion-Daten hinzufügen	
Wichtige Kennzahlen für die einzelnen Ebenen hinzufügen	
Berichtstemplates anlegen	
Segmentierungen hinzufügen	
Automatisierte Berichte anlegen	
Zusätzliche Kontoanalyse über das Register VORDEFINIERTE BERICHTE nutzen	
Monatliche Auswertung des Suchanfragen-Berichts	

Tabelle 10.3 Berichte in AdWords – Checkliste (Forts.)

10

Kapitel 11
Google Analytics

Die in AdWords integrierten Mess- und Optimierungstools sind sehr hilfreich, zugleich aber in ihrem Umfang limitiert. Ein Maximum aus den Kampagnen herauszuholen, gelingt Ihnen erst beim zusätzlichen Einsatz eines Webanalyse-Tools wie Google Analytics.

Das Conversion-Tracking, das wir in Kapitel 10 vorgestellt haben, ist eine praktische Möglichkeit, um AdWords-Kampagnen nicht nur nach ausgelieferten Klicks, sondern darüber hinaus auch nach messbaren Zielen wie qualifizierten Leads (beispielsweise versendete Anfrageformulare) oder verbindlichen Bestellungen in einem Online-Shop zu bewerten. Sie wollen schließlich mit AdWords nicht nur die Besucherfrequenz auf Ihrer Webseite erhöhen und den Umsatz von Google steigern, sondern vor allem Neukunden für die beworbenen Produkte oder Dienstleistungen gewinnen.

Viele dieser Neukunden *konvertieren* jedoch nicht sofort nach dem ersten Klick auf eine Anzeige, und nicht immer muss eine erfolgreiche AdWords-Kampagne primär in einem Formularversand oder einer unmittelbaren Online-Bestellung gipfeln. Es ist daher nicht weniger wichtig, sogenannte *Micro Conversions* in Ihre Erfolgsmessung mit einzubeziehen. Und genau an dieser Stelle knüpfen Sie mit der Verwendung eines Webanalyse-Tools an, wenn die AdWords-internen Mess- und Optimierungstools bei folgenden Fragestellungen an ihre Limits stoßen:

▶ Wie lange bleiben über AdWords generierte Besucher auf meiner Webseite?

▶ Welche Seiten werden von meinen Kampagnenbesuchern nach ihrem Einstieg auf der Landing-Page noch besucht?

▶ Bei welchen Themen und Keywords passt die Zielseite eventuell nicht zur Erwartungshaltung der Besucher und sorgt somit für sofortige Absprünge?

▶ Wie viele Klicks auf ein Video, einen Button oder einen PDF-Download konnten über meine Kampagne generiert werden?

Das heißt, ein Webanalyse-Tool in Kombination mit Ihren AdWords-Kampagnen liefert all jene wertvollen Informationen darüber, was unmittelbar *nach dem Klick* auf die Anzeigen passiert.

Neben diesen erweiterten Leistungsdaten zur Webseitenbenutzung ist auch noch der folgende Faktor ein maßgebliches Argument, warum Sie Ihre Kampagnen mithilfe eines Webanalyse-Tools auswerten und optimieren sollten. Schließlich werden Sie ja auch an der Beantwortung dieser Frage interessiert sein: »Wie verhält sich der Kampagnen-Traffic im Gesamtkontext aller Besucherquellen meiner Webseite?«

AdWords ist zugegebenermaßen eine sehr effiziente Möglichkeit zur Gewinnung von Webseitenbesuchern und potenziellen Neukunden. Bezahlte Suchmaschinen-werbung wird jedoch meist nur eines von vielen »Puzzleteilen« in Ihrer professionellen Onlinemarketing-Strategie sein. Unterschiedliche Kampagnen und Maßnahmen beeinflussen sich nachweislich gegenseitig, weshalb es nicht richtig wäre, auch im fortgeschrittenen Optimierungsprozess ausschließlich durch die »AdWords-Brille« zu blicken. Mithilfe eines Webanalyse-Tools können Sie also auf die Wechselwirkungen Ihrer SEA-Kampagnen beispielsweise mit organischem Suchmaschinen-Traffic, Displaynetzwerk-Kampagnen oder Social-Media-Aktivitäten näher eingehen.

Nachdem wir Ihnen die Notwendigkeit eines Webanalyse-Tools als Basis für sämtliche fortgeschrittene Mess- und Optimierungsabläufe nicht nur schmackhaft gemacht, sondern hoffentlich auch als unabdingbar präsentiert haben, gehen wir nun darauf ein, welche konkreten Tools diese Aufgaben bestmöglich erfüllen und wie Sie diese Werkzeuge in der Praxis einsetzen.

11.1   Webanalyse mit Google Analytics

Die Auswahl des Tools gestaltet sich fürs Erste sehr einfach. Wie es der Kapitelname bereits unmissverständlich verrät, werden wir primär auf das Webanalyse-Tool Google Analytics eingehen (siehe Abbildung 11.1). Dieses bringt unter anderem folgende Alleinstellungsmerkmale und Vorteile mit sich:

- ▶ »hauseigenes« Google-Produkt für eine einfache und nahtlose Integration aller Traffic- und kostenrelevanten Kampagnendaten
- ▶ umfangreiche vorgefertigte AdWords-Kampagnenberichte
- ▶ benutzerdefinierte Berichterstellung für AdWords-Daten
- ▶ Besucher- und Kampagnenanalysen in Echtzeit
- ▶ E-Commerce und Ereignis-Tracking
- ▶ kostenlos verfügbar[1]

---

1 Das gilt für das Standardprodukt *Google Analytics*. Eine kostenpflichtige Premiumversion mit umfangreicheren Analyse-Tools und erweiterten Support- und Garantieleistungen ist darüber hinaus verfügbar.

Einige alternative Tools stellen wir Ihnen der Vollständigkeit halber am Ende dieses Kapitels vor. Vorab sei erwähnt, dass diese weiteren, selbstverständlich ebenfalls allesamt professionellen Webanalyse-Werkzeuge in der Kombination aus Integrationstiefe und Preis/Leistung nur schwer mit dem Google-eigenen Analyseinstrument mithalten können. Individuelle Unterschiede und Vorteile einzelner weiterer Anbieter werden wir dennoch kurz aufzeigen.

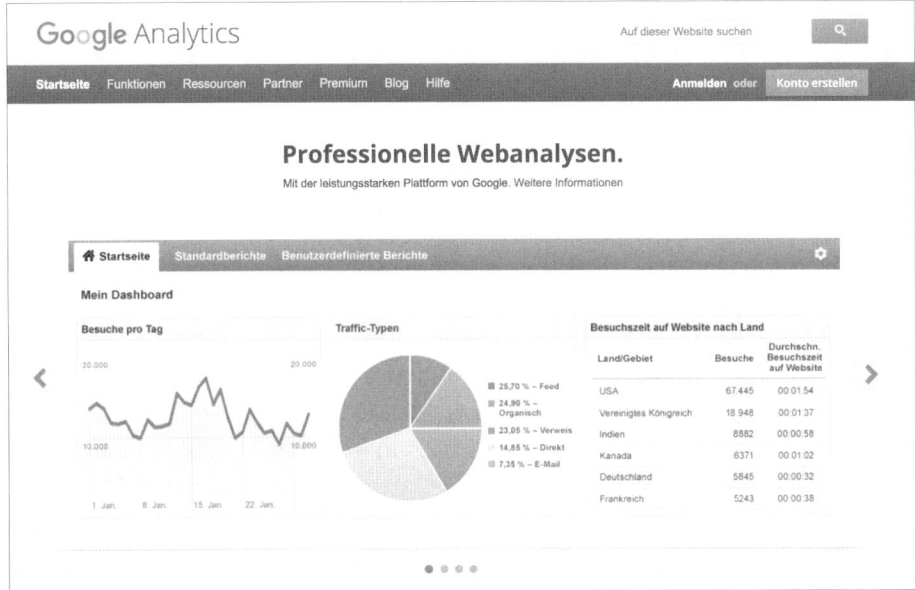

Abbildung 11.1 Professionelle Webseiten- und Kampagnenanalysen mit dem kostenlosen Tool »Google Analytics«

11.1.1   Einstieg in Google Analytics

Um mit der Nutzung von Google Analytics zu beginnen, klicken Sie entweder in der Navigation Ihres AdWords-Kontos auf das Werkzeugsymbol am oberen Bildschirmrand und dann in dem sich öffnenden Menü unter MESSUNG auf GOOGLE ANALYTICS oder Sie geben die folgende Adresse in Ihren Browser sein:

https://www.google.de/intl/de/analytics

Da wir davon ausgehen, dass Sie an dieser Stelle – weil es auch für die Verwendung von AdWords obligatorisch ist – bereits über ein Google-Konto verfügen, überspringen wir dessen Erstellung und wenden uns gleich jenen Details zu, die Sie nach einem erfolgreichen Login erwarten.

Sofern Sie mit Ihrem Google-Konto erstmalig in Analytics einsteigen und noch keinen Zugriff auf andere Analysekonten haben, erwartet Sie der Assistent aus Abbildung 11.2 zur initialen Kontoeinrichtung. In Ihrem *Analytics-Konto* können Sie anschließend einen oder mehrere Tracking-Codes in sogenannten *Properties* erstellen um diese später in beliebig vielen *Datenansichten* auszuwerten, die Tool-intern auch als *Views* bezeichnet werden.

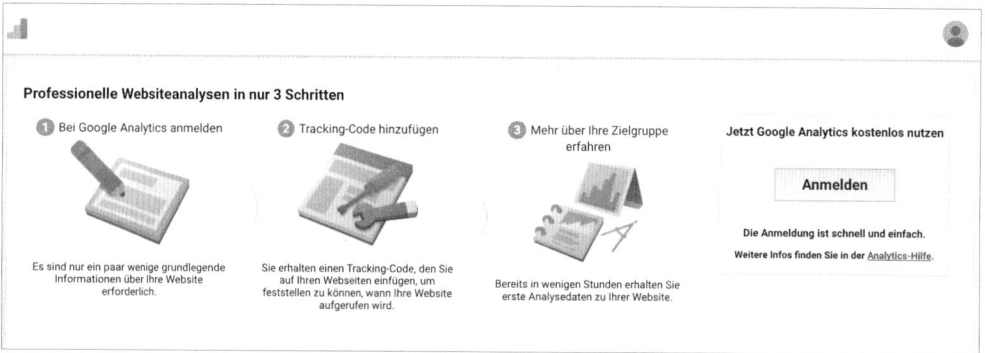

Professionelle Websiteanalysen in nur 3 Schritten

1 Bei Google Analytics anmelden

2 Tracking-Code hinzufügen

3 Mehr über Ihre Zielgruppe erfahren

Jetzt Google Analytics kostenlos nutzen

Anmelden

Die Anmeldung ist schnell und einfach.
Weitere Infos finden Sie in der Analytics-Hilfe.

Es sind nur ein paar wenige grundlegende Informationen über Ihre Website erforderlich.

Sie erhalten einen Tracking-Code, den Sie auf Ihren Webseiten einfügen, um feststellen zu können, wann Ihre Website aufgerufen wird.

Bereits in wenigen Stunden erhalten Sie erste Analysedaten zu Ihrer Website.

Abbildung 11.2 Ihr Analytics-Konto ist nach wenigen Schritten einsatzbereit.

Zunächst sehen wir uns aber erst einmal an, worauf Sie bei der Kontoeinrichtung mindestens achten müssen und wie die weiteren Schritte aussehen, bis Sie Ihren individuellen Analytics-Tracking-Code erhalten. Dessen Erstellung und sein korrekter Einbau in Ihre Webseite ist die Basis dafür, um – erfreulicherweise schon wenige Stunden nach der Implementierung – Traffic-Daten in den Analytics-Berichten angezeigt zu bekommen.

Wenn Sie ein neues Konto ertsellen, um Ihre Webseite zu tracken (das alternative Tracking von Mobile Apps lassen wir an dieser Stelle außen vor), erfragt Google von Ihnen zunächst die folgenden Informationen (siehe Abbildung 11.3):

▶ **Kontoname** (erforderlich): Wählen Sie eine sprechende, eindeutige Bezeichnung für Ihr Analytics-Konto. Beachten Sie dabei, dass zu einem späteren Zeitpunkt eventuell auch weitere Nutzer darauf Zugriff haben, und vermeiden Sie generische Namen wie beispielsweise »Meine Webseiten«, »Alle Konten« oder »Kundenkonto 01«.

▶ **Websitename** (erforderlich): Jeder einzelne Tracking-Code ist einer Property im Analytics-Konto zugeordnet. Deren Name ist somit idealerweise eindeutig der Webseite zuzuordnen, auf der der Tracking-Code eingebaut ist. Dabei ist es möglich, aber nicht zwingend nötig, als Property-Namen einfach die (Sub-)Domain der erfassten Webseite oder Landing-Page zu verwenden.

▶ **Website-URL** (erforderlich): Die korrekte Eingabe der Website-URL ist an dieser Stelle unter anderem auch deshalb wichtig, um später die in den Content-Berichten integrierten Hyperlinks für weitere Analysen direkt anklicken zu können.

▸ **Branche** (optional): Wählen Sie hier eine Kategorie, die am besten dem Themenbereich und Zweck Ihrer Webseite zuzuordnen ist. Diese optionale Information nutzt Google vor allem zu internen Benchmarking-Zwecken, auf die wir in Kürze bei den Datenfreigabeeinstellungen noch näher eingehen werden.

▸ **Zeitzone für Berichte** (erforderlich): Eine sehr wichtige Entscheidung treffen Sie an dieser Stelle vor allem dann, wenn Sie eine internationale Kampagnenstrategie verfolgen. Nicht immer ist die Zeitzone, von der aus Sie Ihre Webseite betreiben und Ihre Anzeigen schalten, auch jene, in der sich Ihre potenziellen Webseitenbesucher und Neukunden zum Zeitpunkt ihrer Online-Recherchen befinden. Wählen Sie hier die passende Bericht-Zeitzone, und stimmen Sie diese unbedingt mit der in AdWords gewählten Zeitzone ab. Das ist vor allem dann unerlässlich, wenn Sie fortgeschrittene Analysen und Optimierungen auf Tageszeitenbasis verfolgen möchten.

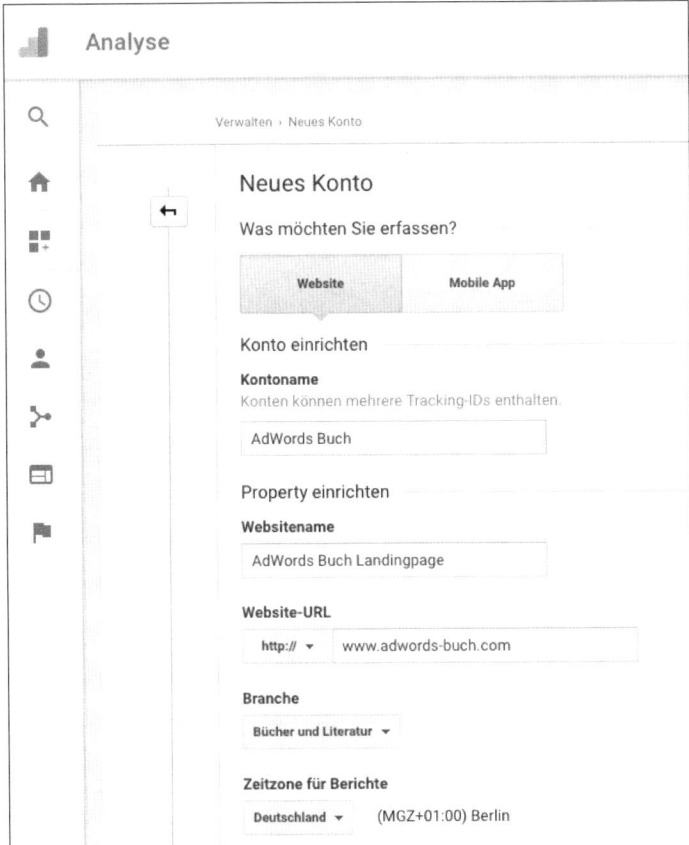

Abbildung 11.3 Wenige Informationen genügen bei der initialen Einrichtung Ihres Analytics-Kontos.

Mittlerweile hat Google 100 % aller Properties auf *Universal Analytics* umgestellt und empfiehlt Nutzern mit bereits vorhandenen älteren Analytics-Setups dringend ein Upgrade.

Was genau ist Universal Analytics?

Nach einer mehrmonatigen Beta-Phase wurde Universal Analytics im April 2014 – endlich – offiziell veröffentlicht:

https://analytics.googleblog.com/2014/04/universal-analytics-out-of-beta-into.html

Neben einem neuen, kompakteren und gleichzeitig leistungsfähigeren Tracking-Code als einer der augenscheinlichsten Änderungen für Webmaster und erweiterten Konfigurationsmöglichkeiten steht ein User-zentrierter Analyseansatz hinter der neuen Art und Weise, wie Google Web Analytics definiert.

Da heutige Konsumenten über mehr als ein Gerät ins Internet einsteigen, indem sie beispielsweise Desktop-PCs, Tablets und Smartphones abwechselnd oder zeitweise sogar parallel nutzen, ist es nur richtig, Analysen nicht nur basierend auf Sitzungen und Cookies anzustellen, sondern sich zum Ziel zu setzen, den User geräteübergreifend bestmöglich zu erfassen. Universal Analytics unterstützt hier über die *Nutzer-ID*-Technologie bereits erste Funktionen, um individuelle Nutzer geräteübergreifend in ihrer *Customer Journey* erfassen zu können.

Das geht so weit, dass über das ebenfalls neue *Measurement Protocol* beispielsweise in einem lokalen Geschäft getätigte Einkäufe über Kundenkarten einzelnen Usern von Website oder Online-Shop zugeordnet werden können. So würde Analytics nicht nur deren unmittelbar über AdWords generierten Online-Umsatz einer speziellen Kampagne zuweisen können, sondern es kann auch einen Offline-Kauf in einem späteren Zeitraum in die Bewertung des *Customer Lifetime Value* mit einfließen lassen. Wie wir bereits in Kapitel 2, »Google-AdWords-Vorbereitung«, beschrieben haben, lassen sich in Ihrem AdWords-Konto solche Offline-Conversions bereits importieren. Google beweist hier wieder einmal einen hohen Innovationsgrad, um künftig nicht »Klicks« und »Cookies«, sondern vielmehr die Webseiten-Nutzer und Kunden selbst in den Vordergrund der Analysen zu stellen.

Im unteren Bereich der Kontoeinrichtung finden Sie weitere Datenfreigabeeinstellungen. Google überzeugt Sie zunächst davon, dass alle Analytics-Daten in Ihrem Konto vertraulich behandelt werden. Das lassen wir erst mal so stehen, denn auf das Thema Datenschutz in Verbindung mit Webanalyse-Tools im Allgemeinen sowie Google Analytics im Speziellen werden wir später im Kapitel noch näher eingehen.

Bei der Einrichtung des Kontos finden Sie vier Checkboxen mit unterschiedlichen Datenfreigaben vor, von denen vor allem die erste wichtig für die Zusammenarbeit mit AdWords ist (siehe Abbildung 11.4):

▶ GOOGLE-PRODUKTE UND -DIENSTE: Wollen Sie ein reibungsloses Zusammenspiel weiterer Google-Produkte – zu denen auch die hier relevanten AdWords und beispielsweise auch AdSense zählen – mit Analytics, stimmen Sie dieser Freigabe unbedingt durch Markieren der Checkbox zu.

▶ BENCHMARKING: Diese Freigabe erlaubt es Google, über die reine Integration mit anderen hauseigenen Tools und Produkten hinaus, durch anonymisierte Methoden Benchmarks zu erstellen. Zu diesem Zweck kommt auch die zuvor genannte optionale Branchenkategorie zum Einsatz. So hat Google beispielsweise die Möglichkeit, einen Vergleich aller der Branche »Reisen« zugeordneten Analytics-Properties hinsichtlich diverser On-Page-Kennzahlen oder Conversion- und E-Commerce-Daten auf nationaler oder internationaler Basis anzustellen. Möchten Sie Ihre Daten hiervon ausnehmen, lassen Sie diese zweite Checkbox deaktiviert. Auf die Funktion von Google Analytics im Zusammenspiel mit AdWords hat dies keinerlei negative Auswirkungen.

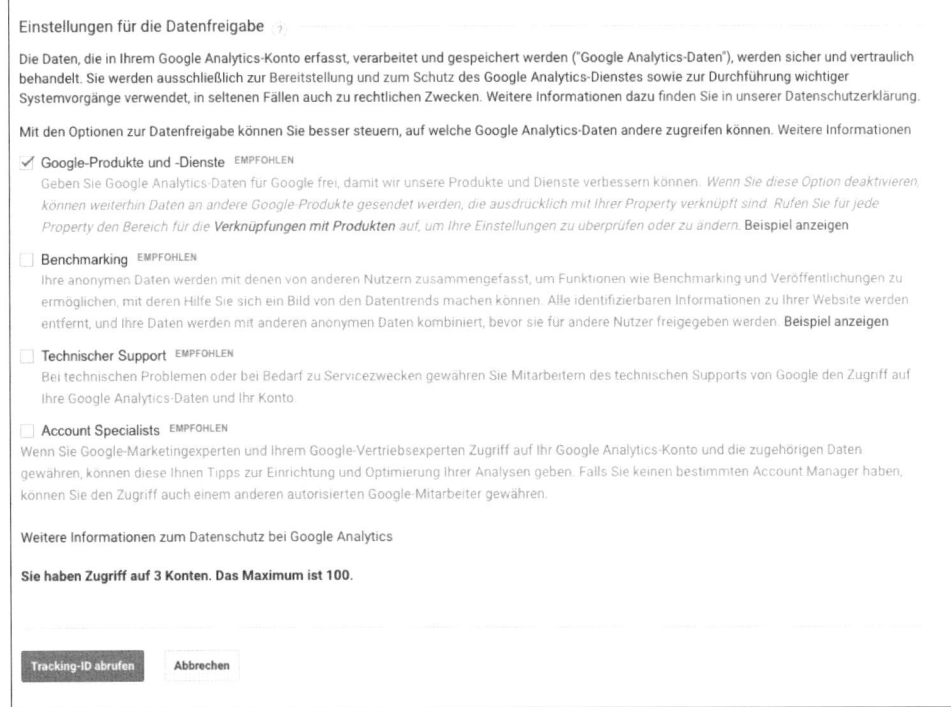

Abbildung 11.4 Genau hinschauen heißt es bei den Datenfreigabeeinstellungen, denn nicht alle Freigaben sind unbedingt nötig.

▶ TECHNISCHER SUPPORT: Diese dritte Checkbox muss nur dann markiert werden, wenn Sie Unterstützung vom Analytics-Support zur Klärung von Problemen mit dem Konto benötigen. Unsere Empfehlung ist, auch dies zunächst deaktiviert zu lassen und diese Freigabe nur zu erteilen, wenn es einen konkreten Anlass gibt – was bei den meisten Lesern recht unwahrscheinlich sein bzw. selten vorkommen dürfte.

▶ ACCOUNT SPECIALISTS: Die vierte und letzte Datenfreigabeeinstellung würde Ihr Konto bei Google nicht nur für Analytics-, sondern auch für AdWords-Mitarbeiter öffnen. »Marketing- und Vertriebsexperten geben Ihnen Tipps zur Optimierung« wird diese Freigabe recht blumig umschrieben. Unsere Empfehlung lautet, auch diese Checkbox nicht zu markieren. Eine Aktivierung könnte zur Folge haben, dass Sie – ungewünscht und unaufgefordert – kontaktiert werden, um »neue Möglichkeiten« bei AdWords kennenzulernen und damit einhergehend wohl auch unmittelbar höhere Ausgaben bei Google zu generieren. Wir möchten davon ausgehen, dass Sie als Leser dieses Buches das Potenzial des AdWords-Werbeprogrammes mittlerweile sehr gut kennen und somit nicht unbedingt auf das Google-Vertriebsteam angewiesen sind, um die für Sie idealen Kampagnenstrategien und Werbe-Tools zu nutzen.

Haben Sie diese wesentlichen Konto- und Datenfreigabeeinstellungen getroffen und die Nutzungsbedingungen akzeptiert, können Sie fortfahren und Ihren individuellen Tracking-Code abrufen.

11.1.2   Der Tracking-Code

Einer der Vorteile von Universal Analytics ist ein im Unterschied zu den älteren synchronen und asynchronen Skripten sehr kompakter Code für das Standard-Tracking. Listing 11.1 zeigt ein Beispiel, wie dieser Code neuerdings grundlegend aufgebaut ist:

```
<!-- Global site tag (gtag.js) - Google Analytics -->
<script async src="https://www.googletagmanager.com/gtag/js?id=UA-54516992-
1"></script>
<script>
  window.dataLayer = window.dataLayer || [];
  function gtag(){dataLayer.push(arguments);}
  gtag('js', new Date());

  gtag('config', 'UA-54516992-1');

</script>
```

Listing 11.1 Der Tracking-Code von Google Analytics

Google empfiehlt, den Tracking-Code in Ihrem zentralen Webseiten-Template am Seitenanfang (unmittelbar vor dem schließenden </head>-Tag) so zu platzieren, dass jede einzelne Unterseite diesen Code korrekt aufrufen kann. Vereinfacht gesagt, lädt das oben gezeigte Skript zunächst den Google-Analytics-Tracking-Code, um anschließend ein Tracking-Objekt für die mit »UA-« beginnende Tracking-ID zu erzeugen. Schließlich wird ein Seitenaufruf (Pageview) für die Seite aufgezeichnet, die den Code erzeugt.

Bitte beachten Sie, dass in Ihrem individuellen Tracking-Code anstelle des oben genannten XXXX eine mehrstellige Konto-ID zu finden sein wird. Diese Konto-ID ergibt mit dem vorangestellten UA- und dem nachfolgenden -1 (bzw. -2, -3, -n für weitere Properties) die vollständige Tracking-ID der Web-Property.

Wenn Sie an weiterführenden Informationen zum *analytics.js*-Skript von Universal Analytics interessiert sind, möchten wir Sie auf das *Google Developer Center* verweisen:

https://developers.google.com/analytics/devguides/collection/analyticsjs

Viele von Ihnen werden sich an dieser Stelle wohl damit begnügen, den Tracking-Code dem zuständigen Webmaster zur Verfügung zu stellen und einfach darauf zu vertrauen, dass dieser den Einbau rasch und unkompliziert erledigt. Nach dem Motto »Vertrauen ist gut, Kontrolle ist besser« möchten wir Ihnen aber noch schnell ein paar einfache Möglichkeiten nennen, um den korrekten Code-Einbau zu überprüfen:

▶ **Webseite, Variante 1**: Wenn Sie den Quellcode der zu analysierenden Seiten öffnen, muss an der zuvor genannten Stelle Ihr individueller Tracking-Code auffindbar sein. Dazu können wir Ihnen empfehlen, einfach eine Suche nach UA- durchzuführen. Oben haben Sie ja gelernt, dass diese eindeutige Zeichenfolge ein Teil der erforderlichen Tracking-ID ist und somit unbedingt im Code vorhanden sein muss.

▶ **Webseite, Variante 2**: Das Analytics-Tracking wird oft auch über entweder von Google (*Google Tag Manager*) oder von Drittanbietern bereitgestellte sogenannte *Tag Management Tools* implementiert. Das hat zur Folge, dass die erstgenannte manuelle Überprüfungsvariante nicht funktioniert, weil der standardmäßige Tracking-Code für Sie nicht offensichtlich im Code lesbar ist. In diesem Fall schaffen einfache Browsererweiterungen zur Tracking-Überprüfung Abhilfe. Für unsere Anforderungen ist beispielsweise der im folgenden Kasten kurz beschriebene *Tag Assistant* von Google ein willkommener Helfer, um bei von Webseiten richtig, falsch oder gar nicht aufgerufenen Tracking-Codes näher hinzuschauen.

▶ **Analytics-Berichte, Variante 1**: Wechseln Sie bei den Berichten in den Bereich ECHTZEIT, um die Funktion Ihres Tracking-Codes unmittelbar nach seinem Einbau zu überprüfen. Zeigen die Echtzeit-Reports nicht mindestens eine Besuchersitzung, obwohl Sie sich auf der auszuwertenden Webseite aufhalten, ist dies ein eindeutiger Hinweis auf einen fehlenden oder falsch implementierten Tracking-Code.

11

▶ **Analytics-Berichte, Variante 2:** Wenn Sie etwas geduldiger sind oder den Code-Einbau bereits mithilfe einer der zuvor genannten Varianten grundlegend überprüft haben, können Sie natürlich auch nach ein paar Stunden Wartezeit die normalen Analytics-Berichte aufrufen, um die ersten Daten abzurufen. Bleiben diese Berichte selbst nach mehr als 24 Stunden leer, ist auch das ein Hinweis, dass mit der Implementierung des Tracking-Codes etwas nicht stimmt.

Der Tag Assistant (by Google)

Eine kleine, aber feine und zudem kostenlose Erweiterung für Googles Chrome-Browser nennt sich *Tag Assistant*. Sie finden diesen Assistenten im Chrome Web Store unter folgender URL:

https://chrome.google.com/webstore/detail/tag-assistant-by-google/kejbdjndbnbjgmefkgdddjlbokphdefk

Einmal heruntergeladen und installiert, hilft er Ihnen beim Troubleshooting von unterschiedlichen Tracking-Codes vieler bekannter Google-Produkte. Neben dem hier vordergründig relevanten Check von Analytics-Tracking- und AdWords-Conversion-Codes können Sie mit ihm auch das Vorhandensein und die Funktion weiterer Codes (beispielsweise des Google Tag Managers, von Google AdSense oder von DoubleClick-Werbeprodukten) einfach und ohne Coding-Kenntnisse überprüfen.

Nachdem Sie sichergestellt haben, dass der Tracking-Code korrekt eingebaut wurde und die Berichte erste Besucherdaten zeigen, möchten wir Sie noch kurz mit den grundlegenden Verwaltungsmöglichkeiten von Analytics vertraut machen. Danach werden wir uns auf die AdWords-spezifischen Funktionen und Berichte konzentrieren.

11.1.3   Einstellungen im Analytics-Konto

Abbildung 11.5 bietet Ihnen einen kompletten Überblick über die Verwaltungsmöglichkeiten in Ihrem Analytics-Konto. Von links nach rechts aufgegliedert, finden Sie die Einstellungsmöglichkeiten jeweils für KONTO, PROPERTY und DATENANSICHT vor. In den zentralen Kontoeinstellungen finden Sie zum Beispiel die zuvor beschriebenen Datenfreigabeeinstellungen wieder, die Sie selbstverständlich auch jederzeit im Nachhinein bearbeiten können.

Ebenfalls in der Kontoverwaltung befindet sich der praktische ÄNDERUNGSVERLAUF. Dort haben Sie jeweils für die zurückliegenden 180 Tage im Überblick, welcher Nutzer an welchem Datum welche Änderungen im Konto durchgeführt hat. Das ist praktisch, wenn mehrere Nutzer über einen Kontozugriff verfügen, um damit beispielsweise individuelle Ziele, Datenansichten oder Filter zu verwalten. Für den Fall, dass sich solche Konfigurations-Updates auf Ihre AdWords-Berichte auswirken würden, könnten Sie so in jedem Fall deren Urheber und den Zeitpunkt bestimmen.

In der PROPERTY-Spalte finden Sie nicht nur Ihren Tracking-Code wieder, sondern auch die für Sie unmittelbar relevanten Menüpunkte zur AdWords-Verknüpfung. Auf Ebene der Datenansicht können Sie zum Beispiel deren Namen bearbeiten. Bei der grundlegenden Kontoeinrichtung vergibt Analytics für die erste Datenansicht standardmäßig die Bezeichnung ALLE WEBSITE-DATEN. Das ist insofern korrekt, als dass sie zunächst ungefiltert erstellt wird und somit tatsächlich alle Website-Daten beinhalten sollte. In der Praxis können Sie bei der Benennung mehrerer Datenansichten zur optimalen Unterscheidung wie in folgendem Beispiel vorgehen:

▶ webseite.com – Alle Daten (ungefiltert)

▶ webseite.com – AdWords-Traffic (Kampagnenfilter)

▶ webseite.com – Desktop/Tablet-Traffic (Gerätefilter)

▶ webseite.com – Smartphone-Traffic (Hostname-Filter)

▶ webseite.com – Backup

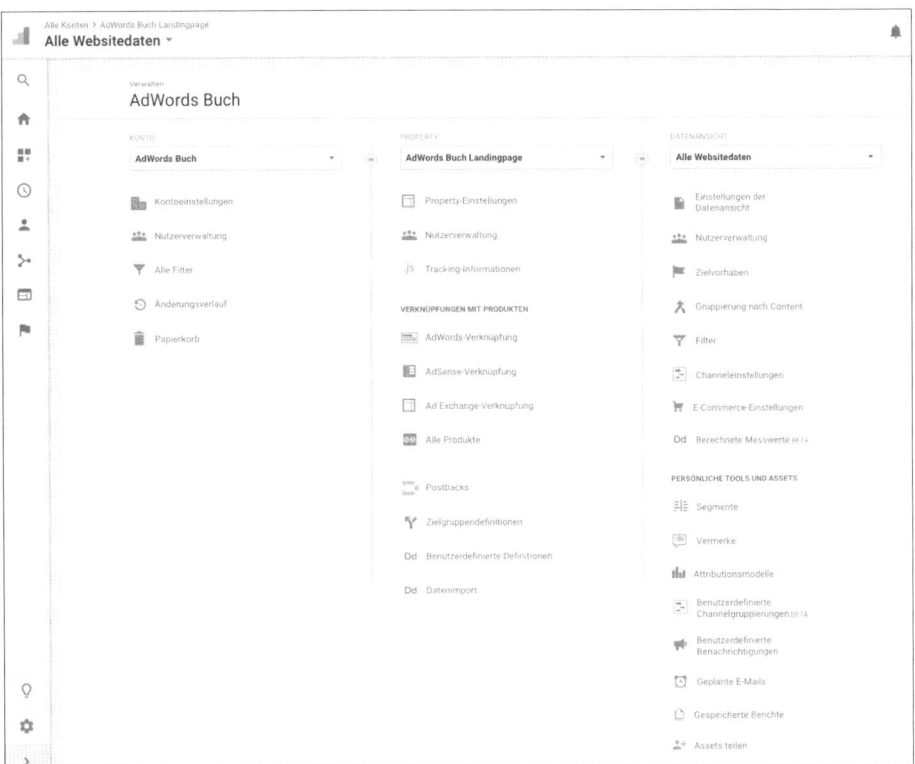

Abbildung 11.5 Die Verwaltung von Analytics-Konten im Überblick

Die Namen von Datenansichten sollten Sie in jedem Fall so wählen, dass diese – auch von allen weiteren Personen mit Einblick in die Analytics-Daten – schnell und jederzeit mithilfe der Suchfunktion erreicht werden können. Denken Sie dabei vor allem an Konten größerer Unternehmen oder Agenturen, in denen es schnell mal unübersichtlich werden kann, wenn dort Dutzende Datenansichten mit der Standardbezeichnung »Alle Website-Daten« erscheinen.

Neben den grundlegenden Einstellungen der Datenansicht werden die Bereiche FILTER und ZIELE unter dem Punkt ZIELVORHABEN im Verlauf dieses Kapitels noch eine weitere Rolle spielen.

11.2   Unbedingt beachten: Datenschutz und Analytics

In diesem Abschnitt möchten wir uns nicht lange mit der Grundsatzfrage befassen, ob Webanalyse-Tools wie Google Analytics »personenbezogene Daten« erfassen oder nicht.

Fakt ist, dass sehr viele Einzel- und Fachhändler über ihre ausgeklügelten Kundenkarten-Programme wohl mehr über Sie als individuelle Person wissen als Google mithilfe bloßer Webanalysedaten. Letztere sind in vielen Fällen nur einer IP-Adresse oder einem Browser, aber niemals einem bestimmten *Max Mustermann* zugeordnet. Wir verweisen hier gern auf das folgende Beispiel, wo es die US-Discounterkette Target tatsächlich geschafft hat, die Schwangerschaft eines Teenagers über das mit seiner Kundenkarte verbundene Kaufverhalten zu prognostizieren, noch bevor es die Eltern herausgefunden hatten:

https://www.forbes.com/sites/kashmirhill/2012/02/16/how-target-figured-out-a-teen-girl-was-pregnant-before-her-father-did/#38540a836668

Das gibt in jedem Fall zu denken. Selbst wenn wir uns an Universal Analytics und die zuvor erwähnten geräteübergreifenden Methoden mithilfe einer Nutzer-ID erinnern, sprechen wir bei Google von der Zuordnung mehrerer Geräte zu einer – nach wie vor anonymen – ID. Sobald Sie als Analytics-Nutzer oder Google selbst diese ID einem *Max Mustermann* zuweisen würde, wäre es ein klarer Verstoß gegen die vorliegenden Nutzungsbedingungen.

Das wichtige Thema Datenschutz in Verbindung mit Google Analytics darf an dieser Stelle keineswegs marginalisiert oder belächelt werden. Wir hoffen jedoch, dass wir Ihnen kurz ins Bewusstsein rufen konnten, dass Sie mit jedem Kundenkarten-Einkauf bei dm, IKEA & Co. wohl individuellere und mit jeder Menge – meist freiwillig bekannt gegebenen – persönlichen Daten angereicherte Spuren hinterlassen werden als bei Ihrer nächsten Online-Recherche. Lassen Sie uns in diesem Abschnitt unbedingt klären, auf welche Punkte Sie als Nutzer von Google Analytics in jedem Fall achten müssen, um für dessen ordnungsgemäßen Einsatz auf Ihrer Webseite zu sorgen und eventuellen diesbezüglichen Abmahnungen oder gar Strafen vorzubeugen.

An dieser Stelle möchten wir, bevor wir weiter ins Detail gehen, kurz festhalten, dass es für den datenschutzkonformen Einsatz von Google Analytics klare Regelungen gibt, die mit den Aufsichtsbehörden abgestimmt sind. Damit können Meldungen, dass der Einsatz von Analytics in Deutschland womöglich »illegal« oder gar »verboten« sei, klar entkräftet werden. Wir setzen natürlich voraus, dass Sie sich an die Vorgaben halten, die im hier verlinkten Artikel des Datenschutzbeauftragten und auf den folgenden Buchseiten beschrieben sind. Alle Vorgaben sind relativ einfach umzusetzen:

https://www.datenschutzbeauftragter-info.de/fachbeitraege/google-analytics-datenschutzkonform-einsetzen/

11.2.1   Nutzungsbedingungen und Vorgaben

Die deutschsprachigen Nutzungsbedingungen von Analytics stellt Google unter dieser URL bereit:

https://www.google.com/analytics/terms/de.html

Im Zuge der zuvor beschriebenen Kontoerstellung ist jeder Webmaster dazu verpflichtet, diese zu akzeptieren und die dort genannten erforderlichen Schritte zu implementieren, sobald er Analytics auf seinen Webseiten einsetzen möchte. Wir möchten hier speziell Paragraph 7 der Nutzungsbedingungen, »Datenschutz«, einmal hervorheben.

Tracking von personenbezogenen Daten

Bereits im ersten Satz ist folgende wichtige Passage zu finden:

> *»Sie werden keine Informationen an Google übermitteln anhand derer Google eine Person identifizieren könnte, noch werden Sie eine solche Übermittlung Dritten erlauben oder diese dabei unterstützen.«*

Namen und E-Mail-Adressen in Google Analytics zu übertragen (wie es sich zum Beispiel beim Tracking von E-Mail-Newslettern über das Hinzufügen von URL-Parametern anbieten würde), ist also ein absolutes Tabu. Als langjähriges Mitglied im internationalen Netzwerk Analytics-zertifizierter Partner (Details unter der URL *https://www.google.com/analytics/partners*) wissen wir aus Erfahrung, dass Google sofort bei Bekanntwerden solcher Fälle aktiv wird und die betroffenen Konten unmittelbar löscht. Dabei spielt es keine Rolle, ob Sie versehentlich für wenige Stunden oder ganz bewusst über einen längeren Zeitraum hinweg individuelle Daten an Google übertragen haben.

Informationspflicht auf der Webseite

Gleich danach geht Google auf die unbedingte Informationspflicht über den Einsatz von Analytics auf der Webseite ein:

> »Sie sind ferner verpflichtet, an prominenten Stellen eine sachgerechte Datenschutzerklärung vorzuhalten (und sich an diese zu halten). Sie sind dazu verpflichtet, den Einsatz von Google Analytics und wie es Daten erfasst und verarbeitet, offen zu legen.«

Das bedeutet nichts anderes, als dass Sie – offensichtlich für alle Webseiten-Besucher – aktiv darauf hinweisen müssen, dass Sie ein Webanalyse-Tool benutzen und welche Informationen dieses Tool im Zuge einer jeden Besuchersitzung (selbstverständlich anonymisiert) mitprotokolliert. Unsere Empfehlung ist, dass Sie diesen Hinweis nicht in den ebenfalls nötigen und omnipräsent verlinkten Bereichen AGB oder IMPRESSUM verstecken, sondern einen extra Menüpunkt DATENSCHUTZ anlegen (in dem Sie gegebenenfalls auch auf Nutzungsdaten eingehen, die von anderen Tools erfasst werden).

Und welchen Text stellen Sie dort dar? Nun, hierzu gibt es seitens Google leider keine klare Vorgabe mehr. Bis vor einiger Zeit war folgender exemplarischer Hinweistext in den Nutzungsbedingungen von Google Analytics vorhanden, den Sie weiterhin als Beispiel nutzen können:

> »Diese Website benutzt Google Analytics, einen Webanalyse-Dienst der Google Inc. (›Google‹). Google Analytics verwendet sogenannte Cookies, Textdateien, die auf Ihrem Computer gespeichert werden und die eine Analyse der Benutzung der Website durch Sie ermöglicht. Die durch den Cookie erzeugten Informationen über Ihre Benutzung dieser Website (einschließlich Ihrer IP-Adresse) werden an einen Server von Google in den USA übertragen und dort gespeichert. Google wird diese Informationen benutzen, um Ihre Nutzung der Website auszuwerten, um Reports über die Website-Aktivitäten für die Website-Betreiber zusammenzustellen und um weitere mit der Website-Nutzung und der Internetnutzung verbundene Dienstleistungen zu erbringen. Auch wird Google diese Informationen gegebenenfalls an Dritte übertragen, sofern dies gesetzlich vorgeschrieben ist oder soweit Dritte diese Daten im Auf- trag von Google verarbeiten. Google wird in keinem Fall Ihre IP-Adresse mit anderen Daten von Google in Verbindung bringen. Sie können die Installation der Cookies durch eine entsprechende Einstellung Ihrer Browser-Software verhindern; wir weisen Sie jedoch darauf hin, dass Sie in diesem Fall gegebenenfalls nicht sämtliche Funktionen dieser Website vollumfänglich werden nutzen können. Durch die Nutzung dieser Website erklären Sie sich mit der Bearbeitung der über Sie erhobenen Daten durch Google in der zuvor beschriebenen Art und Weise und zu dem zuvor benannten Zweck einverstanden.«

11.2.2 Möglichkeit zur Deaktivierung des Trackings

Zusätzlich zu dem Informationstext oben müssen Sie den Besuchern Ihrer mit Analytics getrackten Webseite auch die Möglichkeit geben, der Erfassung von Nutzungsdaten zu widersprechen. Diese Option muss auf zweierlei Arten angeboten werden:

▶ **Verweis auf das Deaktivierungs-Plug-in** *https://tools.google.com/dlpage/gaoptout?hl=de*: Dabei handelt es sich um ein kleines Add-on für alle gängigen Webbrowser, das das Analytics-Tracking verhindert. Bitte beachten Sie, dass der User ein Plug-in auf jedem von ihm verwendeten Browser installieren muss, um eine durchgehende Deaktivierung des Analytics-Trackings zu gewährleisten. Der Beispieltext dazu für Ihre Datenschutzerklärung könnte wie folgt lauten:

»Sie können darüber hinaus die Erfassung der durch das Cookie erzeugten und auf Ihre Nutzung der Website bezogenen Daten (inkl. Ihrer IP-Adresse) an Google sowie die Verarbeitung dieser Daten durch Google verhindern, indem sie das unter dem folgenden Link verfügbare Browser-Plugin herunterladen und installieren: https://tools.google.com/dlpage/gaoptout?hl=de.«

▶ **Setzen eines Opt-out-Cookies**: Zusätzlich zum Plug-in muss es für die Besucher auf der Webseite auch eine Möglichkeit geben, sich browserunabhängig vom Tracking »abzumelden«. Google geht in diesem Hilfedokument darauf ein, wie Sie ein solches zusätzliches Skript auf Ihrer Webseite platzieren müssen, um auch dieser Anforderung vollends zu entsprechen:

https://developers.google.com/analytics/devguides/collection/analyticsjs/user-opt-out?hl=de

Dazu fügen Sie Ihrem Google-Analytics-Tracking-Code das JavaScript aus Listing 11.2 auf allen Webseiten hinzu. Dieses Skript gibt dem Tracking-Code die Information, dass keine Erfassung durchgeführt werden soll.

```
<script>
var gaProperty = 'UA-XXXXXXX-X';
var disableStr = 'ga-disable-' + gaProperty;
if (document.cookie.indexOf(disableStr + '=true') > -1) {
    window[disableStr] = true;
  }
  function gaOptout() {
    document.cookie = disableStr + '=true;
      expires=Thu, 31 Dec 2099 23:59:59 UTC; path=/';
    window[disableStr] = true;
  }
</script>
```

Listing 11.2 Beispiel für ein JavaScript zum Setzen eines Opt-out-Cookies

Wie umfangreich und in welchem Wortlaut Sie die erforderliche Informationspflicht umsetzen, obliegt Ihnen. Umfangreiche Datenschutz-Hinweise finden Sie in der Google-Analytics-Hilfe:

https://support.google.com/analytics/answer/6004245?hl=de

Wir können Ihnen an dieser Stelle nur empfehlen, sich für weitere Details mit Ihrem Anwalt abzustimmen, der auf Vorgaben in Ihrer Region sowie in Ihrer Branche und zum Verwendungszweck der Webseite noch einmal individuell eingehen kann. Selbst im Analytics-Partnernetzwerk heißt es auf der Seite von Google bei jeglichen individuellen Rückfragen: »*For any details please contact your lawyer.*«

Google Analytics für Werbetreibende im Displaynetzwerk

Neben den Möglichkeiten der in AdWords integrierten Retargeting-Technologie bietet auch Analytics die Option einer alternativen und im Detail noch leistungsfähigeren Methode zur Zielgruppensegmentierung über vorhandene Webseiten-Besucher an. Mit einem kleinen Update sowohl in den Analytics-Einstellungen (unter PROPERTY-EINSTELLUNGEN und dann WERBEFUNKTION) als auch im Tracking-Code (die zu ergänzende Zeile ist in Listing 11.3 hervorgehoben) ist es Ihnen möglich, die sogenannte Unterstützung von Display-Werbung zu aktivieren.

```
ga('create', 'UA-XXXX-1', 'auto');
ga('require', 'displayfeatures');
ga('send', 'pageview');
```

Listing 11.3 Erforderliche Ergänzung des Tracking-Codes zur Unterstützung von Funktionen für Display-Werbung

Nach dieser Umstellung misst und analysiert Analytics neben den üblichen Daten auch das DoubleClick-Cookie. Die Vorteile und Möglichkeiten dieser Funktionserweiterung werden wir Ihnen später in diesem Kapitel aufzeigen. Jedenfalls gelten erweiterte Informationspflichten, sobald Sie die Display-Unterstützung aktiviert haben. Google geht auf diese im folgenden Hilfe-Artikel im Detail ein:

https://support.google.com/analytics/answer/2700409

In der Praxis bedeutet es für Sie, dass Sie Ihre Hinweise zum Datenschutz noch einmal erweitern müssen, und zwar mit der grundsätzlichen Information, dass Sie diese Art von erweiterter Analyse betreiben und wie sich Nutzer von dieser, wenn gewünscht, auch wieder abmelden können. Bei einigen Projekten haben wir – wiederum exemplarisch und ohne Gewähr – den folgenden Text im Einsatz:

> **Schaltung von interessensbezogener Werbung mit Hilfe von Retargeting**
> *Diese Website verwendet sogenannte »Retargeting-Tags«. Als Retargeting-Tag wird ein JavaScript-Element bezeichnet, das im Quellcode der Website platziert*

wird. Besucht ein Nutzer eine Seite auf dieser Website, die ein »Retargeting-Tag« enthält, platziert ein Anbieter von Online-Werbung (z. B. Google) ein Cookie auf dem Computer dieses Nutzers und ordnet dieses entsprechenden Retargeting-Zielgruppenlisten zu. Dieses Cookie dient in weiterer Folge dazu, Retargeting-Kampagnen (»interessensbezogene Werbung«) auf anderen Websites zu schalten. Studien haben ergeben, dass die Einblendung interessenbezogener Werbung für den Internetnutzer interessanter ist als Werbung, die keinen direkten Bezug zu Interessen bzw. zuvor besuchten Websites hat.

Einstellungs- und Deaktivierungsmöglichkeiten

Drittanbieter, einschließlich Google, verwenden diese Cookies zum Schalten von Anzeigen auf Grundlage vorheriger Besuche eines Nutzers auf unserer Website. Es werden dabei keine personenbezogenen Daten gespeichert. Nutzer dieser Website können die Verwendung von Cookies durch Google deaktivieren, indem sie die Seite »Google Anzeigenvorgaben« aufrufen. Weiter können Nutzer die Verwendung von Cookies durch Drittanbieter deaktivieren, indem sie die Deaktivierungsseite der »Network Advertising Initiative« besuchen und dort die entsprechenden Einstellungen durchführen.

Google-Anzeigenvorgaben: *https://adssettings.google.com/ authenticated?hl=de*

Einstellungen und Abmeldemöglichkeiten der Network Advertising Initiative: *http://optout.networkadvertising.org/#!*

Nachdem Sie auf die in den Nutzungsbedingungen erforderlichen Informationspflichten eingegangen sind und diese – selbstverständlich für alle Sprachen und Märkte, in denen Sie Ihre Webseite anbieten – klar ersichtlich für die Nutzer dargestellt haben, kommen wir zum nächsten Schritt.

11.2.3   Änderungen im Tracking-Code

Um den Anforderungen der Datenschutzbeauftragten vollständig zu entsprechen, ist auch eine Ergänzung im Tracking-Code erforderlich. Diese sorgt für die *IP-Anonymisierung* in Google Analytics. Dabei handelt es sich um eine nachträglich eingeführte Funktion, um einen Teil der IP-Adresse »abzuschneiden« und gar nicht erst durch die Google-Server verarbeiten oder speichern zu lassen.

Die konkrete technische Erklärung finden Sie unter: *https://support.google.com/analytics/answer/2763052*. Ergänzen Sie bitte die folgende hervorgehobene Zeile an der passenden Stelle im Tracking-Code, um auch diesen Punkt der Anforderungen zu erfüllen:

```
ga('create', 'UA-XXXX-1', 'auto');
ga('set', 'anonymizeIp', true);
ga('send', 'pageview');
```

Listing 11.4 Erforderliche Ergänzung des Tracking-Codes zur Anonymisierung
der IP-Adressen

Wahlweise können Sie dazu ebenfalls einen Hinweis in Ihre Datenschutzerklärung
aufnehmen, was allerdings nicht zwingend ist:

> »Die Google-Tracking-Codes dieser Website verwenden die Funktion _anonymi-
> zeIp(), somit werden IP-Adressen nur gekürzt weiterverarbeitet, um eine direkte
> Personenbeziehbarkeit auszuschließen.«

11.2.4   Regelungen zur Auftragsdatenverarbeitung

Eine weitere Vorgabe der Datenschutzbeauftragten sieht vor, dass zwischen Google
und Ihnen als Webseitenbetreiber ein »Vertrag zur Auftragsdatenverarbeitung nach
den Vorschriften des Bundesdatenschutzgesetzes« abgeschlossen wird. Ein solcher
Vertrag ist unter der folgenden URL zu finden:

*http://static.googleusercontent.com/media/www.google.com/en/us/analytics/
terms/de.pdf*

Füllen Sie ihn vollständig aus, und senden Sie ihn dann an Google.

11.2.5   Löschung von Altdaten

Als letzten Punkt möchten wir darauf hinweisen, dass nach der Ansicht der Behörden
natürlich nur solche Konten und Properties weiterhin bestehen dürfen, deren Datenerfassung zu jedem Zeitpunkt hundertprozentig allen zuvor genannten Vorgaben
entsprochen hat. Aus diesem Blickwinkel müssen Sie folgerichtig sämtliche Properties, die davor und somit »unrechtmäßig« im Einsatz waren, unmittelbar löschen –
auch wenn Google und die Behörden die praktischen Überprüfungsmöglichkeiten
dieser letzten Vorgabe offenlassen.

11.2.6   Finale Checkliste für deutsche Webseitenbetreiber

Ein Artikel mit vielen Informationen und Nachrichten zum Thema Datenschutz ist
unter folgender URL abzurufen und bringt die Vorgaben ebenfalls sehr gut auf den
Punkt:

*https://www.datenschutzbeauftragter-info.de/fachbeitraege/google-analytics-daten-
schutzkonform-einsetzen*

Prüfen wir mit deren Hilfe abschließend noch einmal die nötigen Anforderungen der deutschen Datenschutzbehörden, um Analytics »beanstandungsfrei« verwenden zu können:

- unbedingte *Informationspflicht* auf der Webseite über den Einsatz von Google Analytics
- Implementierung der *IP-Anonymisierung* durch Anpassung des Tracking-Codes
- Erwähnung und *Verlinkung einer Deaktivierungsfunktion* von Analytics mittels Browser-Plug-in und Opt-out-Cookie
- *schriftlicher Vertrag mit Google* »zur Auftragsdatenverarbeitung nach deutschem Datenschutzrecht«
- *erweiterte Informationspflichten* und Möglichkeiten zu deren Deaktivierung beim Einsatz der Unterstützung von *Display-Werbung*
- *Löschung* von inkorrekt erfassten *Altdaten*

Lassen Sie uns nach diesem zugegeben sehr trockenen, gleichzeitig aber unumgänglichen Thema wieder zur Praxis übergehen und mit einem kurzen Überblick über die zur Verfügung stehenden Analytics-Berichte fortfahren.

11.3   Die Analytics-Berichte im Überblick

Selbst wenn wir in diesem Kapitel im Detail überwiegend auf AdWords-relevante Einstellungen, Features und Berichte eingehen werden, möchten wir Ihnen zumindest einen Überblick zu allen Analytics-Berichten bieten, die in der linken Hauptnavigation bereitstehen (siehe Abbildung 11.6). Das Tool ist derart funktions- und facettenreich, dass wir Ihnen zum besseren Verständnis einen kurzen Blick auf das »große Ganze« bieten wollen.

An dieser Stelle möchten wir darauf verweisen, dass es zum Thema Web Analyse im Allgemeinen und Google Analytics im Speziellen weitere Buchtitel gibt, die den Arbeitsbereich sowie das Tool umfangreich beschreiben. Auch aus dem Rheinwerk Verlag ist das 2017 in dritter Auflage erschienene Buch »Google Analytics – Das umfassende Handbuch« erhältlich (*https://www.rheinwerk-verlag.de/4518*).

Vorab: Die AdWords-Berichte verbergen sich hinter dem Menüpunkt AKQUISITION. Sie werden jedoch im Laufe dieses Kapitels rasch herausfinden, dass sich AdWords-relevante Auswertungsmöglichkeiten praktisch in allen Berichtsebenen wiederfinden. Wir hoffen, dass wir Ihnen auf den folgenden Seiten ein paar wertvolle Ideen und Ansätze für solche Analysen liefern können. Schließlich soll Ihnen in Analytics kein einziger AdWords-Klick zur besseren Auswertung und effizienten Optimierung Ihrer Kampagnen entgehen.

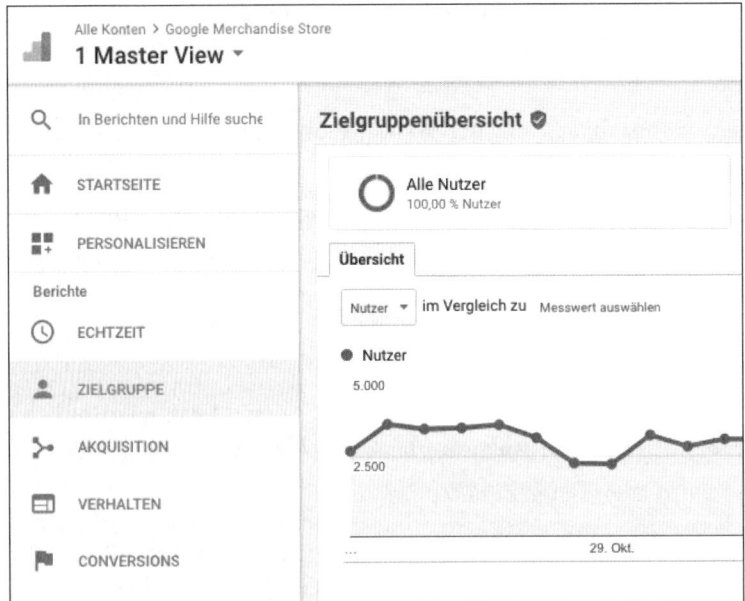

Abbildung 11.6 Alle übergeordneten Berichtsfunktionen (linker Navigationsbereich) in Google Analytics

11.3.1 Dashboards

Unter dem Menüpunkt PERSONALISIEREN finden Sie die DASHBOARDS (siehe Abbildung 11.7). Sie bieten eine praktische Möglichkeit, damit Sie einen raschen Überblick über die Performance Ihrer Webseite bekommen. Bis zu 12 individuell anpassbare Widgets zeigen Ihnen schnell wichtige Leistungsdaten, ohne dass Sie jedes Mal in die Detailberichte einsteigen müssen. Sie können bis zu 20 solcher Dashboards erstellen. Das ist insofern praktisch, als erfahrungsgemäß unterschiedliche Personen im Unternehmen auch verschiedene Ansprüche an Google Analytics haben. Ein »CEO-Dashboard« enthält so möglicherweise nur Informationen zu Nutzern, Zielvorhaben-Abschlüssen oder Online-Umsätzen aus E-Commerce-Transaktionen, während Sie als Marketing-Manager in Ihrem Dashboard beispielsweise die Top-Performer aller aktiven AdWords-Kampagnen auf einen Blick erkennen möchten.

Beim erstmaligen Öffnen sehen Sie eine Maske, in der Sie Ihr erstes Dashboard erstellen können.

Durch einen Klick auf den roten Button ERSTELLEN können Sie mittels eines Installationsassistenten ein unformatiertes oder ein Starter-Dashboard erstellen (siehe Abbildung 11.8). Geben Sie dem Dashboard möglichst einen sprechenden Namen, der

Ihnen und anderen Nutzern Ihres Google-Analytics-Kontos gleich anzeigt, was sich dahinter verbirgt.

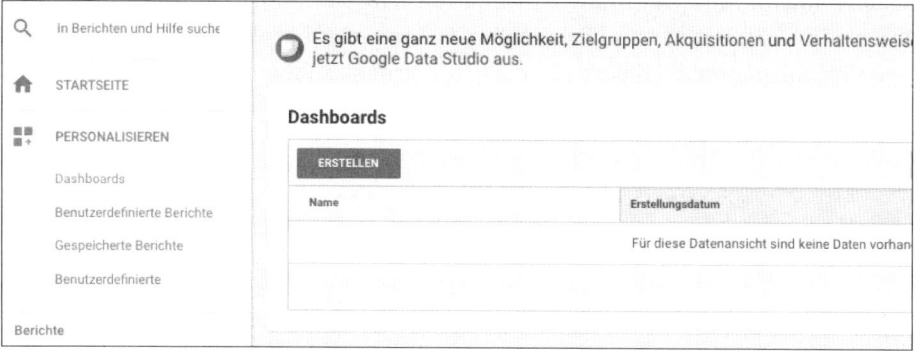

Abbildung 11.7 Neues Google-Analytics-Dashboard erstellen

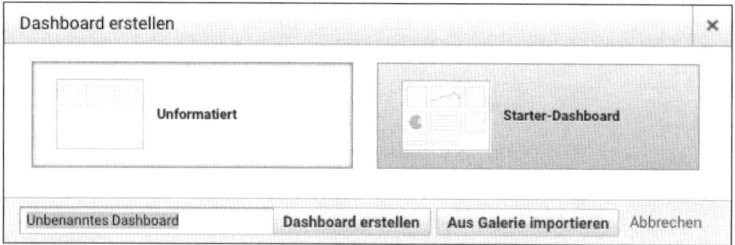

Abbildung 11.8 Assistent zum Erstellen eines Dashboards

Die Widgets lassen sich nicht nur über das jeweilige Stift-Symbol bearbeiten, sondern auch in ihrer Anordnung bequem per Drag & Drop verschieben. Wir empfehlen Ihnen, in jedem Fall mit neuen Dashboards zu experimentieren. Weitere Details zur Konfiguration lesen Sie am besten unter der URL *https://support.google.com/analytics/answer/1068218* nach.

Haben Sie keine Angst, denn Sie müssen beim Erstellen neuer Dashboards nicht komplett »von der grünen Wiese aus« starten. Google bietet in einer umfangreichen Galerie eine Vielzahl an fertigen Dashboards an, die von anderen Anwendern erstellt und geteilt wurden (siehe Abbildung 11.9). Egal ob für Anfänger oder Analyse-Experten, die *Google Analytics Solutions Gallery* bietet Hunderte Dashboards an, unter denen sich auch eine Vielzahl an Kampagnen- und AdWords-spezifischen Vorlagen bequem mit einem Klick in Ihre individuelle Analytics-Berichtsoberfläche importieren lassen:

https://analytics.google.com/analytics/gallery/#landing/start

Abschließend möchten wir anmerken, dass Sie über Dashboards stets nur einen Auszug relevanter Daten darstellen können. Viele der Widgets bieten bei einer tabellarischen Auflistung nur eine limitierte Anzahl an Zeilen an. Wollen Sie individuelle Analysen mit vollständigen Daten erstellen, müssen Sie auf die benutzerdefinierten Berichte zurückgreifen, die Sie ebenfalls unter dem Menüpunkt PERSONALISIEREN finden.

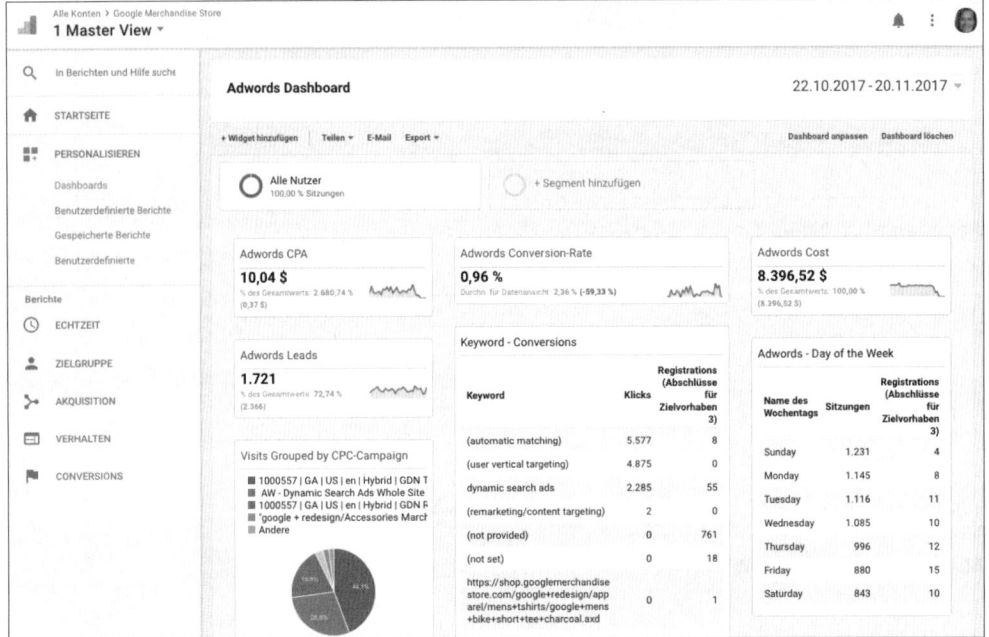

Abbildung 11.9 Das »AdWords Performance«-Dashboard aus der Analytics Solutions Gallery – ein guter Überblick über Ihre Kampagnenleistung

11.3.2   Benutzerdefinierte Berichte

Kommen wir zum nächsten Menüpunkt in der Rubrik PERSONALISIEREN, zu BENUTZERDEFINIERTE BERICHTE. Hierbei handelt es sich um nichts anderes als um eine Möglichkeit für einen bequemen Schnellzugriff, mit der Sie Ihre häufig genutzten Berichte speichern können (siehe Abbildung 11.10). In der Detailansicht eines jeden Berichts finden Sie in der oberen Toolbar die Möglichkeit, diesen Bericht zu speichern. Die benutzerdefinierten Berichte sind somit Ihr individueller »Bookmark«-Bereich in Analytics.

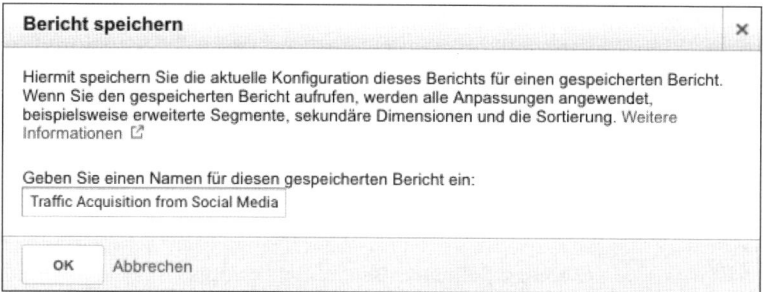

Abbildung 11.10 Häufig genutzte Berichte speichern

11.3.3   Benutzerdefinierte Benachrichtigungen über Website-Anomalien

Bis vor Kurzem hat Google unter dem Menüpunkt RADAR-EREIGNISSE automatisch generierte Berichte angeboten, die auf Basis eines ausgefeilten Algorithmus über alle auffälligen Anomalien in Ihren Traffic-Mustern berichteten. Hier konnten Sie auffällige Messwertabweichungen auf täglicher, wöchentlicher oder monatlicher Basis sehen.

Dieser automatische Berichtsabschnitt steht im aktuellen Konto in dieser Form nicht mehr zur Verfügung, lässt sich allerdings unter dem Menüpunkt PERSONALISIEREN individuell über BENUTZERDEFINIERTE BENACHRICHTIGUNGEN generieren. Benutzerdefinierte Benachrichtigungen sind in jedem Fall hilfreich und oft aussagekräftiger als die algorithmisch generierten Radar-Ereignisse.

Die Benachrichtigungen können Ihnen als Webmaster, Online-Marketer oder Manager von AdWords-Kampagnen automatisch wertvolle Informationen liefern, und zwar »frei Haus« direkt in Ihren Posteingang, sobald eine Benachrichtigung ausgelöst wurde. Über BENUTZERDEFINIERTE BENACHRICHTIGUNGEN können Sie definieren, in welchem Fall Sie per E-Mail über Veränderungen auf Ihrer Website benachrichtigt werden möchten. Das ist besonders hilfreich, wenn Sie nicht jeden Tag an Ihrer Website arbeiten und in Ihr Google-Analytics-Konto schauen.

So können Sie beispielsweise automatisch informiert werden, wenn die Besucher aus Bayern im Monatsvergleich um 50 % abgenommen haben. Das könnte nämlich dann dramatisch sein, wenn Ihnen dieser Markt in der Vergangenheit verlässlich Zugriffe und Conversions auf stabilem Niveau gebracht hat. Durch eine automatisierte E-Mail würden Sie auf diesen Missstand aufmerksam und könnten entsprechende Gegenmaßnahmen ergreifen. Ignorieren könnten Sie eine solche Nachricht hingegen dann, wenn Sie wissen, dass eine im vorherigen Vergleichsmonat geschaltete Online-Kampagne beendet wurde und somit der Besucherrückgang zu erwarten war.

Wann und über welche Veränderung Sie informiert werden möchten, definieren Sie dabei selbst, indem Sie auf BENUTZERDEFINIERTE in der Navigation klicken und dort dann auf den Button BENUTZERDEFINIERTE BENACHRICHTIGUNGEN VERWALTEN (siehe Abbildung 11.11).

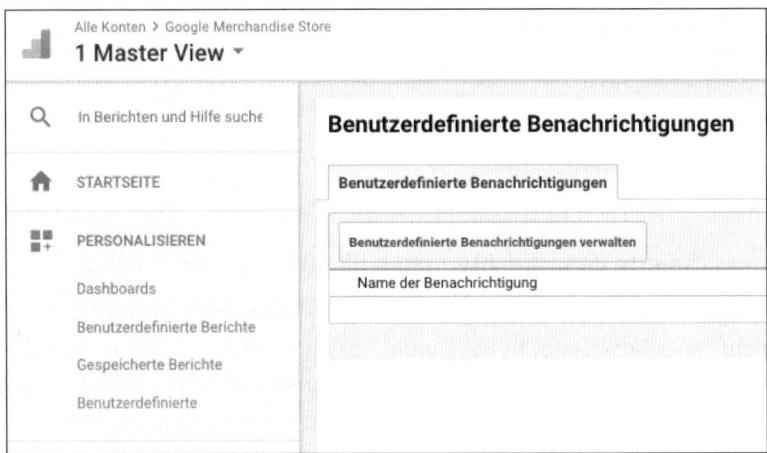

Abbildung 11.11 Benutzerdefinierte Benachrichtigungen

Das führt Sie zur Verwaltungsansicht, wo Sie über den roten Button + NEUE BENACH-RICHTIGUNG eine neue Benachrichtigung erstellen können.

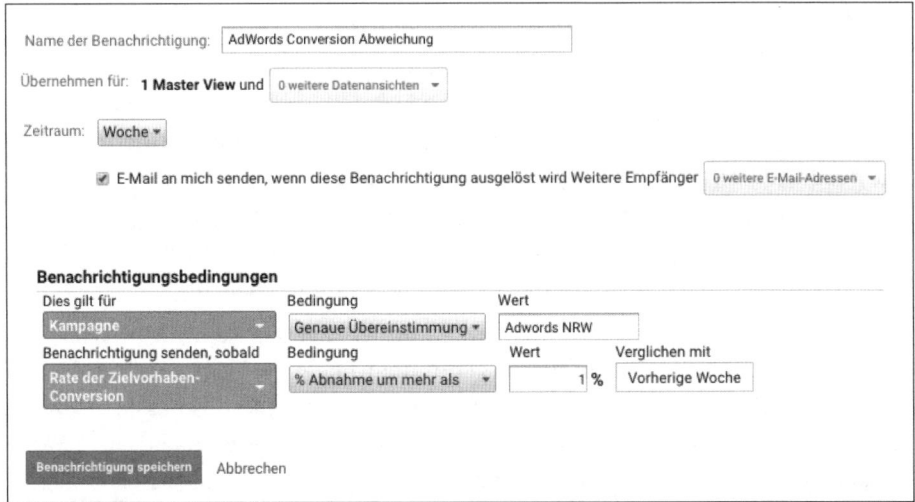

Abbildung 11.12 Benutzerdefinierte Benachrichtigungen sparen Zeit beim Monitoring.

In Abbildung 11.12 sehen Sie eine exemplarische Benachrichtigung, die Sie auf eine Abweichung in der Conversion-Rate aller bezahlten Suchmaschinenmaßnahmen der Kampagne »AdWords NRW« hinweisen würde. In dem Fall würden Sie eine E-Mail-Nachricht erhalten, sobald die Conversion Ihrer Kampagne im Vergleich zur Vorwoche um 1 % sinkt. Das ist vor allem dann praktisch, wenn Sie eine Vielzahl von permanenten, grundsätzlich gut optimierten Kampagnen im Überblick behalten müssen. Auch ohne täglich in die AdWords- und/oder Analytics-Berichte zu klicken, wären Sie bei auffälligen Abweichungen stets im Bilde. Machen Sie sich Ihr (Kampagnen-)Leben doch so einfach wie möglich, indem Sie dieses praktische Tool für sich arbeiten lassen!

11.3.4   Echtzeit

Schauen wir uns nun die eigentlichen Berichte in Google Analytics an – sichtbar getrennt in der Navigation durch die Überschrift BERICHTE (siehe Abbildung 11.9). Bei den ECHTZEIT-Berichten wartet Google mit einem weiteren praktischen Analyse-Tool auf (siehe Abbildung 11.13). Noch dazu ist es kostenlos, denn viele Drittanbieter bieten kostenpflichtige Lösungen zur Echtzeitanalyse von Webseiten-Traffic an. Innerhalb von Sekunden werden hier aktuelle Besuchersitzungen und im Detail die folgenden weiteren Auswertungen angezeigt:

▶ **Übersicht**: Wie viele aktive Nutzer bewegen sich im Moment auf Ihrer Webseite?

▶ **Standorte**: Aus welchen Ländern und Regionen kommen die aktiven Nutzer?

▶ **Besucherquellen**: Ist Google, eine Online-Kampagne oder etwa ein soziales Netzwerk wie Facebook der Ursprung der aktiven Nutzer?

▶ **Content**: Welche Inhalte sind im Moment am beliebtesten?

▶ **Ereignisse**: Welche und wie viele Ereignisse wie zum Beispiel Videoansichten oder PDF-Downloads werden von den derzeitigen Nutzern generiert?

▶ **Conversions**: Sorgen die aktiven Nutzer für Leads und Umsätze?

Übrigens, seien Sie nicht enttäuscht, wenn die Echtzeitberichte in bestimmten Phasen nicht allzu aussagekräftige Daten oder nur geringe Nutzerzahlen darstellen. Sie dürfen Folgendes nicht vergessen: Auch wenn Ihre Webseite eine dreistellige tägliche Nutzerzahl aufweist, kann das bedeuten, dass sich zu bestimmten Tagesabschnitten nur wenige Besucher zeitgleich dort aufhalten. Echtzeitberichte sind vor allem dann »spannend«, wenn Sie beispielsweise die Auswirkung einer Offline-Maßnahme wie eines TV- oder Radiospots auf die Webseite live im Auge behalten oder wenn Sie das Feedback auf einen gerade an Tausende Empfänger versendeten E-Mail-Newsletter beobachten möchten.

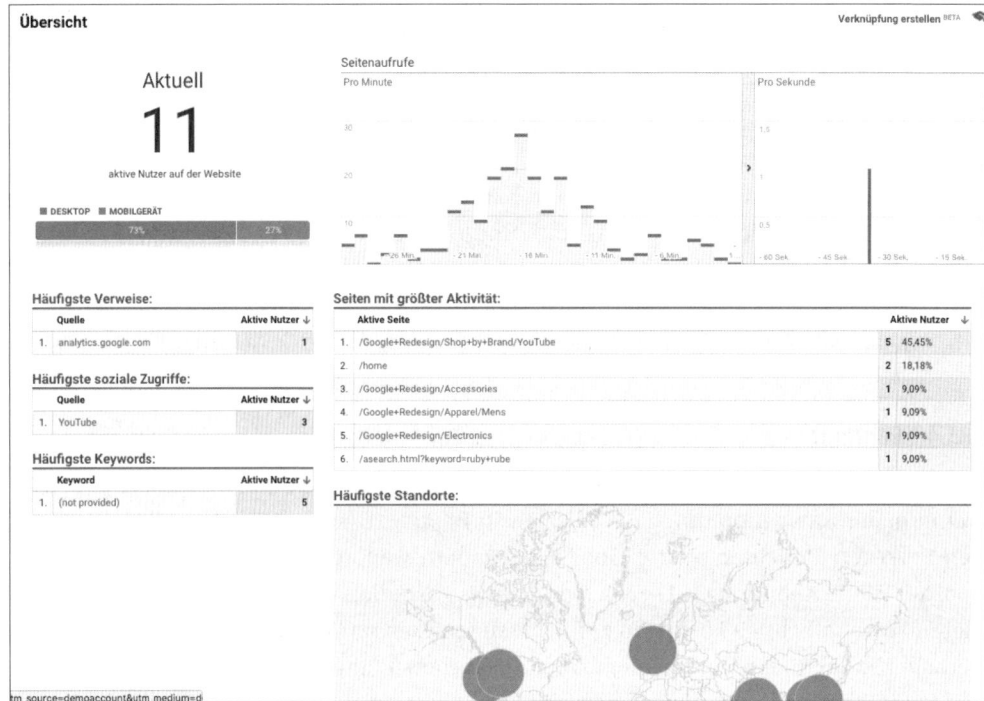

Abbildung 11.13 Echtzeitberichte geben Auskunft zum aktuellen Traffic-Aufkommen.

11.3.5   Zielgruppe

Dieser Bericht liefert Ihnen Antworten auf die Frage: »*Wer* sind meine Besucher?« Hier sehen Sie alle Details zu Demografie, Geografie und Technologie. Wenn Sie in eine Analytics-Datenansicht einsteigen, dient die ÜBERSICHT im Menüpunkt ZIEL-GRUPPE als Ihre Startseite, die standardmäßig mit Daten für die zurückliegenden 30 Tage aufwartet. Wie viele Nutzer in diesem Zeitraum Ihre Webseite besucht haben, wie lange und tief deren Sitzungen im Durchschnitt waren, wird dort neben Informationen zu Geografie (Land, Region, Sprache) und Technologie (Browser, Betriebssystem, Gerätekategorie) auf einen Blick dargestellt (siehe Abbildung 11.14).

Sie erkennen in Abbildung 11.14 rasch die benutzerfreundliche Bedienphilosophie von Analytics: Während der grau hinterlegte linke Navigationsbalken nur wenig Platz einnimmt und auf Wunsch sogar ausgeblendet werden kann, bleibt im zentralen Bereich eine große Fläche für aussagekräftige Grafiken, Datenbereiche und Tabellen. Sie erkennen außerdem, dass nach der Zielgruppenübersicht eine große Zahl an weiteren Untermenüpunkten folgt, die sich wiederum noch mal »aufklappen« lassen und somit viele Zahlen, Daten und Details verbergen.

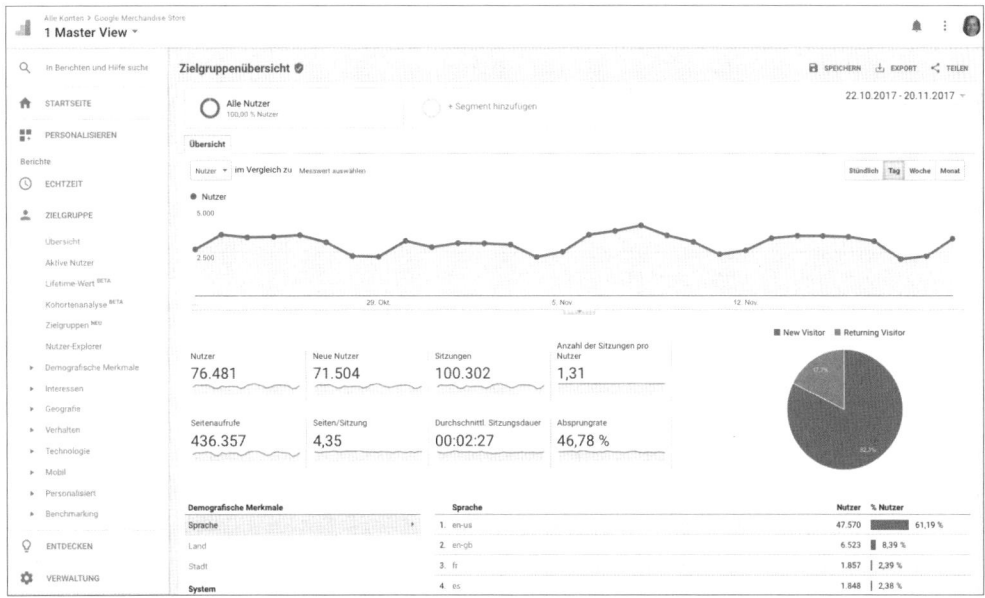

Abbildung 11.14 Die Zielgruppenübersicht dient als Einstieg in die Analytics-Berichte.

Wir werden weder bei diesem noch bei den weiteren Menüpunkten in die Tiefe aller Untermenüs gehen können, da das den Rahmen dieses Kapitels sprengen würde. Sie sollten jedoch mithilfe unserer Kurzbeschreibung grob zuordnen können, in welchen Berichten Sie bei Bedarf welche Details zu Ihrem Webseiten-Traffic wiederfinden.

Sitzungen und Besuche vs. Nutzer und eindeutige Besucher

Aus eigener Erfahrung mit Kollegen und Kunden wissen wir, dass die Kenngrößen Sitzungen und Nutzer (vormals Besuche und eindeutige Besucher) bei einigen Analytics-Anwendern nach wie vor regelmäßig für Verwirrung sorgen. Im April 2014 hat Google hier die Terminologie verändert: War zuvor von *Besuchen* (engl.: *visits*) und *eindeutigen Besuchern* (engl.: *unique visitors*) die Rede, findet man seitdem in der Berichtoberfläche ausschließlich *Sitzungen* (engl.: *sessions*) und *Nutzer* (engl.: *user*) vor. Im Folgenden finden Sie die Erklärung zu den aktuellen Begrifflichkeiten.

Wenn Sie eine mit dem Analytics-Tracking-Code ausgestattete Webseite besuchen, starten Sie zunächst eine Sitzung. Diese wird standardmäßig 30 Minuten lang aufrechterhalten, das heißt, alle auf der Webseite getätigten Aktionen, die innerhalb dieses Zeitfensters liegen, ordnet Analytics dieser Sitzung zu. Lassen Sie beispielsweise eine Webseite im Hintergrund bzw. in einem ausgeblendeten Browser-Tab länger als 30 Minuten ohne Interaktion geöffnet und klicken Sie erst später wieder auf einen Menüpunkt oder ein Bedienelement, so würden Sie damit eine neue, zweite Sitzung starten.

Da Analytics die Informationen zu Sitzungen und Nutzern in separaten Cookies abspeichert, würden Sie auch bei weiteren Sitzungen als derselbe Nutzer identifiziert werden können. Das Nutzer-Cookie hat ein Ablaufdatum von 2 Jahren, wodurch Sie auch bei weiteren Webseitenbesuchen stets als derselbe (wiederkehrende) Nutzer – natürlich mit jeweils neuen Sitzungen – erfasst werden. Voraussetzung dafür ist jedoch, dass Sie weder den Browser wechseln noch die Analytics-Cookies regelmäßig löschen. Somit ist in Kürze erklärt, warum die Daten für Sitzungen und Nutzer im Normalfall voneinander abweichen, wobei die Zahl der Sitzungen stets höher als die Zahl der Nutzer sein wird. Besuchen Sie eine Webseite mit einer »Pause« von 30 Minuten vom selben Browser aus zweimal, so würden Sie in den Berichten für zwei Sitzungen sorgen, die jedoch nur von einem (eindeutigen) Nutzer generiert werden.

Die Abweichung zwischen Sitzungen und Nutzern sowie die Kennzahl ANZAHL DER SITZUNGEN PRO NUTZER gibt oft auch rasch über den Typ bzw. Zweck einer Webseite Auskunft: Während beispielsweise ein Nachrichtenportal seine User binden möchte, wird man sich dort zum Ziel setzen, den Anteil der wiederkehrenden Nutzer hochzuhalten. Misst man im Gegenzug die Landing-Page einer Online-Kampagne, muss man dort die Zielsetzung verfolgen, einen möglichst hohen Prozentsatz an neuen Sitzungen zu erreichen, um mit der Kampagne überwiegend neue Nutzer anzusprechen, die die Marke und/oder das beworbene Produkt noch nicht kennen.

An dieser Stelle möchten wir auch auf die praktische Suchfunktion IN BERICHTEN & HILFE SUCHEN am Anfang des linken Navigationsbereiches verweisen (siehe Abbildung 11.9). Wenn Sie nach Reports suchen, können Sie diese von dort aus schnell erreichen, ohne sich mühsam durch alle Menüpunkte klicken zu müssen (siehe Abbildung 11.15). Wenige Buchstaben reichen aus, damit Sie eine sofortige Auflistung relevanter Berichte eingeblendet bekommen. Die Suche ist damit eine praktische Ergänzung zu den zuvor beschriebenen Verknüpfungen, wenn es gilt, Berichte ohne Umwege so schnell wie möglich aufzurufen.

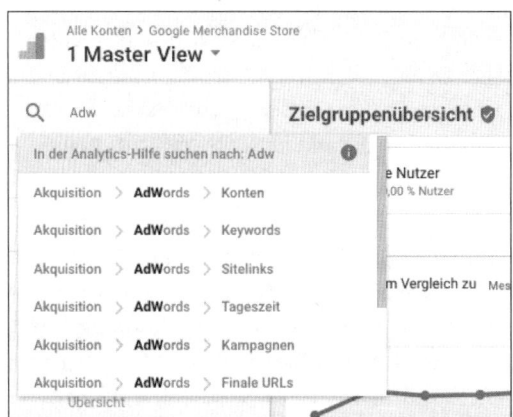

Abbildung 11.15 Die praktische Suchfunktion führt direkt zu den gewünschten Berichten.

Abschließend lässt sich der Menüpunkt ZIELGRUPPE als jener zusammenfassen, hinter dem sich eine Vielzahl an Berichten zur *Eigenschaft* Ihrer Webseitenbesucher hinsichtlich Demografie, Geografie und Technologie verbirgt.

11.3.6   Akquisition

Hier erfahren Sie alles zur Frage: »*Woher* kommen meine Besucher?« Dieser Menüpunkt liefert alle Details zu Quellen, Kanälen und Kampagnen. Der Menüpunkt AKQUISITION widmet sich dem *Ursprung* Ihrer Webseitenbesucher und geht somit auf die wichtige Information über Quellen und Kanäle ein, aus denen Ihr Traffic resultiert (siehe Abbildung 11.16). Schließlich möchten Sie nicht nur herausfinden, *dass* Sie Besucher, Anfragen und Verkäufe mit Ihrer Webseite generieren, sondern auch bewerten, *welche* Maßnahmen dafür maßgeblich verantwortlich sind.

Beispielsweise lässt die Höhe des organischen (»SEO«-)Traffics auf den Erfolg Ihrer Suchmaschinenoptimierungsstrategie schließen. Wie viele direkte Zugriffe gibt es, welche Verlinkungen sorgen für ebenso wichtigen Verweis-Traffic? Und nicht zuletzt finden Sie in den Akquisitionsberichten heraus, wie Ihre Kampagnen funktionieren: Von Newsletter-Aussendungen über Display-Banner und Online-Promotions bis hin zu AdWords muss es Ihr übergeordnetes Ziel sein, jede bezahlte Maßnahme in Analytics individuell analysieren und bewerten zu können.

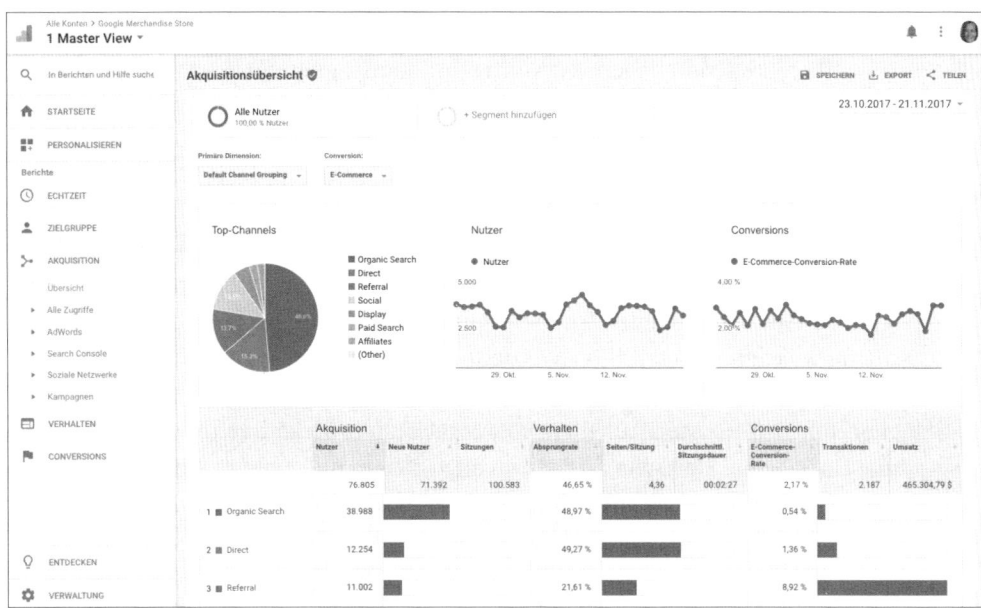

Abbildung 11.16 Akquisitionsübersicht mit den verschiedenen Top-Channels

Schließlich findet sich unter den Akquisitionsberichten auch der Bereich AdWords. Dieser wird nach einer korrekten Verknüpfung der beiden Tools (Details dazu folgen in Abschnitt 11.4) mit wertvollen Daten gefüllt, die Sie zur Optimierung Ihrer Kampagnen heranziehen können.

Kampagne (not set) und Keywords (not provided)?

In den Akquisitionsberichten finden Sie Daten zu Kampagnen und Keywords vor, sowohl für organische als auch für solche von bezahlten Suchmaschinenkampagnen wie Google AdWords. Wenn Sie bei Kampagnen den Eintrag (NOT SET) sehen, dann bedeutet das, dass der Tracking-Code für eine Dimension keinen Wert gefunden hat, die im aktuellen Bericht erwartet wird. So weist Analytics in der Auflistung Ihrer Kampagnen für diejenigen Besucher ein (NOT SET) aus, die nicht über einen Kampagnen-Link auf Ihre Website kamen, sondern per Direktaufruf oder organischer Suche.

In den organischen Suchbegriffen unter KEYWORDS wird vermutlich Ihr erster Eintrag (NOT PROVIDED) lauten. Das bedeutet, dass das entsprechende Keyword-Detail von Google nicht mitgeliefert wird. Dies ist seit mehreren Jahren eine bewusste Entscheidung von Google, die das Unternehmen damit begründet, die Daten seiner Nutzer besser schützen zu wollen. Welche Alternativen es zur Analyse von Keyword-Details trotz dieses Einschnitts für Sie als Kampagnenmanager gibt, werden wir Ihnen in Abschnitt 11.6, »AdWords-Berichte: Alles im Überblick«, noch aufzeigen.

Nachdem Sie nun erfahren haben, wie Sie in den Akquisitionsberichten Ihren Traffic hinsichtlich Besucherquellen, Keywords und Kampagnen auswerten, kommen wir zum nächsten Menüpunkt.

11.3.7   Verhalten

Diese Berichte beantworten Ihnen die Frage: »*Was* interessiert meine Besucher?« Hier erhalten Sie alle Details zu Webseiteninhalten, internen Suchfunktionen und Ereignissen. Mit den Berichten im Menüpunkt VERHALTEN finden Sie schließlich heraus, an welchen Inhalten Ihrer Webseite die Besucher besonders interessiert sind. Bereits in der Übersicht erhalten Sie eine tabellarische Auflistung der beliebtesten Seiten mit den meisten Aufrufen im ausgewählten Berichtszeitraum (siehe Abbildung 11.17): Ist die Startseite tatsächlich auch die am meisten besuchte? Oder gibt es über organische Suchmaschinenzugriffe und bezahlte Kampagnen womöglich mehr Seitenaufrufe für untergeordnete Detailseiten sowie spezielle Landing-Pages?

All diese Fragen können Sie mithilfe der hier verfügbaren Berichte einfach und umfangreich beantworten. Darüber hinaus können Sie das Verhalten Ihrer Besucher beim Benutzen der in den meisten Fällen vorhandenen internen Suchfunktion auf der Webseite analysieren. Suchanfragen, Suchbegriffe und Suchtiefe helfen Ihnen auf die Sprünge, eventuelles Optimierungspotenzial für Ihre Webseiteninhalte zu finden.

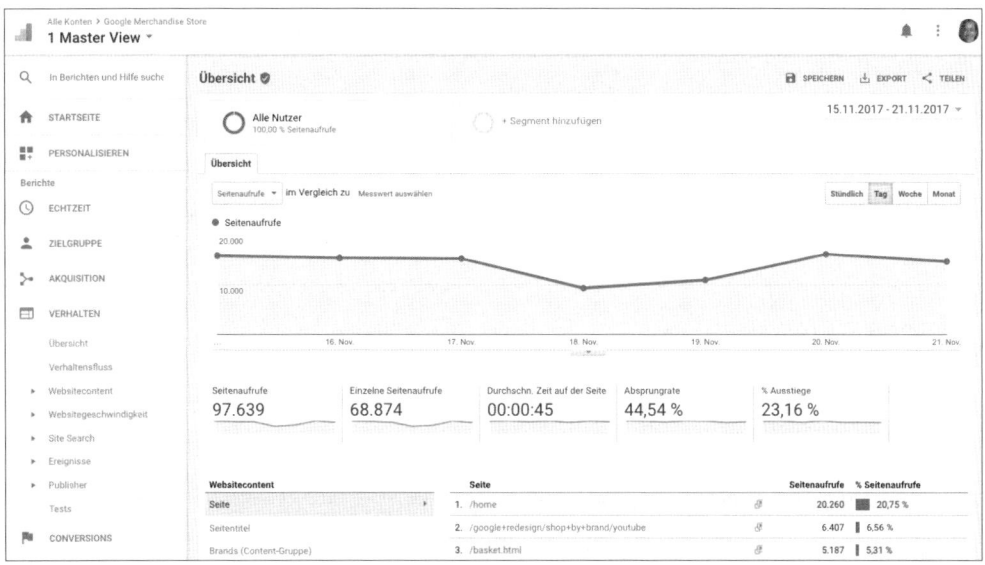

Abbildung 11.17 Details zu den aufgerufenen Inhalten auf Ihrer Webseite gibt es in den Verhaltensberichten.

Auch die Content-Tests, auf die wir in Abschnitt 11.9.2 noch näher eingehen werden, sind unter diesem Menüpunkt zu finden.

11.3.8   Conversions

Hier erfahren Sie Details zu der Frage: »*Wie viel* bringen meine Besucher?« Der Bereich liefert alle Details zu Zielvorhaben-Conversions und E-Commerce-Transaktionen. Im Bereich CONVERSIONS finden Sie unseres Erachtens einige der wichtigsten Analytics-Berichte (siehe Abbildung 11.18).

Wir empfehlen Ihnen, für jede Webseite, die Sie betreiben oder mit AdWords-Kampagnen bewerben, mindestens ein Zielvorhaben einzurichten. Haben Sie nur eine kompakte Landing-Page oder Microsite ohne Formulare und Möglichkeiten zum Online-Kauf als Zielseite hinterlegt, sollten Sie auch Micro-Conversions wie weiterführende Klicks, PDF-Downloads oder Video-Ansichten als Conversion definieren.

Haben Sie noch keine Conversion-Ziele eingerichtet, werden die Berichte zunächst leer und der Menüpunkt vorläufig wertlos für Sie sein. In Abschnitt 11.5 erklären wir Ihnen alles über die Definition und Einrichtung von Zielvorhaben, um die Conversion-Berichte mit Daten zu füllen und diesem Analysebereich damit so rasch wie möglich Leben einzuhauchen. Auch auf die hier neben den Zielvorhaben- und E-Commerce-Reports verfügbaren Multi-Channel-Trichter werden wir später noch im

Detail eingehen, da sie wichtige Informationen zur erweiterten Analyse und langfristigen Optimierung Ihrer AdWords-Kampagnen beinhalten.

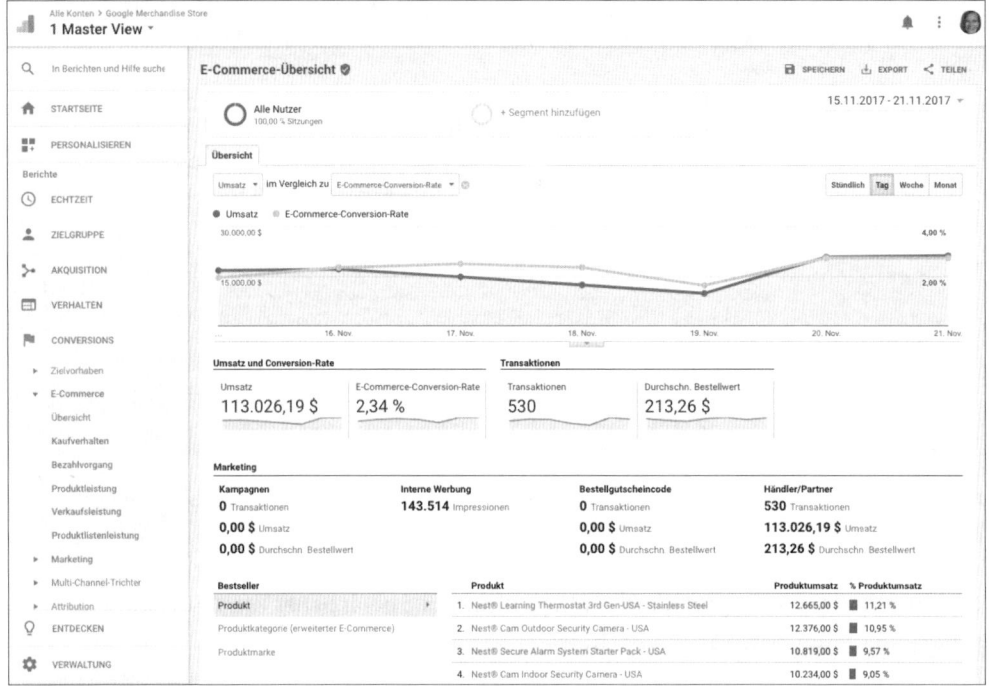

Abbildung 11.18 In den Conversion-Berichten gibt es die E-Commerce-Übersicht mit allen Details zur Performance Ihres Online-Shops.

11.3.9   Fazit zu den Google-Analytics-Berichten

Alle diese acht vorgestellten Menüpunkte beinhalten Möglichkeiten, Ihren AdWords-Traffic im Detail zu analysieren. Somit ist es sowohl für die den Akquisitionsberichten zugeordneten AdWords-Daten als auch bei einer Analytics-übergreifenden Segmentierung und Auswertung zwingend erforderlich, dass Sie die Verknüpfung beider Tools vornehmen. Dazu bedarf es einiger Maßnahmen bei der Einrichtung Ihrer AdWords- und Analytics-Konten, die wir Ihnen nun Schritt für Schritt näherbringen werden.

11.4   AdWords und Analytics verknüpfen

Das AdWords-Programm ist, wie Sie mittlerweile wissen, ein sehr umfangreiches und mächtiges Online-Marketinginstrument. Während alle klick- und kostenrelevanten Kampagnendaten sowie auch zählpixelbasierende Conversions beispielsweise für

Formularanfragen, Online-Käufe oder auch Telefonanrufe mit Bordmitteln sehr gut erfasst werden können, enden die Möglichkeiten von AdWords rasch, wenn es darum geht, das Verhalten der Benutzer nach dem Klick auf eine der Anzeigen herauszufinden.

Analytics kommt dann ins Spiel, wenn es einerseits darum geht, dieses On-Page-Verhalten näher zu betrachten. Andererseits hilft es Ihnen, den AdWords-Traffic im Gesamtkontext aller Besucher zu analysieren. Wie Sie dafür sorgen, dass Ihr AdWords-Traffic eindeutig als solcher in den Analytics-Berichten erscheint, zeigen wir Ihnen auf den folgenden Seiten.

11.4.1   Allgemeines zu AdWords-Traffic in Analytics

Ihr Ziel ist es, sämtlichen AdWords-Klicks mindestens die korrekten Informationen zu den Dimensionen *Quelle* und *Medium* in Analytics zuzuordnen. Bei einer automatischen Verknüpfung wird jeder über AdWords generierte Webseitenbesucher der Quelle *google* und dem Medium *cpc* zugeordnet. Wir empfehlen Ihnen, dieses Schema auch bei einem alternativen manuellen Kampagnen-Tagging beizubehalten – Details dazu finden Sie ebenfalls auf den folgenden Seiten. Damit stellen Sie sicher, dass Analytics Ihren Kampagnen-Traffic bei allen standardmäßig vorhandenen Akquisitionsberichten, Channel-Zuordnungen und Segmenten automatisch korrekt zuordnen kann. Selbst kleine Abweichungen in der manuellen Variante (beispielsweise *google-ads/ppc* als Quelle und Medium) können die Berichte durcheinanderbringen, weshalb wir Ihnen eine solche Vorgehensweise nicht empfehlen möchten.

Der »Worst Case« tritt ein, wenn Sie weder die automatische Verknüpfung noch ein manuelles Tagging berücksichtigen: In diesem Fall teilt sich der AdWords-Traffic auf mehrere Quellen auf und ist in den Analytics-Berichten praktisch nicht mehr auswertbar. Vielmehr macht eine solche Konstellation auch die Daten aller weiteren Channels und Zugriffsquellen mehr oder weniger wertlos. Denn ein Großteil der Suchnetzwerk-Kampagnen erscheint dann erfahrungsgemäß in den Berichten zum organischen Traffic. Dieses Verhalten können wir leider immer wieder bei vielen Analytics-Consulting-Projekten beobachten: Vergisst eine AdWords-Agentur bei neu aktivierten Kampagnen das entsprechende URL-Tagging, so freuen sich SEO-Dienstleister fälschlicherweise über einen plötzlichen Besucheranstieg in den Analytics-Berichten. Ein Teil der Displaynetzwerk-Kampagnen erscheint in den Akquisitionsberichten wiederum unter den Verweisen. Dort finden sich bei falscher oder fehlender Kampagnenzuordnung die Quellen *googleads* oder *doubleclick* wieder. Sie verstehen hoffentlich rasch, warum Sie ein solches Szenario – sobald Sie irgendwie auf die Analytics-Berichte angewiesen sind – unbedingt vermeiden müssen. Schon kleinste Fehler im Tracking-Setup der AdWords-Kampagnen können die Akquisitionsberichte praktisch wertlos machen.

11.4.2   Automatische AdWords-Verknüpfung

Die automatische AdWords-Verknüpfung können Sie mittlerweile bequem und von einer zentralen Stelle aus in der Analytics-Verwaltung erledigen. Mit nur wenigen Klicks ordnen Sie ein oder mehrere AdWords-Konten einer oder mehreren Properties und Datenansichten zu. Beachten Sie dabei, dass sich eine Verknüpfung nicht rückwirkend auswirkt. Erst nach deren erfolgreichem Abschluss werden die Ad-Words-Kampagnen, wie oben beschrieben, den korrekten Quell- und Mediendimensionen zugeordnet. Gleiches gilt für die Aufhebung von Verknüpfungen: Sobald die Verbindung entfernt wird, verändern sich auch die Verweisquellen sofort.

Eigenschaften und Vorteile

Nach der Verknüpfung beider Konten können Sie Ihre Kampagnen mithilfe der Analytics-Daten noch besser optimieren. Es eröffnen sich unter anderem die folgenden Möglichkeiten:

▶ Die AdWords-Berichte in Analytics werden automatisch mit Daten zur Anzeigen- und Webseiten-Leistung gefüllt.

▶ Sie können Analytics-Ziele und E-Commerce-Transaktionen bequem in Ihr Ad-Words-Konto zurückführen.

▶ Weitere Analytics-Kennzahlen wie Absprungrate oder die durchschnittliche Dauer einer Sitzung lassen sich nun ebenfalls in AdWords importieren.

▶ Erweiterte Remarketing-Funktionen stehen Ihnen zur Verfügung.

▶ Die Multi-Channel-Trichter in Analytics (siehe Abschnitt 11.8) profitieren von umfangreicheren Daten.

Voraussetzungen

Für die Verknüpfung ist es erforderlich, dass Ihr Google-Konto sowohl einen Ad-Words-Zugriff als auch einen Analytics-Administratorzugriff besitzt. Wenn Sie das Analytics-Konto nicht selbst verwalten oder nicht ausreichende Rechte besitzen, müssen Sie dafür sorgen, dass Sie diese entweder bekommen oder dass jemand über ein Google-Konto mit den erforderlichen Zugriffsrechten für beide Tools die im Folgenden beschriebene Verknüpfung vornimmt.

Vorgehensweise

Wechseln Sie in der Analytics-Verwaltung auf die Property-Ansicht, wo Sie den Menüpunkt ADWORDS-VERKNÜPFUNG vorfinden (siehe Abbildung 11.19). Sie erhalten im ersten Schritt eine Übersicht aller AdWords-Konten, für die Sie mit Ihrem bei Analytics genutzten Google-Konto die erforderlichen Zugriffsrechte besitzen. Wählen Sie eines oder mehrere dieser AdWords-Konten aus, um deren Daten mit Analytics zu teilen.

Im zweiten Schritt benennen Sie die Gruppe von Verknüpfungen mit einem eindeutigen Namen. Das hilft Ihnen vor allem dann, wenn Sie Verknüpfungen über mehrere Konten und Properties hinweg anlegen.

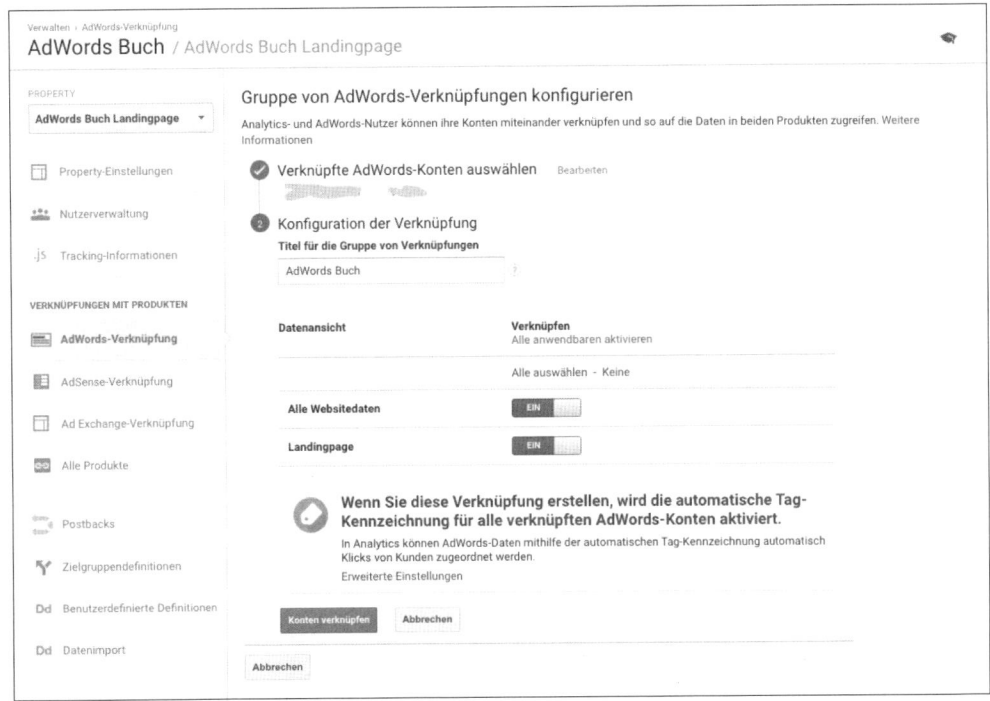

Abbildung 11.19 Die AdWords-Verknüpfung erfolgt auf Property-Ebene in der Analytics-Verwaltung.

Danach wählen Sie im selben Schritt die verknüpften Datenansichten aus. Auch hier können Sie individuell entscheiden, in welchen Ansichten die AdWords-Daten dargestellt werden sollen bzw. dürfen. Berücksichtigen Sie bitte, dass alle Nutzer mit Zugriff auf die hier ausgewählten Datenansichten – auch jene mit lediglich untergeordneten Berechtigungen zum Lesen und Analysieren – ab diesem Zeitpunkt einen umfassenden Einblick in alle verknüpften AdWords-Daten haben. Sie können beispielsweise eine zweite, nicht mit AdWords verknüpfte Datenansicht erstellen, um alle Kampagnendetails inklusive Kostendaten für bestimmte Nutzer zu verbergen. Diese Nutzer würden in der weiteren Ansicht den AdWords-Traffic lediglich auf allgemeiner Basis zuordnen können, alle Details zu Kampagnen- und Anzeigengruppenstruktur, Impressionen und CPCs würden ohne Verknüpfung nicht übertragen werden.

Durch den abschließenden Klick auf KONTEN VERKNÜPFEN schließen Sie den Vorgang ab. Mit diesem Schritt wird auch AdWords-seitig eine wichtige weitere Einstellung vorgenommen: die automatische Tag-Kennzeichnung. Dabei handelt es sich um eindeutige IDs, die das AdWords-System selbstständig an Ihre Ziel-URLs anhängt. Mithilfe dieser IDs werden zu den verknüpften Analytics-Datenansichten detaillierte Informationen zu jedem Klick übertragen. Überprüfen können Sie dies, indem Sie nach einem Klick auf eine beliebige AdWords-Anzeige den Parameter *&gclid=12345* als Bestandteil der Ziel-URL ausfindig machen. Fehlt diese Kennzeichnung, ist die Verknüpfung unvollständig. Sie können übrigens den Status der automatischen Tag-Kennzeichnung, wie in Abbildung 11.20 ersichtlich, in den Einstellungen Ihrer AdWords-Konten jederzeit überprüfen und bearbeiten, indem Sie in Ihrem AdWords-Konto auf das WERKZEUGSYMBOL klicken und dort VERKNÜPFTE KONTEN auswählen und im nächsten Fenster bei Google Analytics auf den Link DETAILS klicken.

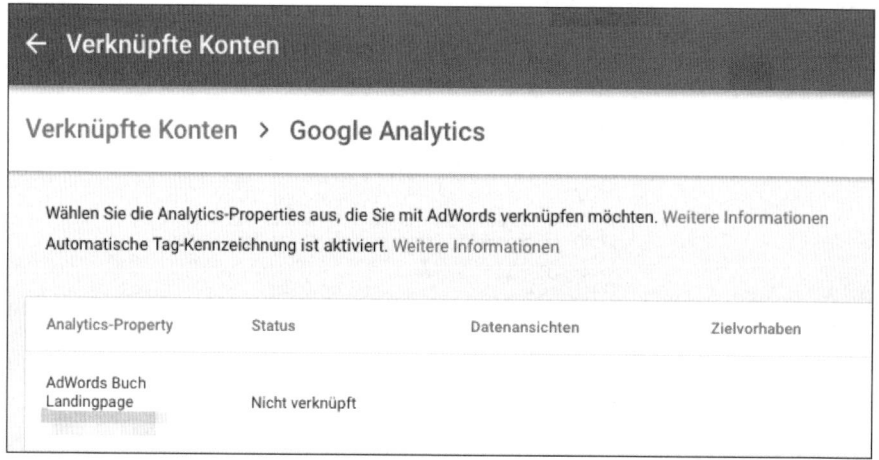

Abbildung 11.20 Die automatische Tag-Kennzeichnung in den AdWords-Einstellungen ist ein wichtiger Bestandteil der Datenverknüpfung.

Nicht nur im Analytics-Konto wirkt sich eine erfolgreiche Verknüpfung auf die dort zur Analyse bereitgestellten Kampagnendaten aus. Auch in AdWords haben Sie die Möglichkeit, auf umgekehrtem Wege einige Analytics-Messwerte in die direkt im AdWords-Interface nutzbaren Kampagnenberichte zurückzuführen. Diesen einfachen Schritt können Sie – nachdem Sie die zuvor beschriebene Verknüpfung abgeschlossen haben – in den KONTOEINSTELLUNGEN unter VERKNÜPFTE KONTEN erledigen.

Wählen Sie einfach die für Sie relevante Analytics-Datenansicht aus, deren Messwerte Sie in AdWords verwenden möchten. Berücksichtigen Sie dabei bitte, dass anschließend alle Nutzer mit Zugriff auf Ihr AdWords-Konto die Analytics-Daten dort einsehen können, auch wenn sie zu Analytics keinen direkten Zugang haben. Nach der erfolgreichen Datenzusammenführung der beiden Produkte können Sie sich

beim Anpassen der Spaltenansicht in AdWords die neuen Analytics-Messwerte anzeigen lassen. Abbildung 11.21 zeigt die entsprechende Ansicht im bisherigen Ad-
Words-Konto.

Abbildung 11.21 Die Kontoverknüpfung in beide Richtungen ermöglicht
die Darstellung von Analytics-Messwerten direkt in AdWords (aktuell nur
in der bisherigen AdWords-Oberfläche).

Google-Analytics-Messwerte bislang nur im bisherigen AdWords-Konto

Die Ansicht der verknüpften Google-Analytics-Daten sehen Sie aktuell (Stand:
Dezember 2017) nur im bisherigen Google-AdWords-Konto. In der neuen Ansicht sind
sie noch nicht verfügbar. Google macht leider keine Aussage dazu, ob und wann sie
verfügbar sein werden. Bis auf Weiteres müssten Sie für diese Ansicht dann immer
nochmals in die bisherige AdWords-Oberfläche wechseln, indem Sie auf das Werkzeugsymbol klicken und ZURÜCK ZUM VORHERIGEN ADWORDS wählen.

Rückgängig machen

Natürlich lassen sich die Datenverknüpfungen im Nachhinein jederzeit bearbeiten
und auch wieder entfernen. In der Analytics-Verwaltung haben Sie Zugriff auf alle relevanten Verknüpfungsgruppen und sehen auf einen Blick, wie viele Konten und Datenansichten miteinander verknüpft sind. Klicken Sie eine Verknüpfungsgruppe an,
wenn Sie die Konfiguration verändern oder löschen möchten. Gehen Sie jedoch behutsam vor, denn beim Entfernen der Verknüpfung gehen unter anderem folgende
Daten unmittelbar verloren:

- alle Klicks, Impressionen und Kosten in Analytics-Berichten
- neue Nutzer für Analytics-basierende Remarketing-Listen
- importierte Ziele und E-Commerce-Daten sowie weitere Messwerte in AdWords-Berichten

Berücksichtigen Sie bitte auch die kurz zuvor erwähnte automatische Tag-Kennzeichnung im AdWords-Konto, die Sie in diesem Zusammenhang ebenfalls bearbeiten und wieder entfernen können.

Selbst wenn Sie aus organisatorischen oder datenschutzrechtlichen Gründen die in diesem Abschnitt beschriebene Kontoverknüpfung nicht durchführen können, müssen Sie Ihre AdWords-Kampagnen, was Analytics betrifft, nicht komplett im »Blindflug« durchführen. Natürlich ist diese direkte Verknüpfung nicht nur am einfachsten, sondern auch hinsichtlich Datenquantität und -qualität am umfangreichsten, weshalb wir sie in den meisten Fällen auch als die für alle Beteiligten praktischste Variante empfehlen können. Ist sie nicht möglich, empfehlen wir die im Folgenden beschriebene Alternative.

11.4.3 Manuelles Tagging von Kampagnen

Wie Sie bereits zuvor in diesem Kapitel lernen konnten, spielen die Dimensionen *Quelle* und *Medium* eine bedeutende Rolle in den Analytics-Akquisitionsberichten. Nur wenn Sie – und alle weiteren für den Kampagnen-Traffic verantwortlichen Personen und Agenturen – diese Dimensionen korrekt und vollständig zuweisen, bleiben die Berichte so umfangreich und aussagekräftig wie möglich. Das hier beschriebene manuelle Tagging von Kampagnen lässt sich nicht nur für AdWords-Traffic, sondern auch für viele weitere Online-Maßnahmen wie E-Mail-Newsletter oder Displaynetzwerk-Kampagnen einsetzen und ist eine gleichermaßen bequeme wie mächtige Möglichkeit, den Akquisitionsberichten in Analytics (und dort vor allem dem Menüpunkt KAMPAGNEN) ordentlich Leben einzuhauchen. Was das manuelle Tagging auszeichnet und wie einfach es funktioniert, erfahren Sie hier.

Eigenschaften und Vorteile

Im Unterschied zum zuvor beschriebenen automatischen AdWords-Kampagnen-Tagging und auch zu anderen Webanalyse-Tools entsteht beim manuellen Tagging von Kampagnen keinerlei zusätzlicher Verwaltungsaufwand im Analytics-Interface. Sobald Sie die Webseiten-URL mit den ergänzten Kampagnen-Tags (zusätzliche URL-Parameter) aufrufen, erfolgt im Analytics-Cookie die individuelle Quell- und Medienzuordnung und in den Berichten die separate Darstellung dieses manuell gekennzeichneten Traffics. Die wichtigsten weiteren Eigenschaften auf einen Blick:

▶ Kampagnen-Tagging mit bis zu fünf unterschiedlichen Parametern

▶ unmittelbares Erscheinen des gekennzeichneten Traffics in Echtzeit- und Akquisitionsberichten

▶ einfaches Umsetzen individueller Tracking-Strategien und Kampagnenbenennungen

▶ kein Setup erforderlich, d. h. kein Anlegen, Ändern oder Löschen von Kampagnen-Tags)

Voraussetzungen

Die Voraussetzungen sind denkbar einfach: Jede mit einem individuellen Kampagnenparameter versehene URL wird in den relevanten Analytics-Berichten entsprechend zugeordnet. Da sich bereits kleine Unterschiede in den Schreibweisen der Parameter – beispielsweise Groß-/Kleinschreibung oder Trennzeichen – auf die Berichte auswirken können, möchten wir Ihnen an dieser Stelle zusätzlich den Rat mitgeben, als weitere wichtige Voraussetzung sowohl absolute Konsequenz als auch Präzision beim manuellen Kampagnen-Tagging walten zu lassen. Kleine Tippfehler bei Ihnen oder anderen involvierten Kampagnenmanagern können sich schnell unvorteilhaft auswirken, was nachträgliche Berichte zur Erfolgsmessung und Kampagnenoptimierung entweder aufwendiger oder im schlimmsten Fall sogar unmöglich macht.

Vorgehensweise

Um benutzerdefinierte Kampagnen zu erstellen, müssen Sie alle der jeweiligen Kampagne zuzuordnenden Ziel-URLs um individuelle Parameter ergänzen. Sehen wir uns die folgende exemplarische Ziel-URL an, um Ansatz und Aufbau dieses manuellen Kampagnen-Taggings in Analytics besser zu verstehen:

www.ziel-url.com?utm_source=google&utm_medium=cpc&utm_campaign= adwords-brand-2014

Nach der eigentlichen Ziel-URL folgen die Kampagnenparameter, auch *utm-Parameter* genannt. Diese Bezeichnung ergibt sich aus dem Präfix der jeweiligen Paare aus Variablen und Werten und basiert auf jenem Tool, aus dem Analytics im Jahr 2005 hervorging: *Urchin*. Auch wenn die Übernahme dieser Tracking-Software durch Google mittlerweile bereits ein Jahrzehnt zurückliegt, die *utm*-Präfixe für Kampagnen-Tags und Cookies (wobei *utm* für »Urchin Tracking Module« steht) erinnern – wenn auch nur eingefleischte Web-Analytics-Insider – bis heute daran.

Welche unterschiedlichen Parameter gibt es nun, welche sind zwingend erforderlich und wozu dienen sie? Lassen Sie uns einen Blick auf die fünf verfügbaren *utm*-Tags werfen, wobei die Reihenfolge, in der Sie diese an die Kampagnen-URLs anhängen, keine Rolle spielt:

- **utm_source** (erforderlich): die *Quelle*, die Ihren Traffic näher identifiziert. Im Fall von AdWords ist dies *google*, bei anderen Kampagnen wählen Sie hier am besten den Namen der Plattform zur einfachen Zuordnung aus.

- **utm_medium** (erforderlich): das *Medium* Ihrer Marketingaktion. Bei AdWords ist das *cpc*, bei anderen Maßnahmen beispielsweise *cpm* (für Display-Banner) oder *e-mail* (für Newsletter-Aussendungen).

- **utm_campaign** (erforderlich): der Name Ihrer *Kampagne*. Bei AdWords lautet er beispielsweise *adwords-brand* oder *adwords-search-generic* für generische Such-netzwerk-Kampagnen. Es ist nicht unpraktisch, wenn Sie den Kampagnennamen für eine optimale Unterscheidung in den Berichten zusätzlich auch um Angaben zu Zeiträumen oder Flights (*-august-2014*) und/oder um geografische Informationen (*-de*) erweitern. Speziell bei Newsletter-Kampagnen hilft ein ergänzter Versandzeitpunkt, bei internationalen Kampagnen oft eine geografische Ergänzung.

- **utm_term** (optional): eine ergänzende Angabe von *Keywords*, die vor allem bei manuell gekennzeichneten Suchnetzwerk-Kampagnen wie AdWords, aber auch beispielsweise bei Bing Ads hilfreich ist.

- **utm_content** (optional): der *Anzeigeninhalt*. Machen Sie von diesem Parameter beispielsweise dann Gebrauch, wenn Sie im Zuge einer Kampagne auf dieselbe Ziel-URL mehrere parallel eingesetzte Werbemittel oder bei einer E-Mail-Aussendung die Wirkung einzelner Inhalte oder unterschiedlicher »Call-to-Action«-Varianten separat analysieren möchten.

Abschließend möchten wir Sie noch einmal darauf hinweisen, dass alle Parameter case-sensitive sind. Zwei Links, die sich beispielsweise nur durch die Variablenwerte *utm_campaign=Newsletter-August-2014* bzw. *utm_campaign=newsletter-august-2014* unterscheiden, würden somit als zwei unterschiedliche Kampagnen in den Analytics-Berichten erscheinen.

Ebenso möchten wir nicht unerwähnt lassen, dass Sie bei diesen Tracking-Parametern keinerlei personenbezogene Daten (beispielsweise die Empfängeradresse bei E-Mail-Aussendungen) angeben dürfen. Das wäre ein klarer Verstoß gegen die Analytics-Nutzungsbedingungen.

Google bietet übrigens ein einfaches Tool zur URL-Erstellung als Online-Dienst unter der folgenden Adresse an:

https://support.google.com/analytics/answer/1033867?hl=de

Nutzen Sie dieses, um Ihre individuellen Kampagnen-URLs in wenigen Schritten zu generieren – ohne lästiges, möglichweise fehlerbehaftetes Tippen der *utm*-Parameter von Hand.

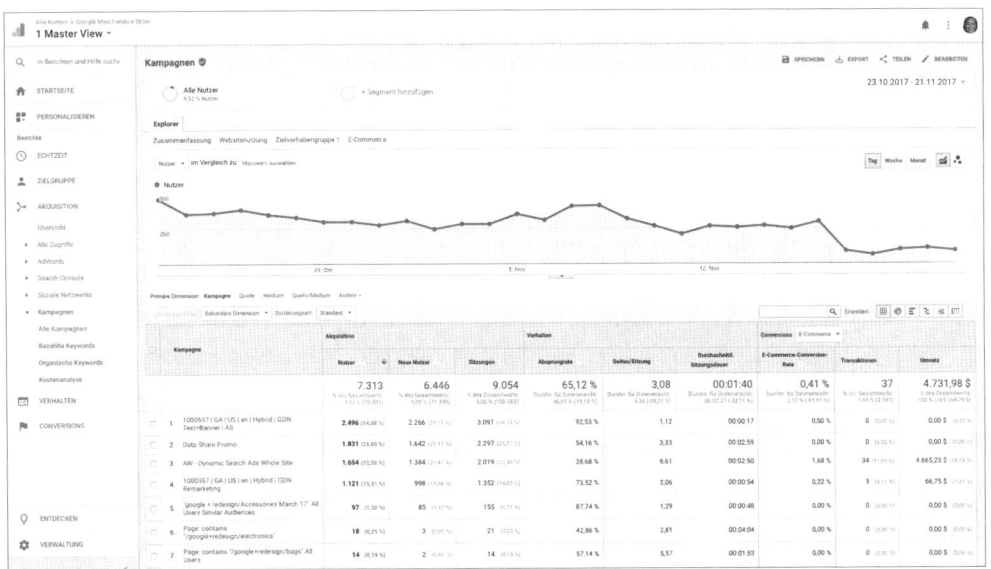

Abbildung 11.22 Erfolgsanalyse mithilfe von manuellem Tagging zu AdWords-Kampagnen, Newsletter-Aussendungen und mehr

Als Best Practices möchten wir Ihnen abschließend noch Folgendes mitgeben:

- **So viele Tags wie nötig, so wenige wie möglich**: Vermeiden Sie bitte, zu viele Ziel-URLs manuell als Kampagnen zu kennzeichnen. Organischer Suchmaschinen-Traffic und die meisten Verweise von anderen Portalen und Webseiten (beispielsweise aus Kooperationen, Backlinks oder PR-Artikeln) lassen sich automatisch bereits sehr gut auswerten.

- **Automatische Linkerstellung**: Vermeiden Sie manuelles Tippen der URL-Parameter, da dabei erfahrungsgemäß immer wieder Fehler auftreten können. Nutzen Sie dazu entweder das zuvor beschriebene Google-Tool oder helfen Sie sich mit einem Tabellendokument, wo Sie mit ein paar Spalten und einfachen Formeln Ihre individuellen Kampagnenlinks erstellen. Ein solches Dokument ist übrigens auch im späteren Analyseprozess hilfreich, wenn Sie vor allem bei umfangreicheren Kampagnen einen Überblick über alle Plattformen und die unterschiedlichen verwendeten Anzeigeninhalte behalten möchten.

- **Nur die mindestens erforderlichen Variablen verwenden**: Erfassen Sie nicht mehr Daten als nötig, und halten Sie die Ziel-URLs damit so kurz wie möglich. Erstellen Sie keine individuellen Parameter für Informationen, die Sie im Nachhinein ohnehin nicht analysieren möchten oder können.

- **Schreiben Sie keine personenbezogenen Informationen in die Werte der Kampagnenvariablen**: Namen oder E-Mail-Adressen sind an dieser Stelle theoretisch möglich, aber ein absolutes Tabu.

575

Rückgängig machen

Das manuelle Tagging rückgängig zu machen ist genauso simpel wie dessen Einrichtung: Entfernen oder ändern Sie die individuellen Parameter in Ihren Ziel-URLs, und schon wird der jeweilige Traffic anderen oder keinen Kampagnen mehr zugeordnet. Natürlich sollten Sie beachten, dass auch nach dem Entfernen der Tags Ihrer »beendeten« Kampagnen diese noch weitere Sitzungen in Analytics verursachen können. Denn hat ein Nutzer seine vorhergehende Sitzung über eine dieser Kampagnen gestartet und besucht er Ihre Webseite ohne neue Quelle noch ein weiteres Mal (beispielsweise durch einen erneuten direkten Aufruf der URL), so bleibt die ursprüngliche Herkunftsquelle erhalten. Somit ist es völlig normal, dass auch Bannerkampagnen, die seit Tagen und Wochen beendet sind, noch immer mit neuen Sitzungen in den Berichten erscheinen.

Nachdem Sie nun die Möglichkeiten kennen, sowohl AdWords- als auch weitere Kampagnen individuell zu kennzeichnen, kommen wir zum nächsten Schritt: zur Analyse von Conversion-Zielen. Schließlich werden die Berichte der nun sauber aufgeschlüsselten Kampagnen, Quellen und Anzeigenvarianten noch aussagekräftiger, wenn Sie deren Erfolgsquote (oder Conversion-Rate) auf einen Blick auswerten und vergleichen können.

11.5 Conversions und Zielvorhaben: Erfolgsmessung Hand in Hand

AdWords-Conversions, die zählpixelbasierende Methode zur Erfolgsmessung auf Webseiten und Landing-Pages, haben Sie bereits in Kapitel 10 ausführlich kennengelernt. Mithilfe der in Analytics verfügbaren *Zielvorhaben* können Sie auf einfache Art und Weise noch eine Menge weiterer sogenannter Mikro- und Makro-Conversions in die Analyse und Optimierung Ihrer AdWords-Kampagnen mit einbeziehen.

Auch hier hat Google seine Tools enger miteinander verzahnt, sodass Sie nicht nur die erreichten Ziele Ihres Kampagnen-Traffics in Analytics messen können, sondern diese auch bequem – und ohne die Einrichtung zusätzlicher Tracking-Pixel – in Ad-Words als Conversions importieren können.

Das hat vor allem dann Vorteile, wenn Ihre Erfolgsziele statt auf abgeschickten Formularen oder erfolgreichen Online-Transaktionen auf einfachen Webseiten-Interaktionen (Aufenthaltsdauer, Klicks auf Videos oder PDF-Dokumente) basieren: Sie sparen sich die Konfiguration aufwendiger AdWords-Conversion-Pixel und können vorhandene Analytics-Zielvorhaben schnell und einfach als AdWords-Conversion einrichten.

In diesem Abschnitt gehen wir zunächst auf die Analytics-Ziele und deren allgemeine Einrichtung sowie später auf den Import dieser Ziele als Conversions in Ihrem Ad-Words-Konto ein.

11.5.1   Zielvorhaben in Analytics einrichten

Auch wenn Sie mit Ihrer Webseite keine unmittelbaren Online-Umsätze oder Formularanfragen generieren möchten, legen wir Ihnen die Konfiguration mindestens eines Zielvorhabens in Analytics unbedingt nahe (siehe Abbildung 11.23). Sollen sich die Besucher ausführlich mit Ihrer Webseite, Ihrer Marke und/oder Ihren Produkten beschäftigen? Dann wählen Sie die Aufenthaltsdauer oder die durchschnittlich pro Sitzung besuchten Seiten als Zielvorhaben aus. Geht es auf einer Microsite ausschließlich darum, ein kostenloses PDF herunterzuladen? Erfassen Sie dessen Download als Analytics-Ereignis, und richten Sie Ihr Zielvorhaben-Tracking auf dieses aus! Selbst wenn manche Ziel-Conversion-Raten für sich allein wenig Aussagekraft haben, für ein Benchmarking der unterschiedlichen Quellen in den Akquisitions- und Kampagnenberichten helfen diese unbedingt weiter!

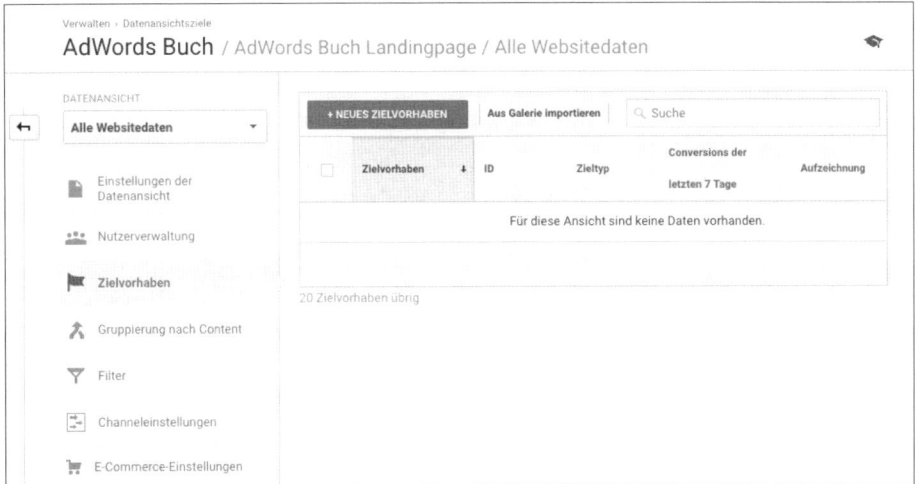

Abbildung 11.23 Die Einrichtung von Analytics-Zielvorhaben erfolgt über die Verwaltungsoberfläche auf Ebene der Datenansicht.

Allgemeines

Analytics-Zielvorhaben legen Sie im Verwaltungsbereich auf Datenansichtsebene unter dem eigenen Menüpunkt ZIELVORHABEN fest. Sie haben dabei vier Möglichkeiten:

1. **Einrichtung des Zielvorhabens über Vorlagen**: Hier versucht Google, vor allem Einsteigern die ersten Schritte in der Zieleinrichtung zu erleichtern, indem für unterschiedliche Arten von Zielen vorgefertigte Namen und vorausgewählte Typen angeboten werden. Der Rest der Einrichtung erfolgt hingegen wie bei Punkt 2.

2. **Intelligente Zielvorhaben**: Intelligente Zielvorhaben können Sie dann einrichten, wenn über das verknüpfte AdWords-Konto in den vergangenen 30 Tagen mindestens 500 Klicks an die ausgewählte Analytics-Datenansicht gesendet wurden. Bei

dieser Funktion werden durch maschinelles Lernen zahlreiche Signale von Sitzungen auf Ihrer Website untersucht, um die Sitzungen mit der höchsten Conversion-Wahrscheinlichkeit zu ermitteln. Mehr dazu erfahren Sie unter *https://support.google.com/analytics/answer/6153083?hl=de&utm_id=ad*.

3. **Benutzerdefinierte Zieleinrichtung**: Diese klassische Variante der Zieleinrichtung wird wohl von den meisten erfahrenen Nutzern verwendet. Lesen Sie gleich unten, welche vier Zielvorhaben-Typen Ihnen bei der benutzerdefinierten Einrichtung zur Auswahl stehen.

4. **Import von Zielen aus der Solutions Gallery**: Diese Möglichkeit kennen Sie bereits aus Abschnitt 11.3.1, »Dashboards«. Auch eine große Auswahl an praktischen, von anderen Nutzern zur Verfügung gestellten Einzel-Zielen und Ziel-Sets, die Sie mit einem Klick in Ihre Datenansicht laden können, steht unter *https://analytics.google.com/analytics/gallery/#posts/search/%3F_.term%3Dziel%26_.start%3D0/* für Sie bereit.

Alle Möglichkeiten teilen sich eine Eigenschaft: Sie müssen einen von vier Zieltypen festlegen, auf die wir nun kurz eingehen möchten (siehe Abbildung 11.24).

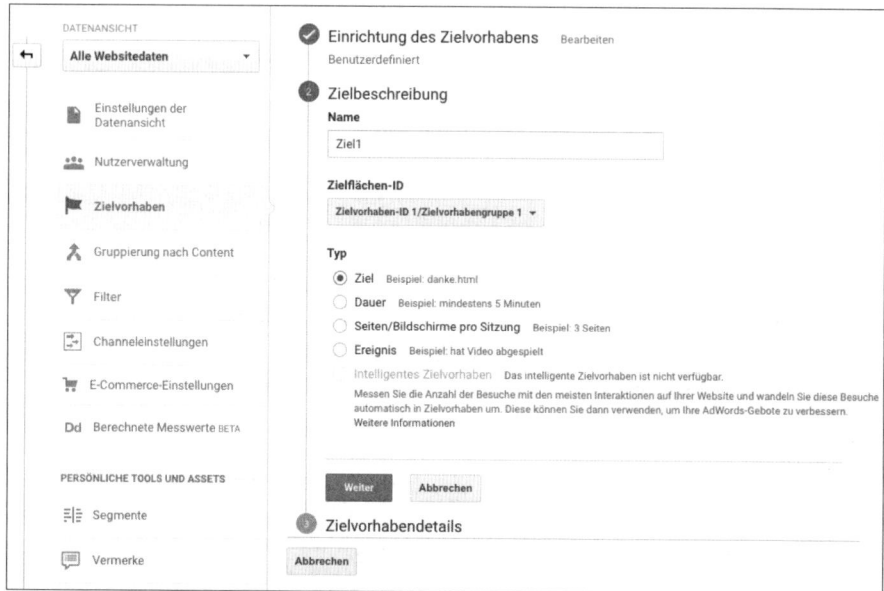

Abbildung 11.24 Vier mögliche Zieltypen

Ziel

Der erste Typ beschreibt die nach wie vor am meisten genutzte Variante eines erreichten Zielvorhabens: den Aufruf einer bestimmten Unterseite Ihrer Webseite, meist einer »Danke«-Seite nach einem erfolgreichen Formularversand oder einer abgeschlossenen Online-Transaktion. Bei den Zieldetails müssen Sie folgende Informationen angeben:

▶ **Zielseite** (erforderlich): Tragen Sie hier die URL Ihrer Zielseite ein (und zwar exakt, als Bestandteil oder als regulären Ausdruck).

▶ **Wert** (optional): Hier können Sie Ihrem Ziel einen Geldwert zuweisen. Bitte beachten Sie, dass der hier eingetragene Wert für alle Vorkommnisse dieses Zieles gleich ist und nicht dynamisch verändert werden kann. Wenn Sie individuelle Umsätze von Online-Shops erfassen möchten, müssen Sie E-Commerce-Tracking einrichten. An dieser Stelle könnten Sie beispielsweise einem Ziel »Newsletter-Anmeldung« den fiktiven Wert von 5 € mitgeben, wenn Sie wissen, dass Nutzer, die sich dafür registrieren, im Durchschnitt und auf lange Sicht diesen Betrag »wert« sind. Das Einrichten von Zielwerten können wir Ihnen vor allem dann empfehlen, wenn Sie keinen Online-Shop betreiben. Mithilfe der Zielwerte füllen sich die ROI-Berichte in Analytics, und selbst wenn die absoluten Zahlen wenig aussagen, eignen sich diese Daten wiederum sehr gut für das Benchmarking der Nutzer auf z. B. geografischer oder Kampagnenbasis.

▶ **Trichter** (optional): Wenn Besucher, um das Ziel zu erreichen, einen oder mehrere vorhergehende Webseiten aufrufen (müssen), kann Ihnen die Einrichtung eines Zieltrichters zur Conversion-Optimierung sehr gut weiterhelfen. Führt zum Beispiel ein Anfrageziel im Vorfeld über eine Angebotsseite sowie über ein zweiteiliges Formular, richten Sie diese drei Schritte als Trichter ein. Berichte zu Trichter-Conversion- und Ausstiegsraten können Ihnen aufschlussreiche Informationen zur Optimierung Ihrer Ziele liefern – für AdWords-Kampagnen und/oder allgemein.

Eine relativ neue praktische Methode finden Sie am Ende des Einrichtungsprozesses: Sie können das eben konfigurierte Ziel automatisch überprüfen lassen. Mit einem Klick auf DIESES ZIELVORHABEN BESTÄTIGEN wertet Analytics aus, wie oft Ihr neu eingerichtetes Ziel, basierend auf den Daten der letzten 7 Tage, zu einer Conversion geführt hätte. Das funktioniert natürlich nur dann, wenn Ihre ausgewählte Zielseite bereits länger vorhanden ist, hat sich aber in der Praxis als bequem und zeitsparend für einen Schnell-Check erwiesen, ob man auch alles richtig eingetragen hat.

Dauer

Wenn sich der Typ Ihres Zielvorhabens nicht über den Besuch einer speziellen Seite, sondern vielmehr über die Dauer der Besuchersitzung definiert, wählen Sie diese Variante aus. Sie müssen hier lediglich (in Stunden, Minuten bzw. Sekunden) angeben, ab welcher Dauer ein erreichtes Ziel ausgelöst werden soll. Wie beim vorherigen Typ haben Sie auch hier die Möglichkeit, einen optionalen Zielwert zu vergeben und mithilfe der Schnellüberprüfung das Ziel kurz zu bestätigen, bevor Sie es erstellen.

Seiten / Bildschirme pro Sitzung

Auch die besuchten Seiten pro Sitzung können für Ihre Analysen und Optimierungs-schritte ein wichtiges Ziel darstellen. Legen Sie fest, ab welcher Anzahl besuchter Sei-ten Sie dieses Ziel erfassen möchten. Auch sind ein optionaler Zielwert sowie die Schnellüberprüfung im Zuge der Zieleinrichtung möglich.

Ereignis

Neben den Seitenansichten gewinnen Ereignisse in den Analytics-Berichten zuneh-mend an Bedeutung, vor allem dann, wenn es sich bei aktuellen Webseiten und Lan-ding-Pages um sogenannte »One-Page«-Designs handelt. Bei diesen steht weniger der Aufruf von einzelnen Unterseiten und URLs im Vordergrund. Vielmehr wird die Interaktion der Besucher durch das Scrollen durch Tabs und Inhaltsblöcke auf einer einzigen, langen Seite bewertet. Um auch dort den Aufruf der einzelnen Blöcke und Elemente in Analytics auswerten zu können, lassen sich auf beliebige Interaktionen wie Klicken oder Scrollen sogenannte Analytics-Ereignisse legen. Hierbei handelt es sich um kleine JavaScript-Codes, die nach folgendem Muster aufgebaut sind:

- Kategorie: `button`
- Aktion: `click`
- Label: `nav buttons`
- Wert: `4`

Ein Implementierungsbeispiel zur Erfassung eines Klickereignisses auf einen Naviga-tionsbutton würde demnach so aussehen:

```
ga('send', 'event', 'button', 'click', 'nav buttons', 4);
```

Mithilfe eines individuellen Tracking-Konzeptes von Ereignissen auf Ihrer Webseite legen Sie fest, welche dieser vier Messwerte für welche Art von Webseiteninteraktion festgelegt werden. Die Implementierung kann direkt im Quellcode oder alternativ über den *Google Tag Manager* erfolgen. Details zur Einrichtung von Ereignissen fin-den Sie in diesem umfangreichen Hilfe-Artikel:

https://developers.google.com/analytics/devguides/collection/analyticsjs/events#implementation

Beim Einrichten eines Zielvorhabens vom Typ EREIGNIS können Sie dann eine oder mehrere Bedingungen auswählen, die für die Ereignis-Messwerte zutreffen müssen, um es auszulösen. In Abbildung 11.25 sehen Sie ein zur oben stehenden Erklärung passendes Beispiel für die Einrichtung eines Ereignis-Zielvorhabens.

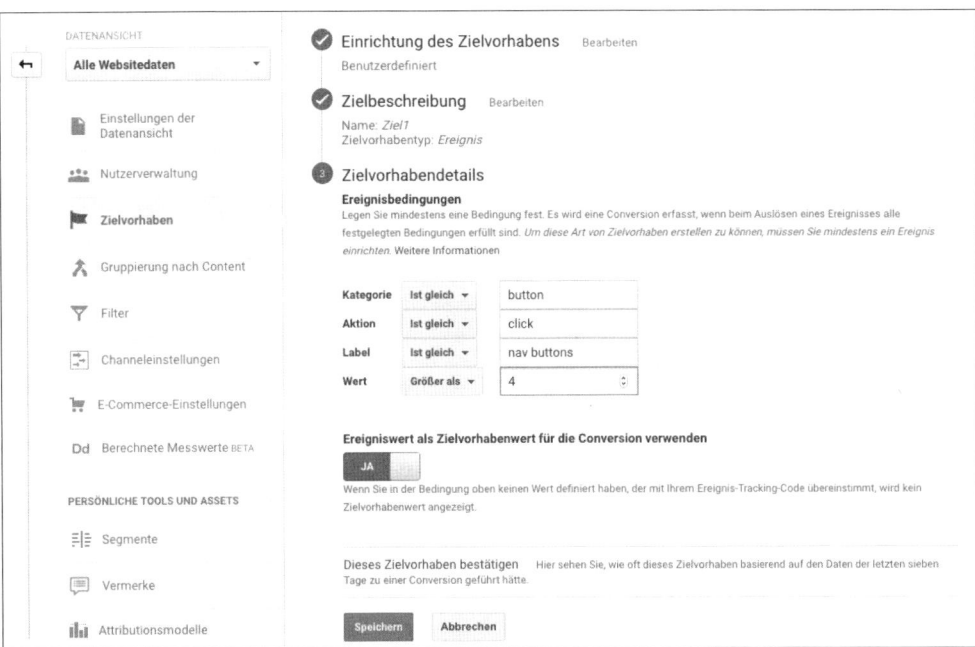

Abbildung 11.25 Einrichtung eines Ereignis-Zieles mit Bedingungen

Nun, da Sie alle verfügbaren Zielvorhaben-Typen in Analytics kennengelernt haben und diese auch einrichten können, möchten wir noch auf ein weiteres wichtiges Feature zur Erfolgsmessung und -optimierung eingehen, das in einem anderen Bereich zu konfigurieren ist.

11.5.2 E-Commerce-Tracking

Als Betreiber eines Online-Shops möchten Sie bestimmt nicht nur analysieren, *dass* jemand bei Ihnen eingekauft hat (so etwas wäre einfach mit einem Seitenziel für die Bestätigungsseite des Einkaufsprozesses möglich), sondern Sie wollen auch erfahren, *welche* Produkte gekauft wurden und *wie viel* Umsatz bei einer Online-Transaktion entstanden ist.

Dafür bietet Analytics ein eigenes E-Commerce-Tracking-Modul an, dessen Funktion Sie auf Datenansichtsebene in der Analytics-Verwaltung einmalig aktivieren müssen. Darüber hinaus müssen Sie den Code Ihres Shop-Systems adaptieren, wofür Google Ihnen einen ausführlichen Leitfaden bereitstellt:

https://developers.google.com/analytics/devguides/collection/analyticsjs/ ecommerce

Einmal eingerichtet, füllt sich der E-Commerce-Bericht im Menüpunkt CONVER-
SIONS mit wertvollen Daten zu Transaktionen, Produkten und Umsätzen. Mit deren
Hilfe können Sie anschließend jeweils den Beitrag einzelner Verweisquellen und
Marketingkampagnen – inklusive AdWords – zum Gesamterfolg Ihres Online-Shops
auswerten und optimieren.

Tipp: Erweiterte E-Commerce-Berichte

Zur besseren Analyse von Online-Shops bietet Google die sogenannten *erweiterten*
E-Commerce-Berichte an: *https://analytics.googleblog.com/2014/05/better-data-*
better-decisions-enhanced.html. Damit ist es möglich, noch mehr aufschlussreiche
Daten zur Auswertung des Kaufverhaltens der Shop-Besucher zu gewinnen (siehe
Abbildung 11.26).

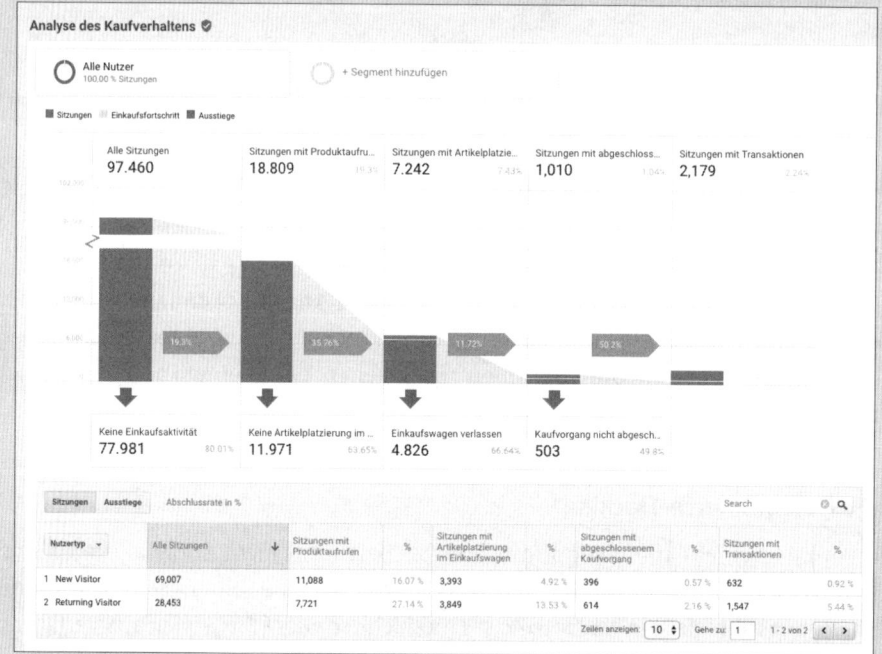

Abbildung 11.26 Erweiterte E-Commerce-Berichte in Google Analytics

Beispielsweise können damit in den E-Commerce-Berichten auch Warenkorb-Abbrecher analysiert oder die Effizienz von Gutscheinen bewertet bzw. Retouren berücksichtigt werden.

Wir möchten Ihnen als Betreiber eines Online-Shops nahelegen, diese erweiterte
Analysefunktion zu nutzen. Details zur Einrichtung finden Sie in der Analytics-Hilfe
unter der folgenden URL:

https://support.google.com/analytics/answer/6014841?hl=de

11.5.3   Analytics-Zielvorhaben in AdWords importieren

Die zuvor vorgestellten Analytics-Zielvorhaben lassen sich wie die E-Commerce-Transaktionen als Conversions in die AdWords-Berichte importieren. Wechseln Sie dazu im AdWords-Interface unter dem Werkzeugsymbol zu den CONVERSIONS, klicken Sie auf das Symbol ⊕, und wählen Sie als Conversion Art IMPORT aus. In dem Tab, der sich dann öffnet, wählen Sie GOOGLE ANALYTICS als Quelle (siehe Abbildung 11.27). Beachten Sie dabei bitte, dass sowohl die Kontoverknüpfung als auch die Zielvorhabenmessung in Analytics bereits mindestens 30 Minuten aktiv sein müssen und dass das zu importierende Zielvorhaben mindestens einmal erreicht worden sein muss, um diesen Vorgang abschließen zu können. Es kann bis zu neun Stunden dauern, bis Zielvorhaben- und Transaktionsdaten in AdWords verfügbar sind.

Nach einem Klick auf WEITER können Sie auf der nächsten Seite dann gezielt einzelne Zielvorhaben und Transaktionen auswählen, die Sie in Ihr AdWords-Konto importieren möchten. So können Sie alle Ziele – von Seiten über Ereignisse bis hin zu E-Commerce-Transaktionen – bequem und ohne die Erstellung von AdWords-Tracking-Pixeln als AdWords-Conversion einrichten.

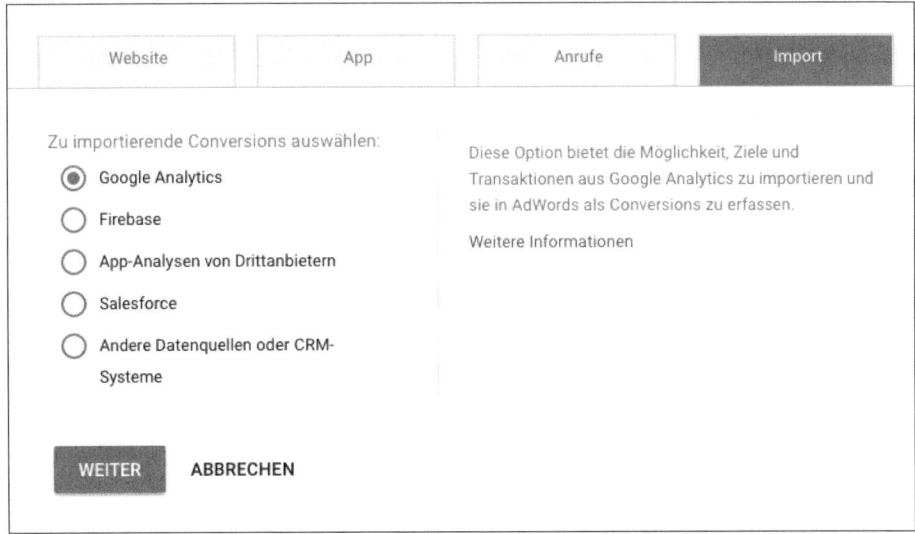

Abbildung 11.27 Funktion zum Import von Analytics-Conversions

Abschließend möchten wir Sie darauf hinweisen, dass dieser praktische Import auch einen kleinen Nachteil hat: Im Vergleich zu den mit Zählpixeln gemessenen Ad-Words-Conversions gibt es bei der Darstellung der importierten Analytics-Conversion-Daten in den Berichten eine Verzögerung von bis zu zwei Tagen. Berücksichtigen Sie diese – in der Praxis oft leider etwas lästige – Tatsache bitte im Zuge Ihrer Auswertungen und Analysen.

> **Tipp: Importieren Sie nicht alle Analytics-Ziel-Conversions in AdWords**
>
> Zur schnellen Analyse im Konto ist es nicht immer hilfreich, wenn Leistungsdaten wie Conversion-Raten oder Kosten/Conversions jede noch so kleine Makro-Conversion (wie Webseitenklicks, Downloads oder Video-Ansichten) beinhalten.

Nachdem wir Ihnen nun umfassend einige grundlegende Informationen zu den Analytics-Berichten sowie viele einmalig erforderliche Konfigurationsschritte beschrieben haben, kommen wir im nächsten Abschnitt zum Kern dieses Kapitels: zu den AdWords-Berichten. Die umfangreichen Erklärungen und Einrichtungsmaßnahmen zu Ihrem Analytics-Konto waren vorab jedoch unbedingt erforderlich. Nur so können Sie an dieser Stelle sicher sein, dass Sie beim folgenden näheren Blick in Ihre AdWords-Kampagnen auch alle wichtigen Kennzahlen »griffbereit« haben, die Zielvorhaben-Conversions und E-Commerce-Transaktionen betreffen.

Bitte berücksichtigen Sie dabei, dass Google permanent daran arbeitet, sowohl den Aufbau als auch die Inhalte der AdWords-Berichte im Analytics-Interface zu optimieren. Es kann daher vorkommen, dass Sie eines Tages einen oder mehrere der nun beschriebenen Berichte an anderer Stelle, mit anderer Bezeichnung oder gar nicht mehr vorfinden – genauso wie Sie eventuell auf neue Möglichkeiten stoßen, die wir an dieser Stelle nicht beschrieben haben. Erfahrungsgemäß bleiben trotz dieser oft sehr kurzfristigen Interface-Optimierungen die wesentlichen Berichte unverändert, sodass Ihnen die folgenden Seiten auf jeden Fall dabei helfen werden, Ihre AdWords-Kampagnen mithilfe von Analytics besser zu verstehen.

11.6   AdWords-Berichte: Alles im Überblick

In den folgenden Berichten finden Sie nun umfassende Möglichkeiten vor, um Ihre AdWords-Kampagnen mithilfe von Google Analytics auszuwerten und zu optimieren. Kennzahlen und Messwerte stehen dabei sowohl für Suchntzwerk- als auch für Displaynetzwerk-, Video- und Shopping-Kampagnen zur Verfügung. Sie finden die Berichte unter dem Menüpunkt AKQUISITION in einem eigenen Untermenü AD-WORDS, der sich wiederum aufklappen lässt, um alle hier beschriebenen Detailberichte zu erreichen.

Der ebenfalls unter diesem Menüpunkt vorhandene Bericht KAMPAGNEN würde zusätzlich zu Ihren AdWords-Kampagnen auch sämtliche anderen manuell gekennzeichneten Kampagnen beinhalten (das Prozedere haben wir in Abschnitt 11.4.3 beschrieben). Während Sie dort also einen direkten Vergleich beispielsweise zwischen AdWords-, Newsletter- und Banner-Traffic anstellen können, liefern die hier erklärten Berichte ausschließlich AdWords-Details. Blicken wir nun gemeinsam auf die einzelnen Untermenüpunkte, die Ihnen Analytics bei den AdWords-Berichten anbietet.

11.6.1   Konten

Dieser Punkt wird allen AdWords-Kunden dargestellt, die mehrere ihrer Konten mit Analytics verknüpft haben. Unabhängig davon, ob sich diese in einem Verwaltungskonto (MCC) befinden oder über mehrere unterschiedliche Benutzerkonten hinzugefügt wurden, erhalten Sie in diesem Bericht einen Überblick über die Leistungskennzahlen aller verknüpften AdWords-Konten, die im ausgewählten Zeitraum Klicks und Sitzungen generiert haben (siehe Abbildung 11.28). Starten Sie hier, um die unterschiedlichen Konten (z. B. eines für Suchnetzwerk- und eines für Displaynetzwerk-Kampagnen) miteinander zu vergleichen und, davon ausgehend, in die Kampagnendetails einzusteigen.

> **Wichtig**
>
> Wenn Sie nur ein einziges AdWords-Konto mit Analytics verknüpft haben, wird dieser Menüpunkt nicht angezeigt und Sie starten Ihre Auswertung direkt mit den Kampagnenberichten.

Abbildung 11.28 Die Konten-Berichte als übersichtlicher Ausgangspunkt

11.6.2   Kampagnen

Die folgenden Berichte ermöglichen Ihnen eine Auswertung auf Kampagnenbasis (siehe Abbildung 11.29). Starten Sie hier mit Ihren Analysen, um einen schnellen Überblick und Vergleich der jeweiligen Kampagnenleistung hinsichtlich der wichtigsten Kennzahlen zu erhalten.

Berücksichtigen Sie die Möglichkeit, im Explorer über der grafischen Darstellung des Traffic-Verlaufs nicht nur die ZUSAMMENFASSUNG auszuwerten, sondern auch die weiteren Detailberichte zur WEBSITENUTZUNG (inklusive Sitzungsdauer und Absprungraten), zu ZIELVORHABENGRUPPEN, E-COMMERCE und KLICKS aufzurufen.

Darüber hinaus können Sie in vielen AdWords-Berichten mit den oberhalb des Explorers platzierten Menübuttons jederzeit den Traffic nach unterschiedlichen Internet-Devices auswerten und bequem zwischen ALLE, DESKTOP-COMPUTER, MOBILGERÄT (Smartphones) und TABLET umschalten. Mithilfe dieser Funktion erhalten Sie wertvolle Einblicke in Ihre erweiterten AdWords-Kampagnen und können diese geräteabhängig optimal aussteuern.

Abbildung 11.29 Kampagnenberichte als Einstieg in die Detailanalyse Ihrer AdWords-Aktivitäten

Dabei können Sie sich in allen Detailberichten schrittweise in die Tiefe einzelner Kampagnen klicken und so auch die folgenden Ebenen analysieren und optimieren:

▶ **Kampagne**: Wie verhalten sich die Kampagnen untereinander? Welche liefern den meisten, welche den günstigsten Traffic? Welche Kampagne sorgt für Zielabschlüsse?

▶ **AdWords-Anzeigengruppe**: Wie ist die Performance der einzelnen Anzeigengruppen in einer Kampagne? Wie ausgewogen ist der Traffic? Welche Anzeigengruppen müssen optimiert werden?

▶ **Keyword**: Wie performen die einzelnen eingebuchten Keywords hinsichtlich CPCs, Klick- und Conversion-Raten? Welche Keywords müssen deaktiviert oder eventuell in andere bzw. neue Anzeigengruppen eingeordnet werden?

▸ **Anzeigeninhalt** (erste Zcilc dcs Anzeigentextes bzw. Name der Bildanzeige): Wie ist die Leistung der eingebuchten Anzeigen? Wie lassen sich mithilfe dieser Berichte Anzeigentexte und Bildanzeigen optimieren?

Dieser Kampagnenbericht bietet gleich sehr umfangreiche und tiefgehende Analyse-möglichkeiten. Wir möchten Ihnen an dieser Stelle auch die SEKUNDÄRE DIMENSION kurz näher beschreiben, die nicht nur hier, sondern in den meisten Analytics-Berichten zur Verfügung steht. Sie werden überrascht sein, wie viele Details sich Ihnen damit innerhalb weniger Klicks eröffnen.

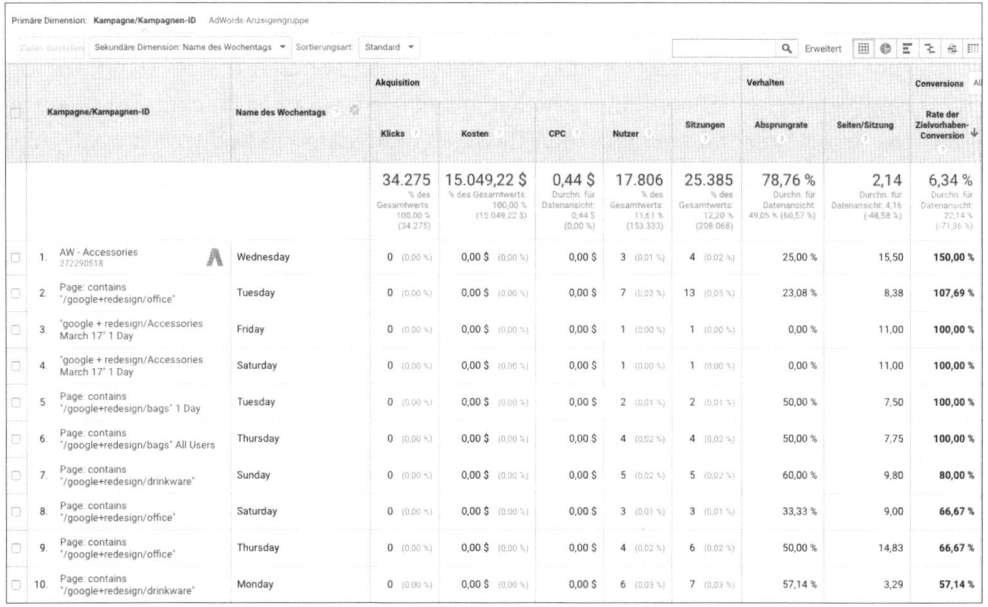

Abbildung 11.30 »Sekundäre Dimensionen« stellen weitere Dimensionen zur Kampagnen-analyse übersichtlich dar.

In Abbildung 11.30 haben wir beispielsweise als sekundäre Dimension NAME DES WO-CHENTAGS ausgewählt, um die Performance der ausgewählten Brand-Kampagne nach Wochentagen auszuwerten. Sie erkennen rasch, dass es große Abweichungen in der Rate der Zielvorhaben-Conversion gibt und dass wir diese Kampagne wohl eher mit dem Schwerpunkt auf Dienstag und Mittwoch schalten und uns gleichzeitig ein paar Optimierungsschritte für die übrigen Wochentage einfallen lassen müssen.

Experimentieren Sie mit dieser Möglichkeit, gleich mehrere Dimensionen auf einen Blick darzustellen – Sie werden bestimmt auch bei Ihren Kampagnen gleichermaßen überraschende wie wichtige Erkenntnisse und Einblicke erhalten.

11.6.3   Strukturkarten

Der Ende 2014 als Beta-Version eingeführte Strukturkarten-Bericht liefert eine interaktive Datenansicht Ihrer AdWords-Daten zur visuellen Prüfung und Optimierung
der Kampagnen. Dabei werden die Informationen in Form von Rechtecken dargestellt, deren Größe und Farbe auf die Performance der ausgewählten Messwerte
schließen lässt:

▶ primärer Messwert: Größe des Feldes

▶ sekundärer Messwert: farbliche Abstufung

In Abbildung 11.31 können Sie beispielsweise erkennen, dass sowohl Brand- als auch
generische Suchnetzwerk-Kampagnen (links) einen hohen Anteil an Sitzungen mit
vergleichsweise hohen Conversion-Raten generieren. Kampagnen aus dem Google
Displaynetzwerk finden sich in den kleineren rot markierten Rechtecken wieder und
sorgen nicht nur für weniger Sitzungen, sondern weisen auch geringere Conversion-
Raten auf.

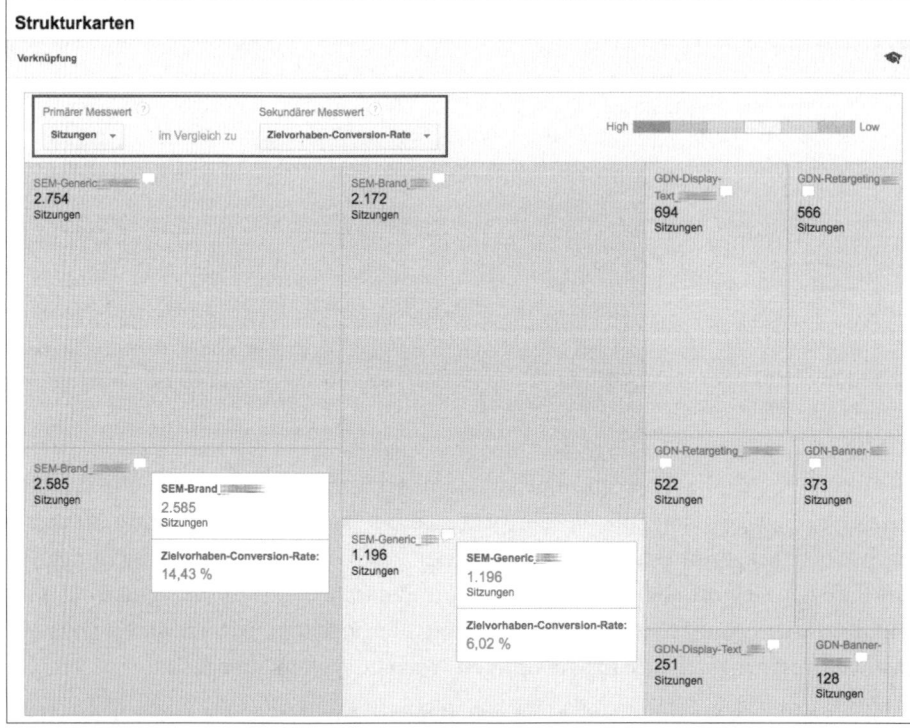

Abbildung 11.31 Visuelle Überprüfung der AdWords-Leistungsdaten mithilfe der Struktur-
karten-Berichte

Im vorliegenden Fall würde dieses Verhalten grundsätzlich der gewählten Kampagnenstrategie entsprechen – wissentlich, dass Displaynetzwerk-Kampagnen eine vor-

bereitende Aufgabe erfüllen würden und somit nicht ausschließlich über ihre Conversion-Performance im Vergleich zu den Suchnetzwerk-Kampagnen bewertet werden können.

Lediglich für die im mittleren unteren Bereich dargestellte, hellrot hinterlegte Suchkampagne ist auf den ersten Blick Optimierungspotenzial erkennbar, da die Conversion-Rate bei einem verhältnismäßig hohen Traffic-Anteil deutlich von der Conversion-Rate bei den anderen Kampagnen im Suchnetzwerk abweicht.

> **Tipp**
>
> Experimentieren Sie mit diesen neuen Berichten, und finden Sie so den bestmöglichen individuellen Nutzen für Ihre Einsatzzwecke heraus. Details zu den Strukturkarten können Sie in der nützlichen AdWords-Hilfe nachlesen:
>
> *https://support.google.com/analytics/answer/6101804?hl=de#6101804*
>
> Eine Verknüpfung von AdWords-Konto und Analytics-Property ist für die Verfügbarkeit dieses Berichts unbedingt erforderlich.

11.6.4   Sitelinks

Dieser neue Bericht gibt Ihnen Auskunft darüber, wie gut die Sitelinks funktionieren, die Sie in Ihren Anzeigen definiert haben. Sitelinks führen Nutzer Ihrer Anzeige direkt auf eine bestimmte Unterseite Ihrer Website. Sie können Sitelinks beim Erstellen einer AdWords-Kampagne hinzufügen und dabei den Linktext sowie die URL Ihres Sitelinks bearbeiten. Wenn Sie nun anhand des Sitelink-Berichts feststellen, dass ein Sitelink wesentlich bessere Ergebnisse aufweist als ein anderer, dann können Sie diesen Sitelink an weiteren Stellen in Ihrem AdWords-Konto einbinden. Umgekehrt können Sie weniger gut funktionierende Sitelinks ersetzen oder löschen.

Im Sitelink-Bericht von Google Analytics werden nur Klicks direkt auf Sitelinks berücksichtigt. Klicks auf den Titel der Suchnetzwerk-Anzeige, in dem der Sitelink vorkam, werden dagegen nicht angezeigt. Im Gegensatz dazu werden in AdWords sämtliche Klicks in den Sitelink-Statistiken aufgeführt, ganz gleich auf welchen Bestandteil der Suchnetzwerk-Anzeige geklickt wurde. An dieser Stelle gibt Google Analytics Ihnen also detailliertere Auskunft.

11.6.5   Gebotsanpassungen

Mit der Einführung von erweiterten Kampagnen, mit denen Sie in AdWords die Aussteuerung von Geboten nach Geräten, Standorten sowie Tageszeiten zentral in einer einzelnen Kampagne umsetzen können, wurde dieser Bericht zu den GEBOTSANPASSUNGEN ebenfalls in Analytics etabliert. Nutzen Sie ihn, um folgendes Optimierungspotenzial herauszufinden:

▶ **Gerät**: Wie wirken sich Ihre Gebotsanpassungen für Computer und Tablets bzw. Smartphones aus? Wie unterscheiden sich Traffic-Volumen, Klickpreise und Conversion-Raten?

▶ **Gerät (Anzeigengruppenebene)**: Gibt es bezüglich der genutzten Geräte Unterschiede auf Anzeigengruppenebene?

▶ **Standort**: Woher kommen Ihre wertvollsten bzw. günstigsten AdWords-Besucher? Müssen Sie die standortabhängigen Gebote verändern oder lassen sich diese noch granularer unterteilen (beispielsweise statt nach Ländern auch nach Regionen und Städten)?

▶ **Werbezeitplaner**: Wie funktioniert Ihre Strategie der dynamischen Gebotsanpassung auf Wochentags- und Tageszeitenebene?

▶ **Remarketing-Liste für Suchnetzwerk-Anzeigen**: Wie können Sie die Kampagnen im Suchnetzwerk für Nutzer anpassen, die Ihre Website schon einmal besucht haben?

11.6.6   Keywords

In den AdWords-Reports werden bei einer direkten Kontoverknüpfung nach wie vor alle relevanten Keyword-Daten inklusive Übereinstimmungstypen und konkreten Suchanfragen dargestellt. Im Unterschied zu den organischen Keyword-Berichten – Sie erinnern sich an die bereits beschriebene (Not-provided-)Thematik – können Sie hier somit auch weiterhin wertvolle Erkenntnisse für die Analyse und Optimierung Ihrer Kampagnen gewinnen.

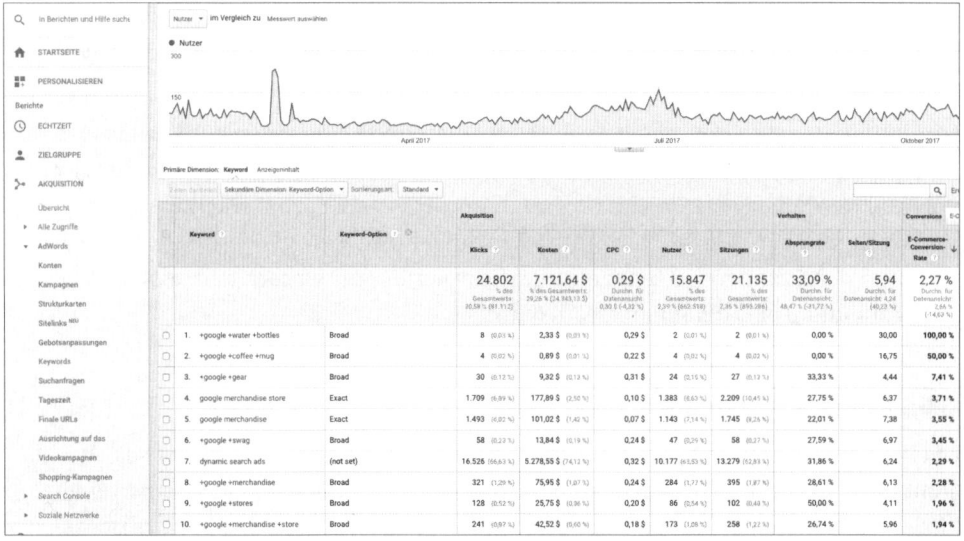

Abbildung 11.32 Auswertung der Leistung nach Übereinstimmungstypen durch Keyword-Berichte

Wir empfehlen Ihnen auch an dieser Stelle die Nutzung von Filtern und sekundären Dimensionen, damit Sie Ihre eingebuchten Keywords im Detail – beispielsweise nach Keyword-Übereinstimmungstyp – analysieren können. In Abbildung 11.32 können Sie unter anderem schnell den Unterschied in der Conversion-Leistung zwischen genau passenden und weitgehend passenden Keywords erkennen. Verwenden Sie diese Berichte zum Beispiel dafür, sehr gute Keywords in Ihrer Gebotsstrategie zu stärken und andere Keywords zu optimieren.

11.6.7 Suchanfragen

Während Sie im vorherigen Bericht die von Ihnen aktiv eingebuchten Keywords unter die Lupe nehmen konnten, gibt Ihnen Analytics beim Bericht SUCHANFRAGEN Einblicke in die tatsächlich von den Nutzern eingegebenen Suchanfragen, die zu einer Anzeigenschaltung geführt und einen Besuch auf Ihrer Webseite initiiert haben (siehe Abbildung 11.33).

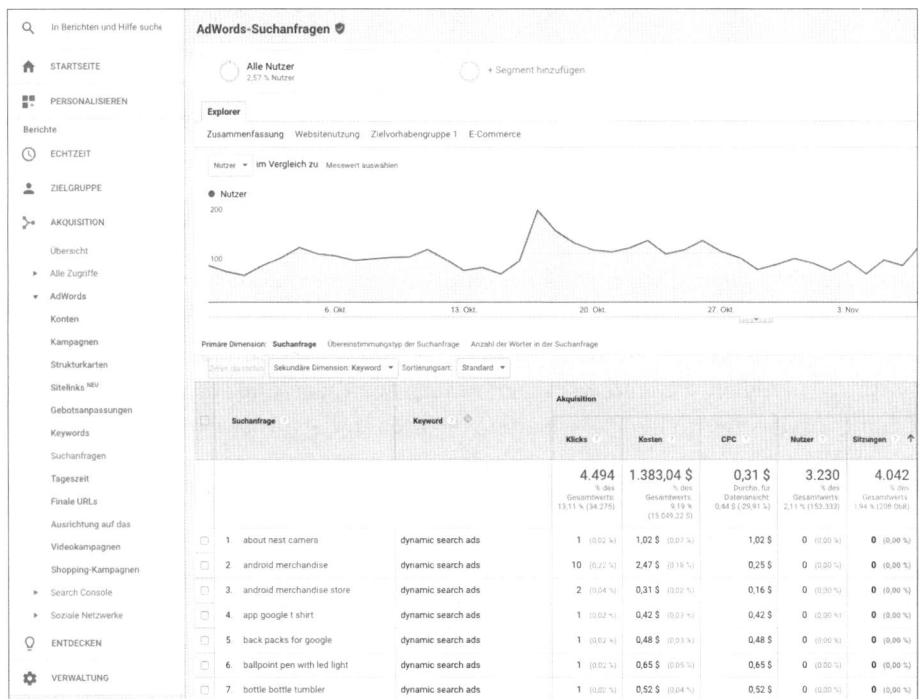

Abbildung 11.33 Suchanfragen mit wertvollen Erkenntnissen über neues Keyword-Potenzial

Wir empfehlen Ihnen, diesen Bericht zu nutzen, um sowohl Ideen für neue, genau passende als auch Informationen über auszuschließende negative Keywords zu gewinnen. Dazu sortieren Sie die Berichte am besten nicht absteigend, sondern auf-

steigend nach Sitzungen und blenden als sekundäre Dimension das von Ihnen eingebuchte AdWords-Keyword ein. So finden Sie schnell heraus, welche konkreten
Suchanfragen mit den als *Weitgehend passend* und *passende Wortgruppe* eingebuchten Keywords tatsächlich abgeholt werden und welche Optimierungsschritte Sie
anschließend umsetzen können.

Filtern Sie die Berichte beispielsweise nach Sitzungen ohne Zielvorhaben-Conversions, um überwiegend auf neue auszuschließende Keywords zu stoßen. Sortieren Sie
die Berichte absteigend nach der Ziel-Conversion-Rate, um viele einzelne Suchbegriffe zu entdecken, die mit hundertprozentigen Conversion-Raten bereits mit einer einzigen Nutzer-Sitzung für den erfolgreichen Abschluss einer Formularanfrage oder
eines Online-Kaufs verantwortlich sind.

11.6.8   Tageszeit

Die Tageszeit-Berichte zeigen Ihnen nicht nur an, zu welcher Stunde des Tages Sie
den meisten Traffic mit Ihren Kampagnen erzielen, sondern geben Ihnen auch Einblick über die Conversion-Leistungen einzelner Tagesabschnitte oder Wochentage.
Werten Sie tabellarisch oder grafisch Ihre Kampagnenleistung im Tages- oder Wo-
chenverlauf aus, um wertvolle Erkenntnisse über die zeitlich abhängige Quantität
und Qualität Ihrer Besucher zu erhalten. Wenn Sie Produkte und Dienstleistungen
für Unternehmen bewerben, stellen Sie sicher, dass die Kampagnenleistung während
Ihrer Bürozeiten Ihrer Zielsetzung entspricht.

Bei einer überwiegend auf private Zielgruppen ausgerichteten Werbestrategie dürfen Sie auch Pausen- und Pendlerzeiten (beispielsweise für Recherchen unterwegs
am Mobilgerät) nicht vernachlässigen. Ebenso empfehlen wir Ihnen, die Tagesbudgets so zu verteilen, dass Ihre Kampagnen auch am Abend und am Wochenende unbedingt aktiv sind, weil viele Privatpersonen dann beispielsweise am Tablet ihre
Recherchen durchführen. Welche Wochentage oder Tageszeiten schließlich am
wertvollsten für Sie sind, finden Sie mithilfe dieser Berichte rasch heraus. Für den
Zusammenhang zwischen Zeiten und Geräten nutzen Sie einfach wieder die sekundären Dimensionen.

11.6.9   Finale URLs

Der Bericht zu Finale URLs hilft Ihnen dabei, die optimalen Einstiegsseiten zu identifizieren, über die neue AdWords-Nutzer auf Ihre Webseite gelangen. Vor allem die
folgenden Kennzahlen sollten Sie hier bei der Kampagnenoptimierung beobachten:

- ▶ **Absprungrate**: Welche finale URL sorgt für viele Absprünge? Hohe Absprungraten
  sind oft ein Hinweis darauf, dass die Zielseite nicht der Erwartungshaltung der Nutzer nach einem Klick auf Ihre Anzeige entspricht. Womöglich passt der Anzeigen-

text nicht zu den Inhalten auf der Zielseite, weil beispielsweise ein Angebotspreis nicht mehr gültig oder ein beworbenes Produkt nicht mehr auffindbar ist.

▸ **Seiten/Sitzung und durchschnittliche Sitzungsdauer**: Welche finale URL sorgt für eine lange Interaktion der Besucher mit Ihrer Webseite? Beispielsweise muss der Wert einer Brand-Kampagne nicht immer in direkten Conversions bemessen werden. Auch die Auseinandersetzung mit Marke, Dienstleistungen und Produkten kann in diesem Fall bereits als Erfolg zählen.

▸ **Rate der Zielvorhaben-Conversion**: Über welche Einstiegsseite werden die meisten Zielvorhaben-Conversions erzielt? Nutzen Sie diese Kennzahl, beispielsweise um zu überprüfen, ob sich bei Online-Shops der direkte Link auf Produkte und Angebote oder ein Einstieg auf Übersichtsseiten und Auflistungen fördernd auf unmittelbar erzielte Transaktionen und Umsätze auswirkt.

11.6.10   Ausrichtung auf das Displaynetzwerk

Mit diesem Bericht wechseln Sie von den überwiegend auf Suchnetzwerk-Kampagnen ausgerichteten Auswertungen auf solche, die Ihnen Einblicke in Ihre AUSRICHTUNG AUF DISPLAYNETZWERK geben. Wie Sie bereits in diesem Buch gelernt haben, unterscheiden sich Displaynetzwerk-Kampagnen grundlegend von jenen für das Suchnetzwerk, weshalb Google auch separate Berichte zu deren Auswertung in Analytics bereitstellt. Nutzen Sie diese Displaynetzwerk-Berichte für die Bewertung der Kampagnenleistung nach folgenden Gesichtspunkten:

▸ **Displaynetzwerk-Keywords**: Welche Keywords sorgen für eine häufige Anzeigenschaltung (Impressionen), welche liefern Traffic mit welcher Leistung (Klicks, CPCs, Zielvorhaben-Conversions)?

▸ **Placements**: Auf welchen Plattformen, Portalen und Blogs im Displaynetzwerk erscheinen Ihre Anzeigen, und welche davon sind am erfolgreichsten? Welche Placements können mithilfe dieses Berichts ausgeschlossen werden? Werten Sie sowohl automatische als auch manuell gewählte Placements aus, um Optimierungspotenzial zu erkennen.

▸ **Themen bzw. Interessen und Remarketing**: Bei der Verwendung dieser Ausrichtungsmethoden gewinnen Sie an dieser Stelle ebenfalls detaillierte Einblicke, mit denen Sie beispielsweise über das aktive Einbuchen oder Ausschließen einzelner Zielgruppen entscheiden können.

▸ **Alter bzw. Geschlecht**: Haben Sie die Display-Features in Analytics aktiviert, erhalten Sie auch hier zusätzliche Einblicke in weitere demografische Eigenschaften Ihrer Zielgruppe. Nutzen Sie diese unmittelbar dafür, um die alters- und geschlechtsspezifischen Ausrichtungseinstellungen Ihrer Displaynetzwerk-Kampagnen im AdWords-Interface zu optimieren.

11.6.11   Videokampagnen

Der vorletzte AdWords-Bericht widmet sich den VIDEOKAMPAGNEN. In Abschnitt 8.5 haben Sie erfahren, wie Sie Videokampagnen aufsetzen. In Analytics finden Sie auch deren Leistungsdaten wieder, um die Performance einzelner Kampagnen und Spots übersichtlich gegenüberzustellen und auch im zeitlichen Verlauf bewerten zu können. Der Bericht VIDEOKAMPAGNEN zeigt Ihnen viele Informationen darüber, wie die Nutzer auf Ihre Spots reagiert haben.

So finden Sie in diesen Berichten zum Beispiel nicht nur Details dazu, wie viele Videoaufrufe zu welchen Kosten generiert wurden, sondern auch dazu, wie lange die Videos durchschnittlich abgespielt wurden. Hier können Sie für den Fall, dass Sie denselben Spot in mehreren Ländern zeigen (beispielsweise in Deutschland und Österreich), sehen, ob Daten in puncto Abspieldauer oder Kosten pro Videoansicht abweichen. Anhand der Erkenntnisse können Sie wiederum definieren, wo Sie am besten Ihre Kampagnen mit welchem Budget bestücken wollen.

11.6.12   Shopping-Kampagnen

Last but not least widmet sich der letzte AdWords-Bericht den SHOPPING-KAMPAGNEN. Auch dieser füllt sich nur dann mit Daten, wenn Sie solche gemäß unseren Informationen in Abschnitt 8.3 aufgesetzt haben und diese im ausgewählten Auswertungszeitraum auch Klicks und Sitzungen generiert haben.

Neben den Analysen nach Shopping-Kategorien und Shopping-Produkttypen erweist sich in diesen Berichten vor allem die Auswertung nach der Shopping-Artikel-ID als sehr hilfreich, um Ihre Kampagneneffizienz zunächst einfach und übersichtlich auszuwerten sowie anschließend im Detail zu optimieren.

11.6.13   Fazit zu den AdWords-Berichten

Nachdem Sie nun erfahren haben, welche Analyse- und Optimierungsmöglichkeiten Sie mit den spezifischen AdWords-Berichten vorfinden, möchten wir Ihnen im folgenden Abschnitt noch einige Tool-übergreifend zur Verfügung stehende Berichtsfunktionen vorstellen, die darüber hinaus auch für die Kampagnenanalyse bereitstehen. Lernen Sie kurz die Möglichkeiten kennen, wie Sie Ihre Analyseschritte mithilfe von Filtern, Segmenten und benutzerdefinierten Berichten gleichermaßen hinsichtlich Zeitaufwand und Detailtiefe weiter optimieren können.

11.7   Individuelle Auswertungen

Bei den folgenden drei Funktionen handelt es sich weniger um einzelne Berichte als vielmehr um Filter- und Segmentierungsmöglichkeiten, die Ihnen an vielen Stellen im Analytics-Interface zur Verfügung stehen.

11.7.1   Filter

In allen tabellarischen Berichten haben Sie die Möglichkeit, Informationen mithilfe einfacher oder erweiterter Filter einzuschränken. Verwenden Sie beispielsweise folgende Filterkriterien:

▸ Filtern Sie im Zugriffsbericht nach *cpc*-Traffic, um AdWords- und weitere klickbasierende Kampagnen auf einen Blick darzustellen.

▸ Schließen Sie im Keyword-Bericht Ihren *Markennamen* über einen Filter aus, um Informationen über generische Suchbegriffe zu erhalten.

▸ Filtern Sie in Content-Berichten nach bestimmten *URL-Mustern*, um Berichte zu bestimmten Zielseiten oder Seitenbereichen zu erhalten. Über die gleichzeitige Verwendung von sekundären Dimensionen finden Sie zusätzlich heraus, über welche Quellen oder Kampagnen der Traffic auf die gefilterten Zielseiten generiert werden konnte.

In Abbildung 11.34 erkennen Sie sowohl das einfache Filterfeld, das sich neben der Lupe befindet, als auch die erweiterten Filtermöglichkeiten, die sich Ihnen mit zusätzlichen Möglichkeiten zur Definition und Verknüpfung von Ein- und Ausschlusskriterien bieten.

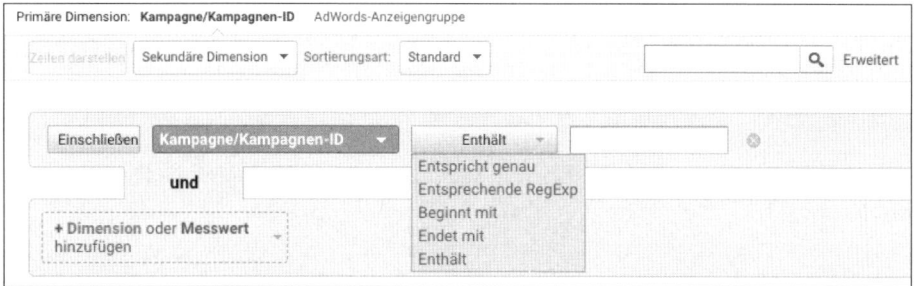

Abbildung 11.34 Mithilfe von Filtern können Sie Inhalte nach bestimmten Kriterien aus Ihren Berichten ein- und ausschließen.

In der Filterzeile definieren Sie über den ersten Button EINSCHLIESSEN, ob Sie Begriffe einschließen oder ausschließen möchten. Für fortgeschrittene Filtermethoden können Sie sogenannte reguläre Ausdrücke verwenden. Wie Sie damit arbeiten, lesen Sie bitte im folgenden ausführlichen Hilfeartikel von Analytics nach:

https://support.google.com/analytics/answer/1034324?hl=de

11.7.2   Segmente

Während Filter Ihre Berichte ausschließlich einschränken, helfen Ihnen Segmente dabei, bestimmte Eigenschaften Ihrer Webseiten-Besucher zu gruppieren und entweder einzeln oder im unmittelbaren Vergleich gleichzeitig in den Berichten darzustellen. Dabei können Sie aus vorgegebenen Systemsegmenten wählen, benutzerdefinierte Segmente selbst erstellen oder auf die *Solutions Gallery* zurückgreifen, um wiederum von anderen Usern geteilte Segmente in Ihre Datenansicht zu importieren. Die Auswahl und Einrichtung von Segmenten führen Sie durch, indem Sie oberhalb des Explorers auf den Button SEGMENT HINZUFÜGEN klicken. Dann öffnet sich der umfangreiche Konfigurationsdialog (siehe Abbildung 11.35).

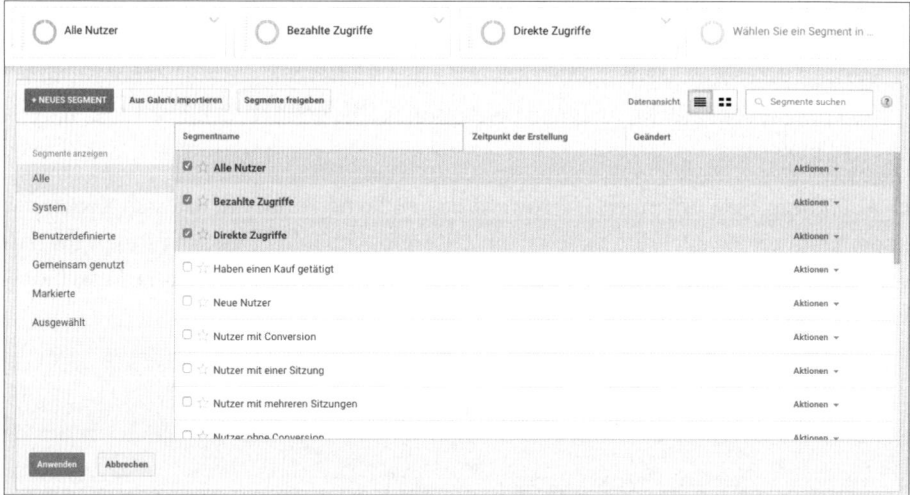

Abbildung 11.35 Segmente gruppieren die Analytics-Daten nach unterschiedlichen Kriterien.

Abbildung 11.36 zeigt Ihnen ein Beispiel, bei dem Sie verschiedene Segmente für einen übersichtlichen Performance-Vergleich nutzen können. Während die beiden Segmente für bezahlte und organische Zugriffe (sie werden über *Medium=cpc* bzw. *Medium=organic* definiert) bereits automatisch vorliegen, können Sie zusätzlich individuelle Segmente anlegen. Ein individuelles Segment kann beispielsweise ein Newsletter-Segment sein, in dem Sie nur denjenigen Traffic einschließen, der eindeutig der Quelle *newsletter* und dem Medium *email* zugeordnet werden kann.

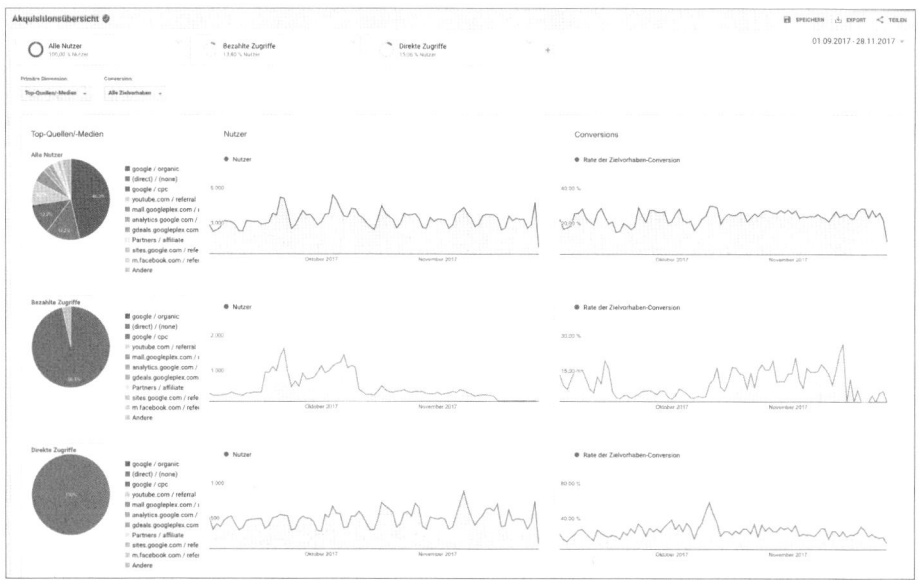

Abbildung 11.36 Gegenüberstellung von Ziel-Abschlüssen und Conversion-Raten von einzelnen Traffic-Quellen mithilfe von Segmenten

11.7.3   Benutzerdefinierte Berichte

Während wir uns bisher, bis auf den Bereich der Dashboards, nur mit vorgefertigten Berichten beschäftigt haben, bieten benutzerdefinierte Berichte eine Vielzahl an weiteren Möglichkeiten, Ihre Analytics-Daten noch individueller zu nutzen. Sie finden diese im Menüpunkt PERSONALISIEREN in der linken Navigationsleiste von Analytics. Auf diese Berichte sollten Sie dann zurückgreifen oder mit ihnen experimentieren, sobald Sie *andere* – sowohl weniger als auch mehr – Daten als in den Standardberichten auswerten oder individuelle Kombinationen aus Dimensionen und Messwerten auf einen Blick darstellen möchten. Wir möchten Ihnen folgende Beispiele als Ideen für solche individuellen Berichte nennen:

▶ **Erfolgsberichte**: Marketingleiter und Führungskräfte möchten wöchentlich einen einfachen Bericht erhalten, der nur Sitzungen, Aufenthaltsdauer und Transaktionen nach Herkunftsländern geordnet übersichtlich darstellt.

▶ **Finanzberichte**: Ihre Finanzabteilung benötigt einen monatlichen Bericht zur Entwicklung von AdWords-Budget-CPCs.

▶ **Kampagnenberichte**: Kampagnenmanager wollen die Leistung der unterschiedlichen, in einer bestimmten Kampagne gebuchten Plattformen, Quellen und Maßnahmen rasch gegenüberstellen, indem sie Sitzungen, Absprung- und Conversion-Raten auf einen Blick vergleichen können.

Alle benutzerdefinierten Berichte können übrigens nicht nur an mehrere Analytics-Nutzer verteilt, sondern auch per E-Mail einmalig oder periodisch an individuelle Empfänger versendet werden. Wir empfehlen Ihnen, sich dieser individuellen Berichts- und automatischen Versandmöglichkeiten zu bedienen, um Ihnen und/oder Ihren Kunden wertvolle Zeit und Kosten zu sparen.

Lesen Sie bitte in der Analytics-Hilfe nach, um noch mehr über die Einrichtung und den Einsatz von benutzerdefinierten Berichten zu erfahren:

https://support.google.com/analytics/answer/1033013?hl=de

11.8   Multi-Channel-Trichter: das »große Ganze«

Einleitend in diesem Kapitel haben wir bereits erwähnt, dass Sie mithilfe von Analytics Ihre Auswertungen und Optimierungsschritte von der »Insel« des AdWords-Programmes lösen und somit Ihren Kampagnen-Traffic jeweils im Gesamtkontext der Performance Ihrer Webseite besser bewerten können. Dabei spielen nicht nur die in AdWords fehlenden On-Page-Leistungskennzahlen (beispielsweise die Verweildauer oder Absprungrate) eine Rolle, sondern auch die Wechselwirkung einzelner Besucherquellen untereinander. In diese Kerbe schlagen nun auch die Berichtsfunktionen innerhalb der Multi-Channel-Trichter. Dazu möchten wir Ihnen ein YouTube-Video nicht vorenthalten, das Ihnen deren Hintergrund und Funktionsweise in wenigen Minuten anschaulich erläutert:

https://www.youtube.com/watch?v=Cz4yHOKE5j8

Am einfachsten sind die Multi-Channel-Trichter unserer Meinung nach mit einem Beispiel aus dem Mannschaftssport beschrieben. Egal ob es um Basketball (wie im Video) oder Fußball geht (wie für uns im deutschsprachigen Raum wohl noch besser vorstellbar), eine Mannschaft kann nur dann erfolgreich sein und Körbe oder Tore erzielen, wenn es im Team sowohl Top-Scorer als auch Vorbereiter gibt. Nun sind wir an der Stelle angelangt, wo wir uns ohne Bedenken mit internationalen Top-Fußballern wie Cristiano Ronaldo oder Lionel Messi vergleichen können: Diese zählen zu den derzeit besten Fußballern der Welt, tun sich aber in ihren jeweiligen Nationalteams, deren kollektives Niveau deutlich unter ihrem individuellen Können liegt, sichtlich schwer. An den »Erfolg« solcher Teams bei der Fußball-Weltmeisterschaft 2014 in Brasilien können Sie sich bestimmt noch erinnern.

Genauso könnte es Ihnen als erfolgreichem AdWords-Manager gehen: Ihre Kampagnen können nur dann das volle Potenzial ausschöpfen, wenn sie mit anderen Quellen und Online-Marketing-Maßnahmen optimal zusammenspielen. Während die bisher betrachteten Berichte jeweils nur die Conversions (»Treffer«) dargestellt haben, die direkt über eine jeweilige Kombination aus Quelle und Medium erzielt wurden, erhalten Sie in den Multi-Channel-Trichtern einen Einblick in das gemeinsame Zusammenspiel.

Sogenannte *vorbereitete Conversions* (»Assists«) helfen Ihnen dabei, eine Maßnahme nicht nur nach ihren unmittelbaren Abschlüssen, sondern zusätzlich auch nach ihrer Vorbereitung für solche Abschlüsse auszuwerten.

Wenn Sie auf Abbildung 11.37 blicken, können Sie nicht nur erkennen, dass oft zwei oder drei Sitzungen aus zum Teil unterschiedlichen AdWords-Kampagnen entstehen müssen, bevor eine Conversion erzielt wird. Ebenfalls sehen Sie das Zusammenspiel der bezahlten Suche mit anderen Quellen, wie zum Beispiel der organischen Suche oder Direktzugriffen.

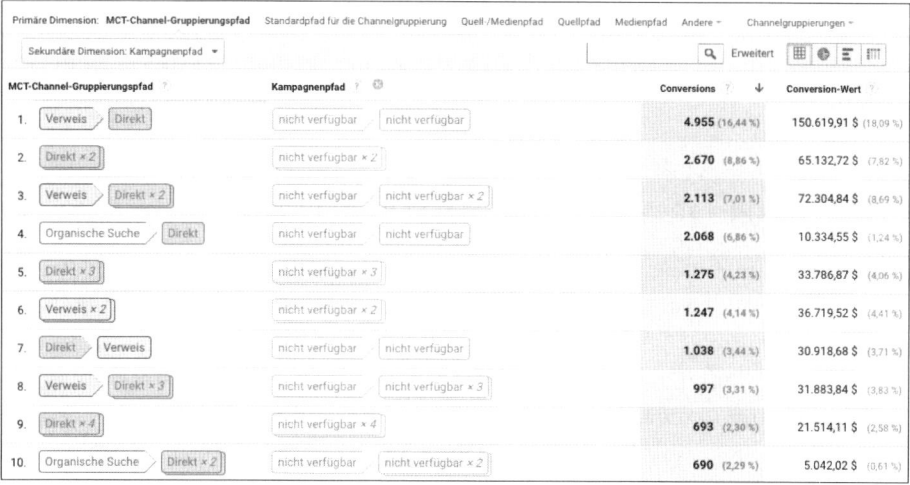

Abbildung 11.37 Die Analysen der Multi-Channel-Trichter zeigen, dass Besucher oft mehr als einen Kontaktpunkt nutzen, bevor sie ein Conversion-Ziel erreichen.

> **Tipp**
>
> Nutzen Sie den Bericht Vorbereitete Conversions nicht nur zur Analyse der einzelnen Traffic-Kanäle, sondern tauchen Sie damit auch tiefer in Ihre über AdWords generierten Besuche ein. Während in der oben stehenden Übersicht jede Art von AdWords-Kampagne als *bezahlte Suche* dargestellt wird, können Sie durch Umschalten der primären Dimension auf Andere • AdWords auch nähere Informationen zu einzelnen Kampagnen, Netzwerktypen, Anzeigengruppen oder sogar Keywords und Placements gewinnen. Werfen Sie einen genauen Blick darauf, denn so erscheinen vermeintlich »teure« Displaynetzwerk-Kampagnen oder generische Keywords ohne gemessene Last-Click-Conversion womöglich in einem ganz anderen Licht!

Wir hoffen, dass wir Sie mit diesen kurzen Erläuterungen und Beispielen davon überzeugen konnten, dass Sie das wichtige Thema der Multi-Channel-Trichter künftig auch bei Ihren Kampagnenanalysen berücksichtigen. Sie und ihre Kunden müssen darüber Bescheid wissen, wenn es darum geht, den Gesamterfolg von AdWords-Kampagnen zu bewerten. Nicht jede der Kampagnen wird das Zeug zum »Top-Scorer« haben, was man in den Standardberichten schnell mal als nicht erfolgreich einstufen könnte, sobald die erhofften Conversions ausbleiben. Oftmals aber leisten Teilkampagnen eine unverzichtbare Vorbereitungsarbeit zum Erreichen der gewünschten Ziel-Abschlüsse. Dank der Multi-Channel-Trichter müssen Sie hier zum Glück nicht weiter im Trüben fischen.

Da für eine tiefergehende Behandlung dieses Themas im Rahmen dieses Kapitels leider der Platz fehlt, möchten wir Sie zum einen auf die Analytics-Hilfe zu den Multi-Channel-Trichtern (*https://support.google.com/analytics/answer/1191180?hl=de&ref_topic=1191164*) sowie gern auch ein weiteres Mal auf das ebenfalls im Rheinwerk Verlag erschienene umfassende Handbuch zu Google Analytics verweisen (*https://www.rheinwerk-verlag.de/4518*).

11.9   Landing-Pages mit Content-Tests verbessern

Erfolgreiche Online-Marketer zeichnet unserer Erfahrung nach die Eigenschaft aus, zu keiner Zeit mit bestehenden Erfolgskennzahlen zufrieden zu sein. Es ist in dieser Branche gleichermaßen Fluch und Segen, einfach *alles* und dies meistens auch *sofort* messen, einstellen und optimieren zu können. Jede noch so kleine Abweichung bei Kennzahlen und Conversion-Parametern lässt sich dank AdWords- und Analytics-Tools jederzeit ausfindig machen, wie Sie mithilfe dieses Buches mittlerweile auch selbst bereits erfahren und bestimmt schon mehrfach ausprobieren konnten: Kampagnenbudgets, Anzeigengruppengebote, Anzeigentexte, Keyword-Optionen und selbst einzelne Keywords – alles Stellschrauben, an denen Sie als Kampagnenmanager permanent drehen könn(t)en.

Eine ebenfalls nicht unwesentliche Rolle in jeder AdWords-Kampagne spielt jedoch auch die Zielseite, auf die Sie interessierte Suchmaschinennutzer mit Ihren bezahlten Anzeigen verweisen. Auch diese muss, vielmehr darf, keine Konstante in Ihrem Optimierungsprozess darstellen. Woher wissen Sie, dass die aktuelle Call-to-Action auf Ihrer Landing-Page am erfolgreichsten ist? Können Sie sichergehen, dass die Farbe der Conversion-Buttons in Ihrem Online-Shop tatsächlich die beste Wahl ist?

Um unter anderem solche Dinge herauszufinden, können Sie sogenanntes *A/B-Testing* einsetzen. Diese Testmethode zeichnet aus, dass Sie Ihre Varianten nicht sequenziell hintereinander, sondern parallel gegeneinander antreten lassen. Ein sequenzieller Test ist vor allem deshalb unzureichend, weil sich sämtliche zeitlich abhängigen Faktoren (Saisons, Wochentage, Tageszeiten) mit auf die Ergebnisse auswirken können. Sie verwenden zum Beispiel im Juli rote Buttons und stellen diese im August auf die Farbe Orange um? Sie würden in Ihrem Test nicht erfahren können, ob eine gemessene Änderung in den Conversion-Ergebnissen tatsächlich den farblichen Änderungen oder einfach einem monatlich unterschiedlichen Kaufverhalten zugrunde liegt.

Sie kennen die Vorgehensweise von parallelen Tests bereits von den Anzeigentexten, wo Sie ebenfalls mehrere Varianten erstellen und diese gleichmäßig verteilt ausspielen können, um das erfolgreichste Wording hinsichtlich der Klickpreise, Klick- oder Conversion-Raten zu ermitteln und langfristig einzusetzen. Beim A/B-Testing von Webseiten und Landing-Pages verfolgen Sie dasselbe Prinzip, wenn das auch dort mit etwas aufwendigeren technischen Anforderungen und inhaltlichen Vorbereitungen verbunden ist. Sie haben in diesem Kapitel bereits eine Vielzahl an aufregenden Bericht- und Analyse-Features kennengelernt und werden daher wohl nicht überrascht sein, wenn wir Ihnen sagen, dass Google ein einfaches Tool für genau solche A/B-Tests ebenfalls in Analytics – und natürlich kostenlos – bereitstellt. Sehen wir uns nun kurz an, wo Sie dieses Tool im Interface finden, welchen Leistungsumfang es bietet und wie Sie schließlich Ihre eigenen Tests damit erstellen können.

11.9.1   Über die Content-Tests

Einige von Ihnen, die bereits länger mit AdWords und anderen Google-Tools arbeiten, können sich eventuell noch an den *Google Website Optimizer* erinnern. Google hat dieses Tool im Jahr 2012 eingestellt und einen einfachen, aber in seinem Funktionsumfang deutlich abgespeckten Nachfolger unter dem Namen *Content-Tests* in Analytics integriert. Nun kündigt Google an, dass der Dienst in Zukunft eingestellt werde, und verweist wiederum auf eine separate Google-Analytics-Solution namens *Optimize*.

Unter *https://www.google.com/analytics/optimize* können Sie sich mit Ihrem Google-Nutzernamen dazu anmelden und Ihr Analytics-Konto damit verknüpfen. Optimize ist eine eigenständige, ebenfalls kostenlose Software zur Durchführung von A/B- sowie auch von sogenannten Multivariat-Tests. Letztere zeichnet zusätzlich aus, dass Sie dort nicht nur eine oder mehrere statische Zielseiten-Varianten zeitgleich gegeneinander austesten, sondern in Ihrem Test mehrere kleine Teilbereiche von Webseiten definieren können, in denen Sie wiederum eine oder mehrere unterschiedliche Inhalte variieren. So entsteht bei Multivariat-Tests eine Vielzahl an Kombinationsmöglichkeiten, von denen die erfolgreichste im Testverlauf über eine statistische Methode im Hintergrund bestimmt wird.

Als alternative, leistungsfähigere und kostenpflichtige Tools möchten wir an dieser Stelle nur kurz die beiden Anbieter *Visual Website Optimizer* (*https://vwo.com*) und *Optimizely* (*https://www.optimizely.com/de*) erwähnen.

Wir sehen uns nun aber gemeinsam an, wie Ihnen die Content-Tests aktuell noch direkt in Analytics bei der Optimierung Ihrer Kampagnen-Zielseiten weiterhelfen können.

11.9.2   Content-Test erstellen

Wechseln Sie im Menüpunkt VERHALTEN zu den TESTS, um einen neuen Test zu erstellen. Wir möchten vorausschicken, dass vor der Einrichtung zusätzlich zur Originalversion auch Ihre unterschiedlichen Varianten bereits online aufrufbar sein müssen. Darüber hinaus müssen Sie die Möglichkeit besitzen, in den Code aller zu testenden Seiten entweder direkt oder über den jeweiligen verantwortlichen Webmaster einzugreifen. Es erwartet Sie ein vierstufiger Assistent, der Sie durch den Prozess führen wird:

1. **Name dieses Tests**: Vergeben Sie einen sprechenden Namen, aus dem für Sie jederzeit ersichtlich ist, um welchen Test es sich handelt.

2. **Testziel**: Sie müssen einen Messwert (meist eines Ihrer definierten Conversion-Ziele) auswählen, nach dem Ihr Test bewertet und anhand dessen ein Testsieger ausgewählt wird. Darüber hinaus geben Sie an, für wie viele Prozent des Traffics Ihr Test zum Einsatz kommen soll, und stellen ein, ob Sie eine E-Mail-Benachrichtigung erhalten wollen. Über ERWEITERTE OPTIONEN können Sie definieren, wie der Traffic über die Varianten verteilt werden soll, und Sie legen die Dauer des Tests und den Konfidenzwert fest.

3. **Test konfigurieren**: Hier legen Sie die URL und die Bezeichnung Ihrer Originalseite sowie mindestens eine (bzw. maximal zehn) alternative Varianten fest.

4. **Testcode einrichten**: Der in diesem Schritt dargestellte Skriptcode muss nun in die zu testenden Seiten eingefügt werden. Befolgen Sie die entsprechenden Anweisungen, bevor Sie zum nächsten Schritt wechseln.

5. **Überprüfen und starten**: War die Testcode-Überprüfung erfolgreich, können Sie nun Ihren Test unmittelbar starten.

In Abbildung 11.38 sehen Sie, dass Sie kurz vor dem Start noch jeden der vorhergehenden Schritte nachträglich bearbeiten können, bevor Sie tatsächlich loslegen.

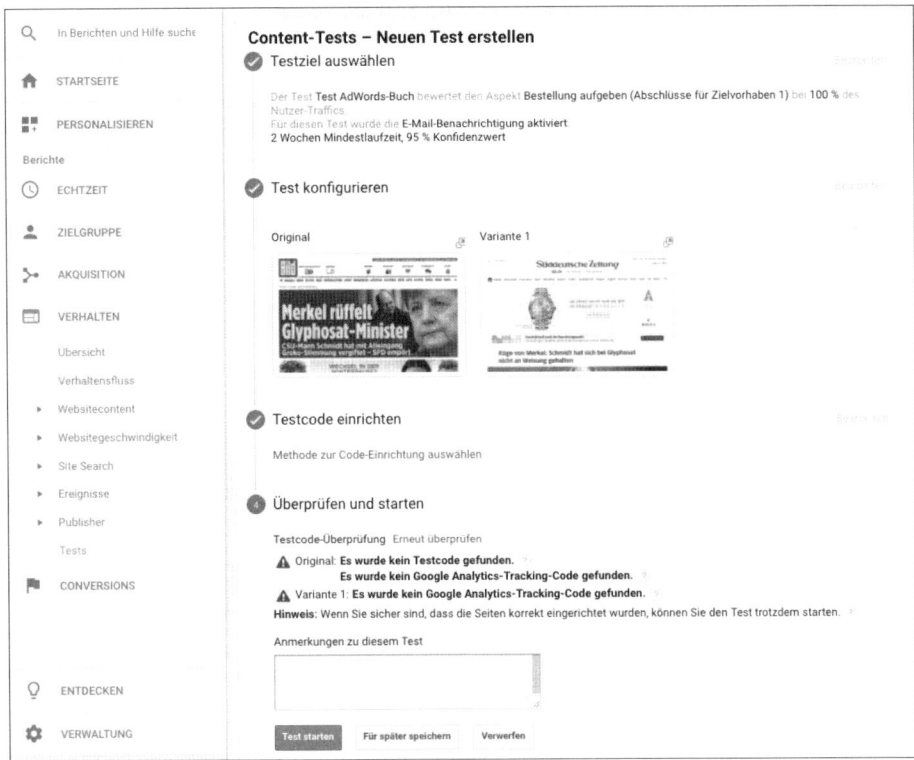

Abbildung 11.38 Einrichtung von Content-Tests

11.9.3   Fazit zu den Content-Tests

Wir hoffen, wir konnten Sie in diesem Abschnitt über die Notwendigkeit von A/B-Tests für Ihre AdWords-Zielseiten aufklären und die dahingehenden – zugegeben sehr einfachen – Möglichkeiten im Analytics-internen Testing-Tool aufzeigen. In der Praxis können Sie damit sehr schnelle Erfolge erzielen, wenn Sie mit einfachen Landing-Pages arbeiten oder ein paar simple Formularvarianten kleiner Webseiten testen.

Erfahrungsgemäß reicht der Funktionsumfang der Content-Tests in Analytics leider nicht aus, sobald Sie mit hoch dynamischen Inhalten, komplexen CMS- und Shop-Systemen arbeiten oder multivariante Tests durchführen möchten. Dazu haben wir Ihnen zwei leistungsfähigere, kostenpflichtige Alternativen genannt, die wir Ihnen als erste Anlaufstelle guten Gewissens gerne weiterempfehlen. Lesen Sie bitte in der Analytics-Hilfe nach, um bei Interesse noch mehr Details zu den Content-Tests zu erfahren:

https://support.google.com/analytics/answer/1745147?hl=de&ref_topic=1745207

603

Im Zuge der dortigen Beschreibung der Benutzeroberfläche finden Sie auch exemplarische Darstellungen von aktuellen Testberichten.

11.10   Alternativen zu Google Analytics

Es steht außer Frage, dass Google Analytics – dank eines derzeit unschlagbaren Pakets aus Leistungsumfang, Implementierungsphilosophie und Preis – sowohl international als auch im deutschsprachigen Raum die erste Wahl bei Webanalyse-Tools darstellt. Unterschiedliche Statistiken bestätigen, dass sich Google Analytics mit einem Gesamtanteil von weit über 50 % klar von allen Mitbewerbern abhebt. Dennoch gibt es weitere kostenlose Alternativen zu Google Analytics. Einen guten Überblick vermittelt Ihnen diese Seite:

http://www.heise-regioconcept.de/online-marketing/die-besten-kostenlosen-webanalyse-tools#Auch_Google_hilft_beim_Tracking

Beim folgenden Blick auf alternative Systeme werden wir in der Reihenfolge ihrer Verbreitung vorgehen (siehe Tabelle 11.1). Wir möchten Ihnen jeweils ein paar schnelle Informationen zu Alleinstellungsmerkmalen und Unterschieden bzw. Vorteilen im Vergleich zu Analytics liefern sowie natürlich das Preis-/Leistungsverhältnis aufzeigen.

Tool	URL	Pricing	AdWords-Integration
Google Analytics	*https://www.google.de/analytics*	Kostenlose Basis-version	Vollständig (Kontoverknüpfung)
Piwik	*https://piwik.org*	Kostenlos/ Open Source	Basis-Tracking via AOM-Plug-in
etracker	*https://www.etracker.com*	Kostenpflichtig (Preis auf Anfrage)	Synchronisierung via SEA-Schnittstelle
econda	*https://www.econda.de*	Kostenpflichtig (Preis auf Anfrage)	Synchronisierung via Schnittstelle
Webtrekk	*https://www.web-trekk.com/de/startseite*	Kostenpflichtig (Preis auf Anfrage)	Synchronisierung via Schnittstelle

Tabelle 11.1 Überblick über die führenden Web-Analytics-Tools im deutschsprachigen Raum

Tool	URL	Pricing	AdWords-Integration
Adobe Analytics (Omniture)	*http://www.adobe.com/at/data-analytics-cloud/analytics.html*	Kostenpflichtig (Preis auf Anfrage)	k. A.

Tabelle 11.1 Überblick über die führenden Web-Analytics-Tools im deutschsprachigen Raum (Forts.)

11.10.1   Piwik

Das Tool *Piwik* (seit 2018: *Matomo*) punktet im Gegensatz zu Analytics vor allem mit der Eigenschaft, dass die Anwender und nicht der Anbieter im Besitz der Tracking-Daten sind. Das kostenlose, auf Open-Source-Basis angebotene Analytics-Tool bietet zudem keinerlei Speicherlimits sowie eine einfache Integration in bekannte CMS- und Shop-Systeme wie WordPress, Drupal, Typo3 oder Magento.

In Sachen Analyse- und Berichts-Features ist Piwik mit Echtzeitauswertungen, E-Commerce-Tracking und Custom-Dashboard in vielerlei Hinsicht auf Augenhöhe mit Analytics. Die Integration von AdWords-Kampagnen ist neuerdings über ein AOM-Plug-in möglich, von dem der Hersteller allerdings auf seiner Webseite sagt, dass das initiale Setup recht komplex sei. Piwik steht unter *https://piwik.org/download* kostenlos zur Verfügung.

11.10.2   etracker

Der etracker ist als kostenpflichtige Analytics-Alternative vor allem im deutschsprachigen Raum sehr beliebt und landet daher auch in der Verteilungsanalyse gleich hinter Piwik. Der Hersteller mit Sitz in Hamburg setzt stark auf das Thema Datenschutz, wodurch wohl auch einige Google-kritische Unternehmen und Institutionen auf der Kundenliste von etracker landen. etracker bietet nicht nur ein Analytics-Tool, sondern auch Module für das A/B-Testing, Remarketing und Targeting im Produktportfolio.

etracker kann wie Google Analytics als extern gehostete Lösung eingesetzt werden; sensible Branchen wie beispielsweise Banken können alternativ auch Inhouse-Installationen erwerben. Die Preisgestaltung ist abhängig vom Funktionsumfang: *https://www.etracker.com/pricing*. Eine Schnittstellen-Synchronisation von AdWords-Daten ist bei diesem Tool leider erst ab der Pro-Version inbegriffen. Der etracker kann 21 Tage lang kostenlos getestet werden: *https://www.etracker.com/test-account*.

11.10.3 econda

econda positioniert sich klar als Web-Controlling-Tool für E-Commerce-Systeme, was sich auch in seiner Referenzliste mit Kunden wie dem FC Bayern-München, Deichmann, snipes, heine oder INTERSPORT widerspiegelt. econda-Lösungen versprechen, sogenannten »Data-driven E-Commerce« zu ermöglichen, und sind mit integrierten E-Mail- und Empfehlungs-Tools grundsätzlich für anspruchsvolle Shop-Systeme konzipiert.

AdWords-Daten werden laut Herstellerangaben in bestimmten Produktvarianten unterstützt und über Plug-ins automatisch integriert. Für eine Preisauskunft müssen Sie sich direkt an den Anbieter wenden:

https://www.econda.de/loesungen

11.10.4 Webtrekk

Webtrekk stammt ebenfalls aus Deutschland. Der Anbieter mit Sitz in Berlin ist seit 2003 in der Webanalyse-Branche aktiv und zählt Unternehmen wie ESPRIT, McDonald's, Flixbus, ING-DiBa, Porsche oder T-Systems zu seinen Kunden. Mit vielen Zusatzfeatures, beispielsweise dem Tracking von TV-Kampagnen oder mobilen Apps, hat auch dieser Anbieter einige Alleinstellungsmerkmale aufzuweisen.

AdWords-Daten werden laut Herstellerangaben über die Schnittstelle unterstützt. Webtrekk kann über einen offenen Demozugang einfach ausprobiert werden. Bei Interesse haben Sie die Möglichkeit, die Analyse-Suite einen Monat lang kostenlos auch mit den Daten Ihrer eigenen Webseite zu testen:

https://www.webtrekk.com/de/loesungen/demo

11.10.5 Adobe Analytics (Omniture)

Adobe Analytics bietet als Bestandteil der sogenannten *Marketing Cloud* von Adobe grundlegende, auch von Google und den anderen hier genannten Anbietern bekannte Webanalysefunktionen und Berichte. Weitere Produkte der Marketing Cloud helfen Ihnen darüber hinaus bei personalisiertem Targeting, Social Media Marketing, oder kanalübergreifenden Kampagnen. Den vollen Leistungsumfang finden Sie unter dieser URL:

http://www.adobe.com/de/marketing-cloud.html

11.10.6 Fazit zu den Google-Analytics-Alternativen

In der Praxis können wir bei vielen Kunden den parallelen Einsatz mehrerer Analytics-Tools beobachten. Oft hat es historische Gründe, oft sind es die individuellen

Features bestimmter Tools, die den zusätzlichen Einbau rechtfertigen. Auch wenn in Sachen Einfachheit und Detailtiefe der AdWords-Integration Google Analytics das klar führende Produkt ist, können wir Ihnen nur empfehlen, einen näheren Blick auf die hier vorgestellten Alternativen zu wagen, sobald Sie dort ein oder mehrere attraktive und für Sie zusätzlich nützliche Features entdecken.

11.11   Die Analytics-App: Google Analytics mobil nutzen

Auch wenn wir bisher in diesem Kapitel ausschließlich auf den enormen Funktionsumfang von Google Analytics auf Desktop-Browsern – dem wohl gängigsten und effizientesten Zugang zu Berichten und Daten – eingegangen sind, möchten wir Ihnen abschließend nicht vorenthalten, dass Sie einige Basisauswertungen auch über Mobile Apps auf Ihrem Smartphone durchführen können (siehe Abbildung 11.39).

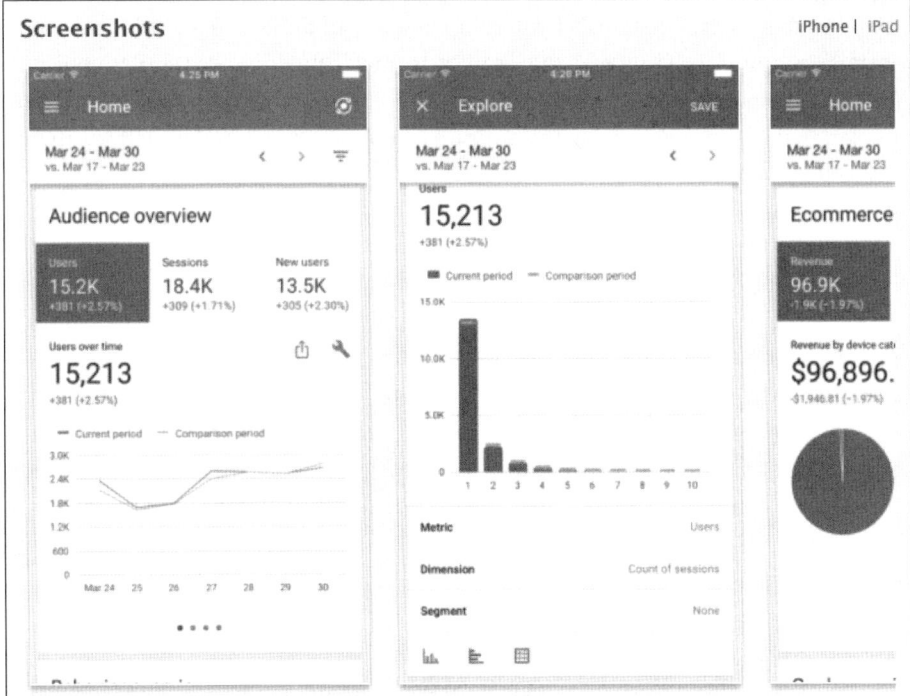

Abbildung 11.39 Die mobilen Analytics-Apps liefern auch unterwegs einen raschen Überblick.

Google bietet mittlerweile selbst eine kostenlose Analytics-App an. Selbst bei dem geringen Platz auf den kleinen Smartphone-Displays müssen Sie dort nicht auf Echtzeit-, Conversion- und Kampagnenberichte verzichten und bleiben auf diese Weise bequem auch unterwegs über Ihre Webseiten- und/oder AdWords-Performance auf dem Laufenden.

Laden Sie die Apps unter den folgenden Links herunter oder machen Sie sich einfach auf die Suche nach dem Stichwort *Analytics* in den jeweiligen App-Stores:

▶ **Google Play**
   https://play.google.com/store/apps/details?id=com.google.android.apps.giant&hl=de

▶ **iTunes App Store**
   https://itunes.apple.com/at/app/google-analytics/id881599038?mt=8

11.12 Fazit

Wir haben Ihnen in diesem Kapitel einen kurzen Einblick in die Möglichkeiten von Google Analytics gegeben, wobei wir überwiegend auf die Vorzüge und Eigenschaften im Zusammenspiel mit Google AdWords eingegangen sind. Die Berichte und Analysen, die Sie mit dem mächtigen Google-Web-Analyse-Tool erstellen können, helfen Ihnen, viele neue Optimierungsansätze für AdWords zu finden. Wir wünschen Ihnen daher stets ein »Happy Analyzing«!

> **Praktische Tipps zu Google Analytics**
>
> Der Doktorhut führt zur Google-Analytics-Hilfe: In einigen Bereichen von Google Analytics finden Sie am oberen rechten Rand des Berichtsfensters ein Doktorhut-Symbol. Dahinter verbergen sich wertvolle Informationen aus der Google-Analytics-Hilfe, die Ihnen gerade am Anfang, wenn Sie noch nicht so erfahren im Umgang mit Google Analytics sind, gute Unterstützung und Erklärungen liefert.
>
> Google-Telefonsupport: Von Montag bis Freitag steht Ihnen in der Zeit von 9 bis 18 Uhr zusätzlich der telefonische Support von Google unter folgenden Rufnummern zur Verfügung:
>
> ▶ Deutschland: 0800 589 4011
>
> ▶ Österreich: 0800 080 509
>
> ▶ Schweiz: 080 000 23 43
>
> Google-Analytics-Demo-Account: Gerade am Anfang bietet der Analytics-Demo-Account von Google Ihnen eine große Hilfe, wenn Sie die in diesem Kapitel beschriebenen Details nachvollziehen wollen. Google stellt hier als Demo-Version einen vollwertigen Analytics-Account mit Daten zur Verfügung. Die Screenshots aus diesem Kapitel stammen fast alle aus diesem Demo-Account. Sie finden den Google-Analytics-Demo-Account unter:
>
> *https://support.google.com/analytics/answer/6367342?hl=de*

Kapitel 12
AdWords optimieren

Zurücklehnen und laufen lassen – das ist keine gute Idee! Nutzen Sie jede Chance, um Ihre Kampagnen zu optimieren und Ihr Budget mithilfe einiger Tipps und Tricks noch besser auszusteuern. Die Optimierung Ihrer AdWords-Kampagnen schont zum einen das Budget und steigert zum anderen die Chancen, mehr Kunden zu generieren.

Ihr AdWords-Konto ist aufgesetzt und Sie haben Ihre Kampagnen gestartet. Die ersten Euros sind investiert und Sie werden mit den ersten Webseiten-Besuchen und Conversions belohnt. Doch damit ist die Arbeit nicht getan. Jetzt geht es erst richtig los! Sie haben das nötige Werkzeug an der Hand. Steigen Sie jetzt in die Analyse Ihrer Kampagnen ein, um an der einen oder anderen Stellschraube zu drehen und Ihren Erfolg weiter auszubauen.

Die eine oder andere Maßnahme sollten Sie gleich nach dem Start Ihrer Kampagne durchführen; die meisten Schritte hingegen erfordern eine vernünftige Datengrundlage, und dazu sollten Sie zunächst ein wenig Zeit verstreichen lassen. Ein wichtiges Optimierungskriterium stellt der *Qualitätsfaktor* dar, eine Kennzahl, mit der Google jedes Keyword bewertet und die sich aus verschiedenen Komponenten zusammensetzt. Ein hoher Qualitätsfaktor wird laut Google mit günstigeren Klickpreisen und besseren Positionierungen honoriert. Entscheidend dabei sind Faktoren wie die Klickrate, die Relevanz der Anzeigentexte und die Wahl der Zielseite, aber auch die Verwendung von sogenannten Anzeigenerweiterungen wird immer bedeutender. Lesen Sie in diesem Kapitel, welche Wege sich Ihnen bieten, um durch die richtigen Optimierungen Geld zu sparen und Ihr Budget so effektiv wie möglich einzusetzen.

12.1   Erste Schritte nach Kampagnenstart

Die Basis jeder Optimierung ist eine gewisse Vorlaufzeit, die eine valide Analyse überhaupt erst möglich macht. Beginnen Sie daher nach dem Start einer Kampagnen nicht sofort, wie wild daraufloszuoptimieren, sondern konzentrieren Sie sich erst einmal auf ganz elementare Dinge.

12.1.1   Abgelehnte Anzeigen oder Keywords

Prüfen Sie als Erstes, ob alle Anzeigen und Keywords FREIGEGEBEN wurden oder ob einige ABGELEHNT sind. Dazu rufen Sie den jeweiligen Navigationspunkt auf und sortieren Anzeigen oder Keywords nach STATUS, indem Sie entweder auf den Spaltenkopf klicken oder die Filterfunktion nutzen. Sollten Anzeigen oder Keywords abgelehnt sein, sehen Sie in der Spalte STATUS einen entsprechenden Vermerk in roter Schrift, gefolgt von dem Grund für die Ablehnung. Per Mouse-over öffnet sich ein Pop-up-Fenster, das Sie wie in Abbildung 12.1 informiert, weshalb das Element abgelehnt wurde. Wenn Sie auf den darin enthaltenen Link klicken, erhalten Sie ausführlichere Details und Tipps, wie Sie das Problem beheben können.

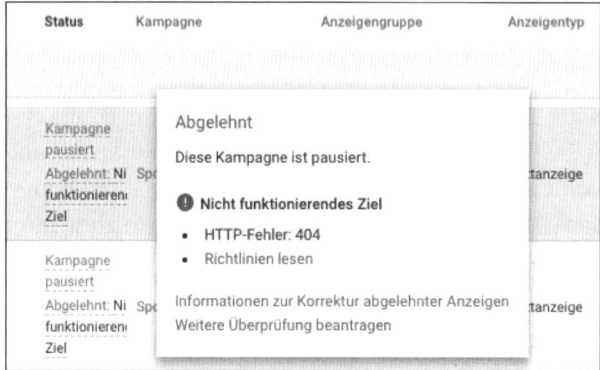

Abbildung 12.1 Anzeigen mit dem Status »Abgelehnt«

Google benachrichtigt Sie außerdem durch eine Meldung rechts oben in Ihrem Ad-Words-Konto über abgelehnte Anzeigen oder Keywords.

> **Achtung: Keine Anzeigenschaltung für abgelehnte Elemente**
>
> Abgelehnte Anzeigen werden nicht geschaltet. Dies ist ein zusätzlicher Grund dafür, beim Start einer neuen Anzeigengruppe mehrere Anzeigen ins Rennen zu schicken, um trotz einer Ablehnung zum gewünschten Suchbegriff zu erscheinen. Werden alle Keywords oder Anzeigen einer Anzeigengruppe abgelehnt, nehmen Sie natürlich auch an keiner Auktion teil.

12.1.2   Positionen anpassen

Bei der Einrichtung Ihrer Anzeigengruppen sind Sie dazu verpflichtet, ein Standardgebot festzulegen, das an alle in der Anzeigengruppe enthaltenen Keywords vererbt wird. Dabei können Sie im Grunde nur schätzen oder auf grobe Schätzungen aus dem Keyword-Planer zurückgreifen, die Google dort zur Verfügung stellt.

Wie hoch die Kosten für einen Klick auf einer bestimmten Position tatsächlich sind, stellt sich erst heraus, wenn Sie mit der Werbung beginnen. Nachdem die ersten Impressionen und Klicks für Ihre Suchbegriffe eingegangen sind, sollten Sie deshalb unbedingt Ihre Positionen überprüfen und gegebenenfalls anpassen.

Im ersten Schritt sortieren oder filtern Sie Ihre Keywords wie im vorherigen Abschnitt nach STATUS, und zwar nach Keywords UNTER DEM GEBOT FÜR DIE ERSTE SEITE. In der Spalte STATUS sehen Sie nun alle Keywords, die diesem Filterkriterium entsprechen. Sie werden abermals mit einem rot geschriebenen Hinweis versehen und liefern in Klammern zusätzlich ein geschätztes Gebot für die erste Seite, an dem Sie sich orientieren können (siehe Abbildung 12.2). Ändern Sie Ihr Gebot auf das von Google geschätzte Gebot oder höher, wechselt der Status in AKTIV.

Abbildung 12.2 Filtern nach Status »Unter dem Gebot für die erste Seite«

Danach sortieren bzw. filtern Sie die Suchbegriffe einer Kampagne oder Anzeigengruppe unter dem Navigationspunkt KEYWORDS nach DURCHSCHN. POS.. Die durchschnittliche Position gibt an, welchen Rang Ihre Anzeigen im Vergleich zu anderen Anzeigen einnehmen. Dabei ist 1 die höchste Position; eine unterste Position gibt es nicht. Ihre Anzeige erscheint im Allgemeinen auf der ersten Suchergebnisseite, wenn sie eine durchschnittliche Position zwischen 1 und 8 aufweist. In dem Filtermenü grenzen Sie also die Anzeigen ein, die eine Position größer 8 aufweisen (siehe Abbildung 12.3), denn das sind diejenigen, die es zu optimieren gilt.

> **Sie sehen »Durchschn. Pos.« nicht?**
>
> Falls Sie die Spalte DURCHSCHN. POS. in Ihrem AdWords-Konto nicht sehen, können Sie sie über das Spalten-Menü einblenden. Wie das genau funktioniert, haben wir in Abschnitt 6.1.2 beschrieben.

Besonders in der ersten Zeit nach dem Kampagnenstart sollten Sie mit Ihren Anzeigen nicht zu weit hinten erscheinen, denn sie generieren auf den hinteren Plätzen weniger Klicks. Ein primäres Ziel in der Anfangszeit ist es jedoch, Daten zu sammeln, und das klappt auf den letzten Plätzen erfahrungsgemäß nicht so gut. Es ist aber auch nicht notwendig, dass Ihre Anzeigen bei jeder Suchanfrage auf dem ersten Platz erscheinen.

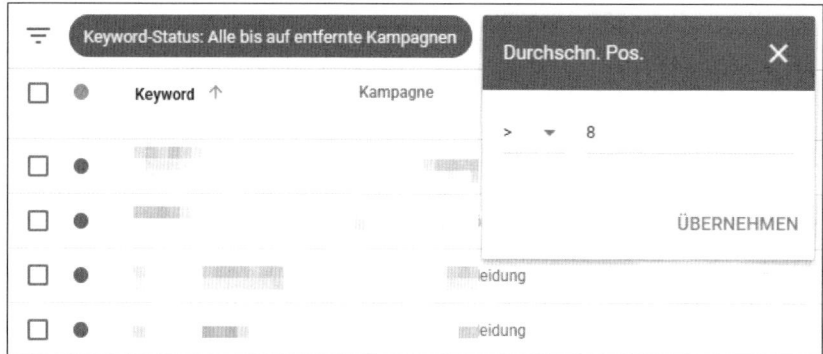

Abbildung 12.3 Anzeigen sortieren oder filtern nach »Durchschnittlicher Position« größer als Position 8

Betrachten Sie die Positionen Ihrer Keywords am besten auf Anzeigengruppenebene. So wird schnell deutlich, ob Sie sich mit dem Standardgebot verschätzt haben, weil alle Keywords eine besonders gute bzw. schlechte Position aufweisen. Ist dies der Fall, erhöhen bzw. senken Sie das Gebot auf Anzeigengruppenebene für alle Keywords gleichzeitig, indem Sie auf die Spalte MAXIMALES CPC-STANDARDGEBOT klicken (siehe Abbildung 12.4).

Abbildung 12.4 Gebotsanpassung auf Anzeigengruppenebene

Geht es nur um einige Ausreißer, können Sie die Gebote wie in Abbildung 12.5 durch einen Klick auf den MAX. CPC manuell für das jeweilige Keyword anpassen.

Google hat hier einen Sicherheitsmechanismus eingebaut, der Sie davor schützt, versehentlich ein zu hohes Gebot einzutragen. Sofern Sie den MAX. CPC deutlich erhöhen, erhalten Sie von Google einen Hinweis, dass Sie diese Erhöhung doppelt bestätigen müssen.

Abbildung 12.5 »Max. CPC« für einzelne Keywords einstellen

Tipp: Überzeugen Sie sich selbst

Oft lohnt ein prüfender Blick ins Anzeigenvorschau und -diagnose-Tool oder in die Google-Suche selbst, bevor Sie Ihre Gebote erhöhen. Es kommt durchaus vor, dass eine Anzeige für einen Suchbegriff mit dem Status Keywords unter dem Gebot für die erste Seite oder mit einer schlechten Position sehr wohl auf den vorderen Plätzen erscheint und die Angaben trügen. Wie Sie zur Anzeigenvorschau und -diagnose gelangen, haben Sie bereits in Abschnitt 9.1.2 erfahren.

12.2   Der Qualitätsfaktor spart bares Geld

Eines der wohl brisantesten Themen im Zusammenhang mit AdWords ist der Qualitätsfaktor. Der Qualitätsfaktor ist eine Kennzahl, mit der Google Ihre Keywords auf einer Skala von 1 (schlecht) bis 10 (sehr gut) bewertet. Seit seiner Einführung im Jahr 2005 wird in der AdWords-Szene heftig darüber diskutiert, was genau der Qualitätsfaktor ist und welche Kriterien in seine Berechnung einfließen. Google verspricht, dass ein hoher Qualitätsfaktor zu günstigeren Klickpreisen und besseren Positionierungen führt.

12.2.1   Lassen Sie sich den Qualitätsfaktor im Konto anzeigen

Sie können sich den Qualitätsfaktor Ihrer Keywords in Ihrem AdWords-Konto anzeigen lassen. Dazu rufen Sie den Navigationspunkt Keywords auf, klicken zunächst auf das Spalten-Symbol und fügen unter Spalten anpassen (siehe auch Abschnitt 6.1.2) die Spalte Qualitätsfaktor (aus der Gruppe Attribute) hinzu.

Ziehen Sie die Spalte wie in Abbildung 12.6 via Drag & Drop am besten ganz nach oben, so haben Sie den jeweiligen Qualitätsfaktor immer im Blick.

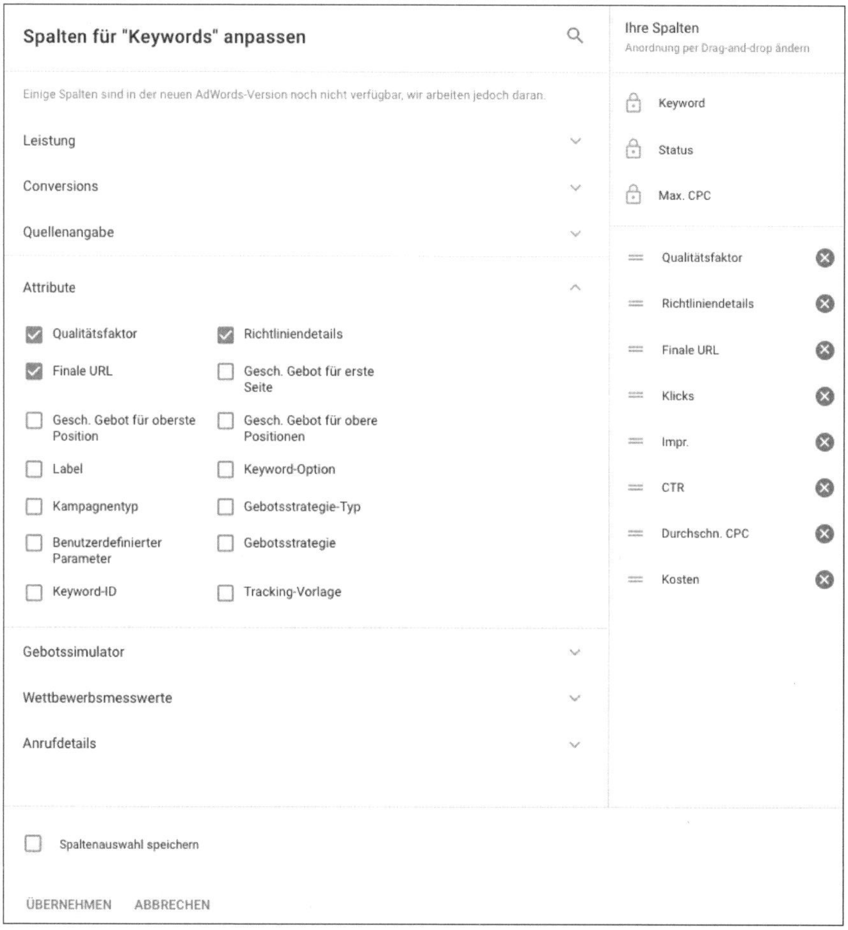

Abbildung 12.6 Fügen Sie die Spalte »Qualitätsfaktor« ein.

Vergabe des Qualitätsfaktors durch Google

Google crawlt Ihr Konto nicht, wie häufig fälschlicherweise angenommen wird, Kampagne für Kampagne und Anzeigengruppe für Anzeigengruppe, um auf diese Weise jedem Keyword nacheinander seinen Qualitätsfaktor zu geben. Ähnlich wie den CPC berechnet Google den Qualitätsfaktor für jede Auktion neu.

Der Qualitätsfaktor ist demnach kein konstanter Wert, sondern ändert sich laufend. Die Spalte im Konto gibt Ihnen allerdings immer den aktuellen Durchschnittswert an (siehe Abbildung 12.7). Auch wenn Sie einen vergangenen Zeitraum festlegen, wird Ihnen leider nur der aktuelle Qualitätsfaktor angezeigt und nicht der Wert, den das Keyword zum ausgewählten Zeitpunkt hatte.

Im alten AdWords-Interface bot Google unter dem Namen QUAL.-FAKTOR (VERLAUF) noch eine zusätzliche Berichtsspalte an, die neben dem aktuellen Qualitätsfaktor den letzten bekannten vorangegangenen Qualitätsfaktor anzeigte. Diese Spalten gibt es im neuen Interface nicht mehr (Stand: Dezember 2017), aber vielleicht bietet Google diese Info ja irgendwann noch einmal an.

		Keyword	Anzeigengruppe	Status	Max. CPC	**Qualitätsfakto**	Richtliniendeta
☐	●	laufschuhe herren	Laufschuhe Herren	Kampagne pausiert	0,05 €	7 von 10	Freigegeben
☐	●	[laufschuhe herren]	Laufschuhe Herren	Kampagne pausiert	0,01 €	7 von 10	Freigegeben
☐	●	"laufschuhe herren"	Laufschuhe Herren	Kampagne pausiert	0,04 €	7 von 10	Freigegeben

Abbildung 12.7 Keyword-Auswertung mit der Spalte »Qualitätsfaktor«

Mit einem Mouse-over über der Sprechblase in der Spalte STATUS erhalten Sie weitere Informationen zu Ihrem Qualitätsfaktor. Die drei folgenden Kriterien sind danach die entscheidenden Komponenten und beeinflussen die Berechnung des Qualitätsfaktors maßgeblich:

▶ VORAUSSICHTLICHE KLICKRATE: Die Wahrscheinlichkeit, dass Ihre Anzeigen bei dieser Anfrage angeklickt werden, ergibt die voraussichtliche Klickrate. In die Ermittlung fließt die bisherige Klickrate des Keywords, der Kampagne und sogar des gesamten Kontos ein.

▶ ANZEIGENRELEVANZ: Mit Anzeigenrelevanz ist die Verbindung von Anzeigen und Keyword gemeint. Passen die Anzeigentexte zu den eingebuchten Suchbegriffen?

▶ NUTZERERFAHRUNG MIT DER ZIELSEITE: Bei diesem Faktor geht es um die Beziehung zwischen Suchbegriff, Anzeige und Zielseite. Hält die ausgewählte Seite, was Sie in der Anzeige versprechen? Ist die Seite übersichtlich und gut strukturiert? Ein wichtiger Punkt zur Verbesserung der Qualität ist hier auch die Ladezeit der Webseite.

Die Komponenten können den Status UNTERDURCHSCHNITTLICH, DURCHSCHNITT oder ÜBERDURCHSCHNITTLICH zugewiesen bekommen. Der Status »unterdurchschnittlich« ist ein klares Zeichen dafür, dass Sie Optimierungen vornehmen sollten.

12.2.2   Qualität aus Google-Sicht

Googles oberstes Ziel lautet nach eigenen Aussagen, dem User die relevantesten Suchergebnisse zu liefern und ihn damit langfristig zufriedenzustellen und als Nutzer zu halten.

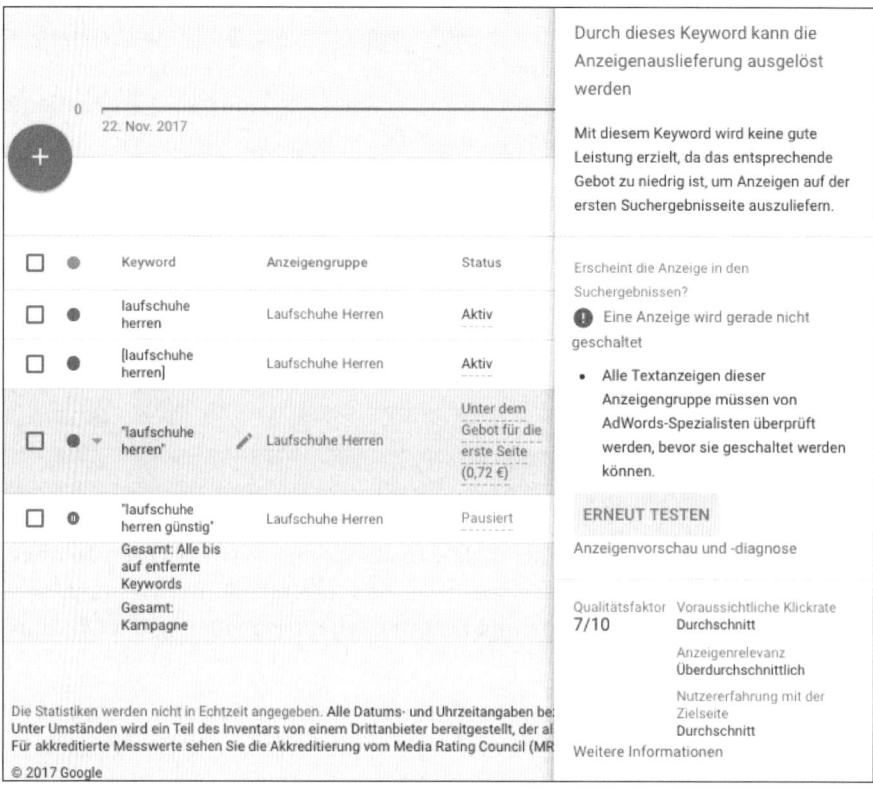

Abbildung 12.8 Ausführliche Details zum Qualitätsfaktor

Abbildung 12.8 enthält schon einige Hinweise, welche Kriterien für Google im Vordergrund stehen und in die Berechnung des Qualitätsfaktors einfließen. Laut Google spielen zusätzlich eine Reihe anderer Faktoren eine Rolle – derzeit werden neun Punkte genannt, die den Qualitätsfaktor beeinflussen:

▸ **Voraussichtliche Klickrate eines Keywords**: Wie oben beschrieben, entspricht sie der Wahrscheinlichkeit, dass Ihre Anzeige zu diesem Begriff geklickt wird.

▸ **Die bisherige Klickrate Ihrer angezeigten URL**: Historie und Erfahrung mit Ihrer angezeigten URL

▸ **Kontoprotokoll**: Historie und Erfahrung mit Ihrem gesamten Konto

▸ **Qualität der Zielseite**: Relevanz, Struktur, Navigation und Ladezeit der Zielseite

▸ **Keyword-/Anzeigenrelevanz**: Relevanz der Suchbegriffe zu den Anzeigen

▸ **Keyword-/Suchrelevanz**: Relevanz des gebuchten Keywords zur tatsächlichen Anfrage des Users. Dabei bezieht sich Google auch auf die Erfahrung anderer Konten mit diesem Keyword.

Nutzererfahrung mit anderen Konten

Google nutzt auch die Erfahrungen mit anderen Konten und aus der organischen Suche. Falls Sie zum Beispiel auf die Idee kommen, zum genau passenden Keyword *Mallorca* Ihr Hotel auf Mallorca zu bewerben, ist es sehr wahrscheinlich, dass Sie keinen höheren Qualitätsfaktor als 4 mit diesem Keyword erreichen. Denn Google hat die Erfahrung gemacht, dass Nutzer, die nur *Mallorca* in die Suche eingeben, eher nach Informationen zur Insel und Ähnlichem suchen, aber kein Hotel buchen möchten.

In diesem Fall helfen Ihnen alle Optimierungsmöglichkeiten nichts. Testen Sie doch mal die Google-Suche, und schauen Sie, was Google bei den organischen Treffern zum Thema *Mallorca* anbietet. Dies spiegelt sehr gut wider, was die Google-Nutzer als Ergebnis erwarten. Bitte beachten Sie, dass sich die Anzeige zum exakten Keyword *Mallorca* als AdWords-Anzeige trotzdem für Sie lohnen kann – nur der Qualitätsfaktor wird niedrig bleiben.

12

▸ **Geografische Leistung**: der Erfolg Ihres Kontos in der Zielregion

▸ **Ihre Anzeigenleistung auf einer Website**: der Erfolg auf Seiten im Displaynetzwerk

▸ **Die Geräteausrichtung**: der Erfolg auf dem entsprechenden Gerät; der Qualitätsfaktor wird für jedes Gerät separat vergeben.

Auf die folgenden Kriterien hat der Qualitätsfaktor laut Google direkten Einfluss:

▸ **Aktivierung für die Teilnahme an Anzeigenauktionen**: Je höher der Qualitätsfaktor ist, umso wahrscheinlicher ist es, dass Sie überhaupt an einer Auktion für das entsprechende Keyword teilnehmen. Keywords mit einem Qualitätsfaktor von 2 oder 3 werden beispielsweise selten bis gar nicht ausgespielt.

▸ **Der tatsächliche Cost-per-Click (CPC) des Keywords**: Je höher der Qualitätsfaktor ist, desto geringer ist der Preis pro Klick für das Keyword.

▸ **Die Gebotsschätzung für die erste Seite für Ihr Keyword**: Je höher der Qualitätsfaktor ist, umso geringer fällt die Gebotsschätzung für die erste Seite für das Keyword aus.

▸ **Die Top-of-Page-Gebotsschätzung**: Je höher der Qualitätsfaktor ist, umso geringer fällt die Top-of-Page-Gebotsschätzung für das Keyword aus.

▸ **Anzeigenposition**: Der Qualitätsfaktor beeinflusst den Anzeigenrang und somit auch die Anzeigenposition. Ein hoher Qualitätsfaktor hat somit eine bessere Position zur Folge.

▶ **Eignung für Anzeigenerweiterungen und andere Anzeigenformate**: Für einige Anzeigenformate gibt es einen Mindestqualitätsfaktor. Einige Anzeigenerweiterungen erscheinen nur auf den oberen Positionen, deshalb ist der Qualitätsfaktor auch dafür ein wichtiger Faktor, da er entscheidenden Einfluss auf die Position hat.

12.2.3   Skepsis gegenüber dem Qualitätsfaktor

Google betont stets, dass Qualität mit günstigeren Klickpreisen bzw. besseren Positionen belohnt wird. Da nicht alle Faktoren der Formel transparent sind, besteht bei vielen Online-Marketing-Experten eine gewisse Skepsis, ob die Qualitätsformel immer das hält, was sie verspricht. Viele Faktoren (wie die Ladezeiten Ihrer Webseiten oder auch die Klickrate Ihrer Anzeigen) helfen Ihnen jedoch, auch mehr Kunden via Internet zu erreichen, die schnell die gewünschte Information finden und somit auch zufrieden sind. Selbst wenn die Qualitätsvorgaben für Google weniger wichtig sind, mit Blick auf Ihre Kunden machen sie auf jeden Fall Sinn.

Schauen wir uns also die Kriterien genauer an, die für einen guten Qualitätsfaktor ausschlaggebend sind, so stellen wir fest, dass sie auch unabhängig vom Qualitätsfaktor für die Performance unserer Kampagnen von zentraler Bedeutung sind:

▶ Natürlich sollten Ihre Anzeigen Aufmerksamkeit erzeugen, denn nur so generieren sie Klicks.

▶ Natürlich sollte eine Relevanz zwischen Suchbegriff, Ihren Keywords und Ihren Anzeigen gegeben sein, denn nur so erreichen Sie die passende Zielgruppe.

▶ Und natürlich sollte Ihre Zielseite zu Keyword und Anzeigen passen, denn nur so kann der kostenpflichtige Klick zur gewinnbringenden Conversion werden.

Betrachten Sie die Qualität Ihrer Kampagnen also ganz logisch, und überlegen Sie, was zum Erfolg Ihrer Werbung führt. Nehmen Sie die Optimierungen unter diesen Voraussetzungen vor, dann wird sich dies auch auf den Qualitätsfaktor von Google auswirken. Im Folgenden gehen wir mit Ihnen eine Reihe von Maßnahmen durch, die Sie in regelmäßigen Abständen an den einzelnen Elementen Ihren AdWords-Kampagnen durchführen sollten.

Vorsicht: Wir haben keine Patentlösung

Leider können wir Ihnen keine Zauberformel liefern, mit der Sie sicher sein können, dass Ihre Kampagnen binnen kürzester Zeit die besten Performance-Daten aufweisen. Jede Branche, jedes Konto und vor allem jeder User tickt anders, und daher funktionieren Optimierungsmaßnahmen nicht überall gleich. Wie so oft heißt es auch bei AdWords: Probieren geht über Studieren.

12.3 Optimierung Ihrer Keywords

Keywords bilden die Grundlage der Anzeigenschaltung und bestimmen darüber, zu welchen Suchanfragen dem User Ihre Werbung eingeblendet wird. Daher bieten sie im Hinblick auf eine rentable Werbekampagne auch ein erhebliches Optimierungspotenzial. Die folgenden Maßnahmen gehören zur laufenden Kampagnenpflege und sollten regelmäßig wiederholt werden. Sie haben direkten Einfluss auf die wichtigsten KPIs wie CPC, CTR und die Gesamtkosten und somit letztlich auch auf Ihren ROI (Return-on-Investment) bzw. Ihre KUR (Kosten-Umsatz-Relation).

12.3.1 Analyse der tatsächlichen Suchanfragen

Unter dem Navigationspunkt KEYWORDS im Seitenmenü erhalten Sie, wie in Abbildung 12.9, einen Überblick über die Performance Ihrer eingebuchten Suchbegriffe. Welche Suchanfrage aber gibt der User tatsächlich in die Suche ein? Wenn Sie beispielsweise das Keyword *Nike Schuhe* in der Keyword-Option WEITGEHEND PASSEND eingebucht haben, so wird Ihre Anzeige auch eingeblendet, wenn der User nach *Nike Laufschuhe* sucht.

Abbildung 12.9 Keyword-Auswertung

Wenn Sie also nicht ausschließlich die Keyword-Option GENAU PASSEND verwenden, können die tatsächlichen Suchanfragen der User von Ihren Keywords abweichen bzw. diese ergänzen. Dabei kann es sich um sinnvolle Suchbegriffe handeln, die es eventuell ins Keyword-Set aufzunehmen lohnt. Ihre Anzeige könnte jedoch auch für völlig unpassende Suchanfragen wie zum Beispiel *Nike T-Shirt* erscheinen, obwohl Sie ausschließlich Schuhe anbieten, wodurch Sie wiederum Geld verlieren.

Um die Kontrolle über die Anzeigenschaltung durch Ihre Keywords zu behalten, sollte die Überprüfung der Suchbegriffe in regelmäßigen Abständen auf Ihrem Zeitplan stehen. Den Suchanfragenbericht können Sie einerseits über das Berichterstellungssymbol rechts oben in Ihrem Konto unter dem Navigationspunkt VORDEFINIERTE

BERICHTE (FRÜHER UNTER "DIMENSIONEN") • EINFACH • SUCHBEGRIFFE aufrufen und herunterladen (siehe Abbildung 12.10).

BERICHTERSTELLUNG
Berichte
Vordefinierte B
Dashboards
Kampagne
Anzeigengruppe
Anzeige
Keyword
Suchbegriffe
Finale URL
Bezahlt und organisch
Anrufdetails
Kostenlose Klicks
Automatische Placements (Gruppe)
Überlieferung
Einfach
Zeit
Conversions
Labels
Zielregion
Shopping
Erweiterungen
Displaynetzwerk
Nov. 2017

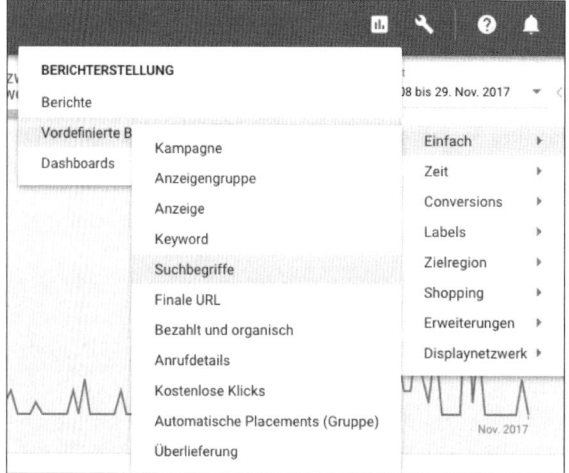

Abbildung 12.10 Keyword-Details im Bericht zu Suchbegriffen

Außerdem finden Sie die Information zu Suchbegriffen direkt unter dem Reiter KEYWORDS auf zwei unterschiedlichen Wegen: Erstens können Sie oberhalb der Grafik auf SUCHBEGRIFFE klicken, um alle Suchbegriffe für Ihre Keywords anzuzeigen. Zweitens können Sie ein oder mehrere Keywords mit Haken in der Checkbox ganz links vor dem Keyword versehen. Dann öffnet sich eine zusätzliche blaue Navigationsleiste (siehe Abbildung 12.11), in der Sie für die ausgewählten Keywords entsprechend SUCHBEGRIFFE anzeigen lassen können. Nachdem Sie mit Ihrer Auswahl auf SUCHBEGRIFFE in dieser blauen Navigationsleiste geklickt haben, erscheinen in einem neuen Fenster die entsprechenden Suchbegriffe zu Ihren definierten Keywords.

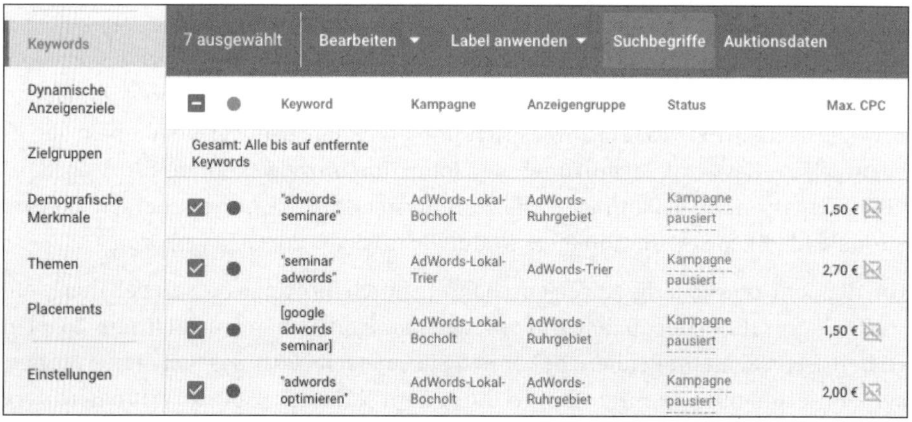

Keywords
Dynamische Anzeigenziele
Zielgruppen
Demografische Merkmale
Themen
Placements
Einstellungen
7 ausgewählt
Bearbeiten
Label anwenden
Suchbegriffe
Auktionsdaten
Keyword
Kampagne
Anzeigengruppe
Status
Max. CPC
Gesamt: Alle bis auf entfernte Keywords
"adwords seminare"
AdWords-Lokal-Bocholt
AdWords-Ruhrgebiet
Kampagne pausiert
1,50 €
"seminar adwords"
AdWords-Lokal-Trier
AdWords-Trier
Kampagne pausiert
2,70 €
[google adwords seminar]
AdWords-Lokal-Bocholt
AdWords-Ruhrgebiet
Kampagne pausiert
1,50 €
"adwords optimieren"
AdWords-Lokal-Bocholt
AdWords-Ruhrgebiet
Kampagne pausiert
2,00 €

Abbildung 12.11 Suchbegriffe über den Navigationspunkt »Keywords« aufrufen

In der Ansicht SUCHBEGRIFFE einer beliebigen Anzeigengruppe fügen Sie die Spalte KEYWORD hinzu, die Sie unter SPALTEN ANPASSEN • ATTRIBUTE finden. So erfahren Sie, welches Keyword zu welchem Suchbegriff gehört, und können entscheiden, ob dies in Ihrem Sinne ist. Sortieren Sie die Suchbegriffe am besten nach KLICKS, IMPR. oder KOSTEN, sodass zuerst diejenigen angezeigt werden, die am meisten Traffic generieren bzw. generieren könnten.

Beim Setup Ihrer Kampagnen haben Sie vermutlich schon einige Ausschlüsse vorgenommen, doch gerade wenn Sie die etwas weitgehenderen Keyword-Optionen gebrauchen, werden Sie immer wieder auf Suchanfragen stoßen, die nicht wirklich zu Ihrem Angebot passen. Ähnlich verhält es sich auch mit relevanten Suchanfragen, die Sie bislang noch nicht eingebucht haben, die aber häufig von den Usern gesucht und geklickt werden. Es empfiehlt sich, diese Keywords aufzunehmen, um im Weiteren von ihrer Performance zu profitieren und ihnen gegebenenfalls eine separate Ziel-URL geben zu können.

Setzen Sie vor die Suchbegriffe, die Sie hinzufügen bzw. ausschließen möchten, ein Häkchen, und führen Sie dann durch einen Klick auf den Button ALS KEYWORD HINZUFÜGEN oder ALS AUSZUSCHLIESSENDES KEYWORD HINZUFÜGEN die gewünschte Aktion aus. Das Hinzufügen der Keywords funktioniert wiederum über die zusätzliche blaue Navigationsleiste, die erst dann erscheint, sobald Sie mindestens ein Keyword in der Liste mit einem Haken markiert haben (siehe Abbildung 12.12). Zunächst reicht es aus, die tatsächlichen Suchanfragen auf Anzeigengruppenebene zu betrachten und alle Suchbegriffe auszuwählen.

Anzeigen und Erweiterungen	Alle 40 ausgewählt	Als Keyword hinzufügen	Als auszuschließendes Keyword hinzufügen		
Videos					
Zielseiten	Keyword: "adwords seminare", "seminar adwords" und 48 weitere				
	☑ Suchbegriff	Keyword-Option	Hinzugefügt/Au	Kampagne	Anzeigengruppe
Keywords	Gesamt: Gefilterte Suchbegriffe				
Dynamische Anzeigenziele	☑ adobe analytics schulung	Passende Wortgruppe	Keine Angabe	AdWords-Analytics-Hessen	Analytics Wiesbaden
Zielgruppen	☑ adword seminar	Genau passend (ähnliche Variante)	Keine Angabe	AdWords-Analytics-Hessen	AdWords Wiesbaden
Demografische Merkmale	☑ adwords seminar	Genau passend	Hinzugefügt	AdWords-Analytics-NRW	AdWords-Seminar-Basic
Themen	☑ adwords seminar	Genau passend	Hinzugefügt	AdWords-Lokal-Wuppertal	AdWords-Wuppertal

Abbildung 12.12 Suchbegriffe im Navigationspunkt »Keywords«

Neue Keywords in den Keyword-Pool aufzunehmen bzw. unpassende auszuschließen, ist besonders bei sehr teuren und häufig gesuchten Keywords ratsam. Diese Maßnahme hilft Ihnen dabei, Ihre Keywords präziser auszurichten und auf diese Weise Streuverluste zu reduzieren.

Wenn Sie neue Keywords Ihrem Pool hinzufügen, haben Sie bei Bedarf gleich hier die Möglichkeit, jeweils pro Keyword individuell eine FINALE URL (OPTIONAL) bzw. einen MAX. CPC (OPTIONAL) zu vergeben, sofern er denn vom Standard-Anzeigengruppen-gebot abweichen soll (siehe Abbildung 12.13).

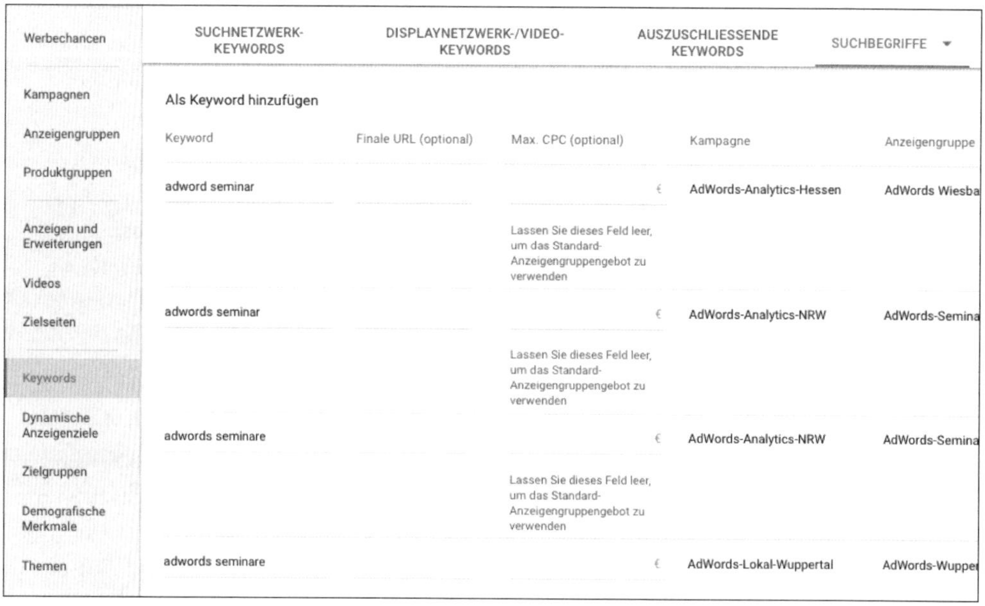

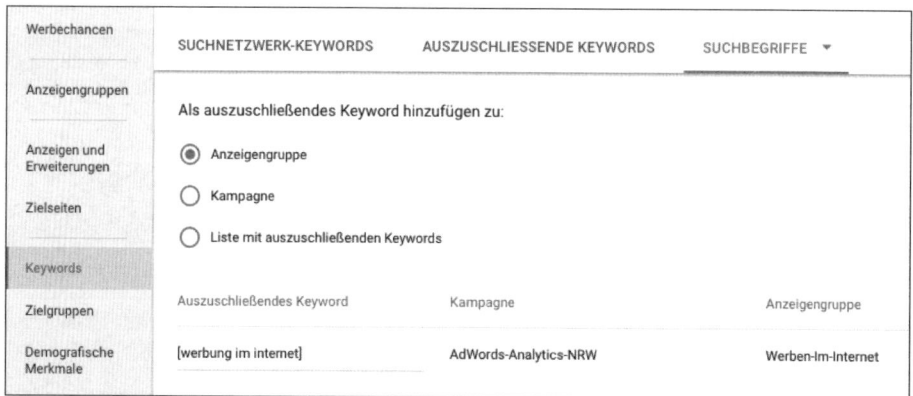

Abbildung 12.13 Keywords hinzufügen und optional CPC sowie URL bestimmen

Bei auszuschließenden Keywords können Sie definieren, ob Sie sie auf Anzeigen-gruppen- oder Kampagnenebene bzw. zu Ihrer Liste mit auszuschließenden Keywords hinzufügen möchten (siehe Abbildung 12.14).

Abbildung 12.14 Auszuschließende Keywords hinzufügen

12.3.2   Keyword-Optionen

Wie wir schon gesagt haben, ist es zu Beginn einer Werbekampagne mit AdWords zunächst wichtig, viele Klicks zu erzeugen und eine valide Datenbasis aufzubauen. Dabei kann es von Vorteil sein, die Keyword-Optionen nicht zu eng zu fassen und die Ausspielung nicht so sehr einzugrenzen. Je nach Zielsetzung und Branche kann es natürlich auch von Anfang an sinnvoll sein, Ihre Anzeigenschaltung durch die Verwendung der Keyword-Optionen PASSENDE WORTGRUPPE oder GENAU PASSEND zu kontrollieren. Prinzipiell sind für den Anfang die Option WEITGEHEND PASSEND und der Modifizierer für WEITGEHEND PASSEND jedoch keine schlechte Wahl, wobei das Hinzufügen von auszuschließenden Keywords eine wichtige Ergänzung darstellt.

Keyword-Optionen bei der Eingabe definieren

Durch die Eingabe des Keywords definieren Sie, wie das Keyword behandelt werden soll. Wenn Sie nur einen Suchbegriff eingeben, wird er als weitgehend passend behandelt, geben Sie ihn in Anführungsstrichen ein, handelt es sich um eine passende Wortgruppe, und in eckigen Klammern ist es dann eine genau passende Wortgruppe.

- ▶ Keyword = weitgehend passend
- ▶ "Keyword" = passende Wortgruppe
- ▶ [Keyword] = genau passend
- ▶ +Keyword = Modifizierer für »weitgehend passend«

Ohne festgelegte Keyword-Option wird ein Keyword von Google immer als weitgehend passend behandelt. Weitere Informationen zu den Keyword-Optionen finden Sie in Abschnitt 4.4.3

Spätestens dann, wenn Ihnen eine ausreichende Datengrundlage zur Verfügung steht, sollten Sie Ihre Keywords genau analysieren und zumindest den Anteil der WEITGEHEND PASSEND-Keywords nach und nach reduzieren. So sparen Sie Geld, das Sie an anderer Stelle gewinnbringender einsetzen können.

Viele Werbetreibende haben jedoch Angst, dadurch relevante Suchanfragen und somit potenzielle Kunden zu verlieren. Um diese Verluste so gering wie möglich zu halten, die Anzeigen gleichzeitig aber zielgerichteter und effektiver zu schalten, bedarf es einer gut durchdachten Strategie.

Gehen Sie also überlegt an die Sache heran, und ändern Sie nicht einfach kopflos alle Keyword-Optionen. Nutzen Sie stattdessen die Werkzeuge, die AdWords Ihnen für eine erfolgreiche Umstellung bereitstellt.

Ein solches Werkzeug steht Ihnen unter dem Navigationspunkt VORDEFINIERTE BERICHTE (FRÜHER UNTER "DIMENSIONEN") • EINFACH • SUCHBEGRIFFE zur Verfügung. Betrachten Sie Ihre Keywords am besten auf Anzeigengruppenebene. Erfahren Sie, in welcher Option das Keyword am häufigsten gesucht bzw. geklickt wurde und wann der Klick am günstigsten und die Klickrate am höchsten war bzw. wann die meisten Bestellungen generiert wurden.

Ermitteln Sie auf diese Weise, bei welchen Keywords die präzisere Anzeigenschaltung in den Keyword-Optionen PASSENDE WORTGRUPPE oder GENAU PASSEND die erfolgreichere Wahl ist, und verzichten Sie dort auf die weitgefasste Ausrichtung, die lediglich Kosten verursacht. Prüfen Sie vor der Umstellung die Suchbegriffe für das entsprechende Keyword, und fügen Sie die relevanten Suchbegriffe hinzu, die die Anzeigenschaltung am häufigsten ausgelöst haben. So sind Sie auf der sicheren Seite und verlieren keine relevanten Besucher.

Den Bericht »Suchbegriffe« anpassen

Damit Sie die Keyword-Optionen im Bericht angezeigt bekommen, klicken Sie zunächst auf das Symbol für ZEILE UND SPALTE AUSBLENDEN ❶ und wählen Sie danach über HINZUFÜGEN bei ZEILE die Dimension KEYWORD-OPTION DES SUCHBEGRIFFS ❷ aus. Ebenso können Sie rechts daneben bei SPALTE wiederum über HINZUFÜGEN ❸ die angezeigten Spalten individuell nach Ihren Bedürfnissen anpassen (siehe Abbildung 12.15).

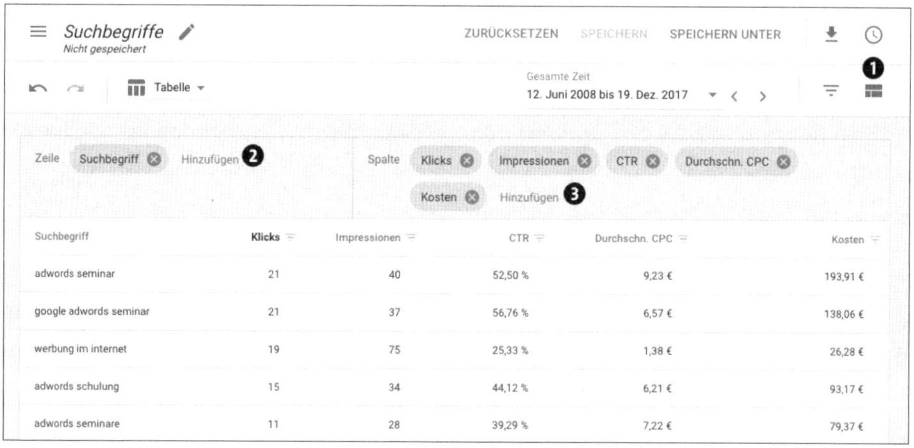

Abbildung 12.15 Anpassen der Spalten im Bericht »Suchbegriffe«

12.3.3   Setzen Sie auf Longtail-Keywords

Generische, also sehr allgemeine Keywords erzielen meist viel und nicht unbedingt qualitativ hochwertigen Traffic und sind daher sehr kostspielig. Zu Anfang haben Sie aber sicher einige etwas allgemeinere Keywords eingebucht, um Ihre Marke in gewissen Bereichen bekannter zu machen. Es gibt viele Unternehmen, die das Suchnetzwerk zusätzlich als Branding-Kanal nutzen und für bestimmte Suchbegriffe stets auf einer der Top-Positionen präsent sind. Dafür eignen sich separate Kampagnen mit einem eigenen Budget. So vermeiden Sie, dass diese Keywords den anderen gewinn-bringenderen Keywords das Budget »wegfressen«.

Sobald die Rentabilität Ihrer Werbung mehr in den Fokus rückt, sind die generischen Keywords ein wichtiger Optimierungsansatz. Wie schon erwähnt, erzeugen sie meis-tens hohe Kosten und bringen oft wenig Umsatz. Wesentlich effektiver sind dagegen Longtail-Keywords. Das sind konkretere Phrasen, die aus mehreren Wörtern beste-hen. Dies zeigt sich Ihnen auch, wenn Sie Ihren Suchanfragenbericht überprüfen.

Abbildung 12.16 Longtail-Suchvorschläge in der Google-Suche

Ermitteln Sie die relevanten Longtail-Keywords, die hinter Ihren generischen Key-words stecken, und fügen Sie diese Ihrem Keyword-Pool hinzu (siehe Abbildung 12.16). Gleichzeitig sollten Sie die sehr allgemeinen Suchbegriffe nach und nach minimieren oder sie zumindest mithilfe von Keyword-Optionen in ihrer Reichweite eingrenzen oder sie, wie beschrieben, in separate Kampagnen auslagern.

12.3.4   Gute Keywords – schlechte Keywords

Nicht zuletzt müssen Sie in die genaue Analyse Ihrer Keywords einsteigen, um den Erfolg Ihrer Kampagnen gemäß Ihrer Zielsetzung zu beurteilen. Unterm Strich wol-len Sie diesen weiter ausbauen und den Return-of-Investment sowie die Kosten-Um-satz-Relation (KUR) verbessern.

Dazu müssen Sie die Performance Ihrer einzelnen Keywords bewerten und die Top-Performer fördern, während Sie sich von den Low-Performern trennen. Unter SPAL-TEN ANPASSEN • CONVERSIONS können Sie sogar die Spalte CONV.-WERT/KOSTEN hinzufügen, die Ihnen die KUR eines jeden Keywords anzeigt (siehe Abbildung 12.17).

Durch die Analyse der wichtigsten KPIs wie CPC, CTR oder CONV.-WERT/KOSTEN las-sen sich die Keywords mit einer guten bzw. schlechten Performance identifizieren. Es könnte sich lohnen, bei den erfolgreichen Keywords das Gebot zu erhöhen und dadurch ihr Potenzial noch weiter auszuschöpfen. Bei den schlechteren Keywords müssen Sie genauer hinschauen. Versuchen Sie herauszufinden, was hinter der negativen Performance steckt. Ist vielleicht die Position so schlecht, dass der User Ihre Anzeigen gar nicht registriert, und ist Ihre Klickrate deshalb so schlecht? Passt die Zielseite womöglich nicht zu Ihrem Keyword und verlassen die Nutzer aus diesem Grund Ihre Seite ohne Aktion?

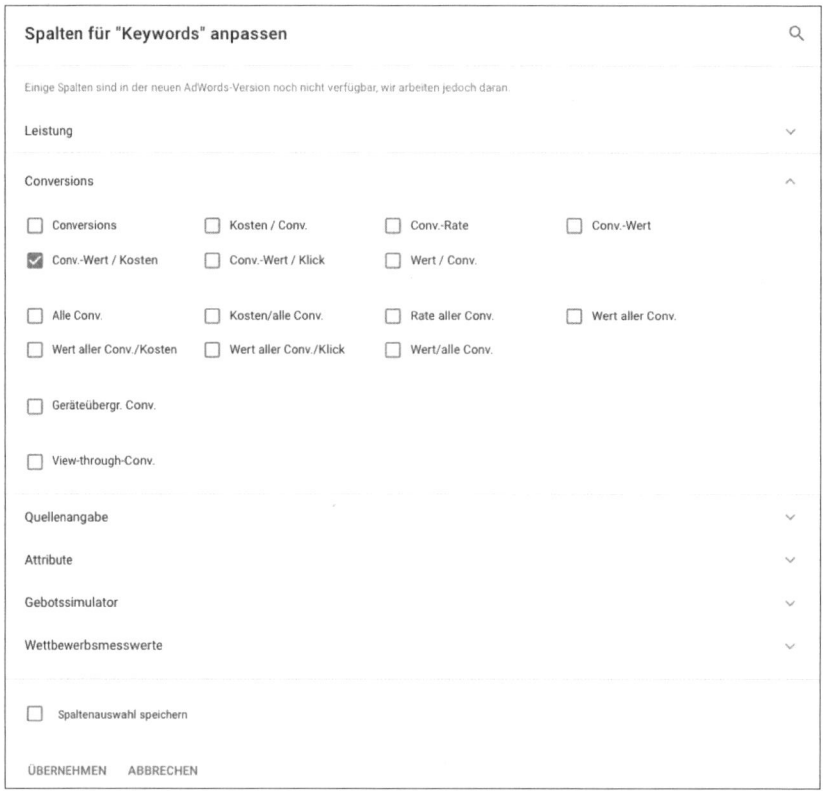

Abbildung 12.17 Spalte zu Conversion-Wert und Kosten zufügen

Viele Faktoren lassen sich beheben und optimieren, manchmal aber passt ein Keyword auch einfach nicht. Zögern Sie nicht, von Zeit zu Zeit Keywords zu deaktivieren oder zumindest Ihre Gebote radikal zu reduzieren, wenn sie Ihnen nichts außer Kosten bringen.

> **Tipp: Räumen Sie regelmäßig auf**
>
> Scheuen Sie sich nicht davor, zwischendurch einmal ordentlich auszumisten. Wählen Sie einen Zeitraum von drei bis sechs Monaten aus, und löschen Sie alle Keywords, die in diesem Zeitraum keine Impressionen erzielt haben, denn Sie können davon ausgehen, dass dies auch zukünftig nicht geschieht.

12.4   Optimierung Ihrer Kampagnenstruktur

Schon vor dem Aufsetzen Ihrer Werbekampagne im AdWords-Programm haben Sie sich intensiv damit beschäftigt, wie die Struktur Ihres Kontos aussehen könnte und wie Sie Ihre Kampagnen untergliedern. Je mehr Zeit und Grips Sie darauf verwendet haben, desto weniger Gedanken müssen Sie sich darüber nach dem Start Ihrer Kampagne machen. Dennoch gibt es auch auf dieser Ebene weiterhin viel zu tun und es müssen Aufgaben erledigt werden, damit Sie die Qualität Ihrer Kampagnen halten und noch verbessern.

Das Ziel dabei bleibt stets eine thematisch sinnvolle und granulare Kampagnenstruktur. Aber erst durch die Maßnahmen, die Sie im Laufe der Zeit treffen, und durch die Daten, die Sie sammeln, stellt sich heraus, ob sich Ihre Struktur bewährt hat oder ob einzelne Themenbereiche vielleicht doch besser in einer separaten Kampagne oder Anzeigengruppe aufgehoben sind.

12.4.1   Anzeigengruppen in eine eigene Kampagne ausgliedern

Wie Sie Ihren Auswertungen entnehmen können, generieren einige Anzeigengruppen mehr Traffic als andere. Häufig kristallisieren sich einige Themenbereiche als so gefragt heraus, dass es sich lohnt, diese in eine separate Kampagne mit einem eigenen Budget auszulagern. Da Budgets bislang nur auf Kampagnenebene zugewiesen werden können, ist dies manchmal notwendig, damit das Budget nicht nur von einer einzigen Anzeigengruppe aufgebraucht wird.

Das Budget ist nicht die einzige Einstellung, die Sie lediglich auf Kampagnenebene vornehmen können. Auch geografische Ausrichtungen, Spracheinstellungen sowie die Ausrichtungen auf Endgeräte oder Netzwerkpartner lassen sich nur für die ganze Kampagne einstellen. Daher ist es durchaus sinnvoll, aus bestimmten Anzeigengruppen eigene Kampagnen zu erstellen.

> **Beispiel: Anzeigengruppe auf Kampagne umstellen**
>
> Ihre Daten zeigen, dass das Budget der Kampagne A hauptsächlich durch die Anzeigengruppe C ausgeschöpft wird; Anzeigengruppe A und B gehen meistens leer aus. Zudem finden Sie heraus, dass Anzeigengruppe A in einer bestimmten Region besonders gut funktioniert, und möchten diese Region für diesen Themenbereich priorisieren. Dazu lagern Sie die Anzeigengruppe A in eine separate Kampagne aus, der Sie ein eigenes Budget und eine individuelle geografische Ausrichtung zuweisen können. Davon profitieren auch die übrigen Anzeigengruppen in Kampagne A.

12.4.2 Keywords in eigene Anzeigengruppen ausgliedern

Behalten Sie die Anzahl der Keywords in Ihren Anzeigengruppen im Blick. Eine Anzeigengruppe sollten in der Regel nicht mehr als 15 Keywords enthalten, die thematisch zusammenpassen, damit die Anzeigentexte inhaltlich auf sie abgestimmt werden können. Gerade zu Anfang fügen Sie Ihrem Keyword-Pool auf Basis des Suchanfragenberichts häufig neue Keywords hinzu, besonders dann, wenn Sie die Keyword-Option WEITGEHEND PASSEND verwenden oder viele generische Keywords eingebucht haben. Dadurch steigt die Anzahl Ihrer Keywords und oftmals entstehen mehrere Themenbereiche innerhalb einer Anzeigengruppe, die Sie problemlos in eine eigene Anzeigengruppe ausgliedern können.

Beispiel: Entstehung neuer Themenbereiche in einer Anzeigengruppe

Sie haben eine Anzeigengruppe für Jacken mit Keywords wie »Sommerjacken«, »Winterjacken«, »Strickjacken«, »Jeansjacken« etc. Mit der Zeit fügen Sie weitere Keywords hinzu, die auf den tatsächlichen Suchanfragen der User basieren. Sie bemerken, dass der Bereich »Strickjacken« sehr gefragt ist, und entscheiden, eine neue Anzeigengruppe für Strickjacken einzurichten. Mit den passenden Anzeigentexten können Sie den Sucher nun viel gezielter ansprechen.

12.5 Optimierung Ihrer Kampagneneinstellungen

Eventuell bemerken Sie im Rahmen Ihrer Analysen, dass sich Ihre Werbung zu bestimmten Tageszeiten überhaupt nicht lohnt oder dass in manchen Bundesländern mehr Nachfrage besteht als in anderen. Nutzen Sie diese Erkenntnisse, und optimieren Sie die unterschiedlichen Kampagneneinstellungen Ihres Kontos.

12.5.1 Überprüfen Sie Ihre Werbenetzwerke

Die Anzeigenschaltung im Google-Partner-Suchnetzwerk kann eine vorteilhafte Ergänzung zur Google-Suche sein. Oft sind die Klickpreise bei T-Online & Co. um ein Vielfaches günstiger. So können dort wesentlich geringere Kosten pro Conversion erzielt werden (siehe Abbildung 12.18).

Um sich die Performance der Suchnetzwerke anzeigen zu lassen, gehen Sie wie folgt vor: Wählen Sie im Navigationsbereich links SUCHNETZWERK-KAMPAGNEN aus, und klicken Sie im Seitenmenü auf KAMPAGNEN. Jetzt wählen Sie über das Segment-Icon (siehe Markierung in Abbildung 12.18) den Punkt NETZWERK (MIT SUCHNETZWERK-PARTNERN) aus. So sehen Sie zu jeder Kampagne die entsprechende Information, wie sie in der Google-Suche bzw. den Suchnetzwerken funktioniert.

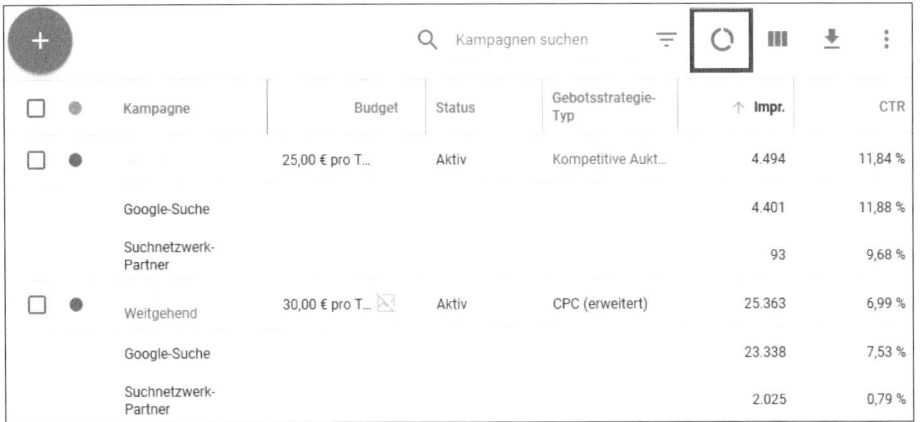

		Kampagne	Budget	Status	Gebotsstrategie-Typ	↑ Impr.	CTR
☐	●		25,00 € pro T...	Aktiv	Kompetitive Aukt...	4.494	11,84 %
		Google-Suche				4.401	11,88 %
		Suchnetzwerk-Partner				93	9,68 %
☐	●	Weitgehend	30,00 € pro T...	Aktiv	CPC (erweitert)	25.363	6,99 %
		Google-Suche				23.338	7,53 %
		Suchnetzwerk-Partner				2.025	0,79 %

Abbildung 12.18 Segmentieren nach Suchnetzwerken

Auffällig sind allerdings häufig die vergleichsweise schlechten Klickraten im Such-netzwerk, ausgelöst durch eine immens hohe Anzahl an Impressionen. Dadurch ent-stehen Ihnen zwar auf den ersten Blick keine Kosten, die schlechte Klickrate wirkt sich aber auf die Gesamtklickrate aus, was wiederum den Qualitätsfaktor beeinflusst, der laut Google Einfluss auf die Klickpreise hat. Möchten Sie ein wenig Budget einspa-ren, stellt das Abschalten der Partner-Suchnetzwerke einen möglichen Ansatz dar. Entfernen Sie dazu in Ihren Kampagneneinstellungen das Häkchen vor GOOGLE-SUCHNETZWERK-PARTNER EINBEZIEHEN wie in Abbildung 12.19.

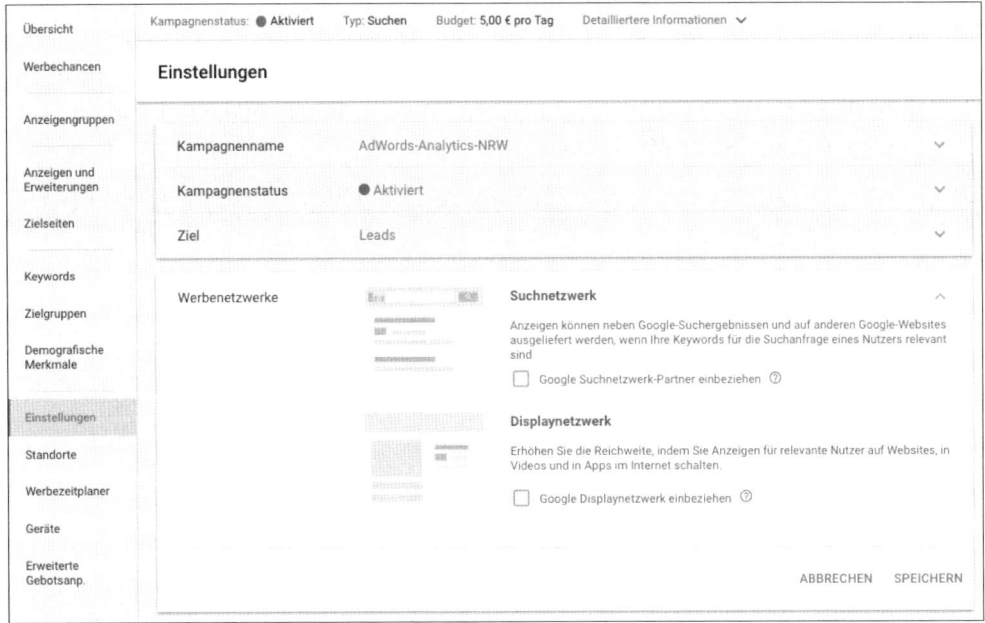

Abbildung 12.19 Ausrichtung der Werbenetzwerke

Unterschied zwischen Placements und Suchnetzwerk

Bei Placements, die Sie durch einen Klick auf den gleichnamigen Link im Seitenmenü sehen, handelt es sich um meist große und stark frequentierte Webseiten, die Inhalte liefern. Auf diesen Seiten können Sie Ihre AdWords-Werbung in verschiedenen Formaten ausspielen. Beispiele dafür sind Nachrichtenseiten wie Spiegel, Handelsblatt, Focus etc. oder Portale wie T-Online, Chefkoch.de und dergleichen. Zu den Placements gehören aber auch kleine Blogs und Foren, die über Google AdSense die Schaltung von Werbung auf Ihren Seiten erlaubt haben.

Suchnetzwerk-Partner von Google sind hingegen solche Seiten und Portale, die die Google-Suche als integralen Bestandteil auf ihrer Seite anbieten. Im Suchschlitz steht dann meist »Websuche mit Google«. Wenn Sie hier einen Suchbegriff eingeben, erscheint eine Google-Suchergebnisseite, ähnlich wie auch in der eigentlichen Google-Suche. Der Unterschied ist, dass zunächst bis zu 10 AdWords-Anzeigen oberhalb der organischen Suchergebnisse erscheinen, die lediglich klein mit »Anzeigen zu ...« oberhalb der ersten AdWords-Anzeige als solche gekennzeichnet sind. Ein Beispiel für eine Suchnetzwerk-Partnerseite wäre wiederum T-Online. Hier können Sie sowohl Placement-Anzeigen als auch Suchnetzwerk-Partner-Anzeigen schalten.

Prüfen Sie also über die Segmentierung nach Suchnetzwerken genau, welche für Sie rentabel sind und zur gewünschten Conversion führen und welche nicht.

12.5.2   Passen Sie die regionale Ausrichtung an

Unter dem Navigationspunkt VORDEFINIERTE BERICHTE (FRÜHER UNTER "DIMENSIONEN") • ZIELREGION • ZIELREGION können Sie sich unter anderem die Performance Ihrer Kampagnen in den verschiedenen Ländern, Bundesländern bis hin zur Stadt anzeigen lassen (siehe Abbildung 12.20).

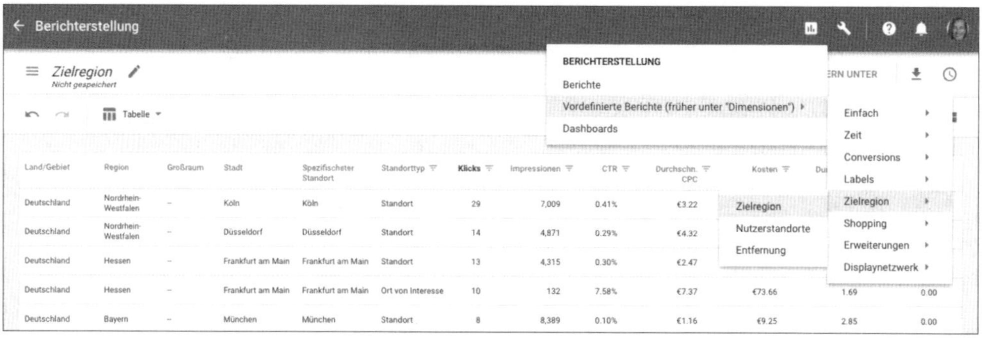

Abbildung 12.20 Segmentierung der Performance nach Stadt

Diese Daten bieten Hinweise darauf, in welchen Regionen die meiste Nachfrage nach Ihrem Angebot besteht und wo sich die Werbung rentiert bzw. weniger auszahlt. Vielleicht wird deutlich, dass Sie auf bestimmte Regionen verzichten und das gesparte Budget besser an anderer Stelle investieren könnten.

Der Bericht gibt zudem Aufschluss darüber, wo der Wettbewerbsdruck gegebenenfalls höher ist als in anderen Regionen und wo der Klick deshalb teurer ist. In diesem Fall oder auch, wenn Sie einzelne Regionen priorisieren möchten, haben Sie die Möglichkeit, im Seitenmenü unter STANDORTE die Gebote wie in Abbildung 12.21 für bestimmte Regionen prozentual zu erhöhen bzw. zu senken.

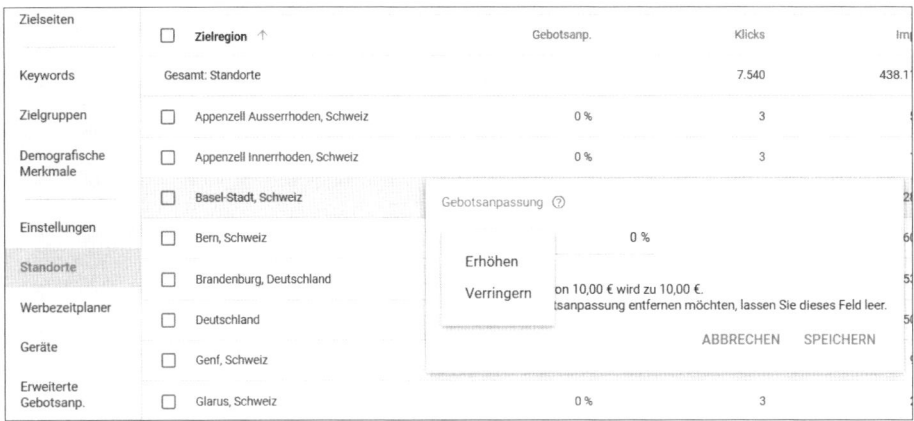

Abbildung 12.21 Anpassen der Gebote für einzelne Regionen

12.5.3   Grenzen Sie Ihre Ausspielung zeitlich ein

Ebenfalls unter dem Navigationspunkt VORDEFINIERTE BERICHTE (FRÜHER UNTER "DIMENSIONEN") finden Sie unter ZEIT eine zeitliche Auswertung. Sie können sich die Leistung der Kampagnen zum Beispiel zu den unterschiedlichen Tageszeiten oder Wochentagen usw. ansehen (siehe Abbildung 12.22). So erkennen Sie, wann Ihre Kunden nach Ihnen suchen und ob es Zeiten oder Tage gibt, an denen kaum Nachfrage besteht und die Sie eventuell aussparen könnten. Unter Umständen fällt Ihnen dadurch auf, dass Ihr Budget schon in den frühen Abendstunden verbraucht ist.

Nutzen Sie das gewonnene Wissen, und passen Sie Ihre Einstellungen dementsprechend an. Wie in Abbildung 12.23 können Sie im Seitenmenü unter WERBEZEIT-PLANER Gebotsanpassungen für unterschiedliche Zeiten vornehmen und die Gebote einzelner Intervalle erhöhen bzw. reduzieren.

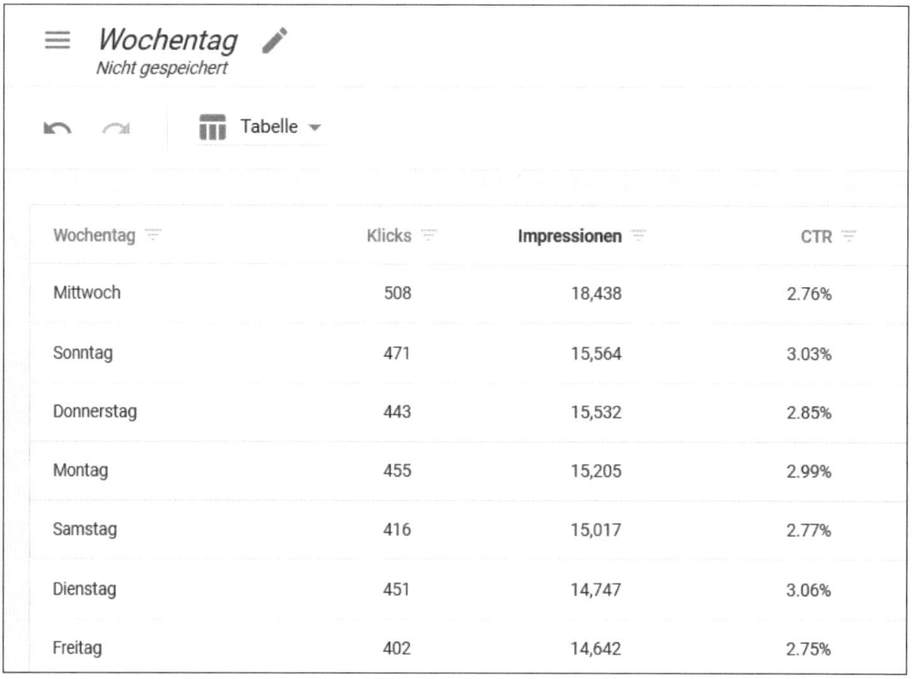

Wochentag ≡	Klicks ≡	Impressionen ≡	CTR ≡
Mittwoch	508	18,438	2.76%
Sonntag	471	15,564	3.03%
Donnerstag	443	15,532	2.85%
Montag	455	15,205	2.99%
Samstag	416	15,017	2.77%
Dienstag	451	14,747	3.06%
Freitag	402	14,642	2.75%

Abbildung 12.22 Auswertung der Wochentage

Abbildung 12.23 Gebotsanpassung einzelner Zeitintervalle

Tipp: Budget automatisch erhöhen

Hat sich herausgestellt, dass die Nachfrage sonntags besonders hoch ist und Sie dann gleichzeitig den meisten Umsatz erzielen, sind Sie eventuell bereit, an diesem Wochentag etwas mehr Geld zu investieren.

Sie können eine automatische Regel erstellen und auf das Werkzeugsymbol klicken und dort unter BULK-AKTIONEN den Unterpunkt REGELN auswählen. Über das Symbol ⊕ fügen Sie eine neue automatisierte Regel der Art BUDGETS ERHÖHEN hinzu, die das Budget wie in Abbildung 12.24 jede Woche am Sonntag erhöht. Vergessen Sie nicht, eine zweite Regel aufzusetzen, die das Budget montags wieder senkt.

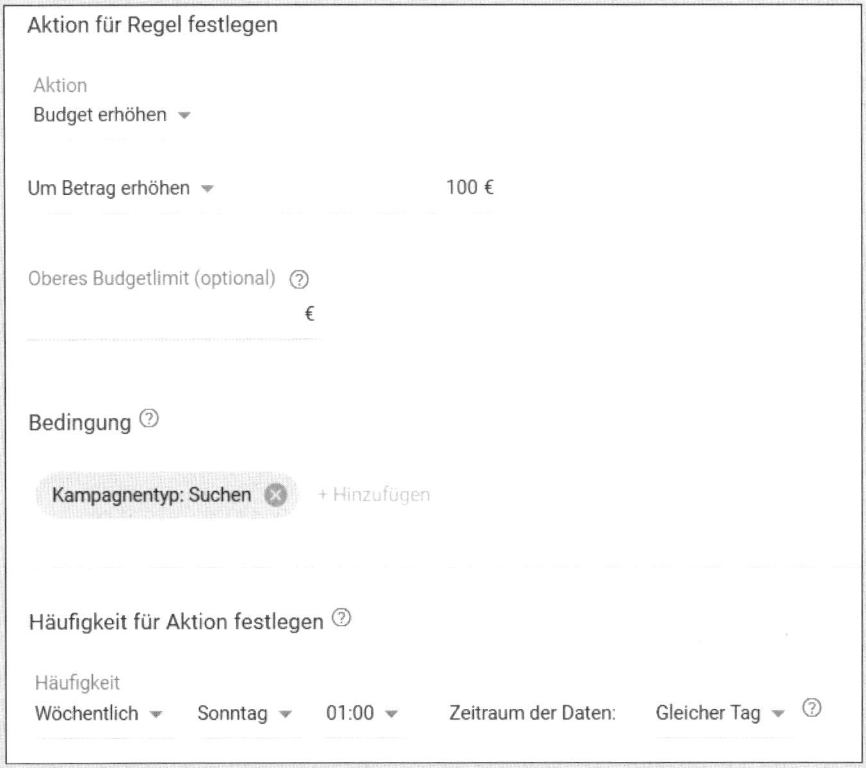

Abbildung 12.24 Automatisierte Regel zur Budgeterhöhung am Sonntag

12.5.4   Aussteuerung der Geräte

Schauen Sie sich an, wie Ihre Kampagnen auf den unterschiedlichen Geräten und besonders auf Mobiltelefonen funktionieren, indem Sie die Kampagnen nach Geräten segmentieren (siehe Abbildung 12.25). Klickraten und Klickpreise sind oft von Gerät zu Gerät verschieden.

Sie können die Einstellungen für Computer, Smartphones und Tablets individuell bearbeiten. Bewerten Sie also die Leistung, die Ihre Anzeigen auf den unterschiedlichen Geräten erzielen, und ziehen Sie Ihre Konsequenzen daraus.

		Kampagne	↓ Impr.	Klicks	CTR	Durchschn. CPC
☐	●	Kampagne				
		Gesamt: Kampagnen	84.048	3.143	3,74 %	0,99 €
☐	Ⓝ	Sch 2017	48.140	948	1,97 %	1,24 €
		Computer	18.181	352	1,94 %	1,31 €
		Smartphones	23.118	409	1,77 %	1,26 €
		Tablets	6.841	187	2,73 %	1,06 €

Abbildung 12.25 Segmentierung nach Gerät

Ist die Leistung nur mittelmäßig und verfügt Ihr Unternehmen noch nicht über eine mobile Webseite, so könnten Sie darüber nachdenken, ob Sie bis dahin von Werbung auf Mobiltelefonen absehen, um ein wenig Geld auf die anderen Geräte umzuverteilen. Dazu reduzieren Sie das Gebot für Mobiltelefone unter dem Navigationspunkt GERÄTE im Seitenmenü durch Klick in die Spalte GEBOTSANP. um 100 %. Steht die Werbung auf Smartphones hingegen im Fokus, können Sie das Gebot für Mobilgeräte auf die gleiche Weise prozentual erhöhen.

12.6   Optimierung Ihrer Anzeigen

Ihre Anzeigen sind der erste Kontakt, den Sie mit Ihren potenziellen Kunden haben. Ihnen bleiben nur wenige Augenblicke, um den User davon zu überzeugen, sich für Ihre Anzeige zu entscheiden. Daher müssen Ihre Anzeigen einiges leisten, denn ihr Erfolg ist die Voraussetzung dafür, dass der User weiter auf Ihre Website klickt und dort im besten Falle eine Conversion auslöst.

Ein Blick auf Ihre Klickrate verrät Ihnen, ob Ihre Anzeigentexte funktionieren oder ob die erste Kontaktaufnahme fehlgeschlagen ist. Selbst wenn die Klickraten gut sind, bieten die Anzeigentexte ein großes Optimierungspotenzial. Es gibt einige Möglichkeiten, um Tests durchzuführen und aus den dadurch gewonnenen Erkenntnissen Konsequenzen zu ziehen

12.6.1   Lassen Sie mehrere Anzeigen gegeneinander laufen

Die erste Regel, die Sie hoffentlich schon beim Aufsetzen Ihrer Kampagnen beherzigt haben, lautet, stets drei bis maximal sechs Anzeigen pro Anzeigengruppe gegeneinander laufen zu lassen. Das ist nicht nur deshalb von Vorteil, weil immer mal eine Anzeige abgelehnt werden kann und Sie auf diese Weise sicher sind, dass trotzdem eine Anzeige greift.

Außerdem haben Sie so die Möglichkeit, die verschiedenen Texte zu testen und ihre Leistung gegenüberzustellen. Um hier die gleichen Bedingungen zu schaffen, sollten

Sie unter EINSTELLUNGEN im Seitenmenü unter ANZEIGENROTATION die Auswahl wie in Abbildung 12.26 auf Kampagnenlevel auf NICHT OPTIMIEREN: UNBESTIMMTE ANZEIGENROTATION setzen.

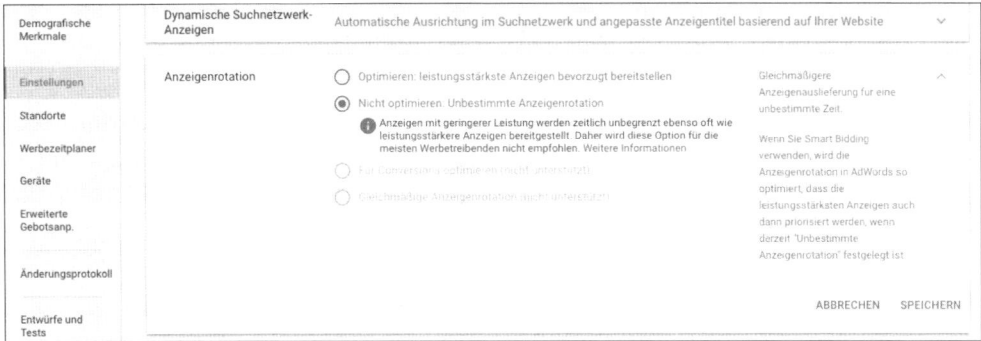

Abbildung 12.26 Zwei Auswahloptionen für die Anzeigenrotation auf Kampagnenlevel

Im neuen AdWords-Interface ist nun auch die Ausrichtung auf Anzeigengruppen- level möglich. Damit ist ein besserer Bezug zwischen Anzeigen, die ja auf Anzeigen- gruppenebene hinzugefügt werden, und der Einstellung der jeweiligen Rotation gegeben. Falls Sie stets die gleiche Anzeigenrotation bevorzugen und hier nicht indi- viduelle Anpassungen vornehmen möchten, können Sie auch die Einstellung der Kampagnen überall gleich setzen und auf Anzeigengruppenebene nichts verändern.

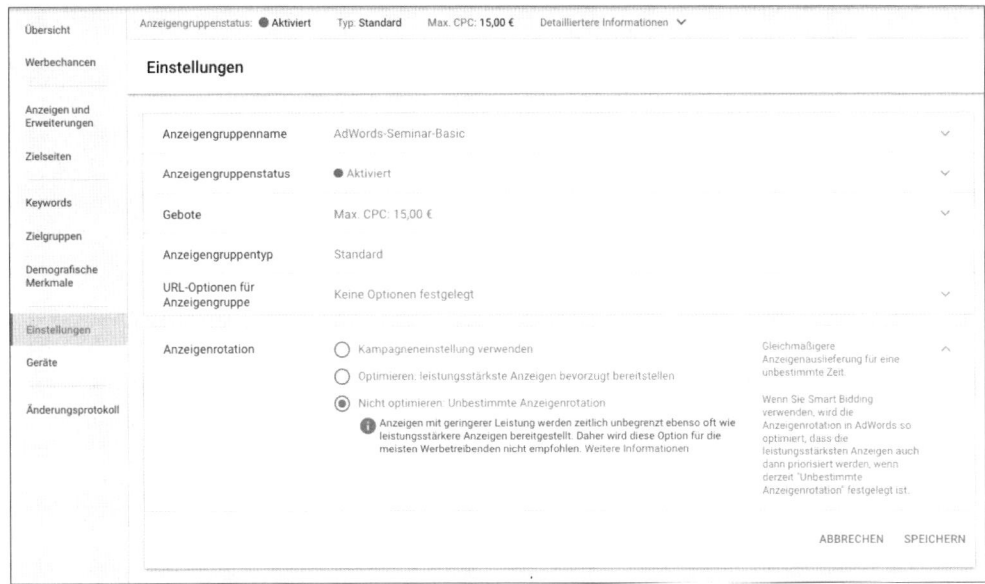

Abbildung 12.27 Verschiedene Auswahloptionen für die Anzeigenrotation auf Anzeigen- gruppenlevel

Nach einer gewissen Vorlaufzeit können Sie auch die von Google empfohlene Option OPTIMIEREN: LEISTUNGSSTÄRKSTE ANZEIGEN BEVORZUGT BEREITSTELLEN einstellen. Dann würden die Anzeigen bevorzugt ausgespielt, die die meisten Klicks bzw. Conversions generieren. Um jedoch eine gleichberechtigte Ausgangsbasis für einen Test zu erhalten, sollten Sie zunächst die Option NICHT OPTIMIEREN: UNBESTIMMTE ANZEIGENROTATION auswählen.

Um Ihre Anzeigentexte miteinander zu vergleichen, betrachten Sie die Performance der einzelnen Anzeigen unter dem Navigationspunkt ANZEIGEN UND ERWEITERUNGEN. Fügen Sie dazu unter SPALTEN ANPASSEN • LEISTUNG die Spalte SCHALTUNG IN % hinzu (siehe Abbildung 12.28). Diese Spalte gibt das Verhältnis wieder, in dem die Anzeige im Vergleich zu den anderen Anzeigen geschaltet wurde, und zeigt Ihnen, ob die Voraussetzungen für die Daten tatsächlich gleich waren.

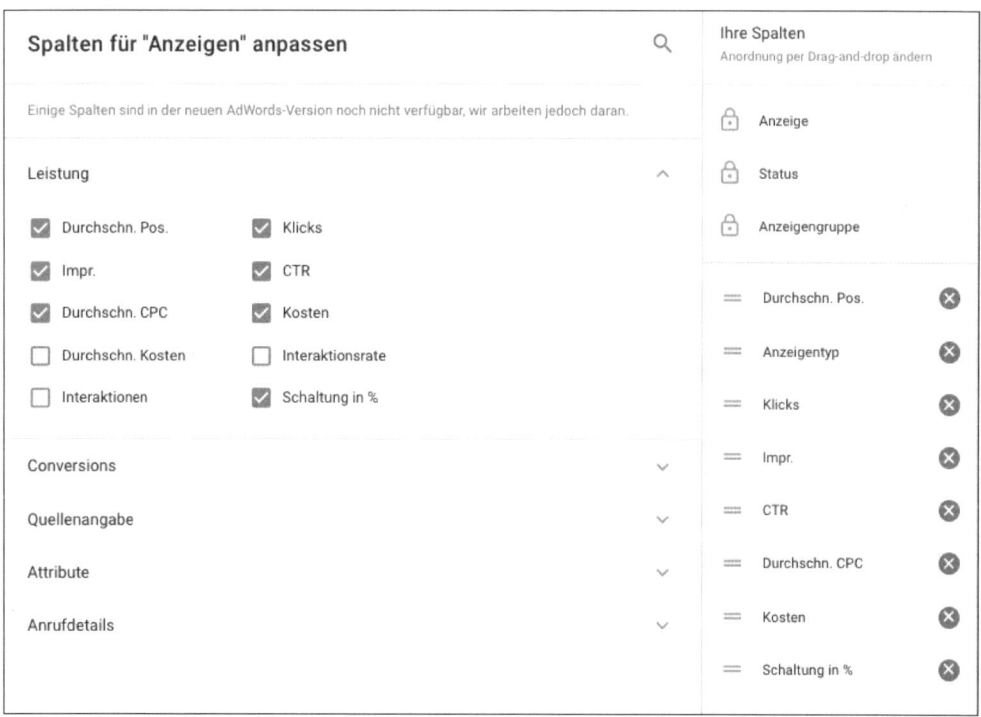

Abbildung 12.28 »Schaltung in %« gibt Auskunft über die Anzeigen-Performance im Vergleich.

Optimieren Sie die Anzeigen, die bei den Kennzahlen wie CTR oder CONVERSIONS schlechter abschneiden als die Top-Anzeigen, und schreiben Sie sie um.

12.6.2 Testen Sie verschiedene Verkaufsargumente

Was bewegt den User dazu, sich für eine bestimmte Anzeige zu entscheiden? Wie können Sie ihn von Ihrem Angebot überzeugen? Sind es die Prozente, mit denen Sie ihn locken, oder die schnellen Lieferzeiten oder doch der kostenlose Versand? Es kann durchaus von Nutzen sein, wenn Sie wissen, worauf der Nutzer anspringt.

Erstellen Sie deshalb Labels für die einzelnen Verkaufsargumente oder Formulierungen. Sie können jeweils Labels für Kampagnen, Anzeigengruppen, Anzeigen oder Keywords vergeben. Dazu setzen Sie einen Haken in die Checkbox vor der gewünschten Anzeige und wählen über die dann erscheinende blaue Navigation unter LABEL ein vorhandenes Label aus oder vergeben ein neues (siehe Abbildung 12.29).

Abbildung 12.29 Vergabe der Labels

Unter dem Navigationspunkt unter VORDEFINIERTE BERICHTE (FRÜHER UNTER "DIMENSIONEN") · LABELS · LABELS ANZEIGE (siehe Abbildung 12.30) erfahren Sie, welche Argumente die meiste Überzeugungskraft haben, indem Sie die KPIs wie Klickrate, Klickpreis oder Umsatz miteinander vergleichen. Bringen Sie die Verkaufsargumente, die nachweislich gut funktionieren, auch in anderen Anzeigen unter, und verzichten Sie auf die Argumente, die keinen Anklang finden.

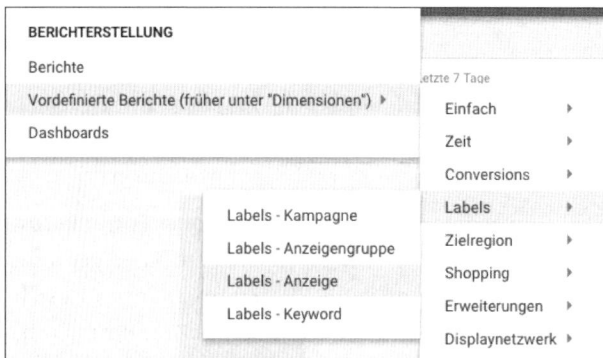

Abbildung 12.30 Berichte zur Auswertung der einzelnen Labels

12.7 Optimierung durch Anzeigen mit dynamischen Elementen

Erfahrungsgemäß werden Anzeigen mit einem unmittelbaren Bezug zu den gesuchten Inhalten, Produkten und Dienstleistungen besser geklickt als solche, die nur generische Aussagen beinhalten. Hinzu kommt, dass jedes übereinstimmende Wort der Suchanfrage in den Anzeigen automatisch fett markiert wird. Sie haben somit in Überschrift, Anzeigentext und auch in der angezeigten URL die Möglichkeit, mit dem geschickten Einsatz von dynamischen Anzeigenelementen von dieser automatischen Hervorhebung zusätzlich zu profitieren. Selbst wenn Sie mit einem sehr granularen Set aus Anzeigengruppen mit jeweils nur wenigen Keywords arbeiten, wird es Ihnen unmöglich sein, für praktisch jeden Suchbegriff eine optimal passende Anzeige zu texten. Hier kommen die Keyword-Platzhalter (engl. *Dynamic Keyword Insertion*, DKI) ins Spiel. Mithilfe dieser praktischen AdWords-Automatik können Sie Ihre Anzeigentexte nämlich individuell auf jedes einzelne, gebuchte Keyword abstimmen.

Doch wie bei jedem Automatismus entstehen damit nicht nur Vorteile. Worauf Sie beim Einsatz von Keyword-Platzhaltern und weiteren dynamischen Anzeigen-Elementen achten sollten, möchten wir Ihnen hier im Zuge einer kurzen Funktionsbeschreibung anhand von Tipps und praktischen Beispielen erklären.

12.7.1 Dynamische Elemente für Textanzeigen

Dynamische Elemente wie die Keyword-Platzhalter können für viele Arten von Textanzeigen verwendet werden. So können Sie diese sowohl bei Desktop- und Tablet- als auch bei mobilen Anzeigen einsetzen. Bitte beachten Sie, dass grundsätzlich jedes gebuchte Keyword im Anzeigentext erscheinen kann, weshalb Sie speziell beim Einsatz von DKI unbedingt doppelt überprüfen sollten, wie sinnvoll solche dynamischen Ersetzungen für jedes einzelne Keyword ausfallen können.

In Abbildung 12.31 finden Sie ein einfaches Beispiel, wie Sie in der Praxis mit Keyword-Platzhaltern in Anzeigentexten arbeiten und wie sich diese abhängig von den gebuchten Keywords auf die tatsächlich dargestellten Anzeigen auswirken. DKI definieren Sie über sogenannte Keyword-Klammern, deren konkreten Aufbau wir uns nun im Detail ansehen:

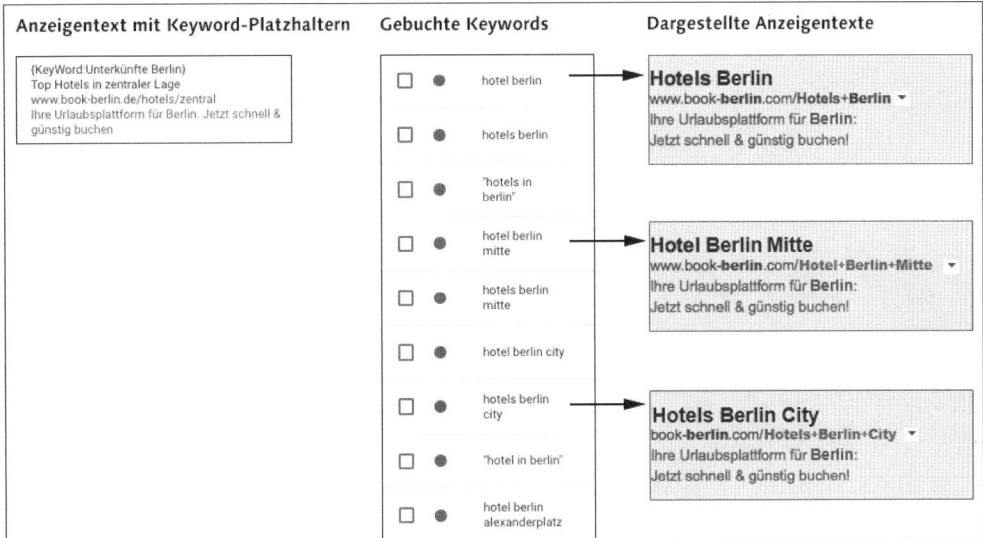

Abbildung 12.31 So funktionieren Keyword-Platzhalter im Anzeigentext.

Dynamische Elemente platzieren Sie mittels geschwungener Klammern { } an jener beliebigen Stelle in den Anzeigentiteln, den URL-Pfaden oder der Beschreibung, wo Sie später eine dynamische Ersetzung durch den jeweiligen individuellen Suchbegriff durchführen möchten. Im Fall von dynamischen Keywords steht in den geschweiften Klammern zusätzlich der Ersatztext, der immer dann in der Anzeige dargestellt wird, wenn ein Keyword nicht dynamisch eingefügt werden kann. Meist ist das der Fall, wenn die Länge dieses Keywords die erlaubte Zeichenlänge für das jeweilige Feld überschreiten würde.

Tipp

Berücksichtigen Sie unbedingt die möglichen Textlängen, wenn Sie mit DKI arbeiten. Dessen Einsatz macht zum Beispiel wenig Sinn, wenn Sie ausschließlich lange Mehrphrasen-Keywords gebucht haben, mit denen ohnehin nur Platz für den Ersatztext in den jeweiligen Feldern der Textanzeige bleiben würde. Speziell in den beiden Anzeigentiteln wird das 30-Zeichen-Limit schnell dafür sorgen, dass bei einem verwendeten Keyword-Platzhalter nicht mehr viel Platz für weitere fixe Textelemente bleibt. Ebenso sind die beiden möglichen Felder für angezeigte Pfade auf 15 Zeichen limitiert.

12.7.2   Dynamische Elemente einfügen

Sobald Sie in einem der Anzeigen-Felder (Titel, Pfad, Beschreibung) eine öffnende geschweifte Klammer { einfügen, klappt ein Menü auf, in dem Sie weitere Optionen auswählen können (siehe Abbildung 12.32). Google führt Sie hier bei den einzelnen Optionen Schritt für Schritt durch die Erstellung. Anders als in der Vergangenheit müssen Sie nun nichts mehr manuell mit Programmiercode hinterlegen.

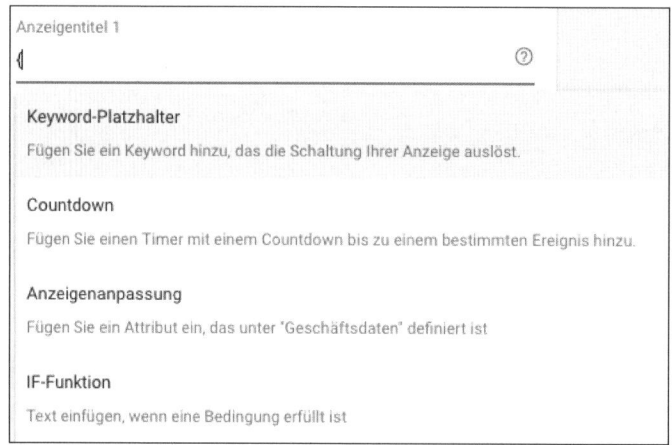

Abbildung 12.32 Optionen für Keyword-Platzhalter (DKI)

Keyword-Platzhalter

Als Text geben Sie Ihren Keyword-Platzhalter ein, also den Ersatztext bzw. den Begriff, der erscheinen soll, sofern das Keyword nicht dynamisch ersetzt werden kann. Danach wählen Sie über die Radio-Buttons darunter aus, wie das Keyword sich in puncto Groß-/Kleinschreibung verhalten soll, sprich ob es immer mit einem Großbuchstaben anfangen soll oder nur dann, wenn es am Satzanfang steht, bzw. ob es immer kleingeschrieben werden soll. Diese Entscheidung ist insofern relevant, als es sonst zu Rechtschreibfehlern in der Anzeige kommen kann, wie wir in Abschnitt 12.7.3 noch beschreiben. Nachdem Sie über dieses Auswahlmenü Ihren Keyword-Platzhalter definiert haben und auf Übernehmen geklickt haben, erstellt Google automatisch die entsprechende Syntax, die früher manuell eingegeben werden musste (siehe Listing 12.1).

```
{KeyWord:Ersatztext}
```

Listing 12.1 Beispiel für Keyword-Platzhalter in Textanzeigen

Countdown

Die Countdown-Funktion können Sie nutzen, um eine Verknappung in Ihre Anzeigen einzubauen. Im Marketing arbeitet man gern mit einer Restlaufzeit, weil diese,

genau wie Angaben zu Restposten von Produkten oder noch verfügbaren Seminarplätzen, das Motiv der Verknappung aufgreift. Dies erzeugt Aufmerksamkeit und
hilft somit auch bei der Optimierung Ihrer AdWords-Anzeige.

Über einen Countdown können Sie angeben, wie lange ein bestimmter Aktionspreis
oder ein Rabatt noch verfügbar ist. Sie können aber auch auf ein bevorstehendes Ereignis hinweisen, um eine gewisse Spannung aufrechtzuerhalten. Mit der Option
COUNTDOWN ENDET stellen Sie ein, an welchem Datum und zu welcher Uhrzeit der
Countdown enden soll. Bei COUNTDOWN BEGINNT tragen Sie ein, wie viele Tage vor
diesem Datum die Anzeige geschaltet werden soll. Standardmäßig sind hier fünf
Tage eingestellt. Ebenso wählen Sie hier die ZEITZONE sowie die SPRACHE für die Ausgabe der Anzeige aus.

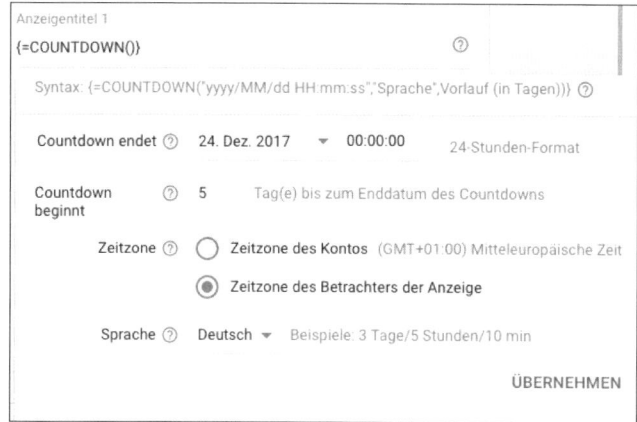

Abbildung 12.33 Countdown-Einstellungen für DKI

Google AdWords passt auf Grundlage des Termins den Anzeigentext an. Am letzten
Tag zählt Google auch die einzelnen Stunden und Minuten herunter, bis das Ereignis
startet. Ist der Countdown-Termin schließlich erreicht, so wird die Anzeige automatisch deaktiviert.

Anzeigenanpassung

Über ANZEIGENANPASSUNG können Sie ein Attribut einfügen, das Sie unter GE-
SCHÄFTSDATEN als Daten-Feed hinterlegt haben. Wie Sie den Daten-Feed hochladen,
erfahren Sie in Abschnitt 12.8.

Unter ANZEIGENANPASSUNG wählen Sie zunächst den gewünschten Daten-Feed und
dann daraus das gewünschte einzufügende Attribut aus wie in unserem Beispiel aus
Abbildung 12.34: Hier wählen wir aus dem Daten-Feed Restposten 1 das Attribut
MARKE aus. Das Atttribut entspricht der Spaltenbezeichnung der Datentabelle, die
Sie vorher unter GESCHÄFTSDATEN hchgeladen haben.

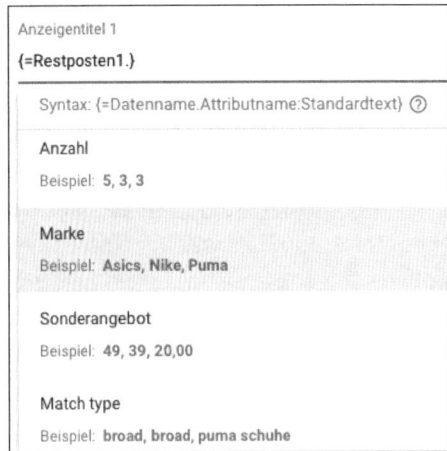

Abbildung 12.34 Anzeigenanpassung mit Attributen aus Daten-Feeds

Sie können an einer oder auch mehreren Stellen innerhalb der Anzeige Daten aus Ihren Daten-Feeds aufnehmen. In unserem Beispiel aus Abbildung 12.35 werden neben der Marke ❶ der Angebotspreis ❷ sowie die Anzahl ❸ der verbliebenen Laufschuhe aus der Datentabelle in die Anzeige übernommen. Beim Erstellen der Anzeige zeigt die Vorschau im rechten Teil des Fensters den Anzeigentext inklusive der entsprechenden Platzhalter.

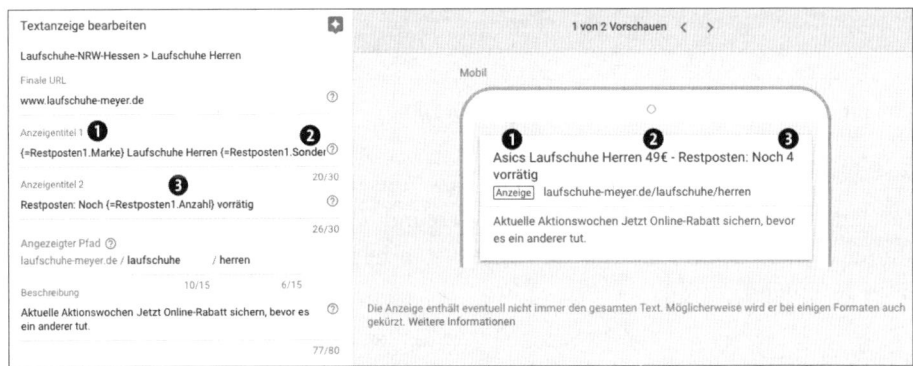

Abbildung 12.35 Anzeige inklusive Vorschau mit Anzeigenanpassungen

Bitte beachten Sie, dass Sie parallel immer noch eine Anzeige ohne dynamische Eingabewerte aktivieren sollten, damit Google Ihre AdWords-Anzeigengruppe auch ausliefert. Die neuen Anzeigen werden von Google noch einmal zusätzlich überprüft und sind daher nicht direkt verfügbar.

Mit drei Platzhaltern haben wir in unserem Beispiel die Möglichkeiten der dynamischen Anzeigen schon sehr ausgereizt. Sie können natürlich auch nur einen oder zwei Platzhalter pro Anzeige nutzen. Folgende Liste soll Ihnen Anregungen liefern, wie Sie mithilfe der dynamischen Anzeigentexte interessante und passende Anzeigen für Ihre AdWords-Kampagnen erstellen können. Erstellen Sie mit dieser Technik zum Beispiel Anzeigen mit:

► unterschiedlichen Preisangaben für einzelne Produkte

► Angaben zu besonderen Merkmalen für individuelle Produkte

► Angaben zu speziellen Rabatten

► Hinweisen auf bestimmte Veranstaltungstermine

► Nennung individueller Ansprechpartner für bestimmte Produktgruppen

► Angaben zu Restlaufzeiten für aktuelle Werbeaktionen

Die IF-Funktion

Mit der neuen IF-FUNKTION können Sie unterschiedliche dynamische Anzeigentexte individuell ausspielen, je nachdem, ob die Anzeige auf einem mobilen Endgerät bzw. einer speziellen Zielgruppe gesehen wird. In unserem Beispiel aus Abbildung 12.36 wollen wir der Zielgruppe »Seminarbesucher«, also denjenigen, die schon einmal auf unserer »Conversion – Dankeschön-Seite« waren, ergo bereits ein Seminar gebucht haben, einen speziellen Bestandskunden-Rabatt für Seminar-Wiederholer anzeigen. Alle anderen sollen nur den Hinweis sehen, dass sie jetzt zum Sonderpreis buchen können.

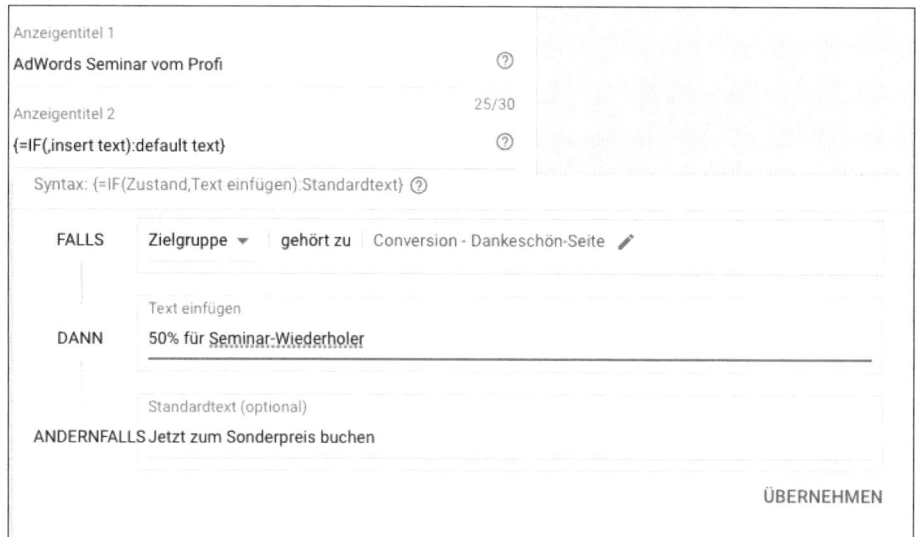

Abbildung 12.36 Dynamische Anzeigentexte mit der IF-Funktion einrichten

Die IF-Funktion greift an dieser Stelle auf die Zielgruppen zu, die Sie im Vorfeld in Ihren Tools unter GEMEINSAM GENUTZTE BIBLIOTHEK • ZIELGRUPPENVERWALTUNG definiert haben. Eine weitere mögliche Zielgruppe für eine individuelle Ansprache wären z. B. auch Warenkorb-Abbrecher, denen Sie ein besonderes Angebot unterbreiten wollen, damit sie beim folgenden Besuch doch den Warenkorb mit einem Kauf abschließen.

12.7.3 Groß- und Kleinschreibung von Keyword-Platzhaltern

Hinter der Schreibweise des Keyword-Begriffs stecken die verschiedenen Möglichkeiten der Groß- und Kleinschreibung, deren unterschiedliche Auswirkungen wir Ihnen anhand von Tabelle 12.1 aufzeigen möchten. Gehen wir davon aus, dass ein Suchmaschinennutzer nach »grüner tee« gesucht und damit eine Anzeigenschaltung ausgelöst hat.

Keyword-Platzhalter-Code	Groß-/Kleinschreibung	Darstellung in der Anzeige
{KeyWord:Teesorten} aus aller Welt	Der erste Buchstabe aller Keywords wird groß-geschrieben.	Grüner Tee aus aller Welt
{Keyword:Teesorten} aus aller Welt	Großschreibung am Satzanfang: Nur der erste Buchstabe des ersten Keywords wird groß-geschrieben.	Grüner tee aus aller Welt
{keyword:Teesorten} aus aller Welt	Durchgehend klein, es werden keine Großbuchstaben verwendet.	grüner tee aus aller Welt

Tabelle 12.1 Überblick und Beispiele zur Groß- und Kleinschreibung von Keyword-Platzhaltern

12.7.4 Vorteile von Keyword-Platzhaltern

Der Einbau von Keyword-Platzhaltern erfordert etwas mehr Planung. Diese Option bietet einige Vorteile, die wir Ihnen in Folgenden kurz vorstellen möchten.

Anzeigenrang steigern, Klickpreise senken

Einer der unmittelbaren Vorteile und Gründe für die Verwendung von DKI ist die Steigerung der Anzeigenrelevanz: Wenn sich der Wortlaut der Suchanfrage direkt im Anzeigentext wiederfindet und noch dazu möglichst viele übereinstimmende Begriffe fett hervorgehoben sind, dann sticht die Anzeige deutlicher hervor und bringt wohl in vielen Fällen eine höhere Klickrate mit sich als generische Anzeigen, in denen keine Textinhalte zur Suchanfrage passen. Höhere Klickraten wirken sich unmittelbar auf den Qualitätsfaktor aus, weshalb Sie mittelfristig durch den geschickten Einsatz von DKI nicht nur von einem besseren Anzeigenrang, sondern auch von günstigeren Klickpreisen profitieren sollten.

Zeit sparen ohne Relevanzeinbußen

Ein weiterer Vorteil ist natürlich der reduzierte Zeitaufwand. In der Praxis werden Sie selbst bei einem granularen Anzeigengruppen-Setup nicht auf jedes einzelne Keyword mit einer individuell getexteten Anzeige eingehen können. Auch wenn sich Ihr zu bewerbendes Angebot nur durch kleine Faktoren oder ausschließlich über Modell- oder Versionsnummern (wie beispielsweise im Sortiment großer Online-Shops) voneinander unterscheidet, können Sie durch den Einsatz von DKI ohne große Einbußen in der Anzeigenrelevanz eine Menge Zeit sparen.

12.7.5 Nachteile und Grenzen von Keyword-Platzhaltern

Bis zu dieser Stelle könnten Sie leicht der Überzeugung sein, dass Sie von DKI ausschließlich profitieren können. Allerdings müssen Sie auch die folgenden Überlegungen zu den Schwächen dieses Systems berücksichtigen, damit der Einsatz von Keyword-Platzhalten für Sie nicht nach hinten losgeht.

Widersprüchliche Kombinationen

Vor allem Anbieter mit einem sehr großen Sortiment müssen sich öfter mit gänzlich unpassenden Auswirkungen von DKI auseinandersetzen. Erfahrungsgemäß betreffen solche Fehler oft Unternehmen wie eBay oder Amazon, die automatisiert mit wohl Abertausenden von Anzeigenvariationen auf Millionen von Keywords bieten. Die folgende Anzeigenpanne ist ein Live-Ergebnis, das früher einmal bei der Suchanfrage nach »geklaute handys« ausgespielt wurde und wahrscheinlich ungewollte Besucher auf die Webseite gelockt hat.

Geklaute, Handy, Smartphone & Telefon gebraucht kaufen | eBay ...
https://www.ebay-kleinanzeigen.de/s-handy-telekom/geklaute/k0c173 ▾
eBay Kleinanzeigen: Geklaute, Handy, Smartphone & Telefon gebraucht kaufen - Jetzt finden oder
inserieren! eBay Kleinanzeigen - Kostenlos. Einfach. Lokal.

Abbildung 12.37 »Panne« mit dynamischen Anzeigentexten

Beschränken Sie durch Keyword-Optionen und negative Keywords die Suchbegriffe, die automatisch in die Anzeige übernommen werden können. Dies ist vor allem dann sinnvoll, wenn Sie DKI in Kombination mit weitgehend passenden Keywords in Ihren Anzeigentexten verwenden.

Probleme mit Marken

Erscheinen geschützte Marken-Keywords durch die Nutzung von DKI in den Anzeigentexten, so kann das Ihnen bzw. Ihren Kunden große Probleme bereiten. Sie können zwar in bestimmten Fällen Begriffe der Konkurrenz nutzen, mit DKI könnten diese aber auch in Ihren Anzeigen erscheinen. Dies würde Ihnen nicht nur verärgerte potenzielle Nutzer bringen, die auf Ihrer Zielseite nicht das gewünschte Angebot bzw. Unternehmen finden.

Zu den unnötigen Kosten durch solche irreführenden Klicks könnten auch noch Probleme mit der Rechtsabteilung des fälschlicherweise genannten Unternehmens kommen. Erfahrungsgemäß kann die Kontaktaufnahme unterschiedlich ausfallen: von freundlichen E-Mails inklusive Beleg-Screenshots mit der Bitte, den Eintrag zu entfernen, bis hin zu sofortigen Abmahnungen und Unterlassungsklagen inklusive Zahlungsaufforderung.

> **Tipp**
>
> Buchen Sie unpassende Produkt- und Markennamen nicht in Kombination mit DKI, und fügen Sie zur Sicherheit Konkurrenzmarken als auszuschließende Keywords (am besten in zentralen Listen auf Kontoebene) ein, wenn Sie dazu keine Werbung schalten möchten.

Auch wenn wir auf den vorigen Seiten bereits einige Tipps zum Umgang mit DKI direkt bei den passenden Themenbereichen gegeben haben, möchten wir hier abschließend noch einmal ein paar der wichtigsten zu berücksichtigenden Punkte für Sie zusammenfassen.

Auch die angezeigte URL optimieren

In Abbildung 12.37 können Sie sehen, dass wir DKI auch in der angezeigten URL einsetzen. Damit nutzen wir einen weiteren Platz im Anzeigentext aus, um die Suchbegriffe unterzubringen und noch einmal die Relevanz zu steigern. Auch durch Leerzeichen getrennte Keyword-Kombinationen sind hier insofern kein Problem, als dass sie von AdWords in der angezeigten URL automatisch durch Plus-Zeichen ersetzt werden. Zu beachten ist hierbei, dass Sie pro Pfad – Google erlaubt zwei Pfade zur URL-Erweiterung – nur 15 Zeichen zu Verfügung haben. Wenn also Ihre gebuchten Keyword-Phrasen von Haus aus bereits sehr lang ausfallen, sollten Sie auf deren Verwendung über DKI an dieser Stelle verzichten und gleich eine generische, gut passende angezeigte URL hinterlegen.

Tool zur Anzeigenvorschau und -diagnose nutzen

Nutzen Sie das Tool zur Anzeigenvorschau und -diagnose, um das Verhalten Ihrer Anzeigen mit den Keyword-Platzhaltern zu prüfen. Ihre Anzeigen müssen aktiv sein, damit Sie an dieser Stelle Beispiele für Ihre Textanzeigen finden. Nutzen Sie jedenfalls die Anzeigenvorschau für Ihre Überprüfungen, da Sie mit einer »echten« Suche auf Google die Leistungsdaten Ihrer Kampagnen – in den meisten Fällen negativ – beeinflussen würden.

Formulierungen mit Keyword-Beispielen prüfen

Auch hier zeigt unsere Erfahrung, dass der Teufel im Detail stecken kann. Bleiben wir beim oben stehenden Tee-Beispiel. Während {KeyWord:Teesorten} aus aller Welt für den Suchbegriff »Grüner Tee« zu einem grammatikalisch passenden *Grüner Tee aus aller Welt* in der Anzeigenüberschrift führen würde, hätten Sie und Ihre potenziellen Interessenten mit folgender Formulierung weniger Freude: {KeyWord:Teesorten} online kaufen würde dazu führen, dass die Überschrift *Grüner Tee online kaufen* lauten würde. Es gibt leider immer wieder Kombinationen, die von der Google-Richtlinienüberprüfung übersehen werden und am Ende im Suchergebnis einen unprofessionellen Eindruck hinterlassen.

Vorsicht mit Marken

Dass Sie bei DKI in Kombination mit Fremdmarken vorsichtig sein müssen, haben wir zuvor bereits ausführlich behandelt. Aber auch im Umgang mit eigenen Marken- und Produktnamen haben wir noch einen Tipp für Sie parat: Verzichten Sie bei allen konkreten Brand- oder Produktkampagnen auf DKI, um in solchen Anzeigentexten ausschließlich Ihre gewünschten Marken- und Produktbezeichnungen oder auch unveränderten Werbeclaims anzeigen zu lassen.

Individuelle Anzeigen schrittweise ausbauen

DKI eignet sich sehr gut dafür, zunächst generischere Kampagnen- und Anzeigen-Setups schrittweise auszubauen. Haben Sie mithilfe der Keyword-Platzhalter über einen längeren Zeitraum herausgefunden, mit welchen Anzeigentexten Ihre Kampagnen die besten Leistungsdaten erzielen, dann ersetzen Sie die DKI-Anzeigen schrittweise durch die passend formulierten Anzeigenvarianten *ohne* DKI.

12.8   Geschäftsdaten hochladen

Ein wichtiger Faktor für den Einsatz der neuen Möglichkeiten sind die GESCHÄFTSDATEN, die Sie über das Werkzeugsymbol • EINRICHTUNG • GESCHÄFTSDATEN aufrufen (siehe Abbildung 12.38).

Unter diesem Navigationspunkt finden Sie zusätzlich alle wichtigen Datentabellen, die Sie für Google AdWords benötigen. An dieser Stelle sind zum Beispiel die Daten-

Feeds zu Ihren Sitelinks, Ihre Informationserweiterungen, Ihre Adressdaten, die geschäftlichen Telefonnummern, die Sie hinzugefügt haben, usw. aufgelistet.

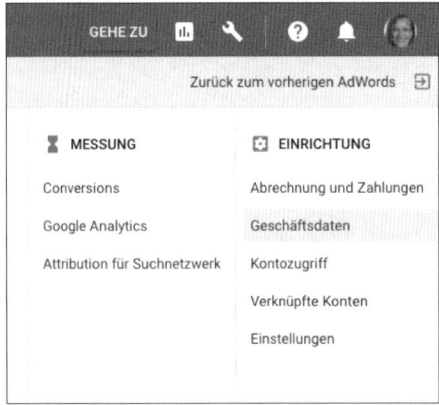

Abbildung 12.38 Geschäftsdaten unter »Einrichtung« aufrufen

Zusätzlich können Sie nun jedoch in diesem Bereich auch eigene Daten-Feeds einstellen. Sie können sogar den Aufbau der eigenen Daten-Feeds in gewissem Umfang frei gestalten. Das eröffnet mit einem Mal ganz neue Möglichkeiten, weil nun spezielle Zusatzinformationen, die auf einzelne Produkte abgestimmt sind, automatisiert in Textanzeigen dargestellt werden können.

Werfen Sie zunächst einmal einen Blick auf den Unterpunkt GESCHÄFTSDATEN. Bereits beim ersten Öffnen finden Sie dort Daten-Feeds mit Daten zu Ihrem AdWords-Konto, falls Sie diese Daten zum Beispiel über die Anzeigenerweiterungen hinzugefügt haben. Sie finden dort beispielsweise Ihre Zusatzinformationen, die sogenannten Callouts, nach einem Klick auf den STANDARDFEED FÜR ZUSATZINFORMATIONEN ❶ wieder (siehe Abbildung 12.39). In dieser Ansicht können Sie nun per Klick auf das Symbol ⊕ ❷ auch neue Callout-Texte hinzufügen.

Abbildung 12.39 Blick in den »Standardfeed für Zusatzinformationen«

Dies bedeutet, dass Sie nicht mehr über die Anzeigenerweiterungen navigieren müssen, um neue Elemente hinzuzufügen. Natürlich können die Elemente auch über den Bearbeitungsstift ❸ geändert werden, der bei einem Mouse-over erscheint.

Eine externe Bewertung können Sie nun auch unter den GESCHÄFTSDATEN hinzufügen, indem Sie auf den Datensatz PRIMÄRER FEED FÜR BEWERTUNGEN klicken und dann ein neues Element hinzufügen. Es öffnet sich ein Eingabeformular, das alle notwendigen Datenfelder enthält (siehe Abbildung 12.40). Nach diesem Schema können Sie zukünftig an einer Stelle alle zusätzlichen Daten für Ihre AdWords-Kampagnen einfügen.

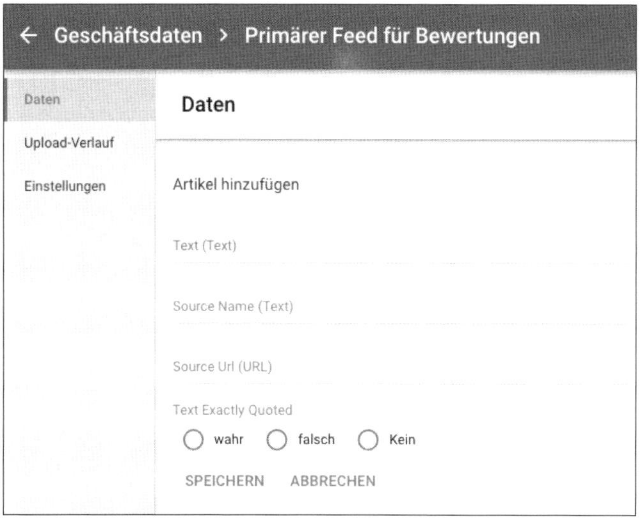

Abbildung 12.40 Eingabeformular für Bewertungen

Zusätzlich können Sie beim Unterpunkt GESCHÄFTSDATEN über das Symbol ⊕ nun auch einen oder mehrere FEEDS FÜR DYNAMISCHE DISPLAYNETZWERK-ANZEIGEN einfügen. Für unterschiedliche Geschäftsbereiche gibt es hier wiederum unterschiedliche Feed-Typen. So sind zum Beispiel Daten-Feeds für die Themen Bildung, Flüge bis hin zu Reisen sowie benutzerdefinierte Feeds möglich. Die aktuellen Themen können Sie Abbildung 12.41 entnehmen.

Wenn Sie auf eines der Themen klicken, erhalten Sie in einem neuen Fenster entsprechende Links, die auf passende Daten-Feed-Templates verweisen. Sie müssen daher nur noch die Templates mit Ihren Daten füllen und hochladen. Danach können Sie auf diese Daten bei der Gestaltung Ihrer dynamischen Displaynetzwerk-Anzeigen zugreifen. Weitere Informationen zu diesem Thema finden Sie in der Google-Hilfe unter »Dynamische Displaynetzwerk-Anzeigen erstellen«:

https://support.google.com/adwords/answer/3265299

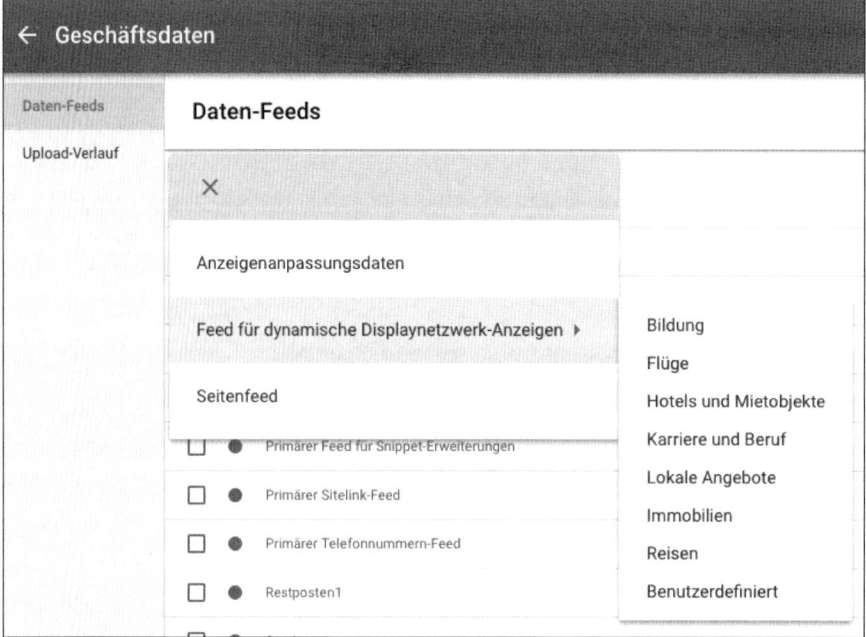

Abbildung 12.41 »Feeds für dynamische Displaynetzwerk-Anzeigen« mit unterschiedlichen Themengebieten

Möchten Sie dynamische Textanzeigen mit Echtzeitinformationen generieren, so müssen Sie nach dem Klick auf das Symbol ⊕ eine Datentabelle bzw. einen Daten-Feed als ANZEIGENANPASSUNGSDATEN hochladen. Auch hier können Sie sich zunächst wiederum eine Vorlage zur Erstellung des Daten-Feeds herunterladen.

Als Ausgangspunkt für eine dynamische Textanzeige mit Echtzeit-Updates wird zunächst mittels dieser Vorlage ein individueller Daten-Feed erstellt, am einfachsten mithilfe von Excel oder einem entsprechenden Tabellenkalkulationsprogramm. Die Vorlage enthält in den Spalten A bis E Beispiele für benutzerdefinierte Attribute. Ersetzen Sie sie durch eigene Attribute, und löschen Sie Spalten, die Sie nicht benötigen.

In die erste Zeile werden also die Attribute eingestellt. Dabei gehört zu jedem Attribut, das später in die Textanzeige übernommen werden soll, noch eine Angabe zu dem dazugehörigen Format bzw. dem Attribut-Typ. Das Format wird dabei in Klammern hinter den Attributnamen geschrieben. Für eine Zahl bekommt die Kopfspalte in der Tabelle zum Beispiel folgende Bezeichnung: *Anzahl (number)*. Unter folgendem Link finden Sie eine Liste der möglichen Attribut-Typen sowie der Dateneingabeformate, die genutzt werden können:

https://support.google.com/adwords/answer/6093368

Neben den Werten, die Sie in den Anzeigen nutzen möchten, können Sie der Tabelle auch Ausrichtungselemente mitgeben. Auf diese Weise ist eine Ausrichtung über ausgewählte Kampagnen oder Anzeigengruppen in bestimmten Kampagnen möglich. Mit *Target keyword* können die Werte in den Anzeigen sogar auf bestimmte Keywords ausgerichtet werden.

In unserem Beispiel geben wir die Kampagne, die Anzeigengruppe und die Keywords vor. Mithilfe der Satzzeichen für Keyword-Optionen wird bestimmt, ob es sich um *weitgehend passende Keywords* (dargestellt mit einem +-Zeichen wie `+nike schuhe`), um eine *passende Wortgruppe* (dargestellt mit Anführungszeichen wie `"adidas laufschuhe"`) oder um *genau passende Keywords* handelt (dargestellt mit eckigen Klammern wie `[asics laufschuhe]`).

In unserem Beispiel aus Abbildung 12.42 soll, ausgehend von einer bestimmten Anfrage ❹, ein Text ausgespielt werden, der das Modell oder die Marke ❶ und die restliche Anzahl ❷ der vorhandenen Produkte enthält. Zusätzlich soll der aktuelle Angebotspreis ❸ in der Anzeige erscheinen. Diese Daten werden bei jeder Anzeige aus den Geschäftsdaten ausgelesen. Unser Beispiel soll Ihnen die Möglichkeiten aufzeigen, was Sie mit dieser neuen Funktion alles »anstellen« können. Natürlich ist es in der Praxis schwierig, die Anzahl der vorhandenen Produkte auf diesem Weg stets aktuell zu halten. Für kleinere Shops wäre aber auch die Angabe eines Restpostens über diese Funktion unter Berücksichtigung eines bestimmten Puffers und einem täglichen Update vorstellbar. Für große Shops würde man hier jedoch wieder mithilfe einer Programmierschnittstelle live auf das Shop-System zugreifen.

| | ❶ | ❷ | ❸ | | | ❹ |
	A	B	C	D	E	F
1	Modell (text)	Anzahl (number)	Sonderpreis (price)	Target campaign	Target ad group	Target keyword
2	Asics		5 79,99 €	Laufschuhe	Restposten	[asics laufschuhe]
3	Adidas		9 69,99 €	Laufschuhe	Restposten	(„adidas laufschuhe")
4	Nike		7 69,99 €	Laufschuhe	Restposten	+nike schuhe

Abbildung 12.42 Daten-Feed in Excel erstellen

Nachdem eine Excel-Tabelle erstellt und abgespeichert wurde, kann diese Datei als Feed in den Bereich GESCHÄFTSDATEN eingestellt werden (siehe Abbildung 12.43). Dazu erhält der Daten-Feed einen individuellen Namen ❶.

Per Klick auf den Button DATEI AUSWÄHLEN öffnet sich ein Fenster, in dem Sie diejenige Datei vom eigenen Computer auswählen, die Sie hochladen wollen. Mithilfe des Links VORSCHAU ❷ wird überprüft, ob der Daten-Feed den Anforderungen entspricht. Eventuelle Fehler werden Ihnen in einem separaten Fenster angezeigt. Dort erhalten Sie mit einem Klick auf DETAILS weitere Informationen zu diesen Fehlern und erfahren, wie Sie sie beheben können. Ist alles in Ordnung, so können Sie den Feed mit ÜBERNEHMEN speichern. Ein erfolgreicher Upload der Geschäftsdaten erscheint dann automatisch in Ihrer Liste mit Daten-Feeds.

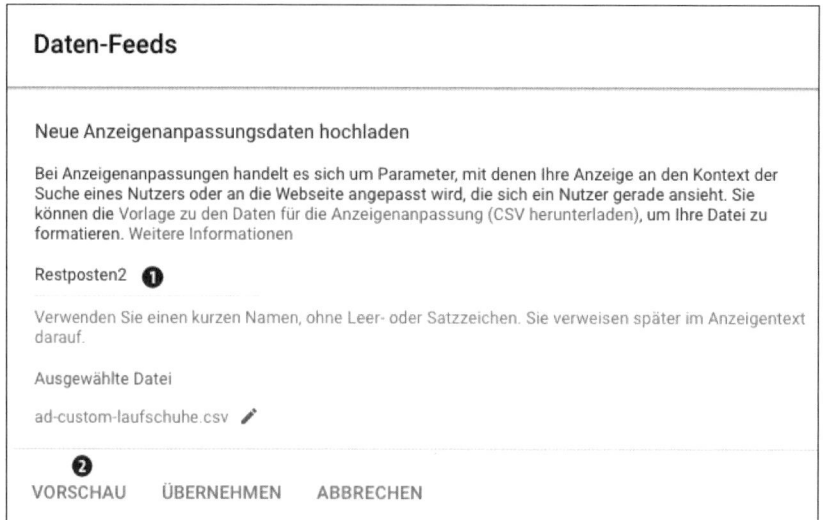

Abbildung 12.43 Daten-Feed auswählen und hochladen

In der Liste der aktuellen Geschäftsdaten werden die Daten-Feeds für die dynamischen Anzeigen unter TYP als ANZEIGENANPASSUNGSDATEN bezeichnet (siehe Abbildung 12.44). Für einen Zugriff aus der Textanzeige heraus auf die Daten ist der Name des Daten-Feeds wichtig. Notieren Sie diesen Namen, da Sie ihn später bei der Anpassung der Textanzeige benötigen. Neben dem Namen des Daten-Feeds benötigen Sie auch die genaue Bezeichnung der Datenspalten aus dem Tabellenkopf.

Daten-Feeds

Name ↓	Typ
Standardfeed für Zusatzinformationen	Erweiterung mit Zusatzinformationen
Seminar2	Anzeigenanpassungsdaten
Seminar	Anzeigenanpassungsdaten
Restposten1	Anzeigenanpassungsdaten

Abbildung 12.44 Liste mit Anzeigenanpassungsdaten

Alle Daten-Feeds, die Sie in AdWords hochgeladen haben, können per Klick auf den Namen des Daten-Feeds betrachtet, bearbeitet sowie über das Symbol ⊕ mit neuen Daten versehen werden (siehe Abbildung 12.45).

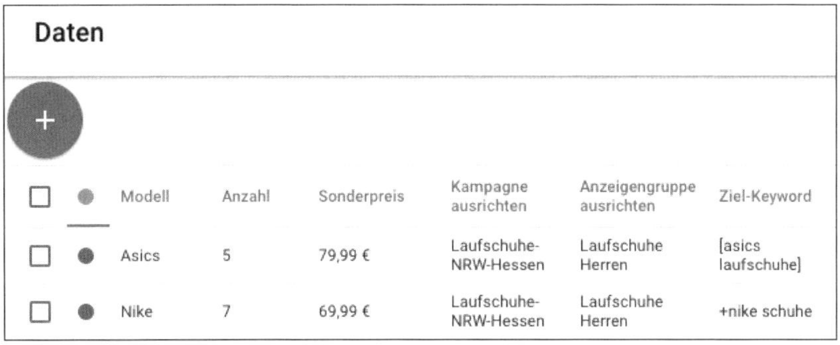

Daten

	Modell	Anzahl	Sonderpreis	Kampagne ausrichten	Anzeigengruppe ausrichten	Ziel-Keyword
	Asics	5	79,99 €	Laufschuhe-NRW-Hessen	Laufschuhe Herren	[asics laufschuhe]
	Nike	7	69,99 €	Laufschuhe-NRW-Hessen	Laufschuhe Herren	+nike schuhe

Abbildung 12.45 Bearbeitung der Daten-Feeds direkt im AdWords-Konto

Laufende Aktualisierung Ihrer Geschäftsdaten und Anzeigentexte

Sie können die Informationen in Ihren Anzeigen auch regelmäßig aktualisieren, um auf diese Weise zum Beispiel den Restbestand Ihrer Ware oder der noch verfügbaren Seminarplätze aktuell in Ihrer Anzeige wiederzugeben. Navigieren Sie dazu in Ihren AdWords-Tools zu GESCHÄFTSDATEN, und klicken Sie auf den entsprechenden Datenfeed vom Typ ANZEIGENANPASSUNGSDATEN. Danach können Sie in der linken Navigation ZEITPLÄNE auswählen. Klicken Sie auf + NEUER ZEITPLAN. Sie haben dann folgende Möglichkeiten zur Auswahl, um auf die aktuellen Daten zuzugreifen, um diese nach AdWords zu importieren:

- Zugriff auf eine Google-Tabelle in Ihrem Google-Drive-Konto
- Zugriff auf Excel-Dateien auf Ihrem Server via HTTP, HTTPS, FTP oder SFTP

Zudem geben Sie hier die Häufigkeit der Zugriffe an. Dabei können Sie als kürzesten Zeitraum ALLE 6 STUNDEN auswählen.

In der Praxis wäre also folgendes Szenario möglich: Sie exportieren circa viermal pro Tag über Ihr Warenwirtschafts- oder Buchungssystem aktuelle Daten in eine Tabelle. Diese Daten werden alle 6 Stunden von Google nach AdWords als Geschäftsdaten-Feed importiert. Die AdWords-Anzeigen greifen auf diese Daten-Feeds zu und können so dynamisch auf die Suchanfragen reagieren und damit beinahe »Echtzeitdaten« zu Produktbestand, freien Seminarplätzen etc. in einer Anzeige ausspielen.

12.9 Optimierung durch kreative Textanzeigen

Testen Sie verschiedene Anzeigenvariationen, und seien Sie kreativ. Wenn Ihre Anzeige auf der Suchergebnisseite aus den Konkurrenzanzeigen hervorsticht, dann haben Sie schon einen kleinen Vorteil. Sie erzeugen mehr Aufmerksamkeit, Ihre Klickrate steigt, Sie erhalten mehr potenzielle Kunden und so weiter. Aus Optimierungssicht ist vor allen eine höhere Klickrate (CTR) erstrebenswert. Diese wird die Klickpreise Ihrer Keywords auf Dauer senken. Wir haben Ihnen einige Beispiele als Anregung zusammengestellt. Diese Ideen helfen dabei, die Aufmerksamkeit der Google-User in Bezug auf Ihre Anzeigen zu steigern.

12.9.1 Nutzen Sie Sonderzeichen

Auf der Suchergebnisseite halten sich die Nutzer nur wenige Sekunden auf. Als Werbender müssen Sie Aufmerksamkeit erzeugen und den Blick der Google-Nutzer auf Ihre Anzeige lenken. Sonderzeichen bieten sich hier als Blickfang (Eyecatcher) an!

Leider hat Google die Möglichkeit zur Nutzung von Sonderzeichen stark eingeschränkt. Die Möglichkeiten, die noch übrig sind, sollten Sie jedoch an passender Stelle nutzen. Bauen Sie die Sonderzeichen & € % ! © ? sinnvoll in Ihre Anzeigentexte ein! Abbildung 12.46 zeigt ein Beispiel.

MINI Jahreswagen Top-Angebot - Jetzt mit 1.000 € Tankguthaben
[Anzeige] www.mini.de/Jahreswagen
MINI Fahr & Spar Aktion 2017 für viele große Spritztouren zu kleinem Preis.

Abbildung 12.46 Erregen Sie Aufmerksamkeit durch Sonderzeichen.

Da manche Symbole nur bei bestimmten Kombinationen genutzt werden dürfen, sollten Sie immer einen Blick in die AdWords-Richtlinien werfen:

https://support.google.com/adwordspolicy/answer/6008942

12.9.2 Abkürzungen als Blickfang nutzen

Weil die Textanzeigen nur wenig Platz bieten (je 30 Zeichen in Anzeigentitel 1 und 2, 80 Zeichen in der Beschreibung sowie je 15 Zeichen in Pfad 1 und 2 der angezeigten URL), müssen Sie sehr kreativ mit den Anzeigentexten umgehen.

Hier helfen bekannte Abkürzungen (kg, u., unverb., usw.), weil sie die Textgröße erheblich reduzieren und gleichzeitig auch für eine schnellere Aufnahme der Information sorgen können, denn AdWords-Textanzeigen werden mehr gescannt als gelesen.

Neben bekannten Abkürzungen können Sie auch eigene Kreationen schaffen. Das Beispiel aus Abbildung 12.47 nutzt einfach JoJo statt dem längeren Begriff Jo-Jo-Effekt, und trotzdem weiß der User, was gemeint ist. Nutzen Sie also die Möglichkeit der schnellen Kommunikation mithilfe von Abkürzungen!

> 16 kg in 1 Monat abnehmen - Jetzt schnell gesund abnehmen
> [Anzeige]   fettkiller.abnehmen-einfach.info
> Einfach in nur 4 Wochen zur Traumfigur: Ohne JoJo und mit 100% Garantie!

Abbildung 12.47 Abkürzungen helfen beim Anzeigen-Scan.

12.9.3   Setzen Sie Akzente

Texten Sie Anzeigen mit Großbuchstaben – auch an Stellen, wo es von der Rechtschreibung her nicht erlaubt ist (siehe Abbildung 12.48)!

> Augenlasern beim Testsieger - Schon ab 795 € pro Auge
> [Anzeige]   www.opticalexpress.de/Augen/Lasern ▾
> Gewinnen Sie mit einer **Augenlaser**-Behandlung neue Lebensqualität. Mehr erfahren!

Abbildung 12.48 Aufmerksamkeit auf Kosten der Rechtschreibung

12.9.4   Zaubern Sie mit Zahlen in den Anzeigen

Visuelle Effekte durch die verstärkte Nutzung von Zahlen heben Ihre Anzeigen aus der Masse hervor (siehe Abbildung 12.49)!

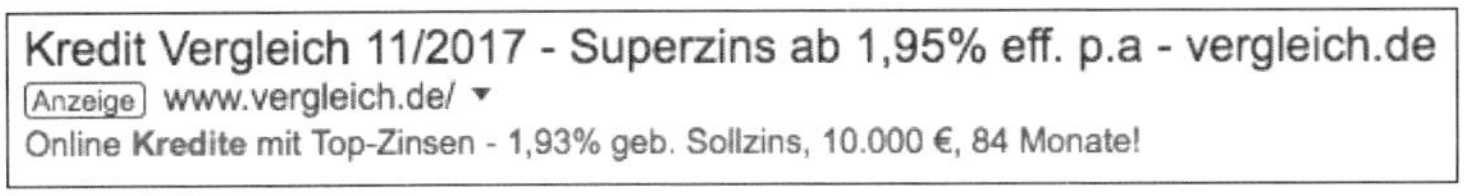

> Kredit Vergleich 11/2017 - Superzins ab 1,95% eff. p.a - vergleich.de
> [Anzeige]   www.vergleich.de/ ▾
> Online **Kredite** mit Top-Zinsen - 1,93% geb. Sollzins, 10.000 €, 84 Monate!

Abbildung 12.49 Zahlen benötigen wenig Platz bei hohem Informationsgehalt.

12.9.5   Zeigen Sie Ihren Preis

Arbeiten Sie mit Preisen und Prozenten. Verwandeln Sie Ihre AdWords-Anzeigen in Werbeplakate, die Aufmerksamkeit erregen. Dabei müssen Sie jedoch unbedingt wissen, was Ihre Konkurrenz bewirbt! Selbst 25 % Preisnachlass ist dann zu wenig, wenn direkt neben Ihrer Anzeige mit der Reduzierung von 27 % geworben wird. Dies ist kein Plädoyer für ruinöse Rabattschlachten, sondern ein Hinweis, dass Sie bei ungünstigeren Rabattmöglichkeiten einen anderen Vorteil, wie zum Beispiel die kostenlose Lieferung, in den Vordergrund stellen sollten. Hält Ihr Preis einem Vergleich stand oder sind Sie sogar günstiger, dann sollten Sie Ihren Preis auch zeigen (siehe Abbildung 12.50)!

> Apple iPad gebraucht - Geprüfte Ware zu Top Preisen - reBuy.de
> [Anzeige]   www.rebuy.de/Apple-iPad/gebraucht ▾
> Sorgfältig geprüfte Apple **iPad**. Jetzt bis zu 50% bei reBuy sparen!
> iPad Air 9,7 gebraucht - ab 234,99 € - Mit Garantie · Mehr ▾

Abbildung 12.50 Mit Preisen werben

12.9.6   Übertreiben Sie einfach einmal

Bei bestimmten Zielgruppen können Sie auch durch leichte Provokation oder mit einer Übertreibung Aufmerksamkeit erregen (siehe Abbildung 12.51). Beobachten Sie dabei immer die Anzeigen der Konkurrenz, und stimmen Sie Ihre AdWords-Anzeigen entsprechend ab.

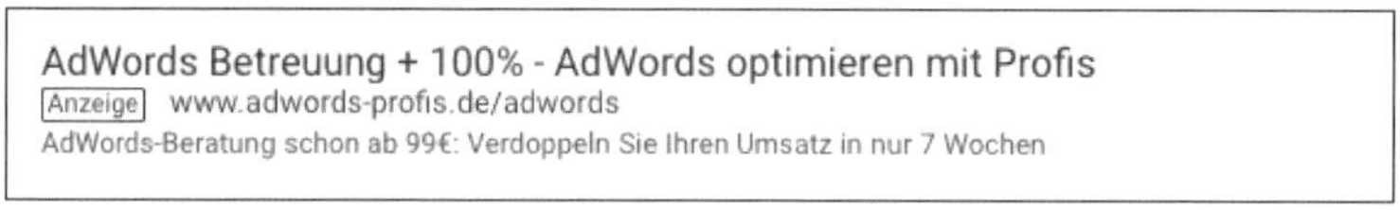

AdWords Betreuung + 100% - AdWords optimieren mit Profis
Anzeige www.adwords-profis.de/adwords
AdWords-Beratung schon ab 99€: Verdoppeln Sie Ihren Umsatz in nur 7 Wochen

Abbildung 12.51 Inflation der Steigerungsmöglichkeiten

12.9.7   Nutzen Sie das Prinzip der Verknappung

Ist ein Angebot knapp und nur noch kurze Zeit verfügbar, erhöht dies den Druck auf die Interessenten. Kommunizieren Sie knappe Ressourcen und eine beschränkte Reaktionszeit, um potenzielle Kunden zum Handeln zu bewegen (siehe Abbildung 12.52). Bauen Sie einfach einmal Druck auf.

Die Toten Hosen Tickets 2017 - Riesenauswahl nun auf viagogo
Anzeige ticket.viagogo.de/Die_Toten_Hosen/2017-Tickets ▾
Heute Die **Toten Hosen**-Tickets. Bald ausverkauft. Sichern Sie sich Ihre Plätze.
Hohe Verkaufsrate · Beste Plätze · Buch Heute · Schnell Drucken

Abbildung 12.52 Kurzentschlossenes Handeln ist gefragt.

12.10   Optimierung Ihrer Ziel-URLs

Was passiert nach dem Klick? Ist der User zufrieden mit der Seite, auf die Sie ihn geleitet haben, oder findet er dort nicht das, was Sie ihm in Ihrer Anzeige versprochen haben? Das Zusammenspiel von Keyword, Anzeige und Zielseite ist ein essenzieller Faktor für den Erfolg Ihrer Kampagnen, den Sie im Optimierungsprozess nicht vernachlässigen sollten.

12.10.1   Überprüfen der Absprungrate

Sie können noch so gute Anzeigen schreiben und die besten Klickraten verzeichnen – wenn Ihre Zielseite schlecht gewählt ist, wird der User Ihre Seite ohne eine Aktion verlassen und Sie verschwenden nicht nur Zeit, sondern auch Geld. Wenn ein Keyword zwar häufig geklickt wird, daraus aber nie eine Conversion resultiert, ist dies ein erster Hinweis darauf, dass Sie sich die Ziel-URL eines Keywords gründlicher anschauen sollten.

Mithilfe externer Webanalyse-Tools wie Google Analytics, Econda, Adobe Analytics etc. können Sie die Absprungraten Ihrer Kampagnen, Anzeigengruppen und Keywords kontrollieren.

Was ist die Absprungrate?

Die Absprungrate oder Bounce-Rate beschreibt das Verhältnis zwischen der Anzahl der Klicks oder Besuche einer Seite und der Anzahl der Besucher, die diese Seite gleich wieder verlassen, ohne eine weitere Seite aufzurufen.

Liegt die Absprungrate über dem Durchschnitt, passt die Seite nicht zu Ihrem Keyword und/oder Ihrer Anzeige. Dies kann auch einer sehr breiten Anzeigenschaltung mit generischen Keywords oder weitgefassten Keyword-Optionen geschuldet sein. Wenn Sie jedoch die tatsächlichen Suchanfragen häufig prüfen und durch Ausschlüsse optimieren und die Absprungrate ist dennoch sehr hoch, dann dürfte etwas mit Ihren Zielseiten nicht stimmen.

Wenn Sie Google Analytics verwenden, haben Sie die Möglichkeit, Ihr AdWords-Konto mit dem Analytics-Konto zu verknüpfen. Dann stehen die Informationen zur Absprungrate direkt im AdWords-Konto zur Verfügung. Lesen Sie mehr dazu in Abschnitt 11.6.9, »Finale URLs«.

12.10.2   Zu allgemeine Zielseiten

Vielleicht vergeben Sie Ihre Ziel-URLs ausschließlich über die Anzeigen auf Anzeigengruppenebene und die Zielseite ist sehr allgemein, weil sie zu einer Vielzahl von Keywords passen muss. Der User hat aber bereits eine konkretere Suchanfrage eingegeben und findet auf Ihrer Zielseite nicht das, wonach er gesucht hat.

Beispiel: Schlechte Nutzererfahrung durch zu allgemeine Seite

Ein User sucht nach Strickjacken. Sie haben die Keywords zum Thema *Strickjacken* in der Anzeigengruppe *Jacken* untergebracht, mit einer Zielseite, die Ihr gesamtes Jackenangebot abbildet. Der User gelangt auf diese Seite und wundert sich, dass er nicht auf einer spezifischeren Seite gelandet ist. Jetzt geht er davon aus, dass Sie keine Strickjacken im Sortiment haben. Oder er übersieht die Kategorie *Strickjacken* schlichtweg. Schneller, als Sie denken, hat der User Ihre Seite wieder verlassen.

Weisen Sie für solche Fälle Ihre Zielseiten direkt auf Keyword-Ebene den einzelnen Keywords zu. Das geht ganz einfach, indem Sie die Spalte FINALE URL hinzufügen (siehe Abbildung 12.53) und nach einem Klick darauf eine passende Zielseite für das Keyword eingeben.

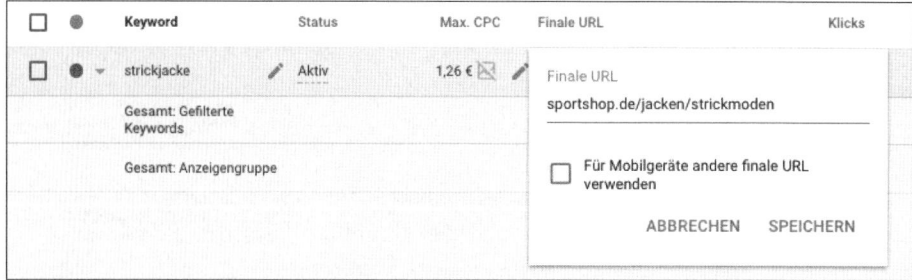

Abbildung 12.53 Verlinken Sie Ihr Keyword mit der richtigen Zielseite.

12.10.3   Zu spezifische Zielseite

Auch das Gegenteil kann der Fall sein: Ihre Zielseite ist dem User zu spezifisch.

> **Beispiel: Der User erwartet mehr Auswahl**
>
> Nehmen wir an, Sie haben fünf Strickjacken von fünf verschiedenen Marken im Angebot. Der User sucht nach der Strickjacke einer bestimmten Marke, und Sie leiten ihn direkt auf die Produktdetailseite. Der User hätte aber gern mehr Auswahl gehabt und entscheidet sich, die Seite wieder zu verlassen, da er annimmt, dass dies Ihre einzige Strickjacke ist.

Manchmal kann es also auch sinnvoll sein, dem User Alternativen zu seiner konkreten Suchanfrage zu bieten.

12.11   Anzeigenerweiterungen als Qualitätsmerkmal

Eine gute Möglichkeit, die Aufmerksamkeit und Relevanz Ihrer Anzeigen zu erhöhen, bieten Ihnen Google-AdWords-Anzeigenerweiterungen. Dabei handelt es sich um kleine Features wie etwa eine Service-Telefonnummer, zusätzliche Deep Links oder Ihre Unternehmensadresse, mit denen Sie Ihre Anzeigen anreichern. Meistens spielt Google mehrere Anzeigenerweiterungen gleichzeitig aus.

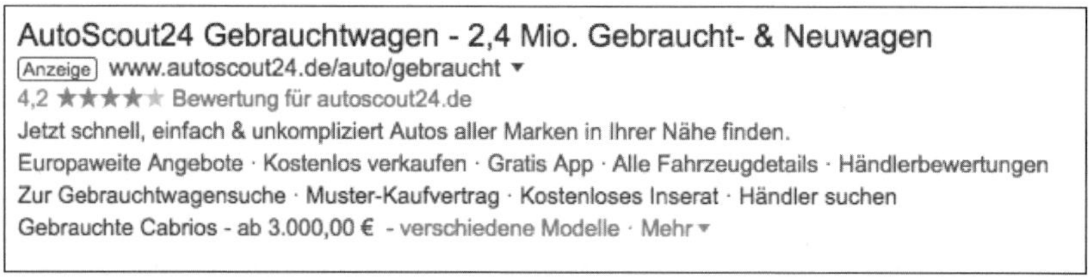

AutoScout24 Gebrauchtwagen - 2,4 Mio. Gebraucht- & Neuwagen
[Anzeige] www.autoscout24.de/auto/gebraucht ▾
4,2 ★★★★☆ Bewertung für autoscout24.de
Jetzt schnell, einfach & unkompliziert Autos aller Marken in Ihrer Nähe finden.
Europaweite Angebote · Kostenlos verkaufen · Gratis App · Alle Fahrzeugdetails · Händlerbewertungen
Zur Gebrauchtwagensuche · Muster-Kaufvertrag · Kostenloses Inserat · Händler suchen
Gebrauchte Cabrios - ab 3.000,00 € - verschiedene Modelle · Mehr ▾

Abbildung 12.54 Klickaktivierende Anzeigen mit Seller-Ratings und Sitelinks

Wir unterscheiden zwischen aktiven und passiven Anzeigenerweiterungen. Aktive Anzeigenerweiterungen richten Sie in Ihrem Konto aktiv ein, z. B. Sitelinks oder Standorterweiterungen. Passive Anzeigenerweiterungen blendet Google automatisch ein, sobald Sie gewisse Voraussetzungen erfüllen, wie beispielsweise Seller-Ratings.

Welche Anzeigenerweiterung von Google wann ausgesucht wird, können Sie leider nicht beeinflussen. Einige Anzeigenerweiterungen werden nur auf den drei Top-Positionen ausgespielt, z. B. die Sitelinks-Erweiterung oder die Bewertungserweiterung. Andere sind auf allen Positionen nutzbar, z. B. die Verkäuferbewertungserweiterung oder die Anruferweiterung.

> **Die wichtigste zusätzliche Information gewinnt**
>
> Generell entscheidet Google bei jeder Anfrage, welche Zusatzinformation für den User im Moment seiner Suche die relevanteste ist. Deshalb finden sich bei Smartphone-Nutzern häufig eine Telefonnummer oder Angaben zum Unternehmensstandort in den Anzeigen. Sucht der User nach Produktangeboten, werden häufig Sitelinks oder Verkäuferbewertungen in Form von kleinen Sternchen eingeblendet.

Mit Anzeigenerweiterungen schaffen Sie sich also mehr Platz und Aufmerksamkeit in den SERPs, und außerdem bieten Sie den Nutzern mehr Information und Relevanz. Dadurch erhöhen Sie Ihre Klickrate, was als Folge davon den Qualitätsfaktor Ihrer Anzeigen erhöht. Somit optimieren Sie die gesamte Kampagnenleistung.

> **Verbessern Sie mit Anzeigenerweiterungen Ihren Ad Rank**
>
> Mittlerweile berücksichtigt Google die Verwendung von Anzeigenerweiterungen auch direkt bei der Berechnung des sogenannten *Ad Ranks*, also des Anzeigenrangs, der die Grundlage für die Positionierung Ihrer Anzeigen bildet. Sind der Qualitätsfaktor und das maximale Gebot zweier konkurrierender Anzeigen gleich, ist die Nutzung der »richtigen« Anzeigenerweiterung ausschlaggebend dafür, welche Anzeige auf der höheren Position platziert wird.

Anzeigenerweiterungen sind daher zu einem unverzichtbaren Element für Ihre AdWords-Strategie geworden. Wir empfehlen, pro Kampagne mindestens drei bis vier Anzeigenerweiterungen einzurichten. Überlegen Sie sich genau, welche Anzeigenerweiterung sich in der jeweiligen Kampagne am besten für die entsprechende Zielgruppe eignet. Die meisten Anzeigenerweiterungen können Sie direkt bei den Anzeigen vergeben, indem Sie im Seitenmenü bei ANZEIGEN UND ERWEITERUNGEN auf den Tab ERWEITERUNGEN klicken und dann über das Symbol ⊕ eine neue Erweiterung hinzufügen (siehe Abbildung 12.55).

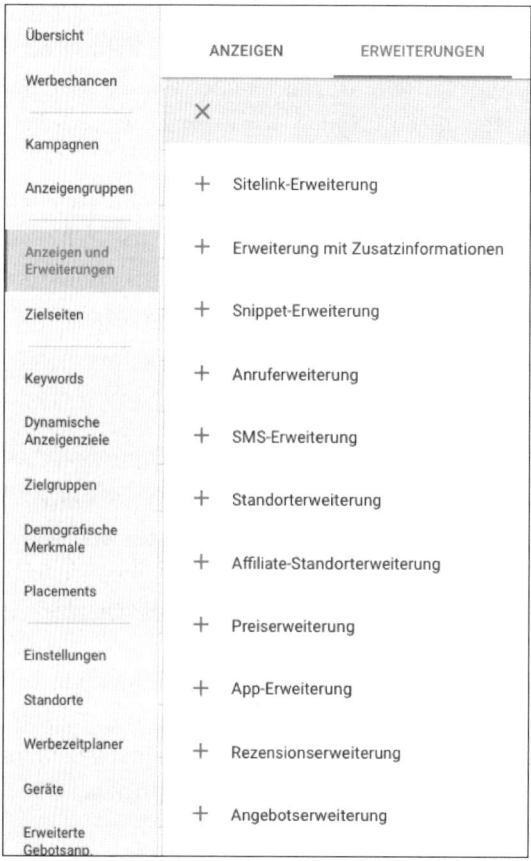

Abbildung 12.55 Anzeigenerweiterung hinzufügen

Jede Erweiterung können Sie wahlweise auf Konto-, Kampagnen- oder Anzeigengruppenebene einstellen. Dazu wählen Sie im jeweiligen Erweiterungsfenster die gewünschte Ebene ❹ aus (siehe Abbildung 12.56). Die Nutzung von Anzeigenerweiterungen erzeugt für Sie keine Extrakosten: Wie bei ganz gewöhnlichen Textanzeigen zahlen Sie für den bloßen Klick. Eine Ausnahme bilden hier die Bewertungserweiterung, die dynamischen Sitelinks und die Erweiterung mit Verkäuferbewertungen. Ein Klick auf diese Erweiterungen bleibt für Sie bis dato kostenfrei. Klickt der User jedoch auf den Anzeigentitel der Anzeige mit einer dieser Erweiterungen, zahlen Sie wie gewohnt pro Klick.

> **Tipp: Anzeigenerweiterungen nur für kurze Zeit**
>
> Sie können die Laufzeit der einzelnen Anzeigenerweiterungen zeitlich begrenzen. Dies ist zum Beispiel dann sinnvoll, wenn Sie in Ihren Sitelinks auf ein Gewinnspiel hinweisen, an dem der User nur für einen kurzen Zeitraum teilnehmen kann.

Außerdem können Sie die Anzeigen auf bestimmte Tageszeiten ausrichten. Das ist etwa ratsam bei einer Anruferweiterung mit der Telefonnummer Ihrer Hotline, die nur zu bestimmten Tageszeiten besetzt ist. Bei der Einrichtung einer neuen Erweiterung klappen Sie ERWEITERTE OPTIONEN auf (wie im Beispiel der Anruferweiterung in Abbildung 12.56) und geben dort Daten ❶, Wochentage ❷ und Uhrzeiten ❸ für die Laufzeit der Erweiterung an.

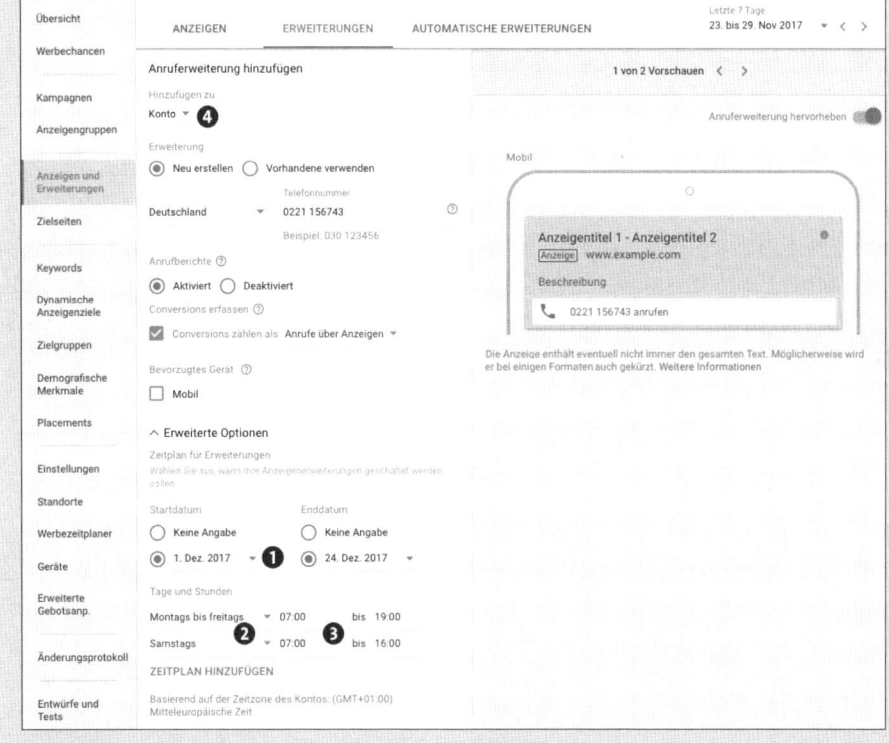

Abbildung 12.56 Anruferweiterung mit Zeitplan

Die meisten Anzeigenerweiterungen können Sie, sind sie erst einmal angelegt, auch für andere Kampagnen oder Anzeigengruppen verwenden. Dazu wählen Sie die Erweiterung per Haken in der Checkbox aus, woraufhin sich ein blaues Navigationsmenü öffnet, wo Sie per HINZUFÜGEN ZU Ihr Konto bzw. eine spezifische Kampagne oder Anzeigengruppe auswählen können (siehe Abbildung 12.57).

Sobald Sie Ihre Anzeigenerweiterungen eingerichtet haben, können Sie sich die Leistungsdaten der jeweiligen Erweiterung unter dem Navigationspunkt ANZEIGEN UND ERWEITERUNGEN ansehen und analysieren.

Übersicht
Werbechancen
Kampagnen
Anzeigengruppen
Anzeigen und Erweiterungen
ANZEIGEN
ERWEITERUNGEN
AUTOMATISCHE ERW
1 ausgewählt
Bearbeiten
Hinzufügen zu
Konto
Kampagne
Anzeigengruppe
Erweiterungstyp: Alle
Erweiterung
Hinzugefügt zu
0221 156743
Anruferweiterun
Konto

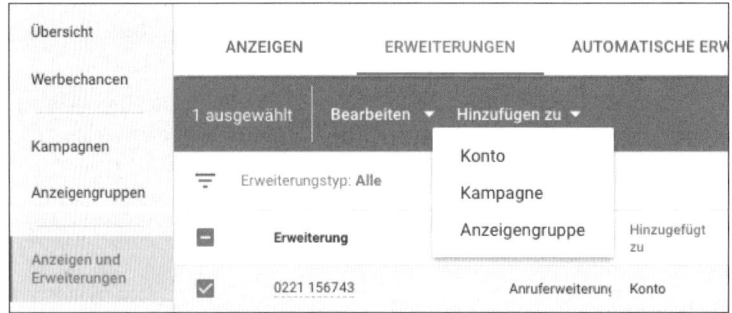

Abbildung 12.57 Anzeigenerweiterung an mehreren Stellen verwenden

Google veröffentlicht immer wieder Fallstudien dazu, welche Anzeigenerweiterung die Klickrate um wie viel Prozent steigert. Auch Agenturen testen den Erfolg, und so gibt es reichlich unterschiedliche Zahlen zu diesem Thema. Wir möchten an dieser Stelle keine Versprechungen machen. Fakt ist, dass Anzeigenerweiterungen die Aufmerksamkeit für Ihre Anzeigen fördern, was sich logischerweise positiv auf die Klickrate auswirkt.

12.11.1 Sitelinks als wichtige Anzeigenfaktoren

Die populärste und wichtigste Anzeigenerweiterung in den SERPs ist die Sitelinks-Erweiterung (siehe Abbildung 12.58). Mit kurzen Linktexten innerhalb Ihrer Anzeigen machen Sie den User auf Unterkategorien, einzelne Produkte, Marken, Rabatte oder Ähnliches aufmerksam und leiten ihn direkt auf die passende Seite. Oberhalb und unterhalb der organischen Suchergebnisse werden in ein oder zwei Zeilen zwei bis sechs Sitelinks ausgespielt. Die Reihenfolge der Sitelinks bestimmt Google automatisch, darauf haben Sie leider keinen Einfluss.

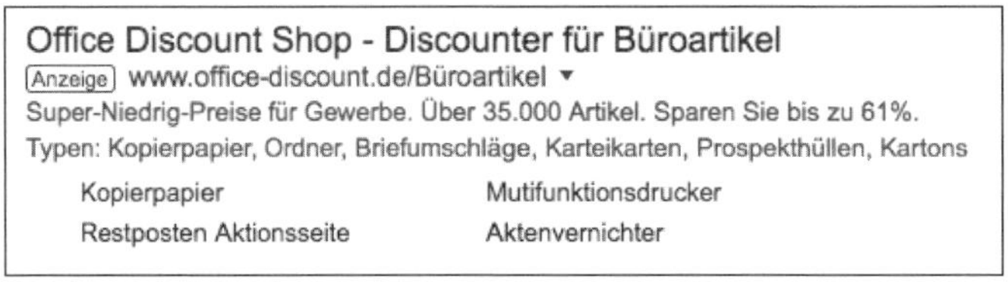

Office Discount Shop - Discounter für Büroartikel
Anzeige
www.office-discount.de/Büroartikel
Super-Niedrig-Preise für Gewerbe. Über 35.000 Artikel. Sparen Sie bis zu 61%.
Typen: Kopierpapier, Ordner, Briefumschläge, Karteikarten, Prospekthüllen, Kartons
Kopierpapier
Mutifunktionsdrucker
Restposten Aktionsseite
Aktenvernichter

Abbildung 12.58 Anzeigen mit Sitelink-Erweiterung

Wählen Sie also unter dem Navigationspunkt ANZEIGEN UND ERWEITERUNGEN die ERWEITERUNGEN, klicken Sie auf das Symbol ⊕ und dann auf + SITELINK-ERWEITERUNG, und geben Sie einen Sitelink-Text mit maximal 25 Zeichen sowie optional zwei Textzeilen mit maximal 35 Zeichen und Ihre finale URL ein, zu der der Nutzer nach einem Klick auf den Sitelink weitergeleitet wird (siehe Abbildung 12.59).

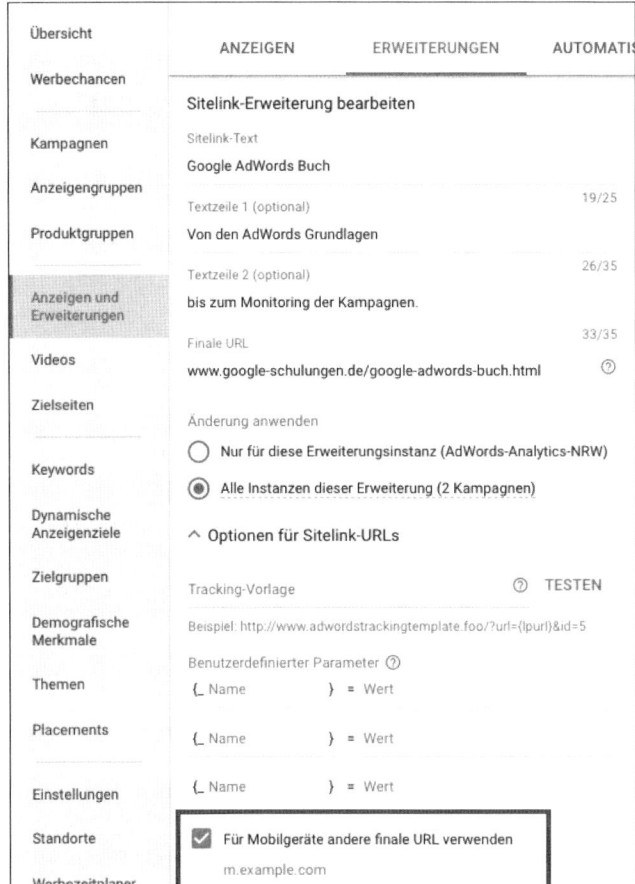

Abbildung 12.59 Einrichtung von Sitelinks

Beachten Sie bei der finalen URL, dass diese URL nicht mit der Ziel-URL der Anzeige übereinstimmt. Außerdem darf kein anderer Link in der gleichen Sitelink-Gruppe (egal ob auf Kampagnen- oder Anzeigengruppenebene) auf die gleiche Zielseite verlinken.

Zudem können Sie entscheiden, ob der Sitelink bevorzugt auf mobilen Endgeräten ausgespielt werden soll. Dies ist besonders dann empfehlenswert, wenn Sie beispielsweise auf ein Gewinnspiel, das sich nur an mobile Nutzer richtet, oder auf die Adresse Ihres nächsten Stores hinweisen möchten.

> **Tipp: Nutzen Sie separate Sitelinks für Mobilgeräte**
>
> Grundsätzlich fahren Sie gut damit, unabhängig von den Sitelinks für Tablets und Desktop-PCs ein separates Sitelink-Set für Mobilgeräte als bevorzugtes Endgerät anzulegen. Nicht selten variiert der Erfolg eines Sitelinks von Gerät zu Gerät: Wäh-

rend ein Sitelink auf PCs überhaupt nicht funktioniert, zieht er über das Smartphone viele Nutzer auf Ihre Website oder umgekehrt. Ohne die Trennung der Sitelinks nach Gerät sind Sie nicht in der Lage, diese Unterschiede zu messen und zu beurteilen. Sie können für jeden Sitelink einen alternativen mobilen Link angeben, indem Sie ein Häkchen bei FÜR MOBILGERÄTE ANDERE FINALE URL VERWENDEN setzen (siehe Markierung in Abbildung 12.59).

Der optionale zweizeilige Beschreibungstext mit jeweils 35 Zeichen pro Zeile beschreibt das Angebot auf der Zielseite näher (siehe Abbildung 12.60). Die Beschreibungstexte werden jedoch nur sehr selten ausgespielt, meistens nur bei Suchanfragen, die in Verbindung mit dem eigenen Markennamen stehen und dadurch von Google als enorm relevant eingestuft werden.

Abbildung 12.60 Sitelinks mit optionalem Beschreibungstext

Eine bestehende Anzeigenerweiterung können Sie im Nachgang jederzeit verändern, indem Sie rechts neben der Erweiterung auf das Stiftsymbol für BEARBEITEN klicken, das bei einem Mouse-over erscheint. In dem Fenster, das sich daraufhin öffnet (siehe Markierung in Abbildung 12.61), klicken Sie auf den Pfeil oben rechts in der Ecke, und schon öffnet sich das Bearbeitungsfenster.

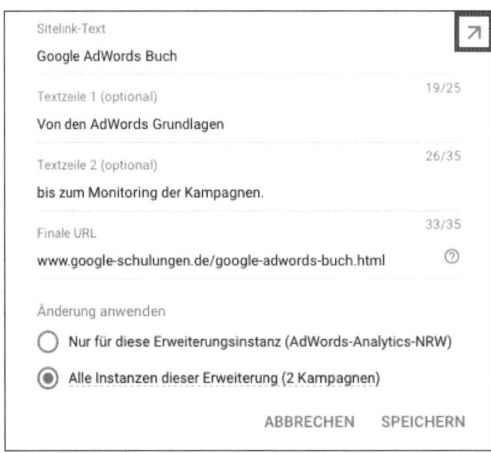

Abbildung 12.61 Eine bestehende Erweiterung nachträglich bearbeiten

Auswertung der Sitelinks

Unter dem Navigationspunkt im Seitenmenü Anzeigen und Erweiterungen • Erweiterungen können Sie die Performance Ihrer Sitelinks einsehen. Die Auswertung ist jedoch recht oberflächlich. Tatsächlich zeigen die Zahlen die Daten für das gesamte Sitelink-Set innerhalb einer Kampagne bzw. Anzeigengruppe. Ein Klick wird dabei allen Sitelinks zugewiesen, die in der entsprechenden Auktion ausgespielt wurden.

Mit dem Segment ❶ Diese Erweiterung im Vergleich zu anderen ❷ ist nun eine detailliertere Analyse möglich. Das Segment Diese Erweiterung ❸ bildet die Performance des einzelnen Sitelinks ab, während Sonstiges ❹ die der Anzeige anderer Sitelinks bzw. anderer Erweiterungen zusammenfasst (siehe Abbildung 12.62).

Mithilfe dieser Segmentierung können Sie testen, welche Link- oder Beschreibungstexte am besten funktionieren.

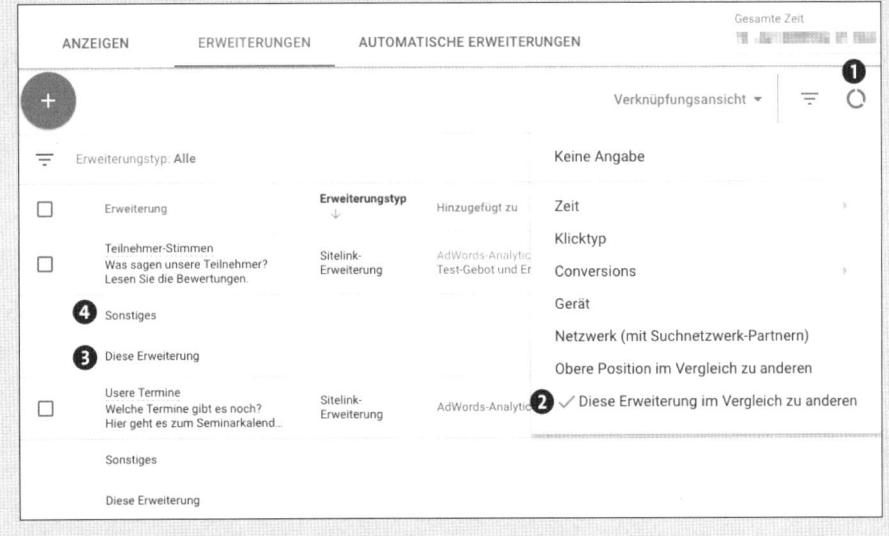

Abbildung 12.62 Segmentieren nach einzelnen Sitelinks

Sitelinks sind eine gute Möglichkeit, um Aktionen, Rabatte und weitere Webseitenbereiche etc. ohne großen Aufwand zu bewerben und ohne dafür ein separates Budget einzuplanen. Diese Anzeigenerweiterung sollten Sie in jedem Fall nutzen.

12.11.2   Automatische Erweiterungen

Google hat in den letzten Jahren immer mehr automatische Erweiterungen eingeführt, die Sie im Gegensatz zu den gewöhnlichen Erweiterungen nicht aktiv einrichten können. Sie werden bei den Kampagnentypen Nur Suchnetzwerk und Suchnetzwerk mit Displayauswahl angewendet und auf Desktop-Computern, Tablets sowie Mobilgeräten ausgespielt. Aktuell gibt es acht dieser automatischen Erweiterungen:

- ▶ Automatische Anruferweiterungen
- ▶ Automatische SMS-Erweiterungen
- ▶ Dynamische Sitelink-Erweiterungen
- ▶ Dynamische Snippet-Erweiterungen
- ▶ Automatische Standorterweiterungen
- ▶ Erweiterungen mit Kundenbewertungen
- ▶ Erweiterungen mit Verkäuferbewertungen
- ▶ Vorherige Besuche

Auf Basis des Such- und Klickverhaltens des Nutzers ermittelt Google laut eigener Aussage, welche Seiten für ihn relevant sein könnten. Der dynamische Sitelink verlinkt dann direkt auf eine solche Seite. Mehr dazu erfahren Sie unter *https://support.google.com/adwords/answer/7175034*, wo Sie auch Beispiele anschauen können.

Beispiel: Wie sucht Google nach der richtigen Seite?

Hat ein Nutzer beispielsweise wiederholt nach Tablets gesucht und sich immer wieder zu Tablets von Samsung durchgeklickt, wird ein entsprechender Sitelink ausgespielt.

Dynamische Sitelinks kommen besonders häufig zum Einsatz, wenn statische Sitelinks fehlen oder die Performance des dynamischen Sitelinks voraussichtlich besser sein sollte als die des eigenen Sitelinks. Die reine Anzeige der dynamischen Sitelinks ist kostenlos, Klicks darauf sind wie alle übrigen Bestandteile der Anzeige kostenpflichtig.

Wie gewöhnliche Erweiterungen erhöhen auch automatische Erweiterungen die Sichtbarkeit der Anzeigen und können daher für Werbetreibende, die keine Erweiterungen eingerichtet haben, eine wenig aufwendige Alternative darstellen. Sie haben allerdings keinerlei Kontrolle darüber, welche Linktexte und welche Zielseiten Google tatsächlich auswählt. Auch die Übersicht, die Sie unter ANZEIGEN UND ERWEITERUNGEN • AUTOMATISCHE ERWEITERUNGEN aufrufen können, gibt wenig Aufschluss. Sie bekommen zwar Zahlen geliefert, wissen aber nicht, wofür diese Ergebnisse stehen.

Vorsicht: Rechtlich nicht ganz sicher!

Gerade auf der rechtlichen Seite kann es bei der Verwendung der dynamischen Sitelinks zu Problemen kommen, wenn etwa der Name einer Marke durch einen dynamischen Sitelink in der Anzeige einer anderen Marke auftaucht.

Die Anzeigenerweiterung können Sie daher wahlweise auch deaktivieren. Dies ist aktuell jedoch nur im alten Google-AdWords-Interface möglich. Mehr dazu finden Sie unter *https://support.google.com/adwords/answer/7170409*.

12.11.3   Erweiterung mit Zusatzinformationen

Ebenfalls interessant ist die Erweiterung mit Zusatzinformationen (siehe Abbildung 12.63). Dabei werden auf den Top-Positionen unterhalb des Anzeigentextes zwei bis maximal vier durch Punkte getrennte sogenannte Callouts bzw. Zusatzinformationen angezeigt. Optisch wirkt das wie eine weitere Textzeile, wodurch Sie mehr Platz und Aufmerksamkeit gewinnen.

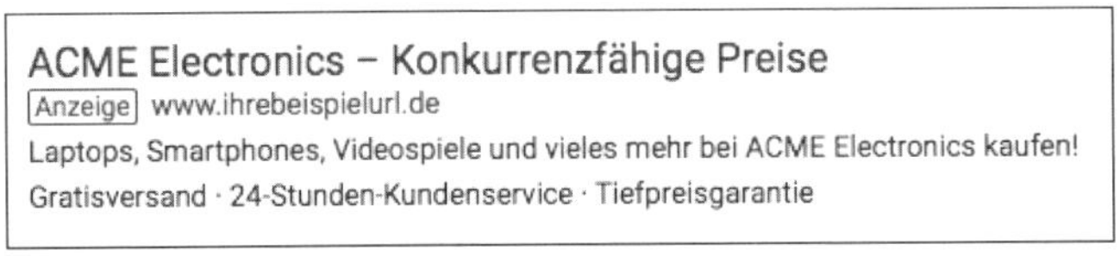

ACME Electronics – Konkurrenzfähige Preise
Anzeige   www.ihrebeispielurl.de
Laptops, Smartphones, Videospiele und vieles mehr bei ACME Electronics kaufen!
Gratisversand · 24-Stunden-Kundenservice · Tiefpreisgarantie

Abbildung 12.63 Anzeige mit Zusatzinformation-Erweiterung

Heben Sie mithilfe der Zusatzinformationen wichtige Alleinstellungsmerkmale Ihres Unternehmens oder Verkaufsargumente hervor. Um eingeblendet zu werden, müssen mindestens zwei Zusatzinformationen hinterlegt sein, und diese dürfen die Länge von jeweils 25 Zeichen nicht überschreiten. Kürzere Texte sind besser.

Beginnen Sie mit der Einrichtung unter Anzeigen und Erweiterungen • Erweiterungen. Klicken Sie auf das Symbol ⊕ und dann auf + Erweiterung mit Zusatzinformationen. Geben den gewünschten Text ein, und je nach Bedarf priorisieren Sie die Zusatzinformation für Mobilgeräte oder nutzen den Werbezeitplaner (siehe Abbildung 12.64). Vermeiden Sie zusätzliche Symbole. Bei den Zusatzinformationen gelten dieselben Regeln wie für Textanzeigen, d. h., Ausrufezeichen, Prozentzeichen etc. sind auch hier erlaubt.

Beachten Sie bei der Einrichtung, dass sich der Text einer Zusatzinformation weder im Anzeigentext noch in den Sitelinks wiederfinden sollte. Problematisch wird es, wenn Sie nun alle Verkaufsargumente über die Erweiterung mit Zusatzinformationen präsentieren und aus den Anzeigentexten entfernen. Dann würden sie fehlen, sobald die Zusatzinformationen nicht ausgespielt werden. Versuchen Sie hier, einen Kompromiss zu finden und die Verkaufsargumente in Ihren Anzeigentexten zum Beispiel etwas anders als in Ihren Zusatzinformationen zu formulieren.

Die Erweiterung mit Zusatzinformationen bietet Ihnen mehr Platz, um Ihre Vorzüge in Ihre Anzeigen einzubauen. Daher nehmen Sie sich die Zeit, sie zu integrieren, was ohne viel Aufwand auch auf Kontoebene möglich ist.

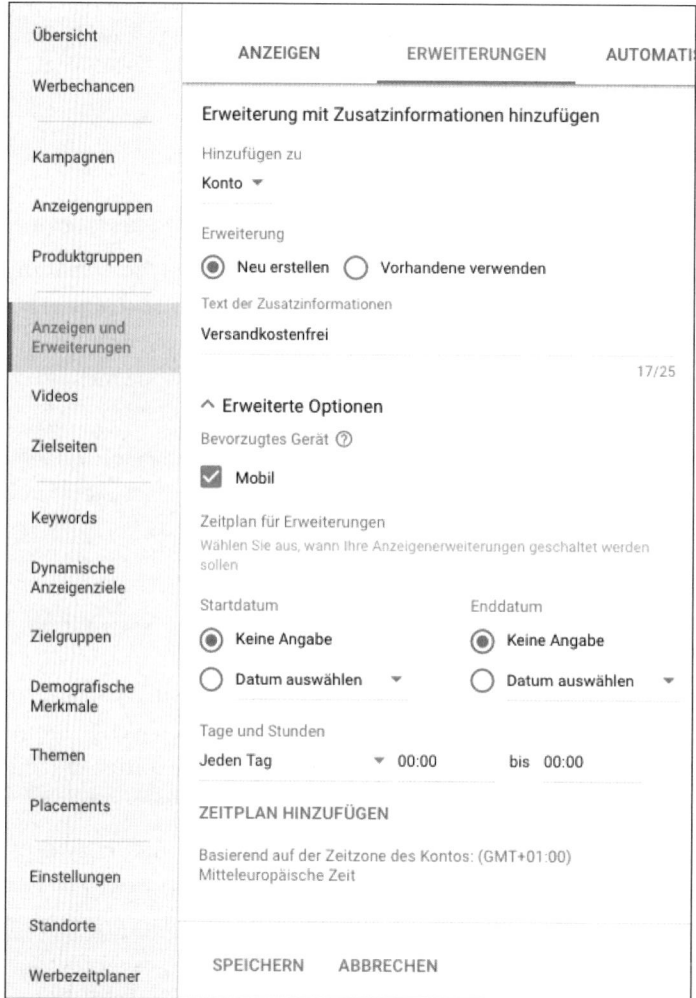

Abbildung 12.64 Erweiterung mit Zusatzinformation einrichten

12.11.4   Standorterweiterung hinzufügen

Mit der Standorterweiterung wird dem User bei seiner Suche die Adresse Ihres nächstgelegenen Unternehmensstandortes unter der Anzeige angezeigt. Außerdem wird die Adresse auf einer eingeblendeten Google-Maps-Karte markiert und als Zieladresse im Routenplaner definiert. Auf Mobilgeräten wird dem Nutzer seine aktuelle Entfernung in Kilometern und ein Link mit einer Wegbeschreibung zu Ihrem Unternehmensstandort ausgeliefert (siehe Abbildung 12.65).

Standorterweiterungen funktionieren im gesamten Suchnetzwerk, d. h. im Google-Suchnetzwerk und im Google-Partner-Suchnetzwerk, wozu auch Google Maps zählt.

Auch im Displaynetzwerk können Textanzeigen durch Standorterweiterungen ergänzt werden.

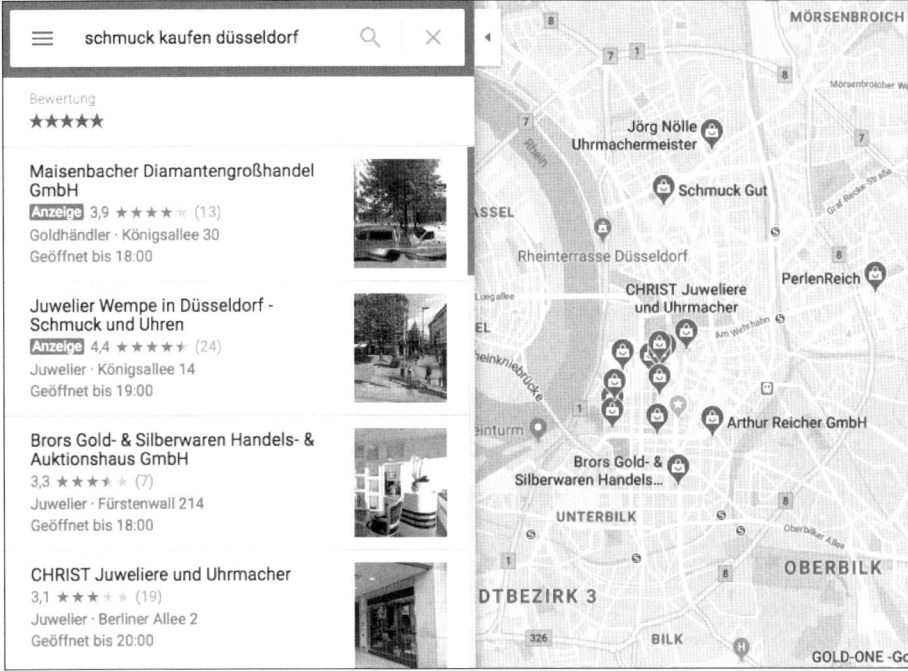

Abbildung 12.65 Anzeigen mit Standorterweiterung in Google Maps

Versäumen Sie es unter keinen Umständen, diese Erweiterung einzurichten, wenn
Sie über einen Unternehmensstandort verfügen, den Ihre Kunden besuchen können.
Denn insbesondere von unterwegs sucht der User oft nach dem nächsten Fotogra-
fen, Blumen- oder Bekleidungsgeschäft, und Sie brauchen ihn mit der Standorterweiterung nur noch in Ihren Laden leiten (siehe Abbildung 12.66).

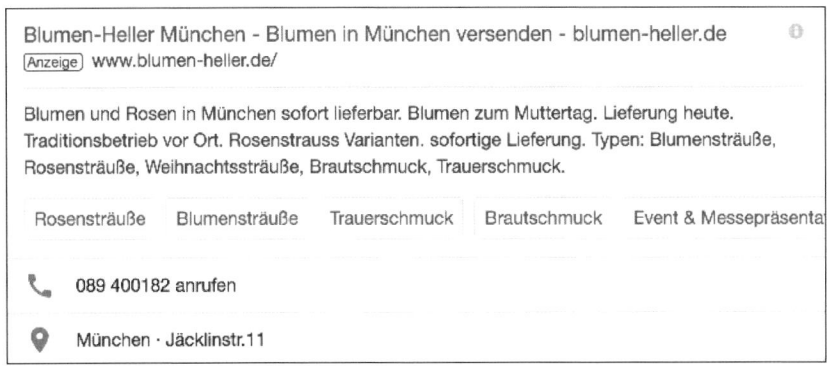

Abbildung 12.66 Standorterweiterung und Click-to-Call-Button auf dem Smartphone

12.11.5   Anruferweiterung hinzufügen

Die Anruferweiterung ermöglicht es Ihnen, eine Telefonnummer in Ihre Anzeigen einzubinden. Auf Desktop-Computern wird Ihre Telefonnummer innerhalb der Anzeige eingeblendet, sofern angegeben, oder eben nicht angezeigt, falls Sie die Anruferweiterung nur für Mobilgeräte definiert haben (siehe Abbildung 12.67). Mobile Nutzer haben die Möglichkeit, Sie mit einem Klick auf den Anruf-Button, der auch Click-to-Call-Button genannt wird, direkt zu kontaktieren (siehe Abbildung 12.66).

Blumen-Heller München - Blumen in München versenden
Anzeige www.blumen-heller.de/ ▾
Blumen und Rosen in München sofort lieferbar.
Rosenstrauss Varianten · sofortige Lieferung · Traditionsbetrieb vor Ort
Typen: Blumensträuße, Rosensträuße, Weihnachtssträuße, Brautschmuck, Trauerschmuck
Business-Service · Brautschmuck · Rosensträuße · Event & Messepräsentation
♀ Jäcklinstr.11, München

Abbildung 12.67 Anzeigen mit Standortinformationen und ohne Anruferweiterung auf dem Desktop

Für Sie fallen dabei die gleichen Kosten an wie bei einem Klick auf die Anzeige, die reine Nutzung der Anruferweiterung bleibt kostenfrei.

Anruferweiterungen lassen sich sowohl im Suchnetzwerk als auch im Displaynetzwerk einsetzen. Im Displaynetzwerk funktionieren sie jedoch nur auf High-End-Mobiltelefonen mit vollwertigem Internetbrowser.

Sie können die Anruferweiterung auf Konto-, Kampagnen- oder Anzeigengruppenebene einrichten. Starten Sie unter ANZEIGEN UND ERWEITERUNGEN • ERWEITERUNGEN, klicken Sie auf das Symbol ⊕ und dann auf + ANRUFERWEITERUNG, und wählen Sie zunächst die jeweilige Ebene aus. Markieren Sie, ob Sie eine Telefonnummer NEU ERSTELLEN oder eine VORHANDENE VERWENDEN wollen (siehe Abbildung 12.68). Wählen Sie im Dropdown-Menü das Land aus, in dem Sie Ihren Sitz haben. Beachten Sie, dass die Richtlinien gerade bei dieser Anzeigenerweiterung von Land zu Land variieren.

In das Feld gleich daneben geben Sie Ihre Telefonnummer ein. Wenn Sie als bevorzugtes Gerät MOBIL anklicken, wird diese Erweiterung in erster Linie auf Mobiltelefonen ausgeliefert. Es ist allerdings nicht ausgeschlossen, dass sie auch auf Desktop-Geräten, Tablets oder Laptops gezeigt wird.

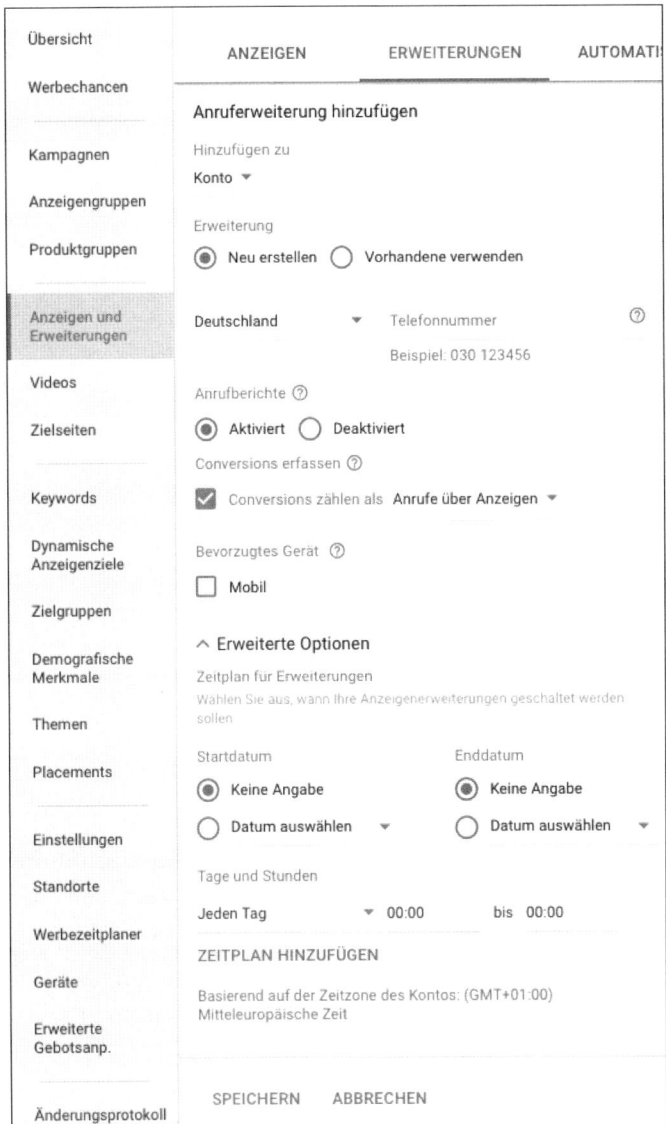

Abbildung 12.68 Fügen Sie Ihren Anzeigen eine Telefonnummer hinzu.

Um aus dieser ANRUFERWEITERUNG nun Conversions zu erfassen, legen Sie zunächst über das Werkzeugsymbol und MESSUNG · CONVERSIONS sowie mit dem Symbol ⊕ eine Anruf-Conversion an (siehe Abschnitt 2.6.5). Nehmen Sie die üblichen Einstellungen vor, und bestimmen Sie unter ANRUFDAUER die Dauer, ab wann der Anruf als Conversion gewertet werden soll (siehe Abbildung 12.69).

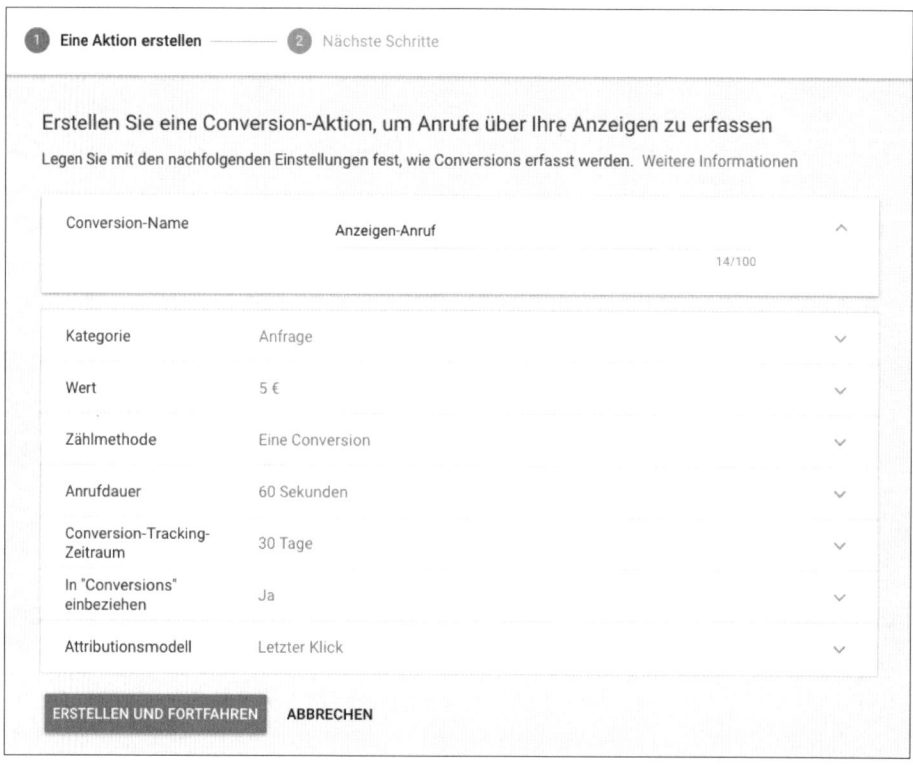

Abbildung 12.69 Einstellungen für Anruf-Conversions

Bei der Einrichtung einer neuen Telefonnummer mit Google-Weiterleitungsrufnummer müssen Sie nur noch ein Häkchen bei CONVERSIONS ZÄHLEN ALS setzen und die entsprechende Conversion aus dem Dropdown-Menü rechts daneben auswählen.

Über das Symbol für BERICHTERSTELLUNG oben in der Navigation rufen Sie VORDEFINIERTE BERICHTE (FRÜHER UNTER "DIMENSIONEN") • EINFACH • ANRUFDETAILS auf. Hier können Sie wie bei anderen Berichten auch über das Symbol für ZEILE UND SPALTE AUSBLENDEN Ihre Berichtsansicht individuell festlegen. Unter SPALTEN • HINZUFÜGEN können Sie unter anderem folgende Spalten für Ihre Auswertung aufnehmen (siehe Abbildung 12.70):

▶ LEISTUNG • TELEFON-IMPRESSIONEN: So häufig wurde Ihre Anruferweiterung mit Weiterleitungsrufnummer ausgespielt.

▶ LEISTUNG • ANRUFE: So häufig wurde die Google-Weiterleitungsrufnummer entweder durch Click-to-Call oder durch die manuelle Eingabe gewählt. Unter SEGMENTE • KLICKTYP können Sie sich anzeigen lassen, zu welchen Anteilen ein Klick auf den Click-to-Call-Button, ein Anruf nach dem Klick auf den Click-to-Call-Button und ein Telefonanruf mit manueller Wahl erfolgte.

▶ DURCHSCHN. CPP: Verhältnis der Telefonkosten zur Anzahl der Anrufe

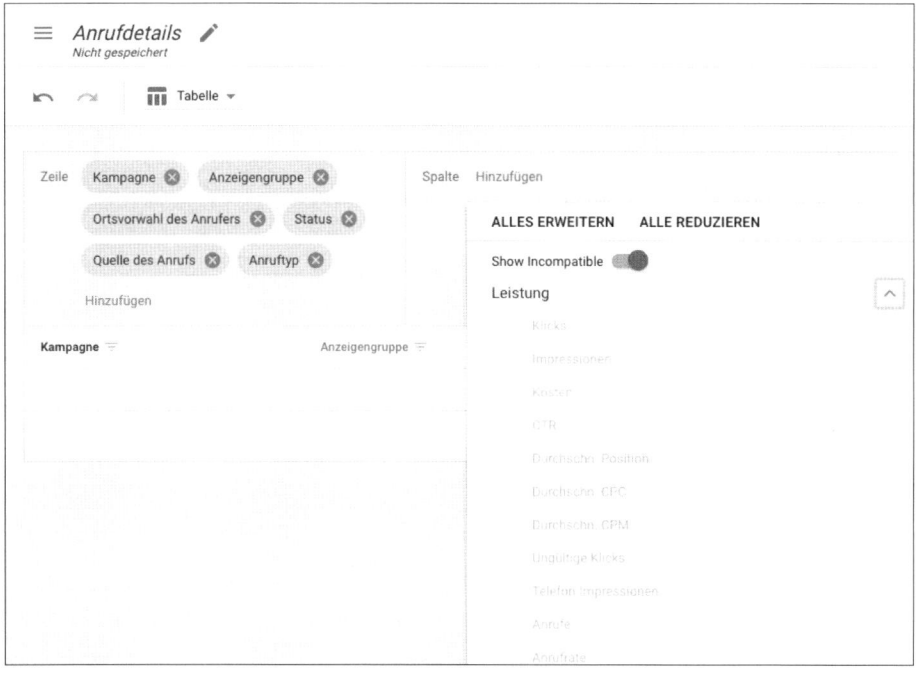

Abbildung 12.70 Hinzufügen der Spalten mit »Anrufdetails«

In der Zeilenansicht können Sie ferner weitere Informationen wie beispielsweise folgende anzeigen lassen:

- STATUS (Anruf entgangen oder erhalten)
- QUELLE DES ANRUFS
- ORTSVORWAHL DES ANRUFERS
- ANRUFTYP (Click-To-Call oder manuell gewählt)

Hinweis: Aktuell teilweise verfügbare Spaltenauswahl

Zu dem Zeitpunkt der Bucherstellung (Dezember 2017) ließen sich die im Folgenden beschriebenen Spalten zwar mit dem Regler SHOW INCOMPATIBLE anzeigen, allerdings waren sie noch nicht auswählbar, sondern ausgegraut. Da sie allerdings angezeigt werden, ist davon auszugehen, dass sie im Zuge der Umstellung von der Beta-Version des neuen AdWords-Kontos auf die finale Version Zug um Zug freigeschaltet werden. Im Zweifelsfall müssen Sie diese Einstellungen mehrfach überprüfen, bis sie schließlich verfügbar sind.

Außer durch die Auswahl über VORDEFINIERTE BERICHTE (FRÜHER UNTER "DIMENSIONEN") können Sie sich bestimmte Anrufdetails auch direkt in Ihrer Kampagnen- oder Anzeigengruppen-Ansicht anzeigen lassen, indem Sie dort auf das Symbol für SPAL-

---

TEN ANPASSEN klicken und dann unter ANRUFDETAILS entsprechend auswählen, was Sie sehen möchten (siehe Abbildung 12.71).

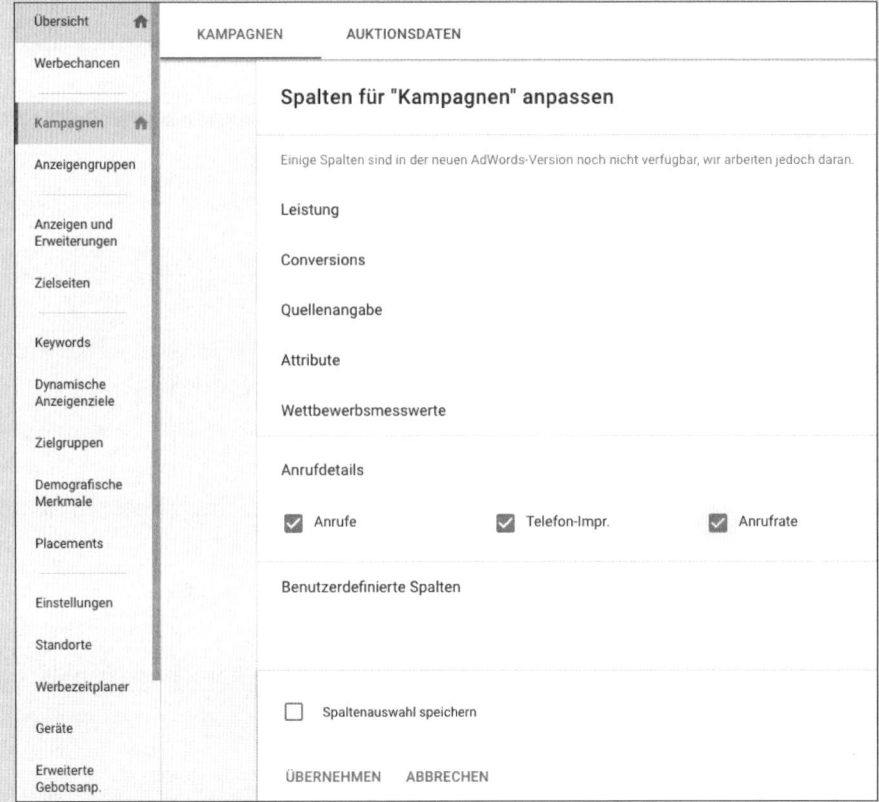

Abbildung 12.71 Anrufdetails direkt auf Kampagnen- oder Anzeigengruppenlevel einblenden

Wie aussagekräftig ist eine Anruf-Conversion?

Die Fülle der Daten, die Google über Google-Weiterleitungsrufnummern zur Verfügung stellt, ist beeindruckend. Doch wie gehaltvoll sind die Conversion-Daten tatsächlich? Können wir eine Conversion wirklich an der Anrufdauer messen oder führt das nicht eher zu einem verzerrten Bild? Eine telefonische Bestellung und eine wutentbrannte Beschwerde dürften sich, was die Dauer betrifft, nicht groß unterscheiden. Auch Beratungsgespräche, die nicht zwingend zu einer Bestellung führen, erfordern eine gewisse Zeit. Daher ist, was die Wertigkeit einer Anruf-Conversion angeht, Vorsicht geboten. Wenn Sie mit Anruf-Conversions arbeiten, sollten Sie die Anrufe auswerten, um zu beurteilen, welche Ziele durch sie erfüllt wurden.

Lassen Sie Ihre eigene Telefonnummer anzeigen, haben Sie weniger Möglichkeiten, die Anruferweiterung auszuwerten. Über das Symbol für Segmente und KLICKTYP (siehe Abbildung 12.72) sehen Sie zumindest, wie viele Nutzer via Click-to-Call Kontakt mit Ihnen aufgenommen haben.

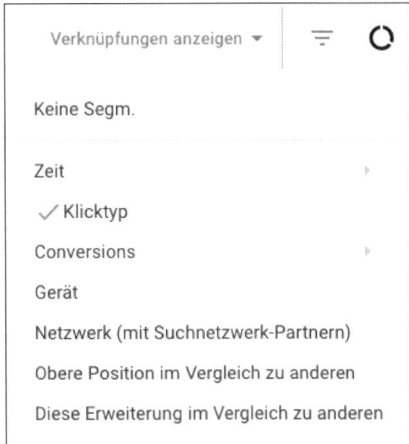

Abbildung 12.72 Segmentierung nach Klicktyp

Ob nun mit eigener Telefonnummer oder Google-Weiterleitungsrufnummer, diese Anzeigenerweiterung ist schnell eingerichtet und spätestens in Zeiten der mobilen Suche unverzichtbar geworden.

12.11.6   App-Erweiterung: Smartphone-User zum App-Store führen

Wenn Sie über eine eigene App verfügen, dann sollten Sie die App-Erweiterung in Ihre Anzeigen einbauen. Ein separater Link in Ihren Anzeigen leitet den User sofort in den App Store von Apple bzw. Google Play, wo er sich Ihre App herunterladen kann. Bei einem Klick auf den Anzeigentitel landet er hingegen auf Ihrer Website. Sie zahlen dabei, wie gewohnt, nur den Klick.

> **Tipp: Google erkennt das Betriebssystem des Users**
>
> Ist Ihre App mit beiden Betriebssystemen kompatibel, sollten Sie je eine App pro Betriebssystem anlegen. Das Google-AdWords-System erkennt automatisch, von welchem Betriebssystem und welchem Gerät aus der User sucht, und zeigt ihm die passende App an.

Für Werbetreibende mit einer App im Angebot ist diese Anzeigenerweiterung eine komfortable Lösung, um die Nutzer innerhalb ihrer Anzeigen auf diese App aufmerksam zu machen.

12.11.7   Sterne in den Anzeigen: Verkäuferbewertungserweiterung

Ein sehr vertrauenswirksames Feature sind die kleinen Sterne, die durch die Verkäuferbewertungserweiterung, die auch Seller-Ratings genannt wird, in Ihre Anzeige eingebettet werden (siehe Abbildung 12.73).

Abbildung 12.73 Sogenannte Seller-Ratings sind aus den SERPs nicht mehr wegzudenken.

Wundern Sie sich nicht, dass Ihnen diese Erweiterung unter ERWEITERUNGEN nicht angezeigt wird. Diese Anzeigenerweiterung gehört zu den passiven Anzeigenerweiterungen, die Sie nicht aktiv über die Google-AdWords-Oberfläche einrichten. Google zeigt die Verkäuferbewertungen bei Suchnetzwerk-Kampagnen automatisch an, sobald mindestens 150 Rezensionen von verschiedenen Nutzern vorliegen und die Gesamtbewertung mindestens 3,5 Sterne aufweist. Der Durchschnitt der Bewertungen wird dann in Form der bekannten 1 bis 5 Sternchen in Ihren Anzeigen eingeblendet. Inwieweit Sie bereits über genügend Bewertungen für eine Anzeige verfügen, können Sie unter der URL *https://www.google.com/shopping/seller?q=ihrebeispielurl.de* prüfen, wobei Sie »*ihrebeispielurl.de*« durch Ihre Domain ersetzen und das Präfix »*www*« weglassen.

Quellen für Verkäuferbewertungen

Google übernimmt die Bewertungen unverändert von verschiedenen unabhängigen Bewertungsportalen, beispielsweise von *Ausgezeichnet.org*, *eKomi* und *Trusted Shops*, um nur die bekanntesten zu nennen. Außerdem bietet Google selbst ein kostenloses Programm, *Google Kundenrezensionen*, an, über das Sie Rezensionen nach dem Kauf erfassen lassen können, sofern Sie ein Google-Merchant-Konto besitzen. Weitere Informationen zu Quellen für Verkäuferbewertungen sowie die Google Kundenrezensionen finden Sie unter:

https://support.google.com/adwords/answer/2375474?hl=de

Die Sterne sind für viele Nutzer mittlerweile ein bewährtes Trust-Element, das ihr Klickverhalten maßgeblich beeinflusst. Deshalb sollten Sie in keinem Fall darauf verzichten, die Voraussetzungen für die Verkäuferbewertungserweiterung zu schaffen, damit Sie mit Ihren Produkten bzw. Dienstleistungen über die entsprechenden Bewertungsportale auch bewertet werden können.

12.11.8   Bewertungserweiterungen

Ähnlich wie die Seller-Ratings wirkt auch die Bewertungserweiterung als Trust-Element auf den User und stärkt so die Klickrate Ihrer Anzeigen. Mit dieser Erweiterung konnten Sie bis Anfang 2018 Ihren Anzeigen positive Zitate aus Quellen von Drittanbietern über Ihr Unternehmen anhängen. Allerdings hat Google Mitte Dezember 2017 unter *https://support.google.com/adwords/answer/3236114?hl=de* folgende Mitteilung veröffentlicht:

> *»Ab Mitte Januar 2018 werden in Anzeigen keine Rezensionserweiterungen mehr eingeblendet. Anfang Februar werden dann alle Rezensionserweiterungen sowie deren Leistungsdaten gelöscht. Wenn Sie diese Daten speichern möchten, müssen Sie den Bericht zu Erweiterungen herunterladen. Gehen Sie dazu in AdWords auf die Seite Anzeigen und Erweiterungen und klicken Sie auf AUTOMATISCHE ERWEITERUNGEN. Wenn Sie weiterhin zusätzliche Informationen mit Ihren Anzeigen präsentieren möchten, empfehlen wir Sitelink- und Snippet-Erweiterungen sowie Erweiterungen mit Zusatzinformationen.«*

12.12   Optimierungen im Google Displaynetzwerk

Für die Werbung im Google Displaynetzwerk (GDN) gibt es natürlich andere Optimierungsansätze als die Möglichkeiten, die wir für das Suchnetzwerk vorgestellt haben. In einem ersten Schritt schauen wir uns nun an, welche der bekannten Möglichkeiten auch für das GDN funktionieren.

An erster Stelle sind alle Hinweise für die unterschiedlichen, kreativen Gestaltungsmöglichkeiten für die Textbausteine der Responsive-Anzeigen zu nennen. Da die Anzeigen im Displaynetzwerk jedoch nicht durch eine Suche ausgelöst werden, können Sie diese Texte ruhig etwas allgemeiner gestalten. Sie müssen sie nicht so stark auf eine bestimmte Suchphrase hin optimieren. Zudem setzt Google die Responsive-Anzeigen unterschiedlich zusammen, sodass Sie nie den ganzen optimalen Text betrachten können. Bei den Möglichkeiten zur Anzeigenerweiterungen ist Google im GDN etwas zurückhaltender. Zur Optimierung können Sie im GDN nur die Standort- und Telefonerweiterung nutzen.

Auf der anderen Seite können Sie im Displaynetzwerk mit Imageanzeigen punkten und diese entsprechend optimieren. Eine Optimierungsmöglichkeit besteht zum Beispiel darin, passende emotionale Bilder und klickaktivierende Informationen einzubauen. Die animierten Bild- oder Flash-Anzeigen sollen potenzielle Kunden zu einem Besuch auf Ihrer Webseite bewegen. Es ist daher auch sinnvoll, den Nutzen für einen Besuch der Website hervorzuheben. Falls Sie nach den ersten Tests im GDN wichtige Placements selektiert haben, können Sie zur weiten Optimierung auch individuelle Imageanzeigen für die wichtigsten Placements erstellen, die zum Beispiel inhaltlich und farblich auf die jeweiligen Webseiten abgestimmt sind. Für diese Werbung würden dann eigene Anzeigengruppen erstellt, die eventuell jeweils nur auf ein Placement ausgerichtet sind.

12.12.1 Optimierung durch Ausschluss

Außer durch die Gestaltung der Anzeigen können Sie im GDN auch über den Ausschluss bestimmter Parameter optimieren. Zur effizienteren Ausrichtung auf Ihre gewünschten Anzeigenziele und Ihre Zielgruppe können Sie folgende Targeting-Parameter nicht nur einschließen, sondern auch jeweils ausschließen:

▶ Keywords

▶ Zielgruppen

▶ demografische Merkmale

▶ Placements

▶ Inhalte

▶ Standorte

Diese Punkte sehen wir uns jetzt genauer an.

Auszuschließende Keywords

Definieren Sie hier Begriffe, zu denen Ihre Anzeigen nicht ausgespielt werden sollen. Wenn Sie im Seitenmenü KEYWORDS und dann AUSZUSCHLIESSENDE KEYWORDS wählen, können Sie per Checkbox bestehende Keywords auswählen, um sie zu entfernen bzw. um sie über das Stiftsymbol rechts neben dem Keyword, das bei Mouseover erscheint, zu bearbeiten.

Über das Symbol ⊕ fügen Sie neue auszuschließende Keywords ❶ entweder auf Kampagnen- oder auf Anzeigengruppenebene ❷ hinzu (siehe Abbildung 12.74). Diese auszuschließenden Keywords können Sie dann in einer neuen oder bestehenden Liste ❸ speichern. Für eine neue Liste wählen Sie einen Listennamen ❹, und für eine bestehende Liste wählen Sie die entsprechende Liste aus dem Dropdown-Menü aus ❺.

Anschließend klicken Sie auf Speichern ❻. Alternativ können Sie auch eine bereits bestehende LISTE MIT AUSZUSCHLIESSENDEN KEYWORDS VERWENDEN ❼.

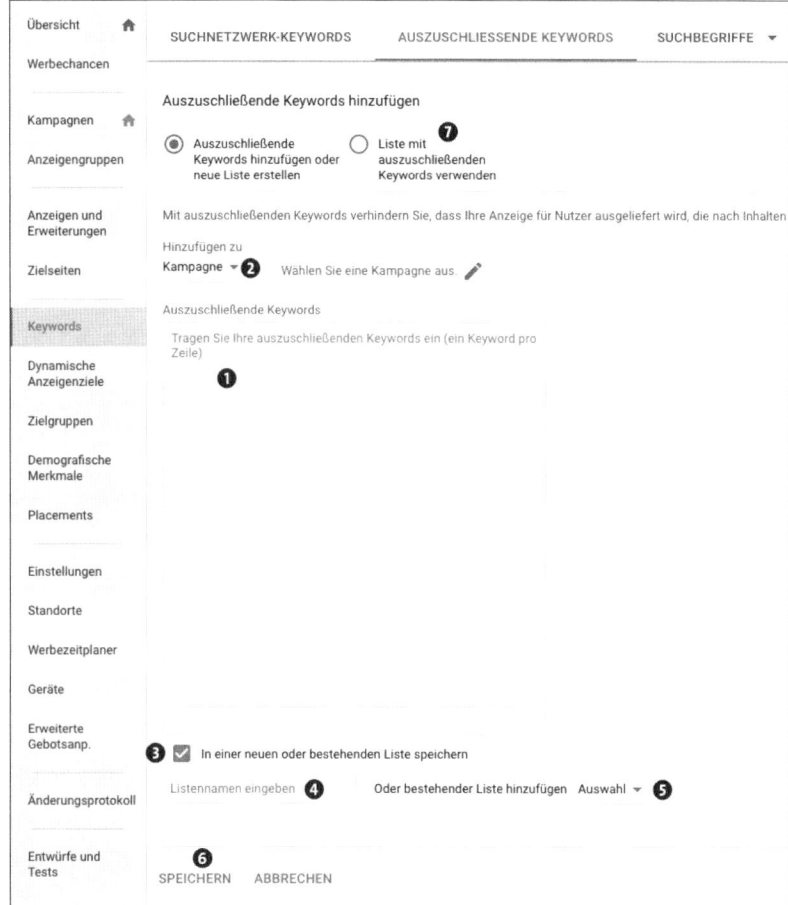

Abbildung 12.74 Auszuschließende Keywords hinzufügen

Zielgruppen ausschließen

Geben Sie im Dialog aus Abbildung 12.75 an, welche Zielgruppen Ihre Anzeigen nicht sehen sollen. Analog zu Keywords verfahren Sie auch bei den auszuschließenden Zielgruppen. Wählen Sie dafür im Seitenmenü ZIELGRUPPEN und dann AUSSCHLÜS-SE. Auch hier fügen Sie eine neue auszuschließende Zielgruppe über das Symbol ⊕ hinzu, wählen wieder das Level ❶ aus, auf dem Sie den Ausschluss definieren, und wählen per Checkbox ❷ die Zielgruppe(n) aus, die Sie ausschließen wollen. Gewählte Zielgruppen erscheinen dann automatisch im rechten Fenster ❸. Durch Klick auf Speichern ❹ schließen Sie den Vorgang ab.

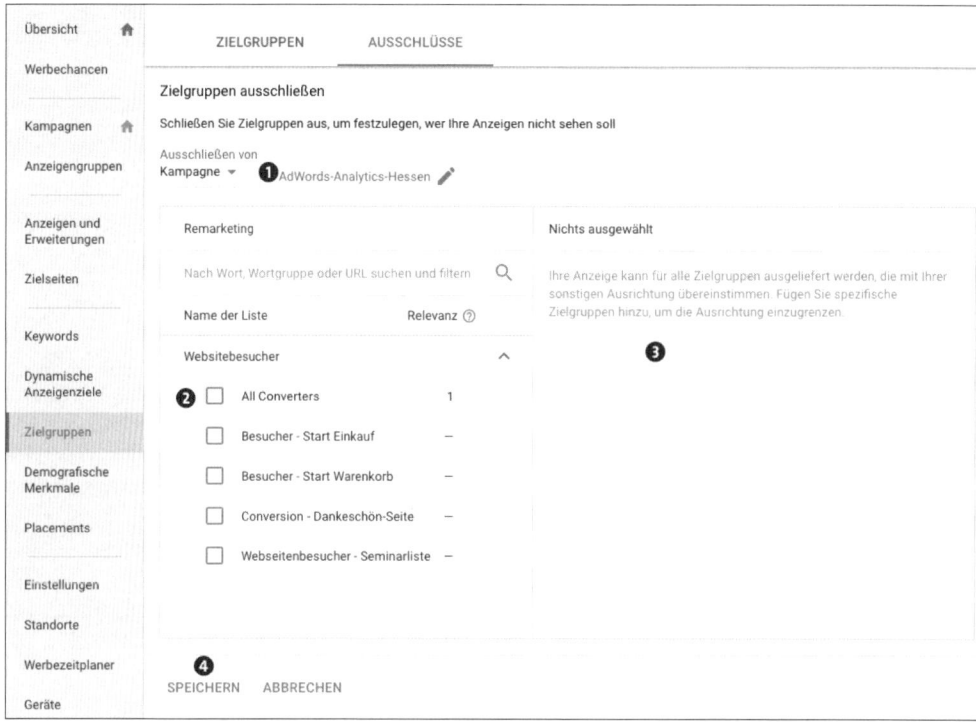

Abbildung 12.75 Zielgruppen auschließen

Demografische Merkmale

Über den Pfad SEITENMENÜ · DEMOGRAFISCHE MERKMALE · MEHR · AUSSCHLÜSSE gelangen Sie zur Eingabe der demografischen Ausschlusskriterien. Durch Klick auf das Stiftsymbol erstellen Sie einen neuen Ausschluss. Nachdem Sie wiederum den Level festgelegt haben, grenzen Sie nun GESCHLECHT und ALTER nach Ihren Vorgaben ein. Die Option HAUSHALTSEINKOMMEN ist derzeit nur in den USA, Japan, Australien und Neuseeland verfügbar. Und auch hier schließen Sie den Dialog durch einen Klick auf SPEICHERN ab.

Placements-Ausschlüsse

Über SEITENMENÜ · PLACEMENTS · AUSSCHLÜSSE können Sie bestimmte Placements im Displaynetzwerk und auf YouTube ausschließen. Wieder definieren Sie den Ausschlusslevel ❶ (ANZEIGENGRUPPE oder KAMPAGNE) und geben dann an, ob Sie ganze YouTube-Kanäle ❷ oder nur einzelne YouTube-Videos ❸ respektive welche Websites ❹ oder Apps ❺ bzw. App-Kategorien ❻ Sie ausschließen wollen. Ihre so definierten Placements-Ausschlusslisten können Sie später über das Werkzeugsymbol und GEMEINSAM GENUTZTE BIBLIOTHEK · PLACEMENT-AUSSCHLUSSLISTEN zentral aufrufen.

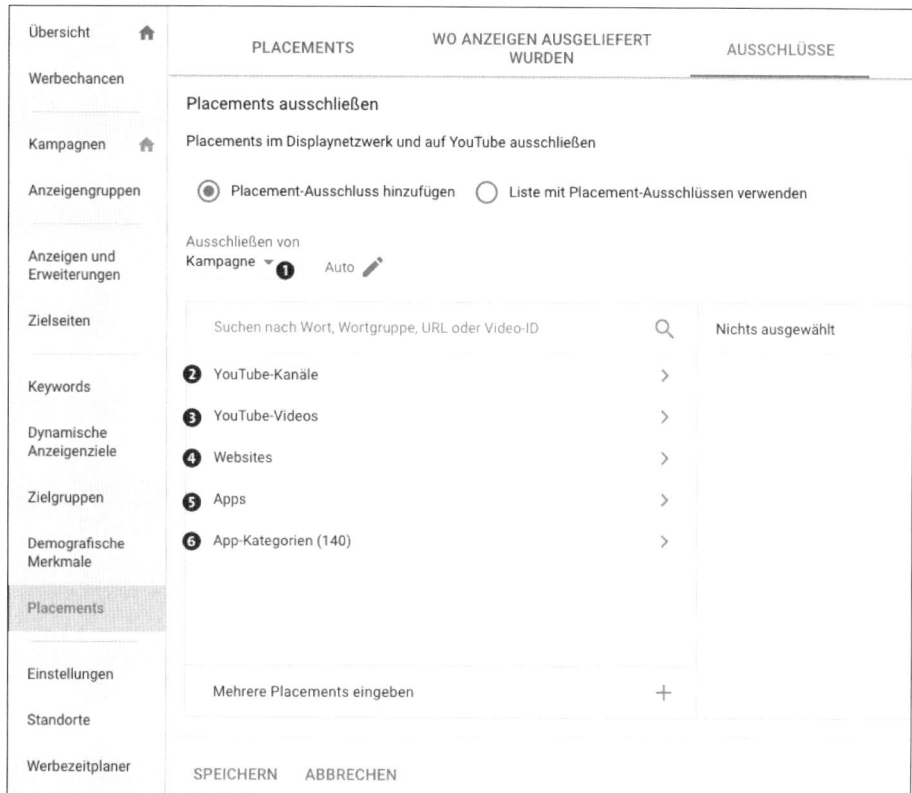

Abbildung 12.76 Placements-Ausschlüsse definieren

Auszuschließende Inhalte

Zusätzlich zu den oben genannten Ausschlussmöglichkeiten haben Sie über den Pfad Seitenmenü · Einstellungen · Kontoeinstellungen · Auszuschliessende Inhalte die Möglichkeit, bestimmte Inhalte auszuschließen, z. B. Webseiten mit problematischem Inhalt oder Webseiten für unpassende Zielgruppen etc. (siehe Abbildung 12.77).

Ausgeschlossene Standorte

Genauso gut lassen sich Ihre Anzeigen durch ausgeschlossene Standorte weiter spezifizieren. Dazu wählen Sie im Seitenmenü Standorte · Ausgeschlossen und dort wiederum die entsprechende Kampagne. Jetzt wählen Sie für diese Kampagne einen oder mehrere Standorte aus, die Sie ausschließen wollen wie im Beispiel aus Abbildung 12.78.

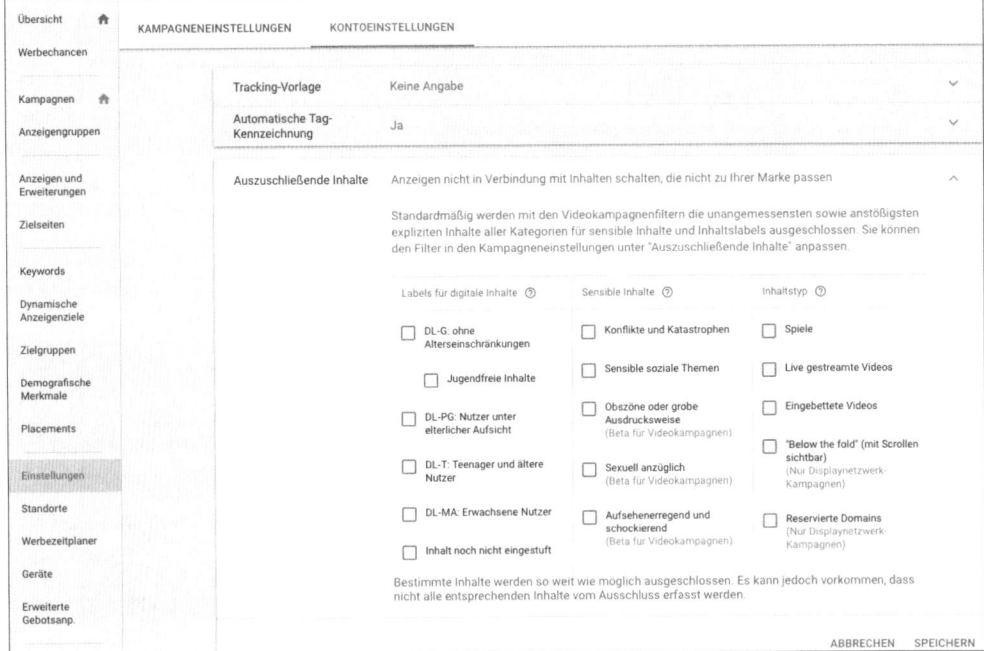

Abbildung 12.77 Bestimmte Inhalte ausschließen

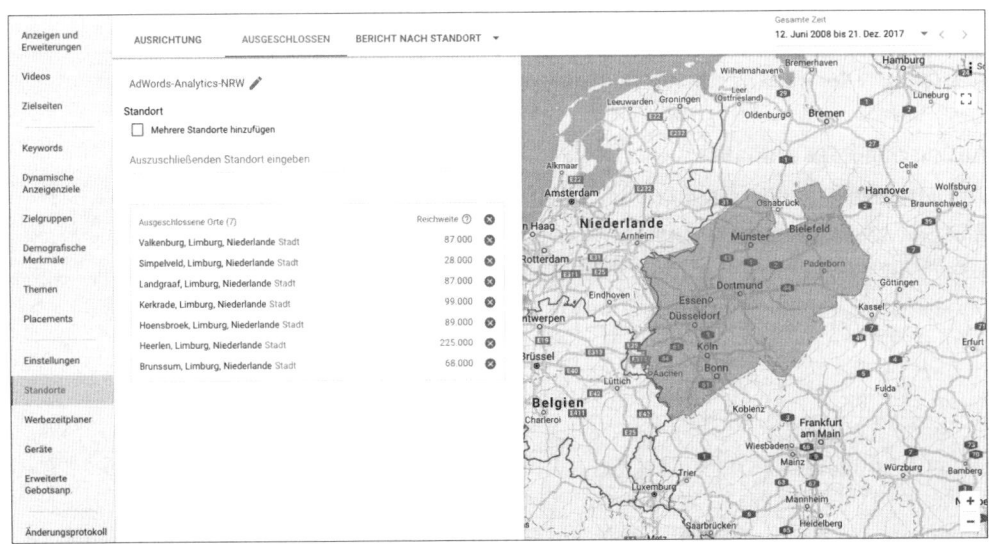

Abbildung 12.78 Standorte ausschließen

Bei der automatisierten Schaltung im GDN werden oft mobile Apps als Werbeträger genutzt. Falls die Nutzer von Apps nicht Ihre Zielgruppe sind oder Sie aus der Statistik erkennen, dass Ihnen die Werbeeinblendungen in Apps keine Kunden liefern, so können Sie diese Schaltung bzw. einen Großteil dieser Auslieferung verhindern. Dazu wählen Sie bei DISPLAYNETZWERK-KAMPAGNEN eine konkrete Kampagne aus. Über EINSTELLUNGEN • WEITERE EINSTELLUNGEN (unten per Dropdown-Menü zu öffnen) und wählen Sie dann im Dropdown-Menü GERÄTE den Radiobutton SPEZIFISCHE AUSRICHTUNG FÜR GERÄTE FESTLEGEN (siehe Abbildung 12.79).

Abbildung 12.79 Spezifische Ausrichtung für Geräte festlegen

In dem Menü aus Abbildung 12.80, das sich nun öffnet, wählen Sie folgende vier Punkte ab, indem Sie den Haken aus der Checkbox entfernen, um Seiten mit Apps auszuschließen:

- ▶ MOBILE APP
- ▶ INTERSTITIAL IN SMARTPHONE-APP
- ▶ TABLET-APPS
- ▶ INTERSTITIAL IN TABLET-APP

Dies verhindert eine Vielzahl an Werbeschaltungen in mobilen Apps. Die Option MO-BILES WEB lassen Sie sowohl für Smartphones als auch für Tablets ausgewählt, denn es ist sinnvoll, Ihre Anzeigen auf mobilen Browsern auszuspielen.

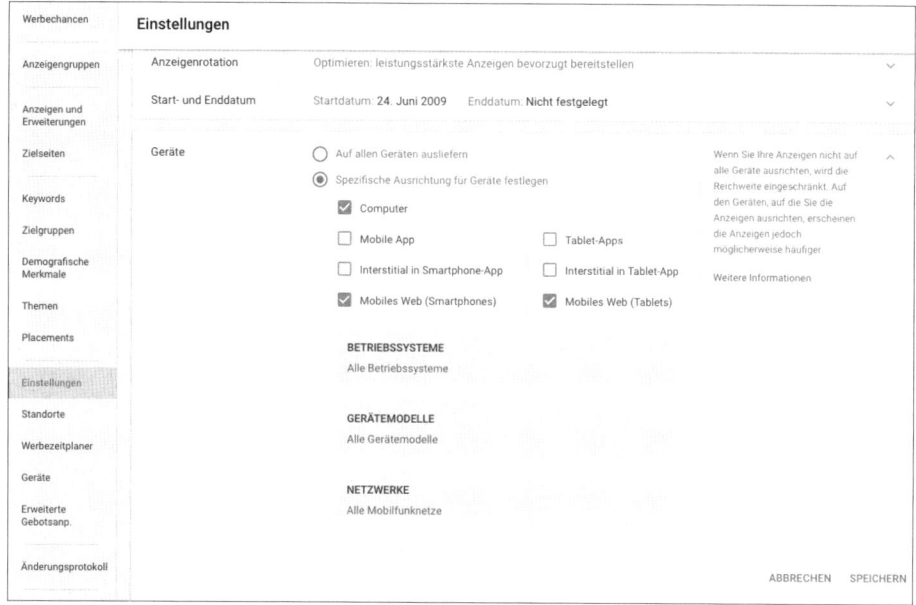

Abbildung 12.80 Mobile Apps und ganzseitige Anzeigen in Apps abwählen

12.12.2 Ausrichtungsoptimierung im GDN

Im Displaynetzwerk gibt es auch die Möglichkeit, die Optimierungsarbeit an Google zu übertragen. Wenn Sie sich bei DISPLAYNETZWERK-KAMPAGNEN auf der Anzeigen-ebene (sprich in einer konkreten Anzeige) befinden, können Sie diese automatische Ausrichtung bearbeiten, indem Sie bei den Target-Möglichkeiten im Seitenmenü, also bei ZIELGRUPPEN, THEMEN oder PLACEMENTS, auf den blauen Button mit dem Stift klicken und AUSRICHTUNG DER ANZEIGENGRUPPE BEARBEITEN wählen (siehe Abbildung 12.81).

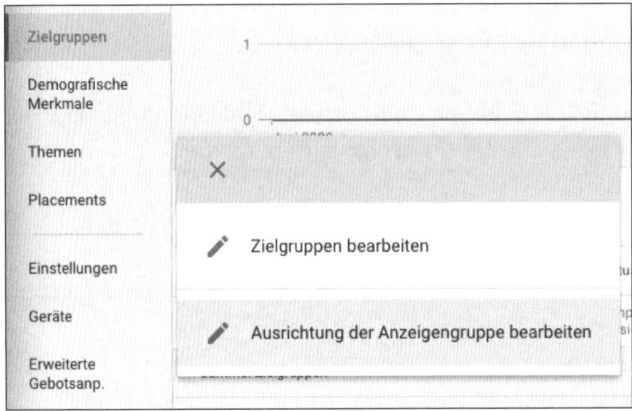

Abbildung 12.81 Ausrichtung der Anzeigengruppe bearbeiten

Danach öffnet sich ein neues Fenster (siehe Abbildung 12.82), in dem Sie unten unter EINSTELLUNGEN • AUTOMATISCHE AUSRICHTUNG definieren können, welche der folgenden Optionen Sie wünschen:

► Keine automatische Ausrichtung

► Konservative Automatisierung

► Aggressive Automatisierung

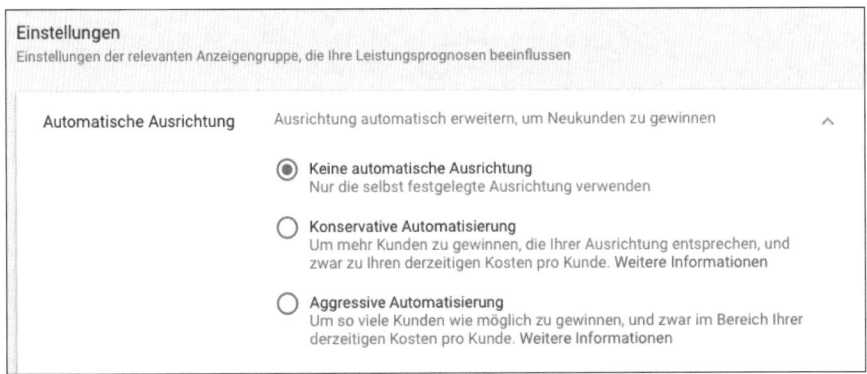

Abbildung 12.82 Automatische Ausrichtungsoptimierung im GDN

An dieser Stelle können Sie die Schaltung Ihrer Anzeigen im GDN durch Google optimieren lassen. Sie können durchaus innerhalb einer Kampagne jeder Anzeigengruppe eine andere Ausrichtung und auch eine andere Ausrichtungsoptimierung geben. So können Sie z. B. eine Anzeigengruppe auf Themen ausrichten und eine andere auf Placements.

Aber auch hier gilt der Grundsatz, dass Sie diese Optimierungsmöglichkeiten erst nutzen sollten, wenn eine Grundoptimierung vorhanden ist. Dies bedeutet, dass Ihre Anzeigengruppe auch die passende Zielgruppe anspricht bzw. dass die gewünschten Conversions erzielt werden.

Die KONSERVATIVE AUTOMATISIERUNG, bei der Google automatisch die Anzeige für neue, passende Kundengruppen schaltet, kann immer aktiviert werden. Für die AGGRESSIVE AUTOMATISIERUNG benötigen Sie 15 Conversions pro Monat in der jeweiligen Anzeigengruppe. Diese zweite, aggressive Methode bezeichnet Google auch als Optimierungs-Tool für Displaynetzwerk-Kampagnen.

12.13   Fazit

In diesem Kapitel haben Sie die wichtigsten Stellschrauben zur Optimierung Ihrer AdWords-Kampagnen kennengelernt. Nutzen Sie die verschiedenen Optimierungsansätze – von der Kontostruktur über die Optimierung von Keywords und Textanzeigen bis hin zur Webseitengestaltung. Arbeiten Sie auf jeden Fall mit den Möglichkeiten der Anzeigenerweiterung, die Google AdWords bietet. Und denken Sie immer daran, dass Sie durch die Optimierung echtes Geld sparen können. Der weitaus wichtigere Grund ist jedoch, dass Sie durch eine laufende Optimierung letztlich mehr Interessenten und Kunden gewinnen.

Anzeigenerweiterungen strategisch planen

Google bietet eine Fülle von Erweiterungen, die Sie selbst einrichten können (»manuelle Erweiterungen«) und ergänzt darüber hinaus Ihre Anzeigen um Erweiterungen, die auch ohne manuelle Einrichtung (»automatische Erweiterungen«) ausgeliefert werden, wie beispielsweise die Seller-Ratings.

Bei der Fülle der manuellen Anzeigenerweiterung sollten Sie sich zunächst offline überlegen, welche davon Sie für Ihr Unternehmen nutzen wollen. Als nächsten Schritt definieren Sie dann, auf welcher Ebene (also auf Konto-, Kampagnen- oder Anzeigengruppenebene) Sie die Anzeigenerweiterung hinzufügen.

Bitte bedenken Sie dabei, dass Sie keinen Einfluss darauf haben, welche der einzelnen Erweiterungen Google ausspielt, wohl aber darauf, auf welchem Level – sprich in welchem inhaltlichen Kontext – möglicherweise welche Ergänzung erscheint. Gerade weil Sie nicht genau definieren können, was wann wie als Ergänzung erscheint, ist es ratsam, vor dem Erstellen der Anzeigenerweiterungen in einer Matrix alle Eventualitäten durchzuspielen, damit Ihre Anzeigen sowohl mit als auch ohne Erweiterungen eine starke Aussagekraft haben und den Betrachter zum Klick animieren. Erweiterungen sollten sinnvolle Ergänzungen zu Ihrem Anzeigentext liefern, die zusätzlich Aufmerksamkeit und Klicks generieren.

Wie schon eingangs bei den Keywords, ist es bei Anzeigenerweiterungen ebenfalls wichtig, dass Sie sie analog zu Ihrer jeweiligen Zielsetzung nutzen. Haben Sie beispielsweise das Ziel, Nutzer zum Kauf an Ihrem Geschäftsstandort zu motivieren, so bieten sich Standorterweiterungen und Erweiterungen mit Zusatzinformationen an. Ist Ihr Ziel hingegen, Nutzer dazu anzuregen, auf Ihrer Website eine Conversion durchzuführen, dann sind Sitelink-Erweiterungen sowie Erweiterungen mit Zusatzinformationen und Snippet-Erweiterungen das Mittel der Wahl. Sie sehen, eine sorgfältige Planung zahlt sich an dieser Stelle ebenfalls aus.

12.14   Checkliste

Optimieren Sie Ihr AdWords-Konto regelmäßig. Am besten führen Sie jedes Quartal oder mindestens jedes Halbjahr einen Fitness-Check für Ihr AdWords-Konto durch. Wenden Sie dazu die Fragen aus Tabelle 12.2 an.

Daran sollten Sie denken, wenn Sie Ihr AdWords-Konto optimieren	Kontrolliert (✓)
Ist die Kampagnenstruktur noch sinnvoll?	
Gibt es neue Möglichkeiten zur Unterteilung der Anzeigengruppen?	
Stimmt die Performance der Zielregionen?	
Stimmt die Performance der Partnernetzwerke?	
Funktioniert die Werbung auf den Smartphones?	
Welches Ergebnis liefert der A/B-Test der Textanzeigen?	
Können neue Anzeigen getestet werden?	
Gibt es optimale Werbezeiten?	
Soll das Werbebudget auf bestimmte Zeiträume konzentriert werden?	

Tabelle 12.2 Optimierungspotenzial für Ihr AdWords-Konto – Checkliste

Daran sollten Sie denken, wenn Sie Ihr AdWords-Konto optimieren	Kontrolliert (✓)
Funktioniert das Conversion-Tracking?	
Müssen zusätzliche oder neue Ziele gemessen werden?	
Kann das Budget reduziert oder anders verteilt werden?	
Muss das Budget erhöht werden?	
Gibt es neue Keyword-Vorschläge?	
Stimmen die Keyword-Optionen?	
Wurden die negativen Keywords regelmäßig erweitert?	
Müssen doppelte Keywords im Konto ausgeschlossen werden?	
Stimmen die Keyword-Gebote?	
Gibt es Probleme mit dem Qualitätsfaktor?	
Stimmt der Anteil der möglichen Impressionen?	
Können neue Anzeigenerweiterungen hinzugefügt werden?	
Gibt es neue Möglichkeiten für Anzeigenerweiterungen?	

Tabelle 12.2 Optimierungspotenzial für Ihr AdWords-Konto – Checkliste (Forts.)

Kapitel 13
Bearbeiten und Analysieren

In Ihrem AdWords-Konto gibt es immer etwas zu tun. Darum sollten Sie alle Tipps und Tricks kennen, die Ihnen dabei helfen, Ihre Einstellungen schnell zu verändern – oder Informationen zu filtern oder zu gruppieren, um eine schnelle Ad-hoc-Analyse durchzuführen. Wenn man das AdWords-Konto aus den Anfangsjahren mit dem aktuellen Konto vergleicht, so hat sich bereits einiges getan und es werden auch bestimmt noch weitere Analysemöglichkeiten hinzukommen. Daher sollten Sie sich auf jeden Fall die Grundprinzipien der Analyse aneignen.

Dieses Kapitel vermittelt Ihnen die nötigen Kenntnisse, um schnell und effektiv im Alltag in Ihrem AdWords-Konto zu arbeiten. Wir zeigen Ihnen Einstellungen, Filter- und Bearbeitungsmöglichkeiten, die Sie entweder regelmäßig oder immer mal wieder benötigen, um Ihr Konto mit geringem Aufwand zu analysieren. Es kann sein, dass bestimmte Möglichkeiten bereits an anderer Stelle direkt im Zusammenhang mit einer bestimmten Aufgabenstellung beschrieben worden sind. Diese Möglichkeiten werden jedoch auch hier noch einmal kurz vorgestellt, damit Sie einen Überblick über die verschiedenen Bearbeitungs-, Sortierungs- und Filtermöglichkeiten erhalten.

Ein wichtiger Teil dieses Kapitels beschreibt die Möglichkeiten zur Automatisierung Ihres AdWords-Kontos. Sie können Kontrollaufgaben, Änderungen oder auch Datensammlungen durch *automatisierte Regeln* oder *AdWords-Skripte* steuern. Die Übertragung von manuellen Arbeiten in automatisierte Prozesse nimmt Ihnen viel Arbeit ab und spart Zeit, die Sie wieder in andere wichtige Tätigkeiten (z. B. Recherche, Optimierung und Tests) stecken können.

13.1 Tricks, um Zeit zu sparen

Sie können zum einen Zeit sparen, wenn Sie mehrere Änderungen in einem Schritt zusammenfassen oder Aufgaben im AdWords-Konto automatisieren. Vor den Änderungen steht aber die Analyse. Ausgangspunkte sind dabei oft bestimmte Fragestellungen, die bei der Betrachtung Ihrer AdWords-Daten entstehen. Zu diesen Fragen zählen zum Beispiel:

▶ Welche Keywords funktionieren in meiner Kampagne, welche haben die besten Klickraten?

▶ Welche Keywords erzeugen Anzeigenpositionen, bei denen die Werbung nicht so gut gesehen wird, zum Beispiel Ranking-Positionen, die unter Position 5 liegen?

▶ Welche Keywords haben grundsätzlich eine schlechte Performance?

▶ Welche Anzeigengruppen haben die meisten Kosten verursacht?

Wenn Sie sich durch Sortierung, Filtern oder Gruppierung Ihrer AdWords-Daten einen Überblick verschaffen können, sind viele Fragen schnell zu beantworten. Diese Möglichkeiten der Datenanordnung und Veränderungen haben wir Ihnen in diesem Abschnitt zusammengefasst. Wir zeigen Ihnen:

▶ das gleichzeitige Ändern mehrerer Elemente

▶ das einfache Sortieren und Filtern

▶ die Nutzung komplexer Filter mit mehreren Bedingungen

▶ den Aufruf versteckter Dateninformationen

▶ die Gruppierung von Informationen

▶ das Filtern und Zuordnen über Kampagnen- und Anzeigengruppen hinweg

▶ die Möglichkeit zur Automatisierung Ihrer Kontobearbeitung

▶ die Erstellung automatisierter Benachrichtigungen

▶ die Schnelldiagnose von Keywords

▶ die Schnelldiagnose Ihrer Kampagnen im Konkurrenzvergleich

▶ die Erstellung automatisierter A/B-Tests in Ihren Kampagnen

13.1.1 Schnelle Bearbeitungsmöglichkeiten (Bulk-Edit)

Das sogenannte Bulk-Editing ermöglicht es Ihnen, mehrere Elemente (Kampagnen, Anzeigengruppen, Keywords oder Textanzeigen) gleichzeitig zu bearbeiten. *Bulk* steht dabei für »Masse« oder »Menge«. Bulk-Bearbeitung beschreibt also die gleichzeitige Veränderung einer größeren Datenmenge (siehe Abbildung 13.1).

Bei einer Bulk-Bearbeitung arbeiten Sie immer nach folgendem Ablaufschema:

1. Elemente auswählen (Entweder wählen Sie alle Elemente ❷ einer Tabelle aus oder markieren einzelne Elemente durch Aktivierung der vorangestellten Checkbox ❸.)

2. Klick auf BEARBEITEN ❶ in der blauen Kopfleiste

3. Auswahl der gewünschten Aktion (AKTIVIEREN ❹, PAUSIEREN ❺ etc.) aus der Dropdown-Liste

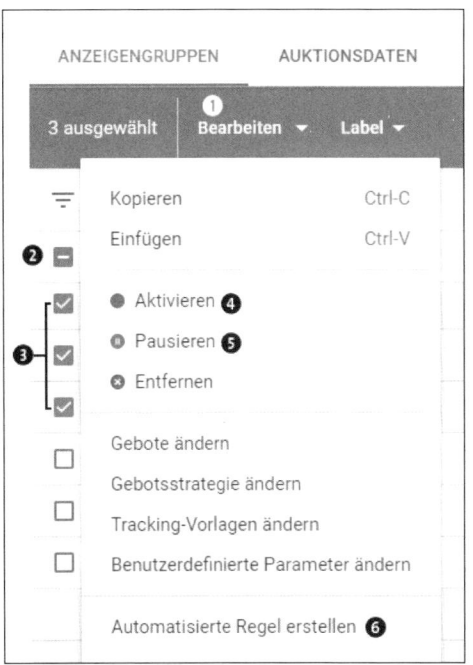

Abbildung 13.1 Mehrere Anzeigengruppen bearbeiten

Auf diese Weise können Sie auch via Automatisierte Regel erstellen ❻ passende Regeln für Anzeigengruppen aufsetzen.

Die Möglichkeit der Bulk-Änderung gibt es für alle Ebenen Ihres AdWords-Kontos, wobei auf den unterschiedlichen Ebenen verschiedene Aktionen wählbar sind. Während, wie in Abbildung 13.1 erkennbar, auf Anzeigengruppen-Ebene relativ wenige Wahlmöglichkeiten bestehen, sieht dies auf der Ebene der Keywords ganz anders aus (siehe Abbildung 13.2). Hier sind vor allem die Möglichkeiten zur Änderung der Keyword-Texte ❶ und Keyword-Optionen ❷ interessant. Falls Sie einzelne Keywords mit eigenen Ziel-URLs ❸ verknüpfen möchten, so funktioniert dies auch über die Bulk-Änderung auf Keyword-Ebene.

Wahrscheinlich vermuten Sie es schon: Auch die Ebene der Anzeigentexte hält eigene Bulk-Änderungen bereit. Wenn Sie Ihre Anzeigentexte öfter anpassen müssen, verbirgt sich hier eine große Hilfe. Denn mit den Bulk-Änderungen lassen sich auch gleichzeitige Textänderungen in mehreren Anzeigen zeitsparend umsetzen. Falls Sie zum Beispiel eine neue Rabattaktion in Höhe von 20 % planen und Ihr aktueller Anzeigentext in zig Anzeigen einen anderen Rabatt (z. B. in Höhe von 15 %) anzeigt, so können Sie mithilfe der Suchen-und-ersetzen-Funktion für Textanzeigen viel Zeit sparen. Markieren Sie zunächst per Checkbox alle Textanzeigen, für die eine Textpassage geändert werden soll (siehe Abbildung 13.3).

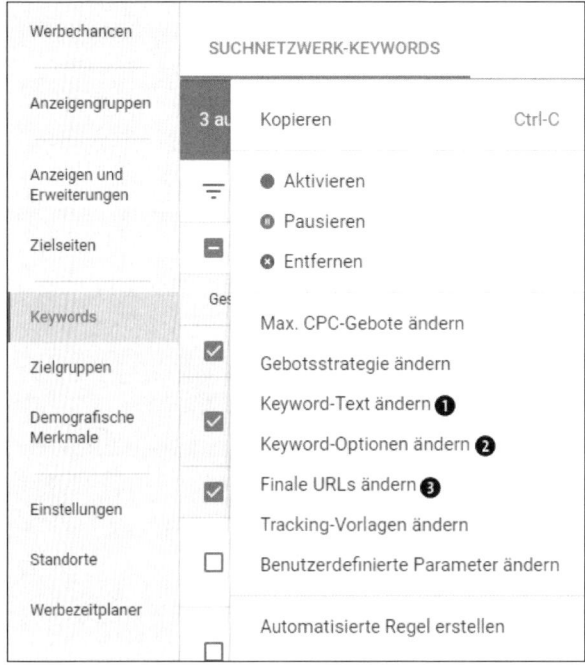

Abbildung 13.2 Mehrere Keywords bearbeiten und Optionen ändern

Alle 2 ausgewählt	Bearbeiten ▾ Label ▾
☑ ●	**Anzeige** ↑
☑ ●	Sale: -15% auf Bikinis Aktuelle Angebote www.bademoden-meyer.de/Bikini Aktuelle Bikinis in vielen Farben! Online-Rabatt sichern
☑ ●	Sale: -15% auf Bikinis Aktuelle Angebote www.bademoden-meyer.de/Bikini Aktuelle Bikinis in vielen Größen! Online-Rabatt sichern

Abbildung 13.3 Anzeigentext vor der Bulk-Änderung: 15 % Rabatt

Danach klicken Sie wieder auf die bereits bekannte Schaltfläche BEARBEITEN und wählen im nächsten Schritt den Unterpunkt TEXTANZEIGEN ÄNDERN aus dem Dropdown-Menü. Nun öffnet sich das Fenster aus Abbildung 13.4.

Hier bestimmen Sie als Aktion SUCHEN UND ERSETZEN ❸. Danach können Sie festlegen, worauf sich diese Aktion beziehen soll, indem Sie rechts oben auf ein kleines Dreieck neben TEXT SUCHEN klicken. Daraufhin öffnet sich eine weitere Dropdown-Liste, aus der Sie für unser Beispiel ANZEIGENTITEL 1 ❷ auswählen. Falls die Texte, die geändert werden sollen, an mehreren Stellen Ihrer Anzeige auftauchen oder Sie nicht ganz sicher sind, ob mehrere Bereiche betroffen sind, so wählen Sie einfach ANZEIGENTITEL UND BESCHREIBUNG ❺ aus.

Unter TEXT SUCHEN geben Sie dann zuerst den Text ein, der ersetzt werden soll. In unserem Beispiel sind dies die 15 % ❶. Bei ERSETZEN DURCH notieren Sie den neuen Begriff. Im Beispiel ist dies die neue Prozentzahl ❹. Der Austausch der Textstellen wird zum Abschluss per Klick auf ÜBERNEHMEN ❻ bestätigt.

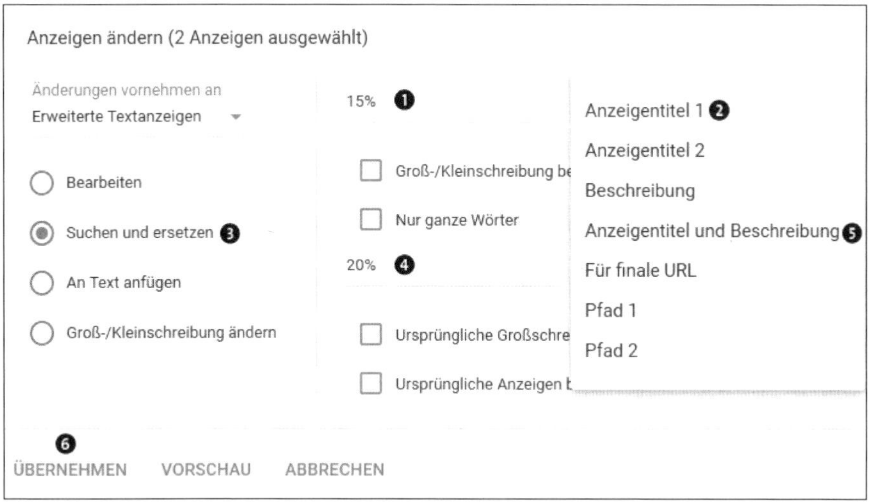

Abbildung 13.4 Bulk-Änderungen mit »Suchen und ersetzen«

Danach erscheint als Ergebnis die veränderte Anzeige (siehe Abbildung 13.5). In unserem Beispiel haben wir die Vorgehensweise mit zwei Anzeigen demonstriert. Ein Austausch dieser zwei Textstellen wäre wahrscheinlich in der gleichen Zeit auch auf herkömmliche Weise zu bewältigen. Wenn Sie jedoch einmal eine große Anzahl von Textanzeigen nach einem bestimmten Schema ändern müssen, so werden Sie die beschriebene Massenänderungsfunktion nicht mehr missen wollen!

Abbildung 13.5 Anzeigentexte nach der Bulk-Änderung:
15 % wurden gegen 20 % ausgetauscht.

13.1.2   Richtig sortieren und filtern

Oberhalb Ihrer Statistikberichte gibt es eine Reihe, die auch ein Suchfeld enthält. Dort befinden sich verschiedene Möglichkeiten der Sortierung, Gruppierung und Filterung. Wir stellen Ihnen die fünf wichtigsten Funktionen dieser Reihe vor, die Sie bei der Zusammenstellung und Analyse Ihrer Online-Statistiken täglich benötigen (siehe Abbildung 13.7).

Filter in der Navigationsleiste

AdWords hat die Filter zu den aktiven, pausierten und entfernten Elementen im neuen Interface in zwei Bereiche aufgeteilt. Die ersten Erfahrungen zeigen, dass diese Aufteilung die Filterfunktion nicht grundsätzlich vereinfacht. Sie sollten sich angewöhnen, zunächst den Filter in der rechten Navigationsleiste zu nutzen. Dort können Sie grundsätzlich die Kampagnen und Anzeigengruppen ausblenden, die entfernt und pausiert sind, um sich auf die wesentlichen Daten zu konzentrieren.

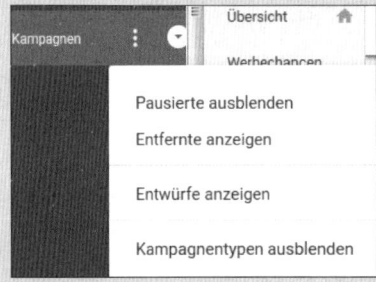

Abbildung 13.6 Filterfunktion in der Navigationsleiste

Abbildung 13.7 Tabellenkopf: erste Zeile mit Such-, Filter- und Gruppierungsfunktionen

1. **Suchfeld**

   Die Funktion … SUCHEN ❶ ist vereinfacht gesagt ein Filter, wobei hier einfach nach dem eingegebenen Begriff bzw. einer Begriffskombination gefiltert wird. Sie finden diese Suchfunktion in jeder Ebene oberhalb Ihrer Daten, wobei Sie auf Kampagnenebne nach Kampagnen suchen und auf Anzeigengruppenebene entsprechend nach Anzeigengruppen.

Haben Sie beispielsweise eine große Keyword-Liste aufgerufen, so können Sie auf Keyword-Ebene über die Sucheingabe einen Begriff vorgeben und Sie erhalten alle Keywords oder Keyword-Kombinationen, die das vorgegebene Wort enthalten. Diese Funktion erleichtert die Recherche in Ihren Kampagnen erheblich.

2. **Filter**

Filter ❷ sind vor allem dann sehr nützlich, wenn es darum geht, aus großen Datenmengen überschaubare Listen zu genieren, die einer bestimmten Schnittmenge von Leistungsmerkmalen entsprechen. Sie können zwar die Keywords mit der höchsten CTR oder die Keywords mit mindestens 200 Klicks im letzten Monat über die Sortierung einer Tabelle und durch eventuell zusätzliches Scrollen der Ergebnisse relativ einfach finden, dennoch ist die Kombination beider Vorgaben ohne die Filterfunktion nicht so einfach möglich oder nimmt auf jeden Fall mehr Zeit in Anspruch.

3. **Segmentierung**

Das Symbol für Segmente ❸ enthält verschiedene Möglichkeiten zur Segmentierung. Dies kann man mit einer Gruppierung von Daten gleichsetzen. Mit Segmenten können Sie Ihre Daten zu verschiedensten Gruppen zusammenfassen, um danach die Leistung der einzelnen Gruppen zu vergleichen. Dabei sind unter anderem Segmentierungen nach Wochentagen, Uhrzeiten, Endgeräten und verschiedenen Conversions möglich. Die unterschiedlichen Möglichkeiten zur Segmentierung sollten Sie in Ihren Berichten immer dann nutzen, wenn Sie Daten gegenüberstellen bzw. vergleichen möchten.

4. **Spalten**

Das Icon für die Berichtsspalten ❹ enthält wahrscheinlich die wichtigste Funktion der Kopfzeile. Über diesen Button erhalten Sie in allen Berichten die Möglichkeit, neue Datenspalten zu Ihrer aktuellen Ansicht hinzuzufügen oder auch zu entfernen, falls der vorliegende Bericht zu unübersichtlich ist. Falls Sie bereits Berichts-Templates gespeichert haben, so finden Sie auch diese als Navigationspunkte in der Dropdown-Liste unter dem Spaltensymbol.

5. **Grobfilterung der Daten nach Aktivität**

Über die drei vertikalen Navigationspunkte erhalten Sie neben der Hauptnavigation eine weitere Möglichkeit zur Filterung der angezeigten Daten. Mit diesem Filter können Sie beispielsweise pausierte Elemente anzeigen oder ausblenden ❻ bzw. entfernte Elemente anzeigen ❼ oder ausblenden. Dabei wird Ihnen nur jeweils die Möglichkeit angezeigt, die gerade nicht auf den Datenbestand angewendet wird. Nutzen Sie auf jeden Fall die Filter, denn dies reduziert bei großen Konten mit vielen pausierten und/oder entfernten Elementen die Anzahl der aufgelisteten Datensätze erheblich.

Alle Statistiken im AdWords-Konto können Sie, wie bereits erwähnt, ganz einfach per Klick auf die Spaltenbezeichnung auf- oder absteigend sortieren. Ein Klick in den Spaltenkopf markiert zunächst die Spalte, angezeigt durch eine fette Überschrift (siehe Abbildung 13.8). Der Pfeil neben der Spaltenbezeichnung zeigt zudem die Richtung der Sortierung (auf- oder absteigend) an. Diese Funktion ist sehr intuitiv und wird auch in anderen Google-Produkten, z. B. bei Google Analytics, für die Datensortierung genutzt.

Qualitätsfaktor	Impr.	↓ **Klicks**	CTR	Durchschn. Pos.
–	25.440	824	3,24 %	2,4
8 von 10	5.294	667	12,60 %	1,1
8 von 10	5.166	448	8,67 %	1,1
7 von 10	4.566	418	9,15 %	1,0
8 von 10	806	122	15,14 %	1,0
6 von 10	759	112	14,76 %	1,0
10 von 10	474	103	21,73 %	1,2

Abbildung 13.8 Sortieren nach Spaltenüberschriften

13.1.3   Filter

Filter sind vor allem dann interessant, wenn Sie aus großen Datenmengen eine bestimmte Datengruppe extrahieren möchten. Die Filter erweisen sich als besonders wertvoll, wenn zwei, drei oder noch mehr Bedingungen für Ihre Datensätze kombiniert werden sollen. Hier wird die Filterfunktion zu einem mächtigen Werkzeug, das sehr schnell die passende Schnittmenge zu Ihren Vorgaben liefert.

Nachdem Sie das Filter-Icon per Klick aktiviert haben, können Sie in der Dropdown-Liste unter FILTERN NACH verschiedene Filtervorgaben eingeben und so kombinieren. Das folgende Beispiel, bei dem der Filter aus einer Kombination von vier Vorgaben erstellt wird, zeigt eindrucksvoll, wie Sie mit den Filtern arbeiten können. Unser Beispielfilter (siehe Abbildung 13.9) soll aus einer großen Keyword-Liste diejenigen Suchbegriffe herausfiltern, für die die folgenden vier Bedingungen gelten:

1. Die Keywords sollen eine schlechte Klickrate von unter 1 % besitzen ❶.
2. Gleichzeitig sollen die Keywords aber bereits genügend Anzeigenschaltungen ausgelöst haben, um statistisch verlässlich Daten zu erhalten. Als Vorgabe wählen wir einen Grenzwert von mindestens 200 Impressionen ❷ aus.

3. Da die Klickraten an unterschiedlichen Positionen auch unterschiedlich bewertet werden müssen, konzentrieren wir uns auf Keywords im oberen Teil der Suchergebnisseite. Dies bedeutet, dass wir nur Keywords herausfiltern, die im Durchschnitt mindestens eine Anzeigenposition von 4 oder besser erreicht haben ❸.

4. Wir sind auf der Suche nach Keywords, die nicht gut funktionieren. Darum spielt auch die Anzahl der Conversions eine wichtige Rolle. Die Keywords in unserem Filter sollten daher keine oder höchstens eine Conversion erzielt haben. Auch diese Bedingung wird noch in den Filter aufgenommen ❹.

Nachdem Sie alle Bedingungen für einen Filter eingestellt haben, können Sie den neuen Filter für zukünftige Nutzungen speichern. Dazu klicken Sie auf das Speichern-Symbol ❺ und geben dem neuen Filter danach einen Namen. Sie aktivieren Ihre Auswahl danach per Klick auf SPEICHERN.

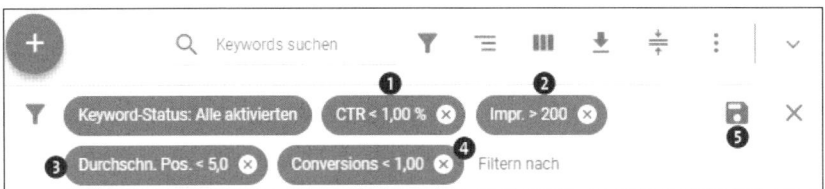

Abbildung 13.9 Komplexe Filter erstellen

Mit einem Filter reduzieren Sie die angezeigte Datenmenge erheblich. Falls Sie jedoch zu viele Vorgaben kombinieren und zudem extreme Werte vorgeben, erzeugen Sie eine leere Datentabelle, weil kein Element der Kombination den Filtervorgaben entspricht. Ihr Filter sollte außerdem immer auf einen bestimmten Analysezweck ausgerichtet sein. Unserem Beispiel lag die Idee zugrunde, dass Keywords herausgefiltert werden sollten, die eine schlechte Performance (niedrige Klickrate und kaum/keine Conversions) besitzen.

Für diese gefilterten Keywords besteht auf jeden Fall Handlungsbedarf. Diese Keyword-Gruppe sollte möglichst schnell optimiert werden. Falls alle Optimierungsmöglichkeiten ausgeschöpft sind, sollte man sich letztlich von diesen Keywords mit der schlechten Performance trennen. Die Suchbegriffe, die unseren Filtervorgaben aus dem Beispiel entsprechen, kosten nur Geld und erzielen fast keine Conversions. Zudem senken die schlechten Klickraten die Qualität Ihrer Anzeigengruppe und Kampagne. Somit schaden die Keywords Ihrer AdWords-Werbung mehr, als sie nützen.

13.1.4   Was verbirgt sich hinter den Spalten?

Auf allen Ebenen und zu allen Berichten, die Sie in Ihrem AdWords-Konto finden, werden Sie in der Kopfzeile oberhalb der Berichte das Icon mit den drei Balken entdecken, das als Symbol für die Berichtsspalten steht. Die Anpassung der Berichte über die Spalten hat Google AdWords irgendwann einmal eingeführt, als klar wurde, dass die Anzahl der Informationsspalten ständig zunimmt und die Berichte mit zu vielen Informationen überladen sind. Auch Google wurde schnell klar, dass nicht alle User alle Informationen zu einem bestimmten Zeitpunkt in jedem Bericht sehen müssen. Durch die Freiheit der Informationsauswahl sind die Berichte viel effektiver.

Wenn Sie längere Zeit mit AdWords in der Praxis arbeiten, so werden Sie erkennen, dass die Anzahl der Info-Spalten fast quartalsweise zunimmt. Daher ist es eine gute Entscheidung, über die Spaltenauswahl individuell den eigenen Informationsbedarf festzulegen (siehe Abbildung 13.10). Google weist im neuen Interface darauf hin, dass weniger Spalten als früher zur Verfügung stehen, ergänzt aber gleichzeitig, dass an diesem Manko gearbeitet wird.

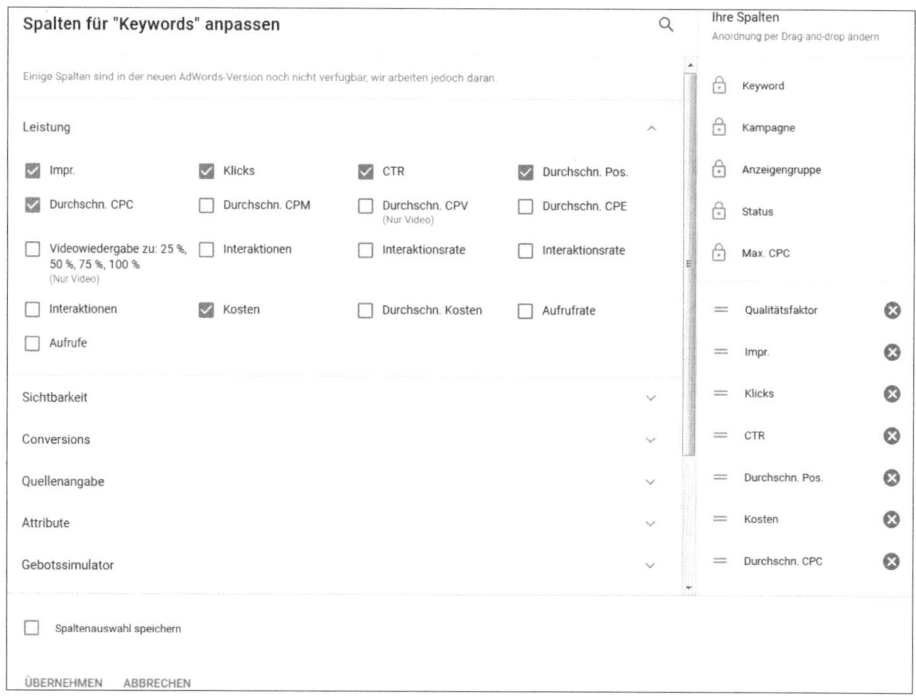

Abbildung 13.10 Individuelle Messwerte für Berichte zusammenstellen

Mit Blick auf die Überschrift dieses Kapitels können wir jedoch nicht wirklich sagen, was sich hinter den Spalten verbirgt, da für jedes Element bestimmte, teilweise unterschiedliche Daten verfügbar sind und stets neue Spalten hinzukommen. Die Überschrift soll also mehr eine Aufforderung an Sie sein, sich mit den Auswahlmöglichkeiten der Spalten zu beschäftigen und herauszufinden, welche Informationen Sie für Ihre Berichte benötigen. Schauen Sie sich also regelmäßig den Bereich SPALTEN an, damit Sie wissen, welche Daten für Ihre Berichte aktuell verfügbar sind.

13.1.5 Benutzerdefinierte Spalten

Google hat vor einigen Jahren zusätzlich zu den bereits vielfältig vorhandenen Spalten noch die Möglichkeit geschaffen, benutzerdefinierte Spalten anzulegen. Mithilfe dieser Spalten können Sie eigene Spaltenbezeichnungen erstellen und Messwerte mit spezieller Segmentierung hinzufügen oder auch Werte berechnen lassen.

Sie können auf diese Weise zum Beispiel eine Spalte definieren, die nur Klicks von Smartphones auflistet, und diese Spalte SMARTPHONE-KLICKS nennen (siehe Abbildung 13.11). Wählen Sie dazu als Messwert KLICKS aus, und segmentieren Sie diese Klicks nach GERÄT vom Typ SMARTPHONES. Da Sie die Anzahl der Klicks in Ihrem Bericht ausgeben möchten, wählen Sie als Spaltenformat ZAHL (123).

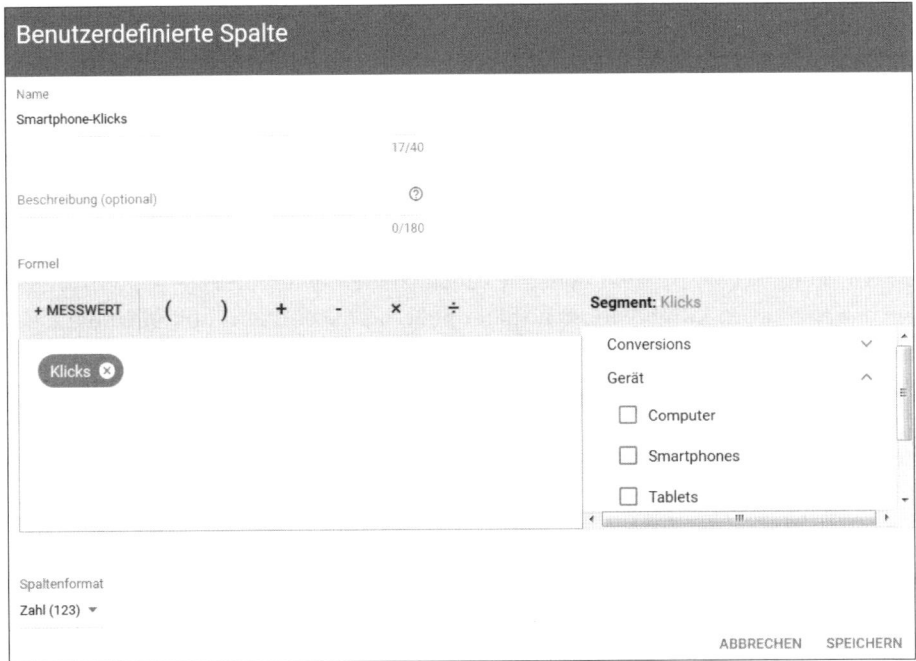

Abbildung 13.11 Eine benutzerdefinierte Spalte für »Smartphone-Klicks« anlegen

Abbildung 13.12 zeigt die neu kreierte Spalte SMARTPHONE-KLICKS im entsprechenden Bericht.

CTR	Durchschn. Pos.	Smartphone-Klicks	Klicks
10,46 %	1,0	88	882
4,39 %	2,2	476	3.570

Abbildung 13.12 AdWords-Bericht mit benutzerdefinierter Spalte »Smartphone-Klicks«

13.2 Nutzen Sie Labels

Labels sind eine Besonderheit im AdWords-Konto, mit deren Hilfe Sie den Blick auf Ihre AdWords-Daten noch individueller gestalten können. Denn das Anlegen und Zuordnen der Labels schafft eine eigene Struktur für Ihre Berichte. Sie erstellen mithilfe der Labels eigene Gruppen, die Sie dann für Ihre Berichte und somit Ihre Analyse nutzen können.

Stellen Sie sich vor, Sie bewerben verschiedene MS-Office-Schulungen in Kombination mit den Begriffen »Seminar«, »Workshop« und »Schulung«. Die einzelnen Office-Schulungen zu Word, Excel oder PowerPoint haben Sie auf verschiedene Anzeigengruppen verteilt. Da jedes Thema ein eigenes Budget besitzt, haben Sie auch noch verschiedene Kampagnen erstellt. Nun benötigen Sie am Ende des Monats einen Bericht, der alle Ihre Schulungsthemen auflistet, aber nur in Kombination mit dem Begriff »Seminar«, also »Excel Seminar«, »Word Seminar«, »Powerpoint Seminar«. Da jede Kampagne und jede Anzeigengruppe mit unterschiedlichen Begriffen aufgebaut ist, ist es schwierig, einen Bericht in dieser Kombination zusammenzustellen.

Diese Aufgabe könnten Sie aber mithilfe von Labels lösen. Dazu markieren Sie zunächst Ihre Keyword-Kombinationen, die den Begriff »Seminar« enthalten, mit einem Label, das Sie passend benannt haben (siehe Abbildung 13.13). Dann können Sie diese Keyword-Kombinationen später über das Label filtern und in einem eigenen Bericht zusammenfassen. Auf diese Weise erhalten Sie einen Bericht, der nur den Suchbegriff »Seminar« berücksichtigt.

Abbildung 13.13 Labels im AdWords-Konto

Folgende Berichtsideen können Sie unter anderem mit Labels umsetzen:

▶ Markieren und gruppieren Sie alle Kampagnen, die auf bestimmte Regionen verweisen.

▶ Markieren und gruppieren Sie alle Anzeigengruppen, die ein aktuelles Saisonangebot bewerben.

▶ Markieren und gruppieren Sie alle Anzeigengruppen, die nur genau passende Keywords enthalten.

▶ Markieren und gruppieren Sie alle Keyword-Kombinationen, die Ihren Firmennamen enthalten.

▶ Markieren und gruppieren Sie alle Anzeigentexte, die auf bestimmte Zielseiten verweisen.

▶ Markieren und gruppieren Sie alle Anzeigentexte mit emotionalen Textbausteinen.

▶ Markieren und gruppieren Sie alle Anzeigentexte, die Fakten und Zahlen nutzen.

Anhand dieser kleinen Beispielliste haben Sie sicher bereits eigene Ideen entwickelt, wie Sie die Labels in Ihrem Konto einsetzen können, um eigene Berichtsstrukturen zu bilden. Mit den Labels sind Sie in gewisser Weise unabhängig von den technischen AdWords-Vorgaben und können schnell die für Sie interessanten Informationen zusammenstellen. Falls Sie die speziellen »Label-Berichte« nicht nur einmalig verwenden, sondern öfter nutzen, dann ist auch der etwas höhere Aufwand für ihre Einrichtung gerechtfertigt.

13.2.1 Labels zuordnen

Wenn bereits Labels vorhanden sind, können Sie diese ganz einfach in drei Schritten zuordnen:

1. Markieren Sie zunächst auf entsprechender Ebene (Kampagnen, Anzeigengruppen, Keywords, Anzeigen) über die Checkbox diejenigen Elemente, die Sie unter einem Label verbinden möchten.

2. Klicken Sie dann im blauen Kopfbereich auf LABEL, und markieren Sie in dem neu geöffneten Feld ein oder mehrere der vorhandenen Label (siehe Abbildung 13.13) per Checkbox.

3. Bestätigen Sie Ihre Wahl per Klick auf ANWENDEN.

Falls Sie noch kein Label erstellt haben oder ein neues Label hinzufügen möchten, müssen Sie natürlich zunächst ein neues Label kreieren.

13.2.2   Labels erstellen

Sie erstellen ein neues Label, indem Sie nach dem Aufruf von LABEL im Kopfbereich links unten auf den Link NEUES LABEL klicken. Geben Sie dem Label einen Namen und optional eine eigene Beschreibung (siehe Abbildung 13.14). Durch einen Klick auf ERSTELLEN wird das neue Label angelegt und kann nun sofort genutzt werden.

Abbildung 13.14 Ein neues Label mit Namen und Beschreibung erstellen

Jedes Label erhält automatisch eine individuelle Farbkennzeichnung, die Sie bei Bedarf ändern können. Klicken Sie dazu einfach auf die Label-Farbe, und wählen Sie aus einer Farbpalette die gewünschte Markierung aus. Wenn Sie eine große Datentabelle in Ihrem Konto und viele Labels besitzen, so können Sie über die Farbe die gekennzeichneten Elemente für spezielle Gruppen schneller identifizieren.

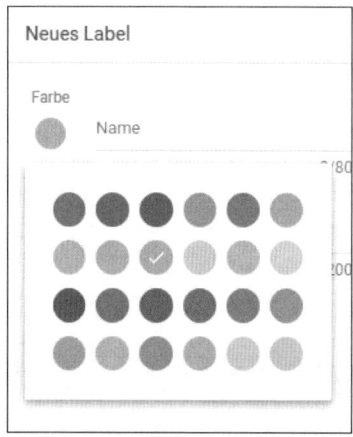

Abbildung 13.15 Individuelle Farbe für Labels vergeben

13.2.3   Labels anzeigen und filtern

Bei Ihren Berichtsspalten finden Sie in der Gruppe ATTRIBUTE auch die Spalte mit der Bezeichnung LABEL. Mithilfe dieser Spalte können Sie sich die Labels zu den einzelnen Elementen in Ihren Berichten anzeigen lassen. Um den erwünschten Effekt der neu gruppierten Berichte zu nutzen, müssen Sie die Labels jedoch als Filterelement einsetzen.

Navigieren Sie über das Filter-Icon, und wählen Sie LABEL aus. Da es mittlerweile viele Filterelemente gibt, empfiehlt es sich, die Suchfunktion zu nutzen, um LABEL zu finden. Sie können ein oder auch mehrere Labels auswählen. Bitte beachten Sie, dass Sie die Filterfunktion mit ENTHÄLT BELIEBIGE, ENTHÄLT ALLE oder ENTHÄLT KEINE noch verfeinern können (siehe Abbildung 13.16). Die Filterauswahl bestätigen Sie wieder mit ÜBERNEHMEN. Danach enthält Ihr Bericht nur die zuvor mit den Labels gekennzeichneten Elemente.

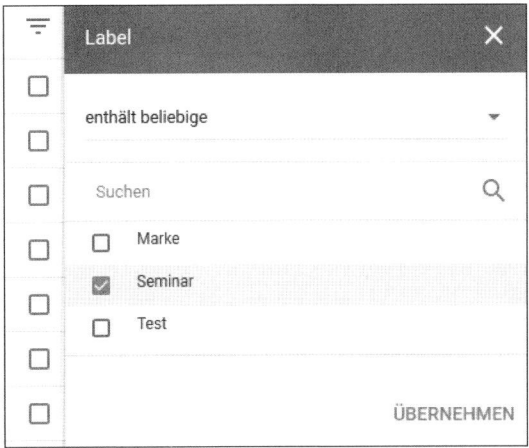

Abbildung 13.16 Auf der Grundlage von Labels filtern

13.3   AdWords arbeiten lassen – automatisierte Regeln

Vor allem von Besitzern größerer AdWords-Konten im Mittelstand hören wir oft die Aussage, dass eine Menge Arbeit bei der Verwaltung eines AdWords-Kontos anfällt. Viele kleine Schritte, die für eine Kontrolle und Bearbeitung notwendig sind, müssen regelmäßig durchgeführt werden. Es gibt jedoch verschiedene Möglichkeiten, um AdWords mehr in diese Arbeit einzubinden. Diese werden jedoch oft nicht genutzt. Darum unser Tipp: Nutzen Sie alle Möglichkeiten, um durch automatisierte Prozesse Zeit zu sparen.

Eine wichtige Hilfe stellen wir Ihnen mit den automatisierten Regeln vor. Mit diesen Regeln können Sie auf verschiedenen Ebenen Prozesse automatisieren, die dann für

Sie Budgetanpassungen vornehmen, Kampagnen stoppen und aktivieren, schlechte Keywords aussortieren, Klickpreise erhöhen oder senken, automatisierte Nachrichten verschicken und noch viele weitere Vorgänge steuern. Sie können automatisierte Regeln auf verschiedene Weise erstellen. Wenn Sie die Datenansicht einer bestimmten Ebene (z. B. KAMPAGNEN) aufgerufen haben, können Sie auf der rechten Seite die drei vertikalen Navigationspunkte anklicken und den Unterpunkt AUTOMATISIERTE REGEL ERSTELLEN auswählen. Nun werden Ihnen die zur Ebene passenden Regeln angeboten; auf Kampagnenebene werden entsprechende Regeln für die Kampagnen aufgelistet (siehe Abbildung 13.17).

Abbildung 13.17 Auswahl an automatisierten Regeln auf Kampagnenebene

Sie können aber auch auf AUTOMATISIERTE REGELN ERSTELLEN zugreifen, wenn Sie zunächst Elemente per Checkbox markieren und dann auf BEARBEITEN klicken. Bitte beachten Sie, dass es auf unterschiedlichen Ebenen auch andere Regeln gibt und Ihnen die jeweils passenden Regeln von AdWords vorgeschlagen werden.

13.3.1   Regeln erstellen

Navigieren Sie zunächst über einen der vorab genannten Wege zur automatisierten Regel, und bestimmen Sie die Art der Regel, z. B. BUDGETS ÄNDERN auf Kampagnenebene. Danach können Sie die Regeln in einem neuen Fenster näher definieren (siehe Abbildung 13.18).

Falls Sie beispielsweise das Template für die Regel BUDGETS ÄNDERN ❶ ausgewählt haben, so müssen Sie zunächst festlegen, für welche Kampagnen die Regel gelten soll. Hierbei können Sie alle aktivierten oder alle aktivierten und pausierten Kampagnen bestimmen oder einzelne Kampagnen gezielt auswählen ❷. Für die letzte Variante sollten Sie aber besser den Weg gehen, dass Sie vorher die Kampagnen per Checkbox markieren und danach erst die automatisierten Regeln über BEARBEITEN aktivieren.

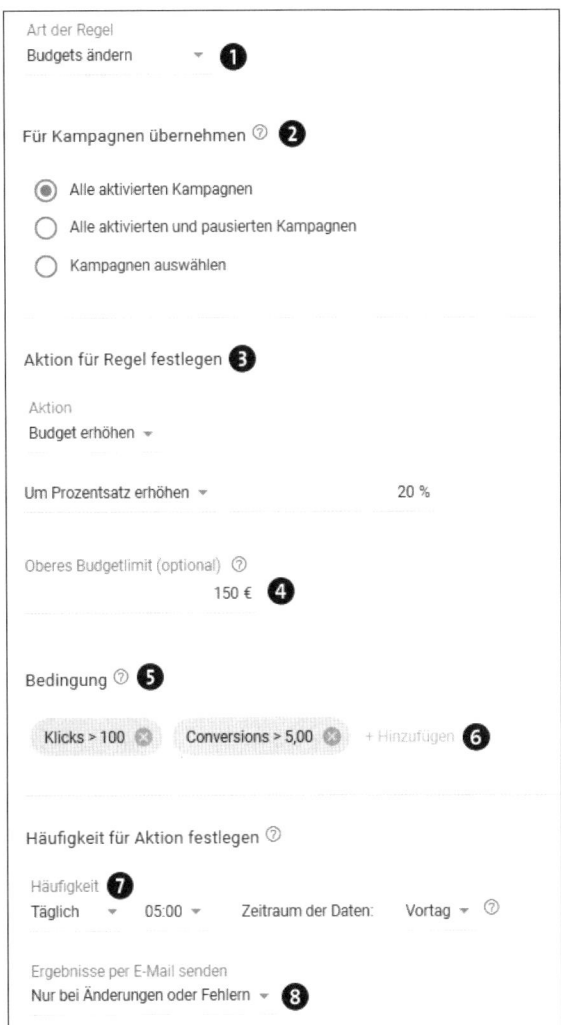

Abbildung 13.18 Angaben zur Erstellung einer automatisierten Regel

Nachdem die Regel nun den Geltungsbereich kennt, müssen Sie festlegen, welche Aktion ❸ durchgeführt werden soll. Hier könnten Sie beispielsweise bestimmen, dass Ihr Tagesbudget für die ausgewählten Kampagnen automatisch um 20 % erhöht werden soll. Bitte beachten Sie, dass bei Regeln, die automatisiert das Budget oder die Gebote erhöhen, auf jeden Fall immer ein Limit ❹ eingebaut werden sollte, damit die Kosten nicht durch die Decke gehen.

Nachdem Sie nun angegeben haben, was passieren soll, müssen Sie als Nächstes die Bedingungen ❺ festlegen. Das Budget könnte zum Beispiel in Abhängigkeit von den erzielten Klicks sowie von den damit verbundenen Conversions erhöht werden. Zusätzliche Anforderungen können per Klick auf + HINZUFÜGEN ❻ eingestellt werden.

Den Abschluss der Regel bildet die zeitliche Steuerung. In dieser Zeile müssen Sie festlegen, wann und mit welcher Regelmäßigkeit Ihre automatische Regel ausgelöst werden soll. Hier kann zum Beispiel vorgegeben werden, dass täglich um 5 Uhr ❼ die Regel »abgefeuert« wird, wie die Programmierer sagen würden. In dieser Zeile wird zudem noch vermerkt, auf welche Vergleichsdaten die Regel schauen soll, um die Anforderungen zu überprüfen.

Damit Sie immer auf dem Laufenden sind, sollten Sie sich über Änderungen oder Fehler beim Auslösen der Regel per Mail informieren lassen ❽. Jede Regel erhält zum Schluss noch einen eindeutigen Namen, der später auch leicht dem Zweck der automatisierten Regel zugeordnet werden kann. Dies erleichtert vor allem dann den Überblick, wenn viele Regeln erstellt werden. Per Klick auf den Button REGEL SPEICHERN bestätigen Sie zum Schluss die neue Regel.

Nach dem gerade aufgezeigten Schema läuft die Regelerstellung auf jeder Ebene ab. Nachdem wir ausführlich die Einstellungen für eine Regel auf Kampagnenebene erläutert haben, stellen wir noch kurz weitere Möglichkeiten als Anregung für eigene Ideen vor.

Auf Keyword-Ebene könnte zum Beispiel eine Regel erstellt werden, die täglich Ihre Keywords kontrolliert und jeweils diejenigen Keywords pausiert, die eine CTR unter 1 % aufweisen (siehe Abbildung 13.19). Da die Performance dieser Keywords nicht gut ist, sollten sie zunächst pausiert werden. Anschließend sollten Sie gezielt nach der Ursache für die schlechte CTR forschen.

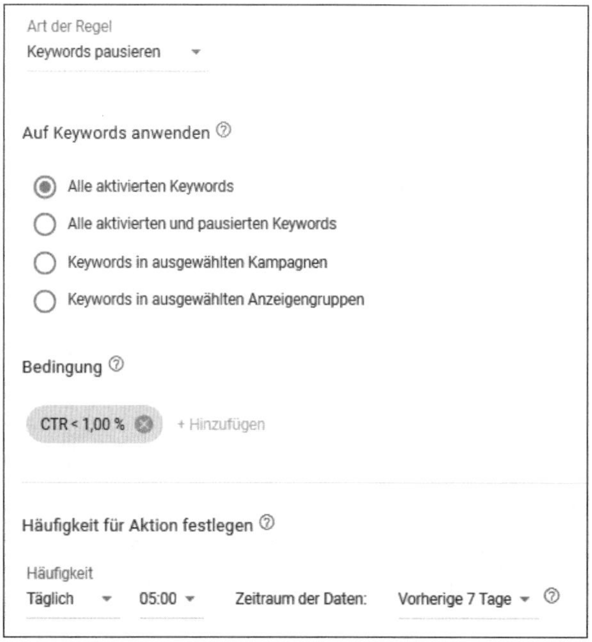

Abbildung 13.19 Keywords mit schlechter Klickrate via Regel automatisch pausieren

Eine andere Regel könnte CPC-Gebote für Keywords erhöhen, die unter ein bestimmtes Ranking gefallen sind (siehe Abbildung 13.20). Auf diese Weise bleiben die Anzeigen zu den Keywords besser im Sichtfeld der Suchenden. Eine solche Regel ist sicher für die wichtigsten Keywords Ihrer AdWords-Kampagne sehr sinnvoll.

Abbildung 13.20 CPC-Gebote für Keywords mit niedrigem Ranking erhöhen

Eine weitere interessante automatisierte Funktion ist der Versand von E-Mail-Benachrichtigungen, die durch vorher definierte Ereignisse ausgelöst werden (siehe Abbildung 13.21). Durch diese Funktion können Sie sich über Entwicklungen in Ihrem AdWords-Konto informieren lassen, ohne dass Sie täglich in Ihre Kampagnen schauen müssen. Sie könnten zum Beispiel jeden Morgen kontrollieren lassen, ob Ihre Werbung auch bei Google wie gewünscht ausgespielt wird. Falls Ihre AdWords-Werbung zum Beispiel viel weniger Impressionen erzeugt, als dies im Durchschnitt um eine bestimmte Tageszeit der Fall ist, so sollten Sie das AdWords-Konto kontrollieren.

Damit Sie dies jedoch zunächst einmal erfahren, benötigen Sie eine automatisierte Nachricht über die geringe Auslieferung. Es gibt verschiedene Gründe, warum keine oder nur wenige Anzeigen ausgeliefert werden. So könnten wichtige Keywords unter eine bestimmte Ranking-Position gefallen sein, oder das Gebot für die erste Seite hat sich bei Ihren wichtigsten Keywords geändert. Eventuell gibt es neue Anzeigentexte, die die Google-Prüfung nicht bestanden haben und nun nicht ausgeliefert werden. Es ist auch schon häufiger passiert, dass Google die Auslieferung der Kampagnen eingestellt hat, weil es Probleme mit der Abbuchung oder dem Limit der Kreditkarte gab.

Natürlich können Sie Benachrichtigungen oder Kontroll-Mails für jeden einzelnen Punkt einstellen, aber bei einer übergeordneten Kontrolle der geringen Impressionen legen Sie mehr Wert auf die Auswirkungen (keine Auslieferung Ihrer Anzeigen), während die Ursache zunächst zweitrangig ist. Sie decken mit einer Regel also viele Eventualitäten gleichzeitig ab.

Wie funktioniert dieses Benachrichtigungssystem? Auf Grundlage der erzeugten Impressionen der aktuellen Kampagnen wird automatisiert eine E-Mail-Benachrichtigung an die hinterlegte Mail-Adresse geschickt. Dann kann der Mail-Empfänger, z. B. der Kampagnenmanager, eine entsprechende Kontrolle im AdWords-Konto durchführen.

Falls mehrere Kampagnen in einem AdWords-Konto vorhanden sind, ist es durchaus sinnvoll, jede einzelne Kampagne mithilfe dieses »Frühwarnsystems« zu beobachten. Es kann ja sein, dass die Auslieferung der Anzeigen nur bei einer Kampagne problematisch ist. Falls Sie jedoch nur kontrollieren möchten, ob insgesamt Anzeigen in Ihrem Konto geschaltet werden, so reicht es aus, wenn Sie mit einer Benachrichtigungsregel alle Kampagnen beobachten. Für einen klugen Einsatz der automatisierten Regeln müssen Sie also vorher genau festlegen, was Ihr Ziel ist.

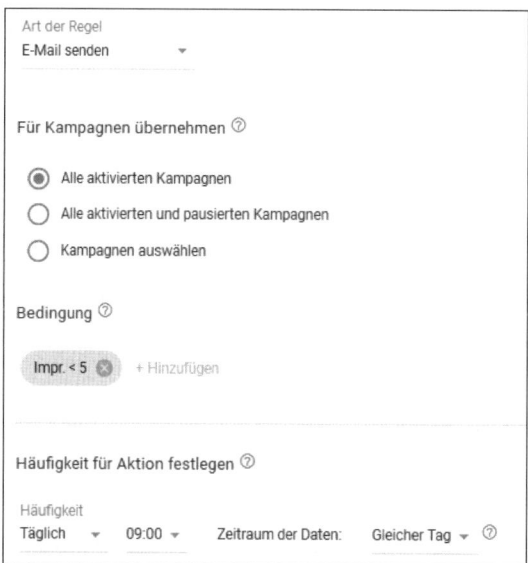

Abbildung 13.21 E-Mail-Benachrichtigung bei geringen Impressionen

---

Benachrichtigung zu den automatisierten Regeln

Bitte beachten Sie, dass Sie zusätzlich zu jeder Regel immer eine E-Mail-Benachrichtigung erhalten können. Diese Funktion legen Sie am Ende der Regelerstellung bei ERGEBNISSE PER E-MAIL SENDEN vor der Speicherung an.

Sie können dabei unter anderem die Option BEI JEDER AUSFÜHRUNG DIESER REGEL aktivieren. Diese sollten Sie aber nicht wählen, da ansonsten Ihr Mail-Konto vollläuft. Denn bei dieser Option wird jedes Mal bei Auslösung einer Regel die E-Mail versandt. Falls die Regel häufig ausgelöst wird, erhalten Sie folglich viele nichtssagende E-Mail-Informationen.

Interessanter ist schon die Benachrichtigung zu Änderungen, die durch Ihre Regel ausgelöst wurden. Die Option NUR BEI ÄNDERUNGEN ODER FEHLER informiert Sie zusätzlich, falls es Probleme mit der automatisierten Regel gibt.

13.3.2   Regeln zeitlich steuern

Die zeitliche Steuerung einer Regel wird, wie Sie bereits gesehen haben, direkt bei der Regelerstellung festgelegt. Die vorhandenen Möglichkeiten sind dabei leider nicht sehr flexibel und auf vier Wahlmöglichkeiten beschränkt (siehe Abbildung 13.22). Dies ist auf jeden Fall ein Nachteil der automatisierten Regeln.

Falls Sie nun beispielsweise eine stündliche Ausführung Ihrer Regel benötigen, so müssten Sie 24 eigene Regeln nur für diesen einen Fall erstellen. Jede dieser 24 Regeln würde zunächst gleich angelegt, aber dann stündlich mit einem anderen Zeitpunkt definiert. Dafür müssten Sie einen großen Aufwand betreiben.

Die automatisierten Regeln eignen sich also weniger für Funktionen, die in kurzen Zeitintervallen ausgelöst werden müssen, sondern für größere Intervalle wie Wochen oder Monate. Möchten Sie Kontrollregeln nutzen, die jede Stunde ausgelöst werden sollen, so sind wahrscheinlich die Skripte, die wir in Abschnitt 13.3.4 bis Abschnitt 13.3.6 vorstellen werden, die bessere Lösung.

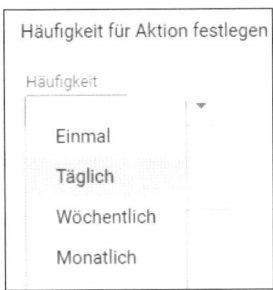

Abbildung 13.22 Zeitliche Steuerungsmöglichkeiten für automatisierte Regeln

13.3.3   Regeln verwalten

Eine Verwaltungsmöglichkeit zu den automatisierten Regeln finden Sie in Ihren Tools (Navigation über den Werkzeugschlüssel) unter BULK-AKTIONEN • REGELN (siehe Abbildung 13.23).

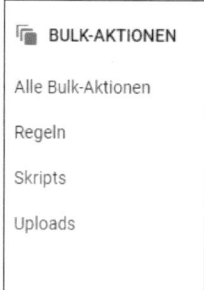

Abbildung 13.23 Verwaltung der Regeln unter »Bulk-Aktionen«

Nach Aufruf des Unterpunktes erhalten Sie eine Tabelle, die alle automatisierten Regeln mit verschiedenen Informationen auflistet (siehe Abbildung 13.24). Unter anderem sehen Sie, wer die Regel zu welchem Zeitpunkt erstellt hat. In der Spalte AKTIONEN finden Sie einen Link REGEL BEARBEITEN, um Änderungen an der bestehenden Regel vorzunehmen.

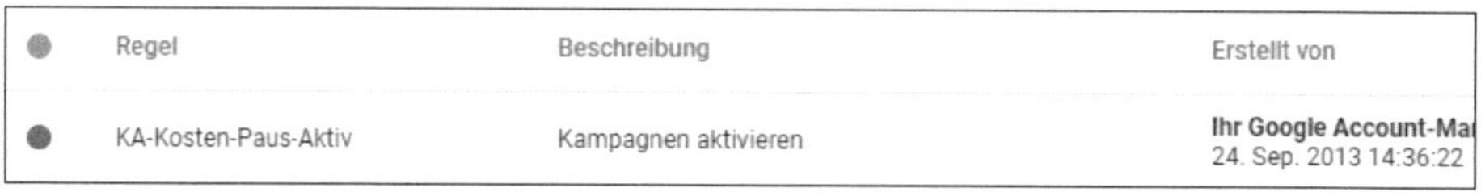

	Regel	Beschreibung	Erstellt von
●	KA-Kosten-Paus-Aktiv	Kampagnen aktivieren	**Ihr Google Account-Ma** 24. Sep. 2013 14:36:22

Abbildung 13.24 Tabelle mit allen erstellten Regeln unter »Bulk-Aktionen »

Wenn Sie viele Regeln erstellt haben, ist vielleicht die Filtermöglichkeit zu dieser Übersichtstabelle für Sie interessant (siehe Abbildung 13.25). Sie können nach REGEL-STATUS, NAME DER REGEL und E-MAIL-BENACHRICHTIGUNG filtern. Auf diese Weise können Sie einen Filter setzen, der nur die aktuell aktivierten Regeln erfasst.

Vor jeder Regel wird der Aktivierungsstatus angezeigt. Der bekannte grüne Punkt gibt an, dass die Regel gerade aktiviert ist. Mithilfe dieses Symbols können Sie eine aktivierte Regel dann auch pausieren oder entfernen.

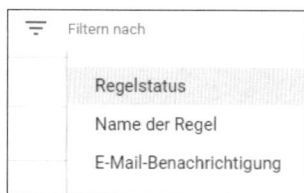

Abbildung 13.25 Regeln können auch gefiltert werden.

Im Kopfbereich können Sie vom Unterpunkt AUTOMATISIERTE REGELN nach REGEL-VERLAUF wechseln (siehe Abbildung 13.26). Dort finden Sie eine Protokollliste zu den erstellten Regeln. Neben dem Datum und dem Namen der Regel wird hier angezeigt, ob eine Änderung im Konto durchgeführt wurde oder nicht.

Auf diese Liste sollten Sie in regelmäßigen Abständen einen Kontrollblick werfen. Wenn Sie keine regelmäßige Kontrolle durchführen können, so kennen Sie nun zumindest die Stelle, wo Sie nachschauen können, falls sich signifikante Änderungen wie z. B. geringere Impressionen, steigende CPCs oder ein höheres Budget im Konto zeigen. Eventuell haben bestimmte Änderungen ihren Ursprung in automatisierten Regeln, mit denen Sie schon gar nicht mehr rechnen.

Name der Regel	Nutzer/Datum und Uhrzeit	Status	Beschreibung	Ergebnisse
KA-Kosten-Paus-Aktiv	**guido.pelzer...** 29. Dez. 2017 ...	Abgeschlossen	Kampagnen aktivieren	Keine Änderungen
KA-Kosten-Paus-Aktiv	**guido.pelzer...** 28. Dez. 2017 ...	Abgeschlossen	Kampagnen aktivieren	Keine Änderungen

Abbildung 13.26 Protokolle zu den automatisierten Regeln

Falls Änderungen durchgeführt wurden, finden Sie in der Spalte ERGEBNISSE einen entsprechenden Hinweis mit der Anzahl der durchgeführten Änderungen (siehe Abbildung 13.27).

Status	Beschreibung	Ergebnisse
Abgeschlossen	Max. CPC für Keywords um 25% erhöhen Obergrenze: 2,50 €	✓ 2 Änderungen durchgeführt
Abgeschlossen	Max. CPC für Keywords um 25% erhöhen Obergrenze: 2,50 €	✓ 5 Änderungen durchgeführt
Abgeschlossen	Max. CPC für Keywords um 25% erhöhen Obergrenze: 2,50 €	✓ 1 Änderung durchgeführt

Abbildung 13.27 Hinweise auf Änderungen durch automatisierte Regeln

Ein Klick auf den Link X ÄNDERUNGEN DURCHGEFÜHRT öffnet weitere Informationen zu den Änderungen (siehe Abbildung 13.28). Sie erkennen beispielsweise, in welcher Kampagne, welcher Anzeigengruppe und für welches Keyword der maximale CPC automatisiert verändert wurde. Im Kopfbereich sehen Sie zudem auf einen Blick die Anzahl der gesamten Änderungen, der erfolgreichen Änderungen und eventueller Fehler.

Falls die Regeln öfter auch ohne Änderungen ausgelöst werden, entstehen schnell endlose Protokoll-Listen. Um eine sinnvolle Übersicht zu erhalten, können Sie, wie bei allen Berichten, den Zeitraum in der rechten oberen Ecke anpassen und sich auf diese Weise z. B. nur die Protokolle der letzten Woche anschauen.

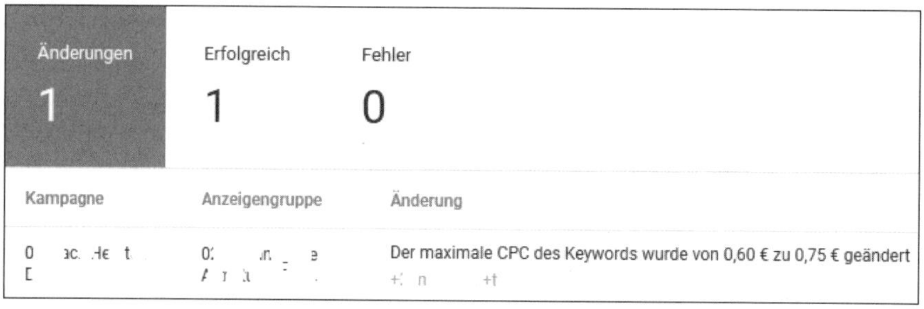

Änderungen	Erfolgreich	Fehler	
1	1	0	
Kampagne	Anzeigengruppe	Änderung	
0 ac Het t E	0: .n _ e Å r λ	Der maximale CPC des Keywords wurde von 0,60 € zu 0,75 € geändert +; n +t	

Abbildung 13.28 Detaillierte Informationen zu den durchgeführten automatisierten Änderungen

13.3.4   Stärker als Regeln – AdWords-Skripte

Die automatisierten Regeln, die wir gerade vorgestellt haben, sind eigentlich auch AdWords-Skripte, die sich jedoch einfach über fertige Menüs und Dropdown-Listen steuern lassen. Möchten Sie Ihre AdWords-Kampagnen direkt über die viel mächtigeren AdWords-Skripte steuern, so gibt es leider eine schlechte Nachricht: Sie benötigen grundlegende Programmierkennnisse in JavaScript.

Nur mit Programmierfähigkeiten können Sie alle Möglichkeiten nutzen, die die Skripte bereithalten. Falls Sie jedoch JavaScript-Programme lesen können und ein wenig verstehen, so könnten Sie eventuell auch auf der Grundlage der vielen Skript-Beispiele, die man im Internet findet, eigene Skripte für kleine Aufgaben in AdWords erstellen und testen.

Internet-Quellen für AdWords Scripts (Stand: Dezember 2017)

▶ *https://developers.google.com/adwords/scripts/docs/solutions/*

▶ *https://www.koozai.com/blog/pay-per-click-ppc/google-adwords/
   100-google-adwords-scripts-using/*

▶ *http://www.freeadwordsscripts.com/*

▶ *https://www.brainlabsdigital.com/blog/category/adwords-scripts/*

Ein Skript anlegen

Sollten Sie die Beispielskripte lesen können, so reichen kleine Anpassungen im Programmcode, um ein funktionierendes Skript zu erstellen. Um ein neues Skript anzulegen, beginnen Sie wieder mit einem Klick auf den Button ● aus Abbildung 13.29.

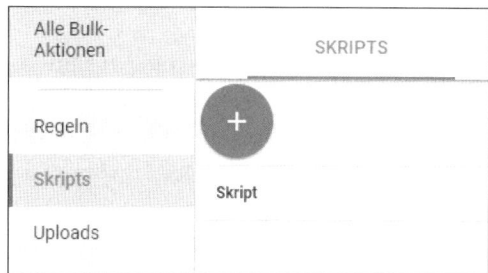

Abbildung 13.29 »Skripts« unter »Alle Bulk-Aktionen«

Nach dem Klick können Sie in dem neu geöffneten Formularfeld (siehe Abbildung 13.30) direkt mit der Programmierung beginnen oder einen fertigen Code in das Feld kopieren. Wenn Sie selbst Code einstellen oder Beispiel-Code in das Feld kopieren, so sollte jedes neue Skript einen eigenen Namen erhalten. Diesen hinterlegen Sie, indem Sie die Standardvorgabe UNBENANNTES SKRIPT überschreiben. Außerdem müssen Sie jedes neue Skript autorisieren, weil die Skripts ja eventuell Änderungen an Ihrem Konto vornehmen, teilweise auf Ihr Google Drive zugreifen oder auch automatisiert E-Mails verschicken können.

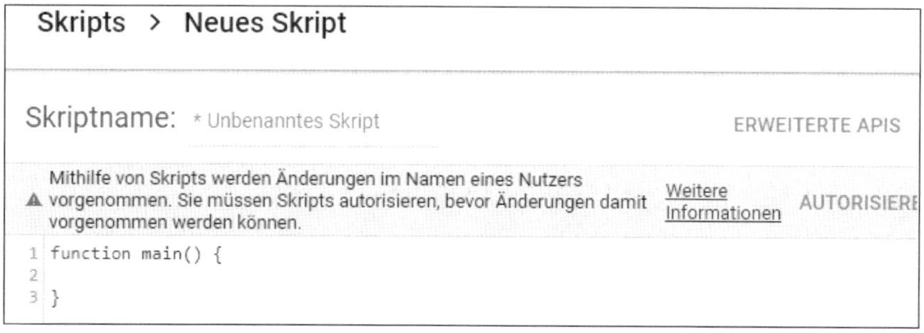

Skripts > Neues Skript

Skriptname: * Unbenanntes Skript   ERWEITERTE APIS

⚠ Mithilfe von Skripts werden Änderungen im Namen eines Nutzers vorgenommen. Sie müssen Skripts autorisieren, bevor Änderungen damit vorgenommen werden können.   Weitere Informationen   AUTORISIERE

```
1 function main() {
2
3 }
```

Abbildung 13.30 Skript mit individuellem Namen erstellen und autorisieren

Sie finden unterhalb des Eingabeformulars mehrere blaue Links (siehe Abbildung 13.31). Nachdem Sie Ihr Skript programmiert bzw. angepasst haben, können Sie es per Klick auf den Link VORSCHAU testen. Sie erhalten dann ein Ergebnis in Form eines Protokolls. Daneben finden Sie auch den Link zum Abspeichern des neuen Skripts. Mit ERSTELLEN starten Sie das neue Skript, und über SCHLIESSEN können Sie das Eingabeformular auch ohne Speicherung wieder verlassen.

Abbildung 13.31 Vorschau und Speichermöglichkeit für neue Skripts

13.3.5   Beispielskript für Ihr AdWords-Konto

Das folgende Skriptbeispiel kontrolliert die Kosten einer Kampagne und pausiert die Kampagnen bei Bedarf. Dieses Skript kann sehr nützlich sein, wenn man die Grenzen einer Kampagne testen, das finanzielle Risiko jedoch begrenzen möchte. Wir möchten Ihnen die Funktionsweise des Skripts kurz erläutern. Anhand der Beschreibung lassen sich die Elemente im JavaScript-Code leicht wiederfinden.

Dieses Skript kontrolliert eine vorgegebene Kampagne (XYZ-Kampagne). Die Kampagne wird in Hinblick auf das am gleichen Tag (TODAY) ausgegebene Budget (Cost) überprüft. Die Budgetgrenze wurde auf 200 € festgelegt (Cost > 200). Wird der Wert 200 überschritten, so wird die Kampagne gestoppt (campaign.pause) und gleichzeitig eine E-Mail an eine vorgegebene Mail-Adresse (max.mustermann@meine-domain.de) übermittelt (MailApp.sendEmail). Der Titel (var subject) und der Inhalt (var body) der E-Mail werden ebenfalls durch das Skript vorgegeben.

Das Skript zur Kostenkontrolle im Praxiseinsatz

Dieses Skript ist interessant, wenn Sie die Limits einer Kampagne austesten möchten. Falls Sie für eine Kampagne zum Beispiel ein extrem hohes Tagesbudget ansetzen, ist dies ein Zeichen an Google, dass Ihre Anzeige für alle passenden Suchanfragen zu den vorgegebenen Keywords geschaltet werden soll. Die Anzahl der möglichen Schaltungen kann das AdWords-System ja immer nur anhand der Impressionen und Klickraten schätzen. Ein sehr hohes Budget wird also mit großer Wahrscheinlichkeit alle Suchanfragen des Tages zu Ihren Keywords abdecken und dabei das Budget zum großen Teil auch nicht ausschöpfen.

Damit Sie trotzdem nicht in die Situation kommen, dass durch unvorhergesehene Suchanfragen das Tagesbudget komplett ausgenutzt wird, kann ein Skript mit Budgetüberwachung eingesetzt werden. Dadurch haben Sie eine Reißleine eingebaut, die gezogen wird, falls Ihre Budget-Schmerzgrenze erreicht wird. Dazu muss die Kontrolle natürlich mindestens stündlich ausgelöst werden. Skripte unterscheiden sich in diesem Punkt von den automatisierten Regeln, denn sie können über eine Zeitsteuerung auch stündlich ausgelöst werden.

```
function main() {
var recipient = "max.mustermann@meine-domain.de";
var subject = "Kampagne XYZ pausiert";
var body = "Kampagne wurde durch Skript pausiert";
var campaignName = "XYZ-Kampagne";
var campaignIterator = AdWordsApp.campaigns()
        .withCondition("Name = '" + campaignName + "'")
        .withCondition("Cost > 200")
```

```
    .forDateRange("TODAY")
    .get();

while (campaignIterator.hasNext()) {
  var campaign = campaignIterator.next();
  campaign.pause();
  MailApp.sendEmail(recipient, subject, body);
  }
}
```

Listing 13.1 Beispiel-Skript zur automatischen Kostenkontrolle

13.3.6 Skripte verwalten

Alle erstellten Skripte zu Ihrem AdWords-Konto finden Sie ebenfalls in Ihren Tools
unter BULK-AKTIONEN · SKRIPTS. Falls Sie bereits viele Skripts erstellt und getestet
haben, können Sie zunächst über die drei vertikalen Navigationspunkte auf der re-
chen Seite deaktivierte Skripts aus- bzw. auch wieder einblenden. Über das bekannte
Filter-Symbol können Sie zusätzlich nach Namensbestandteilen von Skripten oder
auch nach dem Namen (Login-Name bzw. E-Mail-Adresse) des Skriptbesitzers filtern,
wie Sie in Abbildung 13.32 sehen. Die zweite Möglichkeit ist eher für große Agenturen
interessant, wo mehrere Nutzer an den Konten arbeiten.

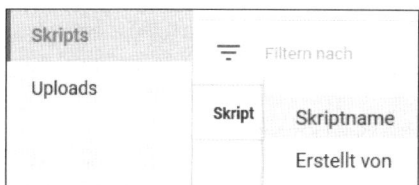

Abbildung 13.32 Filter für erstellte Skripte

Die Liste mit den erstellten Skripten enthält neben dem Namen des Skripts und des
Autors auch das Datum und die Uhrzeit der letzten Bearbeitung sowie den aktuellen
Status, z. B. AKTIVIERT. Eine Tabellenspalte trägt die Bezeichnung AKTIONEN, hier
können die Skripts bearbeiten werden. Ein Klick auf OPTIONEN öffnet eine Dropdown-Liste mit vier Bearbeitungsmöglichkeiten (siehe Abbildung 13.33).

Über BEARBEITEN öffnen Sie das Skript, sodass Sie im Skript-Editor Anpassungen vornehmen können. Achtung: Ein Klick auf ERSTELLEN startet das Skript zum aktuellen
Zeitpunkt!

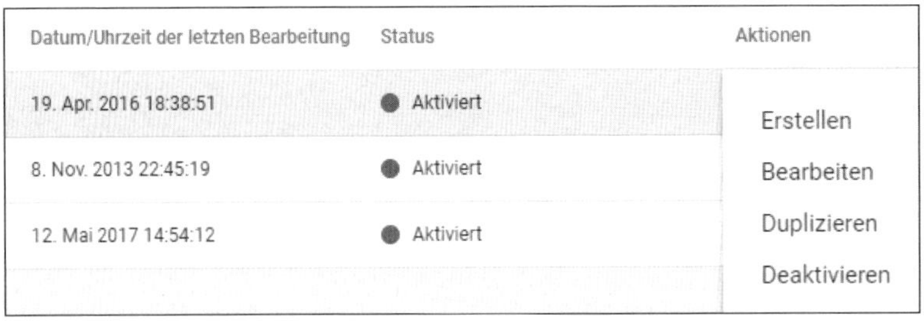

Datum/Uhrzeit der letzten Bearbeitung
Status
Aktionen
19. Apr. 2016 18:38:51
Aktiviert
8. Nov. 2013 22:45:19
Aktiviert
12. Mai 2017 14:54:12
Aktiviert
Erstellen
Bearbeiten
Duplizieren
Deaktivieren

Abbildung 13.33 Skripte bearbeiten und steuernZeitliche Steuerung der Skripte

Möchten Sie eine zeitliche Steuerung Ihres Skripts vornehmen, so klicken Sie in der Tabellenspalte Häufigkeit auf den Bearbeitungsstift. Es erscheint dann die Eingabemöglichkeit aus Abbildung 13.34.

Häufigkeit
Monatlich am 1 um 08:17
Stündlich
Häufigkeit
Täglich
12:00
ABBRECHEN
SPEICHERN

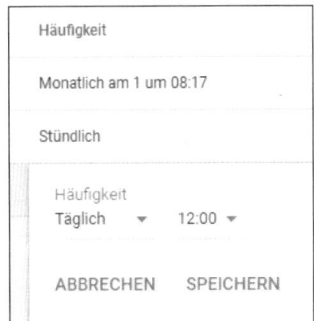

Abbildung 13.34 Zeitplan für Skripte erstellen

In dem neuen Bearbeitungsfeld (siehe Abbildung 13.35) können Sie die Häufigkeit bestimmen und dabei zwischen fünf verschiedenen Möglichkeiten zur Steuerung Ihres Skripts auswählen:

- Einmal
- Stündlich
- Täglich
- Wöchentlich
- Monatlich

Je nach Auswahl können Sie den Zeitpunkt über das Datum, den Wochentag und die Uhrzeit näher bestimmen. *Uhrzeit* bedeutet bei den Skripts und auch den automatisierten Regeln übrigens, dass das Ereignis in der angegebenen Stunde ausgeführt wird, aber nicht genau beim Wechsel auf die volle Stunde.

Die stündliche Variante der Ausführung ist für alle Aufgaben interessant, die eine laufende Beobachtung des AdWords-Kontos benötigen, wie zum Beispiel die Budgetüberwachung aus dem vorgestellten Skript.

Abbildung 13.35 Zeitplan für Skripte erstellen

Testen Sie doch einmal folgende Skripte für Ihre Kampagnen

▶ **Link-Prüfung**

Ein sinnvolles Skript ist der sogenannte *Link-Checker Report*. Dieses Skript kontrolliert, ob es in Ihrer Kampagne Zielseiten gibt, die nicht mehr funktionieren. Ein Beispiel-Skript finden Sie unter:

https://developers.google.com/adwords/scripts/docs/solutions/link-checker

▶ **Keyword-Leistungsbericht**

Mit diesem Skript erhalten Sie wöchentlich einen Leistungsbericht zu Ihren Keywords mit Qualitätsfaktor und durchschnittlicher Anzeigenposition. Die Kennzahlen werden in einem Spreadsheet in Ihrem Google-Drive-Konto gespeichert und falls gewünscht auch automatisch per E-Mail versendet. Das Beispiel-Skript finden Sie unter:

*https://developers.google.com/adwords/scripts/docs/solutions/
keyword-performance*

▶ **Keywords Labeler**

Dieses Skript versieht Ihre Keywords auf Grundlage vorher definierter Leistungsziele mit entsprechenden Labels. Auf diese Weise finden Sie Keywords mit schlechter oder auch guter Performance auf einfache Weise wieder, ohne dass Sie vorher Leistungsberichte auswerten müssen. Das entsprechende Skript finden Sie unter:

https://developers.google.com/adwords/scripts/docs/solutions/labels

Diese drei Beispiele sollten nur eine kleine Inspiration sein, um die vielfältigen Möglichkeiten der AdWords-Skripts anzudeuten. Im Bereich *Google Developers* (*https://developers.google.com/adwords/scripts*) finden Sie noch weitere Ideen für AdWords-Skripte.

13.4   Tiefergehende Kontoanalyse

Sie benötigen tiefergehende Informationen zu Ihrem Konto und haben nicht viel Zeit? Dann möchten wir Ihnen zwei interessante, aber teilweise etwas versteckte Analysemöglichkeiten aus dem AdWords-Konto vorstellen:

▶ die »Keyword-Diagnose«, mit der Sie eine Schnelldiagnose aller Keywords in Ihrem Konto durchführen. Sie sehen dann auf einem Blick, wo es eventuell Probleme mit Ihren Keywords gibt.

▶ die »Auktionsdaten«. Mit ihnen können Sie Ihre AdWords-Kennzahlen mit Ihrer Konkurrenz vergleichen, um Ihre AdWords-Ergebnisse besser einordnen zu können.

13.4.1   Keyword-Diagnose

Die Keyword-Diagnose ist aktuell (Stand: Dezember 2017) nur im alten AdWords-Interface verfügbar. Da dieses Tool aber sehr nützlich zur schnellen Diagnose Ihrer Keywords ist, möchten wir es trotzdem hier noch einmal vorstellen. Vielleicht übernimmt Google ja dieses Tool zu einem späteren Zeitpunkt in das neue AdWords-Interface.

Obwohl Google schon seit über einem Jahr an dem neuen Interface arbeitet, ist die komplette Umstellung immer noch nicht abgeschlossen. Sie müssen also zunächst über den bekannten Werkzeugschlüssel den Unterpunkt ZURÜCK ZUM VORHERIGEN ADWORDS aufrufen.

Navigieren Sie im alten Konto zunächst zu Ihrem Keyword-Tab. Sie können für die Analyse alle Keywords aus dem Konto aufrufen oder aber auch nur eine einzelne Kampagne auswählen. Wenn Sie vor dem Klick auf den Button DETAILS und den Unterpunkt KEYWORD-DIAGNOSE ausgesuchte Keywords per Checkbox markiert haben, so wird die Diagnose nur für diese Auswahl durchgeführt. Der Vorteil besteht darin, dass die Diagnose dann weniger Zeit benötigt.

Klicken Sie ohne Vorauswahl auf den Unterpunkt KEYWORD-DIAGNOSE, so wird die Diagnose für alle gerade aufgerufenen Keywords durchgeführt (siehe Abbildung 13.36).

Nach dem Klick auf den Button werden die Diagnosebedingungen festgelegt (siehe Abbildung 13.37). Zunächst bestimmen Sie die Google-Toplevel-Domain, für die Ihre Diagnose durchgeführt werden soll. Als Standard ist hier die Domain Ihres Landes ausgewählt, also z. B. die DE- ❶, AT- oder CH-Domain. Sie können aber auch jede andere Google-Toplevel-Domain bestimmen.

Abbildung 13.36 »Keyword-Diagnose« unter »Details«

Als Nächstes legen Sie die Sprache fest, für die Ihre Keywords diagnostiziert werden sollen. Hier ist als Standard die Auswahl DEUTSCH ❷ vorgegeben. Danach müssen Sie noch unter STANDORT ❸ die Zielregion für die Auslieferung Ihrer Anzeigen sowie die Endgeräte ❹ bestimmen. Diese Auswahl kennen Sie auch aus den Grundeinstellungen Ihrer AdWords-Kampagne. Ein Klick auf den Button TEST AUSFÜHREN ❺ startet die Keyword-Diagnose.

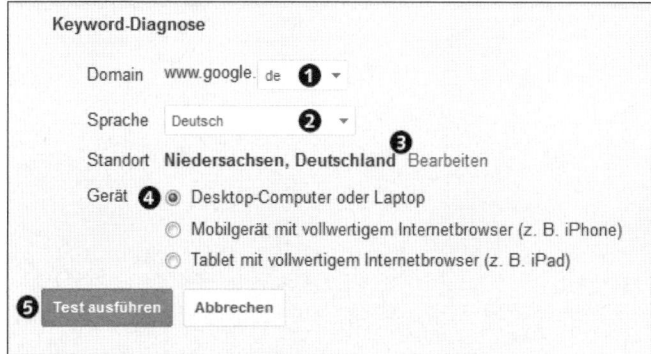

Abbildung 13.37 Vorgaben für eine Keyword-Diagnose

Die Dauer der Diagnose ist abhängig von der Anzahl der Keywords, die untersucht werden sollen. Nach relativ kurzer Zeit wird aber schon ein Ergebnis angezeigt (siehe Abbildung 13.38). Wenn alle Keywords analysiert worden sind, wird dies oberhalb der Keyword-Liste im Kopf der Datentabelle mit DIAGNOSE ABGESCHLOSSEN ❻ angezeigt. Zusätzlich sehen Sie den Zeitpunkt ❼, an dem die Diagnose abgeschlossen wurde.

Eine große Liste an Diagnoseergebnissen lässt sich nun noch nach bestimmten Bedingungen über die Filterfunktion ❽ reduzieren. Außerdem können per Klick auf den Link TESTBEDINGUNGEN BEARBEITEN ❾ die Diagnosevorgaben verändert werden. Hier könnten Sie zum Beispiel nach einer ersten Diagnose für *google.de* die

Bedingungen für den zweiten Diagnosedurchgang auf *google.at* ändern. Ein Klick auf den Link SCHLIESSEN ❿ beendet die Keyword-Diagnose.

Abbildung 13.38 Ergebnisse filtern oder Testbedingungen verändern

Als Ergebnis der Datenanalyse erhalten Sie in der Spalte STATUS ❶ die Informationen zur Schaltung oder entsprechend zur Nichtschaltung Ihrer Keywords (siehe Abbildung 13.39). Falls Probleme auftauchen, sind diese mit einem Hinweistext ❸ in einer orangenen Warnfarbe gekennzeichnet. Es lohnt sich, bei den Problemen näher hinzuschauen. »Hinschauen« bedeutet in diesem Zusammenhang, dass Sie mit dem Mauszeiger über die Sprechblase ❷ vor dem Hinweistext fahren. Mithilfe der Mouse-over-Funktion erhalten Sie zusätzliche Informationen zum jeweiligen Keyword-Problem. Natürlich zeigt die Diagnose auch an, wenn ein Keyword korrekt geschaltet wird. Im Optimalfall sollte also hinter jedem Keyword in der Spalte STATUS der Hinweis ANZEIGE WIRD JETZT GESCHALTET ❹ stehen.

Abbildung 13.39 Ergebnisse der Keyword-Diagnose mit weiterführenden Hinweisen

Die Fehlermeldungen müssen Sie jedoch noch einmal genau durchlesen und analysieren. Glauben Sie nicht alles, was das AdWords-Konto Ihnen erzählt. In Tabelle 13.1 sehen Sie zwei Beispiele von Fehlermeldungen und was dahinterstecken kann.

Fehlermeldung	Bedeutung – bitte beachten
1. Wird nicht geschaltet (sonstige)	Hierunter können sich auch Keywords aus dem Displaynetzwerk verbergen. Sie sollten also in jedem Fall kontrollieren, ob diese Keywords nicht zum Displaynetzwerk gehören.

Tabelle 13.1 Fehlermeldungen zur Keyword-Diagnose

Fehlermeldung	Bedeutung – bitte beachten
2. Freigabeproblem	Unter dem Stichwort »Freigabeproblem« erfährt man zum Beispiel, dass das Keyword wegen eines auszu-schließenden Keywords nicht geschaltet wird. Bitte kon-trollieren Sie, ob das Keyword nicht in einer genau passenden Option ausgeschlossen ist. In diesem Fall löst das Keyword trotzdem alle weiteren Variationen und Suchphrasen aus!

Tabelle 13.1 Fehlermeldungen zur Keyword-Diagnose (Forts.)

Falschmeldung zu Freigabeproblemen

Unter dem Stichwort »Freigabeproblem« erfahren Sie auch, dass Ihr Keyword wegen eines ausschließenden Keywords nicht geschaltet wird. Dies ist zunächst eine sinn-volle Aussage. Falls jedoch ein weitgehend passendes Keyword mit einem exakt pas-senden ausschließenden Keyword kombiniert wird, erzeugt Google AdWords die Fehlermeldung ebenfalls. Dies ist aber in der Praxis nicht richtig, denn die weitge-hend passende Variante wird geschaltet, was an Impressionen und Klicks erkennbar ist. Lediglich die genau passende Version ist ausgeschlossen. Die grundsätzliche Aus-sage, dass dieses Keyword nicht geschaltet wird, ist also in diesem Fall falsch bzw. nicht ganz präzise.

13.4.2   Kontoanalyse mit Auktionsdaten: Wo steht die Konkurrenz?

Die Kontoanalyse zu den Auktionsdaten ist sowohl im alten als auch im neuen Inter-face vorhanden. Die folgende Beschreibung bezieht sich daher auf das neue Ad-Words-Interface.

Die Auktionsdaten sind insofern sehr spannend, weil Sie sich hier mit Ihrer direkten Konkurrenz bei der AdWords-Werbung vergleichen können. Die Konkurrenz ist in diesem Fall natürlich Ihre »Keyword-Konkurrenz« bei Google. Bei der Analyse mit der Bezeichnung *Auktionsdaten* nennt Google Ihnen die Domainnamen derjenigen, die zu Ihren wichtigsten Keywords ebenfalls AdWords-Anzeigen schalten.

Die Analyse zu den Auktionsdaten starten Sie, indem Sie zunächst zum Beispiel die Kampagnenebene aufrufen und im Kopfbereich von KAMPAGNEN auf AUKTIONS-DATEN wechseln. Bitte denken Sie daran, dass Sie die Auktionsdaten auf drei Ebenen (Kampagnen, Anzeigengruppen und Keywords) analysieren können. Darum müssen Sie immer zunächst schauen, welche Ebene Sie aktuell aufgerufen haben, bevor Sie zu den Auktionsdaten wechseln, damit Sie immer genau wissen, welchen Bereich Sie gerade analysieren.

Abbildung 13.40 Aktivitäten der Konkurrenz analysieren

Für die Analyse der Auktionsdaten können Sie alle Kampagnen einbeziehen oder vorher per Checkbox ❸ bestimmte Kampagnen auswählen (siehe Abbildung 13.40). Bei der Auswahl per Checkbox erscheint im oberen Bereich eine blaue Leiste. Dort können Sie zu AUKTIONSDATEN ❷ wechseln (siehe Abbildung 13.41). Es werden dann nur die Daten zu den ausgewählten Elementen analysiert. Der Link AUKTIONSDATEN ❶ im Header ist bei dieser Analyse nicht aktiviert.

Abbildung 13.41 Auktionsdaten zu ausgewählten Kampagnen

Bei beiden Wegen erhalten Sie als Ergebnis einen Auktionsdatenbericht, der Ihre Ad-Words-Aktivitäten mit der Konkurrenz vergleicht (siehe Abbildung 13.42). Ihre Kampagnenleistung ist in der Spalte zur DOMAIN DER ANGEZEIGTEN URL ❶ mit der Bezeichnung »Sie« ❹ gekennzeichnet. Bei der Konkurrenz ist in dieser Spalte die entsprechende Domain ❸ aufgeführt, die in AdWords beworben wird.

Die Prozentzahl unter ÜBERSCHNEIDUNGSRATE ❷ zeigt an, zu welchem Anteil die Keywords der Konkurrenz mit Ihren übereinstimmen. Falls dort also zum Beispiel 50 % steht, so haben Sie die Hälfte Ihrer Keywords mit dem entsprechenden Konkurrenten gemeinsam. Die weiteren Spalten bieten Ihnen verschiedene Leistungsdaten im Konkurrenzvergleich. Bei den Auktionsdaten auf Kampagnenebene erhalten Sie folgende Leistungsdaten:

▶ **Anteil an möglichen Impressionen**
Die Prozentzahl gibt an, wie viel Prozent aller möglichen Impressionen erzielt wurden.

▶ **Durchschn. Position**
Dieser Wert gibt die durchschnittliche Anzeigenposition aller erfolgreichen Auktionen an.

▶ **Rate der Position oberhalb**
Diese Prozentzahl zeigt, wie häufig eine Anzeige der Konkurrenz über der eigenen Anzeige in einer gemeinsamen Auktion geschaltet wurde.

▶ **Rate für obere Position**
Diese Prozentzahl gibt an, wie häufig eine Anzeige oberhalb der organischen Suchergebnisse geschaltet wurde.

Anhand der unterschiedlichen Leistungsdaten können Sie nun einschätzen, ob Sie in Bezug zur Konkurrenz besser oder schlechter dastehen und in welchem Umfang Sie dies zukünftig ändern möchten. Müssen Sie beispielsweise durch höhere CPC-Gebote und weitere Optimierungsmaßnahmen bei verbessertem Qualitätsfaktor die Konkurrenten in Bezug auf die durchschnittliche Ranking-Position überflügeln? Oder stehen Sie aktuell schon besser da als die Konkurrenz und müssen daher aus dieser Sicht zunächst nichts ändern?

❶ Domain der angezeigten URL ↓	Anteil an möglichen Impressionen	Durchschn. Position	Überschneidungsrate	❷ Rate der Position oberhalb	Rate für obere Positionen
aboutyou.de	36,40 %	2,8	23,03 %	49,68 %	53,98 %
otto.de	33,38 %	2,9	26,39 %	51,00 %	60,07 %
❸ hm.com	25,81 %	2,4	19,46 %	65,10 %	55,26 %
amazon.de	22,36 %	3,0	23,33 %	55,68 %	58,69 %
bonprix.de	16,38 %	2,8	25,75 %	64,13 %	57,12 %
❹ Sie	13,95 %	3,4	–	–	48,75 %

Abbildung 13.42 Eigene Kampagne im Vergleich zur Konkurrenz

Auf Keyword-Ebene können Sie mit dieser Funktion überprüfen, ob und in welchem Umfang Ihre Konkurrenz zu ihren Markennamen bei AdWords aktiv ist (siehe Abbildung 13.43). Falls Sie eine »Markenkampagne« besitzen, so wählen Sie aus dieser Kampagne Ihre Marken-Keywords aus und wechseln dann in der blauen Leiste auf AUKTIONSDATEN.

Zeigt AdWords Ihnen danach eine Statistik mit Domain-Namen an, so wissen Sie, dass diese Konkurrenten ebenfalls zu Ihrem Markennamen in gewissem Umfang Werbung schalten. Dabei muss natürlich nicht genau Ihre Marke genutzt werden, denn Synonyme und Ergänzungen fallen ebenfalls in diese Statistik. Sie können jedoch anhand der Überschneidungsrate Ihre stärksten Keyword-Konkurrenten zu Ihren Marken-Keywords identifizieren.

Domain der angezeigten URL	↓ Anteil an möglichen Impressionen	Durchschn. Position	Überschneidungsrate
Sie	98,41 %	1,2	–
▮▮▮▮▮▮▮▮▮▮	39,25 %	2,2	39,88 %
▮▮▮▮▮▮▮▮	36,51 %	4,5	37,10 %
▮▮▮▮▮▮▮▮▮▮▮	32,61 %	3,0	33,14 %

Abbildung 13.43 Beobachtung der Konkurrenz zum eigenen Markennamen – die Domain-Namen werden hier nicht verraten.

Diese Statistik ist insofern interessant, als man zum einen bei Google vielleicht nicht so häufig nach seinem eigenen Markennamen sucht und man zum anderen selbst bei einer solchen Suche die Konkurrenten nicht sieht, weil diese den Sitz Ihres Unternehmens als Standort ausgeschlossen haben, um ganz bewusst AdWords zu Ihrer Marke zu schalten.

13.4.3   Entwürfe und Tests

»Testen, testen, testen« ist ein wichtiges Grundprinzip bei Google AdWords, wie Sie vielleicht schon aus den unterschiedlichen Beispielen in diesem Buch gelernt haben. Auch Google selbst setzt auf Tests und hat daher im Laufe der Zeit sowohl bei AdWords als auch bei Analytics verschiedene Möglichkeiten angeboten, um Werbeeinstellungen und Landing-Pages zu testen, die jedoch nie richtig von der Masse angenommen wurden.

Aktuell unternimmt Google im neuen Interface mit ENTWÜRFE UND TESTS einen weiteren Versuch. Wir empfehlen Ihnen, sich diesen Bereich einmal näher anzuschauen und eigene Tests durchzuführen, um bestehende Kampagnen noch weiter zu verbessern.

Bitte beachten Sie, dass momentan ENTWÜRFE UND TESTS nur für das Suchnetzwerk und das Displaynetzwerk verfügbar sind. Für Video-, App- und Shopping-Kampagnen können Sie keine Entwürfe oder Tests erstellen.

Die Tests in Ihrem AdWords-Konto können Sie dazu nutzen, um unterschiedliche Einstellungen, Gebote oder Texte in Ihrem AdWords-Konto im gleichen Zeitraum zu testen. Wenn Sie zum Beispiel erfahren möchten, wie sich unterschiedliche CPC-Gebote für Ihre Keywords auf Position, Klickverhalten und vor allem auf Conversions auswirken, so könnten Sie natürlich die Berichte zweier Monate mit den jeweils unterschiedlichen CPC-Geboten vergleichen.

Das Problem bei dieser Vorgehensweise besteht jedoch darin, dass Sie die externen Faktoren nicht ausschließen können. Falls in einem Monat gerade Urlaubszeit ist oder ein großes Sportereignis stattfindet, wie eine Fußballweltmeisterschaft, so wird dies Auswirkungen auf Anfragen und Klickverhalten haben. Sie sprechen dann eventuell auch unterschiedliche Internet-User an. Auch die Wetterlage kann zum Beispiel die Nachfrage nach Sonnenbrillen oder Regenschirmen positiv oder negativ beeinflussen.

Das Fazit aus diesen Beispielen lautet: Ein echter Vergleich sollte im selben Zeitraum stattfinden. Wenn Sie Kampagnentests aufsetzen, entfallen die äußeren Faktoren, weil diese Tests zeitgleich durchgeführt werden. Unterschiedliche CPC-Gebote würden innerhalb eines Tests also immer im Wechsel zwischen dem niedrigen und dem höheren Gebot geschaltet. Externe Einflüsse verändern somit die Statistik nicht.

Wenn Sie sich zu einem Test entschließen sind die Vorüberlegungen jedoch ganz wichtig. Sie müssen genau festlegen, was Sie verändern und testen möchten. Wir empfehlen Ihnen außerdem, jeweils nur eine Änderung gleichzeitig zu testen, da Sie ansonsten nicht wissen, was das Ergebnis (positiv oder auch negativ) beeinflusst hat.

Natürlich ist es Ihrer Fantasie überlassen, was Sie testen möchten. Wir haben jedoch einmal ein paar Ideen, die üblicherweise mit Kampagnentests getestet werden, für Sie als Anregung aufgelistet:

- andere Gebote für Keywords
- andere Landing-Page
- andere Keywords
- andere Regionen
- andere Endgeräte (z. B. Ausschluss von Smartphones)
- neue Placement-Ideen im Vergleich zu laufenden Placements
- neue Zielgruppen im Vergleich zu bestehenden Zielgruppen

Bevor wir uns gemeinsam anschauen, wie ein Kampagnentest angelegt wird, sollte Ihnen der Unterschied zwischen Entwürfen und Tests ganz klar sein.

Entwürfe

Sie benötigen zunächst immer einen Entwurf, um damit im zweiten Schritt einen Test durchzuführen. Sie können aber Entwürfe auch ohne Tests nutzen. Der Entwurf ist zunächst nur eine neue Idee zu einer bestehenden Kampagne. Der Entwurf kann also auch genutzt werden, um eine neue Kampagne auf Grundlage einer bestehenden aufzusetzen und so beispielsweise eigene Keyword-Ideen oder neue Anzeigentexte einzubauen. Danach kann dann nach Rücksprache mit Kollegen oder Vorgesetzten der Entwurf direkt als neue Kampagne in das Konto übernommen werden.

Tests

Nachdem Sie einen Entwurf erstellt haben, können Sie als zweite Möglichkeit diesen neuen Entwurf in einem Test mit der bestehenden Kampagne vergleichen, um dann anhand der Leistungsdaten später zu entscheiden, welche Variante zukünftig genutzt werden soll.

13.4.4 Kampagnentest erstellen

Sie erstellen in Ihrem AdWords-Konto einen Kampagnentest, indem Sie zunächst die gewünschte Kampagne (nur Suchnetzwerk- oder Displaynetzwerk-Kampagnen) aufrufen und in der mittleren Menüleiste im unteren Bereich auf den Tab Entwürfe und Tests klicken (siehe Abbildung 13.44).

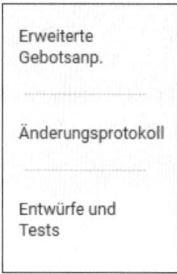

Abbildung 13.44 Der Tab für »Entwürfe und Tests« im AdWords-Konto

Beim Unterpunkt Kampagnenentwürfe legen Sie zunächst einen neuen Entwurf mit dem ⊕-Button an (siehe Abbildung 13.45).

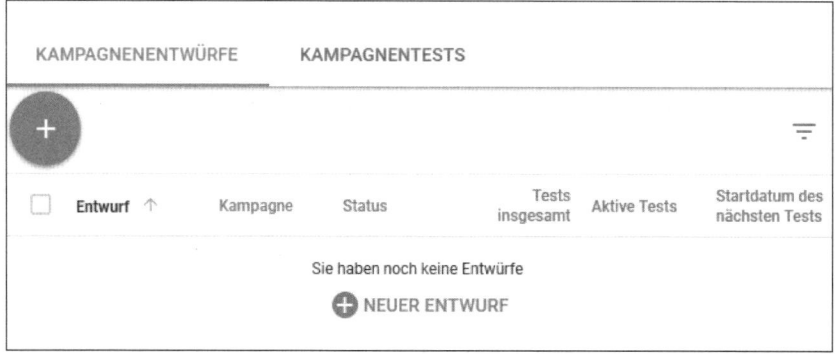

Abbildung 13.45 Einen neuen Entwurf anlegen

In unserem Beispiel aus Abbildung 13.46 haben wir zu der bestehenden Kampagne einen Kampagnenentwurf mit dem Namen *AdWords-NRW-ohne-Mobil* erstellt. In diesem Kampagnenentwurf ändern wir nun unter Gerät die Gebote für Smartphones auf –100%, um die Entwicklung der Kampagne ohne die Auslieferung auf Smartphones zu testen.

Ebene: **Kampagne**				
Gerät ↑	Ebene	Hinzugefügt zu	Gebotsanp.	Gebotsanp. auf Anzeigengruppenet
Computer	Kampagne	AdWords-NRW AdWords-NRW-ohne-Mobil-Test	–	Keine
Smartphones	Kampagne	AdWords-NRW AdWords-NRW-ohne-Mobil-Test	-100 %	Keine
Tablets	Kampagne	AdWords-NRW AdWords-NRW-ohne-Mobil-Test	–	Keine

Abbildung 13.46 Änderung im Kampagnenentwurf durch Gebotsanpassung für Geräte

Den geänderten Entwurf können Sie nun im Kopfbereich durch einen Klick auf den Link ÜBERNEHMEN als neue Kampagne einsetzen.

Abbildung 13.47 Kampagnenentwurf übernehmen

Abbildung 13.48 zeigt den entscheidenden Schritt. Sie können nämlich einerseits nach dem Klick auf ÜBERNEHMEN den Entwurf komplett als neue Kampagne übernehmen, wie wir schon ausführlich beschrieben haben. Sie können andererseits aber auch durch Auswahl von TEST AUSFÜHREN den Kampagnentest starten (siehe Abbildung 13.48).

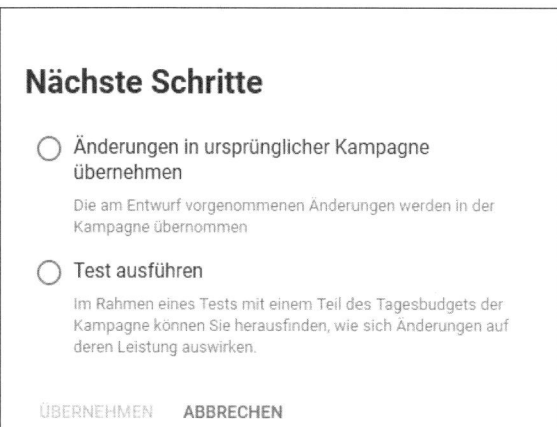

Abbildung 13.48 Übernahme der Änderung aus dem Entwurf oder einen Test durchführen

Falls Sie einen Test ausführen, erhält der Test ebenfalls einen Namen, den Sie frei wählen können. Am besten beziehen Sie sich aber auf den Namen des Entwurfs, um den Test einfacher zuordnen zu können. Außerdem müssen Sie die Laufzeit des Tests über ein Start- und Enddatum festlegen (siehe Abbildung 13.49).

Die TESTAUFTEILUNG sollte im Normalfall bei 50 % liegen. Es sind jedoch auch andere Verteilungsmöglichkeiten denkbar, wobei die Ergebnisse dann schwerer zu beurteilen sind. Außerdem dauert ein Test immer länger, wenn nur ein kleiner Teil der Auktionsdaten in den Test einfließt. Je größer der Anteil relevanter Daten ist, umso aussagekräftiger sind hingegen die Testergebnisse.

Abbildung 13.49 Legen Sie die Dauer und die Testaufteilung fest.

Sie können das aktuelle Datum als Startdatum vorgeben und somit Ihren Kampagnentest direkt starten oder auch ein späteres Startdatum vorgeben. Denkbar wäre hier zum Beispiel, einen Test immer direkt am ersten Tag eines neuen Monats zu starten, sodass die Testergebnisse in die automatisierten Monatsberichte aufgenommen werden können.

Als Testende schlägt Google 30 Tage nach Testbeginn vor. Ein Test sollte also mindestens einen Monat laufen. Für ein aussagekräftiges Testergebnis benötigen Sie immer eine möglichst große Datenmenge. Daher kann es sinnvoll sein, für einen Test auch zwei oder sogar drei Monate anzusetzen. Nach Eingabe der Grundkonfiguration speichern Sie Ihren Test ab.

In der Kampagnenübersicht (siehe Abbildung 13.50) erkennen Sie Ihre laufenden Tests an dem vorangestellten Experiment-Icon (es stellt einen Erlenmeyerglaskolben dar). Während Ihr Test läuft, können Sie ihn jederzeit über die Aktivierung der Checkbox und die Auswahl BEARBEITEN pausieren oder entfernen. Wenn Sie die Test-Kampagne oder auch die Anzeigengruppe aufrufen, erhalten Sie im oberen Bereich eine Statistik mit Informationen zu den Leistungsänderungen der Textkampagne im Vergleich zur Ausgangskampagne. Neben den vorgegebenen Leistungsdaten können Sie selbst auch eigene Daten wählen.

Anhand dieser Leistungsdaten müssen Sie dann letztlich entscheiden, ob Sie die Testeinstellungen für Ihre laufende Kampagne übernehmen möchten oder nicht. Rechts neben den Leistungsdaten können Sie dazu auf ÜBERNEHMEN oder JETZT BEENDEN klicken. Sie können übrigens auch Tests markieren und wieder entfernen, falls Sie zwar einen Test erstellt haben, ihn aber dann doch nicht durchführen möchten. Löschen Sie diese »Testleichen« lieber, damit die Darstellung unter KAMPAGNENTESTS nicht zu unübersichtlich wird.

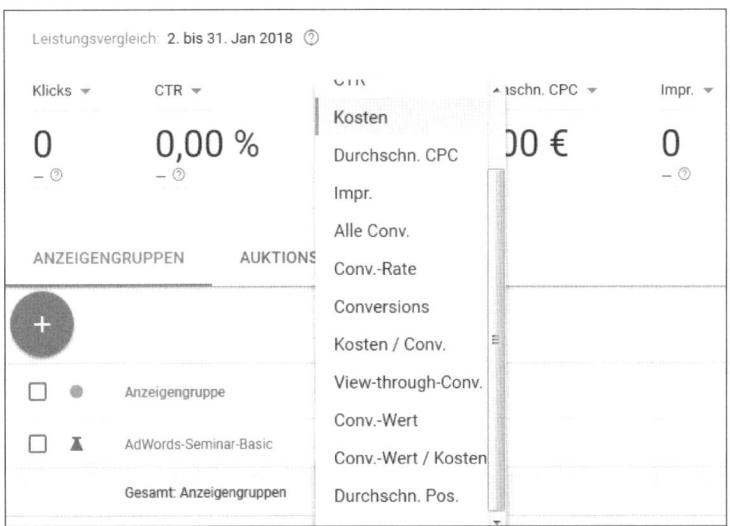

Abbildung 13.50 Statistiken zu den Tests mit Leistungsvergleich

13.4.5   Test mit Anzeigenvariationen

Nachdem Sie einen Kampagnentest erstellt haben, finden Sie neben den Unterpunkten KAMPAGNENENTWÜRFE und KAMPAGNENTESTS auch noch den neuen Unterpunkt ANZEIGENVARIATIONEN (siehe Abbildung 13.51). Die Einstellungen dieser Anzeigentests funktionieren nach dem gleichen Prinzip, das Sie von den Kampagnentests kennen. Sie wählen die Kampagne (oder auch alle Kampagnen) aus, bei der Sie eine neue Anzeigenvariation testen möchten.

Danach können Sie nur einzelne Textbausteine der Anzeige, zum Beispiel Titel, Beschreibung oder Pfade ändern oder aber auch die komplette Anzeige neu texten. Als speziellen Test können Sie auch nur die Reihenfolge der Anzeigentitel tauschen. Zum Schluss erhält der Test einen Namen, eine Laufzeit und eine prozentuale Testaufteilung.

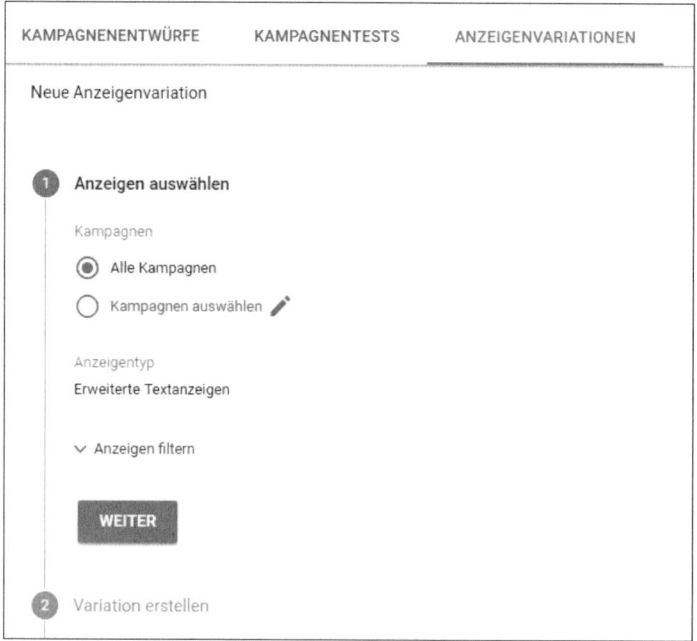

Abbildung 13.51 Erstellen Sie Anzeigenvariationen zu Ihren Tests.

13.4.6   Ist ein Anzeigentest unter den Kampagnentests sinnvoll?

Warum sollten Sie für Anzeigen einen Test erstellen? Die AdWords-Anzeigen werden normalerweise doch schon in einem A/B- bzw. Split-Test innerhalb der Anzeigengruppen getestet. Ein Anzeigentest über das Kampagnentest-Tool ist daher doch nicht notwendig, oder?

Die Tests mit den Anzeigenvariationen können trotzdem sinnvoll und hilfreich sein. Falls beispielsweise laufende Anzeigen schon gut funktionieren, besteht beim Hinzufügen einer neuen Anzeige immer die Gefahr, dass diese schlechter als die existierenden Varianten performt. In diesem Fall können Sie mit dem »externen Test« über die Anzeigenvarianten und der zusätzlichen Bestimmung der Verteilungsverhältnisse das Risiko mindern und nur mit einem kleinen Anteil an der Anzeigenauslieferung die neuen Anzeigen über einen längeren Zeitraum testen.

Zudem können Sie über die Anzeigenvariationen Ihre Tests viel strukturierter auch für mehrere Anzeigen durchführen. Sie können mithilfe von SUCHEN UND ERSETZEN neue Verkaufsargumente sehr schnell in alle Ihre Anzeigen einbauen und so über die eigene Statistik der Anzeigenvariationen ganz gezielt testen.

Tipp: Nutzen Sie Kampagnentests zum Testen neuer Ideen

Falls Sie ein bestehendes AdWords-Konto von Ihrem Vorgänger übernehmen, als Agentur oder Freelancer ein bestehendes Kundenkonto bearbeiten müssen oder nach der Lektüre dieses Buches Ihr eigenes Konto vollkommen neu strukturieren bzw. neue Strategien testen möchten, so können Sie sich die Möglichkeiten der Entwürfe und Tests zunutze machen. Eine radikale Umstellung in einem Konto kann zu ungewollten Brüchen führen, z. B. durch einen niedrigeren Qualitätsfaktor, höhere CPC-Gebote oder sinkende Impressionen durch zu viele auszuschließende Keywords. Unser Tipp zur Vermeidung einer radikalen Umstellung wäre eine fließende Umstellung mithilfe eines Kampagnentests.

Gehen Sie dabei folgendermaßen vor:

1. Erstellen Sie neue Entwürfe zu den bestehenden Kampagnen.

2. Ändern Sie die Entwürfe nach Ihren Vorstellungen ab.

3. Erstellen Sie einen Kampagnentest mit den veränderten Entwürfen.

4. Setzen Sie die Testaufteilung zunächst nur auf 20 %.

5. Beobachten Sie die Performance Ihrer neuen Ideen. Sind die ersten Ergebnisse zufriedenstellend, können Sie die Testaufteilung monatlich langsam steigern.

6. Beobachten Sie schließlich die 50-%-Aufteilung ebenfalls einen Monat lang.

7. Liefern Ihre neuen Entwürfe dann die besseren Ergebnisse als die Ausgangskampagnen, so können Sie die neuen Einstellungen ganz übernehmen.

13.5   Fazit

In diesem Kapitel haben Sie erfahren, wie Sie schnell mithilfe der verschiedenen Einstellungsmöglichkeiten im Kopf der Statistikberichte Ihre Daten sortieren und filtern können. Zusätzlich können Sie nun über sogenannte Labels eigene Strukturen in Ihrem AdWords-Konto abbilden und in Berichten über Kampagnen und Anzeigengruppen hinweg zusammenfassen. Sie wissen nun, wie Sie über Spalten die unterschiedlichsten Daten zu Ihren Berichten hinzufügen und entfernen können.

Wir haben Ihnen zudem wertvolle Möglichkeiten zur Automatisierung Ihrer AdWords-Werbung gezeigt, wobei Sie mit den AdWords-Skripten ein sehr mächtiges Werkzeug kennengelernt haben. Sie haben außerdem erfahren, was Auktionsdaten sind und wie Sie diese Angaben nutzen können, um interessante Schnellanalysen zu Ihrem AdWords-Konto durchzuführen. Zum Schluss haben Sie mit den AdWords-Kampagnentests eine wichtige neue Möglichkeit kennengelernt, um verschiedene Tests in Ihrem Konto durchzuführen, die unabhängig von externen Einflüssen im gleichen Zeitraum ablaufen können.

Kapitel 14
Das AdWords-Verwaltungskonto

Arbeiten Sie in einer Agentur oder betreuen Sie als Consultant mehrere AdWords-Konten? Dann sollten Sie sich das Verwaltungskonto für AdWords einmal näher anschauen. (Es hieß früher »My Client Center«, MCC.) Dort erhalten Sie mit einem Login einen übergeordneten Zugriff auf alle Ihre AdWords-Konten. Zusätzlich stellt Google auf Verwaltungsebene verschiedene Tools bereit, um mehrere Konten gleichzeitig zu verwalten. Dies erleichtert Ihre Praxisarbeit und schafft Übersicht bei der Betreuung mehrerer Konten. Dieses Kapitel zeigt Ihnen, wie Sie das AdWords-Verwaltungskonto nutzen können und welche Tools Google für AdWords-Kontenmanager bereithält.

14

Das AdWords-Verwaltungskonto können Sie sich als übergeordneten AdWords-Account vorstellen. Mit diesem Backend bietet Google Ihnen die Möglichkeit, mehrere AdWords-Konten über einen Login und mit einem zentralen Backend zu verwalten. Sie erreichen das Kundencenter über folgenden Link:

https://adwords.google.com/intl/de_de/home/tools/manager-accounts

Nachdem Sie die Webseite aufgerufen haben, können Sie sich wie bei einem Standard-AdWords-Konto rechts oben mit einem Google-Login anmelden. Mittlerweile können Sie bei Google AdWords bis zu fünf AdWords-Konten mit einem Login verwalten. Dabei ist es egal, ob dies einfache AdWords-Konten oder AdWords-Verwaltungskonten sind. Wir empfehlen Ihnen jedoch, einen eigenen Login für das Verwaltungskonto anzulegen, damit Sie einfacher zwischen den einfachen AdWords-Konten und dem AdWords-Verwaltungskonto unterscheiden können. Bei mehreren Google-Logins ist es außerdem sinnvoll, verschiedene Browser zu nutzen. So können Sie einfach und schnell von einem Google-Login zu einem anderen wechseln, ohne sich stets neu einzuloggen.

So erhalten Sie zusätzliche Mail-Adressen für Google-Logins

Normalerweise benötigt man im digitalen Leben nur ein bis zwei Mail-Adressen. Wenn Sie jedoch mit mehreren AdWords-Konten oder Kundenverwaltungskonten arbeiten, so kann es passieren, dass Sie noch zusätzliche E-Mail-Adressen zur Generierung neuer Logins benötigen. Mit folgenden Tipps erhalten Sie bei Bedarf einfach weitere Mail-Adressen.

> Zunächst können Sie einen kostenlosen E-Mail-Dienst, wie z. B. Gmail, Web.de oder GMX nutzen, um weitere Adressen zu erstellen. Falls Sie Ihre E-Mail-Adresse von Ihrem Webhoster erhalten haben, können Sie dort meistens auch noch zusätzliche Adressen genieren, die dann an Ihre Standard-E-Mail-Adresse weitergeleitet werden.
>
> In vielen Fällen werden die Möglichkeiten zur Generierung von Mail-Adressen bei einem Webhoster nicht ausgeschöpft. Aber auch, wenn die Anzahl der zur Verfügung stehenden Mail-Adressen beschränkt ist, funktioniert bei vielen Mail-Anbietern folgende Mail-Gestaltung: Fügen Sie Ihrer Standardadresse ein +, gefolgt von weiteren Zahlen und/oder Buchstaben hinzu. Schon haben Sie eine neue E-Mail-Adresse, um einen Google-Login zu generieren. Sie können also die Standardadresse, wie zum Beispiel *guido.pelzer@meinedomain.de* mit *+1* zu *guido.pelzer+1@meinedomain.de* erweitern, ohne dass sich die Zieladresse für die E-Mail ändert: *guido.pelzer+1@meinedomain.de* wird also an *guido.pelzer@meinedomain.de* weitergeleitet. Trotzdem kann die neue +1-Adresse als Login-Mail-Adresse für ein zusätzliches AdWords-Konto bzw. Verwaltungskonto genutzt werden.

Wir raten folgenden Nutzergruppen, ein AdWords-Verwaltungskonto anzulegen:

▶ Agenturen für Online-Marketing

▶ große Unternehmen mit mehreren AdWords-Konten

▶ Online-Marketingexperten oder Consultants, die mehrere Kundenkonten verwalten

Abbildung 14.1 zeigt die einfache Beziehung zwischen einem AdWords-Verwaltungskonto als übergeordnetem Konto und drei verschiedenen AdWords-Konten. In der Praxis wird ein Verwaltungskonto noch viel mehr AdWords-Konten beherbergen; es gibt hierfür übrigens keine Beschränkung.

Der Administrator des Kundencenters kann von der Weboberfläche des Clientcenters alle Einstellungen, Änderungen und Berichterstellung in den einzelnen AdWords-Konten durchführen. Es ist jedoch auch im Verwaltungskonto möglich, verschiedene Rechte der Verwaltung bzw. einen reinen Lesestatus zu vergeben. Durch diese Rechtebeschränkung sind dann nur bestimmte Aktionen in den einzelnen Konten erlaubt. Was das AdWords-Verwaltungskonto über die normale Kontenverwaltung hinaus noch anbietet, zeigen wir Ihnen in diesem Kapitel.

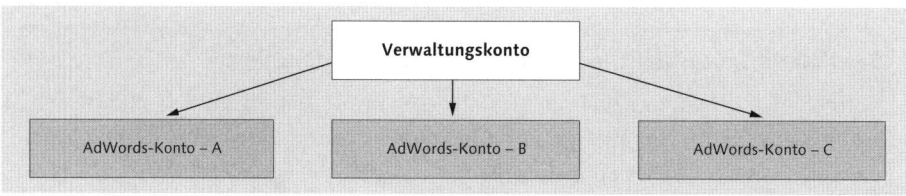

Abbildung 14.1 Struktur des Verwaltungskontos und der verbundenen AdWords-Konten

Neben der Standardstruktur, bei der über ein Verwaltungskonto mehrere AdWords-Konten verwaltet werden, gibt es auch die Möglichkeit, dass ein oder mehrere Verwaltungskonten einem anderen Verwaltungskonto untergeordnet sind. Die untergeordneten Verwaltungskonten steuern dabei jeweils eigene AdWords-Konten, wobei das Verwaltungskonto an oberster Stelle den Zugriff auf alle AdWords-Konten besitzt.

Eine solche Struktur, die in Abbildung 14.2 als Beispiel dargestellt ist, wird in größeren Unternehmen oder Agenturen mit unterschiedlichen Abteilungen genutzt. Dabei können einzelne Abteilungen mehrere AdWords-Konten über ihr Verwaltungskonto verwalten, aber die untergeordneten Verwaltungskonten können nicht gegenseitig ihre Kunden einsehen oder bearbeiten. Das übergeordnete Kundencenter dient dem Unternehmensverantwortlichen quasi als Kommandobrücke, da dieses Verwaltungskonto Zugriff auf alle untergeordneten Verwaltungskonten und somit auch auf die jeweiligen AdWords-Kundenkonten erhält.

Mit unterschiedlichen, untergeordneten AdWords-Verwaltungskonten kann man die Verantwortung für einzelne Konten auf bestimmte Gruppen übertragen. Diese Gruppen erhalten entsprechende Admin-Rechte nur für Ihre AdWords-Konten. Bei dieser Struktur ist sichergestellt, dass nicht jeder Mitarbeiter Einblick in alle Kundenkonten erhält.

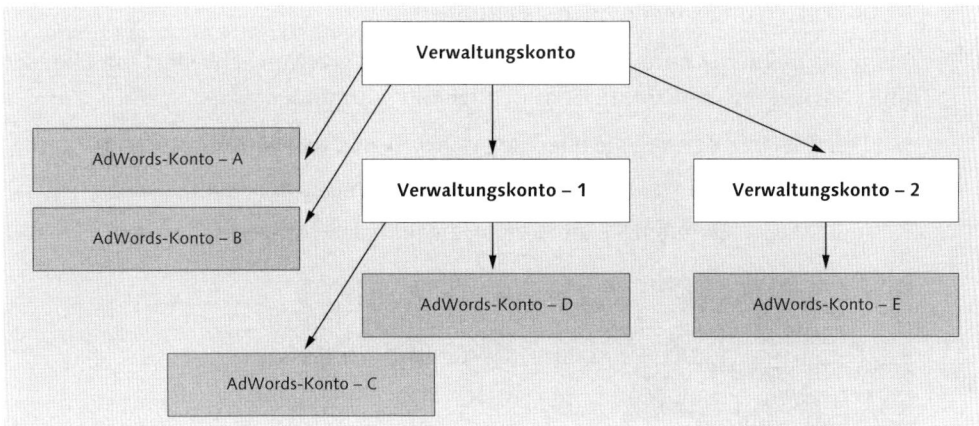

Abbildung 14.2 Struktur eines Verwaltungskontos mit untergeordneten Verwaltungs- und Standard-AdWords-Konten

14.1   Aufbau eines AdWords-Verwaltungskontos

Nachdem Sie sich in Ihr Verwaltungskonto eingeloggt haben, erkennen Sie, dass eine ähnliche Struktur wie in einem AdWords-Konto vorhanden ist. Die mittlere Menüleiste enthält jedoch nur vier Unterbereiche (siehe Abbildung 14.3):

1. Übersicht
2. Werbechancen
3. Konten
4. Kampagnen

Der Headerbereich mit dem Berichts-Icon, dem Werkzeugschlüssel, der Hilfe und den Benachrichtigungen entspricht genau dem Aufbau des Standard-Kontos. In der linken Navigationsleiste befinden sich jedoch anstelle der Kampagnen die Konten, die mit dem AdWords-Verwaltungskonto verbunden sind.

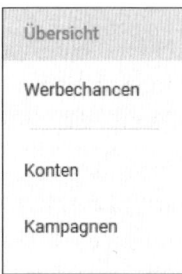

Abbildung 14.3 Mittlere Menüleiste im AdWords-Verwaltungskonto

14.1.1   Filtern und suchen im Verwaltungskonto

Wenn Sie mehrere Konten verknüpft haben, gibt es drei Möglichkeiten, um über das linke Navigationsmenü schnell das richtige Konto zu finden:

1. Filtern Sie Ihre Kontenliste über die drei vertikalen Navigationspunkte ❶.
2. Suchen ❷ Sie über Namensbestandteile nach dem gewünschten Konto.
3. Unter LETZTE ❸ finden Sie die Konten, die Sie zuletzt aufgerufen haben.

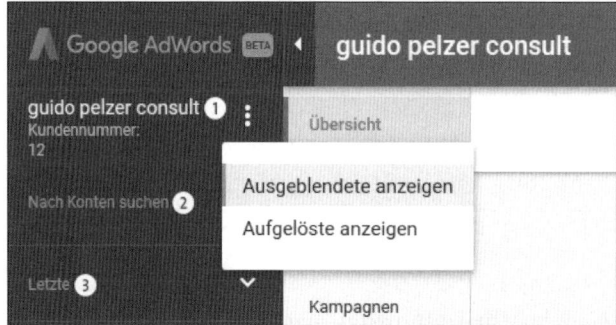

Abbildung 14.4 Kontenverwaltung mit Filterfunktion

14.1.2 Wichtige Informationen zu Ihren Konten

Das AdWords-Verwaltungskonto enthält ähnliche Berichte und Statistiken wie ein Standard-AdWords-Konto, nur werden die Berichte über mehrere Konten hinweg erhoben. Falls Sie ein Verwaltungskonto öffnen, das bereits mit verschiedenen Einzelkonten verbunden ist, so erscheint im mittleren Sichtfenster beim Unterpunkt ÜBERSICHT ein Dashboard mit Kennzahlen zu den verbundenen AdWords-Konten (siehe Abbildung 14.5). Sie finden hier Informationen zu Leistungsdaten wie Impressionen und Klicks sowie zu den aufgelaufenen Kosten. Analog zu den Berichten im AdWords-Konto kann der Berichtszeitraum in der rechten oberen Ecke eingestellt werden. Sie finden unter ÜBERSICHT zusätzlich sowohl Berichte zu einzelnen Konten als auch zu Kampagnen.

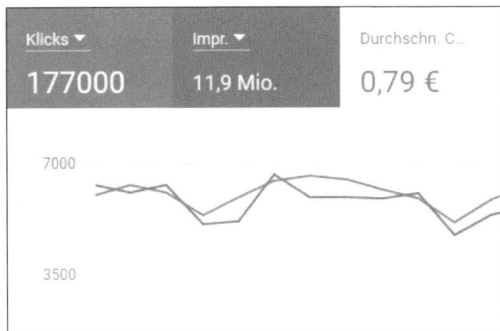

Abbildung 14.5 Ein statistischer Überblick über alle Konten

Die WERBECHANCEN geben erste Hinweise auf die wichtigsten Optimierungsmöglichkeiten für alle Konten, die Sie dann noch einmal nach bestimmten Themenbereichen, z. B. ANZEIGEN UND ERWEITERUNGEN, filtern können.

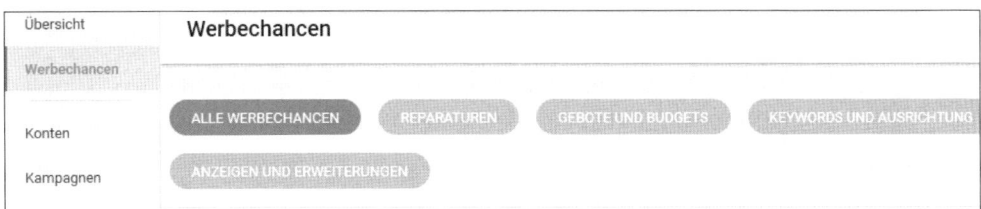

Abbildung 14.6 Werbechancen auf Ebene des AdWords-Verwaltungskontos

14.1.3 Konten und Kampagnen

Neben einem ersten statistischen Überblick (ÜBERSICHT) und den Google-Vorschlägen zu den wichtigsten Optimierungsmaßnahmen (WERBECHANCEN) finden Sie in der mittleren Menüleiste noch die beiden Tabs zu KONTEN und KAMPAGNEN. Unter

KAMPAGNEN können Sie aus übergeordneter Sicht Berichte zu allen Kampagnen der verknüpften Konten erstellen. Dies wird bei großen Verwaltungskonten natürlicherweise schnell unübersichtlich, sodass es meistens sinnvoller ist, diese Berichte auf Kontoebene zu erstellen. Sie können unter KAMPAGNEN aber auch automatisierte Regeln erstellen. So lassen sich bestimmte Aufgaben und vor allem automatisierte E-Mail-Benachrichtigungen für mehrere Kampagnen einfach erstellen.

Das Herzstück des AdWords-Verwaltungskontos befindet sich aber hinter dem Tab KONTO. Hier können Sie über vier Navigationspunkte im Kopf folgende Bereiche aufrufen:

- ► LEISTUNG
- ► VERWALTUNG
- ► BUDGETS
- ► BENACHRICHTIGUNGEN

Falls Sie gerade ein neues Verwaltungskonto angelegt haben und noch kein Ad-Words-Konto mit diesem Kundencenter verknüpft ist, so möchten Sie sicher wissen, wie Sie Ihr Verwaltungskonto mit den AdWords-Konten verbinden. Dazu haben Sie grundsätzlich zwei Möglichkeiten: Zum einen können Sie direkt aus dem Verwaltungskonto ein neues AdWords-Konto anlegen, zum anderen können Sie bereits bestehende AdWords-Konten mit dem Verwaltungskonto verknüpfen.

14.2   Ein neues Kundenkonto im Verwaltungskonto erstellen

Sie möchten als Agentur oder Consultant Ihren Kunden die Arbeit zur Erstellung eines AdWords-Kontos abnehmen? Oder möchten Sie als verantwortlicher Marketingleiter eines großen Unternehmens verschiedene AdWords-Konten zu unterschiedlichen Geschäftsbereichen erstellen? Neue AdWords-Konten können Sie ganz einfach aus dem Kundencenter heraus anlegen. Dazu benötigen Sie keinen zusätzlichen Google-Login und daher auch keine weitere E-Mail-Adresse.

Falls Sie ein neues Konto für einen Kunden anlegen, sollten Sie jedoch bedenken, dass dieses Konto zunächst Ihnen gehört und der Kunde keinen eigenen Login dazu besitzt. Einem im Kundencenter erstellten AdWords-Konto ist nicht automatisch ein weiterer Nutzer zugewiesen. Möchten Sie das Konto später einmal aus dem Verwaltungskonto entfernen, um es Ihrem Kunden in alleiniger Verantwortung zu übergeben, so müssen Sie diesen Kunden zunächst als Nutzer mit Administratorzugriff in das Konto einladen.

Dieser Admin kann dann Ihren Zugriff über das Verwaltungskonto entfernen und ist danach eigenständiger Administrator seines Kontos. Sie können aber auch direkt zu Beginn den Kunden als Admin anlegen und ihn einladen, das Konto zu nutzen.

Um ein neues AdWords-Konto aus dem Verwaltungskonto heraus anzulegen, rufen Sie unter KONTEN den Unterpunkt VERWALTUNG auf (siehe Abbildung 14.7). Das Anlegen eines Kontos starten Sie wie gewohnt mit einem Klick auf ⊕.

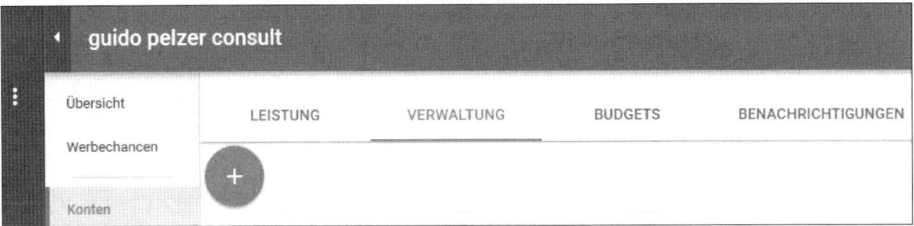

Abbildung 14.7 Navigieren Sie in den Verwaltungsbereich.

Im nächsten Schritt haben Sie nun beide Optionen: Sie können ein neues Konto anlegen oder ein bestehendes Konto mit Ihrem AdWords-Verwaltungskonto verknüpfen (siehe Abbildung 14.8).

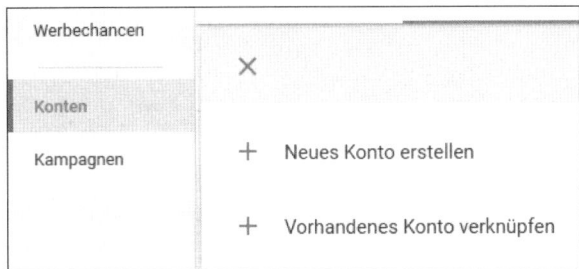

Abbildung 14.8 Erstellen Sie ein neues Konto oder verknüpfen Sie ein vorhandenes Konto.

Nach dem Klick auf + NEUES KONTO ERSTELLEN öffnet sich das Formular aus Abbildung 14.9, in dem Sie die wichtigsten Grundeinstellungen für Ihr neues AdWords-Konto eintragen müssen.

Wählen Sie zunächst aus, ob Sie ein Standard-AdWords- oder ein AdWords-Express-Konto für lokale Suchanfragen einrichten möchten (siehe Abbildung 14.10). Sie können über das Verwaltungskonto also auch AdWords-Express-Werbung verwalten.

Danach vergeben Sie einen Namen für Ihr Konto und bestimmen dann das Land, die Zeitzone und die Währung für das neue Konto (siehe Abbildung 14.9). Die Angaben für die Kontoeinrichtung entsprechen den Standardangaben, die jeder neue Ad-Words-Nutzer festlegen muss. Eine Agentur oder ein Consultant kann optional in dem Formular die E-Mail-Adresse zum Google-Login des Kunden hinterlegen, damit dieser später auch die volle Kontrolle über das neue Konto hat. Den Admin-Zugriff kann man natürlich auch jederzeit später noch hinzufügen.

Neues Konto

Hiermit erstellen Sie ein neues Konto, das dann automatisch mit Ihrem Verwaltungskonto verknüpft wird.

Typ

AdWords-Konto ▼

Name

Kontonamen eingeben

Land

Deutschland ▼

Zeitzone

(GMT+01:00) Deutschland ... ▼

Währung

Euro (EUR €) ▼

Dies ist die Währung für die Abrechnung mit Google. <u>Verfügbare Zahlungsoptionen</u>

Nutzer in dieses Konto einladen (optional)

E-Mail-Adresse eingeben   Administratorzugriff ▼ ⑦

Abbildung 14.9 Formular zur Neuanlage eines AdWords-Kontos

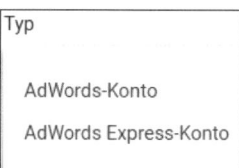

Typ

AdWords-Konto

AdWords Express-Konto

Abbildung 14.10 Kontoauswahl: Standard oder Express

Bitte beachten Sie, dass nach dieser relativ schnellen und einfachen Einrichtung das Konto noch nicht aktiv ist, weil natürlich ein entscheidender Punkt fehlt: die Einstellung der Zahlungsmodalitäten, ohne die Sie natürlich bei Google keine Werbung schalten können. Diese Zahlungseinstellungen müssen Sie wie gewohnt im jeweiligen Konto über den Werkzeugschlüssel unter ABRECHNUNGEN UND ZAHLUNGEN vornehmen. Als Agentur müssen Sie dabei grundsätzlich entscheiden, ob die Bezahlung über den Kunden (per Abbuchung oder Kreditkarte) abgerechnet wird oder ob Sie zunächst für das Werbebudget geradestehen und dies dann später mit Ihrem Kunden abrechnen.

Ein neues Konto aus dem Verwaltungskonto heraus anzulegen kann aus Agentursicht interessant sein, wenn man nach Beendigung der Kundenbeziehung im gleichen Thema mit einem anderen Kunden weiterarbeiten möchte. Die Kampagnen inklusive Keywords und Optimierungsarbeiten sind dann schon vorbereitet. Aus Sicht des ehemaligen Kunden ist genau das aber ein entscheidendes Problem: Der Ex-Kunde müsste sich das Konto und die Kampagnen neu aufbauen. Grundsätzlich sollte die weitere Verwendung des Kontos direkt beim Anlegen besprochen werden, damit es später keine Unstimmigkeiten gibt.

Für einen Endkunden ist es immer besser, zunächst ein eigenes AdWords-Konto anzulegen und dieses dann bei Bedarf mit einem Verwaltungskonto zu verknüpfen. Daher erläutern wir nun, wie eine Verknüpfung bestehender AdWords-Konten mit dem Verwaltungskonto funktioniert. Während übrigens früher nur jeweils ein Verwaltungskonto pro AdWords-Konto zugelassen war, können nun mehrere Verwaltungskonten auf ein einzelnes Konto zugreifen.

14.3   Bestehende Konten oder Kundencenter verknüpfen

Die zweite und oft genutzte Möglichkeit zur externen Verwaltung eines bestehenden AdWords-Kontos ist die Verknüpfung von Verwaltungskonto und AdWords-Konto. Als Agentur oder Besitzer mehrerer Konten ist dies eine komfortable Möglichkeit, alle Konten unter einem Zugriff zu vereinen. Dabei erhält der Admin des Verwaltungskontos die volle Kontrolle über die AdWords-Kampagnen, trotzdem bleibt der Kontenbesitzer weiterhin der wichtigste Administrator. Denn er kann selbst aus seinem AdWords-Konto heraus die Verwaltung wieder aufheben.

Die Verknüpfung funktioniert folgendermaßen: Sie befinden sich im Untermenü KONTEN • VERWALTUNG. Klicken Sie nun auf den Button für eine Neuanlage ⊕. Im nächsten Schritt wählen Sie + VORHANDENES KONTO VERKNÜPFEN. In einem neuen Fenster erscheint ein Eingabefeld, wo Sie die zehnstellige AdWords-Kundennummer nach dem Schema XXX-XXX-XXXX eintragen (siehe Abbildung 14.11). Sie können in einem Schritt auch mehrere AdWords-Konten verknüpfen, indem Sie in das Formularfeld mehrere Kundennummern (jeweils nur eine Nummer pro Zeile) eintragen.

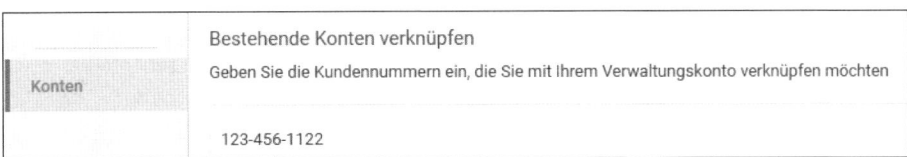

Abbildung 14.11 Bestehendes Konto über die AdWords-Kundennummer verknüpfen

Zum Abschluss des Verknüpfungsprozesses klicken Sie auf den Button Einladung versenden.

Der eingeladene Nutzer erhält dann in seinem Konto eine Verknüpfungsanfrage unter Kontozugriff • Admins, die er akzeptieren oder auch ablehnen kann. In Ihrem Konto wird Ihnen unter Verwaltung der Verknüpfungsstatus angezeigt (siehe Abbildung 14.12), den Sie auch noch vor Annahme widerrufen können, falls Sie die Verknüpfung nicht nutzen möchten.

Ausstehende Verknüpfungsanfragen		
Kundennummer	Gültigkeitsdatum	Maßnahmen
	25. Jan. 2018	WIDERRUFEN

Abbildung 14.12 Aktueller Stand der Verknüpfungsanfrage unter »Verwaltung«

Das verknüpfte Konto bzw. der Admin dieses Kontos kann jederzeit bei Bedarf unter Kontozugriff • Admins den Zugriff beenden. Auf diese Weise bleibt der ursprüngliche Besitzer des AdWords-Kontos jederzeit Herr der Lage.

Die Auflösung der Verknüpfung kann jedoch auch aus dem Verwaltungskonto heraus erfolgen. Dazu wählen Sie unter Konten • Verwaltung per Checkbox-Klick ein oder mehrere Konten aus, die Sie aus Ihrem Verwaltungskonto entfernen möchten. Danach klicken Sie im Kopfbereich der Tabelle auf Bearbeiten. Aus der Dropdown-Liste wählen Sie Verknüpfung aufheben aus (siehe Abbildung 14.13). Über diese Bearbeitungsschritte können Sie unter anderem auch Konten aus- bzw. einblenden und das AdWords-Konto komplett auflösen.

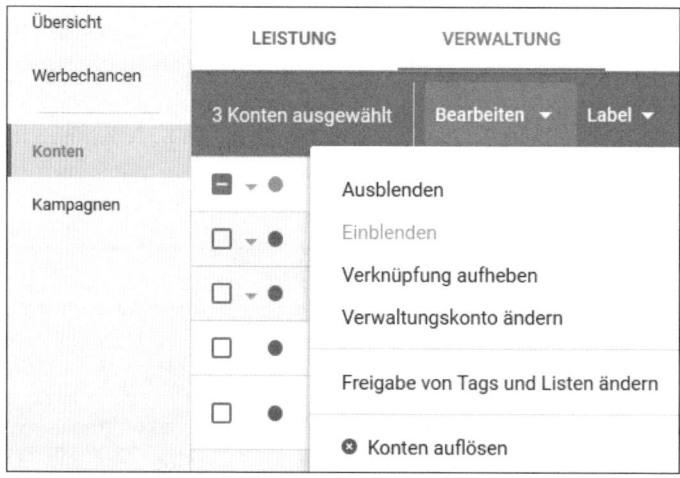

Abbildung 14.13 Verknüpfung aufheben

Ausstehende Einladungen

Falls Sie eine Verknüpfung durchgeführt haben und der Besitzer des AdWords-Kontos diese nicht bestätigt, so spricht man von einer *ausstehenden Einladung*. Wenn Sie nur ein Konto verknüpfen möchten, so erkennen Sie selbst schnell in der Übersicht, ob dieses schon bestätigt und somit der Liste hinzugefügt wurde. Falls Sie jedoch mehrere Anfragen zu Kontoverknüpfungen gestellt haben, kann schnell der Überblick verloren gehen. Anhand der Informationen unter VERWALTUNG können Sie bei Bedarf den Kontobesitzer, der Ihre Anfrage noch nicht bestätigt hat, entsprechend informieren bzw. an die ausstehende Verknüpfung erinnern.

14.4   Budgets im Verwaltungskonto

Die Informationen zu den Zahlungseinstellungen und den Budgets finden Sie in Ihrem Verwaltungskonto unter KONTEN · BUDGETS. Dort wird für die verknüpften Konten zum Beispiel die ZAHLUNGSEINSTELLUNG oder das KONTOBUDGET angezeigt (siehe Abbildung 14.14). Die meisten Konten werden eine automatische Zahlung nutzen, es gibt aber noch Konten, die manuell aufgeladen werden. Bei ihnen finden Sie den Hinweis MANUELLE ZAHLUNGEN in der Spalte ZAHLUNGSEINSTELLUNG.

Zahlungseinstellung	Kontobudget	Verbleibendes Kontobudget	% ausgegeben
Automatische Zahlungen	Keine Einschränkung der Ausgaben	–	–
Manuelle Zahlungen	86.365,73 €	687,02 €	99,20 %

Abbildung 14.14 Der Unterpunkt »Budget« im AdWords-Verwaltungskonto

Wichtig ist vor allem der Blick auf das verbleibende Budget, das aktuell zur Verfügung steht. Hier kann eine Budgetbeschränkung zum Beispiel vorliegen, wenn manuelle Vorauszahlungen geleistet werden und das meiste Geld bereits für Klicks ausgegeben wurde.

Kontobudgets festlegen

Große Unternehmen arbeiten bei den Werbeausgaben oft mit Jahresbudgets oder zumindest mit Monatsbudgets. Bei AdWords ist die Kontrolle der Ausgaben normalerweise aber nur über Tagesbudgets möglich, die dann auf den Monat hochgerechnet werden. Für große Kunden können aber unter bestimmten Umständen auch Monatsbudgets oder allgemein Budgets für bestimmte Zeiträume festgelegt werden. Dazu muss das Konto jedoch zunächst auf eine monatliche Abrechnung umgestellt werden.

Die Voraussetzungen für eine monatliche Abrechnung, bei der Google dem AdWords-Nutzer einen Kreditrahmen einräumt, sind:

▶ Der Nutzer ist mindestens ein Jahr als Unternehmen registriert.

▶ Er hat mindestens 5.000 € Werbeausgaben für mindestens drei Monate der letzten zwölf Monate gehabt.

▶ Er stellt einen Antrag auf Rechnungsstellung bei Google.

(Ausführlichere Informationen zu dem Vorgang finden Sie unter der URL *https://support. google.com/adwords/answer/2375377.*)

Ein Unternehmen mit monatlicher Abrechnung kann dann auch ein Werbebudget für einen bestimmten Zeitraum festlegen. So können Sie zum Beispiel ein vom Kunden vorgegebenes Budget für eine Winterwerbeaktion für den Zeitraum vom 1. November bis zum 28. Februar im Verwaltungskonto auf 2.000 € pro Monat festsetzen. Sobald die Budgetgrenze erreicht wird, erfolgt ein automatischer Stopp der Werbekampagne(n). Das Budget gilt also pro Kunde für alle Kampagnen. Durch diese Einstellung können Sie auch bei Umstellungen und Budgetänderungen in einer oder mehreren Kampagnen nicht mehr Geld für die AdWords-Werbung ausgeben, als vorher für den Zeitraum mit dem Kunden vereinbart wurde. Das Start- und Enddatum für die Budgetvorgabe sind frei wählbar.

Außerdem können Sie als Agentur oder Reseller eine sogenannte *konsolidierte Abrechnung* nach dem gleichen Muster wie die individuelle Rechnungsstellung beantragen. Diese Rechnungsform gilt dann für das AdWords-Verwaltungskonto, sodass Sie Ihr Abrechnungswesen vereinfachen können, weil Sie nur noch eine Rechnung für alle Konten erhalten. Die untergeordneten Konten können somit ebenfalls auf monatliche Rechnungsstellung umgestellt werden. Außerdem können Sie die Budgets dann auch für Ihre verwalteten Konten festlegen.

14.5   Benachrichtigungen im Verwaltungskonto

Wichtige Benachrichtigungen können Sie sich im AdWords-Verwaltungskonto ebenfalls an einer Stelle anschauen. Navigieren Sie dazu in der mittleren Menüleiste zu KONTEN, und klicken Sie dann im Kopfbereich auf den Unterpunkt BENACHRICHTIGUNGEN. Sie erhalten auf einen Blick die wichtigsten Nachrichten zu den einzelnen AdWords-Konten mit einem entsprechenden Link in der Spalte AKTION (siehe Abbildung 14.15). Dieser Link führt entweder zu einer Lösung des Problems oder zu weiterführenden Informationen.

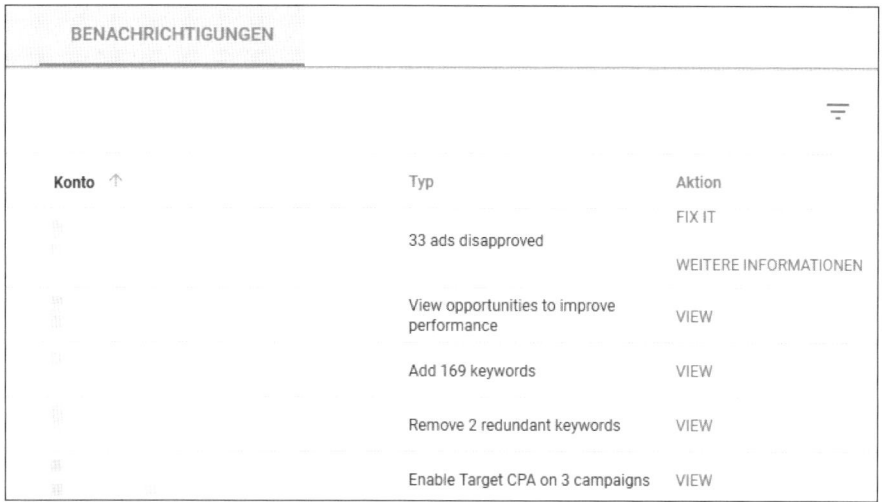

BENACHRICHTIGUNGEN

Konto ↑	Typ	Aktion
		FIX IT
	33 ads disapproved	
		WEITERE INFORMATIONEN
	View opportunities to improve performance	VIEW
	Add 169 keywords	VIEW
	Remove 2 redundant keywords	VIEW
	Enable Target CPA on 3 campaigns	VIEW

Abbildung 14.15 Benachrichtigungen mit einem Link zu weiterführenden Infos

Sie können nicht nur Informationen in Ihrem Konto aufrufen; es ist auch möglich, dass Sie bestimmte Nachrichten zu Ihrem AdWords-Verwaltungskonto per E-Mail erhalten. Damit Sie aber nicht in einer Benachrichtigungsflut versinken, können Sie natürlich bestimmen, welche Informationen Sie regelmäßig erhalten möchten. Navigieren Sie dazu zu dem Werkzeugschlüssel im Headerbereich, und wählen Sie als Unterpunkt EINSTELLUNGEN aus.

Danach klicken Sie im Kopfbereich auf BENACHRICHTIGUNGEN (DIESES KONTO) (siehe Abbildung 14.16). Nun können Sie zum einen bestimmen, an welche E-Mail-Adresse ❶ die Benachrichtigungen gesendet werden. Zum anderen können Sie auch bestimmen, welche Informationen ❷ Sie erhalten möchten. Bitte beachten Sie, dass sich die Vorschläge zur Leistungssteigerung dann auf alle Kundenkonten beziehen. Sie können hier also keine Nachrichten für ein einzelnes Konto verwalten. Außer mit dem An/Aus-Schalter ❸ können Sie bei den Berichten zwischen allen verfügbaren Berichten und eigenen Berichten ❹ wählen.

Wenn Sie im Kopfbereich von BENACHRICHTIGUNGEN (DIESES KONTO) auf BENACHRICHTIGUNGEN (GANZE HIERARCHIE) umschalten, können Sie sich auch Informationen zu einzelnen Konten senden lassen. Dazu markieren Sie zunächst ein oder mehrere AdWords-Konten und geben über BEARBEITEN an, welche Benachrichtigungen Sie wünschen, z. B.:

▶ abgelehnte Anzeigen

▶ Kampagnenpflege

▶ Vorschläge zur Leistungssteigerung

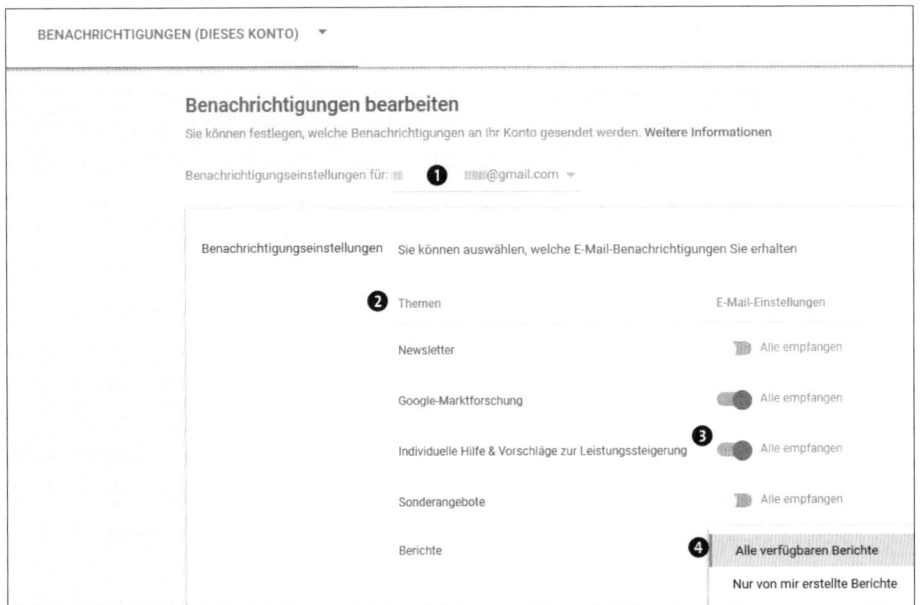

Abbildung 14.16 Benachrichtigungsthemen auswählen

14.6   Automatisieren – Zeit bei der Kundenverwaltung sparen

Viele Einstellungen und Berichte lassen sich im AdWords-Konto automatisieren. Eine ausführliche Beschreibung zu den Möglichkeiten der Automatisierung erhalten Sie in Kapitel 13, »Bearbeiten und Analysieren«, ab Abschnitt 13.3. Grundsätzlich sollten Sie jedoch wissen, dass Sie die Möglichkeiten, die Sie im einzelnen AdWords-Konto besitzen, auch übergeordnet im Verwaltungskonto nutzen können. Für die Automatisierung stehen bei AdWords grundsätzlich zwei Tools zur Verfügung:

- automatisierte Regeln
- Skripte

Die beiden Wege sind jedoch gar nicht so verschieden, da die automatisierten Regeln auf Skripten basieren. Der Unterschied besteht darin, dass automatisierte Regeln quasi Templates sind, die Sie ohne Programmierkenntnisse anpassen können. Sie müssen nur verschiedene Parameter eingeben. Mit Skripten können Sie hingegen noch viel weitreichendere automatisierte Steuerungen durchführen und Berichte erstellen lassen. Dabei sind Sie bei der Steuerung über Skripte viel flexibler. Der Nachteil von Skripten besteht jedoch darin, dass Programmierkenntnisse in JavaScript notwendig sind. Sowohl die Regeln als auch die Skripte finden Sie im AdWords-Verwaltungskonto unter den BULK-AKTIONEN, die Sie über den Werkzeugschlüssel hinter den Tools erreichen (siehe Abbildung 14.17).

GEMEINSAM GENUTZTE BIBLIOTHEK	BULK-AKTIONEN	MESSUNG	EINRICHTUNG
Zielgruppenverwaltung	Alle Bulk-Aktionen	Conversions	Kontozugriff
Listen mit auszuschließenden Keywords	Regeln	Google Analytics	Verknüpfte Konten
	Skripts	Attribution für Suchnetzwerk	Einstellungen
	Uploads		

Abbildung 14.17 Tools im Verwaltungskonto

14.6.1   Automatisierte Regeln

Schauen wir uns zum besseren Verständnis ein Beispiel für eine automatisierte Regel auf der Ebene des Verwaltungskontos an. Nehmen wir an, dass Sie nicht jeden Tag Zeit haben, um alle Keywords zu kontrollieren. Sie möchten jedoch, dass diejenigen Keywords, die am Vortag im Durchschnitt unter eine bestimmte Anzeigenposition gefallen sind, zunächst einmal pausiert werden. Durch die Deaktivierung des Keywords verhindern Sie, dass ein Keyword mit einem schlechten Ranking niedrige Klickraten erzeugt, was sich dann auf die ganze Anzeigengruppe oder Kampagne auswirken kann. Die Ursache für das schlechte Ranking können Sie dann später in Ruhe analysieren.

Für dieses Beispiel können Sie über die automatisierten Regeln eine Kontrolle definieren, die Keywords pausiert, sobald diese unter eine festgelegte Position fallen. Als Admin eines Kundencenters können Sie nun diese Regel für alle oder mehrere Kunden definieren. Im Vergleich zur Bearbeitung einzelner Kampagnen oder Konten erleichtert dies Ihre Arbeit sehr. Das Anlegen und Pflegen einer kontoübergreifenden Regel nimmt erheblich weniger Zeit in Anspruch als das Anlegen einer solchen Regel für jedes einzelne Konto.

Eine automatisierte Regel im Verwaltungskonto erstellen Sie, indem Sie zunächst unter BULK-AKTIONEN die REGELN auswählen. Klicken Sie auf ➕, und wählen Sie + KEYWORD-REGELN. Unter ART DER REGEL wählen Sie im nächsten Schritt KEYWORDS PAUSIEREN (siehe Abbildung 14.18).

Klicken Sie danach auf den Bearbeitungsstift oder den Link BITTE KONTEN AUSWÄHLEN, und wählen Sie per Checkbox die AdWords-Konten (siehe Abbildung 14.19) aus, auf die Ihre neue Regel angewendet werden soll. Danach wird die Regel mithilfe der Bedingungen und der Häufigkeit der Aktion etc. definiert. Den genauen Ablauf haben wir in Abschnitt 13.4 beschrieben. Alle Regeln, die Sie im Verwaltungskonto erstellt haben, finden Sie in den Tools unter BULK-AKTIONEN · REGELN wieder. Dort können Sie die Regeln bearbeiten, aktivieren, pausieren und entfernen.

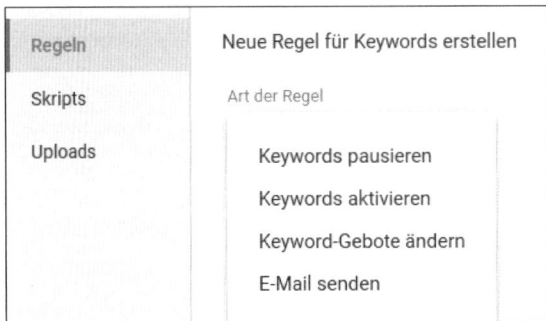

Abbildung 14.18 Die »Art der Regel« für eine automatisierte Regel wählen

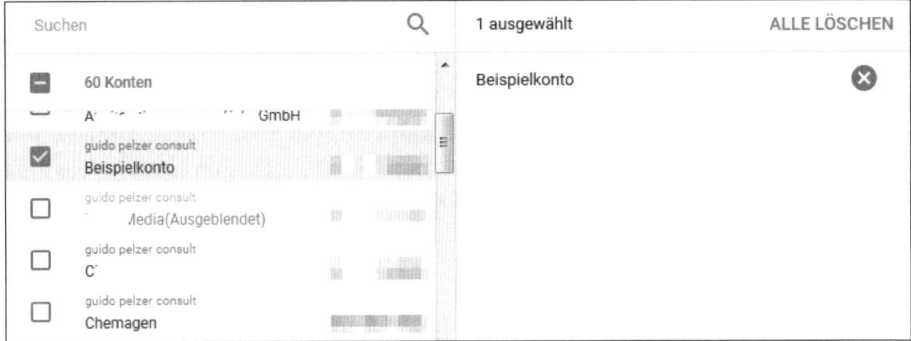

Abbildung 14.19 Auswahl der AdWords-Konten zur Anwendung einer Regel

14.6.2   Skripte

Die Skripte erstellen Sie ebenfalls unter BULK-AKTIONEN direkt im Unterpunkt SKRIPTS. Klicken Sie zunächst auf diesen Unterpunkt. Wie Sie vielleicht schon wissen, benötigen Sie zur einwandfreien Erstellung eines funktionierenden Skripts Programmierkenntnisse in JavaScript. Google AdWords hilft Ihnen jedoch auch hier, indem es Beispiele zur Verfügung stellt.

Die Beispiele können Sie für Ihre eigenen Zwecke anpassen und nutzen, wozu Sie jedoch gewisse Grundkenntnisse in Programmiersprachen besitzen sollten. Viele Skriptbeispiele der Google Developer Community finden Sie im Internet unter:

https://developers.google.com/adwords/scripts/docs/solutions/?hl=de

Fertige Vorlagen können Sie einfach kopieren und an passender Stelle in Ihr AdWords-Konto einfügen. Die Skripts müssen Sie dann meistens noch ein wenig an Ihre eigene Situation anpassen.

So erstellen Sie ein neues Skript in Ihrem AdWords-Verwaltungskonto: Rufen Sie die Tools auf, und navigieren Sie zu BULK-AKTIONEN • SKRIPTS.

Klicken Sie zunächst auf den blauen Button ⊕, und geben Sie Ihrem neuen Skript ein eindeutigen Namen ❶. Danach fügen Sie den kopierten Skript-Code oder auch Ihr eigenes Skript in das Formularfeld ein (siehe Abbildung 14.20).

Sobald Sie ein Skript eingefügt oder selbst erstellt haben, erscheint ein Hinweis auf die Autorisierung des Skripts. Diesen Hinweis müssen Sie mit AUTORISIEREN und im nächsten Schritt mit ACCEPT (Akzeptieren) positiv bestätigen. Ansonsten kann das Skript nicht ausgeführt werden. Für weitere Erklärungen zur Erstellung von Skripten möchten wir wieder auf Abschnitt 13.3 verweisen.

Jetzt sehen wir uns einmal unser Beispielskript an. Wir haben dazu eine einfache Kontenabfrage ausgewählt (siehe Listing 14.1). Bei unserem Beispiel müssen keine Anpassungen durchgeführt werden, sodass das Skript nach dem Einfügen direkt gespeichert werden kann. Unser Skript ist eine einfache Abfrage, die alle vorhandenen AdWords-Konten im Verwaltungskonto auflistet. Dabei werden die AdWords-Kundennummer (CustomerID) ❷, die Standard-Login-Mail-Adresse (loginEmail) ❸, der Name des AdWords-Kontos (accountName) ❹ sowie die Zeitzone (getTimeZone) ❺ und die Kontowährung (getCurrencyCode) ❻ aufgeführt, wie Sie in Abbildung 14.20 sehen.

```
Skriptname:  * Kampagnen-Laender ❶

1
2  function main() {
3      var accountIterator = MccApp.accounts().get();
4
5    while (accountIterator.hasNext()) {
6      var account = accountIterator.next();
7      var loginEmail = account.getLoginEmail() ? account.getLoginEmail() : '--';
8      var accountName = account.getName() ? account.getName() : '--';
9                                        ❷                        ❸
10   Logger.log('%s,%s,%s,%s,%s', account.getCustomerId(), loginEmail,
11             accountName, account.getTimeZone(), account.getCurrencyCode());
12              ❹                  ❺                        ❻
```

Abbildung 14.20 Beispielskript zur Abfrage der Kundenkonten im Verwaltungskonto

Unterhalb des Formularfeldes zur Eingabe des Skripts können Sie vier Aktionen starten:

▶ SCHLIESSEN (Das Formularfeld wird wieder geschlossen.)

▶ ERSTELLEN (Das Skript wird ausgeführt.)

▶ SPEICHERN (Das Skript wird unter dem vorgegebenen Namen gespeichert.)

▶ VORSCHAU (Das Skript wird in einem Testlauf ausgeführt.)

Das Ergebnis der Vorschau können Sie sich unter PROTOKOLLE anschauen (siehe Abbildung 14.21), während alle Veränderungen im Konto unter ÄNDERUNGEN wiederzufinden sind. Sie können also auf jeden Fall nachvollziehen, was ein Skript mit Ihrem AdWords-Konto »angestellt« hat.

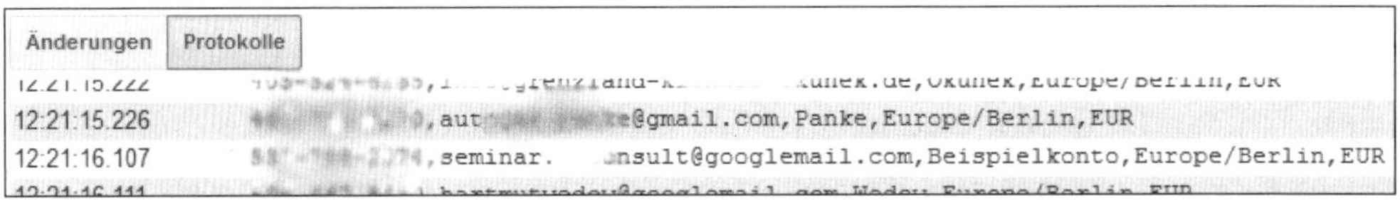

Abbildung 14.21 Auszug aus dem Ergebnisprotokoll der Kontenabfrage

Unter dem Menüpunkt SKRIPTS (siehe Abbildung 14.18) können Sie nicht nur neue Skripte erstellen, Sie finden dort auch eine Liste mit den bereits erstellten Skripten, die Sie in der Spalte AKTIONEN beispielsweise bearbeiten, aktivieren oder deaktivieren können. Bitte beachten Sie, dass die deaktivierten Skripts über die drei vertikalen Navigationspunkte an der rechten Seite eingeblendet werden können. Zusätzlich können Sie zu jedem Skript mithilfe des Bearbeitungsstiftes in der Spalte HÄUFIGKEIT einen Zeitplan erstellen. Unter dem Navigationspunkt SKRIPTVERLAUF finden Sie die Ausführungsprotokolle. Zu jedem Skript ist dort aufgelistet, wann es ausgeführt wurde und wie der aktuelle Status ist. Zusätzlich finden Sie einen Link zu den jeweiligen Protokollen und Änderungen. Bitte beachten Sie, dass sich die Übersicht zum Skriptverlauf immer auf den aktuell ausgewählten Zeitraum bezieht.

Unser Beispiel zur Kontoabfrage ist nicht sehr spektakulär. Wir erhalten mit diesem Skript nur eine Liste von AdWords-Konten, die mit dem Verwaltungskonto verknüpft sind, sowie die wichtigsten Stammdaten zu den Konten. Mit ein paar zusätzlichen Zeilen Code kann man jedoch ein Skript generieren, das schon etwas mehr Informationen zusammenträgt. Das folgende Beispielskript setzt auf die Kontoabfrage auf und enthält noch einige interessante Ergänzungen.

Nach der Auflistung der Grunddaten

```
account.getCustomerId(), loginEmail,
            accountName, account.getTimeZone(), account.getCurrencyCode()
```

wird für jedes Konto die Anzahl der Kampagnen ermittelt:

```
campaignIterator.totalNumEntities()
```

Zusätzlich wird jeder Kampagnenname aufgeführt:

```
campaign.getName()
```

Es folgen alle Zielregionen (Länder bis hin zu Städten)

```
campaign.targeting().targetedLocations().get()
```

sowie der Ländercode, der der Zielregion zugeordnet ist:

```
targetedLocation.getCountryCode()
```

Hier sehen Sie das veränderte Beispielskript:

```
function main() {
    var accountIterator = MccApp.accounts().get();
  while (accountIterator.hasNext()) {
    var account = accountIterator.next();
    var loginEmail = account.getLoginEmail()
? account.getLoginEmail() : '--';
    var accountName = account.getName()
 ? account.getName() : '--';
 Logger.log('%s,%s,%s,%s,%s', account.getCustomerId(),
loginEmail, accountName, account.getTimeZone(), account.getCurrencyCode());
  MccApp.select(account);
  var campaignIterator = AdWordsApp.campaigns().get();
  Logger.log('Total campaigns found : ' +
      campaignIterator.totalNumEntities() + '    ###########');
  while (campaignIterator.hasNext()) {
    var campaign = campaignIterator.next();
    Logger.log(campaign.getName());
 var locationIterator = campaign.targeting().targetedLocations().get();
    while (locationIterator.hasNext()) {
      var targetedLocation = locationIterator.next();
      Logger.log('Location name: ' +
          targetedLocation.getName() + ', country code: ' +
          targetedLocation.getCountryCode());
    }
   }
  }
 }
}
```

Listing 14.1 Beispielskript zur Abfrage von Konten im Verwaltungskonto

14.7   Conversions

Analog zu den Skripten bietet Google mit der Funktion *Conversions* ein Tool an, das auch für jedes einzelne AdWords-Konto zur Verfügung steht. (Weitere Informationen zu Conversions und dem Conversion-Tracking finden Sie in Abschnitt 2.7.3 und Abschnitt 10.2.) Conversions sind die wichtigen Ziele, die mit der AdWords-Werbung erreicht werden sollen. Diese Ziele sollten stets in jedem AdWords-Konto hinterlegt sein, um den Erfolg einer Werbekampagne messen und kontrollieren zu können.

Der Menüpunkt CONVERSIONS im Verwaltungskonto bietet nun die Möglichkeit, eine Conversion anzulegen, die dann für mehrere AdWords-Kontos genutzt werden kann.

Falls zum Beispiel ein Unternehmen mehrere AdWords-Konten nutzt und in einem Verwaltungskonto betreut, so kann eine Conversion zum Ziel »Einkauf abgeschlossen« anlegt werden. Ein einziger Conversion-Code würde dann die Verkaufsabschlüsse messen und könnte für alle Konten, die im Verwaltungskonto zusammengefasst sind, kontrollieren, ob und wie oft das wichtigste Ziel erreicht wurde. Dieser Conversion-Code für mehrere Konten kann auf der Webseite zusätzlich zum vorhandenen Conversion-Code eingebaut werden.

Die CONVERSIONS finden Sie bei Ihren Tools (Werkzeugschlüssel) unter MESSUNGEN. Falls Sie noch keine Conversion angelegt haben, erhalten Sie den Begrüßungsschirm aus Abbildung 14.22.

Abbildung 14.22 Neue kontoübergreifende Conversion für das Verwaltungskonto anlegen

Falls es bereits kontoübergreifende Conversions gibt, legen Sie den Conversion-Code mit einem Klick auf ⊕ an. Das funktioniert genauso, wie dies für ein einzelnes AdWords-Konto vonstattengeht.

14.8 Mit Labels arbeiten

Labels dienen zur Gruppierung verschiedener Elemente, wie Kampagnen, Anzeigengruppen, Keywords etc. Labels sind vor allem dann hilfreich, wenn Elemente wie z. B. Keywords, die über unterschiedliche Kampagnen verstreut sind, gemeinsam analysiert werden sollen. Das Anlegen und die Funktionsweise von Labels haben wir in Abschnitt 13.2 gesondert besprochen.

Auf der Ebene des Verwaltungskontos dienen die Labels zur Gruppierung und Kennzeichnung verschiedener Kunden- bzw. Kontengruppen. Sie können für einzelne Kundenkonten ein oder auch mehrere Labels vergeben. Diese Labels werden dann zur Filterung in der Kontenübersicht genutzt. Sie könnten zum Beispiel alle Ihre Kunden mit Webshops labeln und diese dann herausfiltern. So erhalten Sie schneller einen Überblick zu einer speziellen Kundengruppe, vor allem wenn Sie eine große Anzahl von AdWords-Konten betreuen.

Außerdem können Sie die Kundenkonten zu einem gemeinsamen Thema analysieren oder bestimmte Konten labeln, die Sie dann mit automatisierten Skripts beobachten. Damit Sie eine Idee vom Nutzen der Labels erhalten, haben wir hier vier Beispielvorschläge zur Kennzeichnung verschiedener Gruppen zusammengestellt:

1. Art der Kundenwebsite:
   - Webshop
   - Seminaranbieter
   - Freiberufler

2. Priorisierung von Kundenkonten:
   - Konten mit großen Budgets
   - Konten mit teuren Keywords
   - Konten mit kleinen Budgets

3. Kontenverwaltung:
   - aktuell
   - Archiv (keine Verwaltung)

4. Kontokontrolle:
   - tägliche Kontrolle
   - wöchentliche Kontrolle
   - monatliche Kontrolle

5. Anstehende Kundenberichte für bestimmte Kunden:
   - Suchbegriffe
   - Conversions
   - Kosten

Um Ihre Kundenkonten mit einem Label zu versehen, markieren Sie das oder die ausgesuchten Konten in der Übersicht unter KONTEN • VERWALTUNG. Aktivieren Sie dazu die vorangestellte Checkbox ❸. Danach klicken Sie im Kopfbereich auf LABEL ❶ (siehe Abbildung 14.23). Falls bereits Labels vorhanden sind, finden Sie diese in der nun geöffneten Dropdown-Liste. Hier können Sie per Checkbox die Label aktivieren, die Sie für die ausgewählten Konten vergeben möchten ❷.

Sie können auch mehrere Label in einem Durchgang vergeben. Falls Sie einmal den Namen des Labels verändern oder sogar das Label löschen möchten, klicken Sie einfach auf den Bearbeitungsstift, der erscheint, wenn Sie mit der Maus über den Namen des jeweiligen Labels fahren. Die Auswahl der Kontolabels bestätigen Sie zum Schluss noch mit ANWENDEN ❺.

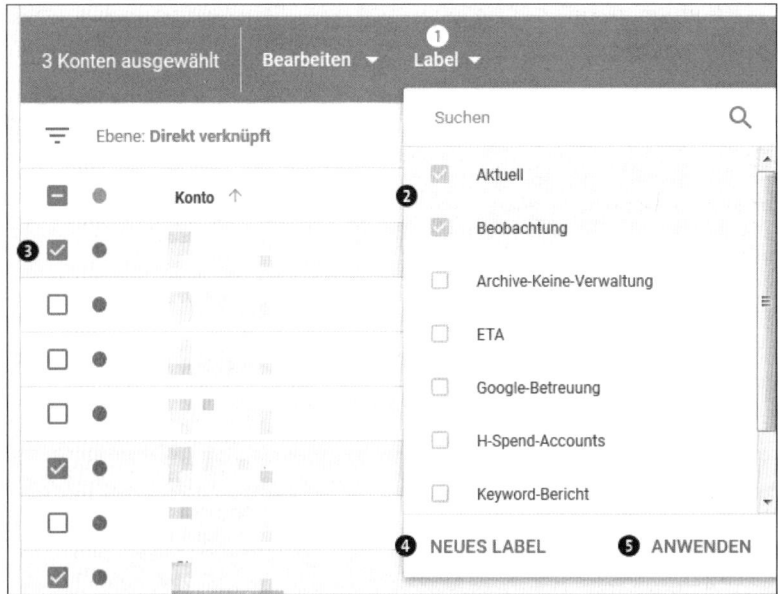

Abbildung 14.23 Labels für Kundenkonten vergeben oder erstellen

Falls Sie noch nicht das passende Label erstellt haben, können Sie auf NEUES LABEL ❹ klicken. In dem neuen Fenster vergeben Sie einen Namen für das Label und klicken auf ERSTELLEN (siehe Abbildung 14.24).

Abbildung 14.24 Neue Labels für Kundenkonten erstellen

Nachdem Sie die Labels den Konten zugeordnet haben, können Sie diese einfach über die Filterfunktion nutzen, um so die gewünschten Kundengruppen als Liste zusammenzustellen. Klicken Sie dazu auf das Filtersymbol oberhalb der Kontenliste, und wählen Sie danach KONTOLABELS als Filtermöglichkeit aus. In dem neuen Fenster (siehe Abbildung 14.25) können Sie Ihre Filteranfrage mit

▶ ENTHÄLT BELIEBIGE

▶ ENTHÄLT ALLE

▶ ENTHÄLT KEINE

verfeinern und die gewünschten Labels per Checkbox aktivieren. Die Auswahl bestätigen Sie wieder mit ÜBERNEHMEN. Die aktuellen Kontolabels Ihrer Konten können Sie sich übrigens auch in der Übersichtsstatistik anzeigen lassen, indem Sie KONTOLABELS als Spalte hinzufügen.

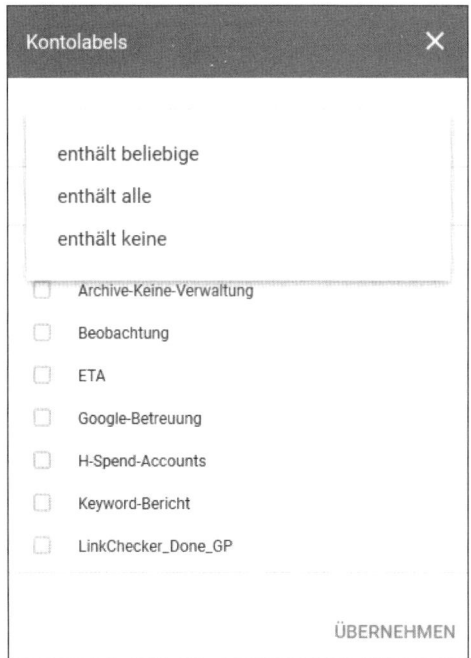

Abbildung 14.25 Kundenkonten mit Labels filtern

14.9   Berichte im Kundencenter

Rufen Sie über die mittlere Menüleiste KONTEN • LEISTUNG auf, um einen statistischen Überblick zu den von Ihnen verwalteten Konten zu erhalten. Über die bekannten Icons im Kopfbereich der Tabelle können Sie die gewünschten Spalten auswählen, segmentieren oder filtern (siehe Abbildung 14.26).

Neben der Kontostatistik können Sie zudem beim Unterpunkt KAMPAGNEN auch die Leistungsberichte zu allen Kampagnen aus den verwalteten Konten erhalten. Auch hier können Sie wieder filtern und segmentieren. Wichtige Berichte können Sie zudem herunterladen oder sich per E-Mail zuschicken lassen.

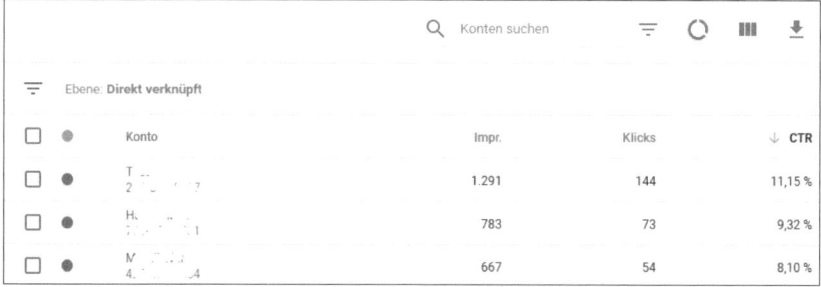

Abbildung 14.26 Leistungsberichte zu Kampagnen

Automatisierte Kontrolle Ihrer AdWords-Konten

Wenn Sie stets mehrere AdWords-Konten beobachten müssen, Ihnen aber oft die Zeit für eine laufende Kontrolle fehlt, dann könnte ein Skript auf Ebene Ihres Verwaltungskontos genau die richtige Lösung für Sie sein.

Dieses Skript findet und informiert Sie über Unregelmäßigkeiten in Ihrem Konto. Sie finden dieses Skript im Internet auf der Google-Developers-Seite bei ADWORDS SCRIPTS • SOLUTIONS • VERWALTUNGSKONTEN (siehe Abbildung 14.27).

https://developers.google.com/adwords/scripts/docs/solutions/mccapp-account-anomaly-detector?hl=de

Abbildung 14.27 AdWords-Skript zur Kontoüberwachung

Zur Einrichtung der Kontoüberwachung sind vier grundlegende Schritte notwendig:

1. Erstellen Sie unter Ihrem AdWords-Admin-Login in Ihrem Google-Drive-Konto eine Kopie der Spreadsheet-Vorlage. Einen entsprechenden Link zum Template gibt es auf der Google-Developer-Seite (siehe den oben genannten Link).

2. Passen Sie in Ihrer Spreadsheet-Kopie die Vorgaben nach Ihren Wünschen an, und hinterlegen Sie Ihre E-Mail-Adresse (siehe Abbildung 14.28).

Weeks to look at	52 (full year)	▼	The longer the better
Impressions too low	80%	▼	% of historical average
Clicks too low	80%	▼	% of historical average
Conversions too low	50%	▼	% of historical average
Cost too high	150%	▼	% of historical average
Email	kontakt@pelzer-internet.de		Enter a valid email address

Abbildung 14.28 Einstellungen zur Kontoüberwachung im Google-Spreadsheet

3. Kopieren Sie das Skript von der Google-Developer-Seite, und nehmen Sie folgende Anpassungen vor:
   - Zeile 45: Eingabe Ihrer Spreadsheet-URL mit den individuellen Vorgaben
   - Zeile 47/48: Geben Sie ein ACCOUNT_LABEL an, falls Sie nur bestimmte Konten überwachen möchten.

   Natürlich müssen Sie zuvor die jeweiligen Konten mit dem entsprechenden Label, in unserem Beispiel also H-Spend-Accounts, versehen haben (siehe Abbildung 14.29).

```
44
45  var SPREADSHEET_URL = 'https://docs.google.com/spreadsheets/d/17Nxxxxxxxx/edit#gid=0';
46
47  var CONFIG = {
48  ACCOUNT_LABEL: 'H-Spend-Accounts'
49  };
50
51  var CONST = {
52    FIRST_DATA_ROW: 12,
53    FIRST_DATA_COLUMN: 2,
54    MCC_CHILD_ACCOUNT_LIMIT: 50,
55    TOTAL_DATA_COLUMNS: 9
56  };
57
```

Abbildung 14.29 Anpassungen im AdWords-Skriptcode

4. Aktiveren Sie das Skript, und erstellen Sie eine zeitliche Regel zur Ausführung (siehe Abbildung 14.30). Die Kontrolle sollte täglich am Ende des Tages, zum Beispiel um 20:00 Uhr, durchgeführt werden, da der aktuelle Tag dann mit den Werten der gleichen Wochentage aus der Vergangenheit abgeglichen wird. Am nächsten Morgen können Sie reagieren, falls Unregelmäßigkeiten aufgetaucht sind.

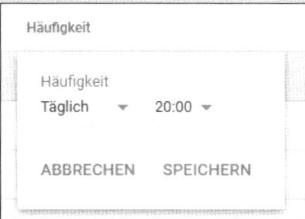

Abbildung 14.30 Setzen Sie die Häufigkeit der Ausführung auf »Täglich«.

Als Ergebnis der Kontrolle erhalten Sie zwei Hinweise. Zum einen werden Unregel-mäßigkeiten im Spreadsheet protokolliert und durch entsprechende Farbgebung deutlich gekennzeichnet (siehe Abbildung 14.31).

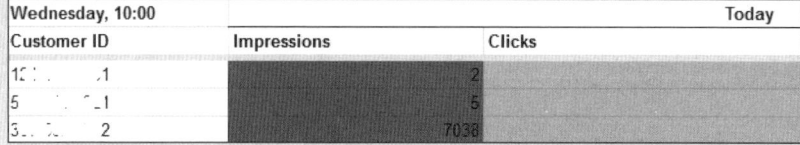

Wednesday, 10:00			Today
Customer ID	Impressions	Clicks	
1⁘⁘⁘⁘1	2		
5⁘⁘⁘⁘1	5		
3⁘⁘⁘2	7038		

Abbildung 14.31 Die Ergebnisse zur Kontounregelmäßigkeit werden im Google-Spreadsheet rot markiert.

Zum anderen erhalten Sie eine E-Mail-Warnung an die eingetragene Mail-Adresse. Dort wird mit Konto-ID, Leistungswerten und Abweichungen auf Anomalien hinge-wiesen (siehe Abbildung 14.32).

Account 9⁘⁘⁘⁘⁘⁘⁘⁘
  Impressions are too low: 297 Impressions by 10:00, expecting at least 431
  Clicks are too low: 4 Clicks by 10:00, expecting at least 4.7

Abbildung 14.32 Zusätzlich werden Warnungen per E-Mail verschickt.

Mit diesem Skript können Sie Ihre Zeit für andere Aufgaben nutzen und müssen nur einschreiten, wenn bestimmte kritische Werte angezeigt werden. Das Skript ersetzt natürlich nicht eine regelmäßige Kontrolle zur Optimierung Ihrer Kampagnen.

Vorteile der Verwendung eines Verwaltungskontos

Google-AdWords-Verwaltungskonten sind nicht für jeden AdWords-Nutzer interes-sant. Falls Sie als AdWords-Manager jedoch mehrere Konten betreuen, ist ein Ver-waltungskonto für Sie unbedingt zu empfehlen, da Sie

▸ mit einem Login auf alle Ihre AdWords-Konten zugreifen können,

▸ neue AdWords-Konten einfach über das Verwaltungskonto anlegen können,

▸ die Budgets der verwalteten Konten auf einen Blick einsehen können,

▸ die Leistung mehrerer Konten über eine gemeinsame Conversion steuern können und

▸ über ein gemeinsames Skript oder automatisierte Regeln mehrere Konten aus-werten und/oder steuern können.

14.10 Fazit

In diesem Kapitel haben wir Ihnen das AdWords-Verwaltungskonto oder kurz *Verwaltungskonto* (frühere Bezeichnung: *My Client Center*) vorgestellt. Dies ist ein wichtiges Tool für alle AdWords-Kampagnenmanager, die mehr als ein AdWords-Konto betreuen. Wir haben Ihnen gezeigt, wie Sie aus dem Verwaltungskonto heraus ein neues AdWords-Konto anlegen oder ein bestehendes Konto einfach verknüpfen können.

Sie haben Tools kennengelernt, wie z. B. automatisierte Regeln oder Skripte, die es auch für die Standard-AdWords-Konten gibt. Diese Tools sind jedoch im übergeordneten Verwaltungskonto besonders interessant, da mit einem Schritt viele Konten gleichzeitig bearbeitet und analysiert werden können. Diese Vorgehensweise spart Zeit, reduziert den Verwaltungsaufwand und erleichtert Ihnen somit das Leben als AdWords-Administrator.

14

Kapitel 15
Die größten AdWords-Fehler

»Aus Fehlern lernt man« lautet die Devise, doch das kann bei AdWords richtig teuer werden. Daher sollten Fehler schnellstmöglich erkannt und behoben werden. Am besten ist es jedoch, wenn man von anderen lernen kann und die größten Fehler direkt von Anfang an vermeidet. Dafür haben ja schon andere AdWords-Nutzer bezahlen müssen.

Auch bei AdWords lernen wir aus den eigenen Erfahrungen und mitunter aus unseren Fehlern. Wir möchten Sie in diesem Kapitel auf einige Fehler aufmerksam machen, sodass Sie vielleicht aus unseren Erfahrungen lernen und diese Fehler von vornherein vermeiden können. So sparen Sie Zeit und Geld. Wenn Sie Ihre Kampagnen schon gestartet haben, ist es trotzdem noch nicht zu spät. Prüfen Sie Ihr Konto im Detail, und korrigieren Sie Ihre Fehler frühzeitig.

15.1 Falsche Keyword-Vorgaben – Ego-Keywords

Wir haben den Begriff *Ego-Keywords* aus dem Englischen übernommen und bezeichnen damit sehr allgemeine Keywords, die bei Unternehmern häufig sehr beliebt, dabei aber sehr kostspielig und wenig zielführend sind. Selbstverständlich möchte eine Bank gern bei der Suchanfrage »Kredit« auf Position eins erscheinen und ein Anwalt für den Begriff »Recht«. Eine Versicherung verspricht sich großen Erfolg bei der Buchung des Keywords »Versicherung« und ein Autohändler, wenn er bei einer Suche nach dem Begriff »Kleinwagen« weit oben steht.

Auf den ersten Blick scheint all das verständlich, schauen Sie jedoch genauer hin. Generische Begriffe wie die oben genannten werden oft gesucht und meistens ist der Wettbewerbsdruck sehr groß. Deshalb kommt es zu überteuerten Klickpreisen und ein Klick kann Sie schnell einmal an die 10 € oder mehr kosten, wie Abbildung 15.1 zeigt.

Keywords hinzufügen | Bearbeiten ▾ | Keyword-Optionen ▾ | Herunterladen

Keyword	Anzeigengruppe	Maximaler CPC	Klicks	Impr.	Kosten	CTR	Durchschn. CPC	Durchschn. Pos.
anwalt	Eigene Keyword-Ideen	50,00 €	1.262,43	31.869,19	2.609,30 €	4,0 %	2,05 €	1,00
arzt	Eigene Keyword-Ideen	50,00 €	1.303,00	22.451,02	1.248,38 €	5,8 %	0,95 €	1,00
auto	Eigene Keyword-Ideen	50,00 €	4.622,95	64.887,08	5.098,71 €	7,1 %	1,09 €	1,00
bank	Eigene Keyword-Ideen	50,00 €	1.404,47	29.883,19	2.927,77 €	4,7 %	2,06 €	1,00
cabrio	Eigene Keyword-Ideen	50,00 €	465,29	6.623,93	609,02 €	7,0 %	1,30 €	1,00
flüge	Eigene Keyword-Ideen	50,00 €	9.658,06	88.040,88	12.696,25 €	11,0 %	1,30 €	1,00
kleinwagen	Eigene Keyword-Ideen	50,00 €	888,25	15.296,96	2.172,00 €	5,8 %	2,42 €	1,00
kombi	Eigene Keyword-Ideen	50,00 €	652,24	10.302,64	883,13 €	6,3 %	1,34 €	1,00
kredit	Eigene Keyword-Ideen	50,00 €	6.965,67	129.960,87	70.344,46 €	5,4 %	10,00 €	1,02
rechtsanwalt	Eigene Keyword-Ideen	50,00 €	1.988,37	53.086,57	4.164,86 €	3,7 %	2,07 €	1,00
sofa	Eigene Keyword-Ideen	50,00 €	5.090,49	77.682,16	8.660,12 €	6,6 %	1,68 €	1,00
urlaub	Eigene Keyword-Ideen	50,00 €	8.248,76	88.144,87	9.698,17 €	9,4 %	1,16 €	1,00
versicherung	Eigene Keyword-Ideen	50,00 €	3.913,40	77.376,12	12.733,11 €	5,1 %	3,22 €	1,00
Gesamt			**46.463,38**	**695.605,50**	**133.845,27 €**	**6,7 %**	**2,85 €**	**1,00**

Abbildung 15.1 Schätzungen für Ego-Keywords im Keyword-Planer

Außerdem handelt es sich bei Ego-Keywords um sehr unspezifische Anfragen, aus denen sich noch nicht wirklich ergibt, worauf genau der Nutzer hinaus möchte. Vielleicht benötigt er einen Anwalt für Familienrecht, ein Gebiet, das Sie in Ihrer Kanzlei gar nicht abdecken. Der Nutzer stellt das aber erst nach dem Klick auf Ihrer Website fest. Er verlässt Ihre Seite wieder und Sie zahlen dafür einen hohen Preis.

Ego-Keywords fressen also einen großen Teil Ihres Budgets und führen häufig nicht zur gewünschten Conversion. Vielmehr versuchen viele Werbetreibende mit der Bewerbung solcher Keywords, ihre Marke für vermeintlich wichtige Branchenbegriffe zu stärken. Diese Branding-Maßnahmen sind aber vor allem eine Budgetfrage und nicht immer sinnvoll. Hier ist eine Branding-Kampagne im Displaynetzwerk empfehlenswerter.

Vermeiden Sie teure Ego-Keywords

Besonders wenn Ihnen nur ein begrenztes Werbebudget zur Verfügung steht, sollten Sie auf Ego-Keywords verzichten. Nutzen Sie diese Begriffe als Ausgangsbasis für Ihre Keyword-Recherche, und setzen Sie auf konkretere Keywords, die zu Ihrem Angebot passen. So sprechen Sie diejenigen Nutzer an, die Sie auch zu Ihren Kunden machen können.

> Wenn Sie die Anweisung bekommen, bestimmte Ego-Keywords zu schalten, machen Sie Ihren Vorgesetzten deutlich, welche Konsequenzen dies nach sich zieht. Legen Sie am besten eine separate Kampagne für die generischen Keywords an, sodass sie den effizienten Keywords nicht das Budget wegfressen. Außerdem sollten Sie die Reichweite der Ego-Keywords möglichst durch die Keyword-Option "PASSENDE WORTGRUPPE", besser [GENAU PASSEND] einschränken.

15.2 Die Werbeausrichtung ist zu allgemein

Quantität ist nicht gleich Qualität. Es ist nicht förderlich, zu jeder Zeit an jedem Ort für jeden Begriff, der vielleicht nur am Rande etwas mit Ihrem Angebot zu tun hat, mit Anzeigen präsent zu sein. Die Ausrichtung Ihrer Anzeigen ist also ein wichtiger Faktor, den viele Werbetreibende vernachlässigen, wodurch sie Geld verschwenden.

15.2.1 Zu allgemeine Keywords

Ego-Keywords haben Sie ja bereits im vorigen Abschnitt kennengelernt, aber es gibt noch weitere Abstufungen von allgemeinen Keywords, die nicht den gewünschten Effekt wie Abverkauf oder Kontaktaufnahme bewirken. Vielmehr verursachen sie hohe Kosten für viele Klicks, die keine Relevanz haben. Daher setzen Sie besser auf Longtail-Keywords und bieten auf Nutzer, die speziellere Suchanfragen eingeben.

Außerdem sollten Sie nicht vergessen, die Keywords in den Keyword-Optionen "PASSENDE WORTGRUPPE" und [GENAU PASSEND] einzubuchen. So behalten Sie die Kontrolle darüber, zu welchen Suchanfragen Ihre Anzeigen ausgespielt werden, und reduzieren Streuverluste. Buchen Sie Ihre Keywords immer in der Option WEITGEHEND PASSEND, erreichen Sie zwar eine hohe Anzahl von Usern. Die Klickrate bleibt aber vermutlich gering und Sie zahlen für viele Klicks, die nicht relevant sind.

Wichtig ist es – besonders bei der Nutzung der Optionen WEITGEHEND PASSEND und "PASSENDE WORTGRUPPE" –, dass Sie sich regelmäßig die Suchanfragenberichte (im Seitenmenü unter KEYWORDS · SUCHBEGRIFFE) ansehen und auszuschließende Keywords hinzufügen. So können Sie von vornherein verhindern, dass Ihre Anzeigen für Anfragen erscheinen, die nichts mit Ihrem Angebot zu tun haben. Es empfiehlt sich, gewisse Begriffe (zum Beispiel *gebraucht*, wenn Sie nur Neuware anbieten) von Anfang an über eine Liste für alle Kampagnen auszuschließen.

15.2.2 Zu große Zielregion

Mit nur wenig Aufwand können Sie Ihre Kampagnen in ganz Deutschland, Europa oder sogar weltweit schalten. Sie werden dadurch viele Klicks generieren, aber nicht immer ist das auch von Vorteil. Nehmen wir zum Beispiel an, Sie besitzen einen Friseursalon in Düsseldorf. Dann brauchen Sie Ihren Laden nicht in ganz Nordrhein-Westfalen oder gar deutschlandweit zu bewerben. Sie sollten sich vielmehr auf Düsseldorf beschränken und allenfalls noch angrenzende Ortschaften hinzuziehen.

Unter STANDORTE können Sie bei jeder einzelnen Kampagne sehr präzise festlegen, auf welche Region(en) Sie Ihre Anzeigen ausrichten möchten. Hier können Sie nicht nur einzelne Bundesländer, Städte etc. auswählen, Sie können auch einen Umkreis definieren, in dem Sie Ihre Anzeigen schalten (siehe Abbildung 15.2).

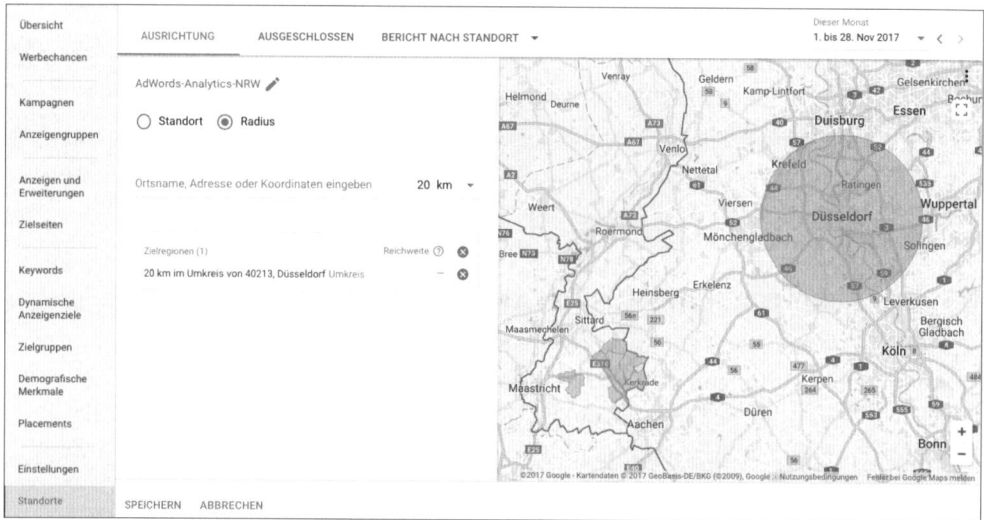

Abbildung 15.2 Einstellungen zur geografischen Ausrichtung

Wenn Sie international agieren, sollten Sie im besten Falle separate Kampagnen oder gegebenenfalls sogar Konten pro Zielland anlegen und Ihre Anzeigen nicht in mehreren Ländern gleichzeitig ausspielen. Schalten Sie beispielsweise Ihre deutschen Anzeigen in Spanien, so können die spanischen Nutzer Sie nicht verstehen. Aber selbst wenn es von der Sprache passt, funktionieren Anzeigen häufig in jedem Land unterschiedlich, und außerdem hat jedes Land seine eigenen Richtlinien und Bestimmungen.

15.2.3   Zu breite zeitliche Ausrichtung

Standardmäßig laufen Ihre Anzeigen 24 Stunden an sieben Tagen die Woche. Das ist nicht immer notwendig. Richten Sie sich ausschließlich an B2B-Kunden, reicht es aus, wenn Ihre Anzeigen zu den üblichen Bürozeiten von 8 bis 18 Uhr erscheinen und Sie die Anzeigen am Wochenende und nach Feierabend deaktivieren. Vor allem bei einem eingeschränkten Budget ist es grundsätzlich ratsam, die Anzeigen nicht rund um die Uhr zu schalten. Lassen Sie sie etwa am späten Abend bis zum frühen Morgen pausieren.

Im Seitenmenü unter WERBEZEITPLANER können Sie pro Kampagne die Zeiten festlegen, zu denen Ihre Anzeigen ausgespielt werden sollen (siehe Abbildung 15.3).

Abbildung 15.3 Einstellungen zur zeitlichen Schaltung

15.3   Zu viele Keywords in einer Anzeigengruppe

Ein häufiger Fehler, der meistens auf einer unzureichenden Vorbereitung und auf Zeitmangel basiert, ist das Einbuchen etlicher Keywords in nur eine einzige Anzeigengruppe. Dabei werden Begriffe zusammengezogen, die zwar im weitesten Sinne zusammengehören, jedoch eben nur im weitesten Sinne: Ein Couchtisch und ein Teppich sind zwar beide im Wohnzimmer zu finden, aber trotzdem komplett unterschiedliche Produkte. Daher sollten auch beide Produkte in einer separaten Anzeigengruppe beworben werden, mit Anzeigen, die den Nutzer zielgerichtet ansprechen, und einer Zielseite, die ihn zum gesuchten Produkt führt.

Das ist bei Kampagnen, die unzählige Keywords in nur einer Anzeigengruppe beinhalten, nicht möglich, weil die Anzeigen alle Keywords bedienen müssen. Dementsprechend sind Klickraten und Qualitätsfaktoren sehr gering, und der Klickpreis ist möglicherweise höher als notwendig.

Investieren Sie also von Anfang an Zeit und Muße in die Struktur Ihrer Kampagnen. Erstellen Sie Anzeigengruppen, die auf etwa 10 bis maximal 15 Keywords beschränkt sind. Falls Sie eine größere Keyword-Liste besitzen, denken Sie über sinnvolle Untergruppierungen zu den Keywords nach.

Vorsicht mit dem Keyword-Planer

Der Keyword-Planer verspricht Unterstützung bei der Strukturierung Ihrer Kampagnen. Er sucht Ihnen Keywords und entwirft Ihnen inzwischen sogar schon eine Struktur, indem er die Keywords in unterschiedliche Anzeigengruppen unterteilt. Prüfen

Sie hier immer kritisch, und übernehmen Sie nur sinnvolle Vorschläge. Investieren Sie etwas mehr Zeit, und erstellen Sie zusätzlich eigene Anzeigengruppen. Ihre Branche und Zielgruppe kennen Sie sicher besser als das Google-Tool.

15.4   Messen vergessen – AdWords im Blindflug

Vertrauen ist gut – Kontrolle ist besser. Lassen Sie Ihre Kampagnen nach dem Setup nicht einfach laufen, sondern nehmen Sie sich regelmäßig Zeit, um die Performance zu überprüfen. Google hat das Berichte-Center in AdWords inzwischen sehr professionell gestaltet und entwickelt es laufend weiter. Nutzen Sie die vielen Möglichkeiten, um Ihr AdWords-Konto mit wenig Aufwand stets im Blick zu behalten.

Einen ersten Überblick, ob das Verhältnis zwischen Keywords und Anzeigen funktioniert, bietet die Klickrate. Mit dem Google-AdWords-Conversion-Tracking erhalten Sie Aufschluss darüber, ob sich Ihre Werbung lohnt und ob die Besucher auf Ihrer Website das finden, wonach sie gesucht haben. Lassen Sie sich die Performance Ihrer Werbung bis auf Keyword-Ebene aufschlüsseln, und nutzen Sie die Ergebnisse als Basis für Ihre Optimierungen.

Die Grafik Übersicht (auswählbar im Seitenmenü) in der AdWords-Oberfläche kann eine erste Tendenz aufzeigen. Dabei können Sie bis zu vier Werte auswählen, gegeneinander laufen lassen und Unregelmäßigkeiten so schnell erkennen, wie in Abbildung 15.4 die Kosten, den Conversion-Wert, die Conversions und die Kosten pro Conversion. Die Werte können Sie wahlweise ändern, indem Sie in jeder der vier bunten Boxen über das Dropdown-Menü den gewünschten Wert auswählen.

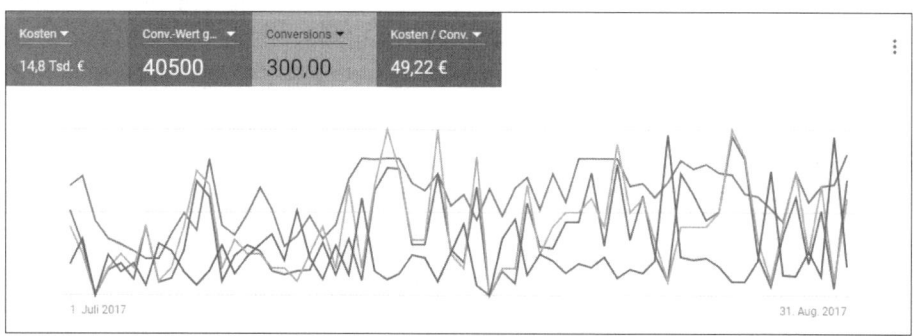

Abbildung 15.4 Verlauf von Kosten, Conversion-Wert, Conversions und Kosten/Conversion

Eine gute Kontrolle bietet auch der Vergleich zweier Zeiträume (siehe Abbildung 15.5). Es ist möglich, die Daten des aktuellen Monats mit denen des Vormonats zu vergleichen, Abweichungen frühzeitig zu ermitteln, zu bewerten und gegebenenfalls gegenzusteuern.

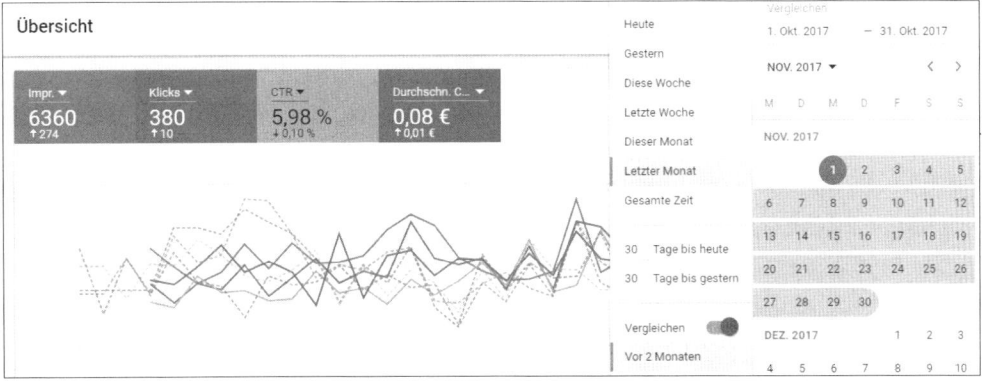

Abbildung 15.5 Zeiträume vergleichen

Vernachlässigen Sie also nicht die regelmäßige Kontrolle Ihrer Kampagnen. Detailliertere Ausführungen zum Thema Tracking lesen Sie in Abschnitt 2.6.3 und Kapitel 10.

Tipp: Automatisierte Berichte

Damit es etwas schneller geht mit der Kontrolle, können Sie sich Ihre Berichte individuell zusammenstellen und dann regelmäßig (beispielsweise jeden Montag) per E-Mail zuschicken lassen. Dazu klicken Sie im jeweiligen Bericht oben rechts im Fenster auf das Uhr-Symbol. In dem neu geöffneten Fenster stellen Sie ein, wann Sie den Bericht in welchem Format an wen schicken möchten (siehe Abbildung 15.6).

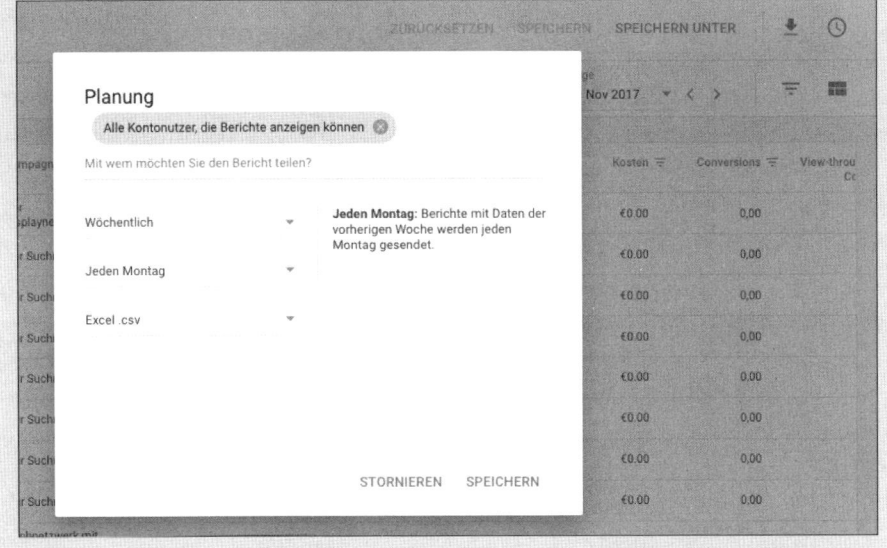

Abbildung 15.6 Berichte per E-Mail versenden

15.5   Das Ziel aus dem Blick verloren?

Wen möchten Sie mit Ihrer Werbung ansprechen? Was möchten Sie maximal investieren? Möchten Sie neben der Werbung in der Suche auch Display-Werbung schalten? Möchten Sie auch auf mobilen Endgeräten erscheinen? Welches Angebot möchten Sie wo und wann bewerben?

Dies sind alles Fragen, mit denen Sie sich vor dem Start Ihrer AdWords-Werbung auseinandersetzen sollten. Das Erstellen eines AdWords-Kontos erfordert eine genaue Planung und Zielsetzung. Es kann sich schnell rächen, wenn Sie ohne Konzeption direkt zu Werke schreiten. Machen Sie sich lieber zu Anfang über einige Punkte Gedanken, und erleichtern Sie sich dadurch langfristig das Management Ihrer Kampagnen. Lesen Sie Tipps und Tricks zur Planung Ihrer AdWords-Werbung in Kapitel 2, »Google-AdWords-Vorbereitung«.

> **Achtung: Google AdWords leicht gemacht**
>
> Google macht Ihnen die Einrichtung eines AdWords-Kontos sehr einfach. Mit diversen Voreinstellungen werden Sie durch die Anmeldung geführt, ohne dass Sie viel nachdenken müssen und Ihre Kampagnen schnellstmöglich live sind. Das ist natürlich nicht unbedingt zu Ihrem Vorteil. Mit konkreten Zielvorgaben machen Sie sich das Leben leichter und richten Ihr Konto nach Ihrer eigenen Zielsetzung und nicht nach der von Google ein.

15.6   Falsche Zielvorgaben: Besucher statt Kunden

Werbetreibende geben sich häufig mit sehr wenig zufrieden. Es reicht ihnen schon, den Traffic auf der Website zu steigern. Das sollte die Werbung natürlich ebenfalls zur Folge haben, es sollte sich dabei aber um qualitativen Traffic handeln. Sie möchten ja Kunden gewinnen und nicht bloß die Besuche Ihrer Website erhöhen: Das wäre zu einfach und Sie würden ganz nebenbei Ihr Geld verschwenden.

Besonders Unternehmen, die ihre Marketingmaßnahmen in Agenturen auslagern, sollten ihre Ziele ausführlich mit der Agentur definieren. Für Agenturen ist es natürlich am einfachsten, über Ego-Keywords oder andere generische Keywords Traffic zu generieren und damit ihre Aufgabe erledigt zu haben. Sicher genügt dieses Ziel jedoch nicht den Ansprüchen der allermeisten Agenturen, in denen Qualität großgeschrieben wird.

Die Zielsetzung sollte vielmehr im Zusammenhang mit Conversions wie Abverkäufen oder Kontaktaufnahmen stehen. Sie können in Ihrem Webanalyse-Tool auch andere Ziele definieren, wie z. B. wenn ein Besucher etwas in den Warenkorb legt oder sich registriert. Diese Zwischenziele geben ebenfalls Auskunft darüber, ob Ihre Werbung zielführend ist und die richtigen Besucher auf Ihre Website lenkt. Stecken Sie sich also in jedem Fall klare Ziele, sodass Sie die Leistung Ihrer Marketingmaßnahmen sinnvoll bewerten können.

15.7 Thema verfehlt – die Wahl der richtigen Landing-Page

Leiten Sie Ihren Besucher auf die richtige Seite und bringen Sie ihn dadurch Ihrem gemeinsamen Ziel – dem Ausführen einer Conversion – einen Schritt näher? Auf der Zielseite, die Sie in AdWords hinterlegen, macht sich der Besucher seinen ersten Eindruck von Ihrem Unternehmen. Dieser Eindruck entscheidet häufig schon, ob Sie Ihren Besucher zum Kunden machen werden oder ob er Ihre Seite ohne Aktion wieder verlässt.

Über die Eingabe einer Suchanfrage hat der Nutzer seinen Bedarf bereits geäußert, nun erwartet er, dass dieser auf der Webseite befriedigt wird. Wenn er in den Suchschlitz »Couchtisch« eingegeben hat, sollte er auf eine Seite mit einer Auswahl von Couchtischen geführt werden und nicht bei Teppichen landen. Ebenso ungeeignet ist in den meisten Fällen die Startseite Ihrer Webseite, da sich der User trotz konkreter Anfrage selbstständig auf die Suche nach dem gewünschten Produkt machen muss.

Der User erwartet Service, und je passender die Zielseite ist, desto höher ist die Wahrscheinlichkeit, dass Sie den Nutzer halten können. Auch Google stellt Ansprüche an Ihre Ziellinks. Falls Google Ihre Landing-Page als nicht relevant einstuft, so wirkt sich das negativ auf den Qualitätsfaktor und damit auch auf Ihre CPCs aus. Somit werden Sie für schlechte Zielseiten gleich doppelt bestraft: Google verlangt mehr Geld und Ihr Besucher springt gleich wieder ab.

> **Tipp: Zielseite auf Keyword-Ebene**
>
> Im Normalfall bestimmen Sie eine Zielseite pro Anzeigengruppe, die Sie in Ihren Anzeigen hinterlegen. Alle Keywords, die in dieser Anzeigengruppe enthalten sind, werden auf diese Zielseite weitergeleitet. Sie können auch Zielseiten für einzelne Keywords vergeben. Haben Sie in der Anzeigengruppe für Couchtische zum Beispiel das Keyword »*Couchtisch weiß*« geschaltet, sollten Sie das Keyword mit einer separaten Zielseite mit nur weißen Couchtischen verlinken. Der Besucher wird es Ihnen danken.

Verknüpfen Sie Ihre Anzeigen und Keywords mit relevanten Zielseiten, um Ihre Conversion-Rate zu erhöhen. Ein guter Hinweis, ob die ausgewählten Zielseiten funktionieren, bieten Ihnen Webanalyse-Tools. Hier können Sie sich die Bounce-Rate bzw. Absprungrate Ihrer Zielseiten für jedes Keyword anzeigen lassen. Eine hohe Absprungrate deutet darauf hin, dass Sie eine alternative Zielseite auswählen sollten.

15.8   Ist Design wichtiger als Usability?

Ihre Werbung kann noch so gut sein – wenn Ihre Seite unstrukturiert und nicht selbstverständlich zu bedienen ist, werden Sie trotz klickaktivierender Anzeigen und schicken Designs Ihre Ziele nicht erreichen. Was Gewohnheiten angeht, sind User einfach gestrickt und vor allem bequem – bestimmte Funktionalitäten setzen sie voraus und erwarten sie an gewohnter Stelle.

Die *Usability* oder *Bedienbarkeit* Ihrer Website bestimmt also im hohen Maße auch den Erfolg Ihrer AdWords-Kampagnen. Sie sollte bei der Planung Ihrer Website im Mittelpunkt stehen und nicht nur das Design, wie es häufig der Fall ist und von vielen Webdesignern vorangetrieben wird.

Im Folgenden finden Sie nur einige Beispiele für eine schlechte Website-Usability:

▶ Die Navigation befindet sich nicht links oder oberhalb des Inhalts.

▶ Das Firmenlogo ist nicht klickbar.

▶ Die Links auf Ihrer Website sind nicht als solche erkennbar.

▶ Es gibt falsche Links, d. h., Textelemente sehen wie Links aus,
   sind aber nicht klickbar.

▶ Bilder und Buttons sind nicht klickbar.

▶ Die Schriftfarben haben kaum Kontrast zur Hintergrundfarbe.

▶ Die Webseite hat lange Ladezeiten.

15.9   Fazit

Sie kennen nun die größten Fehler, die zumindest zu Beginn bei AdWords begangen werden, und haben einige Tipps erhalten, wie Sie diese Fehler vermeiden können. Nutzen Sie diese Gelegenheit und sparen Sie bares Geld bei Ihren ersten Schritten mit Google AdWords.

Tipp: Testen, testen, testen

Unterziehen Sie Ihre Website doch einmal einem *Fünf-Sekunden-Test*. Bitten Sie Freunde oder Bekannte, Ihre Website fünf Sekunden lang zu betrachten und Ihnen dann fünf Dinge zu nennen, an die sie sich erinnern. Ist das Thema, Produkt oder Angebot Ihrer Seite deutlich geworden?

Sie denken, fünf Sekunden seien zu kurz? Doch das ist die durchschnittliche Dauer, in der ein User entscheidet, ob er die richtige Seite aufgerufen hat. In dieser Zeit entscheidet sich, ob er auf der Seite bleibt oder nicht.

Auch ein *Klicktest* einer unabhängigen Person kann helfen. Stellen Sie dieser Person verschiedene Aufgaben, die sie auf Ihrer Website durchführen soll. Diese Aufgaben

---

sollten dem entsprechen, was Sie von Ihren neuen Webseitenbesuchern und zukünftigen Kunden erwarten. Das könnte zum Beispiel das Senden eines Kontaktformulars oder der Kauf eines Artikels sein. Aber auch das Auffinden bestimmter Produktinformationen kann eine Aufgabe für Ihren Tester darstellen. Beobachten Sie, an welchen Stellen er Probleme hat; bestimmt können Sie die Prozesse durch diesen Test optimieren.

15.10   Checkliste zur Fehlervermeidung in AdWords

In Tabelle 15.1 haben wir Ihnen eine Checkliste zusammengestellt. Arbeiten Sie diese durch, und vermeiden Sie auf diese Weise schon einmal die größten AdWords-Fehler.

To-do-Liste zur Fehlervermeidung	Erledigt (✓)
Genaue Zielvorgaben erstellt?	
Zwischenziele formuliert?	
Zielgruppe analysiert?	
Keyword-Optionen eingestellt?	
Liste mit auszuschließenden Keywords eingepflegt?	
Kampagnen räumlich begrenzt?	
Kampagnen zeitlich begrenzt?	
Anzeigengruppen fein unterteilt?	
Keywords und Landing-Page abgeglichen?	
Anzeigentexte und Landing-Page abgeglichen?	
Klicktest für Landing-Page durchgeführt?	
Monatliche Kontrolle der Kontostatistik geplant?	
E-Mail-Versand monatlicher AdWords-Berichte erstellt?	
Monatliche Optimierung geplant?	

Tabelle 15.1 Checkliste zur Fehlervermeidung

15

Kapitel 16

Wichtige Fragen und Antworten rund um Google AdWords

FAQ (Frequently Asked Questions) sind Fragen, die häufig zu einem Thema gestellt werden. Vielleicht finden Sie in unseren Top-Fragen eine AdWords-Frage wieder, die Ihnen auch schon einmal in den Sinn gekommen ist.

Es gibt viele Fragen zu Google AdWords, die teilweise sehr speziell sind. Viele dieser grundsätzlichen Fragen werden natürlich in dem vorliegenden AdWords-Buch beantwortet. Für dieses Kapitel haben wir noch einmal diejenigen Fragen aufgelistet, die häufiger in Zusammenhang mit Google AdWords auftauchen und verschiedenste Aspekte des AdWords-Werbeprogramms und der zugehörigen Themen beleuchten. Wir haben 17 Fragen ausgewählt, die wir so oder so ähnlich schon häufiger gehört oder in AdWords-Foren gelesen haben.

16.1 Was sind Google-Gutscheine und wie kann ich diese im Konto aktivieren?

Die Werbung zum Google-AdWords-Programm läuft zum großen Teil über Gutscheinaktionen, die Google in der Zielgruppe verteilt. Zur Zielgruppe gehören zum Beispiel alle Unternehmen, die über die Google-Businesseinträge identifiziert werden können. Auch die Nutzer von Google-Analytics-Konten sind potenzielle Kunden und erhalten AdWords-Gutscheine (Voucher).

Im Laufe der Zeit haben sich die Art der Gutscheine und die zugehörigen Bedingungen zur Einlösung der Gutschriften mehrfach verändert. Während man zu AdWords-Anfangszeiten die Anmeldegebühr und ein bestimmtes Werbekontingent als geldwerten Vorteil ohne Gegenleistung erhielt, so sind die neuesten Gutscheine so ausgelegt, dass ein neuer AdWords-Kunde zunächst einmal Werbung schalten und bezahlen muss, bevor er dann zusätzliches Werbebudget erhält. Aktuell ist die Höhe des Werbebudgets sogar abhängig von den vorher getätigten Ausgaben: Je mehr ausgegeben wurde, desto mehr Budget erhält man als Geschenk!

Früher haben wohl einige Neukunden immer wieder mal neue Konten angelegt, nur um die Gutscheine für Neukunden nutzen zu können. Nachdem die Gutschrift verbraucht war, haben sie einfach wieder ein neues AdWords-Konto eröffnet. Dies geht seit einigen Jahren nicht mehr bzw. es kostet zusätzlich das eigene Geld. Mit den neuen Gutscheinen wird von jedem Neukunden zunächst einmal eine Vorleistung in Form einer AdWords-Werbeausgabe verlangt. Denn grundsätzlich sind alle Gutscheine nur für Neukunden und neue AdWords-Konten gedacht. Das bedeutet jedoch auch, dass ein AdWords-Konto, das vor einiger Zeit angelegt, aber nicht aktiv genutzt wurde, bereits ein Ausschlusskriterium für einen Neukundengutschein darstellt.

Zusätzlich zu den Neukundengutscheinen gibt es in vereinzelten Fällen auch Gutscheine für bestehende Konten. Damit will Google dann langfristige Kundenbeziehungen wieder aktivieren oder Kunden für Ihre Treue und das getätigte Werbebudget belohnen. Die Bedingungen für die Gutscheine sind zwar unterschiedlich. wenn ein Gutschein jedoch einmal eingelöst wurde, so kann er nicht wieder dem Konto entzogen werden. Gutschriften, die einmal gutgeschrieben wurden, stehen auch nach einer längeren Pause im Konto als Budget zur Verfügung.

Die Eingabe eines Gutscheincodes hat Google im AdWords-Konto etwas versteckt. Sie geben Ihren Gutscheincode ein, indem Sie in der rechten oberen Ecke des AdWords-Kontos zunächst auf den Werkzeugschlüssel klicken. Aus der Dropdown-Liste wählen Sie dann den Unterpunkt Abrechnung und Zahlungen aus. In der linken Navigation klicken Sie danach auf Einstellungen. Am unteren Ende der Seite finden Sie dann im Bereich Gutscheincodes den Link Gutscheincodes verwalten. Im nächsten Schritt geben Sie einfach Ihren Gutscheincode in das entsprechende Formularfeld ein und klicken auf Übernehmen.

Einige Bestandskunden freuen sich, wenn Google ihnen einen AdWords-Gutschein anbietet. In den meisten Fällen hat man sich jedoch zu früh gefreut, da ein Gutschein nur für Neukunden gilt. Das CRM (Customer-Relationship-Management) scheint bei Google oft nicht so gut zu funktionieren, sodass auch Bestandskunden immer wieder einmal Gutscheine erhalten, die jedoch leider nicht nutzbar sind.

16.2   Warum sehe ich meine Anzeigen nicht?

Eine sehr häufige Frage bei Google AdWords bezieht sich auf den Umstand, dass die eigenen Anzeigen nicht bei der Google-Suche auftauchen. Hierzu zunächst ein ganz wichtiger Hinweis: Googeln Sie nicht in der »Live-Google-Suche« nach Ihren Keywords. Grundsätzlich verschlechtern Sie damit die Performance Ihrer AdWords-Anzeigen! Außerdem können Sie so keine objektive Aussage treffen. Auf diesem Weg können Sie nicht entscheiden, ob Ihre Anzeigen wirklich nicht geschaltet werden oder ob Sie die Anzeige gerade nicht sehen. Was Sie als Ergebnis auf Ihrem Computer in Ihrem Browser sehen, ist nicht die objektive Wahrheit, sondern zum Teil ein Such-ergebnis, das genau auf Sie und Ihre aktuelle Situation zugeschnitten ist.

Die Antwort zur Ausgangsfrage lautet: Es können sehr unterschiedliche Gründe da-für existieren, dass Ihre Suchanzeige gerade nicht auf der Suchergebnisseite zu sehen ist. Unter anderem folgende Gründe könnten infrage kommen:

▶ Ihre AdWords-Anzeigen sind nicht auf Ihren aktuellen Standort ausgerichtet.

▶ Die AdWords-Anzeigen werden zur aktuellen Tageszeit gar nicht geschaltet.

▶ Die AdWords-Anzeigen wurden gerade erst aktiviert und nehmen noch nicht an der Auktion teil.

▶ Das Tagesbudget ist so knapp bemessen, dass die Anzeigen nicht bei jeder Anfrage erscheinen, sondern über den Tag verteilt ausgespielt werden.

▶ Die Anzeigenauslieferung wurde auf BESCHLEUNIGT festgelegt und Ihr Tagesbud-get ist bereits aufgebraucht.

▶ Auszuschließende Keywords auf Anzeigengruppen- oder Kampagnen-Ebene ver-hindern die Auslieferung der Anzeige zum eingegebenen Suchbegriff.

▶ Neue Textanzeigen wurden von Google noch nicht freigegeben.

▶ Keywords wurden abgelehnt, sind inaktiv oder werden aufgrund eines schlechten Qualitätsfaktors nur selten geschaltet.

▶ Die Keywords haben ein sehr schlechtes Anzeigenranking, sodass die Anzeigen weit unten oder erst auf der zweiten Seite auftauchen und so bei der Kontrolle übersehen wurden.

▶ Es besteht ein Abbuchungs- oder Kreditkartenproblem, sodass Google die Anzei-genschaltung kurzfristig abgeschaltet hat.

Wie Sie sehen, gibt es viele Gründe (und sicher noch einige mehr) für eine fehlende Anzeige – und wir haben schon fast alles erlebt. Ein einfacher Weg, um herauszufin-den, ob Ihre Anzeigen geschaltet werden oder ob es ein Problem gibt und was letzt-lich die Ursache für das Problem ist, wäre eine schnelle Keyword-Analyse.

Sie haben in diesem Buch bereits das Tool zur ANZEIGENVORSCHAU UND -DIAGNOSE kennengelernt. Mit diesem Tool können Sie einzelne Keywords abfragen. Der Vorteil der AdWords-Analyse-Tools besteht darin, dass keine Impressionen erzeugt werden und Ihre Statistik somit nicht verfälscht wird.

Weiterhin können Sie in Ihrem Konto auf Kampagnenebene nachschauen, ob einige Tagesbudgets als beschränkt ausgewiesen werden. Auf Keyword-Ebene gibt es Hin-weise zu Keywords, die Probleme bei der Ausspielung haben. Außerdem können Sie in der Statuszeile den Mauszeiger über den aktuellen Status bewegen und auf diese Weise einzelne Keywords genauer analysieren.

16

Möchten Sie eine Keyword-Analyse für viele oder sogar alle Keywords in Ihrem Ad-Words-Konto durchführen, so müssen Sie aktuell zunächst wieder in Ihre alte Kontoansicht wechseln. Dort können Sie auf Keyword-Ebene über DETAILS den Unterpunkt KEYWORD-DIAGNOSE aufrufen. Die internen AdWords-Diagnose-Tools liefern Ihnen ein objektives Ergebnis zu Ihren Anzeigen. Erst nach einem Test mithilfe der Tools können Sie wirklich sagen, ob Ihre Anzeigen geschaltet werden oder nicht. Zusätzlich bekommen Sie auch noch den Grund für ein eventuelles Problem mitgeteilt.

16.3   Wieso sehe ich Anzeigen mit unbekannten Zusatzinformationen?

Sie können über die Anzeigenerweiterungen viele zusätzliche Informationen zu Ihren Anzeigen hinzufügen. Die Bewertungssterne und einige andere Hinweise werden manchmal automatisch von Google hinzugefügt. Auch den Namen der beworbenen Domain fügt Google zusätzlich in die Titelzeile ein, falls dort noch Platz ist. Sie finden in Ihrem Konto im Menüpunkt ANZEIGEN UND ERWEITERUNGEN unter AUTOMATISCHE ERWEITERUNGEN eine Statistik, die Ihnen anzeigt, ob Google solche Erweiterungen hinzugefügt hat.

Manchmal erscheinen aber auch Anzeigen mit speziellen Erweiterungen in den Google-Suchergebnissen, die weder als Standard- noch als automatische Erweiterung im Konto zu finden sind. Hinter diesem Phänomen steckt dann ein »Beta-Test«: Google führt regelmäßig spezielle Beta-Tests mit ausgesuchten Partnern durch. Dabei werden bestimmte Erweiterungen oder neue Features live getestet. Es kann also sein, dass Sie in Ihrem Konto keine Möglichkeit finden, eine Zusatzinformation einzufügen, weil diese einfach noch nicht besteht. Falls Sie also zukünftig zusätzlichen Text, Bilder, Symbole, Eingabefelder, Dropdown-Listen oder vielleicht in Zukunft sogar Videos in den AdWords-Textanzeigen entdecken, so sollten Sie zunächst von einem Test ausgehen.

Informieren Sie sich daher zusätzlich regelmäßig über die aktuellen Änderungen in AdWords, z. B. im *AdWords Inside Blog*. Neue Einstellungsmöglichkeiten oder Features, die für deutsche AdWords-Nutzer verfügbar sind, werden dort angekündigt, wie zum Beispiel in folgendem Beitrag:

http://adwords-de.blogspot.de/2014/08/jetzt-neu-anruf-conversions-fur-websites.html

Der aktuelle Blog für AdWords-Themen ist laut Google:

https://www.thinkwithgoogle.com/intl/de-de

16.4   Wie lande ich auf den oberen Positionen?

Eine Top-Position bei Google AdWords, also eine der Positionen oberhalb der organischen Suchergebnisse, kann man nicht bestimmen oder speziell buchen. Eine Top-Position ist immer das Ergebnis einer Kombination aus guter Qualität und dem maximalen Klickpreis, den man zu zahlen bereit ist.

So können Sie zum Beispiel Gebotsstrategien für die Positionen oberhalb der organischen Ergebnisse festlegen. Sie müssen für eine Top-Platzierung auf jeden Fall versuchen, bei einer Auktion auf einen der ersten vier Plätze zu gelangen, Position fünf wird in jedem Fall unterhalb der organischen Ergebnisse ausgespielt. Da manchmal auch weniger als vier Top-Plätze angezeigt werden, kann ein guter Qualitätsfaktor nicht schaden.

16.5   Soll ich mehrere Keyword-Optionen zum gleichen Keyword einstellen?

In der Praxis buchen viele AdWords-Nutzer wichtige Keywords parallel als WEITGEHEND PASSEND, PASSENDE WORTGRUPPE und GENAU PASSEND. Die Idee dahinter ist, dass alle Anfragen möglichst mit der jeweils passenden Keyword-Option »beantwortet« werden, damit beispielsweise bei der genau passenden Anfrage ein Klick günstiger wird.

Diese Idee bzw. Hoffnung kann in der Praxis nicht eindeutig bestätigt werden: Ein genau passendendes Keyword muss im Vergleich zur Wortgruppe oder der weitgehenden Schaltung nicht immer günstiger sein. Außerdem gibt es keine Garantie dafür, dass Google bei einer Anfrage auch das genau passende Keyword schaltet; es kann auch sein, dass die weitgehend passsende Keyword-Option der Anfrage zugeordnet wird.

Sie sollten darum Ihre Keyword-Varianten auf eigene Anzeigengruppen verteilen. Versuchen Sie, die Intention des Suchenden zur jeweiligen Keyword-Option zu erahnen, und antworten Sie mit einer passenden Anzeigenvariante in der jeweiligen Anzeigengruppe darauf. Bei sehr allgemeinen Anfragen nutzen Sie allgemeine Anzeigentexte, bei speziellen, genau passenden Anfragen gehen Sie mit Textbausteinen und der verlinkten Landing-Page stärker auf das spezielle Thema ein.

Arbeiten Sie zusätzlich mit auszuschließenden Keywords auf Ebene der Anzeigengruppen, um eine falsche Zuordnung der Suchanfrage zu verhindern. Schließen Sie daher die genau passende Variante für die Anzeigengruppen mit der passenden Wortgruppe aus. Und für die Anzeigengruppe mit der weitgehend passenden Variante schließen Sie noch die passende Wortgruppe aus. Beobachten Sie die Ergebnisse in den unterschiedlichen Anzeigengruppen, und pausieren bzw. löschen Sie nach einer ausreichenden Beobachtungsphase die Keyword-Optionen, die nicht den gewünschten Erfolg erzielen.

16.6   Wieso ist mein Tagesbudget höher als das von mir eingestellte Tagesbudget?

Das Tagesbudget, das Sie als Obergrenze vorgeben, ist im Normalfall auch die tägliche Ausgabenobergrenze. Technisch ist es jedoch so, dass das AdWords-System über den Klickpreis und die prognostizierte Klickrate die Impressionen abschätzen muss, die abhängig vom Tagesbudget pro Tag zu Ihren Keywords ausgeliefert werden können.

Während Google früher das Tagesbudget schon einmal um 20 % überschreiten konnte, wurde im Herbst 2017 angekündigt, dass bei hoher Nachfrage und guter Performance an einzelnen Tagen auch das Doppelte des Tagesbudgets automatisch von Google ausgegeben werden kann. Das System muss jedoch diese Mehrausgaben später wieder einsparen, sodass am Ende des Monats das vorgegebene Tagesbudget, multipliziert mit 30,4, die Grenze der monatlichen Ausgaben für die jeweilige Kampagne bildet.

Es kann also sein, dass Ihr Tagesbudget an einigen Tagen zwar überschritten wird, aber das wird durch eine niedrigere Ausgabe in den nächsten Tagen wieder ausgeglichen.

16.7   Wieso kann ich bestimmte Einstellungen, wie zum Beispiel den Werbezeitplaner oder das CPC-Gebot, nicht mehr ändern?

Dieses Phänomen tritt relativ häufig im AdWords-Konto auf. Der Grund ist ganz einfach: Sie haben sicher eine der vielen Automatisierungsoptionen in AdWords aktiviert. Damit haben Sie Google AdWords die Verwaltung und Verantwortung übertragen und Sie können nun nicht mehr zusätzlich eigene Einstellungen vornehmen. Falls Sie zum Beispiel die Conversion-Optimierung aktiviert haben, so entscheidet Google AdWords von da an selbst, wann die Anzeigen geschaltet werden. Wurden zum Beispiel in der Vergangenheit die besten Ergebnisse nach 18 Uhr erzielt, dann wird AdWords den größten Anteil des Werbebudgets in dieser Zeit einsetzen. Diese Zeiten können Sie dann nicht mehr mithilfe des Werbezeitplaners selbst überschreiben.

16.8   Impressionen sind geringer bei gleichen bzw. besseren Klicks/Conversions – warum?

Ihr AdWords-Konto sollte normalerweise ständig bearbeitet und optimiert werden. Wenn die richtigen Optimierungsmöglichkeiten genutzt werden, so kann es zum Beispiel durch die Veränderungen der Keyword-Optionen oder durch die Aufnahme neuer »negativer Keywords« dazu kommen, dass insgesamt die Impressionen in Ihren Kampagnen abnehmen. Ihre Anzeigen werden dann weniger bei den sehr allgemeinen Suchanfragen geschaltet, sondern dafür häufiger bei spezielleren Anfragen, die besser zu Ihren Produkten oder Dienstleistungen passen.

Aus diesem Grund ist es auch normal, dass Ihre Klickrate bzw. besser gesagt Ihre Click-through-Rate steigt. Denn wenn die Textanzeigen besser zur Nachfrage der Suchenden passen, dann erhöht dies auch die Wahrscheinlichkeit, dass öfter auf die Anzeigen geklickt wird. Wenn der Google-User auf Ihrer Seite auch noch das passende Produkt bzw. die passende Lösung für seine Suchanfrage findet, so steigen die Conversions ebenfalls. Aus diesem Grund ist es also ganz natürlich, dass durch eine Optimierung die Impressionen zurückgehen, aber die CTR und auch die Conversions steigen.

16.9   Was ist der Unterschied zwischen Anzeigenrang und Anzeigenposition?

Das Google-AdWords-System berechnet den sogenannten Anzeigenrang, das *Ad Ranking*, als Produkt aus dem Qualitätsfaktor und der maximalen CPC. Bei einer Auktion, also jedes Mal, wenn eine Suchanfrage an Google gestellt wird, erfolgt zunächst eine Berechnung des Ad Rankings. Der Anzeige mit dem besten Ranking wird danach die höchste Anzeigenposition zugeordnet.

Das folgende Beispiel zeigt die Berechnung des Anzeigenrankings und die daraus abgeleitete Anzeigenposition. Wir nehmen dazu an, dass drei AdWords-Kunden mit ihren Keywords eine Anzeige bei Google schalten möchten. Es gelten folgende Voraussetzungen:

▶ AdWords-Kunde A besitzt einen Qualitätsfaktor von fünf
   und bietet für das Keyword 0,80 €.

▶ AdWords-Kunde B besitzt einen Qualitätsfaktor von sechs
   und bietet für das Keyword 0,20 €.

▶ AdWords-Kunde C besitzt einen Qualitätsfaktor von sieben
   und bietet für das Keyword 0,50 €.

Das Ranking und die Anzeigenposition berechnen sich wie in Tabelle 16.1 dargestellt.

AdWords-Kunde	Qualitäts-faktor	Max. CPC in €	Anzeigen-ranking	Anzeigen-position
A	5	0,80	4,0	1
B	6	0,20	1,2	3
C	7	0,50	3,5	2

Tabelle 16.1 Berechnung von Anzeigenranking und -position

16.10   Warum sehe ich keine AdWords-Daten in Analytics?

Viele Unternehmen, die sowohl ein AdWords- als auch ein Analytics-Konto besitzen, haben diese beiden Konten oft nicht richtig verknüpft oder erfüllen nicht alle Voraussetzungen für eine richtige Verknüpfung. Daher kann es passieren, dass die AdWords-Daten nicht in Google Analytics angezeigt werden, obwohl AdWords-Anzeigen geschaltet und Klicks auf die Anzeigen generiert werden. Falls keine AdWords-Daten in Google Analytics zu sehen sind, sollten Sie folgende Punkte kontrollieren:

1. Ist auf jeder Webseite, auch auf den speziellen Landing-Pages, der Google-Analytics-Code auch richtig eingebaut?

2. Ist in Google AdWords die automatische Tag-Kennzeichnung aktiviert? Diese Kennzeichnung können Sie in Ihrem AdWords-Konto in den Kontoeinstellungen kontrollieren und bearbeiten.
   Rufen Sie dazu zunächst den Werkzeugschlüssel auf, und navigieren Sie über VER-KNÜPFTE KONTEN • GOOGLE ANALYTICS • DETAILS zu den Verknüpfungseinstellungen. Durch die Aktivierung der Tag-Kennzeichnung wird der sogenannte *Google Click Identifier* (GCLID) an den Link angehängt, der von der AdWords-Anzeige zur Webseite führt. Dies zeigt dem Analytics-System dann an, dass der Verweis aus der Google-AdWords-Werbung kam. Zusätzlich sind die Informationen zu Kampagne, Keyword usw. enthalten.

3. Wird der GCLID auf dem eigenen Server richtig weitergleitet oder wird der Anhang automatisch entfernt? Auch das kann passieren und führt dann dazu, dass der Webseitenbesuch nicht mehr der AdWords-Werbung zugeordnet wird, sondern nur noch als ein normaler Besuch von Google gekennzeichnet wird.

4. Letztlich muss im Google-Analytics-Konto auf der Property-Ebene die Verknüpfung mit Google AdWords aktiviert sein. Dies können Sie in Google Analytics kontrollieren, indem Sie zunächst in der linken Navigation die Verwaltungseinstellung aufrufen und danach unter PROPERTY den Unterpunkt ADWORDS-VERKNÜPFUNG anklicken. Dort finden Sie den Hinweis auf das verknüpfte

AdWords-Konto. Falls noch keine Verknüpfung besteht, können Sie an dieser Stelle auch eine neue Verknüpfungsgruppe erstellen. Bitte beachten Sie, dass Sie nur dann eine Verknüpfung erstellen können, wenn Sie mit Ihrem Google-Login für beide Konten die Administratorrechte besitzen.

16.11   Warum sehe ich unterschiedliche Daten in AdWords und Analytics?

Wenn Sie ein AdWords- und ein Analytics-Konto besitzen, so sollten Sie Daten immer nur innerhalb des gleichen Kontos analysieren. Im Vergleich zwischen AdWords und Analytics gibt es auf jeden Fall Unterschiede. Das hat letztlich immer damit zu tun, wie Daten gemessen werden – und beide Systeme messen die Daten unterschiedlich. Es gibt unter anderem folgende Gründe für die Unterschiede:

1. Während Google AdWords Klicks auf die Anzeigen erfasst, werden in Google Analytics Webseitenbesuche protokolliert. Klickt also jemand auf Ihre AdWords-Anzeige, kommt aber nicht auf der Webseite an, weil z. B. die Netzwerkverbindung gestört wurde, so wird der Anzeigenklick gezählt, aber kein Webseitenbesuch. Das Gleiche gilt auch, falls der JavaScript-Code noch nicht vollständig geladen ist oder auf bestimmten Unterseiten einfach fehlt.

2. Andererseits kann AdWords mehrere Klicks auf die Anzeigen aufzeichnen, während Analytics den Besuch der Webseite während einer Session nur als einen Besuch bewertet. Klickt also zum Beispiel ein Besucher innerhalb eines Webseitenbesuchs zweimal auf Ihre Anzeige, ohne dabei zwischendurch sein Browserfenster zu schließen, so zählt Analytics einen Besuch und AdWords zwei Klicks.

3. Ein weiterer Grund, der zu unterschiedlichen Ergebnissen führt, besteht darin, dass AdWords bestimmte Klicks herausfiltert, die nicht in Rechnung gestellt werden. Diese werden bei Analytics trotzdem als Seitenaufruf und somit als Besuch gezählt.

4. Es gibt auch Unterschiede beim Conversion-Tracking. Während AdWords die Conversions dem Tag des Klicks zuordnet, ist für Google Analytics der Tag der Conversion das entscheidende Datum. Darum wird eine Conversion-Kontrolle über einen bestimmten Zeitraum immer unterschiedliche Ergebnisse anzeigen.

16.12   Wie kann man bestehende AdWords-Kampagnen in ein neues Konto übernehmen?

Manchmal macht es Sinn, eine komplette Kampagne in ein neues AdWords-Konto zu übernehmen. Dies ist jedoch nicht so einfach möglich, wie Sie vielleicht zunächst annehmen. Sie können zwar Kampagnen innerhalb eines Kontos kopieren und einfügen, dies gilt jedoch nicht für Kopien zwischen verschiedenen AdWords-Konten, auch wenn diese über ein Verwaltungskonto miteinander verbunden sind.

Für diese Kopie muss man einen Umweg über den *AdWords Editor* nehmen. Laden Sie dafür zunächst Ihre Kampagne, die kopiert werden soll, in den AdWords Editor herunter, und exportieren Sie diese Kampagne dann in eine CSV-Datei. Danach öffnen Sie mit dem Editor das neue Konto, in das die Kampagne eingefügt werden soll. Nun importieren Sie die CSV-Datei wieder über den Editor in das neue Konto. Die Kampagne können Sie bei Bedarf im Editor weiterbearbeiten und dann in Ihr AdWords-Konto hochladen. Über den AdWords Editor können Sie auch Ihr gesamtes Konto in eine CSV-Datei exportieren und extern sichern, damit Sie auf die Keywords, Anzeigen und die Struktur auch später, unabhängig von einem AdWords-Login, zugreifen können.

16.13   Wie kann ich mehrere AdWords-Konten mit einem Login verwalten?

Die Verwaltung mehrerer Konten funktioniert am einfachsten über das AdWords-Verwaltungskonto (früher: *My Client Center*, MCC). Erstellen Sie unter

https://adwords.google.com/intl/de_de/home/tools/manager-accounts

ein AdWords-Verwaltungskonto mit einem neuen Google-Login. Danach verknüpfen Sie Ihre bestehenden AdWords-Konten mit dem Verwaltungskonto. Auf diese Weise können Sie über einen Login des Verwaltungskontos alle Ihre Konten bearbeiten und steuern.

16.14   Warum werden meine Anzeigen von Google abgelehnt?

Die Ablehnung einer AdWords-Anzeige kann verschiedene Gründe haben und kommt häufiger vor, als man zunächst annimmt. Da meistens keine böswillige Absicht des AdWords-Administrators dahintersteckt, wirkt die E-Mail von Google, die bei einer Ablehnung direkt verschickt wird, schon sehr übertrieben und bedrohlich. Wir haben für Sie einmal die wichtigsten Ursachen aufgelistet, die in der Praxis zu einer Ablehnung führen:

▸ **ungültiger HTTP-Statuscode**: Alle Anzeigen müssen auf eine Webseite weiterleiten, die unabhängig von Browser, Standort oder Gerät für alle Nutzer funktioniert.

▸ **mehr als eine Domain in der Ziel-URL pro Anzeigengruppe**: In einer Anzeigengruppe muss immer auf die gleiche Domain verlinkt werden.

▶ **ein Verstoß gegen die umfangreichen Google-Richtlinien**, z. B.:

- ein Verstoß gegen das Markenrecht: Geschützte Marken dürfen nicht in Anzeigen verwendet werden.

- ein Begriff, der nicht erlaubt ist, zum Beispiel *Glücksspiel*

- übermäßige Großschreibung im Text, zum Beispiel: *TOP Bewertung*

- mehrere Ausrufezeichen in einer Anzeige

- wiederholte Satzzeichen oder Symbole, zum Beispiel:
  Hier finden Sie weitere Infos …

- nicht unterstützte Superlative, z. B. *das beste Produkt*

- vergleichende Werbeaussagen

- unverständliche oder sinnlose Werbung

Falls Sie unsicher sind, was Sie in der Anzeige nutzen dürfen, sollten Sie einfach noch einmal in den Google-Richtlinien nachschauen. Sie finden alle Informationen auf folgender Webseite:

https://support.google.com/adwordspolicy/answer/6021546

16.15   Warum ist das Anfangsgebot so hoch, obwohl keine Konkurrenz vorhanden ist?

Es gibt AdWords-Nutzer, die sich wundern, dass sie relativ hohe Gebote für AdWords-Keywords bezahlen sollen (Stichwort: Mindestgebot), für die jedoch aktuell keine Konkurrenz vorhanden ist. Es gibt also keine Mitbieter zu bestimmten Keywords, und trotzdem soll für einen Klick 1 bis 2 € oder mehr als maximaler CPC eingestellt werden. Warum ist das so? Ein hohes Mindestgebot ohne Konkurrenz ist ein Hinweis auf Keywords, zu denen aus Google-Sicht keine Werbeeinblendung erfolgen soll. Hier scheint eine Werbeeinblendung für die Google-Nutzer nicht sinnvoll und hilfreich zu sein.

Wir haben einmal als Beispiel die Suchanfrage »*letzter Schultag*« getestet. Hierzu wird keine Werbung eingeblendet, obwohl man sich schon vorstellen könnte, dass Geschenke zum Abschluss der Grundschule oder einer weiterführenden Schule ein Werbethema sein könnten. Google weiß (aus Tests, Statistiken, Nutzerbefragungen etc.), dass hier Werbung zu einer schlechten User-Experience führt. Falls der hohe Klickpreis nicht abschreckt und im Live-Test die Erwartung durch eine geringe CTR bestätigt wird, wird das AdWords-System immer höhere CPCs fordern. Letztlich werden die Keywords auch bei extrem hohen CPCs nicht mehr geschaltet.

Natürlich möchte Google mit AdWords Geld verdienen, aber nicht um jeden Preis: Langfristig verdient Google mehr, wenn auch die Werbeeinblendungen analog zu den organischen Suchergebnissen eine gewisse Qualität besitzen und die Ergebnisse insgesamt dem entsprechen, was der Google-Nutzer zu seiner Suche erwartet.

16.16   Wie erhalte ich eine AdWords-Zertifizierung?

Eine Google-AdWords-Zertifizierung ist aktuell (Stand: November 2017) nur über das Google-Partner-Programm möglich. Sie müssen sich also zunächst mit Ihrem Google-Login bei *Google Partners* anmelden. Die Webseite finden Sie unter *https:// www.google.com/partners/?hl=de*.

Dort müssen Sie sich über die Links Ich bin eine Agentur und Mitglied bei Google Partners werden registrieren. Danach haben Sie Zugriff auf Übungsmaterial und können drei AdWords-Zertifizierungsprüfungen und die Fortgeschrittenenprüfung »Videowerbung« ablegen. Die Prüfungen umfassen verschiedene Aspekte zu den Möglichkeiten der Online-Werbung mit Google sowie der AdWords-Kontoverwaltung.

Die Prüfungen im Google-Partners-Portal sind kostenlos. Seit September 2014 wird dort zusätzlich auch noch die Google-Analytics-Zertifizierung angeboten, seit November 2014 auch in deutscher Sprache. Zum Thema AdWords können folgende Prüfungen abgelegt werden:

▸ AdWords-Grundlagen

▸ Suchmaschinenwerbung

▸ Displaywerbung

▸ Mobile Werbung

▸ Videowerbung

▸ Werbung bei Google Shopping

Bitte beachten Sie, dass es im Google-Universum laufend Änderungen gibt. Ab Januar 2018 werden die Prüfungen in ein neues Portal der *Academy for Ads* verschoben (siehe *https://landing.google.com/academyforads*).

16.17   Wie werde ich Google-Partner?

Um den Google-Partner-Status zu erlangen, müssen Sie sich zunächst auf der Webseite von *Google Partners* unter *https://www.google.de/intl/de/partners/about* anmelden. Neben der AdWords-Zertifizierung eines Mitarbeiters müssen noch weitere Bedingungen erfüllt werden, um den Status eines Google-Partners zu erhalten. Aktuell (Stand: November 2017) müssen Google-Partner die folgenden drei Bedingungen erfüllen:

▶ **Bestehen der Zertifizierungsprüfung**: Sie setzt sich aus einer Grundlagenprüfung und mindestens einer Fortgeschrittenenprüfung zusammen. Die Grundlagenprüfung muss alle zwei Jahre wiederholt werden, die Fortgeschrittenenprüfung sogar jedes Jahr.

▶ **Der »Best Practice-Nachweis«**: Dabei kontrolliert Google die richtige Betreuung der Kundenkonten, die über das Verwaltungskonto verknüpft sind. Google legt dabei das Augenmerk auf folgende Punkte: Verbesserung des Qualitätsfaktors in den Kundenkonten, Aktivierung der Anzeigenerweiterungen für die Kunden, Hinzufügen von auszuschließenden Keywords, Nutzung des Remarketing-Tags für AdWords-Kampagnen, eine regelmäßige Pflege der betreuten Konten.

▶ **Budgetverwaltung**: Eine Mindestausgabe aller betreuten Konten in Höhe von insgesamt 10.000 US-Dollar innerhalb der letzten 90 Tage.

Die Bedingungen werden laufend geprüft. Falls Google feststellt, dass ein Teil nicht erfüllt wird bzw. eine Frist (z. B. die Prüfungsfrist) demnächst abläuft, so erscheint im Google-Partners-Programm zuerst eine Vorwarnung mit dem Hinweis, dass der Partnerstatus gefährdet ist. Reagiert man nicht auf diese Warnung, kann man den Partnerstatus auch ganz schnell wieder verlieren.

Neben dem Google-Partners-Programm gibt es für größere Agenturen noch das Siegel als *Google AdWords Premium Partner*. Dafür müssen mindestens zwei Mitarbeiter zertifiziert sein und es müssen höhere Werbeausgaben als die oben genannten 10.000 US-Dollar über die Kundenkonten erreicht werden. Für alle Partnerschaften gilt (Original-Zitat von der Google-Partner-Webseite):

> *»Ihr AdWords-Gesamtumsatz und -wachstum muss stabil sein und Sie müssen einen treuen und wachsenden Kundenstamm nachweisen, um die Anforderungen bezüglich der Leistung zu erfüllen.«*

16

Kapitel 17

Die Zukunft von AdWords – wie geht es weiter?

Wohin wird sich das Suchmaschinenmarketing und speziell Google AdWords entwickeln? Natürlich können wir das nicht wissen. Google weiß es teilweise selbst nicht und ist immer für eine Überraschung gut! Aber es gibt interessante Hinweise, wie es weitergehen kann.

Das vorliegende Buch stellt anschaulich dar, dass Online-Marketing immer in Bewegung ist. Dies wird am Beispiel von Google AdWords durch die vielen neuen Werbemöglichkeiten, die laufend hinzukommen, deutlich. Google hat mit den Videokampagnen über YouTube und den Google-Shopping-Kampagnen immer wieder das klassische AdWords-Werbeprogramm erweitert. Da wir Google AdWords schon seit der Einführung in Deutschland begleiten und nutzen, haben wir die vielen Veränderungen in der Vergangenheit in eigenen Projekten miterlebt.

Wir sind daher überzeugt, dass auch der aktuelle Stand sich stetig weiterentwickeln wird, wobei zukünftige Änderungen von Google grundsätzlich nicht mit langen Vorlaufzeiten angekündigt werden. Die dargestellten Ideen sind also auch ein wenig Spekulation. Wir können aber sicher sein, dass der aktuelle Stand nicht das Ende der Entwicklung darstellt. Schon während wir an dem Buch gearbeitet haben, hat sich die Entwicklung durch kleine Veränderungen mit zusätzlichen Werbemöglichkeiten fortgesetzt. Google wird daher auch zukünftig neue Möglichkeiten anbieten. Wir wollen in diesem Kapitel ein wenig in die nähere und teilweise auch ferne Zukunft blicken, damit Sie wissen, was auf Sie zukommen kann. Seien Sie darauf vorbereitet, dass Sie stets auf dem aktuellen Stand sein müssen. Nutzen Sie neue Google-Werbemöglichkeiten möglichst früh, um einen Vorsprung vor der Konkurrenz zu erzielen.

17.1   Die mobile Nutzung nimmt zu

Die mobile Nutzung ist aktuell schon ein wichtiges Google-Thema. Laut einer neuen US-Studie von Brightedge kamen im Jahr 2017 bereits 57 % der Google-Suchanfragen von mobilen Endgeräten. Bei den Werbenden ist diese Botschaft jedoch bislang nur bedingt angekommen.

Das neue Suchverhalten stellt auch neue Anforderungen an die Unternehmenswebseiten, die sowohl technisch als auch inhaltlich an die mobile Nutzung angepasst werden müssen. Google stellt beispielsweise sogenannte Responsive-Design-Webseiten, also Seiten, die sich automatisch der jeweiligen Größe des Endgerätes anpassen, bevorzugt in den Suchergebnissen dar. Google hat außerdem unter dem Schlagwort *Mobile first* angekündigt, sich beim organischen Ranking an dem mobilen Index zu orientieren. Zusätzlich hat der Hinweis auf die Bevorzugung verschlüsselter Webseiten einen Run auf SSL-Zertifikate ausgelöst. Die mobile Internetnutzung mit schnellen, »sicheren« Webseiten wird auch zukünftig noch weiter ansteigen. Da Google sich verstärkt dem Bereich der mobilen Werbung zuwendet, werden wir hier zukünftig sicher noch weitere Werbemöglichkeiten erwarten können.

Dabei zeigt die Möglichkeit, über Google Analytics den Kunden vom Desktop über das Smartphone bis hin zum lokalen Kauf zu tracken, wohin die Reise gehen wird. Ein wichtiges Thema ist für Google die Verknüpfung der mobilen Suche, zum Beispiel auf Smartphones, in Kombination mit einem Kauf vor Ort. Wenn ein Nutzer das Internet quasi immer in der Hosentasche dabeihat, so wird er viel öfter im Internet nach lokalen Geschäften oder »Points of Interest« suchen.

Hinzu kommt, dass Unternehmen wie Google oder Apple zunehmend mit neuen internetfähigen Endgeräten wie Uhren oder Brillen (Smartwatches, Apple Watch, Google Glass) aufwarten. Auch mobile Bezahlsysteme (wie Google Wallet oder Apple Pay) sind auf dem Vormarsch, um nicht nur die reine Internetnutzung, sondern vielmehr das komplette Shopping- und Kauferlebnis mit dem Smartphone noch bequemer zu gestalten. Die genannten Innovationen zeigen, dass mobile Werbestrategien bald wohl mehr als nur die derzeit bekannten Smartphone-Devices berücksichtigen werden müssen.

17.2   Bilder in den Textanzeigen

Eine Entwicklung in Google AdWords ist schon viel konkreter, weil sie teilweise bereits in den Ergebnissen zu beobachten ist. Wir werden wahrscheinlich zukünftig vermehrt auch Bilder in den Textanzeigen vorfinden – eine Vorstellung, die vor Jahren noch unmöglich schien, weil Google immer die spartanische Gestaltung der Google-Suche (weiße Fläche mit Suchfeld) und der Google-Ergebnisseite (einfache Textanzeigen und organische Ergebnisse mit einer zweizeiligen Beschreibung) in den Vordergrund gestellt hat. Mittlerweile sieht man am Erfolg der Google-Shopping-Anzeigen, dass Bilder in den Textanzeigen bei den Nutzern gut ankommen und sich auch für die Werbenden lohnen. Dies sind wichtige Signale für Google, diese Idee weiter voranzutreiben. Es ist daher sehr wahrscheinlich, dass die Einblendungen von Bildern in Kombination mit Anzeigen zunehmen werden.

Im Beta-Test wurde bereits mit sogenannten *Image Extensions* experimentiert. Bei dieser Werbeform wurden drei zusätzliche Bilder zur Position eins in den Top-Ergebnissen eingeblendet (siehe Abbildung 17.1). Es ist durchaus denkbar, dass auch irgendwann zusätzliche Bilder in den Standardtextanzeigen zugelassen werden. Alternativ könnte Google auch noch zusätzliche Bereiche auf der Google-Suchergebnisseite festlegen, die eine Kombination von Text- und Bildinformationen enthalten. Interessanterweise hat Google die Einblendung der Autorenbilder in der organischen Suche wieder zurückgenommen, obwohl diese organischen Ergebnisse mit Bildern der Autoren (Webseitenbesitzer, die sich über Google+ identifiziert haben) sehr erfolgreich waren. Diese organischen Ergebnisse verzeichneten höhere Klickraten als vergleichbare Ergebnisse ohne Bild.

Hier liegt die Vermutung nahe, dass die Ergebnisse mit den Bildern zu stark von der AdWords-Werbung abgelenkt haben und daher von Google wieder ausgeschlossen wurden. Dies würde jedoch auf der anderen Seite bedeuten, dass Bilder in der AdWords-Werbung interessant für Google sein könnten, weil dies auch zu einer höheren Klickrate führen würde – und eine höhere Klickrate bei der AdWords-Werbung ist ja durchaus gewollt. Vielleicht werden dann eines Tages sogar kleine Videoclips in den AdWords-Anzeigen erscheinen?

Ads related to **sydney hotels** ⓘ

Discover your dream **Sydney hotel**
www.example.com/
Enjoy your **Sydney** vacation at the scenic Example **hotel**.
Nearby landmarks - Book a room - Package options

Abbildung 17.1 Werbung mit Image Extension

17.3   Weitere Features in Textanzeigen

Im November 2017 gab es – inklusive der verschiedenen Anzeigenerweiterungen bei AdWords und der optischen Aufwertung durch die Bewertungssterne in den Anzeigen – etwa acht Features, die als Ergänzung zu der Titel- und den zwei Textzeilen in den Google-Anzeigen auftauchen können.

Google testet aber auch hier ständig weitere Möglichkeiten, die zum Teil auch wieder verworfen werden. So wurden zum Beispiel die Suchfunktion oder auch die Dropdown-Funktion wieder verworfen, die innerhalb der Google-AdWords-Anzeige angezeigt wurde, um den Nutzer noch schneller auf eine Spezialseite zum gesuchten Produkt zu führen. Die Suchfunktion (siehe Abbildung 17.2) bot die Möglichkeit, aus der allgemeinen Anzeige heraus ein besonderes Produkt zu finden. Ähnliche Erweiterungen zu den Textanzeigen werden jedoch auch zukünftig immer mal wieder auftauchen.

Abbildung 17.2 AdWords-Test mit Suchfeld in der Textanzeige

Im Dezember 2017 gab es erste Beta-Tests, die eine zusätzliche Beschreibung von 80 Zeichen anbieten. Dazu passt, dass auch beim organischen Ranking längere Beschreibungen gesichtet wurden. Durch die längeren Texte und die zusätzlichen Erweiterungen werden die Textanzeigen als Nebeneffekt einen größeren Raum auf der Suchergebnisseite einnehmen. Hier besteht jedoch auch für Google die Gefahr, dass die Nutzer sich gegen ein Übermaß an Werbung wehren und von Google abwenden. Google wird also immer die optimale Verteilung zwischen möglichst großer Werbefläche für AdWords und der User-Experience bzw. der Zufriedenheit der Nutzer suchen. Trotzdem werden auch zukünftig neue Features für die AdWords-Anzeigen getestet. Was sich letztlich durchsetzen wird, kann man jedoch nicht vorhersagen.

17.4   Vertrauen in die Werbung – Bewertungen

Die bereits angesprochenen Bewertungssterne stehen für einen großen Erfolg der zusätzlichen Google-Features. Grundsätzlich spielen Bewertungen eine wichtige Rolle, weil dadurch Vertrauen aufgebaut wird, und das Vertrauen ist für den Erfolg des Online-Marketings ganz wichtig, wenn es darum geht, Kunden zu gewinnen. Das Internet ist trotz Anstrengungen der Werbung und ansprechender Webseiten für viele Nutzer immer noch ein sehr anonymes Medium, wo großes Misstrauen aufseiten der Kunden herrscht. Berichte über unseriöse Firmen, Schadsoftware, Spam-E-Mails und die Diskussion über Datenklau verstärken das Misstrauen. Für die Online-Wirtschaft ist es daher sehr wichtig, dass zusätzliche Möglichkeiten zum Aufbau von Vertrauen geschaffen werden.

Aktuell gibt es bei AdWords neben den Bewertungssternen schon die Bewertungserweiterung, bei der positive Bewertungen von Drittanbietern zum Anzeigentext hinzugefügt werden können. Auch das Programm *Google Zertifizierte Händler*, das im September 2014 für alle AdWords-Kunden freigegeben wurde, soll Vertrauen bei

Shop-Kunden aufbauen. Es arbeitet ebenfalls mit Kundenbewertungen. Bei eingeloggten Google-Usern werden immer häufiger Bewertungen zu lokalen Geschäften
und Orten abgefragt.

Beim Thema »Bewertung und Vertrauensaufbau« wird es mit großer Wahrscheinlichkeit zukünftig noch weitere Google-Initiativen geben, die alle von der Idee getragen werden, das Vertrauen in die Werbeanzeigen bzw. die Händler hinter den Werbeanzeigen zu steigern, um insgesamt Umsatz und Gewinn im Online-Marketing und
speziell im Suchmaschinenmarketing zu steigern. Steigt der Gewinn bei den Ad-
Words-Nutzern, so stehen natürlich auch höhere Budgets für die AdWords-Werbung
zur Verfügung.

17.5 Vergleichsportale in AdWords

Google übernimmt immer mehr die Funktion eines Vergleichsportals. Dieser Trend
zeichnet sich sehr deutlich auf den Suchergebnisseiten ab. Aktuell finden Sie zum
Beispiel bei der Suche nach Flügen ein eigenes Google-Angebot mit Flugterminen
und Preisangeboten (siehe Abbildung 17.3).

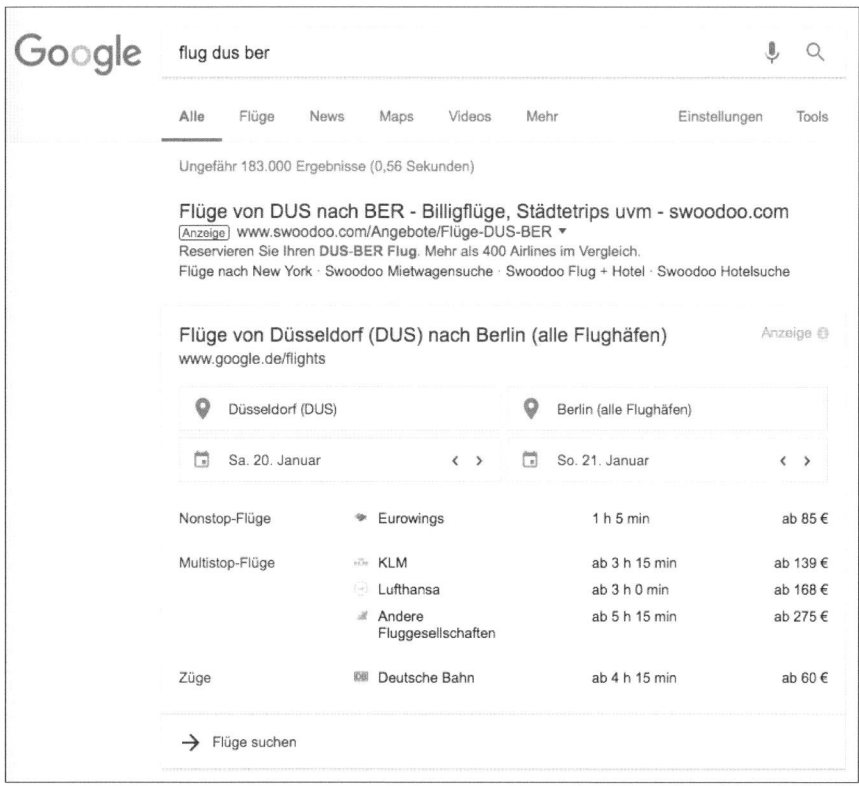

Abbildung 17.3 Google-Flugsuche als Werbemöglichkeit

Bei der Suche nach einem Hotel in einer bestimmten Stadt taucht ebenfalls neben den AdWords-Anzeigen eine Google-Maps-Karte mit Markierungen auf sowie darunter eine Liste mit verfügbaren Hotels inklusive Bewertungen, Preisen und Kurzbeschreibung. Außerdem kann der Nutzer noch in der Google-Oberfläche eine Suche für einen konkreten Zeitraum eingeben (siehe Abbildung 17.4).

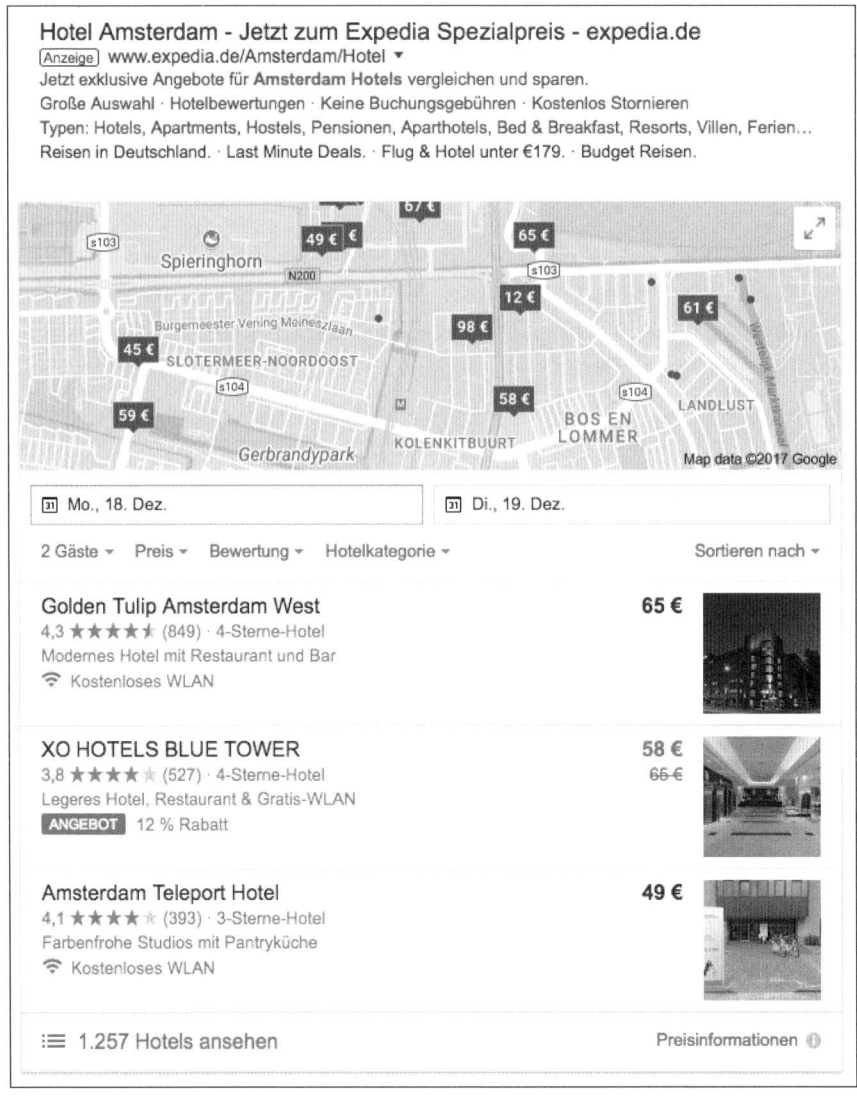

Abbildung 17.4 Google-Anzeigen und Google-Hotelsuche auf den ersten Positionen

Ausgehend von diesen Beispielen, kann man sich für die Zukunft natürlich auch weitere Möglichkeiten ausdenken. Warum sollte Google nicht auch bei der Neu- oder

Gebrauchtwagen-Suche mitmischen, Strom- und Gaspreise vergleichen oder bei der Suche nach Immobilien, günstigen Versicherungen, Seminaren usw. in Form von zusätzlichen Auflistungen helfen?

Google zeigt sich momentan unbeeindruckt vom lauten Prostest der Vergleichsportale und Spezialsuchmaschinen. Google möchte, dass die wichtigen Informationen für die Google-Nutzer möglichst schnell auffindbar und mit wenigen Klicks erreichbar sind. Dabei stört natürlich der Umweg über ein Vergleichsportal. Außerdem kann Google über das eigene Vergleichsangebot zusätzliche Werbefläche vermarkten.

17.6 Dynamische und personalisierte Anzeigen

Ein wichtiger Bereich der Online-Werbung, den Sie in diesem Buch auch schon kennengelernt haben, besteht aus personalisierter Werbung. Die Strategie des Retargetings beruht auf der Idee, Werbung sehr individuell für den einzelnen Nutzer zu schalten. Hinzu kommen dann noch die dynamischen Anzeigen, die genau das Produkt präsentieren, das vorher auf einer Webseite betrachtet wurde. Es geht bei diesen Ideen immer darum, dass die Anzeigen für einzelne Nutzer auf das individuelle Nutzerverhalten abgestimmt werden.

Diese Werbeform ist natürlich sehr erfolgreich und beruht letztlich auf dem Prinzip, mit dem Google gestartet ist. Die Idee von Google bestand von Anfang an darin, dem Suchenden möglichst schnell genau das passende Suchergebnis zu seiner Anfrage und letztlich zu seinem Problem zu liefern. Beim Retargeting und den dynamischen Anzeigen, die sowohl als Text- als auch als Bildanzeige geschaltet werden, geht es auch darum, genau das passende Produkt oder die passende Dienstleistung zu präsentieren, jedoch ohne dass der Google-Nutzer vorher etwas gefragt hat. Diese Einblendungen beruhen eher auf dem Surfverhalten jedes Einzelnen. Google möchte aber insgesamt mit seiner Suchmaschine noch einen Schritt weitergehen, nämlich Ergebnisse präsentieren, bevor der Nutzer danach gefragt hat! In diese Richtung wird sich die Werbung sicher noch weiterentwickeln. Sie wird also zukünftig verstärkt Produkte oder Dienstleistungen aufgrund des Kauf- und Surfverhaltens anbieten.

Zu der Personalisierung gibt es jedoch eine mächtige Gegenbewegung, die durch die Datenschützer vorangetrieben wird und mit der *Europäischen Datenschutz-Grundverordnung* (DSGVO) ihren aktuellen Höhepunkt erlebt. Datenschutz ist etwas, was Google und allgemein die amerikanischen Unternehmen nicht auf dem Schirm haben, weswegen sie die Aufregung auch nicht verstehen. Da die Rechtsprechung neben dem berechtigten Interesse des Datenschutzes auch ein berechtigtes Interesse der werbenden Unternehmen sieht, wird es sehr spannend sein, zu sehen, wohin die Reise geht.

17.7   Verschmelzung oder Kooperation von Suchmaschinen-Marketing mit anderen Werbeformen im Online-Marketing

Während Facebook es nicht geschafft hat, eine eigene Suchmaschine zu entwickeln, ist auch das Google+-Experiment wohl gescheitert. Interessanterweise löst Google zum Ende 2017 die *Google+ Community* für AdWords-Partner auf und zieht mit der AdWords-Partner-Gruppe zu XING um. Ein deutlicheres Zeichen für das Ende von Google+ gibt es wohl kaum.

Die Vergangenheit hat gezeigt, dass es immer schwer ist, die gleiche oder eine ähnliche neue Plattform als Konkurrenz zu einer bestehenden im Internet zu etablieren. Es wird jedoch interessant sein, wie einzelne Plattformen zukünftig kooperieren werden. Facebook und WhatsApp haben beispielsweise mit der Zusammenarbeit begonnen, bei der es natürlich darum geht, das Verhalten und die Vorlieben von Nutzern mithilfe der Daten einer sozialen Plattform zu analysieren und dann für die Schaltung passender Werbung zu nutzen. Vielleicht findet auch Google noch andere Partner in der bestehenden Social-Media-Welt – oder vielleicht bei neuen Plattformen, die zukünftig noch entstehen werden? Aus unserer Sicht macht diese Suche auf jeden Fall Sinn, da über das soziale Netzwerk eine Verbindung mit potenziellen Kunden und zusätzlich auch noch Vertrauen zu einem Unternehmen aufgebaut werden kann.

Eine gute Sichtbarkeit über AdWords in der Google-Suche, verknüpft mit einer Social-Media-Plattform, wird sich auf jeden Fall positiv auf den Vertrieb eines Produkts oder auch einer Dienstleistung auswirken. Soziale Netzwerke werden zukünftig noch stärkeren Einfluss auf die Meinung und das Kaufverhalten im Internet haben. Marken, Produkte und lokale Geschäfte, die von »Freunden« aus dem sozialen Netzwerk empfohlen wurden, werden häufiger angeklickt und können zudem häufiger in der passenden Zielgruppe beworben werden. Dadurch sinkt die Hemmschwelle für einen Online-Kauf. Eine Verbindung oder vielleicht sogar Verschmelzung von Suche und Social Media kann auch zukünftig immer noch ein interessantes Thema für Google sein.

17.8   Video-Ads

Google betont bei Hinweisen auf zusätzliche Werbemöglichkeiten immer stärker den Bereich Multimedia. Dabei spielt vor allem YouTube eine wichtige Rolle. Die Erstellung professioneller Videoclips als Voraussetzung guter Videowerbung wird sicherlich in Zukunft von Google noch weiter gefördert. YouTube und andere Videoplattformen werden zum Teil das Fernsehen als Werbeplattform verdrängen. Es sind weiterhin interessante Verbindungen von AdWords und Videowerbung zu erwarten.

Es besteht sicherlich die Möglichkeit, dass die Videos nicht nur bei YouTube und im Displaynetzwerk, sondern vielleicht sogar in bestimmten Bereichen der Google-Suche geschaltet werden.

17.9 Sprachsuche

Alexa, Google Home & Co. werden die Nutzung des Internets verändern. Bei der Google-Suche auf mobilen Geräten wird die Sprachsuche zukünftig zunehmen und somit zumindest die Keyword-Suchphrasen verändern, weil die Suchanfragen länger werden und öfter Fragen formuliert werden.

Think with Google

Think with Google (https://www.thinkwithgoogle.com) liefert Ihnen Einblicke und Daten für Ihre Marketingstrategie. Von hier aus können Sie unter anderem auf das bereits erwähnte *Google Trends* zugreifen sowie mit *Test My Site* die mobile Ladegeschwindigkeit Ihrer Webseite überprüfen und einen Verbesserungsbericht erhalten, sofern sie über 3 Sekunden liegt – das ist nämlich der Wert, ab dem laut Google vermehrt mobile Nutzer abspringen. Think with Google liefert Ihnen aktuelle Fallstudien sowie Infografiken zu Trendthemen. Ein Blick in Think with Google ist also in jedem Fall lohnenswert, vor allem dann, wenn Sie neue Kampagnen planen.

17

17.10 Fazit

In diesem Kapitel haben wir Ihnen einen kleinen spekulativen Ausblick auf die weiteren Entwicklungen gegeben. Auch wenn nicht alles genau so umgesetzt wird, so sind die Tendenzen dennoch erkennbar. Wir können Ihnen nur empfehlen, die Entwicklungen zu beobachten und frühzeitig zu reagieren, falls sich neue Möglichkeiten für Ihre Branche ergeben.

Eine Quelle für aktuelle Informationen zum Online-Marketing wäre beispielsweise das deutschsprachige Fachportal *OnlineMarketing.de*, das aktuell die relevanten Zukunftstrends für 2018 in einem Artikel beschreibt:

https://onlinemarketing.de/news/technologie-trends-2018-relevant-zukunft

Kapitel 18

Was ist was? Buttons, Symbole und mehr im AdWords-Konto

Machen Sie sich mit den verschiedenen Einstellungen, Buttons, Symbolen und Hilfsfunktionen von Google AdWords vertraut – ein wichtiger Vorteil, wenn es mal schnell gehen muss.

In diesem Kapitel erfahren Sie, welche Funktionen sich hinter den verschiedenen Buttons, Symbolen und Einstellungsmöglichkeiten verbergen. Wir stellen Ihnen Symbole und Anwendungen vor, die immer wieder in den unterschiedlichen Ebenen und Unterseiten des AdWords-Kontos auftauchen. Die verschiedenen Funktionen benötigen Sie vor allem zur Analyse und Optimierung Ihres AdWords-Kontos.

18.1 Benachrichtigungen zu AdWords

Google AdWords liebt es, Benachrichtigungen und Hinweise zu Ihrem Konto zu erstellen. Es gibt regelmäßig neue Vorschläge zu Keywords, die noch hinzugefügt werden könnten, oder Kampagnen, die mehr Budget vertragen würden. Diese Benachrichtigungen werden rechts oben in Ihrem AdWords-Konto eingeblendet. Alternativ können Sie auf die Glocke klicken (siehe Abbildung 18.1). In der Vorschau können Sie entscheiden, ob die Infos für Sie interessant bzw. relevant sind. Falls dies nicht der Fall ist, klicken Sie auf SCHLIESSEN, ansonsten auf AUFRUFEN.

Bitte denken Sie daran, dass Sie nicht alle Vorschläge unreflektiert übernehmen sollten. Der Job von Google AdWords besteht darin, Ihnen neue Dinge und Möglichkeiten vorzuschlagen. Ihr Job besteht jedoch darin, nur das für Sie Notwendige auszuwählen. Es ist also wichtig, dass Sie die Vorschläge selbst beurteilen und nur solche Keywords oder Budgetempfehlungen übernehmen, die Sie selbst für sinnvoll erachten.

Falls Sie die Nachrichten gelesen haben, aber weder auf AUFRUFEN noch auf SCHLIESSEN geklickt haben, bleiben die Nachrichten in Ihrem Konto erhalten. Sie finden die Benachrichtigungen wieder, indem Sie wieder auf die Glocke klicken. Sind aktuelle, ungelesene Nachrichten vorhanden, so werden diese durch ein rotes Ausrufezeichen neben der Glocke signalisiert.

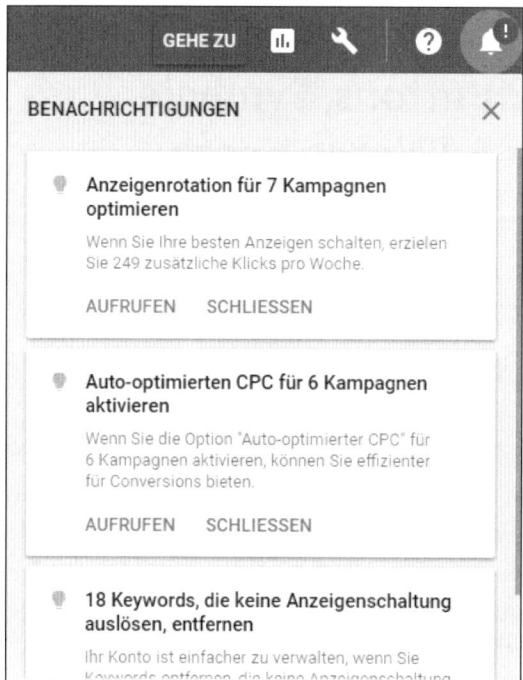

Abbildung 18.1 Neue Nachrichten von Google AdWords

18.2   Auf den aktuellen Zeitraum achten

Hinweis

Achten Sie immer auf den aktuell festgelegten Zeitraum Ihrer Datenansicht im Ad-Words-Konto!

Bevor Sie sich eine Statistik genauer anschauen, sollten Sie sich immer zuerst verge-wissern, welchen Zeitraum Sie aktuell betrachten (siehe Abbildung 18.2). In der rech-ten oberen Ecke Ihres AdWords-Kontos finden Sie den Zeitraum, der gerade für Ihre Statistiken aktiviert ist.

Es kann schnell zu einer Schrecksekunde kommen, falls Sie nicht genau wissen, wel-chen Zeitraum Sie gerade in Ihrem AdWords-Konto betrachten, und Sie plötzlich hö-here Ausgaben als erwartet in Ihren Berichten sehen. Bevor Sie also Ihre Daten an-schauen, sollten Sie immer kurz den aktuell aktivierten Zeitraum kontrollieren. AdWords hat in der Standardeinstellung beim Aufruf eines neuen Berichtes die letz-ten 7 Tage eingestellt.

Abbildung 18.2 Zeitraum für die Statistiken festlegen

Nachdem Sie den Zeitraum ausgewählt und bestätigt haben, erscheint die aktuelle Auswahl in der rechten oberen Ecke des AdWords-Kontos unterhalb der Kopfleiste. Achten Sie auch auf die kleinen Navigationspfeile neben der Zeitauswahl. Hier können Sie einfach per Klick rückwärts und auch vorwärts springen. Die jeweiligen Zeitfenster haben dann immer die gleiche Größe wie der zuvor ausgewählte Zeitraum.

Abbildung 18.3 Zeiträume wechseln

Diese Standardeinstellungen sollten Sie nutzen

Sie sollten als Standardzeiteinstellung für Ihre Berichte den aktuellen Monat oder die letzten 30 Tage wählen. Nur bei sehr großen Konten oder aktuellen Veränderungen, die Sie vorgenommen haben, machen auch kürzere Zeiträume Sinn. Zum Beginn eines neuen Monats sollten Sie dann immer die Zahlen des vorherigen Monats kontrollieren. Zur Analyse längerer Zeiträume wählen Sie dann die benutzerdefinierte Zeitauswahl.

Um die benutzerdefinierte Zeitauswahl zu nutzen, klicken Sie einfach zunächst auf das kleine Dreieck neben dem ausgewählten Zeitraum. Im nächsten Schritt folgt der Klick auf BENUTZERDEFINIERT ❶. Dann können Sie direkt neben BENUTZERDEFINIERT das Start- und Enddatum ❷ im Zahlenformat eingeben oder die praktische

Kalenderfunktion nutzen (siehe Abbildung 18.4). Tipp: Ein Klick auf das Dreieck ❸ neben der Monatsbezeichnung öffnet eine Liste, um schnell zurückliegende Monate ❹ und Jahre ❺ auszuwählen und so große Zeiträume zu bestimmen.

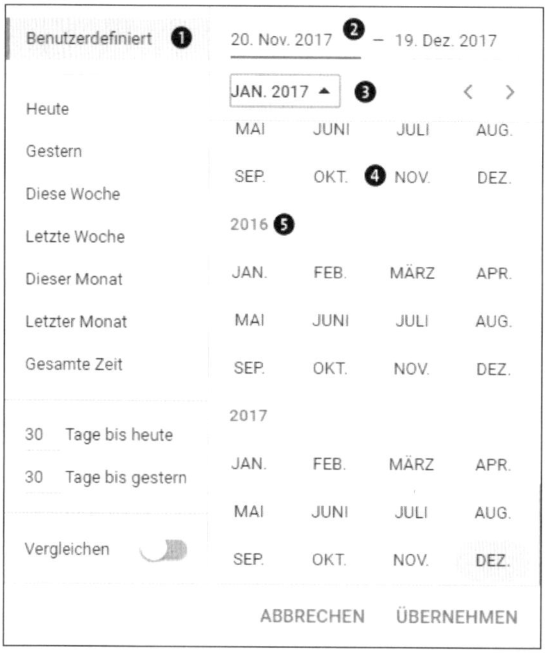

Abbildung 18.4 Benutzerdefinierte Zeitauswahl mit Kalenderfunktion

18.3   Filter: Alle – Alle aktivierten – Alle außer gelöschte

Die wichtigsten Funktionen sind die Filtermöglichkeiten, denn in Ihrem AdWords-Konto geht nichts verloren! Kampagnen, Anzeigengruppen, Keywords oder auch Anzeigentexte, die Sie gerade pausieren, aber auch Elemente, die Sie bereits gelöscht haben, sind stets in Ihrem AdWords-Konto zugegen.

Dies hat zum einen den Vorteil, dass Sie auch zu einem späteren Zeitpunkt noch auf Ihre Statistiken zugreifen können – auch wenn das Element bereits gelöscht wurde. Es hat jedoch auf der anderen Seite den Nachteil, dass Ihr AdWords-Konto schnell durch viele Daten aufgebläht werden kann. Dies passiert vor allem, wenn Kampagnen, Anzeigengruppen oder Keywords öfter gelöscht worden sind. Viele Zeilen mit aktuell ungenutzten Daten machen die Statistiken in Ihrem AdWords-Konto dann sehr schnell unübersichtlich. Zu diesem Zweck gibt es jedoch eine geniale Möglichkeit, die Sie auf jeden Fall anwenden sollten: die Filter. Sie finden Filtermöglichkeiten an verschiedenen Stellen, die wir Ihnen im Folgenden vorstellen wollen.

Hauptfilter in der Navigationsleiste

Auf der linken Seite finden Sie oberhalb der Navigation drei vertikale Navigations-punkte ❶ (siehe Abbildung 18.5). Ein Klick öffnet eine Dropdown-Liste, mit der Sie Ihre aktuelle Ansicht filtern können. Sie können hier die beiden Ebenen *Kampagnen* und *Anzeigengruppen* ansprechen und nach den drei folgenden Kriterien filtern:

► Alle

► Alle aktivierten

► Alle bis auf entfernte …

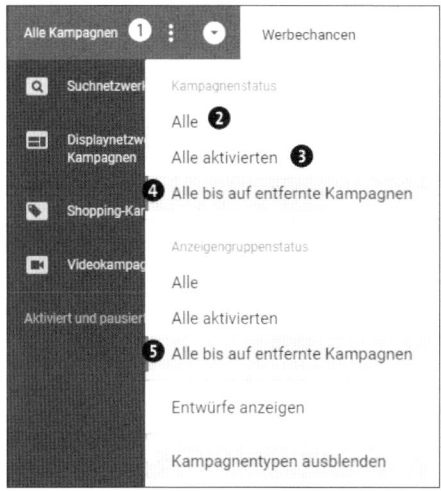

Abbildung 18.5 Hauptfilter im AdWords-Konto

Sie können zum Beispiel für die Kampagnenebene wählen, ob Sie alle Kampagnen se-hen möchten, die gerade aktiviert sind, oder ob Sie nur die gelöschten ausschließen möchten. In der Standardeinstellung sollten Sie über den Filter Alle aktivierten ❸ nur die Kampagnen auswählen, die gerade aktiviert sind. So erhalten Sie einen Über-blick über die wichtigsten Daten für Ihren normalen »AdWords-Alltag«.

An dritter Stelle finden Sie die Filtermöglichkeit Alle bis auf entfernte Kampag-nen ❹. Bei dieser Auswahl werden neben den Kampagnen, die gerade aktiviert sind, zusätzlich diejenigen Kampagnen angezeigt, die gerade pausieren. Diese Auswahl macht vor allem dann Sinn, wenn Sie Ihr Konto nach solchen Kampagnen durchsu-chen möchten, die Sie z. B. nach einer Optimierungsmaßnahme wieder aktivieren wollen.

Falls Sie Alle ❷ ausgewählt haben, so sehen Sie wirklich alle Kampagnen, egal ob die-se aktuell pausiert sind oder auch schon zu einem früheren Zeitpunkt von Ihnen ge-löscht wurden. Diese Ansicht verwirrt viele AdWords-Nutzer, weil allgemein ange-nommen wird, dass gelöschte Elemente auch wirklich gelöscht und somit nicht mehr sichtbar sind. In Ihrem AdWords-Konto können Sie die gelöschten Elemente jedoch nur »unsichtbar machen«, indem Sie diese über die Filtereinstellungen ausschließen.

Anmerkung

In Abbildung 18.5 finden Sie unter ANZEIGENGRUPPENSTATUS den Filter ALLE BIS AUF ENTFERNTE KAMPAGNEN ❺. Die ist ein Fehler von Google und wahrscheinlich dem Beta-Status des Interfaces geschuldet. Hier müsste eigentlich ALLE BIS AUF ENTFERNTE ANZEIGENGRUPPEN stehen. Diese Filterfunktion wird nämlich im Konto ausgelöst, wenn man den Link anklickt.

Filtern nach Kampagnengruppen

Oberhalb der Navigationsleiste finden Sie neben den drei vertikalen Punkten auch noch ein Dreieck, das ebenfalls eine Dropdown-Liste öffnet und oft mit der Standardfiltermöglichkeit verwechselt wird. Hier kann aber nur ein Filter auf ALLE KAMPAGNEN bzw. ALLE KAMPAGNENGRUPPEN gesetzt werden (siehe Abbildung 18.6).

Abbildung 18.6 Filtern nach Kampagnen oder Kampagnengruppen

Was sind Kampagnengruppen?

Verschiedene Kampagnen können zu Kampagnengruppen zusammengefasst werden, um Leistungsziele zu überwachen, die für diese Gruppe festgelegt worden sind. Dabei können Leistungsziele beispielsweise eine bestimmte Anzahl von Conversions oder Klicks sein. Es kann aber auch ein bestimmtes Ausgabeziel für eine Kampagnengruppe hinterlegt werden.

Durch die Gruppierung und das zugehörige Leistungsziel kann die AdWords-Werbung einfacher kontrolliert werden. Es ist sogar möglich, eine einzelne Kampagne zu hinterlegen, um so das Leistungsziel der einzelnen Kampagne besser zu kontrollieren.

Filtern nach Kampagnentypen

Wenn Sie neben den Kampagnen für das Suchnetzwerk auch noch andere Kampagnentypen nutzen (z. B. Displaynetzwerk- oder Shopping-Kampagnen), dann werden

Sie diese Filtereinstellungen lieben. In der Navigationsleiste können Sie nämlich einfach den jeweiligen Kampagnentypen auswählen und setzen so einen Filter, der die Übersicht erleichtert, wenn viele unterschiedliche Kampagnentypen erstellt worden sind.

In Kombination mit dem vorher besprochenen Aktivierungsstatus der Kampagnen und/oder Anzeigengruppen erhalten Sie auf diese Weise schnell einen Überblick zu den aktuell wichtigen Kampagnen, die Sie dann genauer analysieren können. Möchten Sie wieder alle Kampagnen sehen? Dann klicken Sie im Kopf der Navigationsleiste einfach auf ALLE KAMPAGNEN.

Abbildung 18.7 Filtern nach Kampagnentypen

Individuelle Filterfunktionen

Last but not least gibt es in jeder Statistik noch einmal die individuellen Filtermöglichkeiten. So können Sie beispielsweise auf das Filtersymbol oberhalb der Statistik klicken und über den STATUS festlegen, dass Sie nur aktive und freigegebene Keywords im Bericht angezeigt bekommen.

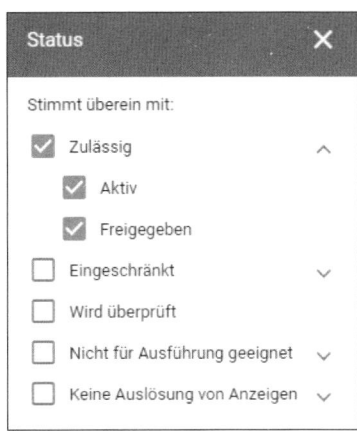

Abbildung 18.8 Keywords nach Status filtern

18.4   Die Suchfunktion im AdWords-Konto

Da Google quasi für den Begriff »Suche« steht, ist es nicht verwunderlich, dass auch im AdWords-Konto eine Suchfunktion integriert ist. Sie finden die Suchfunktion in Ihrem AdWords-Konto jeweils oberhalb Ihrer Statistiken. Abhängig vom jeweiligen Bericht, ist bereits vorgegeben, wonach man per Eingabe suchen kann. Sie können zum Beispiel nach Kampagnen suchen (siehe Abbildung 18.9).

Abbildung 18.9 Suchfunktion auf Kampagnenebene

Oder Sie suchen nach Anzeigen (siehe Abbildung 18.10).

Abbildung 18.10 Suchfunktion auf Anzeigenebene

Die Suchfunktion ist vor allem bei großen Konten interessant, wenn Sie eine bestimmte Kampagne oder Anzeigengruppe schnell finden müssen. In diesem Zusammenhang sei noch einmal darauf verwiesen, dass aussagekräftige Namen für Kampagnen und Anzeigengruppen immer hilfreich sind, um sich schnell zu orientieren oder wie hier schnell das Gesuchte zu finden. Nur wenn Sie die Namen von Kampagnen und Anzeigengruppen sinnvoll vergeben haben, können Sie diese über die Suchfunktion auch einfach wiederfinden.

Die Suchfunktion im AdWords-Konto wird in der Praxis öfter auf Keyword-Ebene eingesetzt. Da die Liste der Keywords meistens einen sehr großen Umfang besitzt, bietet die Suchfunktion hier eine sinnvolle Unterstützung, weil Sie auf diese Weise große Datenmengen zu bestimmten Begriffen schnell durchforsten können.

Beispiel: So nutzen Sie das Suchfeld

Sie möchten innerhalb Ihrer Keyword-Liste in Ihrem Konto alle Suchbegriffe finden, die mit dem Begriff »Seminar« verbunden sind. Geben Sie dazu oberhalb der Keyword-Statistik einfach das Wort *seminar* in das Suchfeld ein, und bestätigen Sie dies mit ⏎ auf Ihrer Tastatur.

Die Suchfunktion verhält sich wie ein gesetzter Filter, der für alle Elemente überprüft, ob der vorgegebene Begriff enthalten ist (siehe Abbildung 18.11). Haben Sie das gesuchte Element gefunden, zum Beispiel alle Keywords, die den Begriff »Seminar« enthalten, so können Sie den Filter wieder aufheben, indem Sie einfach auf den Begriff klicken und dann den Begriff ändern oder indem Sie über einen Klick auf das X die Eingabe verlassen und dann mit dem zweiten Klick auf das X hinter dem gesuchten Keyword die Suche entfernen.

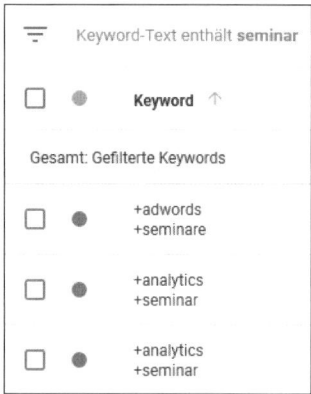

Abbildung 18.11 Aktivierte Suchfunktion mit eingeblendetem Filter

Weitere Tipps zur Suchfunktion

Sobald Sie einen neuen Begriff eingeben, überschreibt dieser den gesetzten Filter. Falls Sie zwei oder mehr Begriffe eingeben, so müssen die eingegebenen Begriffe auch in dieser Reihenfolge vorkommen, damit sie angezeigt werden. Es werden jedoch auch Keywords angezeigt, die den gesuchten Begriff als Teilelement enthalten.

Sie können die Suchfunktion auch übergeordnet nutzen, selbst wenn Sie schon eine bestimmte Kampagne oder Anzeigengruppe gewählt haben. Geben Sie dazu die Begriffe nur in das Suchfeld ein. Google AdWords erstellt direkt auch Vorschläge zu anderen Kampagnen, die den gesuchten Begriff enthalten (siehe Abbildung 18.12). Ein Klick auf das jeweilige Ergebnis verlinkt dann direkt in den zugehörigen Bereich.

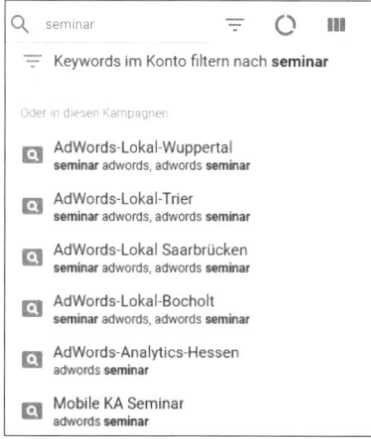

Abbildung 18.12 Allgemeine Suchfunktion mit Vorschlägen zu anderen Kampagnen

---

Auf die aktuell gefilterten Kampagnen achten

Bitte beachten Sie die Einstellungen der aktuellen gefilterten Kampagnen in der linken Navigationsleiste. Sie finden am unteren Ende beispielsweise den Hinweis PAUSIERTE UND ENTFERNTE KAMPAGNEN SIND AUSGEBLENDET, falls Sie sich nur die aktiveren Kampagnen anschauen. Im Kopfbereich finden Sie quasi als Breadcrumb-Navigation den Hinweis auf den aktuell ausgewählten Kampagnentypen, z. B. ALLE KAMPAGNEN ▸ SUCHNETZWERK-KAMPAGNEN. Da Sie nur Elemente der vorgefilterten Bereiche anschauen können, ist es wichtig zu wissen, was Sie gerade betrachten.

18.5 Shortcut – Abkürzungen nutzen

Google hat im neuen AdWords-Interface sehr prominent im Headerbereich mit GEHE ZU eine Möglichkeit eingebaut, schnell einen gewünschten Bereich aufzurufen, ohne sich durch die Navigation klicken zu müssen. Ein Klick auf GEHE ZU öffnet eine Sucheingabe.

Abbildung 18.13 »Gehe zu«-Button als Shortcut nutzen

Nachdem Sie die ersten Buchstaben getippt haben, schlägt Google, wie Sie das von Suggest in der Suche schon kennen, erste passende Begriffe vor – hier Bereiche im AdWords-Konto. Falls Sie in unserem Beispiel (siehe Abbildung 18.14) zum Anzeigenbereich in Ihrem Konto navigieren möchten, klicken Sie einfach auf ANZEIGEN.

Abbildung 18.14 Google schlägt Bereiche aus dem AdWords-Konto vor

18.6 Spalten aktivieren und sortieren

Möchten Sie einzelne Kennzahlen in Ihrem AdWords-Konto näher analysieren und dazu bestimmte Daten auf- oder absteigend sortieren, so ist dies einfach über einen

Klick auf die Spaltenbezeichnung im Kopf der Statistiken möglich (siehe Markierung in Abbildung 18.15).

↓ Kosten	Impr.	Klicks	CTR
8.921,57 €	1.095.979	19.227	1,75 %
753,43 €	56.220	1.694	3,01 %
403,27 €	29.358	746	2,54 %
313,10 €	35.598	526	1,48 %
308,45 €	48.555	435	0,90 %
306,14 €	30.939	451	1,46 %
299,69 €	37.431	451	1,20 %

Abbildung 18.15 Aktivierte Spalten sortieren

Klicken Sie im Header auf den Namen der Datenspalte, die sortiert werden soll. In der ausgewählten Zelle im Headerbereich erscheint ein Pfeil, der anzeigt, ob die Spalte auf- oder absteigend sortiert wird. Ein weiterer Klick in die jeweilige Zelle ändert die Sortierungsrichtung. Möchten Sie zum Beispiel in einer Kampagnenübersicht sehen, welche Kampagne die meisten Kosten verursacht hat, so klicken Sie einfach in die Zelle KOSTEN und sortieren Ihre Kampagnen auf- bzw. absteigend nach Kosten.

18

18.7 Wichtige Funktionen und Tools

Das AdWords-Konto verändert sein Aussehen mit der Zeit, denn es kommen öfter neue Tools, Icons oder grundsätzliche Funktionalitäten hinzu. Wenn Sie die Funktionen der verschiedenen Symbole kennen, so ist es für Sie zukünftig auch einfacher, die Neuerungen im Konto intuitiv zu nutzen.

Einheitliche Symbole in verschiedenen Google-Tools

Viele Google-Programmierer arbeiten an unterschiedlichen Tools. Dadurch haben sich in der Vergangenheit unterschiedliche Icons und Bearbeitungsmöglichkeiten entwickelt. In letzter Zeit ist jedoch erkennbar, dass eine bessere Abstimmung der Entwickler untereinander stattgefunden hat. Durch diese Abstimmung haben sich Buttons, Symbole und Bearbeitungsmöglichkeiten etabliert, die Sie auch in anderen Google-Tools wiederfinden, z. B. in Google-Analytics (*https://www.google.de/analytics*).

18.7.1   Die Dropdown-Listen

Viele Buttons, die Sie im AdWords-Konto anklicken können, entpuppen sich als sogenannte Dropdown-Listen. Diese Listen sind durch ein kleines Dreieck auf der rechten
Seite gekennzeichnet (siehe Abbildung 18.16). Nach dem Klick auf das Dreieck bzw.
auf die zugehörige Schaltfläche können Sie eine Funktionsauswahl in der Dropdown-
Liste treffen, die dann entweder direkt ausgeführt wird (wie z. B. KOPIEREN) oder den
nächsten Schritt einleitet (beispielsweise die Auswahl von MAX. CPC-GEBOTE ÄN-
DERN). In unserem Beispiel wurden zunächst drei Keywords ausgewählt, die dann
entsprechend bearbeitet werden können.

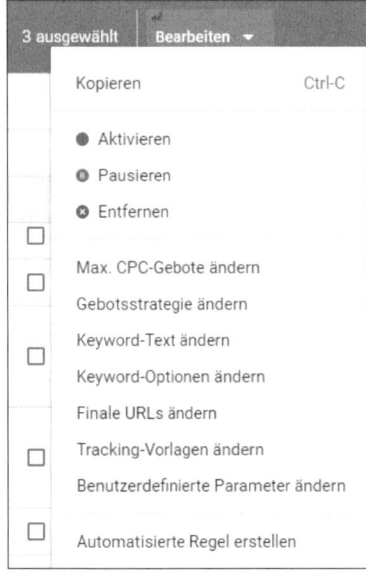

Abbildung 18.16 Dropdown-Liste mit Funktionsauswahl

Es kann auch vorkommen, dass Sie innerhalb der Dropdown-Liste über ein Dreieck
auf der rechten Seite weiter zur Auswahl eines untergeordneten Tools oder einer Einstellungsmöglichkeit geführt werden (siehe Markierung in Abbildung 18.17).

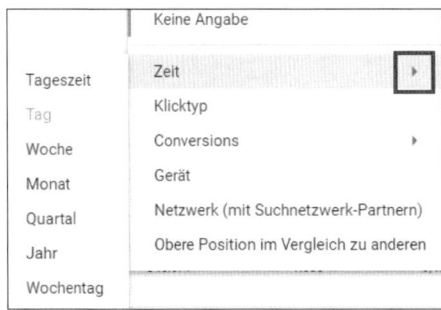

Abbildung 18.17 Unterordner in der Dropdown-Liste

Google nutzt das kleine Dreieck im neuen Interface aber auch, wenn bestimmte Unterpunkte aus Platzmangel nicht mehr dargestellt werden können. Wenn beispielsweise wie in Abbildung 18.18 in der oberen Navigation neben SUCHBEGRIFFE kein Platz mehr für den Unterpunkt AUKTIONSDATEN vorhanden ist, dann können Sie über das Dreieck zu AUKTIONSDATEN navigieren.

Abbildung 18.18 Weitere Navigationspunkte verstecken sich hinter dem Dreieck.

Schließlich wird das Dreieck auch zum Ein- und Ausklappen von Menüleisten verwendet, wie z. B. das Dreieck im Headerbereich neben ALLE KAMPAGNEN (siehe Abbildung 18.19).

Abbildung 18.19 Ein- und Ausklappen der Navigationsleiste

18.7.2   Etwas »Neues« anlegen – so geht's

Möchten Sie in Google AdWords etwas Neues anlegen, dann müssen Sie im neuen AdWords-Interface auf den blauen Kreis achten ⊕, während Sie früher auf einen roten Plus-Button geklickt haben. Google AdWords »freut sich«, wenn etwas Neues angelegt werden soll. Das AdWords-Konto lebt von neuen Kampagnen, Anzeigengruppen oder Keywords. Daher wird die Möglichkeit zum Neuanlegen immer recht groß und prominent dargestellt.

Im AdWords-Konto können Sie über den Kreis ⊕, der etwas an das Google+-Design erinnert, die Neuanlage aller Standardelemente wie Kampagnen, Anzeigengruppen, Keywords (siehe Abbildung 18.20) und Textanzeigen starten.

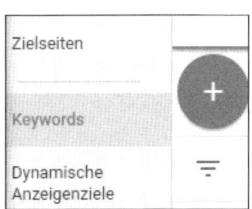

Abbildung 18.20 Button zum Einfügen neuer Keywords auf Keyword-Ebene

Der blaue Kreis mit dem Plus wird im AdWords-Konto jedoch konsequent für alle Bereiche genutzt, wo etwas Neues angelegt werden soll. Abbildung 18.21 z. B. zeigt den Button als Start zum Anlegen einer neuen Liste für auszuschließende Keywords.

Abbildung 18.21 Button zur Erstellung einer neuen Keyword-Liste

Bei den Anzeigenerweiterungen finden Sie jedoch auch einen Radio-Button mit der Bezeichnung NEU ERSTELLEN. Hier wird kein blauer Kreis benötigt. Falls Sie keine der vorhandenen Erweiterungen nutzen möchten, reicht die Umstellung auf NEU ER-STELLEN, um das Formular für das Neuanlegen zu starten.

Abbildung 18.22 Auch der Radio-Button kann als Start für ein neues Element dienen.

18.7.3   Funktion der Checkboxen im AdWords-Konto

Checkboxen besitzen im Google-AdWords-Konto eine wichtige Funktion, da die Nutzer über sie Elemente auswählen können, um diese dann im nächsten Schritt zu bearbeiten. Aktivieren Sie die Checkboxen vor mehreren Keywords, so können diese beispielsweise gleichzeitig bearbeitet, korrigiert oder gelöscht werden (siehe Abbildung 18.23).

Abbildung 18.23 Checkboxen zur Markierung von Keywords

Markieren Sie einzelne Keywords zur Anpassung der CPC-Gebote

Die Auswahl bestimmter Keywords können Sie beispielsweise nutzen, wenn Sie die maximalen CPC-Gebote mehrerer ausgewählter Keywords gleichzeitig verändern möchten.

Wenn Sie die Checkbox im Header einer Tabelle aktivieren, so werden alle Elemente innerhalb dieser Tabelle markiert (siehe Markierung in Abbildung 18.24).

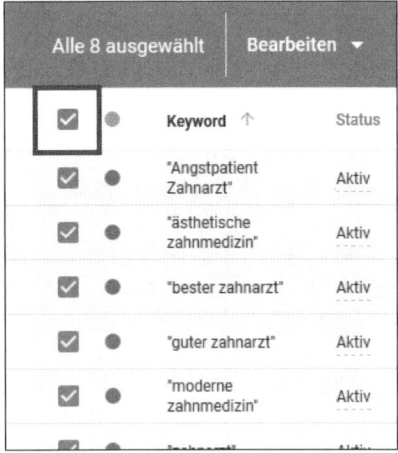

Abbildung 18.24 Aktivierung der Checkbox im Header

Diese Elemente können dann ebenfalls bearbeitet werden. Sie können die Checkbox im Header aber auch nutzen, um eine Auswahl bestimmter Keywords wieder aufzuheben. Klicken Sie einfach zweimal in die Header-Checkbox. Beim ersten Mal werden alle Elemente markiert, beim zweiten Klick werden diese wieder deaktiviert.

Markieren Sie alle Keywords zur Änderung aller Keyword-Optionen

Die Auswahl aller Keywords einer Anzeigengruppe ist nützlich, wenn Sie mit einem Arbeitsschritt die Keyword-Optionen aller Keywords dieser Anzeigengruppe gleichzeitig ändern möchten.

Im neuen AdWords-Design finden Sie die Checkboxen aber auch noch an vielen anderen Stellen. Sie können mithilfe der Checkboxen sowohl Einstellungsoptionen (wie z. B. bei Kampagnen im Displaynetzwerk, siehe Abbildung 18.25) als auch die Auswahl der Berichtsspalten (siehe Abbildung 18.26) in Ihren Statistiken vornehmen.

18

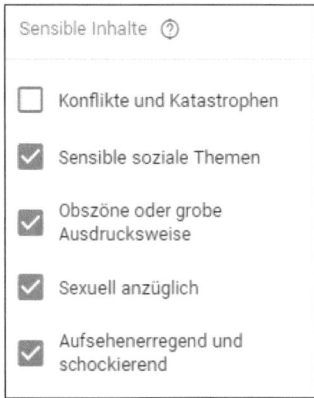

Abbildung 18.25 Checkboxen zur Auswahl unerwünschter Inhalte bei Werbepartnern im Displaynetzwerk

Attribute		
☐ Gebotsstrategie	☑ Label	☑ Richtliniendetails
☐ Gesch. Gebot für erste Seite	☐ Gesch. Gebot für obere Positionen	☑ Finale URL
☐ Kampagnentyp	☑ Qualitätsfaktor	☐ Keyword-Option

Abbildung 18.26 Checkboxen bei der Spaltenauswahl

18.7.4   Der Stift zur Bearbeitung

An vielen Stellen in Ihrem AdWords-Konto finden Sie einen kleinen Stift ❷, hinter dem sich eine Bearbeitungsfunktion verbirgt (siehe Abbildung 18.27). Dieser Stift erscheint, wenn Sie mit Ihrer Maus über eine Fläche fahren, z. B. über die Texte Ihrer Anzeigen.

Abbildung 18.27 Stiftfunktionen zur Bearbeitung von Textanzeigen

Bei der Bearbeitung von Textanzeigen kommen jedoch mehrere Funktionen zusammen. Ein Klick auf den blauen Link ❶ im Titel der Textanzeigen öffnet in einem neuen Fenster die Landing-Page, die als Ziel-URL in der Anzeige hinterlegt ist. Dieser Klick verursacht übrigens keine Kosten. Um die Bearbeitungsfunktion über den Stift ❸ zu erreichen, müssen Sie weiter rechts neben dem Titel klicken.

Durch die beiden Funktionen in der kleinen Anzeigenbox kann es schon mal passieren, dass ungewollt die Landing-Page aufgerufen wird, obwohl die Anzeige nur bearbeitet werden sollte.

Als dritte Möglichkeit finden Sie links neben der Anzeige dann auch noch ein kleines Dreieck ❷. Dort können Sie über eine Dropdown-Liste eine Einstellung zum Aktivieren oder Pausieren der Anzeige auswählen.

Es gibt Flächen im Konto, wo Sie zunächst nicht direkt erkennen können, dass es eine Bearbeitungsmöglichkeit gibt. Sie müssen daher manchmal mithilfe der Mausbewegung über eine Spalte oder Tabellenzelle fahren, damit der Stift und somit die Bearbeitungsfunktion erscheint.

Neben dem eher unscheinbaren Bearbeitungsstift zur Änderung von Textanzeigen finden wir im AdWords-Konto auch eine große Version, mit der die Ausrichtungsmöglichkeiten im Displaynetzwerk bearbeitet werden können (siehe Abbildung 18.28). Es könnte sein, dass Google dieses Symbol zukünftig stärker nutzt, weil es sich vom Design her an den Plus-Button zum Anlegen neuer Elemente anlehnt.

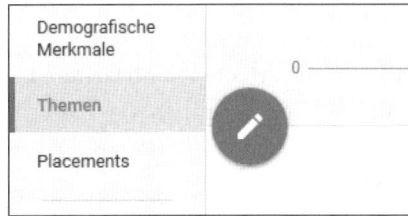

Abbildung 18.28 Großer Bearbeitungsstift im AdWords-Konto

18.7.5   Pluszeichen

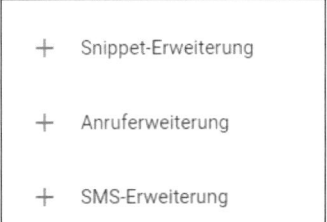

Abbildung 18.29 Das Plus weist auf die Erstellung einer neuen Anzeigenerweiterung hin.

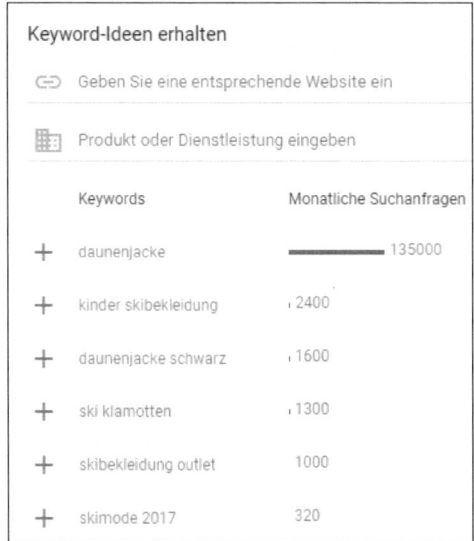

Abbildung 18.30 Das Hinzufügen neuer Keywords wird durch das vorangestellte Plus symbolisiert.

18.7.6   Fragezeichen – versteckte Informationen finden

Wenn Sie hinter einer Bezeichnung im AdWords-Konto ein Fragezeichen sehen, können Sie mit Ihrem Mauszeiger ansteuern (Mouse-over). Sie erhalten dann weitere Informationen, sogenannte Tool-Tipps, zu dem entsprechenden Begriff oder der entsprechenden Funktion (siehe Markierung in Abbildung 18.31).

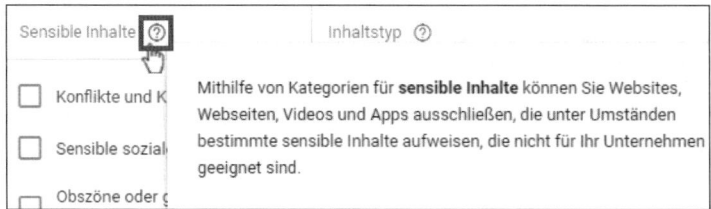

Abbildung 18.31 Fragezeichen rufen Zusatzinformationen auf.

Bei vielen Symbolen im Konto (z. B. Gebotssimulator) oder auch bei den Spalten der AdWords-Statistiken fehlt jedoch ein Fragezeichen. Hier können Sie trotzdem per Mouse-over Informationen und Definitionen abrufen. Wenn Sie beispielsweise mit Ihrer Maus in den Kopf der Berichtsspalten fahren, erhalten Sie eine Erklärung zur jeweiligen Spalte. Mithilfe dieser Funktion werden im AdWords-Konto z. B. Begriffe wie *Impressionen*, *CTR* oder auch *Max. CPC* erklärt und zum Teil anhand zusätzlicher Beispiele näher erläutert (siehe Abbildung 18.32).

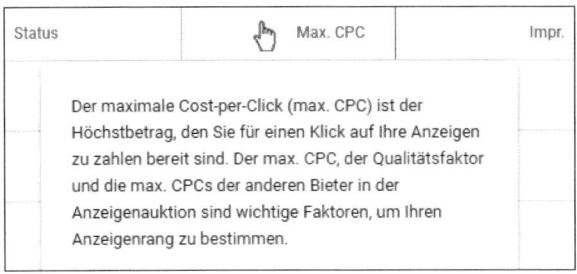

Status	✋ Max. CPC	Impr.
	Der maximale Cost-per-Click (max. CPC) ist der Höchstbetrag, den Sie für einen Klick auf Ihre Anzeigen zu zahlen bereit sind. Der max. CPC, der Qualitätsfaktor und die max. CPCs der anderen Bieter in der Anzeigenauktion sind wichtige Faktoren, um Ihren Anzeigenrang zu bestimmen.	

Abbildung 18.32 Rufen Sie eine Erklärung einfach per Mouse-over ab.

18.7.7   Simulationen im Konto

An manchen Stellen finden Sie in Ihrem AdWords-Konto ein kleines Kästchen mit einem angedeuteten Liniendiagramm (siehe Abbildung 18.33). Dahinter verbergen sich die sogenannten Simulatoren, z. B. in Form des Budgetsimulators auf Kampagnenebene.

Abbildung 18.33 Budgetsimulator auf Kampagnenebene

Häufiger finden Sie jedoch den Keyword-Simulator auf Keyword-Ebene direkt hinter dem aktuellen CPC-Gebot (siehe Abbildung 18.34).

18

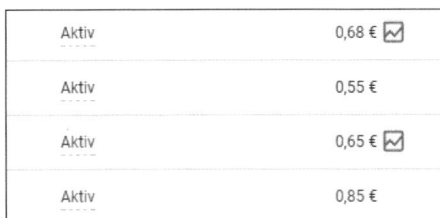

Aktiv	0,68 € ☑
Aktiv	0,55 €
Aktiv	0,65 € ☑
Aktiv	0,85 €

Abbildung 18.34 Gebotssimulator auf Keyword-Ebene

Beide Simulatoren enthalten Tipps zu veränderten Budgets bzw. Geboten und simulieren, wie sich bestimmte Veränderungen auf Ihre Werbekampagnen auswirken. Wenn Sie beispielsweise den Budgetsimulator anklicken, sehen Sie (siehe Abbildung 18.35), wie sich unterschiedliche – meistens höhere – Budgets auf Kosten und Interaktionen (Klicks) auswirken.

Wöchentliche Schätzungen für Ihr neues Tagesbudget:		
Tagesbudget ändern	Kosten pro Woche	Interaktionen pro Woche
⦿ 12,00 €	84,00 €	146
○ 7,00 €	49,00 €	85
○ 2,00 € (aktuell)	14,00 €	24
○ €		

Abbildung 18.35 Beispiel verschiedener Schätzungen im Budgetsimulator

18.7.8   Interne und externe Verlinkung

Elemente im AdWords-Konto, die in blauer Farbe dargestellt werden, fungieren – wie meistens in der Internetwelt – als Link. Ein Klick auf diese Links führt Sie zu untergeordneten Navigationsebenen oder öffnet weiterführende Informationen bzw. Bearbeitungsmöglichkeiten. Sie können über die Links auch auf andere Ebenen navigieren.

Wenn Sie beispielsweise alle Kampagnen aufgerufen haben, können Sie per Klick auf einen Kampagnennamen in die jeweilige Kampagne navigieren und über einen weiteren Klick auf den Namen einer Anzeigengruppe die ausgewählte Gruppe aufrufen. Im AdWords-Backend gibt es auch ausgehende Links, zum Beispiel zu Google Analytics oder aktuell noch zum Keyword-Planer. Wenn Sie mit der Maus über diese Links fahren, erscheint als Symbol ein Kästchen mit einem Pfeil (siehe Markierung in Abbildung 18.36). Die ausgehende Verlinkung wird dann in einem neuen Tab geöffnet.

Abbildung 18.36 Die ausgehende Verlinkung öffnet einen neuen Tab.

18.7.9   Symbole: Aktivieren, Pausieren, Entfernen

Im AdWords-Konto finden Sie an vielen Stellen die drei Symbole aus Abbildung 18.37. Mithilfe dieser Auswahlmöglichkeiten können Elemente aktiviert, pausiert oder gelöscht werden.

- ● Aktivieren
- ◎ Pausieren
- ✖ Entfernen

Abbildung 18.37 Symbole zu »Aktivieren«, »Pausieren« und »Entfernen«

Bei der Bezeichnung der Symbole ist Google AdWords in der Vergangenheit nicht einheitlich vorgegangen. Falls Sie also einmal statt ENTFERNEN die Begriffe GE-LÖSCHT oder LÖSCHEN im Konto finden, dann soll dies auf die gleiche Funktion verweisen! Der grüne Kreis aktiviert, der Doppelstrich pausiert und das rote X entfernt das zugehörige Element. Mit diesen drei Funktionen werden im AdWords-Alltag meistens Kampagnen, Anzeigengruppen, Keywords oder Anzeigen gesteuert. Es können aber auch andere Elemente, z. B. die automatisierten Regeln, über diese Symbole aktiviert, pausiert oder entfernt werden.

18.7.10   Icons für verschiedene Kampagnentypen

Achten Sie auf die Icons vor den Kampagnen-Namen

Falls Sie in der linken Navigationsleiste mit einem Blick wissen möchten, zu welchem Kampagnentyp eine bestimmte Kampagne gehört, so finden Sie diese Information vor dem Kampagnennamen. Die einzelnen Kampagnentypen werden nämlich durch vorangestellte Icons (siehe Abbildung 18.38) gekennzeichnet.

Alle Kampagnen, die nur auf das Suchnetzwerk ausgerichtet sind, werden mit einem Lupensymbol markiert. Reine Displaynetzwerk-Kampagnen erhalten ein Icon, das an eine Website mit unterschiedlichen Inhaltsblöcken erinnert. Ein Preisschild dient als Symbol für eine Shopping-Kampagne. Eine Videokamera ist natürlich das passende Icon für die Videokampagnen, und ein Download-Symbol steht für die universelle App-Kampagne.

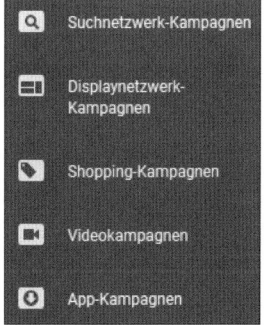

Abbildung 18.38 Icons zu den verschiedenen Kampagnentypen

18.7.11   Ein Werkzeugschlüssel ersetzt das Zahnrad

In vielen Google-Tools finden Sie ein Zahnrad-Symbol, das im Jahr 2013 von Google eingeführt wurde. Das Zahnrad-Symbol deutet immer auf grundlegende Einstellungsmöglichkeiten hin. So ist zum Beispiel die Verwaltung in Google Analytics mit dem Zahnrad gekennzeichnet, aber auch viele Einstellungsmöglichkeiten im Google Tag Manager nutzen das Zahnrad-Symbol.

Google AdWords hat nun im Headerbereich das Zahnrad durch einen Werkzeugschlüssel ersetzt (siehe Abbildung 18.39). Dahinter finden Sie alle wichtigen Tools, die Bibliothek mit vielen Listen, aber auch alle wichtigen Kontoeinstellungen, wie z. B. ABRECHNUNGEN UND ZAHLUNGEN oder KONTOZUGRIFF.

Abbildung 18.39 Der Werkzeugschlüssel ersetzt das Zahnrad.

18.7.12   Immer neue Symbole

Bitte denken Sie daran, dass Google stets an seinen Tools arbeitet und auch das neue Interface immer noch weitere neue Features und Funktionen erhält. Somit finden Sie sicher noch zusätzliche Symbole, die hier nicht besprochen wurden. Das letzte Icon, das wir im neuen Interface gesehen haben, war das Home-Symbol (siehe Abbildung 18.40), das jedoch zunächst nur als Test freigeschaltet wurde.

Mit diesem neuen Icon können Sie die Startseite Ihres AdWords-Kontos festlegen. Nach dem Einloggen können Sie sich also wahlweise das Dashboard mit den wichtigsten Statistiken (Übersicht) anzeigen lassen oder den Bereich mit Ihren Kampagnen. Standardmäßig ist die ÜBERSICHT als Startseite eingestellt, das Haus wird dann in blauer Farbe angezeigt. Per Klick auf das Home-Symbol hinter KAMPAGNEN ändern Sie für den nächsten Login den Startbildschirm auf KAMPAGNEN.

Abbildung 18.40 Es tauchen immer wieder neue Symbole auf.

18.8   Was bewirken Segmente?

Mit Segmenten können Sie in die Informationen in den AdWords-Berichten gruppieren. So können Sie zum Beispiel die AdWords-Berichte nach einzelnen Wochentagen oder auch nach den Endgeräten unterteilen, auf denen die AdWords-Anzeigen
ausgespielt wurden. Sie finden die Segmente zum einen als Dropdown-Liste hinter
dem Kreis-Symbol ❶ (bzw. aktuell ▤) oberhalb Ihrer Kontostatistiken (siehe Abbildung 18.41) oder als zusätzliche Einstellungen im Download-Bereich Ihrer Berichte
(siehe Abbildung 18.42).

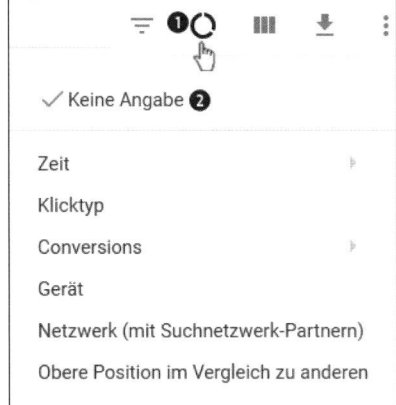

Abbildung 18.41 Segmente für Statistiken im AdWords-Konto auswählen

Segmentierung aufheben

Eine Segmentierung in Ihrem AdWords-Konto heben Sie per Klick auf KEINE ANGABE
❷ wieder auf.

Im Gegensatz zu der Segmentierung in der Live-Ansicht der AdWords-Statistiken
können Sie in Ihren Berichten, die Sie herunterladen, mehrere Segmentierungen hinzufügen. Sie können also z. B. eine Gruppierung nach Wochentag und noch zusätzlich nach der Stunde des Tages gruppieren. Bitte beachten Sie jedoch, dass dadurch
die Berichte immer weiter aufgebläht und somit auch unübersichtlicher werden.

Wie viele Segmentierungen kann man maximal einstellen?

Die Segmentierungen im Download-Bereich der Berichte waren in der alten
AdWords-Version auf maximal drei beschränkt. Nun sind noch mehr Segmentierun-
gen möglich, wobei Google jedoch ab der vierten Segmentierung warnt, dass der
Download des Berichts eventuell nicht abgeschlossen werden kann. Sie sollten daher
äußerst selten die maximale Anzahl der Segmentierungen ausreizen. Diese Art der
Berichtsdarstellung erschwert zudem eine Auswertung eher, als dass sie nützt.

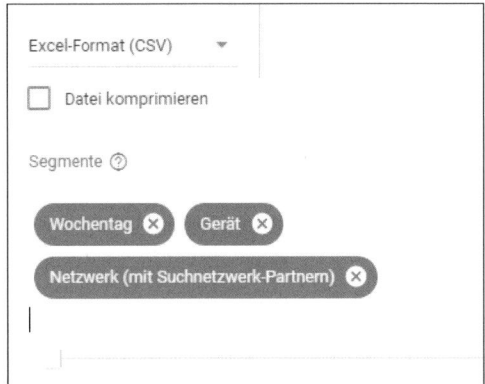

Abbildung 18.42 Segmentierung in der Download-Funktion eines Berichts

18.9   Grafiken – der schnelle AdWords-Überblick

Benötigen Sie einen schnellen Überblick zur Leistung Ihrer Werbekampagnen? Dann nutzen Sie einfach die Grafikfunktion oberhalb Ihrer AdWords-Statistiken. In der Standardeinstellung ist die Grafik eingeblendet. Mithilfe der drei vertikalen Navigationspunkte, die Sie rechts oben neben der Grafik finden, können Sie diese ausblenden (siehe Abbildung 18.43). Zum Einblenden nutzen Sie wieder die drei Navigationspunkte, die nun rechts oberhalb der Statistik platziert sind.

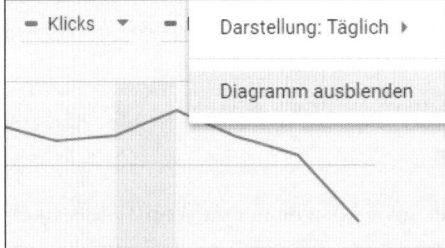

Abbildung 18.43 Diagramm aus- und einblenden

Konzentration auf das Wesentliche

Die Grafik ist zwar in der Standardansicht eingeschaltet, es hat sich jedoch bewährt, die Grafikansicht für die tägliche Arbeit über die drei vertikalen Punkte zu deaktivieren. Möchten Sie hingegen einen intensiveren Blick auf die Grafikdarstellung werfen, so können Sie diese per Klick auf das kleine Quadrat maximieren und später über diesen Weg auch wieder minimieren.

18.9.1   Daten als Grafik anzeigen

Nutzen Sie die Grafikübersicht in Ihrem AdWords-Konto, wenn Sie den Verlauf Ihrer Daten über einen gewissen Zeitraum beobachten möchten. Falls Sie zum Beispiel sehen möchten, wie sich die Klickrate und die Kosten nach den Änderungen Ihrer Keyword-Optionen verhalten oder ob die Klickkosten für Ihre Kampagnen langfristig gestiegen sind, so finden Sie in der Übersichtsgrafik erste Hinweise, die Sie dann näher analysieren sollten.

Bitte beachten Sie auch hier, dass die Grafik immer abhängig vom eingestellten Zeitraum dargestellt wird (siehe Abbildung 18.44).

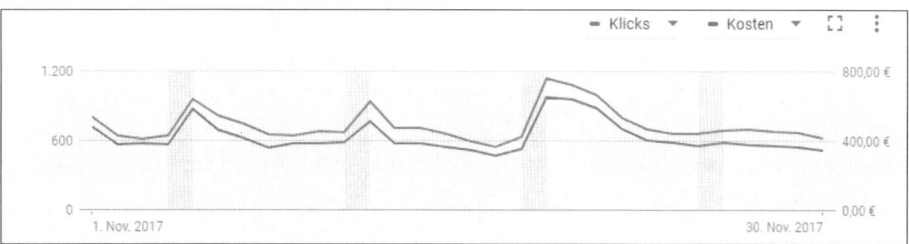

Abbildung 18.44 Infografik im Google-AdWords-Konto

18.9.2   Die Infografik bearbeiten

Sie können Ihre Infografik bearbeiten, indem Sie die farbig markierten Dropdown-Listen oberhalb der Grafik anklicken und die gewünschten Kennzahlen auswählen (siehe Abbildung 18.45). Dabei können Sie entweder nur eine Kennzahl auswählen oder zwei Kennzahlen im Vergleich aktivieren. Auf diese Weise analysieren Sie einfach bestimmte Entwicklungen durch die grafische Unterstützung.

18

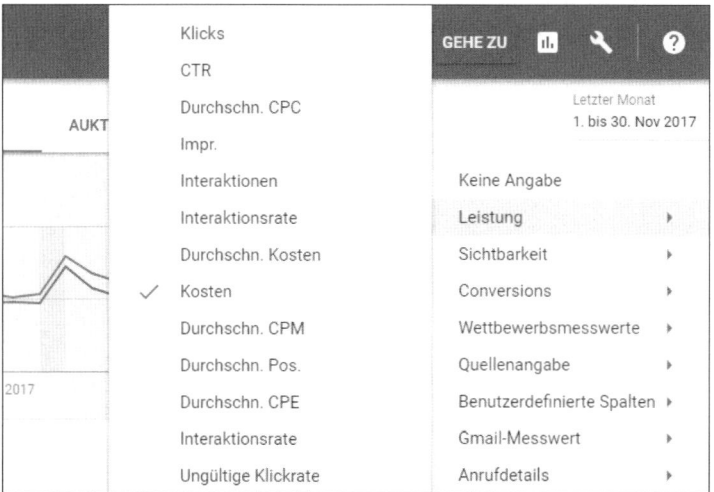

Abbildung 18.45 Kennzahlen für die Infografik auswählen

Die Darstellung der Liniendiagramme können Sie über die Zeitauswahl der Daten-
punkte steuern. Während bei der täglichen Darstellung viele kleine Veränderungen
bei den Daten anzeigt werden, »glätten« Sie Ihre Diagrammlinien durch die Auswahl
der wöchentlichen oder monatlichen Durchschnittswerte. Zur Zeitauswahl gelangen
Sie wiederum über die drei vertikalen Navigationspunkte oberhalb der Grafik. Je
nach gewähltem Datenzeitraum können Sie die Darstellung auf TÄGLICH, WÖCHENT-
LICH, MONATLICH, VIERTELJÄHRLICH oder JÄHRLICH ändern.

So nutzen Sie die Grafikeinstellungen sinnvoll

Sie können in den Grafiken beliebige Werte kombinieren. Sie sollten jedoch nur Kombinationen nutzen, die sinnvoll sind und aus denen Sie Ihre Schlussfolgerungen ziehen können. Wenn Sie zum Beispiel Ihre Klicks und Ihre Kosten vergleichen, so
sollten sich die beiden Linien einigermaßen parallel bewegen. Falls die Kostenlinie
größere Ausschläge besitzt als die Diagrammlinie zu Ihren Klicks, so werden Sie
sicher einige Keywords in Ihrem Konto finden, die einen Anstieg des Klickpreises zu
verzeichnen haben. Hier gilt es dann, die näheren Ursachen zu analysieren.

18.10   Zeiträume vergleichen

Sie können die AdWords-Grafik auch nutzen, um die Entwicklung zweier Zeiträume
zu analysieren. Den Vergleich der Zeiträume aktivieren Sie in der Zeitauswahl (siehe
Abbildung 18.46). Hier bestimmen Sie dann, ob z. B. der vorherige Zeitraum ❷ zum
aktuell ausgewählten Zeitraum analysiert wird.

Interessanter für ältere Konten ist jedoch auch der Vergleich zum letzten Jahr ❸. Dies
ist sinnvoll, wenn Sie jahreszeitliche Aspekte berücksichtigen möchten. Als dritte Variante können Sie immer auch einen benutzerdefinierten Zeitraum ❹ als Vergleich
auswählen.

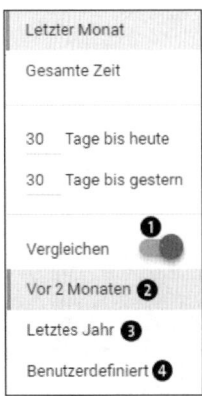

Abbildung 18.46 Vergleichszeitraum einstellen

Die Aktivierung zum Vergleich von Zeiträumen ist ganz einfach: Klicken Sie auf den Schieberegler ❶ neben VERGLEICHEN, und wählen Sie danach den gewünschten Vergleichszeitraum aus den angebotenen Möglichkeiten aus. Zum Schluss aktivieren Sie den Vergleich noch per Klick auf ÜBERNEHMEN.

Nach der Aktivierung der Vergleichszeiträume enthält Ihre AdWords-Grafik nun weitere, gestrichelte Linien, die sich auf den hinzugefügten Vergleichszeitraum beziehen (siehe Abbildung 18.47). Die Darstellung erfolgt jeweils in der gleichen Farbe der aktivierten Kennzahlen. In unserem Beispiel werden die Klicks durch blaue und die Kosten durch rote Linien dargestellt.

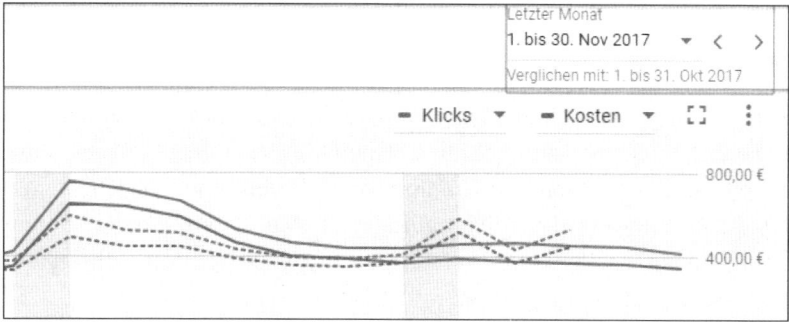

Abbildung 18.47 Grafik mit Vergleichszeiträumen

Vergleich von Zeiträumen in den AdWords-Statistiken

Sie finden einen Vergleich der Zeiträume auch in Ihren Statistikberichten. Klicken Sie zur Darstellung der Vergleichsdaten einfach auf die kleinen Pfeile im Headerbereich der jeweiligen Spalte, und die Vergleichszeiträume werden mit entsprechendem Datum angezeigt (siehe Markierung in Abbildung 18.48). Analog können Sie den Vergleich auch wieder schließen und sehen nur die Daten des ausgewählten Zeitraums ohne die Vergleichsdaten.

↓ Impr. ‹ ›				Klicks › ‹
	1.11.2017–30.11.2017	1.10.2017–31.10.2017	Änderung	Veränderung (%)
6.357	380	370	10	2,70 %

Abbildung 18.48 Aktivierung des Zeitraumvergleichs in den Statistiken

Tipp: Das Google-Standardsymbol

Falls Sie einmal eine bestimmte Einstellungsmöglichkeit oder eine Bearbeitungsfunktion nicht auf Anhieb sehen, lohnt sich immer ein Klick auf die drei vertikalen Navigationspunkte. Diese finden Sie auch in vielen anderen Google-Produkten. Hier

»verstecken« die Google-Entwickler alles, was sie sonst nicht mit eigenen Icons versehen und in der Hauptnavigation unterbringen können. Die drei Navigationspunkte sind also das Standardsymbol, hinter dem sich viele interessante Möglichkeiten verbergen.

Abbildung 18.49 Die Standardlösung von Google: drei vertikale Punkte

18.11   Fazit

In diesem Kapitel haben Sie gelernt, welche speziellen Aktionen das Google-AdWords-Konto bereithält. Sie wissen nun, mit welchen Klicks Sie wichtige Einstellungen oder Darstellungen aktivieren können, und was sich hinter den verschiedenen Icons verbirgt, die im Konto immer wieder auftauchen. Mit diesem Wissen können Sie nun Ihre Aufgaben im AdWords-Konto schneller und effektiver durchführen und gewünschte Informationen leichter finden.

Tabelle 18.1 zeigt noch einmal die wichtigsten Aufgabenstellungen und Lösungen in der Zusammenfassung.

Aufgabenstellung	Hilfe oder Tool
Ich möchte schnell zu einer bestimmten Ebene navigieren.	Nutzen Sie die GEHE ZU-Funktion im Header des Kontos.
Ich möchte schnell bestimmte Kampagnen, Anzeigengruppen etc. finden.	Nutzen Sie die jeweilige Suchfunktion oberhalb der Statistiken.
Ich möchte nur die aktivierten Kampagnen und Anzeigengruppen sehen.	Wählen Sie oberhalb des linken Navigationsmenüs den Filter ALLE AKTIVIERTEN über die drei Navigationspunkte aus.
Ich möchte die AdWords-Statistiken schnell nach Impressionen, CTR, Klicks etc. sortieren.	Klicken Sie in die gewünschte Headerspalte, und sortieren Sie mit einem weiteren Klick auf- oder absteigend.
Ich möchte etwas Neues anlegen, z. B. eine neue Kampagne erstellen oder neue Keywords hinzufügen etc.	Klicken Sie auf den blauen, runden Button mit dem Pluszeichen.

Tabelle 18.1 Tipps zu Einstellungen und Vorgehensweisen im AdWords-Konto

Aufgabenstellung	Hilfe oder Tool
Ich möchte mehrere Kampagnen, Anzeigengruppen, Keywords etc. bearbeiten.	Aktivieren Sie die Checkbox vor den entsprechenden Elementen, und klicken Sie danach auf BEARBEITEN.
Ich möchte alle aktivierten Checkboxen einer Tabelle wieder deaktivieren.	Klicken Sie zweimal nacheinander in die Checkbox, die sich im Header der Tabelle befindet.
Ich möchte weitere Informationen zu bestimmten Begriffen oder Spaltenbezeichnungen erhalten.	Fahren Sie mit Ihrem Mauszeiger über das Fragezeichen, falls vorhanden. Weitere Infos zu den Tabellenspalten erhalten Sie, wenn Sie mit Ihrer Maus über die Spaltenbezeichnungen fahren.
Ich möchte Kampagnen, Anzeigengruppen, Keywords, Textanzeigen etc. aktivieren bzw. pausieren.	Ändern Sie die Icons (grüner Punkt und Doppelstrich) vor dem jeweiligen Element.
Ich suche ein Unterregister oder einen Navigationspunkt, der mir aktuell nicht angezeigt wird.	Klicken Sie auf das kleine Dreieck, und suchen Sie in der Dropdown-Liste nach dem vermissten Element.
Ich suche einen schnellen Hinweis zum Kampagnentyp einer Kampagne.	Achten Sie auf die Icons, die vor den Kampagnennamen stehen.
Ich möchte mehrere Segmentierungen gleichzeitig für meine Berichte nutzen.	Nutzen Sie die Segmentierungsmöglichkeit im Download-Bereich der Berichte.
Ich benötige einen schnellen Überblick zur Entwicklung meiner AdWords-Werbung.	Nutzen Sie die Grafikfunktion oberhalb Ihrer Statistiken, und wählen Sie die gewünschten Kennzahlen aus.
Ich möchte die Leistung meiner AdWords-Kampagnen in Bezug auf zwei unterschiedliche Zeiträume vergleichen.	Aktivieren Sie einen Vergleichszeitraum in der Einstellung zur Zeitauswahl.

Tabelle 18.1 Tipps zu Einstellungen und Vorgehensweisen im AdWords-Konto (Forts.)

18

Glossar

Ad Rank Die Anzeigenposition der AdWords-Textanzeigen im Such- und Displaynetzwerk basiert auf dem Ad Rank. Der Ad Rank ist ein Wert, der folgendermaßen durch das AdWords-System ermittelt wird:

Anzeigenrang (Ad Rank) = maximaler Cost-per-Click (max. CPC) × Qualitätsfaktor (QF)

Je höherer der Ad Rank, desto weiter oben ist die Anzeige im Werbenetzwerk positioniert. Der Ad Rank wird jedes Mal neu berechnet, wenn eine Anzeige an einer Auktion teilnehmen kann. Da man nicht den genauen Qualitätsfaktor kennt, kann man den Ad Rank nicht selbst errechnen.

AdSense Google AdSense ist quasi das Gegenstück zu Google AdWords. Bei AdSense kann man Google seine Internetpräsenz als Werbemedium anbieten. Im festgelegten Umfang kann Google dann auf der angebotenen Webseite AdWords-Werbung schalten. Abgerechnet wird normalerweise, wie bei AdWords üblich, per Klick auf die Anzeige. Google reicht also einen kleinen Prozentsatz der Klickeinnahmen an den jeweiligen AdSense-Partner weiter.

AdWords Google AdWords ist das Werbeprogramm der Suchmaschine Google. Google schaltet Werbeeinblendungen in seinem eigenen und bei anderen Suchdiensten sowie auf Partnerwebseiten, die sich zum Beispiel über das AdSense-Programm bei Google registriert haben. Der Werbende zahlt normalerweise beim AdWords-Programm nicht für die einzelne Einblendung, sondern für den Klick auf die Werbung, der dann den Internet-User zur Webpräsenz des Werbenden führt.

Analytics Google Analytics ist ein Google-Tool, das es ermöglicht, die Zugriffe von Usern und das Besucherverhalten auf Webseiten zu analysieren. Analytics wird von Google kostenlos zur Verfügung gestellt. Um Analytics nutzen zu können, muss ein entsprechender JavaScript-Code in die Webseiten integriert werden, die analysiert werden sollen.

Anzeigengruppe Ein Google-AdWords-Konto besteht aus einer oder mehreren Kampagnen. Diese Kampagnen wiederum enthalten eine oder mehrere Anzeigengruppen. Zu einer Anzeigengruppe gehören mindestens eine Anzeige (normalerweise eine Textanzeige) und mindestens ein Keyword (normalerweise nutzt man aber mehrere Keywords), das die Schaltung der Anzeige auslöst. Eine Anzeigengruppe im Google Displaynetzwerk kann auch ohne Keywords erstellt werden.

Anzeigenrang → *Ad Rank*

Angezeigte URL Die angezeigte URL ist die URL, die in den AdWords-Anzeigen (zum Beispiel bei den Textanzeigen) sichtbar ist. Die angezeigte URL gehört zur gleichen Domain wie die finale URL.

Beispiel:

▶ Angezeigte URL: *domain-web.de/Produktname*
▶ Finale URL: *www.domain-web.de/alle-produkte/angebote/produkt-abc.html*

Auszuschließende Keywords Die auszuschließenden oder negativen Keywords stehen für Begriffe, die eine Anzeigenschaltung verhindern sollen. Die AdWords-Anzeigen werden dann nicht ausgeliefert, wenn diese negativen Keywords in der Suchanfrage enthalten sind.

Auto-optimierter CPC Der auto-optimierte CPC verwendet das maximale Gebot als Ausgangspunkt und erhöht dies bei vielversprechenden Suchanfragen aktuell bis zu 70 % (früher 30 %). Bei weniger erfolgversprechenden Suchanfragen kann das Gebot aber auch entsprechend gesenkt werden.

Call-to-Action Die zentrale Handlungsaufforderung in einer Textanzeige oder auf einer Webseite wird Call-to-Action genannt. Die Leser sollen eine klare Botschaft erhalten, was als Nächstes zu tun ist, z. B. »Bestellen«, »Informieren«, »Anrufen« etc.

CPM CPM bedeutet *Cost-per-1000-Impressions*. Bei dieser Gebotsoption zahlt der AdWords-Nutzer also nicht pro Klick, sondern pro 1000 Einblendungen. Mithilfe des CPM-Gebots wird festgelegt, wie viel für tausend Einblendungen gezahlt werden soll. Diese Verwendung von CPM-Geboten steht lediglich im Google Displaynetzwerk zur Verfügung. CPM wird als Gebotsstrategie in den Kampagneneinstellungen festgelegt.

CTR Die *Click-through-Rate* (CTR) oder *Klickrate* ergibt sich aus dem Verhältnis zwischen Impressionen und Klicks. Die CTR zeigt an, wie viel Prozent der Nutzer, denen eine Anzeige ausgespielt wurde, tatsächlich auf die Anzeige geklickt haben. Die Klickrate wird errechnet, indem die Anzahl der Klicks durch die Anzahl der Impressionen dividiert wird. Eine CTR im AdWords-Konto bezieht sich immer auf einen bestimmten Zeitraum.

Beispiel: Sie schalten Ihre AdWords-Anzeige zu der Suchbegriffskombination *Anwalt Hamburg*. In einer Woche wird Ihre Textanzeige 100-mal vom AdWords-System angezeigt, wobei Ihre Anzeige 15-mal angeklickt wird. Somit liegt die CTR in dieser Woche bei 15 %. Wurde Ihre Anzeige am 15. November 2017 jedoch nur 8-mal ausgeliefert, aber davon 4-mal angeklickt, so liegt die die CTR für diesen Tag bei 50 %.

Conversion-Rate Die Conversion-Rate (Conv.-Rate) gibt den Anteil an Klicks an, die zu einer Conversion geführt haben. Sie zeigt an, wie viel Prozent der Nutzer, die auf eine Anzeige geklickt haben, mit dem Angebot zufrieden waren und daher schließlich eine Aktion durchgeführt haben. Die Conversion-Rate errechnet sich aus der Anzahl der Conversions, dividiert durch die Anzahl der Klicks.

Beispiel: Sie schalten Ihre AdWords-Anzeige zu der Suchbegriffskombination *Laptop Webshop*. Sie messen die Conversions zu dieser Anzeige auf der Unterseite, die am Ende des Bestellvorgangs aufgerufen wird. Ihre Textanzeige wird im Monat Januar 2018 bei AdWords 500-mal geschaltet und 100-mal angeklickt. Von den 100 Besuchern Ihrer Website bestellen 10 danach einen Laptop. Bei diesem Bestellvorgang erreichen die neuen Kunden die Seite mit dem Conversion-Code. Somit liegt Ihre CTR bei 20 % und

die Conversion-Rate liegt im Monat Januar 2018 für diese Suchkombination bei 10 %.

Conversions Conversions (Konversionen) sind diejenigen Besucher, die über eine AdWords-Werbung auf die Webseite gekommen sind und dort eine vorher festgelegte Handlung ausgeführt haben. Diese Art der Handlung kann ganz unterschiedlich sein. Klassisch spricht man von einer Conversion, wenn der Besucher im Online-Shop eingekauft hat, es können aber auch Anfragen nach Dienstleistungen, das Abonnieren eines Newsletters oder Ähnliches als Conversion gewertet werden.

Conversion-Tracking Der englische Ausdruck Conversion-Tracking steht für die Aufzeichnung der Conversions. Das AdWords-System protokolliert die Anzahl der User, die über den Klick auf die AdWords-Anzeige das gewünschte Ziel (den Conversion-Punkt) erreicht haben.

Conversion-Wert gesamt Über die AdWords-Oberfläche kann auch der Wert zu den jeweiligen Conversions anzeigt werden. Dieser Wert kann entweder der gleiche für jede Aktion sein oder ein dynamisch erzeugter Wert, der beispielsweise den Wert einer Bestellung wiedergibt. Mit diesem Wert behält der AdWords-Nutzer den Return-on-Investment und die Kosten-Umsatz-Relation seiner Kampagnen bestens im Blick.

CPV CPV steht für *Cost-per-View*-Gebote. Mit diesem Gebot wird festgelegt, was man für eine AdWords-Videoanzeige bezahlen möchte, wenn ein Nutzer das Video betrachtet.

Deep Link Der Deep Link verweist im Gegensatz zur einfachen Verlinkung der jeweiligen Domain unmittelbar auf eine ganz bestimmte Unterseite, also auf eine in der Struktur tiefer untergeordnete Webseite.

Displaynetzwerk Das Google Displaynetzwerk (GDN) besteht aus einer Vielzahl an Websites, wie zum Beispiel Blogs, Foren, Nachrichtenportalen oder Seiten mit speziellen Themen. Diese Seiten stellen Ihre Werbefläche zum großen Teil über das Google-AdSense-System für die AdWords-Werbung zur Verfügung.

Durchschnittlicher CPC Der durchschnittliche CPC (durchsch. CPC) eines Keywords, einer Anzeigengruppe oder Kampagne wird in den AdWords-Berichten angezeigt. Der tatsächliche

CPC zeigt im Gegensatz zum maximalen CPC die Kosten, die wirklich pro Klick anfallen. Da dieser Wert stets ein wenig schwankt, zeigt Google AdWords darum in den Berichtsspalten den durchschnittlichen Wert in Bezug auf den jeweils ausgewählten Zeitraum an.

Durchschnittliche Position Die durchschnittliche Position (durchschn. Pos.) zeigt an, auf welcher Anzeigenposition die Anzeigen für ein Keyword im Durchschnitt ausgespielt wurden. Die Anzeigenposition gibt Auskunft darüber, in welcher Reihenfolge die Anzeigen platziert wurden. Falls Anzeigen auf den Top-Positionen oberhalb der organischen Suchergebnisse platziert sind, belegen diese Anzeigen die Positionen 1 bis 3. Auch diese Platzierungen fließen in die Berechnung der durchschnittlichen Position mit ein.

Finale URL Die finale URL ist die Landing-Page, auf der interessierte Internet-User nach dem Klick landen. Bei jeder Anzeigeform im Ad-Words-System – egal ob Textanzeige, Image-Anzeige oder Video-Ad – wird eine finale URL hinterlegt.

Frequency Capping Das Frequency Capping ist eine Funktion, mit der sich die wiederholte Auslieferung einer Anzeige an denselben Nutzer begrenzen lässt. Das Frequency Capping steht nur für das Displaynetzwerk zur Verfügung.

Impressionen Als Impression wird die Einblendung einer AdWords-Anzeige in der Google-Suche, im Suchnetzwerk oder auf den Seiten des Google Displaynetzwerks bezeichnet. Im AdWords-Konto erhält man über die Spalte IMPR. die Information, wie häufig die Anzeigen ausgespielt wurden. Durch eine Impression entstehen im AdWords-Werbeprogramm normalerweise keine Kosten. Eine Ausnahme bildet hier das Modell des CPM-Gebots.

Interaktionen Interaktionen sind die für das jeweilige Anzeigenformat wichtigsten Nutzeraktionen. Bei dem am meisten genutzten Anzeigenformat, den Textanzeigen, entsprechen die Interaktionen der Anzahl der Klicks. Eine Interaktion kann aber auch ein Aufruf oder ein Videoaufruf sein. Klicks sind also in den Interaktionen enthalten, aber die Anzahl aller Interaktionen kann größer als die Anzahl aller Klicks ein.

Kampagne Ein Google-AdWords-Konto besteht aus mindestens einer Kampagne. Jede Kampagne enthält wiederum mindestens eine Anzeigengruppe mit den jeweiligen Keywords und Textanzeigen. Auf Kampagnenebene können die Zielregion, das Tagesbudget und die Werbenetzwerke bestimmt werden, in denen die Anzeige erscheinen soll. Außerdem können auf dieser Ebene die Laufzeit und die Schaltung der Anzeigen zu unterschiedlichen Uhrzeiten bestimmt werden.

Keyword Keywords sind die entscheidenden Schlüsselbegriffe für das Suchmaschinenmarketing: Keywords sind die Suchbegriffe, die eine Einblendung der AdWords-Werbung auslösen.

Keyword-Optionen AdWords bietet verschiedene Keyword-Optionen an, um die Schaltung der Anzeigen zu einem Suchbegriff einzuschränken oder zu erweitern. Durch die Nutzung verschiedener Optionen können Anzeigenschaltungen einerseits ausgelöst werden, wenn Suchanfragen dem vorgegebenen Suchbegriff nur relativ ähnlich sind. Andererseits kann man über die Optionen aber auch bestimmen, dass die Suchanfrage genau mit der Vorgabe übereinstimmen soll.

Keyword-Planer Der AdWords-Keyword-Planer schlägt nach Eingabe eigener Keywords oder der Vorgabe von Webseiten weitere themenrelevante Begriffe für eine AdWords-Werbekampagne vor. Zusätzlich gibt der Keyword-Planer Informationen zum Wettbewerb, zur geschätzten CTR, zu Impressionen, Klicks und Kosten bei AdWords an. Außerdem kann man den Planer nutzen, um das benötigte Werbebudget abzuschätzen.

Klicks Wenn ein Nutzer auf eine Anzeige klickt, so wird dies im AdWords-Konto als Klick gemessen. Auf diese Weise werden alle Besuche gezählt, die über den Werbekanal AdWords bzw. über ein bestimmtes Keyword oder eine Anzeige auf die jeweilige Website gelangt sind.

Kosten pro Conversion Die Kosten pro Conversion (Kosten/Conv.) oder *Cost-per-Order* (CPO) ergeben sich aus den Gesamtausgaben, geteilt durch die erzielten Conversions. Der AdWords-Nutzer erfährt, was genau er dafür bezahlt, dass der Webseitenbesucher einen Kauf abschließt oder sich für einen Newsletter anmeldet usw.

Landing-Page Die Landing-Page ist eine spezielle Webseite, auf die die AdWords-Anzeige per Deep Link verweist. Die Landing-Page wird extra an die Bedürfnisse der angesprochenen Zielgruppe angepasst. Es steht immer ein bestimmtes Angebot im Mittelpunkt. Wesentliche Elemente einer Landing-Page sind eine Handlungsaufforderung und die Möglichkeit einer direkten Response (Antwort), zum Beispiel mithilfe eines Online-Kontaktformulars.

Max. CPC Mit dem maximalen Cost-per-Click (CPC) kann bis auf die Keyword-Ebene festlegt werden, welcher Betrag für den jeweiligen Suchbegriff maximal ausgegeben werden darf. Während der tatsächliche CPC vom AdWords-System berechnet wird, ist der maximale CPC ein Wert, der vom Werbenden selbst vorgegeben wird.

Negative Keywords → *Auszuschließende Keywords*

Placements Placements sind einzelne Webseiten aus dem Displaynetzwerk von Google oder spezifische Bereiche dieser Webseiten, die ein Werbender bei AdWords ausgewählt hat. Auf diesen Placements werden dann die Google-Textanzeigen, Display-Anzeigen, Banner oder Video-Ads geschaltet.

Qualitätsfaktor Der Qualitätsfaktor beschreibt die von Google geforderte Qualität, die angibt, wie genau Keywords, Anzeigen und Zielseiten die Erwartungen der Google-Nutzer treffen.

Quality Score → *Qualitätsfaktor*

SEA SEA und SEM werden oft gleichbedeutend genutzt. Wenn man ganz korrekt ist, dann steht SEA (*Search Engine Advertising*) für die bezahlten Anzeigen in den Suchmaschinen, also z. B. für das AdWords-Werbeprogramm.

SEM SEM (*Search Engine Marketing*) bezeichnet ganz einfach das komplette Programm des Suchmaschinenmarketings und ist in der korrekten Form somit der Oberbegriff für SEA und SEO.

SEO Die organischen Suchergebnisse findet man bei Google hauptsächlich im linken Bereich der Suchergebnisseite. SEO (*Search Engine Optimization*) bezeichnet die Möglichkeiten, Webseiten dahingehend zu optimieren, dass diese eine möglichst vordere Position im organischen Bereich auf der Suchergebnisseite zu verschiedenen Suchbegriffen einnehmen. Dazu werden der Webseiten-Code und der Webseiten-Content optimiert, und vor allem wird eine themenrelevante und vielfältige Verlinkung zu verschiedenen Suchbegriffen geschaffen.

Suchnetzwerk Das Suchnetzwerk umfasst Google-Suchergebnisseiten, Such-Partnerseiten wie zum Beispiel die T-Online-Suche und andere Google-Produkte mit Suchergebnissen. Die AdWords-Anzeigen können auf diesen Seiten als Teil des Suchergebnisses in bestimmten Bereichen geschaltet werden.

Ziel-CPA Bei der Ziel-CPA-Strategie wird kein maximaler CPC festgelegt, sondern ein Ziel-*Cost-per-Aquisition* (Ziel-CPA) eingestellt. Damit wird ein bestimmter Betrag vorgegeben, den der AdWords-Nutzer maximal im Durchschnitt für eine Conversion zahlen möchte.

Index

ONLINE-MARKETING
DIE BIBLIOTHEK FÜR IHRE WEITERBILDUNG

Content-Marketing, Social Media, SEO, Monitoring, E-Commerce – wir bieten zu allen Marketing-Disziplinen fundiertes Know-how, das Sie wirklich weiterbringt.

- **Nehmen Sie Ihre Weiterbildung in die Hand!**
  Mit unseren Büchern können Sie sich teure Kurse sparen. Oder nutzen sie als wertvolle Ergänzung zum Seminar.

- **Hochwertiges Marketing-Wissen**
  Unsere Autoren zählen zu den führenden Digitalmarketing-Experten und zeigen Ihnen, wie Sie Kampagnen und Projekte erfolgreich umsetzen.

- **Offline und online weiterbilden**
  Unsere Bücher gibt es in der Druckausgabe, als E-Book oder als Online-Buch. Lernen Sie jederzeit und überall im Webbrowser.

rheinwerk-verlag.de/marketing